HOME
COMFORTS

the
art
and
science
of
keeping
house

CHERYL MENDELSON

家事的抚慰 下

清洁、睡眠，以及安全合宜的居家环境

北方文艺出版社

［美］雪瑞·孟德森｜著　甘锡安｜译

CONTENTS
目录

CLEANLINESS 清洁篇

DAILY LIFE 日常生活篇

SAFE SHELTER 安全篇

FORMALITIES 法规文件篇

CLEANLINESS
清洁篇

CHAPTER

1

室内通风

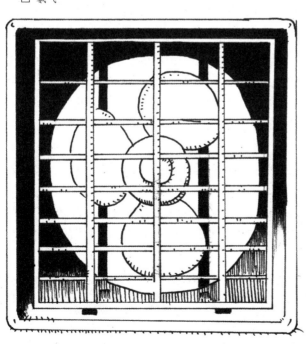

1877年，美国密歇根州巴特溪的家乐博士（Dr. J. H. Kellogg）[①]写了一本《家庭手册》（*Household Manual*），力陈室内通风的重要性。1994年，改编自博伊（T. Coraghessan Boyle）同名小说的电影《窈窕男女》（*The Road to Wellville*），便是阐述家乐博士种种特异的健康理论。

家乐博士坚决主张打开窗户，让阳光进入室内。密不透风的房子对健康不好，而冷空气并不会让人感冒。家乐博士也排斥霉菌、孢子，以及没有排气装置的炉具，同时大力宣扬盆栽能改善室内空气。他讨厌抽烟，认为抽烟展现了"人类格外爱好各种能提供感官愉悦的事物，不论这些事物最终结果是多么肮脏、恶心、有害，甚至致命"。1869年，跟家乐博士同时代，但没那么狂热的史托夫人（Harriet Beecher Stowe）和她的姊姊凯瑟琳·比彻（Catharine Beecher）也出版了家务管理书，并在《要命的空气》（*Household Murder*）一章里，花费了相当长的篇幅技术性地探讨空气质量，章名也传达出她们对不具排气装置的炉具和睡觉时不开窗的看法。

维多利亚时代之后的人认为，这般关于新鲜空气的说教是过时的禁欲主义，部分出于对自然体味等生理现象的敌视。有些立场较相近的人也指出，维多利亚时代的人需要担心的体味比我们多，毕竟当时还没有自来水可以洗澡，而且还在使用夜壶。维多利亚时代之后的人同样认为，有异味的空气携带有害物质的说法并不科学。时至今日，科学建议又转向应该保持良好通风。

尽管许多空气中的危害难以察觉，但有异味的空气有时确实使人致病。室内暖气开得太强不仅浪费能源、让人昏昏欲睡，而且会使空气太干燥，影响健康与舒适程度。没有排气装置的炉具同样会造成公共健康问题。家乐博士和比彻姊妹过分夸张的辞藻或许不合我们的胃口（"腐败""有害物质""恶臭的呼出物""令人不快的臭气"），也难以精确描述现代污浊空气的缺点，但这些作家针对居家健康与安全所提出的通风建议，则大多相当中肯。

近30年来，全世界罹患过敏性疾病的人口不断增加，而起因于室内空气质量不佳，似乎比室外空气污染还多。现在我们待在室内的时间比以往

[①] 活跃于19—20世纪，美国著名的内科医师，也是家乐氏玉米片的创始人之一。在其经营的疗养院中，家乐博士贯彻"全人医疗"的概念，关注院友的营养摄取、运动锻炼及肠胃保健，从个人卫生、生活环境营造等最基本的做起，进而守护病人的身心理健康。

更长，室内空气的污染程度也比以往高，甚至比室外空气高出许多倍，即使是工业区也一样。

尽管如此，如果各位能认识到以下这个道理，对自己会很有帮助：对室内空气质量而言，最万无一失的做法就是平淡无奇的中庸之道。绝大多数状况下，室内空气问题不会太严重，处理方法也相对和缓与简单。可惜的是，只要一出现与这个主题相关的意见，就很容易造成过度反应，且会在某些人（包括我自己）身上产生心理症状。例如，我在下一节写到关于常见家用产品释放的化学气体时，胸口便开始发闷，对化学气味也变得特别敏感。但就我所知，当时应该没有接触到危险烟雾，室外吹进来的空气也很健康。后来，当我完成挥发性有机化合物的段落之后，所有症状便立刻消失了。

尽管家中某些物质，如一氧化碳、氡气、铅、石棉及各种有危险的家用化学产品，对生活和健康可能造成即时或长期的威胁，但对大多数人而言，室内空气质量的好坏还不到攸关性命的程度。即使如此，改善室内空气质量确实有益于健康，值得多花点心思，且对于婴幼儿、病人（尤其是心脏和肺部疾病）、年长者及孕妇等长时间待在室内的人，好处尤为明显，因为空气质量对他们影响更大。

▌ 室内环境

▢ 通风

20 世纪 70 年代的能源危机，让大众再次关注"通风"一事。当时油价一飞冲天，开始出现一种讯息：要将房屋建造得密闭又能御寒。结果，许多家庭和办公室的通风明显变差，很多人也开始谈论"病态大楼症候群"[1]。这种症候群最后也出现在家中。在密不透风的建筑里，没有室外空气进入稀释或排除质量不良的空气，污染物质就会越积越多。这些污染物质包括清洁用品、抛光剂、化妆品、油漆、亮光漆、稀释剂、除漆剂、黏着剂，以及其他许多家用化学品中所含的挥发性有机化合物[2]。湿气、灰尘、烟、霉菌、细菌、病毒及部分气体也会造成负面影响。

[1] 人们在窗户紧闭、通风不良的办公大楼内工作时，常会出现呼吸系统与眼睛不适等症状。
[2] 美国环保署针对挥发性有机化合物的定义如下："除了一氧化碳、二氧化碳、碳酸、碳酸盐、金属碳化物及碳酸氢之外，所有会与大气辐射起反应的碳化合物。"这也表示，这些有机（含碳）化合物都会挥发并与光及其他辐射能量起反应。

　　房子若没包得密不通风，新鲜空气便可透过门窗框、气窗、缝隙、阁楼、地下室及许多地方渗入室内，因此，以往这类不密闭且没有装置隔热设施的房屋，大约每小时可完全换气一次（有人认为多达三四次）。不过，在冬天若有新鲜空气注入，就必须重新加温，所以室内外空气替换的速率越高，暖气花费也越高。把房子造得密闭而保暖，就可降低换气率，进而降低暖气花费（当然不可能完全密不透风）。不过，换气率越低，可用的氧气就会减少，室内空气污染也随之增加。因此，尽管房屋耐候改造（指提高房屋的能源效率）的同时可维持适当通风，安全又有好处，政府还是常劝导民众不要紧闭门窗、影响通风，以防范某些空气污染的问题，例如不具排气装置的煤气炉和热水器产生有毒气体、潜在的氡气积聚，或是尿素甲醛树脂泡沫隔热层与其他会散发甲醛的装置所引发的危及生命的中毒事件。

　　当建筑逐渐趋向房屋耐候改造的设计，大众也就开始注意屋内的通风率了。依据美国冷冻空调学会标准，特定起居区域（不包含厨房、浴室或工作室等高湿或高污染区域）换气率的建议值为每小时换气 0.35 次以上，或是每人每分钟至少要换得 425 ~ 570 升的新鲜空气。

　　不过，业界中有许多人认为以此作为最低标准并不够，理想值应该更高一点。假设每小时换气 0.35 次，换算下来是每天 8.5 次，但在祖父母那种通风良好的老房子里，每天大概可以换气 24 ~ 72 次以上。在英国，根据《英国医药期刊》估计：现今室内空气与新鲜空气的交换率是 30 年前的1/10，而湿度、室内污染物及空气中过敏原的浓度则明显增高了。

　　至于怎样才算是通风良好，家中每个房间各有不同标准。厨房、浴室和洗衣间这几个地方比较潮湿，产生的污染较多，因此对通风的需求也较高。家庭通风学会（Home Ventilating Institute）建议，厨房如果有抽风机可将空气抽到室外，每小时应可换气 15 次（不过如果厨房有抽风机，所需的通风量就可减少，因为这类机器在厨房能发挥很高的换气效率）。就浴室而言，该学会则认为每小时换气 8 次最能防止湿气积聚以及霉菌生长（浴室换气次数太多会让人觉得冷，次数太少又不足以控制湿气）。此外，停留时间较长的房间，也应该特别注意通风。史托夫人和姊姊对卧室通风的看法是正确的：因为我们花在睡眠的时间很长，所以卧室空气质量对健康的影响大于客厅。

　　住家通风不良的征兆是异味、窒闷、发霉，以及有水汽凝结在墙面、窗户或其他阴凉处。门窗是控制通风的主要管道，不过糟糕的是，在冬天，来自户外的空气不仅会增加暖气费用，且经常抵达不了家中最需要新鲜空气的地方。为了让空气在家中充分流动，尽量打开屋子对侧的窗户，让风可以从一侧流入，从另一侧流出，并让屋内的房门敞开，让风能通过房门。如果

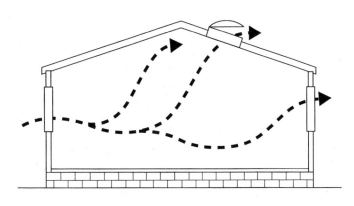

借助窗户有效通风（图片来源：美国能源部）

风没有自特定方向持续流入，可以打开家中高处和低处的窗户以形成"烟囱效应"，产生气流（参阅上图）。高处的窗户越高（例如天窗），效果越好。另外，可以加装抽风机，在风吹进室内的位置向内抽，吹出室外的位置向外抽，以加强效果。提高或降低窗户的高度，也可以控制风量。吊扇没办法带入新鲜空气，但可以让人感到凉爽，也能让新旧空气迅速混合。

有些新住宅建造得太密闭，门窗紧闭时，换气率可能低到每天只有 1～3 次。在瑞典，新建的密闭住宅往往每小时只能换气 0.1 次，因此建筑商会安装"热交换器"或"能源再生通风系统"，以机械来辅助换气。这类装置可在排出室内空气时抽取出热能，移转给进入室内的冷空气，由于大部分的热能都被保留下来，所以很节省能源。另外，这类装置可让我们享受到通风的各种优点：排出湿度太高的室内空气和污染物，并以室外温暖的新鲜空气加以稀释。能源再生通风系统可维持湿度，防止空气过度干燥；热交换器有时会设计成可在夏季运转，用以冷却进入室内的空气，但据说这种机器在凉爽气候下运转最经济。机械通风装置在美国正逐渐普及，还可搭配空气滤网和 HEPA 滤网（高效率微粒滤网），不过，这种滤网的主要功能并非作为空气净化器（HEPA 滤网可将直径大于 0.3 微米的微粒滤除，比例高达 99.7%）。

□ 温度

适当的室内温度——与冬天必须依靠人工取暖的其他国家相比，美国人的生活环境已经够温暖了，所以应该不需保暖的建议。20 世纪 70 年代，

美国政府甚至还倡导大众将暖气温度调低到 18～20℃（这对于均为健康成人与孩童的一般家庭而言，是最适宜的温度范围）。同样，如果家中有年长者或幼儿，温度这方面也必须特别注意。知名小儿科医师史巴克（Dr.Benjamin Spock）认为，体重 3.5 千克以上的婴儿在清醒时可以接受18～20℃的温度，较大的孩童和成人也建议以这个温度为宜。世界卫生组织建议健康成人和孩童的最低室内温度为 16℃，对幼儿、身心障碍者及活动量较小的年长者则略微提高至 18℃。但以我的经验而言，这对年长者还是太冷（即使是年轻人，如果是从事看书等静态活动，在 18℃可能需要穿毛衣，但在从事动态活动时大概不需要）。对于健康成人与较大的孩童而言（若依照史巴克医师的说法，还包括体重 3.5 千克以上的婴儿），舒适的睡眠温度最低可达 15.5℃，但新生儿与年事已高的年长者则应将温度略为提高（婴儿体重若不到 3.5 千克，体温调节机能还不成熟，因此请询问小儿科医师）。另外，医师也会针对家中这类成员，提供适当睡眠温度的意见。睡眠过浅的人可能会觉得凉一点的卧室睡得比较舒服，但也要小心不要过低，因为这样有可能导致睡眠过浅。

在选择舒适安全的住家室温时，不要忽略温度与相对湿度的影响，尤其在冬天。冬天时如果将寒冷干燥的空气引入室内后再加温，空气的相对湿度会大幅降低，当温度超过 21℃时会更明显（请参阅下文第 11～13 页的相关说明）。然而，这么低的湿度既不舒适也不健康，因此冬天时最好将暖气设定在 20℃以下。在夏天，美国大多数地区也至少会有一个月热得让人感到不适，此时，冷气机便可在降低温度的同时有效除湿，且滤网也有助于洁净空气。另外，除湿还有助于防治霉菌与尘螨。不过，安装冷气机或中央空调设备之后，一定要适当地保养、清洁和维护，以避免积聚在冷凝水盘、蒸发器、管路及系统其他部位中的湿气滋生真菌与细菌。你可以拆下机器前盖，清理蒸发器、蒸发器后方区域以及鼓风机叶片（叶片上往往会聚积很厚的灰尘与霉菌，随着冷气吹进房间，引起家中成员发烧与过敏性肺炎）。滤网也应照厂商建议的时间加以更换或清洁。

冷风机与蒸发式冷气机消耗的电力只有传统冷气机的 1/4，而且效果相当好。这类机器不需要安装在窗口，因此相当适合没有窗户的房间使用。不过，这类机器同样需要清洁和维护，以免滋生霉菌与微生物。

虽然在非常炎热的气候下，似乎也只有这类机器能降低家中的温度，但我们仍然可以借助其他方法，让家里变得凉快一点。

外部与结构性的降温方法——你可以在屋外采取几个重要步骤，加强降温。

树荫能神奇地提升冷气机效率，还能使周遭温度降低多达 5℃。其中，落叶树木就是其中之一，它的一大优点是树叶会在冬天掉落，让阳光照亮和温暖住家。榆树、橡树、枫树、美国梧桐以及白蜡木都是能有效遮挡阳光的落叶木，因此常用来遮阳。我祖父母家因为有梓树遮阳，夏天相当凉爽舒适。灌木与房屋附近棚架上的藤蔓，效果也相当不错。树木和灌木的神奇降温效果并不完全来自其能遮挡阳光，还因为光合作用。光合作用会制造水分，而当水分由叶片蒸散时，周遭空气温度便会下降。另外，树木的叶片还可吸收来自太阳的热量。

遮阴树应该栽种在住宅的东北—东南和西北—西南侧。最好不要种在南侧（除非你住的地方一年到头都很热），因为在冬天，来自南边的阳光很重要，而且即使是光秃秃的树枝也会挡掉不少阳光。此外，注意别把树种得离房子太近，如此反而会挡住凉爽的微风。另外还要留意树的位置，不要让树根破坏管线、化粪池、地下电缆或房屋地基。

人工遮阳装置当然也有效果。遮阳棚、天窗及百叶门窗都有很多样式可选。根据美国能源部资料，适当装设遮阳棚，可使南边窗户受热最多减少65%，东边窗户更可达到 77%。另外，遮阳棚跟树叶一样，可在冬天需要阳光和温暖时拆下。在美国各大城市尚未普遍安装冷气机之前，到处都有可爱的遮阳棚。在纽约市，你可以一条街走过一条街，路上都有公寓或办公大楼门前的遮阳棚提供庇荫，只有在过马路时才会晒到太阳。浅色遮阳棚反射热和光的效果比深色来得好，你也可以选择条式遮阳棚，避免阻挡太多视线。

固定式百叶门窗虽然不能拆下，但可以开启或关闭，因此不用担心在寒冷或阴天时照不到阳光。不过，阻挡阳光的同时也会隔绝微风，且关闭时更会完全阻绝光线。但就优点而言，百叶门窗在关闭时多少能提供安全性，也有助于隔热。卷动式百叶帘与遮阳帘（罗马帘）通常可从屋内控制，但是在全部拉展开时，还是会阻挡所有光线。

用来隔热、防雨的填缝材料能将热保留在屋内，对于隔绝屋外的热也同样有效。阁楼经常是热气进入屋内的主要管道，因此在阁楼进行隔热处理可使家中凉快不少。相较之下，墙壁做隔热其实没那么重要，地板做隔热则几乎没有效果。在阁楼增加通风口会是非常好的降温方法。根据美国能源部的建议，阁楼有通风口与没有通风口的温差最大可达 16℃。你可以将进气口安装在低处，排气口安装在高处。如果要做得正确，可能需要专业人员协助。

若要让屋子把热气反射出去，有好几种方法。白色外墙可反射大部分来自太阳的热，深色外墙则会吸收热。你可以购买有反光性的屋顶涂料与有色的窗玻璃隔热纸（但这样会影响房间采光）。如果你希望冬天享有太阳的光线与温暖，朝南的窗户最好不要使用会影响采光或有助降温的隔热纸。

不使用冷气机的内部降温方法——室内的窗户遮阳装置有助于降温，不过，效果没有室外的好（遮阳帘可能是例外）。如果没办法安装室外遮阳装置，就应该在窗户上安装遮光或隔热的遮蔽物，例如室内遮阳帘、宽条百叶帘、细条百叶帘、百褶帘、百叶门窗、帘幔、窗帘，或是任何适合的东西。选择这类产品时要记得，紧密梭织且不透明的布料比松散透明的布料更能阻挡光和热，浅色布料则能反射较多的热。两层帘幔的隔热效果比一层好，且就如

遮阳纱窗与遮阳帘

你可以购买遮阳纱窗、遮阳帘、隔热纸或各种经过处理的玻璃，来阻挡太阳的光、热及紫外线。但在为玻璃窗进行隔热加工时，应该先斟酌当地气候，做下重大采购或改装决定之前，也要先询问专业人员。购买可能永久影响家中自然采光的玻璃窗或遮阳帘之前，务必审慎思考。

最昂贵的方案是购买有色的玻璃窗来阻挡太阳的辐射热。遮蔽系数低的产品可阻隔太阳的紫外线，且遮蔽系数越低，阻隔热与紫外线的效果越好。倘若玻璃本身的"热传递系数"（U 值）也很低，同样有助于隔热。双层玻璃与隔热玻璃就具有这样的特性。另外，有一些阳光防护产品可以直接贴在窗户表面，不过通常不是很好贴，因此最好是由专业人员施工，否则涂料可能会出现气泡。此外，即使贴得很好，如果接触高温，还是有可能出现气泡或剥落。再者，一旦打开窗户，各种经过加工、染色或贴膜的玻璃，优点也都会消失。

遮阳纱窗和遮阳帘是很实用的选择。装设在窗外的遮阳纱窗通常是以有乙烯涂层的合成纤维梭织而成；室内遮阳帘（通常可拉下）的材质则通常是麦拉薄膜（Mylar）。这两种方式都很有效，但室外遮阳纱窗的效果往往好一些。此外，室外遮阳纱窗能让风与光线通过，并挡下昆虫，更可挡下 70%~80% 的太阳热能（打开窗户时效果更好）。这两种装置都有各种尺寸、厚度及颜色可供选择。

各种隔绝方式一样，既能防寒也能隔热。帘幔越接近墙壁，隔热效果也越好。

宽条百叶帘的隔热效果并不是特别好，但优点在于可以调整进入室内的光线与空气。如果装设两层帘幔且各有独立的拉绳，再加设一层宽条百叶帘，就可算是最完整的组合，因为热度、光线及通风度都能任意调节。即使这样你的家可能看起来会像老祖母的家（好吧，其实是我祖母家，不过我祖母家整个夏天都相当凉爽，冬天则通风良好又温暖）。百褶帘很美，有全透明到不透明等各种透光度可以选择，很容易升起或降下。不过，百褶帘与宽条百叶帘的不同之处在于，百褶帘会遮挡固定角度的光线、阻挡部分空气，而且风吹的时候，碰到窗框会发出响声。简单、老派的遮阳帘尽管档次较低又没那么漂亮，但往往可以省下更多的钱便达到几乎相同的效果，而且也没那么吵。不过风大的时候还是会有布料拍打声。

通风充足也有助于让屋内变得凉爽，前提是室外的气温要比室内低才行。美国能源部建议，早晚凉爽时通风，下午炎热时则应关闭窗户并使用遮阳装置。如果你住的地方晚上很凉快，就让晚风进入室内。美国能源部指出，假如隔日白天室外气温高达 30～32℃，隔热良好的房屋每小时只会上升 0.55℃。

除了遮阳与通风，你还可以减少家电和灯光等室内热源。天气炎热时不要使用烤箱，同时尽量少用洗碗机、烘衣机及炉具。需要使用电器时，也记得关上放置该电器的房门。日光灯制造的热比白炽灯泡少得多。另外，电风扇也能让人感到凉爽，并加强通风；吊扇则可让体感温度下降 2℃。

□ 湿度

让人感到最舒适的湿度，通常也就是最健康的湿度。对大多数住家而言，将相对湿度维持在 40%～50% 最适当。根据美国环保局的说法，相对湿度 30%～50% 最适合防治家中许多生物性污染物。

测定空气中湿气量的最佳方式是测定相对湿度，也就是空气中实际湿气含量相对于该温度下最大湿气含量的百分比。热空气中可含有的湿气比冷空气多，因此，假如室外空气是 0℃，相对湿度是 90%，那么将这些空气送入室内并提高温度至 22℃，相对湿度就变成 19%。如果室外温度是 −10℃，相对湿度是 70%，则在 22℃ 的室内，相对湿度会变成 8%。在我家，冬天时的湿度是 25%（跟撒哈拉沙漠的相对湿度一样）。

房屋和房间内的湿度有一部分由室内因素决定，另一部分则由室外因素决定。举例来说，大多数住家的厨房与浴室会产生大量湿气，密闭的建筑结构也会让湿气停留在屋内，烟与灰尘也难以排除。在不是很密闭的建筑里，或一般房屋在打开窗户时，室内的湿度大致取决于室外的湿度。相对湿度过高或过低，对人体舒适程度与屋子本身会有不良影响。当相对湿度过高，身体以出汗来降温的能力会随之降低；当相对湿度过低，眼睛和鼻子可能会感到刺激不舒服，皮肤也变得又痒又干。另外，相对湿度过低时，地毯、衣物及坐垫的羊毛和人造纤维布料容易产生静电，大气中臭氧也会增加，刺激眼睛与肺部。家具、钢琴、小提琴和其他乐器，以及各种木料、皮革等有机材质制品，在过高与过低的湿度下都无法维持良好状态。木料在干燥时可能收缩并裂开，潮湿时则可能膨胀。

相对湿度过高容易造成生锈、水汽凝结（进而导致木材干腐及劣化）、尘螨与真菌（霉菌）滋生、孢子增殖，墙壁与天花板也会出现污点。另外，合板、地毯、家具及其他材质则会释出挥发性气体，空气中病毒与细菌的数量也会增加。根据几项研究证实，住家潮湿与咳嗽、多痰、气喘及哮喘等呼吸道症状有关，而背后原因可能是过敏原、刺激物和感染原增加，或是湿气与空气中的物质产生化学反应。还有一项研究发现，家中相对湿度高于45%时，空气中的尘粒也较多（尘粒中可能含有过敏原）。另外也有人认为，空气中的湿气可能与二氧化氮及二氧化硫（住家空气中经常出现的燃烧副产物）结合成酸，造成呼吸道问题。

霉菌是住家过敏原的主要来源，在相对湿度75%以上时会大量繁殖（湿度较低时也会生长，只是速度较慢）。另也有几项研究发现，霉菌与呼吸道疾病和过敏性症状有高程度关联。目前普遍被视为哮喘主要原因的尘螨，在中高湿度下（50%以上）会大量繁殖，但在相对湿度低于45%时则会明显减少。在冬季若室内湿度相当低，尘螨往往会完全消失（但过敏原可能会残留下来，请参阅第5章《灰尘和尘螨》）。空气中动物和蟑螂的过敏原，也可能随湿度提高而增加。

另一方面，湿度过低也会提高感冒及流行性感冒的发生率。研究显示，提高室内干燥空气的湿度，可降低呼吸道疾病发生。某些研究还认为，当湿度为中等时（40%~60%），空气中许多导致感冒及流行性感冒的病菌（例如打喷嚏时制造的飞沫，往往包含会被人体吸入的感染源），在室温下很快就会失去活动力（这类感染性微生物也会借由直接接触传播，请参阅第2章

《与微生物和平共存》）。因而，一般认为在湿度低于 40% 或高于 70% 时，感冒与流行性感冒的发生率会提高。总之，适用于病毒的基本原则同样适用于病菌：适中的相对湿度似乎比极端干燥或极端潮湿更不利于病菌生存。

罹患传染病的概率，除了与室内相对湿度有关，其他因素的影响更大，因为就目前所知，许多传染病的传播受相对湿度的影响并不大。如果家中有一人以上遭受感染，通过空气传染的概率会比较高（因为空气中感染原数量增加）但新鲜空气交换率提高时,空气传染的发生率就会下降,甚至完全消除。

不论是为了舒适，为了避免伤害住家、家具和财物，还是为了减少灰尘、刺激物及空气污染物，或是要降低许多过敏和感染的发生率，40% ~ 50% 应该算是最适合住家的相对湿度。如果你想减少尘螨造成的过敏，应尽量将相对湿度降至 40%（请参阅第 5 章《灰尘和尘螨》）。适合过敏性孩童的相对湿度有时更低，不过应该询问医师。如果你比较担心皮肤干燥，可以在这湿度范围内尽量提高相对湿度。

□ **如何测量与控制家中湿度**

要维持家中适当的相对湿度，夏天时可在地下室等潮湿区域使用除湿机，干季时则可在干燥区域使用加湿器。另外，如果你的加湿器或除湿机没有内建湿度计，还需要购买湿度计（可以在五金行或家居用品卖场买到，价格并不贵），也因为每个房间的相对湿度可能差别很大，你会需要多买几个来测量想监控湿度的房间。没有湿度计，就必须依靠气象预报、自己对干湿的感受，以及观察是否有过于潮湿的征兆来判断，例如窗户或冰冷表面有无水汽凝结，或是有无霉菌滋生，等等。

湿度计

如果住家缺少防潮层(墙壁灰泥层下方的防水材料,用以防止湿气透入、凝结在墙壁内部），加湿器可能会使室内过于潮湿，导致墙壁损坏或墙壁内部发霉。此外，过度潮湿还会破坏灰泥。我认识两个家庭因为孩子患有哮喘，医师要求必须增加湿度或制造蒸气，最后灰泥裂开，还从天花板落下。有些专家建议，如果要以人工方式提高家中湿度，最好维持在相对湿度 40% 左右，避免湿度过高以及随后出现的尘螨、霉菌或建筑结构损坏。但如果家中有人有过敏问题，使用加湿器前最好先询问医师。

　　冷气机冷却空气时也会顺便除湿。因为冷空气能容纳的湿气较少，室外潮湿的空气冷却下来时，一部分水汽便会迅速凝结。因此，冷气机可降低霉菌和尘螨生长所需的湿度，进而抑制这些生物。此外，冷气机开启后也会关闭窗户，所以能隔绝霉菌孢子进入室内。另外，你可以使用硅胶或其他可吸收湿气的物质或干燥剂，为橱柜、碗柜及壁橱等其他小型封闭空间除湿（请参阅第 29 章《衣物收纳》）。你可以在家居用品卖场买到一包包的吸湿晶体，这种干燥剂可以挂在橱柜或其他潮湿的地方。在潮湿的橱柜中点一盏灯泡也有助于干燥橱柜，不过必须留意别让物品接近或碰触灯泡，以免发生火灾。使用抽风机将空气抽到室外，也可以有效排除浴室和厨房中多余的湿气与室内空气污染物。加强通风，或是在管道间、地下室及阁楼加装湿气阻隔装置，可以防止多余湿气积聚。除湿机对家中任何区域应该都很有帮助，包括地下室在内，但除湿机与大多数空气处理器相同，必须定期倒水及清洗，以防止霉菌与微生物滋生。

　　最后，如果以上方法都难以排除家中湿气，可以请专业人员检查并处理。可能是地下室周遭需要改善排水，或是需要安装机械通风系统。无论如何，潮湿问题绝对不可以轻忽。

▌ 家中空气

　　我们必须知道家中空气含有什么物质、这些物质的影响，以及是否必须加以清除，才能确保家中空气的安全。

□ 清洁与其他家用化学品

　　清洁时经常会用到很强的家用化学品，而现代家庭与一百年前家庭最大的差别，就是现在的家庭主妇不需要自行配置抛光剂及肥皂。举例来说，在我曾祖母的清洁手册里，就罗列以下几个抛光剂配方：

◆ **家具抛光剂**。酒精和锑脂（三氯化锑）各 43 克、盐酸 14 克、亚麻籽油 227 克、醋 237 克。在常温下搅拌均匀。

◆ **炉具抛光剂**。将 28 克磨成粉的树脂加入 473 克的挥发油中，溶解之后加入优质石墨细粉，便是炉具抛光剂，使用前要加入水制成溶液。因为抛光剂干得很快，请用小油漆刷涂抹，并于干燥后以软质炉具刷打磨（仅需稍微摩擦）。用于处理铁皮时，只需挥发油和树脂，并用软质抹布涂抹，快速摩擦到干燥并发亮为止。

我曾祖母的炉具亮光漆简直就是一锅毒药。而且，我曾祖父母与祖父母（他们大多相当长寿）的储藏室中的确有盐酸、铅粉、碱液、水银、巴黎绿（乙酯亚砷酸铜，当杀虫剂用）、斑蝥（用来对抗谷仓里的苍蝇）、苯，还有今天许多住家常见的化学品，例如煤油、松节油、松香水、氨水、次氯酸钠（即一般的含氯漂白剂）等。在他们通风良好的房屋里，烟气很快就会散去，但冻疮反而成为主要的问题。

大多数主管机构指出，比较明智的做法是，在家中使用各种化学物质时都要小心并有所节制，且确实遵守厂商指示、保持通风充足，尤其是在工作室中使用化学产品或清扫家里时需要特别注意。如果在通风不足的房间里使用，又违反厂商指示，某些家用化学品可能造成轻微头痛、恶心、眼睛疼痛，甚至头晕、昏厥、心脏病及其他可能致命的影响。在密闭的现代住家中，清洁用化学品（抛光剂、溶剂、蜡、洗洁剂及各种喷雾剂等）产生的烟气与蒸气，可能使化学污染物的浓度和种类都高于以往（关于家用化学品可能造成火灾和爆炸的危险性，请参阅第31章《火》以及第35章《家用品中的有毒危险物质与适当的处理方式》）。

烤箱、排水管及马桶的洗洁剂是家中最强的化学物品。烤箱洗洁粉和水混合后会释出氨水的蒸气，吸入可能造成危害。许多烤箱洗洁剂也含有碱液，这种危险腐蚀性物质可能会伤害皮肤、眼睛及体内器官。此外，家用排水管洗洁剂的成分也大多是碱液，如果不小心吞入、喷洒到皮肤或衣物上，也都非常危险。碱液如果喷洒出来（例如喷雾式烤箱洗洁剂），会有一部分散佚至空气中，被人体吸入。如果将碱性或酸性洗洁剂混入含氯漂白剂（次氯酸钠），会产生有毒甚至致命的副产物。绝对不要将氯和其他清洁产品混合（请参阅第2章，52页）。避免在同一区域使用这些化学品，以防止其烟气在空气中混合。一项分析住院原因与化学物相关呼吸疾病间的研究发现，在工作场所未接触烟气的住院病人中，因接触家用洗洁产品产生的烟气（或因不当混合洗洁产品产生的烟气）而住院的比例达24%。

其他家用产品，例如樟脑丸、除斑剂、干洗剂、空气清新剂、木料和地板洗洁剂、地毯和布沙发的洗洁剂等洗洁产品，以及油漆、喷漆、亮光漆、除漆剂、稀释剂、胶和黏着剂等，都会释出蒸气，包括对二氯苯、萘、苯、二氯甲烷、三氯乙烯、四氯乙烯、全氯乙烯、甲苯及其他挥发性有机化合物与石油分馏产物。这类物质可能有害，使用时必须特别小心，其中有些甚至可能损害脑部、中枢神经系统、肝脏、肾脏及肺。如果误食，也全都十分危险甚至会致命。

接触到高浓度烟气可能会造成不适、疼痛，或是伤害眼睛、黏膜、肺部等器官（这类产品上可能还会标示出其他危险，包括易燃与可能爆炸等）。甲苯（常运用于胶和其他产品）等物质可能毒害神经，也就是可能对大脑和中枢神经系统造成不良影响。此外，有一些物质，如苯与三氯乙烯，已知是致癌物质。二氯甲烷、对二氯苯（处理蛀虫效果最佳的方法）及全氯乙烯也会在动物身上导致癌症。

室内产生苯的肇因包括二手烟、燃料、溶剂、清洁剂、墨水及油漆；室内产生三氯乙烯、四氯乙烯及全氯乙烯的原因则是干洗剂，因为这些物质用于除斑剂，并经由干洗过的衣物进入家中空气。三氯乙烯也用于复印机和激光打印机等其他家用产品。除漆剂、气雾式推进剂、喷漆及空气清新剂中经常含有的二氯甲烷，尽管接触量低不会造成严重中毒或死亡（如果在通风不良区域使用除漆剂时则有可能吸入过量），却可能抑制中枢神经系统，造成记忆丧失、四肢无力，并会在心脏或冠状动脉疾病患者身上产生并发症。

气雾产品使用起来相当方便，但价格较高，且对家中空气污染的程度远高于喷雾罐、一般瓶罐，以及罐装分注器。气雾中经常含有丙烷与二氧化氮等推进剂，这些物质本身就是空气污染物：丙烷是易燃性气体，用于燃料，二氧化氮就是笑气，依其对中枢神经系统的作用而被牙医作为麻醉剂。如果依循厂商指示使用气雾产品，这类物质进入空气的量不会危害生命，通风良好的话，也不会感到不适。不过我们很难避免吸入这类物质，长期下来对健康是否有影响也很难说。因此，比较保险的做法还是少用气雾剂，改用分注器和喷雾罐。

有人常用气雾产品解决异味问题。不过，不论是气雾式或非气雾式的空气清新剂，都不是很好的解决方案，因为有些含有毒性不等的化学物质。过去，有些空气清新剂含有的化学物质其实无法去除异味，而是麻痹鼻腔中的受体，降低我们的嗅觉（但失去嗅觉相当危险，我们必须察觉烟气、腐味及其他代表健康或安全受到威胁的气味）。有些空气清新剂则含有对二氯苯。根据化学专业制造协会（CSMA）指出，目前的家用空气清新剂以香料为主要成分，而且都不含对二氯苯、二甲苯、萘、苯或是甲醛等麻痹嗅觉的成分。对二氯苯有时会制成透明除臭粒，放在公厕的小便斗或抽水马桶中。另外，对二氯苯和萘目前也仍用在防蛀剂中。化学专业制造协会表示，产品中如果含有这些成分都会标示出来，且会提出适当警语。不过，有些调查人员表示，家用空气清新剂仍然可能含有有毒物质。不论事实为何，我们都无法完全用一种味道来掩盖另一种，因此不应该以空气清新剂来解决异味问题。使用香水或熏香也同样不明智，除非能确定其中成分。让空气带有香味的最好方法，是使用有香味的植物或花卉。另外，市面上也有香草、花和香料制成的干燥香花，不过要仔细看标签，确定是纯植物制造。使用各种清香喷雾时，我们往往会因为嗅觉习惯而喷洒太多，结果香气太重而让客人难以消受。

美国疾病预防控制中心不建议在医院里喷洒消毒剂以杀死细菌或去除异味。住家如果是刚建好或装修过，最初几个月内，油漆和建材的气味会比较重。如果要搬进新家，记得这段时间要充足通风。如果有家人比较敏感，也尽量隔一段时间再迁入。

□ 工作与游戏材料

艺术创作及手工艺往往会造成严重的空气污染。熔接、焊接及砂磨可能使空气中充满灰尘与烟雾，应该在室外或通风非常好的区域进行。胶、环氧树脂、油漆、亮光漆、虫胶、聚氨酯以及除漆剂等，都会释出含有苯、二氯甲烷和甲苯等危险物质的烟气。喷漆、溶剂、油漆及黏胶去除剂含有的二氯甲烷，在使用时则会挥发并被人体吸入。除漆剂绝对不可以在室内使用，有心脏与肺部问题的人也应完全避免接触。

使用这类物质时，通风良好非常重要，而且必须完全遵守厂商标示的注意事项与安全守则。绝对不可在密闭空间使用油漆、亮光漆、聚氨酯或除漆剂。房间漆过油漆或亮光漆之后，必须保留充足的通风时间（至少数日）；如果为家具上漆或亮光漆，就先放在车库或与起居空间有所区隔之处通风一阵子，再拿进屋内使用。

容器若装有燃料、没用完的油漆或其他有机化学品，最好不要放在家中，因为可能会泄出烟气或造成相当危险的意外事故。不过，也不要跟垃圾一起丢弃，最好是遵循当地危险性废弃物处理程序来处理（参见第 35 章）。

□ 杀虫剂

市面上杀虫剂中含有的物质，对人类的危害其实就如同对昆虫一样，因此最好尽量少接触。接触杀虫剂而中毒的案例极为普遍，且最常见的受害者是孩童。如果家中真的必须接受除虫处理，记得处理之后要充分通风，直到烟气散尽才能回到室内。氯丹在动物身上有致癌性，但能防治白蚁，因此以往一直用于建筑物地基下方和周围，直到 1987 年才禁用。此外，氯丹的蒸气即使经过处理，在之后数年仍然可能渗进家中并混入空气。另一种用于保护木料的杀虫剂五氯酚（PCP），则会在使用的数年内持续蒸发，因此住在经 PCP 处理的房屋往往会生病。此外，一些樟脑丸中也含有五氯酚或萘，因此美国环保局建议，存放衣物时如果要使用含有这种物质的樟脑丸，最好将衣物收置在独立的通风空间，例如阁楼或车库。

丢弃杀虫剂时必须选在有毒废弃物收取日，并放置在特定的集中点，或者是依据地方卫生机构规定的方式处理。千万不要跟垃圾一起丢弃。

□ 臭氧

臭氧在大气的平流层中能阻挡危险的紫外线辐射，保护住在地面的人。但是当臭氧出现在地面，便会对树木与作物有害，而出现在室内时，则会伤害我们的肺部、眼睛及黏膜。在某些电子设备附近或是雷雨后，你可能闻过臭氧的味道；而某些空气离子发生器与空气净化器也会产生臭氧，因此不建议使用。这类的放电现象会使氧气氧化，使氧分子（O_2）和氧原子（O）结合成臭氧（O_3）。臭氧问题会被注意到，是在 20 世纪 80 年代，很多人设立家庭办公室，而复印机和激光打印机在运作时会产生少量臭氧。不过，现在新机种产生的臭氧量都相当低，甚至完全没有。

相对湿度降低时，臭氧生成量会增加，而臭氧加上过度干燥的空气，对健康尤其不好。解决臭氧问题的方法包括购买新型低臭氧产品、关闭不使用的机器、提高湿度，还有最常听到的建议：充分通风。

□ 甲醛

甲醛有种特殊的气味，即使浓度很低，大多数人也闻得出。甲醛可用于消毒和防腐，常见于多种树脂、木制品、家具，以及纸袋、蜡纸、纸巾和面纸等纸制品中。另外，经过抗皱处理的布料会释放出甲醛，而许多家庭用品与家具中也可发现甲醛踪影。多年前，许多人因为房屋建材释出的甲醛气体而生病，使甲醛成为丑闻的主角。在尿素甲醛泡棉绝缘材料（UFFI）中，以及胶合板、塑合板、家具和地毯中的树脂黏着剂都含有甲醛。

尿素甲醛泡棉绝缘材料是首先被发现对人体有害的甲醛产品。将这种物质灌入墙壁再加以密封，是一种效果良好、成本低廉的隔热材料，但是甲醛气体可能会从墙壁渗入家中（释放的甲醛气体会随时间递减，最后降至可以忽略的程度）。甲醛释出量取决于许多因素，包括泡棉种类以及灌注与密封方式等。即使运用方式正确，这种隔热材料仍会漏出甲醛，而高温高湿似乎会使状况恶化。美国从 20 世纪 80 年代初期就已经停止使用这种绝缘材料。

甲醛在动物身上有致癌性，也会导致人类生病。接触甲醛会造成咳嗽、呼吸道疾病、头痛、头晕，以及眼睛、鼻子和喉咙不适。有些人还会有过敏反应。如果出现可能由甲醛引发的疾病，应该立刻寻求医疗协助。

要降低家中的甲醛气体含量，有许多可行办法，包括去除释出甲醛的产品、改善通风、购买免熨衣物后立刻清洗。或是将免熨窗帘放在通风的地下室、空房间或室外，摆一两天充分通风，等气味消失后才拿进室内。未完成的家具或合板制品，也可以漆上亮光漆、油漆或聚氨酯。一段时间之后，甲醛气体会逐渐消失，但这通常要好几年。市面上有不少公司能提供检测服务，可协助测试家中是否有甲醛气体。

□ 石棉

石棉是相当强的致癌矿物，会导致肺癌、间皮瘤（癌细胞附着于胸腔与腹腔内壁）及石棉肺。石棉纤维十分细小，肉眼看不见，飘浮于空中时会被吸入人体。这类疾病很早就被诊断出来，保险公司甚至从 1918 年后就不再接受石棉工人购买保险。石棉相关疾病相当不易察觉，往往在接触二三十年后才会发病，吸烟者因接触石棉而罹病的风险又比不吸烟者高出许多。

除非出现破损、碎裂、变形或是刻意破坏，否则家里的石棉不容易飘浮在空中。即使有，家中的浓度通常也相当低。不过，由于患病风险会随石棉吸入量而提高，因此各主管机构都建议在处理石棉时必须非常小心，并且最好交由专业人员来做。我们要做的是认出潜在危害，并且立即寻求适当协助。要正确辨识石棉制品，必须交由实验室检验，且在进行花费高昂的整修工作之前就应先送验。整修或改建房屋之前，也必须评估石棉问题的可能性。

如果发现可能有石棉，先离开现场，立刻寻求专家建议，不要再去碰触现场。只有专业人员有办法安全地砂磨、钻孔、切割、锯切、敲打、刮擦、扫除、掸去、吸除或移动含有石棉的物料。吸除、扫除及掸去一定会造成空气中石棉微粒增加，而你当然不会希望如此。如果石棉状况良好，通常专家会建议，最好的处理方式就是什么都不要做。但是如果必须加以处理，通常是将石棉封存、密封或覆盖，再加以去除或修复。

石棉制品管制法规现在相当严格，但以往并非如此。美国在1973年禁止之前，隔热、防火及隔音材料中经常含有石棉。1975年，美国环保署进一步宣布，如果水管表面材料干燥后容易剥落，也禁止使用石棉。美国消费者产品安全委员会于1977年禁止在修补材料及人造壁炉的灰烬与余火中，使用会被人体吸入的石棉；1986年，委员会更发布规定，要求所有含有石棉的产品都必须标示出来，包括石棉纸与书面纸板、石棉混凝土板、干拌石棉暖气炉或锅炉水泥、柴炉或煤炉门的石棉封边条、石棉炉垫与熨斗垫、中央暖气炉风管接头等，并在1996年几乎全面禁用石棉制品。以下资料摘自美国肺科协会、环保署及消费者产品安全委员会合编的小册子《家中石棉》(*Asbestos in Your Home*)，说明家中何处与何时可能发生石棉问题。

以往可能含有石棉的常见产品，以及可能释出石棉纤维的状况包括：

◆ 使用石棉毯或石棉纸隔热的蒸气管、锅炉及暖气炉。这类材料如果破损或以不当方式修补与去除，可能会释出石棉纤维。

◆ 弹性地砖（乙烯基石棉、沥青及橡胶）、乙烯基地板底衬，以及安装地砖时使用的黏着剂。砂磨地砖，或在拆除地板时刮擦、砂磨其背面，也可能释出石棉纤维。

◆ 暖气炉与柴炉周围用以隔热的水泥板、书面纸板及纸类。修理、拆除这类设备，或是将隔热材料切割、撕下、砂磨、钻孔、锯切，都可能释出石棉纤维。

◆ 熔炉、柴炉和煤炉的炉门封边条。如果封边条磨损，便可能释出石棉纤维。

◆ 喷在墙面或天花板的隔音或装饰材料。当材料脱落、破碎、泡水受损，以及在砂磨、钻孔、刮擦材料时，都可能释出石棉纤维。

◆ 墙面和天花板的修补与接着剂以及有纹理的油漆。当对这些表面进行砂磨、刮擦及钻孔时，都可能释出石棉。

◆ 石棉水泥制的屋瓦、屋板及板壁。这类产品除非加以锯切、钻孔或切割，否则不易释出石棉纤维。

◆ 用于煤气壁炉的人造灰和余火。另外，年代较久的家用品，如防火手套、炉盘、熨衣板套及特定型号的吹风机，也可能含有石棉。

◆ 汽车刹车片、离合器片及垫片等。

最后提醒，若要找承包商拆除，务必选择持有石棉拆除证照的专业人员。

与石棉有关的注意事项	◆ 尽量远离可能有石棉材料破损的区域。 ◆ 避免弄坏含有石棉的材料。 ◆ 尽量让训练有素且具有资格的专业人员拆除或修理石棉材料。最好连取样及小的修理工作都交由专业人员进行。 ◆ 不要去扫除或吸除可能含有石棉的碎屑。 ◆ 针对石棉材料，不要锯切、砂磨、刮擦及钻孔。 ◆ 不要在电动抛漆器上使用有研磨功能的布片或刷子，去除石棉地板上的蜡，也千万不要在干燥的石棉地板上使用电动抛漆器。 ◆ 不要砂磨或试图磨平石棉地板及其底衬。当石棉地板需要更换，如果可以，就直接在上面安装新地板。 ◆ 鞋底若可能沾上石棉材料，不要踏入家中其他区域。如果不得不走过含有石棉材料的区域，事后要用湿抹布清理。不过，若石棉材料是来自损坏的区域，或是需要清理的面积很大，就找专业人员处理。

注：美国肺科协会、消费者产品安全委员会及环保署共同编写。

□ 氡气

氡气是地表中铀自然分解后产生的危险放射性气体。依据铀矿工人长期接触高浓度氡气后的情况显示，这种气体可能导致肺癌。氡气也与石棉一样，对吸烟者的危害比不吸烟者高出许多。

屋内的氡气浓度，常比室外高出许多倍，因为氡气在土壤中生成后，有时会渗入地基的裂缝和其他缝隙，从而混入屋内。在少数状况下，氡气还会进入地下水被人类饮用，或在淋浴时释出，另也会由取自地表的建材中释出。不过，氡气经由饮食进入人体的危险性应该小于经由呼吸吸入人体。

美国环保署推测，每年有多达 14 000 人因为在家中接触低浓度的氡气而罹患肺癌去世。先前一项研究则估计，11% 的吸烟者以及 30% 的非吸烟者，是因为氡气而死于肺癌。然而，反对以上主张的批评者认为，目前仍没有证据可证明低浓度氡气会致病。尽管如此，环保署仍建议民众要检验家中三楼以下区域的氡气含量（住在公寓三楼以上的民众则不需担心）。

即使邻居的检验结果没有问题，自己家里也未必安全，因为相邻两栋房屋的氡气检验结果可能大不相同。你可能也听说过，氡气问题往往仅限于某个小区或区域，这点确实没错，不过即使某个地区的房屋大多没有氡气问题，其中几栋仍可能会有。最好不要认为自己的房子很密实、很通风或很新，就不做检验。确定家中没有氡气问题的唯一方法，就是进行氡气检验。

你可以请专业人员或持有证照的人员检查家中是否有氡气，也可使用氡气侦测器自行侦测，但一定要使用符合国家规定的产品。为提高结果的准确性，检验时也必须遵守国家制订的指导方针。由于家中氡气浓度可能每天、每季都不一样，所以这类检验结果有时是显示平均氡气浓度。另外，因为氡气浓度在低楼层比较高，而且会受风量与其他因素影响，所以检验中得采取某些步骤，排除高估或低估家中氡气浓度的可能性。检验装备分长期与短期的，也有各种主动式与被动式的（主动式装置必须另外供电）。家中检验完成后，将检验装置寄到检验所进行分析，检验所会提供书面检验报告。

检验完成之后，必须决定要不要采取行动。目前美国环保署的建议是，如果一次长期检验或两次短期检验的平均结果是氡气浓度为每升 4 皮居里①（pCi/l）以上，就必须采取行动。环保署也表示，改善措施通常可将浓度降低到 2 皮居里以下。在美国，家中氡气的平均浓度是 1.3 皮居里，而户

① 1 皮居里等于 2 个放射性原子在 1 分钟内衰变时放出的辐射能量。

外平均浓度为 0.4 皮居里。

由于氡气造成的风险会随浓度上升而提高，所以即使家中浓度低于美国环保署的建议值，你可能还是会想尽量降低家中氡气的浓度。要提高家中通风率，有些方法不但简单而且花费不多，例如打开窗户或是安装风扇与通风系统等。此外，如果为了节约能源而将房屋密闭，请记住当通风率降到一半时，氡气浓度会提高到两倍。

氡气侦测器

如果必须采取更积极的措施来降低氡气浓度，可寻求持有证照的合格承包商，他们可能采取的改善措施有：使用风扇、通风口、管道、土壤抽吸（由地下安装管道通到房屋上方，让氡气直接排放到别处）、修补地下室地板与墙壁的裂缝，以及进行分板减压（将抽吸管插入房屋下方的厚板）、密封、自然通风与机械通风。

□ 铅

一般人大多知道铅的毒害相当严重，对孩童造成的伤害尤其严重。大多数人也知道油漆、水、食物、瓷器及水晶玻璃中可能含有铅。不过，多数人可能不知道铅会污染家中的空气。有时，室内的铅微粒可能来自室外，1990 年，在美国马萨诸塞州林恩市就有过这样的案例。当时有一座铁路桥梁进行喷砂清洁作业，此举将受到铅污染的砂粒散布到桥梁邻近地区，铅也因而随着空气、鞋子及衣物进入室内。有时，铅则是来自室内。20 世纪 70 年代以前建造的房屋，都可能使用了含铅油漆，至今仍可能覆盖在新油漆底下。当油漆剥落、碎裂、劣化，或是以砂磨、摩擦、刮擦等各种方式触动时，都可能使油漆变成含铅微粒，飘浮在空气中。吸入这类微粒是最常见的孩童铅中毒的原因。

你可以用检测仪检验家中的墙壁表面是否含铅，而且价钱不贵。另外，也有仪器可以检验自来水是否含铅，或者你也可以将自来水样本送往相关机构或民间检验单位进行检验。同时，如果不确定家里的水管是否含铅，早上起床后或长时间停水之后，先放水流动 1 分钟，等水恢复常温再使用。这样可以避免喝到长时间停留在水管中的水，因为水管中的铅可能会溶入水中。另外，不要饮用水龙头的热水，也不要用水龙头的热水来烹饪，因为铅更容易溶入热水。

不幸的是，想知道家中空气是否含铅就没那么简单了。你必须请受过训练的专业人员来家里进行彻底的检验与分析，家人的身体状况则必须请医生检查，如果血液中的铅浓度过高，地方卫生部门可能会来访视。如果发现含铅油漆，可以处理也可以不处理，视油漆位置与状况、家中是否有幼儿，以及家人血液中铅浓度是否过高而定。改善措施包括去除、包覆、完全遮盖，以及简单的清洁处理。有些主管机关认为，单纯清除含铅微粒，效果不逊于昂贵且可能有危险的处理程序。你必须先询问专家，才能选择正确的处理方式，自己是没办法安全地执行改善措施的。请注意，有些研究显示，使用 HEPA 吸尘器清洁地毯，也无法降低含铅微粒量，因为这类吸尘器吸去地毯表面的含铅微粒时，又会将底部的含铅微粒吸上来。

进行贴壁纸或粉刷含铅区域等包覆处理，目的是防止含铅微粒形成。包覆处理必须考虑门窗等潜在危险点，因为门窗可能在接触或摩擦地板、门框及窗框后产生含铅微粒。同时，这些地方也必须留意维护，因为有时会莫名其妙产生含铅微粒，必须加以清除。

如果必须去除含铅油漆，或是打算整修、改建或拆除涂有含铅油漆的墙壁与灰泥，必须请专精于清除铅的专业人员来处理。这类专业人士不容易寻找且收费高昂，但这项工作相当危险，整体工程可能使含铅微粒飘浮在空中，包括修理、砂磨、刮擦及锯切涂有含铅油漆的区域或物品。整修时，也必须用厚塑料板与防水胶带严密隔离工作区域，防止整修产生的灰尘飘入家中其他区域。不过，我从自己辛苦的经验中得知，全部做完之后，整间房子都是灰尘（即使灰尘中不含铅）。孩童和孕妇最好不要留在家中，等到灰尘全部清除后再回家。工作完成之后，也可能必须大扫除，并且不只是清除有油漆或整修过的区域而已。

□ 布料与地毯产生的挥发气体和烟气

窗帘、布沙发、地垫、地毯及衣服，都可能释放甲醛或干洗剂等刺激性气体。有些合成纤维与塑料在受热（例如阳光）下，可能释出气体。比较新的合成纤维地毯，尤其是地毯黏着剂的部分，有时也会产生相当强烈的气味，时间持续数日到数周，使房间在这段时间内完全无法使用。购买和铺设地毯之前，一定要询问关于这方面的问题。目前有低挥发性产品可以选择，只要找得到绿色标章认证的低挥发性产品就可以。另外也可参阅第 7 章《家用织品》第 100～101 页的讨论与建议。

□ 微生物

家里通风不良时，空气中病原体等微生物的浓度也会随之提高，如此可能增加家中成员感染与过敏的风险，例如感冒、流行性感冒、水痘、过敏性鼻炎及气喘等。改善的第一步当然就是加强通风，不过还有其他方法可以减少空气中微生物的数目，包括控制室内湿度及经常清理可能影响空气质量的机器，例如冷气机、加湿器、除湿机、汽化器、冷暖空调系统、通风机及冰箱，且必须特别注意这些机器的滴水盘。如果地毯、布沙发及房屋结构因漏水、淹水或其他意外而泡水，又无法在一天之内弄干，就可能必须丢弃或更换，因为这些东西泡水之后，霉菌与细菌会开始滋生，而且很难根除。在淹水、天灾及渗水、潮湿等病害之后，最好询问地方公共卫生部门的建议，并依此处理。

□ 家中灰尘

家中灰尘会污染家中的空气与家具表面，造成各种家居问题。第 5 章《灰尘和尘螨》将专门讨论这些问题。

▌ 暖气炉、炉具、暖炉及壁炉

家中燃烧的火焰，都会跟你抢夺空气中的氧，且所生成的副产物浓度超过某一程度之后，还会对人体造成伤害。在家中用火的基本原则是：必须供应足够的氧，并提供管道排出燃烧的副产物。

运作正常且效率佳的暖气炉系统，建造时就考虑到了这些条件。进气管供应空气（提供燃烧所需的氧），排气管与排气口则负责带走燃烧时产生的烟雾。各种类型的烘衣机也几乎都有室外排气管。有些暖炉没有通风口，燃烧煤气与木柴的炉子及烤箱也通常没有室外排气管。如果新鲜空气供应不足，又没有排气系统或系统故障，可能会造成非常严重的空气问题。

□ 一氧化碳

炉子和暖炉产生的副产物会随燃料种类、火焰温度、空气供应状况及其他因素而异。不过，只要有火，就会产生二氧化碳。这种气体无色无味，平常就存在于大气中，而且通常无害（二氧化碳浓度略高时对身体不好，过高时则会导致头痛、判断力降低及窒息）。一氧化碳则是在氧气不足时才会产生，因为氧气不足会使燃料中的碳燃烧不完全，产生一氧化碳而非二氧化碳。一氧化碳是无色无味且致命的有毒气体，会造成四肢无力、神志不清、疲劳、头痛、恶心、呕吐、晕眩、视觉模糊与呼吸急促，吸入量大时还会导致失去意识及死亡。在许多状况下，一氧化碳中毒症状很容易与流行性感冒或食物中毒混淆。

如果暖气炉与暖炉的烟道和调节闸发生阻塞或未装设正确，或是排气管有裂缝、封边条损坏、燃烧副产物漏逸、烟囱阻塞，都可能产生一氧化碳并积聚在室内。美国每年因燃烧不完全等因素造成一氧化碳中毒死亡的人数超过 250 人。美国环保署建议，每年冬天来临时，要请受过训练的专业人员检查所有燃烧设备，包括煤气热水器、煤气炉、烤箱、煤气烘衣机、煤气或煤油的暖炉、壁炉以及柴炉等等。这些设备在安装、维护及使用时都必须遵守厂商指示，尤其是警告、注意及安全守则的部分。另外，还须检查并清洁烟道、通风口（包括烘衣机的室外通风出口）及烟囱，如果阻塞或故障，可能积聚一氧化碳。最好不要在家中使用要燃烧燃料却又没有排气装置的炉具与暖炉。如果家中有这类设备，使用时务必将窗户打开几厘米，同时开着房门。

汽车与除草机的引擎废气中也有一氧化碳。美国每年有不少人因为将没有熄火的汽车与除草机留置在与房屋相连的车库，使得一氧化碳渗入室

觉得自己可能是一氧化碳中毒时该怎么办？

当你或家人感觉到可能是一氧化碳中毒的征兆时，立刻打开门窗呼吸新鲜空气、关闭燃烧设备，同时离开房屋。接着，打电话给消防队并寻求医疗协助，告诉医师你可能一氧化碳中毒。如果一氧化碳侦测器发出警讯，则应该立刻打开门窗加强通风，并检查家中成员是否有一氧化碳中毒症状，尤其是婴幼儿以及有沟通障碍的家人。

内而中毒死亡。因此，发动汽车时最好先打开车库门再发动引擎，并且立刻开出车库。同样，回家时开进车库后，最好立刻熄火。不要在车库里暖车，就算开着车库门也不行。若在车库里维修汽车，不要发动引擎。不要将除草机放在车库，也不要在车库里发动。要记住，割草机、铲雪机、链锯、发电机及小型引擎都可能造成一氧化碳问题，随时留意一氧化碳中毒的可能性，尤其是发现有头痛、四肢无力、疲劳、晕眩、恶心、呕吐、神志不清或流行性感冒的症状时，更要特别注意。

一氧化碳中毒经常发生在室内燃烧木炭（烹调或取暖）时。在过去，英国陆军的哨兵需要在室外用炭炉取暖，而他们有时也会将炭炉放在岗亭的开放走道上，此举往往造成一氧化碳中毒死亡。绝对不要在室内烧炭或使用烤肉炉，即使是壁炉里、地下室、靠近门窗处都不行。

安全专家都建议装置一氧化碳侦测器。然而，不能因有侦测器就轻忽，侦测器不能取代正确的使用方式与燃烧设备的例行性维护。一氧化碳侦测器的可靠性差距颇大，有些产品即使处于很高的一氧化碳浓度下，还是没有发出警报，有些产品则是在对人体无害的极低浓度下也会发出警报。更令人泄气的是，一氧化碳无色无味，跟烟雾不同，我们无法确知是否身处危险。因此，务必参阅消费者刊物的建议，同时在购买侦测器时看看是否有优力国际安全认证公司（UL）的安全认证。

一氧化碳侦测器与烟雾侦测器一样，报警时会发出尖锐的警报声。购买的产品一定要能发出警报声，而不只是测量一氧化碳浓度，否则在你睡

暖气炉、暖气系统及燃烧设备中，有一氧化碳危险的征兆

以下是可能出现一氧化碳危险的征兆：
◆ 燃烧设备口周围有炭或煤灰造成的条纹。
◆ 烟囱没有气流（表示可能阻塞）。
◆ 燃料管或设备外部严重生锈。
◆ 设有暖气炉的房间里，窗户与墙面有水汽聚集。
◆ 壁炉有煤灰掉落。
◆ 烟囱、通风口或烟道的底部渗出少量的水。
◆ 烟囱顶部有砖块损坏或褪色。
◆ 由室外可看见部分通风管生锈。

注：优力国际安全认证公司（UL）的"一氧化碳与一氧化碳侦测器常见问题与解答"。

一氧化碳侦测器

觉或看不到指示器时，就无法察觉危险。另外要记住，一氧化碳侦测器没办法侦测烟雾或火焰。

请详阅厂商的手册，并依据厂商指示安装一氧化碳侦测器。一般来说，家中每层楼至少应该安装一个，另外，卧室里或卧房门外也一定要装，以便在睡觉时可以听得见警报声。许多家用化学品和清洁产品可能损坏一氧化碳侦测器的感应装置，因此安装时最好远离这类物质。如果将侦测器安装在厨房、车库或设有暖气炉的房间（通常在地下室），则往往会出现假警报。厂商的说明小册中通常会有重要附加事项，说明一氧化碳侦测器的安装和使用方法。

如果你的一氧化碳侦测器是由电力系统接电，请每个月测试一次；如果是电池供电，请每周测试一次，并且每年更换电池（或依循厂商建议）。装入侦测器的电池不要再取出，不要拿来用在随身听或玩具上。你可以在每年更换烟雾侦测器的电池时，顺便更换一氧化碳侦测器的电池，时间则可选在夏末秋初之际。

□ 无排气装置的暖炉

20 世纪 70 年代油价突然大涨，使没有排气装置的煤油和煤气暖炉大受欢迎，但这种暖炉不该在家里使用。美国有某些州禁止使用煤油暖炉，加利福尼亚州还规定无排气装置暖炉必须加贴商标，写上"住家不宜使用"。尽管如此，目前仍然有 1500~1600 万台在住家中使用。这种暖炉不仅可能造成失火、烫伤，还可能产生危险气体。进一步详情请参阅第 31 章《火》。改良过的新机种在某些方面比较安全，产生一氧化碳的可能性也比旧机种低得多，不过还是有很多人使用旧机种。此外，研究也显示，煤油与煤气的暖炉会产生过量的二氧化碳、氮氧化物、甲醛及一氧化碳。一项研究还发现，煤油暖炉会产生二氧化硫，这是一种具刺激性的有毒气体，是烟气中的有害成分之一。

二氧化氮是无色无味的气体，对眼睛、鼻子及喉咙的黏膜具有刺激性。接触高浓度二氧化氮可能造成呼吸短促，低浓度二氧化氮则可能提高呼吸

熟悉各种警报	一个安全的住家中，可能具备烟雾侦测器、一氧化碳侦测器及防盗警报器。因此，有必要熟知每种机器发出的警报声，也要让家中所有成员都弄清楚这些警报声。你一定不希望半夜被尖锐的警报声惊醒时，还得花脑筋猜测是火警、一氧化碳，还是有人入侵家中。

道感染风险。二氧化氮可能影响幼儿的肺部功能，有些动物研究则发现二氧化氮可能会造成肺气肿。

美国消费者产品安全委员会曾经提出警告，对于有肺脏与心脏问题的人而言，无排气装置的煤油暖炉可能造成气喘等健康问题，尤其是在密闭房间中。但只要在通风良好的房间内使用，且使用时间不长，这类暖炉的燃烧副产物不太会对一般人造成影响。不过，如果睡觉时让无排气装置的暖炉或炉子持续燃烧，是相当危险的事情。

□ 煤气炉

美国大约有 60% 的家庭使用煤气炉。很多人认为煤气炉烧开水的速度比电炉快，其实并非如此，但煤气炉调整火力的速度确实比电炉快得多。可惜的是，如果煤气炉没有对外排气，会使家中一氧化碳、二氧化氮、甲醛及吸入性微粒浓度增加。一项研究显示，点燃两个煤气炉头和烤箱 2 小时后，一氧化碳浓度是美国环保署规定的室外空气在 8 小时内一氧化碳浓度最大平均值的两倍半（室内空气则没有相关标准）。如果任意以烹饪用的煤气炉取暖，会使室内空气污染更加严重，即使是小火也一样。因此，最好使用电子点火装置的煤气炉，且要确认该区域通风良好。

使用煤气炉烹饪对健康的影响仍有争议。几项研究发现，家中有烹饪用煤气炉时，孩童呼吸道疾病发生率增加，孩童与成人的肺功能也会降低。不过，也有其他研究不认同这个看法。但目前证据偏向煤气炉对健康确实有些负面影响。

在掌握进一步证据之前，处理方式就是在煤气炉上方安装通往室外的排气管。这个方法可以轻松防范大部分燃烧副产物停留在室内，另外一种方式则是改善厨房和家中其他区域的整体通风。打开窗户当然有帮助，不过在煤气炉或抽油烟机上安装排气扇则没有帮助，只会让室内空气重复循环，且排气扇若没有经常清理与更换滤网，还可能造成霉菌与微生物滋生，产生难闻的气味，状况更糟。以炉架稍稍隔开火源（同时确保有排气管）并使用电子烤箱，能大大降低空气因燃烧而生的污染。煤气炉与各种煤气设备应该经常检查，必要时也需定期调整。如果煤气炉具的火焰不是蓝色，而是偏黄或橙色，可能需要找人维修。最后，绝对不要用煤气炉取暖（请参阅第31章《火》）。

▌二手烟

　　香烟、雪茄及烟斗产生的二手烟，可说是最严重的室内空气污染源。对孩童及有心脏或肺部问题的成人而言，二手烟的危害更大。吸烟不仅会产生一般燃烧的产物，还有尼古丁等来自烟草本身的致癌物质，大约有四十种之多。烟量越多，这些物质的浓度也越高。另外，吸烟还会加剧石棉与氡气等其他空气污染物对健康的危害。对于吸烟者而言，最好的对策就是戒烟，或是改在室外或窗旁吸烟。有孩童在室内时，任何人都不应该在室内吸烟。提升家中的通风非常重要且必要，而质量好的空气净化器也会有很大的帮助。

▌空气清净设备

□ 空气过滤器与空气净化器

　　空气在通过空调系统时，会顺道被机器过滤。滤网也应依据厂商建议定期清理，以确保其发挥功能。不过，这类机器只能阻挡较大的粒子。

　　不过，市面上还有空气净化器。如果家里有人吸烟或有其他空气问题，质量好的空气净化器很有帮助，只是机种不同，效果也不一样。这类机器采用的技术随时间而不同，因此在购买之前，最好先参考相关信息。如果不想浪费钱，依据房屋大小选择适当机种并细心维护相当重要，具有HEPA滤网的机种效果最佳。HEPA滤网几乎可以除去空气中各种杂质，包括霉菌孢子、花粉、动物皮屑、灰尘、二手烟及某些细菌，但是无法滤除气体（大多数空气净化器也无法滤除气体，除非装有吸附物质的机种）。

　　另外，据说空气净化器对尘螨过敏原没什么效果，因为这种过敏原只会在空气中停留一小段时间，接着就停在物体表面。目前美国环保署也不建议使用空气净化器去除氡气，最有效的方法还是控制来源，空气净化器应该只当作备用工具。

☐ 室内盆栽

你可能在书中读过植物能净化空气。植物确实能清除家中一氧化碳、甲醛、苯及三氯乙烯等的气体与蒸气，但美国环保署指出，一般数量的室内盆栽，对于清除污染物的效果其实相当有限。相信植物净化能力的人表示，每 9.3 平方米的空间只要两三个 20～25 厘米宽的盆栽就能净化空气，而且植物越多，空气越干净，种得越久净化效果也越好。不过必须注意的是，室内浇太多水会提高湿度，同时造成霉菌滋生或其他问题。比较好的办法应该是依据喜好选择室内盆栽的种类与数量，并考虑哪些植物最适合种植在室内，同时也不会造成室内环境过度潮湿。

2

与微生物和平共存

我们在学校都学过，人类的皮肤表面、体内及家里，时时刻刻都寄居着数十亿个微生物。不过，除非是医师、护士、微生物学家或神经质的人，否则很少人会想到这一点。我上中学时，自然老师为了劝阻我们接吻，要我们亲吻培养皿后送进实验室培养，看看樱桃小嘴上的细菌长成什么可怕的东西。但毛茸茸的培养皿并没有让我们放弃接吻，而这位用错方法的老师最后只成功地公开羞辱了一个可怜的男孩。他的培养皿长出来的东西格外鲜艳，而且种类繁多。

自从科学界发现了微生物在危险传染病传播过程中扮演的角色，神经质的人从此有了无理取闹的全新理由，医师也开始发现有患者极端地避免细菌感染。患者不仅不敢接吻，甚至拒绝触摸门把及日常社交的握手礼节。许多人都稍有这类倾向，若你也是如此，以下事实或许会对你有帮助：洗碗槽或马桶冲水把手上的细菌数量比不过健康人体鼻腔中的细菌数量，而我们不可能也不应该改变鼻腔里的生态系统。历史上更从来没有哪次流行性传染病是因为家里打扫得不够干净所引爆。尽管如此，仍应把家里打扫干净，尽可能降低病菌造成的危害。

抗生素问世后，人类对细菌的恐惧已经比 20 世纪前半纪减少许多。当时严重感染患者通常不在医院治疗，而是在家里，且消毒往往成为决定生死的关键。不过，随着艾滋病与抗药性结核病的出现、某些食源性疾病渐增的发生率，以及 20 世纪 70 年代不断浮现退伍军人症等种种令人害怕的新疾病，使得大众再次对感染感到恐惧。这样的恐惧也反映在超市与商店货架上不断推陈出新的防腐与抗菌产品。由于这类消毒洗洁剂使用简便、气味又清香，且能轻易取得，想要以金钱换取时间的人往往会用这些杀菌化学产品取代人工清洁，但这种习惯其实相当令人担忧。

家中防范传染病的最佳方式仍是清洁(以一般清洁剂或肥皂去除污垢)，而不是消毒（以杀菌剂杀死细菌）。在清楚清洁与杀菌的区别及充分了解的前提下使用家用消毒剂与杀菌剂，的确能加强清洁效果，但绝对没办法取代清洁。加强的方法说明如下 [①] 。（如果要消灭食物内部或厨房用具表面的细菌，请见上册第 13 章《饮食安全》。）

---

① 美国环保署曾经界定杀菌剂和消毒剂的区别。但本书采用一般大众的定义，将这两种产品视为相同。

家中过度使用抗菌产品？

现在市面上有许多含有消毒杀菌成分的洗碗精、家用洗洁剂、护手霜、洗手皂、肥皂及海绵，想找到不含这类成分的产品反而不容易。然而，科学家与医师开始对这种现象感到忧心，理由至少有二。

第一是大众会对这类产品的功效产生误解，或是认为只要依赖消毒剂，就不需要采取一般清洁与卫生措施。之所以会发生这类现象，部分原因在于不实的标签与广告花招。举例来说，某些洗碗精上写着大大的"抗菌"字样，但一旁的小字却标注抗菌效果仅限于洗手，不包括碗盘。厂商避免宣称产品能消灭碗盘上的细菌，以此规避环保署的抗菌产品登记程序（因为手部除菌产品的管理单位是美国食品和药物管理局，不是环保署），同时也避免真的得去证明产品有此功效。不过，因为商标上明显标示产品是用来洗碗，而且有抗菌功能，误导人们以为这类产品能消除碗盘上的细菌（我一开始也是如此）。20 世纪 90 年代中期，添加抗菌剂（通常是三氯沙）的玩具、厨房用具、砧板等产品大为流行，也引起类似的担忧。依据法律，只有为防止产品因微生物作用腐坏或变质而添加的抗菌剂必须登记，因此这类"抗菌产品"便可免除在外。直到 1998 年，美国环保署才终于着手制止。

一般大众是否知道，许多家用消毒剂会因为食物碎屑、排泄物及其他来自动植物的物质而失效？如果在使用某些消毒产品之前没有先清洁物体表面，消毒效果可能会完全等于零。此外，使用抗菌剂时必须完全遵照厂商指示或专家建议，且通常得静候一段时间，才能充分发挥效果。各种抗菌剂对不同微生物的防治效果不同，而且尽管能大幅减少某些微生物的数量（包括有益的微生物），但不可能完全消灭。也许，最重要的一点是，目前没有证据证明抗菌剂在家中确实有防治疾病的功效。美国感染控制及流行病学专业人员学会（APIC）在 1997 年发表的声明《家用抗菌产品的使用》中，便提到了这些问题。以下是声明全文：

事由

近年来，厂商开始将具有抗菌作用的成分添加在玩具、烹饪用具、手部保养品等家用产品中。1997 年 1 月 7 日《华尔街日报》有一篇文章曾经提出："从 1996 年年初至今，市面上已出现近 150 种宣称具有抗美国食品和药物管理局负责管理抗菌洗手皂、用于身体或加工食品的物质，以及可能进入加工食品的物质。美国环保署则负责管理其他各种抗菌剂。环保署登记在案的抗菌剂不可用于人体上，这类抗菌剂包括用于地板、墙壁、瓷砖、浴室表面等硬质或无生物表面的一般家用消毒洗洁剂。

环保署区分了数种登记类别，而产品必须通过多项测试，才能登记成其中一个类别。防治大肠杆菌、沙门氏菌或轮状病毒等致病有机体的抗菌剂称为"公共卫生抗菌剂"。厂商必须提交充足的数据，证明产品确实有防治特定病原体的功效，环保署才会将之登记为公共卫生抗菌剂，若未登记，厂商则不得宣称产品具有公共卫生的功效。另外，即使产品已经登记为公共卫生抗菌剂，厂商也只能宣称产品可对抗致病微生物，不得以任何形式宣称产品可防治疾病。

公共卫生抗菌剂依据产品是否符合特定效能指标，分为抑菌剂（bacteriostat）、杀菌剂（sanitizer）、消毒剂（disinfectant，功效比杀菌剂强）、灭菌剂（sterilizer，杀菌效果最强）。此外，环保署还将某些抗菌剂区分为杀真菌剂和杀病毒剂。产品一旦登记成某一类别，厂商对产品所做的宣称便具有特定限制。

抑菌剂能抑制细菌在无生命环境中增生，防止织品腐烂、发臭，或是避免油漆变质等。抑菌产品必须登记，才可宣称具公共卫生功效。因此，如果厂商宣称某款砧板经过抑菌处理，已经消灭常见的食物病原体，就必须登记且提交其效力的数据证明。

杀菌剂可在短时间内消除某种细菌达一定比例。用于会接触到食物的表面（例如砧板）的杀菌剂，必须能消除 99.999% 的受测微生物；用于不会接触到食物的表面（例如墙壁、地板、浴缸、洗碗槽）的杀菌剂则必须能消除 99.9% 的受测微生物。杀菌剂可将微生物数量减少到符合公共卫生法规的安全水平，不过不一定能消除物体表面上所有微生物。杀菌产品的商标上会说明是能"消除""显著减少"或使"细菌数量减少适当比例"。

消毒剂可消灭或永久抑制所有受测微生物，但不一定能消除其孢子。消毒剂可分为"有限性"或"广效性"（表示革兰阴性和阳性细菌均可消灭）。另外，还有一种"医用"消毒剂，这类产品必须符合更严格的效能指标。有限性消毒剂必须清楚说明其限制为何，例如只可防治的微生物种类；广效性消毒剂则通常标示其对常见的家中细菌有效。灭菌剂可破坏或消灭各种形式的细菌、真菌及病毒，包括其孢子（最难消除的微生物）。灭真菌剂与灭病毒剂必须明确标示该产品可防治哪些真菌或病毒。

环保署登记在案的杀菌剂和消毒剂还必须附有使用说明，并针对潜在危险提出相关警语。使用消毒剂或杀菌剂时，必须严格遵照使用指示，尤其是使用产品后的等待时间，否则将无法充分发挥标示说明的消毒或杀菌效果。

---

① timicrobial，泛指灭杀或抑制细菌、真菌、病毒的家用或药用产品。正确译名应为"抗微生物剂"，此处取常用译名。

菌效果的产品，数目接近 1995 年同类产品的两倍，而厂商也暗示消费者使用这些产品将降低感染风险。"

问题说明

我们相当担心大众对这类产品抱持错误的安全感，因而忽略维持良好卫生习惯（例如洗手）的重要性。此外，这类产品大多宣称能够"抗菌"，但许多孩童及成人传染病其实是由病毒引起。

APIC 曾向 11 家公司询问，但并未取得任何有关消费者对于产品效用想法的信息。

结论

这类产品预防感染的效果目前尚未得到证实。APIC 也不鼓励使用这类暗示可预防感染的家用抗菌产品。

目前不仅没有证据可证明这类产品有助于减少家中感染的发生率，有些科学家甚至担忧可能造成反效果。科学家推测，滥用这类产品可能导致抗药性细菌出现。这种细菌不仅无法用消毒剂消灭，甚至还能抵挡抗生素。美国微生物协会主席莱维教授（Stuart B. Levy）曾经提出警告：如果我们走火入魔地试图建立无菌环境，将会发现身边有许多细菌对于抗菌产品抵抗力很强，甚至能抵挡抗生素。接下来，一旦我们真的需要消毒家里和双手（例如有家人刚出院回家，还很容易遭到感染）时，就会发现周遭的细菌已经都具有抗药性。因此，不难想象，当我们过度使用抗菌剂和抗生素，家里就会变得像医院一样，成为顽强病菌的乐园。

莱维教授假定，滥用抗菌剂可能会影响家中微生物的平衡。因为抗菌剂会完全不分好坏地杀死微生物，只有比较难杀死或有抗药性的微生物能存活下来。接着，这些存活下来的微生物会因少了一般微生物竞争而过度繁殖。如果其中又有病原体，那么我们不仅没能降低感染概率，还反而增加。此外，莱维教授也推论，家中若常使用抗菌剂，长期残留的活性成分将会提高存活细菌产生抗药性的可能性。这些可能残留活性成分的抗菌剂包括四级铵化合物、酚类、碘伏及三氯沙（也是一种酚类）。如需进一步了解这些抗菌剂，请参阅第 50 ~ 56 页的"杀菌剂与消毒剂词汇表"。

家中若打扫得清洁卫生，这类产品并非必要。根据莱维教授的说法，在肥皂和清洁剂的一般清洁程序仍不足用时，最好使用传统的消毒方法。

含氯漂白剂、异丙醇及过氧化氢都能快速挥发（蒸发或分解），消灭病菌后不会长期残留，也不会杀死益菌或促进抗药性的细菌增生。因此，这些消毒剂都能有效防治许多种家中常见的微生物。另外，对于一般清洁而言，在家中使用一般肥皂洗手已经绰绰有余，不需要使用抗菌产品。如果需要更进一步的清洁，请参阅第 45～48 页。

莱维教授的研究初步证实了他的推论：在家中滥用抗菌剂，可能会使细菌对消毒剂或对抗生素都具有抵抗力。然而，许多知名科学家质疑这个说法，因此，要证明究竟哪一方的说法正确，还需要进一步的研究。不过，对这个问题持不同看法的双方专家一致认为，除非家中有人因为疾病、癌症或器官移植而使免疫功能降低，或有新生儿、年长者及重病患者等特别容易受到感染的对象，否则抗菌剂在家中功效相当有限。双方专家也一致认为，在上述的少数情况下，一般消毒剂的最佳选择是以水适当稀释的含氯漂白剂。但如果家中有人特别容易受到感染，请寻求医师建议。

▌家庭环境中的微生物

☐ 微生物在哪里，以及是如何到达这些地方的？

微生物在家中的主要居处有三：第一，在物体表面，或物料与物品中。范围从浴室洗手台、厨房洗碗槽，一直到食物、衣物及书籍等。第二，在空气中。第三，可能居住在水中，但提供安全的自来水通常是政府的责任，而不是屋主（如果你使用井水或是其他不安全的公用水源，请向当地的合作推广服务中心或公共卫生部门寻求建议与协助）。另外，针对如何安全地储存与准备食物，可参阅上册第 13 章《饮食安全》；针对清洁空气，则可参阅本书第 1 章《室内通风》。

家中微生物的来源之一是我们自己的身体。微生物会借由咳嗽、喷嚏、杂志、碟子、杯子、电话上的唾液和用过的卫生纸散播出去。有些肠道内的微生物也会存在居家环境中，或在使用洗手间与尿布更换台后黏附于双手，再被带到其他地方。这些地方可能是衣物、家具、书籍，甚至其他人的手，然后从这里再进一步散播。

食材会把许多微生物带进厨房，畜肉、禽肉、蔬菜、水果及奶酪都会将霉菌、细菌和病毒留在沥水板、台面、碟子、洗碗槽与厨具上。我们让微生物随着身体、物品、清洁用品和用具在家中四处移动；苍蝇、蟑螂、跳蚤、老鼠及其他害虫也会带着微生物在家中四处游走，或从室外带进室内。另外，微生物会随风吹进或随水流进室内，而任何人穿鞋子走进室内带进来的东西，也都会留在地板上。

其实，这些到你家取暖的生物几乎无害（有些甚至还对人类有益）。但多数情况下，病原体也会在住家中大量繁殖，只是不一定会致病。

□ 家中主要的病原体种类：细菌、病毒及真菌

细菌——这些细菌有时候会出现在我们家中：大肠杆菌、绿脓杆菌、葡萄球菌、链球菌、沙门氏菌以及退伍军人杆菌。在适当的条件下，这些细菌的致病品系可能造成各种疾病，从肠胃炎（食物中毒），到皮肤感染（疥疮）、喉咙痛及肺炎等。家中潮湿的地方细菌最多，例如厨房、浴室、洗衣间、泡澡桶、浴缸以及地下室，因为细菌需要水分来大量繁殖。另外，还有浴室踏垫、水桶、拖把、厨房的清洁海绵、各种抹布和擦拭布、用过或湿的洗碗布与擦碗巾、砧板、厨房台面、炉台及桌面等比较不容易注意到的地方。任何积水也都可能隐藏危险的细菌。加湿器、除湿机、汽化器及冷气机也可提供水分，让细菌、真菌、阿米巴原虫及原生动物增生。只要保持物品干燥，对抑制细菌增生就有很大的功效。干的海绵、毛巾、洗碗槽、台面及地下室，细菌都会比较少。

受污染的食物会将无害和有害的细菌散播到厨房的物体表面和厨具。而双手沾上病原体后，也可能进一步带到砧板、他人手上以及其他食物上。喷嚏、冲马桶时喷溅到空气中的液体、加湿器喷出的蒸气，也都会使细菌散布到空气中。

有一类细菌称为肠杆菌，原文来自希腊文的"entron"，意思是"肠子"。这种细菌会造成轻重不一的疾病，视环境条件而定。肠杆菌经常出现在家中可能受排泄物污染的区域，例如尿布桶[①]、尿布更换台、马桶、马桶刷、水槽、浴缸（因为我们在这里清洗），以及手沾到排泄物之后可能触摸的

---

① Diaper pail，专门装用过的纸尿布。纸尿布若丢置在一般垃圾桶中，会因散发异味而需频繁地倒垃圾，但使用尿布桶可以免去这个烦恼，也比较环保。由上层的开口丢弃尿布，当桶内尿布满了，再从下层开口取出内袋丢弃尿布。有些尿布桶还设有放置小苏打粉的沟槽，加强吸收异味的能力。

地方。许多研究发现，这类细菌也会大量出现在厨房里的洗碗槽、排水管及海绵中。

病毒——致病病毒会随喷嚏和咳嗽散布在空气中。某些病毒能长时间存活在物体表面，再携带、散播、感染其他人。导致多种感冒的鼻病毒不论是从手移转到硬质表面，还是在完全干燥的情况下，都能存活下来，并再转移到其他人手上使其感冒。如果从空气中吸入带有病毒的小水滴，同样也会感冒。A 型与 B 型流感病毒或许会透过受污染的物体表面传播，但一般认为主要传播途径是空气。只要接触遭严重污染的卫生纸数分钟，或接触不透水的硬质表面 2~8 小时，就会感染 A 型流感。

肠病毒与肠杆菌一样，是透过排泄物污染进入家中。轮状病毒容易因物体表面的污染散播，也常导致腹泻，必须住院治疗，孩童尤其容易感染。呼吸道融合瘤病毒（RSV）这种孩童下呼吸道感染的常见因素，可在物体表面存活长达 30 小时，主要传播方式为接触沾有病毒的物体表面。

真菌——真菌大概是地球上数量最大、种类最繁多的物种。真菌包括酵母菌、霉菌及白粉霉。许多真菌对人类很有益，在奶酪、面包、抗生素、维生素和酶的制作，以及生物分解的过程中，也扮演相当重要的角色。

真菌特别喜欢潮湿之处。当相对湿度达 75% 以上时，生长速度最快；而湿度越低，速度则越慢，甚至完全停顿。真菌喜欢略偏凉爽的温度（10～15.5℃），但可适应的温度范围更广一些，因此浴帘、瓷砖接缝、食物（不论是否冷藏）上都会有其踪迹，并活跃于地下室、地板下的管线空间、洗衣间及湿的织品上（如桌巾）。另外，使用不当和不常清理的冰箱滴水盘、冷气机、加湿器、除湿机及汽化器更是真菌的乐园。

在户外，真菌居住在土壤内和植被表面，帮助有机物质腐化与分解；在你家，真菌也是以这类有机物质为目标。真菌会使家中潮湿的木料腐朽，包含家具与壁炉柴火，也会使木板墙从里烂到外。真菌的孢子会随空气四处飘散，因此很难完全避免家中空气遭到污染，或使过敏患者感到不适。过敏性肺炎（又称为"加湿器肺炎"）就是因吸入家中霉菌所造成。

真菌也会造成体癣和香港脚等感染。尽管真菌感染通常为局部且比较温和，但有时也不容易消灭。对患有免疫抑制的人群等特别虚弱的人而言，真菌更可能危害生命，且难以治愈。举例来说，居住在土壤中的曲菌，家里也相当常见，尽管通常无害，但可能在某些人身上造成过敏性肺炎，而在免疫抑制病患人群（如器官移植者与艾滋病病患）身上，更可能导致危险的全身性感染。

除了可能造成过敏和感染，霉菌还会破坏食物的外观与味道，食用的话，更可能会招致危险。请参阅上册第219～221页的"常见食品病原体指南"。

▌感染的必备条件

即使家里可能有致病微生物，不论是什么种类，都不代表一定会使人生病。要真正导致疾病，除了要有病原体，还得符合几个条件。第一，这种微生物必须进入人体，途径通常为口、鼻、眼结膜及伤口。微生物通常无法自己穿过皮肤（极少数的例外是裂体蛭病与体癣等）。第二，进入人体的微生物数目必须达到足以感染的量。第三，这个人体在该数量的微生物攻击下会遭到感染。因此，微生物学对"干净"的定义，是指有机会进入可能受感染者体内，没有足够数量的有害微生物。

每个人可能受感染的程度不一，幼童与年长者对感染的抵抗力通常比较低。一般而言，不健康的人也会比健康的人病得更重，造成感染的微生物量也较小。抵抗力较弱的人包括严重感染或得重病的患者（如结核病患者、接受癌症化疗的患者、器官移植者、艾滋病患者），以及患有免疫抑制的人群。因此，如果家中有人属于这几类状况，必须更加留意去保护他们（同时也是保护自己），并寻求医师或其他医疗专业人员的建议。

细菌的大小通常介于1～2微米，病毒则更小（1微米是百万分之一米）。微生物非常小，只要吃进一小块食物或吸入空气中一小滴水分，就能达到足以感染的数量。许多微生物能存活于家中的各种物体表面，包括台面、水槽、杂志、马桶冲水把手、电灯开关及床单等，存活时间则可能由数分钟至数天不等，依温度、湿度及微生物种类而定。当你触碰这些物体表面，手上就可能带有感染原，若此时再用手触摸眼睛、鼻子或嘴唇，就会把微生物送进体内，且或许这些微生物已经达到感染的量。不过，足以感染的量因人而异，也随微生物的品系和种类而有所变化。在各种食源性病原体中，志贺杆菌能造成感染的数量相对来说很低，只要100个细菌就可使健康的成人感染。至于沙门氏菌会不会感染则大多取决于年龄、健康状况，甚至是携带此种细菌的食物种类，通常幼童或年长者吃进 10～100 个细菌便可能致病，但健康成人必须吃进 100 万个以上才可能感染。某些品系的大肠杆菌必须吃进 100 万个才会致病，但针对可能致死的 O157:H7 大肠杆菌，一些科学家表示，只要 50 个，甚至更少，就会致病（请参阅上册第 13 章《饮食安全》）。

染上流感的前提是体内必须存在达到一定数量的流感病毒，但其实在接触流感患者触碰过的物体表面或卫生纸时，我们可能就吸入足量病毒了。一般感冒和流感病毒通常很快就会散布家中，因为病毒会飘散在空气中，而你又很难避免吸入。此外，病毒也会很快就沾到手上，再进一步污染家中所有物品。会染上流感，便是因为吸入这些流感病毒，或是因为触摸受污染的物体表面，引起病毒在人体发生自体接种①。打开窗户让家里通风可减少空气传播病原体的数目，进而降低感染疾病的概率。

▍清洁与消毒

在家中难免会受到一些感染。我们的目标不是完全根绝感染，而是降低感染风险，并防止危险的感染。有四种方法可以达到这个目的：①经常洗手；②经常彻底清洁物体表面，并在适当状况下审慎使用消毒剂；③清洁时使用未受污染也不会造成污染的工具及用品；④保持物品干燥。

□ 洗手

洗手的重要性——除了空气和水，我们的双手大概是病原体在家中散播最主要的途径。因此，经常洗手也是对抗家中病原体的最佳方法。在上厕所、换尿布、倒尿布桶、清理洗手间、触摸马桶刷与尿布更换台、触摸生肉或任何可能接触生肉的物品、触摸或清洁宠物及其砂盆与笼子，以及在刷洗地板或在房屋周围与院子进行会弄脏身体的工作之后，我们都要记得洗手。我和丈夫发现，孩子在包尿布阶段，尽管我们已相当注意卫生，偶尔还是会莫名其妙地短暂感染"肠胃型感冒"。一旦孩子脱离了包尿布阶段，这

① Self-inoculation，指自体菌苗或疾病从身体的一部分感染到另一部分，通常是患者用手抠搔或搓揉患部，再触摸到未感染的皮肤或身体其他部位所导致。

类症状也随之消失。我想，许多家中有婴儿的人一定也有这种状况，因为我们实在很难避免在公园长椅或草坪上换尿布，而这些地方都比较没机会洗手（我对公厕里的尿布更换台也不大信任，虽然在公厕可以洗手，但你不会用水清洗所有接触过更换台的物品。因此，可以的话，在尿布更换垫或宝宝底下铺一层干净的纸巾）。洗手后彻底烘干双手，也可进一步减少微生物数目。水分有助于微生物生存，并让微生物更容易转移到你的手上。

在医院和日间护理中心，对抗感染则是当务之急。开水龙头通常会隔着纸巾，或转而用脚踏板开启，以避免水龙头把手造成交叉污染。家里当然没办法做得像医院一样，但如果你的双手有可能沾上危险污染物（例如刚刚处理过生鸡肉），可以在开关水龙头时垫上一张纸巾或卫生纸，或是直接以手臂或手肘来开关水龙头。如果你是徒手开水龙头，关水时就要用干净的厨房纸巾或卫生纸垫着。另外，水龙头也一定要擦干净，否则下一个触摸的人就会被你手上的东西污染。

洗手皂必须在使用前后加以冲洗，并放在皂盒上晾干。此外，不要一直将新的洗手液加入已经用过的瓶子，这样会增加洗手液受到污染的风险。正确的做法应是用完后直接换新的，或是在彻底清洁瓶子后再装入新的。这么一来，即使洗手液曾受到污染，至少在换装之后的瓶子和洗手液是干净的。

靠近食材和处理食材的洗碗槽不应该用来洗手。从这里可以引申出更通用的家事原则：食材和所有接近或接触食材的物品，都必须和接近或接触人类排泄物的物品彻底分离。例如尿布桶等物品就绝对不能接近厨房。即使是质料非常好的丝质内衣裤，也不能在洗碗槽清洗。请参阅上册第9章《厨房文化》，第132页。

护手霜与乳霜可以防止双手因过度摩擦而产生的不适。破皮的皮肤会带有更多细菌，而且更容易受到感染。护手霜与乳霜使用一段时间后，可能会遭细菌污染，因此请选择很快就可用完的小瓶装。另外，最好使用压瓶，

洗手十分重要	19世纪时，医界引进了防腐技术。匈牙利产科医师塞麦尔维斯（Ignaz Semmelweis）发现，在产科病房中推行洗手，可大幅降低产褥热（产后子宫感染）的发生率。时至今日，受污染的手仍是医院内感染的主要来源，洗手也仍然是在医院内防止感染扩大的主要对策。这个原则在家中一样适用。

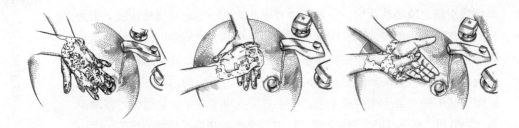

而非直接以手指蘸取的容器。

抗菌洗手皂：一般状况下没有必要——一般洗手皂、水以及抗菌洗手皂，都可大幅减少手上的微生物数目，而一般洗手皂和水就能消灭许多微生物。另外，因为洗手皂和水是以力学方式将微生物抬起再冲掉，所以可以大幅减少手上暂存微生物的数目。搓洗越多次，可除去越多微生物。一项研究发现，用一般洗手皂和水洗手，可去除 90% 以上的受测细菌。

抗菌洗手皂针对手上暂存的微生物，能促使其死亡或停止活动，功效比一般洗手皂强。然而，美国疾病预防控制中心建议，即使是医护人员，在患者的日常护理上也只需使用一般洗手皂来洗手，抗菌产品则留待照顾新生儿、高风险病房患者、免疫抑制情况严重的病患时使用，以防止特别虚弱的患者遭护理者手上的细菌感染。如果一般人在家里也遵守这个规则，大概完全不需要用到抗菌洗手皂，除非家里有新生儿、免疫抑制病患者或

如何洗手	首先用水冲湿双手，接着抹上洗手皂或消毒型洗手液。洗手皂（尤其是含有抗菌剂的产品）可能会刺激皮肤，且对干燥皮肤的刺激更大。一般液态洗手皂的用量是 1 毫升，抗菌的液态洗手皂则是 3~5 毫升，如果压瓶功能正常，通常按压一次就可以（1 茶匙大约是 5 毫升）。使用洗手皂时，务必先搓出适量泡沫，接着用力搓洗双手各处，包括手心、手背、指尖、指缝、手腕、指甲及戒指下方。以这种方式持续清洗约 15 秒，需要时可以加长时间（专家建议 10~20 秒）。一位感染防治护理专家建议，可以唱一首 *Yankee Doodle* 作为洗手时间的标准①。 在流动的水下彻底冲洗，然后用干净的干毛巾或纸巾擦干双手。擦拭时必须略微用力，一方面可以擦得更干，另一方面也可借此摩擦去除一些微生物。

① 全曲 15 秒左右，中文可唱一次《妹妹背着洋娃娃》。

是重病患者。除了这些特殊状况，抗菌洗手皂其实没有特别功效，价格较高，对皮肤刺激也较大。由此可见，使用抗菌洗手皂可能还造成反效果。此外，如果皮肤皲裂或变粗，更容易遭微生物入侵，皮肤一旦破了皮，细菌数目也会高于健康皮肤。因此，如果要使用这类洗手剂，请选择不会使皮肤干燥或变粗的产品，也不要选择具有消除真菌等特定功能的产品。看清楚标签上的功效说明。要记得，用消灭细菌的产品来对付病毒或真菌，效果不会比一般洗手皂来得好。

□ 清洁的重要性远高于消毒

关于消毒与清洁——只要保持家中清洁，就能大幅降低微生物的污染程度。清洁（用清洁剂加水或其他全效洗洁物质除去灰尘、污垢和油脂）可洗去许多微生物及其赖以维生的食物与水。消毒和杀菌通常建议当作备用，用来加强已经相当足够的清洁习惯，而不是予以取代。消毒不会制造出无菌的表面和物品，但如果适当使用并结合清洁习惯，将有助于减少有害细菌的数目。如果想消灭特定病原体，或是想处理可能对健康造成严重危害的状况，最好寻求医疗或公共卫生部门的建议（如需了解厨房中接触到食物的表面和其他表面的消毒相关信息，请参阅上册第13章《饮食安全》，第213～219页）。

杀菌剂和消毒剂的使用要有效率，因此你得知道这些产品在什么时候可能发挥功效（参阅以下建议），以及哪些产品最切合需求。第50～56页的词汇表简单说明了一般家庭中可能使用的杀菌剂和消毒剂。其中，家用含氯漂白剂（5.25%的次氯酸钠溶液）加水稀释后，对于能使用这项产品的物体而言格外好用，也能满足家庭清洁的多项需求。此外，家用含氯漂白剂价格低廉、化学成分单纯、对环境无害、效果媲美一般消毒剂，医学界对此也相当熟悉，且一般认为相当安全。

在不会接触到食物的表面上，含氯漂白剂有时可以与清洁剂同时使用，一次完成清洁与消毒程序。相关指示请参阅第53～54页。你也可以比照消毒接触食物的表面的方式，先清洁，再以加水稀释过的漂白溶液消毒（关于消毒接触食物的表面的程序，请参阅上册第13章，第214页）。消毒前必须先清洁，是为了要去除血液、粪便或食物等可能使漂白剂失效的有机物质及其他家用消毒剂（如需了解更多相关信息，请参阅词汇表第50～56

页）。你也可以购买市面上标榜清洁与消毒一次完成的产品。

如果产品指示先清洁再消毒，才能充分发挥产品的杀菌或消毒功效，你就得照做。如果有疑问，产品厂商几乎都有服务电话可供咨询。

杀菌剂和消毒剂的使用指示通常会规定适当的作用时间。要充分杀菌和消毒，必须让杀菌剂和消毒剂在表面停留至规定的时间，通常是30秒，或1分钟、5分钟、10分钟、30分钟，甚至更久。如果太早冲掉或太快开始起用物体表面（有些消毒剂不需要冲洗），消毒剂就无法达成任务。每款产品需要的接触时间不同，有些作用很快，有些则较慢。

不论是一次完成清洁和消毒，或是先清洁再消毒，清洁时都要用力擦洗。微生物可能很快（往往只要20分钟）就会附着在厨房或家中其他的物体表面，有些微生物甚至可能附着在先前的微生物上，形成二三十层的微生物。这些微生物层可能包括细菌、酵母菌、霉菌、藻类及食物微粒。不论物体表面多么光滑、坚硬、致密，这种生物膜都能紧紧附着，连玻璃和不锈钢也不例外。更糟的是，生物膜内的微生物能抵抗杀菌剂，且存在越久，越不容易消灭。不过，用力擦洗将有助于去除这层生物膜。

使用的时机和地点——除了厨房，在以下的居家环境中，杀菌剂和消毒剂也很有用：

- ◆ 定期用于马桶内外，以及马桶附近的表面与地板。
- ◆ 偶尔用于浴缸和淋浴间，防止霉菌和细菌滋生。
- ◆ 用于按摩浴缸和泡澡桶，并需遵守厂商指示。
- ◆ 经常用于排水管及连接管。
- ◆ 用于发出霉味的地方（代表此处有霉菌）。
- ◆ 定期用于尿布桶或清洗尿布时使用。
- ◆ 定期用于尿布更换台（但请参阅下文"家有婴儿时的注意事项"）。
- ◆ 潮湿的地下室。
- ◆ 孩童或宠物发生意外时。
- ◆ 清理宠物的笼子和砂盆时（但必须确认对宠物没有危险。酚类消毒剂不可用在猫的周围，见第55页）。

在针对特别容易感染的人（婴儿、年长者、免疫抑制病患者、重病患者），或是当家中出现感染性疾病时，杀菌剂和消毒剂可能相当有效。此外，为了保护这些虚弱的人，你也应该依照医师指示，并遵守所有食物安全守则。

要控制感染扩散（包括感冒、流感、腹泻、肠胃炎等），除了要经常用力搓洗双手，丢弃尿布、排泄物及用过的卫生纸时也要特别小心。手帕弄脏后应该立刻使用漂白剂、清洁剂及热水清洗。如果病人情况严重，其衣物和寝具也要采用同样的清洗方式，洗好后必须放置在不会被无意间触碰到的地方。如果家中成员有肠胃感染症状，可以用消毒剂清洁马桶和浴室。

平时应该避免共享杯盘，家中出现感染性疾病时更要如此。感染患者用过的碟子、杯子如果只是随便冲洗，并无法有效去除污染。因此，如果有洗碗机，请使用洗碗机的"一般"（或时间最长、温度最高的）洗程；如果没有，就用热肥皂水用力搓洗，并以流动的热水彻底冲洗，接着再晾干或用干净的毛巾擦干。请参阅上册第140~141页。感染或虚弱的家人可能碰触到的表面，则应使用广效型消毒洗洁剂，指纹可能积聚之处也应如此，包括电话听筒和按键、门把、冰箱门把、把手、橱柜把手、水龙头、马桶冲水把手、电器开关（包括收音机、音响、电视和其他电器）、电灯开关，以及计算机键盘等。在有孩童的家庭中，玩具往往也是孩童互相传染的途径。

选择正确的消毒剂。有霉菌的地方要用消灭真菌的消毒剂，如果要防

清理饱含微生物的脏乱情况

厨房纸巾特别适合用来清除任何可能饱含细菌的小滩液体或脏乱，例如生鸡肉的汁液、宠物或孩子的尿液等。如果是大片液体，用旧毛巾或专用抹布会比较方便。若液体非常大量或非常肮脏，要记得戴上抛弃式手套。

如果使用厨房纸巾，清理之后要将纸巾放进塑料袋，并封好袋口才能放进垃圾桶。如果使用旧毛巾或专用抹布，清理之后一定要冲洗干净。如果擦拭的物质可以冲掉，就使用与尿布相同的处理方式：戴着塑料手套，拿着布的一端，把布浸到马桶水里，洗去沾在上面的东西，再将布上的水拧进马桶。需要时可用塑料刀刮拭布面，再将刀子丢弃，但如果擦拭的物质没办法冲掉，就将布放进大塑料袋，把布上的东西抖入袋子。把布移到马桶上方冲洗，接着用洗衣剂、热水及含氯漂白剂洗涤（用热肥皂水清洗脏污所在位置）。若要消毒，可使用消毒洗洁剂，或依循第52~54页的说明使用含氯漂白剂。全部清理完毕后记得洗手。

止感冒传染，则要使用能消灭病毒的消毒剂。地板传播感染的风险通常较低，至少对成人而言是如此，因为地板很干燥，通常不是皮肤接触的区域，且不会参与食物准备过程或其他可能让病原体进入体内的过程（除非孩童或宠物不小心尿在地板上）。任何地方一旦发生这种情形，最好消毒。当家里有还在爬行或学步的婴幼儿，有些人也会选择消毒型的洗洁剂。

然而，不论使用哪种洗洁剂，都要等地板充分干燥、味道完全消散后，才能让孩子在地板上玩。请参阅下文"家有婴幼儿时的注意事项"。假若家中没有婴幼儿，我认为经常清洗地板便已足够，无须使用消毒剂。

很多人有进入家中脱鞋的习惯。如果家里有还在爬行或学步的婴幼儿，或是经常在地板上玩耍的孩童，入内脱鞋习惯相当好。在美国，除非是自家人或感情亲密的朋友，否则大多数主人不会要求脱鞋。日本人和早期荷兰人维持在室内脱鞋的习惯确实有道理，因为鞋子会带进泥沙、痰液、粪便、腐坏的食物，以及更多你可想到的东西。

家有婴幼儿时的注意事项——婴幼儿对杀菌剂和消毒剂中的成分比成人敏感得多。或许有人还记得 20 世纪 60 年代婴儿意外接触六氯酚所造成的憾事[①]。含有六氯酚的洗洁剂可能造成新生儿脑部损伤。还有一个案例是，医院用酚类洗洁剂擦抹婴儿床，但在将宝宝放回婴儿床之前没有充分通风，结果新生儿吸入挥发气体而罹患高胆红素血症。有鉴于此，将婴儿抱回婴儿床之前，最好能彻底冲洗、擦干所有消毒过的物体，并充分通风，且要避免在婴儿周围使用酚类（任何可能让幼儿接触烟气或挥发气体的房间、婴儿床、寝具等地方，都必须充分通风。但婴儿床的床垫或栏杆不需要使用消毒剂，除非沾过尿液或粪便）。消毒剂（含氯漂白剂的稀释溶液相当安全有效）很适合用于尿布更换台和尿布桶。寝具、睡衣及婴幼儿的其他衣物，也需要经常消毒。消毒时需要的只有热水、洗衣剂，有时再加上含氯漂白剂。请参阅上册第 27 章《衣物的消毒》。

[①] 1961 年时，有报道指出用 3% 六氯酚溶液为婴儿洗澡有助于防范凝固酶阳性葡萄球菌（CoNS）在皮肤上寄生，因此开始广泛应用于育婴室。1969 年，美国发生一例因新生儿在用 3% 六氯酚溶液沐浴后没有冲洗干净，4 天后导致婴儿皮肤开始脱落，并出现肌肉抽搐与惊厥的现象。

□ 清洁工具用品

应该使用新的、干净的用品和器具。湿的清洁用布、海绵、拖把，以及其他潮湿或肮脏的工具，是细菌的温床。如果在消毒物体表面后，再以受污染的毛巾或海绵擦拭，物体表面便会再次受到污染。抹布、海绵及其他清洁器具使用一次后便需要放入洗衣机，以热水、洗衣剂及含氯漂白剂洗涤。如果不能机洗，就放进热肥皂水用手清洗、冲洗，再浸入加水稀释过的漂白溶液中（消毒海绵、锅刷及其他厨房清洁用品，请参阅上册第13章，第217～218页）。如果你经常更换清洁的抹布与毛巾，那么可能必须多准备一些，才够用到下一次的洗衣日。厨房纸巾和其他抛弃式产品不会有微生物污染，但效果较差，价格也比较高。请参阅第4章《围裙、抹布和拖把》，第73～74页。

□ 保持物品干燥

肠内菌、绿脓杆菌、霉菌及其他微生物通常会在潮湿环境大量增生，所以保持物体表面及内部干燥相当有助于减少微生物。洗碗槽保持干燥几小时后，细菌会大幅减少；浴室如果保持干燥，也能防止霉菌（擦干台面、洗手台、瓷砖及其他表面，也有助于防止水中的化学物质对其造成长期、慢性的损坏）滋生。如果弄湿地毯，要尽快且彻底弄干，使霉菌和细菌没有机会寄生。因为一旦寄生，要完全根除便十分困难，甚至不可能。不要让水积存在家中任何地方，包括地下室、冰箱滴水盘、漏水的水管周围等等。

擦干物体表面时必须使用干净的用具，且一定要从较无污染的区域擦向污染较严重的区域。针对污染严重的区域，也要备有另一条干布擦拭。在潮湿、物体表面有水的空间里，通风相当重要，这有助缩短干燥时间。

在浴室中，浴巾和洗脸巾应该等到完全干燥后才能再次使用，否则就应使用干净的毛巾。另外，浴室中的毛巾不应该共享。我不喜欢用海绵清洁浴室，但如果你喜欢，使用一次之后就应该消毒，因为海绵内部相当阴暗潮湿，是微生物繁殖的好处所。不要将海绵放在浴缸或洗手台边一再重复吸水。各种海绵（包括沐浴球）、浮石及其他去角质沐浴用品在下次使用前都应该消毒，因为这些东西都会促使病原体滋生。根据医学报告，这类病原体会导致令人不快的皮肤病。沐浴球若放在淋浴间，潮湿状态会为细菌提供理想的生长介质，因此，如果你没办法每次使用前都消毒，光是晾干也能使细菌减少一些（不过至少要晾两周才有效果）。沐浴球如果重复吸水，细菌量会暴增。孩童的沐浴玩具也是一样，不可以带着水放在那里，应该在清洗及冲洗后，置于太阳下晒干。偶尔用稀释过的漂白溶液浸泡玩具，并冲洗及晾干。另外，我会特别避免购买水分不容易沥干或无法完全沥干的玩具（这是从痛苦经验得到的教训，因为我曾经在孩子的沐浴玩具上发现几个黑色的霉菌斑块，位置就在容易积存水汽的缝隙和隐蔽处）。

按摩浴缸和泡澡桶经常是皮肤感染的原因。请依据厂商指示清洁及消毒。

□ 阳光

阳光中的紫外线可以杀菌。然而，当阳光穿透一般的玻璃窗，许多紫外线便被滤除。因此，将家中陈设、玩具及织品放在太阳下曝晒，才能获得最佳效果。请参阅第 19 章《宜人的光线》。

▍杀菌剂与消毒剂词汇表

如果在超市购买家用消毒剂或杀菌剂，请确认你购买的产品具有明确的抗微生物功效。注意标签上是否有政府核准的登记字号，并仔细阅读标签，看清楚产品具备哪些功效，同时也要确认你选择的产品符合所需，例如是针对真菌、病毒或细菌，还是万用的广效型家用消毒剂。

市面上的消毒或杀菌产品，在商标上都会清楚标示使用指示。使用时必须确实遵守指示，才能充分发挥效果。像是可能会要求先清洁表面再使用此产品，另外可能也会规定等待或接触的时间。因为产品配方各不相同，所以使用指示可能会有很大差别。千万不要假设一种产品的使用方式应该与其他产品差不多，或是具有相同的功效。许多消毒剂具有毒性，请确实阅读并遵守商标上的注意事项。

酒精 alcohol——酒精是相当有效的家用消毒剂，可消灭多种微生物，并已运用了好几世纪。70% 的乙醇兑 30% 的水，杀菌效果比 100% 酒精好，因为蛋白质在水中比较容易变质，而有机体在酒精的消毒作用下，也会丧失活性。

对一般家庭而言，以酒精作为全效杀菌剂的效果没有漂白剂好，原因有好几个。首先，酒精就算稀释到70%，易燃性还是很高，使用时必须特别留意。也因为易燃性高，所以不能使用在很大的表面区域。

外用（异丙醇）
酒精

含氯漂白剂 chlorine bleach——家用含氯漂白剂（次氯酸钠，浓度通常是 5.25%）是相当好用的万用品，可用于清洁、杀菌、消毒、除臭，且能对抗多种细菌、病毒及霉菌。不过，如果你的目标不是一般的消毒，而是要消灭特定的微生物，请寻求专家建议，因为以下的建议并不适用于这类特殊用途。家用含氯漂白剂无法消灭所有微生物，不同微生物的作用速度也不一。不过，如果正确用于一般家庭用途，含氯漂白剂不仅有效，且价格低廉、功效广泛，对于接触到食物的表面、家中大多物品及环境而言，也都相当安全。在超市、五金行、家庭用品卖场、药房及杂货店都能买到含氯漂白剂。

氯含量超过 2×10^{-4} 的含氯漂白剂稀释溶液（大约是 1 大匙漂白剂兑 3.8 升的水）与其他多数消毒剂一样具有毒性。含氯漂白剂稀释溶液具有腐蚀性，且会刺激皮肤，因此请确实遵守使用指示。将漂白剂存放在安全处所并上锁，防止孩童接触。绝对不要将含氯漂白剂装在其他瓶罐中，也不可以将其他东西装入旧的漂白剂瓶，以免他人误认误用。

熟读标签上的安全说明，包括误食时的处理指示。永远遵循这个原则：不可以将含氯漂白剂混合酸、氨水，或是含有这些成分的产品。这么做会产生有毒气体或其他危险的化学反应。

市面上的次氯酸钠产品浓度大多是 5.25%，但有些产品的浓度较低，有些则可能高达 6%。以下提供的消毒指示是以浓度 5.25% 的次氯酸钠溶液为基准。不要以为未稀释含氯漂白剂消毒效果会比加水稀释过的更好，请确定遵守厂商的使用指示。

含氯白剂稀释溶液作用速度很快，但和其他消毒剂一样，对不同微生物的作用速度也不同。血液、食物及动植物碎屑等有机物质，都会使其失去消毒效果。

如果要消毒家中会接触食物的表面，美国农业部以及食品和药物管理局都建议使用含氯漂白剂，因为这种溶液既不会累积，也不会残留活性或有毒物质。含氯漂白剂很快就会分解，只会残留食盐和水。如果确实遵循使用指示，含氯漂白剂的确很适合用来消毒可漂白的婴儿用品、玩具、奶瓶及其他器具。不过，若晾干之后还残留氯的气味，很可能是溶液浓度仍太高。不过，人类对于氯的气味十分敏锐，根据美国农业部的资料，氯只要达0.01 ppm，我们就闻得出来。人类嗅觉对氯的敏感程度高出氨水5000倍，因此，即使物品有漂白剂味，仍然可以放心使用。

放置超过6个月后，未稀释的家用漂白剂就可能变质失效，不该再用来消毒或杀菌。洗衣用的漂白剂也应在放置9～12个月后加以更换。

注意：用来消毒和杀菌时，只能使用"一般"（regular）或"纯"（plain）漂白剂。使用漂白剂稀释溶液时也应戴上塑料手套，保护敏感的皮肤。如有疑问，请在使用漂白剂稀释溶液前先做测试。不要将漂白剂泼洒在衣物、家具、木质地板、地毯或其他物体表面。

危险！将含氯漂白剂与某些家庭用品混合的结果

如果将含氯漂白剂和酸或含有酸的东西混合在一起，就会产生氯气。氯气有毒，而且十分危险。当含氯漂白剂与排水管洗洁剂、马桶洗洁剂或家中其他酸性产品混合，便可能造成这种结果。如果将含氯漂白剂和氨水或含有氨水的物品混合，则会产生氯胺气体。这种气体对人体有害，会刺激肺部，而且可能致命。当含氯漂白剂与玻璃洗洁剂或含有氨水的全效洗洁液混合，便可能会造成这种结果。将含氯漂白剂和上述几种清洁剂或其他化学物质不当混合，还可能产生其他危险或有害的副产物。

要避免不慎将含氯漂白剂与酸或碱混合的情形发生。举例来说，洗碗机用的洗碗精，效果比一般洗碗精强得多，且含有含氯漂白剂，因此不可与氨水混合。有些浴室洗洁粉也含有含氯漂白剂。排水管洗洁剂可能是强酸或强碱，有些瓷砖洗洁剂则是酸性。

除了水与一般洗衣剂，绝对不要将含氯漂白剂与其他东西混合，除非有可以信赖的专家特别指示。如有任何疑问，请询问公共卫生机关，或是产品商标上的厂商服务电话。

使用漂白剂消毒不会接触到食物的表面

清洁坚硬且不会接触到食物的表面时，可以将漂白剂加入清洁剂和水中，同时完成清洁和消毒两个程序（但清洁会接触到食物的表面时，就不可以同时清洁和消毒。请遵循上册第214页消毒接触食物的表面的指示）。加水稀释的漂白剂溶液用于许多日常家务的效果都很好。针对制作可用于清洁、消毒及除臭的稀释溶液，一家漂白剂厂商提供的建议如下：

◆ 3/4 杯漂白剂。

◆ 4 升温水。

◆ 1 大匙洗衣粉。

◆ 使用此溶液洗净物品表面及内部，并让溶液停留至少 5 分钟，冲洗并晾干。

这种清洁消毒溶液可以用于浴室、厨房及婴儿房，也可用于下列各种硬质表面、物质成分及物品（但必须避免让漂白剂稀释溶液接触五金配件）。

◆ 浴缸

◆ 淋浴间

◆ 水槽

◆ 瓷

◆ 瓷砖（请注意深色或有色的接缝）

◆ 大理石

◆ 塑料

◆ 玻璃纤维

◆ 有珐琅漆的木作和墙壁

◆ 有乳胶珐琅漆的木作和墙壁

◆ 婴儿床、婴儿椅、尿布更换台等

◆ 婴儿用品，以及可水洗玩具

◆ 塑料婴儿床护栏及塑料婴儿床垫套

◆ 炉具

◆ 尿布桶（也可除臭）

◆ 冰箱,包含内部与外部（也可除臭）

◆ 室内垃圾桶（也可除臭）

这家厂商还针对各种物体表面与家中环境,提供清洁、除臭及消毒建议:

◆ 塑料地板、油毡地板、无蜡地板、瓷砖地板：以 3/4 杯漂白剂兑 4 升水的稀释溶液拖地。让溶液作用 5 分钟以上，再以清水冲洗并风干。

◆ 发刷和梳子：以 3/4 杯漂白剂兑 4 升温水的稀释溶液浸泡 5 分钟以上，冲洗后晾干，晾干时刷毛朝下。

◆ 猫砂盆：清空砂盆，用肥皂水清洗后冲洗。接着以 3/4 杯漂白剂兑 4 升水的稀释溶液清洗。让表面保持湿润 5 分钟以上，再冲洗干净。

◆ 宠物饲料盆及水盆：用肥皂水清洗后冲洗，再装满 1 大匙漂白剂兑 4 升水的稀释溶液，放置 2 分钟以上，倒掉溶液后风干。

◆ 室外垃圾桶：清空垃圾桶，用肥皂水清洗后冲洗。接着以 3/4 杯漂白剂兑 4 升水的稀释溶液清洗。让表面保持湿润 5 分钟以上，再冲洗干净。

◆ 衣物：请参阅上册第 27 章。

◆ 尿布：请参阅上册第 27 章。

◆ 厨房用布（可漂白的洗碗巾和合成纤维海绵）与洗碗槽：请参阅上册第 13 章 217～218 页。

◆ 花盆与花架：以肥皂水彻底清洗及冲洗，再以 3/4 杯漂白剂兑 4 升水的稀释溶液浸泡 5 分钟以上，并冲洗干净。

◆ 保持鲜花新鲜：将 1/4 茶匙漂白剂兑 1 升冷水的稀释溶液加入花瓶。这样的溶液可消灭细菌、防止腐化，因此可使鲜花保持新鲜。

◆ 花瓶清洁及除臭：要去除花瓶中的污垢和臭味，请用温肥皂水清洗及冲洗，再装入 3/4 杯漂白剂兑 4 升水的稀释溶液。放置 5 分钟后冲洗干净。

加热 heat——加热可以杀菌，但如果你要完全消灭物品或表面的细菌，请询问医师或相关专家。家中通常可用的方法包括水煮、烘烤、火烧、以压力锅蒸煮等等，但你必须知道目标温度、用哪种加热方法可以达到这个温度，以及必须维持这个温度多久。通常这些并不一定容易做到。高温可能必须维持很长的时间，长短则取决于你的目标、消毒的物品，以及使用湿式加热或干式加热 [1]。加热杀菌只适用于不会因加热而损坏的物品。

过氧化氢 hydrogen peroxide——其水溶液俗称双氧水。双氧水可消灭多种细菌、病毒及霉菌，通常买到的溶液浓度为 3～5%。双氧水一般用于家用漂白及防腐。请参阅上册第 401 页"过氧化氢"。

---

[1] 湿式加热，包括使用热水壶、热水澡、热感凝胶等。干式加热，包括电热毯、电热垫、贴布等。食物领域中，举凡使用到水的便为湿式加热；干式加热则像是烤箱、微波炉、电磁炉等。

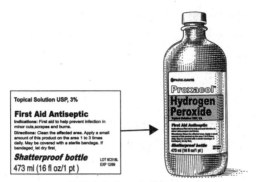

家用浓度（3%）的双氧水

　　双氧水通常可在药房买到，平常应保存在深色瓶中，放置 9 个月到 1 年后可能会失去作用，测试方法是取出少量样本，用滴管滴入一滴含氯漂白剂。如果双氧水还有作用，就会产生大量泡沫。

碘伏 iodophors——碘伏是含有碘的化合物，用于消毒及杀菌（也用于制作防腐剂）。碘伏会残留活性物质，而且挥发得相当慢。请注意产品成分表中是否有"碘"（iod 或 iodo-）这个字，因为化合物若含有碘，可能会造成污渍。碘伏只具少许腐蚀性，且受有机物质的影响很小，抗菌效果也相当好。

酚类化合物 phenolic compounds——这类产品包括酚和同样作为消毒剂使用的类似化合物。松油也是酚类，酚类产品可在杂货店买到。有时（但不一定）从商标可以得知产品是否含有酚类或酚类衍生物，方法是查看标签上的化学成分中是否有"酚"（phenol）这个字，例如邻苯基苯酚（orthophenylphenol）。酚类化合物会留下抑菌性残留物，不应用于婴儿房或婴儿用品，尤其是床和寝具，连婴儿周边的用品也应该避免。另外，酚类对猫也有毒性。

四级铵化合物 quaternary ammonium compounds——某些洗衣产品、家用与浴室消毒洗洁剂，以及漱口水和皮肤洗洁剂都含有四级铵化合物。四级铵化合物是低阶消毒剂，医院有时会用来消毒地板或墙壁等不重要的区域。观察产品是否含有四级铵化合物的方法是看成分表中是否有"氯化铵"（-ium chloride）或"溴化铵"（-ium bromide）等字，例如氯化十六烷基二甲基铵（cetyldimethylbenzyl-ammonium chloride）、氯化十六烷砒啶（cetylpyridinium chloride）。不过也有例外，像是糖酸烷基二甲基苯铵（alkyl dimethyl benzyl ammonium saccharinate）便也是四级铵化合物。

四级铵化合物可能因为肥皂与洗衣剂而失去作用，但本身常用在洗洁产品中。四级铵化合物不具腐蚀性，受有机物质的影响也比漂白剂或某些家用消毒剂来得小，但很容易留下活性残留物。你可以在药店、清洁用品店及超市的消毒洗洁用品区买到四级铵化合物。

三氯沙 triclosan ——三氯沙是酚类衍生物，常出现在马桶除臭洗洁剂与抗菌的肥皂和洗手皂中，用于消灭皮肤上的细菌及减少体臭。另外，许多新型抗菌产品，从玩具、砧板到寝具，也常用三氯沙作为抗菌剂。

3
居家清洁化学用品

❖ **什么时候该用泡泡水？**
  什么时候该用溶剂？

　□ 水和油为什么不能混合：
　　　离子、极性及非极性物质

　□ 肥皂与清洁剂为什么对油有作用？

❖ **酸与碱**

❖ **自制洗洁剂**

　□ 全效消毒洗洁剂

　□ 温和的全效洗洁剂

　□ 强效万用洗洁剂

　□ 温和且稍具研磨效果的洗洁剂

　□ 玻璃洗洁剂

　□ 一般排水管的维护用洗洁剂

　□ 清除排水管堵塞的洗洁剂

　□ 石灰（矿物）积垢清除剂

　□ 铝质水壶洗洁剂

　□ 不锈钢水壶洗洁剂

　□ 铬和不锈钢洗洁剂

　□ 烤箱洗洁剂

　□ 硼砂

　□ 磷酸三钠（TSP）

❖ **研磨剂**

不习惯技术性内容的读者或许可以跳过这一章，但对于愿意复习一下高中理化课程的读者，本章提供了许多传统的家庭常识。如果你是家事新手，不明白打扫时为什么要用白醋和小苏打，本章会有简略说明，另外也有许多有用的家庭化学常识。

要将家里确实打扫干净，有必要了解一下为什么每个家庭都使用四种基本化学洗洁剂：肥皂或清洁剂加水、酸、碱，以及溶剂（这几个类别可能互有重叠）。几个简单的化学概念，就可以解释这几样东西为何可以满足一般家庭用途，同时告诉你为什么许多人偶尔会用本章列出的配方来自制洗洁剂。除了这四种基本洗洁剂，家庭清洁还得使用各种方式，例如擦洗（本章中有简要说明）、抽吸，以及其他以物理方式去除脏污的方法。相关内容请参阅第 6 章《吸尘、扫地和除尘》。

有些家用化学药品对人体有害。请参阅第 35 章《家用品中的有毒危险物质与适当的处理方式》。

什么时候该用泡泡水？什么时候该用溶剂？

清水没办法洗去含有油脂的物质，因为油不溶于水。身体与衣物上大多的尘土和家中的许多灰尘（尤其是厨房里的灰尘）大多含油，要洗去，可以使用肥皂或清洁剂加水做成的泡泡水，或是以溶剂制成的洗洁剂。然而，因为溶剂通常毒性较强、价格较高、功效较低，且气味较强烈又容易燃烧，所以我们多半还是尽可能使用肥皂和清洁剂来清洁衣物、碗盘及家中其他材质的物品表面。当要清洁的东西不能接触水、热水、肥皂或清洁剂时，我们才会使用溶剂。

□ 水和油为什么不能混合：离子、极性及非极性物质

尘土、食物、洗洁剂及家中其他物质在化学上可以分成 3 类：离子、极性及非极性。离子化合物的最小单位是带电荷的粒子，称为"离子"，食盐（$NaCl$）和双氧水（H_2O_2）便属此分类。食盐溶解在水中时，其化学单位分裂成一个带正电的钠离子（Na^+）和一个带负电的氯离子（Cl^-）。极性物质由两端带不同电荷的分子构成。举例来说，水分子就具有极性，两端分别带有正电荷和负电荷。非极性分子则不带电荷，例如橄榄油的组成成分。

水分子具有极性，一个水分子中带正电荷的氢原子，会受另一个水分子中带负电的氧原子吸引，所以结合得相当紧密。因此，水和橄榄油不同，在平面上会形成水珠，而且表面张力较大（仿佛形成一张表皮把水滴聚集在一起）。由离子、极性及非极性分子构成的常见物质包括：

◆ 离子：食盐、小苏打、双氧水。

◆ 极性：水、酒精（葡萄酒、烈酒、外用酒精）、柠檬汁、醋、含氯漂白剂。

◆ 非极性：油脂、烹调用油、肉类脂肪、家具保养油、干洗剂、矿油精（油漆稀释剂）、地板蜡。

由极性分子构成的物质通常不能与非极性分子构成的物质混合。大致上来说，物质的极性越强，越容易溶于水；非极性越强，越难溶于水。油与水混合时（例如橄榄油加醋，醋大部分是水），水分子彼此会结合得十分紧密，把一颗颗油滴包覆起来，油与水则无法融合。此外，非极性物质溶解食盐这类离子化合物的效果也较差，因为非极性物质无法分开带电荷的 Na^+ 和 Cl^-。举例来说，食盐就不溶于橄榄油，而这也是在色拉中加醋的理由之一。

不过，非极性物质可溶于其他非极性物质，且效果相当好。因此，干洗剂适合用来清除衣物上的油脂，矿油精则可用来去除蜡。

□ 肥皂与清洁剂为什么对油有作用？

肥皂和清洁剂是界面活性剂。界面活性剂可降低水的表面张力，使水散开并沾湿物体，而非聚集在物体表面某处。界面活性剂与水混合后，水中的油会乳化，也就是化成微滴并分散或混合在水中。会有这个现象，是因为接口活性剂的分子具有长而复杂的烃链，烃链的一端是极性，另一端是非极性。极性端会受水吸引，因此是亲水性，非极性端可溶于油和油脂，但会被水排斥，因此是疏水性。界面活性剂分子的非极性端可在水中的油滴周围形成一圈屏障，把油滴包覆起来，不溶于水的一端向内，可溶于水的一端朝外。油乳化之后，界面活性剂分子的极性端则让油滴悬浮在水中，使油滴与油滴无法结合成大油滴，因此，用水就能冲掉。

肥皂和清洁剂都是（或含有）界面活性剂。从化学上来看，肥皂和清洁剂相当类似，但清洁剂（又称为"合成清洁剂"）为石化产物，肥皂则

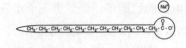

界面活性剂分子

界面活性剂分子聚集在一粒含油的脏污周围，极性端在水中，非极性端则在脏污中。

是将动植物油脂和氢氧化钠（苛性钠）或氢氧化钙（苛性钾）等强碱物质混合制成。块状皂通常以氢氧化钠制成，液状皂则通常以氢氧化钾制成。肥皂通常也含有其他许多成分，包括保湿剂、研磨剂、除臭剂、杀菌剂及香料。现在已经很少人用肥皂洗衣服。

　　清洁剂问世之后，肥皂就失去了在洗衣领域的领导地位，原因是肥皂会在硬水中形成皂垢。硬水含有钙离子或锰离子，与肥皂结合后会形成无法溶解的盐类（皂垢），并沉积在衣物上、浴室瓷砖上及浴缸里。皂垢不仅碍眼，且往往不易去除。肥皂在有酸性物质的环境下也会出问题，因为酸会使肥皂失去作用，并形成另一种皂垢。皮肤和衣物经常会含有汗水与食物碎屑分解后形成的酸，而使待洗衣物含酸，进而对洗衣皂造成问题。

　　清洁剂分成四种：阴离子、非离子、阳离子及两性。阴离子清洁剂是一般高泡沫清洁剂，常作为洗衣剂和全效清洁剂，化学作用与肥皂相同，但不会造成皂垢。此外，阴离子清洁剂的洗净力比阳离子和非离子的强，价格也较低，但在硬度太高的水中会降低洗净力。为了解决硬水带来的问题，阴离子清洁剂中常会添加碱性物质（同属阴离子的肥皂也会添加），因为碱性物质会中和硬水中的酸，提高阴离子清洁剂的洗净力。在肥皂中加入碱，还可减少皂垢生成（若添加的碱性物质为硼砂，还可去除造成臭味的酸，并带来清新的气味）。

　　非离子清洁剂常用于低泡沫洗衣剂和洗碗剂中，在硬水中也能有不错的洗净效果，可洗去大部分脏污，尤其是油性脏污。有些阳离子接口活性剂也用于衣物柔软精和具柔软衣物效果的洗衣剂中。肥皂和清洁剂都具有某种程度的抗菌效果，但某些阳离子清洁剂的抗菌效果较强（例如四级铵化合物），因此用于制作杀菌剂和消毒剂。两性清洁剂比较温和，常用于制造洗发精、保养用品及某些家用清洁剂。

　　不论是用双手搓洗、在洗衣板上搓洗，还是以洗衣机搅拌，使用温水并辅以力学作用，都可以提高肥皂和洗衣剂的洗净效果。尽管洗衣剂有诸多优点，有些人还是喜欢使用肥皂，因为洗衣剂来自非再生资源的石化产品，而不像肥皂是用油脂和碱制成。然而，肥皂不一定比洗衣剂"温和"，有些肥皂相当刺激，也有些洗衣剂相当温和。请参阅上册第 406 ~ 407 页的"温和洗衣剂与肥皂"。

　　标示"强效"或"全效"的洗衣剂通常是不错的家庭通用洗洁剂。这些洗衣剂含有不同的辅助剂，能加强洗衣溶液的碱性成分，也能提升对油的乳化能力，并降低水的硬度。磷酸盐是最常用的辅助剂之一，但现在许多地方已禁用，而业界仍在极力反对这个决定[①]。请参阅下文的"磷酸盐"。洗碗精等温和清洁剂则不含辅助剂，"温和"通常也代表其酸碱值是中性或接近中性。强碱溶液会刺痛眼睛，也会伤害皮肤和家中许多物品。不会刺痛眼睛的洗发精，酸碱值介于 6.0 ~ 7.0。

▍酸与碱

　　具有特定用途的家用洗洁剂，效果大多与其酸碱值有关。哪种物质能清除哪种脏污，哪种洗洁剂可以用在哪种材质上，也跟酸碱值大有关系。酸碱值的范围是 0 ~ 14，7 代表中性。溶液的酸碱值大于 7 时，数字越大碱性越强；溶液的酸碱值小于 7 时，数字越小酸性越强。纯水是中性，酸碱值大约等于 7，但雨水酸性较高，酸碱值大约是 6（另外，不要以为饮用水和自来水是纯水。可生饮的自来水与瓶装水除了 H_2O 之外，还含有许多矿物质和其他物质，但瓶装的蒸馏水就是纯水）。

　　如果某种水溶性物质溶液中的氢氧根离子（OH^-）浓度比氢离子（H^+）高，便属于碱性；如果氢离子比氢氧根离子浓度高，则是酸性。因为脏污和身体污垢大多是微酸性，所以效果不错的清洁剂大多是微碱甚至强碱。此外，"碱基"（base）这个词也等同于"碱"。

　　碱让我们不需要用力搓揉就能洗净物品。肥皂、含皂产品及清洁剂都是碱性，必须在碱性溶液中才能充分发挥作用。洗碗机用洗碗精、全效洗衣皂

① 洗碗机用的洗碗精则不禁止使用磷酸盐，因为业界尚未制作出洗净效果相同的无磷酸盐产品。不过，某些标示有"超级"的洗碗机用洗碗精，确实不含磷酸盐。

与洗衣剂、硬质表面洗洁剂（包括液状或粒状），都或多或少为碱性，但一般洗碗精和"温和型"清洁剂则是中性或接近中性，因为碱性越高，对皮肤的刺激性越大（某些宣称适用于"敏感性肌肤"的洗碗精则实为微酸性）。不过这些比较温和的碱类有时效果也还不错，因为你会施加少许力道来加强其化学洗净力。此外，因为肥皂和清洁剂会形成碱性溶液，所以洗发精有时会添加酸来降低酸碱值，以免刺激眼睛。这类产品有时会标示为"酸碱平衡"。

碱（如氨水）若用来清洗含有油脂的酸性脏污，效果很好，洗衣产品和厨房洗洁剂也大多为碱性。然而，由于碱能很快去除含油脏污，因此并不适合用来清洗油性漆表面，这样会洗去漆料中的油，使油漆变干、龟裂，甚至剥落。此外，碱可能还会使铝变黑甚至损坏。

酸可去除皂垢和硬水沉积物（碳酸钙），因此，许多浴室洗洁剂都是微酸性。酸（如柠檬汁与白醋）还可去除铝、黄铜、青铜和红铜的变色斑点，以及铁锈和锈渍。强酸则会破坏衣物、皮革、部分金属、瓷砖及家中其他材质。此外，虽然我们喜欢的食物中有许多是微酸性，例如西红柿酱汁和含醋的沙拉淋酱，但如果误食强酸会造成严重伤害。

家中含有各种强度的酸性和碱性物质。强酸和强碱可能使皮肤和眼睛受伤，吃下时更会造成严重伤害甚至死亡。误食这类物质时不可催吐，因为在排出身体的过程中会再次造成严重伤害。正确的做法是立即送医。

以下是家中各种常见食品和物品的清单，排列顺序由碱性最强的物品到酸性最强的物品。

极强碱——

pH 值 13　　　碱液、苛性钠（氢氧化钠 NaOH，用于某些烤箱洗洁剂和排水管洗洁剂）、苛性钾（KOH）

pH 值 11.8　　洗涤碱、苏打结晶粉末（碳酸钠 Na_2CO_3。加入清洁剂中作为辅助剂，加入洗洁剂和预浸液中，也能增加水中碱性。另也用于一些排水管洗洁剂中）

一般碱——

pH 值 11　　　家用氨水（为浓度 5% ~ 10% 的氨水气体水溶液，用于除油剂、脱蜡剂、一般去污剂）

pH 值 9 - 11　清洁剂、肥皂、玻璃洗洁剂、除霉剂、液状洗洁剂、辅助剂，以及大多数用于浴室且具研磨性的去污粉

pH 值 9.28　硼砂（白色结晶粉末）

弱碱——

pH 值 8.35　1% 小苏打（碳酸氢钠）溶液

pH 值 8.3　海水

pH 值 8.1　肥皂，9% 小苏打溶液

pH 值 7.8　蛋

pH 值 7.5　血液

中性——

pH 值 7　纯水、牛奶、糖水、盐水，全效洗洁精，清洁膏，锅具清洁剂，抗菌洗碗精，洗碗精

极弱酸——

pH 值 6 +　某些"敏感性肌肤用"洗碗精

pH 值 5~6　无污染环境中的雨水

pH 值 5.1　苏打水或碳酸水（含有碳酸 H_2CO_3，分解后形成二氧化碳气泡）、溶于水中的塔塔粉

pH 值 5　硼酸溶液（H_3BO_3，用于洗眼液）

pH 值 4.2　西红柿

pH 值 4　污染环境中的雨水（酸碱值可能低至于 2）

pH 值 4　柳橙汁

中等酸度——

pH 值 3.1　白醋（5% 醋酸）

pH 值 3　碳酸饮料、苹果

pH 值 2.3　柠檬汁、青柠汁（含有柠檬酸）

pH 值 2.1　柠檬酸

极强酸—

pH 值 1.1　　硫酸（NaHSO$_4$，用于许多马桶洗净锭）

pH 值 0.8　　氢氯酸（盐酸，用于许多马桶洗洁液）

　　　　　　草酸（H$_2$C$_2$O$_3$，除锈效果相当好，也出现在某些用于除锈的去污粉中，但具有毒性）

▌自制洗洁剂

　　自制洗洁剂已经成了很多人感兴趣的主题。在许多状况下，自制洗洁剂方便、有效又经济，且通常相当环保，也就是对环境无害或无毒。可惜的是，自制洗洁剂的清洁效果往往不如市售产品，因此，如果效果想匹敌市面上的化学洗洁剂，通常必须加上人力辅助，并增加作用时间。

　　报纸杂志上的自制洗洁剂配方不见得可信。举例来说，如果用氨水和水来清洁玻璃，是因为碱性的氨水可以清除油脂和脏污，那么在这种洗洁剂中加醋就不合理，因为醋是酸性，会中和氨水。然而，许多著名刊物上的玻璃洗洁液配方却经常要我们这么做。我还看过一个配方是混合氨水、小苏打和醋，仿佛这三种很棒的家庭清洁用品加在一起可以有 3 倍效果。不过，小苏打加醋确实是温和的排水管洗洁剂，因为酸碱中和的反应中会释出二氧化碳气体，其气泡的力学作用有助于清除排水管中的阻塞物（配方请参阅下文）。

　　调制洗洁剂时有几件事必须留意：不可将含氯漂白剂与酸、碱、氨水，或其他含有这些成分的物质相混合，这样会产生有害的毒气或其他危险反应（参阅第 52 页）。事实上，除非询问过可以信任的专家，否则都应该避免将毒性成分混入任何东西（厂商都很乐意提供关于自家产品的安全信息）。另外，调制量也不要超过短期内可以用完的量，因为溶液经过一段时间之后可能失效。要使用含氯漂白剂杀菌时，请到使用当天再稀释。

　　将有毒和易燃品存放在有完好、清楚及标示明确的容器中，并将容器放置在孩童无法触及之处。若标示不清，其他家人很可能误认内容物，就连自己也可能忘记。千万不能用食物容器存放有毒和易燃品，因为这些物质可能和容器中的残余物起反应，也可能被其他人误食。

遵守标签上的所有安全指示。混合有毒、易燃或味道强烈的物质时，也务必确认通风充分。

☐ 全效消毒洗洁剂

全效消毒洗洁剂的配方请参阅第 53 ~ 54 页。

☐ 温和的全效洗洁剂

将 4 大匙小苏打加入 1 升的温水中，再以软布或海绵蘸取擦拭物品，并用清水冲洗。这种洗洁剂适合用来清洁冰箱和烤箱（倘若烤箱内部没有沾上大量烤干的食物碎屑）。此外，也可以清除轻度污垢并除臭，但无法去除厚重的脏污。

☐ 强效万用洗洁剂

（1）氨水和洗衣剂各 1 大匙，加入 500 毫升的水中。

（2）将半杯洗涤碱（请参阅第 61 ~ 62 页）加入 4 升的温水中。

这两种洗洁剂都可用于清洁厨房和浴室，煅铁、烤箱等设备也适用。不过，皆不可用于清洁玻璃纤维与铝。

☐ 温和且稍具研磨效果的洗洁剂

将小苏打加入少许水调成糊状。这种洗洁剂可用于去除墙壁漆面上的蜡笔痕迹，但会在塑料表面留下刮痕。

☐ 玻璃洗洁剂

大部分市面上的玻璃洗洁剂含有水、乙醇（或异丙醇）及氨水。这类产品不含研磨剂，因为研磨剂会刮伤玻璃。另外，这类产品也不含会留下薄膜或残留物的肥皂与清洁剂。氨水可去除污垢和油；酒精可清除极性污垢，也有助于让水分快速蒸发，避免玻璃窗留下条纹。以下这个配方可以制出不错的玻璃洗洁剂：45% 水、45% 外用酒精、10% 家用氨水。剂量无须十分精准，但切记将调好的洗洁剂放在标示好的罐内。这种洗洁剂的效果跟市售产品不相上下。

□ 一般排水管的维护用洗洁剂

以下配方请勿用于已经堵塞的排水管。

（1）如果要清洁与除臭，先将 1/2 ～ 1 杯小苏打倒进排水管，再慢慢倒入温水。倒得太快，小苏打会在还来不及发挥清洁效果时就被冲掉。每 1 ～ 2 周进行一次，可防止排水管堵塞。

（2）将 1/2 杯洗涤碱加入 4 升温水中。接着，将热水倒进排水管，并倒入调好的洗涤碱溶液。最后，倒入一些热水。这个配方清洁效果较强。

（3）将 3/4 杯含氯漂白剂、4 升温水、1 大匙洗衣粉混合在一起。接着，用这个溶液装满水槽，一段时间后排掉，最后以清水冲洗。这个配方有助除臭、杀菌及清洁。

□ 清除排水管堵塞的洗洁剂

如果水槽或浴缸已经有排不掉的水，请勿使用以下配方，而是参阅第 14 章《水管与排水管》。

（1）将 1/2 ～ 1 杯小苏打倒入排水管，再慢慢倒入 1/2 ～ 1 杯白醋（产生气泡的化学反应式为 $NaHCO_3 + HC_2H_3O_2 \rightarrow CO_2 + NaC_2H_3O_2 + H_2O$）。尽可能盖住排水口，并静置 5 分钟。接着，倒进 4 升沸水。成果显示，醋和小苏打可将来自油脂和食物残渣的脂肪酸分解成肥皂和甘油，因此堵塞物可被冲下排水管（要补充说明的是，如果仍无法清除堵塞物，可以在倒入液体后试着用吸把清除，如果还是不行，请重复所有步骤）。

（2）针对排水管里的中型堵塞物，水电行的建议是在排水管中倒入沸

排水管洗洁剂 大多数市面上的排水管洗洁剂是由氢氧化钠浓缩溶液（碱液）和少许的铝制成。铝会产生气泡，氢氧化钠溶解铝时则会产生高温。高温可熔化堵塞排水管的油脂，气泡则可推动油脂。另外，氢氧化钠还可与油脂反应，形成肥皂并融化毛发。这类产品的毒性和腐蚀性都相当强，使用时必须特别留意，也因为可能损坏排水管，务必遵守标签上的使用指示。

水和几茶匙氨水。氨水溶液可分解油脂，接着再用吸把打通堵塞物即可。

□ 石灰（矿物）积垢清除剂

石灰的积垢是钙和其他可溶于酸的盐类，敷上白醋可使其软化。将泡过白醋的抹布或厨房纸巾贴在水龙头周围或要清除之处，1 小时后，积垢应该就可轻易去除。

□ 铝质水壶洗洁剂

将水壶装满水，每升水加入 2 大匙塔塔粉或 1/2 杯白醋。将溶液煮滚，浸泡 10 分钟，再依一般方式洗净晾干。

□ 不锈钢水壶洗洁剂

将水壶装满水并加入 1/2 杯白醋，将水煮滚，并浸泡 1 小时，如此便可去除矿物积垢。

□ 铬和不锈钢洗洁剂

软布浸泡未稀释的白醋后拿来擦拭，可去除铬和不锈钢上的矿物积垢。另请参阅第 17 章《金属》。

□ 烤箱洗洁剂

这个清洁方式不适用于有自动洗洁功能或有不粘材质的烤箱，不过可以清除一般烤箱的大部分残渣。首先，以水沾湿烤箱内壁，再撒上小苏打。接着，用细钢丝球擦拭烤箱内壁，并用湿布或海绵擦去食物渣。需要时可以重复进行。最后，用清水擦净并风干（擦净方法是，用泡过干净温水的湿布重复擦拭，直到内壁完全干净）。这种方式可能无法清除较厚的食物渣，但通常可以去除大部分污垢。剩下的污垢则交由市面上效力较强的烤箱洗洁剂。

□ 硼砂

硼砂属于温和的碱，可除去地毯、垃圾桶及待洗衣物的臭味，方法是通过与产生臭味的酸类进行化学反应。另外，硼砂也常作为助洗剂，帮助去油污。然而，误食这种物质可能会中毒，因此存放和使用时都应该注意。

□ 磷酸三钠（TSP）

这种磷酸盐是效果不错的洗洁剂，也常作为辅助剂，可用于一般家庭清洁。油漆匠在油漆之前喜欢用磷酸三钠来清洗表面，因为这种洗洁剂可完全洗去，不残留。另请参阅上册第 21 章词汇表中的"磷酸三钠"。

▌研磨剂

研磨是借由摩擦力来去除污垢。研磨剂通常含有坚硬的矿物微粒，例如方解石、长石、石英、浮石、滑石及砂（或硅酸盐）。研磨剂常用于肥皂、卸妆油（乳）及清洁产品，目的是在化学清洁力之外添加力学的清洁和抛光效果。研磨剂也常单独使用，擦亮石、白垩粉及浮石便是如此。大多数家庭使用的研磨剂有砂纸、钢丝球，以及塑料、尼龙、金属制的研磨清洁用具。一般来说，矿物微粒（或矿物质）越大、越硬，擦洗力越强，摩擦时使软质表面产生刮痕或失去光泽的可能性也越大。尼龙或塑料制的研磨清洁器具，摩擦效果较弱。细钢绒效果中等。金属制的刷子、研磨产品及粗钢丝球的效果则较强。

务必在产品能发挥作用的前提下，选择最细致的研磨剂。粗糙的研磨剂会伤害玻璃、陶、瓷、塑料、搪瓷、上漆表面、不粘锅等锅具、电镀与抛光金属，以及家中许多物体表面。

去污粉中含有化学洗洁剂和研磨剂，这两者有时都相当粗糙。不过，今日的洗洁粉大多比以往温和，其中几款产品还有好几种配方，研磨效果从无到最强都有，因此请看清楚标签，以确保能买到符合需求的产品。如果无法确定某种粉状研磨剂是细致还是粗糙，有时可从厂商建议的用途看出一些端倪。举例来说，如果建议用于玻璃纤维，表示产品应该很细致，因为玻璃纤维很容易刮伤（干的小苏打就是可以用于玻璃纤维的细致研磨成分，而各种去污粉中，小苏打糊也是最细致的研磨剂）。

小苏打

小苏打（碳酸氢钠）是白色结晶粉末，其化学和物理特性使其具有清洁、除臭、膨发、缓冲、灭火等功能，甚至还能用来刷牙。

小苏打清除脏污和油污的功能来自其弱碱性，能与脂肪酸反应，形成温和的清洁剂（较强的碱就没有那么温和）。小苏打也会在水中起泡沫、在醋中产生气泡，因此可以除垢。另外，若加入少许水调成小苏打糊，会是最细致的研磨剂，也是最温和的去污粉。当小苏打糊里一部分的小苏打溶解后，会形成碱性洗洁液，而另一部分则会温和地磨洗待清洁的表面。

在除臭方面，小苏打不是靠发出香味来掩盖臭味，也不是将臭味吸收，而是以化学方式中和臭味物质。令人愉快的气味为中性，令人不愉快的臭味则大多为强酸（例如酸掉的牛奶）或强碱（例如腐坏的鱼），而小苏打可与臭味分子反应，使其较接近中性。小苏打在密闭空间中除臭效果最好，例如橱柜或冰箱。溶于水中也会有除臭效果，因此可作为洗衣或清洁除臭剂。此外，小苏打也可用于鞋内（撒入干粉）、身上，甚至口中（用小苏打水漱口），另也用在其他许多清洁与除臭工作：

- ◆ 铬
- ◆ 排水管和厨余处理机
- ◆ 搪瓷
- ◆ 瓷砖

- ◆ 墙壁和木作
- ◆ 咖啡壶
- ◆ 冰箱
- ◆ 尿布桶

小苏打是缓冲剂，也就是说能使酸偏碱性，使碱偏酸性，在酸碱值8.1（微碱性）时达到平衡。此外，小苏打也能使缓冲溶液抗拒酸碱值变化。小苏打熄灭 B 类火灾（油脂火灾）效果极佳，熄灭 C 类火灾（电气火灾）的效果也很好，但不可用于 A 类火灾（普通火灾，起火材质为木材、纸张及布料），因为粉末只会使燃烧的物质散开来。

小苏打能熄灭火焰是因为受热时会分解出二氧化碳、水及碳酸钠：

$$2\ NaHCO_3 \rightarrow Na_2CO_3 + H_2O + CO_2$$

二氧化碳的密度比空气大，可断绝氧气来源，使火焰熄灭。水则会降低温度以此熄灭火焰。碳酸钠的残留物也有助于灭火。

马桶洗洁剂	马桶洗洁剂大多含有强酸，因为马桶里的脏污和积垢成分大多是硬水下形成的碳酸钙，而碳酸钙可溶于酸。固态马桶洗洁剂通常含有硫酸氢钠，液态洗洁剂则含有盐酸。马桶洗洁剂绝对不可和含氯漂白剂混合。另外，马桶洗洁剂也可清除马桶上的锈斑。 部分马桶洗洁剂除了含有酸，也含有碳酸氢钠等起泡剂，用以协助分解积垢。不过，真正发挥清洁作用的其实是酸，而不是气泡。有些厂商会添加蓝色，但这只具备视觉效果，因为许多人觉得蓝色看起来比较干净。
磷酸盐	磷酸盐（如磷酸钠和三磷酸钠）加在水中可形成碱性溶液。磷酸盐也常作为加入清洁剂的辅助剂，因为与硼砂一样，磷酸盐可使酸失去作用，防止形成水垢，同时也提高肥皂与清洁剂的洗净效果。 最早的洗衣剂中含有磷酸盐，而磷酸盐的洗净效果确实也较佳，但基于环境考虑，目前已限制使用。磷酸盐进入水道后会导致水质优养化（水生植物繁殖过多造成水道阻塞，最底下植物又因缺乏阳光而死亡，在腐烂过程中耗尽水中的氧）。水中没有氧，就无法供养生物，变得没有用处，最后，整个池塘、湖泊或溪流也会完全失去生机（肥料冲刷也是磷酸盐污染的主要来源）。

CHAPTER

4

围裙、抹布和拖把

❖ 看场合穿衣服：打扫时的服装
❖ 抹布
　　□ 布或纸巾
❖ 制作抹布的艺术：抹布袋
❖ 工具
❖ 洗洁液、洗洁粉、抛光剂及蜡

每个家庭都可以设置一个清洁用品柜，这个柜子要可以关闭，防止孩童打开。柜子里放置各种清洁用具，如清洁剂、去污粉、浴室洗洁剂、抛光剂、蜡、抹布、拖把、刷子、扫把、吸把、打扫服装。另外，除了定期使用的工具与用品，也要备有用于紧急清洁的工具与用品。

当你打开一个应有尽有又井井有条的橱柜时，你会因为物品一应俱全而感到打扫是件轻松的事情，因而比较不会产生抗拒。另外，将所有相关用品放在同一处，也比较容易随时补充。你只要打开柜子，就知道哪些东西快要用完或已经用完。此外，你也可以在门板内侧贴一张基本用品清单，随时比对柜内状况。如果一个橱柜装不下所有物品，就可能需要分成两个橱柜，一个放工具，另一个放清洁用品。

关于洗碗和清洁厨房食物准备区的用品，请参阅上册第9章《厨房文化》。

▎看场合穿衣服：打扫时的服装

打扫家里的时候，请脱下戒指、手镯。至于手表，除非是实用款式，否则也应拿下。穿双舒服的鞋子，且是防滑材质。如果你有打扫专用鞋，可以一起放在清洁用品柜中。

大多数人做菜时会穿围裙，但我很少看到有人打扫时也这么做。事实上，这个习惯不仅有用、能保护衣服，又能减少洗衣量。也可以拿旧衣服作为打扫专用衣，我有个朋友就在清洁用品柜里放了好几件大号T恤，打扫时就把这些T恤套在衣服上作为罩衫。不过，最好还是穿真正的围裙或工作服，因为前后的几个口袋可以装硬币、回形针、大头针、螺丝钉等小东西，也可以毫无顾忌地在上面擦手、避免身体正面沾到油渍和污点，以及将大头针穿在上面等等。此外，脱下围裙后，你还可以马上坐下来用餐或喝茶，不需要换衣服。

20世纪50年代家庭主妇戴珍珠、穿高跟鞋和围裙在吸地板的画面，现在看来似乎有点滑稽，但我们可能忘记当时的状况。我祖母做家事时一定要穿戴整齐（不过没有戴珍珠和穿高跟鞋），也都会依循单一的打扫模式，穿上同样类型的围裙。她们平常穿素面、麦斯林纱质的白色围裙，从早上开始做家事时穿上，且只有吃饭或打扫结束后才脱下。不过，穿着工作围裙的模样只会让家人看到，若有客人来访，她去应门之前一定会脱下。有同伴在场又需要做菜时，她们会穿上有折边和绣花的漂亮围裙，但即使是这类围裙，应门时还是会脱下。因此，围裙是区隔家庭生活中私人和公开领域的关键角色。

另外，打扫时你或许会想用头巾套着头发或戴顶帽子，而在淋浴间和润发乳问世之前，大家也都这么做。当时女性的头发往往长达 1 米多，洗头发简直是每周一次的酷刑。

除了遮盖衣物，你还需要橡胶或塑料手套来应付需要将双手浸入液体、可能弄脏衣物及需要用到强烈化学物品的工作。在清洁用品柜里放一盒抛弃式手套是不错的办法。

防尘口罩也是常见的清洁用品。在处理会接触大量灰尘的工作，例如整理久未使用的阁楼、清除壁炉里的灰烬，或是耙去院子里的树叶时，便需戴上防尘口罩，防止空气中的尘埃进入口鼻。口罩最好能紧贴脸部，这对气喘和过敏患者更是重要。另外，在清洁用品柜中准备几支护目镜，在清理特别脏的地方时，防止灰尘或烟气跑进眼睛。

进行每周一次的清扫时，最好尽量打开窗户，这样你就可以视天气调整穿着（让房间通风跟其他清扫工作一样重要）。此外，可机洗的宽松长袖运动衫也是必备用品，因为这种衣物便于活动，又能套在罩衫底下。

▌抹布

□ 布或纸巾

对大多数用途而言，抹布优于海绵与纸巾，因为布料的清洁能力比抛弃式用品好，而且用起来方便得多。然而，何者较为环保，其实很难比较，不过我还是会选择抹布。淘汰的浴巾最适合用来处理大片液体；细的毛圈布、针织棉布，以及其他吸水、质料软的小毛巾则适合处理小片液体。用纸巾来处理大片液体既不方便，成本也太高，甚至可能要用掉一整卷。使用海绵或拖把则必须反复擦拭及拧干，且不像旧毛巾或抹布那么容易洗净。当有液体洒出，你可以用一两条旧毛巾盖住，待毛巾将液体吸去之后，再来洗涤（通常会在毛巾与抹布等清洁用品累积到一定数量之后一起洗涤）。

对于重度的清洁工作而言，抹布比纸巾好用得多，因为抹布在用力擦洗时不会破裂，也可以吸附较多液体。若使用纸巾，施加压力时可能会戳出洞来。另外，抹布也比海绵适合用于困难的清洁工作，因为手指隔着海绵，无法感觉到是否已将食物等凸起的硬化物质擦去，也不容易施加压力。除此之外，抹布也比海绵卫生。

制作抹布的艺术：抹布袋

请将毛巾、布巾及抹布区分开来。家庭清洁的基础规则之一，便是将用于清洁碗盘、洗碗槽、台面、桌面、地板、浴缸、水槽及人体的用品分开。用于厨房的布巾和抹布应该放在厨房（用来擦拭厨房地板的除外），不要放在一般清洁用品柜的抹布袋中。较脏和较干净的工作所用的抹布也要分开，例如用旧的细毛圈布来擦地板，用白色软质的法兰绒为木作和瓷器除尘。旧的浴巾、厨房布巾、T恤、法兰绒床单、睡衣以及软质针织布，都很适合做成抹布。任何吸水、不掉毛屑及白色（或是绝对不褪色、掉色、脱色）的布料，也都可以做成抹布。

将抹布裁成合手和符合需求的尺寸后，留一些大毛巾来处理大片液体，一些白色软质方巾来除尘。以锯齿剪刀来裁剪，布边也比较不容易磨损。

将不同种类的抹布放置在不同的抹布袋或盒子里，并随时维持数量充足。当你在清洁或除尘时弄脏了一条，一定希望能毫不迟疑地再拿一条。选择抹布的材料时，请避开纽扣、饰钉、拉链，甚至厚重的接缝（例如丹宁的平折缝），因为这些东西可能伤害擦拭物体的表面，并造成使用不便。打扫结束后，将所有脏抹布丢入洗衣机（记得要跟一般衣物分开），用热水、洗衣剂及含氯漂白剂洗涤，再用烘衣机的暖风烘干。如此，抹布便完成杀菌，可以放回抹布袋，留待下次使用（如果无法立即洗涤，也应将抹布挂在架上或绳子上待洗，千万不要重复使用）。

工具

清扫家里不需要很多工具。不过，大多数人在累积一些经验后，都会特别偏好某些工具（例如偏好棉线拖把而非海绵拖把）以及一些特殊习惯，而这些习惯需要的工具可能会超出以下基本工具的清单。

- ◆ 抹布
- ◆ 扫把
- ◆ 小扫把
- ◆ 拖把（海绵或其他材质）

- ◆ 掌上型吸尘器
- ◆ 吸尘器及附件（如抛弃式集尘袋）
- ◆ 除尘拖把
- ◆ 吸把

- ◆ 刷子
- ◆ 水桶
- ◆ 箱子（或篮子、袋子），用来携带整组清洁用品

▍洗洁液、洗洁粉、抛光剂及蜡

　　超市货架上林林总总的商品随时都在引诱你，但你最好还是保持冷静。只要选择一种洗洁力强的全效洗洁剂、一种温和洗洁剂、一种用于浴室和马桶的消毒洗洁剂，以及一些适合用于地板与家具的蜡、抛光剂和表面漆即可。很少用的清洁用品不需要先备齐，等春季大扫除或要用的时候再买，购买量也不要超过用量（自制洗洁剂配方请参阅第 3 章）。以下清单为基本的家庭清洁产品。

- ◆ 全效洗洁粉或洗洁液（选择喜欢的品牌即可）
- ◆ 温和清洁剂
- ◆ 洗手台、浴缸及瓷砖的洗洁剂与消毒剂
- ◆ 粉状或液状的研磨洗洁剂
- ◆ 马桶洗洁剂与消毒剂
- ◆ 玻璃洗洁剂（市售或自制）
- ◆ 家用氨水，或氨水加清洁剂

- ◆ 白醋
- ◆ 小苏打
- ◆ 含氯漂白剂
- ◆ 如有需要，依照家中地板种类（木质、瓷砖、弹性地板、石材、大理石等）选择地板抛光剂或蜡
- ◆ 金属抛光剂（例如银用抛光剂等）
- ◆ 家具蜡与家具抛光剂

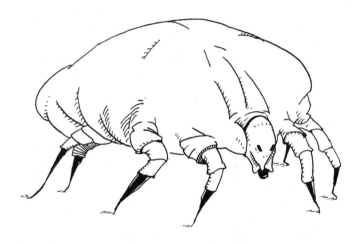

- ❖ **尘螨**
  - ☐ 尘螨的习性和自然栖息地
  - ☐ 防治尘螨
- ❖ **宠物**
- ❖ **家庭灰尘的其他成分**
  - ☐ 昆虫
  - ☐ 花粉、真菌及微生物

家 中空气和各处表面最不起眼，也最难避免的污染就是：

灰尘扬起，

又轻巧地落下。①

20 世纪晚期，大众对灰尘出现了两种截然不同的态度。一方面，许多不胜其扰的劳动阶级决定，只要灰尘留在沙发底下不跑出来，就不必理会。而当时每年的春天，大多数报纸也会刊登这些反对清扫的故事，故事里充满了机智风趣，关于灰尘小兔、关于作者多么懒得吸尘、关于他们的祖先对此的看法，以及最终如何在这种状况下安身立命等。另一方面，许多人开始体认到放任灰尘堆积对健康的危害，因为灰尘早晚会从藏身处扬起。

沙发下的灰尘会进入鼻子、眼睛和汤里。微风吹拂地板、家具及其他表面时，灰尘会飘浮在空中。走动、跳舞、鞋子落地、整理床铺及打枕头战时，灰尘会受到扰动。当房屋狭小又通风不良，空气中的灰尘量也会增加，因为可用来稀释的外来空气量不足（在很少吸尘或打扫的家中，这种狭屋效应更是恶化）。

灰尘在脚底板和手上总令人感到不适，在床上更是难以忍受。灰尘在电脑和光驱中也会造成问题，且看起来总是令人厌烦，并带来死亡、腐朽、罪恶、疏忽、遗弃及寂寞等难以破除的联想。说到灰尘对健康的影响，维多利亚时代的人是对的，他们认为灰尘会刺激眼睛、鼻子和肺，也会吸引害虫、引发令人不快的臭味，并传染疾病。现代医学更认为灰尘是导致过敏的原因。

家中灰尘含有多种过敏原，且与近年过敏性疾病（例如气喘）发生率大增有关。这个急遽上升的统计数字相当惊人：根据估计，美国有 4000 万～5000 万人罹患过敏性疾病。慢性鼻窦炎患者有 3500 万人，花粉热（过敏性鼻炎）患者有 2000 万人，而且不包含气喘患者。有 1500 万人罹患气喘（占美国总人口的 5%），其中有 500 万是孩童。气喘发生率从 1980—1994 年提高了 75% 左右，在 18 岁以下的青少年与孩童中，则提高了 72%。单单 1994 年，就有 5000 多人因气喘死亡，而 1975 年至 1995 年间，气喘死亡率更提升至两倍以上。此外，气喘发作的住院比率提高了，而这些趋势造成的痛苦、恐惧及医疗成本都十分可观，且在工作与学习上带来的损失也非

① 摘自英国诗人丁尼生（Alfred, Lord Tennyson）作品《罪恶的想象》。

常庞大。

狭小的房屋与增加的灰尘量，使敏感人群更容易接触尘螨、宠物及其他室内过敏原（猫、灰尘和花粉是触发气喘的 3 种主因），而我们也有充分的理由相信，这导致的后果如此令人担忧。许多过敏患者对家庭灰尘中的过敏原相当敏感，尤其是气喘患者，而一个人是否过敏，也取决于先天体质以及与过敏原的接触量。如果一个孩童先天体质比较敏感（父亲或母亲有一方过敏就可能如此，若双方都过敏可能性更高），有充分证据显示，避免过早接触过敏原可以降低此孩童出现过敏症状的风险。周岁前的过敏原接触量似乎也会影响孩童是否罹患气喘或其他过敏疾病，以及其严重程度。初生阶段避免接触过敏原，似乎可降低往后发生过敏的概率和严重程度。不过，成年之后也有可能罹患过敏。

尘螨

□ 尘螨的习性和自然栖息地

家庭灰尘含有许多成分，其中以尘螨危害最大。这种丑陋的蛛形纲动物只有一个优点，就是体形太小，必须用显微镜才看得见。许多家庭都有尘螨的踪迹，数量可能很少，也可能多得吓人。尘螨靠人类的皮屑、宠物的皮肤等有机物质维生。

尘螨的排泄物和残骸碎屑十分细小，会飘浮在空气中，伺机进入我们的肺。这些粉末对大多数人无害，但即使不会传播疾病，却和过敏性鼻炎与皮肤炎有显著关系，而且被视为触发气喘最常见的物质。先天体质敏感的人如果接触大量尘螨过敏原，会产生许多病症。

尘螨喜欢黑暗、温暖及潮湿的环境，一般家庭每年至少都会有一段时期处于这样的状态。尘螨在气候温暖潮湿的地方较常见、数量较多，尤其当相对湿度超过 50%、温度超过 21℃时，数量更会爆炸性成长（据说 25℃时，尘螨量会达到最大值）。不过，相对湿度低于 45% ～ 50% 时，尘螨便会死亡。因为尘螨喜欢潮湿，所以在干燥的高海拔地区数量通常极少，甚至完全绝迹。（不过，尘螨所导致的过敏原在低湿度的情况下可能反而增加，因为此时尘螨死亡，残骸分解，形成引发过敏的碎屑）。在美国波士顿和芝加哥进行的研究显示，独栋房屋比公寓大楼更容易出现尘螨，而公寓楼层越高，尘螨越少。这大概是因为住宅距离地面越远，潮湿程度越低（独栋房屋直接接触地面，又可能有潮湿的地下室。不过我也知道有些孩童住在高层公寓，还是对灰尘过敏）。

在美国东南部，整年的环境都适合尘螨生存，但中大西洋和中西部的大部分地区则只有夏季适合。另外，靠太平洋的西北部地区，有中央暖气系统的独栋房屋也很适合尘螨生存。不过，每年只要连续4个月以上不适合尘螨生存，尘螨就不大可能在家里定居下来。

卧室中的尘螨数量通常多于家中其他区域，因为睡眠时的人体和寝具可提供大量食物和水分。我们的皮肤和寝具摩擦时会产生大量皮屑，另外，每人每天晚上会释出大约500毫升的水到床上和空气中。皮屑会落在地毯、地板，也会沾在床铺、枕头、床单、毛毯、保洁垫、棉被及床垫上，而尘螨就寄居其中。除非我们刻意防范，否则这种生物一定能找到足以供其定居和繁衍的食物。英国一项研究指出，一个使用6年的枕头，便有1/10的重量是尘螨、尘螨排泄物、尘螨残骸及人体皮屑。床垫同样也有许多这类碎屑，而床铺底下和床铺周围的地板与地毯更是尘螨最爱的处所。另外，尘螨喜欢的栖息地还包括宠物的睡眠处、有软垫的家具、地垫、地毯、被子、羊毛毯、寝具，以及沙发和梳妆台下方等常有皮屑散落的空间。在探讨过敏的文献资料中，孩童房中的填充玩具常被称为"尘螨牧场"。堆积在家具底下，被昵称为"灰尘小兔"的小毛球也含有尘螨、尘螨排泄物、人体皮屑，甚至还有细菌、昆虫尸体、霉菌孢子及其他碎屑。

除非遭到扰动，否则尘螨过敏原不会飘浮在空气中。因此，就算家里有尘螨和大量尘螨过敏原，对尘螨过敏的人若只是走进去，也不一定会发生过敏反应。此外，当过敏原因为除尘不慎、以排气过滤不足的吸尘器吸尘（灰尘会再度排放到空气中）、铺床、拍打枕头、打枕头战、拍打地毯、移动家具之类的活动而扬起后，也很快就会落下。然而，当我们在床上睡觉或坐在有软垫的沙发上时，会相当接近且容易吸入过敏原。因此，如果你早上起床时会一直吸鼻涕，或是在打扫过后会打喷嚏，很有可能代表家里已经出现尘螨过敏原了。

☐ 防治尘螨

尘螨存在并不代表肮脏，在物理条件适合尘螨生存的环境中，它们只是环境的一部分。然而，确实且彻底清扫可以防治尘螨。在某种程度上，你可以自己决定希望的干净程度。如果你有过敏体质，那么你一定知道，必须花很多心力来维持健康与舒适，也必须遵守医师的清扫建议，而这些建议会比本书的建议更严格。同样，家中如果有婴儿或孩童，就必须特别注意尘螨过敏原，避免使孩子过敏，或使已经过敏的孩子症状加剧。

防止寝具沾染尘螨和过敏原——在对抗尘螨的战争中，最重要的预防措施就是使用防尘螨和抗过敏原的外罩包裹枕头、床垫、弹簧垫及棉被。这些用品可向寝具行或出产抗敏产品的厂商订购。这类产品以往为乙烯和塑料制，但这两种材料都不舒适。比较新的材质会容许水和水汽通过，柔软舒适、手感极佳，价格也相当多样。不论家中是否有人对尘螨过敏，家里每张床似乎都应该使用这类产品。请参阅第 27 章《卧室》。

此外，清洗床单、枕头套、毛毯及床包时，最好使用超过 54℃ 的热水，请参阅上册第 27 章《衣物的消毒》。卧室窗帘的清洗方式也相同。尽管冷水就可除去尘螨过敏原，但只有热水才能真正消灭尘螨。干洗也能消灭尘螨，但没办法除去过敏原。

如果已经使用可隔绝过敏原的枕包，那么枕芯是人造纤维、羽毛还是羽绒其实无妨（不过还是应该遵循医师的建议）。值得一提的是，医师通常会建议过敏患者使用聚酯枕，避免使用羽毛或羽绒枕，然而，聚酯枕对于抗过敏原和过敏反应的效果，仍有争议。一项研究发现，使用羽毛枕的孩童，严重气喘发作的风险明显低于使用聚酯枕的孩童。还有一项研究则显示，枕头使用半年后，聚酯枕所含的尘螨过敏原会是羽毛枕的 8 倍，差别相当明显。乳胶枕则应该避免使用，因为这种枕头会促进霉菌生长，使过敏更严重。

控制温度和湿度——你也可以尽量降低温湿度，使尘螨难以生存。将家中的相对湿度降低到 45% 以下（卧室尤其需要如此），同时温度也必须低于 21℃（否则湿度必须降得更低）。请参阅第 13 ~ 14 页关于在夏季使用冷气机、排气扇、除湿机及机械通风系统来排除湿气并增加干燥空气的内容。将电热毯温度调到最高后铺在床上并无法消灭尘螨，但冷冻可以。有些家中有过敏儿的人，每个月会将棉被和填充玩具塞进冷冻柜里冷冻 6 小时。

尽管这样可以消灭尘螨，但物品仍需清洗，才能去除过敏原。

除尘、吸尘、风干及暴晒——定期除尘和吸尘相当重要，而对于必须对抗过敏的家庭，这些家事更要做得对，否则会造成反效果。况且，即使尘螨已经死亡，其粪便和残骸中仍含有过敏原，且会在家中留存相当长的时间。过敏原会因为铺床、走动、奔跑等各种会产生气流的活动而被推送到空中，也会发生在扫地、吸尘及除尘时。

在为家具、书籍和摆饰除尘时，可能会扬起许多灰尘。不过，我们可以不用毛掸，改用略湿的布，并学习正确的除尘技巧，以减少除尘时扬起的灰尘（请参阅第6章《吸尘、扫地和除尘》）。

以好的吸尘器来吸尘，效果会比用扫把或拖把好得多。不过，一般吸尘器会经由集尘袋、排气管以及软管和吸头间的接头喷出微粒（包括尘螨与其他过敏原），因此这种清扫方式对于过敏的人，尤其是气喘患者，可能会比让过敏原留在沙发底下更糟。事实上，一位专家便曾抱怨，这类吸尘器是使大量尘螨过敏原飘散在空中的少数途径之一。此外，我们熟悉的吸尘味，有一部分就是灰尘飘散在空气中的味道。

如果经济能力许可，过敏患者应该购买具有HEPA滤网（高效率微粒滤网）、结构紧密且可控制灰尘排放的吸尘器（HEPA滤网可除去直径大于0.3微米的微粒，比例高达99.7%）。朝室外排气的中央吸尘系统也可解决这个问题。然而，这些方案的花费都比一般吸尘器来得高。比较平实的替代方案是使用经消费者研究机构推荐为低扬尘、集尘袋因特殊设计而具有强力过滤功能的吸尘器。不过，尽管这些方法都可以降低吸尘器排出的灰尘量，但效果还是不及真正搭配HEPA滤网的抗过敏吸尘器。另外，不论使用哪种吸尘器，请记住不要等到完全装满才更换集尘袋，因为此时排出的灰尘往往更多。

一旦有了吸尘效果足够好的吸尘器，频繁使用便能大幅减少尘螨过敏原。一定要进行吸尘的地方包括床垫、枕头、弹簧垫、棉被、地毯、家具、窗帘及家具下方（尤其是床、沙发及其他宠物喜欢停留的地方）。不过，吸尘不会杀死或除去尘螨，因为尘螨会牢牢附着在地毯等织品的纤维深处。

在其他措施方面，医师经常建议有气喘或其他过敏患者的家庭，孩童填充玩具必须经常清洗，否则不应该放在卧室。另外，其他容易聚积灰尘的物品，例如奖旗、书籍和墙上的挂饰等，也不应该放在卧室。不过，在着手搬动前请先和医师讨论，因为这么做往往会让孩子不高兴。针对严重气喘患者，医师可能会建议拆除家中所有地毯，改成木质地板或瓷砖。另一种可能建议是只拆除卧室的地毯，因为地毯在卧室中影响特别大。将地毯改成硬质地板，可以消除许多尘螨滋生处，因为地毯所含的过敏原通常会比硬质地板多100倍。如果你觉得一定要有地毯，请舍弃长毛改用短毛，同时以小块地毯取代铺满整个房间的地毯。将羊毛地毯换成人造纤维地毯，或许能减少空气中的尘螨过敏原量，因为人造纤维会产生静电，受到扰动时能抓住微粒，不会将微粒释放到空中。

保持卧室及其他房间通风、光线良好，并彻底风干床铺和寝具，应该都有助于消除尘螨和过敏原。一位著名的过敏科医师告诉我，彻底曝晒可以消灭尘螨（这也再次证明了春季大扫除这项习俗的重要性）。

空气过滤器和空气净化器在其他方面可能效果不错，但对消除尘螨过敏原帮助应该不大，因为尘螨过敏原只会在空气中停留一小段时间，接着又落回物体表面，机器因此捕捉不到。

衣物——尘螨可寄居在衣物上。未经清洗就收存的羊毛衣或家居裤，所含的汗水和皮屑足以供应尘螨大军生存。研究也发现，收存1个月后，尘螨和过敏原将会大幅增加。针对容易有尘螨寄生的衣物而言，最好的解决方案是经常用热水洗涤，且在长期存放之前一定要如此。羊毛服装和其他无法以高温洗涤或干洗的服装，因为清洗温度远不足以消灭尘螨，所以应该在彻底风干和曝晒后，才能放回橱柜或抽屉；这类衣物也要经常洗涤或干洗，尤其是在收存之前。

杀螨剂——经常有人会建议一种消灭尘螨、减少过敏原的方法，那就是定期以单宁酸溶液搭配杀螨剂，施用于地毯和家具上。单宁酸可改变尘螨排泄物和微粒（以及猫的皮屑）的化学性质，使其不会引起过敏；杀螨剂则消灭尘螨。（使用单宁酸前，请先在不明显处测试，看看是否会留下痕迹。）然而，有些专家对这种方法不赞同，因为一来很花心力，而且效果不一定好。目前最常见的杀螨剂苯甲酸苄酯，对于还在爬行的婴儿或学步的幼童而言也不够安全。此外，由于效果短暂，必须重复施用，因此使用起来往往相当昂贵。

▎宠物

对于有宠物的家庭而言，宠物的毛和皮屑是家中灰尘的主要成分，也是过敏的主要原因之一。狗和猫是动物过敏原的常见来源，但各种多毛或有羽毛的动物，例如沙鼠、天竺鼠、仓鼠、兔子和鸟，也几乎都会引发过敏。此外，只要对某种动物过敏，就可能也对其他动物过敏。关于宠物、过敏、养宠物家庭的家务内容，请参阅第 26 章《宠物》。

▎家庭灰尘的其他成分

☐ 昆虫

蜘蛛与各种死亡昆虫的残骸、卵鞘、唾液和排泄物，也是家庭灰尘中的刺激性和过敏性成分。蟋蟀、苍蝇、甲虫、跳蚤、蛾及蟑螂都可能造成过敏问题，但就这方面而言，最麻烦也最常见的就是蟑螂。一项针对有蟑螂的家庭所做的研究发现，所有取得的灰尘样本中都有蟑螂过敏原。另外，蟑螂的情况和尘螨一样，近年来在家中出现的频率大增，过敏的人数也跟着提高（大量蟑螂出现时会产生令人不快的气味，这本身就是一种空气污染）。

单单只是家里不干净，不会造成蟑螂入侵。不过，一旦蟑螂进入家中，就能靠我们没办法完全清除的东西存活，例如肥皂和书封上的胶。当我们

防范蟑螂的预防性措施

防范蟑螂的预防性措施包括清理残留食物、用餐后立刻清洗碗盘，以及每天晚上将垃圾拿出门等。不要把湿海绵留在洗碗槽里，同时务必擦干洗碗槽和台面，因为水分会吸引蟑螂。不要把纸箱或纸袋保留在家中，因为蟑螂通常会住在里面，并于此产卵。若住在公寓大楼里，当自家或邻居家中解决虫害后，应该把家里打扫一圈，以去除积存的过敏原。蟑螂活动过的区域及周围的所有表面，也务必加以吸尘、擦拭和除尘。先吸尘，再封死蟑螂可能躲藏的接缝和裂缝。硅氧填缝剂的效果通常不错。另外还要封死台面、洗碗槽、炉具、冰箱及橱柜周围的所有小孔和裂缝。

厨房地板和所有踢脚板必须在用热肥皂水清洗后冲洗干净，并将地板附近的小孔和裂缝封死。清空所有厨房的橱柜和抽屉，用热肥皂水彻底清洗，且在冲洗、风干后，才能放回碗盘和食物。

又提供面包屑和现成的水分，问题就变得更糟。消除蟑螂的有效方法确实存在，你可以询问当地的合作推广服务中心，看看超市有些什么产品，或是找除虫业者处理。有些除虫业者拥有的技术甚至十分先进。然而，住在公寓大楼的读者必须有心理准备，如果有邻居找除虫业者除虫，可能会使蟑螂入侵自家，因为有许多数据记载，若有一户进行除虫，蟑螂便会逃窜到另一户没有除虫的住所。

蟑螂死亡后，过敏原是否会像尘螨过敏原一样持续飘浮在空中，目前还不清楚，但仔细清理蟑螂活动过的所有区域，例如厨房橱柜、厨房地板、浴室及地下室应该会有帮助。蟑螂通常在厨房活动，但如果有在卧室吃饭或吃点心的习惯，那么卧室中也会有很多蟑螂过敏原。同样，如果有人在书房和客厅吃东西，这里也会有蟑螂过敏原。另外，浴室也是蟑螂喜爱的活动场所。

□ 花粉、真菌及微生物

花粉热患者应该知道，花粉会随风飘进家中，跟家中的灰尘混合在一起。真菌（包括酵母菌和霉菌，也就是青霉菌、曲菌、枝孢菌等），能生长的地方包括家中所有表面、滴水盘、墙壁内部、冰箱、腐坏的木材以及任一个潮湿的地方。真菌孢子也会随风飘进家中。真菌及其孢子是家庭灰尘的常见成分，当灰尘飘浮在空中时，这些物质就会被人体吸入，可能导致过敏和感染。细菌和病毒在灰尘中很容易存活，但灰尘还不至于造成感染性疾病。

如果有老鼠，通常会是最主要的灰尘来源。除了与其他多数宠物一样会掉毛和皮屑，老鼠还会在探查时滴下尿液，标记自己到过的地方。它们每天排泄数十次，这些排泄物带有过敏原，有时还会致病，而人只要在啮齿动物带有汉他病毒的排泄物周围吸入空气，就可能感染这种致命的病毒（并非所有啮齿动物都会携带这种病毒。主要分布于美国西部和西南部的鹿鼠似乎为美国的汉他病毒主要宿主，但也不是唯一）。

吸烟产生的尼古丁会附着在家中灰尘上，且在熄灭纸烟（或雪茄）或是清空烟斗许久之后，仍会被吸入体内。

灰尘含有多种饼干屑、毛发、霉菌、布料绒毛、纸黏土的微粒等家庭生活中的残屑，以及各式各样我们带进室内或随风飘入的脏污。因此，门口一定要放踏垫，进屋前也要记得将鞋子擦干净，并定期清洁地板。

CHAPTER

6

吸尘、扫地和除尘

吸尘、扫地和除尘，是不用水或溶剂，而以吸去、扫去或抹去来清除脏污与灰尘。如果想延长地板、地毯和家具的使用寿命，定时吸尘、扫地和除尘是非常重要的。灰尘很容易造成磨损，含沙的灰尘更是如此。而地板不论是木质、石材、大理石、瓷砖、陶砖，或是其他硬质表面，如果沾染了大量灰尘，在上面行走便可能造成磨损，使表面失去光泽。灰尘和脏污对地毯和布沙发的伤害更大，因为会卡在纤维深处，并因摩擦造成损伤，加速布料劣化。

家事新手无须担心扫地、吸尘、除尘会花去太多时间，这些家事做起来都相当迅速轻松。如果时间真的有限，只要避免让容易聚积灰尘的物品越积越多，就能更快完成。除非对家事要求十分高，否则不用跪在地上擦地板，只需要使用吸尘器或除尘拖把就行了，且成果同样令人满意。只要知道基本技巧并了解家事的目的，你也可以做得很轻松。

▍地板

地板每天吸尘最好（尽管大多数人都做不到，包括我在内，但我还是必须这么告诉大家）。不过，除了在打扫日用吸尘器和拖把清洁所有地板，每周清洁部分地板一两次，仍旧可以将地板的状况维持得很好。所谓清洁部分地板，是指用吸尘器或拖把清洁使用率较高的区域，以及特别容易积聚灰尘和脏污之处（这些灰尘会被气流带动，在房间中循环）。

地毯应该用吸尘器清洁，地板则可徒手擦拭或用吸尘器、除尘拖把清洁。吸尘器清洁地板的效果相当好，但效果最好的还是徒手擦拭（没错，就是跪下来擦。我在报刊上看过一家健康水疗馆让顾客这么做，因为这种运动相当有益。不过，请记得在膝盖下垫个软垫，否则可能会患"女佣膝"）。除尘拖把的清洁效果则最差，但拖把和除尘布有个优点是吸尘器比不上的，就是使用时如果施加压力，比较容易去除附着在地板上细微污垢层，而这是吸尘器吸不起来的。偶尔用手持吸尘器清除局部脏污也相当有效。要清洁整片地板时，请从距离房门最远的一侧开始，最后在门口附近结束。若为木质地板，擦拭与吸尘时更要顺着木材的纹理进行。绝对不要在地板上使用家具除尘喷雾或喷雾式的除尘辅助产品，这会使地板变得太滑，且其中含有的某些物质可能会在整修地板时造成问题。

扫地

集中成一堆

扫进畚箕

□ 如何用扫把扫地

如果你有孩子或经常做菜，厨房可能必须每天清扫一次以上。车库、工作间、游戏间、洗衣间、前廊以及其他经常有人活动的区域也要清扫。如果你喜欢，还可以用吸尘器来清洁厨房（碎屑对集尘袋不会造成什么影响）。然而，厨房和使用率较高的地板经常需要快速清除较大的碎屑，而这用扫把比较容易清扫。请选择质量好、耐用的扫把。我偏好用尼龙或合成纤维制成的扫帚来清扫厨房地板这类光滑平坦的室内表面，但有些人喜欢稻草或麦秆制成的天然扫把。放置扫把时一定要让刷毛维持平直，因为一旦弯曲就直不回来。稻草与麦秆扫把适合清扫人行道、地下室、前廊及木板平台等不平滑的表面，因为这种扫把的刷毛非常硬，且长度参差不齐。

从墙角开始扫起，把脏污集中到房间中央（因为房间中央的扫径最短）。用轻巧重复的动作，把脏污从各个角落扫向自己，集中成一堆之后，就可扫进畚箕。扫的时候不要让扫把离开地面，否则灰尘和脏污会飞散在空中。将脏污扫进畚箕（也可用刷子或小扫把，脏污更容易扫进去），再倒进垃圾桶。扫进畚箕时，畚箕要退后几厘米，扫起残留的部分，然后重复几次这个动作，直到全部扫除为止（如果

小扫把

不方便跪下来扫，也可用长柄刷）。

不过，积聚在客厅、办公室、书房、起居室及卧室地板上的灰尘，就不太适合用扫把清扫。这种灰尘太轻、太细，而扫把对这类地板则太粗糙，因此，这些区域最好使用吸尘器、拖把或除尘布。吸尘器发明之前，通常是用扫把或地毯清扫机来清扫地毯，但这样会使大量灰尘飞散在空中，再落到地毯、家具和房间中没有盖上防尘布的东西上。如果你没有掌上型吸尘器，可以用小扫把或刷子，扫去地毯和布沙发上的碎屑及其他干性脏污。刷子有时效果比掌上型吸尘器更好。

□ 如何使用除尘拖把

使用前先用清水略微沾湿，以提升清洁效果，且必须朝同一个方向拖（若是木质地板，就得顺着木材纹理），否则你只是将脏污推来推去而已。一次动作完成后略微提起拖把，准备下一次动作。做这个动作时必须小心，否则随拖把提起来的灰尘很快就会落回地板。小心不要让拖把卡到裂开的木片，也避免把木片扯下。如果可以，拖几回合之后就在窗外或门外将灰尘抖落（如果你住在城市，大概很难这么做，因为窗户可能装了铁窗或纱窗，有的城市甚至不允许在窗外抖拖把。此时，你可以把灰尘抖在垃圾桶或塑料袋里、用手拍掉，或是用吸尘器吸除）。当拖把拖到一半变脏，务必用水清洗。拖把头请选择可以拆下的全棉材质，如此只需把灰尘抖落或吸掉，就可以放进洗衣机，跟抹布一起洗。

有些人吸尘后会再用除尘拖把拖地，清除附着在地面的那层细微脏污。务必施力让拖把压着地面，来回擦拭（在木质地板上还必须顺着木材纹理）。

□ 如何徒手清除地板上的灰尘

徒手清除地板灰尘的方式和清除家具上的灰尘一样。选块适合的布，并依照下文"清除家具和家中其他物品上的灰尘"介绍的方式除尘。你可以直线来回擦拭，也可以画长椭圆形，但不论采用哪种方式，都要顺着木材纹理，并稍微施力下压。布上沾了一层灰尘之后，就将布翻面或折起来，若两面全沾满灰尘，就换一块干净的布。清洁时也要擦拭房间四周的踢脚板，并避免让拖把卡到甚至扯下裂开的木片。在去除比较不牢固的灰尘和脏污之后，要稍微向下施加压力，擦去最难去除的细微脏污层。

□ 如何用吸尘器清洁硬质地板和地毯

在硬质地板以及细致古老的地毯上，请使用地板吸尘配件，或是"通用"地板配件。这类配件通常后方有一排刷毛，用以捕捉没吸到的灰尘，并有小橡皮滚轮，防止地板被刮伤。

拍打吸头和电动毛刷吸头不能用来处理硬质地板、贵重细致的地毯，不过对许多地毯和地垫而言仍然相当好用。电动毛刷吸头的刷毛会旋转，能把地毯毛绒的纤维分开，让气流进入，带出灰尘和脏污。拍打吸头则会拍打毛绒，使灰尘松动而比较容易吸去。毛绒越长，将地毯纤维分开或松动灰尘所需的能量也越大。另外，电动毛刷吸头也很适合用来清除宠物的毛。如果家里铺了很多地毯，吸尘器就应该使用拍打吸头或电动毛刷吸头配件。倘若没有这两种吸头，就使用一般刷头。

一般认为，直立式吸尘器搭配拍打吸头的清洁效果最好，但一般型的吸尘器加上电动毛刷吸头其实也很不错。不过，这些配件的机械作用力都较强，不适合用于贵重细致的地毯，因为可能会破坏毛绒纤维，使毛绒提早耗损。东方地毯和某些地垫可能有的环状边饰，往往也会被刷毛卡住并扯开。在粗毛和长毛地垫上使用拍打吸头时请特别小心，应将拍打频率设定为"高"，同时降低吸力和扯开毛绒的风险。最安全的方法还是不要使用拍打吸头或电动毛刷吸头，但这样又会降低清洁效果。

用吸尘器清洁木质地板时要顺着纹理。重复的来回动作可确保清除所有灰尘（这和拖把行进方向必须相同的原则不同。吸尘的每次动作都能吸起灰尘，但拖地时的来回动作只会将灰尘推来推去）。在地毯上使用吸尘器时，动作必须缓慢谨慎，且路径互相重叠。不需向下压，以免妨碍气流，造成反效果。清洁地毯边饰时，应该从中央向外推，同时降低吸力，避免造成损坏。如果其他条件相同，那么当地板材质越硬、密度越大，需要的吸力就越强。如果吸力可以调整，请使用最强吸力来清洁硬质地板，东方地毯用第二强的吸力（这种地毯密度大，且底衬相当硬），铺满房间的地毯则用第三强的吸力。不过，如果要清洁贵重的家传地毯，就只能选择最弱的吸力（参阅第 7 章中"关于地毯和地垫"一节）。在地毯上的吸尘动作要放慢，让吸力发挥作用；地板上则可稍稍加快速度。

在厨房偶尔吸到含油或略带水分的食物碎屑时用不着担心，虽然潮湿的物质被吸进吸尘器可能会使集尘袋损坏，但碎屑在集尘袋中也会变干。绝对不可以用吸尘器吸取液体。此外，尽量在户外清空或更换集尘袋，如果不行，也应在通风良好的区域进行。

□ 关于吸尘器

吸尘器对于维持家中整洁健康的功效，远远超过家中其他清洁工具。如果你正打算购买新的吸尘器，宁可多花点钱选择节能环保、清洁效果好，又不会将大量灰尘排入空气的机种。设计不佳的吸尘器会从垫片、接头及集尘袋漏出灰尘。马达运转时同样会产生灰尘，如果没有完全过滤，也会排入家中空气。这类灰尘的微粒大，可能导致肺部损伤，因此是必须加以防范的室内空气污染源。倘若开启吸尘器时闻到一种熟悉的强烈气味，就表示该购买新的吸尘器了，因为这是吸尘器产生和重复循环灰尘的气味。

应该设定成哪种吸力？	吸尘器的吸力如果太强，反而无法清洁地毯。要发挥清洁效果，吸尘器和待清洁的物体表面之间必须有少许空隙，否则物体表面会堵住吸头，吸尘器便无法吸起灰尘。很强的吸力可能会使吸尘器陷入地毯，就像用吸尘器吸窗帘时，布料会被吸入吸尘器，阻断气流。这样不仅影响清洁效果，还会对吸尘器的马达和皮带造成过度负担。木质和瓷砖等没有铺设地毯的硬质表面则不会发生阻塞现象，因此可以（也应该）使用最强的吸力，将沟槽、凹陷及接缝中的灰尘都吸出来。不过，为窗帘、布沙发及地垫吸尘时则应使用最弱的吸力。以上这些都只是原则，不是硬性规定。自己多试几次或许会发现最适合自家情况的设定。
吸尘配件与功能	◆ 通用毛刷适用于层架和书籍（不要和某些厂商的"通用"地板配件弄混了）。 ◆ 平滑地板刷（有两排刷毛）用于石材、塑料或嵌镶等表面相当光滑的地板。 ◆ 散热器刷适用于叶片式散热器、狭窄的层架及细缝。 ◆ 细缝吸嘴用于深入狭小的孔洞、空隙及角落。 ◆ 除尘刷用于地板、弯曲表面及雕刻表面。 ◆ 家饰布吸嘴适用于沙发、坐垫、窗帘、家具套、床垫等类似的家庭用品。

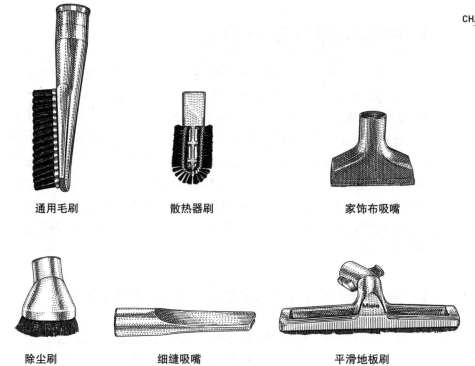

通用毛刷　　　　　　　散热器刷　　　　　　　家饰布吸嘴

除尘刷　　　　　　　细缝吸嘴　　　　　　　平滑地板刷

过敏患者应选择具有 HEPA 滤网的吸尘器，每个人也应尽量选择灰尘产量最少的机种。

　　选购吸尘器时必须考虑的第二个因素，是吸尘器实际产生的气流量与吸力，因为这关系到吸尘器的清洁能力。你不能单凭机器标示的安培数来判定吸力强弱，马力是比较好的判断标准。两款安培数相同的吸尘器，气流量不一定相同，其中可能会有一款设计比较优异，因此气流量较大。另外，开关和灯号也会消耗电流，所以有这些装置的机种标示出的安培数也可能比较大，但清洁能力反而不及安培数较小的机种。

　　中央吸尘系统有许多优点，因为马达和滤网机制都放置在待打扫的房间之外，所以能避开灰尘问题。不过，如果马达所在区域的空气会再流入室内，这个优点就不存在了（这是马达装置在地下室或车库时，经常会出现的状况）。另一个必须注意的问题，是从马达延伸出来的软管长度：长度越长，吸力越弱。请确认你的吸尘器能提供足够的马力，来清洁每个需要清洁的区域。

用吸尘器清洁布沙发

每周必须用吸尘器彻底清洁布沙发一次。吸尘可以防止灰尘深入布料，进而大幅降低清洁频率。吸尘范围必须包含坐垫的每一面及坐垫的下方、空隙、夹缝、内面。清洁平滑、有拉绒的布沙发时，必须使用适当的吸尘配件。

如果有时间，可以在两次彻底清洁之间，只针对视线可及之处进行吸尘。用吸尘器清洁细致的布沙发和古董时，应将吸力设定在"弱"。如有需要，可以盖上一层尼龙或塑料纱网，并隔着纱网使用家饰布吸嘴来吸尘。另可以用网子包住吸嘴前端，再用橡皮筋固定。这两种做法都能降低吸力，防止吸尘器吸去松脱的布料、线头及边饰。不过，千万不可在布料上施加向下的压力。

清除家具和家中其他物品上的灰尘

使用干净、可清洗的软棉布，例如已经磨损的洗碗布、法兰绒、滤布或仿麂皮布。确定布料上没有纽扣、拉链、暗扣、厚接缝及厚纽孔，因为这些东西可能会刮伤或磨损家具表面。不要使用不吸水的合成纤维，除非你想使用市面上有静电功能的除尘布。布面也最好有绒毛或拉绒，因为灰尘比较容易附着（但避免会掉毛屑的布）。

擦拭木作前，先在布上沾一点水，但绝对不要弄湿木料（人们对干擦或湿擦的看法很不一致。有些人说干擦容易造成磨损，最后会失去光泽，有些人则说湿擦可能对木作及其漆面有害。我从来没看过这些负面影响，但湿擦确实比较容易进行，而且清洁效果好得多）。布面的水分只要足以沾上灰尘就好，我们不是要让脏污在家具表面溶解。如果是家传或贵重的古董，保存专家建议使用蒸馏水。

清洁木作、陶瓷、陶器及玻璃时，不要使用没有车边线头松脱的布，因为可能会卡到裂开的木片、亮光漆、边饰、门把，或其他凸出、松脱的部分。如果待清洁的木作表面粗糙或是有小刺，可以尝试用软毛刷，或以吸尘器配上软毛刷，避免布料被钩破。清除装饰性瓷器、陶瓷、吊灯、花瓶及木作等精细物品上的灰尘，由天然毛发或猪鬃制成的软毛画笔会比较容易清洁，绝对不要使用硬毛刷。

　　清洁木作时，你可能需要使用喷雾式的除尘辅助产品或浸渍布。市面上处理过的布或浸渍布未必都含有硅油，但如果含有硅油，最好确认一下要不要使用在你的木制收藏品上。请参阅第8章《木质地板及家具》第132～133页。你也可以参考商标或打电话询问厂商。此外，在除尘布上滴一两滴柠檬油或矿物油也很有帮助。因为这两种物质可形成薄膜，因此在擦拭玻璃、瓷器时，可防止物品失去光泽或变得模糊有污迹。然而，薄膜也可能会吸附灰尘，使灰尘停留在表面。我也发现，用微湿的普通布料来除尘，效果比油或喷雾剂好得多。绝对不要用经过预处理的布或有油的布清洁艺术作品及其外框。

　　清洁木作时，应顺着木材纹理轻柔地画椭圆，并施加极轻的压力以抹去灰尘。布面因擦拭而开始积聚灰尘时，就将抹布翻面或折起。手边也一定要有充足的布，只要布面没有干净的区域可用，就得立刻更换。你可以在窗外或袋子里抖动抹布，延长每次的使用时间，不过，抖动只能去除部分灰尘，所以迟早还是得更换。务必使用干净的布，尤其是清洁贵重、重要或年代久远的物品时。要清除台灯或小摆饰底下及周围的灰尘时，请将物品提起，而非拖动。避免弄脏木作周围的布面。需要时可以用软毛刷清除家具上爪痕中的灰尘，或将灰尘清出沟槽、装饰、刻花及裂缝。每次使用后，沾有脏污的抹布与可清洗的除尘工具，都必须加以清洗。

　　不要使用毛掸。毛掸清除灰尘的效果不好，还会让灰尘飞散在空气中。另外，除非毛掸的材质为合成纤维，否则都不能清洗。挥动时，如果有羽毛损坏，尖锐的羽管边缘也可能会划伤木材表面。

　　为古董、镶嵌细工及镀金家具除尘，或当家具有石膏、薄金片、剥落的油漆、部件松动、裂缝或裂片时，请特别小心。不要用布，布可能会卡住并扯下裂片。改用干的软毛刷，且动作尽可能轻柔。不要用湿布擦拭有镀金、手绘石膏或旧漆的区域，也不要让水接触到这类区域。如果古董、高级家具上的表面薄板与裂片掉了下来，不论大小，都应仔细收好，以便请专业人员修补。

　　不要擦拭镀金或有薄金片之处。贵重古董（例如画框和家具）上的薄金片和镀金区域必须交由受过训练的专业人员清洁、处理。

CHAPTER

7

家用织品

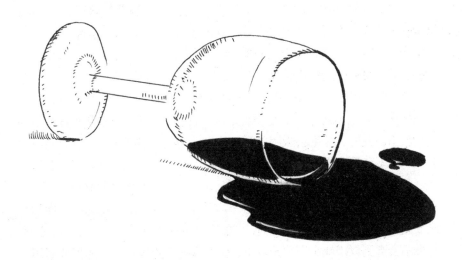

以布料制成的家用品，基本的保养方式都相同。这类家用品都必须经常吸尘，但清洗或干洗的频率则不需要那么高（吸尘和清洁的频率随布料种类和使用程度而定）。定期吸尘不仅能延长家用品的使用寿命，也能降低必须清洗或干洗的频率。清洗和干洗不仅耗时费力，有时还相当昂贵。

▍关于地毯和地垫

在地板铺放布料的用意是提供比较柔软、美观、舒适的表面，以供我们行走、站立及坐下，同时隔绝噪音并保持温暖。此外，地毯和地垫也用来防止木材或大理石等硬质表面被磨损。地毯的外观、触感及磨损程度，还有维护的难易程度，都取决于用来制作地毯的纤维以及布料的结构。

□ 纤维特性

市面上 99% 的地毯，原料皆为合成材料，蚕丝和棉则很少见，因为这两种材质缺乏弹性，且制成地毯也不够耐用。常见地毯纤维中成本最高的是羊毛，产量仅占全美地毯产量的 0.6%，与 1950 年高达 97% 的数字相差许多。尽管如此，目前最高级的地毯仍是以羊毛制成，且各种地毯也还是以追求外观和质感尽可能接近羊毛为目标。羊毛相当耐用、不起静电，染色后也十分漂亮细致。此外，羊毛触感柔软舒适，具有自然光泽，也拥有极佳的弹性，踩踏后能立刻恢复原状。在外观方面，羊毛优于各种合成纤维。尽管合成纤维拥有许多优点，而羊毛有许多缺点，但羊毛的外观和优异的功能品质，目前仍然是其他纤维无法比拟的。

若长时间接触日光，羊毛会劣化并褪色。尽管羊毛不会特别容易发霉，但如果放任潮湿不处理，还是会如此。羊毛也可能遭到蠹蛾和小鲣节虫的幼虫攻击。此外，羊毛会吸附脏污，抗污能力比合成纤维差，还容易吸收异味，且不容易清洁。

各种主要用于制造地毯的合成纤维，包括尼龙、聚酯、聚丙烯及亚克力，吸水力都比羊毛低，因此抗污能力比羊毛好。合成纤维地毯遇到水性的泼溅液体时通常可以擦掉，但碰到油性液体就很容易形成污渍。此外，这类纤维不会遭到蠹蛾或小鲣节虫攻击，抗磨损能力也较强。尼龙极为耐用，反复弯曲和扭绞也不会断裂，聚酯的耐用度则不及尼龙。有几种聚酯、尼龙和亚克力受到摩擦时容易起毛球，且除非经过防静电处理，否则也有很多种会产生静电，这种状况不仅扰人、令人不适，还容易吸附线头和脏污。聚丙烯防止起毛球和静电的效果很好，但弹性逊于尼龙。

地毯承受光照的能力，是评估耐用度的重要指标。溶液染色的合成纤维面对光照时，色牢度相当优异，但天然纤维的色牢度则各不相同。就纤维本身而言，聚酯和亚克力的抗紫外线能力最强，目前最常见的尼龙，以及最美丽、最昂贵的羊毛，对光线的抵抗力都很差。但最差的是蚕丝和聚丙烯（请参阅上册第18章《家务用途的织品》）。

☐ 结构效果

簇绒地毯和梭织地毯都相当耐用，但在其他条件相同的情况下，梭织地毯通常比非梭织地毯与簇绒地毯吸引人，也比较昂贵（参见第114～115页的"地毯与地垫词汇表"中的"簇绒地毯"和"梭织地毯"）。梭织地毯的花样通常较受喜爱，而且就算踩踏频率很高，也不需要担心线头被拉出来（但使用簇绒地毯就要担心了）。此外，梭织地毯和簇绒地毯不同的是，梭织地毯不需要底衬，何况底衬本身也有磨损问题（例如层与层之间可能分离，参见第114页"簇绒地毯"的插图）。不过，设计和质料优异、做工又精良的簇绒地毯，应该还是比做工粗糙的梭织地毯好。

地毯越致密，就越耐得住磨损。也就是说，簇绒之间的距离越近，或是毛绒中的纱线越多，地毯就越耐用。毛绒较粗的地毯比毛绒较细的地毯耐磨损；表面纱线捻得较紧的地毯，比纱线捻得较松的地毯耐用；使用较粗的纱线制成的地毯，也比纱线较细的地毯耐用。

以簇绒地毯而言，簇绒在底衬上固定得越牢，地毯就越耐用，抵抗脱线的能力也越好。簇绒地毯最常用的底衬材料是聚丙烯，因为聚丙烯不会发霉、腐坏或缩水。不过，这些问题容易发生在以黄麻为底衬的梭织地毯上，必须小心防范潮湿。综合以上因素，现在梭织地毯以聚丙烯作为底衬材料的比例已比黄麻高。

齐平式毛绒的抗磨损能力比非齐平毛绒好，因为齐平式毛绒能让压力分散得较广。在非齐平毛绒地毯上，凸出的纱线承受的磨损度特别高，因此会较快损坏。毛绒较长的地毯较不容易吸尘，粗毛地毯也特别难以保持干净。不过，长而厚的毛绒触感比短而薄的柔软舒适，表面纱线捻得较松的地毯也比捻得较紧的地毯柔软。较厚、较柔软的毛绒在隔离噪音与保温的能力都比较强。

想进一步了解有关地毯和地垫的结构和种类等信息，可参阅第112～115页的"地毯与地垫词汇表"。

☐ 害虫

不论是以天然纤维还是合成纤维制成的地毯与地垫，都会藏纳多种害虫，也为尘螨提供了适合的环境。尘螨会隐藏在毛绒深处，靠积聚其中的皮屑等食物为生。蠹蛾和小鲣节虫的幼虫则是直接取食羊毛。

使用中的地毯只要经常吸尘，就不会遭到小鲣节虫和蠹蛾破坏。另外，使用灰尘排放量低的吸尘器来清洁，也可以减少尘螨过敏原（请参阅第5章《灰尘和尘螨》）。因为尘螨、蠹蛾及小鲣节虫都喜欢阴暗潮湿的环境，所以通常只要降低湿度、维持良好通风、让阳光进入室内，以及经常且彻底地吸尘，就能避免害虫。不过，收起不用的地毯就很容易遭到小鲣节虫和蠹蛾破坏。

当地毯要收起来，且存放处和起居空间分开时，可以参考上册第16章《天然纤维》第315～316页使用樟脑丸或其他驱虫剂。有些地毯则经过防虫处理，可以抵挡蠹蛾和小鲣节虫，且根据厂商表示，这类处理对孩童与宠物并不会造成伤害。

☐ 来自地毯的化学物逸散

以合成纤维制成的新地毯常会释出挥发性有机化合物。这类逸散物质可能来自底衬或铺设地毯时使用的黏着剂，味道往往相当强烈难闻。不过，这类烟雾的危害程度仍不明确，即使有人出现头痛、过敏或类似感冒的症状，目前也还无法证实这会造成更严重的伤害。当然，吸入这类化合物也不会有什么好处。

通常，新地毯逸散的化学物质会在几天内消失，但之后仍可能以较低的浓度持续逸散一段时间。解决方法就是打开门窗，用电风扇将新鲜空气引入室内。美国毯业协会建议以这种方式处理48~72小时，且如果问题没有解决，就打电话给厂商（同时要继续保持通风）。此外，美国毯业协会也建议，将铺设新地毯的时间安排在大多数家庭成员不在家的时候。我自己就遇过这类问题，所以对这个建议特别有感受，尤其是家中有婴幼儿，或是家人有过敏倾向之时。你也应该在铺设地毯（尤其是大面积地毯）之后出门几天，让家里充分通风。如果你有过敏或对灰尘相当敏感，拆除旧地毯和铺设新地毯时也要回避，这些过程可能产生大量暂时性的空气污染物。此外，拆除后也应仔细吸尘和清洁。

购买新地毯、地毯衬垫及底垫时，请留意是否有美国毯业协会的 CRI 绿白色标签。这个商标表示这项产品接受由美国毯业协会执行的自愿性检验，并符合其低逸散标准。另外，你也要坚持地毯铺设人员使用有 CRI 标签的黏着剂。尽管有些人对 CRI 标准的严格程度提出质疑，但这个做法无疑是往正确方向迈出了一步。而且如果要评估美国生产的新地毯是否有化学物逸散，这应该也是目前唯一的办法。你也可以要求地毯厂商在送货之前，先将地毯摊开通风。

□ 维护地毯和地垫

要维持地毯和地垫的外观及质感，最重要的就是定期且用正确的方法吸尘（想知道吸尘的相关建议，请参阅第 6 章《吸尘、扫地和除尘》）。脏污和灰尘不仅会破坏地毯外观，还会深入地毯，割伤并破坏毛绒纤维及地毯底衬，最后造成磨损。打扫日要彻底吸尘，每周则以吸尘器清洁部分区域一两次。这可让地毯随时处于良好状况，同时减少灰尘和过敏原。

地毯保养的第二项主要工作，是放置良好的衬垫。地毯衬垫可增加柔软度，并具有缓冲效果，提升舒适性。就功能而言，也可防止脏污深入地毯，并减少因为脚踏而造成的磨损。另外，衬垫还可在地板和地毯之间形成吸力层（或气室），提高吸尘效率（请参阅上册第 346～347 页及本书第 92 页）。

第三个主要维护方法，是在家中每个入口放置地垫，通往室外的门如果能在门口内外各放一个更好（如果你住在公寓大楼，而且大门外铺设地毯的走廊经常吸尘，或许只需放一个在门内）。这些地垫可以吸附许多灰尘和脏污，以防被带到室内。进门之前仔细擦净鞋底，对于地毯的维护也会有莫大帮助。如果能脱掉鞋子更好，可以省下吸尘和清洗的大量人力，并减少因清洁所造成的磨损（清洁地毯时越努力，就越容易加速地毯老化。因此，最重要的目标不只是把地毯弄干净，还要尽可能预防地毯变脏）。

几个简单的习惯和方式便可维护地毯。例如，在家具底下加装脚轮或脚套，防止毛绒被压倒或压断。另外，选择细脚或五爪脚座的家具，避免毛绒被压倒或纠结（如果你的合成纤维地毯上出现压痕，在压痕处放置冰块就可使纤维恢复直立。但此法不适用于天然纤维制的地毯和地垫）。不论哪种地毯，潮湿时都不可以在上面行走，特别是羊毛地毯。羊毛潮湿时弹性较差，纤维一遭踩踏便可能弄坏。

记得定期转动地毯，让光线和走动造成的老化与磨损均匀分布。偶尔也要搬动家具，让特定区域的毛绒不会一直被压倒或纠结（移动家具时一定要抬起来，推动和滑动对地毯和家具都不好）。另外，记得要剪掉分岔跑出来的毛绒纱线。

不要在出入口和走廊等经常有人走动之处，或是楼梯和转角等容易磨损的地方，使用细致又贵重的地垫。如果地毯边缘卷起或翻了面，可使用潮湿的压熨布从两面熨平（会出现这种状况通常是有人走过时脚踢到地毯边缘，不仅不好看，长久下来还会伤及地毯纤维）。

存放不当也可能造成地毯损坏。羊毛地毯收起时比放在地板上更容易遭到害虫攻击，因为害虫喜欢黑暗潮湿、不受打扰之处。如果你必须收起地毯，请先卷起（绝对不要折叠），且正面朝外（这样才不会压倒毛绒），边缘要对齐。古董和细致的家传地毯应该铺上无酸纸，并置于无酸盒中（以防止地毯接触环境中的有害物质）。较大的地毯应该卷在滚筒上，不要卷得太松，以免地毯形成皱褶；也不要卷得太紧，以免让地毯无法呼吸、毛绒被压倒。存放的地毯应该定期晾挂通风，减少湿气积聚，也可顺便检查是否有昆虫寄生。地毯和人一样，最适合的温度和相对湿度是21℃、50%左右。

☐ 清洗

传统家庭主妇会在每年春季大扫除时清洗地毯，直到今日，这种方式仍是最卫生的做法。如果家人没有过敏问题，可以减少清洗频率，维持地毯外观。清洗频率要依走动量、脏污量，以及可能接触地毯的孩童数而定。如果平常就定期且彻底吸尘，走动量也为中等以下，每两三年清洗一次就足以维持良好外观。不过，脏污总有一天会累积到一定程度，这时单靠吸尘已经无法恢复外观，必须加以清洗。

清洗地毯的方法有四：使用市面上的地毯清洁产品和吸尘器、租用或购买地毯清洗机、请专业清洁人员到家中清洗，以及送交清洁公司由专业人员清洗。这四种方法各有优缺点，最好依不同状况选择。然而，贵重的古董地毯不能使用这四种方法，而应该交由相关的专业人员处理。丝绸地毯也必须送交专家处理。

使用任何清洗方式之前，都必须彻底吸尘。

第一种方法，就是使用市面上的地毯清洗剂和清洁产品。这或许不是最轻松的方法，但成本最低。超市、五金行及家庭用品卖场都有效果很好的泡沫喷雾、液状及粉状的地毯清洗剂。至于干洗，则只适用于小区域。使用时请依循产品指示，绝对不要让地毯过湿，除非地毯的毛绒和底衬都是合成纤维，否则可能会发霉。不过，即使不用担心发霉，无论何种纤维都要花很长的时间才能干燥，风干期间也不能踩踏，因为此时最容易弄脏并留下污渍（在某些情况下，纤维在潮湿时也比较脆弱且容易损坏）。化学洗洁剂一定要彻底吸除或洗净，否则残留物可能伤害地毯、使地毯容易再次弄脏，甚至产生有毒物质。

若要让洗洁产品深入地毯内部，最好是用刷子，因为刷子不像海绵会压倒毛绒。海绵适合以点压方式清洁，天然海绵的吸水力更强，且不会有染色的危险。

蒸气清洗和干洗设备可以租或买。干洗剂需要的干燥时间很短（大约只需 1 小时），很适合用于清洁局部或经常走动的区域，但不要加过量。干洗剂有燃烧的危险，使用时必须充分通风（参阅第 31 章《火》的注意事项）。要完全去除地毯中的干洗剂相当困难，可能需要额外的工序。

以蒸气清洗地毯则需要数小时才能干燥，且尽管能洗得较彻底，但清洁成效取决于操作者的技术。一般来说，租来的机器相当笨重，清洁剂也很贵，且结果有好有坏。请专业地毯清洁人员来家中处理，尽管增加成本，但往往相当值得。此外，也有许多公司可以到府收取、清洁，再将地毯彻底干燥后送回，并提供不错的修补服务（当然，铺满整个房间的地毯就没办法了）。如果想请专业人员到家中处理，请先研究哪些公司最好。

☐ 污渍与泼洒物

泼洒物必须在第一时间处理。许多地毯污渍一旦形成便几乎不可能完全去除，因此请立刻行动，尽可能除去泼洒物。用吸水力强的白色毛巾或纸巾，以点压方式吸取，而不要用擦的。有时也可直接以汤匙舀起。这些方法的主要考虑都是避免泼洒物扩散，使情况变得更糟。如果泼洒物是液体，可以淋上少许苏打水或气泡水，气泡可以使更多泼洒物浮上表面，让清洁更容易。

泼洒物如果造成污渍，可以尝试用地毯清洗剂或市面上的去渍剂，使用时请依循产品指示。泼洒物一旦造成污渍，使用温和洗衣剂加水制成的泡沫来处理也十分有效。先轻刷，再用干净的布擦去多余的泡沫，并以1:1的白醋水溶液冲洗，除去清洁剂残留的碱。接着用温水冲洗，并小心将水彻底吸去。两次冲洗都可以直接将液体喷在地毯上（但小心不要喷得太湿），也可以用干净的白布或纸巾轻拍，最后再用干的白布或纸巾将液体吸去即可。

针对这种方式无法清除的污渍，请参阅第115～124页的"去渍指南：地毯与布沙发"。

□ 清洁贵重的古董、东方地毯及细致的地毯

处理古老、细致或珍贵的地毯时，你的目标应该是去除脏污，同时避免在清洁过程中弯曲、拉扯或压倒细致的毛绒纤维，造成损伤。然而，由于脏污同样会伤害地毯，所以你必须做个棘手的抉择。针对不算非常细致但很贵重的地毯，我们在权衡脏污和吸尘所造成的伤害时，通常会倾向选择吸尘，因为要延长这类地毯的使用寿命，最重要的就是常保清洁。但对于非常细致、年代又久远的地毯，我们通常会选择另外一方，也就是尽可能谨慎。此外，有很多状况处于这两者之间，你必须考虑自己的意愿和目标来决定。如果实在决定不了，便询问专业人员。

安全守则——保养年代久远、细致及贵重的地毯时，必须采取几项安全措施。首先，也是最重要的，就是绝对不可使用电动毛刷吸头，吸尘时也只能使用较弱的吸力。如果你的吸尘器没办法降低吸力，可以在吸嘴上包裹一层尼龙或塑料纱网，或在地毯上盖一层纱网，使吸力减弱。有边饰的地毯更需要如此，尤其是手结簇地毯。纱网可降低吸力，并防止吸尘器将边饰或纤维吸进管子。以吸尘器清洁年代久远或细致的地毯时，请采取以下方式：使用标示"通用"的地板配件，顺着毛绒的方向慢慢吸，尽可能清除脏污，并逆向再吸一次，使纤维立起并回复自然光泽（如果已经隔着纱网吸过，就用手刷逆向轻刷）。每年进行一次左右的深度吸尘，例如可以将地毯垂直挂在椅背上，用小于1马力的掌上型吸尘器慢慢吸尘。

用任何液体清洁年代久远或细致的地毯，都会造成纤维损坏（甚至是

严重的损坏），因此不建议这么做。水性干洗、清洗及干洗应该依循专业人员建议，并由专业人员执行。

处理年代久远和细致的地毯时，必须比一般地毯更严格遵守注意事项。举例来说，需要特别保护的地毯必须远离入口通道、走廊等经常走动的区域，也要避开楼梯、转角等容易磨损之处。

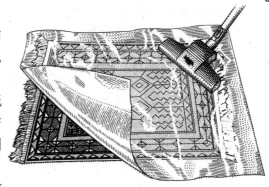

为地毯吸尘时，盖上一层纱网

极度细致和贵重的地垫则根本不应该放在地上，而是要挂在墙上、铺在桌面、放在不会有人走动之处。地毯也是，如果贵重又容易损坏，就必须移到不常踩踏的位置，因为经常清洁又不断弄脏，都会使地毯耗损得更快。此外，年代久远和贵重的地毯也应尽可能避免接触各种光线，包括自然光和人造光，尤其是直射的日光。如果有光线照射到地毯，务必要使光线平均，湿度也需保持适中。家具不要放置在会压倒毛绒的地方。

对于最贵重和最细致的地毯，应该采取前述的安全措施。其他地毯则要权衡地毯的重要程度、你的时间以及愿意投入的心力，找出最佳的平衡点。

清洗细致地毯——一般来说，贵重的地毯最好不要尝试自己清洗，因为可能会状况百出。然而，对于刚好落在"有点旧但不算太贵重的古董"或是"细致但并非真的无可取代"这种灰色地带的地毯，你或许可以拿出信心，轻柔地水洗。但务必确定这样做是利多于弊。

最温和的水洗方式是将天然海绵或干净的白布浸入泉水后拧干（自来水的化学物质太多，蒸馏水又会除去太多天然油脂），轻轻压拭地毯。先在角落测试色牢度，用布或海绵将毛绒沾湿，再用干的白布擦拭，看看染料是否脱落，如果没有，才用湿海绵或布压拭。整片地毯都处理完后，要快速并彻底地干燥。用干净的白布擦拭，尽量吸走水汽，然后将地毯风干。如有需要，可以打开窗户与电风扇，增加通风。请在天气温暖干燥时进行这类清洁工作。

如果打算用不那么温和的方式来清洁，可以用温和洗衣剂加水产生的泡沫轻轻刷洗地毯，参阅上册406～407页"温和洗衣剂与肥皂"。不要使用市面上的地毯清洗剂或强效洗洁剂，你只需要一桶温和洗衣剂水溶液、一桶清水、一支软毛刷及一条干净的白布。首先，找个不显眼处测试，确定地毯不会掉色。接着，在洗衣剂水溶液里制造大量泡沫，并将刷子浸入泡沫（但不要沾到水），用泡沫轻轻刷洗地毯。先刷洗地毯反面，以画圆的方式由中央向四周移动，一次清洁一小块区域。接着用浸泡过清水并彻底拧干的布擦去泡沫，小心不要弄湿地毯。反面清洁完毕之后，把地毯翻过来，用同样的方式清洁正面。最后，依循上文的方式，先用干净的白色毛巾擦拭，再将地毯彻底风干。最后用干的软毛刷刷地毯正面，使毛绒立起。

细致地毯上的泼洒物与污渍——贵重细致的地毯发生意外时，必须赶紧采取行动，但不要试图自行处理污渍。

立刻隔离泼洒物，如果可以，请将泼洒物吸去或轻轻擦去。接着，将地毯紧紧包在塑料袋中，避免污渍干掉（否则污渍可能永远清不掉）。最后，赶紧送交附近的专业清洁人员或文物保存专家。

□ 蔺草、青草、琼麻及其他天然材质地垫的保养

蔺草地毯只能用在家中比较干燥的区域。如果放任蔺草地毯潮湿不管，很容易造成腐坏或发霉。比较粗厚的编织产品可以像其他地毯一样放在地上，但比较细薄的地垫如果放在地上踩，很快就会破损。

以吸尘器清洁这类地垫时，先吸正反面，再吸底下的地板。我没有试过水洗这类地垫，尽管曾在杂志上看过可以这么做，但我仍然很不放心。如果为有色地垫，或有绘画与装饰，那么我通常不会水洗，除非厂商或店家明确表示水洗不会造成伤害。水洗前，也应先在不显眼处测试温和洗衣剂与清水的效果。

清洁的秘诀是尽量避免浸湿地毯，同时尽快风干，防止发霉或变质。请使用温和洗衣剂水溶液与软毛刷或布。硬毛刷（甚至只要是略硬的刷子），都可能伤害纤维、图案及花纹上的装饰。清洗时动作要快，冲洗时要彻底，最后更要尽快风干（把地毯挂在晾衣绳上接受日照，或放在晾衣架等可让空气在衣物间流通的器具上）。如果可以，清洗最好在室外进行（你或许看过有人建议在室外用水管冲洗地垫，但我不怎么赞成把地垫浸湿）。住在公寓的人则可在露台、浴室或厨房里清洗。

▍布沙发

请依据第六章的说明，每周用吸尘器清洁布沙发一次。

请依需求清洗布沙发。每一两年洗一次通常已经足够，除非家庭成员众多，或是家务活异常多。你可以请专业人员到家中处理这件算是相当繁重的工作，也可以购买或租用装备自行处理。当然，你也可以不用机器，只用刷子来清洁（这需要花点体力，而且可能会造成一点焦虑或挫折感，因为你可能没办法除去脏污）。但是，如果你有想要特别维护的古董布沙发，应该还是要请受过训练的专业人员来处理。

☐ 防止布沙发污损

布沙发的清洁效果往往不会很好，所以预防脏污就变得相当重要。预防措施包括吸尘、使用各种抗污和防护产品，以及小心使用。如果这些预防措施失败，请务必理解，布沙发的使用寿命本来就不会太长。

抗污和防护产品通常效果不错。抗污产品可使泼洒物形成水珠而不会被布料吸收，同时也形成屏障抵挡脏污，保持干净。你可以自行喷洒这类产品，或请专业人员处理。如果要自己喷洒，请确定所选择的产品适用于你要保护的纤维，同时尽可能喷洒均匀。有些抗污产品对油性和水性脏污都适用，有些则非如此。请阅读标签上的说明（若是请专业人员处理，务必问清楚后才开始施工）。

钩针编织椅套（用来装饰沙发、椅背及扶手的圆形或方形的小片花边布片）可以水洗，作用是保护布沙发上容易出现油污的区域。事实上，过去人们并非每天洗头，因此头发在墙壁和家具上造成的油污曾经是严重的清洁问题（狄更斯的小说《荒凉山庄》中有个温和而孤僻的角色杰利比先生，书中就是以墙上有一块油污来表示他经常倚着头的位置）。如今，即使我们拼命洗澡、洗头，我们的头发和皮肤仍然会有天然油脂与脏污，并会在接触后转移到布沙发上。另外，时至今日，也有些人会用与沙发相同的布料来制作套子，希望能在不受注意到的情况下，发挥保护扶手和椅背的作用。有些人则使用比较流行的沙发罩。这些方法都很不错，你也可以用可水洗的布料设计新潮的椅套。

光线会使大多数的纤维与羊毛褪色和劣化，但各种纤维与染料对光线的受性有相当大的差别，因此，制作布沙发时请选择较能承受光照的布料。请将古董布沙发放在光线不会直射之处，摆放布沙发时，也必须让光线平均照射，因为褪色的速度往往相当快。

□ 清洗布沙发

一开始先彻底吸尘。沙发罩只要拆下水洗或干洗即可，清洗时请依循标签上的指示。如果要水洗，必须先确定产品在购买时已经过预缩，或是原本的剪裁还有容受缩水的空间。如果你担心缩水，可在冷水清洗并晾干（或以低温烘干）到 3/4 的程度时，趁着沙发罩还有点潮湿，套回沙发。

自己清洗布沙发的最佳方式，应该是使用家用蒸气抽吸机（专业清洁人员也是使用这种方式）。这类机器可将洗洁液喷到布沙发上，再用很强的力道将脏水吸干，因此不会残留水汽导致发霉。此外，洗洁液还可渗透到纤维中，借以达到彻底清洁的效果。清洁时请依循厂商指示，并使用机器允许的布沙发清洗剂。务必先在不显眼处测试。家具完全干燥前不要使用，同时尽可能使其早点风干。良好的通风和较低的相对湿度很有帮助（脏污比较容易附着在潮湿的表面，而潮湿可能使衣物、纸张及其他材料脱色）。

如果布沙发因太细致而无法机洗，又不值得花钱请专业人员处理，最好的清洁方式就是手洗。针对轻微、均匀的脏污和没有拉绒的布料，手洗的效果不错，也是偶尔清洗小型家具最好的方法。然而，大多数人会觉得用这种方式清洁大型布沙发很累，而且如果用来处理严重脏污或顽固污渍，成效往往会跟花费的力气不成比例。

手洗的方法有很多，一种常见的方法是在布料上喷洒市售的布沙发洗洁剂，并以刷子或海绵在布料可承受的范围内用力刷洗，接着吸尘。另外，有些方法是用水，有些方法是用溶剂，使用时务必依循产品上的指示。要以传统方式清洗布沙发，需要一块干净的布、一支软毛刷、一桶清水，以及一桶泡沫很多、加水稀释过的布沙发洗洁剂（请先确定该洗洁剂适用于该种布料）。刷子只能沾到泡沫，不要沾到水，并以泡沫在布料可承受的范围内用力刷洗一小块区域，接着用浸泡过清水并充分拧干的布擦去泡沫。以这种方式继续处理，来清洁所有区域。这么做的主要目的是避免弄湿布沙发。如果布沙发弄湿，内部可能会腐烂，或是日后一直散发出难闻的味道。另外，靠枕的布套不要拆下，直接清洗。布沙发也必须在彻底干燥后吸尘，绝对不要在潮湿时使用。

□ 皮革

一般情况下，皮革家具与桌面每年的清洁次数不需要超过一次。清洁时，先除尘再使用皮革皂，或依循产品指示使用其他皮革洗洁剂（用于木材或其他表面的蜡与抛光剂含有溶剂，可能伤害皮革，请勿使用），务必等皮革干了之后再使用。如果皮革看来太干或开始龟裂，请在清洁后涂上皮革保养乳。务必选择不会使浅色皮革变深的产品，如果不确定，先在不显眼处测试。

你可以用水擦去偶尔出现的污点，不弄湿皮革就好。绝对不要让水停留在皮革上。此外，日光会使皮革褪色、劣化，高温也会使皮革过干、龟裂。

▍窗帘

窗帘在需要时可以水洗或干洗。所谓"需要时"是指吸尘已经无法使窗帘恢复干净，或是看起来还算干净但你知道其实已经很脏。关于水洗窗帘的建议，请参阅上册第 25 章《洗涤棘手衣物》。请遵守标签上的指示，尤其是禁止机洗或干洗的规定。

吸尘时，请使用家饰布吸嘴，并将吸力设定为"低"。从上方开始向下移动，动作要短而重复。卧室窗帘应该每周吸一次，其他区域如果没办法每周吸一次，至少要每个月吸一次，或是尽可能经常吸尘。吸尘其实不用花很多时间。

▍灯罩

灯罩的保养方式五十多年来改变不大。某些用来制作灯罩的新型合成纤维或许比蚕丝与亚麻便宜，但一旦制成灯罩，清洁起来并不会比较容易。

□ 除去灯罩上的灰尘

大多数灯罩很难（或不可）水洗与干洗，因此频繁且仔细地除尘就更加重要。除尘可让我们少做几次讨厌但必要的清洁工作，也可延长灯罩的使用寿命。

使用除尘刷和低吸力除去灯罩上的灰尘（使用衣物刷或干海绵的清洁效果也很好。有些人则喜欢使用毛掸，但我觉得这种方式会让灰尘残留在布料上和接缝里）。用手拿稳灯罩，但要小心不要留下指纹，除尘时也要轻柔，因为灯罩可能会破，且受到压力时很容易造成永久弯曲变形。

□ 选择清洁方式

经过多年除尘和吸尘，灯罩可能会需要更进一步的清洁方式。这时，你必须决定这个灯罩是否要清洗还是换新。此外，因为洗衣店和干洗店多半没有这项服务，因此唯一选择便是在家中清洗。

有些灯罩不能清洗，包括手绘灯罩、内有衬纸的布质灯罩，以及布料并非线缝而是用胶黏的灯罩。这些灯罩一碰到水，颜料和纸会损坏，胶黏处则会脱落（有些人建议用清洁剂的泡沫来清洁可水洗的胶黏灯罩，再用充分拧干的布擦拭。如果你可以承受弄坏灯罩的风险，这个方法值得一试。况且，当胶黏处脱落，有时也可黏回去）。我从未洗过彩色布灯罩，但染料有可能会掉色，因此如果家里有彩色灯罩，最好先在不显眼处测试。

缝在外框且可水洗的布质灯罩，可以浸在清洗液中清洗。羊皮纸、塑料、胶合及有塑料涂层的灯罩不可浸泡清洗，但可用不浸泡的方式清洗。羊皮纸和塑料不受水影响，但也不像布料那么容易吸附灰尘，因此，除尘与擦洗便能达到彻底清洁的效果（这也是最安全的方法，因为这类灯罩可能用黏胶等材料黏合，泡水后会损坏）。浸泡和不浸泡的清洁方式，请见下方相关说明。

任何古董或老旧的布质灯罩，我都不建议下水清洗。这类灯罩长期接触光线和环境中其他的有害物质，因此十分脆弱。我会用软毛刷轻轻刷拭，或是用低吸力的吸尘器轻轻吸尘。如果灯罩很贵重，我会请教特定专业人员。

玻璃、木制及竹制灯罩应该依据本书的相关指示水洗，但可能大幅度缩水或色牢度不高的灯罩则不应水洗。另外，丝绸、嫘萦、合成纤维制的灯罩，以及缝在外框、色牢度高或经过预缩处理的棉布和亚麻布灯罩，除非厂商有特别注明，否则应该可以水洗。如果标签注明不可清洗或干洗，我也会遵照指示。有些专家建议连标有"可水洗"的灯罩也不要拿去清洗，因为结果可能很糟。关于这点，尽管我认为不需要因噎废食，但由于我在尝试清洗布灯罩时也曾有不良经验，所以我也认为这种灯罩确实不易清洗。读者参考以下建议时也应记住这一点。最后，提醒大家，即使是朦胧的条纹与斑点，一旦光线从内部透出时，看起来也会十分明显。

布质灯罩：浸泡清洗——在家中清洗时，必须避免外框生锈（用毛巾擦干，再很快风干）及条纹和色彩不均。浸泡法最适合可水洗的布质灯罩（灯罩材质皆为布料，无塑料等其他材质），因为清洗效果最均匀，整个清洗程序也越快越好。取下灯罩，彻底除尘或吸尘，并在浴缸里放入微温的水，高度必须足以浸泡整个灯罩。加入少量不会伤害布料的温和清洁剂，然后放入灯罩，并使用软毛刷、布或海绵，从侧面的接缝开始，上下移动来清洗。先清洗外侧，再清洗内侧。接着，将灯罩浸泡在微温的清水中冲洗两次，再用白色或色牢度高的毛圈布，彻底擦干灯罩内外，吸去所有多余的水分。最后，将灯罩拿到户外，放在干净的毛巾或布上风干。让灯罩尽快干燥非常重要，所以必须只能在有微风的晴朗天气清洗。如果你住在公寓大楼，也必须选在房间温暖干燥的日子，将灯罩放在房间里，打开电风扇吹干。

塑料、塑料涂层、胶合纸、羊皮纸及牛皮纸灯罩：不可浸泡清洗——同样先取下灯罩，彻底除尘或吸尘。接着，要使用不浸泡的清洗方法。先在两个水桶或水缸里放入微温的水，并在其中一个加入少量温和清洁剂。接着，将擦拭的布浸泡在清洁液中，并充分拧干，快速擦洗一小块区域。请逐一擦洗各块区域，小心不要弄湿灯罩。最后，用浸过清水并拧干的布彻底擦净，也是各个区域逐一处理。内外两侧都要清洁，并且和浸泡法一样，用毛巾吸干水分。干燥方式也和浸泡法一样。

污渍——灯罩尽可能保持干净与无尘，去污效果会较好，否则，可能会在灯罩上产生模糊的深色斑块。试着用干净橡皮擦轻轻擦去灯罩上的污痕。记住，擦拭前得先拿干净毛巾支撑在灯罩背面。如果这么做仍没有效果，可以用布料允许的去渍剂或干洗液，但要先在不显眼处测试，因为万一灯罩变色，一开灯就会看得很清楚。

地毯与地垫词汇表

美式东方地毯（也称"有自然光泽"的东方地毯）American or "sheen-type" oriental rugs | 图样为威尔顿、阿克明斯特或丝绒梭织的东方地毯复制品（其光泽来自氯洗或合成纤维，用意是模仿东方地毯的光泽）。这类地毯的品质可能很好，也可能和真正的东方地毯一样采用穿透式梭织。

阿克明斯特地毯 Axminster | 一种割绒梭织地毯，以色彩及图案多变而闻名，时常看起来像手结簇地毯。

底衬 Backing | 簇绒地毯的底层材料，正面的毛绒纱线会牢牢穿入。底衬可用黄麻纤维或聚酯纤维等为编织材料，或以塑料、胺甲酸乙酯、乙烯及乳胶等非编织材料制成。

柏柏尔地毯 Berber | 请参阅"齐平圈毛绒"。

编结地垫 Braided rugs | 将碎呢（通常包含多种纤维）连缀成长条后缝在一起，通常缝成圆形，做成垫子。请参阅"钩针及碎呢地垫"。

宽幅地毯 Broadloom | 一种宽约3.6~4.5米，以多种梭织方式制成的一件式地毯。这种地毯必须以宽度足够的织布机制造。铺满整个房间的地毯有时也以宽幅地毯称呼。

布鲁塞尔毛圈地毯 Brussels | 一种以强捻毛圈（并非如阿克明斯特和威尔顿地毯的割绒）制成的提花梭织地毯。这种地毯相当耐用，但质量比起威尔顿地毯略差。

雪尼尔 Chenille | 一种毛绒长而密集的阿克明斯特地毯。制作方式是将细条梭织材料和长毛绒梭织在一起。这种地毯柔软、弹性佳、舒适、耐用、昂贵，色彩和图案的变化也相当多。

草编地垫 Grass rug | 取自美国或加拿大的牧草制成的地毯。先将这种草结成绳索，再梭织成地垫。草编地垫有时会有以蜡纸印刷、绘制的图案，或有梭织构成的图样。表面也通常会涂上亮光漆。

钩针及碎呢地垫 Hooked and rag rug | 这类地垫通常会制成小块地垫，且多半为手工制作，有些是量产。将画布或粗麻布等粗质底衬在边撑上绷紧，并以钩针穿过布料或粗纱线的毛圈，构成毛绒。钩针地毯的材质可能是羊毛、

棉或人造纤维，碎呢地毯则是将碎布以连缀、缝合或钩针编织在一起。碎布地毯与钩针地毯一样分为手工制和机器制两种。手工碎呢地垫盘绕并缝合成圆形或椭圆形。碎布通常有多种色彩和图案，因此这类地垫的图样多半为不规则。

钩针及碎呢地垫有大有小，但通常作为散放的地垫使用。古董地毯可能为会掉色的布料，最好不要清洗。

东方地毯 Oriental rug | 来自东方的手工梭织地毯，通常是亚洲制造，尤其是伊朗、土耳其、阿富汗、印度及中国。这类地毯以结子毛绒梭织而成，方式有两种：有别称为土耳其结的吉奥得结，以及别称为波斯结的深纳结。结将毛绒纱线固定在经纱线上，使末端立起，构成簇绒。吉奥得结其实是将毛绒纱线扭转，深纳结才是真正的结。地毯的质量则大部分取决于每平方厘米的结数，结数越多越好。其他影响质量的因素还包括染色、图样、毛绒长度、纱线质量、地毯的年龄及状况。东方地毯几乎全为羊毛制成，只有极少数非常高级的才采用丝质毛绒。

真正的东方地毯有时可有两三项特征辨识。首先，你应该要能从反面清楚看出地毯的整个图样。边饰也是由经纱线延伸而出所制成，不

是缝上去的。再者，东方地毯使用天然染料，褪色状况和美式东方地毯使用的苯胺染料不同（苯胺染料褪色时会形成不同程度的浓淡，天然染料则会变得比原始色彩苍白）。要检视使用的染料为哪种，请观察最靠近结的毛绒。此外，以同样尺寸而言，美式东方地毯会比东方地毯来得轻。不过，这些方法都不是万无一失。如果有疑问，请务必询问可靠的专家，他们懂得检视结子、图样及色彩等其他许多因素。

毛绒 Pile | 地毯表面直立的毛圈、簇绒或纱线。毛绒和拉绒不同，拉绒是将梭织布料表面切成条状所形成，而且没有直立的毛圈和簇绒。毛绒地毯的制造方式很多，有梭织、簇绒及胶黏等。

地垫与地毯 Rug and carpet | 这两个词有时可以互通。有些人将依长度计价的地板铺盖物称为"地毯"。"地垫"通常指尺寸较小、较薄的地板覆盖物。另外，地垫通常是梭织制成。

里亚毯 Rya rug | 毛绒长 2.5～7.5 厘米的斯堪的纳维亚羊毛地毯，通常会有家族特有的抽象图案。可能是有吉奥得结的手结簇地毯（请参阅"东方地毯"），也可能是机器织成。

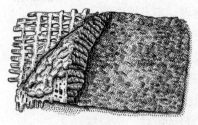
簇绒地毯

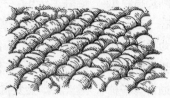
柏柏尔地毯

割绒

撒克逊地毯 Saxony rug | 请参阅"威尔顿地毯"。

琼麻毯 Sisal rug | 生长在印度尼西亚及非洲的琼麻叶制成的地毯。将琼麻耐用及强韧的纤维捻成细绳后，再编织成地毯。

粗毛地毯 Shag rug | 毛绒纱线长达2.5～5厘米（甚至更长）的地毯。因为毛绒纱线相当长，所以会朝不同方向倒伏，这也使这种地毯看起来更加致密。粗毛地毯相当不易清洁。

簇绒地毯 Tufted carpet | 将毛绒纱线穿入底布或底衬制成的地毯，底布或底衬通常为黄麻与聚丙烯等的编织布料。簇绒地毯通常会使用两片底衬来增加强度及稳定性。与梭织地毯不同的是，簇绒地毯可能会出现抽丝现象，也就是一整排簇绒被拉出。簇绒地毯的主要种类有撒克逊、丝绒、长毛绒、粗毛、齐平圈、割绒混毛圈及雕花等。

簇绒的变化方式也相当多。

◆ **割绒混毛圈毛绒 Cut-and-looppile** | 某些纱线为毛圈，某些则为割绒。可以是齐平，也可以是非齐平式的地毯。

◆ **齐平圈毛绒 Level-loop pile** | 由相同长度的毛圈组成的毛绒（非齐平圈毛绒，则是由不同长度的毛圈所组成）。现在所谓的"柏柏尔地毯"就是毛圈比较粗短、纹理凹凸不平的齐平圈毛绒地毯。

◆ **非齐平圈毛绒 Multilevel-loop pile** | 毛圈的毛绒有2-3种不同高度，并以此形成图样。

◆ **萨克逊簇绒地毯 Saxony tufted carpet** | 使用多股揉捻毛绒纱线（但不是强捻纱）制成的地毯。这种地毯的揉捻程度大于丝绒地毯，但差别不大。这类地毯也有齐平割绒。

◆ **雕花地毯 Sculptured carpet** | 以不同长度毛绒形成图样的地毯。

◆ **粗毛 Shag** | 请参阅"粗毛地毯"。

◆ **丝绒或长毛绒簇绒地毯 Velvet or plush**

tufted carpet | 这类地毯的表面纱线几乎不捻合，因此毛绒末端相当接近，形成如丝绒般平滑的外观（长毛绒看起来像丝绒，但毛绒较长）。

丝绒地毯 Velvet carpet | 一种梭织地毯。这种地毯是使用一般织布机，不像威尔顿地毯与布鲁塞尔毛圈地毯是在提花梭织机上梭织，因此色彩和图样有限。将毛绒梭织在抽出的线上，然后剪开毛圈，使簇绒直立。由于毛绒纱线全都在表面，因此这种地毯相当耐用。在美国，这种地毯也是最便宜、最常见的梭织地毯。

威尔顿地毯 Wiltons | 割绒地毯被公认为是最好的全机器制梭织地毯。威尔顿地毯价格昂贵，以往只以羊毛制造（精纺和粗纺皆有），但现在也会使用数种合成纤维。与阿克明斯特地

毯不同的是，威尔顿地毯只使用 3～6 种颜色，而且是以制造厚布衬垫的方法在提花梭织机上梭织而成。精纺威尔顿地毯被认为是最好的羊毛地毯，十分耐用，梭织相当致密，且纹理纤细、图样细致、毛绒较短。粗纺威尔顿地毯的纱线则捻得较松，因此柔软又耐用，但弹性逊于精纺威尔顿地毯。撒克逊地毯则是以羊毛捻合得非常紧的纱线制成的威尔顿地毯，毛绒长度中等，但一样柔软、耐用。

梭织地毯 Woven carpet | 将毛绒纱线垂直于经纱线与底衬纱线，然后梭织而成的地毯。这种地毯曾经是地毯的主要类别，但现在只占所有地毯的一小部分。梭织地毯的主要种类包括阿克明斯特地毯、雪尼尔、撒克逊地毯（威尔顿地毯的一类）、布鲁塞尔毛圈地毯、丝绒地毯、花毯及美式东方地毯。

▌去渍指南：地毯与布沙发

☐ **去渍指南：地毯**

请依照以下步骤处理本书列出的各种污渍。

仅适用于合成纤维——只要有东西泼洒在地毯上，最好在干掉前立刻处理。以海绵吸取清水，用以稀释污渍，但要小心不要使污渍扩散开来。

适用于各种地毯——

（1）立刻吸去或以钝刀刮去多余的脏污。

（2）依照使用步骤，将清洁物质直接用在污渍上。使用之前，先在不显

眼处测试 10 秒钟后吸去。

（3）不要使劲搓擦污渍，务必以有吸水力的干净白布将污渍吸去。

（4）避免将地毯弄得太湿。

（5）干燥之后轻轻刷过，使毛绒恢复直立。

（6）有些污渍难以去除，可能需要重复处理两次以上。有些污渍是永久性的，可能无法去除。

□ 去渍指南：布沙发

适用于本书列出的各种污渍。

◆ 立刻去除多余脏污，再用钝刀或汤匙刮去残留部分（也可用具备吸收力的材质吸去泼洒物）。

◆ 务必在不显眼处测试。基本上，若布料没有褪色或缩水，就可以进行清洁。

◆ 不要拆下坐垫套。

◆ 不要使力搓，应使用软质白布或海绵吸取脏污。

◆ 以湿海绵蘸取清水擦洗。

◆ 尽快干燥十分重要。

◆ 布沙发上的商标符号及其代表意义：

　W：仅可使用温和清洁剂或布沙发清洗剂等水性清洁产品的泡沫，来进行局部清洁。

　S：仅可使用溶剂进行局部清洁。请在通风良好的房间中谨慎使用。使用水性溶剂可能会留下斑点或造成过度缩水，水渍也可能是永久性的。

　S-W：以溶剂或水性清洁产品的泡沫进行局部清洁。

　X：仅可吸尘。

血液——清洁剂必须是冷的。

（1）将 1 茶匙的中性清洁剂（不含碱或漂白剂的温和清洁剂）加入一杯微温的水，用海绵（或布）蘸取溶液并吸取脏污。

（2）将 1 大匙家用氨水和半杯水混合，用海绵（或布）蘸取溶液并吸取脏污。

（3）用海绵（或布）蘸点清水并吸取脏污。

啤酒——

（1）将1茶匙中性清洁剂（不含碱或漂白剂的温和清洁剂）加入一杯微温的水，用海绵（或布）蘸取溶液并吸取脏污。

（2）将1/3杯家用白醋与2/3杯水混合，用海绵（或布）蘸取溶液并吸取脏污。

（3）用海绵（或布）蘸点清水并吸取脏污。

奶油——

（1）用海绵（或布）蘸取少量干洗剂并吸取脏污（少量使用可防止对涂料、底衬及填充材料造成伤害。不要使用汽油、打火机专用油或四氯化碳）。

（2）将1茶匙中性清洁剂（不含碱或漂白剂的温和清洁剂）加入一杯微温的水，用海绵（或布）蘸取溶液并吸取脏污。

口香糖——

（1）用海绵（或布）蘸取少量干洗剂并吸取脏污（少量使用可防止对涂料、底衬及填充材料造成伤害。不要使用汽油、打火机专用油或四氯化碳）。

（2）将1茶匙中性清洁剂（不含碱或漂白剂的温和清洁剂）加入一杯微温的水，用海绵（或布）蘸取溶液并吸取脏污。

巧克力——

（1）将1茶匙中性清洁剂（不含碱或漂白剂的温和清洁剂）加入一杯微温的水中，并用海绵（或布）蘸取以吸取脏污。

（2）将1大匙家用氨水和半杯水混合，用海绵（或布）蘸取溶液并吸取脏污。

（3）重复步骤（1）。

（4）用海绵（或布）蘸点清水并吸取脏污。

咖啡——

（1）将1茶匙中性清洁剂（不含碱或漂白剂的温和清洁剂）加入一杯微温的水，用海绵（或布）蘸取溶液并吸取脏污。

（2）将1/3杯家用白醋与2/3杯水混合，用海绵（或布）蘸取溶液并吸取脏污。

（3）用海绵（或布）蘸点清水并吸取脏污。

碳酸饮料——

（1）将1茶匙中性清洁剂（不含碱或漂白剂的温和清洁剂）加入一杯微温的水，用海绵（或布）蘸取溶液并吸取脏污。

（2）将1/3杯家用白醋与2/3杯水混合，用海绵（或布）蘸取溶液并吸取脏污。

蜡笔——

（1）用海绵（或布）蘸取少量干洗剂并吸取脏污（少量使用可防止对涂料、底衬或填充材料造成伤害。不要使用汽油、打火机专用油或四氯化碳）。

（2）将1茶匙中性清洁剂（不含碱或漂白剂的温和清洁剂）加入一杯微温的水，用海绵（或布）蘸取溶液并吸取脏污。

（3）用海绵（或布）蘸点清水并吸取脏污。

生蛋——

（1）将1茶匙中性清洁剂（不含碱或漂白剂的温和清洁剂）加入一杯微温的水，用海绵（或布）蘸取溶液并吸取脏污。

（2）将1大匙家用氨水和半杯水混合，用海绵（或布）蘸取溶液并吸取脏污。

（3）重复步骤（1）。

（4）用海绵（或布）蘸点清水并吸取脏污。

泥土（脏污）——

（1）将1茶匙中性清洁剂（不含碱或漂白剂的温和清洁剂）加入一杯微温的水，用海绵（或布）蘸取并吸取脏污。

（2）将1大匙家用氨水和半杯水混合，用海绵（或布）蘸取并吸取脏污。

（3）用海绵（或布）蘸取中性清洁剂以吸取脏污。

（4）用海绵（或布）蘸点清水并吸取脏污。

食物造成的染色——

请寻求专业地毯清洁人员协助。

水果和果汁——

（1）将1茶匙中性清洁剂（不含碱或漂白剂的温和清洁剂）加入一杯微温的水，用海绵（或布）蘸取并吸取脏污。

（2）用海绵（或布）蘸点家用白醋并吸取脏污。

（3）重复步骤1。

（4）用海绵（或布）蘸点清水并吸取脏污。

家具抛光剂——

（1）用海绵（或布）蘸取少量干洗剂并吸取脏污（少量使用可防止对涂料、底衬或填充材料造成伤害。不要使用汽油、打火机专用油或四氯化碳）。

（2）将1茶匙中性清洁剂（不含碱或漂白剂的温和清洁剂）加入一杯微温的水，用海绵（或布）蘸取溶液并吸取脏污。

（3）用海绵（或布）蘸点清水并吸取脏污。

胶水（学校用的透明胶水）——

（1）将1茶匙中性清洁剂（不含碱或漂白剂的温和清洁剂）加入一杯微温的水，用海绵（或布）蘸取溶液并吸取脏污。

（2）将1大匙家用氨水和半杯水混合，用海绵（或布）蘸取溶液并吸取脏污。

（3）重复步骤（1）。

（4）用海绵（或布）蘸点清水以吸取脏污。

肉汁——

（1）用海绵（或布）蘸取少量干洗剂并吸取脏污（少量使用可防止对涂料、底衬或填充材料造成伤害。不要使用汽油、打火机专用油或四氯化碳）。

（2）将1茶匙中性清洁剂（不含碱或漂白剂的温和清洁剂）加入一杯微温的水，用海绵（或布）蘸取溶液并吸取脏污。

（3）用海绵（或布）蘸点清水并吸取脏污。

护手乳——

（1）用海绵（或布）蘸取少量干洗剂并吸取脏污（少量使用可防止对涂料、底衬或填充材料造成伤害。不要使用汽油、打火机专用油或四氯化碳）。

（2）将1茶匙中性清洁剂（不含碱或漂白剂的温和清洁剂）加入一杯微温的水，用海绵（或布）蘸取溶液并吸取脏污。

（3）用海绵（或布）蘸点清水并吸取脏污。

冰激凌——

（1）将1茶匙中性清洁剂（不含碱或漂白剂的温和清洁剂）加入一杯微温的水，用海绵（或布）蘸取溶液并吸取脏污。

（2）将1大匙家用氨水和半杯水混合，并用海绵（或布）蘸取溶液并吸取脏污。

（3）重复步骤（1）。

（4）用海绵（或布）蘸点清水并吸取脏污。

墨水（原子笔）——

（1）以海绵（或布）蘸取少量干洗剂，并吸取脏污（少量使用可防止对涂料、底衬或填充材料造成伤害。不要使用汽油、打火机专用油或四氯化碳）。

（2）将1茶匙中性清洁剂（不含碱或漂白剂的温和清洁剂）加入一杯微温的水，用海绵（或布）蘸取溶液并吸取脏污。

（3）用海绵（或布）蘸点清水并吸取脏污。

碘、硫柳汞——

（1）将1茶匙中性清洁剂（不含碱或漂白剂的温和清洁剂）加入一杯微温的水，用海绵（或布）蘸取并吸取脏污。

（2）将1大匙家用氨水加入半杯水，用海绵（或布）蘸取溶液并吸取脏污。

（3）将1/3杯家用白醋与2/3杯水混合，用海绵（或布）蘸取溶液并吸
　　取脏污。

（4）重复步骤（1）。

（5）用海绵（或布）蘸点清水并吸取脏污。

马克笔——

（1）用海绵（或布）蘸取少量干洗剂并吸取脏污（少量使用可防止对涂
　　料、底衬或填充材料造成伤害。不要使用汽油、打火机专用油或四
　　氯化碳）。

（2）将1茶匙中性清洁剂（不含碱或漂白剂的温和清洁剂）加入一杯微
　　温的水，用海绵（或布）蘸取溶液并吸取脏污。

（3）用海绵（或布）蘸点清水并吸取脏污。

牛奶——

（1）将1茶匙中性清洁剂（不含碱或漂白剂的温和清洁剂）加入一杯微
　　温的水，用海绵（或布）蘸取溶液并吸取脏污。

（2）将1大匙家用氨水和半杯水混合，用海绵（或布）蘸取溶液并吸取
　　脏污。

（3）重复步骤（1）。

（4）用海绵（或布）蘸点清水并吸取脏污。

指甲油——

（1）直接在指甲油上倒上去光水（丙酮），吸取脏污。

（2）将1茶匙中性清洁剂（不含碱或漂白剂的温和清洁剂）加入一杯微
　　温的水，用海绵（或布）蘸取溶液并吸取脏污。

（3）用海绵（或布）蘸点清水并吸取脏污。

油漆（乳胶）——

（1）将1茶匙中性清洁剂（不含碱或漂白剂的温和清洁剂）加入一杯微
　　温的水，用海绵（或布）蘸点溶液并吸取脏污。

（2）用海绵（或布）蘸点清水以吸取脏污。

油漆（油性）——

（1）用海绵（或布）蘸取少量干洗剂并吸取脏污（少量使用可防止对涂料、底衬或填充材料造成伤害。不要使用汽油、打火机专用油或四氯化碳）。

（2）将1茶匙中性清洁剂（不含碱或漂白剂的温和清洁剂）加入一杯微温的水，用海绵（或布）蘸取溶液并吸取脏污。

（3）用海绵（或布）蘸点清水并吸取脏污。

橡胶胶水——

（1）用海绵（或布）蘸取少量干洗剂并吸取脏污（少量使用可防止对涂料、底衬或填充材料造成伤害。不要使用汽油、打火机专用油或四氯化碳）。

（2）将1茶匙中性清洁剂（不含碱或漂白剂的温和清洁剂）加入一杯微温的水，用海绵（或布）蘸取溶液并吸取脏污。

（3）用海绵（或布）蘸点清水并吸取脏污。

铁锈——

使用除锈剂，并依据包装上的指示使用。

鞋油——

（1）用海绵（或布）蘸取少量干洗剂并吸取脏污（少量使用可防止对涂料、底衬或填充材料造成伤害。不要使用汽油、打火机专用油或四氯化碳）。

（2）将1茶匙中性清洁剂（不含碱或漂白剂的温和清洁剂）加入一杯微温的水，用海绵（或布）蘸取溶液并吸取脏污。

（3）用海绵（或布）蘸点清水并吸取脏污。

（4）若脏污仍无法去除，寻求专业地毯清洁人员协助。

软性饮料——

（1）将1茶匙中性清洁剂（不含碱或漂白剂的温和清洁剂）加入一杯微温的水，用海绵（或布）蘸取溶液并吸取脏污。

（2）将1/3杯家用白醋与2/3杯水混合，用海绵（或布）蘸取溶液并吸取脏污。

（3）重复步骤（1）。

（4）用海绵（或布）蘸点清水并吸取脏污。

酱油——

（1）将1茶匙中性清洁剂（不含碱或漂白剂的温和清洁剂）加入一杯微温的水，用海绵（或布）蘸取溶液并吸取脏污。

（2）将1大匙家用氨水和半杯水混合，用海绵（或布）蘸取溶液并吸取脏污。

（3）重复步骤（1）。

（4）用海绵（或布）蘸点清水并吸取脏污。

茶——

（1）将1茶匙中性清洁剂（不含碱或漂白剂的温和清洁剂）加入一杯微温的水，用海绵（或布）蘸取溶液并吸取脏污。

（2）将1/3杯家用白醋与2/3杯水混合，用海绵（或布）蘸取溶液并吸取脏污。

（3）重复步骤（1）。

（4）用海绵（或布）蘸点清水并吸取脏污。

尿液（干）——

（1）将1茶匙中性清洁剂（不含碱或漂白剂的温和清洁剂）加入一杯微温的水，用海绵（或布）蘸取溶液并吸取脏污。

（2）将1/3杯家用白醋与2/3杯水混合，用海绵（或布）蘸取溶液并吸取脏污。

（3）将1大匙家用氨水和半杯水混合，用海绵（或布）蘸取溶液并吸取脏污。

（4）将1茶匙中性清洁剂（不含碱或漂白剂的温和清洁剂）加入一杯微温的水，用海绵（或布）蘸取溶液并吸取脏污。

（5）用海绵（或布）蘸点清水并吸取脏污。

尿液（新鲜）——

（1）用海绵（或布）吸取脏污。

（2）用海绵（或布）蘸点清水并吸取脏污。

（3）将1大匙家用氨水和半杯水混合，用海绵（或布）蘸取溶液并吸取脏污。

（4）将1茶匙中性清洁剂（不含碱或漂白剂的温和清洁剂）加入一杯微温的水，用海绵（或布）蘸取溶液并吸取脏污。

（5）用海绵（或布）蘸点清水并吸取脏污。

凡士林——

（1）用海绵（或布）蘸取少量干洗剂并吸取脏污（少量使用可防止对涂料、底衬或填充材料造成伤害。不要使用汽油、打火机专用油或四氯化碳）。

（2）将1茶匙中性清洁剂（不含碱或漂白剂的温和清洁剂）加入一杯微温的水，用海绵（或布）蘸取溶液并吸取脏污。

（3）用海绵（或布）蘸点清水并吸取脏污。

蜡（膏状）——

（1）以海绵（或布）蘸取少量干洗剂，吸取脏污（少量使用可防止对涂料、底衬或填充材料造成伤害。不要使用汽油、打火机专用油或四氯化碳）。

（2）将1茶匙中性清洁剂（不含碱或漂白剂的温和清洁剂）加入一杯微温的水，用海绵（或布）蘸取溶液并吸取脏污。

（3）用海绵（或布）蘸点清水并吸取脏污。

葡萄酒——

（1）将1茶匙中性清洁剂（不含碱或漂白剂的温和清洁剂）加入一杯微温的水，用海绵（或布）沾取溶液并吸取脏污。

（2）将1/3杯家用白醋与2/3杯水混合，用海绵（或布）蘸取溶液并吸取脏污。

（3）重复步骤（1）。

（4）用海绵（或布）沾点清水并吸取脏污。

8
木质地板及家具

❖ **防止木材遭受意外及环境伤害**
　　☐ 对木材及其涂层有害的物质
　　☐ 水对木材有害
　　☐ 塑化剂渗移
　　☐ 刮痕与磨损
　　☐ 温度与湿度
　　☐ 光
　　☐ 搬动

❖ **木质家具、细工家具及木作**
　　☐ 应该使用哪些木材保养品
　　☐ 由蜡改用油；由油改用蜡
　　☐ 如何为家具上膏状蜡
　　☐ 如何使用家具抛光剂
　　☐ 清洁木质家具
　　☐ 家具上的刮痕、伤痕及污渍
　　☐ 厨房集成材的保养
　　☐ 粉蠹虫

❖ **木质地板**
　　☐ 保护木质地板
　　☐ 氨酯涂层的保养
　　☐ 温和的肥皂与清洁剂；
　　　　密封涂层木质地板的特制洗洁液
　　☐ 亮光漆（非氨酯类）、虫胶漆、磁漆地板、无硬
　　　　质涂层的地板
　　☐ 如何为非氨酯涂层、渗透性密封剂和油类涂层、
　　　　蜡涂层及"纯天然"地板上蜡
　　☐ 聚合物或亚克力浸渍木质地板
　　☐ 胶合地板及其他预涂层地板

❖ **柳条、藤、藤条及竹子**

❖ **去渍指南：木质地板的刮痕修复及去渍**
　　☐ 天然涂层地板、蜡涂层地板、渗透性染料涂层地板，
　　　　及其他没有硬质涂层的木质地板
　　☐ 有硬质涂层（聚氨酯或其他亮光漆）的木质地板

各种用于制作家中硬质表面和家饰品的材料中，最重要也最美观的非木材莫属了。木材的保养相当简单，但有关最佳保养方式的争议仍未停歇。拥有相关专业技术的不同群体因为目标不同，提出的建议往往互相矛盾。管理人员、维护人员、蜡与抛光剂的厂商、家具厂商、木匠、家具制作和涂装人员、地板厂商和安装人员，甚至我们的亲戚，都有自己的一套保养方法。

然而，有些木材保养的基本观念仍是大家都认同的。首先，大家都同意经常为木质地板和木制家具除尘或吸尘是好的。此外，灰尘有摩擦性，所以经年累月疏于除尘或方法不正确，会使表面磨损并失去光泽。灰尘也会积聚在裂缝、缝隙及沟槽中，使地板或家具看起来黯沉且不美观，最后甚至完全无法去除。另一方面，地板上的灰尘和脏污也会因踩踏而陷入涂层，这是涂层损坏的主要原因。第二点大家都同意的是，皮肤油脂等物质若长时间停留在木材表面，会伤害木材及其涂层。保持木材干净可维持外观亮丽并延长使用寿命。第三，用水清洁木材时必须尽可能小心。第四，家具表面必须相当光滑，使物体和灰尘可在表面滑动而不会刮伤（不过若是地板就不应该滑滑的，以免摔伤）。除了这几个基本观念，几乎每个人提出的任何木材保养方法，都有另一种与之完全矛盾的说法。

保养用以制作家具、百叶门窗、遮阳帘、篮子、洗衣篮及其他许多家用品的柳条、藤、藤条及竹子等类似木材的材料时，基本原则都与保养木材相同。除尘、吸尘及偶尔以湿布清洁，都可让这些材料制成的家具，维持多年美观及坚固。

▌防止木材遭受意外及环境伤害

蜡与抛光剂都无法防止木材受到高温、湿气、光线及粗心使用的伤害。各种木材都需要防范这类伤害。

□ 对木材及其涂层有害的物质

酒精、丙酮、酸及碱会伤害多种涂料，包括亮光漆、虫胶漆、磁漆及水性漆等。香水、古龙水、葡萄酒、啤酒、烈酒及许多药品中都含有酒精；去光水和油漆稀释剂中含有丙酮；各种清洁产品则可能含有伤害木制家具的溶剂、酸及碱。指纹含有皮脂与汗水，长期下来对木材和涂料也有不良影响，尤其是没有涂上保护蜡或抛光剂的表面。另外，食物可能在木材上留下污渍，并与水造成相同的问题。

经常接触碱性洗洁液，即使碱性相当温和，一段时间后也可能会使木材的硬质涂层软化（这也是为什么餐厅的餐桌即使很干净，有时摸起来仍会黏手。因为餐厅每天会用碱性洗洁液清洁桌面数十次，且桌面经常是潮湿的。椅背也可能在经年累月接触皮脂后变黏）。因此，清洁木材时只能使用温和或中性的肥皂或清洁剂，且不该太过频繁。另外，含有聚氨酯的亮光漆，抵抗溶剂、酸和碱的能力优于其他涂料，对热的抵抗力也比较强，但有抵抗力并不表示完全不受影响，各种涂料都需要保护和留意。没有硬质涂层与只有上蜡或上油的木材更容易受到上述伤害。

☐ 水对木材有害

水如果渗入涂层，会造成木材膨胀、变形及产生污渍。虫胶漆、磁漆、亮光漆、水性漆及聚氨酯等硬质涂层无法防止湿气渗入木材，但可以减缓湿气进出木材的速度，这也是这类涂层最重要的防护功能之一。这类涂层也都无法防止水分渗入涂层底下的木材。聚氨酯亮光漆抗水的能力最好，且涂层越厚抵抗能力越强。抵抗力较强的涂层可在东西泼洒出来时让你有较多的时间处理。用水清洁木材时，也要避免将木材打湿（请依循135~136页和139~143页的指示）。另外，应使用杯垫、桌垫、桌巾、长条桌巾及其他物品防止水圈和泼洒。

木材保养的基本概念	◆ 经常为家具与地板除尘或吸尘。
	◆ 绝对不要打湿木材或将木材泡在水中。
	◆ 大多数木材若偶尔用拖把或抹布清洁，并不会造成伤害，前提是抹布或拖把必须拧干，且木材仅能略微沾湿。
	◆ 地板与家具必须定期清洁、上蜡及上抛光剂。
	◆ 不要在氨酯涂层的木质地板上使用蜡或油。
	◆ 天然涂层与非氨酯涂层的木质地板都应该上蜡。
	◆ 上过蜡的地板不要用湿拖把清洁。

去除家具上的水圈和水斑

蜡和抛光剂不会形成水圈，但是当水在上过蜡的表面停留了一阵子，可能会出现水痕。只要用加了一滴矿油精的布擦一下，水痕就会消失。真正的水圈（也就是湿的玻璃杯或花瓶放在有涂层的木材表面一段时间后，形成的雾状或白色圆圈）造成的问题比较大，且由于位在涂层内部，往往很难去除。你或许看过有人建议用美奶滋加炭灰或牙膏来去除这类水圈。我试过十多种方法，至今还没有一种见效，而且我现在相信，真正有用的方法只有长时间轻轻擦拭（我有朋友花了45分钟，最后成功了）。如果你也想试试，擦拭时得小心留意，因为炭灰和牙膏皆具有摩擦性，而这方法便是借由摩擦力温和去除涂层受损的部分。用这种方式去除水圈可能会使一部分涂层变得不均匀，但若在完成后重新将整个表面上蜡，通常就看不出来。

我试过的另一种方法是用稍微沾过外用酒精的布轻轻擦拭水圈。这种方法相当危险，因为酒精可能会伤害或溶化涂层，我就有过相关经验。不过，在上过蜡之后看起来还好。

☐ 塑化剂渗移

塑料物品如果放在木材表面不动，可能会发生塑化剂渗移的现象。塑料餐垫、桌巾、笔记本、包装纸、玩具及电器外壳的颜料可能会渗入木材（就像杂志放在台面或桌面，且其中一方有水或空气相对湿度高时会发生的状况）。另外，塑料可能会黏在涂层上，一拿起来就造成涂层损坏。这种讨厌的状况我遇过好几次，其中一次便是由摆放在木质地板上的圣诞树塑料底座所造成。

☐ 刮痕与磨损

虫胶漆与磁漆相较于聚氨酯及其他亮光漆容易损坏。油和蜡抗刮伤的能力则最差。

要防止刮伤，方法是避免在木材表面滑动物品，移动或除尘时也应将物品抬起。不要将物品直接置于木材上，而是使用杯垫、隔热架、桌巾、饰巾及其他覆盖物，来防范刮痕、高温、水、泼洒物及污渍。台灯和饰物应使用毛毡垫底，但使用有颜色的毛毡时也要小心，因染料可能会渗入木材。许多专家说应该使用棕色毛毡，但厂商提供的多半是绿色的。

要隐藏细微刮痕，可使用刮痕修补剂，并选择适合的颜色。依循标签上的指示，将修补剂喷在擦拭布上，而非直接喷在家具上。

☐ 温度与湿度

木材在适中的温湿度下状况最好。对木材而言，温度21℃和相对湿度50%是最为理想的。阁楼、地下室及仓库可能出现极端的温湿度，木制家具若存放在这些地方会加速老化（空气中的氧会使木材随时间劣化，就像使金属变暗生锈一样。我们没办法减缓这个过程，只能尽量让家具远离高温）。水分太多会使木材损坏，水分太少同样对木材不好。湿度太高会造成膨胀、变形、发霉及腐朽，湿度太低则会造成龟裂。此外，温湿度若经常突然改变，本身就是一种危险。反复处于高湿环境可能使木材裂开，同时导致胶黏的家具分解。当空气突然由湿热转变为干冷，木材最容易龟裂，表面薄板特别如此。例如，你在夏季将位于佛罗里达州的家门关上几个月，回去时立刻把空调开到最强，或是你在二月回到缅因州的家，立刻把暖炉开到最强，就可能发生这种状况。

☐ 光

光会使各种木材的表面褪色，不论表面有什么涂层、蜡或抛光剂都一样，而光也会穿透饰巾和桌巾，只是速度比较慢。因此，保养的策略就是降低总曝光量，并让光线均匀照射木材表面。方法有好几种：首先，避免将家具放在阳光可能直射之处，尤其是只会照射到部分表面的位置。此外，不时移动台灯、饰巾、工艺品、小摆设、装饰品以及放置在木材表面的其他物品，能有助于木材均匀褪色。如果每年固定有几个月会外出度假，请在出门前用床单或毯子盖住家具。

☐ 搬动

尽量避免将重物放在精致的家具上，抽屉也不要塞太满或放太重的东西。抽屉如果有两个把手，开启时请同时拉出。如果抽屉卡住，可于滑轨涂覆膏状蜡。笨重或庞大的家具应该由两个人以上抬起，不要在地板上推拉，这样不只会伤害木质地板，家具的脚会因承受太大的侧向力导致弯曲或损坏。

▎木质家具、细工家具及木作

☐ 应该使用哪些木材保养品

蜡与油——木质家具究竟该用油、蜡、液态喷雾还是抛光剂，一向很有争议。我父亲和祖父在这方面的看法，为此提供了很有用的观点。他们认为，磁漆、虫胶漆及亮光漆等硬质涂层不应该再上任何东西。

我父亲闲余时喜欢制作、涂装家具，而这也是遗传自我祖父。他们都很不喜欢在煞费苦心做出具有色彩、光泽及丝光质感的磁漆、虫胶漆及亮光漆后，又再次上蜡或抛光剂，因为蜡与油多少会随木材种类和施用时的仔细程度而改变木材的色彩、光泽及触感。亮光漆、磁漆及虫胶漆等涂层本身就有保护木材的功用，再涂上油或蜡来保护，显得十分愚蠢。他们坚持，只要保养得当，涂层本身就相当经久耐用，且涂层磨损时本来就应该重新涂装。对于这两位以手艺自豪的家具涂装好手而言，这样的看法再自然不过了。

许多对这方面有兴趣的人，只对最后一点有争议。他们认为，使用防护产品来延长涂层的寿命是合理的。正确的产品甚至可以形成薄薄的涂层，使表面变得光滑，也让台灯、花瓶，甚至沾有灰尘的物体在滑动时不会刮伤表面。如果以这种方式定期保养，涂层的寿命可以延长很多年。至于哪种产品的防护效果最好，每个专家的意见都不一样。

当你下定决心在有涂层的木材上使用抛光剂之后，还必须决定要使用什么产品。有些人相信木材应该上油，而非用蜡；有些人则偏好用蜡，反对用油；还有些人认为用什么都没关系。

首先，偏好用膏状蜡的人声称，家具膏状蜡是最硬、最厚也最耐久的防护产品，而我根据自己和长辈的经验，也十分相信这个说法。我的长辈喜欢没有涂层的木材和木作在涂上膏状蜡后，散发的那种温润光泽。家具膏状蜡也很适合用在有涂层的木材上，因为可形成薄薄的硬质表层，防止灰尘钻入永久性的涂层产生摩擦，同时也使表面变得光滑，减少表面摩擦。液状蜡的效果则没那么好，因为比较薄，有时还含有硬度较低的蜡。

蜡干燥后会变硬，不会有油腻感，也不会吸附灰尘和脏污。膏状蜡可维持半年至两三年，视涂层数和家具的使用频率而定。另外，膏状蜡尽管没办法防止木材涂层出现水圈，但可延缓水圈形成，也可减低其严重程度，让你在伤害形成之前有少许时间找出问题并加以解决（水圈的形成时间和严重程度也受其他因素影响，其中最重要的是涂层种类。虫胶漆最容易形成水圈，且无论上多少蜡都没办法防止水圈出现，除非立刻把水擦掉。最好不要高估蜡的保护能力，且无论如何，一定要记得使用杯垫）。

油性抛光剂、洗洁剂及家具用油都没办法像蜡一样，在木材上形成坚硬耐久的涂层。这些产品的主要保护作用只是增加木材的光滑程度，且往往只要几天、有时甚至几个小时就会完全挥发，因而丧失光泽及有限的保护作用。含有硅油的产品耐久度最好、光泽度最高、表面也最光滑（但请留意下文提到的硅油注意事项）。不过，油性产品一定会在木材表面留下油膜，且要完全挥发后摸起来才不会有油腻感。木材涂装专家鲍伯·弗莱斯纳（Bob Flexner）指出，油性抛光剂的光泽持续越久，油腻感也停留越久，而这两者都意味着油没有完全挥发。 在我自己不怎么科学的家庭实验中也发现，对于有涂层的木材表面，不论有没有经喷雾和油性抛光剂处理，水圈形成的速度都一样。

木材需要油的滋润，还是需要呼吸空气？—油性抛光剂的拥护者坚持，油是唯一能"滋养""滋润"木材的方法，否则木材会因为干燥而龟裂。他们也认为，蜡会堵塞木材的气孔使木材无法呼吸，还会积聚在家具上形成油腻的表面，影响重新涂装。

维护人员和一些涂装人员曾经想为这些说法寻找实际或科学的根据，最后仍然没有结果。事实上，木材并不需要"滋养"或"滋润"。即使制作家具的木材含有天然油脂，这种油也不需要更换，因为油脂并不会渗透到木材的细胞中。油脂也不能预防龟裂，而龟裂也不是因为家具没有上油、抛光剂或蜡（龟裂的原因请见下文）。此外，木材也不会呼吸。

尽管湿气的确会影响木材，但蜡并无法阻挡空气中的水分进出（油脂和油性抛光剂也一样）。然而，如果涂料选得正确，确实可以缓和湿气的影响，并降低湿气进出木材的速度。

蜡堆积需要担心吗？ ——膏状和液状蜡都不会造成蜡堆积，因为每次上蜡时，蜡中的溶剂会溶解前次留在木材表面的蜡。此外，即使错误的上蜡方式有可能使多余的蜡留在木材表面，但这很容易避免，发生时也不难处理。

哪些产品会影响重新涂装？ ——涂在家具上的膏状蜡不会影响重新涂装（不

过不要为氨酯涂层的地板上蜡）。重新涂装前通常也都会先去除蜡。

市面上家具喷雾剂和抛光剂的成分中，90% 含有硅油。硅油活性低、不伤害木材，且会形成漂亮的光泽。然而，如果你打算帮家具重新涂装，硅油可能会造成问题，例如可能会在重新涂装时透过涂层的裂缝渗入木材。弗莱斯纳解释，硅油的表面张力较低，重新涂装时，原在木材中的硅油会使涂层出现不均匀的"鱼眼"效应。此时除非由有经验的涂装人员处理（通常涂装人员都会认为这很难处理），否则硅油很可能因此破坏新涂层。若要避免硅油影响新涂层，请使用特别注明不含硅油的产品，购买时也必须特别留意，因为许多产品即使含有硅油，标签上也未必写出来。请寻找确实标注不含硅油的产品，或是直接询问厂商。

其他考虑：方便与外观——要为木材表面清洁和除尘时，液体和喷雾是最方便的。如果你喜欢光泽，有些产品的光泽会比上蜡还亮，但光泽暗沉一点比较有高级涂装的感觉。鉴赏家通常反对使用硅油等会产生闪亮光泽的抛光剂，因为他们喜欢比较柔和、有真实感的光泽，尤其对古董而言。另外，选择产品时，也需要衡量一下是否可以尽量少在家里使用气雾剂。

古董和家传物品——文物保存专家和管理人员通常认为，在贵重的古董和家传物品上只能使用膏状蜡。请特别留意，避免使用含有硅油的产品。针对贵重的古董或有历史意义的物品，不要进行任何可能伤害或改变原始涂层的处理。这类家具的正确保养方式，最好咨询文物保存专家。

□ 由蜡改用油；由油改用蜡

如果家具曾经上过蜡，后来想改用含油的抛光剂；或是原本上过油，现在想改用蜡，那么你应该先用矿油精或以溶剂为基底的除蜡剂彻底清洁家具。清洁时，要选择通风良好的地点，同时远离火星、高温及火焰（着手清洁前请先在安全的区域测试），并依需求上蜡或上油。如果不小心将蜡与油混合，油会使蜡软化而使涂层变得混浊。不过，这也只会影响美观，不会造成永久性的问题。只要彻底擦去混合物，并依循上述的注意事项，用布沾点矿油精或以溶剂为基底的除蜡剂将蜡去除即可。家具干燥之后，也可照常上蜡或上油。

□ 如何为家具上膏状蜡

准备上蜡：去除旧蜡、上新蜡——如果家具的使用率不高，大约每一两年上一次蜡即可。经常使用的家具则可能必须每年上两次膏状蜡。是否需要上蜡必须从外观判断，例如，轻轻擦拭后仍无法回复光泽，就代表需要上蜡了。

有些除蜡剂和膏状蜡会散发强烈的烟气、气味，因此，上蜡时最好能打开门窗（最好选在天气不冷或没有下雨时进行）。首先，用矿油精或除蜡剂去除旧蜡（去除旧蜡的理由不是为了防止蜡堆积，而是要让家具表面更干净。不去除旧蜡其实没什么害处，只是少了清洁的机会）。上除蜡产品时务必使用干净的布，布上不要有脱落的线头、接缝、纽扣或其他可能造成拉扯或刮伤的东西，擦拭时也应顺着木材纹理。如果木材上有裂片、松脱的涂料、受损或粗糙的区域时请小心，避免木料发生分离或扯开的情况。

接着，在干净、完全干燥及没有灰尘的木材上，涂上家具膏状蜡。用干净的棉布（而非刚用来去除旧蜡的布）挖起一块与核桃差不多大的蜡（这样的量足够涂满整个衣橱或木椅，但依照你希望的厚度而定）。如果蜡太硬不容易推开，可以先把蜡放在布上用手揉捏，使其加温软化。上蜡时也尽量薄一点。如果量不够，可以再挖一块蜡，以相同的方式处理，直到整个表面都涂上一层很薄的蜡为止（包括雕刻处、侧面、家具脚及扶手等处）。接着，依循标签指示等待一段时间（通常是5分钟），或等到蜡干燥为止（也就是溶剂完全挥发）。如果天气潮湿，蜡会干得慢一点；蜡上得越厚，干燥时间越长。此外，要去除多余且已经干燥的蜡，请再涂一点膏状蜡，使特别硬的地方软化，如有需要也可以滴上一两滴矿油精，但记得要滴在布上，不要直接滴在家具上。

最后，用另一条干净的布或仿麂皮布上蜡、擦光。你可以用电动上蜡机，但我通常用手。当抛光布上积了很多蜡，就换一块新的。小心别让蜡沾到布沙发（如果沾上了，可用热肥皂水清洁，需要时也可加入少许氨水但绝对不要让氨水与漂

以干净的布挖起一块蜡

白剂混合在一起，这样会形成有害气体）。

　　重复整个过程，加强保护效果，且两三层的蜡也会更加耐久。

该用哪种蜡? ——请使用标签上注明适用于木质家具的蜡。用于汽车、皮鞋或其他表面的蜡可能含有不适用于家具的物质或研磨剂。此外，尽可能使用最硬的蜡，例如棕榈蜡（请查阅标签）。

　　较硬的蜡比较耐久、保护效果较好、光泽度较高，灰尘也比较不容易附着。棕榈蜡便相当硬，但也必须混合其他物质才能使用。蜂蜡则相对软。另外，液状蜡也很好用。液状蜡含有溶剂，涂上家具后，溶剂会挥发到空气中。这也是液状蜡之所以是液状之故。含有硬蜡的液状蜡干燥之后会和膏状蜡一样硬，而有些人觉得液状蜡比较好用。

　　天然或是有色的膏状蜡，都可用在有涂层的木材上。没有涂层的木材则只能使用天然蜡。在有涂层的木材上使用天然蜡时，必须小心避免将多余的蜡留在细缝或裂缝中，否则蜡干燥后会留下白色的残留物。有色蜡就不会如此，而且还能让细小的刮痕或污点变得较不明显，效果有时相当显著。不过，选择有色蜡时必须尽量选与家具相近的颜色，如果颜色太深，会改变家具外观。但如果真的发生也不要惊慌，因为这只是暂时的，蜡经磨损或去除后就会消失（除蜡时，可使用市面上以溶剂为基底的除蜡剂，或在干净的白布上加一两滴矿油精）。如果抛光剂会渗入木材，表示涂层已经消失，这时应该重新涂装。

　　购买膏状蜡时请注意标签，看看厂商使用什么溶剂。我比较偏好使用以矿油精或松节油作为溶剂的膏状蜡，较不偏好以甲苯为溶剂的产品。一位专家表示，含有甲苯的膏状蜡（标签上的成分表通常会列出来）可能会伤害尚未完全硬化的涂层。若为水性涂层，即使已经完全硬化也会受损。水性涂层其实是以溶剂为基底的亚克力或聚氨酯涂料的水溶液，与不含水的磁漆、虫胶漆及亮光漆不一样。

□　如何使用家具抛光剂

何时及如何使用家具抛光剂——只要看来需要，便应尽可能经常使用家具抛光剂。有些人喜欢使用有助于清洁和除尘的喷雾或液状抛光剂。家具抛光剂不一定会产生强烈的烟气或气味，但有些会，因此如果你选择的产品有明显的气味，请在使用时打开窗户。

使用时应依循产品指示。如果不是清洁或除尘产品，会建议使用在干净、完全干燥且没有灰尘的表面。以软布蘸取抛光剂，布上不能有脱落的线头、接缝、纽扣或其他可能造成拉扯或刮伤的东西。一般来说，厂商会要求先用布将抛光剂轻而均匀地在木材上推开，接着用另一条干净的布擦去抛光剂。

应该使用哪种抛光剂？——液状家具抛光剂有两种，两种辅助除尘的效果都很好，不过，所含的洗洁剂可能不同。根据弗莱斯纳表示，透明的抛光剂只能清除可溶于溶剂的脏污，乳白色的抛光剂则是溶于水或溶剂的脏污都可清除。如果要处理黏腻的指纹或泼洒的食物，必须使用乳白色的抛光剂。

□ 清洁木质家具

请在必要时才使用水或水基产品清洁木材（例如木材表面有指纹、黏性物质或食物泼洒物时），不过，当除尘或擦拭仍弄不干净时，也可以使用。你可以选择适用于木材的温和或中性洗洁产品，并依循产品指示使用，但如果你没有这类产品，家里应该也会有几样合用的东西，就算是几滴一般的中性洗碗精也可以。（请参阅本书第3章62~64页、上册406~407页的"温和洗衣剂与肥皂"以及下文关于清洁木质地板的建议。）

在一盆温水中加入少量温和或中性的一般洗洁剂，或是依循产品指示使用。接着，用干净的布（布上不能有脱落的线头、接缝、纽扣及其他可能造成拉扯或刮伤的东西）沾一点点洗洁液。如果家具上有松动的裂片与饰条、粗糙的区域，或是涂层有松动、剥落及龟裂，必须特别小心（出现这类状况时，必须先考虑是否要用水清洁）。避免将木材表面打得太湿，同时避免水滴落下或停留在表面。一有水滴必须立刻擦去，且要顺着纹理方向小心擦拭。一旦布上看见脏污就要立刻冲洗，洗到布上看不见脏污后用力拧干，再继续清洁。接着，使用略微沾过清水的布以相同方式擦净，并于处理后立刻用干净、柔软的干布顺着纹理擦干。最后，必须等到木材已彻底干燥，才能使用蜡或抛光剂。如果木材没有打得太湿，这些程序应该不会很久。

你也可以用市面上的木材洗洁剂、洗洁抛光剂或矿油精来清洁家具。将抛光剂、洗洁剂或溶剂放在布上，而非家具表面（除非产品特别指示这么做），并顺着纹理擦拭（不过，溶剂没办法去除带油的指纹及食物泼洒等水溶性脏污）。此外，必须等到家具完全干燥，才能重新上蜡或抛光。

□ 家具上的刮痕、伤痕及污渍

要解决木质家具上的小伤痕，"遮掩"会是最佳方案。刮痕修补剂有许多种颜色，请选择最接近待处理木材的颜色。五金行和油漆店也卖修饰蜡笔和签字笔，可以用来遮盖刮痕和伤痕。针对光泽度高的涂层，家具厂商建议也可以使用鞋油。用牙签或棉花棒涂上鞋油，如果涂上去后颜色太深，可以用矿油精擦去一部分，直到颜色正确为止。另外，也可以使用油画用的油彩（不是水彩）。用牙签或棉花棒涂上油彩，再用软布擦干。如果是严重损伤，或为贵重及古董家具的损伤，必须请专业人员处理。

□ 厨房集成材的保养

厨房里，作为食材处理表面的集成材只需要清洁即可（偶尔也在适当情况下消毒，请参阅上册第 13 章《饮食安全》）。务必在使用后用清水擦净并彻底擦干，因为集成材即使相当坚固，还是会因为积水而受损（尤其是肥皂水）。不要上蜡或抛光剂，这类产品含有溶剂和其他物质，不应该接触食物。上油也没有必要，但如果你想上油，必须确定产品没有毒性，且可用于会接触到食物的表面。上油时通常建议使用矿物油，尽管矿物油对木材的保护作用很小，甚至没有作用，但有些人就是喜欢这种油所营造出的外观。亚麻籽油则因为是有机物质，一段时间之后会产生油耗味。

如果集成材出现凹痕或刮伤，可以用砂纸磨掉。请询问专家该怎么做，或是请专业人员处理。砧板裂开时必须更换，若为集成材桌子或台面出现裂缝，则必须询问专家符合食品安全的解决方法。一般遇到裂缝的解决方式是用木材填补剂或木材油灰来填补，但这并不适用于厨房中的许多物体表面，因为这些产品含有溶剂及其他不应该接触食物的物质。

□ 粉蠹虫

如果发现木材上有直径 0.8～1.5 毫米的圆形小孔，而且孔的下方有粉状虫粪或锯屑，表示家中可能有粉蠹虫。这种昆虫的幼虫会钻进木材，过了 1～5 年变为成虫后，再穿过幼虫挖的通道出现。粉蠹虫可能出现在地板、家具、古董、饰板、画框、木椽及木材制成的各种物品中。如果家中有这种昆虫，一定要加以处理，因为它们可能从一件家具或一块区域转移到其他地方，造成严重损害。

如果发现家具上有小孔，不要惊慌，先找找有没有新鲜的木屑或虫粪，因为这才真正表示有粉蠹虫在活动。单单出现小孔，可能只是先前的粉蠹虫遗留下来的。粉蠹虫造成的损害很缓慢，因此不需要匆忙行动，可以花点时间观察小孔、寻找虫粪，研究是不是有虫在活动。不过，这有时并不容易。有一次我买了一个古董收纳柜，上面有很多小孔，但在经过数周的观察后我才幸运地发现，柜子里面并没有虫。因此，要将古董或其他木制品带回家之前，请先仔细检查。

有几种美国环保署登录在案的杀虫剂很有效，可用于消灭木材内的粉蠹虫。使用时请完全依循厂商指示，并遵守商标上所有的注意事项。你也可以打电话找除虫人员处理。除此之外的最后手段，便是用熏蒸的方式处理大面积的粉蠹虫，但这必须交由专业、有执照的害虫防治人员来执行。

木质地板

□ 保护木质地板

尽量保持木质地板干净无尘，是最有效的保护方法。建议每周彻底吸尘或除尘，并尽可能每天进行局部吸尘（请参阅第6章）。灰尘和脏污一旦遭到踩踏而陷入地板，很快就会破坏涂层。在家中每个出入口摆放踏垫（室内和室外各放一个更好），可以减少地板和地毯上的灰尘和脏污，大幅延长涂层寿命。以手直接除尘的效果相当好。不要使用硬毛扫把，这样可能会刮伤涂层。

尽快用拖把拖去泼洒物，绝对不要搁着不管。将有止滑底衬的地垫放在最可能出现泼洒物的区域，例如厨房洗碗槽或冰箱旁。此外，要留意手工地垫的染料可能会转印到地板上，而有塑料底衬的地垫，也可能沾黏涂层并造成损伤。地垫最好偶尔旋转一下，让地板均匀受光。

尽量避免将家具直接放在木质地板上，因为这样很容易刮伤。椅子或桌子下应放置地垫，家具脚下也应放置毛毡脚垫，或套上橡胶、塑料脚套。但如果你放任沙砾聚集在这些保护措施底下，这些措施也会失效。木质地板上尽量不要穿高跟鞋，移动家具时也要抬起来，不要用拖拉。

在铺有木质地板的厨房里必须特别留意，地板上如果出现水或泼洒的食物，应该立刻擦去，不要放着不管。另外，也要再三确认是否有将泼洒出的食物擦净。有些人会在洗碗槽前方放置有止滑底衬的地垫。

在干燥季节，木质地板的板材之间有时会出现缝隙，且缝隙可能很大。不过，干燥季节一结束，这些缝隙通常也会消失。若维持家里湿度适中，不仅可以减缓甚至完全避免这个问题，且对钢琴和衣橱等木质家具都很好。

□ 氨酯涂层的保养

本节讨论的内容适用于各种氨酯、聚氨酯、聚丙烯及水性涂层的木质地板（以渗透性密封剂处理的地板，以及各种已预先涂装或注入亚克力的地板，另有专节讨论）。

不要上蜡——虽然蜡不会伤害氨酯涂层，但有氨酯涂层的地板仍然不应该上蜡或抛光。不要上蜡的理由很多，首先，这种地板不需要上蜡，是因为本身就不大需要维护。此外，为地板上蜡既耗时又费力，还可能使地板更滑，必须多花心思留意安全。再者，重新涂装地板之前，还必须先将蜡彻底去除，因为蜡会使新涂料无法完整附着，或是使新涂层软化。然而，蜡相当顽强，一旦接触地板就很难完全去除，且会穿过涂层缝隙，渗入木材。因此，重新涂装时为了确保能将蜡完全去除，通常得磨去更多地板（如果只磨去浅浅一层，新涂料往往涂覆不上）。不过，即使将地板磨去不少，也不见得能去除所有的蜡。此外，为了去除伤痕或擦痕而在某块区域上蜡，也可能会造成这类问题。（聚氨酯涂层的家具就不会这样，因为家具通常使用高级木材，这种木材在裁切和处理上都和地板用的木材不同。此外，地板重新涂装的频率通常较高。）

家具要上蜡，地板不要上蜡

各种涂层的木质家具都可以使用家具蜡与抛光剂。虫胶漆、磁漆、非氨酯亮光漆等旧式硬质涂层的木质地板，以及所有没有硬质涂层的木质地板（例如以油或蜡涂装的木质地板），都可以使用地板蜡与抛光剂。不过，目前所有的木质地板几乎都使用聚氨酯或其他氨酯涂层，而这类涂层不可上蜡。

尽管有些持异议者坚称蜡对重新涂装而言不是大问题，但美国国家木质地板协会（NWFA）提出几点常识解救了我们。他们表示，为先前没有上过蜡并准备重新涂装的地板上蜡相当冒险，而且这么做的效益不大。所以何不放轻松点，享受地板自然又持久的光泽呢？

氨酯涂层地板应该避免使用的其他物质——如果确实遵守涂层厂商的清洁及保养说明，一定能确保安全。但如果不知道厂商的名称，大多数专家都同意，对氨酯涂层地板而言，最妥善的保养方式便是使用中性（或接近中性），且不会有残留物、油及薄膜的温和肥皂水或清洁剂。绝对不要让地板残留太多水分。请参阅下文"如何清洁氨酯等硬质涂层的木质地板"。避免使用氨水、含有氨水的洗洁剂或其他强碱性洗洁剂，这类强效洗洁剂会使涂层失去光泽并带来损伤。此外，也不要使用研磨性洗洁剂，这类洗洁剂会刮伤涂层，破坏光泽。

不要在这类地板上使用原本用于清洁木质家具的喷雾剂，或是任何含有硅油等油类的洗洁辅助产品。家用品产生的滑溜感可能带来危险，硅油则会妨碍重新涂装（同时也要避免硅油沾上地板的情况发生）。其他含有油类的产品也可能会残留黏稠物，使涂层失去光泽并妨碍重新涂装。就连含油的肥皂都应该避免，但含不含油无法完全从名称来判断。举例来说，墨菲油皂（Murphy Oil Soap）就不含油，只是普通的肥皂。之所以采用这个名称是因为原料是油，而不是大多数肥皂使用的动物脂肪。不过也有些专家建议完全不要使用肥皂，理由是肥皂会留下皂膜，一段时间之后会使地板变得黯淡，甚至妨碍重新涂装。然而，我多年来偶尔会使用墨菲油皂清洁家中聚氨酯涂层的木质地板，但我都没感觉到有皂膜残留。不过我也习惯在清洁后把地板擦亮，以确保地板完全干燥，并更加闪亮。

□ 温和的肥皂与清洁剂；密封涂层木质地板的特制洗洁液

某些专家表示，在氨酯涂层地板上只能使用清水，绝对不能用其他东西。我不赞同这种说法，而且以这种方式就能保持地板干净的说法完全错误。肮脏的地板不仅难看，也不卫生，就算是在厨房外，地板上的脏污也会有油腻物。因此，我们必须在水中添加能溶解脏污和油脂的成分，这类成分应为中性或温和的肥皂（或清洁剂），且还要是不会留下皂膜或残留物的类型。任何温和的肥皂、清洁剂或家用洗洁剂都可以胜任这项任务，包括洗碗精（一桶温水中加入一两个瓶盖大小的量）、洗洁剂（少量）及墨菲油皂（少量）。中性温和的洗衣精或手洗用的温和洗碗精也可以（没有漂白剂、光学增亮剂、酶及添加物的产品，用量无须太多，请参阅上册406~407页"温和洗衣剂与肥皂"，以及本书第3章62~64页）。我通常每一两年用墨菲油皂清洁木质地板一次，其间则以少量的中性清洁剂或中性洗碗精清洁。你可以选择针对木材设计，且标有"中性"或"温和"的产品，并依循产品指示使用。绝对不要使用氨水或含有氨水的产品。

不过，我并没有依照专家建议，只使用确实为中性的清洁剂。我的经验告诉我，保养聚氨酯涂层时，若只是偶尔谨慎地使用弱碱性产品，并确实遵守本书提到的一般性指示（尤其是要将抹布和拖把彻底拧干，且绝对不要让水留在涂层上），便不会对聚氨酯木质地板造成伤害。木材涂层与弱碱性洗洁液的接触时间相当短，在造成任何不良后果之前（如果真的有的话），涂层就可能先受其他因素而损坏。多年来，我都使用加入少许温和洗洁剂的水溶液来清洁水性氨酯涂层的木质地板，涂层也依旧光亮如新。

依循厂商提供的涂层保养指示，是最保险的方法，许多厂商自己也会生产涂层洗洁产品（同样必须遵守标签上的指示）。这些产品是液状洗洁剂而不是蜡，效果很好，但有时较贵，且不容易找到。不过，如果像清洁地板这类基本家务还得依靠特定产品，我会觉得很不安心（其实有某些产品已经在标签上注明适用于各种涂层的木质地板）。

目前已经开发出几种针对聚氨酯等类似涂层的洗洁剂和保养产品。这类洗洁剂据说能保持光泽，且不会在重新涂装时造成问题。有些产品在使用后需以清水拭除，有些不需要；有些必须加水稀释，有些则不需要（这类洗洁剂不能使用在上过油或蜡以及没有涂层的地板上，因为会使蜡变白，同时也会使没有涂层的地板变得粗糙，或使木纹凸起）。我访问过的专家（包括美国国家木质地板协会的专家）都同意，这类洗洁产品通常符合厂商针对氨酯涂层提供的保养建议。我也试过几款这类产品，效果还不错，但我常用的温和洗洁剂水溶液便宜多了，且清洁效果也不输这些产品（甚至更好）。另外，我也不确定这类产品是否有助于延长涂层寿命。

要在家中的氨酯涂层地板上使用这类特制产品之前，必须先在比较少走动的区域测试，确认不会使地板变得太滑。地板商行、油漆店及某些五金行比较容易找到这类产品，超市多半没有。

可以使用白醋吗？——美国国家木质地板协会并不禁止在氨酯涂层上使用许多人喜欢的平价洗洁液，也就是白醋加水（1/4 杯白醋兑 4 升水）。美国橡木地板学会也认为可以使用白醋加水。但有些专家认为经过一段时间后，这种弱酸性溶液会使涂层失去光泽。然而，美国国家木质地板协会抱持的常识性观点是这样的：地板使用多年后会因为很多原因而越来越黯淡，包括空气和光线造成的无法恢复的伤害。此外，若只是偶尔使用，在白醋水溶液累积达到一定伤害之前，地板早就因为其他原因而失去光泽了。

不过，除了可能造成伤害，白醋真正的问题是，对地板并无任何益处。醋是酸性物质，不是洗洁剂，也不能去除油脂，因此，不如单单用清水，还能避免醋的酸味（如果只用白醋加水来清洁地板，一段时间之后，地板会变得相当脏）。

只用清水？——有时你也可以用稍微沾过清水的拖把来拖净氨酯涂层地板。不过，如果一直只用清水，不论吸尘或除尘的频率多高，地板都会很快变脏。这种状况一旦出现，不仅没办法除去所有脏污，还会在尝试清除脏污时留下残留物，降低地板光泽，甚至看起来比原先更糟。用毛巾擦地板可以恢复部分光泽，但没办法恢复到搓得出声音的干净程度。 不过，如果只是暂时处理，清水不失为一个好方法。只要用充分拧干的拖把或抹布擦过地板即可。如有需要，还可以把毛巾或擦光布套在杆子上，将地板擦亮或去除水纹。

如何清洁氨酯等硬质涂层的木质地板——除了经常使用的区域，氨酯涂层的硬木地板只需要偶尔彻底清洁，一年约一两次即可。入口通道处、走廊及其他经常有人走动的区域可能需要较常清洁，依走动频率而定，可能每季、每月或每周一次。厨房则必须每周清洁一次，甚至两次。

首先，先彻底吸尘或除尘，接着在一桶温水里加入少许中性或温和的肥皂（或清洁剂），只要可以产生些微泡泡和少许滑腻感即可。你可以依据地板的肮脏程度调整清洁产品的用量，或是以此为依据选择洗净能力较强或较温和的清洁产品。不过，绝对不要使用强效或强碱清洁剂，也绝对不要使用含有氨水的产品。避免使用大量肥皂水，因为这样会使地板不容易以清水擦净，进而失去光泽，长期下来也会伤害涂层。（如果你选择使用特制产品来清洁氨酯涂层地板，务必依循产品指示，有些产品不应该稀释，或是必须在使用后以清水拭除）。

清洁溶液只能接触拖把或抹布，不能直接接触地板，而拖把与抹布也要仔细拧干，使之保持略湿状态（也可以使用带有挤水装置的海绵拖把）。使用时向下施力，顺着木材纹理画出几个长椭圆形。一旦拖把与抹布变脏，便要放进清洁溶液中，然后拧干（也有人会在另外一桶清水中清洁拖把或海绵，洗好后再放进清洁溶液中，延长清洁溶液的使用时间）。此外，水滴等泼溅出来的液体务必立刻擦去，如果清洁溶液在过程中脏了，也要换成干净的。

接着，以清水彻底拖（擦）净地板。准备另一桶微温的清水（这跟上文提到用来清洁拖把的水不同）和另一支拖把（或是海绵、抹布），在每清洁

跪在地上清洁氨酯涂层的木质地板

最有效的地板清洁方式是跪在地上，使用充分拧干后的微湿抹布擦洗，而不用海绵。用布擦洗时手指可以感受到地板，海绵则没办法。此外，你还可以侦测出凸起的脏污和黏腻区域所产生的阻力。抹布也比海绵容易控制水分释出量，且比较容易在地板上滑行，若要海绵达到相同的滑顺度，潮湿程度便要高出抹布许多。

跪在地板上时，可以将脏污看得更清楚，也可避免把地板擦得太湿。你会很清楚地板的湿度，因为你的手就放在地板上。不过，使用双手清洁地板前，请先彻底吸尘或除尘，并要垫个软物在膝盖下，如旧毛巾或扁枕头。接着，将抹布浸入加了温和清洁剂的温水，充分拧干后，顺着木材纹理以椭圆形动作擦拭地板。一旦抹布脏了，便放入清洁溶液中洗净并充分拧干；一旦清洁溶液脏了，便更换一桶干净的。

清洁完一小区域后，可以立刻擦净，也可以等清洁整个地板后再进行。擦净方式是换另一条抹布，蘸取微温的清水后充分拧干，以相同的方式擦拭地板。擦净用的水脏了之后，同样换上干净的。用机器擦光地板的效果最好，但也可以用干净的旧毛巾手擦。

如果你不想跪着清洁，或是膝盖等关节不容许，也可以不用这么辛苦。你可以偶尔用手擦洗（例如春季大扫除时），其他时候则用拖把。至于厨房，你可以每周或每月用手擦洗一次，其他时候则用拖把。绝对不能要求家务清洁人员跪下来擦洗地板，这种要求很可能会被视为藐视对方。

完一小区域后就拖（擦）干净，但你也可以在清洁完整个地板后再进行。拖（擦）净的技巧就和清洁时一样：使用略湿的拖把（或是海绵、抹布），顺着木材纹理画出几个长椭圆形，一旦脏了就立刻冲洗、拧干，水脏了就换水。

完成之后，你可以考虑地板是否需要擦光。如果需要，可以使用电动擦光机或把擦光布套在杆子上进行，这样还可以进一步清洁并擦干地板。

氨酯涂层上的擦痕和鞋痕——在氨酯涂层的木质地板上，你可以使用能清除密封涂层木地板上局部擦痕和黑色痕迹的产品，但务必确认产品不会使地板变得太滑。你也可以在一条布上滴上少许矿油精，并顺着木材纹理轻轻擦除这些痕迹。有些人建议用极细的钢丝球清除擦痕，但除非状况相当严重，否则不建议这么做，因为钢丝球会磨去少许涂层，最后你可能会发现擦痕反而更明显。

去除氨酯涂层上的污渍——氨酯涂层不太容易留下污渍，通常只要尽快擦去泼洒物就好。如果遇到比较棘手的问题，可以参阅本章章末的处理建议，准备一些修饰表面涂装的产品，这类产品大多可在贩卖木质地板的店家买到。

□ 亮光漆（非氨酯类）、虫胶漆、磁漆地板、无硬质涂层的地板

如果你还在使用非聚氨酯亮光漆、虫胶漆或磁漆的涂层地板，那么涂上以溶剂为基底的优质地板蜡会是个不错的保护方式。这类涂层不像聚氨酯等涂层那么坚韧，上蜡有助于延长寿命，且两层的效果比一层好，请依以下的指示进行。上蜡对虫胶漆涂层地板格外重要。虫胶漆很容易受湿气影响，因此绝对不要湿拖虫胶漆涂层地板，也不要接触醋或氨水。不过，如果磁漆和亮光漆涂层地板没有上过蜡，则可以偶尔仿照氨酯涂层地板的清洁方式，用中性洗洁液清洁。但是如果地板上过蜡，就不能湿拖，而必须先以除蜡产品或矿油精去蜡，清洁完后再重新上蜡。这样可以相当有效地清洁地板。

天然木材有时会使用渗透性密封剂或油类涂层。这类涂层会渗入木材细孔并且硬化，其中有些更会形成污渍。这类涂层对木材提供的保护远少于硬质表面涂层，因此更需多加留意。某些天然木质地板除了上蜡之外完全没有涂层，这类地板都可以依下文介绍的方式，使用膏状地板蜡保养。另外，也可以使用液状地板蜡，但保护作用没有膏状蜡来得好。

143

□ 如何为非氨酯涂层、渗透性密封剂和油类涂层、蜡涂层及"纯天然"地板上蜡

请注意：上过蜡的地板可能很滑！

每年用高质量的膏状地板蜡为地板上蜡一两次（或是用仅含蜡和溶剂的液状地板蜡）。如果是经常有人走动、需要特别留意的区域，可以单独为这些区域上蜡。

绝对不要在木质地板上使用水基或亚克力蜡，并尽量避免使用号称能够清洁地板、去除旧蜡及打上新蜡的"三效合一"产品，因为这类产品可能会使小沙粒粘在地板上。膏状蜡效果相当优异，而以溶剂为基底的液态地板蜡使用起来虽然较方便，但可能会太薄，所含的蜡也可能不够硬。务必使用针对木质地板设计的蜡。家具抛光剂和家具蜡对地板而言则太滑，且可能含有硅油或其他不适合用于地板的成分。

在为地板上蜡之前，请先彻底吸尘或除尘。接着，使用厂商建议的产品，并依循指示去除旧蜡（你也可以先擦上一些矿油精，再以干净的软布擦去。不过，请在通风充足的地方进行，且务必远离火星、火焰及热源）。等地板完全干燥，再打上新蜡。

上液状蜡时请使用上蜡棉。如果使用膏状蜡，则直接将蜡涂在地板上，再用干净的软布推开（或是直接用干净的软布抓着一团蜡来上蜡）。上蜡时越薄越好，并依循指示使其干燥一段时间，但天气潮湿时可能需要加长时间。接着，为地板擦光，如果要处理的不只是经常走动的区域，而是整片地板，便可能需要使用电动擦光机（可以租得到）。上第二层蜡之后再擦光一次，可以提升保护效果，也可使地板产生漂亮光泽。如果要用手擦光，请顺着木材纹理擦拭，使用电动擦光机时也要如此。

氨酯涂层的光泽尽管相当美丽，还是比不上膏状蜡那种深厚而细致的沉静光泽。当地板变黯淡时，偶尔擦光可使其恢复光泽，如无法恢复光泽，表示需要重新上蜡。

保养上蜡地板的注意事项：不要上油——油里的溶剂会使蜡软化并混浊，所以不要在上过蜡的地板上使用油类产品。本章先前提过为家具上油的注意事项，也同样适用于地板。地板不需要油，因为油本身防刮伤和防水的

功能很差。此外，如果你曾为没有涂层的地板上油，现在想改用蜡，只要采用前述氨酯涂层木地板的清洁方法，将地板彻底清洁即可。请特别留意，别弄湿地板，并使用充分拧干的拖把或抹布。这类地板没有聚氨酯等强韧的涂层可以防水，且木材潮湿后也会变得粗糙不平，或是在表面出现皱纹。

保养上蜡、上油、无涂层及其他天然涂层木材的注意事项——避免在各种上蜡、上油、抛光及无涂层地板上使用针对有密封涂层的木质地板开发的新型洗洁剂。这类洗洁剂会使蜡变白，也会使无涂层木质地板的木材纹理凸起。此外，这类地板湿拖时也会造成相同问题。

上有蜡的硬质涂层地板上的擦痕和鞋痕——用少许膏状地板蜡和细钢丝球擦拭，等蜡干燥之后擦光。要局部清洁上蜡的地板，可以用一条干净的布与矿油精（或其他有助去除污垢的清洁产品）擦拭，并用另一条软布轻轻擦光。擦拭时务必顺着木材纹理。如果局部清洁后变得黯淡无光，可以多上一点蜡。

去除无硬质涂层（蜡、染色、油等）地板上的污渍——要去除没有蜡、油、染色及"天然涂层"地板上的污渍，请参阅146~148页的"去渍指南：木质地板的刮痕修复及去渍"。

□ 聚合物或亚克力浸渍木质地板

某些聚合物和亚克力浸渍地板也有氨酯涂层，因此保养方式与其他具有氨酯涂层的地板相同（请参阅上文"氨酯涂层的保养"）。针对没有表面涂层的地板，有些亚克力浸渍地板的厂商，会依据他们销售的产品提供"喷雾擦光"的维护系统。聚合物地板的制造方式则是将液态丙烯酸注入木材，借以减少水造成的影响。

□ 胶合地板及其他预涂层地板

依循厂商的保养指示。购买这类地板之前，要先考虑指示内容是否符合你的用途。据我了解，这类地板有些不能湿拖，有些用水清洁则没有问题。用于厨房的地板当然必须选择后者。

许多木质地板使用的是已经在工厂预做好涂层的木板。请务必弄清楚这类预涂层地板经过哪些处理。有些产品具有氨酯涂层，可以采用本章有关氨酯涂层地板的保养方式；有些则已经上过蜡。你必须知道你使用的地板属于哪一种，因为这两种地板的保养和处理方式差别相当大。

▎柳条、藤、藤条及竹子

柳条泛指各种柔韧的细枝，柳条家具和家饰则是将柔韧的细枝弯曲，编织成漂亮又实用的形状。藤、藤条及竹子则衍生自木本植物，保养方式与柳条相同。

柳条表面漆上磁漆或聚氨酯等透明涂层后，使用寿命会较长。此外，这类涂层失去光泽或变色时，还可以用亮光漆喷雾或手刷油漆来修饰。修饰时请在室外或通风充足的地方进行。

柳条需要的保养相当少，其中以除尘最为重要，只要用吸尘器的除尘刷就足以胜任。柳条看来有点脏时，请用充分拧干的布或软毛刷，以温和的肥皂（或清洁剂）加温水清洁，避免让柳条泡水。接着，用相同方式以清水擦净，并尽可能立刻擦干。然后放置于太阳下或微风中快速干燥，请确定完全干燥之后再继续使用，因为柳条潮湿时比较脆弱，承重可能会损坏。

然而，也不要让柳条干过头，尤其是没有涂层的柳条。不要让柳条晒太阳（但清洁后可以放在太阳下晒干），因为长时间曝晒可能造成变形、劣化或出现裂口。如果柳条看起来非常干，可以用湿布擦拭，之后再用干毛巾擦去多余的水分。

柳条上的小裂片请用小剪刀去除，粗糙的部分也可以用砂纸磨平，再用前述的方法修饰。

▎去渍指南：木质地板的刮痕修复及去渍

要修复木质地板上的刮痕与污渍，必须先判断是木材本身还是表面涂层。

天然涂层地板、蜡涂层地板、渗透性染料涂层地板，及其他没有硬质涂层的木质地板

如果刮痕或污渍是在木材上，表示地板可能没有硬质涂层。

刮痕——在该区域上蜡修复。

干掉的牛奶或食物污渍——用湿布轻轻擦拭，擦干后再上蜡。去除各种木质地板上的污渍时，一定要从污渍外缘往中心方向清洁。

水渍或白点——用000号钢丝球打磨后上蜡。如果没有效果，请用细砂纸轻轻磨过，再用00号钢丝球与矿油精（或木质地板洗洁剂）清洁。等地板干燥后，进行上色、上蜡，最后用手擦光。

鞋痕——用细钢丝球和少许蜡打磨，再用手擦光。

发霉——用木材洗洁剂打磨。

口香糖、蜡笔、烛蜡——以装满冰的塑料袋"冰敷"残留物，直到残留物硬化剥落。若是蜡笔与烛蜡，可以放上一张吸墨纸，进行压熨。另外，在污渍周围加点以溶剂为基底的蜡，也有助于残留物脱离。

油渍——先用碱含量较高的洗碗皂或沾满双氧水的棉花擦拭，擦拭后直接置于污渍上。接着，将棉花沾满氨水，放在第一片棉花上。如此重复进行，直到污渍去除为止。待地板干燥后，再用手擦光。

深色斑点和墨渍——先试着以处理水斑的方法来处理。如果没有效果，再加上少许家用漂白剂或醋，静置一小时。接着，用湿布擦净、用干布擦干，再用细砂纸磨光。最后，上色、上蜡，并用手擦光。

香烟烧灼痕——如果痕迹不算深，可以用细砂纸或钢丝球打磨，在钢丝球上沾点蜡也可加强效果。如果痕迹很深，则先用小刀刮擦痕迹，去除烧焦的纤维，再用细砂纸打磨。最后，上色、上蜡，并用手擦光。

蜡堆积——用无味的矿油精或木质地板的除蜡产品去除旧蜡，再用布或细钢丝球去除所有残留物。待地板干燥后上蜡，最后擦光。

有硬质涂层（聚氨酯或其他亮光漆）的木质地板

如果刮痕或污渍都在涂层上，表示地板可能有硬质涂层。

刮痕——使用氨酯涂层用的修饰产品。这类产品可在贩卖木质地板的店家买到。

水渍、食物污渍或深色斑点——使用特别针对氨酯涂层开发的洗洁剂。较顽强的斑点可能需要用洗洁剂和氨酯涂层地板用的刷洗海绵。

油腻污渍——以氨酯涂层用的洗洁剂擦去油脂、口红及蜡笔等油腻污渍。

香烟烧灼痕——一般可用氨酯涂层的修饰方式处理（用砂纸打磨、上色，再重新涂装）。然而，如果烧灼痕深入木材，可能就必须更换一块板材。

口香糖、蜡笔、蜡——以装满冰的塑料袋"冰敷"，直到残留物硬化剥落。以氨酯涂层用的产品来清洁。如果地板厂商提供了清洁、修复及涂装产品，请务必使用这些产品。

9

弹性地板

- ❖ 一般保养和维护
- ❖ 抛光与密封
- ❖ 为免上蜡地板上蜡
- ❖ 泼洒物与污渍
- ❖ 软木地板

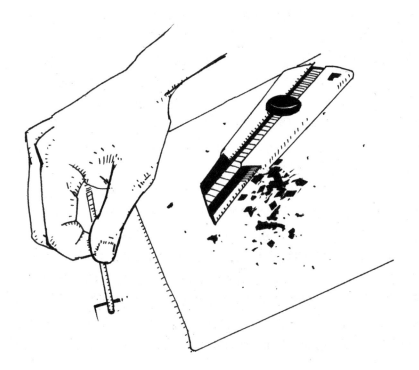

弹性地板包含以乙烯（有蜡及无蜡）、橡胶、沥青、油毡及软木制造的地板。当我们踩在这类材质构成的地板时，地板表面会轻微"下陷"，而这也使得弹性地板相当适用于厨房等工作空间，因为对我们的双脚和双腿都很好。较硬的地板或许比较耐久，但走动时比较不舒服，也没办法连续站上数小时。除了舒适，弹性地板大多很容易保持干净明亮。此外，弹性地板的基本保养方式都相同，使用的清洁产品也一样，只有软木例外。软木的保养方式将在章末另外说明。

▌一般保养和维护

弹性地板不像石材、木材及瓷砖那么坚硬，但也因为较为细致，保持干净因而显得更为重要。灰尘、沙粒及脏污都很容易磨损表面，使其失去光泽。弹性地板如果没有定期清除脏污，需要清洁和抛光的频率便会大幅增加。家具脚下应该装置滑轮或其他保护装置，防止弹性地板刮伤或出现压痕。移动家具时也一定要抬起，不要在地板上拖拉或滑行。此外，在洗碗槽、入口通道与走廊等经常有人走动之处放置有止滑底衬的地垫，也有助于防止这些区域很快就变旧。

厨房使用完毕后用扫把扫过，会比搬出吸尘器轻松得多，也比较容易清除刻花痕与地砖缝隙中的沙砾（使用扫把时必须正确，以免扬起灰尘。请参阅第6章《吸尘、扫地和除尘》）。如果是使用频率较低的区域，请在清洁日彻底扫地、除尘或吸尘，但在平时，也要每一两周就大致清洁（尤其集中在使用频率较高的区域）。厂商通常会建议你每天清洁，这样对地板最好，但真的很少人有时间这么做。

针对使用频率较低的区域，每周清洁一次已经足够。但如果是厨房或其他经常有人走动的区域，则通常需要每周清洁两次。有些人会每天快速拖过厨房地板，或是每天湿拖厨房中使用率较高的区域和走道。

清洁之前，应先彻底扫过或吸过地板。弹性地板可以使用加了全效清洁剂或洗洁剂的温水清洁，但如果地板经过抛光，则要使用温和的洗洁剂，另外，除非你想除去抛光剂，否则也应避免使用含有氨水的洗洁剂（但特别棘手的清洁工作可用氨水除去抛光剂，完成后再重新抛光）。清洁溶液的比例是1/4杯强效清洁剂、1/4杯氨水及2升微温的水。拖把尽量拧干到不会滴水的程度（否则留存的水可能会渗入瓷砖缝隙，造成伤害）。特别顽强的脏污可使用中等硬度的刷子处理。清洁溶液只要脏了就立刻更换。清洁完成后，用干净的温水冲洗拖把，并将拖把拧干，接着以清水拖净整个地板（有些人会用另一支拖把和水桶，边清洁边拖净，而不是分成两次处理）。此外，清洁（拖净）时，必须频繁地将拖把蘸取清洁溶液（清水），并在脏污进入溶液（清水）之后，立即将拖把提起、拧干。当清洁溶液与拖净的清水变脏，要立刻更换。

我喜欢用一块又薄又旧的毛圈布，跪在地上清洁厨房和浴室地板，而且还会顺便清洁踢脚板。事实上，除非你要清洁的地板面积非常大，否则擦地并不比拖地辛苦，且在我看来甚至更轻松，清洁效果也好得多。不过，膝盖或其他关节不好的人最好不要尝试，或者得戴上塑料手套，并用软物垫着膝盖（即使关节无异常的人也应如此）。清洁水和拖净水一旦变脏就要立刻更换。你会发现这么做其实很快，同时也达到清洁和运动两种效果。

部分地板厂商推出用于自家地板的清洁和去渍产品，使用时，记得依循产品指示。如果不确定地板厂商是哪一家，也可以在超市、五金行及家庭用品卖场找到类似产品。仔细阅读标签，选择适用于地板种类并切合问题的产品。如果你的地板没有上蜡，必须在选择产品时特别注意。

我不喜欢清洁、抛光合一而且又不需要擦（拖）净的产品。这种方式不论化学原理多么先进，残留在地板上的脏污一定比清洁、擦（拖）净、抛光三步骤的传统方式来得多，你可以自行验证。此外，当有助产生光泽的化学成分开始硬化（溶液中的水分蒸发后，所形成的光泽表面），脏污也会随之卡在表面，并开始堆积。然而，厂商告诉消费者，应等累积到好几层（有时甚至多达八层），才需要除去旧涂层。但我认为，最好只在时间特别紧凑时，才偶尔使用这类产品。

绝对不要在弹性地板上使用未稀释的漂白剂，这样可能会使地板泛黄。研磨剂也会刮伤弹性地板或使其失去光泽。各种高浓度化学物质都可能造成伤害，而且没有使用的必要。

▍抛光与密封

软木之外的各种弹性地板都可以使用水基的地板抛光剂（软木地板则

只能使用以溶剂为基底的抛光剂和洗洁剂，请参阅下文说明）。弹性地板用的水基抛光剂是非常清澈的水基丙烯酸（或其他合成聚合物），且不含以溶剂为基底的蜡，这种抛光剂有时也被称为"蜡"或"涂料"。以溶剂为基底的抛光剂和蜡可以使用在某些弹性地板上，但不能用于沥青或橡胶上，因为会使这些材质大幅软化或掉色。如果你不知道你的弹性地板是什么材质，最好不要冒险，应只使用水基抛光剂、涂料及密封剂。使用以溶剂为基底的产品前，也要先在不显眼处测试。如果可以，请查出地板厂商提供的使用指示，并确实遵守。

使用抛光剂或密封剂前，应先彻底打扫。先扫地或吸尘，再清洁地板。上新的蜡或抛光剂之前，并不需要每次都除去旧蜡，上蜡三四次后再除去旧蜡，就足以防范难以去除的积蜡，以及脏污卡在旧涂层中所造成的暗沉。要除去旧的抛光剂，可使用 1/4 杯清洁剂、1/4 杯氨水及 2 升水所调配出的清洁溶液。不过，这种溶液使用后必须彻底擦（拖）净，否则氨水会残留在地板上，使新涂层变得不均匀。你也可以使用市面上去除抛光剂的产品，使用时请依循产品指示。另外，不要使用针对去除以溶剂为基底的蜡的产品，除非你确定你的地板接触溶剂不会有问题，且也曾经上过以溶剂为基底的蜡。

在海绵拖把与液状地板蜡的上蜡棉，涂点抛光剂或密封剂，并依循产品指示使用。将抛光剂或密封剂倒在新的油漆盘或铝制烤盘等浅盘上，通常会比较方便，不要倒在地板上。接着，以拖把或上蜡棉蘸取，并在地板上均匀涂出薄薄一层（涂太厚会造成反效果，还会使脏污积聚并陷入涂层，更不易清除）。上两层蜡的光泽与保护效果都比一层好。

目前弹性地板的水基抛光剂都不需要擦光。但如果你希望更有光泽，可以用套在杆子上的羊毛垫或干净的软质布料与电动擦光机来擦光。快速轻擦，直到表面光亮为止。此外，用来抛光的布和毛垫表面只要变脏，就必须立刻换面。

▎为免上蜡地板上蜡

我们不仅可以为免上蜡地板上蜡，而且还应该这么做。免上蜡地板问世于 20 世纪 70 年代，从此成为最普遍的厨房地板材质。这种地板拥有许多优异的特性，但大多数情况下，不靠抛光剂或涂料的光泽只能维持一段时间。

有些厂商建议在免上蜡地板开始失去光泽时使用"复原剂"。但这种产品同样会被磨去，必须定期添补。

泼洒物与污渍

一旦有泼洒物，必须立刻擦去。大多数弹性地板，尤其是免上蜡地板，只要尽快清除泼洒物，都不会造成污渍。但如果擦去泼洒物后仍有污点，需立刻以适用于乙烯或免上蜡地板的清洁剂擦拭，以免形成污渍。

以1:1的洗碗精和水沾湿尼龙百洁布、海绵或软毛刷，有助于除去擦痕，但清洁之后务必彻底擦（拖）干净。其他痕迹通常可用橡皮擦擦去。

常见的污渍可用下列方法清除。铁锈可以使用古老的柠檬加盐处理法：将柠檬对切，其中一半撒上一大把盐，以此摩擦锈斑，最后用海绵和清水擦（拖）净。至于常见的焦油污渍，建议是用矿油精擦拭，不过得小心谨慎，因为矿油精可能会减损地板光泽。请先在不显眼处测试，并待完全干燥。若地板真的失去光泽，可试着以其他方法清除焦油：先用冰块冰敷，使焦油硬化变脆，再用塑料刮刀刮除（用金属刮刀可能会刮伤地板）。焦油通常可以整片刮，如果有焦油污渍残留，根据美国《消费者报道》的建议，可以将湿布包住洗衣粉、白垩粉及水调成的糊，贴覆在污渍上数小时。最后，用矿油精清除，再用丙烯酸密封剂处理清除过的区域，使其恢复光泽。

要在容易看见的地方使用各种去渍方法前，先在不显眼处测试。如果是酒精饮料、果汁、咖啡、西红柿酱、芥末、墨水或碘造成的污渍，可以用布浸泡2~2.5杯的水兑1/4杯含氯漂白剂制成的溶液来清洁。如果是血液、草木汁液、宠物便溺等有机污渍及霉菌，可以使用前述的漂白溶液、柠檬加盐或是双氧水处理。

软木地板

软木地板也是弹性地板，但因为是有机材料，所以处理方式和其他弹性地板不甚相同。软木地板和其他弹性地板一样，应该经常扫地或吸尘，但绝对不要用水擦洗。清洁时，请使用以溶剂为基底的洗洁剂，上蜡时，也只能使用以溶剂为基底的蜡。可用电动擦光机擦光。

CHAPTER
10
瓷砖

❖ 瓷砖的日常保养与清洁

❖ 过度小心?

❖ 瓷砖上的皂垢与难以去除的脏污

❖ 密封无釉面瓷砖和填缝剂

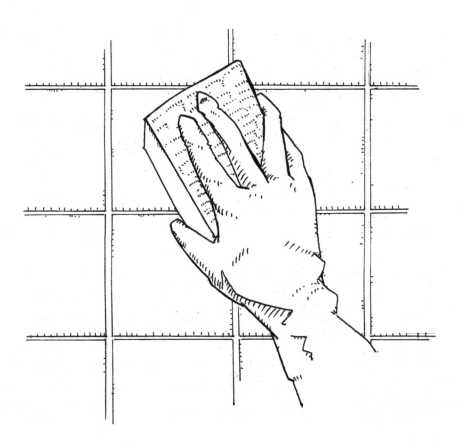

考古学家发掘地中海文明的古代住宅时，可能会发现，尽管纺织品、皮革及木材都已消失无踪，瓷砖却仍完整无缺。瓷砖生动展现了这些古代居所的典雅与温暖，甚至到了今日，也同样在一般住宅中展现耐用、美观及优雅等优点。

"瓷砖"这个名词的范围相当广，泛指各种以硅土、黏土等非金属成分制造，并以高温烧制而成的砖片。陶砖、瓷砖、石砖、路砖，以及一般浴室瓷砖的材料其实都是陶瓷。其中一些瓷砖有釉面，这是瓷砖在烧制时形成的玻璃状光亮表层。釉面无法去除或再生，且尽管通常相当耐用，多年后还是可能会因为刮痕和磨损而失去光泽。釉面基本上都相当坚固，但有些釉面较为细致易脆，可以使用在不需承受强力磨损的装饰性瓷砖上。

釉面与无釉面的瓷砖特性不同，需要的处理也不太一样。两种瓷砖都能承受高温而不会破裂或焦化，但釉面瓷砖比无釉面瓷砖有光泽，孔隙也较少（水分和泼洒物较不容易渗透），而孔隙越少，污渍也越不容易残留。因此，尽管滚烫的厨具放在釉面和无釉面的瓷砖上都不会造成损伤，但厨房台面一般还是采用釉面瓷砖，原因就是较不容易留下食物污渍，也较容易维持干净。但就地板而言，亚光釉面、半光釉面以及防滑的布纹釉面比较常见。

瓷不仅是最耐用的瓷砖材质，也因为几乎不会渗透液体，因而成为最不容易留下污渍的瓷砖。此外，瓷的颜色会布满整块瓷砖，所以不容易显现刮痕和磨损。瓷在一般使用下几乎不会损坏，因此常用于制作马桶、洗手台及浴缸。

传统瓷砖填缝剂（填补瓷砖间狭小缝隙的材料）的耐久和抗污能力都比不上瓷砖。环氧树脂填缝剂的防污能力则比旧式的水泥填缝剂来得强。密封剂也有助于保持瓷砖干净（请参阅 160 页"密封无釉面瓷砖和填缝剂"）。

▎瓷砖的日常保养与清洁

经常使用的瓷砖地板应该每天清扫或吸尘，清除可能加速磨损的脏污微粒。其中，沙子对瓷砖尤其不好，因为沙子多半比釉面硬。对于具有"预磨"（worn in）外观的无釉面瓷砖而言，每天扫地或许就没那么重要，不过还是建议经常清扫。地砖应该每周清洗一次以去除脏污，经常走动的区域可能需要两三次。淋浴间、浴缸及洗手台附近的台面和墙面，每周需要彻底清洁一次，防止污垢积聚。不会接触到水、肥皂，或是很少使用的表面则应该每周除尘，必要时加以清洗。

清洗瓷砖的地面、台面或墙面时，应使用中性、无研磨性（或低研磨性）的清洁剂或洗洁剂，或是专门清洁瓷砖的产品。有些液状的瓷砖清洁剂含有温和研磨剂，但除非你的瓷砖釉面非常细致，否则无需要担心（请参阅下文"过度小心？"）。使用时请依循产品指示。如果瓷砖表面在清洁后失去光泽，可用毛巾轻轻抛光。然而，瓷砖的填缝区域不容易清洁，且因为向下凹陷，拖把、布及海绵不容易擦到。因此，你可能偶尔需要使用刷子或牙刷，清洁难以到达之处。如果地砖使用的是无釉面或亚光釉面瓷砖，你就必须以含有研磨剂的去污粉来去除污痕和擦痕。这类去污粉对无釉面瓷砖不会有影响。

不要用肥皂清洁瓷砖。肥皂会残留一层无光泽的薄膜，最后可能形成难以清除的皂垢。

地面、台面及墙面上的泼洒物要立刻清除，以防止脏污硬化、难去除，并在瓷砖上与缝隙间留下污渍。墨水与染料特别容易造成这个问题（尤其是有色填缝剂中的染料，请参阅下文"常见瓷砖污渍及解决方法"）。

针对瓷砖上的霉菌，可使用含氯漂白剂水溶液（3/4 杯漂白剂兑 4 升水）与刷子（必要时可以使用牙刷，以便清洁瓷砖缝隙）清除。请先在瓷砖和填缝剂（尤其是有色填缝剂）的不显眼处进行测试。此外，也可使用市面上专为霉菌设计的去渍剂。若针对石灰和铁锈沉积，通常是以少许白醋加水擦拭后再彻底擦净。如果这样仍无法去除，便要购买能安全去除矿物沉积的产品。不过，预防胜于治疗，只要在淋浴后以橡胶刮刀刮干或用布擦干瓷砖，就能充分防范霉菌、皂垢及矿物沉积。

釉面瓷砖不需要上蜡来提供保护或维持光泽，况且蜡还可能使地板变得太滑。现今市面有针对无釉面密封瓷砖推出的蜡与涂料，尽管这类蜡无法抗污，但可以保护密封剂并延长其使用寿命。然而，据我所知，这些产品会使地板在潮湿时变滑，因此不适合用于浴室、厨房地板等可能有水的区域。而曾经上过这类蜡的表面，则可以使用不含氨水的中性洗洁剂清洁。

我曾在超市买了厨房地板抛光剂，为无釉面且无密封的萨尔蒂约（Saltillo）瓷砖抛光。尽管地板变滑了些，但还可以接受。

超市、家庭用品卖场及瓷砖店家都有许多瓷砖洗洁产品，其中还有些是特别针对某些脏污所设计的。高研磨性和强酸性的产品通常都很有效、可靠，但使用时应谨慎小心。如果家中水质偏硬，你偶尔会需要使用瓷砖洗洁产品来去除水垢和矿物沉积，请参阅右页"瓷砖上的皂垢与难以去除的脏污"。

▍过度小心？

关于以白醋、漂白剂及粉状去污剂来清洁釉面瓷砖和缝隙，许多建议都相互抵触。当然，有些不常见的装饰性釉面非常细致，只能使用无研磨性的中性洗洁剂，或是依循店家、承包商的建议清洁。

如果不确定家中瓷砖釉面的软硬度或是否容易损坏，可询问承包商或店家，或自行在瓷砖的不显眼处测试。在有色填缝剂上也要测试。要测试漂白剂或白醋溶液时，可以滴管滴上几滴让瓷砖风干一夜，或在使用含研磨成分的洗洁剂擦拭后，用放大镜观察效果。尽管这些测试无法得知重复或长期使用下的效果，但至少可以得知使用一次之下的状况。

若不考虑特别细致的釉面，上述洗洁去污产品是否适用于一般的地砖和墙面瓷砖？尽管白醋可以用来清除皂垢、恢复光泽以及去除石灰沉积和锈斑，有些专家却认为可能会损害瓷砖与填缝剂。事实上，所有酸类清洁剂都是如此。例如，酸性食物（柠檬、柑橘、西红柿等）及某些浴室洗洁剂（请留意标签上是否标示含酸性物质）。不过，1∶1的白醋水溶液相当温和，不至于伤害相当坚实的现代瓷砖，可以放心使用。当然，这种清洁方式最好还是偶尔为之，不要将醋或其他酸类用于日常清洁。

含氯漂白剂溶液去除霉菌和污渍的效果不错（可以用2杯水兑1～2杯漂白剂，并于使用后彻底洗净）。这种溶液通常不会伤害一般釉面瓷砖，若不确定最好还是先在不显眼处测试。瓷砖色牢度高，其他瓷砖也大多如此，但一些不常见的瓷砖却不见得，所以在使用漂白剂或其他高浓度化学物质之前，最好先在不显眼处或剩余瓷砖上测试，确认不会有不良反应。填缝剂则是另一回事，某些有色填缝剂接触漂白剂会褪色，所以使用漂白剂前，无论如何一定要先测试。

含研磨剂的去污粉，对皂垢、擦痕、难以去除的脏污及多数污渍都具有神奇的效果，但所有专家皆反对在釉面瓷砖上使用这种去污粉，因为这类洗洁剂早晚会使釉面变得黯淡，终至磨损。这种状况经常发生。事实上，我也看过在深色釉面瓷砖上使用研磨剂磨光后出现"白霜"（frosting）现象与浅色区域。尽管如此，我还是会购买并使用这类洗洁剂，毕竟只有特殊状况才会需要用到这类产品，例如夏季除霉或清除淋浴间墙面的皂垢时，而在针对特定问题偶尔使用之下，我并未发现明显的负面效果。

至于每天或每周的清洁工作，可使用非研磨性（或低研磨性）的液状洗洁剂，或是效果温和的低研磨性去污粉。以我为例，我家浴室的釉面瓷砖在经常使用这类低研磨性洗洁剂八年之后，仍未出现任何明显的黯淡。此外，除了使用这类低研磨性物质，也可偶尔使用一般含有研磨剂的去污粉（研磨性较高），处理特殊的清洁问题。

▎瓷砖上的皂垢与难以去除的脏污

淋浴间、浴缸及洗手台附近的墙面通常会有特殊的清洁问题，因为肥皂、洗发精及其他个人保养产品可能会沾在瓷砖上，形成难以去除的薄膜。浴帘和门也可能出现皂垢或薄膜。薄膜在累积一段时间之后，会形成更多脏污和皂垢，并促进霉菌生长。这也是我们平常就应该经常擦拭浴室墙面，除去身体油脂及残留的肥皂与洗发精，好预先防范脏污与皂垢。一般来说，每周以常用的洗洁剂清洁一次，每隔数月再彻底清洁一次，就可预防这个问题（预防总是比治疗容易）。醋和水通常也能预防污垢。如果这些方法都无效，可以在淋浴间放上橡胶刮刀或海绵，并于每次淋浴后以此清洁墙面和门。另外，也可以用待洗的毛巾擦拭墙面，防止一般自来水中的微量化学物质，在日积月累下造成墙面磨损。

如果皂垢问题相当严重，可能就必须采取特殊对策。首先，试着使用相关清洁产品。如果情况不太严重，只要湿润表面，撒上含研磨剂的去污粉，然后等去污粉干燥，再用刷子用力刷洗，最后彻底洗净即可。若依然无效，或是你推断需要去污力更强的方法，可以采用美国瓷砖学会（CTIOA）建议的处理方式：①使用软布或软毛刷，将未稀释的液状清洁剂覆盖整个表面，并静置数小时待其干燥。若是已经很久没有使用的表面，则静置一晚。②接着，用液状清洁剂水溶液（水溶液浓度与用于一般清洁时相同）沾湿表面。③趁表面仍然潮湿时，撒上去污粉，再用硬毛刷刷洗。④彻底洗净，再用浴巾抛光。

常见瓷砖污渍及解决方法

如果知道造成污渍的原因，可以从下方清单中找出适合的去渍剂。

尝试下列方式之前，先在不显眼处测试。如果处理方法中注明"干燥"，就是让测试样本干燥。测试样本务必包含瓷砖和填缝剂，并在充足光线下仔细观察测试结果。

污渍种类	去渍剂或去渍方法
血液	双氧水或家用漂白剂
咖啡、茶、食物、果汁及口红	用热水清洗，再用双氧水或家用漂白剂清洗。之后冲洗并干燥
指甲油	以去光水溶解。如果有污渍残留，可以使用液状漂白剂。之后冲洗并干燥
油脂	混合碳酸钠与温水
墨水与有色染料	保持表面湿润。滴上家用漂白剂，静置直到污渍消失。之后冲洗并干燥
碘（优碘）	以氨水搓洗。之后冲洗并干燥
红药水	家用漂白剂
口香糖、蜡及焦油	先以木片（例如压舌板）刮去残留物，再用冰块冰敷，减少污迹和扩散发生。接着，使用非可燃性去漆剂（不是溶剂）去除残留物。使用时请依循标签上的指示

注意！氨水和酸类（或是会产生酸的产品），不可与家用含氯漂白剂混合。

当你搬家，发现浴室很久没人使用、墙面黯淡、皂垢很厚时，也可以使用这个方法来处理，结果应该会让你相当惊羡。

▌密封无釉面瓷砖和填缝剂

无釉面瓷砖和水泥填缝剂的密封剂可防范许多污渍和脏污问题（釉面瓷砖和环氧树脂填缝剂则不需要密封剂）。密封剂是使用在瓷砖、填缝剂上的透明保护涂料。针对不同孔隙数量、不同光泽程度的瓷砖，密封剂也有不同配方。密封剂分为两种：表面涂布密封剂（通常是丙烯酸或水基）和渗透型密封剂（或称为"浸渍剂"）。这两种密封剂中，后者通常效果较好，但使用时比较困难。渗透型密封剂可深入瓷砖和填缝剂的孔隙，且只要密封剂存在，就能防止表面出现污渍和脏污。若是经常与物体接触的表面，密封剂至少可维持一年；若使用得当，则通常可以维持 3～5 年。

表面涂布密封剂比较常见，因为比较容易取得（某些超市就能买得到），且可形成光亮的表面。然而，这种密封剂会使地板变滑，维持时间也可能短到只有半年。此外，表面涂布密封剂也不适合用于台面，因为这种密封剂并不耐刮，受热时还可能会褪色，跟渗透型密封剂不同。若工作台面选择使用无釉面瓷砖，渗透型密封剂还有助于防范泼洒物形成污渍。若要用于会接触食物的表面的密封剂，不仅必须不具毒性，其他方面的特性也必须适用于厨房。

密封对填缝剂有所帮助，因为填缝剂比瓷砖更容易出现脏污并产生污渍。然而，即使用了密封胶，也无法完全解决填缝剂的清洁问题。因此如果可以，一开始就在地板选择深色填缝剂，或让填缝剂的颜色自然变深。

有人建议只能以温水清洁使用过密封剂的无釉面地砖，因为各种洗洁产品都会伤害或去除密封剂。这个建议是不对的。尽管洗洁产品的确会缩短密封剂的维持时间，但密封剂的维持时间本来就是有限的，更重要的是，只用清水不可能充分清洁地砖，尤其是厨房的地砖。然而，密封剂和洁净也并非无法共存，只要使用中性或接近中性的洗洁产品（非酸性、非碱性、不含氨水），并同时避免在经过密封剂处理的地砖和台面上使用研磨剂即可。

❖ **不同石材的物理和化学特性**

❖ **清洁石材**

 ☐ 吸尘、清洗、上蜡

 ☐ 专门产品

 ☐ 大理石或其他石灰石上的皂垢

❖ **刮痕与污渍**

❖ **去渍指南：天然石材表面上的泼洒物与污渍**

 ☐ 泼洒物与污渍

 ☐ 污渍种类与初步清洁

 ☐ 敷涂料的制作与使用

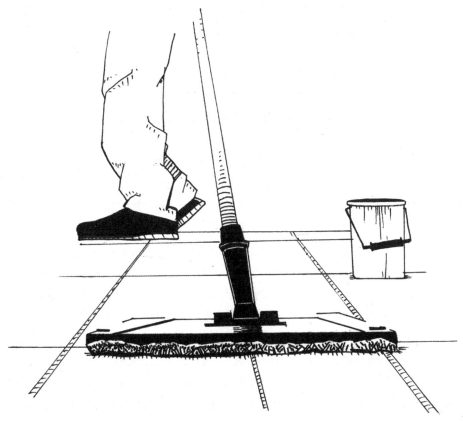

石材在家中一向具有特定地位，但近 25 年来的普及度大幅增长。不仅种类更多样（大理石、花岗石、石灰石、板岩及石灰华等），用途也更多变，包含地板、家具、台面、浴室梳妆台及墙面等。不同种类的石材所需的保养和维护也不相同，不过就几个大原则来看，石材的使用和处理方式取决于所属的类别。

石材的类别主要有二：一是石灰质石材，包括大理石（以及磨石子中的大理石片）、石灰石及石灰华，主要成分为碳酸钙（石灰华也是石灰石，通常为暗黄色。常被当成大理石销售，但其实不是大理石。石灰华未抛光前表面有纹理，因为内部有数百个小洞，而这些小洞在抛光后会被胶泥填满）。另一种是硅质石材，包括花岗石、板岩、石英、砂岩、褐石（一种砂岩）及蓝石（也是一种砂岩）等，主要成分为硅土或含硅土的化合物，而这也是沙子的主要成分。就物理层面而言，石灰质石材通常孔隙较多、较软，另就化学层面而言，也容易受酸伤害，甚至可能被醋和柠檬汁等弱酸侵蚀。至于硅质石材，则是孔隙较少、较硬，并容易受强碱、强酸伤害。美国大理石学会（MIA）建议，如果不确定是哪一种石材，可以用滴管在不显眼处滴一点醋来测试。如果是石灰质石材，表面就会被醋侵蚀。

▌不同石材的物理和化学特性

石材孔隙越少，越不容易留下污渍；石材越硬，越不容易刮伤和破裂。虽然大理石一向被认为是最漂亮、最典雅的石材，但如果考虑的是耐用度和保养的容易程度，高硬度、孔隙少的花岗石就比大理石更好。颜色较深的花岗石不易留下污渍，常用于厨房的台面与地板。

偶尔有些大胆的设计师会用大理石和石灰石等多孔石材制作厨房台面，但这类石材容易留下污渍，且格外容易受酸性食物和饮料侵蚀。酸甚至还可能渗入石材裂缝，造成损伤。因此，当醋、柑橘类果汁及葡萄酒等酸性液体不小心泼洒在大理石等石灰质石材上时，必须立刻擦去。

许多人建议使用渗透型密封剂提高石材抗污的能力，但美国大理石学会并不建议这么做。尽管厂商表示其作用方式是让密封剂渗入石材，但学会检验所得的证据显示实情并非如此。他们表示，密封剂只会留在石材表面，很容易就会脱落，不仅无法抗污，还会造成错误的安全感。因此，如果你想在厨房中使用密封剂，请确认使用在接触食物的表面的密封剂不具毒性，且其他方面的特性也都适用于厨房。

另外，石材的保养方式也取决于是否曾经抛光或磨光。经过抛光的表面会较光亮，有时甚至会反光；经过磨光的表面则相对柔润平滑，不会反光。石材的抛光程度越高，越需要特别保养，因为任何石材抛光后都会随时间而失去光泽，但花岗石等硬质石材维持光泽的时间会比大理石等软质石材更久。如果需要重新抛光，请找专业人员处理。若要维持抛光表面的光泽，必须经常上蜡或用密封剂保护。

抛光程度较低的表面与磨光表面常用于地板、阶梯、入口通道等承受较多磨损的区域，以及表面不能太滑，否则会造成危险的区域。添加保护对磨光表面同样有益，我们可以在入口通道等经常有人走动的区域放置地毯或地垫，地垫下方也务必要有止滑底衬或放置止滑垫，因为在光滑的石材地面上放置滑溜的地垫相当危险。此外，在大门内外摆放踏垫也相当有用，外头带进来的脏污和沙砾，正是使石材表面刮伤和失去光泽的主因。据估计，以正常方式行走时，鞋子上的脏污至少要走八步才会脱落，而一般人的鞋子要在踏垫上走三米才会完全没有脏污。使用适当的方式和材料定期清洁，对于保护石材而言很重要。上蜡也有若干保护作用。

若台面和家具表面的材质为石灰质石材，那么在放置玻璃杯和盘子时，应于底下放置杯垫、锅垫、隔热架、隔热布等物品，以防止石材接触酸性及可能造成污渍的食物和饮料，如柑橘、果汁、醋及葡萄酒。此外，为了安全起见，各种石材都应该用隔热架或隔热垫以防止接触高温。盘子和餐具下方也应放置隔热布、餐垫或长条形桌巾，避免刮伤石材表面。最后，台灯和装饰品底下也有必要放置保护垫，因为这些物品也可能会造成刮伤。

除了抛光和磨光，第三种表面处理称为烧面，常用于花岗石地砖。烧面是让石材通过火焰，使石材表面剥落，形成相当粗糙的表面。这种表面除了美观，也比较不滑。

▋ 清洁石材

☐ 吸尘、清洗、上蜡

每周吸尘或除尘一两次，可维持石材表面美丽的外观及良好的触感（清洁方式与清洁其他硬质、光滑的地面相同，请参阅第 6 章《吸尘、扫地和除尘》），也有助于维持石材状况，因为在脏污不断摩擦下，石材很快就会失去光泽。不要在石材上使用除尘喷雾或经过化学处理的拖把、抹布。

石材表面变脏时，以拖把、抹布或中软毛质的清洁刷清洗，并加上少量中性清洁剂。清洗完后，以清水彻底洗净（必要时洗净两次），并用软布擦干。不要使用肥皂，因为肥皂会留下一层薄膜。此外，不要用氨水、强效的肥皂和清洁剂等碱性洗洁剂清洁所有类型的石材，尤其对硅质石材（例如花岗石和砂岩）格外有害。另外，虽然弱酸性洗洁剂对硅质石材的潜在危害没有像对大理石的那么大，但专家仍认为，各种石材在维护时最好使用中性洗洁剂。抛光表面尤其容易受各种强效洗洁剂和研磨剂伤害，因此，切勿使用含有研磨剂的去污粉或去污液。然而，如果表面失去光泽，必要时仍可尝试使用温和的研磨剂。

上蜡其实没有必要，但如果你有兴趣，可以用膏状蜡改善某些已刮伤的石材外观，并为抛光表面提供少许保护。然而，请记住，抛光石材摩擦后才会失去光泽，所以无须经常上蜡。如需上蜡，应先清洁表面并使之干燥，才上一层薄薄的膏状蜡，并在蜡干燥后进行擦光（请参阅第 8 章 134 页和 144~145 页关于膏状蜡的进一步说明）。你也可以依循保养产品的指示使用。

不过，切勿在石灰华等非光滑石材的表面，以及白色或白底的大理石上使用膏状蜡，因为蜡会堆积在石材凹陷处，也会进入白色大理石的孔隙，使大理石泛黄。石材表面若有白色部分，可以使用透明且不会变黄的石材保养产品。

有些人喜欢在大理石上用汽车蜡，据说汽车蜡抵挡酒精等化学物质的能力较强。我不确定汽车蜡是否含有会伤害石材的成分，但我有一位在大理石产业工作、知识丰富又谨慎的朋友曾经向我透露，他已经在大理石上使用汽车蜡很多年，至今仍未出现任何问题。

□ 专门产品

石材保养并不需要特殊的产品。市面上有许多石材用的洗洁剂、密封剂、蜡、涂料及敷料，这类产品通常适用于石材（假设你已经看过标签，确定其用途）。然而，有些专家认为这类产品没有必要，并且鼓励只使用较单纯的方式，如定期除尘与吸尘，以及在需要时以中性清洁剂清洗。如果你愿意，也可以上蜡或类似的涂料（必须先清洗、洗净、干燥）。如果你偏好专业产品，也可以找到各种针对不同种类的产品，不管是为抛光、未抛光、地板、高光泽或低光泽石材所设计的产品，这些产品的厂商都会提供不同的保养维护规划。

□ 大理石或其他石灰石上的皂垢

如果你的浴室里有大理石，上面可能会有皂垢积聚，然而，一般针对皂垢的处理方法（酸与研磨剂）会伤害大理石，因此不要使用醋（或其他酸类）、酸性洗洁剂或含研磨剂的去污粉。美国大理石学会建议使用氨水来清除，比例是 1/2 杯氨水兑 4 升的水。但要注意的是，经常使用氨水会使表面失去光泽，因此这种方法只能用在真正必要之时。另一个更好的方法是在每次洗澡或淋浴后，就用毛巾擦拭皂垢可能出现的墙面及其他表面。

▌ 刮痕与污渍

市面上有些石材和大理石的抛光剂，又称为"岩石抛光剂"（rock polish），能用于去除水圈、轻微的刮痕及黯淡的斑点。这类产品通常含有温和的研磨粉，用来为表面进行擦光。使用这类产品时也须依循指示，或取得专家建议。你可能只需使用一点点（有些产品甚至只要 1/16 茶匙和 1 滴水，就能抛光 1 平方米），使用时必须非常小心。这类产品可在家庭用品卖场、五金行及贩卖石材保养产品的店家里找到。

可能留下污渍的液体泼洒出来时，最好的办法就是尽快采取行动。立刻清除泼洒物，不要让液体渗入石材。使用白色纸巾或干净的白布吸干，因为擦拭可能会使泼洒物扩散。接着，用温和清洁剂的溶液清洗该区域，并以清水洗净数次（必要时可重复以上步骤）。如果最后污渍仍然存在，请参阅下文"去渍指南：天然石材表面上的泼洒物与污渍"。

去渍指南：
天然石材表面上的泼洒物与污渍

☐ 泼洒物与污渍

立刻用纸巾吸干。不要擦拭，因为这样会使泼洒物扩散。用温和的肥皂溶液清洗数次，再以清水洗净数次。接着，用软布彻底擦干该区域。必要时重复以上步骤。如果污渍依然存在，请参阅下文"去渍"。

去渍——确定石材表面的污渍种类，是清洁的关键。如果不知道污渍的形成原因，就必须扮演侦探。污渍在什么地方？是否靠近植物、食物供应区、化妆品区？污渍是什么颜色？是什么形状或图案？污渍周围的区域是什么状况？

表面污渍通常可用适合的洗洁产品或家用化学品清除。如果深入内部或很顽强，则必须使用敷涂料或请专业人员处理。以下介绍我们可能遭遇到的各种污渍、需要使用的家用化学品，以及如何准备并使用敷涂方式来去渍。

☐ 污渍种类与初步清洁

油性污渍——油脂、焦油、烹饪用油、牛奶、化妆品。油性污渍会使石材颜色变深，通常必须以化学方式溶解才能冲去或洗除。请用温和、液状的洗洁剂和漂白剂去除（也可以氨水、矿油精或丙酮去除）。不要将含有漂白剂的物质与氨水混合！

有机污渍——咖啡、茶、水果、烟草、纸、食物、尿液、叶片、树皮、鸟粪。在污渍来源清除后，有机污渍仍可能使石材产生带粉红色的褐色污渍。在室外，可借由日晒雨淋使污渍褪去；在室内，则以 12% 双氧水（漂白头发的浓度）加几滴氨水来清洗。

金属污渍——铁、铁锈、铜、青铜。铁与铁锈的污渍为橙色或褐色，形状会与污渍来源相同，如铁钉、螺栓、螺钉、铁罐、花盆、金属家具等物品。铜与青铜的污渍为绿色或暗褐色，这是水分与石材附近（或内部）的青铜、铜或黄铜成分产生化学反应的结果。金属污渍必须用敷涂方式去除（请参阅"敷涂料的制作与使用"）。深入内部的铁锈污渍则难去除，且石材的颜色可能永远无法恢复。

生物污渍——藻类、地衣、苔藓、真菌。以稀释的氨水（1/2 杯兑 4 升水）清洗（氨水也可用漂白剂或双氧水取代）。不可将漂白剂和氨水混合！这样可能产生致命的有毒气体！

墨水——奇异笔、原子笔、墨水笔。浅色石材，请使用漂白剂或双氧水；深色石材，请使用磁漆稀释剂或丙酮。

油漆——少量油漆可用磁漆稀释剂清除，或用刮胡刀片小心刮去；大片油漆则应使用五金行或油漆行的"特浓去漆剂"（heavy liquid stripper）。然而，去漆剂可能会侵蚀石材表面，因此或许你会需要重新抛光。使用这类产品时也须依循厂商的指示，并以清水彻底冲洗。戴上橡皮手套和护目镜保护自己，也必须在通风充足的区域进行。去除沉积和结块的油漆时，只能以木制或塑料刮刀。一般来说，乳胶漆和亚克力漆不会形成污渍；油性漆、亚麻子油、油灰、白垩粉及密封剂则可能造成油性污渍。请参阅上文"油性污渍"一节。另外，也不要使用酸类或会冒出火焰的工具来去除石材上的油漆。

水斑和水圈——硬水积聚在表面。请用干的钢丝球擦拭。

火与烟造成的损伤——较旧的石材、有烟熏与烧灼污渍的壁炉可能需要彻底清洁，才能恢复原本的外观。市面上的"黑烟去除剂"或许能省下一些时间和力气。

侵蚀痕迹——形成原因是酸留存在石材表面。有些物质会侵蚀表面，但不会留下污渍，有些则会侵蚀也会留下污渍。去渍之后，用清水润湿表面，再撒上大理石抛光粉（这种抛光粉可向五金行、珠宝店及当地的石材经销商购买）。将抛光粉放在石材上，以湿布打磨（也可在电钻上装上擦光布，以低速擦光）。擦光时，请进行到侵蚀痕迹消失、大理石表面出现光泽为止。

如果有难以去除的侵蚀痕迹需要重新抛光或加工，请与石材经销商或专业石材修复人员联络。

风化——水将石材内部的矿物盐带到表面，而水蒸发之后，便会留下白色粉末状物质。如果石材还很新，请用除尘拖把或吸尘器清除粉末。若水持续蒸发，那么在石材干燥期间就可能必须重复清除好几次。不要用水清除粉末，这样粉末只会暂时消失。如果问题一直存在，请联络承包商协助自己找出原因并去除水分。

刮痕与缺口——轻微的表面刮痕可以用干的钢丝球擦光。或是参考上文"侵蚀痕迹"，并依其方式处理。若为较深的刮痕与缺口，则应由专业人员修复并重新抛光。

□ 敷涂料的制作与使用

敷涂料是液状洗洁剂（或化学品）与白色、具吸收力的物质混合后，形成黏稠度如花生酱的糊状物质（见下文"敷涂料"）。用木制或塑料抹刀将敷涂料涂在污渍区域，厚度为 0.75~1.5 厘米，之后，用塑料布覆盖，静置 24 ~ 48 小时。液状洗洁剂与化学品可使污渍进入具吸收力的物质。然而，要彻底去除一块污渍，可能必须重复这个步骤几次，但有些污渍可能无法完全清除。

敷涂料——敷涂料包括高岭土、漂白土、白垩粉、硅藻土、白色造模灰泥及滑石。每 500 克的敷涂料大约可覆盖 0.1 平方米。不要将白垩粉和含铁黏土（如漂白土）与酸性化学物质混合在一起，产生的化学反应可能会抵销敷涂料的效果。准备敷涂料时，也可用白色棉球、白色纸巾及纱布垫作为辅助工具。

洗洁剂与化学品——
- ◆ **油性污渍**——以小苏打加水或是以粉状敷涂料加矿油精敷涂。
- ◆ **有机污渍**——以粉状敷涂料和 12% 双氧水溶液（漂白头发的浓度）敷涂在污渍上（或以丙酮取代双氧水）。

◆ **铁锈**——以硅藻土加入市面上的除锈剂敷涂。铁锈特别难以去除，可能需要请专业人员处理。

◆ **铜污渍**——以粉状敷涂料加氨水敷涂。这类污渍很难去除，可能需要请专业人员处理。

◆ **生物性污渍**——以敷涂料加上稀释的氨水敷涂（氨水可用漂白剂或双氧水取代）。不可将漂白剂和氨水混合，以免产生致命的有毒气体！

使用敷涂料——

（1）准备敷涂料。如果使用粉末，请加入洗洁剂或化学品，调成黏稠度如花生酱的糊状物质。如果使用纸，将纸浸入化学品后待其沥干，避免滴落在外。

（2）以蒸馏水润湿污渍区域。

（3）将敷涂料涂在污渍区域，厚度为 0.75~1.5 厘米，宽度则须超出污渍 3 厘米。使用木制或塑料抹刀将敷涂料抹均匀。

（4）用塑料布盖住敷涂料，用胶带封住边缘。

（5）待敷涂料彻底干透（通常需要 24~48 小时）。干燥过程可使污渍脱离石材，吸入敷涂料。接着，取下塑料布。

（6）除去敷涂料。以蒸馏水洗净，以软布擦干并擦光。需要时可以使用木制或塑料刮刀。

（7）如果污渍没有去除，就再敷涂一次。顽强的污渍可能需要敷涂 5 次才能去除。

（8）如果石材表面被化学品侵蚀，撒上抛光粉，再用粗麻布或擦光毡擦光，使表面恢复光泽。

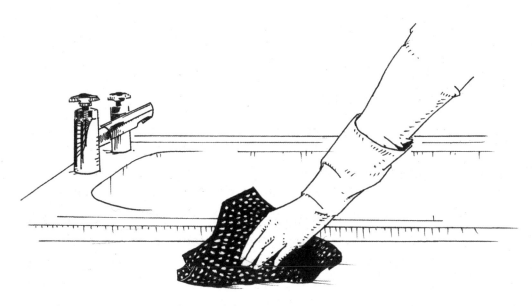

塑料是家中用途最广泛的材料，许多我们觉得不像塑料的表面，其实都是塑料，包括音响设备和喇叭箱、电话、某些浴缸、油漆和亮光漆、计算机中的许多组件、吸尘器和其他电器、天窗、防风窗，以及其他许许多多的物品。在厨房、浴室等地方，类似石材的坚固塑料和各种塑料积层板也常用于制作台面、浴室梳妆台、洗手台及淋浴间墙面等类似的固定装置。人们都该了解家用塑料材料在物理上的优点和缺点、化学上的弱点，以及最好的清洁和保养方式。

▌人造石

□ 人造石的特性

人造石近年来越来越受欢迎是有原因的，不论是美观还是功能方面，人造石都优于厨房和浴室使用的其他材料，唯一的缺点则是比较昂贵。

各种人造石都是坚硬、牢固、非多孔性的合成材料，外观和触感近似石材，但比石材更轻，且相当不容易留下污渍。人造石用于制作浴室洗手台和厨房台面时，通常经过哑光（又称为丝光）的表面加工处理，然而，光亮的表面需要多一点保护，不适用于磨损较明显的厨房台面，因此，半光、丝光或亮光表面通常用于梳妆台等磨损较少的区域。人造石的色彩与花样均深入材料内部，因此不会磨损，不会因擦拭或研磨而消失，刮痕也不明显。此外，亚光表面相当容易清洁（这也是最重要的优点之一），人造石上的污渍、刮痕、污垢及痕迹，也都可以采用研磨、漂白及各种强力清洁方式来去除，以恢复原本的面貌。

人造石能承受相当强的冲击，而不会造成裂开或损伤。尽管如此，人造石也不是完全不会损坏，所以绝对不可以站在上面，也应该尽量避免重物掉落在表面。幸运的是，如果真的发生意外，人造石的修复效果还不错，例如一旦破裂，承包人员或其他专业人员通常可以置入新材料，且接缝相当细小，几乎看不出来。

极端高温会伤害人造石，使其泛黄或烧焦（不过这类痕迹可以去除），但一般高温不会造成影响。人造石洗手台若直接倒进滚烫热水可能会裂开，因此厂商建议，如果要这么做，必须要有充足的冷水同时流动。水壶与会发热的电器下方必须放置隔热架或隔热垫，才能置于人造石台面上。

高浓度化学物质也可能造成伤害。强酸洗洁剂、烤箱洗洁剂、排水管洗洁剂、马桶洗洁剂、去漆剂、油漆稀释剂、指甲油，以及其他含有丙酮的物质，都可能造成问题。因此，如果这类物质泼洒到人造石表面上，请立刻清除，并用水洗净。

切东西时请使用砧板，不要直接在人造石表面处理。刀子可能会刮伤表面，人造石也可能使刀子变钝。虽然刀痕可以很容易清除，但这种麻烦能省则省。各种痕迹和污渍几乎都可以用研磨剂去除。

□ 浴室洗手台与厨房台面的定期保养

请依循厂商的指示进行保养和维护。如果不知道厂商的名称，也可参考下文的指示。清洁时可以使用所有一般的肥皂、清洁剂或洗洁剂，包括玻璃洗洁剂与含有氨水的洗洁剂等。接着，以清水彻底洗净表面，并用纸巾擦干，确保表面不会失去光泽或留下条纹。

如果你喜欢，也可以使用台面抛光剂。但这其实没必要，因为厨房台面经常需要清洗，抛光剂也很快就会被洗掉。不过，在特殊场合下，你或许还是会想这么做，毕竟抛光剂能让台面拥有漂亮的柔和光泽。人造石厂商建议可在亚光（丝光）和半光表面上使用台面抛光剂，经过高光泽加工处理的台面则建议使用类似汽车用品店可以买到的白色抛光化合物。

□ 定期维护

如果亚光表面在使用时显得太亮，可在将台面润湿后用绿色百洁布刷磨。正确的做法是让水布满表面，并以百洁布画圆刷磨，力道均匀、平顺，不要向下施力。根据某家厂商的说法是："施力的限度是不要让指节发白"。

要深入清洁洗手台，先在洗手台中装满漂白剂溶液（以等量的水与漂白剂混合），并浸泡 15 分钟。接着，将水放掉，同时清洗洗手台侧面和底部。最后，依一般方式洗净并干燥。

□ 污渍（包括香烟造成的污渍与烧灼痕）

针对亚光（丝光）表面，人造石厂商对去渍程序的看法似乎有所改变。以往他们建议用绿色百洁布加上含有研磨剂的去污粉打磨，再依一般方式洗净及干燥，现在则建议采取与半光表面相同的处理方式（不过，我仍然用较强的方式处理白色亚光人造石，目前效果都不错，也没发现任何问题）。厂商建议，无论是清洁半光或亚光表面，都使用白色百洁布（研磨效果低于绿色）搭配超温和的研磨剂，并于打磨之后依一般方式洗净及干燥。若要进一步使表面光泽均匀，可以用台面抛光剂。

经过高光泽加工处理的台面同样使用超温和研磨剂，但以海绵取代白色百洁布。打磨后依一般方式洗净、干燥。如果想恢复光泽，厂商建议使用白色抛光化合物（请参阅上文"浴室洗手台与厨房台面的定期保养"）。

指甲油不论沾到哪种表面，使用非丙酮去光水都能去除。丙酮可能伤害人造石。另外，也可尝试上文提到以去污粉打磨的方式。

各种表面上的污渍都可使用漂白剂来处理，包括葡萄酒、茶及食物造成的污渍。不过，也可运用上述提到的处理方法。

如果香烟造成的烧灼等痕迹无法用这种方式去除，请改用下文"刮痕与割痕"介绍的方法。

□ 消毒浴室洗手台与厨房台面

上册第 13 章 214 页中，提到洗碗槽可用含氯漂白剂加水消毒，而这也同样适用于人造石洗手台。另外，由于人造石的孔隙相当少，所以细菌并不容易滋生。

□ 刮痕与割痕

最好不要把人造石台面当作砧板使用，因为锋利的刀子会在台面留下细小的割痕与刮痕，而人造石表面也会使刀子变钝。不过，如果真的出现刮痕，也不需要太紧张，因为是可以去除的。此外，若焦痕等痕迹无法以上文"污渍（包括香烟造成的污渍与烧灼痕）"介绍的方法去除，可用一般刮痕的方式处理。

在亚光表面上，如果刮痕较浅，或许可用绿色百洁布沾水磨除。如果无法去除，也可以超细砂纸磨掉（请先查阅厂商的指示，确认应该使用多细的砂纸，也可以打电话询问厂商）。亚光表面可以自己处理，但半光表面和经过高光泽加工处理的表面，请专业人员处理或许比较恰当。无论何种表面，如果决定自己处理，务必依循厂商的指示进行。毕竟，并非所有人造石的处理方式都一样。

积层板

□ 细心处理积层板

积层板是由两层（以上）胶合而成的硬质材料，硬而厚的基材是由塑合板等类似材料制成，表层则为塑料衍生物。美耐板就是一种常见的积层板。以往的积层板大多价格便宜，耐久程度不算好，塑料表层也经常与基材分离，此外，也容易刮伤、灼伤并留下污渍。

市面上新款（也较贵）的积层板，防止刮伤和污渍的能力好得多，也比较耐久。不过，这些产品还是会留下污渍与刮痕，因此尝试去污时务必小心。切东西时请使用砧板，锐利的刀子可能在积层板表面造成永久性伤害。不过，就透色积层板而言，因为色彩渗入整个表层，所以与其他积层板相比，裂痕与刮痕较不明显。

积层板表面正确的保养和清洁方法，还是要参阅厂商提供的保养手册。这里提出的保养和清洁建议比较笼统，可能不适用于每一种积层板。高光泽和装饰性的积层板可能比其他积层板细致，且不同厂商的产品，脆弱程度也不一样。

一般来说，可能使积层板表面损坏的物质包括碱、酸、除锈剂、具研磨效果的产品（包括金属制的茶壶刷、钢丝球、含皂钢丝球垫及粉状洗洁剂。此外，温和洗洁剂和去污粉也不建议）、咖啡壶剂、陶瓷炉面洗洁剂、某些台面洗洁剂、金属洗洁剂、烤箱洗洁剂、排水管洗洁剂、马桶洗洁剂，以及染发剂、织品染料及食用色素等各种染料。另要注意的是，不要将这类物质的瓶罐放在积层板表面，以防内容物沿瓶身流下来，而吸附这类物质的抹布与海绵也应避免置于其上。当这类物质接触到积层板表面时，请立刻吸干（小心不要使其扩散），并于清洗台面后，彻底洗净、干燥。

高温也可能灼伤积层板，或是造成裂痕与气泡。绝对不要将滚烫的水壶或高温的熨斗放在积层板台面上，务必使用隔热架、隔热垫或其他防护措施。此外，松饼机、烤面包机、小烧锅及咖啡壶等发热电器下方也要加以防护。

如果要将花瓶或装饰品置于积层板表面，请在下方放置保护布垫，防止物品滑动时刮伤表面或造成其他伤害。

绝对不要冲洗或浸泡积层板。水可能会渗入接缝，使基材膨胀、裂开，或使平滑的表面变形、分离。

避免重击积层板，这样可能会使积层板凹陷或裂开。

报纸可能会留下颜色。因此，不要将报纸放在积层板上，尤其当报纸可能（或已经）带有水分的时候。

☐ 清洁

各种积层板都能以液状或粉状的温和清洁剂加水清洁，接着以软布擦净、擦干。洗洁溶液如果长时间残留在积层板表面，有时会造成永久性侵蚀。

要去除附着的污垢时，先将污垢沾湿软化。此外，为了避免产生类似冲洗或浸泡积层板的后果，应使用中等湿度（不要湿透）的布，并将布覆盖于污垢上一段时间，再搭配洗洁溶液刷去污垢。不要选用太硬的刷子，以免刮伤，中等硬度的尼龙钢毛刷就很适合。请注意：不要用刷子刷高光泽或金属的积层板，这样会损伤表面。此外，特别细致的表面也不建议用于厨房台面等磨损程度较大的地方。

☐ 污渍

积层板表面有污渍时，有时等待是最好的对策，例如，食物、咖啡、茶及食用色素有时便会在日常的使用和清洁下逐渐消失。如果清洁和等待都没有效果，或是污渍难以消除，可以尝试下文介绍的去渍方法。这些方法都有若干程度的风险，可能会伤害积层板表面，因此你可以先在不显眼处测试。不论何种状况，出现严重污渍时，请先查阅厂商的保养手册，或是联络厂商与承包人员。

顽强的痕迹或许可借由全效家用洗洁剂去除。先将未稀释的洗洁剂涂在污垢上，静置数分钟后，再用干净的软布吸干表面，最后彻底擦净。

有些污渍可用小苏打制的敷涂料使颜色变淡，包括染发剂、红药水、碘、靛青漂白剂及硝酸银的污渍。先在小苏打中加入少许水，调成可以涂开的糊状物质，再轻轻涂在污渍上。糊状物质静置数分钟后轻轻擦掉，并彻底擦净、干燥。如果状况逐渐好转，便重复进行这些步骤。

墨水等污渍可能无法用上述方法处理，甚至可能永远无法去除。若污渍是可漂白的，最后手段便是用稀释过的家用含氯漂白剂处理。不过，这样可能会伤害表面，积层板厂商也多半不建议这么做。但若你愿意尝试的话，首先，以1杯含氯漂白剂兑2杯水的比例制出漂白剂水溶液，并在不显眼处测试数分钟，再彻底擦净。如果漂白剂似乎有帮助，且没有造成伤害，可以重复几次，直到污渍消失为止。一些有成功经验的人表示，也可以使用未稀释的漂白剂，只要至多静置一两分钟，再快速、彻底擦净即可。采用这种方式之前当然也需要在不显眼处测试。请记住：绝对不要将含有含氯漂白剂的溶液与酸、碱、氨水或含有这些物质的产品混合，这样会产生致命的有毒气体及其他危险的化学反应。

针对可溶于溶剂的污渍，可以尝试用变性酒精或其他溶剂处理。请先测试，并务必遵守注意事项。请记住，溶剂是易燃物，且会产生可燃性烟气。另可参阅第 31 章《火》。

如果污渍仍无法去除，请联络积层板厂商或寻求专业人员协助。

□ 抛光

如果积层板是位于浴室或厨房以外的区域，那么一般的除尘方法应该就足以保持干净。你也可以每年使用几次非油性的家具喷雾剂、台面抛光剂或是塑料抛光剂，这样可以除去较细的刮痕并增加光泽。

▌其他塑料

用于制造话筒、鼠标、玩具、收音机外壳、层架、厨房电器及防风窗等的塑料功能不同，彼此的差异也可能相当大。尽管塑料的种类繁多，还是有几项维护和保养的实用通则。例如，塑料抛光剂多半宣称具有清洁、防止灰尘吸附、消除静电并在表面产生光泽的效果，且这些产品也都没有研磨性。因此，如果你不确定该用哪种洗洁产品，或许就可以采用这类产品。

原则上，每种塑料都能用温和或中性的全效清洁剂来清洁（不过任何规则都可能有例外）。基本上，你可以用小苏打水清洗冰箱内部。含氯漂白剂溶液则可用于大多数塑料，但必须先在不显眼处测试，确定你不会刚好遇到例外。清洁电器时，请确实依循厂商指示。另外，你也能以一般方式清除塑胶上的皂垢，包括使用浴室洗洁剂、稀释过的醋等弱酸溶液。玻璃洗洁剂使用在许多塑料上的效果很好，但要留意下文"塑料注意事项"中关于氨水和碱的警告。

▎塑料注意事项

◆ 大多数塑料都应该避免使用强效清洁剂，包括烤箱洗洁剂、排水管洗洁剂、马桶洗洁剂，以及其他含有强碱或强酸的洗洁剂。温和洗洁剂是最安全且最佳的选择。如果不确定，使用前都应在不显眼处进行测试。

◆ 如果在某些用于制作钟面、天窗、窗户及防风门窗的塑料上使用碱性洗洁剂（包括洗衣剂、全效清洁剂及氨水），可能会使这些塑料出现条纹。

◆ 丙酮会伤害某些塑料，例如，一些去渍剂中的溶剂便可能伤害家用电器的塑料控制面板。此外，尽管酒精平常相当安全，却可能伤害某些塑料制品。如果你不确定，可先进行测试。

◆ 有些塑料可用具备研磨性的洗洁剂来清洁而不会有不良影响（例如人造石或其他人造硬质表面），但大多数塑料还是会被刮伤。此外，亚克力和玻璃纤维的浴缸或淋浴间使用去污粉或其他研磨剂也会被刮伤。

◆ 塑料必须避免接触极端高温，因为多种塑料都会因此熔化或留下疤痕。高温的熨斗、平底锅、烟灰以及滚烫的水，都可能对塑料造成莫大伤害。

◆ 有些塑料容易碎裂，受到重击时会破损。此外，有些塑料也会被刀子、剪刀等锐利物品划伤。

13

浴室

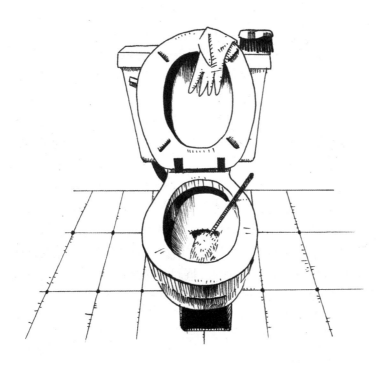

20世纪初期的洗手台、浴缸及夜壶都有接上水管与排水管，而这也就成了现代化卫浴设备的滥觞。每个浴室都拥有瓷制马桶，也都拥有涂布搪瓷的铸铁洗手台和浴缸，而搪瓷其实是一种相当坚硬的瓷。另外，洗衣间和地下室也都开始出现大型的水泥水槽。

时至今日，厨房和浴室中仍能经常看得到瓷和搪瓷，且尽管好几种新型的硬质塑料已纷纷问世，还是威胁不了这些历史悠久的材料。不过，洗衣间和地下室的水泥水槽，则多半已被塑料水槽取代。如果你认识洗手台、浴缸、马桶、按摩浴缸及水槽的厂商，请依循其指示来保养。如果不认识，或许可参考下列程序。厨房和浴室中的所有设备，除了需以安全的产品和方式时常清洁，管路状况也需维持良好。漏水和不正确的清洁方式，常是设备损坏的主因。

❙ 清洁与消毒浴室

在浴室中使用消毒洗洁剂有其必要，尤其是在马桶内部与周围（请参阅第2章《与微生物和平共存》）。使用时请依循产品指示，并留意清洁产品发挥作用所需的时间。此外，如果使用过消毒洗洁剂后需要擦净，务必选择完全干净的海绵或抹布，否则可能会重复污染表面。

在清洁马桶、马桶盖、马桶周围地面与墙面等最可能含有大量病原体的区域时，应该使用另外准备的抹布、海绵及工具。清洁时也由污染程度较低的区域朝污染程度较高的区域移动，通常就是由其他区域朝马桶移动（可先在马桶中放入消毒剂，这样在你清洁浴室其他区域时，消毒剂便能同时作用）。

清洁完成后，记得消毒清洁用品和工具。地垫和抹布可以放入洗衣机，用热水、洗衣剂及漂白剂清洗。我不喜欢用海绵来清洁浴室，但如果你习惯这么做，请在清洁后用手彻底清洗，并浸泡在上册第13章《饮食安全》217~218页介绍的漂白剂溶液中。马桶刷则在马桶里甩干，然后在马桶里倒入消毒溶液，再将刷头浸入一段时间，同时以消毒洗洁剂清洗刷座。接着，按下马桶冲水钮，冲洗刷头。最后，将刷子放回干净的刷座。

▌ 搪瓷浴缸和洗手台的保养与清洁

搪瓷卫浴设备可以用各种无研磨性的全效洗洁剂来清洁。硬水水垢可用 1:1 的白醋水溶液处理，且除非必要，不要用研磨剂去除水垢。若需使用，也应选择温和的研磨剂，同时减少用量。研磨性洗洁剂会使表面光滑度逐渐下降，而光滑表面的功能不仅在于可产生光泽，也易于清洁、消毒、防止污渍形成并保持卫生（没有沟槽与裂缝，细菌和有机物质就无处藏匿）。如果表面不光滑，洗手台和浴缸就容易出现污垢与污渍，且更难清洁。

如果发现洗手台和浴缸有严重皂垢，或在翻修时满是脏污，请先用尼龙刷刷去容易清除的碎屑，再依照 159~160 页清除皂垢的程序来处理。

不管以什么方式清洁洗手台和浴缸，之后都必须以清水彻底洗净并干燥。其中，用毛巾擦干的效果最好，不仅可以消除水痕，使表面更美观，也有助于防止常年接触自来水中化学物质造成的伤害。

如果要清洁人造石或石材制成的洗手台与台面，请参阅第 11 章《石材》和第 12 章《人造石和塑料表面》。

▌ 浴缸中的止滑贴

浴缸中的止滑贴只能使用无研磨性的洗洁剂，并搭配软毛刷、海绵或抹布来清洁。除非厂商的保养指示允许，否则不要使用漂白剂。

▌ 玻璃纤维与亚克力浴缸

清洁玻璃纤维和亚克力浴缸时，请依循厂商指示。一般来说，应该使用温和（中性或极弱碱性）洗洁液，且不可使用研磨粉或百洁布。如果是难以处理的问题，使用最温和的研磨剂就相当安全（例如小苏打糊）。

▌ 按摩浴缸

务必取得厂商的使用指示，并确实遵守。使用方法不正确可能对你或浴缸造成伤害。依循指示定期清洁和消毒，是避免感染的必要条件。

▎浴缸重新上釉

如果家里有重新涂装或上釉的老旧瓷制与搪瓷浴缸，而且你希望继续使用5～10年，清洁时必须特别小心（前提是重新涂装的方式必须正确），因为新的表面虽然是"搪瓷"，但其实只是一层薄薄的涂料而已。清洗时，只能使用无研磨性的全效浴室洗洁剂。定期清洗、洗净、干燥，可防止皂垢生成。但如果出现皂垢，也可以尝试市面上的无研磨性皂垢去除剂，并依循产品指示使用。这种表面因为材质脆弱，所以污渍很难去除。请先尝试以效果较佳的无研磨性洗洁剂处理，如果无效，且污渍看起来很丑，可以请涂装人员前来处理。

▎不锈钢的洗碗槽与洗手台

使用洗碗精清洗不锈钢表面，接着以清水洗净即可。不过，完成后也必须擦干，否则一定会留下水痕，水质较硬时更是如此。市面上也有不锈钢洗碗槽专用的洗洁剂，而且效果不错。我有个朋友则是使用异丙醇（外用酒精）。异丙醇能清洁、消毒、去除条纹、产生光泽，而且不会伤害金属。矿物油产生光泽效果也相当好，且有助于去除条纹和水斑。矿物油用量不要过多，且用干布轻轻擦拭，就不会有油腻感。

不要使用钢丝球或含皂的钢丝球片，这类产品可能会留下锈斑。

基于相同的理由，你也要留意别把会生锈的物品放在不锈钢洗碗槽里。此外，也不要放置橡皮垫，因为卡在橡皮垫底下的物质可能会腐坏而留下污渍。强效的研磨性洗洁剂可能会刮伤洗碗槽，而有些厂商认为中等研磨强度的洗洁剂不会有问题，也建议消费者使用。含氯漂白剂如果长时间停留在不锈钢表面，可能会形成小洞和污渍；酸（洗银水、醋、柑橘类果汁、显影液、假牙洗洁剂及部分清洁物质等）、盐、含盐食品（橄榄、腌黄瓜及其腌汁等）、芥末及美奶滋，可能会在不锈钢洗碗槽中形成污渍、小洞或造成腐蚀，且浓度越高，伤害的速度越快。若是食物，除非长时间放置，否则通常不会造成伤害。不锈钢专用洗洁剂通常也能去渍。

你或许看过很多奇奇怪怪的防刮秘诀。不过，我认为最好还是接受洗碗槽本来就会出现许多细小刮痕、也会不再闪闪发亮的事实。

关于不锈钢保养的进一步说明，请参阅第 17 章《金属》。

坐浴盆的使用与保养

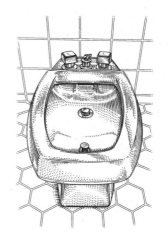

这个方便的设备许多人都不熟悉，我也是在欧洲旅馆才第一次见到。坐浴盆是个小型浴缸，可以坐在上面清洗下体和肛门周围。坐浴盆看起来有点像马桶，而这个词也曾经代表便器和坐浴（sitz bath）。坐浴盆会喷出水平和垂直两道水柱，清洗时可以面对或背对水平水柱，也可以使用垂直水柱。此外，坐浴盆中也可以加装排水塞，积蓄一定的水量后用来清洁身体。因为坐浴盆比脸盆低很多，所以也有些人在坐浴盆里洗脚。坐浴盆使用后请记得冲洗。

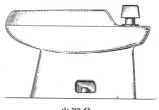

坐浴盆

坐浴盆和马桶同样是瓷制品，清洁方式与浴缸和洗手台相同，使用的洗洁产品也相同。一般的浴室洗洁剂便能发挥效用，浴室消毒洗洁剂也是绝佳选择。另外，如果你居住的地区水质较硬，就得注意喷水口不要被石灰沉积堵塞。

便器（马桶）的保养与清洁

便器（马桶）多半采用非多孔性材质，而瓷不仅致密也坚固耐用，因此常被用来制造这类产品。瓷制马桶外部的清洁方式和浴缸、洗手台相同，但使用消毒洗洁剂效果会更好。各种马桶洗洁剂都可以用于瓷制马桶，但如果水箱里有黄铜五金配件，使用投入式洗洁锭时便要特别注意，并仔细阅读标示，确认其成分不会侵蚀黄铜。

使用马桶洗洁剂时，请小心避免泼溅。这类洗洁剂通常含有高浓度化学物质，可能伤害皮肤和眼睛。使用前也应仔细阅读产品指示，并确实遵守。

这类产品也可能伤害台面或其他材质。

如果是粒状或粉状的马桶洗洁剂，通常需要先以长柄刷润湿马桶侧面，再将洗洁剂洒在马桶侧面和水中，静置 10 分钟。如果有难以去除的污渍，也可以静置更久。接着，用长柄刷刷洗，尤其马桶边侧的沟槽下缘和底部深处都要彻底刷洗。凝胶洗洁剂据称比液状、粒状及粉状洗洁剂更能附着在马桶内侧，因此在作用时间内能产生更大的效果。凝胶和液状洗洁剂只需喷到马桶边侧沟槽下缘、内侧及水中即可。有些人喜欢在清洁前尽量排空马桶里的水，让洗洁剂能作用到平常泡在水中的部分。若要这么做，可以用吸把或将半桶水倒进马桶（有些马桶若于冲一次水后，趁水箱充满水前再冲一次，就可以将水排空）。清洁完成后，再冲一次水以洗净马桶。

如果你觉得需要用手刷洗马桶内侧，请使用抛弃式塑料手套。将粉状洗洁剂中加入水调成糊状，或是使用全效洗洁剂。刷洗时，使用可以丢弃或消毒的清洁工具，例如纸巾、刷子及抹布。抛弃式塑料手套也同样要丢弃。

如果你居住的地区水质较硬，可以定期在马桶周围使用去垢产品，以清除石灰沉积或皂垢，防止喷水口堵塞。

塑料或是漆有搪瓷的木质马桶盖与座圈，处理时务必更加细心。这类物品可以用无研磨性的温和洗洁剂来清洗。使用消毒洗洁剂来清洗时，也需依循标签上的指示。研磨剂会使表面产生难看的黯淡斑点，也会刮去搪瓷，使木材外露。氨水及各种强烈的化学物质也不建议使用。

如果要清洁堵塞的马桶，请参阅第 14 章《水管与排水管》。

水龙头、莲蓬头及金属淋浴挂架

水龙头和莲蓬头通常（但不一定）以铬制成，清洗时请使用无研磨性的浴室洗洁剂。清洗完毕后加以洗净并擦干，就可恢复光泽。如果你的水龙头不是以铬制成，请依循厂商的指示清洁。

要去除铁锈或硬水沉积，可尝试以 1 杯白醋（或柠檬汁等弱酸物质）加 1 杯水的比例调制出洗洁溶液，或使用市面上针对这类用途而设计的产品。

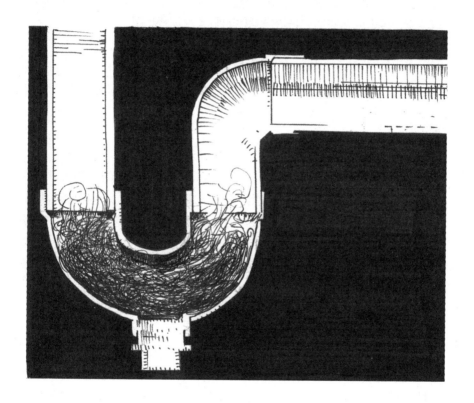

❖ 维护
❖ 清除排水管堵塞
❖ 马桶堵塞

水管和排水管需要稍加留意，以确保水流顺畅且无异味。另外，你还必须知道如何解决洗手台和浴缸排水管轻微堵塞的问题，以及如何疏通马桶。如果是严重堵塞或需要比较复杂的维修，请联络水电工，也请现在立即弄清楚水管发生紧急状况时可以找谁。你可以通过可靠的邻居、朋友介绍，或是利用电话簿寻找。找到之后，确认水电工是否有执照，取得执照号码后，向核发执照的单位查证。你也应向水电工询问最近服务过的客户，再询问这些客户是否满意他的服务及收费状况。

很多人对家中的水管、排水管及水龙头十分着迷。他们经常购买工具书和适当的工具，也能自己处理简单的配管工程和紧急状况。如果你对机械有兴趣，且房子是自己的，可以到书店翻阅这类主题的书籍。

▌维护

要保持排水管的水流顺畅及干净，必须定期保养以防止堵塞。偶尔在排水管中倒入一些滚烫的开水（厨房的排水管尤其需要），可以融化油脂。当每次烧开水泡茶或咖啡时有多余的热开水时，就可以这么做。偶尔也使用第3章提供的排水管维护配方或酶排水管洗洁剂。酶排水管洗洁剂比较温和，不会伤害水管，但作用比较缓慢，效果也有限。另外，厨房排水管也必须定期消毒，请参阅上册第13章217页。

▌清除排水管堵塞

洗手台或浴缸堵塞时，先拉起排水塞，看看是不是有食物、毛发或肥皂堵住排水管。如果是，可以用手（需要的话戴上塑料手套）或清水管的大夹子取出堵塞物。若仍旧无效，可以参考第3章"清除排水管堵塞的洗洁剂"。倒入洗洁剂，将吸把紧贴排水口后，用力并快速地上下推拉。切记，吸把不能离开排水口，两者必须紧紧密合，因为唯有让空气与液体在排水管中来回移动，才会有效果（如果是双槽式水槽，则必须先封住另一个水槽的排水口）。如果水槽积满了水，处理方式也是一样，只要避免水泼溅出来就好。如果仍然没有效果，可以倒入酶排水管洗洁剂并静置一夜（但必须依循厂商指示），隔天早上再试一次。如果仍然没有效果，请联络水电工。

　　许多专家不建议使用高浓度的排水管化学洗洁剂，因为可能损坏水管。如果你决定冒险一试，使用时一定要非常小心，完全依循厂商指示。这类产品通常含有碱液，相当危险。

▌马桶堵塞

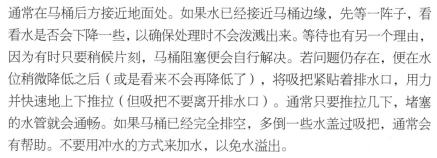

　　如果马桶堵塞并开始回流，这时请不要冲水，而是要关闭进水龙头。进水龙头通常在马桶后方接近地面处。如果水已经接近马桶边缘，先等一阵子，看看水是否会下降一些，以确保处理时不会泼溅出来。等待也有另一个理由，因为有时只要稍候片刻，马桶阻塞便会自行解决。若问题仍存在，便在水位稍微降低之后（或是看来不会再降低了），将吸把紧贴着排水口，用力并快速地上下推拉（但吸把不要离开排水口）。通常只要推拉几下，堵塞的水管就会通畅。如果马桶已经完全排空，多倒一些水盖过吸把，通常会有帮助。不要用冲水的方式来加水，以免水溢出。

　　成功清除堵塞后，将吸把放在马桶里，并冲几次水洗净。接着用水、清洁剂及少许含氯漂白剂的混合溶液清洗吸把（在马桶里处理即可）。最后，将吸把多余的水甩在马桶里再归位。

　　如果吸把没有发挥作用，可尝试使用水管疏通器。这类工具可以在五金行找到，不过这个方法并不容易。先轻轻推入有倒钩的一端，再缓缓扭转前进，直到端头变成锯齿形或 S 形后抽出。如有需要，可以重复几次。小心不要将器材卡在马桶里，因为这样可能必须破坏马桶才拿得出来。我不清楚该如何避免卡住，所以通常我都找水电工处理。

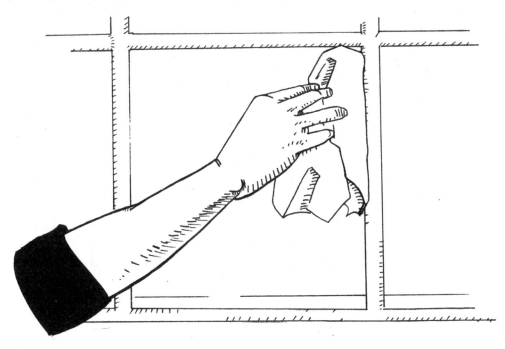

❖ **墙壁、天花板和木作**

- ☐ 吸尘和除尘
- ☐ 清洗上漆的墙壁、天花板和木作
- ☐ 清洁发霉的天花板
- ☐ 清洁隔音天花板和墙壁
- ☐ 清洁壁纸
- ☐ 去除墙壁和木作上的斑点与污渍

❖ **清洁窗户和窗饰**

- ☐ 窗框
- ☐ 纱窗
- ☐ 防风窗、防风门和天窗
- ☐ 玻璃窗
- ☐ 百叶帘、遮阳帘和百叶窗

墙壁、窗户和天花板为我们的住家遮风避雨，不过，通常只有在沾上斑纹、指纹、斑点、灰尘，或是进入室内的光线越来越少时，我们才会注意到这些东西的存在。

这时，唯有采取行动，房间才不会越来越阴暗、脏乱。吸尘和除尘能使墙壁、天花板及窗户长时间维持干净美观。清洗、重新上漆及上壁纸虽然必要，却不是常态性的处理方式，春季大扫除时处理即可。不过，窗户必须经常清洗。

▌墙壁、天花板和木作

☐ 吸尘和除尘

各种天花板和墙壁都需要偶尔吸尘。选择长刷头，从天花板开始慢慢向下清理到踢脚板。如果喜欢，也可以改用除尘布，但这样容易让灰尘从天花板落到地面。干海绵也可以用来清除墙壁和天花板的灰尘，但如果要清理的面积很大，会比较费力气。

这项家务工作每季至少应该做一次，频率若能提高更好。20 世纪 50 年代的家庭主妇多半一周做一次，不过她们也只是在固定吸尘时清掉明显的灰尘和蜘蛛网，而这你也可以做得到。

☐ 清洗上漆的墙壁、天花板和木作

较旧的搪瓷是可以清洗的。清洗天花板和墙壁算是春季大扫除中相当繁重的家务，但如果你家里的暖气系统会喷出灰尘或煤灰（很多家庭都会如此），这项工作就十分必要。现在已经很少人有这个问题，因为暖炉滤网效率更高，燃料也更干净。若出现问题，最多也仅限于厨房而已，且通常可通过吸尘解决。

墙壁、天花板和木作的表面如果是搪瓷、半光漆或光亮漆，就可以清洗（但随着涂料老化，抗受清洗的能力也会逐渐降低，因此务必先在不显眼处测试）。若为平光乳胶漆，尽管有些厂商已推出号称可以清洗的产品，但这种表面大多仍不易清洗，所以通常还是会选择重新粉刷。清洗平光乳胶漆墙面时，可能会留下条纹和斑点，且经常无法除去痕迹和污渍，因此清洗之前，

请先在不显眼处测试（并依循下文指示）。待壁面彻底干燥后仔细观察，确定你对结果感到满意。平光乳胶漆通常很难清洗，因此像厨房墙面这种通常会产生细薄油膜、也常遭食物或热油喷溅之处，最好使用半光漆。

动手清洗前，先盖上塑料罩布（五金行或家庭用品卖场通常有卖），以保护地板、地毯及家具，并找一组安全稳固的梯子或楼梯椅，以便清洗天花板。器材到齐后，先彻底吸过墙壁和天花板，如此可让清洗工作轻松许多。

使用温和的全效清洁剂或家用洗洁剂，并依循产品指示，倒入桶中且加水稀释。如果清洁墙壁的效果不佳，可以尝试各种强效或全效清洁剂（记得先测试，有些产品会洗去油漆，也有些油漆比较容易被洗掉），并准备另一桶擦净用的水。将干净的海绵（或布）浸泡洗洁溶液后充分拧干，以免擦拭时滴下或形成条纹。每清洁几平方米，便用另一块浸过清水并拧干的海绵（或布）擦净。最后，用一条干净的布擦干。如果有人能跟在你后面负责擦净和擦干，可达事半功倍之效。

关于清洗墙壁的主要争议是，究竟应该由下到上，最后清洗天花板，还是由上到下，最后清洗踢脚板？专业清洁人员大多说应该从下到上（与一般家庭清洁方式相反），若有脏水流下，便立即擦除。而如果由上到下清洗，便会任由脏水流到下方肮脏的墙面，可能会留下条纹，即使后来清洗，条纹也会继续存在。但有些民众指出，如果从下方开始，脏水会流过你刚刚清洗的区域，更令人沮丧。我通常是依循一般家庭习惯从上方开始，而这也没让我碰过任何条纹问题。不过，还是要视墙上的脏污而定，你必须观察自己家里的状况。

☐ 清洁发霉的天花板

有时你可能会发现，浴室中的天花板和墙壁发霉了。如果天花板贴有瓷砖，请依照第 10 章《瓷砖》中关于清除瓷砖霉菌的指示来处理。如果天花板上过漆，请用刷子蘸点 3/4 杯含氯漂白剂兑 4 升水的稀释溶液刷洗，或是使用市面上不会伤害上漆表面的除霉产品。针对浴室等高湿度区域的天花板与墙壁表面，最好使用含有抗霉菌剂的搪瓷粉刷。

☐ 清洁隔音天花板和墙壁

平常用吸尘器和干海绵清洁隔音砖的效果还不错，但终究还是需要彻底清洗一番。这类墙面的处理方式和上漆墙面完全相同，但必须更加小心，清洁时都必须使用彻底拧干的海绵（或布），也要使用温和洗洁剂。市面上也有隔音砖专用的洗洁剂，只要将产品喷在隔音砖上，放置数小时后以清水擦净即可。不过，这类产品可能含有漂白剂，为防止其滴落，使用时必须特别小心，也要记得为家具盖上罩布。

隔音砖上的铅笔或其他痕迹，通常用橡皮擦就可以去除。

☐ 清洁壁纸

除非壁纸使用的是相当细致、容易剥落的材质，否则可比照上漆墙面的方式来吸尘或除尘，只是频率应该略微提高。

有些壁纸不能用水清洁，此时就更应该经常吸尘或除尘。清除蜘蛛网时，刷子或抹布不能用力贴壁，否则可能会留下污痕。以抹布除尘时，也要经常翻转或更换，否则擦起的灰尘也会留下条纹。针对植绒壁纸，要使用较软的吸尘刷头。不过，当壁纸已经很脏，且吸尘与除尘都徒劳无功时，就得用水清洁或是重贴。

目前的壁纸分成"可清洗""可刷洗"及"不可清洗"三类，且通常有标签标示。"可清洗"代表可以用少量水清洁。"可刷洗"代表和上漆墙面一样可以用温和洗洁剂加水清洁。乙烯和塑料壁纸应属于"可清洗"或"可刷洗"的类别。不可清洗的壁纸可以清洁，但完全不能用水。手绘、植绒、有纹理的壁纸，以及丝质、亚麻等材质的壁布尤其不能碰水，除非表面有乙烯涂层。这类壁布也通常需由专业人员处理。不要尝试用水清洁古董壁纸，需要时得询问维护人员如何保养。如果不确定你的壁纸是否可以清洗，手上又刚好握有其中一小片，可带到贩卖壁纸的店家询问。

清洁各种壁纸的注意事项：不论你要清洁的是哪种壁纸，绝对不要使用研磨剂（温和的研磨剂也不行）、含研磨剂的去污粉，或是各种强效洗洁剂与化学物质。另外，不论是采用干式还是湿式的清洁方式，也都应先在不显眼处测试，观察壁纸是否损坏或掉色。

用水清洁壁纸时，一定要避免水渗入壁纸，以免壁纸起皱、起泡并剥离。可刷洗的壁纸则比较不容易浸水。

可清洗的壁纸——在一桶微温的水中加入少量温和清洁剂，并另装一桶微温的清水。将海绵（或布）浸入清洁溶液后充分拧干，并以画圆方式轻轻擦拭天花板。接着，将另一块干净的海绵（或布）浸入清水后充分拧干，用来擦净天花板。每清洁一定面积后随即擦净。不过在这里，你会和先前讨论上漆墙面时一样，遇到应该由上到下或由下到上的问题。壁纸专家都说应该由下到上。最后擦净时，一定要立即用干净的毛巾轻轻拍干墙面，不要让水停留在表面。若有需要再清洁一次，但请在表面完全干燥后，再比照相同程序处理。

可刷洗的壁纸——清洗这类壁纸时，请使用全效清洁剂，方式和顺序与可清洗的壁纸相同，但可以稍微用力。

不可清洗的壁纸——先吸尘或除尘，再用市面上的壁纸洗洁油灰或美术橡皮擦处理。另也可以实行古老的家事秘诀，揉捏一块新鲜湿软的白面包，用来擦去壁纸上的脏污。清洁完成后，要刷去附着在壁纸上的所有油灰、橡皮擦屑及面包屑。有些业界人士建议，清洁偶尔出现的斑点或污渍时，可将海绵或软毛刷浸入加水稀释的温和清洁剂中，予以刷拭。如果没有作用，再于桶中加入 1 大匙漂白剂。不过这个方法稍有风险，请先在不显眼处测试，清洁时也要小心。

☐ 去除墙壁和木作上的斑点与污渍

清洗上漆墙面的水斑、擦痕及伤痕时，经常会造成一块褪色区域，且这块区域往往比斑点更难看。不仅如此，当洗洁剂能去除痕迹，也代表往往会带走一些油漆，尤其是以摩擦方式清洁的时候。为了减少这类问题，在尝试去除斑点之前，请先尽量去除墙面灰尘，并预先在不显眼处测试。

敷上厚厚的小苏打糊，可以去除上漆墙面上的蜡笔、铅笔痕、墨水、麦克笔及家具擦痕等多种痕迹。先用木质或塑料抹刀刮去墙面多余的小苏打糊，但要避免刮伤墙壁。接着，再放点小苏打糊在布或海绵上，轻轻摩擦痕迹。在我的经验中，这种方法比较不容易造成褪色，而且也可用于清洁平光乳胶漆墙面。

溶剂型洗洁剂可以用在多种壁面和壁纸上，但应先仔细阅读指示，如果不确定是否适用于你的墙壁，可打电话向厂商询问。在贴有壁纸或上漆的墙面，也可以尝试使用超市、五金行及家庭用品卖场贩卖的去斑产品。只要依照污渍、壁纸或上漆表面的种类选择适合的产品，再依循指示使用即可。在有纹理且可刷洗的乙烯壁纸上，污渍可能很难去除，尤其是蜡笔，因为蜡会深入纹理的细缝，不容易擦到，这时干洗剂与斑点洗洁剂等液态溶剂型洗洁剂，便具有一定的清洁效果。你可能要把洗洁剂轻轻刷入细缝，使其与污渍接触。另外，在可刷洗和可清洗的壁纸上，墨水污渍可试着以含氯漂白剂的稀释液去除，但不保证有效，同时也要避免让墨渍晕开。可刷洗和可清洗的壁纸上的油污，通常用清洁剂加水轻轻清洗就可去除。

在不可清洗的壁纸上，先试着用纸巾尽量吸去油渍，但小心不要使污渍扩大。标准建议是将厨房纸巾放在污渍上，将熨斗设定为低温按压数秒。纸张吸起油渍后就换一张。不过就我的经验，这种方式每次都会造成难以去除且比较模糊的油斑，但或许是因为我压得不够久或不够用力。如果你也像我一样没办法清除油渍，可以找市面上能清除油渍又不会伤害壁纸的产品。另外，你也可以用市售的油灰洗洁剂，去除不可清洗的壁纸上的铅笔痕迹和其他许多斑点。不论使用什么产品，都应先测试。

▌ 清洁窗户和窗饰

窗户是家中控制空气和自然光最重要的通道。肮脏的窗户会使房间大幅变暗，干净的窗户则会使房间明亮开阔。满是灰尘的百叶帘、纱窗及遮阳帘不仅有损美观与触感，还会积聚灰尘，污染家中空气。

□ 窗框

每周打扫时，窗框和饰条（窗户周围的木材装饰）请先吸尘或除尘。同时，也应打开窗户，以便确实清洁窗户的角落和边缘。每扇窗户的周围也要彻底清洁。

每周的除尘工作中，也要记得清理窗台。在空气污染严重的地区，窗台往往会是个大问题，你会发现自己每经过一次就要擦一次。像是我小时候到纽约拜访亲戚时，便很惊讶于早上才清理过的窗台，傍晚就积了一层黑色的灰尘。不过，如果在窗台上上蜡，通常可以隔离雨水并防止其形成水斑。

如果除尘已经无法保持窗框干净，就必须以水擦拭窗框，且一定要在洗窗户之前进行。先吸尘或除尘，再比照清洁其他上漆木作的方式处理。洗洁液一旦变脏就要予以更换，清洁之后也要将窗框擦干。

☐ 纱窗

积聚在纱窗上的灰尘在大雨时可能会被冲刷到玻璃窗上，而肮脏的纱窗也比干净的纱窗阻隔更多光线。

若纱窗看起来积聚了很多灰尘，请从内侧吸尘。你可以用中等硬度的刷子轻轻把灰尘刷松，但要小心别让灰尘到处飞扬。不要在有风吹进室内时进行，同时也要记得在地上铺报纸以接住掉下的东西。每年一次把纱窗拿到院子里，用水管冲洗并放在太阳下晾晒。如果没有院子，也可以放在浴缸里冲水。另外，清洁公司的洗窗服务多半也包含清洁纱窗。

☐ 防风窗、防风门和天窗

防风窗是寒冷地区在冬季用于加强防寒的装置，有时秋天就装上，到春天才取下。

清洗玻璃防风窗的方式和其他玻璃窗相同。塑料窗和塑料防风窗则必须采取不同的清洗方式，绝对不能使用氨水或含有氨水的洗洁剂，这会造成表面永久雾化。其他碱性家用洗洁剂也可能造成伤害。使用厂商所建议的洗洁剂，并依产品指示使用。

如果不知道厂商，可使用温和的中性洗洁剂清洗，并在清水洗净后擦干。

☐ 玻璃窗

以往勤快的家庭主妇每季都会自己动手或请人清洗窗户，家里有用人的有钱家庭清洗频率更高（现在也是一样）。不过，这个良好的打扫习惯在今日已变成一种奢侈。许多上班族每年只能清洗窗户两次，有些人还是因为不得已才洗，否则频率会更低。

清洗窗户前记得先洗窗框和纱窗，如此能让玻璃保持干净得更久。

如果要自己清洗窗户，请于阴天时进行，因为阳光会使窗户干得太快，形成条纹。可以选择使用市售的窗户洗洁剂，或是参考第 3 章 65~66 页的自制配方。将家用氨水加水稀释的效果也不错（1/2 杯氨水兑 4 升温水，但氨水有时不适用于浴室的镜子，因为镜子外框材质可能是铝，接触氨水会损坏。用氨水来清洁玻璃和镜子则是完全没有问题的）。

洗窗户时，先将一条不会掉毛屑的布（或海绵）浸入洗洁液。如果使用市面上的洗洁剂，请依循产品指示。我比较喜欢用布，因为用布擦洗可以透过手指感觉到窗户表面的状况，厚海绵就无法办到。清洗之后，可以像专业人员一样用刮水器刮干窗户，也可以用另一条干净、吸水、不掉毛屑的干布或纸巾擦干，例如旧的亚麻巾和棉巾就很适合。不过，有些清洁窗户的老手还是认为刮水器最好用，其他工具都不值得一试。

窗户内侧和外侧都要清洗。如果窗户外侧距离地面很高，应该考虑请专业人员处理，不要冒险。

☐ 百叶帘、遮阳帘和百叶窗

各种百叶帘、遮阳帘和百叶窗的基本保养方法都一样：每周用干净的软布除尘或用除尘刷头吸尘。另外，也有些人喜欢用指套刷来清洁百叶帘。有些百叶帘和遮阳帘可以（也应该）定期清洗，因为肮脏的空气会于表面形成略为油腻的厚重薄膜。纸、通草纸及羊皮纸制的遮阳帘不能清洗，只能轻轻除尘，或试着以低吸力吸尘，但要非常小心。

这类产品去除斑点的方式和不可清洗的壁纸相同，在彻底除尘或吸尘过后，用市面上的洗洁油灰或美术橡皮擦擦拭，或是选择适用于该材质的去斑产品。先在遮阳帘拉起时看不见的地方测试。

不过，今日的卷式遮阳帘大多是乙烯制品或有乙烯涂层，所以可以清洗。清洗这类遮阳帘时，先摊平在干净的平面上，并以重物压着下端，防止意外收起。接着，用稀释过的清洁剂清洗两面，并于洗净后擦干。收起或悬挂前请先确定遮阳帘两面都已完全干燥。

有些专家建议完全不要清洗木制或竹制遮阳帘，但我觉得这样只会让帘子变得非常脏，最后还是得清洗。清洁时必须非常小心，首先，使用少许温和清洁剂微微沾湿表面，记住，绝对不要泡水，也不要让表面湿透。

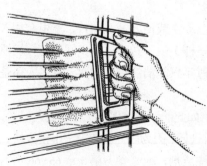

清洁细条百叶帘的工具

清洗后立刻用干净的布擦干。另外，也可比照第 8 章 145～146 页清洗木质地板、柳条、藤、藤条及竹子的方式处理。

铝制百叶帘和乙烯材质的遮阳卷帘都能清洗。可以拿到院子或放进浴缸，用软布与温和的全效洗洁剂稀释液清洁，并在以清水彻底擦净后用干布擦干。不要使用强效洗洁剂，这不仅没有必要，还可能毁了铝涂层。另外，绝对不要用氨水清洁铝，也不要使用研磨剂。有些百叶帘厂商甚至建议由专业人员以清洁百褶帘用的超音波来清洁。

如果窗帘拉绳不是尼龙或塑料制成，而是天然纤维，且已经弄湿（这很难避免），请等完全干燥后再挂回原处，因为拉绳在潮湿时会被拉长并下垂。

塑料或塑化材质的百褶帘可以清洗，也有厂商建议交由专业人员清洁。这些厂商表示，专业清洁人员会在洗洁溶液中放置超音波产生器，使污物很快松脱。如果你不想找专业人员，也可以将百褶帘放进浴缸，比照清洗铝制百叶帘的方式处理。不过要特别谨慎，以手握着百褶帘底部，并小心提起。

CHAPTER

16

瓷器与水晶玻璃

传统上，精致瓷器涵括各种真瓷与骨瓷，也见于餐具、花瓶、洗手台、小型人像及装饰品等等。我们通常以"瓷"（porcelain）代表所有瓷器，但严格说来，"瓷"是含有高岭土混合物的陶器，并必须以 1350~1450℃高温烧制而成。通常"硬质瓷"与"真瓷"也泛称为"瓷"。瓷最早出现于中国，并在欧洲风行数百年，但直到 18 世纪，欧洲人才发现其原料和制作方法。瓷的质地坚硬、近似玻璃且呈半透明，真瓷则常带有少许灰色或蓝色。此外，真瓷厂商大多也生产骨瓷及其他种类的瓷器。

骨瓷又称为"英国瓷"，18 世纪由英国发明，目前最高级的骨瓷也仍出产自英国。骨瓷是一种精致陶瓷，在制作坯体的黏土中加入骨灰，以产生鲜明的白色色泽。此外，制作骨瓷的黏土相当类似于制作真瓷的黏土，骨瓷有时也被称为"改质瓷"。骨瓷和瓷一样，坚硬、近似玻璃且呈半透明。

玻璃瓷经过两次烧制，使其表面光滑不透水。玻璃瓷表面的光泽并非来自釉，因此，裂缝代表的是坯体本身出了问题。如果手拿玻璃瓷对着光源观察，可以透过瓷体看见手的影子。另一个特征是，轻敲边缘时会发出清脆的声响，不过这种声响不足以判断精致与否的依据。精致的玻璃瓷器相当坚硬，即使做成相当纤细的形状或类似布料的皱褶，也不容易破碎。

精致瓷器与仿瓷或日常用瓷器之间的区别，从 20 世纪 80 年代开始就日趋模糊。以往只有精致瓷器坚固又近似玻璃瓷，但现在许多日常用瓷器也很近似玻璃瓷，且一样坚固。**"仿瓷"**或**"日常用瓷器"**这些词代表各种外观类似真瓷的仿制品，包括各种硬质陶器（ironstone）和陶器（请参阅 211~213 页的"瓷器与水晶玻璃词汇表"）。这些仿制品的烧制温度较低、不是半透明，也没有瓷那么坚固（就连骨瓷在最初也被称为仿瓷）。不过，玻璃瓷的坚固程度不亚于包括精致瓷器在内的各种瓷器。瓷器的强度受形状的影响大于其本身特质，薄而直的边缘一定比厚而弯曲的边缘容易破。当然，市面上有许多日常用瓷器不是很坚固，但现在精致瓷器和日常用瓷器之间也已经不像以往可用坚固程度来区分，两者的价差主要来自其设计和装饰，然而，这种差异也正逐渐拉近。近年来，许多精致瓷器厂商也开始采用成本较低廉的仿瓷，制作外观精美的日常用碗盘。

▌精致瓷器的保养

□ 手洗

碗盘使用后一定要冲洗，尤其是装过水果或醋等酸性食品之后。这样可防止食物干燥硬化，让碗盘比较容易清洗。去污粉和各种研磨剂都会对瓷器造成伤害。堆栈盘子之前先将刀叉移开，待洗碗盘也要稳稳放在台面。不要用刀叉刮除瓷器上的食物残渣，应该使用橡胶抹刀或洗碗巾。

如果清洗时产生硬水沉积物，使用少许的醋便可以轻易去除。另外，在用餐或放进洗碗机时，刀叉的摆放位置若是不当，也可能会在盘子上留下痕迹。这时可用一些牙粉或牙膏轻轻擦拭，或涂上少许银用抛光剂。处理后立刻洗净并干燥。

□ 使用洗碗机清洗

洗碗机洗得干净又卫生，不过对各种瓷器而言力量都太强，即使设定在最温和的洗程，也会让瓷器暴露在风险之下。第一，碗盘或刀叉可能会互相撞击摩擦，造成缺损、破裂及刮伤。正确的摆放可降低这种风险，另外参阅厂商的说明书，确认碗盘如何摆放才不会互相接触，且能牢牢固定住而不会碰撞。第二，一般洗碗机常用的长时间洗程中，持续的高温、水柱的力量，以及盘子上的残渣造成的摩擦，都会伤害碗盘。相较之下，手洗每次只洗一个碗盘，且水温较低、清洗时间较短、洗碗精较温和，摩擦与碰撞等风险也少得多。虽然碗盘在以洗碗机清洗多年后也不会破裂，但表面会失去光泽，本身也会变得更脆弱。

□ 哪种瓷器可用洗碗机清洗？

尽管日常用瓷器的厂商坚称这类瓷器可用洗碗机清洗，但不表示洗碗机不会磨损瓷器。如果你使用平价或坚固的瓷器，效益的确会超过成本，但对昂贵或精致瓷器来说，就未必如此了。

然而，现在有很多精致瓷器的厂商也宣称他们的产品可用洗碗机清洗，尤其是骨瓷。不过，前提是你必须正确摆放碗盘，并小心操作机器，因为破损、刮伤及裂痕都是洗碗机经常出现的危险情况。另外，厂商都会事先假定你容许瓷器在使用多年后会有一定程度的磨损、破损,且光泽变得暗沉。

也就是说，你得有心理准备，这些精致瓷器在留给孙子时，未必能保有当初购买时的状态。当然，标示可使用洗碗机的瓷器，偶尔用洗碗机清洗并不会造成明显损伤，但若经常如此，就会跟人变老的速率一样，逐渐老化。

有手绘或金银镶边的精致瓷器绝对不要放进洗碗机，除非厂商明确告知这么做无碍。洗碗机可能会损坏手绘和金属镶边。瓷比骨瓷容易产生缺口，所以必须特别留意。此外，瓷器若为古董、传家宝、艺术品或装饰品，不能放进洗碗机，无釉或部分上釉的瓷器也要避免。粗瓷上的锡釉很容易缺损，不要冒险放进洗碗机（其他种类的粗瓷则可放进洗碗机，除非厂商禁止）。薄而细致、有细长的把手与底座、有凸出物及曾以任何方式修理过的陶瓷，都不可放进洗碗机，因为这类陶瓷特别容易损坏。

以洗碗机清洗精致瓷器——请确定厂商明确表示你的精致瓷器可以用洗碗机清洗，也请先阅读上文所讨论的内容。如果决定用洗碗机清洗，首先，将水温设定在60℃以下，并选择温和或针对精致瓷器的洗程（短时间洗程或针对玻璃与瓷器的洗程通常已足够），清洁剂的用量也要少于洗碗机厂商的建议量。此外，将碗盘放进洗碗机前，先尽量冲去黏附的食物碎屑，以减少清洗时造成的磨损。放置时也不要让碗盘互相碰触，同时避免一次放置太多。瓷也比骨瓷容易产生缺口，放置时必须更加留意。

手洗——瓷器使用后最好立刻冲洗，尤其是装过水果或醋等酸性食品之后。清洗前，先在洗碗槽或盆子底部垫一条毛巾，且要使用温水与温和的肥皂或清洁剂。用海绵或洗碗巾擦洗碗盘，不要用百洁布或附有百洁布的海绵。可以选择覆有尼龙网的海绵，或其他这类无研磨性的刷洗工具。不要长时间浸泡瓷器，因为这样可能会让水透过窑烧的痕迹或裂缝而渗进釉的底层，使碗盘变得脆弱。每次只洗一个，避免互相碰撞，且当一手在清洗、洗净及擦干时，另一只手都要牢牢拿住清洗的物件。

用流动的温水将碗盘冲洗干净，再风干或用干净的软布擦干。质料佳的亚麻巾是最好的选择。要让形状复杂的瓷器快速干燥，可将吹风机调成中温（而非高温），以15~20厘米的距离吹干。

精致古董瓷器的存放和展示——精致瓷器尽量存放在适度的环境中，不要太热、太冷、太潮湿，也要防范温度突然变化。避免阳光直射、温度过高的阁楼及过低的车库，因为极端温度和温度遽变，都可能使釉面出现细微裂缝。这些裂缝会使水分进入，最终导致破裂。不要将精致瓷器放在塑胶套里，这样会使水分无法散出，另外，也要确认关闭柜门时不会碰撞到瓷器凸出的部分。

盘架

　　堆栈时，高度必须合理，也必须在盘子间放置布或纸巾。堆栈整齐，让重量落在盘子最稳固的部位，也就是底环上（有专家认为叠放的盘子不可超过 10 个，我甚至还听说过不可超过 4 个。不过，我家没有其他选择，必须叠到 12 个）。取出盘子时，一定要从上面拿起，绝对不要从中间抽出，因为这样可能会刮伤或打破盘子。拿取的方式也必须是提起，而不是滑动。小盘子要放在大盘子上面，不要反过来。如果有损坏或修理过的盘子，务必放在最上面。

　　杯子和碗不要叠放，因为这样会使力集中在边缘最脆弱的部位。杯子应该挂在钩子上，碗则应该分开放置，不要互相接触。然而，如果这些杯子年代久远又十分珍贵，就不应该挂在钩子上，而是要和碗一样分开放在架上，不要互相接触。一般来说，每件瓷器都应该与其他瓷器保持距离，喜欢古董的人一定也喜欢宽敞的层架空间。古董杯碗应该正立，以免重量集中在很薄的边缘，或对金属镶边造成伤害。瓷器上的灰尘则无须在意，只要在使用前除尘或清洗即可。

　　如果要展示装饰用的盘子，请使用盘架，并确定盘架的重量足以支撑盘子。盘子应向后倾斜 20° 左右。

□ 修补瓷器

　　瓷器很容易破。单纯的破损通常可以自己修理，但知道怎么做的人并不多。珍贵或高价的古董瓷器应交由专业人员处理，而如果破损的只是一般市面上的产品，自己修理即可。

　　瞬间胶很适合用来修理瓷器，不仅透明无色、用量极少，强固程度也和厂商宣称的相同。如果你要处理的是旧伤，动手之前务必去除所有的旧胶，胶不要用太多，并趁还未凝固前先擦去多余的胶。

修理之后的瓷器不能再浸泡于水中，因为尽管经过修补，水还是会从破裂处渗入瓷器内部结构，影响其完整性。因此，修补过的餐具不应该泡在水中清洗，但修补过的花瓶和花盆，无论如何都会因为必须装水而损坏。

□ 哪种瓷器可放进微波炉?

请依循厂商指示。日常用瓷器和精致瓷器通常都能放进微波炉，除非有金属装饰，但也未必完全如此。有些釉面看起来似乎无碍，但其实含有金属，务必特别小心。

□ 哪种瓷器可以放进烤箱?

有些盘子宣称可以放进烤箱，还可以用来加热和烹调食物。不过，使用时还是要确实依循厂商的指示。未明确标示可以放进烤箱的瓷器，就不要放进烤箱。精致瓷器可以放进烤箱预热，只要将温度调到65℃以下，但一般瓷器就要避免接触或靠近火焰，所处的环境温度也绝对不能骤变。

□ 哪种瓷器可以放进冷冻库?

某些厂商表示自己的产品（包括精致瓷器）可以放进冷冻库。但一定要小心！因为当有人在冷冻库里翻找冰激凌时，可能会打破瓷器。另外，冷冻的瓷器如果快速加热，也可能会裂开，所以拿出来之后必须缓缓加热。

▌玻璃与水晶玻璃的保养

不论是铅玻璃或一般玻璃，玻璃器皿越薄就越容易损坏，且细干、壶嘴及把手等形状凸出或拉长的部位特别脆弱。水晶玻璃的含铅量较高，不像一般玻璃那么脆而易碎，但也因为如此，水晶玻璃表面较软，比较容易刮伤。铅含量越高，水晶玻璃就越软。请参阅211页的"水晶玻璃"。有些含铅量高达30%的水晶玻璃相当软，甚至用指甲就能刮出痕迹。

□ 清洁玻璃与水晶玻璃

百洁布等具研磨性的清洁工具对玻璃不好，绝对不能用在水晶玻璃上。

另外，也应该避免极端温度。玻璃与瓷器最大的差别，就是玻璃与水晶玻璃不论泡水多久都没关系，因为其基质拥有均质结构，不怕水渗入表面。但另一方面，玻璃也比瓷器容易破损，因此，清洗时请特别小心，器皿的边缘和底部可能会碰撞到水龙头或水槽底部。

日常用玻璃的保养方法和日常用瓷器相同。各种玻璃都可用洗碗机清洗，但你也应该了解，这会对玻璃造成损伤，且伤害的速度相当快。根据经验，玻璃在使用一两年后，就会变得脆弱并开始失去光泽。另外，只有可放进烤箱的玻璃才能放进微波炉，其他的玻璃在高温时都可能破裂。

水晶玻璃的保养必须更加小心，且绝对不能放进微波炉、烤箱或洗碗机。水晶玻璃不能承受高温，也因为质地相当软，洗碗机中的水柱和食物残渣都会造成刮伤，使其失去原先闪亮的光泽。这种情况一旦发生，就无法挽救。年代久远的器皿或许可用"酸浴"（acid bath）清洁，但这种方法不仅少见也十分昂贵，还必须交由技术精良的专门人员处理。

清洗水晶玻璃或细致的玻璃时，一定要在水槽或盆子底部垫一条毛巾，减少打破的风险。你也可以使用软质橡胶制或塑料制的盆子。质量好的玻璃洗洁剂可以用于清洁艺术品，温和的洗碗精和温水（不要太冷或太热），最适合用来清洁高脚杯等餐具。软毛瓶刷有助于清洁不易接触的位置。每次只洗一个对象，避免互相碰撞，且当一手在清洗、洗净及擦干时，另一只手都要牢牢拿住清洗的物件。

擦干时，应使用不掉毛屑的软布，其中以旧亚麻巾最为理想。另外，也一定要握紧器皿上最坚固的部位，不要握着细干。许多破损都发生在擦干的时候。风干也是个很好的选择，但要确定器皿下方也有良好通风。针对玻璃瓶与花瓶内部，可用设定为低温的吹风机吹干，或是将瓶身正立，取下瓶塞，放置三四天使其完全干燥。

如果是玻璃或水晶玻璃的装饰品，应每周用软布除尘。想要的话，也可以在软布上沾点温和的氨水溶液，不过这样就够了。除尘之外也可以每年清洗一次，但若这些装饰品还很明亮干净，频率可以更低，因为每次从架子上拿下来清洁或清洗，就会提高一些破损的风险，所以没有必要时无须这么做。

□ 去除玻璃与水晶玻璃上的污渍和水痕

将物件浸泡在加水稀释的白醋中一夜（或浸泡在溶有牙粉的温水），

就能去除许多难以对付的污渍，例如花瓶中的水痕与较难去除的硬水水垢。如果没有效果，就将花瓶装满白醋水溶液并放置十天，最后水痕应该不需使用研磨剂就能去除。另外，用半个柠檬轻轻擦拭，也可以去除一些污渍，包括部分硬水水垢（但要记得先去除柠檬籽）。然而，如果水晶玻璃上的污渍和硬水水垢问题一直存在，可考虑使用蒸馏水或流经软水器的水清洗。清洗之后，再以清水洗净并适当干燥即可。

不要在水晶玻璃烛台上使用短于 7.5 厘米的蜡烛，因为高温可能会使烛台裂开。此外，不滴蜡的蜡烛也会是最佳选择，因为水晶玻璃烛台相当软，要去除上面的蜡其实有点难度。去除水晶玻璃或玻璃烛台上的蜡时，先将烛台放在适度的低温处，使蜡硬化，接着用手尽量摘除（小心不要让指甲刮伤烛台）。最后，用变性酒精轻轻擦除剩余的蜡。

□ 避免意外

不要在层架上滑动玻璃或水晶玻璃，也不要旋转高脚杯。有缺口的玻璃和水晶玻璃也很危险，应予以丢弃。不过，若水晶玻璃的缺口小于0.3厘米，通常可以请厂商或专门人员处理，但没办法保证一定有这项服务。倘若没有，请自行丢弃（只用于展示而不拿来使用的贵重古董和装饰品则无须丢弃）。另外，有些缺口用指甲锉刀磨过后也能去除危险性。

□ 玻璃与水晶玻璃的存放和展示

确保玻璃和水晶玻璃不会接触极端温度或骤变的温度。绝对不要将水晶玻璃和精致玻璃挤放在架上，拥挤会提高刮伤和打破的风险，对水晶玻璃尤其如此。架上的物品不应互相接触，高脚杯也应该正立放置。

不建议阳光直射玻璃器皿，尤其是水晶玻璃。阳光意外透过玻璃或水晶玻璃聚焦时，会形成高温光点。最后，不仅可能破坏器皿，甚至会引发火灾。

▎ 水晶玻璃、瓷器及陶瓷的铅危害

水晶玻璃、陶瓷及瓷器中的铅，可能会因为食物与饮料而溶解、释出。食物酸性越强、温度越高、与含铅容器接触的时间越长，溶出的铅便越多。

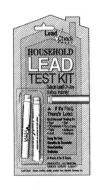

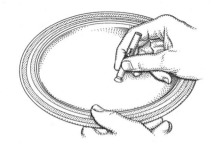

家用铅含量的测试工具

酸性的食物与饮料包括西红柿、醋、果汁、咖啡及含有这些物质的各种食物。研究发现，将红酒放置在含铅的水晶玻璃瓶中 1 小时，每升的含铅量为 89 微克。4 个月后，含铅量则提高到每升 2000～2500 微克。至于白酒，放置 1 小时后的含铅量是红酒的两倍，放置 4 小时后的含铅量则是 3 倍。白兰地的话，放在水晶玻璃瓶中 5 年，含铅量更高达 20000 微克。另外，就饮用水而言，美国环保署以往的饮用水含铅量标准是每升 50 微克，但现在更严格，每升不得高于 15 微克[①]。

水晶玻璃厂商之间主动制订了铅溶出量的上限，而美国国内外的厂商也大多遵循这些标准[②]。1980 年，美国食品和药物管理局开始针对陶瓷施行铅溶出量的上限规定，自此之后，相关产品便极少超过法定上限。不过，非美国制造的陶瓷仍需格外小心，因为可能还是含有铅。古董、传家瓷器及陶瓷装饰品也可能使用含铅的釉，所以绝对不要用来储放食物和饮料。此外，当陶瓷碗盘上的釉已剥落，或表面出现白垩粉状的残留物时，应立即停用。

手工、自制或手绘的各种陶瓷食物器皿，除非确定制作者使用的是无铅的釉，否则都要格外小心。另外，对于食物接触面有许多色彩的花式陶瓷，以及装饰位于釉面上层而非下层的陶瓷都要抱持适度警戒。近年来，马克杯已经成为铅危害的焦点，尤其是每天要盛装好几次高温酸性液体的咖啡杯。

① 中国饮用水铅含量的标准，根据环保署规定，每升的最大限值为 0.01 毫克，也就是 10 微克。
② 国际标准化组织（ISO）在 ISO 7086/1 和 ISO 7086/2 中具体规定在 22℃的温度下，用 4%（v/v）醋酸溶液对空心玻璃器皿侵蚀 1 小时。1 小时后，容积小于 600ml 的器皿，铅溶出量的上限为 5mg/L，容积大于 600ml 的器皿，上限则为 2.5mg/L。1991 年，国际水晶玻璃联盟（International Crystal Federation）则做了比 ISO 更严格的规定，同样条件下，铅溶出量的上限为 1.5mg/L。

家用测试工具可以侦测出玻璃、水晶玻璃及陶瓷中的铅，而这类工具在五金行和家庭用品卖场就可买到。美国环境保护基金会（非营利的环保机构）便曾与美国加州检察总长联合发表了低铅图案清单，而清单中的图案也都符合加州十分严格的标准。

一旦确定你的水晶玻璃确实含铅，接下来便必须决定处理方式。美国食品和药物管理局并非建议你以后不要以含铅的水晶玻璃杯饮用葡萄酒，也不是禁止你使用祖母留下的古瓷餐具享用感恩节晚餐。不过他们提醒，要降低在家中铅摄入的风险，必须遵守以下这些注意事项：

◆ 孕妇和婴儿绝对不要用含铅的水晶玻璃杯饮用饮料，也不要用含铅的陶瓷器皿进食。

◆ 绝对不要用含铅的水晶玻璃瓶喂食婴儿牛奶或果汁。

◆ 绝对不要将葡萄酒或烈酒放置在含铅的水晶玻璃瓶。

◆ 绝对不要用含铅的水晶玻璃、瓷器及陶瓷器皿来储放或烹调食物与饮料（尤其是酸性的食物与饮料）。

◆ 特别留意装有婴儿或孩童食物的水晶玻璃、瓷器及陶瓷器皿（这类器皿特别适合以家用铅含量的测试工具进行测试）。

◆ 特别留意每天或经常使用的器皿，尤其是给孩童使用或盛装孩童食物的器皿。

◆ 如果器皿清洗后的上釉表面出现灰尘或白垩粉状的灰色残留物，就不要继续使用。

◆ 降低老旧瓷器的使用频率，也避免以此盛装高温与酸性的食物。举例来说，如果要盛装醋、柑橘类沙拉或西红柿酱汁，建议使用不含铅的沙拉碗。使用古老瓷器时，食物放入和取出的时间都不宜过长，剩余的食物也要移到塑料或其他适合冷藏的容器。白玻璃（不含铅）就很适合用于冷藏。

◆ 购买信誉良好厂商所生产的水晶玻璃。如果不清楚哪家较好，可以询问规模较大、贩卖精致水晶玻璃的店家。

◆ 购买时请注意是否标示"装饰专用，不可用于盛装食物。盘子可能使食物含毒"。请务必遵守这类指示。

▌ 包装瓷器与水晶玻璃

报纸和具吸水力的材料可用于短时间包装瓷器，但用于包装玻璃器皿则不限时间。另外一种方式是使用软布或泡泡胶纸包装。

包装时，每件物品应分开包装，包括盖子和塞子。轻轻将包装材料塞进凹形器皿、碗、杯子及玻璃杯内，但小心不要对玻璃或水晶玻璃施加重量，尤其是细干的部分，而包装瓷器的指导方针，则与瓷器存放于橱柜的原则相同。另外，拆装时也要小心，避免弄丢放在包装里的小物品。

▌ 瓷器与水晶玻璃词汇表

黑陶 Basalt | 黑色的粗瓷。

素烧胚 Biscuit bisque | 仅烧制一次，且表面没有上釉的陶瓷。

高脚盛器 Coupe | 没有握边的杯或碗。

裂纹玻璃 Crackle glass | 经过加热、冷却，重新烧制，使玻璃出现许多细小纹路。这种玻璃的历史可追溯到 16 世纪，并曾风行于 20 世纪 20-30 年代，至今仍在制作。

纹裂 Crazing | 陶瓷表面外观由细小的纹路构成。这种外观形成的原因是釉面受损后有水渗入，使坯体膨胀，进而产生细小的裂痕。

米色陶器 Creamware | 外观类似真瓷的米色陶器。18 世纪时，乔舒亚·威治伍德（Josiah Wedgwood）首先并发出这类陶器，而旗下产品直到今日也仍颇受赞誉。米色陶器、女王陶（queensware）及珍珠陶（pearlware）都是在餐桌上使用。摩卡陶器（Mochaware）则具有盘旋形的泥釉。

水晶玻璃 Crystal | 高级的玻璃器皿，通常添加有最低含量的铅。"全铅"水晶玻璃的铅含量是 24%，但有时可能高达 30%。添加铅能增加其重量，创造出更清澄光亮的外观，而这也是水晶玻璃受到喜爱的原因。另外，铅可使玻璃软化，便于切割与装饰。每个人都知道真正的水晶戒指轻敲时会发出声音，而且水晶质量越好，声音越悠长清澈。不过，这种测试方式尽管大致正确，却也并非万无一失。有些优质水晶不会发出声音，有些普通玻璃则会。水晶玻璃可以吹制、切割

或蚀刻，但也因为含有铅，安全方面确实需要多多留意。绝对不要将葡萄酒或果汁存放在水晶玻璃瓶中（请参阅208~210页）。

台夫特瓷器 Delft ｜ 以锡釉装饰的瓷器，通常是蓝白色或绿白色。台夫特瓷器的名称来自17世纪让这种瓷器大为风行的荷兰城市，但台夫特瓷器也用于指称流行于英国等其他国家的仿制品。荷兰目前仍在生产台夫特瓷器。

陶器 Earthenware ｜ 低温烧制（1000 ~ 1200℃）、略具孔隙（除非有上釉）的不透明陶土。古代及古董陶器（pottery）大多属于此类，包括斯塔福德郡陶器及来自荷兰与英国的台夫特陶器。日常用瓷器也大多属于此类。当陶器的釉面有缝隙时，水分会渗入坯体，使坯体出现裂缝。陶器的硬度低于粗瓷，重量也较粗瓷轻。

彩陶 Faience ｜ 1714年首先出现于意大利的法恩札（Faenza），陶器表面涂有不透明色彩的锡釉。另外，这个词也代表18世纪法国某种仅烧制一次且常有手绘装饰的锡釉陶器。坎佩尔彩陶（Quimper faience）则出产于法国布列塔尼省的坎佩尔。

釉 Glaze ｜ 施用于陶瓷表面的液体涂料。

凹形器皿 Hollowware ｜ 陶瓷或金属的器皿，盛装食物处向内凹陷。包括茶壶、咖啡壶、碗、大浅盘及大口水罐。

硬质陶器 Ironstone ｜ 沉重、质地硬且耐用的陶器，外观近似白色真瓷。另也称为梅森陶器（Masonware）。

贾斯柏陶瓷 Jasperware ｜ 具有白色凸起装饰物的彩色粗瓷。

光瓷 Lusterware ｜ 表面有铜、金、银或白金等金属薄膜的陶瓷。这类陶瓷拥有十分亮丽的光泽。

马约利卡锡釉陶 Majolica ｜ 涂有锡釉的陶器，类似彩陶。特色为烧制前会在釉面涂上鲜艳的色彩。

鎏金 Ormolu ｜ 金制或镀金的青铜或黄铜装饰，有时也会制成陶瓷底座。鎏金部分请不要清洗，只要除尘就好。

釉上彩 Overglaze ｜ 施加在釉面上层的颜料或装饰。

湿黏土 Paste ｜ 制作陶瓷坯体的材料。通常会在第一次烧制之前或之后，将釉涂在坯体上。"硬质湿黏土"为制作真瓷或硬质瓷的黏土，高岭土含量较高。"软质湿黏土"则为制作陶器等仿瓷坯体的材料。软质瓷的烧制温度通常是1100℃左右，略低于硬质瓷的温度。今日的骨瓷因为是以高岭土制造，且使用制作的黏土相当类似于制作真瓷的黏土，在某些词典中甚至被称为真瓷。有些人也将骨瓷视为硬质瓷和软质瓷之外的第三种瓷器。

红土陶 Redware | 以红色黏土制成的陶器。

泥釉 Slip / slip decorationslip / glaze | 一种不透明釉面，由黏土加水后调成的均匀黏稠状物质制成。泥釉陶的釉面和坯体之间也有一层泥釉。

海绵釉陶 Spongeware / spatterware | 用海绵、布团或刷子尖端施加彩色装饰的陶瓷。

斯塔福德郡陶器 Staffordshire | 斯塔福德郡是英格兰中部的一个郡，数百年来皆为重要的陶瓷产地，而当地厂商生产的斯塔福德郡陶器也享誉国际。

高脚杯 Stemware | 有细干的白玻璃或水晶玻璃杯。

粗瓷 stoneware[①] | 高温烧制（1200～1400℃）、非多孔性、不透明、玻璃化且坚固沉重的硬质陶瓷。坯体中额外添加的物质使其能耐高温烧制，产生坚硬的质感。此外，这类陶瓷也涂有能产生橘皮状表面的盐釉，有些则用铅釉。粗瓷相当耐用，也通常用于制作瓮、壶及餐具。粗瓷的坯体通常不容易缺损，但釉面往往容易出现缺口。

转印瓷 transferware | 以铜质雕版先将花纹压印在纸上，再转印至陶瓷上作为装饰。乔夏·史波德（Josiah Spode）使这种程序在18世纪末相当出名，也制作出花样繁复但价格平实的瓷器。在这种技术发明之前，有花样的瓷器必须以手工绘制，有钱人才买得起。转印这种技术可用于制作粗瓷、软质瓷及骨瓷。

黄土陶器 yellowstone | 以黄色黏土制作的陶器。

---

① 普通陶瓷皆只以黏土等天然矿物质为原料，但为了应付不同的使用需求，今日许多陶瓷则添加了不同的化工原料，也采用新的工艺技术。

17
金属

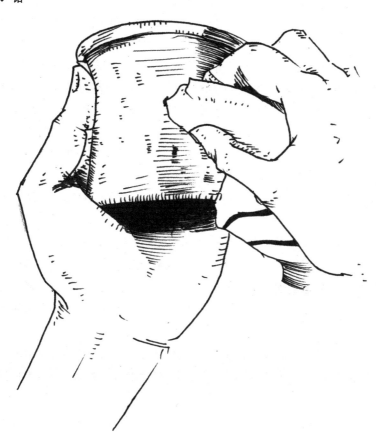

每个家庭的工具、用具、家具、家饰、锅子、壁炉等重要物品都使用了各种金属。了解这些金属的名称、特性、优点、缺点及正确保养方式，是家务相当重要的一环。

当家中的金属制品积尘、变脏时，可以采取一般除尘方式（某些古董除外）。用略微沾湿的布擦拭，必要时可使用温和的全效清洁剂加水清洁，再用清水擦净。如果是容易生锈或失去光泽的金属，擦净后则要立刻用干的软布擦干。处理贵重和细致的物品时，不要使用钢丝球与粉状洗洁剂等强效的化学物质与研磨产品。

当金属与环境中的某些物质发生反应，表面便会形成黯淡的化合物，这层化合物就称为失泽膜。举例来说，铁氧化时便会形成铁锈。失泽过程会因为温湿度升高而加速，因此，若家中的温湿度保持适中，将有助于遏阻金属失去光泽。日常使用与清洁或许也可以减缓失泽，然而，不只是铁，银、铜及黄铜早晚也都会失去光泽并生锈。金、白金、白镴、青铜、铝、不锈钢及铬则不会生锈或失去光泽。

肥皂水洗不掉失泽膜。要除去贵重金属上的失泽膜，请使用专门用于特定金属的抛光剂，而非适用于各种金属的洗洁剂。另外，也不能以处理铜的洗洁剂来处理银。金属抛光剂含有研磨剂和化学溶剂，硬质金属抛光剂则含有更强力的研磨剂和化学溶剂。硬质金属抛光剂不适用于软质金属，软质金属抛光剂用于硬质金属的效果也不佳，因此，折中方案便是适用于各种金属的抛光剂，但也只能用在较硬、较实用且较不贵重的金属，例如不锈钢、铝、铬及黄铜。如果要在同一天清洁家中所有金属，请小心不要混用清洁布，不同金属和产品的清洁布都必须分开。

清洁金属（尤其是贵重金属）时，最好小心标榜"神奇"的洗洁剂，并同时避免使用电视广告上具有神奇效果的浸泡式洗洁剂与电解液洗洁剂。这类洗洁剂确实有效，但可能超过你的预期。例如，某些神奇洗洁剂可使金属表面恢复光亮，但这其实只是金属的铜绿表层被去除了。一段时间后，浮雕花纹和蚀刻也会因此提早消失。较温和的洗洁方式可保留较多铜绿表层，同时保护金属，形成比较温和的光泽，且不会掩盖金属的真实年龄和细微花纹。

不论什么金属，若属于贵重或具历史价值的古董，清洁前都必须寻求专家建议。一般情况下，定期除尘或使用中性全效洗洁剂清洁都没有问题，但若要采取更强烈的方式，则应寻求专业建议。这里必须强调，抛光一向都属于强烈的方式。

银

纯银是一种元素，也就是说，纯银仅含有银原子。不过，因为纯银相当软，所以通常会混合其他金属而增加硬度与耐用度。英币标准银便是由92.5%的纯银加上7.5%的铜组成，这种银可能刻印有"Ster""925"或"sterling silver"的字样。银盘则是在铜或黄铜等卑金属的表面电镀上一层银，这种银可能刻印有"EP brass"或"EP copper"的字样。英币标准银与银盘的日常保养方式也大致相同。

家中各种银器表面的失泽膜为硫化银化合物。当银接触到空气中的含硫气体、硫化氢、二氧化硫等化合物，或是与羊毛、毛毡、橡胶、乳胶手套、某些油漆、蛋、洋葱、菠菜等物质，就会产生化学反应而形成失泽膜。升高的温湿度会加快失泽的速度。除了硫，对银有害的物质还包括含氯漂白剂、酸以及酸性食物。盐和海滨空气也会使银的表面锈蚀。如果你有银制盐罐，那么，除非内壁是由玻璃或其他不会与盐起化学反应的材质制成，否则用过之后务必将罐子清空。

要保持银器的光泽，诀窍是经常使用。太常抛光会使银过早磨损，经常使用则有助于遏止其失去光泽，并平均各处老化的速度。使用后应尽快清洗，让食物没有机会形成失泽膜。

市面上有经过化学处理并能防止出现失泽膜的银器。将银器放置在经硝酸银或其他化学处理的软质法兰绒布巾、布袋或抽屉衬垫里。存放前不需要去除失泽膜，等要拿出来使用前再处理，以免处理后全新的表面再度失去光泽。

银器放在保鲜膜或塑料袋中，也是防止其失去光泽的好方法，前提是必须做得正确。20世纪60年代，一般家庭开始使用保鲜膜和塑料袋，并很快发现这两种产品很适合用来储存银器，因为有助隔绝湿气和空气。不过，最后许多人发现，塑料反而会使水分残留在银器上，更快失去光泽。根据美国银匠学会表示，银器要放入塑料袋之前，必须先放入前述的法兰绒布袋，或用无缓冲剂棉纸（达到保存级无硫标准）包裹。同时，也可在银器旁放几包硅胶干燥剂以吸收湿气。另外，包装之前必须确认银器为完全干燥，存放处也要避免阳光直射（塑料在阳光下可能会分解并凝结水汽，这对银器有害）。不要用橡皮筋固定银器外的保鲜膜、塑料袋或法兰绒布袋，因为橡皮筋含有硫。也不要用仿麂皮布或毛毡包裹银器，因为这些物品也可能含有硫。如果家中用水的硫含量很高，你可能也会发现银器很快失去光泽。如果要将银器放进箱子或用纸包裹，务必使用保存级棉纸与无酸盒。不要使用揉皱的报纸包裹银器，因为印刷墨水带有酸性。

美国银匠学会建议，不要在银器上使用磁漆，也不要上蜡。但有一种情况例外：如果要在开放空间展示银器，建议在银器表面涂覆"微结晶蜡"，不过这么做可能会稍微减少光泽。

以热水与温和的肥皂或清洁剂清洗所有银器，接着以非常热的清水洗净，再以软布彻底擦干。使用非常热的水不仅有助于清洁，还能使银器干得更快。绝对不要让银器风干，因为留在银器表面的水可能会侵蚀银器。

直至今日，银器仍然不适合用洗碗机清洗。我看过几摊小贩宣称他们的标准银和镀银刀叉可以放进洗碗机清洗，但其他厂商大多不愿意如此建议（不过，所有厂商都同意，镀金餐具绝不能放进洗碗机）。小贩声称银器可用洗碗机清洗，可能是因为他们知道客户喜欢容易保养的产品，然而，这个建议其实相当糟糕。首先，标准银和镀银都很软，洗碗机中的水柱摩擦和强力洗洁剂都会使银器表面失去光泽，也会除去古老银器上的氧化表层。另外，银器在洗碗机中受到的刮伤和推挤碰撞也远比手洗时多。古董银器尤其容易受损，因为有些部分可能是黏上去的（例如刀片与壶脚等等）。再者，如果水进入银器的缝隙，也可能会留滞于此，进而损坏银器。你会发现，将镀银器皿放进洗碗机清洗后，很快就需要重镀，而这可是相当昂贵的。如果你还是决定用洗碗机清洗银器，放置时请务必将银器远离铜与钢等金属，因为相互接触可能会留下痕迹。刀叉和汤匙也应朝同一方向放置，以防止刮伤（但这样比较不容易洗干净，所以取出时请仔细检查）。

两次抛光之间可以用抛光手套、抛光布或是珠宝店的擦银布（以红色抛光粉处理过的法兰绒），为银器擦光，以维持光泽或去除刚成形的失泽膜。擦拭时必须相当用力才会有效果，因为擦银布的抛光剂相当温和。抛光手套和抛光布通常可在百货公司或贩卖银器的店家买到。

银器通常不太需要经常抛光，每年大约一两次即可，但频率也深受使用和存放状况影响。需要抛光时，只能使用最温和的抛光剂处理[①]。对于不可沾水的物品（因为结构脆弱或有易损坏的部位），美国银匠学会建议选择如Goddard's的洗银水来清洗，使用后可直接晾干、擦光，而不需要用到水。

就抛光而言，低研磨性比防止失去光泽更重要（但很多不错的抛光剂也有助于防止失去光泽）。专家提醒，抛光有时需要一些耐心。有些保存专家则建议在为贵重古董抛光时，连市面上温和的产品都要避免使用，并劝告只能使用以美术用白粉（可在美术用品店买到）和蒸馏水调成的糊。不过，使用温和的研磨剂，抛光过程一定会更久，效果也更慢。

抛光之前，先确认银器为完全干净。如果上面有蜡，也要先除蜡，但不能用刮除的方式，以免刮伤银器。先用微温的烤箱或低温的吹风机将蜡稍稍软化，再予以剥除。你也可以用变性酒精、松节油或矿油精来去除蜡。

清洁完银器后，依抛光剂的使用指示加以抛光。方法通常是使用干净的软布，以画圆的方式轻轻涂上抛光剂。抛光大型物品时，务必一次只处理一小块区域。抛光银盘时，也必须比抛光标准银时更轻柔，因为太用力可能会擦去薄薄的镀银层，露出底下的金属。请先在不显眼处测试抛光剂与所使用的处理方式，抛光剂和力气都不要过度。抛光布变脏时，请换一个干净区域或换一块布，因为布上的污垢可能具有研磨性。必要时可以用棉花棒清洁沟槽和细缝，但这些地方不要擦得太干净，因为暗一点的沟缝可以使花纹更明显，通常也比较好看。软毛刷也以可用来清洁雕花与浮雕银器上难以清洁的部分。

用非常热的水彻底洗净抛光剂，因为残留在银器上可能会造成锈蚀。接着，用干净的软布将银器擦出光泽。干净的法兰绒与滤布，以及干净且略为磨损的旧尿布，效果都不错。需要时可以将吹风机设定低温，吹干沟槽和细缝。绝对不要放着风干。

☐ 酸浸液

最具公信力的专家告诉我们，使用酸或化学浸液不是个好主意，且最好不要使用这类产品。如果你有一件银器严重变黑，那么，你可能一想到要花多少力气处理时，就感到害怕。也许你曾看报道提过，博物馆和保存

[①] 美国银匠学会建议的抛光剂清单包括 3M Tarni- Shield Silver Polish、Goddard's Long ShineSilver Polish、Wright's Silver Polish、Twinkle Silver Polish 和 Hagerty Silversmiths' Polish 等。

专家会使用酸或化学浸液使银器迅速恢复光泽,他们或许偶尔真的这么做,但我相信他们一般实行的方法大多比我们的更温和缓慢。此外,如果他们真的用酸来处理,他们也很能掌握整体状况,而一般人多半没有这些知识。

浸液对银器产生的作用可能相当复杂。曾经有人告诉我,浸液可能会破坏古董银器或具有丝光表面的银器(丝光和暗光表面只能交给专业人员处理),也可能会过度除去银器上的表层。如果要清洁的银器年代久远或相当贵重,请交由可靠的专业人员,不要自己动手。

美国银匠学会和许多专家都不建议使用化学浸液,因为可能会损害银器,且化学溶液若残留在某些无法去除的区域,损伤尤其严重。美国银匠学会建议,浸液最多只能用来处理情况严重、其他抛光剂无法解决的黑色失泽膜。使用浸液时,也不要将物品浸入,而是用海绵沾溶液擦拭。绝对不要在中空、有接缝或封口的部位使用浸液,酸可能会渗入裂缝,侵蚀金属。如果银器上有象牙、木材或其他脆弱的材质,也要避免沾上浸液。以浸液处理之后,应立刻用安全的方式彻底清洗银器以去除酸,否则酸会造成损坏。

□ 电解液洗洁剂

美国银匠学会及许多专家都不建议使用电解液洗洁剂。这种方法是将银器放入铝锅,再于锅中倒入能盖过银器高度的碳酸钠溶液。物品以这种方式清洁后,失去光泽的速度会更快,因为银器会吸收环境中的物质而失去光泽。另外,这种方法必须将银器浸泡在液体中,所以不适用于有中空、密封、接缝、裂缝及细缝的物品。一旦化学溶液渗入,便会留在内部,造成伤害。电解液洗洁剂也会除去漂亮且具保护性的氧化表层,同时对某些涂层有害。因此,如果尝试这种方式,处理过后务必彻底洗净银器。

绝对不要为镀金的银器抛光。不仅没有必要,还会去除镀金。此外,镀金餐具不要放进洗碗机清洗,刀叉更要轻轻地用温和的清洁剂手洗。清洗完后,用软布彻底擦干并轻轻擦光。装饰品则只需要除尘。

▌白镴

现今白镴的主要成分是锡,再加入少许的锑,并不含铅;过去的白镴则含有铅,不能用来装食物与饮料,也会随时间逐渐变黑。白镴质地柔软、外观与银类似，即使没有银那么亮，许多人也喜欢这种金属低调的光泽。虽然锡很容易生锈，但加入锑之后的白镴却不会，且经常使用下，白镴甚至不需要抛光（若要抛光，可以使用银的抛光剂，方式也与银相同）。若要维持白镴的光泽，可使用热肥皂水清洗，也有些人建议在每 4 升肥皂水中添加 2 大匙氨水，并于清洗完后用热水彻底洗净，再用软布擦干、擦光。清洁时，细缝处可用软毛刷辅助。此外，白镴不应该用洗碗机清洗，尤其是年代久远的白镴制品。

若白镴制品本身贵重或为古董，那么严重变黑或损坏时，便需交由专业人员清洁。

酸会侵蚀白镴，所以要留意酸性食物。另外，橡树和未干燥的木材也含有酸，接触白镴时可能会造成伤害。

▍铜、黄铜及青铜

与青铜、黄铜不同的是，铜是单一元素。铜很容易失去光泽，也很容易抛光成闪亮的橙红色。铜即使已经比银硬很多，却还是相当软。黄铜是铜和锌的合金，颜色与黄金相仿；青铜是铜和锡的合金，颜色为红金色。青铜比黄铜硬很多，而这两种合金都比纯铜硬。

青铜不会失去光泽，铜和黄铜却很容易如此。这两种金属除非上过磁漆，否则若要常保光亮，通常每隔几个月就得抛光一次。但若上过磁漆，那么在漆面出现裂缝之前，光泽都会维持不变。不过，你还是会碰到难以处理的问题，因为不论是市面上或自制的铜与黄铜洗洁剂，都没办法渗入这层涂料。因此，你必须先用丙酮或磁漆稀释剂去除涂层，并在清洁金属后再重上磁漆。我并不建议补漆，比较好的做法还是完全清除旧漆后再重新上漆。

许多专家反对上磁漆。因此，你也可以尝试使用膏状蜡或矿油精，防止铜器失去光泽。

古董家具上的黄铜拉柄和把手不应该抛光，只要与木材一样除尘和上蜡就好。黄铜配件如果过度闪亮，在旧家具上会很不协调。但如果现代家具上配有未涂磁漆的黄铜配件失去了光泽，你可以自己决定要维持原状还是恢复闪亮。若要恢复闪亮，必须先从家具上拆下黄铜配件，才能使用抛光剂或洗洁剂，以免伤害木料。然而，这么做其实相当麻烦，不如学着去欣赏失去光泽的黄铜配件还比较容易。

如果是未上磁漆的黄铜，使用市面上的黄铜洗洁剂时请依循指示。如果是表面镀上铜或黄铜的金属，而不是实心黄铜，抛光时也要轻柔一点。先在不显眼处测试抛光剂与抛光程序，抛光后也一定要彻底用清水擦净。

如果铜或黄铜严重锈蚀，抛光前先去除锈蚀部分。你可以用小苏打加柠檬汁的溶液轻轻擦拭（有温和的研磨效果），用沾盐的柠檬也可以。处理完后用清水充分擦净。另外，你也可以用等量的盐、白面粉及白醋调成糊，抹在锈蚀处，一小时后用清水仔细擦净。擦净完毕，用软布彻底擦干、擦光。最后，再补充一个自家处理法：将铜或黄铜放进醋、盐及水的溶液中煮沸（前提是该制品没有无法承受煮沸的饰条或装饰物），接着充分擦净并擦干。清洁步骤全数完成后，再比照一般方式抛光。

黄铜制的壁炉围栏、柴架及表面遭到熏黑或有炭灰的工具，清洗前必须先除尘。尽可能去除炭灰后，将家用清洁剂加入温水，再用硬毛刷蘸取刷洗。接着以清水洗净，并用软布擦干。清洁完成后，试着用市面上的黄铜洗洁剂或上文介绍的自制刷洗剂抛光。如果这些方法仍对付不了，可用非常细的钢丝球擦拭。不过，这种较强的研磨产品（有人建议使用细砂布）可能会刮伤黄铜或留下痕迹。

铜制厨具很快就会失去光泽，需要经常抛光才能保持闪亮。清洁时，请依循厂商指示，如有必要也可依循指示使用铜用洗洁粉。铜锅如果经常使用，每五年左右就必须重新上锡（请参阅上册第8章《厨房，家的核心》第127页）。上锡的程序是由专业人员对锅子的内壁进行处理，你可以交由家庭用品与厨具店，或是由他们介绍适合的人选。

含氯漂白剂静置于铜上几个小时后，便会造成褐色。烤箱洗洁剂、含氯漂白剂及玻璃洗洁剂也会使黄铜受损、褪色及锈蚀。另外，残留在这些金属上的酸与抛光剂也一定要彻底洗净，否则很快就会失去光泽。

铁

铁是一种元素，很容易生锈。锻铁是一种具延展性的铁，可打造成相当复杂的形状。锻铁经常用来制作家中的壁炉栅、火钳、柴架、盆栽架，以及各种用具和家具。锻铁制品通常只需要除尘，若有必要，也可使用硬毛刷、布或海绵，以全效清洁剂和热水清洗，并在洗净后彻底擦干。接着，用钢丝球刷去残余的斑点。如果要为物品防锈或恢复光泽，可用布上点膏状蜡，并在蜡干燥后，用另一条干净的干布进行擦光。上蜡前请确定物品已彻底清洁且完全干燥。此外，若要去除铁锈，可用白醋水溶液擦拭，或使用市售产品。

　　铸铁是铁、碳及硅的合金，用模子铸造而成。铸铁既硬又脆，且不具延展性。铸铁壁炉的配件可以和锻铁采用相同的方式保养。要让铸铁有光泽，可以用膏状的炉具抛光剂，或是像锻铁一样上一些膏状蜡。锅子和平底锅则不可上蜡。铁制铰链、锁及五金用品应该上一些机油防锈。使用炉具抛光剂也能防止铁制炉具生锈。

　　铸铁锅与平底锅的厂商和爱用者通常建议要"养锅"。养锅的方法是先用温水和清洁剂清洗，再涂上一层食用油，放进烤箱，以150℃烤一小时。他们说，如果让养锅层留在表面，会有防锈和不沾的效果，且每使用一次效果就更好一点。为了保护铸铁锅和平底锅上的养锅层，有人说不能用清洁剂清洗，有人说应该用热的清水洗，有人则说如果用肥皂而不用清洁剂，便可以留住养锅层。然而，以上有些观念是错误的。首先，只用肥皂而不用清洁剂，对保护锅中的养锅层并没有帮助。肥皂并不一定比清洁剂温和。另外，在任何状况下，你都应该用肥皂或清洁剂清洗各种锅子，包括养过的铸铁锅，因为热水消灭及去除锅子表面脏污、调味料、气味及细菌的效果都不及热肥皂水（腐败的食用油对身体也不好）。此外，经常使用的铸铁平底锅也会自行产生养锅层，且不会因为清洗而消失。我的铸铁锅（常用的就有好几个）每次使用后都会用清洁剂刷洗，长久下来生成的养锅层也与其他人的平底锅不相上下。铸铁厨具使用多年后一定会变黑，这是有益的自然老化现象，不需要刻意防范。

　　铸铁锅的养锅层不需要特别小心维护，且就我的经验看来，你可用任何方式清洁，包括百洁布、刷锅布及洗洁粉，只要尽量顺着金属纹理刷洗即可。需要注意的有两点：第一，铸铁锅清洗之后必须立刻彻底擦干，否则会生锈（即使是养过的铸铁锅，潮湿时也会生锈）。第二，基于相同理由，铸铁锅最好用手洗，不要用洗碗机清洗。另外，将铸铁锅放在炉子上加热几秒钟，也能确保去除所有水分。

　　如果铸铁锅生锈，只要刷去铁锈再擦干即可。另外，铁锈其实也可以被人体消化，而用铸铁锅烹饪通常可为食物添加一些铁质。

涂有搪瓷的铸铁厨具必须小心使用，因为搪瓷涂层可能会出现破缺或逐渐磨损。要去除烧焦的食物，请使用塑料百洁布，不要使用金属百洁布或钢丝球。清洗时，也尽量使用低研磨性的产品，以防搪瓷层磨损。此外，污渍可透过洗洁粉去除，不过这最好只当作最后手段。接受无害的污渍会比冒险处理好得多。

搪瓷涂层上的污渍通常可用加水稀释的漂白剂去除，比例是 1 大匙漂白剂兑 4 升温水。将锅子装满稀释的漂白剂，浸泡一两小时后，用热肥皂水清洗并以清水彻底洗净。不过，这种方法同样必须在不得已时使用，因为漂白剂会去除搪瓷上的保护性釉面，使搪瓷渐渐磨损。

铝

铝是一种元素。大多数铝制品，如锅子、平底锅、炉具与镜子的饰条，都可用不含氨水的温和清洁剂稀释清洗。

铝锅失去光泽时，可在锅中加入 4 大匙白醋（或塔塔粉）以及 4 升的水，一同煮沸后便可恢复闪亮。接着，将洗洁粉与水调成糊，并以金属百洁布或含皂钢丝球蘸取刷洗，以清除锅中难以处理或烧焦的物质。刷洗时一定要顺着金属纹理。另外，铝锅的铜质底部可以用铜的洗洁剂刷洗。

阳极氧化铝是以电化学程序制造出的坚硬无光泽表面，抗渍、耐磨，且比一般铝材更不易起反应。阳极氧化铝能防止污染食物风味或吸收食物的气味（然而，阳极氧化铝若放置隔夜，还是会与食物发生反应），因此常用于制作平底锅与锅子。理论上，你不需要使用特殊的烹饪用具来保护锅具。金属烹饪用具并不会伤害阳极氧化铝，虽然还是会造成痕迹，但这不是用具刮伤锅具表面，而是用具在表面留下的金属条纹。绿色百洁布与不含漂白剂的去污粉可以去除这类痕迹，也能去除其他的污渍。另外，厂商也建议，只使用专门去除阳极氧化铝上污渍与痕迹的清洁产品。

市面上也有涂覆不粘表面的阳极氧化铝产品。这类产品的使用方式和其他不粘用具相同，不可使用金属器具、金属百洁布及含有研磨剂的去污粉。

纯铝在洗碗机中会变黑，阳极氧化铝则会褪色。有些阳极氧化铝不粘厨具如果用洗碗机清洗，不粘涂层会慢慢磨损。请参阅上册第 127~128 页和第 144 页。

对纯铝和阳极氧化铝有害的物质，包括含氯漂白剂、浓度高且温度高的小苏打溶液，以及其他碱性洗洁剂（包括烤箱洗洁剂、氨水及含有氨水的各种洗洁剂）。如果不确定锅具或家具是否为铝制品，可先在不显眼处以含有氨水的全效清洁剂测试。氨水会使表面斑驳或产生斑点。举例来说，很多人会以为炉具与镜子的饰条是由铬制成的，但其实是铝。

钢

不锈钢是铁、铬及镍的合金，不会生锈、锈蚀或失去光泽。

高级不锈钢的成分包含18%的铬、8%～10%的镍，以及74%或72%的钢。这个组合（有时称为 18/8 或 18/10）最能防止锈蚀。镍含量低于 8%～10% 的不锈钢品质则较差。一般来说，镍含量越高就越有光泽、越耐用，也越能防止生锈；不过就实际上而言，8% 和 10% 之间几乎没有差别，且 8% 的往往比 10% 还亮，18/10 的质量也未必一定高于 18/8。如果不锈钢会被磁铁吸引，就不是 18/8 或 18/10。

高级不锈钢相当坚固耐用，但不是完全不会损坏。若长时间放置食物（尤其是酸性或高盐分的食物），也可能会留下痕迹。醋、柑橘类果汁及腌黄瓜汁等弱酸性食物不应该放置在不锈钢洗碗槽、餐具及锅具中。某些假牙洗洁剂也含有酸，可能会在不锈钢上留下永久性污渍。银用浸液和摄影化学药品等强酸更可能损害不锈钢。

此外，长时间接触含氯漂白剂，可能会使不锈钢凹陷或产生污渍。氨水和烤箱洗洁剂等强碱也可能使不锈钢变黑。在我的经验中，如果习惯将不锈钢制品放进洗碗机清洗，就可能会发生这两种状况，因为洗碗机清洁剂为碱性，且可能含有含氯漂白剂，所以必须避免清洁剂微粒留在不锈钢表面（当关上门后洗碗机没有立刻启动，就可能发生这种状况。散落的清洁剂粉末会掉落在待洗物品的表面）。

不锈钢餐具的厂商也建议，要防止洗碗机损坏不锈钢表面，就必须使用洗洁粉，不能使用液状或凝胶清洁剂，也不能使用添加柠檬的清洁剂。另外，厂商还建议不要使用烘干程序，而是改用手擦干餐具，或是打开洗碗机的门，让不锈钢制品在较凉的环境下风干。如果不锈钢开始变黑或失去光泽，不锈钢专用的抛光剂通常（但不是一定）会有神奇的效果。然而，强力研磨剂则不建议使用。

如果过度加热，不锈钢锅具的内外侧便会出现棕色或蓝色条纹，但可用不锈钢洗洁剂去除。另外，含盐液体可能在不锈钢厨具侧面形成小白点或凹陷，凹陷是永久性的，白点则可用百洁布、含皂钢丝球或含皂的锅具百洁布去除。要预防凹陷与白点，可以等到食物下锅或水沸腾后才加盐，并且搅拌均匀。不锈钢锅具中，去除钙（硬水）沉积物的方式是在倒入 4 升水和 4 大匙白醋后加热煮沸。

不锈钢厨具的厂商通常会说他们的产品能用洗碗机清洗（如果不行，可能是因为把手或其他部分承受不了自动清洗，或是因为会影响金属制品的外观）。另外，尽管有些厂商不建议这么做，但不锈钢锅具的内侧其实大多可用含皂钢丝球或含皂的锅具百洁布刷洗，刷洗时一定要顺着表面纹理。难以去除的污渍则可使用市面上的不锈钢洗洁剂。至于不锈钢锅具的外侧，大多只要尼龙百洁布就能刷洗干净，但也有几家厂商表示不要使用这种强力研磨产品。

尽可能依循厂商指示，因为你不知道该产品是否曾经过特殊处理，必须小心保养。但我多年来也发现，厂商的指示显然越来越严格和谨慎，这使我越来越怀疑对不锈钢这么坚固耐用的金属是否真有必要如此小心。因此我认为，厂商的要求应该只是为了保护厨具崭新的表面。

不过，就我而言，我喜欢锅子显现出年纪和磨损的铜绿表层，且跟新锅子相比，经常使用和刷洗的旧锅子的外观与光泽，反而更吸引我。毕竟，使用厨具还得小心翼翼实在太麻烦了。因此，有时我会忽视指示，使用含皂钢丝球、金属百洁布或是其他强力的方式来清洁不锈钢厨具。如果你也这么想，请记住，不依循厂商指示也代表风险必须自行负责。大多数情况下，使用覆有尼龙网片的海绵清洁不锈钢锅具就绰绰有余了。

▌铬

铬是表面镀有铬合金的亮面金属，通常用于制作莲蓬头、炉具与镜子的饰条等等。铬不会失去光泽，使用全效清洁剂就能轻松清洗。如果铬褪色，可以选择金属通用的抛光布加以擦拭。

CHAPTER
18
首饰保养

❖ **宝石与首饰的正确保养方式**
❖ **清洁首饰：一般原则**

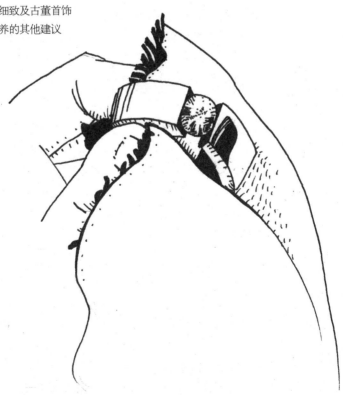

首饰需要的保养不多，且大多在购买和佩戴时就可学到。为了供经验较少的读者参考，这里列出一些首饰保养的基本方法。

宝石与首饰的正确保养方式

首饰的正确保养方式随材质而不同，不过还是有几项适用于各种首饰的原则。首先，将首饰放在有盖的箱子或盒子里，可以避免破损并隔绝灰尘、脏污及阳光。另也有助于隔绝湿气并避免遗失。再者，温度和湿度保持适中是最好的。对于许多宝石和制作首饰的材料（如陶瓷、木材、象牙及蛋白石）而言，极端温度和骤变的温度都会造成伤害。各种宝石也都应该避免强烈撞击及可能造成刮伤或擦伤的状况，因为这可能会使宝石裂开，连钻石也不例外（尽管十分罕见）。将首饰分开可防止互相刮伤，硬质宝石很容易刮伤金、银、白金等贵金属及其他宝石。

扣好项链和手镯的钩环，避免彼此缠结。每年也应检查一次，确定钩环扣得牢固，镶嵌的宝石也没有松动。如果有贵重的首饰，请让珠宝匠检查。

清洁首饰：一般原则

清洁首饰时不应该使用氨水、酒精及漂白剂。酒精和氨水会损坏某些宝石和贵金属表面的镀层。氯也会伤害某些宝石，并可能造成黄金褪色、出现坑洞，或使银失去光泽。然而，因为氨水有助于去除碱性油脂，使宝石表面黯淡的污垢和油脂消失、恢复光泽，所以常被建议用来清洁首饰。但温和的中性清洁剂其实也能达到相同效果，甚至毫无风险。

虽然钻石和有些宝石并不会受氨水或酒精溶液影响，但其底座和周围的其他宝石却可能如此。此外，也不要使用氨水、酒精、盐水或清洁剂清洁有祖母绿的首饰，因为这些物质可能会洗去祖母绿缝隙中的油脂，或侵蚀其表面加工如抛光等等。

如果首饰可以清洗（请参阅下文），应使用温和清洁剂加水，或是市面上的首饰洗洁液。清洗时，也应选择塑料盆而非洗手台，以避免首饰掉进排水管。如果必须在洗手台清洗，务必先紧紧封闭排水口，并于清洗完成且移开所有首饰后，再打开排水口。很多悲剧都是在洗手台发生的。

镶嵌有宝石的首饰应该避免使用超音波清洗机清洗。即使你以前曾经成功地用超音波清洗钻石或红宝石，再次清洗时，其晶状结构可能会持续因振动而放大，且这类机器的振动如果方式不当，甚至会造成宝石与钻石裂开或粉碎。每台超音波清洗机和每颗宝石都不一样，没办法预料会有什么状况。再者，宝石越软，越有可能裂开或粉碎。但超音波清洗机可用于没有镶嵌宝石的金属制品。

如果不确定该如何清洁某件首饰或宝石，尤其是贵重物品，可交由值得信赖的珠宝匠或向其寻求建议。清洁的费用通常不高（咨询则通常免费），而且这样做也比较安全。

☐ 金属

银饰的存放和清洁方式与其他银器相同。两次抛光之间可以使用擦银布或抛光布擦拭（请参阅第 17 章《金属》217~220 页），但细致的银饰则需要特别留意。另外，你也必须依据首饰的年代和风格，决定要将凹陷处和细缝擦亮到什么程度。

黄金和白金不会失去光泽，但黄金中经常添加其他金属（24K 金是100% 黄金，22K 金是 91.7% 的黄金，18K 金是 75% 的黄金，14 K 是 58.3%的黄金。美国合法的最低比例是 10K 金，也就是 41.6%。要得知黄金的比例，请将 K 金数除以 24）。合金会与皮肤油脂和酸产生反应，在皮肤上留下深色污点。另外，黄金与白金也会因皮肤油脂、泼洒出的食物等等而弄脏或失去光泽。如果有这些状况，只要用温和清洁剂加水清洗，再用干的软布擦干即可。镀银和镀金物品必须特别小心保养，因为其镀层很容易脱落，重镀费用又相当高昂。

不过，如果金属上镶有宝石，清洁时就必须依循这些宝石的清洁程序进行。举例来说，清洁（及抛光）镶有绿松石的银、镶有珍珠的黄金时，宝石周围便要特别小心处理，也要避免将物品浸入水或洗洁溶液中。

☐ 透明宝石

钻石、蓝宝石、红宝石、石榴石、紫水晶、黄玉等祖母绿以外的各种透明宝石，如果不是胶黏在底座上，就可使用温和清洁剂与温水清洗，但必须先确认首饰上的其他部分不会因清洁溶液而损坏。要清洁宝石后方时

（例如戒指），请使用软毛刷（不建议用牙刷，因为刷毛太硬）。清洗之后如有需要，也可用干净的软布擦干宝石，并进行擦光。

□ 不透明宝石与可粘贴宝石

不透明宝石因为不具有晶状结构，比较需要保养。这类宝石与一般岩石一样会吸收水分并湿透（钻石、蓝宝石及红宝石则不会），因此也会吸收化学品、肥皂及其他物质，并积聚在内部，使宝石褪色。蛋白石、琥珀、珊瑚、天青石、珍珠、珍珠母、孔雀石、绿松石，以及骨骼、象牙、贝壳等不透明材质，都不应该浸泡在水或其他清洁液中，而是要用略微沾湿的布轻轻擦拭，再轻轻拍干。另外，胶黏的宝石也不可以泡水。

超音波清洗机并不适用于这类宝石，因为清洗时必须浸泡在水中。氨水和其他化学物质也绝对不可使用。

□ 珍珠与珍珠母

珍珠、养殖珍珠及珍珠母都相当细致，应该跟其他首饰分开存放，以免造成刮伤、破损或是串线缠结、断裂。新的珍珠项链必须挂起，待其稍稍延展和松弛后才拿下。当珍珠和其他贵重项链的串线褪色或拉长得太严重，使珍珠或宝石的间隔不均时，必须重新穿线（不要等到串线断裂才做，因为到时可能遗失了这些珍珠与宝石）。此外，珍珠之间的串线也应该打结，防止断裂时掉落超过一颗以上的珍珠。

珍珠和珍珠母都容易因极端湿度而损坏。湿度过低尤其糟糕，珍珠表层会因此剥落。珍珠和珍珠母来自牡蛎和软体动物，主要成分是碳酸钙，很容易受酸和各种空气污染伤害（珊瑚也是如此），因此，佩戴过后必须擦拭，让来自皮肤的酸不会停留在其表面。以前的妈妈会告诉女儿，化好妆、喷过发胶和香水后才能戴上珍珠，否则这些物质可能会黏附在珍珠上，减低珍珠的光泽，甚至造成损害。这个原则至今都适用。另外，香水也必须涂抹在珍珠不会接触到的位置。

绝对不要将珍珠或珍珠母浸泡在水、洗洁液、氨水及其他液体中。清洁珍珠时，也要以略微沾湿的布轻轻擦拭，再轻轻拍干。如果这样仍没有效果，请交由珠宝匠处理。

合成和养殖珍珠同样含有碳酸钙，保养方式也与天然珍珠一样。仿珠的成分则是塑料，不是钙化合物。

□ 蛋白石

蛋白石需要特别保养。不要泡水，也不要接触肥皂或其他洗洁物质，只要用湿布擦拭即可。蛋白石需要湿气，太干燥可能会裂开。另外，极端温度和骤变的温度也可能使之裂开，尤其是高温。

□ 象牙、角及龟甲

象牙、角及龟甲的成分都是类似骨骼的物质，在适中的温度和湿度下状况最好（大约是相对湿度 50% 和温度 20℃时）。角和龟甲不应该受到阳光直射，也不应该照射太多阳光；象牙则需要照射少许阳光以防泛黄，但照射太多也不好。将布浸入加有水的温和中性洗洁剂中，并于充分拧干后以此清洁。另外，将一条干净的布浸入温水，且同样在充分拧干后以此擦净（不要将物品泡水）。最后，用干净的软布擦干。不过，若这些首饰为古董，最好还是交由专业人员清洁。

□ 贵重、细致及古董首饰

如果对贵重、细致或古董首饰清洁程序的安全性有任何疑问，就交由珠宝匠或其他专业人员清洁。专业人员的清洁费用不会很高，还能免除不小心弄坏的风险。

□ 首饰保养的其他建议

◆ 乘坐飞机时，绝对不要把首饰放在托运行李中。除了可能遭窃之外，行李舱的极端温度也可能使某些宝石裂开（尤其是蛋白石）。

◆ 做家事时，请取下钻石和其他首饰，因为清洁产品可能对其造成伤害。洗碗水中的油也可能使宝石变得混浊。另外，有些宝石会永久褪色，有些则会裂开。

◆ 如果你佩戴金属首饰时皮肤会变成绿色，表示你的汗可能是酸性的（不是每个人都如此）。这时，可以尝试将首饰（尤其是珍珠）佩戴在衣物外面。

◆ 游泳池的水含有氯及其他化学物质，因此下水前请取下首饰。

DAILY LIFE
日常生活篇

CHAPTER

19

宜人的光线

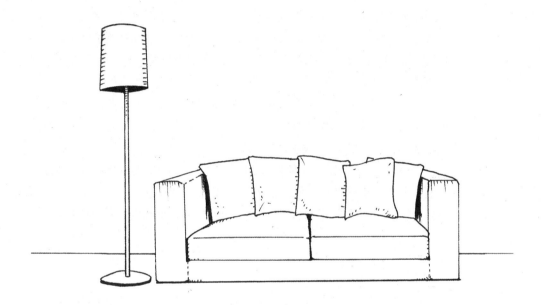

❖ 日光
❖ 人造光
    ☐ 色温
    ☐ 演色性
    ☐ 光量：流明数
    ☐ 该选择哪种灯？
❖ 让光发挥作用
    ☐ 灯具
    ☐ 光质
    ☐ 充足的光线：亮度
    ☐ 对比和连续性，工作照明
    ☐ 光线太强：眩光
    ☐ 各种良好的照明方式

"**光**本是佳美的，眼见日光也是可悦的。"

——《圣经·传道书》11 章 7 节

小时候，我就注意到祖母家里很暗，但外祖母家里很亮。我祖母走的是美国小镇风格，用遮阳棚、百叶帘和帘幔把家里弄得很阴暗。在她的认知中，只有漫不经心的家庭主妇才会任由家具在阳光照射下褪色。客厅地毯上的大片花朵永远如夏季盛开般艳红，屋内温度则永远凉爽舒适，不论外头天气如何。外祖母走的是意式风格，室内和室外没有严格区分，屋内永远明亮通风。让屋内每样东西都清楚可见，并保持空气清新，是最重要的事情。两位祖母的唯一共通点是，尽管当时电灯问世已超过 30 年，当太阳落下，她们的屋内也会跟着暗下。傍晚时分，大家会坐在接近全黑的环境中聊天，最多只开阅读灯照明，并早早上床睡觉，天一亮就起床。她们的生活作息仍是受自然光的规律主导。

今日，我们已能任意控制明暗，使用的电灯种类繁多且数量仍持续增加。然而，似乎我们使用的光线越多元，对光的了解就越少。本章要讨论的是家用光线的基本概念，范围涵盖了自然光源和人工光源的使用方法及效果。

▋ 日光

现代家庭对于使用光线的想法，比较接近我意大利外祖母的方式。让日光进入屋内，好处多多。自然光最美，从晨光到暮光，光线特性的变化意义相当深远。日光不会消耗地球上的燃料，也不会造成污染。不过由于日光能量相当强，所以能带来帮助，也可能造成危害。

太阳放射的光线包含可见光和不可见的红外线及紫外线，其中红外线会产生热，而紫外线则最容易造成伤害（当然可见光也会造成伤害）。紫外线分为近紫外线（UVA）、中紫外线（UVB）和远紫外线（UVC）三类，UVA 的波长最长，为 315～400 纳米，可让皮肤变黑和家用品褪色。过量接触 UVA 据说会造成皮肤老化和出现皱纹。其次是 UVB 的波长（280~315 纳米），对人体和家用品的伤害较大，可能造成晒伤并导致皮肤癌、皮肤老化和白内障（当然，UVA 也会提高罹患某几种皮肤癌的风险或促进其形成）。UVC 的波长最短（少于 280 纳米），是 3 种紫外线中最危险的一种，不过通常已经被大气中的臭氧拦阻下来，不会照射到我们。UVC 能以人工方式制造，医院和其他场合也会用 UVC 来杀菌。

至于能穿透云层、照射到我们身上的紫外线，也一样能杀菌。以往春季大扫除会将地毯、床垫、枕头、软垫、床单和洗好的衣物拿到太阳下曝晒，并取下会阻挡光线的厚重冬季窗帘，同时打开窗户，让阳光和空气流入。要让屋内空气变得"新鲜"，其中一个方法就是让室内充满阳光。一位著名的过敏专科医师告诉我，阳光能消灭地毯里的尘螨，而且还说，如果美国人知道阳光的好处，应该会重拾祖先的做法，让家中物品晒太阳，一如世界各地许多人目前的做法。

具杀菌能力的紫外线同时也会造成日晒褪色，地毯、软垫和窗帘布料会因此劣化，木料、塑料、相片和画作也会因日晒而褪色和变得老旧。光线对有机和无机物质的负面影响会因其他因素而加重，例如湿气、氧气、热气以及多种化学物质。布料潮湿时褪色的速度比干燥时快得多，亚麻布的草地曝晒漂白法就是运用这个原理。植物性纤维比羊毛更容易因为日晒而褪色，不过羊毛潮湿时则更容易褪色。在各种有机纤维中，蚕丝最容易受光线伤害，不仅会褪色和泛黄，强度还会变弱甚至解体。原本相当强韧的布料放置在太阳底下一段时间，会变得一撕就破，就是这个原因。

紫外线会造成纸张中的醇类氧化，使纸张泛黄。暴露在光线下还会提高纸张的酸度，导致纸张解体。光线还会使深色木材颜色变浅、浅色木材颜色变深，以及使亮光漆发黄。

因此关键是找到曝晒和防护之间的折中方案。非常贵重或有历史意义的物品必须特别保护，以防范太阳的光和热所导致的自然老化。至于一般家用品，请选择较能防止光分解的产品，同时没有必要就尽量避免接触阳光或其他光线。大多数物品早在阳光造成伤害之前，就因其他原因而损坏。

如果想尽量减少光造成的负面影响，可以参考我祖母的做法，尽量阻隔光线。一般窗户玻璃能阻隔一半的 UVB 和 1/4 的 UVA，抵挡日光造成的部分伤害。另外也可以购买能完全阻隔各种紫外线的窗户、遮阳帘和窗帘，以及能减少可见光进入室内的窗户、窗帘、遮阳帘和镀膜（除了某些特殊状况，最好避免使用会永久减少可见光的镀膜和染色）。市面上还有能阻隔紫外线的画框或相框的玻璃和塑料，以及抗光能力较强的纤维和染料（参见上册第 18 章《家务用途的织品》第 338 页）。不过即使加装了能阻隔紫外线的窗户和画框玻璃,也不能就此轻忽保护传家和贵重物品的其他措施,因为可见光是造成家具褪色和各类光分解的主因。

倘若不希望地毯或布料褪色,清洗后避免直接晾晒在日光下。如果是为了消毒而让寝具、地毯和沙发椅接受日晒,在物品干燥时曝晒会比较不容易褪色。地毯、沙发椅、各种布料与木料,若能不时转动或移动,让每个部分均匀曝晒会较好。事实上,恼人的除了日晒造成的褪色,更重要的是褪色不均,例如椅子的一边扶手是深蓝色,另一边变成浅蓝色的时候。木材可以用布套保护。贵重的织品、木制品、纸制品和其他有机物质应该存放在无光或低光度的环境中。出门时请拉上百叶帘和遮阳帘。另外,电灯同样会造成负面影响,所以离开房间时应该随手关灯,倘若房内置放的是需要维护的物品,请选择低紫外线灯管。参见下文"电灯和紫外线"的说明。博物馆通常会使用低紫外线灯管和紫外线隔离玻璃,尽量调低照明亮度,并将温度维持在 18～20℃之间,相对湿度维持在 50% 左右。维持家里的温度和湿度适中,有助于降低光线造成的损害。另外,别忘了白炽灯泡也是家中的热源之一。

▌人造光

□ 色温

阳光提供的选项不多:有,或是没有,而我们也只能选择阻挡,或不阻挡。不过,如果你在家里使用的是人造光,就可以选择光线的色彩和性质了。了解"色温"和"演色性"这两个照明基础概念,有助于你妥善运用这些选择。

色温以绝对温标表示,但色温其实是用来描述光的外观(以参考光源加热到特定温度时呈现的色彩,来测知待测光的温度)。红橙光是低温或"暖色"光,蓝光则是高温或"冷色"光。色温 4100K 以上的光源看起来较"冷",色温 3100K 以下的光源则较"暖"。举例来说,一般白炽灯泡所谓的暖白光,其实是黄色或金黄色。色温越低(越暖),在光谱上就越接近红色端,颜色则从金黄变成橙色再逐渐转红。色温为 3400K 的光是明亮、清爽或中性的白色光。冷白带有类似冰的蓝色调。色温超过 4000K 后会逐渐提高(越来越冷),在光谱中也越接近蓝色端。两种色温(例如 2700K 和 4000K)

之间的差别相当小,除非把两个灯放在一起比较,否则你可能完全看不出差别。不过,大多数人明显喜欢事物在暖色光下的样貌。

光源的亮度虽然会影响色温,但色温并不是由亮度决定。下方表格列出了几种常见光源的色温,包含低色温/暖色到高色温/冷色。

照明专家通常建议在家中使用色温为 2700 ～ 3500K 的电灯。大多数人觉得暖色光可以美化肤色和营造温暖的感受,这可能是因为暖色光比较接近烛光和火光。照明专家告诉我,这个建议的根据不是科学,而是人们通常觉得这种光比较吸引人。当然,也有些人(不过是少数)喜欢在家里使用色温较冷的光。选择哪种色温全凭个人喜好。尽管你平常偏好暖色光,但如果家里有某个角落是以蓝色、绿色或紫色为主,你或许也会觉得冷色光在此处呈现的效果还不错。

光的种类	色温
烛光	1900K
日出和日落时的阳光	2000 ～ 3000K
白炽灯泡	2500 ～ 2900K
卤素灯	2850 ～ 3300K
暖白色日光灯	3000K
稀土元素日光灯(三波长灯管)[①]	3000 ～ 4100K
冷白色日光灯	4100K
省电灯泡	2700 ～ 5000K
正午时的阳光	5000 ～ 6000K
"昼光色"日光灯	6000 ～ 7500K
云层厚度均匀的阴天	7000K
晴天	8500K

☐ 演色性

如果你曾经把衣服拿到窗边或室外,看看这件衣服"真正"的颜色,代表你已经了解了演色性的重要性。我还看过有人在染发时坚持要到室外看一下。演色性代表某种光源照射在物体上时,是否能正确或自然地呈现

① 解释参见 246 页"阅读日光灯管上的标签"。

物体的样貌，也就是这种光源"演示"色彩的正确性。这种特性同样能以某种数值表示，也就是"演色指数"（CRI）。CRI 为 100 代表待测光呈现的色彩和参考光完全相同。CRI 越低，待测光源呈现的物体色彩就越不正确或不自然。白炽灯泡的 CRI 都相当高，高达 95～100。日光灯的 CRI 差异则相当大，有些很低，有些则很高。

光源的 CRI 值来自其呈现光谱中各种颜色的平均值。这表示不同光源有可能 CRI 相同，但呈现出来的色彩截然不同，例如这两种光源会分别使光谱中的不同色彩发生色偏，但平均之后的结果相同，就可能发生上述情况。色温相同的光才可以比较 CRI。暖色光和冷色光或许 CRI 都很高，但物体在两种光下的色调却不同。

色彩完整呈现时，不止物体比较好看，看清楚物体所需的光线也比较少。因此，灯泡如果能发出正确的色光，即使亮度不见得较高，却会让人感觉比较亮。如果要使用 CRI 较低的日光灯，瓦数可能就得比 CRI 较高的白炽灯泡更高。

美国环保署对不同 CRI 的评定如下：CRI 为 75～100 为"优"、65～75 为"良"，55～65 为"可"，0～55 为"差"。不过这些数值在选购家中的电灯时帮助不大。照明专家建议，家里应该使用 CRI 超过 70 的电灯，不过在色彩或色彩辨别相当重要的区域，CRI 必须超过 80 以上。如果黑白对比足够，CRI 较高对阅读的帮助不见得很大，但对于正确呈现装饰性色彩或是缝纫、油漆和手工艺等活动，则帮助很大。演色性在厨房里也很重要，因为要判断食材的新鲜程度和熟度，都必须依靠演色性良好的光线。但如果这些事情必须在 CRI 高于 80 的光源下才能做得更好，那么对于家庭而言，将 CRI 高于 75 的所有光源都定义为"优"似乎意义不大。

无论你要选购什么家用品，都应该在一天中的不同时段、在各种人造光和自然光的照射下，于实际使用位置加以评估。如果要这么做，通常必须将布料、沙发椅、地毯等家庭用品的样品带回家，一起生活一段时间。

各种光源的 CRI				
	冷白色日光灯	62	白炽灯泡	95～100
	暖白色日光灯	52	卤素灯	95～100
	省电灯泡	82	日光	100
	稀土元素日光灯	75-89		

物品在店里、街上和家里看起来可能差别很大，甚至在一天中的不同时段也不一样。

☐ 光量：流明数

这数十年来，人们都是依据瓦数来选择灯泡，但现在应该注意的是流明数，也就是灯泡输出的光量总值。你可以把 1 流明理解为一支蜡烛的全部输出光量，不过流明有其明确的技术定义和精确的测定值。

亮度最高（流明数最大）的灯泡不一定是耗电量（瓦数）最大的灯泡。60 瓦标准柔光白炽灯泡的亮度通常是 855 流明，但有些 20 瓦省电灯泡高达 810 流明，亮度差不多，但耗电量只有 1/3。以相同的流明数而言，直式日光灯管（请参阅第 245～246 页说明）耗电量更低。

要判定灯泡的发光效率，必须将流明数除以瓦数，计算出每瓦可产生的流明数（lumens per watt, LpW）。举例来说，60 瓦柔光白炽灯泡的 LPW 计算方式如下：

$$\frac{855\ \text{流明}}{60\ \text{瓦}} = 14.25\ \text{LpW}$$

20 瓦省电灯泡的 LpW 计算方式如下：

$$\frac{810\ \text{流明}}{20\ \text{瓦}} = 40.5\ \text{LpW}$$

由此可见，省电灯泡的发光效率较高（依据照明专家的说法是"效力"较高）。为了方便人们能随时计算这个值，美国于 1992 年通过《能源政策法》（EPACT），规范灯泡厂商必须标示的内容。现在，灯泡包装必须标示灯泡的流明数、额定功率和平均寿命（日光灯在频繁开关下会缩短寿命，

常见灯泡的典型 LPW 值	灯泡种类	瓦数	流明数	每瓦流明数（LpW）
	白炽灯泡 A19 （雾面）	75	1220	16,267
	卤素灯泡 PAR38 （泛光型）	90	1270	14.1
	日光灯 24 时 T8RE730	17	1325	77.94
	省电灯泡 CFQ13W	13	900	69.23

所以使用寿命的计算方式是假设每次开灯后持续点亮 3 小时）。

□ 该选择哪种灯？

家庭常用的四种灯有白炽灯、卤素灯、日光灯和省电灯泡。白炽灯泡是老式的一般灯泡。卤素灯泡其实也是一种白炽灯泡，不过通常称为卤素灯泡。这四种灯各有优点和缺点。

白炽灯泡[①]——"白炽"的意思是以热发光，白炽灯泡的运作方式是以电力加热灯泡内的灯丝，使灯丝发光。白炽灯泡的用途相当多，倘若你需要不同的亮度，只需改用瓦数较大或较小的灯泡（不过不要超过灯座的额定功率！请参阅第 32 章《用电安全》）。各种白炽灯泡都可以和一般调光器搭配使用，既可调整不同亮度，而且有助于节能。白炽灯泡更换容易，可提供稳定、宜人，带有黄色温暖色调的白光，演色性相当好，高达 95～100。这种灯泡的色温介于 2500～2900K 之间，通常是 2800K 左右。家中常见的几种灯泡的色温如下：25 瓦——2500K、40 瓦——2650K、60 瓦——2790K、75 瓦——2840K、100 瓦——2900K。色温越高的灯泡，瓦数越高（而灯泡的瓦数越高，灯泡体积也越大）。

白炽灯泡非常适合用于阅读、近距离工作、手工艺之类的家庭活动，以及当作用餐和休闲等区域的背景照明。白炽灯泡的暖色光也能使肤色更好看。

白炽灯泡除了发光还会发热，而且发热量相当大，天气炎热时若有易燃物质接触灯泡，甚至可能酿成火灾。因为白炽灯泡的能量很多都以热的形式散失了，能源使用效率不高，因此电费会比日光灯贵（不过灯泡本身则便宜许多）。目前市面上已经出现能源效率较高的白炽灯泡。这类灯泡耗电量较低，每瓦的流明数略高，但输出光量则略低。另外以白炽灯泡而言，灯泡越大、效率越高。150 瓦灯泡的每瓦的流明数为 19，100 瓦为 17.5，60 瓦则只有 12 左右。

标准白炽灯泡的使用寿命比日光灯短很多，可以借由降低亮度来延长寿命。除非包装上标示为长寿型灯泡，否则大概使用 750～1000 小时就会

---

① 2014 年起，美、中、韩、澳等国对白炽灯的规制范围，也将从现有的产业用领域扩大至住宅用室内照明。

烧坏，如果每天开 2～3 小时，大约可以使用 1 年。所谓的长寿型灯泡可以使用 3000 小时，但输出光量可能低于一般灯泡。低瓦数的长寿型灯泡产生的光量明显较低（大约少 1/3）。因此除非是不容易更换灯泡的地方，否则不建议使用这种灯泡。白炽灯泡的亮度会随使用时间而降低。

　　柔光（或雾面）灯泡的光比较均匀，而不是浓淡不一的白光。另外，市面上还有各种特殊灯泡。有色灯泡有时会用于居家装饰，但不适合用于阅读或其他需要看清楚东西的工作。色光可使近似的色彩变亮，但会使不同的色彩变暗或失真。举例来说，红光会使红色物品更亮，但会使蓝色物品变暗。白光对眼睛最好，也最适合通常会在家中从事的一般活动。此外，有色的滤镜或灯泡不一定会产生强力的色光。

卤素灯泡——卤素灯泡和白炽灯泡同样是让电流通过钨丝，但卤素灯泡的灯丝装在充满卤素气体的密闭玻璃管中。电流使灯丝发热，并发出明亮耀眼的白光。卤素灯泡的光色比白炽灯泡稍冷，色温介于 2850～3300K。卤素灯泡的色温通常是 3000K 左右，光色清透中性，但不是"冷"的白色。卤素灯泡的寿命为 2000～4000 小时，比白炽灯泡长很多。如果每天开 2 小时，可以使用 2.75～5.5 年，每天开 3 小时也差不多有 2～4 年。这种灯泡也会随使用时间而稍微变暗。卤素灯泡可以使用调光器，但使用寿命不会因此延长。

　　卤素灯泡的光色清透，所以是工作照明的最佳选择，适合用于阅读、写字、缝纫、手工艺等类似活动。

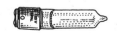

白炽灯泡　　　　　　泛光型卤素灯　　　　　　卤素灯泡

使用卤素灯泡时必须搭配玻璃滤光片（不可使用塑料滤光片，以免因为卤素灯泡发出的高温而损坏）。这片玻璃不仅可以降低破碎的风险，也能滤除卤素灯放射的紫外线（紫外线可能提高罹患皮肤癌的风险，参见下文的"电灯和紫外线"）。目前几乎所有卤素灯都有加装玻璃滤光片，不过如果家中还有未加装的旧式卤素灯，去加装玻璃滤光片并不难，你可以打电话给厂商或询问附近的照明器材行。

处理和使用卤素灯泡时，有几点必须特别注意。取出和安装卤素灯泡时，不要以手直接接触灯泡，应该戴上棉质手套或垫着卫生纸。卤素灯泡对皮肤上的油脂十分敏感，这种油脂会使卤素灯泡快速劣化。使用卤素灯泡前先仔细检查一遍，如果玻璃破损或裂开，绝对不能使用。裂开的玻璃有可能在使用时破裂或粉碎，造成危险。

另外必须注意的是，卤素灯泡必须装设在人触摸不到之处，且灯泡也不会接触到窗帘、寝具或纸张等易燃物品，因为卤素灯泡的温度比白炽灯泡高出许多，而且也已造成多次家庭或宿舍火灾以及意外烫伤事件。安装灯具时请确认灯具不会接触或靠近易燃物品，不要将朝天立灯放置在孩童房或容易让灯具倾倒的房间。

卤素落地灯不稳固，容易倾倒，尤其是朝天立灯特别危险。早期的落地灯指定使用的灯泡瓦数有时高达 500 瓦。后来因为这类灯具屡次造成火灾，安全专家建议，这类灯具即使额定功率为 500 瓦，实际使用时也最好不要超过 300 瓦。不过根据美国《消费者报道》的资料，300 瓦灯泡的温度也高达 343℃，因此优力安全认证公司（UL）和美国消费产品安全委员会（CPSC）合作，制订了更严格的安全标准，卤素朝天立灯厂商必须遵守以下规范："生产时必须加装符合结构规定的护罩，其中护罩与灯泡间的距离不可超过 7.5 厘米。"

灯具必须通过新版的"滤布覆盖测试"。测试方法是在电灯开启状态下，将 20 层滤布覆盖在护罩中央，所有滤布均不可起火燃烧或烧出孔来[1]。

卤素朝天立灯必须配备自动断电设置，在灯具朝任何方向倾倒时自动关灯，或是必须通过附带的稳定性测试规定和垂直墙面测试。垂直墙面测试是让灯具侧躺在"墙面"旁（墙面其实为包覆着棉质毛圈布的夹板），夹板不可燃烧或熏黑。卤素灯泡有时比旋入式灯泡更不容易取下更换。

[1] 美国能源部于 2006 年颁定新的法规，规定朝天立灯的额定功率不得超过 190 瓦。

日光灯管——虽然日光灯管的售价较高，但这是各种家用灯泡中花费最低的。日光灯的能源效率特别高，因为能量消耗在发热的部分较少。也因为如此，日光灯管是温度最低的灯泡。日光灯管内部充填的是氩气和汞，当电流通过这些介质时，会产生看不见的紫外线，激发涂布在灯管内壁的磷而发出光来。

日光灯管的光线发自整个表面，既分散又明亮，不会形成令人不快的亮点和显著的阴影。

日光灯管的使用寿命介于 1 万~ 2 万小时之间，比白炽灯泡和卤素灯泡都长寿得多，而且现在还有寿命更长的产品。日光灯管的使用年限将尽之时，会开始闪烁、两端发黑，亮度也会降低。日光灯使用寿命的计算方式，是假设每次开灯后持续使用 3 小时。不过如果每次开灯后使用超过 3 小时，寿命将会延长；如果每次使用不到 3 小时，则寿命会简短。一般来说，如果没有频繁开关，日光灯管都可使用得更久。

日光灯对低温很敏感，而且在室内的照明效果较好，不过较新的产品已经不像旧型产品那么敏感了。直式日光灯管的灯具只能使用一种尺寸的灯管。目前大多数日光灯管都不能和白炽灯用的一般调光器搭配使用，有些日光灯完全无法降低亮度，有些则必须购买特制的调光器和镇流器。以往这个过程相当昂贵困难，但解决这类问题的新技术似乎颇有希望，有些技术可让我们使用白炽灯用的一般调光器。

较新的直式日光灯管已经改良很多。日光灯的问题是其光线常有"尖波"，也就是日光灯的可见光光谱中有某些颜色特别强，某些颜色特别弱，某些颜色甚至缺少部分光谱。旧型冷白色日光灯的光在蓝色端的一小块范围内特别强（伴随其他色彩的尖波），红色端则很弱。因此日光灯的色温较冷，演色性也相当低，仅有 62。红色调失真，皮肤在冷白色日光灯下呈现偏黄绿的苍白色调。

T8 和省电灯泡等新型日光灯采用稀土荧光粉（这种灯管又称为三波长灯管），大幅改善色彩失真问题。薄层稀土荧光粉可使演色性提高到 70 ~ 79，较厚的荧光粉则可提高到 80 ~ 89。此外，日光灯采用稀土荧光粉

日光灯管

也可提高发光效率。有些产品的演色性高达 90 以上，但代价是发光效率会略微降低。使用稀土荧光粉的日光灯有 3000K 左右的暖色温，也有较冷的色温（不过一般来说，色温较冷时，演色性较高）。在需要暖色光、良好演色性，而且光线不会和白炽灯泡格格不入的家庭起居区域，请选择色温接近 3000K、演色性超过 80 的三波长日光灯。这类高阶日光灯管价格较高，而且演色性越高，价格也越高。

日光灯需要"镇流器"提供正确的电压来启动，同时调节电流，确保输出光量稳定。镇流器分为传统式和电子式两类。使用传统式镇流器的日光灯会有细微的闪烁现象，频率是每分钟 120 次左右。在这样的闪烁光线下阅读或近距离工作，某些人会头痛或眼睛疲劳。使用传统式镇流器的日光灯可能还会发出嗡嗡声，往往相当扰人。若使用电子式镇流器，这两个问题则都可以解决。电子式镇流器的售价较贵，但使用时的能源效率较高。

省电灯泡——省电灯泡体积相当小，有些还具有和白炽灯泡一样的旋入式灯头，可装入白炽灯泡用的灯座，但有时必须借助转接头。不过，灯座相同并不表示能装入灯具。此外，省电灯泡的尺寸也越来越小，且用途越来越多。省电灯泡的能源效率相当高（不过仍低于一般日光灯），光质很好，十分接近白炽灯泡，演色性通常为 82。省电灯泡有多种色温可供选择，大致上介于 2700～5000K。

我曾经听人抱怨省电灯泡太昏暗，但我倒觉得自己书桌台灯的省电灯泡所提供的阅读光线相当充足，可让我长时间工作。有些人不满意可能是

阅读日光灯管上的标签	日光灯管上的字母和数字提供了很多信息。在标示 RE730 的日光灯管上，RE 代表"稀土"，7 代表演色性的数值是 7 字头，也就是 70～79 之间。30 代表色温为 3000K。标签上标示 RE827 时，表示这支灯管使用稀土荧光粉，演色性是 80-89，色温较低，只有 2700K。CF 则代表"省电灯泡"（compact fluorescent）。 日光灯管的直径在标示时是以 1/8 英寸为单位。T12 表示日光灯管的直径是 12/8 英寸（3.8 厘米），T8 的直径是 8/8 英寸（2.54 厘米）。在标示 F13T5 的日光灯管上，13 代表 13 瓦，T5 代表灯管直径是 5/8 英寸（1.58 厘米）。

因为择的瓦数不足，或是原本设想的状况太过理想，很难达到。如果不确定该买哪种省电灯泡，可靠的经验法则如下：将你认为亮度足够的白炽灯泡的瓦数除以 3，就是适合的省电灯泡的瓦数。举例来说，如果你要找取代 75 瓦白炽灯泡的产品，应该购买 26 瓦的省电灯泡。

省电灯泡和日光灯一样，不能使用白炽灯泡用的一般调光器，这样会造成损坏和缩短寿命。但可以使用省电灯泡专用的调光器。

省电灯泡

一般来说，省电灯泡的使用寿命为 9000～10000 小时，每瓦可产生 75 流明的光，发光效率随瓦数而不同。这种灯泡的售价较贵，但能源效率高，所以日后可以省回来。省电灯泡和日光灯一样，会随使用时间而略微变暗，但如果搭配电子式镇流器使用，则不会有闪烁和嗡嗡声。

质量良好的日光灯照明很适合用在家中的起居和用餐区。你也可以在同一个空间内同时使用日光灯和白炽灯照明，只要选择互补的色温即可（从暖色光突然变换成冷色光往往让人很不习惯）。

各种灯泡的比较	白炽灯泡	卤素灯泡	直式日光灯管	省电灯泡
演色性（crl）	95～100	95～100	52～90 以上	82
色温（一般值）	2800K	3000K	3000～4200K	2700K
每瓦流明数（LpW）	10～20	11～19	50～100，通常为 65	40～75，通常为 65
平均使用寿命（小时）	750～1000	2000	1 万～2 万	1 万
流明数	75 瓦：1190～1220 150 瓦：2850	A 型 75 瓦：1090～1300 R40 型 150 瓦：1900	T8RE830 24″：1400 36″：2250 T5 21″：390～400	5 瓦：250 26 瓦：1800

关于"**全光谱**"**灯泡**——"全光谱"这个词的含义有时并不一致，所以购买时要特别留意所指的内容。大致上说来，全光谱灯泡在设计上尽可能接近日光或"自然光"，但实际上当然不会完全相同。制造厂商推广这类灯泡的说法，包括看得更清楚、减轻眼睛疲劳、减少头痛等等。不论是真是假，这些说法至少不算太夸张。不过有些人将某些疾病归因于我们长时间接触"人造"或"不自然"的室内光线，并宣称全光谱灯泡对健康有相当广泛的好处，从减少蛀牙到防止感冒和癌症，甚至有助于对抗艾滋病（AIDS）。这类说法相当令人存疑。所谓的全光谱灯泡通常是演色性高于 90，且色温相当高（5000～7500K 之间），以模拟日光的色温。这类产品中有极少数还会加强紫外线，使光线更接近日光。

可信的医学专家都不赞成使用日晒灯这类装置。这类装置会让你接触过多紫外线，提高罹患皮肤癌的风险。医师并不否认我们确实需要日光，也同意日光对人体的影响相当深远，例如我们的皮肤必须接触 UVB 才能制造维生素 D。不过，就目前大多数医师的看法，每天只需接触约 15 分钟的日光，就足以制造维生素 D。

光疗法常用于治疗冬季日照时间缩短时发生的抑郁症，这种症状也称为"季节性情绪失调"。光疗法问世之初，医师常使用无屏蔽的紫外线灯进行治疗，但后来发现即使不使用紫外线也能得到相同的治疗结果。后者这种疗法现在较为普及，因为多数人都害怕接触紫外线的风险。

如果你喜欢全光谱灯泡是因为喜欢这种灯泡的光线质量，那就另当别论了。你可以购买没有加强紫外线的类型。但我认为只要使用全光谱灯泡（甚至日光灯也一样），最好都能加装滤光片。当你看见"全光谱"这个词，务必看清楚标签或询问销售人员这个词的意思，以确保你购买的产品符合需求。

▌让光发挥作用

□ 灯具

本章的重点是光源，包括自然光源和各式人工照明。不过灯具（灯泡和灯管等装置或设备）对你接收到的光量和光质是否符合需求，也有很大的影响。另外，灯具本身对房间看起来是否美观也相当重要。你可以选择

电灯和紫外线

家中常用的各种电灯，都会放射若干程度的紫外线。越接近灯泡，可能接触的紫外线就越多。白炽灯泡放射的紫外线通常最少，没有滤光片等遮蔽的日光灯通常最多。未安装滤光片的卤素灯放射的紫外线也相当多，但美国法规规定卤素灯必须安装滤光片来阻隔紫外线，以减少罹患皮肤癌的风险。加装滤光片的卤素灯紫外线量与标准白炽灯相仿。

尽管整体而言证据还有待厘清，但某些研究显示，接触来自无屏蔽日光灯的光会提高罹患表皮恶性黑色素细胞瘤的风险。这种皮肤癌相当罕见，但致死率很高，且罹患率正逐年攀升。此外，无滤光日光灯的光还会稍稍提高罹患鳞状细胞癌的风险，同时也可能与白内障等眼疾有关。健康和科技十分复杂，目前还无法确定这类关联是否存在，某些研究则找不到接触无遮蔽日光灯与健康风险的相关性。此外，表皮恶性黑色素细胞瘤十分罕见，即使风险提高到 2~3 倍，还是相当少见。

不过，在疑虑完全解决之前，较保险的做法是为家中的日光灯安装防紫外线滤光片或屏蔽。即使最后确定风险极低或不存在，这么做也没什么坏处。同时，对光过敏的人当然应该安装遮蔽装置。

家用日光灯具通常会在灯管上加装塑料柔光片。这类柔光片有些能阻隔紫外线，有些则无法阻隔，视厚度和塑料材质而定。有研究人员认为塑料柔光片可阻隔日光灯 20%~95% 的 UVA、45%~100% 的 UVB，以及 100% 的 UVC。开放式方格或叶片形柔光片[1]滤除紫外线的效果，比具有滤色功能的柔光片还差。许多人在家里使用的日光灯都没有安装塑胶柔光片或是任何灯罩或滤光片。我用的省电灯泡台灯也没有灯罩，研究过这个主题之后就装了。

你可以在日光灯上安装不只能阻隔紫外线，还能改善日光灯的冷白色以及减少眩光的滤光片。如果你决定加装灯罩或滤光片，请选择具备下列条件的产品：

◆ 滤光片必须抗紫外线，否则可能会因为接触紫外线而劣化或分解，或是变得不透光。

◆ 滤光片必须能阻隔各种波长的紫外线。

◆ 滤光片必须取得防火的安全认证。

要寻找这种滤光片，可询问附近的照明器材行，或是上网搜寻，但记得要找信誉优良的厂商。

---

[1] 就如目前办公室日光灯下方会加装的开放式铝框屏蔽。

吸顶、壁面、悬挂、台下或嵌入等各种照明设备，而针对各种用途也可找到适合的灯具：管灯、台灯、胶卷灯、夜灯等。你可以使用调光器，也可以任意搭配各种散光和聚光灯。选择和安装灯具时如果需要协助，有许多专业人员可以询问，例如照明专家、承包商、建筑师、室内设计师等，也可以翻阅市面上的相关书籍和文章。你精心挑选的灯泡和灯具究竟能否增进你生活空间的舒适快意，取决于灯具的安装位置。这个主题相当庞大，这里无法详细介绍，但以下几个例子足以说明其重要性：

- ◆ 吸顶灯具必须和家电、台面或桌子的前缘对齐，否则影子会投射在工作平面上。
- ◆ 避免将壁灯安装在可能直射眼睛的高度。餐桌上方的吊灯应该距离桌面 60 厘米以上。
- ◆ 楼梯间安装的灯具得避免让灯光直接射入上下楼梯的行人，因为这样会使人看不清楚，容易发生危险。
- ◆ 灯具安装位置不应该距离需要的照明区域太远，以免光线不够亮。

☐ 光质

在家中，以下几个区域的灯光演色性必须超过 80 或 90：色彩差异会造成重大影响之处（如厨房台面或炉面、缝纫桌、画架等放置艺术作品处、阅读用的桌椅），以及起居室、餐厅，或是色彩的细微差异会影响家具色泽之处。大多数人偏好全面照明及 2700~3500K 的色温，但你自己的喜好和习惯才是最佳的指导原则。

☐ 充足的光线：亮度

光线太暗可能造成疲倦、眼睛疲劳和头痛，工作容易出错，效率也会降低。不过怎样算太暗则与你的职业和要做的事有关。如果要安静地面对面谈话、观看影片、听音乐、跳舞、穿越走廊或是挂起夹克，应该不需要很亮的光线。但若要看清楚小东西，例如着手于需要细致分辨差异的精致针线活或手工艺，就需要相当明亮的光线。此外，如果要做的事情本身和背景之间的对比很小，需要的光线也会较多，例如要在红布上方将红线穿入针孔时。从事这类耗眼力的活动时间越长，越需要明亮的光线，以避免疲倦、眼睛疲劳、出错和效率降低。

年长者看东西时需要的光线比年轻人多，且要多得多。年纪越大，需要的光线越多。一个50多岁的人，眼睛接收到的光大约只有20多岁的人的一半。60多岁的人大概只剩下40%。因为这个缘故，祖父母经常叫孙子不要在太暗的地方看书。此外，来到家中的访客需要的光线通常比我们多，这是因为客人不熟悉我们的家，不像我们对家中的摆设和布置那么了然于心。

背景的色彩也会影响灯泡提供的光量。当墙面是白色或浅色时，反射光可提高此区域的亮度，灯泡或许就不需要很亮。如果面对深色或色彩对比度低的工作，则需要较亮的灯泡。

□ 对比和连续性，工作照明

"工作照明"是从事特定活动所需的额外光线，例如阅读处方药品的标签、缝纫、切洋葱、玩拼字游戏、在工作台上工作等。额外照明只需聚焦于一小块地方，也就是眼睛注视的工作区域。

工作区和周围环境的亮度对比必须适中，否则容易疲倦，眼睛也容易疲劳。如果你在漆黑的房间里放置很亮的阅读灯，长时间看书时，眼睛可能就会感到疲劳，因为你的眼睛每次从书页上转移到房间里其他事物上时，会被迫费力适应剧烈的亮度变化。工作区周围环境必须有少许光线，但亮度要弱，大约是工作区的1/3左右。光线亮度从工作区往外逐渐递减，眼睛会觉得较轻松。

工作照明和周边照明的比例适中，带来的益处不只是舒适。将高亮度光源集中于需要的地方，低亮度光源用于周边区域，能节省电费。此外，将光线集中在活动或重要区域，周围使用较柔和的光线，还能提升美感。举例来说，餐桌需要的光线就比餐厅其他区域更多。不过必须注意不要只让光线照射餐桌，否则会显得生硬又炫目。

另外，不同空间或同一空间中不同区域的照明协调性（或连续性）也必须注意。如果色温差距很大，例如在一个地方安装冷白色日光灯，另一个地方又安装暖色的白炽灯，两者间的差异就很难协调。不过白炽灯和三波长日光灯混用则没有问题，因为两者的色温都是3000K左右。

□ 光线太强：眩光

眩光是眼睛在任何特定时刻接收到超过其适应能力的过量光线。灯泡如果没有滤光片等遮蔽，即使照射在书上的光线适中，当你从书本中抬起头来，直射的光线仍会让眼睛感到不适。所以还是必须安装遮蔽物，将光线引导到要照射的表面，使之不会直射眼睛。在看书或缝纫时，这点非常重要。光线如果太强或方向不适当，在光面纸或计算机屏幕等工作平面上也会产生眩光（关于计算机屏幕的眩光，请参阅第 25 章《家庭办公室和计算机》）。

闪烁和其他分散注意的事物——在闪烁的光线下进行阅读或近距离工作，会令人十分疲倦。在摇曳的烛光下阅读和缝纫，会让许多人感到头痛和眼睛疲劳。如果你曾经就着火光看书 2 分钟以上，相信你会更敬佩林肯。使用传统式镇流器的日光灯也会闪烁，不过闪烁速度很快，所以我们通常不会察觉。尽管如此，有些人可能还是会感到眼睛疲劳或头痛，因为我们的眼睛仍然会对闪烁的光线有反应。改用电子式镇流器可以解决这个问题。另外，电子式镇流器也能消除某些人很在意的嗡嗡声。

□ 各种良好的照明方式

- ◆ 大门可使用调光器，天黑时可逐步提高照明亮度。
- ◆ 走廊不可比邻近区域暗很多，这样可能会让人失足摔倒。
- ◆ 楼梯间和楼梯的照明非常重要。所有阶梯都要有均匀的照明，每一格阶梯的边缘都要能看得清楚，防止踩空或踩错。特别注意第一格和最后一格阶梯，因为这两处最容易踩空。还有一项相当重要的楼梯安全措施，是确认灯光不会直射上楼或下楼的人，因为眩光可能会让人看不清楚。
- ◆ 餐桌上方如果有水晶灯或吊灯，灯具与桌面的距离必须超过 60 厘米，否则灯光会直射眼睛，影响视觉。
- ◆ 在厨房里要做的事还不少，包括翻阅食谱、看报、切菜、搅拌、检查食材、调理食物和清洗碗盘等。洗碗槽、炉面和台面都需要很好的工作照明，以因应这些耗费眼力的工作需求。此时调光器就很好用，可迅速调整照明亮度。良好的色彩分辨能力对烹饪相当重要，所以需要演色性较高的光线。
- ◆ 要让镜子发挥效果。人的站立位置应该距离镜子 60~90 厘米，而灯要用来照射人。留意灯的安装位置，应该位于视线高度以上或安装灯罩，让灯光不会直射眼睛。另外还要留意光线直接向下照射时形成的明显阴影。当化妆和穿着打扮时，需要演色性和亮度都相当高的光线。

◆ 重视色彩的艺术品，必须尽可能使用自然光，所以请选择采光良好的房间，同时不要让人背对光源，否则人影会投射在作品上。画家通常偏好演色性超过 90（最好是 100 左右）的"昼光色"灯泡，这是最接近实际日光的人造光。这里所谓的"昼光色"是指色温介于 5000～7500K。

◆ 在缝纫方面，处理深色布料时比处理白色或浅色布料需要更多光线。不过缝纫工作都需要高亮度的直射光或聚集光，背景也需要适当照明，以避免眼睛疲劳，尤其是需要长时间工作时。缝纫工作者都需要高演色性的中性白光灯，以便正确辨识线和布料的颜色。

◆ 对各种工作照明而言，可以调整焦点和改变亮度的工作灯相当好用。例如使用备有三种亮度的灯泡的鹅颈灯，就可以依工作需求调整焦点，或是让光线向上或向下照射。对于缝纫或工作台作业等需要非常白亮的工作灯光，可随意调整的卤素灯则广受喜爱。

◆ 布置书桌、工作桌或工作区之时，必须有效运用台灯、工作灯和从窗户透入的自然光。书桌和工作桌与窗户之间的角度必须适当，在你坐着工作时，让窗户位于你的两侧。如果窗户位于前方，眼睛就会眩光。惯用右手的人应该让灯位于左手边，惯用左手的人则应放在右手边，以免惯用手的影子投射在纸张、书、缝纫布料等工作材料上。另外可将一盏灯安装在正前方墙面，位于视线高度以上，直接照射工作台面。

◆ 看书时间越长、字体越小或越模糊，阅读灯就应该越亮。短时间随意阅读通常不需要很亮的光线，不过药品标签或处方指示则应该认真阅读。此时一定要用很亮的光线，确认药品是否正确，仔细看清楚用量和指示。在床上看书时为了不打扰伴侣，此时可以使用只照亮书页的小型聚光阅读灯，或是安装在墙上的聚光灯，而保持房间其他区域不会太亮。这种照明方式会拉大工作光和背景光的对比，

容易造成眼睛疲劳，但家庭冲突会比较少。

◆ 如果你是坐在椅子上，用有灯罩的阅读灯看书，灯罩下缘必须等于或略高于视线高度，这样可以防止光线直射眼睛。如果灯罩低于视线高度，用于阅读的光线可能会不够。

◆ 洗衣间需要明亮的光线，否则会很难判断衣服和床单洗得干不干净。虽然许多人因为花费考虑而偏好在洗衣间使用日光灯，但我在购物时却经常因为觉得日光灯的冷白光演色性不佳，而得不时把衣服拿到窗外观看，以便确认两件物品是否搭配。在洗衣间里必须能正确判定色彩、检视脏污、判断白色和浅色衣物的亮度，以及寻找污渍等。污渍在昏暗的光线下经常看不到，色彩的深浅也可能难以分辨。许多清洁剂和洗衣产品中的光学增亮剂会使布料在日光灯下呈现明亮的白色，但在白炽灯和日光下则不会如此。因此，充足的自然光在洗衣间相当重要。在洗衣间安装吸顶灯时必须对齐家电用品的前缘，以防身体的影子投射在家电用品上。

◆ 熨衣时也需要充足的光线，衣服颜色越深，需要的光线越亮。将直射灯光集中于熨衣板上，再加上散光的吸顶灯，效果相当好。

能源之星计划

能源之星计划是美国环保署和能源部的联合计划，目的是减少家庭和办公室的能源消费，进而降低污染。这项计划针对能源效率优异，同时又能维持效能质量标准的多种产品和建筑颁发"能源之星标章"。
以下这些产品都有机会取得能源之星标章：
◆ 家用冷气和暖气设备
◆ 计算机、打印机、屏幕、扫描仪
◆ 传真机
◆ 办公设备
◆ 暖气炉和其他冷暖气设备
◆ 洗碗机、冰箱、空调等家电用品
◆ 住宅照明设备
如需取得能源之星标章的各类产品的相关信息，可参见能源之星网站 http://www.energystar.gov。

静态活动

❖ **阅读**
    ☐ 良好的阅读场所
    ☐ 良好的家庭图书室
    ☐ 参考数据
    ☐ 书籍与孩童

❖ **桌前时光**

❖ **电视**

❖ **录像带和 DVD**

❖ **计算机游戏**

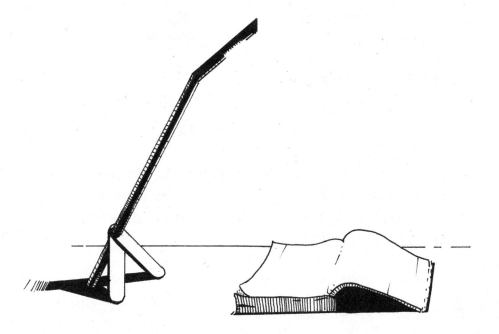

家里应该进行许多静态活动。阅读、游戏、观赏电影和其他家庭娱乐能提高幸福感、增长知识、提升心智敏锐度，而如果是和亲朋好友同乐，还能提高社会参与度。这些活动是家庭内在生活的一部分，可以丰富家庭成员的内在生活和保持新鲜感。

▌ 阅 读

☐ 良好的阅读场所

良好的阅读地点应该有亮度足够的阅读灯，位于你的左边或右边。如果灯光来自后方，头部的影子会落在书上，如果灯光来自前方，又会直射眼睛。椅子或沙发的背部应该在你向后靠时能支撑颈部和头部。椅子应该有扶手，这样你用手拿书时才能维持在适当高度，而且不容易疲劳。除非你有远视或近视问题，否则最舒适的阅读距离应该是 35～40 厘米。

阅读用的椅子或沙发应该要有软垫，如此才能长时间坐着而不会感到不适。椅子应该有足够的空间，让你可以转身和改变姿势。如果你喜欢蜷曲身体，把脚缩在身体下方，可能需要使用沙发或比较宽敞的休闲椅。

另外，阅读椅旁还需要摆张桌子或柜子，用来放置阅读灯、书籍、眼镜、铅笔、笔记本、茶杯，以及你看书时会放在手边的东西。许多人喜欢放本字典，以便随时查阅不熟的字词。周围环境应该安静，并有适度的照明。

☐ 良好的家庭图书室

家中书籍大多可以反映家庭成员的特定喜好和状况，不过有些书籍几乎是每个家庭必备。如果有人想送你迁居或结婚之礼，可以把这些价格不菲的书籍列入考虑。

如果能力许可，购买存放于图书室的重要书籍时，请选择精装本。精装本通常比较耐久。如果能力不许可，就先购买质量良好的平装本，等有能力时再换成精装本①。如果这本书是珍本甚至孤本，不要在书上写名字，因为这样会减损书籍价值。

① 欧美出版物通常会同时推出精装本和平装本。

□ 参考数据

每个家庭都需要一本字典。首先，家里应该为家人使用的每一种语言准备一本好的单册字典。不过如果有两本更好，一本小字典放在阅读椅旁，另一本内容较多、体积较大的字典则放在书架上。真正的文字爱好者应该想拥有多册的大部头字典。历史最悠久的英文字典是《牛津英语大辞典》（ *Oxford English Dictionary* ），目前共有 20 册，也有单册的缩印版（有人昵称为"伤眼版"）。

除了一两本基本字典，还有许多特殊字典和参考数据也相当有用：

◆ 名人名言辞典　　　　　　◆ 地名辞典

◆ 同义词辞典　　　　　　　◆ 电影介绍

◆ 人物辞典　　　　　　　　◆ 成人和孩童家庭医学指南

◆ 俚语辞典　　　　　　　　◆ 育儿手册

◆ 孩童辞典　　　　　　　　◆ 宗教经典

◆ 计算机辞典　　　　　　　◆ 家务手册

◆ 百科全书　　　　　　　　◆ 房屋维修手册

◆ 世界地图集　　　　　　　◆ 食谱和其他饮食相关书籍

◆ 年历

□ 书籍与孩童

爱读书的家庭会养育出爱读书的孩子，爱读书的孩子长大后也能领略到阅读的无穷乐趣。事实上，现在的学校太过强调阅读的实用性（考高分、上好大学以及找到好工作），所以我们应该提醒自己，培养孩子的阅读习惯有许多更重要的理由，包括阅读能让他们更快乐、能拓展并深化他们的个人生活，也能让他们获得知识且乐在其中。

▌桌前时光

在家中，一张大桌子能发挥的效用很大。这张桌子可以用来玩游戏、玩牌、写作、缝纫、做手工艺、拟定学期计划、开会等许多活动。如果缺乏进行这些活动的便利空间，大概也就不会进行这些活动了。此外，家里还必须时时备有这些活动的必备物品，例如纸牌、棋子以及桌上游戏等。

心理学家贝特海姆（Bruno Bettelheim）曾经谈到游戏对孩童和成人的价值：

> 现在能让大人和孩子同乐的游戏很少。大多数情况是，当大人不得不让孩子待在身边，甚至让他们参与时，经常会让孩子觉得自己是干扰者。我小时候住在维也纳时，情况完全不同。当时大人最喜欢也最常从事的休闲活动是玩牌……我父亲的休闲娱乐时间不多，但他大多拿来跟亲友玩牌，他们一玩就好几个小时。当时我会在旁边看着，他们也觉得理所当然，因为我没有干扰牌局，这对他们和对我都非常

如何选择烹饪书籍

拥有自己的房子时，至少需要一本全方位的基本烹饪书籍，这在美国就会是《烹饪的乐趣》（Joy of Cooking）或《家事烹饪全书》（Good Housekeeping Cookbook）。这类烹饪书籍包含所有基本技巧和菜色，以及许多广受喜爱的风味菜。大多数人还需要一套专门性的烹饪书，介绍自己喜爱的特定烹饪风格，包括风味菜、素食、低脂烹饪等等。如果家庭成员有健康或体重问题，关于营养和节食的书籍就格外重要。

经常阅读报纸和杂志评论。这类评论不见得正确，但通常会对有用的新烹饪书提出不错的意见。

如果难以抉择，就选择久负盛名的作者或是经典之作。此外，一本书如果发行了两版以上，代表至少有一定的销售量。

翻看几则食谱。看起来是不是吸引人？会不会需要不易到手的异国食材？做法指引是否清楚？你要的是更精致、更简单，还是更快速的菜色？这本书得过什么奖？得过奖的书通常是不错的选择。

特别留意光面印刷、价格昂贵、内有许多彩色照片，但食谱很少的烹饪书。这类书很占空间，而且使用的机会不多。

特别小心针对某种食材、菜肴或餐点的秘诀主题书，以及名人的烹饪书，还有诙谐的烹饪书。这类书籍大多是对烹饪没有深入兴趣或知识的作者用来捞钱的东西，当然也不是没有例外。

如果你想试着学习某种风味菜，请注意作者是否提供建议的搭配和菜单。如果你不习惯意大利菜、印度菜或日本菜，在配餐和烹调个别菜色时可能会需要协助。另外也要注意一道菜色原本的意义和用途：是否用于某种节日？还是非正式场合？是时令菜吗？还是属于早餐？

重要……大人认真看待这种我和朋友也会玩的游戏，对我而言相当重要，因为他们就和我一样乐在其中……我从玩牌的经验中自然理解了玩牌对我父亲的重要性，而他也从中充分理解到跟朋友玩牌对我的重要性。父亲在跟我们玩牌时，他的角色和态度就变成是个因为孩子喜欢玩牌，所以自己也喜欢玩牌的父母。这点和我观看他跟朋友玩牌时大不相同。他跟朋友玩牌时，就跟我和我朋友玩牌时一样认真。

从这样的经验中，我了解到父母跟孩子玩牌（如果一切顺利，玩牌对双方不仅重要而且乐趣无穷），以及各自跟同年龄的人玩牌的差别。父母和孩子全神贯注从事同样的游戏，可在亲子间形成十分独特的联结。

▎电视

电视是现代家庭的毒物，不过这是因为电视经常遭到滥用。许多人没时间做菜、陪伴孩子、休闲、阅读、访友、听音乐、运动、聊天、打扫或洗衣服，每周却花很多时间看电视（平均每周约 20 小时）。我同意有些人把电视比拟成毒品的说法，而且有许多家庭就是全家染上"毒瘾"的。滥用电视的家庭大多会一直开着电视，并且对节目照单全收，毫不筛选。不管是不是爱看的节目，只要碰巧正在播出，就不愿意关上电视去做其他事情。有些人则是宁愿睡觉，也不愿意空出几个小时不看电视。因为有这些成瘾倾向，所以在有孩子的家庭中，若家长要控制看电视的时间，通常得不断跟孩子进行拉锯战，家长也得时时警觉。

另一方面，我也同意电视可对社会和家庭发挥正面作用，但我们必须明智地使用。电视可在面临危机时唤起同舟共济的感受，将实况传送到民众家中的能力也超越其他媒体。另外，电视也是平价娱乐的极佳来源。不过如果习惯每天看电视，这会像每晚都来一杯巧克力圣代或一瓶威士忌一样，将会对自己和家庭造成不好的影响。

我们应该透过实行常态节制原则，把电视定位成正当但不怎么重要的活动。有选择地观看，同时限制每个人看电视的时间。在决定每周可以观看电视的时数时，请将电视视为口味浓郁但营养价值很低的甜点，充其量只能提供短暂的乐趣，但付出的代价则与看电视的时间成正比。少量观看无妨，但无须为此放弃所有乐趣。偶尔吃些甜点对我们是好的。

看电视时，最适合的灯光是不太亮的漫射光。房间全暗但屏幕很亮容易使眼睛疲劳，过量的光线则会让人看不清楚画面。工作和阅读灯通常会造成反光。若要长时间看电视，请选择颈部和背部支撑良好，同时具备软垫的椅子。

▌录像带和DVD

录像机和DVD播放机问世之后，让大人和孩子避开了越来越多、内容也越来越夸张的广告。

虽然看电影和看电视一样可能过量，但在家里观赏租来的电影，无论是单独、跟家人或朋友共赏，都是很棒的家庭娱乐。对于病人或无法外出的人而言更是特别合适。我个人则尽可能去电影院，因为在公共空间和家人朋友一起观赏电影的乐趣和社交性是无可取代的。不过我很高兴地发现，喜欢租电影来看的人通常也很喜欢到电影院看电影。

现在的孩子大多是在家里认识重要的电影经典作品，而且每个家庭都很喜欢这方面的教育。家长很快就会发现，他们可以从影片预知孩子喜欢看的东西，而且影片提供的内容质量比电视高得多。如果家人一起观赏影片，家长还能在观赏之后提供书籍、讨论影片内容或前往博物馆参观等等，使得影片成为极富乐趣、成效又好的教育辅助工具。

▌计算机游戏

计算机游戏和影片与书籍一样，有好有坏。成人自己有分辨能力，但孩童就需要加以保护和监督。评鉴制度确实有帮助，但不能取代你自己的判断。计算机游戏也和电视与影片一样，会让人上瘾及沉迷其中，连成人往往也无法逃脱。拥有平衡生活的人，在玩计算机游戏时通常不会一头栽入而能兼顾生活。

计算机除了拿来玩游戏，还可从事其他许多活动，从音乐创作、程序编写，一直到与世界各地的新旧朋友聊天等等。

关于舒适和高效率的计算机设置方式，请参阅第25章《家庭办公室和计算机》。

❖ **基本家庭缝纫：器材与技巧**

☐ 缝纫篮

☐ 穿针

☐ 基本手缝法

☐ 四种基本机缝方式

❖ **基本缝纫技巧**

☐ 缝制裙子和未车边裤脚的折边

☐ 补缀

☐ 修补裂开的接缝与强化接缝

☐ 缝纽扣

☐ 压扣

☐ 钩扣

☐ 坏掉的拉链

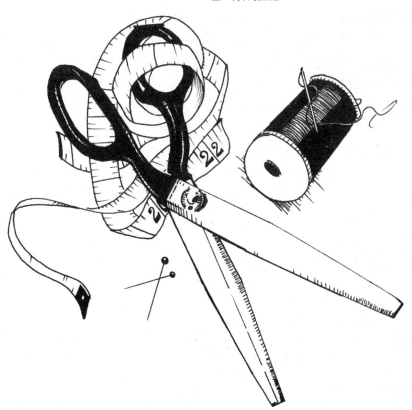

近年来，家庭缝纫又开始盛行。就经济上而言，这么做其实没什么道理。很多时候，为了缝纫还得先花上大笔金钱购买高科技缝纫机和计算机等辅助工具，耗费在购买材料、剪裁、缝缀和试穿的时间更是不在话下。相较于买来的商品，这些手工缝纫作品一点都不经济。但从另一方面而言，如果你想要的东西在市面上买不到，而你又真的很想要，当然就只能自己动手了。此外，如果想拥有完全合身，又能自己挑选样式、颜色和布料的衣服，还要手工技术精良、细部精致，唯一的办法就是自己做或请裁缝师缝制。现在甚至还有只要输入尺寸就能印出版型的计算机软件，让量身定做变得更容易。大多数的人从来没穿过制作精良、完全合身又适合自己品位的衣服，这种感觉其实相当令人陶醉。另外，你还可以依照自己的品位制作各种家庭用品，例如餐巾、窗帘、被套，以及其他许多物品。

缝纫本身比许多未尝试过的人所想的更有趣、更能带来成就感也更有挑战性。如果你完全不懂缝纫，各地都有相关的课程可上，朋友多半也会乐于协助。缝纫可以自己一个人做，也可以和朋友或家人一起做。

想在家里缝制物品，不需要购买许多昂贵的器材。就连缝纫高手，光用只能平针缝与倒回缝的携带式缝纫机也能随心所欲地做出各种物品。某些锯齿形图案和开扣眼功能相当好用，但对初学者或业余使用者而言用处不大。不过，如果你打算认真钻研缝纫，或许会需要一部具备最新功能的好机器，甚至购买近十年来大幅改变家庭缝纫的拷克机。拷克机对缝纫的再度流行贡献极大，这说法一点也不夸张。拷克机能同时修剪、缝缀，并在布边缝上压脚。这种机器可省下许多工夫，并使自制的成品拥有专业水平。有些拷克机的功能多、使用也容易，但功能多样的新颖产品则可能相当昂贵。决定购买之前，请先参考相关的消费者信息。

▎基本家庭缝纫：器材与技巧

有些基本缝纫技巧十分实用，一旦学会，便能一直派上用场。不会缝扣子、缝裙子或裤子的折边、缝补破洞或撕裂，或是修补布缝等，往往非常不便，因为要请裁缝师来处理这些小问题，比自己花几分钟解决要麻烦得多。只要学会几项技巧，你就可以自己处理这些问题，甚至还能制作窗帘、餐巾和被套等物品。

☐ 缝纫篮

缝纫篮或缝纫盒是每个家庭的必备物品，两者都比用抽屉来放置缝纫用品来得有用，因为在你需要时可以带着到处移动。如果你只打算缝缝扯坏的折边或掉落的纽扣，缝纫盒的内容不需要很复杂，以下物品便足以让你处理所有的日常缝纫工作。

◆ **缝纫剪和剪刀。**同时准备两把剪刀，一把较大（15~20 厘米），一把较小（7.5~15 厘米），工作上会方便很多。握持缝纫剪刀时，角度应向上偏，好让剪刀的下半刃贴着布料裁剪。这类剪刀拇指穿过的孔较小，其他手指穿过的孔较大。一般剪刀的把手则是两边同大，同时整体成一直线（缝纫剪请专门用于缝纫，用来剪纸或做其他工作可能会变钝）。

◆ **锯齿剪。**这种剪刀可剪出锯齿状的边缘。锯齿状边缘可达到修整布边之效，使布料不会严重散开（接缝边缘一定要修整，方法包括剪成锯齿形、缝缀、拷边，或是缝上包边带等）。

◆ **拆线刀。**拆线刀具有微弯刀刃，可用于拆开接缝。

◆ **缝纫针（缝衣针）。**购买一包长度和粗细一应俱全的针，粗细由 1 号（最粗）到 12 号（最细），但一般的家务很少用到最大和最小的几个号数。绣花针的针眼是长形的，可容纳数条线。织补针的针眼则较大。许多种长度的针都很有用。

◆ **大头针。**中等粗细最好用，但细的只能用于丝绸和非常薄的布料。粗的大头针通常用于外套衣料、地毯和软垫，细的大头针则容易折断在布料中。彩色头的大头针较容易辨识。另外，你可能会喜欢具有较大彩色头、较细针身的日本制大头针（听说这种大头针称为"花头针"）。

◆ **针插。**

◆ **压扣或钩扣。**

◆ **布尺。**

◆ **裁缝粉片。**

◆ **顶针。**将顶针戴在拿针那一手的中指上。当针无法穿过布料时，可以用顶针协助，避免弄伤手指。

◆ **穿针器。**如果有远视或手不够稳，可用全自动或简易型的穿针器，可依照自己的需求选择。

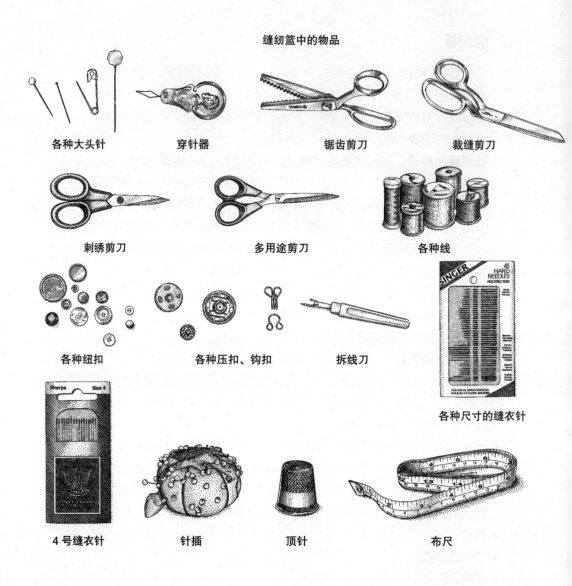

缝纫篮中的物品

各种大头针　　　穿针器　　　　锯齿剪刀　　　裁缝剪刀

刺绣剪刀　　　　多用途剪刀　　　　各种线

各种纽扣　　　各种压扣、钩扣　　　拆线刀　　　各种尺寸的缝衣针

4 号缝衣针　　　针插　　　顶针　　　布尺

◆ 线。

· 黑色和白色的耐磨棉线或聚酯棉线。

· 黑色和白色的丝光细棉线，号数为 80 号（号数越大，线就越细）。

· 各种颜色的 50 号丝光棉线或聚酯棉线，包括白、黑、灰、棕、灰白、红、
　粉红、紫、浅蓝、宝蓝、深蓝、海军蓝、黄、深绿、浅绿、橙等颜色。

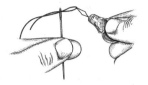

穿针器

- ◆ **毛线或细纱线。**备齐各种颜色，用于修补毛衣和袜子。所选择的颜色可以和线一样，也可以先准备黑色和白色，方便时再慢慢扩充。
- ◆ **纽扣。**备齐各种大小、形状、颜色和样式（两孔、四孔和有脚）的纽扣，以随时派上用场。倘若有衬衫、外套或洋装打算丢弃或是改做成抹布，可以先剪下纽扣，收进纽扣盒或缝纫篮，这些纽扣相当好用。同样的，新衣服上如果附有一小袋线、纱线或纽扣，也可以将这些小袋子收进缝纫篮里，需要修补衣服时就用得上。
- ◆ **碎布袋。**从旧衣服和旧床单剪下的布片，可以做成抹布或补片，或是用于临时家务工作或手工艺等。

🔲 穿针

　　依据布料选择细、中或粗的针和线：蝉翼纱使用极细的针和线，细棉布使用中等尺寸的针和线，厚重的丹宁则使用粗针和耐磨线。针和线的号数与其粗细相反，也就是说，号数最大的针和线最细。因为线在线轴上看起来会略浅一些，所以应该选择看起来比布料略深的线。

　　如果你准备了许多50号的线（若是棉线应做过丝光处理），再加上几种细线和耐磨线，应该就足以处理大多数家庭缝纫工作。中等粗细的线就可以，但中粗或中细线可能更

将线打结，准备用于缝纫

好。然而，50号棉线若用在极薄的布料，不但外观难看，还会造成孔洞和撕裂。如果用棉线修补丝光或反光面的衣服，效果通常不会令人满意。有光泽的丝绸、羊毛和合成纤维上可使用丝线，但缝补一般羊毛衣物时请使用毛线。市面上有许多针对特定用途设计的线，某些时候可能会需要，例如缝被线和扣眼线等。如果你的手不稳或有远视，可以使用穿针器，这样会轻松许多。

□ 基本手缝法

在针上穿好线，接着以锁针将线固定在布料上，使线不会从布料拉出。最简单的固定法是在线的末端绑个小结，比较漂亮的方法则是像熟练的缝纫人员一样，一开始先缝 2~3 小针（结束时一样这么做）。

要加强牢固程度，可以使用两条缝线。使用双线时，请将线的开口端结在一起，或将两条线的开口端缝入布料。如果要让缝线不那么显眼，可以使用单股线来缝，例如缝折边时就需要如此。此时请将线的两端之一打结或固定，另一端则穿过针眼后并拉出 5~8 厘米。使用单股线时，必须小心避免把未打结的一端一起缝入，变成使用双股线。线不要过长，最多与手臂一样长，才能轻松运线。用线较短缝起来较快，且不容易纠缠和打结。但另一方面，要缝很长的接缝或折边时，则通常会使用较长的线，毕竟不断重新穿针引线也挺麻烦的。线快用完时以小缝几针或小结固定，再将线剪断（如果把线用到太短，会无法打结或缝针）。

以下介绍最常见、最有用的几种手缝法。

平针缝——用于大多数基本缝纫、缝补、接缝和缝制被子。使用的针为细长形。将针穿入再穿出一或多层布料，间隔为 1.6 ~ 6.4 毫米，针脚间隔必须短而均等。针脚距离越短，接缝越牢固。

疏缝——这种缝法其实就是较长的平针缝，间隔为 1.6~12.7 毫米，用于暂时固定，以便进行永久性的缝缀。永久性缝缀完成之后，疏缝就必须拆除。

回针缝——这种缝法是平针缝的变形，相当牢固，用于修补绽开的接缝以及加强接缝。这种缝法从正面看起来很像机缝，但反面就可看到重叠的线。这种缝法使用的针比平针缝短。固定线头之后，先缝一针平针缝，将针从

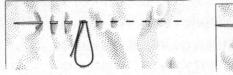

平针缝

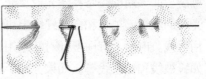

疏缝

布的正面穿入反面，接着，留个一定长度的针脚（例如3毫米）后穿回正面。然后，将针往回穿入第一针的孔洞里，以原先两倍长度（以这个例子来说，就是距离第一针的6毫米处）的针脚穿出。最后，将针往回穿入前一针的孔洞里，再缝一针。如此重复下去，直到缝好为止。基本上，把针重复穿入上一次穿出的孔就对了。

折边缝——这不是牢固的缝法，无法用于可能承受拉扯的地方。首先，将布料上折一小幅宽度，并将针穿入折边下翻侧边缘的边线附近（请参阅269页"缝制裙子和未车边裤脚的折边"），接着挑起折边下翻侧边缘下方（单层布料处）的1~2条纱线，针穿过后，挑起折边下翻侧边缘上方的1条纱线将之穿出。如此不断重复，形成极密的斜针脚。不要拉得太紧，否则折边容易起皱；但如果针脚太松或距离过大，折边也容易下垂或在勾到东西后就松脱。

暗边缝——这种缝法的针脚并不明显。此外，暗边缝与折边缝类似，常用于固定折边和镶边，且同样不很牢固。将布料向内反折（向上折后再对折一次）约6.4毫米后，先在折边下翻侧边缘上缝一针，接着挑起折边旁单层布料处的1条纱线穿出。当针再次运回折边时，一样要选择折边边缘处，穿入后，将线藏在折边的两层布料间，向前推进一小段距离再穿出。如此不断重复，直到缝好整个折边为止。如果是厚重的布料或裙子的折边，针脚应该密集一些，但其他地方可宽松一点，最宽可达12.7毫米。

密针缝与锁缝——这两种缝法基本上相同，只是当线与折边垂直时称为密针缝，倾斜时则称为锁缝。密针缝与锁缝皆用于较不显眼但牢固的接缝上，而锁缝通常从布料的右边开始。在将折好的缝份边缘捏在一起后，固定线头，

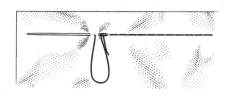

回针缝

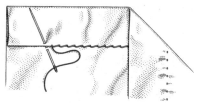

折边缝

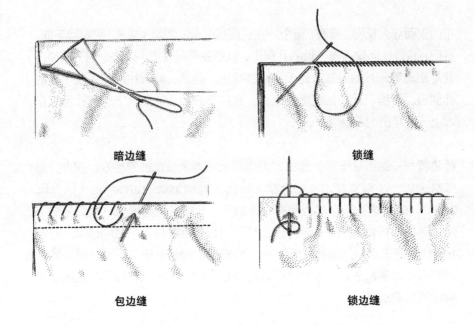

暗边缝 　　　　　　　　　锁缝

包边缝 　　　　　　　　　锁边缝

接着，挑起两边折痕的 1~2 条纱线轮流下针，直直向前缝，无需将针穿回原先的孔洞里。尽量让针脚密集一些。

包边缝——包边缝通常用于修饰折边和接缝的毛边，缝法类似锁缝，不过因为是用来缝布料的毛边，宽度约为 6.4 毫米，所以比较显眼。固定线头，将两个毛边捏在一起，以倾斜方式缝合。由布料后方向前缝，无需将针穿回原先的孔洞里。

锁边缝——这种缝法的用途也是修饰毛边。翻起要缝的毛边后，将线头固定在反面，让针穿回正面，并由左向右进行缝纫。接着，从布料正面将针穿入（距离折边边缘大约 6.4 毫米，且位于线头右边），拉到反面后把缝线放在针的左边（此时，缝线会形成圈形）。然后，将针穿过圆圈，圈住折痕的边缘。如此不断重复，布料折边边缘便会逐渐圈缝出一排环形针脚。

□ 四种基本机缝方式

请依循产品说明书，穿好线、将线绕上线轴、设定线张力及调整针脚长度。

机缝：平针缝   机缝：疏缝

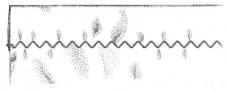

机缝：锯齿缝

一般缝程——这种方式是平针缝,标准(或称"正规")缝法是每英寸12针(或每厘米 4~5 针)。细致或透薄的布料使用每英寸 16 针（每厘米 6~7 针），较厚的布料则每英寸 8~10 针（每厘米 3~4 针）。另外，也要依布料重量换上不同粗细的针。

疏缝——这种缝法是针脚长度较长的平针。每英寸为 6~8 针。

倒回缝——这种缝法是逆向的平针缝。

锯齿缝——将机器的针脚路径设定成锯齿形，而不是直线形，且锯齿宽窄的程度和针脚长度都可以调整。请参阅说明书，了解如何使用缝纫机锯齿缝的功能。锯齿缝常用于装饰或强化、修饰接缝。

▎基本缝纫技巧

☐ 缝制裙子和未车边裤脚的折边

　　除了有助美观和防止松脱外,缝制裙子和未车边裤脚的折边还能为服装底端增添重量和形状,让衣服恰当地垂下。要加长或改短有折边的服装时,得先拆开折边的缝线,将旧的折痕熨平后再重新折到想修改的长度。如果是要加长（尤其当衣服已经穿了一段时间），请记住,旧折痕有时仍会留

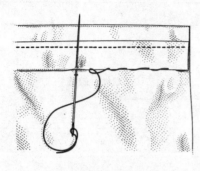

以折边缝缝制包边带

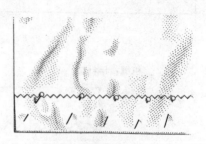

以折边缝缝制
经锯齿剪刀剪裁的折边

下难看的痕迹，且是经过洗涤和熨烫都无法去除的。

　　虽然没有人硬性规定折边应该多宽，但一般而言，洋装的折边宽一点垂度才会好看（例如5厘米），而最合适的缝法就是折边缝。不过，对女用衬衫、未车边的休闲裤裤脚等服装而言，窄的机缝折边通常比较好看。此外，裙子、洋装及未车边长裤等衣物也得你亲自试穿，才晓得折起多少才是最适当长度。

　　然而，就某些服装而言，情况可能相当复杂，会超出本书探讨的范围。例如，若完成的折边太宽，你就必须剪掉部分衣料；若想让折边与地面的距离均等，有时并不容易；若是底部逐渐变宽的A字裙与喇叭裤等服装，就必须要折边，否则一翻面就会收窄。以上这些困难，都必须在克服、完全解决后，才能处理折边，而处理的方法也有好几种。

　　在折边宽度为3.8厘米的服装上，缝制折边的标准方法如下（请注意，3.8厘米的折边会让整件衣服缩短4.5厘米）：首先，为了修饰布料的毛边，先将毛边反折6.35毫米，并以缝纫机或手缝暂时固定。接着，将这固定好（或熨好）的折边向内反折38厘米，而为了在缝制折边时固定折痕，可以在折痕附近以大头针或疏缝方式将其固定住（有时也只要熨过就能固定）。再来以折边缝缝制折边（有些缝纫机也可缝制折边缝）。最后，拆去疏缝针脚，熨烫或压熨折痕。

　　除了直接反折毛边缝制，还有其他缝制折边的方法：你可以用缝纫机（或是手缝）在毛边缝上包边带（类似丝带的细窄布条），再以手工缝制折边，将包边带的外缘缝在布料上（同样使用折边缝）。如果是非常休闲的服装，

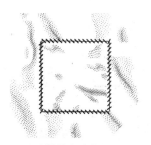

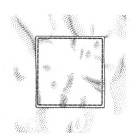

以锁缝方式补缀　　　　**以锯齿缝方式补缀**　　　　**以平针缝方式补缀**

且布料不会产生须边，你也可以用锯齿剪刀剪裁毛边，并在将之反折后，一样以折边缝缝制。举例来说，孩子的万圣节服装就很适合用这种方式缝制。

□ 补缀

　　衣物的各种破损几乎都可以补缀，但不是每样东西补起来都好看。补缀的方法有很多，你可以将补片放在衣服的正面或内面，也可以使用与服装相同或不同的布料。如果你想用相同的布料来补缀，就必须先在服装上找个不显眼处，剪下足以当作补片的布料。尽管这通常不大可行，但有时的确可以在折边或镶边上找到足够布料，且剪过后的缺口还不怎么显眼（不过你还是必须知道如何修补缺口）。补片的长宽都应该至少比破损处大上 2.5 厘米。

　　为了确保补片的毛边不会起须，有以下几种选择：以锯齿剪刀剪过、以包边缝缝制、以平针缝缝过边缘、使用缝纫机的锯齿缝功能，或是采用折边缝。如果打算将补片放在服装内面，还必须确保缺口边缘不会磨损（可将缺口的毛边反折，或用缝纫机的锯齿缝在缺口边缘缝一圈）。如果使用的补片还是同服装布料的，那么也务必要记得对齐图案、织法及布纹。接着，将补片钉在服装上。若补片的固定位置并不会承受拉扯，可以用针脚极密的暗边缝（能让补片不明显但不很牢固）、平针缝（手缝或机缝）及其他缝法缝上补片，因为在牢固程度不是问题的位置上，你只需要考虑喜不喜欢针脚的外观。然而，如果补缀必须相当牢固，例如孩子裤子的膝盖部位，就应该使用尺寸较大的补片，且要采取密针缝、锁缝、回针缝，或是缝纫机的锯齿缝。

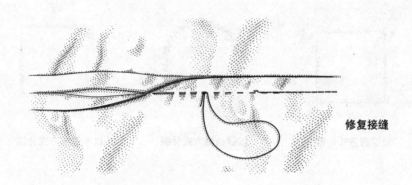

修复接缝

市面上还有一种熨贴式补片，但这类产品容易脱落，色彩和布料选择也都不多。使用这类产品时请遵循商标指示。

□ 修补裂开的接缝与强化接缝

服装最容易破损的地方就是接缝。衬衫通常是袖子和身体的接合处，长裤是臀部或裤裆处，裙子是侧缝，手套则是手指接缝。除非衣服太小或破损处太难处理，否则都可以缝纫机缝补（手套则通常必须手工缝补，且要在内面外翻后进行）。

要以手工修补绽线的接缝，应使用针脚较短的平针缝，但如果接缝必须十分牢固，则使用回针缝。修补时请从服装的内面处理，并由裂口处的前 2.5 厘米左右开始，以新针脚覆盖旧针脚，一直缝到缺口的后 2.5 厘米为止。开始和结束时针脚都要密，确保线头固定。若采用机缝，则以一般缝程，但两端要以倒回缝缝个几针，加以固定。修补完成后也要压熨接缝，这样布料才不会起皱。

如果常觉得衬衫腋下处和肩膀后方很容易破损，或是裤子经常绽线、裂开，这时你便可以事先强化接缝，预防衣物损坏。这对于布料轻薄、接缝容易破损，或者缝得不够牢固的服装特别有用。要强化接缝，你只需沿着可能绽线的接缝，以针脚较密的平针缝（如果接缝必须十分牢固，也可使用回针缝）缝制就行了，缝法也与修补接缝时相同。

□ 缝纽扣

我是在四健（指四健俱乐部，美国农村广泛建立的一种青少年团体）

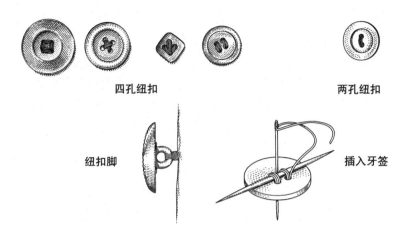

四孔纽扣　　　　　　　　　　　　两孔纽扣

纽扣脚　　　　　　　　　　　　　插入牙签

会学会缝纽扣的。当时工作人员发给我们几片小小的淡蓝色布片和多到不可胜数的纽扣，以及将纽扣固定在小蓝布片上的武断规则。现在回想起来，这些规则其实没那么武断，但当时工作人员并没有告诉我们这些规则的意义。

　　纽扣的缝线一定要强韧，而且若非细致的布料，用线除了强韧还必须耐磨。在非常细致的布料上，纽扣下方通常必须补强，否则纽扣一受到拉扯，布料可能就会撕破。

　　如果衬衫或洋装上的纽扣掉了，而且位置显眼，又找不到同样的纽扣，可以从下端边缘或下摆（或其他不显眼处）拆下纽扣来使用，然后再用其他尺寸相同的纽扣替补。替补的纽扣应该尽可能和原来的纽扣相同。

　　如果发现有个纽扣已经松脱，务必在脱落前补强缝线，否则这颗纽扣可能在不自觉间就掉了。买新衣服时请仔细检查，即使是制作时理应十分细心的昂贵服装，纽扣有时也会只用几条线缝上。

两孔和四孔纽扣——为了确保纽扣位置正确，请将衣服合起，扣上缺扣处上方和下方的纽扣，使扣眼位于正确的位置，并用裁缝粉片标示位置。接着缝几小针，将线固定在衣料正面的正确位置，直到线牢牢固定住，不会抽出为止。放好纽扣，中心点位于正确位置，让纽扣的孔或图案与其他纽扣平行。将针由反面穿出纽扣，再将针穿入纽扣正面的其他孔，穿到衣服的反面。为了确保纽扣不会缝太紧而扣不起来，缝纽扣时可以在纽扣和衣料之间插一支大头针或火柴棒。

273

以同样的方式重复缝 5~6 针。针脚应该尽量接近，这样从正面和反面看起来才都整齐。针脚绝对不能越过纽扣边缘。

纽扣确实固定之后，抽去大头针或火柴棒，看看纽扣松紧是否适中，要能轻松扣上（如果是大衣等厚重衣服，纽扣和布料间的距离可能需要加大，缝纫高手还能以缝线制作出纽扣脚。请参阅下文的"有脚纽扣"）。接着将针穿到衣服反面，再缝几小针将线固定，最后将线剪断。

有脚纽扣——有脚纽扣的背面有支撑脚或柄，可让线穿过以固定纽扣。先标出纽扣要放置的正确位置，缝几小针，将线固定在衣料正面的正确位置。将针线由布料反面穿入纽扣脚上的孔，再穿入衣服反面，如此重复 5~6 次，针脚越近越好。纽扣确实缝好之后，缝几小针，将线固定在衣服反面。

有时纽扣脚太硬或太粗，或是纽扣和脚连成一体时，纽扣在扣眼中往往显得不够稳定美观，必须用缝线多制作出一截纽扣脚（常见的细金属脚或塑胶脚则不需要）。若要用线制作纽扣脚，就跟上文一样在纽扣和布料之间插入火柴棒，如果纽扣脚的形状让你无法这么做，就在缝纽扣时把纽扣拿得距离衣服稍远，或将指尖放在纽扣和衣服之间。纽扣缝好之后，先不要将线剪断，拉一下纽扣，将松弛的线拉紧，再将线缠绕于其上几圈，做出线脚。接着和往常一样缝几小针，将线头固定在衣服反面。

加大和缩小扣眼——即使没学过怎么做扣眼或缝扣眼，在休闲和非正式服装上，你还是可以将太紧的扣眼加大，或是将太松而常让纽扣脱出的扣眼缩小。缝纫经验不多的读者最好不要在精致、正式或"好"衣服上尝试这个工作。

要加大扣眼时，先用锐利的小剪刀将扣眼的角落剪开一点点，长度不要超过 1.6 毫米（如果剪过头的话立刻停手，找懂缝纫的朋友帮忙修补）。试着让纽扣穿过扣眼。如果还是太紧，就再剪开一点点。纽扣可以顺利穿过时，选一条颜色适当的线，收拢你剪开的边缘，并以垂直于扣眼的方向用密针缝缝几针，防止扣眼撕裂。剪线之前务必确认线头牢牢固定在布料上，因为扣眼所承受的扭拉力量通常相当大。

要缩小扣眼时，以垂直于扣眼的密针缝，缝住扣眼的一角。将线剪断之前先试一下，看看扣眼的大小是否适当。如果还是太大，就多缝几针。

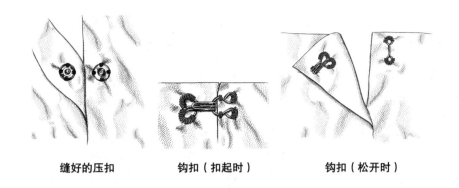

缝好的压扣　　　　　钩扣（扣起时）　　　　钩扣（松开时）

确定线头牢牢固定在布料上之后再剪断。

☐ 压扣

轻薄的布料应选择较小的压扣，厚重布料则选择较大的压扣。有小球的一边属于覆盖方，安装在衣服的反面，有小孔的一边属于被覆盖方，安装在衣服的正面。用裁缝粉片标示各自的安装位置。不论哪一边，缝法都一样：先缝几小针将线头固定，使用密针缝法，将针穿入衣服，穿出时通过压扣的一个孔，接下来再通过另一个孔。线会重叠在压扣外缘。

☐ 钩扣

钩扣的位置必须安装得十分精准，才能扣得上。这做起来并不难，但需要一点耐心。轻薄的布料选择较小的钩扣，厚重的布料则选择较大的钩扣。衣服开口两侧合起时如果会互相重叠，请使用直形钩眼，两边合起时不会重叠，则使用圆形钩眼。钩通常只和线做成的环搭配使用。

以裁缝粉片标出钩和眼的安装位置。假设要安装钩扣的位置，是衣服会互相重叠的闭合处，钩要位于覆盖方，安装在衣服反面，钩子朝下，钩子末端比衣服边缘内缩3毫米。直形钩眼位于被覆盖方，安装在衣服正面，内缩到接缝处或距离边缘约9毫米。如果要安装钩扣的位置，是衣服不会重叠的闭合处，圆形钩眼应该凸出衣服边缘3毫米左右。使用密针缝法，将钩和眼安装在标记好的位置。

如果要制作线环，只需将线头固定在环的两个端点之一，再将针穿入另一个端点应该的所在位置，让针脚略松。让针从第一个端点穿出，再从第二个端点穿入，同样让针脚略松。将线头固定后剪断，这样就做成了一个两股线环。要完成这个线环，还需以锁边缝缝过整个线环边缘（请参阅上文关于锁边缝的说明）。

□ 坏掉的拉链

拉链通常很难修好，而拆除旧拉链，换上新拉链，也需要花一些时间练习。但金属拉链有时可以粗略修理，至少让你可以继续使用。金属拉链的常见问题之一，是拉链底端的金属齿弯曲或歪斜，使拉头无法通过。有时你可以用钳子将拉链齿夹直，修好拉链。如果拉链底端是闭合的（也就是不像夹克拉链那样两侧完全分离），你还可以借由来回拉几次来修理。倘若拉链齿凸起或损坏，导致拉头无法通过，你可以在卡住的地方剪开拉链，让拉头跳过卡住的地方之后再装回去。接着用锁缝或密针缝缝住剪开处，并要缝厚一点，以挡住拉头。之后，拉链就只能拉到这里。这种方法适用于许多裙子和裤子拉链，而且这类拉链的损坏处通常位于底端。不过，这种技巧不适用于紧身衣裤，因为这类衣裤只拉开部分拉链时可能会穿不上。

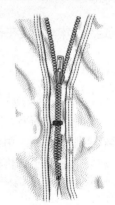

修好的拉链

CHAPTER
22
书籍保养

❖ 修补损坏的书籍

要维护书籍，最佳的方式就是翻开来读。当你把书从书架上拿下并打开阅读，可以使书上的灰尘脱落；当你一页页地翻着，则可使书背常保柔软，降低突然打开造成书背损坏的概率。

罕见和珍贵的书籍应该特别小心处理，不过只要遵守几个简单的程序和注意事项，大多能维护得不错。灰尘、日光和昆虫是书籍的最大敌人。书架上所有书籍的上缘应该每隔数周除尘一次，并且每年吸尘一次。珍本和脆弱的书籍可以存放在有玻璃门的书橱，防止灰尘侵扰。但对于大多数书籍而言，放在开放式书架并偶尔除尘，便已足够，玻璃门反而会让你在想看某本书时不想拿出来。日光会使布质装帧褪色和变脆，希望善加保存的书籍绝对不要让日光直射。一般来说，书籍每天接触数小时日光并不会损坏，但数月或数年之后就会褪色。蠹鱼和其他昆虫会啃食书籍装帧用胶，如果发现家中有这类昆虫，应该采取行动立即根除。

好好整理书架，让所有书籍紧密排列，维持直立，但也不要塞得太紧，这样必须很费力才抽得出来。如果书太高而无法直立，就平放；如果没有空间平放而必须侧放，请让书背朝下侧放。如果书背朝上侧放，书本身的重量会使书页散开。至于书架层板，软质木材的长层板时间久了会下陷，看起来不美观。请选择厚度约 2 厘米、长度 75~90 厘米以硬木制成的层板，或使用金属层板。层板的适当深度是 28.5 厘米，书橱的适当高度则取决于天花板高度以及你的脚踏凳高度。不过，如果你的书橱是独立式而不是嵌入式，则书橱高度越高，越需要用支架将书橱固定在墙上，以维持稳定。活动式层板能依书籍尺寸调整高度，不过一般而言，每层高度设定成 30 厘米就差不多了。

书衣通常值得保留，这不但能提高书籍价值，也有助于防止装帧褪色和污损。有些读者会为了表现布质装帧的美丽外观而丢弃书衣，但大多数读者还是会保留，而书籍搜集者则几乎一定会保留。如果某本书是搜集者或图书馆很有兴趣，或是书衣上有独特珍贵的信息，那么书衣当然应该保留。不过，如果书籍经常使用，书衣的边缘可能磨损，也会变得不美观。另外，20 世纪前半叶印制的某些书衣，会在衬页留下酸性污渍。如果想把书衣维持在最佳状态，可以自行剪裁透明塑料膜包覆在外。不要购买黏贴在衬页上的那种塑胶膜，这类产品通常用于图书馆的外借书籍，用来防止书衣和封面分离，但可能伤害书籍本身，而且不适合家庭使用。

拿取书籍的方式也会影响书籍的维护状态。布质书背的上端是一本书最脆弱的地方，要从书架取下时，绝对不要抓着此处向外拉，而是尽量抓住书的两侧。或是将一两只手指放在书的顶端，从层板上将书轻推一下，然后抓住书的两侧抽出。第一次打开书页时，绝对不要从中间打开，因为有可能使书背裂开或受损。正确方法是摊开封面和封底，并保持内页直立。接着打开前面几页，再打开后面几页，接着再从前面多打开几页，再从后面多打开几

从紧密排列的书架上取出书籍

页，如此慢慢开到中间。这种方式适用于线装书，不过对于胶装书及平装书，也可以采用这种方法。

手拿着书阅读时，拇指放在什么地方都好，就是不要放在内页边缘。这样会在内页边缘留下污痕，还会损坏书页。如果书无法放在桌上，必须用手拿，请用左手捧着书（如果你惯用左手，就用右手捧书），必要时用另一只手的指尖轻轻按住内页。不要用两手拇指压住内页。

这些注意事项不全然是为了美观，而是为了让书籍更耐久。1850—1970年左右印制的书籍绝大多数使用木浆纸，这类纸张在制造过程中加入了酸，以便将木料打成纸浆，因此书页在酸的影响下会逐渐分解。你每在书页中留下一枚指纹，就会产生化学反应并加速破坏书页。这情况若发生在以报纸这类廉价纸张所印制的书籍上，很可能已经碎裂而无法挽救，除非采取大型图书馆或和博物馆使用的除酸处理，但成本相当高昂。不过，近150年来印制的书籍如果小心使用，并存放在适当温度和湿度下，寿命应该可以延长。约莫1850年之前印制的书籍使用的是布浆纸，这种纸可以保存数千年。近数十年，许多有心的出版商也开始使用可保存数百年的无酸木浆纸印制精装本，这类书籍通常会在版权页上加注相关说明。

便利贴可让我们添加注记并当作书签，而不需要在页边空白处写字或折起页角。但便利贴也可能对纸张造成伤害。如果不使用便利贴，书籍的寿命会更长；如果必须使用便利贴，也请尽快取下。绝对避免在有插图的书页上使用便利贴，因为油墨里的染料会渗入黏着剂，撕下纸条之后会在

书页留下一块褪色区域。彩色插图最容易受到伤害，黑白相片也会受影响，至于一般内文和空白页面，贴久一点一样会受损。

皮革装帧应该采用和精致皮件相同的方式来维护。用干净的手拿取皮革装帧书籍，有助于维持皮革柔软。然而，皮肤油脂可能造成的变色，无论如何都比皮革因干缩而造成无法复原的损伤要好，因此，建议每年为皮革书衣涂抹温和的皮革保养油。

☐ 修补损坏的书籍

重大修补应该交由专业人员进行。如果是价格高昂的书籍，请寻求大学图书馆或博物馆维护部门的建议。损坏的装帧可由专业装帧师傅修补或更换，但你最好先看过修补样本，并请师傅清楚说明确切的作业细节。如果你要修补的书籍不需要昂贵的专业师傅处理，也可以咨询当地图书馆的维护部门，甚至询问是否有学徒愿意接下修补工作。

绝对不要在破损的装帧上使用粘贴式包膜，应把书送去修补。如果你的手够巧，又愿意拿不重要的书籍来练习，要修补裂开的内折缝（inner hinge）时，可以先反折破损的衬页边缘，涂上水溶性胶水（例如白胶），再将破损边缘折回原来的位置。擦去多余的胶水后，将书合起，并用重物压住书数小时。如果内折缝不仅裂开，而且断裂，可以用特殊抗撕裂胶带修补，这类胶带可在美术用品店购买。但最好的方法还是交给专业装帧师傅更换整个衬页。

泡水受损的书籍可以交给书籍维护人员处理，不过你可在书籍干燥后先用重物将书压平数日，减少翘曲现象。可在重物和书籍间放置一片玻璃板，确保重量能平均分散在损坏的书籍上。破损的内页很容易破得更厉害，应该加以修补。如果是经常使用的书籍，可以使用 3M 隐形胶带，不过我只会用这种胶带来粘贴孩子过几年就不看的书。其他更好的选择包括透明超薄无酸自黏纸胶带，以及可以轻松撕除不会造成损伤的胶带。除了修补书籍，这两种胶带也都可以用于修补地图和其他折叠纸件（如书籍）。

现在的布质装帧书籍几乎都采用胶装而不用线装。质量良好的胶水黏性强又有弹性，连精装书籍也常使用。高质量的胶装相当耐久，但较旧、质量较差的胶装可能使用不久就会开始脱页。如果只有少数几页脱离，可以在页边涂上一道极细的白胶，小心推回原来位置，将这几页"塞"回去。

修补书籍的内折缝

但如果胶装本身裂开或有一大沓内页脱落，就必须寻求专业装帧师傅的协助。运气好的话，可以去掉旧胶装，换上有弹性的新胶装；运气不好的话，你可能必须重新装订，以粗糙的装订方式将线穿过内折缝，缝合内页。

19世纪某些装帧采用可能腐蚀皮革的酸性材料，但专业修复人员可以去除这类影响。19世纪末和20世纪初的许多"皮革"装帧，包括某几版的大英百科全书，其实不是真皮，而是碎皮制的合成皮，时间一久便会逐渐分解。这种合成皮通常不能修补，必须更换成布或真皮。不过，专业人员有时可将书名和装饰物的部分裁下贴到新装帧上。

书和朋友

除了自己避免不当使用书籍，还必须避免朋友不当使用书籍。我是在读研究所时学到这一点的。当时我参加一个派对，看到书架上有本书相当有趣，就把书大大展开读了起来。即使在嘈杂的派对上，你都听得见装帧破裂的细微声响。主人瞪着我，很不高兴地说："怎么弄坏了我的书背？"从此以后我就学着小心使用书籍。为了保护胶装新书，我有个朋友会从书的前后轮流轻轻翻页，以此翻过全书每一页，最后才翻到中间。如果一开始就翻到中间可能会弄坏装订，就像我那次在派对上一样。另外，朋友还可能向你借书之后忘记归还。的确，即使是借了一杯糖忘记还都会觉得不好意思的人，也可能借走你最心爱的小说却没想到要归还。哲学家很早之前就发现了这个现象。我念研究所时的一位教授指出，这些哲学家以"朋友违背还书的承诺"为例子，建立了一整套道德哲学。我认识一个人因为对他的朋友一再失望，现在已经拒绝出借任何书籍。我丈夫只愿意出借他下定决心绝不再看的书，甚至为此设立廉价平装本图书室，专门用于外借，精装本则绝不外借。

❖ **钢琴**
- ☐ 清洁与保养外壳
- ☐ 清洁与保养键盘
- ☐ 技术人员和调音师
- ☐ 存放钢琴
- ☐ 蛀虫

❖ **录音制品**
- ☐ 录音制品的存放
- ☐ 拿取
- ☐ 清洁黑胶唱片和光盘
- ☐ 磁带

虽然留声机在 20 世纪初就已经问世，但有许多业余爱好者仍会在家中演奏乐器，就像以前的人们，想听音乐就只能自己演奏一样。演奏是为了自我满足，即使演奏得不完美，感觉也很棒。

业余演奏的文化得以继续保留，对于所有人都是件幸运的事。业余音乐爱好者是支持专业音乐工作的文化后盾，有助于让更多优秀的音乐得以创作、表演和录制下来。在家中自己玩音乐的人可获得相当大的满足，但公开讨论此事的人相当少，少到你会以为政府禁止谈论。这些满足包括纯粹的音乐乐趣、主动努力带来的成长机会（被动努力是无法获得成长的）、让你感受到意义进而驱逐空虚感和无目标感、化解忧伤而获得抚慰、深化快乐的情绪，以及培养洞察力。音乐也可让我们离开自己一下，享受跳脱自我的轻松和愉悦。在这个难以相信有纯粹喜悦或满足感的世界里，这样的轻松和愉悦可谓十分难能可贵。

当然，你也可以透过艺术和人文学科来追求这些，例如诗歌、小说、绘画、雕刻、电影等等，或是投身各种研究、宗教和哲学等。不过就立即性和效果而言，音乐仍然是最好的，因为你可以为别人演奏，也可以跟别人一起演奏。演奏音乐本身就具备社交性，演奏者也可同时获得内在和外在的引导。

▋钢琴

在音乐录音问世之前，甚至在问世后的二三十年，钢琴都是家中最重要的音乐来源。实际上，每个中产阶级家庭都拥有或希望拥有一架钢琴。钢琴在音乐上能提供多样功能，所以在家中具有特殊地位。钢琴是优秀的独奏乐器，也非常适合用于伴奏歌唱和其他乐器。至于流行歌曲，也可由钢琴伴奏。此外，钢琴和大多数乐器不同的是，钢琴可提供复杂的和弦，并同时发出多种乐音和旋律。这表示我们可在家中自行弹奏出多种版本的任何音乐。有些人对贝多芬交响曲或莫扎特歌剧唯一的印象是钢琴演奏版本，因为他们就是在自家以钢琴演奏这些旋律的。

钢琴现在仍然是家中的主要乐器。不只钢琴家需要，唱歌、拉小提琴，以及其他许多音乐演奏，都需要钢琴伴奏，才能发挥最佳效果。所有年代、所有风格的钢琴音乐作品都是庞大的音乐宝藏。我们有时候还会聚集在钢琴旁唱歌，甚至可能站成好几圈（我也是其中一人），而我觉得这样很有趣。

□ 清洁与保养外壳

如果你有一架平台钢琴，不弹时请记得盖上盖子，否则灰尘和碎屑会聚集在钢琴内部。对所有钢琴而言，不弹时最好盖上键盘盖，以免灰尘沾染琴键，钻入琴键的缝隙。

钢琴要尽可能避开光线，尤其是日光或无屏蔽的日光灯光。光会使涂料老化，使表面变色。

较古老的钢琴会烤上磁漆，但新型钢琴，尤其是来自亚洲国家的产品，则通常使用聚酯或聚氨酯。聚氨酯的耐磨度和防水性都高上许多，但比较不容易修补。不过，新型钢琴的保养方式应该和旧钢琴一样，不要在钢琴上使用蜡、抛光剂或除尘喷雾（含硅的产品会妨碍重新涂装，蜡和抛光剂则可能使表面变黏）。

要维护涂层，可比照木质家具来除尘。灰尘很多时，可以使用干净及微微湿润的软布擦拭，接着立刻用干布擦干（钢琴厂商史坦威则建议使用滤布）。擦拭时务必要顺着木材纹理，如果有黏腻的指纹或其他擦不掉的脏污，请联络专业技术人员。

对于处理木头和钢琴拥有丰富经验的使用者，或许可以尝试自己清洁钢琴。不过我不建议新手自己做，因为可能会忽略潜在意外或问题征兆。如果你认为自己有经验，可以采用针对细致涂层木材的擦拭方式。在水中加入极少量中性清洁剂，将布浸入其中后尽可能拧干，用来擦拭钢琴。接着用另一条浸泡清水后同样尽量拧干的布擦拭，最后用干布仔细将钢琴擦干。不要沾湿木材，也不要让水滴留在钢琴表面或渗入。如果发生这种情况，立刻将水擦干。不要用肥皂水，只要在水里加入一点点清洁剂就好。这种清洁方式只能在绝对必要时偶尔采用，用来去除黏腻的指纹和同样难以处理的脏污。这种清洁方式对聚酯涂层的影响比对其他涂层来得小。

如果非氨酯类涂层出现细小刮痕，可以使用颜色与钢琴相符的面漆。将少许面漆加在干净的软布上，不要直接施于钢琴上，再用布擦拭刮痕。

钢琴大部分的原料是木材和羊毛毡，因此非常容易受温度和湿度影响。钢琴应该放置在不会接触极端温度或湿度之处。最适合钢琴的温湿度是22℃和45%~50%的相对湿度。太干燥的空气会使琴音扁平，太潮湿的空气则会使琴音尖锐，且可能使琴弦生锈。温湿度若大幅变化会使音板裂开，而这类重大损坏修理起来可能所费不赀。因此，钢琴应该避开直射的日光、敞开的门窗、空调、壁炉、暖气调节装置、暖气机、电暖炉、热水管，以及各种热源。你可以在放置钢琴的区域或房间使用加湿器或除湿机，但必须遵守两项原则：第一，室内湿度的改变速率不能太快。第二，不要把增湿的装置放在钢琴旁边、附近或下方，否则可能会损坏钢琴涂层，或制造太多湿气。

饮料应该尽量远离钢琴。液体会在涂层上留下污渍，且如果渗入内部，可能造成更严重的永久损害。倘若液体渗入钢琴，请立刻联络技术人员。在家中举办派对会对钢琴造成实质上的危险，因为一定会有人把饮料或盘子放在钢琴上方。解决方法是给钢琴加上漂亮的琴罩。

大多数家庭会在直立式钢琴上方放置相框、时钟和瓷器娃娃等，平台式钢琴则不适合这么做，因为这样在打开盖子时很容易出问题。此外，这类物体也可能刮伤琴盖，而且钢琴涂层修补起来比家具复杂得多也昂贵得多。另外，就美感上而言，音乐爱好者常认为，平台式钢琴的盖子上有装饰品，代表这部钢琴被视为家具，而不是乐器。对于直立式钢琴而言，这点就不成问题，但请记得在装饰品或相框底下垫东西，以防刮伤。以前人们会垫上饰巾，但现在许多人宁愿刮伤钢琴也不想放饰巾，连蕾丝饰巾也不想放（因为他们想炫耀木材，所以不像以前较穷困的时代那样会维护和保养物品）。

无论如何都不要尝试自己修理或调整钢琴内部，也不应该尝试清洁外壳的内侧，或是取出铅笔、硬币等不慎掉入的物品。这些问题应让钢琴技术人员来处理。如果有硬币或类似物品掉进琴键之间，你可以试着用餐刀挑出，不过除此之外不要尝试其他动作。

如果要移动钢琴，请找专业人员来搬移，或选择曾经受过钢琴搬移训练的搬家公司。

☐ 清洁与保养键盘

钢琴不使用时，请盖上键盘盖，否则灰尘会积聚在琴键之间。不要让孩子敲打琴键，要教他们用手指按琴键。用力敲打可能会敲断琴键（力量很大的成人演奏者有时也会敲断琴弦或琴槌）。

许多老钢琴是用象牙琴键。象牙需要偶尔接触光，否则会泛黄，但即使经常接触光，时间久了还是会泛黄。现在看到的象牙琴键年代都相当久远（因为现在已经不用象牙来做琴键了），所以都有点泛黄。有时必须打开盖子，让琴键接触日光，但泛黄的象牙琴键其实也相当自然好看。不要尝试以家庭清洁用品处理这种泛黄现象！就我所知，目前没有安全的家庭清洁用品可以处理泛黄的旧象牙琴键。现代钢琴的塑料琴键则能常保持洁白。

琴键应该经常除尘，并且定期用略湿的干净白布擦拭，擦拭完后立刻用软质干布擦干。如果有擦不掉的污渍或污点，请将干净的布浸入加了少许温和清洁剂或变性酒精的水溶液中，再彻底拧干，让水不会滴下来，接着轻轻擦拭污点。之后用浸过清水后并充分拧干的布擦净，再立刻用软质干布擦干。清洁黑键和白键时，使用的溶液和布最好是分开的。清洁时必须非常小心，如果有水渗入琴键之间，可能会使象牙下方的木材膨胀，导致象牙裂开。如果污渍还是擦不掉，应该请专业的钢琴修理人员来处理。

□ 技术人员和调音师

请选择足以胜任交办事项的调音师和技术人员。钢琴厂商或贩卖店家应该有人选可以推荐。另外也可以询问优良的钢琴老师、博学多闻的朋友，或是住家附近的相关音乐机构，例如音乐学校等。

调音——调音是调整钢琴的弦，使琴弦拥有正确音高。钢琴每年至少要调音两次。调音次数越多越好，但除非是专业音乐家，一般人应该不会调音两次以上。钢琴在第一年可能需要特别注意，因为比较新的弦有伸缩性，而且钢琴也刚转换环境。厂商通常建议第一年要调音三四次，之后每年调整 2～4 次（必要时次数可再增加）。史坦威曾经如此说明正确的调音频率："请记住，演奏会用的钢琴每次表演前都要调音，经常使用的专业录音室钢琴则每周调音三四次。"你或许听人这么说过，钢琴要常弹才能保持音准，但其实这不是真的。事实上，钢琴越常弹，需要调音的次数越多。

整音——整音是调整钢琴音色的质量。整音大致上与覆盖在琴槌上的毛毡有关，而琴槌则是你按下琴键时，敲击弦的槌子。使用多次之后，毛毡会变得密实且越来越硬，致使琴槌敲击弦时，弦会开始陷入琴槌。钢琴出现这种状况时，就必须整音。技术人员会重整毛毡的形状，并让毛毡变得松软。如果音色过于松软，他也会将毛毡压实。钢琴如果经常弹奏，每两三年需要整音一次。整音次数多寡也取决于你家的习惯。

调整机械动作——技术人员调整钢琴的机械动作时，是在调整连接手指所按的琴键和使琴槌和敲击弦间的机械结构。这些机械结构决定了你按下琴键时的触感。琴键动作应该一致（每个键带动的机械动作都相同）且舒适，而这些也都是整音会影响的范围。按下琴键与乐音响起间不应该有迟滞，一点点都不行。调整机械动作的频率取决于钢琴的使用频率。

☐ 存放钢琴

如果你在冬天要关掉暖气，到国外度假，请慢慢降低温度。突然冷却对钢琴不好。回来之后也必须慢慢加温。如果要将钢琴放在储藏室，这些建议同样适用。潮湿的地下室或闷热的阁楼可能会使钢琴损坏。为了防止这种状况，请用毯子包住钢琴上下两侧，再用麻绳或线绑住毯子。

☐ 蛀虫

毛毡的原料是羊毛，所以你的钢琴除非是防蛀虫毛毡，否则很容易被蛀虫破坏。我询问过的所有钢琴厂商都表示，他们的钢琴毛毡做过防蛀处理，而且行之有年。不过防蛀虫处理的效果似乎只能持续几年。根据高级钢琴的制造厂商表示，钢琴如果经常弹奏就不会有蛀虫。如果你的钢琴不是经常弹奏，或者你希望多加一层保护，建议可以在钢琴里面放置防虫剂[①]。若为平台式钢琴里，请将防虫剂放在厚纸板上，再放在青铜盘上，这样就不会伤害到涂层。在直立式钢琴里，则将除虫剂放在布袋里，挂在顶盖下方一侧的夹子上。我不想在客厅里闻到防虫剂的味道，但如果我打算把钢琴存放起来，我一定会采取这个处理程序。如果你在钢琴里或周围发现蛀虫，最好请技术人员处理。

▌录音制品

☐ 录音制品的存放

黑胶唱片、光盘和录音带等各种录音制品都应该直立存放。录音带应

---

① 樟脑丸就是其中一种防虫剂。

该卷到一面的最前端。黑胶唱片受热时会弯曲，光盘的耐热程度高出许多，但接触高温时同样会受不了。如果你有黑胶唱片已经变形，可以用两片厚玻璃板夹起，上面再放几本较重的书或大面积重物。这样或许可以将唱片压平（请先抽去纸套，但保留唱片内套）。

☐ 拿取

不要接触任何录音制品的播放面。拿取录音带时请拿着外壳。拿取黑胶唱片时，请拿着唱片边缘或中央商标处，拿取光盘时请拿着边缘或中央圆孔。

☐ 清洁黑胶唱片和光盘

黑胶唱片的原料是乙烯，可以用水性唱片洗洁液来清洁。较浓的 20% 异丙醇溶液也可用于黑胶唱片（但不能用于 78 转唱片，因为这类唱片的原料是虫胶漆）。清洁光盘时，请用干净的软布蘸上蒸馏水后擦拭。如果光盘严重脏污，也可以使用市面上的光盘清洁产品。要清除黑胶唱片和 78 转唱片上的灰尘，请使用特制的唱片除尘刷，这类产品可在唱片行买到。要除去光碟上的灰尘时，请用干净的软布擦拭。

☐ 磁带

关于磁带的清洁和保养，请参阅下一章。

CHAPTER
24
影像和影像记录

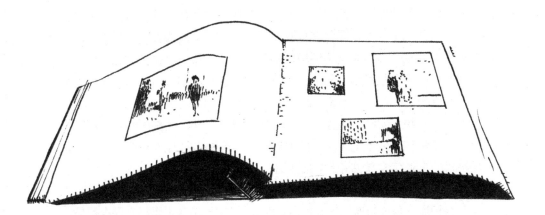

❖ **相片、负片和正片**
　　□ 拿取
　　□ 相片冲印质量
　　□ 环境对相片的危害
　　□ 相片储存和展示材料
　　□ 相片储存技巧
　　□ 古董相片：银版、锡版及其他种类
　　□ 摆放相片的安全区域
　　□ 制作相片副本
　　□ 修补相片
❖ **画作**
❖ **录像带和其他磁带**

每个家庭都会收藏一些相片。我认识的每个家庭都将相片视为家庭向心力、历史、感情和忠诚的珍贵象征。相片越老越有价值，但也越不容易让人数不断增加的后代共享。摄影艺术问世至今已经迈入第三个世纪，有些家庭拥有 19 世纪先人的相片，更多家庭拥有逐渐老化的黑白相片，而更多更多的家庭则拥有 20 世纪后半拍摄的彩色相片。现在，几乎所有家庭都改用录像和数字相片来作为亲友的视觉纪录。

该如何为后代保存这些珍贵的纪录，方法可能因人而异。黑白相片比较耐久，老化速度比彩色相片慢。一般彩色相片劣化的速度很快（寿命往往只有十几二十年），因此许多专家建议应该将之视为暂时性媒材。即使存放在条件完理想的全黑环境，彩色相片大多还是会很快劣化，但黑白相片则可以保存数百年。彩色正片可能比彩色相片稍微耐久，但劣化速度还是高于黑白相片。录像带的耐久程度比彩色相片更差。磁带每播放一次就会劣化一些，即使不播放，10 年之内同样会劣化。这些事实对于那些只以彩色相片和录像带记录生活的家庭而言，会是多么惊人和令人不快（这些媒材的正确存放方法将于下文介绍）。

依照目前的技术看来，继续拍黑白相片或许是个不错的方法。许多人拍黑白相片只是因为他们喜欢黑白画面。事实上，用各类媒材来保存影像，可能在实用和美学方面都是最好的办法。

▌相片、负片和正片

□ 拿取

如果你希望好好保存相片，拿取时就得十分小心。这一节介绍的是非常小心的拿取方式，至于每一张相片要小心到何种程度，则由你自己决定。

打开放置相片的盒子或相簿之前，先小心除去容器上的所有灰尘，否则灰尘可能会落在相片上。灰尘会磨损相片。

绝对不要碰触相片正面。如果是较不重要的相片，先洗手，再触摸相片边缘。珍贵、年代久远和重要的相片则绝对不能徒手触摸，应先戴上轻薄的棉质手套，防止相片接触到皮肤油脂和酸产生劣化，也避免为霉菌提供养分。非常古老和脆弱的相片则尽可能连拿都不要拿。必须拿取时，只能拿着相片的左右两侧，避免施加力量以及意外造成的裂痕。

绝对不要折叠、拍打或弯曲相片。如果把相片拿得太靠近脸部，相片会沾上你呼出的温热水汽。

□ 相片冲印质量

不论是黑白或彩色相片，如果你希望相片耐久，请选择高质量的冲印。较好的冲印通常较贵。当然，并非每张家庭快照都需要花这个钱，但有些确实值得。

高质量冲印残留在相纸上的化学物质较少。这些化学物质会和相片上的其他物质和环境因素产生反应，加速相片劣化。感光乳剂（形成画面的化学物质）和相纸的质量，也会影响相片的耐久程度。如果是彩色相片，冲印溶液的新鲜程度（溶液总共处理过多少相片）也是影响因素之一。为了获得最佳的冲印结果，请将胶卷送交声誉良好的专业冲印中心，不要交给快速冲印店（不过许多快速冲印服务对一般相片而言还算不错）。如果你不知道哪里有可信赖的冲印中心，可以询问玩摄影的朋友，或询问店家一些问题再自行评估。如果店员表示从来没有碰到过想提升相片耐久程度的客人，可能就应该找另外一家。如果冲印店也销售储存和展示相片的材料，可以稍微逛一下，看看其中有没有永久保存级或无酸及无木质素的产品（对于特别珍贵或重要的相片，有些特殊冲印中心能以永久保存级的质量处理黑白相片，如果使用得当，相片可以保存好几百年）。

不同的负片，寿命也不同，依种类和存放状况而定。不过，负片不像相片那么纤弱，主要是因为纸比负片的醋酸盐容易吸收化学物质以及环境中的水分。不同的彩色胶卷的寿命相差很大。要确定胶卷的相对耐久程度，请查看相关的消费者信息。新型胶卷一定比较先进。

□ 环境对相片的危害

相片冲印出来之后，我们可以控制可能伤害相片的环境因素，以延长相片的寿命。

光——相纸和感光乳剂都对光相当敏感，尤其是紫外线。接触光可能使相片变白、泛黄，彩色相片还会变色，同时也会变脆。高温和高湿也会使光的负面影响加剧。

　　避免日光直射相片，同时放在玻璃镜框内（可过滤许多紫外线）加以保护，可以大大延长相片寿命。摄影材料行可以买到特制的防紫外线玻璃和透明塑料。这类产品的紫外线过滤能力比一般玻璃更强。彩色相片接触光时的褪色速度比黑白相片快得多，尤其是接触紫外线。黑白相片放在盒子或相簿里会比拿出来展示耐久，彩色相片就算放在全黑环境中，也大多会在 10～20 年内褪色和变色。

　　正片比相片耐久，部分是因为其很少接触到光，但正片最后还是会褪色。

　　日光灯和卤素灯除非经过过滤，否则都会产生大量紫外线。你可以在日光灯上放置塑料滤光片，减少紫外线。卤素灯通常有滤光片，如果没有，请加装滤光片（请参阅第 19 章）。

温度和湿度——最适合相片的条件是低湿度和凉爽的温度。高湿度（相对湿度超过 50%）对相片不好，对相片、负片和正片最好的湿度是15%～50%，依种类而定。有些专家建议在存放多种材料时，30% 的相对湿度是最安全的折中选择。

　　黑白相片对温度不像对湿度那么敏感，但高湿度加上高温特别有害。温度应该避免高于 25℃，比较合理的范围是 18～21℃，低一点更好。彩色相片大多对温度比对湿度敏感，低温存放是延长寿命的少数方法之一。某些博物馆会定期用低湿度低温储存柜来保存相片，但这不适合个人自己尝试，除非有专业人员指导。这种方法比较不容易掌控，因为水分可能会凝

相片应该存放在哪里？

请将相片存放在阴凉干爽处。一位专家告诉我，他认为卧室床底下是最好的相片存放处（但要放置在适当的储存容器中，请参阅以下说明）。许多人的卧室相当凉爽干燥，相片放在床底下，也不容易被踢到、踩到或泼溅到。如果你的床下没办法放东西，也可以放在凉爽的柜子里，只要确定柜子里够凉爽，背后墙面没有暖气管通过，侧壁也不会发热。不要把相片放在厨房、浴室、地下室、阁楼或车库，因为这些地方可能会太热或太潮湿，而且温度及湿度可能突然改变，严重损害相片。相片若不是放在柜子内，也最好放在架上，不要放在地板上，以免被踩到、遭害虫啃食、因淹水浸湿，或无意丢失。室内房间的环境通常比室外房间来得稳定且适中。

结在低温物体表面，另外温度和湿度变化也会造成额外风险（你必须使用另一部冰箱或冷冻柜，以及可隔绝水汽的永久保存级储存柜）。

湿度太低可能造成卷曲和裂痕，湿度太高则可能使感光乳剂软化，破坏相片和正片，或使其变得滑亮。水汽会使残留化学物质的影像更加恶化，形成棕色或黄色斑点，也会造成相片发霉。留在相片表面的皮肤油脂、酸和污点等也会促使霉菌生长。摄影感光乳剂使用的明胶含有动物性物质，当明胶被湿气软化时，就会变成霉菌的食物。霉菌会软化感光乳剂，使感光乳剂脱落，也会明显影响彩色相片上的染料。另外，霉菌也会使纸变脆，或形成棕色污点。

当温湿度快速且大幅变化，尤其是长时间如此时，会造成相片出现裂痕。快速变化的伤害比缓慢变化更大。如果湿度过高，或许可以将相片放在永久保存盒中（请参阅前页"相片应该存放在哪里？"），并于里面放置干燥剂来吸收湿气。另外，你也可以在摄影材料行购买含有硅胶或其他物质的干燥装置。

空气质量——在某些地区，例如车子很多、有重工业或有含盐海风的地区，空气污染可能影响相片的完好程度。另外，昆虫也会啃食相片。不过，金属或聚乳酸①制的密封储存盒能提供不错的保护。

□ 相片储存和展示材料

存放相片、负片和正片时，应该尽量隔绝脏污和灰尘，并防范昆虫侵袭，另外，还要防止喷溅物、眼泪、指纹、刮痕和类似的意外状况。这通常也表示应该储存在可以防范这些危险，同时还能稍微隔绝湿度变化的盒子或相簿中。不幸的是，一段时间之后，盒子、相簿，或是任何接近或接触相片、正片和负片的储存容器或展示材料，都可能伤害相片。最好的储存材料可能相当昂贵，某些相片也可能不需要花费这么多钱来保护。重点是要了解各种选项，以及知道该如何以最安全的方式摆放及存放特别重要的相片。

为确保照片展示和储存时的安全，请向声誉良好的零售商购买相关的材料、用品，最好是专精于永久保存材料和摄影储存用品的厂商。选择标有"无酸""无木质素"或"永久保存级"的产品。如果有相片要交给装

---

① Polylactic acid（PLA）是取自大自然可分解的绿色塑料材料。

框店或其他专业人员装框或裱褙，请指定使用无酸、无木质素，或永久保存级的材料。任何用来存放和摆放相片、正片和负片的物品，包括储存盒、相簿、裱板、衬边、隔页（用于分隔盒内相片的纸或塑料片）、封套、护套等等，都需要使用这类材料。

酸和大气中的各种气体（造成氧化的气体、臭氧、过氧化物、氨水、酸性烟气等）都会造成负片和相片劣化。酸会攻击相纸和感光乳剂（这是形成画面的化学物质），速度非常缓慢，但确实有伤害。如果你看过放置了数年的剪报泛黄变脆，就是这种现象造成的结果。制造报纸用的木浆里含有酸。

储存和展示材料除了不可含有酸，也不应该含有木质素，这种物质存在于各种植物纤维中，会与光和热反应产生酚（或乙醇）和酸，这两者都会伤害相纸和感光乳剂。如果材料含有木质素，刚买来的时候或许不含酸，但过几年之后还是可能含酸。

避免将相片、负片或正片（或任何珍贵的纸类）存放在木盒、纸盒、抽屉、松木盒和橱柜里，因为木材与厚纸板含有木质素和其他可能造成伤害的物质。市面上有几乎完全密封又十分坚固的永久保存级储存盒，不过可能相当昂贵。价钱比较低的永久保存盒，密封和坚固程度通常也较差，不仅搭配干燥剂使用的效果差，也难隔绝大气污染和湿度变化。不过，或许这类产品已经相当符合你的需求，没必要多花钱购买不需要的高级储存盒。钢铁或烤漆的金属盒和档案夹也是不错的储存选择。

存放相片时一定要用隔页将相片分开，否则只要有一张相片表面或内部有异物，就会污染其他相片。隔页也有助于防范刮伤、沾黏、灰尘和脏污。纸质隔页比相片更容易吸收水分，因此可以吸去相片上的湿气，保护相片。绝对不要使用"磁性"塑料纸，也不建议采用玻璃纸。同样，负片也不应该存放在玻璃纸、牛皮纸或马尼拉纸封套里。

若要裱褙相片，每一件裱褙材料都应该是永久保存级产品。纸胶带、透明胶带及家庭用胶，都不应该出现在裱褙材料里。裱褙最好交给专业人员处理。干式裱褙比上胶好一些，胶可能会伤害相片，且干了之后，相片还可能会脱落。

如果要展示大量相片，相簿是很实用的选择。选择永久保存级、无酸、无木质素材料制作的相簿非常重要。市面上有许多种安全的相簿，而你也可以自己制作。有些产品有角贴、有些是插入式、有些则是塑料套。有些相簿是空白页面，可以自己放置相片角贴。在相片表层加上一层塑料膜是个好主意，可以让我们在欣赏时不会触摸相片或把相片拿进拿出，这些动作在一段时间之后都可能伤害相片。不过塑料膜的种类请小心慎选。

对相片、正片和负片而言的安全塑料有聚丙烯、聚乙烯和聚酯（麦拉）。绝对不要使用磁性或自黏的塑料膜片，这会伤害相片。不要使用聚氯乙烯（PVC），这类产品会分解形成氢氯酸，并释出有害气体。

要确定你选择的塑料是否安全，其实不太容易，因为产品上通常不会标示其塑料原料名称。不过你可以这样测试：当你打开书本或包装时，把头埋入用力吸一口气，如果闻到熟悉的塑料味，表示大概是聚氯乙烯。如果相簿未标示是否使用无酸、无木质素的永久保存级纸张、封面和塑料，就不要购买。一般礼品店贩卖的相簿，即使价钱很贵，通常也不是无酸或永久保存级的产品。

正片同样应该使用安全塑料材料存放，包括聚乙烯、聚丙烯和聚酯（麦拉）。正片可以放在以这些材料制成的正片保存页或护套中，或是存放在专门用于存放正片的金属或塑料储存盒，以上产品在摄影材料行应可以买到。如果你有很多正片，还可以选择有可拆卸抽屉的橱柜，另外也有可以堆栈的模块产品。

□ 相片储存技巧

相片和负片可以垂直或水平存放，存放的最重要原则是依照大小和材质来分类，因为不同尺寸的物品混合放置容易造成意外或磨损。不同种类的负片和相片可能含有不同化学物质，放在一起可能会互相伤害。绝对不要为了放进容器而弯曲相片，也不要塞得太紧，应多留一点空间。不要用橡皮筋或回形针扣住，这些东西会弄坏相片。询问材料行或查看产品型录，寻找最新且最好的永久保存级储存盒、负片护套和其他储存器材。你可以用永久保存级保护套来放置负片，再将保护套放进可隔绝水分的封套。

如果你的相片数量很多，会需要一套检索系统，毕竟若要用的时候找不出来，相片和负片有什么用呢？彩色相片的寿命短，所以有一套检索负片的系统对于彩色相片而言格外重要。摄影材料行和型录都有一种储存"系统"，使用永久保存级材料，让你以有条理的方式储存负片，并且可与相片交互参照。或者你也可以自行设计一套检索方式。

相片和相簿排列方式有许多种,包括依据黑白或彩色相片、时间、地点、主题等等。在我家,我们是依照时间顺序排列。我们有时会从这些相片中拿出单张相片装框,或是依照主题拿出几张相片,制作成小相簿。

☐ 古董相片:银版、锡版及其他种类

我有个朋友回想起曾在巴黎参观的一场摄影展,展览内容是 19 世纪 30 年代亨利·福斯·塔伯特(Henry Fox Talbot)的相片。当时展场的光线暗得仿若以烛光照明,因为策展人知道如果要让后人还能看到这些相片,必须尽量让相片少接触光。古董相片必须特别照顾,如果你有银版相片、锡版相片、蛋白相片或其他古董相片,请特别注意必须隔绝光线,并存放在凉爽干燥的环境中。建议采用双重方式包装。使用有缓冲隔层的永久保存级封套,再用永久保存级塑料袋包裹。包裹之后可以放在永久保存盒,这样可以防止空气中的污染物接触相片。

使用硝酸盐和开封已久的醋酸盐等古董负片不应该存放在密闭容器,最好能让一点点空气进入。因此,某些专家建议采用和古董相片相同的双重方式包装:先装进有缓冲隔层的永久保存级封套,再用永久保存级塑料袋包裹。如果需要进一步建议,请询问维护人员。

☐ 摆放相片的安全区域

不要将相片悬挂或摆放在壁炉、电暖炉、通风管和门窗附近,或是可能受日光直射之处。浴室和厨房通常太湿太热,且温湿度变化也很大。

☐ 制作相片副本

有个确保相片或正片能够留传给后代的好方法,就是制作副本。一份用来摆放,另一份保存起来。

如果决定要制作副本,你应该知道制作副本有 3 种不同的方式。第一种方式是直接用拍摄来的原始相片或正片复制。快速冲印中心可以提供这类服务,收费不高,但结果通常不算很好。

第二种方式称为"分色"。这种方式是拍摄 3 张黑白"分色片",再将 3 张负片搭配 3 种色彩,重新结合,产生新的彩色相片。这种方法必须

依据详细的原始色彩和色调纪录。新相片不仅质量极佳，而且用以制作相片的黑白负片相当耐久，未来还可重复使用。有规模的摄影工作室可以提供这类服务，但这种方式需要相当的技术，费用又高，因此现在大多使用费用不高的扫描技术。

扫描是保存珍贵相片的第三种方式。你可以将相片交给专业摄影工作室扫描输入计算机，也可以用自己或影印店的扫描仪扫描，不过这种扫描质量不像专业工作室那么好。需要新相片时，就将扫描影像交给专业摄影工作室，他们会帮你打印在相片纸上。由专业人员扫描的相片在细节上跟原稿几乎难以分辨，而且记录在数字档案中的色彩数据也不会随时间减损或改变。不过，扫描影像在计算机里会占用很大的储存空间，而且你仍得担忧该如何保存数字档案（请参阅第 25 章《家庭办公室和计算机》）。如果你的硬盘毁损又没有备份，相片就随之泡汤。相片光盘和其他数字储存媒体一样，最后会无法读取，或是因为读取设备不断更新而无法使用。为了保存内容，你必须每隔几年将数字数据复制到最新的储存媒体上。然而，即使你花了很多工夫做这些事，你的曾孙也很可能没有适合的机器可以读取。

□ 修补相片

专业人员有时能为相片去除污渍、修补裂痕（至少可以修补一部分）、抚平卷曲，以及进行其他小幅度修复。不过这类服务的价格相当昂贵，所以只适用于非常重要的相片和古董相片。技术十分高超的专业工作室还可在电脑屏幕上修饰和"修复"损坏相片的扫描影像，再打印成新相片。这个程序费用很高，但可以降低因修复而损坏原稿的风险。

如果你愿意承受弄坏相片的风险，也可以自己清洁相片。你可以在摄影材料行购买胶卷洗洁剂，并将少量洗洁剂加在柔软、干净的仿麂皮布或不会掉毛屑的棉布上。绝对不要使用水性洗洁剂，这可能会使脏污进入相纸，并损坏感光乳剂。

▌画作

画作喜欢善意的忽视。只要确定其展示环境安全，而且不会有清洁狂用水冲洗就好。

画作应该避免日光直射，且要放置在比较凉爽干燥的房间，温度是18～21℃，相对湿度则低于50%。不要将画作挂在（或储存在）浴室与厨房，其他温湿度过高或变动过大的地方也不适合。不要将画作存放或悬挂在地下室或阁楼，因为这些地方通常会太湿或太热。注意也不要将绘画放在窗户附近，因为可能会遭雨水喷溅，也可能受到阳光直射。同时要避开有人抽烟或燃烧蜡烛的区域。不论自然光或人造光，都会使画作老化、褪色、发黑。

在日常除尘时，掸去挂画玻璃面板上的灰尘。每年清洁玻璃一次，但绝对不要直接在玻璃上喷玻璃洗洁剂或水，因为液体可能会流进玻璃，破坏画作。取而代之的是，将一点点洗洁剂沾在布上，擦洗玻璃，记得避开画框。最后用另一块干布擦干并抛光。

绝对不要触摸表面没有玻璃的画作，残留在画作表面的皮肤油脂会随时间造成伤害。每年去除画作上的灰尘一次（可视情况增加次数）。使用细致的软毛刷，从绘画上端开始向下刷，力道只要足以刷去灰尘就好。对于绘画而言，最好的情况当然是借由日常清扫尽量降低房内的灰尘量。不要使用毛掸或尝试轻刷以外的清洁方式，也不可用吸尘器。定期检查是否有裂痕、撕裂、刺孔、颜料或色彩脱落的情况。如果发现问题，请寻求专业人员协助。专家可能会采取比上述方式更有效的清洁方法。此外，温湿度变化会使画框上的画布越来越松弛，但装框师或修复师可以重新绷紧画布，不要在冬天湿度很低的时候进行，否则湿度再次提高时，画布可能会撕裂。

搬运绘画时请用双手拿住画框左右两侧。如果画框很大，应该由两个人搬运。如果画的颜料会剥落，请以水平方式搬运，正面朝上。

▎录像带和其他磁带

录像带和卡式录音带都是磁带。磁带非常脆弱，即使存放在最佳条件下也不耐久。过去许多家庭多半（甚至完全）以磁带记录重要家庭事件，而这可说是小小的悲剧，因为除非投下大量金钱和时间来复制，否则这些记录可能连子女都看不到，遑论孙辈了。而且即使这么做，说不定还是没用。

存放磁带的最佳环境是凉爽干燥之处。温度超过51℃时，磁带就会受损，而高温加上高湿的伤害更大。温度和湿度突然变化也会造成伤害。可以试着将磁带存放在床底下或凉爽的橱柜里。

播放磁带时一定要使用干净的设备。即使是看不见的细小灰尘，如果位于传动机械结构的重要位置或录像机磁头，还是会每接触一次就刮伤录像带一次，将磁带上的影像一点一点刮下来。

录像带并非都一样，其耐久性差别相当大（和相片不同的是，黑白录像带的耐久性不比彩色好）。

重要录像带必须制作副本，或是交给店家复制，一份存盘，另一份用来播放。录像带播放频率越高，耗损越快。用来播放的录像带一旦开始出现问题，就以存档录像带重制一份副本。有些专家建议每 9 年复制一次，有些则表示可以拉长到 10 年，但无论如何都必须制作副本，因为录像带并不耐久。

所有磁带每年至少要播放和回卷 1 次，包括存档用的带子。这么做可以及早发现问题，还可让磁带上的张力均匀分布，确保不会出现应力不均的问题，有助于磁带更耐久。不过每年在播放之前，请依循厂商指示清洁录像机，或是请专业人员清洁。你一定不希望肮脏的录像机弄坏所有存盘用录像带。

所有磁带都必须避开磁铁。喇叭以及吸尘器等有马达的家电中都有磁铁。

25

家庭办公室和计算机

❖ 摆设、照明和舒适程度

❖ 电线和缆线

❖ 备份

❖ 清洁

家庭办公室的一大优点是，这里比较像家而不像办公室。家庭办公室没有服装规定，没有在走廊上巡视的督导，没有经由空调设备抽进来的空气，也没有旷日废时的会议。这里通常有比较好喝的咖啡、比较友善的同事，或让人安心的独处空间。设置家庭办公室最大的挑战，是让办公室拥有家的舒适，却必须兼顾工作场所需要的效率。除非是在家为公司工作，或是合作对象要求你必须在固定时段能随时联络，否则在家工作通常可以设定自己的时间表。如果为了方便来往于工作和家庭之间，家庭办公室会是比较合宜的工作场所。在家，你可以自制一份简单的午餐，让你从例行工作中获得平静的短暂休息，并且比在办公桌边食用外卖餐点愉悦得多。许多在家工作的人很惊讶地发现，家里孩子的声音通常能令人振奋，而不是让你觉得受到打扰而想关上门。但如果你工作时家里还有其他人，那么可能必须找个有门的房间，以便必要时可以关上。我认识一家人，他们规定当父母亲在家庭办公室工作时，孩子必须和保姆一起待在房间里。最后，这对父母为了处理这项严格规定所造成的问题，花费的时间反而比容许孩子偶尔打扰更多。

家庭办公室以往大概只有一台打字机、一张书桌（有时只是一张厨房桌）和一把椅子。现在的家庭办公室则可能包含计算机、打印机、传真机、录音机，或许还有复印机和扫描仪。另外，还有档案柜、磁盘盒和书架。要避免家庭办公室看来像用电线和缆线胡乱做成的鸟巢，必须花些工夫，但绝对做得到。如果可以挪出一间房间作为家庭办公室，你会发现你更容易专注在工作上，且想抛开工作时把门关上就好。如果得将家庭办公室放在客厅或卧室，可以试着划定一块界限明确的区域，让你的文件不会入侵平常的起居空间。

▎摆设、照明和舒适程度

规划家庭办公室时，首先考虑摆设和照明。你需要充足的桌面空间放置工作需要的所有文件，以及计算机、打印机和其他设备。窄小的计算机桌通常比较不好工作，也没有一般桌子牢固。一般的桌子下方还可放置一个或多个档案柜。

当你的眼睛转向计算机屏幕上方或两侧时，应该要看到家具或墙壁，而不是窗户，以免眼睛必须来回适应窗户的强光和屏幕上较暗的影像，造成疲劳。理想情况下，窗户应该在你身体左侧（如果你惯用左手则应该在右侧），这样日光会照在桌面的文件上，且不会产生手臂或手的阴影。窗户如果在你正后方，会在屏幕造成反光。放置一个好台灯，让灯光照在桌面，不要照在屏幕上，同时搭配使用轨道灯或其他灯具，在房间里提供亮度适中的环境光。规划照明时要记住，柔和的间接光通常最适合用于照明纸张或计算机屏幕这种平面物。

屏幕的垂直位置对于舒适程度十分重要。最适合用来放置屏幕之处通常是桌面，而不是主机。如果屏幕放得太高，会因为必须一直抬着头而造成肌肉疲劳。屏幕画面的顶端应该略低于眼睛直视处，屏幕与眼睛的距离则应该要有 50 厘米左右。

过去的计算机屏幕是映像管显示器，影像每秒钟更新许多次，不断闪烁的画面很容易造成眼睛疲劳。现在的平板型显示器不会闪烁，因为画面不需要一直更新，对眼睛较好。

对于健康和舒适程度而言，键盘和屏幕同样重要。键盘的质量好坏差异极大，而且会严重影响打字的舒适感，所以应该考虑把廉价键盘换掉，购买比较好的产品。有些人喜欢按键带有微微的弹性触感，有些人则喜欢清脆确实，请选择你觉得打起来最舒服的产品。市面上有许多"人体工学"键盘，其键盘排列起看来像是把标准键盘拆成 V 字形，左手的键位于 V 的左边，右手的键则位于右边。有些人比较喜欢这类键盘，不过这种键盘需要一段时间适应，如果你经常必须用其他人的计算机工作，可能会觉得在人体工学键盘和一般键盘之间换来换去有点麻烦。最好避免使用非标准键盘或有其他变化的新颖键盘，否则在必须使用一般键盘时会觉得难以适应。

为了避免拉伤肌肉，键盘应该放低一些，或是将椅子调高一点，当你将指尖放在键盘上时，手肘与上臂应成直角（或略大于直角）。让双手轻轻浮在键盘上方，不要死死固定在某个姿势。触键的力量越轻越好，避免伤害指尖。如果有手腕垫（放在键盘前方的那种款式），最好是不打字时才把手腕放在上面。

对于许多人而言，计算机鼠标已经造成了医疗灾难。只要连续数月经常使用鼠标，就可能造成肩膀拉伤、手腕不适。倘若出现这种不适的征兆，可以试着换用轨迹球或其他装置来取代鼠标。轨迹球是静态装置，操作方式是旋转装置上的球，而不是在桌上移动鼠标。另外也可以尝试使用触控板（以指尖在一小块板子上滑动，来移动屏幕上的游标）、数字板（以笔形物品在塑胶平面上移动，来移动屏幕上的游标），或是指针杆（位于键盘中央的橡皮擦形物体，用指尖按住来控制游标）。请使用最不会让肌肉紧绷的产品。

椅子应该调整到适当高度，让你在工作时能将双脚平放在地面，同时大腿呈水平。如果椅子没办法降到让双脚平放在地面，请使用脚垫。

计算机造成的健康问题远比打字机多，因为使用打字机时，使用者必须做许多动作，而不是单一的重复动作。使用打字机时，你必须定时停下来更换纸张。在日常工作中，这样的变化已经足以预防许多身体压力和紧绷。使用计算机工作时，记得要定时休息、伸展手臂、做做手部运动，并站起来看看荧幕以外的地方。

电线和缆线

家庭办公室的每样设备都会有两三条电线或缆线，而这使原本就已错综复杂的鸟巢更加凌乱。花点时间在电线上做标示，将电线依序整理好，再藏起来。要在缆线或电线上做标示，可在计算机用品店或规模较大的五金材料店购买塑料或永久性自粘标签，数量必须足以在每条缆线和电线的两头各贴一张标签。商标写上简短说明，例如"打印机"或"屏幕"等。如果电话线不仅仅一条，就在每条电话线上再贴一张标签，标注电话号码，也在每个电话插孔标示电话号码。

缆线标示好之后，就可以开始整理了。五金和计算机用品店有塑料束线带，可以用来将整把缆线绑在一起，也可以使用软管或其他包裹材料，将缆线绑在一起并藏好。为了避免缆线之间出现电磁干扰，不要把电源线和电话线绑在一起，或是和屏幕、打印机或扫描仪的缆线绑在一起。

备份

如果你使用计算机，备份可说是家庭办公室所有事务中最重要的部分。每一部计算机最后都会坏，而最先坏的部分通常是硬盘，因为这个脆弱的机械装置以每分钟好几千转的速度运转。你应该养成习惯，将所有重要档案备份在光盘、随身碟或是可携式硬盘里。总之就是要放在计算机以外的地方,而且最好放在家里以外的其他地方,以防万一发生火灾、窃案或其他灾害时,你还可以保有档案。

科技进步太快,因此我无法建议明确的备份方式,但有几项指导原则或许很有用。你需要制作两种备份,两种备份的间隔时间不同。一种是偶尔制作的完整备份,万一整个系统损毁、计算机遗失或损坏时,可以用来恢复计算机里的所有内容,这种备份大概需要每几个月制作一次。另一种是频率较高的小规模备份,包含你自己建立或最近修改过的档案。你或许可以用随机附赠的备份程序制作这两种备份,也可能得购买特殊的备份软件并另行安装。

你可以用一般随身碟存放小规模备份,也可以使用可携式硬盘等大容量的储存装置。另外,也可以使用云端服务,将档案透过网络传到远程储存装置,当作数字保险箱来使用。不过,要确认这个云端服务的长久性,以及是否不会遭到盗取。

大多数备份用的刻录光盘片,寿命大概只有 30 年。如果你的重要档案副本都放在备份光盘,而不在计算机硬盘里,应该每年至少将档案存回硬盘一次,再备份到新的光盘上。

为了尽可能提高安全性,也可以在一天工作结束时,将当天新建或修改过的档案打印出来。我在写这本书时,手边一个用了 5 年的硬盘严重损毁,手上最新的备份也都超过一周以上,还好我在撰写初稿时将所有内容打印了出来,所以我的损失就只是得把最近的内容重新输入。

清洁

计算机屏幕很容易吸附灰尘和沾上指纹。灰尘可以用干净的布或面纸擦去,指纹则可以用微微沾湿的布来清除,不过必须先关闭屏幕。办公用品店卖的计算机屏幕专用擦拭布经常会留下含皂薄膜,使用时应该特别小心。

计算机键盘会积聚十分明显的尘垢,按键底下更会积聚大量灰尘、毛发、食物屑和不知名的小东西。请先关掉计算机,再用外用酒精清除尘垢,如果使用可在电料行买到的清洁除油喷雾罐更好。使用压缩气体喷雾罐(可在五金行买到),吹去按键间的毛发、灰尘和食物屑。键盘就像微型计算机,有许多脆弱的电子组件，也会受液体伤害。如果你不时会把咖啡泼在键盘上，可以考虑购买键盘保护膜。这是套在标准键盘上的透明软性塑料膜，可以直接在上面打字。

主机可以用湿布或清洁除油喷雾罐来清洁，但必须先关闭电源、拔下插头。清洁时要特别小心，因为即使已经关闭电源、拔下插头，计算机还是可能残留少许电流。

CHAPTER

26

宠物

只合适的宠物可以改变一个家庭，带来的益处不亚于新的家庭成员。

在感情上，宠物能让我们付出并感受到爱、让我们成为照顾者，另外，如果你选择的是会保护主人的狗，还可以享受被照顾的感觉。宠物能让生活充满乐趣，并激发更多古灵精怪的点子。它们能将未曾计划、意想不到和预料之外的元素带进家庭生活，也就是因为这个原因，宠物饲主经常说宠物是他们的好伴侣。当必须顾及另一方对生活的看法时，生活也变得更愉快且丰富。对一个观察力敏锐、充满情感的饲主而言，聪明的宠物会带来极大的乐趣和趣味，因此大多数饲主总是滔滔不绝地跟朋友分享家中宠物的故事。

宠物不仅有感情上的价值。有些人的宠物也是优秀的助手，可以牧羊、看门、守夜、传讯和狩猎。宠物在健康上也能带来帮助。医学研究指出，饲养宠物可缓和抑郁、降低心跳速率和血压。另有一项研究显示，拥有宠物的人接受心脏手术后的存活率较高。

养宠物需要投入大量心力、时间和注意力，因此对某些家庭来说，养宠物会增加不少家务负担。这些时间有限的家庭或许可以等压力减轻之时，再来养宠物。有过敏问题的读者可能需要先看以下的说明，再决定是否要养宠物。此外，尽管宠物的陪伴相当令人向往，但独居、两人都在工作，或社交活动很多的读者，最好还是晚一点再养宠物。下班后和朋友外出、心血来潮就到外地度周末，这样的自由或许很难说放弃就放弃的。

▍宠物与过敏

若家人有过敏问题，或许该考虑放弃与毛茸茸或羽毛宠物同居的乐趣。来自宠物（尤其是猫）的过敏原，是过敏性疾病的常见原因。此外有证据显示，在有遗传性过敏倾向的家庭中，从小就接触过敏原的婴幼儿，比在周岁前未曾接触过敏原的孩童更容易出现气喘等过敏反应。不过过敏科医师指出，当他们告知患者对宠物过敏应该放弃宠物时，只有 1/5 的人会这么做，而且即使已经放弃，绝大多数后来又会养其他宠物！

过敏的家人如果没办法放弃宠物，通常可以依据医师建议，借由正确的家务信息和仔细打理家务，大幅改善过敏症状。即使家中没有人对宠物过敏，也该为访客和邻居采取某些措施，减少家中的过敏原，因为现在有过敏问题的人相当多（而且还在不断增加）。据估计，单单对猫过敏的人，在美国就占总人口的 2% ~ 15%。

□ 宠物如何引发过敏

与另一种动物同居且近距离接触，不是大自然最初的设计。当室内通风不良，或房子非常狭小又为了御寒而包裹得密不通风时更是如此。人若经常接触长毛或羽毛生物的身体与排泄物，很容易就产生过敏性鼻炎、皮肤炎或气喘等过敏性疾病。接触量越大，过敏越严重。据估计，一般美国人一天 24 小时中有 23 个小时待在室内，宠物也是如此。当我们祖母的猫会在谷仓、田地或院子里四处觅食，寻找老鼠时，我们自己的猫（和我们的孩子一样）则是在室内玩玩具，制造更多过敏原，沉积在我们密闭又通风不良的家中。因此，我们吸入的过敏原当然比以前的人多，而这也被认为是气喘和其他过敏性疾病罹患率普遍提高的原因之一。

猫狗和人一样，会不断制造引发过敏反应的细小皮屑。我们接触的皮屑越多，过敏反应通常会越强烈。皮屑飘浮在空气中，最后一定会落在屋内物品的表面。宠物的唾液也含有过敏原。当宠物舔自己的毛时，过敏原便会沉积在皮肤和毛上，之后触及之处（如毯子与家具）都会沾上过敏原。宠物的尿液中也有过敏原。老鼠与猫的尿液干掉之后,过敏原会飘浮在空中,可能会被人体吸入。如果你在更换猫砂或清理仓鼠笼子时弄得尘土飞扬，就会使过敏原散布到空气中。

宠物过敏原的主要来源是皮屑，而不是毛。的确，毛本身不会引发过敏，造成过敏的是沾在毛上的皮屑和唾液。因此整体说来，认为短毛宠物造成的过敏问题比长毛宠物来得少，其实是一种误解，真正的问题根源是动物的皮肤。某些过敏科医师或许会不大情愿地承认，掉毛量大的长毛宠物或许只是比较容易散布过敏原，脱落的毛，将来自唾液和皮肤的过敏原散布到家中各处。他们坚称，长毛和短毛宠物引发过敏的程度差异极小。然而，这不表示宠物和你过敏无关，而是应该这么想，一只体型很小、皮肤也很少的狗，散布的皮屑应该会少于大狗，四只猫制造的过敏原也应该远多于一只。另外，宠物在户外待的时间越多，就有越多皮屑和毛留在室外，而不会留在家里。

以猫而言，它的过敏微粒十分细小，飘浮在空中的时间相当长。狗的过敏原稍大些，通常较快落下（尘螨的过敏原更大，除非被风或扫把之类的东西带起，否则不会飘到空中）。因此，对猫过敏的人，只要房子另一头有猫，几乎立刻就会有反应，因为猫的过敏原会飘浮在空中，随空气循环（但浓度最高的区域当然还是猫的周围）。不过对狗过敏的人就可能要走到狗身边或是拍拍狗，才会出现反应。各种宠物过敏原都有持续性，而猫的过敏原尤其如此。即使你放弃养猫，彻底打扫过房子，猫的过敏原还是会存在好几个月。

猫离开之后，有过敏问题的人可能仍会流泪、打喷嚏或气喘很长一段时间。宠物过敏原很容易附着在表面，尤其是沙发布、地垫、地毯、衣物和帘幔等织品，不过连墙壁和光秃秃的地板也会有。如果你跟宠物玩过，衣物同样也会沾上过敏原。

□ 保持宠物干净有助于减少过敏原

如果家里有人对宠物过敏，但你又不想放弃宠物，过敏科医师建议，经常给宠物洗澡，可以减少散布在家中的过敏原。虽然保持宠物干净要花不少心力（尤其是讨厌水的猫），却能让过敏的人比较舒服。如果这对你而言有困难，也可以请人帮宠物洗澡。对于想处理宠物引发过敏问题的家庭，过敏科医师经常建议的方法是每天帮宠物彻底刷毛，每周彻底洗澡及冲洗一次（除了防范过敏问题，每天帮猫刷毛对猫也很好，有助于预防胃里形成毛球）。在猫和狗很小的时候就开始帮它们洗澡，让它们习惯。要防止狗的皮肤因为经常洗澡而干燥，可以在狗食里加入极少量的蔬菜油。小狗只需几滴，大狗最多一茶匙就好。刷毛时请到户外，如果你本身就有过敏问题，就请其他家人处理。另外，市面上可以买到抗过敏原液，使用在宠物的皮肤和毛上，可以去除皮屑和唾液，减少散布在家中的过敏原。不过研究显示，帮宠物洗澡比使用抗过敏原液有效得多，洗澡和冲洗时越彻底越好。但抗过敏原液也大有帮助（在没有过敏问题的家庭中，兽医可能会认为，如果经常刷毛，狗只需要每 3～6 个月洗一次澡）。

□ 借由家务整理减少宠物过敏原及降低过敏原的影响

如果家人对宠物过敏，但又不想放弃宠物，有些特殊方法有助于减少家中过敏原量。过敏原减少之后，过敏患者会比较舒适，症状也会减轻。所有过敏科医师都大力建议的主要方法是绝对不要让宠物进入卧室，最重要的是不要到床上。卧室中的家具越少越好，撤除有布料的家具。卧室铺满地毯特别容易造成问题，只有地板是最好的，床边或许可以放块地垫。除了卧室，家里最好也尽量不要使用有布料的家具和地毯。可能的话，尽量避免让宠物接触家具。清除填充玩具和各种容易积聚灰尘的物品，尤其是卧室，因为这类东西很容易积聚过敏原。卧室门要经常关着，避免宠物过敏原飘进房间，也防止宠物跑进去。封住卧室里的通风管，防止宠物过敏原由此飘入卧室。你还可以尝试只让宠物在一两个房间里活动。这对小鼠、天竺鼠和仓鼠而言应该很容易，但对猫和狗而言似乎太残酷（而且跟养宠物的目的背道而驰）。此外，有研究显示，虽然限制宠物活动范围可以减少密闭房间中的过敏原，却无法完全隔绝过敏原。在一项研究中，有一只猫虽然被限制在一个房间里活动，而且房门每天只打开一次，猫的过敏原仍然遍布整个屋子。当然，对过敏患者而言，减少房间中的过敏原量仍大有帮助。

如果你有宠物，需要提升吸尘和除尘频率，同时也必须做得比他人更彻底，以尽量降低毛屑和空气中的过敏原浓度。请使用配备 HEPA（高效率微粒滤网）的吸尘器吸尘，并切记用略湿的布擦去灰尘，以防止含有过敏原的灰尘飘散在空气中。如果你有过敏问题，请家人代劳灰尘弥漫的家事，如果必须自己来，也要戴上抗过敏口罩。"彻底"吸尘的意思是地毯、沙发布和帘幔都要吸过，因为这些都很容易积聚猫的过敏原。地毯中的宠物过敏原量可能高出地板一百倍。家具底下以及你或宠物可能长时间停留的地方，例如浴室、你最喜欢的阅读椅、猫最喜欢的软垫等等，都要吸干净。我的一只猫曾经把激光打印机当作窝，弄得打印机上沾满了毛，导致我们得经常为打印机和整个办公室吸尘。此外，清除毛发时，最好使用适用于该表面的吸尘配件，例如吸家具时就使用家饰布吸嘴、吸地垫时就使用强力吸嘴，以此类推（请参阅第 6 章《吸尘、扫地和除尘》）。

养宠物但没有过敏问题的人，最好能每周彻底吸尘和除尘两次。如果有家庭成员对宠物严重过敏，可能引发气喘等症状，最好每天使用低排放吸尘器吸尘，并且每天除尘。如果没办法每天吸尘和除尘，则至少要尽可能常做。不论多久吸尘和除尘一次，请将卧室和你最常使用的房间放在第一位。

配备 HEPA 滤网的空气净化器可捕捉飘浮在空气中的过敏原，但如果房子里有猫不断散布的新过敏原，使用空气净化器显然也没办法完全解决这个问题。良好的通风可能会有莫大帮助，甚至只是打开窗户也好。让动物每天待在室外一段时间，也可让家中过敏原浓度降低。如果当地法律禁止让宠物四处走动，可以放它们在有顶的门廊或有篱笆的院子里。另外，我的过敏医师告诉我，我们自己也应该多到室外走走，尤其应该让孩子每天都待在户外一段时间。

让宠物的床、箱子、木箱、窝或笼子保持干净。用很热的肥皂水清洗宠物使用的毯子、枕头和枕头套，再用清水彻底冲洗。在皮肤可以承受的范围内，用最热的肥皂水擦拭所有硬质表面、篮子、玩具及宠物曾经接触的物体，再用清水彻底擦净。如果你跟宠物玩过，或是宠物曾经在你身上摩擦，你自己的衣服也要清洗。如果宠物曾上过你的床，请清洗所有寝具，包括床单、毯子和被子等等。

如果你必须清洗便盆、木箱或笼子，你也知道这些工作会使灰尘飞扬，而且味道很重，因此，请尽可能到室外、门廊、车库，或是起居空间以外的通风良好处处理。这样不仅有助于减少家中异味，也有助于减少空气中的过敏原。过敏的人应该请其他人来处理这些工作，如果无人可以帮忙，试着戴上防尘口罩（市面上可以买到工业用的 HEPA 防尘口罩），或是寻求过敏医师的建议。如果可以，最好能将笼子和猫砂盆放在通风良好的房间。猫砂盆最好远离起居区域，也不要靠近浴室（另外基于其他理由，还必须远离食物的准备与食用区域）。

在毯子和沙发上使用单宁酸可以改变猫过敏原的性质，使其不会引发过敏，但许多专家认为帮助不大。使用前请先测试，看看会不会造成染色。有些产品据说在正确使用下并不容易造成染色。

▎宠物、粪便和细菌

宠物和人一样可能生病和带有细菌。养宠物的家庭都必须考虑到这一点，并以此来制订家务整理常规和方式。

如果你的狗或猫会到外头四处晃荡，回家时脚上难免沾有泥巴、雨水，或者又湿又脏。请在门口方便取用之处放些旧毛巾，把宠物擦干净，或至少擦擦脚，再放它们进来。在宠物身体完全干燥之前，也别让它们接触布沙发和地垫。

让宠物在屋内四处游走，跟它共享盘子和食物，且又亲又吻，可能会使自己（也包括来到家中的访客）遭受不必要的风险。如果宠物经常到户外（即使用皮带拴住），则会进一步加重这些风险。

猫狗到户外时可能接触染病的野生或驯养动物，以及这些动物的排泄物和尸体。啮齿动物、蝙蝠、浣熊、臭鼬等野生动物或别人的宠物，都可能带有疾病。少数状况下，这些疾病可能相当危险，例如狂犬病或鼠疫。宠物若未施打狂犬病疫苗又接触带病的野生动物，便可能感染和传播狂犬病。跳蚤可能先咬过带病的动物，再咬你的宠物，使你的宠物感染来自啮齿动物或臭鼬的病原。留在地上的动物排泄物可能带有寄生虫和致病细菌或病毒。宠物可能因为探索动物的洞或巢穴、曾经遗留排泄物的地方，或是因实际接触带病动物与吃了什么在外面发现的东西而感染寄生虫和细菌。别忘了，宠物没有穿鞋，而且它们会舔自己的脚和全身。

猫永远在打理自己，因此被认为是干净的动物。就家庭卫生许多相当重要的方面而言，这点并不完全正确。它们经常舔自己的毛，代表它们的口水比较容易在家中四处散布，而口水可能带有细菌（当然也含有过敏原）。另外，猫比狗更常在台面和桌面上行走。不过你不需要接受猫的这种习惯，每一只猫都可以也应该加以训练，让它不要接近用于准备和供应食物的表面。对可以外出的猫而言，这点尤其重要。如果想知道如何训练，可以请教兽医师，或是请兽医师推荐相关书籍。

人类可能经由长毛宠物感染的疾病包括金钱癣（一种真菌，借由接触传染）、肠内和其他种类的寄生虫（虫卵可能就在地面染病动物粪便中）、

宠物应该养在室内吗？

有些爱猫人士反对让猫抓老鼠，而且主张应该把猫养在室内，好好保护和照顾，因为它们是宠物。的确，猫（其实是所有宠物）如果完全住在室内，应该会比较安全，活得也比较久。它们在户外比较容易被汽车碾压、得传染病、遭受其他动物攻击，或是遭遇其他致命意外。但是，过得比较安全的宠物不一定比较快乐。如果其他条件相同，可以自由猎捕和随意玩乐的猫和狗通常会比永远待在室内的宠物更健全、开朗、平静和满足。不过，就算是待在户外的宠物，也需要人类的陪伴和注意。整天关在公寓里，但经常有人陪伴的城市狗，或许还是比没人关心的乡下野狗更快乐。

曲状杆菌、隐孢子虫病、弓浆虫病（由病猫粪便中的寄生虫卵所引起）、鼠疫（来自染病的啮齿类动物、这类动物的粪便与尿液，或是咬过这类动物的跳蚤）、猫抓热，以及兽疥癣（又称为疥疮，病来源于藏身在皮肤内的疥虫）。长毛宠物通常不是人类感染莱姆病或落基山斑疹热等蜱传染病的原因，如果你被蜱传染，可能是因为你在室外自己接触到蜱。蜱比较喜欢把猫狗当作宿主，不大可能从舒适的长毛宠物身上迁移到你身上，不过当然也不是全无可能。除了莱姆病和落基山斑疹热，蜱传染病还包括科罗拉多蜱热、艾利希氏体征和兔热病。

尽管在所有宠物中，长毛宠物最容易造成问题，但鸟类和爬虫类也不是完全没事。接触染病的幼鸟、蜥蜴、乌龟、蛇、变色龙、鳄鱼和类似的宠物，或直接、间接接触它们的粪便，都可能会感染沙门氏菌（当年《侏罗纪公园》电影大卖座，爬虫类宠物数量增加，患沙门氏菌病的孩童病例数也随之增加）。如果你的皮肤上有伤口，伤口又接触到鱼缸里的水，也可能会感染细菌。鸟类（尤其是鹦鹉）可能会将鹦鹉热传染给人类，致病原因是染病鸟类的粪便、羽毛和鼻腔分泌物中的细菌。

以上这些事实，其实早已存在于传统规范人和宠物之间的生活习惯中：

◆ 摸过宠物之后及吃东西之前都要洗手。

◆ 避免猫和其他宠物接近台面和桌面。

◆ 不要让宠物取食家人盘子里的东西，宠物和家人的盘子也要分开洗。帮宠物准备专用的水盆和饲料盘，而且要保持绝对干净。不要只是每天添加新的食物，每次使用后应该用热肥皂水清洗。

◆ 不要让宠物在餐桌旁取食，或在吃饭时从任何人的手上取食。注意避免让宠物吃婴儿或幼儿的食物。孩子有时会觉得这样好玩，但宠物和孩子都不应该养成这种不良习惯。

◆ 不要喂宠物生的或没有完全煮熟的食物。这样可能使宠物感染食物传染病，再间接传染给家庭成员。

◆ 不要让宠物睡在床上。孩子的床和家具必须特别留意。

◆ 不要让狗坐在你使用的家具上。可以训练狗留在地板上，而且应该为它提供柔软舒适的专用床。

那些要宠物避开家具的建议（以及其他建议），可能会使某些人感到不快。大家都想当个轻松的现代人（也就是不想过度担忧细菌），更想让宠物成为家里的一分子。不过如果宠物的行为没办法像家里的一分子，把宠物当作家里的一分子就没有意义。我们最好把宠物当作心爱的宠物。如果你实行的家务整理方法适合你的宠物，而且也教会它们良好的习惯，你会更希望宠物能跟你生活一辈子，而不会在发生问题时慌张地放弃它。这样对宠物最好，对你也最好。

宠物造成的其他家务问题

☐ 爱抓家具的猫

要防止猫抓坏室内陈设，最重要的方法是经常修剪猫爪。爪子剪短之后，能有效减少造成的损害。此外，还有一些效果相当好的训练技巧，可以防止猫在室内乱抓，你可以请兽医师推荐训练书籍，或直接请教兽医师，或是询问动物训练学校。此外，随时都要让猫有些东西可抓。我认识的一位兽医师大力推荐"磨爪垫"，其实就是塞满猫薄荷的瓦楞纸板。"磨爪柱"一向是猫的最爱，我看过很多猫只抓磨爪柱，其他东西都不抓（唉，可惜我的猫并非如此）。你或许也不应购买特别容易钩住猫爪的沙发布。如果你用尽一切方法都解决不了，可以请兽医师帮猫粘上"软爪"。这是小小的塑料片，用来覆盖爪子，防止猫造成损害。这种方式虽然是最后手段，不过还是比可怕的去爪好得多。你绝对不会觉得这种方式不自然。

☐ 爱咬家具的狗

如果你的狗爱咬家具，请向兽医师或好的训练师寻求建议。通常经过良好的训练，这个问题都能解决。你可以给小狗和大狗一些它们喜欢咬的东西，让它们去咬。此外，市面上有防狗喷雾，可以喷在狗常咬的家具上。但这种方式效果可能不彰，如果你想试试，请选择保证不会刺激宠物眼睛和皮肤的产品。

☐ 清洁便盆和笼子

便盆有时会有难以接受的强烈异味。有些爱猫人士已经习惯了这种味道，往往不会像访客那么容易感受到。有人建议猫砂应该每周更换 2 次，并且每天清除里面的粪便（戴上塑料或橡皮手套）。不过依我本身的经验，这样的更换频率即使是一只猫都不够用，如果有两只猫共享就更是不够。基本上只要闻到异味，大概就需要更换猫砂，通常是每隔一天，天气闷热潮湿的话甚至必须每天更换。不过，使用"凝结式"猫砂的朋友表示，这种猫砂的更换频率不需要像其他猫砂那么高（凝结式猫砂含有黏土等成分，潮湿时会凝结成块。因此，猫尿会被包在猫砂团中，清理时只要直接铲起，其他猫砂便不会接触到猫尿）。有些猫砂在广告中宣称可以防尘，这对减少异味和过敏问题很有帮助。

许多人把猫砂盆放在浴室，但最好还是把猫砂盆放在通风良好的地点，以避免过敏原和异味。可以放在有窗户的工具间、门廊、通风良好的车库、工作间、空房间等。住在公寓和城市里的人或许没办法这么做，但绝对不要把猫砂盆放在准备食物和进食的区域附近。

有些猫砂吸收异味和尿液的能力较强。不过，你必须考虑猫和你自己的偏好，如果猫不喜欢这种猫砂，可能就不会使用这个猫砂盆。你可以在盆子底部放置吸收垫，减少异味，让猫砂用久一点。此外，猫砂盆里也可以放除臭剂（或纯小苏打）。然而，最好的方法还是经常更换猫砂，而且现在有了猫砂垫，处理起来更是简单，只要将猫砂垫连猫砂一起提起，绑起来或用绑线带固定，放进垃圾筒就好（猫的粪便可以倒进马桶冲掉，但猫砂大多会膨胀阻塞马桶，所以不能这么做。不过市面上也有可冲入马桶的凝结式猫砂）。经常用热肥皂水清洗猫砂盆，再用稀释过的漂白剂消毒（请参阅第 54 页）。

虽然有些人建议每周清理兔子或沙鼠笼子一次，但这样对宠物与人都不好。比较合理的做法是每周清理两三次，如果有异味或笼子看起来脏了，必须再提高清洁频率（异味方面比较微妙，宠物饲主通常已经习而不察，但刚踏入室内的访客往往立刻就注意到）。如果你将这类宠物放在起居区，且即使宠物看起来十分愉快，也必须每天清洁，才能让人感到比较舒服。我曾帮幼儿园照顾天竺鼠 3 周，每天都觉得它的笼子需要清理，但最后是每两天才清理一次，因为每当我们把它移出笼子准备清理时，可怜的天竺鼠似乎受到很大的心理创伤（其实我也是，因为我很不喜欢清理那个笼子）。即使是早上刚清理过笼子，傍晚时房间里又会产生强烈的天竺鼠异味。清理时也会产生很多沾上天竺鼠粪便的灰尘。基于这次和其他经验，我建议，不论你的孩子多么希望让小鼠或仓鼠跟自己住同一个房间，一定要坚守原则。坚持宠物的居住位置必须不影响到孩子的床和睡眠时的空气。

如果能让宠物的笼子、木箱或箱子经常保持干净，每只宠物都会更健康、更快乐。请向你的兽医师寻求建议。如果兽医师允许或建议这么做，请先彻底清洁笼子，再用稀释过的漂白剂加以消毒（我会避免使用松油或酚类）。尽可能经常将宠物的箱子、木箱、笼子或寝具放在太阳下曝晒几小时，这会是个不错的家务处理方式。

□ 蜱和跳蚤

如果你的宠物身上有跳蚤或蜱，它们可能会侵扰你的房子。这个问题相当大，但不需要感到丢脸，也不代表你做错了事。整理得一尘不染的房子也可能出现跳蚤或蜱。蜱的问题比较少见，但如果蜱的卵在房子里孵化，就可能造成侵扰。

你可能听说过，只要养宠物就不会有跳蚤，因为跳蚤会留在宠物身上，这种说法并不正确。有宠物的家里几乎都有跳蚤，而且跳蚤的来源几乎都是宠物。跳蚤其实不住在宠物身上，而是跳到宠物身上进食，再跳到你的地毯，钻到里面产卵。地毯才是跳蚤真正的家。有时把跳蚤带进家里的是人类自己，但这种状况比较少见。

不过，由于除蚤和除蜱药十分安全有效，所以对于使用这些药物的家庭而言，应不致遭受跳蚤和蜱的侵扰。施放在宠物身上的预防性药物也相当不错。请询问兽医师哪种新疗法对你的宠物最安全有效。

如果你的宠物没有使用除蚤药，且身上又有跳蚤出没，那么你很可能已经遭遇一点跳蚤问题，只不过自己还没有注意到而已。很多人出外度假几周，回到充满饥饿跳蚤的房子之后，才发现跳蚤问题严重。这些饥饿的昆虫趁主人不在家时孵化出来，只缺温暖的身体以供取食。我听过两个例子，猫主人外出几周，请朋友和邻居来家里喂食和照顾猫，原本这两位猫主人都很认真地每天吸尘，但不在家期间没有人吸尘，结果跳蚤占领了房子，造成十分严重的问题，使得来帮忙喂猫的朋友与邻居一进门就遭到跳蚤大军的猛烈攻击（基于这个原因及其他原因，当你必须长时间外出，让宠物单独留在家中并非最佳处理方式）。

虽然除蚤药使用一次就能破坏跳蚤的生命循环，但接下来几周，屋子里可能还是会出现跳蚤。有些专家表示，不需要针对屋子院落做进一步处理，因为跳蚤发现没有适合的宿主可以寄居时，自然就会搬走（但蜱不会）。但也有些专家认为，当你处理过宠物身上的跳蚤问题之后，也应该针对屋子进行除蚤，尤其原先问题越严重，事后就越需要针对屋子除蚤。我比较认同后者。

吸尘可除去跳蚤、虫卵、幼虫，或许还可除去蜱，因此家中有跳蚤侵扰时，吸尘也是极为重要的除蚤方法。家里有跳蚤时，每次吸尘后务必丢掉集尘袋，因为跳蚤会住在里面。跳蚤与虫卵大多会聚集在宠物的床和被褥里面与周围。因此，如果你每周为宠物的床被吸尘一两次，而且经常清洗宠物寝具、箱子或木箱（用热肥皂水清洗并彻底洗净），应该不会出现问题。但如果问题已经出现，最好每天为地毯和沙发布吸尘，尤其是宠物的床和它喜欢逗留的地方，直到问题解决为止。再次提醒，吸尘之后要丢掉集尘袋！

经常修剪草皮、矮树丛和杂草，并避免让宠物在蜱流行季节四处游走，也有助于防治蜱。

如果你发现家里有跳蚤或蜱，而且你没有用过兽医师开的除蚤产品，那么给你的标准建议是家中、院子和宠物都必须处理，确保将跳蚤根除。使用质量良好的洗毛精清洗宠物，可以有效杀死跳蚤和蜱，但无法防止它们卷土重来，除非你使用除蚤项圈和市面上的其他抗蚤产品。可以询问附近的宠物用品店是否有相关产品，但要仔细阅读标签，依据宠物的种类、体型和年龄选择适合的产品。如果要处理家里和院子，宠物用品店也有抗跳蚤和抗蜱喷雾和药物。不过要记得，能消除成虫的方法不一定能杀死虫卵和幼虫，除非经常依循产品指示施用，否则你可能会发现新生代跳蚤不断出现。如果你购买了这类杀虫剂，并打算自己处理，使用时务必遵守商标上所有注意事项和指示，以确保安全有效。如果跳蚤或蜱的侵扰状况相当严重，可以联络相关单位寻求害虫防治的协助。

□ 宠物异味

宠物有体味，而且会滞留在笼子和便盆中，毛也可能带有异味。因此，拥有宠物的家庭，屋内空气以及家具（尤其是布制家具）上有时会带有宠物的味道。在城市中，家中会出现宠物异味，常见原因是太多宠物挤在一间小公寓里。不仅产生的异味令人觉得不快，让这些小生物拥挤地居住在狭小空间中，对它们也不公平。宠物和人一样需要社交和居住空间，才能维持健康和快乐。

除了不要在家里养太多宠物，你或许还可尝试以下这些效果不错的方法，尽量减少宠物异味：

◆ 经常帮宠物洗澡和整理。

◆ 经常清洗和洗涤宠物用品，尤其是宠物睡觉用的床。

◆ 经常吸尘。

◆ 经常清洁笼子、木箱和箱子（可能的话最好在户外）。

◆ 经常更换便盆（可能的话最好在户外）。

◆ 让便盆、笼子、木箱和箱子远离起居区域，放在通风良好处。

◆ 通风要良好。

◆ 让宠物到户外活动，可以到门廊或院子里。

◆ 避免让宠物跑到可能遇到臭鼬、腐蚀性物质的地方。

◆ 提高地毯清洗频率。如果宠物习惯坐在家具上，也要提高沙发布的清洗频率。

如果你的狗触碰到臭鼬或腐尸

请你先披上可丢弃的旧衣服，再来清洗狗身上的臭鼬或腐尸异味。清洗时请使用金属管，塑料管可能会沾上令人不快的异味。戴上抛弃式塑料手套，并套住头发。

要清除狗身上的臭鼬味，有个行之久远的方法是来个西红柿汁浴。专业宠物美容师通常会对这个方法嗤之以鼻，并建议你到宠物用品店或向兽医购买除臭产品。我自己尝试过 3 次西红柿汁法，而我必须承认，最后的结果是，我跟我的狗身上都沾满了臭鼬味（虽然狗狗身上的臭鼬味的确稍有减轻）。基于传统，我还是在下文列出就我所知效果最好的西红柿汁法配方，不过我自己会选择兽医师或宠物用品店建议的产品（并依循包装上指示使用）。这类产品对各种强烈异味都有用，包括臭鼬、腐尸和排泄物等。

去除臭鼬味的西红柿汁法需要使用几大罐纯西红柿汁。每次把一整罐西红柿汁倒在狗身上，让西红柿汁覆盖狗的全身，并集中在味道最重的地方。让狗身上每一处都吸饱西红柿汁，并且在你用西红柿汁搓揉狗的身体搓到手酸之后，再用微温的水彻底洗净狗狗。接着用洗毛精洗 3 次，每次洗完后都用大量温水洗净。

市面上有减轻宠物异味的产品可供选择，效果也都不错，不过如果用于大面积的地毯或沙发布，可能所费不赀。你也可以到附近的宠物用品店，请老顾客和店员推荐其他好用的产品。如果你觉得地毯或沙发布在两次清洗之间又出现异味，可以在上面撒满小苏打，等待 15 分钟，再用吸尘器把小苏打吸净（小苏打没有毒性，不过在做这件事时，务必将宠物关在门外）。小苏打的效果相当好，但用量必须足够、放置时间必须够长，才有效果。此外，请使用空调或除湿机降低家中的湿度，因为潮湿的空气会让异味格外刺鼻。就我看来，一般的空气芳香剂对各种宠物异味都没有帮助。

□ 猫尿问题

猫尿是相当常见又相当难处理的问题，而且关于此，我有许多个人经验。有一次我带猫去兽医师那里，结果不知何故，它跑出了携带笼，然后在车子的座椅上撒尿。之后不管我们用了哪些方法，都无法去除车上的刺鼻味道。这个问题在家里往往也同样难缠，而且非常严重。你可能觉得已经完全清除，但只要一下雨，气味就会冒出来。你可能会发现你不只碰到全世界最难缠的异味，而且处理起来也相当花钱。如果你的猫因为情绪不好（例如觉得不舒服或正在适应新环境），所以在家具或地板上撒尿，最后的下场可能是必须丢掉某些家具，而且你还会恨不得连地板一起丢掉。有人因为尿骚味而卖不掉房子，或因此卖不到好价钱，也有人买了房子之后才发现有猫尿问题，得花上一大笔钱来解决，但为时已晚。

如果猫尿渗入木地板，或许可以借由重新打磨或涂装来消除尿骚味。不过这不保证有效，因为尿液可能已经渗透到木材深处，甚至渗透到底板。有人十分沮丧地发现，只要天气变潮湿或下雨，或是该区域只要沾上水汽，尿骚味就会透过新涂装再次出现。遇到这种情形，你可能必须把地板拆掉重装，甚至要连底板都换掉。如果猫尿渗入有许多小孔的混凝土，消除气味的唯一方法可能只有敲掉旧混凝土重铺。

我告诉养猫新手这些故事，是要说明绝对不要放任猫儿在家里乱跑。新手的首要之务是阅读相关书籍，了解猫本身及其习性，以及如何协助它们安全地适应你的家。没有结扎的公猫会在家具、墙壁和帘幔上撒尿，这只是猫标示势力范围的方法之一。即使已经结扎，有些公猫仍然会这么做，而且的确能产生某种程度的效果。市面上有仿真猫费洛蒙的产品，在家中使用这类产品，或许有助于遏止猫四处撒尿。如果你的猫会在家中四处撒尿，可以询问兽医师对这类产品的看法。猫有时会把尿撒在猫砂盆以外的地方，这么做可能基于生理因素、心理因素，或两者兼有。举例来说，猫到了新家（以及其他你应该知道的某些情况下）可能会撒尿在住家周围几个地方，或是固定在一两个地方撒尿。如果你没办法阻止猫的这些行为，请立刻向兽医师寻求协助。不论是透过治疗或训练，这个问题一定有解决办法。

你的猫一旦在猫砂盆外撒尿，就一定得彻底清除那个地方的气味，否则你的宠物会认为留有气味的地方是再次撒尿的好处所。最有可能成功清除猫尿气味的方法是市面上的一种酶洗洁除臭剂，这在宠物用品店可以买到（请注意，有些产品是以化学方式中和气味，不像某些除臭产品是洗洁剂。因此请先清除气味，再依商标指示使用这类产品）。这类酶洗洁剂不一定适用于所有布料或表面。请仔细阅读标签说明，选择一或两种适用于你的衣物、地毯和家具的产品，并放在家中以备不时之需。

这类产品必须确实渗透到猫尿所达之处，才能发挥作用。因此要尽快把猫尿清理干净，或许才能避免其渗透到地板或沙发深处。如果尿液在地毯或沙发上，请尽一切努力防止尿液渗透吸收，用旧毛巾重复按压尿液渗入之处。在地毯底下放置塑料垫，让尿液不会渗透到底垫或地板上。如果只有一个沙发坐垫有尿，立刻从沙发上拿起，防止尿液扩散，并用纸巾吸干所有尿液，然后以专用的酶洗洁剂彻底处理沾到尿液的区域。请确实依循产品使用指示！如果手边没有这类专门产品，可以先使用全效洗洁剂。有个说法是在水中加入硼砂会有用，另外也可试着用酶洗衣剂水溶液来清洗，不过我想这么做应该很难防止气味残留，所以还是尽快使用酶洗洁剂重新清洗一次，且不要使用氨水或含有氨水的产品。这类产品的味道对猫而言很像猫尿，反而会鼓励它再犯。经常有人建议用醋清洁，但其实这对猫尿无效。

你也可以试着把沙发坐垫、床垫、地毯之类的物品交给专业人员或能处理猫尿问题的公司。即使污染区域只有一小块，但为了外观匀称，还是必须清洁整个地垫或沙发。

如果你的猫在帘幔、衣物或其他布料上撒尿，先用纸巾尽可能吸去尿液，再使用适用于这种布料的酶洗洁剂。最后，将洗衣机设定在适用于这种布料的最高温度（可能只是微温或常温，尤其是帘幔，因为帘幔的布料很容易缩水），并以酶洗洁剂洗涤。如果这种布料可以使用含氯漂白剂，可以尝试以厂商的建议量来漂白，不过应该给酶产品一段时间发挥作用，不要太早加入漂白剂，因为漂白剂会让酶失效。如果布料不能漂白，请送往可以处理猫尿问题的干洗店。

布料以洗衣机洗过之后，如果气味仍然存在，可以试试市面上能去除布料异味的产品。

□ 清除宠物毛发

要清除地板、地毯和沙发布上的宠物毛发，吸尘是最好的方法。请依据要吸尘的表面，例如木材、地毯、帘幔、沙发布等，选择最适合的吸尘配件。此外，市面上也有些好用的小工具可以清除宠物毛发，尤其是特别难清理的地方以及不值得大费周章搬出吸尘器来的地方。这些工具包括特制的宠物除毛刷、滚筒黏纸和干海绵等。滚筒黏纸特别适用于处理衣物上的毛。我发现一般衣物刷和沙发布刷的效果都没有这几种工具来得好用。

SLEEP
睡眠篇

CHAPTER

27
卧室

❖ **卧室文化**
　□ 功能和布置
　□ 卧室的陈设
　□ 起卧两用房
　□ 套房或小公寓
　□ 卧室隐私、家庭床、孩子

❖ **照料卧室**
　□ 光线和噪音
　□ 温度与湿度
　□ 干净的空气
　□ 卧室的清洁及洗涤规则
　□ 卧室的每日照料
　□ 卧室的每周照料

　□ 卧室的每月、每季和每年照料
　□ 宠物
　□ 害虫
　□ 其他床上礼仪

❖ **整理床铺和铺床**
　□ 床上用品与铺床
　□ 如何铺床
　□ 床裙
　□ 夜间准备就寝

❖ **失眠患者的家事策略**

起卧两用房
容易使我们抓狂，宿舍更容易

将我们变成野兽：诚实的建筑师知道

门板根本不足以区隔，以及防卫

两个疆界，也比不上那空荡的阶梯

那么具有疏离、中断的功效。角色的转换

从有标示身份的字号、名和姓

变成裸体的亚当或夏娃，不该那么随意或唐突

反之亦然。但一道阶梯让唐突的转换

成为庄严的过程

——奥登（W. H . Auden）《裸身的洞窟》（*The Cave of Nakedness*）

　　卧室是用来睡觉、享受鱼水之欢、穿衣和脱衣的地方。不算很久之前，卧室也是放置便壶的地方。因此，卧室是进行所有裸体（或是可能裸体）的活动之用。因为卧室的功能是进行裸体活动，所以通常也会是整个屋子里最令人惊奇的房间。倘若当你造访一位个性顽强的律师家中，看见一个家具稀少的冷清客厅，以及用冰冷的钢铁和花岗岩打造出的厨房，或许还不会觉得奇怪。但如果你打开卧室的门，发现自己好像走进殖民地时期的新英格兰地区，或是苏丹的后宫，或是 20 世纪 30 年代电影场景里的女士起居间，可能会感到非常惊讶。一个人的内衣和外衣往往也有类似这样的不一致。家中（和衣物）只具隐私用途而不具公共和社交功能的部分，往往是最不压抑也最让人惊讶的，而这其实是非常自然的事。

　　卧室是精神分析专家所谓的"回归"之处。我们在此脱离人格中比较理性和受控制的部分，这是必要过程，可让我们坠入梦乡和爆发激情。你喜欢的话也可称之为"放松"，但这个词保留给玩牌或看电视直到不省人事应该更适合。在卧室中，你不仅能抛开身份证号、领带和裤袜，还能入睡，并把思绪中会区别过去和现在、这里和那里、真实和想象的部分尽情抛开。在陷入激情时，你也会离开理智的、顾及现实的自己。这会让你感到脆弱。因此，卧室必须让人感到安全又私密，可以消除焦虑，否则你绝对不会让自己毫不设防地褪去衣裳、沉溺于感官，并陷入深沉而自由的梦境中。

▍卧室文化

☐ 功能和布置

矛盾的是，尽管我们通常会在卧室展现激情，但这并不表示卧室以最露骨、最性感的风格来布置最"有用"。尽管有些人喜欢被色情艺术作品包围，大多数人还是觉得卧室只要舒适温馨，不管在卧室中进行什么活动，都会十分完美。舒适温馨的气氛能引发更深层的放松感。这里安全又熟悉，所以你可以放任自己陷入睡眠、情爱，或任何事物。

在一间温馨舒适的房间里，最能让你获得所寻求的那种放松感，至于他人观感则一点都不重要。卧室要能让你卸下衣物，还要除去你的社交和情绪面具。你要能在卧室中表达真实的感觉，而不是提出时尚宣言。

卧室也是许多人放置纪念物、日记、珍贵相片，以及代表忠诚和感情的珍宝和象征物，从情书到校旗和奖杯。这些东西可能展示出来，也可能塞在抽屉和大皮箱里。卧室或和卧室相连的更衣室，也是我们脱衣、穿衣，以及存放衣物（我们的第二层肌肤）、首饰、袖扣、领带夹和其他饰品的地方。卧室存放衣物、相片、票根和旧书信的功能，对成人而言就像旧泰迪熊布偶对孩子一样。我们想在卧室的隐私和坦率中拥有这些东西，因为这些事物象征我们暂时隔绝了现实、发生过的社交生活，并让我们确信外面的世界没有改变，明天我们仍然能回到原来的地方。

☐ 卧室的陈设

每隔一段时间，就会流行在床上放置大量枕头和靠垫。商人特别喜欢这种装饰潮流，因为他们希望你购买远超出需求的寝具。即使你只是为了好看而放置很多枕头和靠垫，且睡觉时会全部拿开，但这些物品还是会积聚灰尘和脏污，并需要花时间洗涤、吸尘或干洗。如果你睡觉时没有拿开，这些东西最好跟一般寝具一起洗涤。维护大量枕头和靠垫会占去不少时间，时间有限的家庭不需要给自己增加负担。

在床上放这些东西，对舒适和健康毫无益处。医师和长辈都会建议，只要为自己细心选择一个睡眠用的枕头就好。跟许多小型或丝质靠垫或被毯一起睡觉，可能会让你受不了。这些东西会不断从你身上滑下，让你的脚受凉，或是挤成一团硬球，而且没办法固定在一处。即使你喜欢这些东西，也很懂得如何使用这些东西而保持舒适，但你的客人未必会这么觉得。

一间好卧室只需要一套简单的陈设。卧室中最重要的物品是床、衣橱、镜子和一把椅子。床头桌可以用来放置阅读灯、水杯、眼镜、一本书或杂志，或是你在睡前、夜间以及生病而不得不躺在床上时，可能需要的任何东西。放一块地垫或地毯，让你在上床或下床时可以踩踏，感觉也相当不错（面积更大的地毯，尤其是铺满整个房间的地毯，对健康不是非常好。这会大幅增加空气中的灰尘和过敏原，而你在睡眠时会吸入。如果你有宠物，影响就更为明显。有布料的家具和体积庞大的窗帘也是如此。请参阅第 334－336 页关于卧室中空气质量良好的重要性）。卧室中摆放一个小水槽，以及一张有抽屉和小镜子的梳妆台也很好用。

□ 起卧两用房

虽然有人坚称起卧两用房很快就会使人发疯，但长期看来，更复杂的多功能卧室有增加的趋势。有些人想在卧室吃早餐或其他餐，因此加了一张餐桌和餐椅。有些人放了大电视和音响，大多数人则会放收音机和电话。每个人都会放个闹钟，有些人则会放一张试穿鞋子用的小椅子，还放了又软又厚的阅读椅。很多卧室里有沙发、书架、书桌和计算机。很多人在床上用笔记型计算机工作。有些人告诉我，他们整个家庭生活几乎都在床上，在床上讲电话、看书、看电视、吃东西，以及从紧张的工作中恢复元气。

把卧室（甚至床）变成家的想法，本质上需要仔细探究。治疗睡眠问题的医师告诉失眠患者这样不对（请参阅下文"失眠患者的家事策略"）。你使卧室的功能变得复杂的同时，就是使卧室开放为公共领域。越在单纯基本功能上增加新功能，卧室就越难以发挥原本的作用。我猜想这是因为人们喜欢身在卧室中的感觉，因此试图把越来越多家庭生活移到卧室。但讽刺的是，这样反而会破坏他们追求的那种感觉。这些人经常非常焦躁紧张，下班回家后很想立刻躲进一个让人安心的地方（我自己就是这样）。但有些人的家里，唯一的舒适温暖之处就只有卧室。

在我的经验中，时钟、收音机和偶尔用来看深夜新闻（极少数状况下用来看深夜电影）的小电视不会明显妨碍卧室本身的感觉。我希望有空间可以放张小桌子，用来坐着写点东西、看相片、清点袜子、缝扣子、检查手镯上的钩环、涂指甲油，或是喝杯咖啡。但事实上，我只会在卧室里摆一张沙发、休闲椅、音响和计算机。在床上或小茶桌上吃早餐，是周末早晨恢复精神的好方法，不过午餐和晚餐则应属于精神奕奕的社交世界。卧室也不应该用来讲公务电话、工作、听音乐，以及属于清醒时刻的琐事和乐趣。不过，这方面当然因人而异，每个人得自己决定。

☐ 套房或小公寓

诗中提到，卧室一定要和其他房间分开，因此最好用楼梯进一步区隔。有些人曾经跟我争辩这一点，理由是这完全跟文化有关。他们说："日本人跟孩子一起睡在客厅的日式榻榻米上，而且睡得很好。住在套房的人不也同样只有一个房间吗？"不过，如果有足够的空间可以设置个人卧室，日本人还是会很高兴这么做。有些结了婚的日本人会到宾馆享受性生活，或是偷偷溜到车里几分钟，讲夫妻间的悄悄话。我也很少认识谁比较喜欢套房而不喜欢有卧室和其他房间的房子。我会这么说，是因为我曾经住过好几年套房。

如果你跟我先前一样，卧室没有楼梯，甚至连墙壁隔间都没有，只要你真的想营造出卧室的氛围，还是可以做得到。你必须努力在视觉上让卧室的空间跟其余空间分开，而且在布置套房时审慎规划，让你在做菜或处理家务时不会经过卧室的区域。方法包括在该区域使用不同的地垫、运用家具创造视觉分隔、使用不同的色彩或亮度等等。你也可以在床或卧室区前方放置屏风或安装帘幕，也可以在床尾放置书架等可以当作墙壁的任何物品。

如果你愿意，可以使用坐卧两用椅、沙发床、可收进墙壁的折叠床，或是白天可以收起来的日式床垫。我自己试过沙发床一段时间，但最后还是放弃不用，因为我无法把心爱的物品、衣物、首饰和镜子收纳在同一块区域，而且沙发床无法提供隐私感，也难以分隔睡眠时间和日间生活。

如果你的公寓或房子很小，且每个房间都必须有多重用途，你还是可以做出一些区别。举例来说，如果你在家工作，可以将书桌或工作空间放置在餐厅或客厅的角落，就算这可能会影响公共空间的外观，但因为在卧室里摆放书桌可能会让你想太多工作上的事，或是在你该放松心情睡觉时，促使你起床处理最后一点小事。最保险的方法是只把看书和听音乐等安静放松的活动跟卧室的主要用途合并在一起。

□ 卧室隐私、家庭床、孩子

现代的卧室是相当隐私的地方，而且大多数人（但不是全部）都喜欢这样。我们不仅不会让客人进卧室，连自己的孩子也一样。但有些地方的人仍然经常和孩子睡在同一个房间，甚至同一张床上。的确，西方父母坚持让小婴儿单独在黑暗中学习睡眠的做法饱受批评，认为这种方式不自然甚至残酷。只要你看过婴儿受到这种对待时手足无措地抗议，一定也会怀疑这种方式是否正确。这样的想法引发出全家一起睡在"家庭床"上的新概念，而且正逐渐普及。这个作法挑战了本章开头那首诗中的想法：宿舍不是好的卧室。

我很能理解家庭床背后的动机，但我怀疑西方人是否真能顺利使用家庭床。家庭床不仅可能对睡眠质量有害，还会严重干扰性生活。（许多精神病患者曾经告诉医师，他们在父母以为他们已经睡着或"太小还不懂"时曾经看过一些事情）。跟孩子一起很不好睡。他们会打鼾、挥动四肢和大力翻身，有时还会说梦话。床上的人越多，每个人睡得越不好，因为人数增加，状况就会随之增加，包括讨厌其他人的概率、其他人做噩梦的次数、上厕所的次数、挥动四肢、为了下床而爬过其他人、在不同时间上床起床等等。因此如果你有家庭床，这张床最好是面积很大、表面很厚，而且每个人睡起来都很安稳。

睡过家庭床的人告诉我，家庭床最后还会造成复杂的协调问题。当孩子身边没有你就睡不着，而你又不想八九点就上床时，你该怎么办？有人可能会反驳说，自古以来，世界上的人类大多都是睡在一起的。我的回答是，古时候的人睡眠可能相当零碎，而且当时人类没有闹钟、没有工作、没有固定工作时间、没有学校钟声，而且大概还经常小睡（每天可能两三次）。除非你确定你的孩子长大之后会生活在富裕又轻松的社会里，住在有水果可吃、有鱼可捕、随时想睡就睡的岛上，否则最好还是让孩子从小拥有自己的房间，同时坚持你自己房间的隐私权。不跟孩子睡在同一张床上，仍可以透过就寝仪式给予他们抚慰和安全感：摇摇篮、讲故事、唱歌、夜灯、反复安慰和解释，以及以耐心和同情面对孩子的恐惧。

成人希望自己的卧室拥有隐私，所以也应该尊重孩子的卧室隐私权。当孩子初次体验到令人兴奋的学龄独立时，就会开始积极主张这种权利。我们希望别人进入我们房间前先敲门，所以当孩子关着房门时，我们进入前也应该敲敲门。

▌ 照料卧室

☐ **光线和噪音**

孩子喜欢房间里开着夜灯，但成人大多在黑暗中睡得较好，而且卧室应该选择遮光百叶帘和窗帘。也有些人一定要看见天空，我有一位早睡早起的叔叔就是这样，他的窗户完全没有遮拦，卧室也经过刻意规划，让他可以看月亮、找星座和观看日出。他在窗下种植香气浓郁的花，包括夜来香、金银花和亚洲百合等，让他能呼吸到气味芬芳的夜间空气。

大多数人在安静的地方睡得最好，因此应该经常为门轴上油并防止水龙头漏水。如果你住在嘈杂的街上或高速公路旁，请选择隔音窗户，而且不要忽视各种窗饰的噪音隔绝效果。厚的帘幕、窗帘和遮阳帘的吸音效果较佳（书吸收声音的效果也极佳，但大多数人不会在卧室放书架）。有些人依靠白噪音阻隔扰人的声音，但白噪音会使我和我丈夫睡不着。有些人喜欢借由电风扇或空调机的稳定运转声掩盖噪音。我有些朋友则是透过重新规划家中空间，让卧室远离房子较吵的一侧。另外有些在城市里出生长大的人，就像我儿子，他们觉得街道噪音让人安心，反而害怕乡间黑暗宁静的夜晚。

如果已经用尽一切方法隔音，卧室还是听得见街上的噪音，别担心，一般人过一段时间就会自动忽略熟悉而规律的噪音。我丈夫就提及他儿时的经验。当时他们全家迁入梦寐以求的市区公寓，新家位于高楼层，可以看到美丽的河景，却发现了一个原本完全没有注意到的问题：卧室里一直听得到轰隆隆的车声。第一天晚上，噪音似乎对他们造成很大的困扰，全家都睡不着。但三天之后，他们就听不见噪音了。许多住在市区的人以这种方式适应环境，所以住在乡下的亲戚前来造访时，往往奇怪他们怎么能忍受噪音。我认为，这些你"听不见"的噪音对神经和健康仍然有某种程度的影响。不过就我的经验看来，你很快就能恢复平静，可以睡得很好。

打鼾对打鼾者的伴侣可能是严重的噪音问题，对打鼾者本身则会是健康问题，可能造成无法充分休息、睡眠呼吸中止和其他疾病。打鼾通常在治疗之后会有所改善，因此，习惯性打鼾的人应该寻求医师或睡眠专家建议。另一方面，打鼾者的伴侣可以尝试使用耳塞，一般药房就可以买得到。

你也可以轻轻转动打鼾者的脸，直到鼾声停止。鼾声很快就会再次出现，但这段短暂的中断可让你有机会睡着。倘若对方打鼾打得特别厉害，你可以随时准备好另一张床，这样就不需要半夜三更还得铺床。

在某些状况下，有些合法方式可以解决扰乱住家宁静与秩序的室外噪音。

□ 温度与湿度

一般而言，最能让我们睡得深沉安稳的温度是凉爽的 13～20℃，达到最佳舒适和健康效果的相对湿度则是 40%～50% 之间。除湿机、加湿器和湿度计都有帮助（请参阅第 1 章《室内通风》）。

偶尔失眠的人可能会发现，降低卧室温度的效果有如神奇安眠药，因此，幼儿、年长者和病人的卧室温度通常应该维持在这个范围的上限左右，但某些情况下则需要更高。家里如果有身体特别虚弱的人，则务必寻求医师建议。依照环境、冷暖和轻重选择适合的床上用品。如果晚上家里的温度低于 15℃，你会翻来覆去，难以成眠，所以必须选择重量适中、保暖效果良好的被子或毯子。

□ 干净的空气

卧室应该有良好干净的空气，这点非常重要。你待在卧室里的时间可能比其他房间都多。你一辈子至少有 1/3 的时间会待在床上，所以你必须特别留意卧室的基本整理方法，尤其是孩子的卧室。孩子可能有 9/10 的时间待在室内，其中大部分时间是在卧室里游玩和睡眠。气喘大多发作在夜间（有人推测原因是寝具和卧室里的过敏原），另外，灰尘、通风不良、经由空气传播的微生物污染、霉菌等因素在卧室中对健康的伤害比在客厅中更大，因为你在睡眠时间内会一直接触到这些因素。疏于清洁、吸尘、除尘，或没有经常正确清洗寝具，都会增加卧室中的空气污染。

卧室中的许多地方都有尘螨过敏原，包括毯子、窗帘、有坐垫的家具和地板，以及枕头、床垫、床单、毯子和被子等寝具（请参阅第 5 章《灰尘和尘螨》）。要减少灰尘和尘螨过敏原，可以考虑减少容易积聚灰尘的室内陈设，例如卧室中的地毯和有坐垫的椅子。寝具最容易释出过敏原，让你在夜间大量吸入。如需了解消灭尘螨和去除过敏原的有效洗涤方法（请参阅上册第 27 章）。床上的用品最好都是可洗涤的，并用抗过敏的床单和枕头套（请参阅第 338 页）。

要维持空气质量良好，最简单、效果也最好的方法，就是通风。尽可能经常打开卧室的窗户，可降低卧室中灰尘和各种有生命和无生命空气污染物的浓度。铺床时不要过度抛甩床上用品，这样会造成灰尘大量飞扬。但如果是在室外，就可于上风处抖枕头与毯子。这是我儿时每周家务整理的标准程序之一。天气好的时候，我母亲和祖母还会把毯子挂在楼上的门廊栏杆吹风。早上走过镇上的大街，会看到妇女把毯子挂在后院的晒衣绳上吹风。这么做相当有益。一位著名的过敏科医师告诉我，阳光可以消灭尘螨，让室内陈设和寝具吹风和晒太阳也大有好处，这样可以消灭微生物，让物品气味清新。风吹日晒三到四小时就很有效，当然也可以像以前的人一样放上一整天。不过要记住，这种做法无法去除尘螨留下的过敏原（其中包括尘螨的残骸）。要去除过敏原，唯一的方法是洗涤。

另外，床和卧室也应该透气通风，好在长期使用后恢复清新。关于这方面，我的意大利祖母和英美祖母也展现了不同的态度。意大利祖母坦率地大力支持长时间透气通风，不但坚持要好几个小时，而且对铺床嗤之以鼻。英国祖母则对透气的必要性感到怀疑，极端厌恶凌乱没有铺好的床，无法容忍没有整洁的医院式床单折角的床。对于北欧亲戚而言，这样的床象征堕落和不道德，不仅代表你懒得铺床，更表示你打算随时躺回去继续懒惰，或进行其他更堕落的事。事实上，两边都是对的，床和房间都应该透气通风，但透气之后也应该铺好。每天早上拉下床罩，放置一小时以上，让床恢复清新和干燥，再把床好好铺整齐。

床和卧室为何需要透气通风？

你睡眠时会呼出约 1 千克的水分，同时也会随呼吸释出异味和大量微生物，进入空气、你的枕头与寝具。另外你还会流出约一杯的汗，同时分泌皮脂和发出体味。另外你还会耗尽房间里的氧气，置换成呼出的二氧化碳。如果床上或房间里有两个人，这些效应就会加倍。以上这些可以解释，为什么在睡觉时关着窗户，隔天早上卧室里会有一股陈腐的气味（不过你可能闻不出来，除非你离开几分钟再回到卧室）。把床罩拉下，打开窗户通风一两个小时，否则你留在床上的水分会蒸发得很慢，甚至完全不会蒸发，使得枕头和床垫形成适合尘螨、霉菌和其他微生物大量繁殖的环境。打开窗户，让新鲜空气稀释并带走污染物（微生物和微粒），同时带进新鲜的氧气。

卧室不应该有家中常见的空气污染物。不要在卧室里或床上吸烟。存放及使用喷雾发胶、香水和各种气味强烈的物质时，都应该远离容易过敏和比较在意的家人卧室之外。注意新的合成地毯、窗帘和某些家具的挥发气体，也要留意新刷过油漆或聚氨酯房间的烟气（你可以睡在其他房间，等气味散了之后再回去睡）。干洗过的衣物不要立即挂在卧室衣橱里，等干洗剂气味完全消除后再挂回去，这也意味着，有时你甚至必须挂在其他地方好几天，不过，好的干洗店送回来时通常不会有气味。如果你有宠物，应该避免宠物进入卧室，卧室门也应该经常关上。

□ 卧室的清洁及洗涤规则

你经常会看到和听到某些半开玩笑的建议，大意是打扫家里时，只要清洁客人看得见的区域就好。这个建议很糟，而且也不好笑。减少卧室里的灰尘对增进健康和舒适的帮助大于其他清洁工作（但厨房例外）。你和孩子的健康和舒适，远比别人看见的东西重要得多。

□ 卧室的每日照料

每天起床之后，让床透气。可能的话打开窗户，把床罩拉到床尾（如果寝具会接触到地板，请在床尾放把椅子撑住寝具）。在你淋浴和吃早餐这段时间，让床维持凌乱的原状。如果你要外出上班，床至少应该透气一小时，如果不外出的话则可透气更久。如此一来，有助于维持床的触感和清新的气味，直到下次更换床单。

透气后便整理床铺。前后左右拍打枕头，把枕头拍松。拉平床单和毯子，使其恢复刚铺好时的位置。

接着，确认房间里没有散落的衣物。把睡衣和睡袍挂起来，最好能挂在打开的窗户附近。把应该放在衣橱里的衣物挂起来，放回衣橱。确认脏衣服都已经放进洗衣篮。收拾一些必要物品：收起报纸、盖上瓶子，以及把杯子拿出卧室等。用一张卫生纸擦去明显的灰尘或碎屑。

打开百叶帘和窗帘，让太阳照射一整天，可能的话也把窗户打开一整天。

□ 卧室的每周照料

尽量每周为家中的每个卧室进行一次大清扫和一次小清扫。卧室也应该每周除尘和吸尘两次，且要做得比其他房间更彻底，像是窗帘、遮阳帘和百叶帘都要除尘，吸尘时也要包含床垫和枕头。

床单和枕套每周至少要更换和洗涤一次，枕套甚至可以每周更换两次，因为枕套比床单更容易脏。婴儿床的床单也应该每天更换，如果弄湿或弄脏，可以更换得更频繁。

接触皮肤的所有寝具最好能和床单同步清洗。

□ 卧室的每月、每季和每年照料

每个月洗涤枕包（内有拉链的枕套）、床垫包、保洁垫、毯子和被包一次或一次以上（气喘及其他过敏患者则需每周清洗一次，或依照医师指示）。

床垫和枕头如果有抗过敏原内套，每年应该洗涤及更换 1～2 次，如果变脏则应该增加次数（请参阅下文"床上用品与铺床"）。

假设过敏原不是问题（你没有过敏问题，或是你使用抗过敏原内套），则可以在枕头和被子发出霉味、异味、看起来变脏，或是有理由认为变得不干净时，加以清洗，频率通常是每年一次甚至更低。如果你使用抗过敏原内套，而且洗涤所有包套和外套时都相当留意，就没有必要为了去除尘螨过敏原而洗涤[①]。

偶尔旋转和翻转床垫（请参阅第 367 页）。传统上，床垫每年要晒太阳和透气两次，分别在春天和秋天。这么做可以消灭尘螨、抑制霉菌及真菌，所以是从古至今都广受实行的家务习惯。市区居民无法让床垫晒太阳和透气，只能小心使用及定时洗涤床单和枕头内套，并且经常用吸尘器清洁枕头、保洁垫和床垫。

如果你以正确的方式对待床，应该不需要清洗床垫的表布。但如果因为泼洒或意外而弄脏，可以用清洗沙发布的方式来清洗。重点是不要让脏污渗入床垫，而且必须特别小心，不要弄湿床垫内部，否则床垫内部可能会发霉或腐烂。

卧室里的地垫或小地毯，可能的话，也偶尔拿出去晒太阳和透气。

[①] 不使用抗过敏内套时，过敏科医师建议过敏患者应每隔 1~2 周清洗枕头和被子一次。这么做相当麻烦又耗时，且当然比使用抗过敏内套来得不轻松。一家抗过敏内套公司的业务告诉我，这类内套可隔绝皮屑和尘螨过敏原，但不一定能隔绝霉菌。如果你的枕头或被子出现霉菌，应停止使用。如果没办法换新，将有霉菌的寝具日晒、风干、仔细清洗，然后再重复一次。

□ 宠物

最好避免让宠物进入卧室，尤其是孩子的卧室（请参阅第 26 章《宠物》）。

□ 害虫

因为我们待在床上的时间相当长，所以会留下汗水、皮屑、油脂和其他会吸引害虫并作为害虫食物的身体产物。此外，在黑暗中停顿不动的人体，也可能成为它们的大餐。最扰人清梦的事情就是讨厌的蚊子在耳边嗡嗡叫了。纱窗相当重要，每年春天应该检查纱窗是否有破洞。如果发现纱窗上有破洞，先用胶带封住，等修理或更换时再拿掉。如果要用针线临时修补，请使用高强度聚酯线，这种线不会腐坏，相当耐久。

卧室有蟑螂时应该立刻处理，尤其是婴儿或孩子的卧室。虽然有蟑螂并不代表你在家务整理上犯了什么罪，但蟑螂制造过敏原的能力跟尘螨不相上下，而且会传播疾病（请参阅第 5 章《灰尘和尘螨》）。蟑螂不是卧室的常客，因为卧室的环境对它们而言不像尘螨那么适合生存，不过卧室遭受害虫侵扰的情况也可能很严重。要防范这类问题，必须避免食物进入卧室，同时保持卧室干燥。然而，一旦蟑螂定居下来，这两种方法就无效，倘若情况严重，你也可以寻找环保局的协助。另外，若是在大人的房间，你也可以放置硼酸粉，此法相当有效。但注意不要施放在孩童房，并且要避开孩童和宠物，尽管硼酸粉的毒性已经比市售的杀虫剂低许多。使用时

为什么要清洗内层寝具和枕头？

床单有助于维持保洁垫、床垫包和毯子干净，但没有绝对的保护效果。油脂和汗水某种程度上会渗透床单，最后弄脏床垫包或保洁垫和毯子，几年之后连床垫也会弄脏。清洗床单的频率越高，下一层维持干净的机会越大，你越常清洗下一层，床垫维持干净的时间就越长。

枕头比其他寝具更容易脏。眼睛会流泪，嘴巴会流口水，脸部会分泌汗水、油渍，然后会在枕头上摩擦，通常比脸更脏的头发也会在上面摩擦。另外，你的鼻子通常整个晚上都会陷在枕头里，所以枕头一变脏就必须加以清洗，而且必须经常清洗枕套和枕包。

请遵守标签上的注意事项。如果还是无效，请联络除虫公司，并在处理之后到其他房间睡几天，同时打开所有窗户。

如果家里过去或现在出现蟑螂，清洁特别重要，因为蟑螂和尘螨一样，尸体和粪便都会释出过敏原，继续污染你的房间。因此，在吸尘、湿拖、通风以及其他清洁工作时，都必须特别下功夫，以便彻底清除它们的踪迹。

目前已经很少听到有床虱出没，但这曾经是相当严重且难缠的问题，不论打扫得多干净，任何家庭都可能出现。美国前总统艾森豪威尔的夫人刚结婚时，对抗床虱的方法是将床脚浸在煤油盆里。以前的人们会把床架漆成白色，并使用全白的寝具，这样一有床虱或虱子等令人不快的东西时，就能很快发现其所在位置，然后准确杀死。根除的方法是使用化学药品处理卧室和家具以及彻底洗涤寝具。通常也必须仔细清洗、煮沸床单和所有贴身衣物。

没有人能忍受床虱，床虱不仅令人极端厌恶，而且可能传播疾病。受害者可能会感到虫咬，并在床单上发现细小的血迹，最后看到床虱。床虱身长 6~10 毫米，相当扁平，身体呈椭圆形，深棕色。吸饱血时身体变厚拉长，并转变成深红色。床虱会咬人，同时在皮肤表面留下极端恼人的液体，造成皮肤肿胀及发痒。遭床虱侵扰的房间里会有一股特殊的臭味。床虱有许多种，外形有少许差别，有一种相当常见的种类是由飞进阁楼或由烟囱飞下来的蝙蝠带进房屋内的。床虱通常遍布在用过的家具或床垫上。

即使家里相当干净，偶尔还是会出现床虱。我听过一个例子是，床虱在大学宿舍里一间传过一间，而且可以想见，会有学生无意间把床虱从宿舍带回家。需特别注意用过的家具，尤其是床垫。如果你怀疑有床虱，请联络除虫公司，并检查阁楼是否有蝙蝠。床虱可能会钻进墙壁和地板的裂

床单应该多久更换一次？

长久以来的传统，都是每周更换和洗涤床单一次，视为最低限度。如果你或你的伴侣很会流汗，或是因病迫使躺在床上的时间变长，每周清洗两次或以上通常会比较好。如果是整天都得躺在床上，每天更换床单会感到较为舒服。同样地，不管你是基于何种理由而经常待在床上，例如喜欢在床上用笔记本电脑工作、常在床上看书或看电视，或是常在床上吃东西，那么每周更换床单的频率可能得不止一次了。

缝与空隙，以及床架与床垫，甚至画框和填充玩偶等被视为不可能的地方。除虫人员通常会处理所有硬质表面。床垫或许可以用某些方式进行处理，不过我认为最好还是买个新床垫。如果你不确定或需要协助，请联络环保局。用强效洗衣剂和衣物所能承受的最高温度清洗所有寝具，应该可以消灭所有留在上面的床虱或虫卵。

□ 其他床上礼仪

基于生理和心理上的理由，受到善待的床会比较清新，也比较容易让人入睡。老一辈的床上规矩中，是禁止穿着外出服坐在床上的，尤其是床上有人或这是病人的床的时候。如果你躺在已经铺好的床上睡午觉，必须用方便洗涤的东西盖住床罩。否则就必须洗脸、脱衣服，再上床睡觉。不要把手提袋、钱包、公文包和鞋子等之类的东西放在床上，因为这类东西经常接触地板、人行道和其他可能不干净的地方。

▌整理床铺和铺床

我一个朋友说，她一位年长的阿姨曾经表示，即使穷困或生病，也一定要帮自己好好铺一张床。这个建议从当时到现在都一样好，一张好床的标准从当时到现在都一样，因为人好几百年前就发现了蕴藏在好好铺床背后的秘密。

一张得体的现代床铺最少必须有个床垫以提供适度的柔软度（或是下弹簧垫等其他下垫，让床不那么硬），床垫应该套上床垫包，以保持干净和舒适。我们睡觉时会直接接触床单，床单具有双重功能，可以防止床垫或床垫包引起皮肤发痒，也防止皮肤油脂和汗水沾染床垫。此外，覆盖着我们的被单，也同样具有双重功能，分别是防止毯子引起皮肤发痒，以及防止皮肤油脂和汗水沾到毯子。枕头套的功能也和床单或被单一样。被单上方是一或两张毯子，或是拼花被与棉被，功能是保暖。白天没有人睡觉时，有一层装饰布盖着整套寝具，不仅可保持干净，也能让床在无人使用时显得美观。以上这些原则同样适用于 12 世纪法国各阶层民众的床。博物馆中有些文艺复兴时期的绘画，里面的床往往跟你现在的一样。

□ 床上用品与铺床

铺床时需要以下物品

- ◆ 床垫和枕头内套
- ◆ 床垫、枕头和羽绒被或棉被的抗过敏原内套（非必要）
- ◆ 保洁垫
- ◆ 枕包（内有拉链的枕套）

与皮肤接触的织物

- ◆ 床单
- ◆ 被单
- ◆ 枕套

保暖覆盖物

- ◆ 毯子、拼花被、棉被及羽绒被

防尘日间床罩

- ◆ 毯套、短床罩及长床罩（床单）

　　你或许会想用抗过敏原内套包裹枕头、棉被和床垫。这类内套的纤维表面覆有聚合物薄膜，只让水蒸气和热气通过，但不让尘螨、过敏原和其他微粒通过。对于气喘或其他过敏患者以及孩童使用的床而言，这类内套是不可或缺的预防措施。

　　此外，针对会尿床的孩子或有失禁、疾病问题的家人，可以在床上放置橡胶棉质防水垫或其他防水物品，防止床垫弄湿（床垫一旦弄湿，就没办法完全清干净，你可以试着使用沙发椅清洗机，这类机器可注入水分再吸出，但可能没办法完全成功）。全塑料防水垫的舒适程度不及橡胶棉质防水垫。

　　在防水垫上铺上床垫包、加套的保洁垫，或是加厚的床垫包（如果没有防水垫，就直接铺在抗过敏内套上，甚至直接铺在床垫上）。这是为了保持床垫干净，同时在你和床垫之间多加一层触感舒适的吸水性材料，因为床垫的材料可能是不舒适的合成纤维。填充棉花的全棉保洁垫有时很难找到，但找得到的话更好。你或许会认为，只有童话故事里的公主才能透过床单感觉到保洁垫的填充材料是不是聚酯纤维。的确，很多人感觉不到，或是感觉得到但不在意。然而，除非你已经试用过整个晚上，否则不要断定自己感觉不到。摸一两分钟觉得很舒服的布料，可能过几小时就不是这样了。

将每个枕头套上有拉链的麦斯林纱质枕包。如果你不使用抗过敏枕包，请直接套在枕芯上；如果有抗过敏枕包，就套在抗过敏枕包上（没错，这样一共是两层枕包，而且现在还没套上枕套）。麦斯林纱枕包的拉链应该要跟抗过敏枕包的拉链位于相反的两侧。接着在麦斯林纱枕包外套上枕套，枕套的开口或纽扣应该跟枕包的拉链位于相反的两侧。这样可让枕头及其内部保持干净更久。

接着采用下述方式铺好床单、被单，以及毯子、被子等保暖覆盖物，最后铺上床罩、拼花被或其他日间床罩。将所有床单和毯子塞紧铺平，皱纹和折痕不仅睡起来不舒服，也不好看。床单尺寸必须有足够的余裕，才能塞得紧密安稳，不会在你睡觉时被拉出来。这有助于你睡得更好，也让你起床后少花点力气铺床（如需了解床单尺寸余裕和相关信息，请参阅第28章《床和寝具》）。

□ 如何铺床

下层床包——将床包正面朝上。安装床包时，唯一的诀窍就是用力。从床的一角走到另一角，用床包有弹性的角包住床垫的角。如果床包会缩起，试着先包住对角，这样比较能固定床包，方便你处理另外两个角。把床垫的角抬起，让床包的角包住床垫，让床垫的重量帮你拉开床包，接着放下床垫。床包一定要购买预缩过的产品，如果你的床垫很厚，请购买标有四个角为"特深""通用"或"特厚"的床包。

下层床单——下层床单通常塞在4个斜角或"医院式"折角下方（请参阅下文"斜接或医院式折角"）。床单长边的织边放在床的两侧，较宽的折边在床头，较窄的折边在床尾（因为床单的床头端通常磨损较多，所以我的意大利祖母有时会将床单头尾颠倒，使磨损比较平均）。

被单——假设你已经依照上册第24章《折叠衣物》的方法折好被单，现在

如何铺出斜接或医院式床角

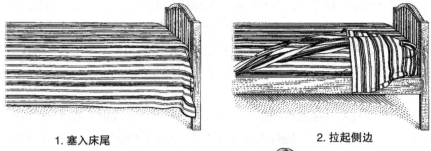

1. 塞入床尾　　　　　　　　　　　　　2. 拉起侧边

3. 侧边拉起后塞入床头端的侧边

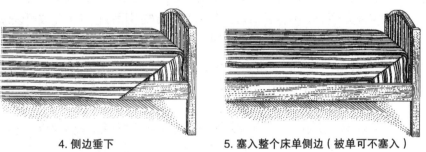

4. 侧边垂下　　　　　　5. 塞入整个床单侧边（被单可不塞入）

请打开纵向的折痕，横向的折痕不要打开，把床单放在床中央，方向平行
于床宽。接着抓住离你最近的两个松开的折边角，轻轻抖一下床单。此时
床单会展开，较宽的折角会位于床头，较窄的折角会位于床尾。如果床单
有印花，应将反面朝上，这样将床头折边折下来盖住毯子时，就会露出印
花面。向下折，让两个角在床尾斜接。

斜接或医院式折角——正确斜接的床单角不仅看起来整齐，在你睡眠时也
能塞得相当紧。除了维持舒适，也能使隔日的铺床工作较为轻松。首先，
将床单尾端边缘塞紧，接着用一手的拇指和食指拉起床单一角（与床垫上

端角相对的床单侧边），然后拉到床的侧边，暂时搁置在床上。接着，将你在拉起侧边床单角时垂下来的部分塞到床垫下方。再来，让被单的侧边自然垂下，再塞进床垫下方，这样就是斜接的床单角了（有些人喜欢让被单的侧边维持自然下垂状态）。请参阅上页插图。

毯子、拼花被和棉被或羽绒被——如果你想使用一条或更多的毯子，请在这时铺上去。将毯子正面朝上放在被单上方，毯子上端距离床头15~25厘米。将床尾的毯子塞入床尾，并依照与床单相同的方式折出直角。接着将被单的上端折下来盖住毯子。床单折下来的长度必须足够，以防止毯子沾上身体的污垢和气味。如果喜欢，你也可以把毯子和被单塞进床垫两侧，不过这只关乎个人喜好。你也可以多加一条被单，或在毯子上放置轻薄的床罩。这样可增加一些重量并提高保暖效果，也有助于让毯子保持干净。如果是夏天，则可用第二条床单取代毯子。

棉被（羽绒被）通常不会塞入床垫下方，因为这些寝具太厚（有时也因为太窄或太短），不容易塞紧。有些人的棉被不用被包。拼花被可以像毯子一样，放在床罩下方，或是当作床上最上层的装饰性覆盖物。

日间床罩——这是放在最外层的东西。将日间床罩（毯罩、短床罩或长床罩）铺在床上，防止寝具沾染灰尘和脏污，并让整张床拥有不错的外观。以往大多数家庭都会使用床罩，现在就没那么常见。床罩可能垂到地板，也可能不会（如果垂到地上，就不会使用床裙）。虽然有些人会睡在床罩下以便保暖，但睡觉时最好还是拿起床罩，折挂在架子上，或是放在椅子、柜子上。有些人则只是折好放在床尾。如果你的床架有床裙，通常会在毯子（或棉被、拼花被）上放毯罩或短床罩，而不会放长床罩。毯罩和短床罩只会盖到床架边缘，让床裙露出。

摆床——将日间床罩均匀平整地铺在床上之后，将枕头装进枕套，再以你喜欢的方式摆床。现在常见的方式是将被单向外翻折到棉被或毯罩上，再于床铺上摆放2~4个枕头。睡觉时不会用到的枕头通常会套装饰枕套。另外，还有一些较能在日间保护枕头的旧式摆床方式包括：

- 在被单折线处折起床罩，并留下90厘米左右以便向下折。放好枕头，

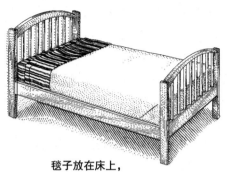

毯子放在床上，
床单向外翻折，盖住毯子上缘

以长床罩盖住床

使用毯罩，露出枕头，
床单向外翻折，盖住毯罩上缘

再将床罩折回来盖住枕头。

◆ 将枕头对折，开口边靠着床头板，枕头便不会展开。接着用床罩盖住
枕头，再将床罩塞到枕头后方。

变化方式——天气温和时，有时不盖毯子而只盖两条被单会比较舒适。天
气变凉时，即使盖了毯子，使用两条被单有时还是相当有用。多一条被单
增加的温暖和重量比加一条毯子来得少，但或许这样就够了。如果要多加
一条被单，可以把第二条被单放在毯子上方，延长毯子保持干净的时间。

现在一般家庭不太使用被单。采用这种方式的人通常将被子铺在床单
上，而且未必会使用可拆式被包。另外，有些人可能以传统方式铺自己的床，
铺孩子的床时却采取这种比较简单的方式。这种方式的优点是早上只要拉
起被子就能立刻把床整理好，甚至不整理就这样放着也没关系。不仅整理
起来非常快，适合忙碌的父母，也非常简单，连很小的孩子都能处理。

然而，为了省去多铺一条被单的麻烦而不使用被单，对于数百年来梦想能拥着被单入眠的无数穷人而言，简直是不可思议。我承认这对我而言也很不可思议。这个习惯会让你欲速则不达。使用被单的理由相当充分：这样比较舒适、比较干净，而且比较方便。皮肤接触床单和被单时会感到相当舒适。市面上有许多种床单和被单，可满足不同的喜好（参阅第28章《床和寝具》）。毯子、拼花被和被包触感没那么舒适，因为这些寝具原本的目的就不是用来接触皮肤。质量好的床单和被单不仅能让你感到舒适，还可以让你省去每周洗涤毯子和被子的麻烦。

质量好的床单可以经常用力洗涤，洗起来也很容易。毯子和被子则不易洗涤，可能必须送到洗衣店，用商用大型洗衣机来洗（请参阅上册第25章《洗涤棘手衣物》）。洗涤也可能使毯子和被子快速老化，例如褪色、结块、变单薄、起毛球，甚至碎裂，而且被子和毯子通常很贵。棉质和合成纤维的毯子很容易清洗，但即使是这类毯子，也没有床单那么耐洗，价钱也比床单贵得多。你或许觉得被子有被包保护，应该就不容易变脏，但你和被子之间的防护层越少，被子就得越常清洗。被包通常也不容易清洗或清洗效果不佳，且贵得相当没道理（其实只要把两条大小适当的床单缝在一起，在开口处装上压扣或打个结，就是被包了）。如果你打算使用被包但不用被单，每条被子请使用三层被包，而且每周至少洗涤一次（如果你连被包也不用，就必须每周清洗被子）。

不使用被单或许能让你省下几秒钟的铺床时间，却会让你花更多时间清洗被包、被子和毯子，因为这些寝具一定会很快就变脏并出现异味。就我看来，相较于省下的铺床时间，经常洗涤和更换寝具换来的成本及不适（造成外观或功能受损），长期下来并不划算。最好还是铺个比较传统的床，你也不用担心早上匆忙没时间铺得平整，只要拉起寝具，铺上床罩，就可以出门。

☐ 床裙

床裙（床沿布）是缝在方形布料上的皱褶或折边。先将矩形布料塞入床垫和下弹簧垫之间，再让皱褶或花边垂到地板，盖住下弹簧垫和床架。床裙的功能只是让床看起来更美观，因此完全是选择性的配件。如果你觉得床裙不容易更换和洗涤，可以不使用。如果你需要完全盖住床的两侧，可使用长度接近地板的床罩或覆盖物。定期以吸尘器清洁床裙，可以降低洗涤频率。

□ 夜间准备就寝

夜间掀开寝具准备就寝时，先掀开或移开日间床罩，将之折放于架上、床尾，或是整齐置于某处。接着以对角方向掀起被单和毯子，掀到可以让人钻入（如同钻进袋子）即可。这样可以让床躺起来更舒适。你可以在洗澡或处理其他事情之前先帮孩子或自己掀起寝具，这样在回来准备就寝时，床就会看起来更有吸引力。如果你先上床，可以先帮伴侣翻开另一侧的寝具。

▌失眠患者的家事策略

给失眠患者的标准建议，是调整自己的状况，让床和卧室与睡眠产生联结，而且只能与睡眠有联结。例如，未到睡眠时间不要上床，如果睡不着也不要躺在床上翻来覆去。不要在床上看书或看电视，不要让不属于卧室的活动入侵卧室。想要入睡，就要强化睡眠与卧室的联结。然而，上述建议对某些人有帮助，对很多人却根本没用。事实上，也有不少人认为在床上看个书或电视反而有助于入眠（不过或许应该避免太引人入胜或毛骨悚然的故事）。如果你不是习惯性失眠，只是偶尔睡不着，一本书或电影通常能让你稍微摆脱烦恼，让睡意来袭。常态性失眠的人可能需要精神医师或睡眠专家的协助。

失眠可分为心理和生理上的原因（担忧或头痛）、环境上的外在原因（扰人的噪音），以及数项内在和外在因素的结合。例如，当你有一点心事，或脖子有点僵硬，同时外面有些噪音，或你的床有点不舒服，这些因素单独出现时不会让你失眠，但加在一起就让你睡不着。以下几项建议可协助你调整影响睡眠和睡眠质量的环境因素：

如果房间很温暖或不会很冷，请调小暖气、打开窗户，或是打开风扇或空调，降低房间里的温度。降低室内温度有助于入眠。但如果太冷，可能又会翻来覆去、经常醒来或浅眠，所以请确认自己盖得够暖。请注意：孩童、病人和年长者的房间通常需要比健康成人的房间温暖一点，也请依循医师建议。年长者体温过低时相当危险。

如果睡不着，在枕头上套个干净枕套或换个干净枕头。降低温度同样有帮助，因此你可以换个较凉的枕头。如果枕套从寝具柜拿出来时温度不低，可以放进冰箱（用密封塑料袋包起来）。尽量使用熨过的枕套。

更换床单有时也有助于入眠。不够干净的床单可能使人发痒或有异味，即使异味相当淡也可能造成干扰。发痒和皮肤刺痛也可能源于对洗衣剂敏感、使用太多洗衣剂、寝具没有充分洗净，或是让宠物上床。同样的问题也可能出现在睡衣身上。床上的食物屑、灰尘或沙砾也会让你睡不着。请刷去异物或更换床单。

研究床单。试着把聚酯混纺床单换成全棉或亚麻制品。请记住，缎面床单通常是聚酯产品，不是丝绸。聚酯纤维有时会让人睡不好，但是你不会察觉，无法确切找出干扰睡眠的因素（这个说法是有依据的，并非一般对聚酯纤维的偏见）。仔细想想你使用的床单材质和种类。如果已经起毛球（只有聚酯和聚酯混纺床单会起毛球），就不要再使用。起毛球的织品接触皮肤时很不舒服。你的床单太暖吗？你觉得哪种触感最舒适？柔软的、清爽的、光滑的，还是法兰绒触感的？你的床单吸水性足够吗？如果你没有用过被单，可以考虑看看。熨整过的床单能让床铺格外有吸引力。

被毯重量是否合适也是考虑重点。我知道有些人如果感觉不到毯子的重量就睡不好，所以那种又轻又暖、大受喜爱的新型纤维对他们来并不好用。不过，如果被毯太重，也可能让你辗转难眠。年长者和关节炎患者特别容易因为被毯太重而睡不好，重量较轻的产品比较合适（卧室太冷时，电热毯是解决重量问题的好方法）。要减轻毯子和寝具的重量，可以在床边放置椅子或柜子，撑住被毯垂下的部分。若不喜欢绷紧的床单压在脚趾上，也可在平行于床宽的方向打个折，增加脚趾的活动空间。市面上有供关节炎患者使用的"毯子帐篷"，可以撑住毯子，使毯子的重量不会落在容易疼痛的脚趾和脚上。

香气浓烈的干燥香花和香包，很容易使人睡不着。用于床上用品和贴身衣物的香水必须非常淡，只要略微闻到就好。如果放在衣橱上的香水或古龙水瓶会透出香味，试着旋紧瓶塞，把瓶子放进有衬垫的盒子里。如果这些方法都不奏效，就移到别处存放。

当然，床垫应该要舒适，不能凹凸不平或发出怪声，也不能太硬或太软。
请参阅第 28 章《床和寝具》，确认你的枕头是否适合你。

最后，确认卧室是否符合标准健康卧室的条件：干净、通风良好、温度和湿度适中、黑暗、安静，以及没有刺激性或陈腐的气味。

CHAPTER
28
床和寝具

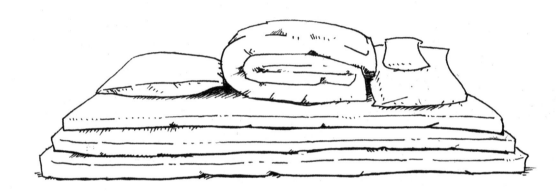

❖ **关于床用织品**
- ☐ 应该准备多少备用寝具
- ☐ 床单的种类

❖ **选择适当的大小：寝具的标准尺寸**
- ☐ 床垫、床单和枕套的标准尺寸
- ☐ 毯罩、短床罩和长床罩的常见尺寸
- ☐ 毯子和被子的尺寸

❖ **床单的耐用程度**
- ☐ 线程数
- ☐ 织法和重量
- ☐ 纤维
- ☐ 装饰性缝缀、剪孔绣、蕾丝等加工
- ☐ 白色、彩色和印花

❖ **舒适的床单与被单**
- ☐ 触感：柔滑还是清爽？
- ☐ 吸水力
- ☐ 温暖程度
- ☐ 装饰性缝缀

❖ **耐洗度和熨烫**
- ☐ 床单的耐洗度
- ☐ 免熨床单与易皱床单

❖ **毯子和被子**

❖ **关于床和床垫**
- ☐ 枕头

良好的卧室必须具备充足的备用床单、精心挑选的床垫和枕头，而且这些寝具的质量都必须良好。要让自己对床上用品和整张床感到满意，你必须比商人更懂得你心目中的寝具。以往，寝具店会假设顾客是知识充足、精打细算的女性，会用锐利的双眼仔细检视商品，但现在的商人似乎都预设我们完全依照寝具的外观和对奢华的偏好来做选择。我曾经不仅一次在购买床单和其他寝具时做出愚蠢的选择，完全就是广告商锁定的冤大头。从这些惨痛经验中吸取教训之后，本章将介绍许多我希望当初就知道的要诀。我们应该尽量选择我们觉得漂亮的寝具，但当你仔细想过床单等寝具的使用和洗涤方式之后，你或许会修改你对漂亮床单的定义。

▎关于床用织品

□ 应该准备多少备用寝具

在家中，每一张床都可以准备以下这些寝具，这会让你在打理家务时感到比较流畅：

- ◆ 3组被单和床单（如果愿意，其中1组为访客用）
- ◆ 3组被套（如果愿意，其中1组为访客用）
- ◆ 2个枕套
- ◆ 2个枕包
- ◆ 2个保洁垫
- ◆ 2个床垫包

如此一来，对每张床而言，都会有一组床单在床上、一组正在清洗，还有一组供意外状况或为访客使用（你为访客所准备的床单，可以选择特别精致或漂亮的，这也可供你在结婚周年纪念或特殊节日时使用）。被包、枕包、被套、枕套和保洁垫的更换频率比较低，所以只需多准备一组即可。婴儿床的床单和毯子必须每天更换，弄湿或弄脏时必须增加更换次数，因此至少应该准备六组备用。

备用寝具准备太多也不好，因为储藏起来会逐渐劣化，并沾染异味和灰尘。若长期放着不用，更容易出现潮湿、发霉、泛黄、褶痕处变脆及其他问题，因此你必须定期拿出来清洗并重新折好。

□ 床单的种类

选择哪种床单，这个问题比以往复杂得多。最好先了解各种纤维和布料的特质，再来做决定，因此请参考上册第 14~19 章。床单最重要的条件是尺寸合适又不易缩水、耐用又抗毛球、舒适（这点本身相当复杂）、可机洗、合适、经济和美观。床单的舒适程度大致上取决于触感（而且没有毛球）、温暖和凉爽程度，以及吸水力。

▌ 选择适当的大小：寝具的标准尺寸

□ 床垫、床单和枕套的标准尺寸

床单尺寸以往相当标准化，尽管现在还是相当一致，不过已有较多变化。这也代表床垫尺寸出现较多变化。请特别注意欧规与美规的床单和枕套尺寸不同；亚麻与棉质的床单和枕套也有所不同。不过这里列出的尺寸仍然算是"标准"，适用于以下标准的床垫长度和宽度（关于特厚床垫的讨论，则参阅本章"计算床用织品的理想尺寸"）：

床垫尺寸（单位：厘米）

- ◆ 单人：99 × 190.5
- ◆ 标准双人：137 × 190.5
- ◆ 双人加大：152.5 × 203
- ◆ 双人特大：198 × 203
- ◆ 双人加州特大：183 × 213

选购床单时，床单的长度和宽度通常会标示在包装上。不管是何种尺寸，床单上端都有 5 ~ 10 厘米的折边，下端有 1.25 ~ 2.5 厘米的折边。至于两侧，则几乎都有折边，但非常高级的床单的折边则可能多达 2.5 厘米左右。现在标示在包装上的床单尺寸都是完成尺寸，而不是"剪裁尺寸"（剪裁尺寸是车边前的尺寸。车边之后，床单长度可能会减少 12.5 厘米，宽度会减少 5 厘米。20 世纪 70 年代某个时间之前，床单包装上标示的是剪裁尺寸，而不是车边后的尺寸）。

标准床单尺寸（单位：厘米）

- ◆ 婴儿床床单：106.5 × 183
- ◆ 婴儿床床包：71 × 132
- ◆ 单人床床单：167.5 × 244
- ◆ 单人床床包：99 × 190.5
- ◆ 标准双人床床单：205.5 × 244（有时为 254）
- ◆ 标准双人床床包：137 × 190.5
- ◆ 双人加大床床单：228.5 × 259（有时为 269）
- ◆ 双人加大床床包：152 × 203
- ◆ 双人特大床床单：274 × 259（有时为 269）
- ◆ 双人特大床床包：198 × 203
- ◆ 双人加州特大床床单：259 × 279
- ◆ 双人加州特大床床包：182.5 × 213
- ◆ 枕套的长度应该比枕头多 10 厘米，宽度则应该多 5 厘米

枕套尺寸（单位：厘米）

- ◆ 标准：50.5 × 66
- ◆ 加大：50.5 × 76
- ◆ 特大：50.5 × 101.5、50.5 × 91
- ◆ 欧规：66 × 66
- ◆ 小腰枕：30.5 × 40.5
- ◆ 圆颈枕：15 × 35.5

新床单洗涤后都会略微缩水，但几乎完全是长度减少，宽度变化相当小。一般棉质床单的长期缩水幅度大约是 5%，以长度为 275 厘米的床单而言大约为 12.5 厘米。法兰绒床单会缩更多，但其剪裁通常也会比较长，以弥补这点。因此，即使你的床垫是标准长度，最好还是买特长床单（长度通常是 275 厘米），以确保缩水后仍有充足的长度可以塞紧。以前你可能都让床单每边多留 25~30 厘米可以塞紧，被单上端则应超出床垫 15~25 厘米（这样就有充分的长度可以折下来盖住毯子上端）。就算是 20 年前，要达到这个目标，也必须购买大一个尺寸的床单（例如标准双人床必须买双人加大

床单），因为标准双人床单只比标准双人床垫多出 15~18 厘米用来塞紧（许多人觉得 15~18 厘米相当足够，但我仍喜欢 25~30 厘米的旧式标准，效果真的比较好）。

购买床单前测量床垫厚度相当重要，因为现在市面上有很多特厚床垫。35 厘米的厚度现在已经不算少见，有些床垫甚至厚达 50 厘米。目前最常见的床垫厚度是 20~25 厘米。倘若床垫厚度高达 35~50 厘米，要让被单在标准双人床垫上多出 20 厘米，就必须购买长度多 15~30 厘米，以及宽度多 30~60 厘米的床单，依据床垫厚度而定（床单长度和宽度需要增加的幅度是相同的）。因此，如果你的床垫比较厚，就必须买大一个尺寸的床单，最好是加长款，以便有充分的长度可以塞紧和翻开。如果是购买床包就不能大一个尺寸，因为可能会不合。也因此，如果你的床垫比较厚，购买床包时请选择"通用"或四角加厚的产品。包装上有时会标示四角厚度，记得阅读标签。寝具店通常可以帮忙制作定制床单，形状或厚度比较特殊的床通常需要特别定制。

□ 毯罩、短床罩和长床罩的常见尺寸

每张床应该准备两个毯罩或床罩。现在的人通常不把床罩盖住枕头，而且使用床裙，并用会露出床裙、枕套和被单上端的毯罩或短床罩覆盖着床。毯罩和短床罩的尺寸并未严格标准化，所以如果尺寸正确非常重要，请先测量。记得为特别厚的床垫预留一些长度。毯罩或短床罩的某些常见尺寸如下：

毯罩（单位：厘米）————————————

- ◆ 单人：175 × 228.5
- ◆ 标准双人：213 × 228.5
- ◆ 双人加大：241 × 241
- ◆ 双人特大：259 × 241

现在很难找到能盖住枕头和床铺两侧，一直垂到地面的旧式长床罩。以下是适用于标准床垫的长床罩尺寸，不过同样地，如果你的床垫特别厚，请预留一些长度：

长床罩（单位：厘米）

- 单人：188 × 274
- 标准双人：223.5 × 274
- 双人加大／双人特大：251 × 289.5

☐ 毯子和被子的尺寸

毯子的尺寸必须能让短床罩盖住。如果你希望被子或毯子有足够的多余长度，可以用来做床套，尺寸就一定要够大才行。毯子的尺寸差别很大，以下是我在店里和目录上看到的一些尺寸。如果尺寸正确非常重要，购买之前务必测量和计算需要预留多少长度。

毯子（单位：厘米）

- 婴儿床：91 × 127
- 单人：172.5 × 218、172.5 × 228.5、167.5 × 243.5
- 标准双人：205.5 × 210.5、203 × 243.5

<table>
<tr>
<td rowspan="2">计算床用织品的理想尺寸</td>
<td>

范例一：计算标准双人床的被单长度

假设你的标准双人床垫的尺寸是 137×190 厘米，厚度是 20 厘米。如果你希望被单上端比床垫多出 25 厘米，并把 30 厘米的被单塞进床尾的床垫下，你购买的被单长度就得大于 265 厘米。

上端多出长度 ＋ 床垫长度 ＋ 床垫厚度 ＋塞入床尾床垫长度

25 ＋ 190 ＋ 20 ＋ 30 ＝ 265（厘米）

范例二：计算特厚标准加大床垫的床单尺寸

假设你的特厚双人加大床垫的尺寸是 152×203 厘米，厚度是 35 厘米，而你看到一些亚麻床单，想买回去使用。如果你四边都要塞入 25 厘米，以下是床单的计算方法。根据以下计算，你应该买不到适合的标准床单，因为标准床单没有这么大的尺寸。长度必须要有：

前端塞入 ＋ 床垫厚度 ＋ 床垫长度 ＋ 床垫厚度 ＋尾端塞入

25 ＋ 35 ＋ 203 ＋ 35 ＋ 25 ＝ 323（厘米）

宽度必须要有：

侧面塞入 ＋ 床垫厚度 ＋ 床垫宽度 ＋ 床垫厚度 ＋ 侧面塞入

25 ＋ 35 ＋ 152 ＋ 35 ＋ 25 ＝ 272（厘米）

</td>
</tr>
</table>

- ◆ 双人加大：231 ×231、228.5 × 243.5
- ◆ 双人特大：274 × 243.5
- ◆ 双人加州特大：259 × 259

　　被子（羽绒被）的尺寸差别很大。被包尺寸和被子的情况一样，差别相当大。如果你很在意尺寸的精确性，就必须事先测量。以下列出的是几种常见尺寸：

被子和被套（单位：厘米）———————————————

- ◆ 单人：172.5 × 223.5、172.5 × 218、167.5 × 223.5
- ◆ 标准双人：205.5 × 223.5
- ◆ 标准双人／双人加大：218 × 218、223 × 223
- ◆ 双人加大：223 × 243.5
- ◆ 双人特大：271.5 × 243.5、259 × 218、259 × 223

▍床单的耐用程度

☐ 线程数

　　不要以为线程数越多，床单就越好。这个说法不仅过度简化，而且是商人和时尚作家经常传播的错误观念。你可能会因此多花许多钱购买床单，而耐用度、触感和洗涤的容易程度反而不如线程数较低的产品（请参阅上册第 14 章《居家常见布料》）。

　　近数十年之前，市面上的床单大多是麦斯林纱，线程数是 140 左右。医院等相关机构只用这种布，因为价格不贵、舒适，而且非常耐久。大多数家庭也用这种布，尤其是孩子的床。高一级的床单是波盖勒细棉布，线程数是 180 左右。这种布触感较细，而且也相当耐用。以往中产阶级家庭使用的床单中，最高级的就是线程数 180 的波盖勒细棉布。不过从 20 世纪 80 年代开始，200、220、250、300 甚至更高线程数的棉质床单出现，这类产品通常触感更细致、更柔软、更光滑，而且棉花原料更好，通常是埃及棉或皮马棉。

　　因此，这类产品有些很值得购买。这类产品使用较细的纱线、较高的线程数和质量较好的棉花，在耐用度、洗涤容易度和更好的手感之间取得良好的平衡。我最推荐一般家庭使用的床单是线程数 200~250 的无树脂精梳波盖勒细棉布，洗涤方式标签上必须注明"可机洗"。

不过，现在市面上有些做工十分细致、柔软的高线程数棉质床单，却较为脆弱。举例来说，触感柔滑、表面光亮的棉缎床单（缎纹梭织的棉质床单）现在相当流行。这类产品的线程数有时高达 300~400 甚至更高，但耐用度反而不及平纹梭织与斜纹梭织，因为缎纹梭织的捻合和浮纱都比较松，而且相当轻薄。这类产品不能漂白，而且很快就会呈现棉布老化时那种灰灰黄黄的色调。棉缎床单比较容易磨穿，价格也较贵。当然，如果这种材质符合你所好，而且你负担得起，的确应该选择这类产品。但如果你预算有限，可以将棉缎床单保留给特殊场合和供访客使用。再次提醒，棉缎床单属于不耐磨或不耐洗涤，并不适合天天使用的床单。影响耐用度、耐洗度的因素，除了线程数，还有以下因素。

□ 织法和重量

床单大多是平纹梭织，少数是斜纹梭织，这两种织法通常也最耐用。斜纹和平纹梭织的床单通常比缎纹梭织耐用，因为缎纹梭织中运用了浮纱以及低捻合的线，很容易因摩擦和撕扯而损坏。棉质针织床单通常没有梭织床单耐用。较重的布料通常也比轻的布料耐用。

某些高线程数的平纹梭织棉质床单十分轻薄，因此相当漂亮凉爽，不过这类产品通常没有较重的产品耐用，尤其是在用力清洗和经常使用的情况下，所以最好只保留给特殊场合使用。

□ 纤维

最适合用来制作床单的棉纤维是精梳皮马棉或埃及棉。经过抗皱处理的床单，耐用度通常不如未经抗皱处理的棉质或棉和聚酯混纺的床单，不过混纺床单可能会起毛球，纯棉床单则不会。高质量的棉非常耐用，即使经常强力洗涤也不成问题。亚麻布也是如此，经漂白或染色的亚麻布较不耐用。遗憾的是，你很容易花了很多钱购买亚麻布床单，买到的却非最佳质量，且又十分不耐磨（请参阅上册第 16 章《天然纤维》第 291~299 页关于亚麻布的使用评估）。此外，即使是质量非常好的亚麻布，如果织工相当细致，又有蕾丝或其他容易损坏的装饰性刺绣，也没办法承受强力磨损。

□ 装饰性缝缀、剪孔绣、蕾丝等加工

各种床单的装饰性缝缀都可能使床单变得较不耐用。剪孔绣和蕾丝相当容易撕裂，刺绣可能磨损或褪色。即使是枕头和床单上的简单折边缝，磨损速度也远远超过床单其余部分。如果你买了供特殊场合使用的昂贵床单，你应该不会经常使用，而且会温和地洗涤，所以应该可以用很久。不过如果你要购买日常频繁使用的床单，而且希望越经济越好，最好的选择就是没有这些装饰的床单。

□ 白色、彩色和印花

寝具店里的彩色和印花床单的耐磨程度通常如同其漂亮程度。事实上，现在喜爱和使用这类床单的人很多，所以我觉得我应该赞扬一下已经遭忽视的纯白床单。白床单不会褪色。此外，若该质料能承受热水洗涤和偶尔以含氯漂白剂漂白，可以维持洁白无瑕许多年。彩色和印花棉质床单大多会褪色，聚酯以及聚酯混纺床单则比较不容易褪色。某些彩色和印花床单可以漂白，但漂白会加速褪色，而且除非你每次都把整套寝具一起清洗，否则寝具的褪色速度会有差别，看起来就不成套了。灰白色和未漂白的麦斯林纱，以及其他棉质和亚麻床单也有类似的问题，一段时间之后可能会开始变灰，或因为持续洗涤而开始变轻薄。未漂白的亚麻布一段时间之后一定会变白。你可以借由漂白使灰白色和未漂白的寝具组变得明亮，但一定要整套寝具同时漂白，否则颜色会有差别，使得最后你的床单不是变成白色就是变得更暗沉。

在我的经验中，某些棉质床单的彩色缎纹刺绣荷叶边不会明显褪色，就算使用含氯漂白剂也一样（不过你应该遵守洗涤标签的说明，或在漂白前先测试色牢度）。我还发现，如果你小心维护印花，而且每次都整套一起洗，褪色或许就不会是那么严重的问题，甚至不太明显。举例来说，蓝白条纹床单上的浅蓝色条纹或许会变得浅一些，但也不至于明显褪色。真正的问题是处理污渍：去渍剂和含氯漂白剂可能会在印花上造成不均匀的浅色区域。

毫无疑问，没有经过抗皱处理的白色棉布最容易使用也最耐磨。这种

床单用起来也很方便，因为不需要担心床单与被单、枕套是否搭配，或者是否搭配床罩、被子和卧室的其他部分。白色对于时间有限的人是最佳选择。事实上，因为耐洗涤，所以我连孩子的寝具都偏好白色。印花能"遮盖"污渍或斑点的想法完全说服不了我，我发现我很容易看见污渍，而且维护印花色彩的需求经常影响除去污渍的效果。因此尽管我觉得印花的魅力难以抗拒，但倘若那阵子非常忙，我还是使用各种白色和以白色为主的可漂白寝具。如果你决定选择白色，你仍然可以透过地垫、床罩、拼花被、艺术品、壁纸和墙面粉刷等方面增加色彩和印花来弥补。

▎舒适的床单与被单

舒适度对床单的重要性远超过其他纺织品，或许大概仅次于内衣裤。影响床单舒适度的因素很多，其中有些因素相当主观。不要让一时的流行过度影响你的选择。

□ 触感：柔滑还是清爽？

我的好友非常喜欢睡在像丝绸一样光滑、盖起来轻柔又有光泽的床单上。符合这种喜好的棉缎床单种类很多，也有好几种质料可选。我则比较偏好清爽的床单。我朋友的奢华床单能轻抚肌肤，但也比较紧贴身体，容易妨碍空气在床单和皮肤间形成的缝隙中流通。丝绸般的感觉可能会变得湿黏，尤其是容易大量流汗的人。另外，缎面床单也很容易在身上滑来滑去，这种情况有时会产生燥热感，可能是布料紧贴皮肤又不断移动，造成不通风的摩擦所导致。此外，缎纹梭织的床单透气效果更差，可能会使问题更加严重。

不过，如果你喜欢丝绸的触感和轻柔的垂坠性，应该寻找漂亮的纯棉高线程数棉缎床单。这类产品不难找，不过我也曾在三年内用坏一套所费不赀的寝具，以高价床单而言寿命相当短。另外，这套寝具很快就变灰，却不能使用含氯漂白剂（可能是会使浮纱暴露在外的细线损坏、光泽消失，或更快出现破洞）。

价格极为昂贵的真丝缎面床单吸水力强，就许多方面对皮肤都很好。不过这种床单用起来相当热，且洗涤标签上规定必须干洗、不可漂白，也不能承受床单可能需要的强力洗涤。如果这种床单是你的理想选择，或许可以买一组来供"有意义"或特殊场合使用，就像以前真亚麻床单通常保留给重要日子和人物使用一样。避免购买聚酯制的缎面床单。聚酯不具吸水力，不适合用来当作床单。

偏好清爽或棉质光滑床单的人，一定会跟我一样喜欢质量良好的精梳纯棉波盖勒细棉布床单（线程数为 180~250）。这是上一代人的标准豪华床单（线程数更高的床单通常没有清爽感）。这类床单非常舒适、耐用、容易洗涤，而且价格较低。现在市面上已经没有低线程数的纯棉床单，这点相当可惜，因为线程数 140 的麦斯林纱床单在清爽舒适和耐用程度方面也很优异[①]。以棉和聚酯混纺取代麦斯林纱，尽管价低且不容易皱，但触感略微粗糙，没有纯棉床单那么舒适。线程数中等的抗皱纯棉波盖勒细棉布床单触感比棉和聚酯混纺床单好一些，但带有些微橡胶感。

棉质法兰绒和针织床单比较柔软但不清爽，然而，还是有些人喜欢这样。夏天可使用较轻的棉质针织床单，冬天则使用法兰绒床单（不过棉质针织床单有时不是很容易洗涤，请参阅下文"床单的耐洗度"）。即使你通常偏好清爽的床单，冬天时可能也会喜爱法兰绒的温暖感。如果旧的波盖勒细棉布是你的最爱，可以购买预洗的波盖勒细棉布，这类产品已经失去初期的清爽感。不过，我觉得多花钱购买稍有磨损的床单有点怪，所以宁愿自己使用到变软。

就床单而言，次要的选择是亚麻布。如果你没有实际使用过亚麻床单，却对它充满梦幻的想象，千万不要期待会有缎面的光滑或丝绸的柔软性。亚麻布非常清爽，尽管一开始比较硬，洗过多次之后就会变软。如果棉缎很吸引你，那么亚麻布或许就不适合。亚麻布的吸水力很强，至于优质的亚麻布织品不但柔顺又有光泽，也因为布身较佳又具备清爽感，因而具备类似优质麦斯林纱的特质。这种织品和麦斯林纱一样会随时间软化、跟铁一样耐磨（前提是质量要好）以及容易起皱。亚麻和麦斯林纱是许多人最喜欢的床单材质（包括我在内），其吸引力大多在于相当清爽、通风度高、

[①] 当我很惊奇地发现已经买不到全白纯棉麦斯林纱床单时，刚好跟我的阿姨提到这件事。她很喜欢囤积物品，家中架子上有好几条 30 多年前买的麦斯林纱床单。她把这几条床单寄来给我，连包装都没有打开过。现在我已经用了好几年，每次都用最强力的方式洗涤。这类床单非常舒适、雪白，而且似乎永远不会坏。如果你还能找得到，白色麦斯林纱床单绝对是孩童床的最佳选择。

不会紧贴身体，而且不会像缎面床单一样在身上滑来滑去。

☐ 吸水力

吸水力是影响床单舒适程度的重要因素之一。亚麻床单的吸水力最好，不过，未经树脂处理的纯棉床单吸水力也很高。聚酯不具吸水力，制成床单并不舒适（尤其当你容易出汗的身体，重压在床单上数小时的情况下更是如此）。聚酯床单很少卖给成人使用，但我在市面上经常看到纯聚酯婴儿床单。不过，同样不需熨烫的纯棉针织婴儿床单还是比较好的选择。

棉和聚酯混纺床单优于纯聚酯床单。不只触感较好，吸水力也比较强。这类床单有较贵和平价的各种款式。我知道许多人分辨不出聚酯和棉有什么不同，但我相信容易流汗的人通常很快就能察觉差别，而且可能会觉得聚酯并不舒适。用舒适换取减少皱纹很不划算，最好还是别在意床单变皱，以舒适为重。

一般来说，相当轻、细致或轻薄的床单可用来吸收水分的纤维较少，所以吸水力通常低于布身较厚的床单。

☐ 温暖程度

在现代比较温暖的平房和公寓里，冰冷的床单比较不成问题。你随时可以加条毯子、被子或衣服来保暖，不需要依靠床单。不过如果你的卧室非常冷，棉质法兰绒床单会是最好的选择。在寒冷的卧室里，刚刚钻进床铺时，法兰绒和针织床单不会有令人难受的冰冷感。聚酯、聚酯混纺及丝绸也不会，这些质料通常比棉温暖一些。最凉的床单是轻质亚麻布，精梳波盖勒细棉布床单也非常凉。一般来说，较细致、较轻盈的床单比重的床单凉。棉质床单在冬天刚上床时会觉得冰凉，但很快就会暖起来，你也可以在床上放热水袋来提高温度，尤其是脚部。电热垫也有同样的功效，不过必须记得关闭电源。

☐ 装饰性缝缀

装饰性缝缀可能会有刮擦感，或在枕套、床单上形成不舒适的凸起。购买枕套时，请留意枕套上的刺绣、蕾丝或剪孔绣的位置是否会接触你的脸部。睡眠用的枕头可以使用素面枕套，至于漂亮的枕套则留给装饰枕。简单的折边缝不会影响舒适程度，但缝线会比枕头其他部分更早磨损和撕裂。

▌ 耐洗度和熨烫

□ 床单的耐洗度

对于时间有限的家庭而言，床单是否耐洗可能相当重要。每个人都需要能承受强力洗涤的日常用床单（下文会有详细说明）。日常用寝具不应该选择必须干洗的产品。干洗不仅昂贵、不便，而且无法去除尘螨过敏原。此外，因为你的脸会紧贴着寝具，这样可能会接触到对健康有害的干洗剂烟气。

床单必须每周更换并强力清洗，如果没有新鲜的气味或触感，则应该增加更换次数。每周更换两次以上枕套是个好主意，因为枕套比床单更容易脏，尤其是天气热、生病或其他原因而大量出汗的时候。婴儿床单应该每日更换，如果脏了则必须增加更换次数。不要忘记，床单每天晚上都紧贴你的皮肤好几个小时，会接触唾液、汗液、身体油脂、其他体液、皮屑，以及身体上的各种脏污。有时你的血液还会沾在上面。你生病时会躺在床上，而病人和幼儿往往会失禁。孩子的床可能出现各种污渍和泼洒物，包括咳嗽糖浆和有颜色的药品。因此，日常用床单，尤其是婴儿和孩童使用的床单，绝对要经得起强力洗涤，而且不需要小心翼翼对待。举例来说，床单的色牢度要高（不易褪色），洗涤时不需分开，也不需要使用温和的洗衣剂与肥皂。基于健康（降低过敏和感染风险）、去渍，以及保持床单干净、明亮和雪白等理由，床单必须能用热水（60℃以上）和强力洗衣剂清洗，同时我认为还应该能使用含氯漂白剂（即使是彩色或印花床单），目的是保持卫生与去除污渍和脏污。

床单在经过热水洗涤和一般烘干之后，不应该出现明显收缩，并可以依照需求用烘衣机烘干或挂在绳子上晾干。如果床单没有经过预缩处理，务必问清楚收缩幅度，同时购买的尺寸也必须够大，预先保留收缩余裕。

上述要项，理想的床单洗涤标签都应该列出，或是简单注明最重要的"可机洗"。不论洗涤标签怎么说，纯白波盖勒细棉布床单（经过预缩处理，但未经过抗皱或其他树脂处理）都可依照你需要的方式洗涤。经抗皱处理的床单、棉和聚酯混纺床单，以及彩色和印花床单的洗涤标签有时会注明"不可漂白""不可使用含氯漂白剂"或"以温水清洗"。请仔细检视洗涤标签，决定是否相信标示内容（请参阅上册第 19 章），同时决定在这些限制下，这些床单是否值得购买。我买过一条事后十分后悔的白色棉质针织单人床单，标签上就是标示出：使用冷水、温和洗衣剂、不可使用任何漂白剂、必须以低温烘干。床单洗涤标签上不应该有的内容全都有了（而且就算以冷水清洗都会缩水，所以如果你打算买这类床单，最好买大一个尺寸）。但另一方面，我完全无视白色棉质针织婴儿床单的洗涤标签，直接用一般洗衣剂和含氯漂白剂，结果除了缩水之外没碰到任何问题。等到儿子长大到不睡婴儿床时，这件床单已经比床垫小了许多，我和丈夫必须合力把床单拉长。不过我还是会买这类婴儿床单，因为这类床单的触感十分温暖柔软，非常适合婴儿的肌肤。

棉和聚酯混纺床单不像纯棉那么容易洗涤。这种床单容易吸附身体油脂，有时最后会出现泛黄或发出陈腐气味（关于这类问题的解决方法，请参阅上册第 17 章 332~334 页）。另外，这种床单也可能会起毛球。

根据我的经验，购买床单和毛巾时，最保险的方法就是向专精于制造寝具和毛巾的厂商购买，而不要向"设计师"公司购买。相较于专业厂商的产品，设计师的床单和毛巾通常较不耐用、容易褪色，而且洗涤标签上常会有不适当的洗涤规定。

☐ 免熨床单与易皱床单

棉和聚酯混纺床单最能抗皱。经过树脂处理的纯棉床单抗皱能力各不相同，有些很强，有些很弱，而且会随时间逐渐降低。针织和法兰绒床单则本身就抗皱。

未经处理的纯棉和亚麻梭织床单容易出现皱纹，因此传统上一定要熨。睡在熨过的干净床单上是人生莫大享受，但就健康或舒适度而言，床单不一定要熨。如果你时间非常有限或有其他更重要的事，就放心把此事抛在脑后。访客能享用熨烫过的床单当然代表主人的殷勤款待，而在特殊的夜晚、格外需要休息，或者只是觉得想让房间看起来特别舒适时，熨过的床单也会令人感到愉悦。不过如果你不想熨烫床单（熨烫床单真的很花时间，除非你有轧布机），也不代表你一定要买抗皱床单。皱皱的棉质或亚麻床单看起来也不错。如果你觉得不好看，可以用日间床罩盖住。当你在黑暗中沉睡时，你会喜欢这种触感，而且你也看不见皱纹。另外，一旦你躺到床上，有皱纹的棉布通常就会变得平整（想知道不用熨烫就能减少皱纹的方法，请参阅上册第

18章《家务用途的织品》第348页，以及第23章《熨衣》第440页）。

▌毯子和被子

在毯子方面，你要寻找的功能特质是温暖、耐用、舒服的重量、令人愉悦的手感，以及抗静电和抗起毛球。这里假设你的毯子不会接触皮肤，所以毯子的吸水力没有像床单那么重要。

毯子的传统使用方式，是放在被单和床罩之间，因此洗涤与清洁频率低于床单。但如果你直接盖毯子，就必须使用可洗涤的毯子，而且清洗与更换的时间和方式都必须与床单相同。如果要避免吸入干洗剂的烟气，请避免使用需要干洗的毯子。如果担心过敏问题，请选择能经常以热水洗涤的毯子。记得看清楚洗涤标签的说明。如果容易洗涤是你的主要考虑，尤其是打算用热水洗涤时，不易褪色或白色的棉质毯子，比羊毛、亚克力、尼龙毯子和被子来得好。某些羊毛毯可以洗涤，但如果要购买羊毛毯，就不要有经常洗涤的打算。聚酯毯子或许可以经常洗涤，但你或许会大皱眉头，因为标签可能会要求你使用温水或冷水洗涤。

有些人盖稍有重量的毯子睡得比较好，但如果你喜欢又轻又暖的毯子，应该尝试亚克力、聚酯或尼龙毯。亚克力和聚酯有时会起毛球，看起来或摸起来都不大舒服，不过即使起毛球，保暖效果还是不变。合成纤维比较容易产生静电，可能会使你在早上起床时怒发冲冠。羊毛如果照料得当，不仅外观佳、保暖功能好、不起毛球，而且可以维持很长一段时间。羊毛毯在身体上的垂坠感比合成纤维好。空气相当干燥时，羊毛还会产生少许静电，但比合成纤维少。有些羊毛毯相当柔软光滑，甚至有点类似丝绸，有些则较厚，可能使人发痒。合成纤维通常比较柔软、平顺和蓬松，且绝不会使人发痒。

如果只想保持一点温暖，最好的选择是薄的棉毯或棉质"保暖毯"。保暖毯是以蜂巢纹或华夫格纹布制成。这类织法也可用于羊毛、亚克力、聚酯和混纺产品。这类产品都可机洗（除了某些羊毛产品以外），但合成纤维可能无法承受太高的水温。另外，若是棉毯，请确认已经过预缩处理。

天然和合成纤维的传统毯子通常有绒毛（但未必一定如此），因而构成保暖、舒适又毛茸茸的表面。天气冷的时候，羊毛毯和拼花被会相当温暖。亚克力毯相当温暖，有时甚至比羊毛还暖。需要更暖的温度时，可以盖两层或三层毯子，或是改用羽绒被。另外，严寒地区可以使用毯子加上被子。你或许看过报纸或广告上说，被子在冬天可以保暖，夏天可以让人感到凉爽。不过请记住，被子内部填充有羽绒或其他隔热材料，盖在身上的确会让人感到温暖，但如果你觉得夏天穿羽绒外套并不舒服，那么羽绒被也不会舒服。在决定卧室日用品与设备时，我不建议太过依赖会让你整整半年不舒服的被子。如果要使用被子或羽绒被，请仔细考虑其重量。在我住过的城市公寓中，轻的羽绒被就算在冬天也太暖，但在寒冷的美国中西部平房里，同样的被子就刚刚好。

在非常寒冷的卧室，电热毯可能是至宝。不过这不适合孩子使用，而且即便是大人，使用时也必须小心（请参阅第 32 章《用电安全》）。

▎关于床和床垫

在欧美，一般的床是由床架、下弹簧垫和床垫构成。市面上还有许多种床，其中有些也相当常见，例如日式床垫和沙发床。选择家具不在本书讨论范围之内，但本书会带你了解好的床对你有什么益处，毕竟这是家务能力的一部分（标准床垫的尺寸请参见第 351 页）。

床架的功能是让你在躺下时可以跟地板保持一段距离。在早先，这么做可以防止老鼠、昆虫和床虱等害虫爬上床，但现在大多数人已经不需要担心这些生物。床架也有助于保暖，暖空气会上升，因为越接近地板会越冷。另外，上下床时，高度适当的床也比地板来得方便，尤其是年长者或身体虚弱的人（在欧美，以前的床甚至比现在更高，上下床时还得踩着阶梯或凳子辅助，这样有时并不大方便）。

如果你的卧室在冬天相当寒冷，你或许也会喜欢高一点的床。没有固定除尘和吸尘习惯的人，应该也会喜欢高一点的床，因为这样可以稍微远离地板上的灰尘。事实上，如果你是睡在直接铺放在地板的床垫或其他矮床垫，你或许有注意到躺下来时会闻到灰尘的味道，甚至你一翻身、坐卧，都会引起微小的气流并扬起灰尘（气喘患者不适合这种床）。较高的床还有一个优点，这是家具很少的人绝对想不到的优点，就是床底下可以放东西。

四柱床在文艺复兴时期相当常见，但 19 世纪晚期几乎消失，直到 20 世纪晚期才又大举流行。这纯粹是怀旧情绪造成的装饰奇迹，且毫不掩饰地表现出床柱只剩下心理上的功能。柱子原本的功能是用来悬挂保暖和防风之用的床帷，天气回暖时取下，天气转凉时挂上（取下、挂上和清洁床帷都相当费力）。以往卧室里可能会放置许多张床（包括仆役的床），因此床帷还具备维护隐私的功能。不过，近代床铺的柱子几乎完全不能悬挂东西，而我们也不再需要床帷来保持温暖或维护隐私。喜欢床柱的人常说他们喜欢床柱带来的封闭感，或者纯粹喜欢其外观。有些人在床柱上挂上帷幕，就只为了让床显得豪华并加强封闭感。但请记住，布顶或床帷可能会聚积很多灰尘，而且不容易吸除或清洁。生活忙碌或人手不足的家庭，不适合使用这类的床。

床架前端或尾端的板子可防止枕头和寝具在夜间掉落地面。孩子或身体虚弱者的床可以加装栏杆，防止他们掉落床下。

床架应该提供坚固的基底，以便承载下弹簧垫和床垫。我念研究所时睡的是一张相当古老的床，床板的板条既古老又短，很容易移动，而且经常脱落，所以我常会在半夜上演惊奇的飞行冒险。现代床以下弹簧垫取代以往的螺旋弹簧或平面弹簧，但下弹簧垫其实也就是以布包起来的螺旋弹簧。我幼时还看过别人清洁其他种类的弹簧。螺旋弹簧不仅会卡住灰尘、线和各种玩具，而且会生锈，有时还发出令人不快的嘎吱声。平面弹簧则弹力不大，而且经常下陷。弹簧的功用是增加柔软度和弹力，尽管不是绝对必要，但可以为床铺带来极度的舒适感。

在传统的床铺上，"弹簧床垫"里就有较多的弹簧和衬垫。弹簧床垫由许多种材质和构造组成，选购时可以看到相关介绍。少数人会选择聚氨酯或乳胶泡棉等没有弹簧的床垫，这类材质本身就具备一定的弹性，另外还有为数不多的人会选择弹性相当小的床垫，这类床垫通常以布包裹柔软的材质或缓冲材料，例如羽毛床垫或日式床垫。

选择床垫时，必须衡量两个因素。第一，床垫与身体的接触点必须柔软。如果床垫不够软，等你睡着时，压在床垫上的骨头就会开始感到疼痛，接着你就会开始以翻身来减轻不适。如果床垫使你经常翻来覆去，你会睡得太浅，感到睡眠不足。第二，然而，床单也应该提供支撑，也就是应该够坚实，让你在睡眠时身体能维持平直。如果床垫太软，你的脊椎缺乏支撑，会导致脖子僵硬和背痛。此外，床垫过软可能还会让你在翻身和移动时太过费力，因而干扰睡眠。如果你曾经睡在羽毛床垫或非常软的沙发上，应该就体会过这种情况。因此，对于年长和身体虚弱者而言，床垫过软格外不好，因为这类床垫让人难以翻身和起身。

虽然有些苦修倾向的人相信床垫越硬越健康，但其实并不尽然。专家同意坚实的床铺确实对身体有益，但什么程度算是坚实，则缺乏客观科学的共识。某家厂商称为坚实的床铺，另一家厂商可能称为超坚实。不论这个词含义为何，每个人都同意，床垫有可能太过坚实。医院和疗养院相当注意柔软度和支撑度之间的平衡，因为病人长期躺在硬床垫上会导致背痛。床垫越坚实，越容易造成背痛，原因是床垫越坚实，身体和床垫的接触区域就越小，而疼痛点就是压力最大的点。想象一下你平躺在坚硬的木板上，你的身体有自然曲线，因此与木板之间只会有几个接触点：后脑中央、肩膀、臀部和脚跟等。此时，你的全部体重就落在这几个接触点上。当表面越硬，接触点的面积就越小，这些点的压力也就越大，因此让你越不舒适，越早想移动身体。较软的床垫可增加身体接触床垫的面积，使你的重量分布面积更大，缓和这个问题。此时你的体重在每个接触点上造成的压力会减少，不适程度降低，想移动的念头也随之延后，不会经常翻来覆去。所以，选择适当床垫的关键在于如何维持适当的支撑，同时增加身体承受支撑的面积。

目前最好的答案似乎是：第一，寻找能贴合身体的坚实床垫（同时要让睡在一旁的人翻身时，不影响到你的睡眠姿势）；第二，确定床垫具备足够的衬垫和柔软性。某些床垫的头尾两端衬垫特别厚，以增加柔软度（这类床垫相当厚，必须搭配特厚的"通用型"或"特厚型"床包）。你也可以购买坚实的床垫，另外铺上一层软垫或衬垫。医院常采用后者，在硬床垫上加铺一层蛋盒形衬垫，以降低罹患褥疮的危险，而且效果相当好。我在床垫非常硬的旅馆试过垫上蛋盒形泡棉衬垫，对我而言效果很好，不过我发现这种衬垫睡起来很热。虽然你可能看过书上讲蛋盒的形状可让空气流通，所以很凉快，但我猜想由于泡棉垫有隔热效果，所以无法散热。不过这只是我个人的臆测。市面上还有羽毛、羊皮和其他材质的衬垫。

最后，选择床垫的唯一方法就是躺上去试试。你要尽量在上面躺久一点。如果你在外过夜，发现某个床垫相当不错，记得尽一切方法打听是哪种床垫，毕竟能如此彻底试用好床垫的机会不多。就床垫而言，预算也非常重要，你的预算越多，越可能找到真正好的床垫（但对于设计款的床垫和家具而言可能并不成立）。弹簧床垫每十年左右（或是下陷时）便应该加以更换，不常使用的床垫或许可以用得更久。

日式床垫在美国越来越流行。这类床垫是以厚重的棉质外套制作的薄床垫。以往这类床垫是填充棉花或荞麦壳，但在美国较常见的则是泡棉和聚酯填充物。日本的日式床垫很软，美国市面上的日式床垫对日本人而言通常太硬。

在日本，床垫是每晚铺在地板上睡觉用的，白天则拿到外面曝晒通风，然后放进橱柜，等睡觉时间再拿出来。我觉得这是很好的家务整理习惯。美国人大多觉得睡了一辈子弹簧床垫之后，很难适应这种直接铺在地板或硬床架上的薄床垫。我对于日式床垫和一般床垫对健康与背部造成的影响所知不多，只晓得日本人来美国睡在床垫、下弹簧垫和床架上时似乎还能适应，但也有人跟我说不是完全没有困难。我认识一家日本人，他们为必须每天曝晒和通风感到有点害羞，而不得不放弃日式床垫。不过，当他们改睡在床上时，仍然会因为距离地面太高而感到不习惯。

虽然睡在日式床垫上可能会需要适应一段时间，但如果你的生活正处于过渡阶段，例如经常搬家、经常有访客来暂住等等，你会发现有一两个轻便的日式床垫相当好用。搬家时一定可以带得走、不需要不断更换床铺，而且在小公寓里很容易找到空间来存放（薄的日式床垫卷起来后相当小，厚重的日式床垫则无法卷起，所以如果你的床垫在不用时是必须收起来的，

床垫的保养方式

床垫老化时，会依照你的身体重量和形状逐渐定形。如果你体格壮硕但伴侣身材娇小，或是你永远是独自睡在床垫的同一侧，此时该侧的床垫可能会变得比较平。为了确保床垫均匀老化，应该每隔几个月旋转床垫一次。如果床垫两面完全相同，也应该翻转床垫。专家表示，床垫还很新的时候应该经常旋转，可能每个月旋转 1 次，之后随床垫老化而降低频率。原因是床垫较新时定形和调整幅度较大，较旧时幅度较小（另外专家也建议旋转下弹簧垫，不过重要性相对较低）。在床上跳跃会加速床垫的老化速度。

更换床垫包时，顺便以吸尘器仔细清洁床垫。更换保洁垫时，顺便以吸尘器仔细清洁床垫包。更换床单时，顺便以吸尘器仔细清洁保洁垫。增加床垫吸尘次数，并经常清洗寝具，是对抗过敏的法宝。如果你有院子，可在春秋两季天气晴朗温暖时，把床垫搬到室外通风。让床单曝晒至少3~4 小时，能曝晒一整天更好。

务必购买能卷起的床垫）。日式床垫可提供朋友栖身过夜，但或许不大适合给祖母睡。先在日式床垫套一层抗过敏原的床垫包，再套上一般布套，是个很好做法，因为这样至少可以每个月换洗一次就好。你也可以用床单和毯子把日式床垫铺得像西方床一样，并每周清洗寝具，也能挪出一个平台来放置日式床垫。如果能经常曝晒和通风，日式床垫可以维持清新很长一段时间。在日本，日式床垫可以代代相传，但会定期送交由专业洗洁人员来清理和修补。你的日式床垫也需要这样照料，才能维持健康和舒适。

水床能完全服帖你的身体曲线，且不会积聚尘螨。以往会有的问题（例如波动太大等），现在已经借由内层隔板解决了。不过这类床垫在充水和保持安全等方面还是很麻烦，而且关节炎患者可能会觉得上下床很不方便。

床板是放置在下弹簧垫和床垫之间的板子，用来顶住床垫，提供较为坚实的支撑，尤其是床垫下陷的时候。床板的效果相当大，但在我的经验中大多是反效果。我这辈子有两次经验，在不知情下睡了有床板的床。这两次都是在外头过夜之时，结果都睡得痛苦万分。虽然有人说你最后会适应较硬的床，但我一直适应不了。然而，据说对于许多有背痛问题的人而言，床板会是天赐恩物，而且可以延长床垫的寿命。如果你需要加装床板，大约1厘米厚的夹板就够了。可以铺在整个床垫下方，也可以只铺你这一边。

□ 枕头

枕头大多填充羽绒、羽毛、羽绒和羽毛混合物、聚酯泡棉，或是泡棉或橡胶等物质制成的"合成羽绒"。在舒适程度方面，没有人规定该使用哪种材质，或是枕头应该多硬，这完全取决于你觉得怎么样最舒服，以及如何能让你一夜好眠，而不会造成颈部僵硬或引发过敏。

以往许多人建议，容易过敏的人应避免使用羽毛枕，改用聚酯枕。但也有研究指出，聚酯枕也和羽毛枕一样会聚积尘螨过敏原，引发气喘发作的风险甚至比羽毛枕还高。气喘病患和气喘孩童的父母亲，应该询问医师该选择哪种寝具。有些人除了因为羽毛吸引的尘螨而过敏，似乎也会对羽毛本身过敏，不过这个说法一直有争议。最重要的是，如果要对抗过敏，预防措施就是使用抗过敏原枕包。另外，对羽毛或羽绒过敏的人也应该避免使用这类枕头。

鹅羽绒是最轻、最软，弹性也最好的枕头填充材料，因此鹅羽绒枕一向被视为远优于其他种类的枕头。当你睡在羽绒枕上时，枕头能随着头形改变形状。合成纤维的枕头相当坚实，但不会改变形状。仿羽绒或合成羽绒可能相当柔软，价格也比真羽绒便宜，且据说能防止羽绒纠结和凸起，但我不确定这种枕头是不是比较好。无论如何，这都是个人喜好问题。羽绒和羽毛枕每隔五到十年便应该加以更换，或是一旦变薄、变脏并出现异味，且清洗也没有改善时，也应该加以更换。合成纤维枕每隔两年就应该更换，如果失去弹性或是脏到洗不干净，则应该提早更换。要测试枕头的弹性，可以按压中央部位，看看是否会弹回。如果松弛的枕头会软绵绵地垂挂在手臂上，就表示必须更换了。

虽然大多数人认为鹅羽绒枕最好，但羽毛枕也有支持者。羽毛枕比羽绒枕坚实，而且伸展性和弹性较佳，而且又不像一般合成纤维枕那么硬，正符合许多人所需。你也可以购买以各种比例混合的羽绒和羽毛枕，这种枕头相当舒适，而且价钱比全羽绒便宜。鹅羽毛通常被视为质量最优，鸭羽毛次之，鸡和火鸡的羽毛最差（越好的羽毛越柔软有弹性）。如果要购买羽毛枕，请确认表布做工是否够好。表布必须坚韧、织工细致、车缝紧密，羽毛才不会钻出。羽毛枕一定要闻闻看。好的羽毛枕不会有刺鼻的气味。

你也可以购买填充木棉纤维的枕头。虽然木棉比其他纤维更容易缠结和结块，但木棉干得很快，很适合海边木屋和船上等湿气重的地方使用。

至于适当的坚实度，你可能听过一个经验法则，就是如果你习惯侧睡，就用坚实的枕头，如果习惯趴睡，就用软枕头（不过如果可以的话，最好不要趴睡）。侧睡时，你会希望头和脊椎成一直线，所以需要坚实的枕头来支撑头部。但如果你习惯趴睡，坚实的枕头会把头部和脖子垫得太高，使背部不适当地弯曲。良好的睡眠通常只需要使用一个枕头垫在头部下方。另外，你可能会想在膝部加一个枕头，尤其是怀孕的时候：如果你要侧躺，请放在两膝之间，防止背部摇晃。如果你要平躺，请放在膝部下方，使骨盆倾斜成舒适的角度（使背部不会弯曲）。

除了标准的枕头，市面上还有针对特殊功能而制成的各种形状的枕头：颈枕、可支撑上半身的楔形枕（对打鼾者和睡眠呼吸中止患者很好），以及抱枕等等。如果你有睡姿方面的问题，可以研究一下这些产品。

- ❖ 收纳衣物和床用织品
- ❖ 收存床用织品
- ❖ 收存衣服
- ❖ 衣物保养
- ❖ 帽子、手套和鞋子

衣物和床用织品若收纳在管理完善的橱柜中，会更清新、安全，也会更干净。本章是衣橱管理的要点。

▎收纳衣物和床用织品

橱柜应该凉爽、干燥且通风。温暖潮湿的环境容易滋生霉菌，而且还会沾染到棉布、亚麻布和橱柜中的其他衣物材质，甚至包括橱柜木材本身。需要特别留意穿过橱柜后方的高温管线，因为高温可能会使布料老化及变色。

橱柜必须定期彻底清洁。春季或秋季大扫除时，或是你突然想好好清理的时候，先清空橱柜和衣柜，再为层板、底板、柜壁和顶板除尘或加以清洗。让橱柜和衣柜彻底干燥通风一段时间，再把东西放回去。尽可能清洗或清理橱柜里面的东西，即使从未用过也一样。长时间收纳的物品常会出现霉味，这些味道如果不加以去除，会沾染到放在一起的其他物品。

要保持衣物和床用织品气味清新，必须给予充足的空气。衣柜和抽屉不要塞得太满，物品摆置的层板要能让空气流通。对于放置各种布料（尤其是床用织品）的层板，宁可窄而浅也不要深而宽，因为这样比较容易找东西，空气也较流通。你也可以偶尔让衣橱的门半开，这样衣柜便能经常换气（不过请在室内空气新鲜宜人时才这么做）。衣物和床用织品在洗涤、熨烫后，放回橱柜前，应该先晾过透气，以确保湿气完全散去。放进橱柜的衣物和床用织品只要有少许湿气，都会造成难以去除的霉味，且必须要在清空橱柜、彻底清理或清洗所有物品之后才能去除。

如果橱柜有异味问题，可以尝试使用化学除臭剂。碳酸钙和活性炭可吸收异味，小苏打的中和效果也相当好。将这些物质放在开放容器中，置于柜子或衣橱里即可（干燥香花和香水无法去除异味，而且试图遮盖异味通常只会使情况更糟）。不过一旦橱柜里的物品已经吸收异味，就我的悲惨经验看来，这些方法都没办法让已经吸收异味的布料恢复清新。橱柜霉味很难去除，而清新的橱柜好处多，值得花点心思留意（你也可以在橱柜中使用硅胶干燥剂、活性氧化铝、无水硫酸钙及其他干燥剂去除衣柜中的湿气）。

虽然干燥香花不适合用来去除异味，还是有不少人喜爱衣服或寝具上散发出那种令人愉悦的香气。干燥香花其实就是香水，而市售的产品通常气味太浓。如果你买到的干燥香花香味太浓，请取出一小部分，以滤布包着，再用丝带绑住。其余则放进密封容器，收纳在阴凉之处，留待下次取用。我祖母总是用薰衣草（自种自晒），但用量相当少，除非把脸贴在枕头上，否则闻不到薰衣草的味道。她有时会在放置床用织品的橱柜里放一个温柏（quince），用来制造香气（但要小心温柏腐烂会造成污渍）。干燥香花使用过度可能使橱柜出现陈腐气味，最好的状况是你打开橱柜门时闻不到任何气味，或是只能闻到洗涤过的布料那种令人安心的淡淡气息，那是世界上最好闻的味道。

衣物换季或长期收纳之前，务必全数清洗或干洗。残留在衣物和床用织品的污物会吸引各种昆虫和害虫前来啃食，对纤维造成伤害。另外，衣物织品收纳之前不要上浆，因为蠹鱼等昆虫会啃食淀粉和含有淀粉的纤维。污物也会助长霉菌滋生。亚麻布收纳前不要熨烫，折叠时也不要压得太紧，因为亚麻相当脆，折痕可能会使纤维断裂。或者你也可以用轧布机处理亚麻布。要长期收纳亚麻布，请重新折好，让所有折痕落在新的地方，防止可能导致裂开的折痕线出现脆弱点。

酸会使纤维素纤维劣化。要长期储藏或是要收纳古老、细致、家传的床用织品时，应该用无酸纸包裹起来，收在无酸和无木质素的盒子里。无酸储存材料现在可以在家用品卖场、摄影材料行和保存用品公司买到。不要将棉布或亚麻布放在干洗店的塑料袋里，或放置在不透气且为合成纤维的衣物袋中，这些方式都可能将湿气封在里面。干洗店的塑料袋含有塑化剂，可能使布料产生黄色条纹。塑料袋除了造成泛黄和封住湿气，还会使干洗剂和烟气无法挥发。麦斯林纱或帆布衣物袋是不错的选择。你也可以把物品包裹在彻底清洗过的干净床单里，或是类似的白色（或无染色）棉布与亚麻布中。

松木柜不适合用来长期收纳物品，也不适合用来存放古董、家传或细致的床用织品和棉布。松木会产生烟气和酸，可能导致纤维素纤维泛黄和损坏。

要防止蠹蛾出现，清洁羊毛和丝绸至关重要，因为蠹蛾和其他害虫一样，很容易受污物吸引。蠹蛾的幼虫会攻击丝绸，但丝绸没有羊毛和其他毛纤维那么容易损坏。小鲣节虫会攻击羊毛等毛纤维。少数状况下，蠹鱼也可能攻击棉布或亚麻布，不过上过浆的布更容易遭到攻击。收存植物纤维制成的织品之前，绝对不要上浆，除非你几周内就会使用。合成纤维不会遭到害虫攻击，不过天然与人造纤维混纺的织品就有可能受到攻击（关于抗蠹虫与天然纤维能够承受害虫攻击的程度，请参阅上册第16章）。

收存床用织品

有个由来已久的床用织品叠放方法，是将刚洗过的织品放在下方。如此便能确保不会有一些床单或毛巾反复使用到磨破，有些则完全没用过。将床用织品全部收在一起，如此可以搭配使用，织品老化的程度也较为平均。请依照上册第24章《折叠衣物》的方式折叠。

收存衣服

让衣物透透气并加以刷拂，效果相当好。将穿过的衣服彻底透气，再用刷子刷过，除去表面所有灰尘和污物，接着将衣服放回橱柜。透气和刷拂对羊毛衣物更是重要，不但可以去除灰尘和汗水，同时减少必须清洁或洗涤的次数，有助于延长衣物寿命。不常穿的羊毛衣物应该定期拿到户外透气。羊毛衣物穿过之后，必须静置一至两天。透过羊毛本身的弹性，衣物就可恢复原本的形状。

每年定期检视衣橱里的衣物。挂了一年都没穿过的衣服应加以清洗或清洁，再移到长期收纳处。衣服如果放置好几个月甚至好几年，就会开始出现霉味，霉味又会沾染其他衣服。如果过了两年没穿，就送给其他用得上的人。

挂起衣服时，请扣上上、中、下三个纽扣，并拉起拉链。悬挂前先清空口袋，尤其是容易拉长的羊毛衣物，以维持正确的形状及防止下垂和膨胀。梭织羊毛、套装、洋装、西装外套等衣物，应该挂在形状相符的宽衣架上，如果有衬垫更好，以降低作用在布料悬挂点上的受力，并维持正确的形状。

衣服不要挂得太靠近，否则会出现皱纹，而且也会使橱柜中的空气无法流通，产生异味。脱线的衣服会使纤维沾上其他衣服。

传统上，衣柜里应该只挂当季的衣服，其他衣服则收起来，这样可以留下很多空间。但现代人的衣服比以前多得多，城市公寓居民的衣橱空间又大多很小，储存空间更小。因此，现在有许多橱柜设计公司提出翻修衣橱的服务，大大提高空间使用效率。如果你没有能力找这类服务，市面上的高效率收纳衣柜和一些收纳小道具，也能让你增进空间使用效率。

不过，即使创造出效率极高的橱柜，依季节收纳衣服还是最好的方法。如此橱柜中的衣物可定期更替，降低衣物过时（和混乱）的可能性。收纳得当可以减缓衣物老化的速度。美国传统的更换衣物时间是每年 5 月最后一周和 9 月第一周，你可以依照自己的居住地而定。有些人喜欢在春季和秋季大扫除时一并为衣物换季（将衣服收纳在衣橱和架子上时，请依照上册第 24 章的说明折叠衣物）。

▌ 衣物保养

清洗或清洁衣服的频率不要过高，因为洗涤过程会在衣服上造成磨损和撕裂，长期下来则会造成褪色、起毛球、边缘磨损和破洞等。如果你一件衬衫穿了一小时，但没有弄脏或出很多汗，请将衬衫挂起，扣起领子、中间和下方的纽扣，让衬衫透透气，最后再把衬衫挂回橱柜。如果你一件衣服穿了一小段时间，且沾到了一滴咖啡或食物，请试着直接清除污点，而不要把整件衣服拿去洗。

不过，如果衣服接触大量汗水或弄得很脏，最好尽快清洗，而且要经常清洗。脏污和汗水会使织品劣化。烹饪、油漆或进行其他会弄脏衣服的工作时，应穿上围裙或罩衫。19 世纪时，这个世界对人很严苛，但对衣服很好。贫穷的职员为了微薄的薪水，从清晨辛苦工作到晚上 9 点，但他们会戴上袖套，避免衬衫和外套沾上墨水和其他脏污。现在坐办公桌的职员整天压在铅笔画过的纸、影印纸和报纸上，袖子也有相同的问题。戴袖套可能会被笑，但还好工作 8 小时后就可以回家洗衣服了。

使用领巾保护外套（尤其是皮外套）等外衣的领口处，因为头发和皮肤油脂很容易在这个区域形成油垢。这类污垢很难去除，而且格外有碍观瞻。

▌ 帽子、手套和鞋子

将帽子装进帽盒，收纳在架子上，如此可以隔绝灰尘、防止压坏和凹陷。你也可以用干净的麦斯林纱包裹。如果帽子有顶，可以塞入卫生纸。

将手套压平，放在抽屉或盒子里。若是有颜色的手套，先用布或卫生纸包裹起来，与其他手套隔开，以免手套上的颜色沾染到其他手套。

鞋子放在架上比在地板上安全。在鞋子里放入鞋撑，以确保鞋型完整，同时将每只鞋子放进各自的鞋袋或用卫生纸包起，不常穿的鞋子更需如此。

SAFE SHELTER
安全篇

CHAPTER

30
为居家安全做好准备

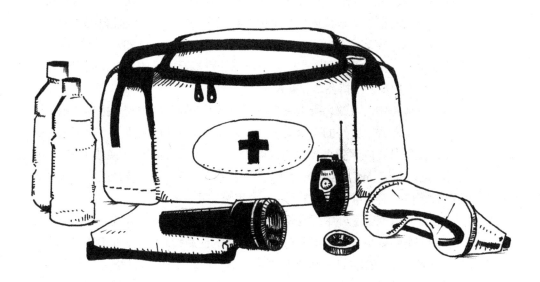

- ❖ 独立检验机构与 UL 标章
- ❖ 如何使用安全守则
- ❖ 紧急状况发生时
- ❖ 紧急逃难箱
- ❖ 打电话求助
- ❖ 家庭药品柜

我知道很多人害怕坐飞机、害怕食物里有杀虫剂，也害怕因为二手烟而罹患癌症，但却不特别害怕在家里摔倒、吃错药或烧伤。事实上，人们在家里因为这些事故而受伤或死亡的概率，远比乘坐波音 747 遭遇空难，或是因为杀虫剂、二手烟而患肿瘤的概率高出许多。主观的安全感往往会因为客观的现实而变调，而这种安全感或许就是使人缺乏危险意识、每年造成许多人在家中死亡和受伤的原因之一。家中能提供安全感相当重要，但以正确观念持续改善家庭安全环境也很重要。

公共卫生专家的安全建议确实有用。根据美国国家安全评议委员会公布的数据，20 世纪，美国各地各类意外事故的死亡和受伤率都大幅降低。每十万人的意外伤害整体死亡率由 1903 年的 87.2 人，大幅降低到 1994 年的 35.4 人。家庭意外历年来的死亡率，也从 1912 年的 28%，降低到 1994 年的 10%。在这段时间，美国人口已增加到接近原来的 3 倍，而家庭意外的死亡人数却仍维持在 26000 人左右。

意外和死亡人数之所以减少，可归因于大幅改善的安全措施、相关法令的制定、成效良好的大众安全教育计划，以及医疗进步等。美国国家安全评议委员会依照死亡人数的减幅估计，20 世纪期间总共挽救了将近 400 万人的生命，而免于毁容、残障、严重伤害、身心痛苦及贫困的人数更高出许多倍。安全意识非常重要，至今仍是如此。

要降低家庭意外中的受伤和死亡人数，其实还有很大的空间。熟悉最新的安全装置和措施，可以多挽救数万人的性命和无法估计的痛苦、绝望、时间及金钱。据估计，1993 年便有 1900 万起家庭伤害，结果不是需要医疗照护，就是活动大幅受限。而这些案例中，有很大部分其实可以在不需或极少花费的情况下，或是仅需稍微改变家庭习惯，就能防患于未然。

我把近年来最新和既有的家庭安全常规总结于以下几章，而本章提到的预防措施则完全不费力气。每个家庭都应该寻找并细读相关安全数据，也要特别针对可能出现在家中的特殊状况寻找对应的安全守则。

▎独立检验机构与 UL 标章

选择家中使用的电器、电线、灭火器、烟雾侦测器及一氧化碳侦测器时，务必确认有第三方公正单位或检验公司的符号或标章。最可能出现在家用产品上的是优力安全认证公司的标志，许多家用电器、安全器材等设备上都标有该公司的 UL 标章。其他认证机构还包括加拿大标准协会（CSA），以及隶属于全国公证检验股份有限公司（ITS）的美国电子测试实验室（ETL）。这类机构都拥有实验室，负责开发家庭和企业用器材与设备的安全标准，并测试防火、防盗、防漏电等相关设备、产品及材料。UL 和 CSA 等非营利机构也参与大众安全教育，提供各种安全主题的文宣数据。有些认证和检验机构也经由美国国家认可测试实验室（NRTLS）认证，表示这些机构符合美国职业安全与健康署的特定法律标准，具备法律资格，可认证工作场所使用的各项产品是否符合美国国家安全标准。

如果对特定的安全领域与产品种类有疑问，可以直接询问 UL 或其他检验及认证机构，也可以参阅这些机构的网站。

▎如何使用安全守则

第 31~36 章的安全守则是供你在平常时阅读，而不是紧急状况发生时查阅。这些守则大多是不用花钱、只要养成好习惯就能提升安全的建议，少数则是购买和安装价格不算昂贵的设备。选择你感兴趣或在意的部分，并完整看完相关章节。举例来说，年底装饰季节来临时，便可以阅读关于圣诞装饰和圣诞树、火、蜡烛，以及用电安全的章节。秋天时可以复习一下关于暖炉、暖气及电暖器的章节，同时仔细考虑这些产品在家中的适用性。当你发现需要更多信息或有进一步的问题时，可以致电或写信询问专家，也可以查找翻阅相关数据。

▎紧急状况发生时

有些人在发生紧急状况时会惊慌失措，这是因为他们从未仔细想过遭遇危险时该怎么做，而这时才思考已经太迟了。惊慌会使他们不知所措，因而连防范悲剧发生的几个简单步骤都做不到。

其实，无论你有多么恐惧，恐惧本身都不会使你混乱或不知所措。真正使恐惧变成惊慌的关键，是因为你觉得无力改变自己害怕的事情。十分之九的勇气来自做好准备。做好准备让你拥有足够的掌控感，也让你能针对紧急状况采取必要的因应措施。

事先拟定紧急应变计划，即使计划十分简单，也能减少惊慌、降低风险。对于 6 岁孩子而言，应变计划或许只是知道怎么拨 119 和提供地址（而不是躲在床底下或无助地大哭）。完整演练过的火灾逃生计划、贴在电话旁的紧急事故联络号码、医疗用品一应俱全的急救箱、知道闻到煤气味时不可以打开电灯开关等，都可大幅提高遭遇危险时的生存机会，也能帮助其他人存活。每个人都应该知道家里的水、煤气、油及电力的总开关或控制阀在哪里。在开关或控制阀上做好标记，并将这些信息记在紧急逃难箱里。

▌紧急逃难箱

家里应该随时准备一个紧急逃难箱。把这个箱子放在凉爽干燥的地方，并确认每位家人都知道箱子置于何处。列出箱子里的物品清单，每年检视一两次，确认物品完整无缺，并定期更换过期物品。紧急逃难箱中的建议物品如下所列，但你可以依照自己的需求与特殊状况予以增减。

- ◆ 手电筒和全新的电池
- ◆ 使用电池的收音机
- ◆ 大量备用电池火柴
- ◆ 蜡烛（但尽可能使用手电筒，避免造成火灾）
- ◆ 罐装或不易腐坏的包装食品
- ◆ 罐装或不易腐坏的婴儿食品
- ◆ 罐装或不易腐坏的奶粉
- ◆ 罐装或不易腐坏的超高温杀菌牛奶
- ◆ 开瓶器和开罐器（不需用电的款式）
- ◆ 瓶装水
- ◆ 含氯漂白剂或其他针对水提供净化与消毒功能的产品（每六

个月更换一次）
- ◆ 家人的备用处方药
- ◆ 家人的备用眼镜
- ◆ 与家人健康相关的信息，例如心律调整器的厂商和序号、婴儿需要的特殊物品等
- ◆ ABC 干粉灭火器[①]
- ◆ 毯子、睡袋或其他御寒用品
- ◆ 急救包
- ◆ 备用车钥匙
- ◆ 信用卡和现金
- ◆ 紧急联络电话号码清单
  - ◎一般紧急电话（119）
  - ◎当地警察局
  - ◎当地消防局

① 关于火灾分类，可参阅第 31 章"你需要哪种灭火器？"。

◎所有家人的医师，包括专科医师　　◎紧急联络人（包括地址）

◎当地有害物质的管制单位　　　　　◎附近的邻居

◎天然气、电力等公用事业机构

请你的医师或医疗提供者建议紧急逃难箱中应该准备什么样的消毒药水、催吐剂、绷带、工具（例如镊子或平头剪刀）、药品、止痛剂等等。红十字会与家庭医学百科全书或指南都可提供绝佳信息。

打电话求助

将紧急联络电话清单放在电话旁与紧急逃难箱中。清单上应该包括医师、有害物质管制单位、消防局、警察局、公用事业机构、亲友及邻居的电话号码。教孩子如何打紧急电话求助：如何拨 119 或其他适合的电话号码，以及如何提供正确的地址。

年长者、病人及残疾人可以考虑随身携带手机，如此在无法行动或距离电话很远时，也能向外界求助。此外，市面上也有许多呼叫装置可以携带在身上，只要按下按钮就可求助，不需要讲话。

家庭药品柜

以下清单是许多家庭认为药品柜中的必备物品[1]。可以请家庭医师依照你的家庭需求提供进一步建议。

◆ 止痛剂和退热剂：阿司匹林、乙酰氨酚或布洛芬。有孩童的家庭还需准备孩童用乙酰氨酚

◆ 各种大小和宽度的 OK 绷、无菌纱布及医疗胶带。另外也需准备平头剪刀

◆ 弹性绷带

◆ 抗生素软膏：必妥碘（Betadine）、枯草菌素、新斯波林（Neosporin）等产品

◆ 棉花棒

◆ 无菌棉球

◆ 缓解胃灼热和胃痛的制酸剂

◆ 温和泻药

---

[1] 此清单改写自我经常参考的《哥伦比亚大学内科及外科医师学院家庭医学指南》的《家庭药品柜》。

◆ 止泻剂

◆ 止痒剂，例如卡拉明洗剂、氢化可的松软膏（用于治疗湿疹和蚊虫咬伤等）

◆ 碳酸氢钠（小苏打）

◆ 凡士林

◆ 感冒与过敏成药（须定期检查有效期限）：抗组织胺和去充血剂。家中有孩童时也需准备孩童用药品

◆ 咳嗽糖浆、祛痰剂

◆ 洗眼液与洗眼杯

◆ 碎片去除工具，例如镊子、细针等

◆ 外用酒精

◆ 测定剂量用的汤匙或塑料药水量杯（供孩童使用）

◆ 催吐用的吐根糖浆（误食毒物时，这是唯一建议使用的安全催吐方法），有幼儿的家庭尤需准备

◆ 防晒软膏或乳液。SPF 15 以上便可阻挡 UVA 和 UVB

◆ 口温计（婴儿则使用腋温计或肛温计）

◆ 不一定放得进药品柜，但应该随时准备好的其他物品：
　◎家庭医药百科全书和急救手册[1]
　◎热水瓶
　◎停电时用于观看标签的手电筒
　◎电热垫
　◎冰袋固定带

药品柜应设置在凉爽干燥处。浴室不是最理想的地方，因为通常相当温暖潮湿。

[1] 建议使用美国红十字会的《标准急救和个人安全手册》（*Standard First Aid and Personal Safety*）。

CHAPTER
31
火

火灾会直接或间接造成死亡和伤害。火焰会置人于死地，但是更多人是因为吸入浓烟和有毒气体而致命。这些物质就像麻醉剂一样，让你陷入昏迷或降低思考与应变能力。此外，因为火灾蔓延得相当迅速，身陷火场的人会发现自己必须快速做出可靠的反应，但也会发现自己力不从心。因此，我们必须训练自己与孩子为火灾做好准备。我们希望自己能够自动反应，即使是受伤、惊吓、脚软或困惑时也能应变。

防火安全守则大多以预防火灾为首要之务（请参阅下文"预防火灾与烧烫伤"），另一个重要部分则是了解何时应放弃灭火、如何逃离火场、烟雾警报器该装在哪里与如何维护，以及如何布置家中环境以方便逃生（请参阅第 399 页"火灾疏散计划"）。此外，还有些守则教你如何控制小范围火灾，并安全地使用灭火器（请参阅第 403 页"你需要哪种灭火器"）。预防电线走火则将在第 32 章详加讨论。

▌ 预防火灾与烧烫伤

☐ 吸烟

在美国，尽管政府与相关人士皆大力倡导禁烟，烟仍是引起住宅起火的主要原因。

在床上吸烟往往会致死。当吸烟者于烟尚未熄灭时睡着，烟灰便会落在衣服、寝具或床垫上，闷烧数小时之后，产生的烟雾和有毒气体会使吸烟者睡得更熟甚至不省人事。同样，如果你在看电视或看书时，边燃着烟边打瞌睡，也会发生同样情况。

绝对不要将烟、雪茄及烟斗点燃后放着不管。使用沉重且不易倾倒的烟灰缸，并要在确定烟灰都熄了之后才能清空烟灰缸。把烟灰倒进马桶或空的金属容器中。或者，你也可以将烟灰倒进装满水的水槽内，直到完全浸湿为止。在易燃物质附近抽烟时要小心，不要让烟灰沾到衣服或窗帘上。留意窗帘等会在风中飘扬的布料。

如果家中有人非吸烟不可，最好的方法是提供一个安全的吸烟环境，并限制只能在这个地方吸烟。维持一小块区域的安全比维持整个家的安全容易得多。吸烟区旁也最好有扇能打开的窗户，以便带走烟雾。放置一个稳固且不会倾倒的烟灰缸，并使用防火家具和地毯。

火灾有时会在派对结束、主人就寝后突然发生。烟灰缸里燃着的香烟很容易掉出，在人多时很难注意到。因此，如果有吸烟者参加派对，结束后要仔细检查每个房间，包括沙发后面和家具底下。避免孩子拿到火柴、打火机等吸烟用具，也绝对不要让孩子使用这些物品。

□ 厨房火灾

厨房是另一个常见的住宅火灾起火点，原因通常为烹饪不慎。当油锅突然起火，或厨房纸巾、餐巾及衣物等易燃物不小心碰触到火焰与热的炉头时，都会引发火灾。

不要将正在煮东西的锅子搁置在炉台上不管。如果忘记自己在炖煮东西，锅内的水分会被烧干，锅子里的东西也会烧焦。如果使用烤箱，每15分钟就要查看一次。离开厨房时要关掉炉火，或是手上拿着汤匙或隔热手套作为提醒（就算是接电话也不要离手）。

如果你正在油炸、烧烤、烘烤或炙烤食物，锅里高温的油脂便可能产生火焰。不论是平底锅、深锅、烤肉炉还是烤箱，都可能发生这种情况，而且火势之猛烈，有可能在第一时间让你吓得腿软。另外，当烤盘、烤箱及抽油烟机累积了许多烹饪溅出的油脂之后，也会发生这样的危险状况。

不要让炉台上锅子里的油过热，烹饪完毕后更不要忘记关火（接电话时很容易忘记自己正在热油锅，因此，热锅时绝对不要离开厨房）。每次使用完烤盘一定要清空并清洗，也要擦去喷溅在烤箱中的油。一旦发现油脂直接喷溅到抽油烟机的滤网便要加以清洗，若能定期清洗更好。

使用煤气炉烹饪时，切记小炉头只能用来加热小锅子，另外也绝对不要让火焰超过锅子边缘，以免造成烧烫伤与火灾。

烹饪时要先准备好隔热手套，且一定要使用防焰产品。绝对不要以毛巾作为隔热手套，毛巾可能会垂在炉头，并于接触煤气火焰后着火。另外，也绝对不要以身上穿的衣服为隔热手套，因袖子、围巾及领带碰到煤气火焰或炉头而造成烧烫伤的案例屡见不鲜（请参阅下文"衣物与头发着火"）。不要把窗帘挂在炉台附近，也不要把毛巾放在炉台上晾干。

平底锅和煎锅比较不容易倾倒或泼洒出食物，也比较不会引起厨房火灾。另外，有不导热锅柄的锅子也不容易掉落和泼洒出食物。

布置厨房时，要尽量减少炉边起火的可能性。不要把纸、布或木头等易燃物挂在炉台上方，延长线也不可太靠近，以免烤焦或烧坏。此外，炉台上不要有火柴、食谱或隔热垫等可燃物品。

不要把面包等易燃的食物存放在烤箱里面。你很容易就会忘记里面有东西而启动烤箱。

电器上不要有食物碎屑或油脂。烤吐司机与烤箱可能使碎屑或油脂着火。

台面上的电器没使用时应拔掉插头，炉台也是，务必关闭炉火。晚上睡觉前记得再检查一遍。

不要在厨房使用易燃的喷雾剂，也不要将喷雾剂存放在炉台、烤箱及其他电器附近，以防受热发生危险。

将洗碗槽下方整理干净相当重要，并保持容器干净、标签清楚可辨识。所有容器都要盖紧，一旦有泼洒物便要尽快处理。易燃物质（包括某些清洁用品）不应该放在洗碗槽下方，也应该和食物隔离，放在孩子拿不到的地方。

□ 衣服与头发着火

衣服着火相当常见。香烟、火柴、壁炉的火花及其他许多原因都可能让衣服着火。尽管衣服着火不是特别容易发生在年长者身上，然而一旦发生，对年长者便特别危险。年纪越大，烧烫伤越不容易复原（即使看来不严重的烧烫伤也是如此）。

为了避免衣服着火，烹调时、点燃烤肉炉时，或是进行任何与火有关的事情时，不要穿着宽松或有垂袖的衣服，例如浴袍、和服及宽松睡衣。

油锅起火时，如何扑灭？	如果火焰是在锅内，请关闭炉火，用锅盖盖住锅子。这样可切断氧气供应，使火熄灭。如果火是在烤箱里，也要关掉开关，并关上烤箱的门。氧气耗尽后，火很快就会自己熄灭。你也可以用一些小苏打粉或使用灭火器。如果使用灭火器，瓶身的标签上必须有 B 字样，例如标示 ABC 或 BC 的灭火器。盐也可以灭火，但不建议这么做，因为盐遇到极高温时会喷溅，落在身上会造成烫伤。绝对不要尝试用水浇熄，这么做会使热油喷溅，造成严重烫伤。绝对不要把起火的油锅拿到别处，这么做可能会把油溅到自己身上，甚至泼洒到身旁的孩子。无论如何，锅子一定要留在炉台上。

绝对不要穿戴蝴蝶结、丝带等会垂吊的饰物，或是风一吹就会掀起来的衣物。我祖母的围裙吊带就曾经在炉边着火。另外，也常有人在早上泡咖啡或茶时让睡袍的袖子着火。

如果衣服着火，最有用的还是老方法：停止动作、仆倒、打滚。不要走动、奔跑，或是张开手臂，这些动作都会助长火势。仆倒可防止脸遭灼伤或肺呛伤；打滚时，手臂要贴近身体，并用手遮住脸，一直滚到火熄灭为止。

如果孩子的衣服着火，处理方法还是一样。让孩子倒卧在地上，并协助其滚动。如果手边刚好有毯子或类似的物品，立刻将孩子包在毯子里，这有助熄灭火焰。不过千万别为了找毯子而跑开。

头发一旦着火便烧得非常快，因此，如果你的头发很长，在烹饪、生火、点燃暖气、查看烤肉炉，或是进行任何与火有关的工作时，请把头发固定在脑后。

☐ 易燃的液体与气体要放在哪里？

存放易燃液体？千万别这么做！不要保留易燃液体，不需使用时就立刻处理掉。

有些易燃液体是任何家庭都不该存放的，例如，汽油和煤油等燃料就不应该放在地下室、车库（独立车库除外）、工具间、阁楼或家中任何地方。这类物品只能存放在独立的建筑，例如独立的小屋或车库等通风良好之处。家中许多常见的液体也都高度易燃，如洗洁液、喷雾剂等。因此，如果可以，将这些物品存放在住宅外通风良好的区域，并存放在具有 UL 防火等级的金属罐中，紧闭盖子。

汽油和煤油等燃料很容易挥发，如果放在地下室、工具间等半封闭的区域，烟气可能会积聚到危险程度。这种烟气非常易燃，只要一点火花就会点燃，例如开灯时在墙壁内产生的火花，或启动电源时在电器内部产生的火花。炉台、热水器及暖气炉上的母火也可能引燃油气。

常见的意外状况包括汽油泼洒在地下室，使地下室充满油气，而油气又被热水器的母火点燃。即使没有泼洒出来，油气也可能从汽油桶或割草机没盖好的油箱盖逸出，随时间逐渐累积。

装有丙烷等压缩或液化气体的煤气桶，以及使用煤气桶的设备，如烤肉炉、炊具、煤气暖炉等类似器设备，也不应该出现在家中，且任何情况下，都不能用于室内场合（不可在壁炉内，也不可在有玻璃窗的门廊中使用）。

阅读存放在洗碗槽下、浴室内、清洁用品柜中及工具间里的所有产品标签。你可能会惊讶地发现，很多洗洁剂、个人清洁保养用品，甚至是家事清洁器具都是可燃的。因此，小心依循厂商指示！别把这些东西与报纸杂志或其他易燃物品放在一起。可以的话，储存在独立的小屋或车库内，且绝对不能放在地下室。将产品存放在具有 UL 防火等级且标示清楚的金属罐内。如果要保留原包装，也要紧盖容器，并确定容器无缺漏、有清楚标示。产品一旦用完就要立刻处理掉。

将易燃液体存放在有 UL 标章的密盖容器中，内容物也必须清楚标示。绝对不要将汽油装在玻璃或塑料容器内（部分塑料也不行），也绝对不要把易燃液体装进装过另一种易燃液体的容器内。举例来说，绝对不要将汽油装进曾经存放煤油或松节油的容器内，反之亦然。这么做会使两种液体混合，即使其中一种的含量很少，还是非常危险。

安全地使用易燃液体——使用时，确认易燃液体远离热源、点燃的火柴与香烟、母火、火焰及火花。

只在通风良好之处使用易燃液体，才能确保任何油气都能安全迅速地散去。

绝对不要以汽油作为清洁溶剂，这样非常危险！

助燃剂只能使用在冷的煤炭上，千万不能用在燃烧的煤炭或余烬。如果将助燃剂喷在燃烧的煤炭或余烬，火会顺着燃料烧回瓶身，并在你手上爆开。这种情况不是不可能发生，我就知道有个孩子因此严重烧伤。

☐ 煤气

煤气是家中常见的燃料，小心使用不会有太大的问题。煤气原本没有气味，添加气味是为了帮助使用者辨别是否外泄，以便采取适当的安全措施。你在点燃煤气炉时可能会闻到些许味道，这是因为火点着之前会有少许气体逸出。

母火——旧式的煤气炉、暖气炉、热水器及烘衣机都有母火，新型的产品则比较少见。有些设备会持续喷出少量煤气，让少许火焰持续燃烧，这些火焰便是母火。要点燃煤气设备的炉芯或加热器，便必须依靠母火。如果母火熄灭，煤气会持续漏逸，一开始你会闻到好像鸡蛋臭掉的味道。母火若在通风不良的环境中熄灭，又没人发现，煤气持续漏逸便会有危险。这时只要有少许火花或有人点燃火柴，就可能起火或爆炸。即使是打开电灯开关产生的小火花，或是衣物上的静电，也都可能点燃煤气。

如果你现在还在使用有母火的煤气设备，请查阅说明书，看看在需要重新点燃时，是否能依循说明书中的指示自己处理，还是必须打电话找专业的合格人员或煤气公司来帮忙。多数煤气公司都会帮你免费处理。有些公寓则建议房客通知房东或管理员来帮忙点燃母火。不管采取何种方式，你现在就应该要研究每种情况的处理方式。你也可以与进行年度煤气检修的人员一同讨论。另一个做法是看看当地煤气公司有什么建议，例如就有公司建议消费者必须在闻不到煤气味时，才能重新点燃炉台上的母火（假设母火在烹饪时不慎熄灭）。如果一直闻得到煤气味或者是你不确定母火熄灭了多久，该公司便建议将所有人疏散，然后打电话到公司请求协助。

如果可以，请选择没有母火的新型设备，例如电子点火的煤气炉。确

除草机	除草机必须存放在房屋及其附属建筑外，不要放在地下室或连接的车库内。为除草机添加汽油时也必须在户外，且发动前要先把除草机推离原来加油的地方至少 3 米。
一个关于通风与煤油的故事	用我孩童时代的恐怖经验来阐述"一定要在通风良好的环境中使用易燃液体"，是最为适合不过的。这个故事还告诉我们在家中或地下室存放易燃液体的危险性，并指出了若要解冻水管，这个方法千万不能用。 某年一月，大概是我四五岁之时，我们家农舍的水管跟往年一样又结冻了。某天傍晚，天已经快黑，而我父母决定用煤油灯帮水管解冻。 当时我们全家都在地下室看我父亲灌煤油灯，也因为天寒地冻，所以门窗都关得很紧。然而，就在他擦亮火柴准备点燃煤油灯的那一刹那，我们四周的空气立刻被点燃，因为煤油挥发的油气已累积到很高的浓度，整间地下室马上烧了起来。我们赶在火焰到来之前跑上楼梯，除了睫毛微微烧焦之外没有大碍，在我们打电话给消防队时，火也已经自行熄灭。我想，我们之所以能安全逃过一劫，可能是我们没把旧圣诞树、油油的地垫及旧报纸堆在地下室的缘故。这种意外在别的家庭也常发生，只不过并不是每个人都像我们那么幸运。

认购买的产品具有美国天然气协会（AGA）标章，或者有经国家认可的第三方公正单位所核发的标章。

☐ 在家中闻到煤气味时，该怎么办？

煤气公司会希望客户知道如何应变。请就近询问你的煤气公司或上网搜寻。美国天然气协会建议，如果在家中（或任何建筑物内）闻到煤气味，应采取以下措施：

◆ 警告他人并立刻离开该区域。

◆ 顺手打开沿途经过的所有门以协助通风，不过别花时间开窗户。

◆ 不要打开任何电器开关，包括电话和手电筒。

◆ 于别处打电话给煤气公司。如果不知道煤气公司的电话，就打 119。

◆ 不要靠近事发现场，直到煤气公司人员或消防队确认安全为止。

如果你在户外闻到煤气味，也应到别处再打电话告知煤气公司。

使用煤气设备的其他注意事项——每次使用完毕都要检查煤气炉，以确定炉头已经完全熄火。

每年至少请专业的合格人员来检查并调整煤气设备 1 次。

煤气燃烧时应该是蓝色火焰，不是黄色。如果火焰是黄色，表示燃烧不完全，可能有一氧化碳中毒的危险（一点点橙色则属正常）（请参阅第 1 章，第 29 页）。需要时也可以请专业的合格人员来检查并调整煤气设备。

如果你有煤气暖炉或煤气壁炉，请遵守与暖炉相同的安全规则。参阅下文"暖炉"。如果你必须用火柴点燃煤气暖炉，请先点燃火柴然后再开煤气，否则煤气会在你擦着火柴的期间不断累积，并在火柴点燃瞬间引爆。如果你的煤气设备有通风装置，也请将排烟管或烟囱调节阀打开。

热水器、暖气炉、暖炉等煤气燃烧设备周围不可以有灰尘、碎屑或其他物品，同时也要保持所有通风装置清洁并运作正常，否则灰尘可能很容易被点燃，或是阻碍燃烧气流。

不要在炉台上贴锡箔纸，这样会阻挡流向煤气火焰的气流孔，造成一氧化碳累积。

易燃液体不应该放在煤气设备附近，这些液体与挥发的油气很容易被煤气设备的火焰、母火甚至火花引燃。

□ 暖炉

把辅助用的暖炉当作主要热源并不安全，许多火灾都是因此而起。仔细研究厂商指示并完全遵守，每年将暖炉拿出来用时，也要重新阅读指示，以免疏忽或遗忘。另外，烤箱不是暖炉，绝对不可拿来取暖。

各种暖炉——确认购买的暖炉有 UL 标章，或是有经国家认可的第三方公正单位所核发的标章。

如果你有孩子或宠物，把暖炉放在安全区域，以确保他们不会误触而烫伤。你也可以购买具有安全网或防护罩的机型。绝对不要让孩子或宠物独自待在开着暖炉的房间。绝对不要让孩子操作暖炉。

睡觉、离开房间及外出时绝对不能让暖炉开着。暖炉必须距离窗帘、布沙发、寝具、木柴等各种易燃物品至少 1 米。暖炉必须远离走道，确保不会绊到人或被撞倒。绝对不要尝试移动运转中的暖炉。

不要在有易燃液体或可能有易燃油气的房间内使用暖炉，也不要把汽油与煤油等液态燃料储存在暖炉附近。不要在开着暖炉的房间内使用油漆、亮光漆及溶剂（如松节油与油漆稀释剂），使用这类产品时应确认通风良好。在有暖炉的房间里使用家用洗洁剂与个人清洁保养用品时，应先仔细阅读标签，看看是否易燃。如果是，请于其他地方使用。干洗液、去光水及其他许多家庭常见的清洁产品也应该远离暖炉。

许多喷雾剂相当易燃；而喷雾罐若吸收太多暖炉释出的热也可能会爆炸。

在有暖炉的房门口放置灭火器。有暖炉的房间也要安装烟雾警报器。

绝对不要把暖炉用于其他用途。不可用于烘干衣物、头发或烧垃圾。

经常用吸尘器清洁暖炉附近的区域，以清除灰尘和碎屑。灰尘具有高易燃性（有位经验充足的消防员告诉我，这就是孩子在床底下玩火柴很容易酿成火灾的原因。当火柴点燃时，就会跟着引燃床下的灰尘）。不要在暖炉附近堆放任何物品，以免阻碍气流。

燃烧煤油等燃料的暖炉——燃烧燃料的暖炉都得有通风装置，不然就得在通风良好的房间内使用。没有通风装置的暖炉或炉子应该设置在窗户旁

2.5~5 厘米处，并保持房内所有门窗敞开，以创造通风良好的环境。

通风可让氧气进入并排出一氧化碳，因此是必要的。如果燃烧燃料的暖炉没有充分通风，便会累积一氧化碳。在无通风装置的暖炉或火的房间内睡觉特别危险。每年都有人因为一氧化碳中毒而死亡。想要保暖应该有更好的办法。燃烧燃料的暖炉还会产生二氧化氮、二氧化碳及二氧化硫等燃烧副产物。证据显示，这些物质有害健康，但适当的通风可以有效排除或稀释这些污染物（详见第 1 章第 29 页）。

煤油暖炉很危险，某些地方甚至禁用。不管合不合法，安全专家都不喜欢煤油暖炉，因此如果你有一台，千万要知道如何安全使用。不仅第一次使用前要详阅指示，每年拿出来使用时也都要再读一次。此外，每年也应请专业的合格人员清理并检查。

请购买万一翻倒会自动断电或关闭的机型。煤油暖炉一定要放在不会绊到人或被撞倒的地方。具有电子点火功能的机型比用火柴点燃的好得多。千万别让孩子操作或点火！

补充煤油时，应只用 1-K 等级的煤油，并且要是干净、新开封的。如果在煤油炉内加入汽油或其他种类的燃料，都有可能导致爆炸或火灾。就算只拿一点点汽油加入煤油，也可能酿成灾难。绝对不可以将其他液体或液态燃料与煤油混合，也不可拿装过其他东西（如汽油）的容器来盛装煤油。

当煤油暖炉处于高温时不可加入煤油，也不要在屋内补充煤油。请等到机器冷却后，再带着机器（或只带油箱）到室外去加油。在通风良好的地方，加油时也别让机器靠近火、点燃的香烟，或任何可能会产生火花的东西。即使开灯都可能会有火花。任何情况下都不可让孩子加油。

每一两周便检查炉芯是否出现脏污，并依循厂商指示清洁。

加油时应小心依循厂商指示，不要加过头。煤油受热会膨胀。如果你加到满，煤油便可能因机身运作产生的热而溢出，发生危险。

煤油暖炉收起来之前应先清空。留在油箱内的煤油不仅有可能起火，煤油本身也会劣化。

秋天拿出煤油暖炉时，你需要在检查、清理后才能使用。重新阅读说明书，并确定里面没有旧的煤油，如果有的话，先净空，电池也换成新的（请参阅第 35 章的《家用品中的有毒危险物质与适当的处理方式》）。

别在家里存放煤油。将煤油装在有 UL 标章的容器中，并存放于独立的小屋或车库内。

烤肉炉——任何烤肉炉于室内使用都不安全，包括木炭烤肉炉、煤气烤肉炉及其他任何类型。

绝对不要在室内烧炭，不管是用在烤肉炉、壁炉、火炉或其他任何设备。在室内烧炭可能会导致一氧化碳中毒。如果你在院子使用烤肉炉，也记得把门窗关紧，以免烟雾跑进家中。

依循厂商指示来维护、使用烤肉炉。绝对不可以把助燃剂与打火机专用油倾倒或喷洒于火焰、余烬，或是任何正在燃烧或闷烧的东西上，这么做会使燃料着火，火也会顺势烧回瓶身，在你手上爆炸或迸出熊熊烈焰，造成严重伤害。孩子特别会忽略或忘记这类警告（他们没有遇过危险就不会小心）。因此，千万不要让孩子生火或是接触助燃剂与打火机专用油。所有危险物品也不可让他们拿到。

不要将烤肉炉等设备中的煤气桶（或其他高压气体容器）放在家中、地下室，以及车库等连接房屋的建筑物中。

☐ 暖气炉

每年（通常是秋天）要使用暖气炉前，应先请专业的合格人员来检查暖气系统，并进行必要的清理，包括暖气炉、滤网、风口、风管、鼓风机、鼓风机隔间板、导管、风扇皮带，并为设备上油、润滑、设定恒温装置及清通通风装置。请确定母火与燃烧器都经过适当调整。确实依循厂商指示整备暖气炉，了解多久必须检查和更换滤网，多久必须清理燃烧器、控制器及管路等其他部分。

用吸尘器将暖气炉附近的区域清理干净，以确定没有东西会阻碍气流。

不要将易燃液体存放在暖气炉附近或同一个房间内。事实上，暖气炉附近不应该存放任何东西。不要把报纸、杂志或其他易燃物品放在有暖气炉的房间内。

在地下室或装设暖气炉的地方安装烟雾侦测器。

☐ 通风口、烟道及烟囱

每年冬天来临前，请专业的合格人员检查炉子、暖气炉、壁炉、暖炉，

使用煤气烤肉炉的安全守则①

煤气烤肉炉使用的液化石油气（LP）② 非常容易燃烧，每年大约有 30 人因为煤气烤肉炉引起的火灾和爆炸而受伤。这些意外多是在使用了许久未用的烤肉炉，或是在重新添加煤气、装上煤气罐后发生的。为了降低火灾和爆炸的风险，应定期执行下列的安全检查事项：

◆ 检查连接炉头的管子有没有被昆虫、蜘蛛或食物油脂阻塞。使用管路清洁剂或铁丝来清除阻塞物，并将阻塞物推出至炉头。

◆ 检查煤气软管有无裂痕、破洞，或是否变脆、漏逸煤气。确认管线没有异常的弯折处。

◆ 让煤气软管远离高温表面与滴下的油脂。若软管无法移动，便安装隔热罩。

◆ 接头有刮伤或有缺口要更换，以免煤气漏逸。

◆ 只要闻到煤气味，或是要重新装上煤气桶时，请依循厂商指示检查煤气是否漏逸。如果有，立刻关闭煤气，且在完成修复前不要重新点燃。

◆ 点燃的香烟、火柴及其他形式的火焰都不可靠近漏逸着煤气的烤肉炉。

◆ 绝对不要在室内使用烤肉炉。使用时，应距离房屋或任何建筑物 3 米以上。

◆ 不要在车库、停车处、门廊、廊道等可能会着火的环境下使用烤肉炉③。

◆ 不要尝试自己修理煤气阀或炉具，请找煤气经销商或专业合格的维修人员处理。

◆ 务必依循厂商指示。

◆ 为避免发生意外，搬运煤气桶时应将其立直并予以固定。绝对不要将备用煤气桶存放在温度很高的车子或后车厢内。热会升高气压，并冲开释放阀，使煤气逸出。

◆ 存放煤气桶时必须小心，一定要保持直立。此外，绝对不要把备用煤气桶放在烤肉炉下方或附近，也不能放在室内。汽油等易燃液体也绝对不要放在烤肉炉附近。

◆ 装卸煤气桶时，必须依循厂商指示小心进行。

◆ 烤肉炉必须额外加上这三个安全功能，避免煤气漏逸：管子破裂时限制煤气外泄速度的装置、关闭烤肉炉火源的机制，以及预防煤气从煤气桶与烤肉炉之间的接头溢出的功能。买烤肉炉时请注意是否有上述功能。

---

① 摘录自美国消费者产品安全委员会发出的新闻稿《消费者产品安全守则》。
② 液化石油气的主要成分为丙烷，并混有少量的丙烯、丁烷及丁烯。
③ 这些区域多半为密闭或半密闭空间。

检查所有燃烧燃料设备的通风口、烟道和烟囱，确定畅通且运作正常。这些地方不应该有灰尘和碎屑，更不用说鸟或松鼠的巢，因为通风口可能会被泥土等碎屑塞住。保持通风口、烟道和烟囱畅通可预防火灾与一氧化碳累积。

☐ 圣诞节与其他假期的装饰

一位经验丰富的救火员跟我说，人造圣诞树最安全，比真树安全一千倍。如果要用真树，应向可靠的供货商购买，并确认树木为刚砍下不久。新的树木不仅枝干有弹性、不断裂，针叶也会是绿的。不要在圣诞节前好几周就架起树木来，这么做会让树木撑不了那么久。

要防止圣诞树干枯，可将圣诞树底部切下几厘米，让树干可以吸水（底座应随时补足水分）。不要把树放在靠近电暖炉、暖炉、通风口等会把树烤干或引起火灾的热源。

不要把圣诞树放在靠近壁炉、蜡烛等其他火焰或火花来源，也不要把点燃的蜡烛放在圣诞树上。

不要把易燃的装饰物放在壁炉上方的层架。

绝对不要把孩子或宠物放在圣诞树旁边不管，尤其是灯还亮着的时候。

外出或睡觉时，绝对不要点着圣诞树的灯或其他装饰灯。

在有圣诞树的房间门口附近放置灭火器（标示有 ABC 的灭火器），并且确定附近有烟雾侦测器。

圣诞树一旦干枯就要立即处理（即使圣诞节未过也必须如此），如有需要，再购买新的圣诞树。尽管这样做虽然相当麻烦，却是明智之举。装饰品取下之后便立刻处理掉（不要暂放在车库或门廊）。不要把要丢弃的树、包装纸及与装饰品丢进壁炉烧掉。

电子装饰品的用电安全规则，请参阅第 32 章《用电安全》。

☐ 蜡烛

绝对不要任蜡烛独自燃烧，更绝对不能把蜡烛放在易燃物附近。窗帘、布幔、垂袖、围巾、领带、裙子等纺织品通常都是易燃物，而且很容易因为风吹而碰到烛火，接着起火。常青的圣诞树与花圈也是易燃物，绝对不要拿蜡烛来做装饰。

确定蜡烛有固定在托架上。把蜡烛放在不会被撞倒之处，并确认蜡烛即使被撞倒，附近也没有易燃物。不要用蜡烛作为纸制品的光源，不论蜡烛底座有多稳固都不行。

孩子不管几岁都会对火很好奇，因此，不要将孩子留在点燃的蜡烛旁，以免受到诱惑而做出危险的事。把火柴和蜡烛放在孩子拿不到的地方。

□ 其他有助预防火灾的习惯

不要在家中堆放报纸、杂志、纸箱、旧衣服、上蜡或上油用的抹布及垃圾。这些东西相当易燃，经常酿成火灾。尽管不是起火原因，这些东西也会助长火势，增加火灾的规模与危险程度。

把上蜡或上油用的抹布存放在标示清楚且密封的全金属容器内。

购买地毯、布沙发、床垫、布幔及窗帘时，应选择防火或耐火材质。

睡觉时若关上卧房门，可以减缓烟雾和火蔓延到房间的速度。

□ 其他烧烫伤的原因

请参阅第36章《儿童安全措施》。

将锅子的把手转向朝内，免得经过的人碰到，也避免孩子抓到把手，不小心将滚烫的食物泼洒到身上。

高温的电暖炉每年也烫伤不少人，因此应加装保护套。

□ 电线走火

电线走火将在第32章详加讨论。

□ 喷雾罐

不管喷雾罐的内容物是什么，都不可以刺穿或燃烧。喷雾罐应远离火源。喷雾罐一旦受热，里面的气体会膨胀，产生压力让罐子爆炸，造成严重伤害。此外，喷雾罐内的化学物质在加热时也可能会产生有害油气。

▍逃离火场并为火灾做好准备

灭火还是逃命？火燃烧的速度相当快，因此专家表示，火灾时必须尽快疏散所有人，再打电话给消防队。除非火很小且局限于一个区域，否则不要尝试自己灭火。即使火势不大，但如果已有大量浓烟，也不要尝试自己灭火。

如果火势很小且局限于一个区域内，可以尝试用灭火器灭火。然而，专家建议，如果 10 秒内不能扑灭就立即放弃，并疏散大家，通知消防队。如果火势不小，不要尝试自己灭火，连 10 秒都不要试，只要尽快疏散大家，再打电话给消防队。

很多人不知道，即使灭火器成功扑灭了火势，还是应打电话给消防队。消防队会检查家里，确保火焰没有在某个地方闷烧，或是在意想不到的远处继续燃烧。火会"跳过"楼层或某些区域继续燃烧，而这只有专家了解。

□ 火灾疏散计划

你的家庭应该预先拟定火灾疏散计划。每个人也都应该在漆黑的地方练习，包括孩子在内。试问自己，如果火灾使得电灯熄灭，或者浓烟遮蔽视线，你能逃出屋子吗？你的孩子呢？如果住在公寓大楼内，所有家人都知道逃生出口在哪里吗？

确认所有房间都有两个出口（窗户也算在内），同时每个人也应至少知道两种离开房间的方法。你必须能在不使用钥匙或工具的条件下就逃离，因为火灾发生时不会有时间找工具。此外，你可以准备一个轻便可携的折叠安全梯，以便在危急时逃离卧室或其他地方。

约定一个明亮安全的会面点。如此一来，已经逃出的家人就不会因为找不到其他人而跑回去。不要浪费时间在火场找贵重物品、鞋子、皮夹、皮包或其他财物。

不要把你和家人反锁在屋内。确认逃生用的窗户可以开启，特别是通往逃生梯的窗户。如果要装铁窗，得有简易开启的装置，且家中所有成员都要知道开启的方式。绝对不要将铁窗上锁，也不要使用需要钥匙才能从里面打开的门锁，最好是转一下就能打开。如果一定要购买用钥匙上锁的门锁，那么屋内有人时就把钥匙插在内侧的门锁上。

逃出门前先检查门的温度。测试时要用手背，因为手背的神经末梢比

安全梯	安全梯可用来逃离二楼或三楼。安全梯应是金属制，且楼梯凸出壁面，让你有安全踩踏的地方。安全梯梯顶也要可以牢牢抓住窗台。

手心少，比较不会烫伤。如果门真的很烫，便不要走这道门，另寻其他出口。如果开门的时候有烟，也应把门关上，另寻其他出口。离开时把身后的门关上，这样可以延缓火势蔓延。

逃离火场时，记得蹲低，沿着地板爬，低处有比较少浓烟、比较多氧气，温度也较低。如果无法看清四周，沿着墙壁也能走到门或窗口。请在家和孩子一起练习。

如果所有的出口都封住了，请把房门关上，用毛巾或衣服塞进门缝，以防火场的浓烟渗入。如果可以的话就打 119，不然就是用灯、白布、手电筒发出讯息，或朝窗外大喊，让其他人可以发现你。一位消防员告诉我，喊"失火了！"会比喊"救命啊！"更有用。

离开火场后，用邻居的电话打给消防队。提供姓名与地址，如果地址不好找，要告诉消防队怎么到达最快。先想好简单易懂的路线说明。不要在对方还在问问题的时候就挂电话，如果你很惊慌，可能会漏掉一些重要的信息而不自知。

无论如何绝对不要再次进入火场。

确定孩子了解疏散计划，也清楚在听到烟雾警报后该怎么做。播放烟

现代防火摩天大楼的安全规则

20 世纪 60 年代后，纽约和其他大城市纷纷兴建起防火摩天大楼。这类建筑物会因结构与起火点的不同，而有不同的火灾安全规则（不过有些规则是各处都适用，例如，要熟悉大楼的楼梯和逃生路径。火灾时不可搭乘电梯，因为电梯可能会突然停止、故障，也可能在经过火灾楼层时开门，带给火场新鲜空气，进而导致爆炸。电力也可能会中断而使你受困）。

针对防火摩天大楼，纽约市消防局提供以下安全规则（你也可以询问当地的消防局，以了解自己大楼的情形）。如果是你的公寓发生火灾，先将屋内所有人疏散，并把门关上，但不要上锁。接着通知同一层楼其他住户，并在火场下方的楼层或街上打电话给消防队。如果是其他公寓起火，那么留在公寓内会比跑进烟雾弥漫的走廊或楼梯好。把门关上，用胶带或湿布封住门缝，然后关掉空调，把水放满浴缸。如果前门变得很烫，便尽力让前门保持潮湿。把窗户打开几厘米（除非烟雾和火焰是从底下蹿上来）。打电话给消防局，告诉他们你的公寓号码以及目前状况是否危急。打开窗户并挥动床单，让消防队员可以很快找到你。

雾警报给他们听，让他们熟悉。告诉他们如果听到警报声，不要躲在床下或是衣柜里，要依照疏散计划进行。教导他们如何沿着墙壁爬行找到门和窗户，也教导他们如何呼救及打电话求助。

☐ 烟雾侦测器

消防队员表示，安装烟雾侦测器是预防火灾最重要的方法。烟雾侦测器操作容易又不昂贵，且从火场脱险的机会也能提高50%。许多地区都规定某些类型的建筑必须装设烟雾侦测器。请了解当地的相关规定，并打电话向消防局询问相关建议。

务必购买有 UL 标章的烟雾侦测器（或是有经国家认可的第三方公正单位所核发的标章），并依循厂商指示安装在正确的位置。

美国消费者产品安全委员会建议，家中每一楼层都要安装烟雾侦测器，包括地下室。有暖炉的房间一定要安装，车库和工具间也一定要。厨房和浴室通常不建议安装，因为蒸气也会触动警铃。不过，市面上也有会延迟15分钟才发出警报的烟雾侦测器，这种产品就可以用在厨房。

最重要的是，要把烟雾侦测器装设在卧房附近，因为睡眠时间往往最容易发生危险。把侦测器装设在靠近卧房的走道上。走道和卧房都装设更好，不过装设在走道比卧房重要得多。

如果住家有楼梯，则每层楼的楼梯顶层都要装设烟雾侦测器。应该装在天花板上，距离墙壁至少30厘米处；或是安装在墙壁上，距离天花板30厘米处。一般来说，天花板和墙壁交界处是空气流动率最低的地方，所以要距离转角至少30厘米。如果是教堂这类建筑物，则要放在距离最高点1米之处，因为尖塔顶端空气流动率最低。侦测器不要靠近门窗，不要放在衣柜等封闭空间内，暖气和冷气出风口的路径上也不行。这些地方可能侦测不到烟雾，因为烟雾不是被挡住就是被吸入或吹走。为了避免错误警报，也不要在壁炉和柴炉附近安装侦测器。香烟的烟也会触发烟雾警报。烟雾侦测器在侦测到烟雾时会发出尖锐刺耳的声音[1]，你也该记得这个声音，并

---

[1] 市面上也有功能较多的烟雾侦测器。有些侦测器可在火灾时发光，引导你逃出住家，而这在必须沿着楼梯或走廊前进时格外有用。另外，也有烟雾侦测器是以闪灯（而非声音）对听障人士示警。你甚至还可多花点钱，把烟雾侦测器和家中的保全系统联机，设定一侦测到烟雾就自动打电话给消防队或在办公室的你。这种系统对年长者和残疾人相当有用。不过，请先确认自己是否清楚如何维护及操作，以免产生乌龙假警报。无论购买什么样的烟雾侦测器，务必选择具有政府委托机构认可的产品。

要能区分其与家中其他警报声的不同（如一氧化碳警报器与盗窃警报器）。注意，烟雾侦测器的电池电量不足也会发出声音。多年前当我搬进一间公寓时，我每晚都听到恼人的啾啾声，在翻遍了整座公寓，甚至请邻居来帮忙后，才发现原来是烟雾侦测器该换电池了。

烟雾侦测器有电池型和插电式两种，接电式通常也有备用电池。安装烟雾侦测器时，请交由专业合格的电工。

请依循厂商指示检查、测试及维护烟雾侦测器。烟雾侦测器通常有测试按钮，年长者、病人及无法接触到烟雾侦测器的人，都可以用扫把按压电池测试按钮①。电池型的侦测器要每周检查一次，插电式的则每月检查一次。此外，每六个月就要更换电池，即使看起来电力还够也要更换。确定你放在烟雾侦测器里的电池不会被他人挪用到玩具或随身听里，这也意味着更换时动作要一次完成，不要将电池搁置在一旁。

烟雾侦测器也需要除尘。如果有灰尘累积在上面，侦测器可能会无法正常运作。粉刷房间时也注意不要将油漆涂到侦测器上。

烟雾侦测器应该每十年就更换一次。大多数的烟雾侦测器都很简单、便宜又有效。不过，因为科技不断进步，购买前可先参阅值得信赖的刊物或询问消费者协会，以取得最新信息。

▌火灾控制：灭火器

☐ 灭火器

所有专家都认为，家中应该要放置灭火器。拿到灭火器时，先仔细阅读标签和使用说明书，以了解如何使用与维护（你还要知道什么情况下不该尝试自己灭火，请见上文"逃离火场并为火灾做好准备"）。定期检视灭火器的使用和维护说明。

灭火器只能扑灭小火，且大多在 10 秒内就会耗尽。

☐ 灭火器的摆放位置

有厂商建议，每 55 平方米的生活空间便要放置一个灭火器。另外，专家也建议每层楼都要放置一个，包括阁楼、地下室、车库及工具间（露营车、

① 测试按钮可确认侦测器是否为正常监视状态。

船只和类似的交通工具也包含在内）。灭火器也可以放在特别容易发生火灾的区域，像是厨房、工具间、车库，以及有壁炉或暖炉的房间。

摆放灭火器时，基本原则是放置在不需要穿越火场才能拿到的地方。一般来说，这代表要放在靠近出口且远离壁炉、暖炉等可能起火之处。以厨房为例，灭火器要放在靠近门口并远离炉台的地方；以地下室为例，楼梯顶端则是不错的位置。如果地下室有工具间，则放置在靠近工具间的地方。绝对不要为了拿灭火器而接近起火区域。

阅读厂商提供的灭火器安装说明，一般建议是放置在墙上，大约肩部的位置。这个高度不仅能避免孩子拿到，也方便大人拿取。灭火器也应该放置在可以清楚看到又好拿取的地方，而不需要探身越过洗衣机或家具。绝对不要将灭火器放在衣柜或壁橱内。放置灭火器时也要让标签朝外。

☐ 灭火器的维护与处置

仔细遵循厂商的指示来维护灭火器。专家建议每个月检查灭火器上的压力计，以确保灭火器是满的且可以正常运作。另外，要确定安全插销完整无缺，瓶身也没有腐蚀、渗漏或喷嘴阻塞等明显损坏。每十年就换购新的灭火器，同时遵循厂商的指示来处理旧的灭火器。

☐ 你需要哪种灭火器？

适合家庭使用的是 5 磅重的 ABC 干粉灭火器[①]。字母代表灭火器适用的火灾类型，通常在标签中会有明显的图样表示。A 是绿色三角形，B 是红色正方形，C 为蓝色圆形。有些灭火器则是使用小图示来表示火灾类型。

◆ A 类火灾与木头、布及纸等易燃物有关。这类火灾可以用水来扑灭。

◆ B 类火灾与易燃液体有关，像是煤油、汽油、油漆及油脂。厨房用油与食物油脂起火也属 B 类火灾。这类火灾绝对不要用水浇。

◆ C 类火灾与通电的电气设备或导线相关。这类火灾必须使用非导电性的灭火剂。水是导电的物质，不该拿来扑灭这类火灾。

① ABC 干粉灭火器分三种型号，5 型、10 型及 20 型，重量分别约为 3.3 千克、5.7 千克及 9.8 千克。

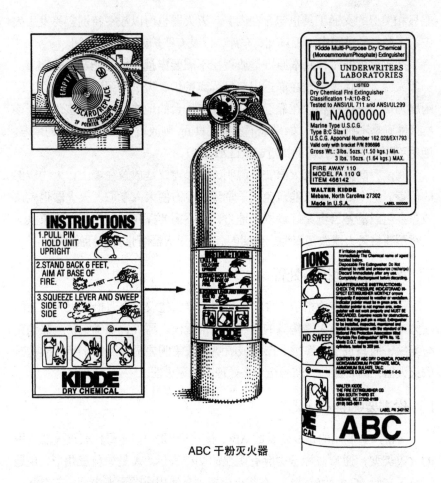

ABC 干粉灭火器

　　UL 分类除了字母外还可能有数字。数字指的是灭火器的大小，或是
可以处理的起火范围。举例来说，4A 灭火器可扑灭的范围是 2A 的 2 倍；
60A 的灭火器可扑灭 60 平方英尺的 A 类火灾。如果灭火器的标示是 4A：
10B：C，意思是可扑灭 10 平方英尺的 B 类火灾，或是 4 平方英尺的 A 类
火灾①。A 类火灾的数字范围从 1 - 40，B 类火灾的数字范围从 1 - 640，C

① 1 平方英尺约等于 0.09 平方米。

类灭火器则只有字母，没有数字。有些专家认为，2A:10B:C 等级的灭火器最适合大多数的家庭。最好购买连家中最矮小的成人也能轻易使用的最大型灭火器。

ABC 干粉灭火器会喷出细小颗粒的干燥粉末。这种灭火器适用于所有类型的火灾。ABC 干粉灭火器成分一般含有磷酸二氢铵、云母、硫酸铵以及滑石粉。这种灭火器在对付特定类型的起火事故时，可能没有专用型的好用，但在家放着总是有备无患。

BC 干粉灭火器用在 B 类与 C 类火灾。BC 干粉灭火器一般含有碳酸氢钠。BC 干粉灭火器在对付许多厨房火灾时相当有用。

另外，还有 D 类火灾。D 类火灾与易燃金属如镁、钛、锌、硫及钾有关，不过家中通常不会发生这类火灾。

□ 如何使用灭火器

当你拿到灭火器时，请仔细阅读标签与手册，以便了解使用方式。起火时，可没时间慢慢翻阅说明书。

可携式的家用灭火器只能用来扑灭小规模的局部火灾。如果有很多浓烟，或者火势猛烈，不要试着用灭火器，应该离开求助。

使用灭火器时，要完全遵守厂商的指示。不过一般来说，家用灭火器的操作方式都一样：在距离火源两米左右，拉起安全插销，将喷嘴对准火源底部，压下把手，来回喷洒扫射。记得后方要留有安全的退路，以免陷在火场中动弹不得。在火没有熄灭之前不要转身离开。美国消防协会建议你熟记这几项原则：

- ◆ 拉起安全插销。
- ◆ 对准火源底部。
- ◆ 压下把手以喷出内容物。
- ◆ 喷洒时从左到右，再从右到左，来回进行，直到火熄灭为止 。

不要忘记基本原则：别跑进火场找灭火器，也别为了拿灭火器将手伸进火场或靠近火场。另外，使用灭火器时要记得为自己保留安全的后路。

□ 洒水系统

家中的洒水系统是相当重要的安全设施，也有越来越多地区规定必须安装。在全新的建筑物中安装洒水系统所费不赀，在旧住宅中的安装费用更高，因为必须拆除墙壁和管线。请与专门的厂商联络，并征询其服务过的客户。

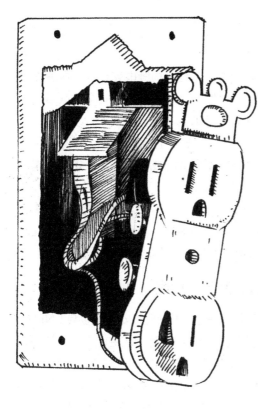

32
用电安全

❖ **预防电线走火**

☐ 电线走火的原因

☐ 安全配电：电线、延长线、开关、插座

☐ 保险丝与断路器、过载电路、
安全地把灯重新点亮

☐ 避免电线走火的其他规则

❖ **触电与触电死亡**

☐ 接地

☐ 极化插头

☐ 水造成的危险

☐ 接地故障断路器

☐ 测试接地故障断路器

☐ 闪电与电力突波

☐ 电力中断、低电压

☐ 插座护盖

☐ 使用电器的一般规则

☐ 电器漏电断路器与浸没式探测断路器

☐ 烤吐司机

☐ 电热毯与电热垫

☐ 电热器

☐ 台灯、立灯及其他可携式灯具

☐ 卤素灯

☐ 金属梯具

☐ 圣诞树及其他电子装饰物
的用电安全规则

美国每年有数百人因为家中电线走火和电器事故而丧生，每年发生的电线走火意外事故达数千件，导致许多触电伤害与财产损失。如果事前能做好几项预防措施，这些悲剧其实大多可以避免，而我们之所以未遵守这些规则，可能是缺乏对电器的安全认知，也可能是没有察觉自己的习惯其实相当危险。

▍预防电线走火

□ 电线走火的原因

电线走火可能是因为电路过载或短路（触电与触电死亡则另在下文讨论）。线路由电线组成，将电流送至电器。这些电线都有安全承载限制，如果接太多电器，或是电器消耗瓦数超过承载限制（过载），线路中的保险丝就会断开（也就是所谓的"烧掉"），断路器也会跳掉。保险丝和断路器是用来避免电路过载的安全装置，如果故障或是来不及反应，电流量便会超载。最后，线路会发热，甚至起火。

电线如果是裸线（无包覆绝缘皮），也可能会发热，并使附近的木头、木屑等易燃物起火。此外，短路也可能引起火灾。当两条原本不该相交的裸线碰在一起便会形成短路，导致电线发热、产生火花，甚至引起火灾。

□ 安全配电：电线、延长线、开关、插座

电气检测：美国国家电气安全基金会——美国国家电气安全基金会（NESF）强烈建议，由合格的电工定期检查家中线路。住在老旧住宅的人更加需要，因为很多房子可能于完工后就没有再检查。不只电线，其他电器旧了也应该检修，尤其现在多数人的用电量都比 40 年前高。如果你的房子或公寓相当老旧，而你打算在家中设置办公室，应先打电话请有执照的合格电工检查，确定原先的线路是否足以应付办公室事务机的需求。

你家上次做检查是什么时候？如果是政府派员检查过的线路，电箱（保险丝或断路器所在处）上应该可以找到上次检查的时间，通常也会有人签名并加注日期。如果找不到类似的标示，可以推测这栋房子从建好之后至今都没有检查过（除非你曾经找人重新配线，或是确定有其他人做过这件事）。

美国国家电气安全基金会提供以下指南，协助你决定是否需要进行检

查。如果电箱上找不到曾经检查过的标示，便以屋龄来推测。

（1）如果检测时间距今已经超过 40 年，那么早该需要检测了！

（2）如果检测时间距今有 10 ~ 40 年，建议进行检测。若这期间用电量有增加，例如使用较高瓦数的电器，或是增加了灯具、插座及延长线，那么更应进行检测。另外，一旦出现如下文"电器潜在危险"中的警示时，也要进行检测。

（3）如果检测时间距今少于 10 年又没有发现下文"电器潜在危险"中的警示，就可能不需要检测。

电器潜在危险——美国国家电气安全基金会表示，家中应小心以下几种类型的警示：

◆ 停电：是否需要时常更换保险丝或重设断路器？

◆ 电箱面板逾量设定：电箱面板上所用的保险丝或断路器是否大于分支电流的电流量（也就是安培数过大）？你需要请有执照的合格电工来看看是否有这样的问题。

◆ 灯光昏暗或闪烁：灯会变暗？或是映像管电视机的画面常会缩小？

◆ 电弧与火花：电力系统内是否会有闪光或爆出火花？

◆ 嘶嘶声或嗡嗡声：电力系统是否会发出不寻常的声音？

◆ 过热：电力系统内的组件如开关、插座盖板、电线及插头，是否会发热？是否因过热而褪色？碰到是否会痛？

◆ 松脱的插头：家中是否有插头松脱？或是很容易就能从插座上拔起？

◆ 永久使用的延长线：家中是否有用了很久的延长线？

◆ 损坏的绝缘皮：家中是否有电线的绝缘皮裂开？或出现切口、破损？

☐ 保险丝与断路器、过载电路、安全地把灯重新点亮

有些家庭有断路器，有些则有保险丝与保险丝盒。如果有保险丝，请准备相同规格的保险丝，不要为了方便而装上不同规格的保险丝（请参阅下文"不要使用安培数过大的保险丝"）。

如果家中有些地方的灯熄灭，或是吹风机突然停止运转，可能是因电路过载而跳电或保险丝烧毁（如果邻居的灯也熄灭，则可能是停电，请通知电力公司）。若四周很黑，先找出紧急逃难箱中的手电筒，确定地板和

手都是干的，接着打开保险丝盒或断路器箱。烧断的保险丝会在玻璃管上留下焦黑的痕迹，跳掉的断路器则会在"关"（off）的位置，而不是在"开"（on）的位置。

更换保险丝或重新打开断路器之前，先关闭不必要的电器，例如吹风机、吸尘器等可能造成跳电的电器。接着，把开关扳到"开"（on）的位置。如果要更换保险丝，也要先把总开关切到"关"（off）的位置，然后拆下旧保险丝，换上正确规格的新保险丝。

当断路器又跳掉，或保险丝又烧断，而你无法找出明确的原因时，不要尝试打开开关或是更换保险丝，请找有执照的合格电工来修理。

不要使用安培数过大的保险丝。如果你的保险丝盒有一个15安培的插槽，请使用15安培的保险丝。使用20或30安培的保险丝显然过大，且可能在保险丝烧掉之前，电路就已经过载，并因为过热而引起火灾。使用安培数过大的保险丝是旧房屋起火的常见原因。要防止危险发生，最佳的方法是换成只能安装正确安培数保险丝的保险丝盒。

另外，绝对不要随便在家里找替代品，例如硬币、铝箔或其他金属。这么做非常危险，许多建筑物也都因此而烧毁。

避免电路过载。清楚标示断路器箱里的每条线路，写出与其连接的插座、灯具及电器，例如"主浴室和主卧室东墙"。线路若连接用电量特大的电器也要标示，例如"办公室西墙插座——激光打印机"。家中所有人都应该知道这些标签的意义，并且要知道如何关闭。

家庭插座大多可承载15安培，15安培的安全承载功率约为1500瓦。因此，要确定电路会不会过载，只要把串在同一个插座的电器瓦数相加，看看是否会超过1500就可以了（电器的瓦数多标示在标签或面板上）。请记住，每条线路可能连接好几个插座，接在插座上的电器都要计算，另外也要把内装照明算进来。不要使用延长插座来增加使用的电器数量，除非你非常确定总瓦数不会超过1500瓦。如果同时在一条15安培的线路上用电熨斗、高功率吸尘器及电热器，这样一定会跳电。

一般家用电路可以轻松供应个人计算机、传真机、收音机及桌灯的用电需求。电话可从电话线路取得其所需要的少量电流，但录音机与无线电话就必须由插座取得电力。耗电量大的电器需要另外接线，且最多只能与台灯或电动削铅笔机共享一个插座。这类电器包括暖炉、冷气机、旧的大型激光印表机（新型产品耗电量较小）、吹风机、电磁炉及烘衣机等。如果你发现开启某些电器的电源时，灯会闪烁或短暂变暗，请找寻新的插座，或是找有执照的合格电工重新接线。

☐ 避免电线走火的其他规则

说明书与手册——务必保留电器和电动工具所附的说明书。使用前必须读过一遍，且要不时复习。说明书中通常包含安全提示和必要建议。由于现在大多数人家里的电器用品越来越多，我们应该准备专用的档案夹或抽屉来存放这些手册。我自己就有两个厚厚的档案夹，一个标示"大电器"，一个标示"小电器"。此外，我也发现时常翻阅这些文件十分必要。

过热——如果发现任何插头、开关或插座温度升高，请关闭电器电源或拔去电器插头。电灯开关、插座的电源若有类似情形也要关闭，并请有执照的合格电工检查。

电器出风口被挡住时也会过热。你必须依循厂商指示，在音响、微波炉、计算机、电视机及其他电子设备周围保留通风空间。这类过热情形不仅会损坏设备，还有可能酿成火灾。

使用瓦数过高的灯泡也会造成灯具过热。如有疑问，可检视灯具的额定功率及可使用的灯泡类型。

裸线——电器的电线裸露时必须立即处理，因为可能会导致触电或火灾。请关闭电器电源、拔去插头，并等合格技师修复电线后再使用（请参阅第415页"触电与触电死亡"）。

插座盖板——每个插座都应该有盖板。如果家中有孩童，请使用插座护盖（请参阅第418页）。

安全地使用电线——电线上务必要有 UL 标章或是有经国家认可的第三方公正单位所核发的标章。

不要使用已经碎裂或破损的电线，使用时也请尽量防止电线碎裂、破损或出现切口。如果延长线已经损坏或磨损，就要予以丢弃。

绝对不要取下标示有适当功率和其他细节的警告商标与认证单位商标。保留标签可让你和往后的使用者参考，因为大多数人不会记得标签内容。

绝对不要拉着电线来提起电器用品，要直接抱着机身。拔插头时要抓着插头，不要拉电线。即使是能自动收起的电线也一样，先拔起插头，再让线收起。残疾人、年长者或不方便弯腰的人，可能会想借由拉电线来拔起插头，但最好还是忍住这个念头，请他人帮忙，或是把插座安装在比较适当的高度。

务必将插头完全插入插座，但插入时别太用力。

绝对不要更换电线上的插头，或是弯折插头上的金属片。不要把三头的插头插入二孔的插座。不要让插头和电线接触高温与水。

不要将家具压在电线上。电线也不要压在踏垫、毯子或任何覆盖物下。不要压踩电线，也不要把电线摆在通道上任人踩踏。不要将电线打结、过度弯折（特别是接近插头处）或挂在尖锐处，这些动作都可能让绝缘皮出现裂痕或让电线露出。此外，市面上也有扁平插头的电线，适合比较拥挤的环境。

不要让电线穿过走廊，也不要穿过天花板、墙壁及地板的孔洞。绝对不要用钉子或订书针固定电线（无论室内或室外）。如有需要，请用胶带固定，但这也只能是暂时性的，因为胶带会妨碍散热。除非已经关闭电路开关，否则绝对不要拔除电线上的订书针或钉子。

把电线和电话线收在家具后方，并沿着踢脚板拉线。尽量避免被孩童与宠物看到、拉到及绊到。

不要卷起正在使用的电线，但要存放时可以卷起来。

绝对不要把电线放在湿的表面或水中（无论室内还是室外）！水和电绝对不能相遇！

绝对不要把电线放在高温的用具上，例如电热器、暖炉、壁炉及炉子附近。当然也绝对不要把电线垂挂在高温的用具上方。

在室外要使用室外专用电线。不用时则要收进室内，否则曝晒过久可能会导致电线劣化，变得不安全。

如果电线开始升温，绝对不要继续使用。

延长线的其他安全指南——延长线很容易因为过载和使用不当而酿成火灾。上述的通用规则适用于延长线、电器电线及各种类型的电线。下文则是特别针对延长线的安全指南。

避免把延长线当作永久性配线使用。即使必须如此，使用时间也要尽量缩短。延长线只能当作临时解决方案。如果有永久使用的需求，必须请有执照的合格电工修改配线，或是请合格的专业修理人员为电器更换较长的电线。

绝对不要以延长线接延长线，请用一条长度足够的延长线。

使用的延长线越短越好。延长线越长，过热的概率越大（而且会损坏电器的马达）。如果电器与电动工具离插座只有 3 米，就不要使用 6 米的延长线。

不要卷起正在使用的延长线，但要存放时可以卷起。

避免让延长线负荷过重。过载的延长线可能会因过热而使绝缘层熔化，造成触电与火灾的危险。即使你避过了这些可怕的危险，电线也会在接触过的物品上留下污渍与痕迹。如果延长线过载，你会发现温度开始升高。一旦过热，请先关闭断路器，再拔去延长线插头。延长线若有损坏就必须丢弃。

为了判定哪些电器可以安全地接上延长线，你必须查看延长线的标签或插头上印的信息，看看延长线能承载多少瓦数（或安培数），接着把接在延长线电器的瓦数（或安培数）加总。如果总瓦数或安培数大于延长线所能承载的范围，延长线就是过载了，可能会有很大的危险。此时，尽量拔去不使用的电器插头，使总瓦数小于或等于延长线的额定功率（为了安全起见，总瓦数小于延长线的额定功率会比较好）。

举例来说，若延长线的额定功率为 1875 瓦（已经算是高的），而我同时接上咖啡机（1500 瓦）和电熨斗（1200 瓦）就会过载。但如果只接上其中一台电器，再加上 60 瓦的灯和 100 瓦的电动削铅笔机，则不会超过延长线的额定功率。

不要使用延长线接大型电器，这类电器都应该直接插上插座。一般家用延长线都不适用于接冷气机、暖炉或其他耗电量大的电器。

尽可能避免在孩童会接近的地方使用延长线。

延长线不使用时应拔起插头，否则会有触电和火灾之虞。把电器接上延长线前应先关闭电源。使用延长线时，别把线卷起。使用电动工具时，应使用绝缘皮较厚的高负载延长线。

室外使用延长线时，应选择高负载延长线，且线路呈圈型。延长线上应标注"室外适用，不用时则要收进室内"。

伏特、安培、瓦特及线径

伏特是测量电流流过电线时产生的压力。安培是电量（类似水量）。瓦特是电力单位，等于安培数乘以伏特数。如果你的工具或电器上只有瓦数，除以电压（伏特数）就可得到安培数。

美国一般使用的电压是 120 伏特，但烤箱、烘衣机等电器通常都有自己的线路，使用的是 220 伏特（有时为 240 伏特）的电压。除了为某些大型电器特别铺设的线路，美国大多数的家用线路都只能承受 1500 瓦的电力。如果你接到同一条电线的瓦数过高，就有可能会跳电或烧毁保险丝。

电线的"口径"是指线的粗细。线径数字越小表示电线越粗，可让更多电流流过[1]。线径标示为 AWG。台灯的线径大约是 18，非常细，只能供电给灯泡。

随着电流流过的距离增长，电压会逐渐降低，且电线越细，电压降得越低。电压越低，电器就要用更多的电流来补偿，结果产生更多的热。这也就是使用过长、过细的延长线会烧毁保险丝的原因。一旦延长线过长且线径过大，火灾的风险就会随之提高。

如果延长线的线径为 18，那么接上任何电器时都要非常小心，因为很多家电的瓦数都超过此延长线的额定功率。如果用于室外，一般建议用线径 12 或 14，且不可高于这个数字（请使用高负载延长线，线路呈圈型，并标注有"室外适用，不用时则要收进室内"）。

电线若经过 UL 或公正第三方认证单位检测，便会有标示额定功率的标签，绝缘皮上也会印有线径数字。

---

[1] AWG 号数指的是单位截面积下能塞入多少条相同大小的 AWG 线，AWG 为 10 表示能塞 10 条，AWG 为 15 表示能塞 15 条，因此 AWG15 的单位线径较小。

▌触电与触电死亡

☐ 接地

家中的电线应该要接地。保险丝盒与断路器箱都会接到一个接地的金属棒，所有配线和接上电网的电器最后也都会连到接地线。我的一位工程师朋友说，电力很懒，只会找最简单、电阻最低的路径走。接地可以提供简单的通电路径，保护你免于触电。当产品中的电流没照电路走，就会发生接地故障，若此时不小心接触到这乱窜的电流，便会对身体造成伤害。

三插头和三孔插座也可以让电器接地。因此，千万别把第三只脚拔掉，或是硬把三插头插到两孔插座，请使用转接头。转接头一边有双插头（有些还有一条线，让你连到插座上的螺丝），另一端则有三孔让你插上三插头。

☐ 极化插头

极化插头是另一种可以防止触电的插头。这类插头有两个插头片，一宽一窄，所以插进插座时不会插错。这种设计可以让导线处于正确位置，避免人体触电。千万不要修改插头或硬把插头插进插孔。如果插头不合，请找有执照的合格电工来修改插座。

☐ 水造成的危险

在水附近使用电器都非常危险，因为水引起的触电往往会置人于死，且相当可怕。不要在水的周围使用电器，包括泳池、温泉、浴缸、按摩浴缸、水槽（包含洗手台与洗碗槽）、马桶、淋浴间、湿地板及水洼。不能使用的电器包括台灯、收音机、电视、电话、吹风机、果汁机及其他电器产品。如果电器掉进水里，先疏散所有人（尤其是孩童），再想办法拔去插头。或者先切掉保险丝盒或断路器箱的电源，再拔掉插头，撤除电器。此外，该电器除非经过有执照的技师检查，否则不要再使用，因为即使电器看起来已经干了，还是会有触电的危险。

危险的理由在于水是很好的导体，会提供比电线更好的导电路径，而人体的组成有 70% 为水，所以人体是不错的导体。因此，如果你在水中或者是接触到水，就为电提供了一条进出水的路径，造成人体触电。

浴室充满了触电的危险。除非你使用接地故障断路器（GFCI，下文会有详细介绍）①，否则当吹风机等电器掉进洗手台或浴缸内（或任何接触到你的水）时，便会对身体造成相当严重的伤害，甚至导致死亡。因此，电刮胡刀、收音机、电话、电视等任何电器出现在浴室中都十分危险。请记住，洗手台、马桶、浴缸、淋浴间及湿地板都有触电的危险。

坐在浴缸里吹头发极为危险，此外，也不要站在湿地板上吹头发或在浴室里用电暖器取暖。千万不要单独把孩童留在有电器的浴室内。即使是较大的孩童，也需要小心指引和监督。浴室中必须安装接地故障断路器，且就算已经安装，也要详读在有水的地方使用电器的规定。万一接地故障断路器发生故障，家人的生命都会有危险。

厨房和洗衣间也有类似的危险，所以也需要安装接地故障断路器。清洗、冲洗或擦拭任何电器前先拔掉插头。如果站在湿地板上，也不要开启洗衣机或烘衣机。即使只有一只手放在水中，用干的另一只手开启电器也不安全。

☐ 接地故障断路器

接地故障断路器可预防接地故障和触电，而且相当便宜。家中和住宅周围，只要是有水的地方，插头都应该安装接地故障断路器，例如厨房、工具间、洗衣槽、浴缸和洗手台附近，以及所有室外插座。如果每个人都这么做，每年死亡率就可以下降许多。

接地故障断路器可监测流进电路的电量，如果流进和流出的量不同，就会立即关闭电路。举例来说，如果流出的电流变少，就表示有些电流没照电路走，你可能会有触电危险。此时，接地故障断路器会很快跳掉并切断电流，挽救你的生命（但你可能还是会感到些微触电且疼痛）。

市面上有好几种接地故障断路器。插座型直接安装在墙壁上，代替标准插座；断路器型可与断路器一同使用，当发生接地故障、短路或电路过载时，便会切断电流；携带型则可插在标准插座上。使用携带型时，先将断路器插进插座，再将电器的插头接在断路器上。

☐ 测试接地故障断路器

接地故障断路器应该每个月测试一次，确认运作是否正常。美国国家电气安全基金会建议的测试方法为将小夜灯插进插座后，按接地故障断路

① 在部分欧美国家，GFCI 已强制推行安装接地故障断路器。

器上的"测试"钮，看看夜灯会不会熄灭。如果夜灯没有熄灭，表示接地故障断路器并未正常运作，应停止使用这个插座，并立即请有执照的合格电工来检查。如果夜灯熄灭，则表示接地故障断路器运作正常。最后，按接地故障断路器上的"重设"钮复电。

□ 闪电与电力突波

电力突波是指电路中的电力突然升高。电力突波的成因很多，包括电厂发生状况，或是家中线路有问题。有闪电的天气下，也会出现电力突波。电力突波发生时不一定会被察觉，但可能造成损害与危险。打雷闪电时，不应该使用电话、计算机及其他电器，也不要淋浴或泡澡，同时应该远离浴缸、水池。闪电可能会经由管线和水打到你。

因为闪电与电力突波会损坏家中的电子设备，所以应该拔去计算机、答录机、微波炉、录像机、音响及电视的插头。冷气机等电器也可能会因而损毁，或是缩短使用寿命，因此插头也应该拔掉。

你也可以使用突波保护器 [①]，市面上便有好几种类型。有的是装在保险丝盒或断路器箱中（包括装在控制面板上的电话线与电视电缆线，以提供全家防护），有的是内建于延长线中，有的则装置在一般墙壁插座上。所有计算机都应该安装突波保护器。如果你有高负载的激光打印机、扫描仪，或其他耗电量大的计算机接口设备，甚至可能需要一组以上。另外，市面上还有电话、传真机及调制解调器专用的突波保护器，这些产品可以独立购买，有些则内建于延长线或一般突波保护器中。突波保护器可降低机器损坏的风险，不过也不是万无一失。即使已经使用突波保护器，打雷闪电时最好还是拔掉插头。突波保护器有使用年限，请依循厂商的建议加以更换。

□ 电力中断、低电压

如果电力中断，请把电器插头拔掉，否则电力恢复时，电路可能会因为短促的电力突波而过载。况且，倘若电器再次开启的时间是在你睡觉时，危险性更高。只要留一两盏台灯让你知道电力恢复了就好。

---

① 突波保护器能将窜入电线、信号传输线的瞬时过量电压限制在设备或系统所能承受的范围，也能将闪电的电流导入地面，保护家中的电路系统与电器设备。

如果住家附近的电力不稳，或许可以考虑购买不断电系统（UPS）给电脑或其他精密电子设备使用。这种装置通常要价 100 美元以上，产品也含有当电力公司停电或电压过低时可以提供电力的电池。供电出现问题时，不断电系统会发出响亮的警报声，让你有时间关闭程序，以免数据遗失①。

有时你可能会发现虽然没有停电，灯光却变暗了。这是电压变低的征兆。此时，应该关闭冰箱、冷冻柜、洗衣机、烘衣机及洗碗机等以马达带动的电器，或是拔去插头，以免造成损害。请通知电力公司有这种情形。

请参阅上册第 11 章《用冰箱营造舒适生活》中，关于如何在停电或电压过低时保持食物冷度。

□ 插座护盖

家中有幼童时请使用插座护盖，因为他们可能会把手指或物品伸进插座。就我所知，就有人因为把发夹伸进插座而受到严重伤害。美国国家电气安全基金会建议不要使用花哨的款式，因为这样反而会吸引孩童去玩插座。在我家，我们使用一般的塑料插座护盖，幼童的手指是掀不开的。不过，一旦插座正在使用，插座护盖便无法提供防护，孩童也因此能拔起插头，接触到插座（或者将手指伸进插头和插座间）。另外，比较大的孩童也有足够的力气可以拔起护盖。因此，比较好的产品是内部有弹簧的插座护盖，这种护盖可让你插入插头，但在拔起插头后，护盖也会弹回原位盖住插座。

□ 使用电器的一般规则

如果在将电器插头接上插座时感到刺痛，请马上停止使用，且必须将电器拿去修理或丢弃，因为漏电非常危险。

请确定插头已经完全插入。

裸线、磨损的电线、松脱的接头，以及弯曲或强力拉过的插头线路都可能有触电与起火的危险。如果看到电器或延长线的电线出现磨损，或是插头已经部分脱离电线，应立刻停止使用。请合格的电工修理、更换，或是予以丢弃。

① 不断电系统分为在线式（on-line）与离线式（off-line）。比起离线式不断电系统，在线式的价位可高上数倍。离线式与在线式之间的差别在于，离线式吃的是市电，所以发生断电时，计算机会有一小段时间是没有电的，但这段时间短到可以被忽略，计算机也不会因此而关机。若计算机使用在线式不断电系统，计算机的电源是来自不断电系统而非市电，因此即使跳电也不会有任何影响。

一个插座最多只能接上一个会发热的电器，例如熨斗、烤吐司机、松饼机或吹风机（记得计算总瓦数，确定电路不会过载）。

电器不用时要拔起插头，特别是厨房与浴室里的电器。即使电器处于关闭状态，还是会有电压，并有触电的危险。绝对不要将烤吐司机、咖啡机或吹风机等电器放在会掉进洗碗槽、洗手台及浴缸的地方。

将电线放在婴幼儿拿不到的地方，因为他们可能会拉下台灯或电器，并把电线拿来咬。

绝对不要把电器挪作他用。烤箱只能用来烹饪，不可用来取暖；暖炉只能用来取暖，不要拿来烘干头发。许多意外和伤亡事故都是因为使用者将电器拿来做不当用途。务必依循厂商的指示使用与维护电器，并把说明书和手册放在方便安全的地方。

如果电器经常烧坏保险丝或使断路器跳电，请拔下插头，送往合格的维修处修理。

许多电器设备如电视机、音响及计算机等，都需要通风，否则会过热。请依厂商指示，不要挡住电器的气流与风扇。如果电视、音响是放在电视柜中，请确定通风足够且不会造成机身过热，尤其柜子关起之时。

□ 电器漏电断路器与浸没式探测断路器

有些电器具有内建的个人保护装置，称为"电器漏电断路器"（ALCI）或"浸没式探测断路器"（IDCI）。这些装置与接地故障断路器一样，可以防止你接触带电物体与电线，也可以防止接地故障。浸没式探测断路器另外可防范电器不慎浸入水中所造成的触电。然而，即使你的电器有这些保护装置，或是已经接上接地故障断路器，还是必须远离水。这些保护装置并非绝对保险，只能拿来辅助，而不能取代一般的安全措施。

□ 烤吐司机

先把烤吐司机的插头拔掉，再把卡在里面的吐司取出。将手伸进还插着插座的烤吐司机非常危险。即使没有在烤吐司，烤吐司机还是会有电压。

□ 电热毯与电热垫

电热毯与电热垫如果使用不当，会造成触电、烫伤及火灾的危险。每年天气转凉时，请先检查电热毯与电热垫的状况再使用。两面都要检查是否有断裂、破裂及烧焦的点，或是接线、插头、接头是否有磨损或损坏。如果有，请不要使用。

别将电热毯塞进被窝，也别叠上其他毯子或被子，更别让你的宠物在电热毯上睡觉。这都可能使电毯过热，发生危险。孩童不应该使用电热毯。

睡前关闭电热垫。过热可能会起火或造成烫伤。

□ 电热器

务必使用有 UL 标章的电热器。第 31 章 393 页关于暖炉的安全规则，也适用于电热器，包括不要在使用电热器的地方存放易燃液体等。电热器内部有高温和会发出火花的零件，可能会点燃易燃液体或其挥发的油气。

电热器只能用来取暖。购买时，也要确定产品倾倒时会自动关闭。

遵守所有适用于其他电子产品与电线的安全规则。不要破坏插头上的接地功能！特别留意不要将电热器的电线卷起或打结。检查电线是否有分岔、磨损、裂口或其他损伤。如果发现损伤，请等合格的技师修好后再使用。

避免使用延长线，电热器应该直接接上墙壁插座，不用时则要拔掉插头。根据 UL 表示，如果一定要用延长线，延长线的额定功率应该是电热器的 1.25 倍。例如 1500 瓦的电热器应该使用 1875 瓦的延长线。绝对不要使用有磨损、裂口等状况不佳的延长线。把延长线放在没有人会踩到或绊到的地方。

任何电热器都要远离有水的地方，例如洗手台、浴缸、马桶、淋浴间及湿地板。绝对不要在室外、浴室、洗衣间或其他有水的地方使用电热器。不要把插电的收音机与电视机放在浴室内。用电池的收音机比较安全，不过要放在不会落入洗手台、浴缸或马桶的地方。

□ 台灯、立灯及其他可携式灯具

你可能以为自己很了解灯（要亮一点就打开，要暗一点就关上），但无论如何你还是应该阅读厂商的标签、手册或及指示。灯应该要有第三方认证单位所核发的标章。灯若使用不当会酿成火灾（这里的"灯"是指照明设备）。

更换灯泡前，先将灯具电源关闭或拔掉插头，且要等旧灯泡冷却后才能拆下，以免烫伤。另外，也要确定灯具都有装上灯泡，已经接上插头，因为没有装灯泡的灯具可能有触电的危险。

绝对不要把任何东西放在灯具或灯泡上，这么做可能会酿成火灾（我知道曾有孩童因想用灯具做投射效果，所以拿掉屏蔽，改用睡袍包住白炽灯泡，结果酿成火灾）。

灯具要维持在良好状态，如果电线和插头需要修理，送交合格的技师处理。绝对不要使用有裸线的灯具，也不要使用电线已经磨损、裂开，或是开关运作不正常的灯具。

将灯具放置在不会被撞到、孩童也碰不到的地方。另外，要确定电线不会被人或横冲直撞的宠物勾到，孩童也拉不到。

朝天立灯（顶端开放，将灯光向上投射至天花板的灯具）不应该放在孩童房间或宿舍、寝室。孩童可能会对朝天立灯丢东西或在上面放东西，酿成严重的火灾。朝天立灯也应该离多功能床（上层是床，下层是书桌）和上下铺远一点，因为床上用品可能会不小心抛挂在上面，意外造成寝具起火。不过，现在市面上有改良套件可装在朝天立灯上，以防飞来横祸。你可以在家用品卖场、百货公司或五金行找到这类套件，也可以直接向厂商订购（请参阅第19章《宜人的光线》中关于居家照明的其他注意事项）。

阅读灯泡包装上的标签，并遵守厂商的所有指示和注意事项。更换灯泡时，确认灯具已关闭电源或拔掉插头。

任何灯具都必须使用瓦数正确的灯泡，也就是不可高于厂商建议的瓦数。使用瓦数过高的灯泡可能造成过热并引发火灾。此外，也要使用厂商指定的灯泡种类。

☐ 卤素灯

安全专家警告，不要在任何卤素灯及灯具上使用超过300瓦的灯泡，即使灯具标示可使用500瓦也一样。超过300瓦的灯泡温度太高，不应该冒险。请检视灯具或器具的适用瓦数和灯泡种类。

卤素灯还有其他安全事项必须遵守（请见上文关于朝天立灯的说明，并参阅第19章243~244页）。

☐ 金属梯具

别忘了金属梯具会导电，在电气设备或电器附近使用时必须小心。

□ 圣诞树及其他电子装饰物的用电安全规则

节庆装饰通常都会用到电子装饰物。不论室内或室外，在圣诞树上或其他地方使用电子装饰物，本章提到的安全原则都适用（另可参阅第31章关于圣诞节的防火安全守则）。

首先，阅读电子装饰物的说明书（不论是用于室内或室外）。

每年拿出装饰物时，仔细检查是否有磨损或裂开的插座、松脱或裸露的电线，或是松脱的接头。这类损坏的物品都必须加以更换。

接上电子装饰物时，不要超出厂商建议的数目。请检视装饰物包装上的说明。

绝对不要用电工绝缘胶带自行修理灯串（或任何电线、延长线）。有些人可能会把灯串接在一起，但这么做可能会酿成严重灾害。因此，请不要这么做！而是应该汰旧换新。

更换灯泡或保险丝前，务必先拔起插头，并使用厂商指定的灯泡种类，否则装饰物可能会过热，安全装置也可能无法发挥作用。

无论室内或室外，不要用订书针或钉子固定电线，而应该用胶带固定。如果无法固定，可以尝试使用夹线钉或固定座。

不要用延长线来接圣诞树的灯，如果必须如此，延长线越短越好，并确认其额定功率低于所有电器的总瓦数。

不要把两条延长线接在一起。应购买较长的延长线或者移动圣诞树。在同一条电路上的电器总瓦数不可超过1500瓦。

不可让孩童处理或操作电子装饰物。另外，也要防范宠物咬电线、拉扯树枝，或是把树撞倒。

如果使用人造树，请检视是否有公正的第三方认证单位所核发的标章，也要确定产品符合易燃性测试标准。不过，很可惜，大多数人造树都没有送到这类单位检测，所以你必须仔细寻找获得认证的产品。不要在金属树上使用灯，这样会有触电的危险。

确认你准备在室外使用的电子装饰物，已经过公正的第三方认证单位认证为可在室外使用。

绝对不要让室外装饰物的电线经过水，即使装饰物标示为可在室外使用也一样。下雨时及下过雨后，都要关闭室外的灯并拔起插头，因为水可能会跑进插座造成短路。确定接头没有浸在水洼中。

室外的灯只能插入室外专用的接地故障断路器。

室内拉线到室外时，不要经过门或窗户，反之亦然。关门或关窗时可能会损坏绝缘皮。

确认安装在屋外的灯不会因过热而灼伤任何物品，或造成火灾。

动物可能会破坏室外的电线和接头，酿成危险。尽量将电线等放在动物不会接触到的地方。

绝对不要把灯放在金属围篱上，这样会有触电的危险。

摆设室外电子装饰物时，绝对不要使用金属梯具，因为这样也会有触电的危险。绝对不要在电线或电源线旁站上金属梯具。另外，绝对不要把木材、金属或其他材质的梯具靠在电线上。

当假期结束要移走电子装饰物时，请把说明书收在装饰物上方，以便明年查阅说明书并依照指示安装。

- ❖ 楼梯与台阶
- ❖ 实用的鞋子
- ❖ 眩晕与失衡
- ❖ 梯子与楼梯椅
- ❖ 地毯与地垫
- ❖ 地板蜡
- ❖ 障碍物与杂物
- ❖ 电线
- ❖ 泼洒物
- ❖ 浴室与湿地板
- ❖ 窗户
- ❖ 架高地板
- ❖ 家具
- ❖ 良好照明的重要性

要让大众关注在家中跌倒的危险的重要性并不容易，但试想以下事实：每年全美意外死亡的总人数中，跌倒致死的人数仅次于车祸死亡的人数（以 1992 年为例，当年死亡总人数为 86 777 人，车祸死亡的人数为 40 982 人，跌倒致死的人数为 12 646 人，其中，7 700 人是在家中跌倒致死，1994 年则有 8 500 人）[①]。这些数字还不包括没有死亡却因此毁容、瘫痪而终身待在赡养院，或是无法工作又必须支付大额的医药费，因此面临财务危机的人。

跌倒所造成的伤亡固然可怕，但也很容易预防。我们应该定期巡视家中是否有会使人绊倒的危险物，并且设法改善。有些风险会在下文讨论，但每个人家中都有自己的特殊状况，且只有自己最了解。自己为年长者、家中有年长者，或常有年长者来访的人，应该特别留意并防范绊倒的危险。

跌倒对年长者而言相当危险。年长者跌倒的主要原因是视力和听力变差、动作较不灵活，以及反应时间较久。有时是因为罹患关节炎等生理问题，行走时无法把脚抬高，因此连不高的障碍也难以克服，平衡感也可能会消失。此外，比起其他年龄层，年长者跌倒更容易受到严重伤害，而这也使跌倒对他们而言更加危险。他们的骨头较易碎，身体也比较难复原，因此跌倒时所受的伤害加上原先就存在的健康问题，往往使得复原速度更慢。年长者跌倒往往是导致无法自理生活的主因。

年纪越大，摔得越重　一旦到了 55 岁，人因跌倒而意外死亡的概率便会大幅升高。举例来说，1992 年，美国因跌倒而死亡的人，30 岁以上者有 552 名、40 岁以上的 565 名、50 岁以上的 655 名，但 60~70 岁以及 80 岁以上的人，则急遽升高到 1 326 名、2 366 名及 4 442 名。1992 年，55 岁以上因跌倒而死亡的人数（10731 人）超过因车祸而死亡的人数（9 961 人），但 25 岁以下因车祸而死亡的人数（27 753 人）却是因跌倒而死亡（12 264 人）的人数的两倍多。

[①] 2010 年，全美意外死亡的总人数为 120 859 人，是当年第五大死因。其中，意外跌倒致死的人数为 26 009 人，占当年意外死亡人数 21.5%。

▌楼梯与台阶

在楼梯跌倒最危险，因为跌落的距离长、速度快，会跌得最重。以下是确保楼梯安全的基本守则：

◆ 所有楼梯都必须有照明，包括最高阶和最低阶，这里最常发生意外。室内、室外、地下室及阁楼的楼梯都适用此原则。跌倒经常发生在我们以为已经走到最后一阶，但其实尚未到达之时。整条楼梯应该有均匀的照明，楼梯底端和顶端也都要有电灯开关。有访客时应该整夜开亮楼梯的照明，或至少告诉访客电灯开关的位置，因为他们晚上可能会起来，可能会因为忘记有楼梯而踩空。如果访客是傍晚前来，也要确认门廊和玄关有充足的照明。

◆ 确认扶手足以支撑人的重量，并且维护良好。扶手应该涵盖整个楼梯，包括地下室、地窖及阁楼楼梯，而且两侧都要安装。扶手要有适当宽度，让你可以牢牢握紧。

◆ 当楼梯铺设的地毯、防滑垫或止滑条松脱时会相当危险。每阶楼梯的覆盖物都要用地毯钉或大头钉牢牢固定，否则覆盖物得完全拆除。定期检查地毯钉与大头钉有没有松脱，如果有，地毯也可能连带松脱，导致家人滑倒和跌倒。踩到松脱的钉子也很痛，甚至可能因此失去平衡。绝对不要在每阶楼梯以及楼梯的头尾放置小块踏垫。

◆ 如果楼梯上没有地毯或其他覆盖物，请确认表面是否防滑。如果楼梯的材质是木材，最不应该做的事情就是用蜡打得又亮又滑。如果阶梯本身就有点滑，你可以买防滑垫垫在上面，但务必放置妥当。

◆ 保持楼梯干净，积尘的木质楼梯可能会变滑。

◆ 楼梯上不可有障碍物。在楼梯上跌倒的主要原因之一就是被箱子或玩具绊倒。当然，障碍物位于最高阶时你会摔得最重，但是每一阶（包括最低阶）也都应该保持净空。

◆ 穿上合适的防滑鞋。木屐、人字拖，以及过松、没有鞋背系带、鞋底滑溜的拖鞋，都很可能使你在楼梯上滑倒或跌倒。只穿袜子在木质地板上行走非常滑，在某些地毯上也是如此。

◆ 教导孩子要握紧扶手，不要在楼梯上玩，也不要把玩具放在楼梯上。

◆ 家中有婴幼儿时，请在楼梯顶端和底端放置安全门栏，且要有门栓让孩子无法自行打开。同时门栏也必须能承受孩子倚靠及碰撞的力量。

◆ 请确定楼梯每阶的长宽高均等。在楼梯上跌倒的常见原因之一，便是某一阶突然较短或较长。即使自己已经习惯，访客也很容易因为这样而跌倒。

▌ 实用的鞋子

高跟鞋、鞋底太滑及穿起来松松的鞋子都很容易离脚，穿起来也不特别舒适，还可能造成伤害（高跟鞋还会在木质地板上留下凹痕）。家中最安全的鞋子是有防滑纹路的橡胶平底鞋，且鞋子要可提供充足的包覆和支撑。年长者在家里特别需要穿这类的鞋子，但其他家人也都需要。此外，现在许多实用的室内鞋也已有好看的样式，不像以前那么老气古板。

▌ 眩晕与失衡

如果你在高处会眩晕，或是因健康状况而时常眩晕、失衡，那么你就必须调整生活习惯。不要使用梯子、不要攀爬到高处，上下床或坐下时的动作也要放慢。依照医师与专业人员的建议，使用拐杖或步行器等辅助工具。

如果你很容易眩晕，应该避免在托盘上盛有可能会造成烫伤的物品、易碎品（如酒杯）及尖锐物品。这种托盘应请其他人来代劳。

请医师或医护专业人士针对你的状况提供意见。

▌ 梯子与楼梯椅

确定梯子与楼梯椅都很安稳、坚固。所有的零件应该完整无缺，梯级也都干净、牢固及耐用。

要拿取高处的物品时，不要以椅子、箱子来替代梯子。请使用合适的梯子或楼梯椅。如果有扶手可以扶更好。确认你的梯子和楼梯椅都维护良好，没有松脱或脆弱的梯级。楼梯椅最好选择只有一级的。

把梯子与楼梯椅放在平坦的地面，附近不要有杂物。把梯子开到最大以稳稳固定，站上梯子时也要站在每阶的中间，以免梯子的重心偏斜。不要站超过厂商建议的最高位置。爬上梯子后，切勿倾身拿取一段距离外的物品，这样可能会让梯子倾斜并使你摔倒。你应该爬下梯子，移动梯子的位置。

如果你曾经出现眩晕的状况，不要爬上梯子或楼梯椅，应请别人帮忙。家用品不要放得太高，这样一般情况下就不需爬得太高。但若还是出现特殊情况，也要请别人帮忙。

▌ 地毯与地垫

地毯（地垫）松脱、放置不当及底衬材质不适当，都是家中跌倒的主要原因。踏垫（尤其是位于出入口的踏垫）如果没有止滑底衬，简直就像凶器一样。家中如果有婴幼儿、病人、残疾人或行动迟缓的年长者，就不能有松滑的地垫，否则很容易勾到脚。你可以把这类地垫收起来，等孩子大一点、病人身体康复后再放，或是你也可以将地垫牢牢固定。

绝对不要用地毯（地垫）遮盖地板上的凹陷或凸起处。踏垫不要放在楼梯上，也不要放在楼梯的顶端或底端。

▌ 地板蜡

特别注意会把家里变得跟溜冰场一样滑的蜡和洗洁用品。使用新产品前，先在不常走动的地方测试一下滑度。

不要在地板上使用家具蜡和家具喷雾剂，因为这类产品的功能就是提高家具的光滑程度。质量较好的地板蜡通常比较不滑，不过还是会带有滑溜感。

▌ 障碍物与杂物

地板上不应该有杂物。玩具、书籍、纸张、滑板、吸尘器、盒子等没有放在固定位置的东西，都可能绊倒人。这些东西不应该放在地板上，更不该出现在阶梯、走道等各种行走的路线上。杂物常造成许多跌倒事故。

▌电线

电线在任何情况下都不应该横越走道，而是要沿着墙壁、门框及天花板到达另一侧。绝对不要用大头针、钉子或订书针固定电线。可以请电工来处理，或是使用胶带。

▌泼洒物

家中地板上的泼洒物可能使人跌倒，且油腻的泼洒物特别危险。泼洒物必须立刻清除，并确认没有滑溜的残余物。清洁剂通常就可以处理，但大片泼洒物可能需要清洗和冲洗好几次。

▌浴室与湿地板

浴室、厨房及洗衣间等家中地板容易打湿之处，可以安装防滑或打湿时比较不滑的地板。举例来说，浴室请选择亚光地砖，不要选择光面地砖。虽然亚面沾水后还是有点滑，但仍比光面来得好。如果厨房和洗衣间的地板打湿后会滑，可以在会滑的地方放块有止滑底衬的地垫。一旦有泼洒物也要立刻清除。地板若刚清洗而湿滑，可将门关上或在门口放把椅子，提醒家人等地板干了再进去。

淋浴间和浴缸都是经常使人跌倒的地方，因此，安装浴缸和地板时请选择防滑材质，或是在浴缸和地板放上防滑垫、贴上防滑贴纸。牢牢固定在墙上的扶手对浴缸和淋浴间也十分重要。如果家中有年长者，马桶边也要安装扶手。浴缸与淋浴间外、洗手台前等容易弄湿的地方，也可以放置有止滑底衬的吸水地垫。

我们应该都从动画片里学到，不要将湿肥皂放在地板上或浴缸里，因为不小心踩到时真的会飞出去。

在淋浴间与浴缸内放置矮凳，并装置可移动的莲蓬头，让年长者能舒服坐着淋浴，大幅降低跌倒的风险。

在浴室和通往浴室的走道上安装夜灯，避免夜间行走时跌倒。

▌窗户

家中若有孩童，所有窗户都应该安装防坠装置，并遵守当地相关的儿童安全法规。在纽约市，法律规定有孩童的家庭中，宽度超过 11.5 厘米的窗户都必须安装防坠装置。你也可以安装窗挡，防止窗子开太大。

即使家中没有孩童，也可能会有亲朋好友的孩子来访。不要把孩子单独放在开着窗户的房间，他们最擅长爬出窗子。婴儿椅、婴儿床及孩童床也都应该远离窗户。家中有孩子时，同时必须小心其他家具的摆放位置。举例来说，沙发是否刚好在窗户下方，让孩子有机会爬出去？此外，孩子的学习能力也很强，会自己推椅子到想爬上去的地方。

可以把一些没有防坠装置的窗户锁起来，但是孩子想出的办法有时候会超出你的想象。此外，窗户也不能总是锁着。上锁不是一劳永逸的办法，最好还是尽早加装防坠装置。

▌架高地板

对一般健康的成年人而言，门槛与地板的高低起伏可能不算什么，但对幼童、年长者及虚弱的人而言，这就像海沟、峡谷及高山一样。如果这些高低起伏在家中是无可避免的，请保持良好照明，并经常提醒家人小心。

▌家具

大型家具之间的走道必须够宽，让大人不用侧身就可以通过。确认没有家具会在走道上伸出，伸出的家具不仅容易碰伤小腿与腹部，也可能把人绊倒。留意矮咖啡桌，这种家具很容易使人失足。

孩童和年长者很容易因家具的尖角而受伤。摆放时，必须加以留意并减少碰撞的机会。

较低的椅子、沙发及床，对孕妇和年长者而言可能难以使用，务必加以协助。如果你本身是年长者或孕妇，也要先想好独自一人时该如何应付，并多练习几次直到精通。

很低或很高的床都可能造成问题。如果家中有人经常跌下床，请加装床护栏。床护栏花费不高，容易装卸，效果也很好。加装后孩子仍能从开口处安全地上下床。有些床护栏还可以依需求升降。

用来支撑病人、受伤者、残疾人、年长者的家具应该要坚固稳定，能够承受重量，并且不会移动或滑动。

如果你曾出现过眩晕的状况，起身时动作应该放慢。

▍良好照明的重要性

照明不佳是造成跌倒的常见原因，因其会隐蔽障碍物，让人看不清深度与距离。家中各处都应该要有充足的照明。

随着年纪增长，视力也越模糊。年长者需要更多光线才能看清楚，但又很容易受眩光影响，也比较难适应高反差。因此，如果要帮自己、父母或其他年长者建立充足的照明环境，便必须避免眩光与高反差。背景光源与工作灯之间的光线也应该维持平衡。

阶梯和大厅特别需要良好的照明。室外的步道和阶梯也一样，晚上应该把灯打开，尤其有客人即将来访时更需如此。

卧室到浴室之间的通道要有夜灯照明，尤其有访客过夜时。将台灯、小灯、电话及手电筒放在无须下床就可以顺手取得之处，以免在拿取时撞倒东西（尤其是撞倒台灯）。告诉访客手电筒和电灯开关的位置。

准备好手电筒或其他紧急照明装置，以备停电时使用。将这些照明装置放在固定的地方，且随时都放在那里。此外，这个地方也得是便于寻找的。

关于避免跌倒的其他建议，请参阅第 34 章《其他安全守则》。

CHAPTER

34

其他安全守则

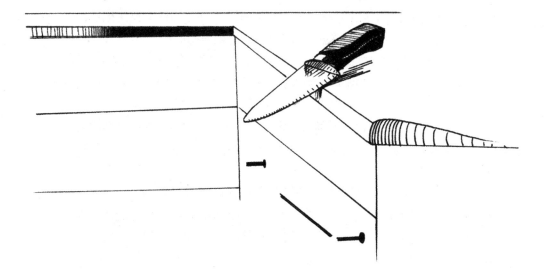

❖ **厨房**
  - ☐ 避免烫伤
  - ☐ 避免割伤
  - ☐ 避免在厨房里滑倒
  - ☐ 厨余处理机

❖ **浴室安全**

❖ **水上安全**
  - ☐ 充气泳池
  - ☐ 水桶与马桶
  - ☐ 浴缸与泡澡桶

❖ **玻璃窗意外事故**

❖ **车库门**

除了前几章提到的一般守则，还有几项是关于家中特定区域及物品的重要安全措施。

▌ 厨房

☐ 避免烫伤

炉子上的锅把绝对不要朝外。请将把手向内转，避开通道，否则你可能会碰到把手，使锅里的东西泼洒出来。孩童也可能会抓住把手，造成可怕的意外。为了保护孩童，请使用较靠近内侧的炉头。

放置热饮与热食时应该远离孩童，且不要搁放在桌缘，以免孩子碰触。电线、桌巾及餐垫都应该放在孩子拉不到的地方。随时避免孩子接近炉子与烤箱，尤其正在使用的时候。

东西煮好后，必须确认炉火已经关闭。绝对不要用手触摸炉头测试是否冷却（电磁炉也是），也绝对不要把手放在炉面上。如果有孩子，可在炉子的旋钮上加装防护盖，防止孩子转动。

避免在装有热饮或热食的锅子旁走动，这时若跌倒往往会造成严重后果。如果刚好附近又有小孩子妨碍着你或抱住你的腿，可能跌倒的概率就会更高。如果有一大锅滚烫的汤料打算冷冻起来，应先分装到几个较小的有盖容器，再放在炉边冷却。

打开锅盖时，小心蒸气冲出，造成脸部和手部烫伤。请戴上隔热手套，并让蒸气从锅子的侧边或后方逸出，而非直接冲向你的手和脸。不要用湿毛巾或湿的隔热手套握拿热锅。布料中的水分会快速升温，让你因而烫伤。穿上包鞋，这样不仅可以防止高温的东西泼洒到脚上（这种状况可能会引发一连串的厨房意外），也能在刀子、铸铁锅或其他物体掉落时保护脚部。

碗盘在微波炉里有时会变得非常烫。不论你是否觉得烫，拿取时都务必使用隔热手套。将切好的食材放进油、水或汤等高温液体时，也请戴上隔热手套，轻轻将食材拨进锅里。不要直接扔进高温液体，这么做可能会使液体溅出并造成烫伤。

只要有水分落入热油，就会造成油爆，使滚烫的油滴飞溅而出。要把湿润的马铃薯片、多汁的西红柿及任何潮湿、带水分的食物放进油锅时，都得特别小心。请使用有长柄的锅勺或锅铲，并戴上隔热手套。防油爆网也很有帮助。

烤箱经常造成烫伤。预热烤箱前先放好烤架，就可以省去移动高温烤架的困扰。在伸手进入烤箱翻动马铃薯、测试蛋糕、为火鸡涂油，或是探头查看温度时，也都很容易造成脸部与手部烫伤。若是抽出烤架来处理食物也要留意，因为烤架经常会向下倾斜，使热油或食物泼洒出来。如果这道菜的烤程不需要非常精细（也就是这道菜不会因为稍微冷却或少许碰撞而失败），请取出烤盘，放在炉面上处理这些程序。尤其如果烤架已经倾斜，那么不论有多么不方便，都应该放在炉面上处理。

橱柜里的东西如果可能对孩童造成危险，包括玻璃瓶、瓷器、刀子及清洁材料等，都应该加装安全锁。电器和电线应远离洗碗槽及可能接触到水的区域。电器不用时也应拔下插头。

□ 避免割伤

要将剪刀递给别人时，请将剪刀合起，握着刀刃部分，让对方接过把手。避免拿着刀子走动。如果必须如此，拿着刀子的手臂也应紧贴身体侧面，微微抬起，刀刃向下，且稍微远离自己。这么一来，即使摔倒也不会被刺伤。

安全专家建议，不要直接用手递刀子，而是把刀子放下，让对方自己拿取（小时候，我父亲教我递刀子时要握着刀把接近刀刃的地方，刀尖稍为朝地，刀刃向下。但这种方法今日已不被接受）。

专家也建议不要直接在手上刀切食物，而应该放在砧板上。无论刀刃锋利与否，你都很容易被割伤。如果非常锋利，刀刃一碰到皮肤就会划出伤口；如果非常钝，你可能会因为用力过度而切入自己的手。

处理食物处理机的刀片时必须特别小心。除非处理机的插头已经拔下，否则绝对不要触摸刀片。清洗时也必须和清洗刀子一样小心。

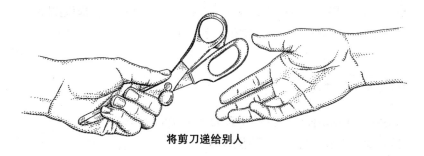

将剪刀递给别人

绝对不要把刀子和其他锋利的工具放进装满肥皂水的水盆或水槽中，这样刀子会容易隐没在泡沫中，你和下一个使用者都可能因此割伤。清洗刀身时，要以钝面朝向抹布或海绵，绝对不可以利面朝向抹布或海绵。

不要将手伸入玻璃杯清洗，这样可能会弄破杯子并割伤你的手（这种状况会造成相当疼痛的弧形伤口）。你应该使用瓶刷或其他直径小于杯口的清洗工具。

□ 避免在厨房里滑倒

在厨房工作时，一旦有东西泼洒而出或弄湿地板台面，都要立刻擦干。香蕉皮非常滑，香蕉泥等浓稠液状物质更是如此。由此可见，婴儿椅周围会是滑倒的高危险区。进食完毕后检视一下附近地板，看看有没有不小心泼洒出的食物。

尝试穿着有纹路的防滑鞋。赤脚和平滑的鞋底都有可能摔倒。

厨房里只能使用止滑地垫或具有橡胶底衬的地垫。但你可能会发现，在厨房里放地垫的弊多于利，只是多了一个容易绊脚的东西。

刚拖过或擦过的湿地板可能会非常滑。可将门关上或在门口放把椅子，避免有人走进来后滑倒（或是踩脏地板）。

□ 厨余处理机

无论任何状况与理由，绝对不要把手伸进厨余处理机。如果出现堵塞，打电话请人维修。请依循厂商的操作指示，了解哪些物品可以（或不可以）放进处理机，确保运作安全。禁止放入的物品通常包括金属、粗瓷、玻璃及骨头等。不要让处理机的负荷过重，并且要加入大量的水。如果有东西不小心掉进去，先关闭处理机电源并停止进水，再试着用夹子夹出。如果处理机卡住，只能尝试以厂商建议的方式排除。有些厂商会提供排除的工具（另可参阅上册第 9 章《厨房文化》第 149 页）。

▌浴室安全

在浴室中使用电器时，请遵守第 32 章介绍的注意事项。

要避免滑倒与摔倒，请参阅第 33 章。

药品和药片的安全存放方式，请参阅第 35 章。

避免将玻璃制品放在浴室里。手沾湿时，东西很容易滑出手掌，如果这时玻璃又在瓷砖上摔破，更可能造成严重割伤。如果你的洗发精以玻璃瓶包装，请改用塑料瓶。

如果浴室门上了锁，请保留钥匙，或者先想出其他可从外面进入的方法。这么一来，万一有人在浴室发生意外且需要帮助时，你就可以迅速进去提供协助。

家中有孩童的人经常会发现，让浴室和卧室都无法上锁会是最好的方法，以免孩子不小心锁住自己。孩子有时只会上锁，不会解锁，甚至就算会也不愿意开门。

如果家中有孩童，请锁住刮胡刀与剪刀等锐利物，以防孩童取得。吹风机等电器也应存放在浴室外。

▍水上安全

孩童是家中溺水死亡的主要人群，学龄前孩童和青少年则是其中最常见的两类。1994 年美国共有 900 人在家中溺水死亡，其中有 350 人是 4 岁以下的孩童。水对幼儿有致命的吸引力，而且他们完全不了解自己可能溺水。青少年则通常缺乏判断力、喜欢冒险，有时还会喝酒或吸毒。此外，除了造成死亡，更多的幸存者承受的是瘫痪、脑部损伤等严重伤害。溺水事件大多起因于疏忽，可能是忽视使用规则，或是缺乏适当监督。

家庭游泳池在美国相当常见，而且相当危险。要获得完整的水上安全知识，请咨询这方面的可靠专家。所有人都应该完全遵守注意事项，也要学习心肺复苏术，并取得当地主管机关提供的相关信息。

可惜的是，我们似乎总得借由可怕的事故，才能让大众注意到水上安全的重要性。这类事故并不少见，每年会发生好几百起①，最常见的情节，

---

① 单单加州，1993 年就有 71 名 1～4 岁的孩童溺水死亡，另外还有 250 人因溺水而住院治疗。在加州，此年龄层最主要的事故伤亡原因便是溺水，甚至超过车祸死亡人数（如果考虑孩童坐车的时间远比游泳来得长，这点更显得惊人）。美国有些州和地区的法律规定，游泳池四周必须安装隔开泳池与房屋的围篱。围篱必须无法攀爬，且出入时能自动关闭和闩起。这种规定大幅降低了学龄前孩童的溺水事故。有些州还规定必须在能通往游泳池的门上安装警报器或其他安全装置。

就是有个孩子慢慢晃出房屋或院子，走进游泳池，可能是为了好玩，也可能是为了捡玩具。在学龄前孩童溺水事件中，孩子从不见到被发现溺水大多不超过5分钟。医疗人员也说，这些心慌意乱的父母通常（而且是真心的）会说："我的眼睛只离开他1分钟。"

□ 充气泳池

无论泳池多小，使用完毕后都务必清空，因为幼儿可能会在里面溺水（大型充气泳池则应视同游泳池，遵守上文提到的安全守则）。此外，即使你看紧了自己的孩子，你也无法确定当你走进屋内小睡片刻时，邻居的孩子不会受到水的吸引，摇摇晃晃地走过来。如果没有大人监督，绝对不要让孩子在泳池中玩水，1秒钟也不行。如果你担心有人打电话来，请购买无线电话带在身边。

□ 水桶与马桶

任何情况下，房间内若有装满水的水桶，绝对不要让婴幼儿单独待在房间。根据美国消费者产品安全委员会的数据，美国在十年间就有212起溺水事故是与20升水桶有关。另外根据估计，每年约有50起溺死事故和130起急救事故与装在桶子里的水有关。家中有婴幼儿时，请使用儿童安全扣随时锁住马桶盖。

□ 浴缸与泡澡桶

绝对不要让婴幼儿单独待在浴缸内，1秒钟也不行。如果电话响了，就让电话继续响。如果非接不可，先冷静地将孩子抱出浴缸，用毛巾裹住身体后，再不疾不徐地走向电话。

当成人与孩童在浴缸摔倒后失去知觉，也可能导致溺水。请遵守第33章"浴室与湿地板"一节所提供的建议。

使用完毕后立刻清空浴缸，这样就不会对幼儿产生危险的吸引力。

1980年以来，美国已有上千起死亡事故发生在按摩浴缸、泡澡桶及水疗池中，其中有1/3左右是5岁以下的孩童。孩童不可在没有大人的陪同下进入按摩浴缸、泡澡桶及水疗池，这类器材的危险性甚至比普通浴缸更高。长发可能更加危险，必须确实将其固定在脑后盘起，否则，可能会被排水孔吸住，把头拉入水中，造成溺水。市面上有安全的排水孔盖，可降低头发被缠住的危险。此外，排水孔的吸力本身往往就很强，可能非常危险甚至造成死亡，尤其是对孩童而言。目前普遍的安全规范指出，每个水泵浦至少必须有两个排水孔，以降低每个排水孔的吸力。美国消费者产品安全委员会提供了下列安全守则：

◆ 如果没有成人在旁监督，不要让孩童接近水疗池、按摩浴缸及泡澡桶。

◆ 确认水疗池、按摩浴缸及泡澡桶符合现今的安全规定，具备两个排水孔和孔盖。

◆ 定期请专业人员检查水疗池、按摩浴缸及泡澡桶。确认运作良好且安全，排水孔盖无破损或遗失。平常也应该自己检查排水孔盖。

◆ 知道水泵开关的位置，以便在紧急状况时可以关闭水泵。

◆ 请注意，在使用水疗池、按摩浴缸及泡澡桶时摄取酒精可能会导致溺水。

玻璃窗意外事故

家庭意外事故中，也常见有人因没注意到大片落地窗而直接撞上，或是因失足而碰撞玻璃门窗的案例。在这类意外事件中，破碎的玻璃会造成极深的割伤和撕裂伤，甚至导致死亡。要避免这类意外，可以在大片玻璃前方放置家具或较高的盆栽，也可以在玻璃贴上贴纸。

安全玻璃是不错的选择。强化玻璃最常见，另外还有夹丝玻璃与胶合玻璃。强化玻璃不仅强度是一般退火玻璃的5倍，碎裂时还会化成小立方体，不会导致严重割伤。新房屋应该都已经使用安全玻璃，但1963年之前建造的房屋很可能不是[①]。

---

① 目前欧盟、美国、澳大利亚、日本及新加坡都规定公共住宅必须使用安全玻璃。

▎车库门

在规定车库门必须具备快速释放装置后，意外事件已经大幅减少。不过，孩童被自动车库门压伤的事故仍时有所闻。任何安全机制都可能发生故障，因此在车库门附近时，务必随时留意孩童的一举一动。教导他们绝对不要站在车库门下方，并让他们了解，跑向或骑向启动中的车库门其实非常危险，还有孩童就因为这样而死亡。请定期测试车库门，至于测试方法，UL 的建议如下：

> 每个月测试车库门的防夹功能，方法是将 4 厘米左右的物体（例如厚木条）平放在车库门开启时的活动路径上。将车库门关闭。如果门碰到木条时不会停止并反退回去，请改用手动操作车库门，并找合格的电工更换或修理。①
>
> 另外，你也需要检查车库门的弹簧、转轴及其他硬件装置是否有破损或磨损。如果发现磨损或劣化，请联络合格的电工前来修理。

---

① 另外的安全建议还包括：
◆ 车库门应该完全开启或全部阖上，不能处于半开状态。
◆ 绝对不要让孩童操作车库门遥控器，连拿到都不行。
◆ 启动紧急释放装置时，车库门必须是关闭的。若为开启的状态，那么当有脆弱或损坏的弹簧时，便很可能导致车库门瞬间合上，并造成严重伤害。
◆ 车库门必须保持平衡不倾斜。当绳索、弹簧零件及其他硬件装置出现问题时，请找合格的电工维修。

35

家用品中的有毒危险物质与适当的处理方式

❖ **意外中毒**
  - ☐ 存放有毒危险物质；儿童安全锁
  - ☐ 原容器与标签内容
  - ☐ 将不同种类的有害物质分开存放
  - ☐ 药品

❖ **家庭有害废弃物的处理方法**
  - ☐ 哪些废弃物可能有害?
  - ☐ 家庭有害废弃物的处理方法

❖ **阅读容器标签**
  - ☐ 家庭有害废弃物的通用安全措施

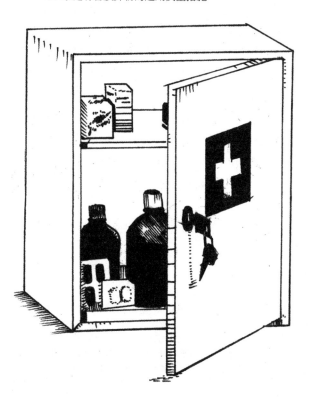

每个家庭都可能有成员因为吞食或接触有毒危险物质而造成严重伤害，甚至死亡。然而，在家中因吞食或接触有害物质而造成的中毒意外、伤害和疾病大多能够预防。本章将说明有助于降低风险的指导守则，以及家庭有害废弃物的最佳处置方式。

▌意外中毒

意外中毒大约有 90% 发生在家中，最常见的受害者是小于 6 岁的孩童。每年因中毒而死的孩童人数高于各类感染性疾病的死亡总人数[①]。有句谚语这么说，"剂量决定毒性"（Dose makes the poison），意思是任何东西如果摄取过多，都可能造成毒害，包括清水和食盐。孩童的身体比成人小得多，也脆弱得多，即使是不会毒死成人的少量物质，也可能对孩童造成毒害。一般的维生素、阿司匹林、清洁液、感冒药及其他数十种家庭用品，都可能对孩童有害。成人药物经常是造成孩童死亡或重病的原因，包括抗抑郁剂和镇静剂等。

以下的安全指导守则有助于防止家中成员发生意外中毒。万一家中发生中毒意外事件，请做好准备，快速反应。将毒药物防治咨询中心的电话号码列入紧急医疗电话和其他紧急状况电话清单，并放在电话旁。如果家中有人误食有害物质，立刻打电话。打电话时准备好误食物质的容器，这样急救人员才能为你提供适当的引导。在某些状况下，急救人员可能建议使用催吐剂。急救人员是否建议使用催吐剂，取决于误食物质的性质以及误食到通报间相隔多久。请在急救箱或药品柜里准备吐根糖浆（一种催吐剂），以备不时之需。必须在医师、毒药物防治咨询中心或其他合格医疗或急救人员的指示下，才可使用催吐剂。

你可以参加急救课程，或是询问医师重要基本常识及该如何获取相关知识，以便正确处理家庭紧急状况。

[①] 美国自 1970 年正式实施《中毒预防包装法案》（PPPA），逐年针对不同类药品推动儿童安全包装，包括口服成药及大部分处方药。1972 年，美国消费者产品安全委员会同时要求市售清洁用品也要有儿童安全包装。2013 年，《美国医学会小儿科期刊》（*JAMA Pediatrics*）研究结果指出，成人处方药的增加与孩童药物中毒案例数目增加，两者间有很大的关联，面临中毒意外风险最高的是 5 岁以下的孩童，其次是 13~19 岁的青少年。

□ 存放有毒危险物质；儿童安全锁

家中有幼儿就应该加装儿童安全锁，锁住可能对孩童有毒、有害或不健康的物质。这类物质包括杀虫剂、烟雾式杀虫剂、除草剂、肥皂、清洁剂、洗洁物质、溶剂、漂白剂、排水管洗洁剂、烤箱洗洁剂、喷雾剂、油漆、油漆稀释剂或去除剂、去渍剂、液体燃料、化妆品、香水、指甲油、去光水、外用酒精、各种药丸和药品（包括阿司匹林、普拿疼等一般家用止痛剂、咳嗽感冒药和其他成药）、除臭剂及过氧化氢。庭院用的杀虫剂则应该锁在室外的储藏空间。

浴室和药品柜是应该避免孩童接触的重点区域，因为这些地方有药品、个人清洁保养用品和其他危险物质，孩童可能会爬上洗手台，拿到这些东西。放置清洁用品、休闲用品及工艺材料的柜子也是危险地点，必须避免孩童接触。孩童还可能到阁楼、地下室、车库、工具间及家中其他附属建筑物探险。不论将危险物质放在哪里，如果是在视线外，或是没有上锁、孩童可以接触到的地方，就可能造成危险。

可能的话，购买危险物质时，请选择有儿童安全包装 ① 的产品。

□ 原容器与标签内容

仔细阅读你带进家中的每样产品的商标。厂商的标签会告诉你这种物质的危险性、如何小心处理、万一误食或接触皮肤时该怎么做，以及其他重要信息。所有产品都应该放在原容器中，并确认标签完整无缺且清晰可读。发生紧急状况时，你会极度需要商标上的这些信息（请参阅第 452 页的 "阅读容器标签"）。

绝对不要将危险物质放在没有标签的容器中。使用原本装食物的容器更是格外危险，这会提高他人误食的风险，造成严重伤害，甚至死亡。漂白剂放在汽水瓶里看来就像饮料，所以只应该放在原容器中。如果孩子直接拿起汽水瓶喝，你也很难分辨刚刚瓶子里装的是什么东西。

绝对不要将产品用于其他用途。绝对不要将杀虫剂或其他有毒物质的容器用于其他用途。

《美国联邦有害物质法案》（FHSA）规定，含有有害物质的所有产品

---

① 采用儿童安全包装的药品，瓶盖必须向下施力才能转动打开，单单只是旋转并无法开启。

> **不要混用**
>
> 不要将家用化学品混合在一起，因为这样可能会在无意间引发危险的化学反应。尤其不可将含氯漂白剂混合酸或含酸产品，或是碱、氨水及含碱或氨水的物质，这样可能会产生有害气体或发生其他危险的化学反应。

都必须在标签上标示警语、厂商名称和地址、有害物质的俗名或学名，并描述主要的危害（例如"易燃""可燃""可能产生有害蒸汽""可能造成烫伤"或"可能经由皮肤吸收"）及应该遵守或避免的注意事项。根据《美国联邦有害物质法案》规定，标签上必须以"危险"字样标示出极度易燃、具腐蚀性、或剧毒的物质，例如某些烤箱或排水管洗洁剂（另一项法令则规定，杀虫剂等剧毒物质必须以红色"有毒"字样标示在对比色的背景上，同时注明急救建议）。其他有害物质则使用"警告"或"注意"字样，代表其危害比较温和。如果该产品在经过正确急救后不会造成永久性伤害，也可以使用"警告"或"注意"字样。一般全效洗洁剂、清洁剂、家用含氯漂白剂及消毒剂等通常标注"警告"或"注意"。

标示有警语（"有毒""危险""警告""注意"等）的产品，都应该放在孩童接触不到的柜子里。杀虫剂则应该锁在室外的储藏空间。

□ 将不同种类的有害物质分开存放

不要将杀虫剂、洗洁液及其他有毒物质存放于食物柜。不要把狗食放在煤油旁边。不要把药品放在洗洁液或食物附近。将种类、用途和安全程度类似的东西放在一起，以降低拿错时造成的风险。如果能将园艺用材放在另一个房间（而且是在有锁的独立柜子里），同时将非常危险的物质和相对之下较安全的物质分开存放，就不会在想拿喷雾洗洁剂时错拿除草剂了。

□ 药品

家中如果有幼儿，请锁上药品柜。即使柜子已经闩住或上锁，也务必将药品放在最上层，避免孩子拿到。药品若采用儿童安全包装将有助于降低风险，但也不是万无一失。

处方药不再继续使用后应该丢弃（请参阅第 451～453 页关于药品安全丢弃方式的相关说明）。绝对不要将药丸或药品拿出原容器，也绝对不要除去药品容器或瓶子上的标签。如果有任何容器或瓶子缺少标签，就将整瓶丢弃。绝对不要将药品与食物、清洁用品或其他家用化学品存放在同一个柜子里。

如果有两种药品的大小类似，或是包装、标签很像，不要并排放置，以免拿错。

阅读标签时，必须是在充足的光线下，并要记得戴上阅读用的眼镜，否则你可能会拿错东西，或是看错指示、剂量。深夜昏昏欲睡或双眼蒙胧时，吃药必须特别小心。绝对不要在黑暗中服用、混合或递予药品。除非经医师确认，否则绝对不要混用药物。如果因服用药品等物质而感到昏昏欲睡或出现混淆，请找他人协助确认你吃的药品和剂量是否正确。

不要在孩子面前吃药，因为孩子可能会模仿你，或是认为你在吃什么好吃的东西。

绝对不要跟孩子讲药品是糖果，即使是孩子自己的药品也不可以，这样给予的是完全相反的讯息。应该跟孩子解释什么是药，以及这种药的功能（例如消除疼痛、赶走发烧，让你感觉好一点等）。我曾经看过孩子坚持他自己的药是糖果，因为吃起来很甜又有水果味。有一点非常重要，就是即使药品为了让孩童容易入口而添加好吃的味道，但药就是药，我们一定要依照医师指示服用，不能多也不能少。

家庭有害废弃物的处理方法

哪些废弃物可能有害?

有些家庭垃圾可能危害极大，不能丢在一般的垃圾桶或回收桶，以防对人、动物或环境造成危险。了解如何安全地处置家庭有害废弃物相当重要。

事实上，现在的家务在某一方面已和 50 年前差别极大，那就是花在处理垃圾上的时间。现在大多数地方政府都制定了回收法、有害废弃物法、庭园废弃物法及其他相关法规，也因此，了解如何为垃圾整理分类往往不是那么容易。不过，只要你养成新习惯，遵守这些重要法律就不会显得很麻烦。地方政府的卫生或环保机关通常会提供相关规定的小册子，你也可以打电话询问，他们通常会提供相当实用的宝贵建议。请注意，本书内容只包含适用于一般家庭的法规和建议。适用于企业的法律和方式可能大不相同。

家庭有害废弃物泛指所有当人或动物意外接触时，可能造成伤害的物品，危险群体包括卫生工作人员、孩童及觅食的动物等等。另外，家庭有害废弃物也包含未妥善处置时可能伤害环境的废弃物。举例来说，汽车油水或杀虫剂如果进入雨水下水道，就会污染土地和水源。因此，在许多地方，这类物品和其他家庭有害废弃物都必须送往服务站、收取点或有害废弃物收集中心。

美国联邦和州立机构的回收计划通常依据废弃物的危害程度，将家庭有害废弃物分成四类。某些产品适用于多种类别，举例来说，含氯漂白剂就同时属于"易爆／高活性"和"有毒"两类。

◆ 易燃／易引燃：这个类别包含容易点燃和燃烧剧烈的产品。喷漆罐、家用油漆、机油、汽油、煤油、指甲油、发胶喷雾、家具洗洁剂及丁烷气体等都是易燃／易引燃物品。

◆ 腐蚀性：可能造成侵蚀、溶解、损伤身体或环境的产品都是腐蚀性物质，例如漂白剂、排水管洗洁剂、碱液、烤箱洗洁剂、溶剂及电池。

◆ 易爆／高活性：这类物质接触到光、热或其他化学物时，可能会爆炸或产生有毒烟气等有害副产物，例如排水管洗洁剂、氨水（与漂白剂混合时）、漂白剂（与酸或碱混合时）、化学肥料、某些泳池药剂、喷雾剂，以及石油基质溶剂与除油剂。

◆ 有毒：有毒物质的数目非常多，比较常见的例子包括漂白剂、染发剂、某些空气清新剂、除蛀虫剂、外用酒精、指甲油、油漆稀释剂、溶剂、除草剂、肥料、杀虫剂、燃料和抗冻剂等。铅电池与镍镉电池都有毒性，任何含汞的物质也有毒性，例如恒温器、温度计及某些日光灯管。

☐ 家庭有害废弃物的处理方法

依循厂商指示——产品商标上包含关于安全使用、储存和处置有害废弃物（及其容器）的重要信息。请仔细阅读并遵守所有相关指示。绝对不要除去标签，或将这类物质存放在没有标签的容器中。如果对标签上的内容物性质和产品危害等信息有疑问，根据知之权利法，你可以打电话要求厂商提供"物质安全数据表"（MSDS）。这项数据不牵涉商业机密，但可以让你了解物质的化学性质，同时提供关于危害、安全操作和处置的进一步信息。有些物质安全数据表还会张贴在网络上。

买少一点，并全部用完——可能的话，尽量避免使用有害的家用物质。购买前先看清楚商标，如果这个产品有毒性、腐蚀性、易燃、易爆或高活性，先问自己是否真的需要购买。如果确实需要，且没有其他比较安全的替代品，购买一次能用完的量就好。如此一来，你就无须烦恼该如何处置剩余物质。处理一个油漆空罐比处理半罐油漆容易得多。如果你没办法全部用完，可以送给其他人，让他们用完，例如邻居、朋友或是其他公民团体。不过，如果你打算将危险物质送出去，请务必使用原容器，商标和注意事项也必须完整无缺。

倒进排水管?——下水道分为三大类。卫生下水道是指从住宅和其他建筑通往污水处理厂的管路。除非你的房子有化粪池，否则家里的排水管多半是与卫生下水道相接。虽然污水在经过卫生下水道的处理后，可除去大多数废弃物质，但有些物质仍可能无法去除或无法完全去除。因此，绝对不要将机油、变速箱油、抗冻剂、其他汽车油水、汽油或其他燃料、油漆、油漆稀释剂、除漆剂、杀虫剂及其他含有重金属的物质倒入排水管。如果你这么做，这些危险物质最后可能流入水源。

正常使用下会排入排水管的产品，例如洗衣剂、全效洗洁剂、肥皂、洗发精，以及洗手台、瓷砖和浴缸洗洁剂，通常也可以倒入排水管或马桶[1]。倾倒时请用大量的水稀释，且一次一次慢慢倒，每次只倒入一小部分。不要同时处置两种这类产品，因为混合家用化学物质相当危险，即使是倒入排水管也一样。如果你的房子有化粪池，不可一次倒入大量漂白剂或消毒剂。每次只倒入一小部分，并用大量水稀释。

化粪池是独立的下水道系统，只供一个家庭排放污水。有些小型小区建造有供数个家庭使用的化粪池系统。化粪池系统中的固态废物会沉入池底，由细菌加以分解；液态废物则排入沥滤场，由其他细菌分解。如果液态废物含有有害化学物质，这些物质可能会透过化粪池系统进入地下水。因此，有化粪池系统的房屋应该特别留意，不要将有害废弃物倒入化粪池

---

① 房屋有化粪池时不应倒入马桶。

系统，这些废弃物并不会经过污水处理厂。

除了卫生下水道与化粪池，第三种下水道是雨水下水道，是收集雨水并排入河流、湖泊等其他水路的沟渠或管路。有害废弃物倒入雨水下水道后会直接流入这些水路。借由雨水下水道或排水沟来处置任何有害废弃物绝对不安全也不适当，不过许多人还是经常这样处理汽车油水。当机油等汽车油水漏在街上或车道上时，许多人并不会适当清理，而是用水管冲走这些液体，但这样会使这些危险废弃物流到雨水下水道和排水沟中。

不要倒在院子、地面或掩埋场——不论是你自己的院子、某块荒凉的空地还是掩埋场，许多物质只要倒在地上或埋进地下，最后都可能会污染水源或土地。机油、变速箱油、汽油、油漆、煤油、松节油、除漆剂、油漆稀释剂等类似液体以及杀虫剂，都绝对不能倒在地上或埋进地下（任何地方都不行）。同样地，绝对不要将有害物质倒在街上或垃圾车里，装过有害废弃物的空容器也不应该丢入垃圾车或加以掩埋。

不要焚烧——绝对不要焚烧有害废弃物及其空容器，尤其绝对不要焚烧汽油、煤油等石化产品，以及装过这些易燃气体的空容器。喷雾剂容器也包括在内。另外，壁炉或烤肉炉也不可以用来焚烧任何废弃物。把这些设备当作焚化炉，对你和环境而言都很危险。

回收再利用——许多小区都有法律规定，某些物质必须强制回收，其他物质则是选择性回收。大多数小区规定玻璃、某些纸类、某些塑料和金属容器（某些地区还包括喷雾剂容器）必须强制回收，请查阅你居住地区的相关规定。在某些小区，你可以将剩余的机油、变速箱油、刹车油、抗冻剂等汽车油水，拿到汽车保养厂、油品回收站或取得授权的集中点。在某些地区，汽车电瓶、家用电池和轮胎也可交由某些机构回收或再利用。请查查看你居住的地区有些什么选择，并尽量利用这些服务。

地区回收的相关法令一定会规定你将回收物质和一般垃圾放在不同的容器中。可回收物通常必须整理分类。举例来说，瓶罐应先冲洗并取下盖子和喷头，瓦楞纸板必须压平并捆扎牢靠，报纸应该用绳子绑好。在某些地区，你还必须将光面的杂志、型录、报纸及邮件分在不同类。请查阅你居住的社区的相关法规。

地区法律与法规——与家庭有害废弃物和家庭有害废弃物处理设施有关的地区法律，也随地方而有很大的差别。在你居住的地区有哪些东西可以倒入排水管，部分取决于你居住地区的污水处理设施能力。此外，有些地区拥有其他地区没有的回收和处置设施，有些地区的环境法律则较周全，这些因素都会影响你能将哪些东西跟垃圾一同丢弃或倒入排水管。在我居住的地区（但不包括其他地区），日光灯管、一般手电筒和家用电池都可以与一般垃圾一起处理。有些地方，抗冻剂可以倒进排水管，但有些地方这么做则是违法的。不论各地有什么不同，现在大多数地区的法律都规定某些有害废弃物绝对不可随一般垃圾丢弃，而是必须送往有害废弃物的收取点或收集中心。你有责任查明在你居住的小区中有哪几类废弃物必须另外处理。以下列出各地常见的规定。

　　以下第一类的项目，是许多地区的法律规定必须送往适当的收取点、保养厂、零售商或有害废弃物收集中心处理的。第二类的项目在许多地区也可送往收取点或收集中心，但不一定有相关的法律规定。不论是规定还是建议，环保机关通常不赞同将以下各项物品放进一般垃圾或垃圾车，也不要焚烧、埋在院子里或丢进掩埋场，并且应该避免倒入排水管、雨水下水道和排水沟中。

在有相关设施的地区，必须送往收取点或有害废弃物收集中心

（1）必须送往收取点或收集中心的物品：

- ◆ 机油
- ◆ 机油滤心
- ◆ 刹车油
- ◆ 变速箱油
- ◆ 抗冻剂

- ◆ 轮胎
- ◆ 汽车电瓶
- ◆ 电器
- ◆ 任何含汞的产品(某些日光灯管、水银温度计、水银恒温器）

（2）建议尽可能送往收取点或收集中心：

- ◆ 杀虫剂、除虫剂
- ◆ 除蚤项圈和除蚤粉
- ◆ 杀真菌剂

- ◆ 摄影化学药品
- ◆ 木材防腐剂
- ◆ 镍镉充电电池

- 锂电池
- 纽扣电池
- 除草剂
- 溶剂（矿油精、松节油、石脑油、油漆稀释剂）
- 去光水
- 空汽油桶
- 家具除漆剂
- 泳池药剂
- 打火机专用油
- 柴油和其他燃料
- 车道沥青
- 排水管洗洁剂
- 烤箱洗洁剂
- 强酸、强碱（碱液）
- 地板、金属及汽车用的蜡与抛光剂
- 含丙酮、二甲苯和氯化甲烷的产品

- 含有汞、铅、镉、锂、镍、铬、银、锌等重金属的产品
- 含有溶剂的洗洁剂和抛光剂
- 樟脑丸和樟脑片
- 宠物用喷雾和浸洗液
- 老鼠药
- 毒药
- 铅酸电池
- 草坪药剂
- 银用抛光剂
- 鞋类染补剂
- 亮光漆、着色漆
- 除漆剂
- 油漆
- 填缝剂、建筑黏着剂
- 煤油
- 除油剂
- 汽油
- 自动车电瓶（汽车电瓶除外）

在大多数地区，收集中心只在指定的收集日收取废弃物，或是必须事先预约。此外，每家收集中心不一定都有能力处理各种废弃物，有些可能只接受自己能处理的废弃物。去之前先打电话询问，并参阅说明的小册子或其他文宣品，了解该收集中心可收取哪些有害废弃物。大多数收集中心不接受易爆和放射性物质、医疗废弃物及弹药。此外，送交量或许也会有限制，而且你可能必须以特定方式包装或封装。

在特定状况下可接受的处置方式——如果地区法规不禁止，而且你无法用完、再利用或回收有害物质与容器，或是送往收集中心安全处理，某些地区的主管机关建议可用下文说明的方式处理下列物质。

- 家具、地板和金属抛光剂：紧闭容器，用报纸包好，放进一般垃圾一起处理。

◆ 室内杀虫剂（用于消灭有害动植物的各种产品，包括杂草、昆虫和害虫等）和除虫剂：依照产品商标注明的方式处理。尽可能回收空容器。一般来说，可将容器包好，放进一般垃圾一起处理。

◆ 干肥料：用报纸包好容器，放进一般垃圾一起处理。

◆ 液体肥料：倒入排水管，每次不要超过 4 升，并以大量水稀释。

◆ 乳胶漆：如果罐中残留少量乳胶漆，打开罐子，让罐子通风（记得放在通风良好处，并避免孩童和宠物接触），让乳胶漆干燥硬化。接着盖回罐盖，将罐子放进一般垃圾一起处理。你可以在乳胶漆里加入猫砂、锯木屑或其他吸油物质，加快干燥过程。接着一样打开罐盖，直到油漆混合物硬化，再盖回罐盖，放进一般垃圾一起处理。某些地区可能有处理乳胶漆空罐的设施。

◆ 油性漆：送往有害废弃物处理中心。

◆ 室外杀虫剂和木材防腐剂及含有这些物质的产品（如油漆）：这些物质久放后不应该使用，而是应该送往家庭废弃物收集中心。如果你居住的地区没有收集中心，请向当地推广服务机构或其他可信赖的机构寻求建议（也参阅下文的建议）。

◆ 抗冻剂和其他汽车油水：如果法律允许，可将剩余产品倒入排水管，但要以大量清水稀释。将空容器放入一般垃圾桶或资源回收桶。不要将大量抗冻剂倒入化粪池，每次只可倒入一罐。

◆ 刹车油、汽车蜡与亮光剂：盖紧容器，用纸包好，放进一般垃圾一起处理。

◆ 个人清洁保养用品：盖紧容器，放进一般垃圾一起处理。

◆ 指甲油和去光水：与猫砂、锯木屑或沙子混合成固体后干燥。盖紧容器，用塑料袋包两层，放进一般垃圾一起处理。少量去光水可和清水一起倒入排水管。

◆ 外用酒精和收敛剂：与大量清水一同倒入排水管。冲洗空容器后放进一般垃圾一起处理或放入资源回收桶。

▍阅读容器标签

◆ 药品：液状药品请倒入排水管或马桶，固态药品则绑紧后放进一般垃圾一起处理，不过，这袋垃圾应该立刻拿出家门，且必须避免孩童或

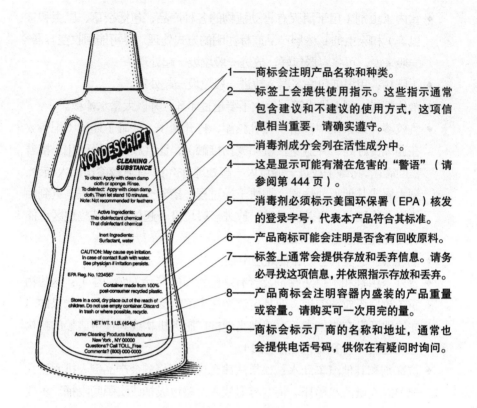

1——商标会注明产品名称和种类。

2——标签上会提供使用指示。这些指示通常包含建议和不建议的使用方式，这项信息相当重要，请确实遵守。

3——消毒剂成分会列在活性成分中。

4——这是显示可能有潜在危害的"警语"（请参阅第 444 页）。

5——消毒剂必须标示美国环保署（EPA）核发的登录字号，代表本产品符合其标准。

6——产品商标可能会注明是否含有回收原料。

7——标签上通常会提供存放和丢弃信息。请务必寻找这项信息，并依照指示存放和丢弃。

8——产品商标会注明容器内盛装的产品重量或容量。请购买可一次用完的量。

9——商标会标示厂商的名称和地址，通常也会提供电话号码，供你在有疑问时询问。

动物误食。

◆ 漂白剂：用完后冲洗，再用报纸包裹。

◆ 剩余的漂白剂：每次只倒入少量进排水管，同时以大量清水稀释。绝对不要把漂白剂与其他物质一起倒入排水管。

◆ 喷雾罐：务必完全清空内容物再放进一般垃圾桶或资源回收桶（将喷雾罐上下颠倒后按住喷嘴，直到清空全部推进剂）。即使已经清空，也绝对不要将喷雾罐放进垃圾压缩机或焚化炉。不要焚烧喷雾罐。尽可能回收喷雾罐。

取得建议——如果对家庭有害废弃物有疑问，或不清楚某种物质属不属于有害废弃物，各地的废弃物处理系统、公共卫生部门、环保署分支机构、地方环保单位及合作推广机构都可提供建议。民间环保团体也能提供很有帮助的建议，或协助你找到相关单位。

□ 家庭有害废弃物的通用安全措施

一般来说，请依照以下方式处理有害废弃物：

◆ 辨识有害产品。如果标签上标示有警语，例如"有毒""危险""警告"
或"注意"，表示其中含有有害物质，必须小心处理。

◆ 准备好毒药物防治咨询中心的电话号码。

◆ 了解你使用的化学产品的危害，并阅读标签上建议的处理方式。

◆ 使用化学物质时请穿戴防护手套、护目镜、口罩或其他防护用具和衣物。

◆ 务必在通风良好的区域使用化学物质。

◆ 不要混合化学物质。

❖ **自来水的温度**
❖ **绞扼和窒息**
　　☐ 小东西
　　☐ 塑料袋
　　☐ 线、绳、带类
　　☐ 气球
　　☐ 婴儿床的栏杆与围栏
　　☐ 床垫与寝具
❖ **其他风险**
❖ **工具、刀子及危险的电器与机具**
❖ **随时保持警觉**

第30 章以来介绍了许多与孩童有关的安全措施，但除此之外，还有几项安全措施不属于特定的家务类别，且与孩童难以掌握和极易受到伤害的特质有关。我们必须记住，孩童的身体十分脆弱、能记住的信息很有限、判断力差又容易冲动，而且完全没有先见之明。成人必须代替孩童判断并加以规范，且于过程中教导孩童照顾自己。

有些孩子天生比较冲动和喜欢冒险，我们不可能把这类孩子改造得谨慎又思虑周密。不过，除了直接教导，孩童还会透过模仿养成良好的安全习惯，所以如果有个谨慎又有爱心的成人当作学习目标，即使非常鲁莽的孩子，也会慢慢进步。值得庆幸的是，如果想让你的孩子不那么"让人操心"，有个好方法就是在孩子很小的时候好好保护他们。婴儿逐渐长大时，会慢慢吸收我们对他们展现的关心和爱护，进而慢慢学会保护自己。每个孩子一定都会碰撞、受伤，每个父母也都会惊吓害怕，但孩子若有关爱他们且对伤势十分在意的父母，十之八九不会经常招惹危险，让父母操心。

对于孩童而言，坚定、充满关切保护的安全教育比惩罚性的方式更有用。举例来说，如果你对孩子表达关心，并且认真坚定地说："绝对不可以摸插头和电线，摸到会受伤。"孩子会比较愿意合作。惩罚性的方式，例如"坏孩子！不准碰插头！"就可能遭忽视或排斥，因为这种方式不会得到孩子的支持或理解。不过也不要讲得太唠叨，简洁明了才能让孩子接受，必要时也要有温和的坚持。爬行的婴儿无法使用言语，必须以行动（例如直接抱起或加装安全护栏）让他们远离危险，但你也可以认真且关心地看着他们说"这个很烫！"或"哎唷！"之类的字眼。

当然，即使教导幼儿如何保护自己，家长仍必须持续警觉性的监督。

▌自来水的温度

儿童安全专家大力主张热水器的温度应该设定在 49~54℃ 之间，理由是即使短时间接触很烫的自来水，孩童（及年长者）也可能造成严重烫伤。这类烫伤可能突然发生。许多房屋的热水水温高达 60~71.1℃，60℃ 通常是标准温度，但成人皮肤只要接触 60~65.5℃ 的热水两秒钟就会造成二度烫伤，婴幼儿的皮肤更是敏感脆弱。对于无法立刻避开热水泼溅的人，例如婴幼儿、残疾人、年长者和病人，更容易发生这类烫伤。

美国有很多州的法律规定安装热水器时必须预先设定在49~54℃。你可以参阅厂商的说明书，将温度设定得更低一点。如果热水器没有温度设定装置，要检视水温时可以将水龙头转到最热，然后把厨房的烹饪温度计或糖果温度计放入水流测量温度。

较低的热水温度可能会造成若干不便。你没办法以足够的水温洗涤有特殊需求的衣物，此外，除非你的洗碗机是具有加热功能的新型机种，否则可能无法消毒碗盘。较低温的热水也可能没办法应付连续的泡澡和淋浴。不过，只要能够维持安全，这些不便都算值得。

你可以在淋浴间和浴缸里安装防烫伤装置，这类装置会在水温超过安全限度时自动阻断水流。这种状况可能发生在有人突然使用大量冷水的时候，例如冲马桶时。然而，即使安装了防烫伤装置或已经将热水器设定在安全温度，还是需要小心。你仍然必须测试水温，且绝对不可以让孩子（或其他容易受伤的人）单独留在浴缸里，即使1秒钟也不行。就算水温已经降到安全温度，还是可能造成烫伤，因为接触时间拉长时，49~54℃的水温就足以使孩童受伤。不过，比起更高的温度，这样的温度至少能让你有机会带孩子脱离险境。

▌绞扼和窒息

☐ 小东西

婴幼儿靠吃和尝味道来认识世界。当他们发现地板上或其他伸手可及的地方有小东西，第一个冲动就是拿起来放进嘴里。这些小东西吞下之后可能会卡在喉咙，造成窒息。大众教育和新的玩具安全法规已经降低了这类悲剧的发生频率，但还是相当常见。

如果家中有婴幼儿，不要将小东西随意散放在房子里。硬币、弹珠、别针和纽扣特别危险。小的硬糖果、果核、种子及葡萄，对孩子而言可能都很危险。孩童也很喜欢拉下音响或收音机的旋钮，放进嘴巴。经常有孩子咀嚼填充玩具的眼睛和舔咬各种玩具的小零件。今日的厂商必须在含有小零件的玩具上标注警语，大意是这类玩具不适合3岁以下的孩童。不过，阅读标签和遵守警语仍是父母的责任，以避免幼儿接触这类玩具。然而，如果家里同时有6岁和一两岁大的孩子，这点通常很难做到。

□ 塑料袋

塑料袋刚进入家庭时造成许多孩子死亡，后来大众才意识到必须小心应对。可惜的是，这类事件依然时有所闻。孩童可能会用塑料袋套住头，或是爬进塑料袋，耗尽塑料袋里的氧气。孩童无法脱身时往往会因过度虚弱、无法协调、惊慌或是失去意识而死亡。干洗衣物送到家中时如果套着薄塑料袋，请取下并剪开或绑紧后丢弃。其他塑料袋可以放在孩童拿不到的地方并上锁，或是以相同方式剪开或绑紧后丢弃。

□ 线、绳、带类

绳子、线、丝带、窗帘和类似的物品都可能勒死幼童。一项研究估计，1981—1995 年间，共有 359 名孩童遭到窗帘拉绳而被勒死。电话线与百叶帘的拉绳必须放置在高处，避免让婴幼儿拉到（不过，电话线或其他电线在使用时不应该束起，其他绳索则可）。不要让孩子玩绳子、丝带或类似的物品。婴儿床和孩童床应该远离有拉绳和窗帘的窗户和墙面。移动电话要放在孩子拿不到的地方，同时不要加上挂绳或吊饰。

不要将橡皮奶嘴或连指手套加上挂绳，挂在孩子的脖子上。手套可以固定在外套的袖子上，但不要绑在穿过两边袖子的带子上。曾有孩子被外套上的挂绳勒死。

孩童可能会去拉桌面、台面或架子上的电线，将台灯（或其他电器）拉下来砸伤自己。

□ 气球

孩童可能会因吸入气球或气球破片而窒息。

□ 婴儿床的栏杆与围栏

婴儿床必须符合标准，栏杆间隔不可超过 6 厘米。孩子可能会把头钻过栏杆，造成窒息。新型婴儿床应该都符合这个标准，但较旧或古董婴儿床则可能并非如此。曾经有人送我们一组很漂亮的维多利亚风格的孩童床当作礼物，但当我一看见漆着白漆、造型美观的煅铁栏杆间隔很大时，心里立刻浮现鲜活的危险画面。我儿子第一次坐进这张床时，立刻就把头钻进栏杆间，所以我们不得不送走这组床。

楼梯、门廊、阳台和床的栏杆与扶手，间隔同样不可以大于 6 厘米。

□ 床垫与寝具

床垫可能造成两类问题：第一，孩子可能因为某种原因卡在床垫下方，因此窒息。第二，床垫可能破损，填充物露出，孩子因此窒息。解决方案是在婴儿床上使用尺寸密合的高质量床垫，并确认床垫没有撕裂或破损。

绝对不要让 6 岁以下的孩子睡在上下铺。这种床的潜在危险相当多，最明显的是孩子可能从高处坠落，较不明显的危险则包括孩子的头可能卡在栏杆之间，或是手臂、腿可能卡在栏杆和床垫之间等。

婴儿睡觉时不应该使用枕头，这引发窒息的风险相当高，因为婴儿没有力气推开盖住脸部的枕头。婴儿必须睡在坚实的床垫上（而且必须仰睡）。不要让他们睡在可能埋住脸部的床垫、拼花被、被子或床垫套上。床垫表面必须平坦，房间内空气也必须自由循环。

婴儿床的床垫应该和床架完全密合，床垫和床架之间的空隙最多只可让 1~2 根手指通过。如果空隙太大，婴儿的头部可能会卡在床垫和床架之间。

避免宠物进入婴幼儿的卧室。

▌其他风险

孩童被书架、衣橱、瓷器柜或其他又高又重的家具压伤的事故多到令人惊讶。孩童可能会爬上家具或站在抽屉上，且完全不知道这么做的危险性。你可以用螺栓或角铁撑将这类家具固定在墙上。另外，将电视机放在较低的电视架上，并靠着墙壁。

请参阅第 33 章，第 431 页中关于防止孩童从窗户坠落的指导原则。

如果你打算处理掉旧冰箱或冰柜，或是在车库、地下室等处有不用的冰箱或冰柜，请将门拆下，剪断电线。曾经有孩子跑进旧冰箱，关上门，最后窒息而死。这类事故往往发生在几分钟之内。

使用安全围栏防止婴幼儿坠落楼梯（请参阅第 427~428 页），以及避免他们进入可能对他们有危险的房间或区域。

▎工具、刀子及危险的电器与机具

将工作间上锁，防止孩童进入，且尽量避免孩童接近工作台。危险的工具、物品和设备同样必须上锁。将工具箱放在孩童拿不到的地方，或用挂锁锁上。螺丝起子、锤子、铁钉、扳手和其他一般工具，在两三岁孩子的手上可能变成致命武器。电动工具对任何年龄的孩童都极为危险。即使是较大的孩子，判断力也还不够，不可以在没有成人监督下使用这些工具。必须避免孩童接触除草机、锯子、割草机等园艺工具，这些工具都应该小心上锁保存。

▎随时保持警觉

要防范孩童可能遭遇的各种危险，最好的保护对策就是成人要切实监督。不论你采取了什么预防措施或教会了什么规则，孩童永远都会想出你做梦都想不到的点子。

FORMALITIES
法规文件篇

与家庭帮佣一同打理家务

最好的家庭生活方式是自给自足，倘若一个家可以由自己的家庭成员来维持，这样的组成最像一个家。家事能令人心情愉悦，对人的身体也大有好处。从古至今，过度仰赖打扫人员来处理家事，一向不是很好的方式。打理自己的家是一种乐趣，因为这是生活的一部分，也因为你认同自己的家及这个家的内涵。受雇的打扫人员就不会这么认为。这种情况就像父母对自己的孩子有感情，所以照顾自己的孩子时，会和朋友、亲戚或保姆帮忙照顾孩子时大不相同。就我所知，我的朋友全都赞成这个说法，但有许多人（包括我自己）还是会请人来打扫。工作时间很长的人通常别无选择，有孩子时更是如此。

100 年前，做家事还是相当辛苦繁重的工作，当时有能力的市区和市郊家庭几乎都会雇人协助家事。从事这类家庭服务的女仆、保姆和厨师不喜欢这种工作，一有机会就马上跳槽到工厂或办公室，以提升自己的社会地位。

这种情况或许并不令人意外，比较令人意外的是，那个时代的家庭主妇其实很不喜欢雇用和监督用人。许多雇主经常抱怨失去隐私、用人难管、工作品质不佳、任意旷工、突然辞职、不诚实、懒惰、脏乱和自大。新科技进入家事领域，大幅减轻家事的繁重，但让家庭主妇最高兴的是，不需要再雇用他人来打理家务了。20 世纪 20—30 年代，美国一般中产阶级家庭（甚至许多中上阶层家庭）都不再雇用厨师和侍女（有钱的家庭则一定会雇用）。这样的状况一直持续，直到 20 世纪 70—80 年代，各阶层的女性开始大举走入职场。当时，贫富之间的薪水差距扩大，使聘雇人员来打理家务变得"负担得起"，因此趋势开始逆转。现在家务雇员市场和以往一样，充满了不信任、紧张和焦虑，不过，许多人不论是否出于自愿，都必须雇用人员来协理家务，所以本章提供一些建议，协助你当个称职的家庭雇主，让家庭生活更顺心，减少雇主和雇员之间的不愉快，进而避免影响劳雇关系。

社会和法律关系

如果你希望拥有良好的劳雇关系，找到乐意配合你的雇员，那么你最好遵守优质雇主都遵守的原则，即使这未必在法律明文规定之内。支付不错的薪水、给予休假和休假期间的薪水、定期调薪，以及增加生活费用等。遵守社会安全、预扣所得税、最低薪资和加班等相关法律。为了你的雇员，也为了你自己，请认真看待这些事项。

许多人不习惯监督雇员，因此没有适当展现自己的权力；也有人走向另一个极端，就是没有适当展现对雇员的尊重。如果你觉得很难找到适当的平衡点，可先展现友善且自信的一面。清楚坚定地表达你希望完成的工作和方式，对雇员有很大的帮助，我从未听说有人因为这样而不高兴。换作是你，你一定也不希望雇主让你一头雾水，搞不清楚你的工作内容。不过最令人生气的，莫过于雇主以高傲或苛刻的语气交代工作，这显然是认为不这么做，雇员一定会做不好，或是隐含着威胁之意（一定要这么做，否则……）。你可以用比较和缓的方式讲：你可能已经知道，不过我还是再说一下好了……

记住权力和阶级之间的差别。你是雇主，但不是封建时代的领主。你不需要因为要求对方记得处理浴室瓷砖上的霉菌而有罪恶感。然而，尽管某些有钱家庭会要求家务雇员必须走后门或特定出入口，或是穿着制服，但一般家庭通常没有这种习惯。对于必须经常和大众互动的工作人员而言，穿着制服相当合理，因为这样比较容易辨识他们以及他们的工作，不需要反复解释，但是除此之外，制服其实没什么作用。整体说来，最好是让雇员在工作时穿着他们自己认为最舒适的衣服。他们不需要称呼你为"先生"或"太太"，除非你也如此称呼他们；如果你直呼他们名字，也应该让他们直呼你的名字。然而，不论这看起来多么老派，负责照顾身体虚弱或孩子的人员都必须穿得"体面"一点，因为这样有助于让他们受到外人尊重，

历史上的家务助理观念楷模

17世纪时的荷兰，中产阶级、家庭生活与共和思想是同时发展的。有观光客提到，荷兰人最重视孩子，其次是房子，第三则是花园。荷兰的房子大多狭小、明亮、干净和注重隐私，居住者则是核心家庭。当时荷兰没有很多用人，跟欧洲其他地区很不一样。荷兰社会不鼓励这种做法，并对雇用家务雇员的人征税。荷兰社会也支持给予用人较高的地位和更多的权利。荷兰人基本上不知道保姆是什么。荷兰人自己照顾孩子、房子和花园，不论多么有钱、地位多么崇高，都是如此。即使是有侍女的富有家庭，主妇也多半会跟侍女一起打理家务，而且可能会同桌吃饭。黎辛斯基（Witold Rybczynski）曾经说道："海军上将勒伊特（Michel de Ruyter）去世后，奥兰治亲王派代表前去慰问他的夫人，当时夫人无法接见，因为她刚刚因为晾衣服而扭伤了脚踝！"

465

必要时也比较容易获得帮助。说起来或许不太公平，但若护理人员穿得像中产阶级，那么当他们在面对公交车司机、售货员、邻居、护士、医师时，会得到比较多尊重。如果护理人员受到比较好的待遇和协助，对你的孩子和亲人也比较有利。

如果有个人全天为你工作，请确认他（她）在上午、中午和下午都有休息时间，或其他适当的用餐时间。尽可能确保工作环境舒适、安全、健康和愉快。一开始就要说清楚是否提供餐点、交通费、交通工具，或是其他额外福利。

与派遣公司的专业清洁人员合作时，最容易达成彼此尊重的劳雇关系。他们的税金是由公司支付，而不是你；他们的健康福利和其他一般工作福利也由雇用公司提供，另外也会进行基本训练；他们来工作时通常会自备清洁用品，但如果你希望的话，也可以要求他们使用你准备的用品。请公司派遣他们的签约雇员，有助于确保在发生窃盗或损害时获得补偿，你也可以指定特定雇员，这样就不用担心每周都要教新人。

▋ 如何雇用

▢ 推荐函

你的雇员应该提供推荐函。一开始最好是朋友推荐，这样至少会有一个可靠的评判依据。即使有了朋友的推荐，仍要检视一下应征者的推荐函，看看应征者的品德和能力。如果你要雇用的是照顾孩子的保姆，检视推荐函时必须加倍仔细。先将特定问题列成清单，打电话给应征者以往的雇主，询问应征者是否诚实、可靠、有礼和体贴？是否能妥善完成你希望他们协助的家务工作？经常出现在家中是否让人安心？如果这是他们第一次出来找家庭清洁或照顾孩童的工作，你仍可以试着给他们机会，因为很多人虽然没有这类的工作经验，但其实做得不错。不过你还是应该确认其品格，认真检视他们先前其他工作的履历和推荐函。除了以往的雇主，最好还能咨询过去的旧日朋友、邻居，或所隶属的团体。记得要询问推荐人认识应征者多久，以及是在什么情况下认识。询问推荐人时必须有礼貌，以间接判断他们的品德。如果应征者无法提供认识他们半年以上的人所撰写的推荐函，就不要雇用他们。如果你遇到的年轻应征者刚搬到你居住的地区，而且是第一次找工作，但感觉还不错，可以要求对方提供以前居住地区的熟识者的推荐函。

□ 人格特质

对所有雇员而言，诚实、体贴、聪明、干练、可靠、整洁、迅速、并以妥善完成工作为荣，都是非常重要的特质。此外，保姆还必须亲切、热心、温和、懂得如何跟孩童相处，以及耐心。不要选择缺乏感情、生活处境危险、非常不快乐或烦恼的人来照顾你的孩子。缺乏感情的人很难在付出心力的同时不感到怨恨；烦恼的人则很难专注于照顾孩子。不要刻意选择过度严格的人，好让你来扮白脸。纪律必须搭配亲情才能发挥作用。请记住，孩子都是人，会喜欢某些人和不喜欢某些人。请选择他们会喜欢的人来担任长期照顾者。如果你被迫跟一个小心眼、自私、乏味、没教养、愚钝、不讲理、凶暴、急躁、愚笨、爱欺负人、好批评或残酷的人长期相处，一定会觉得很不快乐，而你的孩子也一样。最重要的条件或许是应征者是否能理解你的孩子，懂得孩子想要什么、喜欢什么，以及孩子要表达的意思。所有需求和期望完全仰赖一个完全不了解你需求的人，是件很痛苦的事，尤其在你又小又无助、无法说出所需，或是无法表达你过得很难受，甚至非常痛苦的时候。我见到许多全职保姆照顾的孩子就是这样，这些保姆并非故意虐待孩子，只是对孩子的需求没那么敏感。

即使是好心肠的保姆，如果没有受过正规教育，也可能会以不适当的方式照顾孩子。他们可能会认为婴儿如果不是饿了也不想睡觉，就应该放着让他哭；他们可能会抢走婴儿的玩具来逗他；他们可能会拒绝跟婴儿玩你丢我捡的游戏；他们可能会用惊吓或欺骗的方式逗较大的孩子（例如说要拿走孩子的帽子，或把孩子留在公园里）；他们或许会蔑视那个年龄会有的恐惧，认为孩子最好能学着"照顾自己"，所以在游戏场所很少防范比较有侵略性的孩子；他们可能不会鼓励你的孩子进步，甚至妨碍其独立。

除非长期相处，否则你无从得知保姆的习惯、特质或想法，所以最好让保姆先跟孩子相处一段时间（最好是几个月），并且陪在旁边，尽管这样的测试并不完美。有些保姆会因为你陪在旁边而表现得较有爱心，或是比较有所节制。不过，在保姆开始工作之初陪在一旁，随时提供协助并观察状况，最容易让孩子习惯保姆，孩子在你离开之后的情绪反弹也较小。

另外，这样最能让刚上手的保姆了解你们家的方式和习惯，同时也是确保孩子感到高兴的最佳方法。好的保姆会尽量配合你的方式，也知道这对孩子会是最舒服的方式。

□ 能力

跟你的孩子长时间相处的保姆，应该要了解儿童发展以及最新最佳的安全与健康原则。对于无法表达感受的婴儿和学龄前孩童，这点格外重要。但即使是已经能够表达的孩童，这点也很重要。

负责清洁的雇员，应该了解清洁的定义，并采取符合卫生的方法。如果没有做到，必须加以教导，或是另觅人选。检查他们是否除去台灯和摆饰底下的灰尘，吸去床和沙发底下的灰尘，以及吸净布沙发、床垫或保洁垫上的灰尘。检视角落，观察他们的工作顺序，举例来说，他们应该知道在厨房里应该先洗碗盘再清洁地板。确认他们没有使用脏抹布和海绵，并且在不同区域使用不同的抹布，例如不同房间的地板，或是餐桌和台面（尤其是碗盘用的抹布），而且使用的是清洗干净的抹布。询问他们习惯使用哪些清洁产品和用具，以得知他们对工作的了解程度。当你发现交代的工作不符合期望时，不要责骂或批评，可以用尊重及温和的口气说："下次请务必用吸尘器把所有家具底下都清一遍。"如果这样没有用，就以认真、不带微笑但尊重的口气再说一次。之后，如果又发生让你觉得无法忍受的情况，就可发出最后通牒，也就是你可以告知雇员这件事情一定要按照你的指示，如果他／她无法做到，就另谋高就。

▌如何解雇

以严肃但尊重的口气告诉雇员，你认为他们没有达到你的标准，因此必须请他们离开。依据他们的工作年资给予资遣费。如果只有两三周，而且工作质量都不理想，就支付周薪的一半（举例来说，如果一位雇员每周只工作一个上午，就支付这个上午的薪水的一半。当然，即使工作质量不理想，还是要加上当天的薪水）。如果这位雇员已经工作数月，就支付一周的薪水，如果是一年多，就支付两周的薪水。如果你不得不资遣工作表现符合要求甚至高于标准，或是得资遣已经工作好几年的雇员，在资遣费方面应该慷慨一些，尽可能多给。

如何写推荐函

如果你因为某个雇员工作表现不佳而加以解雇，但他／她要你提供推荐函，请含蓄地告诉他（她）应该找更满意其工作表现的雇主来写。偷窃或撒大谎都是相当麻烦的严重状况。然而，当你因为解雇对方而感到抱歉，想协助对方找到其他工作的时候，我个人的想法是，倘若他人想知道你对某个雇员的看法，你就不应该隐瞒这类错误行为。不过，每个人都必须依照自己的价值观来判断个别状况。如果因为严重错误行为而遭解雇的雇员要求提供推荐函，你可以严肃而直率地说："对不起，我觉得我不能帮你写推荐函。"并说明你愿意透露解雇的原因。

在某些情况下，你是可以为所解雇的雇员提供推荐函的。举例来说，我曾经解雇一个不会说英语的打扫人员，因为我真的没办法跟她沟通我希望怎么打扫，最后总是造成家中大乱又充满挫折。但是我可以帮她写一封很好的推荐函，因为她很多事情做得很好，而且为人相当令人愉快、有礼、可靠和诚实。有时你解雇某个人是因为你想自己打扫，或是因为搬家而必须终止雇用，或是其他原因不出在雇员身上的理由。在这些情况下，你应该尽可能帮助雇员找到下一份工作。

有些情况则是落在灰色地带，例如你解雇一个表现只能算尚可的雇员，但原因又不完全是工作表现不佳。这类状况最好还是提供推荐函。请记住，如果没有很充分的理由，影响他人寻找新工作不仅残忍，而且不公平。不过你不用刻意粉饰，只需翔实说明这个雇员的优点，同时简短或笼统带过缺点即可。

推荐函开头不需要称呼语，除非雇员要求你特别针对某位人士撰写推荐函。将推荐函保留在计算机里，需要时只要把档案找出来，加上地址，寄送给未来可能的雇主即可。

以下是为一位优秀的全能型家务工作人员撰写推荐函的范例：

> 琼斯在我这担任清洁工作，每周工作 1 天，为期 3 年，工作表现十分优异。她离职的唯一原因是我 4 周后将搬离这个镇，在此大力推荐她。

琼斯小姐是能力相当强的清洁人员，不仅以她的工作为荣，而且技术纯熟，任何工作似乎都能立即完成。她各类清洁工作都做得非常好，包括除尘、吸尘和清洁地板等，洗衣方面尤其见多识广。曾有几次她愿意多留几小时为我们熨烫衣服。她的熨衣技术有职业水平。

聘请琼斯小姐在家中工作相当令人愉快。她诚实、可靠、举止宜人，而且谈吐优雅。

如有任何关于琼斯小姐或聘雇期间的问题，请致电 ××× 号码。

顺颂 时祺

以下是"灰色地带"状况的推荐函范例，信中对工作状况某些方面有所保留，但不算太严重。举例来说，这名雇员可能常请求更动工作时间，这样对你会造成不便。她或许通常做得不错，但经常放任你的孩子看电视，自己则在一旁讲电话，或是带着你的孩子去购物，而不是带孩子去公园或游戏场所。

葛蕾在我这边担任兼职保姆，每周工作 15 小时，工作期间为期 8 个月。葛蕾小姐的幼儿照顾经验丰富，而且一直很有耐心和爱心。她用心准备汤米十分喜欢的健康餐点和点心，而且绝不轻忽安全问题。她为人诚实、令人愉悦，而且相当喜欢孩子。我认为她在选择适合的游戏活动方面需要稍加指点，同时在设定她的工作时间时需要给予一些弹性。

▍当个贴心的雇主

不要希望雇员超时工作或在不同时间来工作，尤其是没有事先通知时，除非你在工作内容中已经明确列入这项要求。在这类情况下，雇员依你要求牺牲私人生活或改变工作时间，因此你要尽可能大方支付薪水。

提供咖啡、茶或雇员喜爱的饮料。如果雇员喜欢，提供水果、面包或其他食物当作上午或下午点心会更贴心。如果由于工作需求而必须提供午餐，请让午餐成为愉悦的一餐。

▋ 给予充分的时间

不要低估工作的困难程度与完成工作所需的时间。根据我个人经验，除非自己亲自动手，否则都会认为这份工作做起来简直轻松容易。

在纽约市，清洁人员打扫一房公寓和洗一些衣服需要 3~4 小时。我估计有 2~3 房以及一套半卫浴设备的一般平房，需要 5~6 小时（这样应该会有足够的洗衣时间）。打扫较大的房子和公寓可能需要一整天。如果你进一步希望每季、每月、每周或其他时间处理特殊家庭杂务，则应该多雇用人来处理一天或半天的工作。

清洗一般量的衣物需要 30~45 分钟，自动烘衣机烘干需要 20 分钟至 1 小时。因此，若你的洗衣机和烘衣机要运作 4 个回合，至少应该预留 4 小时。如果你住在有好几部机器可同时运作的公寓大楼，速度会快一点。请记住，清洁人员可在洗衣服时同时处理其他清洁工作。

为了节省打扫人员的时间，请在人员到达之前先将衣物分类，并且先开始洗第一批衣物。另外，整理和收纳工作也最好自己来，因为打扫人员大多不清楚你把东西放在哪里，而且要同时处理衣物、书籍、文件、玩具和其他杂物，可谓困难又缓慢。列出打扫人员一定会用到的清洁用品和工具清单，在对方到达之前确认一应俱全。如果你届时不会在家，记得留张字条，说明希望打扫人员处理的特殊工作。如果没什么事情要交代，就打个招呼，祝打扫人员有美好的一天，再加上你的谢意。到空无一人的房子里打扫往往相当寂寞，打扫人员跟其他人一样需要获得肯定。

▋ 保姆兼任家务打理

我最常听到的抱怨大多来自有全职工作，而让管家兼保姆来照顾孩子的人。他们通常希望回家时看到的是干净的家，碗盘已经洗好，孩子也洗好澡了。我当过要处理家务又要照顾孩子的全职主妇，我可以肯定地说，我没办法打扫好家里、洗好碗盘，并且在傍晚七点之前帮孩子洗好澡，即使有丈夫帮忙也一样。要达成这个目标的困难程度，是我的父母辈的笑话谈资。

要独自照顾婴儿又要打扫房子十分困难，所以坚持这么做其实相当危险。你可能会在无意中使雇员为了处理家务而忽视你的孩子。家里干不干净可以看得出来，但你的孩子可能有两三年的时间都没办法让你知道他（她）受到忽视，而等到能够表达时，孩子可能已经觉得这样很正常。这个雇员最重要的工作应该是陪伴孩子，坐在地板上跟孩子一起玩，孩子哭的时候立刻有爱心地响应，以及其他耗时且需要耐心的工作。

如果孩子年纪较大，尤其是已经开始上学之后，只要能确定保姆会让孩子充分自由地使用房子，那么要求保姆把家里打扫干净就不算不合理（且当协定中此列为保姆的责任）。你可以期望碗盘洗好、台面清理好、床已经铺好，其他简单日常家务也都已经完成。

如果你的孩子已经大到可以照顾自己，例如8岁以上，才可以期待保姆做主要的清洁工作。不过大致说来，除了前面提到的简单日常家务，照顾孩子和打理家务最好还是由不同的人负责。孩子小于3岁时，你通常会发现日常家务一团乱。孩子越小，越没有时间打理家务。因此，倘若你的孩子还小但得到妥善的照护，相较之下，家务则一团乱，这可能表示照顾者相当尽责，清楚工作的优先级。

▌雇员需知道的相关信息

将清洁人员、保姆和其他家务雇员需要知道的事项列成清单，会有很大帮助。当我平常雇用的清洁人员休假或请假时，我会将清单交给代班人员，清单中包括以下项目：

- ◆ 请不要在浴室的镜柜和柜子上使用任何含有氨水的清洁剂。
- ◆ 请不要为钢琴、客厅和餐厅的家具上蜡，或使用任何家具喷雾或抛光剂。只要用干净的布擦去灰尘就好。

给保姆的提示中应该保留一些空白，写上你要去的地方的名称、地址和电话、小儿科医师的姓名和电话，以及附近几位邻居的姓名和电话，倘若家中发生不严重的紧急状况，例如水管问题或牛奶用完时可以联络求助。如果是婴儿或幼儿，还要列出过敏状况，并说明孩子的奶瓶、尿布、喜欢的玩具等必需品放在哪里。

告诉保姆紧急联络电话贴在何处，包括警察、消防队、亲戚等。

38
保险

一个家通常需要好几种保险。最重要的是，无论你住的地方是自宅、租赁，是共同产权公寓、独立产权公寓，或是其他类型的房屋，都需要住宅保险。如果你有家庭办公室或在家里开设公司，通常还需要某些独立或附加保险。有家务雇员的家庭还需处理几项保险问题，为劳工提供保障。另外，保单必须加以管理，不能买了之后就放在抽屉里不管。本章会综合介绍保险的相关类型以及住宅保险的良好管理方式。医疗保险和汽车保险则不在本章的讨论范围。

住宅保险

针对住宅提供的保单都称为"住宅保单"，不论保单购买者是否拥有房屋产权。不过，为租屋者提供的住宅保单有时也称为"租屋者"或"承租者"保单。住宅保单通常提供财产保险和责任保险两种基本保险。财产保险可补偿因窃盗、火灾等"危险"情况造成的财产丧失或损伤。责任保险则可在第三人[1]的人身或财产发生伤害及损伤，而你需负起法律责任时负责赔偿。

住宅保单可提供不同的保险种类和不同保额，依几项因素而定，例如被保险财产的价值和种类、你拥有的住宅种类，以及你希望或能够负担，或是贷款银行要求的保障金额。你购买的保额越高，必须支付的保费也越高。在基本保单之外，或许还需要附加各种附加条款或其他保单。甚至在你购买住宅保单时，可能必须附加医疗保险、汽车保险和其他类型的保险，而这些领域都不包含在标准的住宅保单中。

□ 一般住宅保单中的责任承保范围

不论住宅是自有或租赁，基本住宅保单包含的责任保险条款都相当类似。当你在非故意下造成第三人身或财产伤害或损失时，这些条款可以协助你负起法律责任。故意行为与犯罪行为则不在保险承保范围内。保单通常会支付第三方在住家内外因为被保险家庭成员的行为或"常驻雇员"（家务雇员）在聘雇期间的行为而受到伤害时所产生的医疗费用，不论是否存在过失。请参阅你的保单，或向业务人员询问保险所提供的保障内容。

[1] 被保险人及其配偶、家属、受雇人、同居人以外之人。

常见住宅保单通常提供 10 万美元的责任保险。如果你或家人发生严重伤害或损失时，这样的金额不算多。保费预算提高一些，保额可以提高为 3 至 4 倍，甚至更多。这么做相当值得，否则只要打一次官司，不仅你的所有存款可能归零，而且还会欠一大笔钱。另外，你也可以购买"个人超额责任险"保单，这类保单价格不高，但可在赔偿金额超过住宅保单的保额时支付赔偿。

住宅责任保险包括你、配偶、孩子、同住的亲人、常驻雇员和宠物所造成的伤害和损失。未结婚的同居人或许可和已婚人士一样一起购买保单，但某些保险公司可能对保单包括的室友或同居人数有所限制。举例来说，有一家公司就限制包括人数为两人。住宅保单通常会将家庭成员间的诉讼、传染流行性疾病、家庭公司营业时造成的伤害或损失、汽车和其他车辆事故，以及工作中发生的意外等责任排除在外。因此请务必仔细阅读保单内容。

常见保单的承保范围通常包括保姆、清洁人员，以及家中其他固定雇员（除非你已经为他们购买劳工补偿保险，或是法律规定你必须为他们买）。只要雇员资格符合，那么即使法律并未规定必须为雇员购买劳工补偿保险，最好还是这么做。至于隶属于其他机构或公司但在你家中或附近工作的雇员，你也要坚持让他们纳入劳工补偿的范围。

☐ 家庭财务保险的标准保障内容

家庭财务保险一般会保障下列事件造成的财务损失：

- ◆ 火灾或闪电雷击
- ◆ 暴风或冰雹
- ◆ 爆炸
- ◆ 暴动或民众骚扰
- ◆ 航空器
- ◆ 车辆
- ◆ 烟熏
- ◆ 蓄意破坏和恶意损害
- ◆ 盗窃
- ◆ 建筑物本体的玻璃破损
- ◆ 建筑物崩塌

- ◆ 物体坠落
- ◆ 冰、雪或霰造成的损害
- ◆ 水或蒸气由配管、暖气、空调、消防洒水器或电器意外排出或溢流
- ◆ 蒸汽或热水系统、空调、消防洒水器或用于加热水的电器意外分解、破裂、烧毁或膨胀
- ◆ 配管、暖气、空调、消防洒水器或家用电器结冻
- ◆ 人为因素造成的电流意外

☐ 自有住宅保险

针对自有住宅提供的住宅保险，通常包括房屋与车库和工具间等附属建物。不过，标准住宅保险对农业或畜牧业者而言可能不够，需要其他特殊保险。如果你拥有房屋，银行或贷款机构通常会规定必须购买不动产保险，才能办理贷款。不过，不要认为只要依照银行或贷款机构的规定购买保险，就表示保障足够。银行或许只会要求你购买与贷款金额相当的保险。万一后来房屋烧毁，银行将可获得完整赔偿，但你获得的理赔金额可能不够用来重建房屋。

一般来说，投保的保额应该是重置成本的100%，而不是你的购买总价或现在出售时的卖价。保额如果没有达到重置成本的100%，万一房屋烧毁，你就必须自己补足保险没有理赔的部分，才能重建房屋。重置成本保险花费较高，而且通常有多项限制，而弄清楚这些限制相当重要。举例来说，如果保额没有达到重置成本的80%，保险公司通常会加计隐含的罚款。假设你的住宅的重置成本是10万美元，当火灾造成5万美元的损失，一般保单会理赔5万美元，但如果你购买的保额只有7.5万美元，也就是重置成本的75%，则保险只会理赔5万美元的75%，也就是3.75万美元，其余的1.25万美元必须自己补足。

请参阅你自己的保单，了解保单中的各类限制。

☐ 个人财产

不论是自宅、租赁，是居住在独立产权公寓或共有产权公寓，都需要保险来保障你的个人财物。你的衣物、碗盘、家具、电器、首饰，或许还包括银器、皮草、艺术品，以及各种室内陈设和设备，都可能遭窃、烧毁，或是因为烟熏或水管爆裂漏水而损坏。几乎各种住宅保险都会理赔这类损失。如果你拥有房屋，住宅保险提供对个人财产保障总额最高可达保额的一半，你可以加付保费提高理赔比例。如果你租赁或拥有独立产权或共有产权公寓，可以为个人财产选择保障金额，其他保障则以此金额为基础来计算。

针对个人财产提供的保障，以财产遭窃或毁损时的实际现金价值为限，除非你购买了重置成本保险。与不动产保险的状况相同，个人财产的重置成本保险虽然花费较高，但比较有用。你在五年前花 2000 美元购买的沙发椅，现在的价值可能减少了好几倍。为房屋购买重置成本保险，同时也可拉高个人财物的保障，从房屋保额的 50% 增加到 70%~75%。

特别注意容易因窃盗或火灾而损失的物品是否保障过低，例如计算机、高价首饰、皮草、现金、银器、贵重档案、邮票、钱币收藏品、手稿和契据等。你可以在保单增加批注，提高这类物品的保障。

常见保单可能还会支付住宅因火灾或其他原因损毁时，你必须居住在其他地方所产生的费用。保险通常会支付你在住宅修复或重建期间必须暂住他处所支出住宿费用的差额。这类理赔通常有若干限制，如果你没有住在旅馆里，而是和朋友或亲戚同住，可能无法获得理赔。请参阅保单内容，了解关于理赔金额和时间的限制。某些保单规定必须由保险公司选定临时居所，而并非由被保险人选定（请保留所有花费的相关单据，以便取得理赔）。

住宅保险承保范围特殊问题

洪水及水灾保险

一般住宅保险不包括洪水损失和其他类型的水灾损失。请先查询你居住的地区是否可能遭受洪水侵袭。如果是，请向保险业务员询问关于洪水保险的相关细节。万一因为洪水侵袭而蒙受损失，损失金额可在申报综合所得税时列举为灾害损失加以扣除，详情请询问会计师或国税局。

计算机

如果你的计算机完全用于家庭用途，通常可视为个人财物，包括在住宅保单的保障范围内。尽管如此，计算机可能衍生某些特殊问题。软件有时完全被排除在保障范围之外。计算机的折旧速度相当快，因此你应该确认是否已经购买个人财产的重置成本保险，否则你拿到的理赔金额可能比重买一台计算机少好几倍。如果你的计算机是用于商业用途，则可能受到商业开拓限制（所有商业设备的总额通常为 2500 美元左右），甚至可能排除在外。请确认你的财物保障清单，确认计算机可能发生的损毁是否包括在内。雷击引发的电力突波造成计算机损坏可能在保障范围内，但建筑物管理或电力公司造成的突波则可能不在保障范围内。

笔记本计算机位于家中时，受到的保障通常和其他计算机相同，用于商业用途时所受的限制也相同（你购买的保险不包括所有权不属于雇主的电脑，即使损失或毁损发生在你家里也一样）。另外，笔记本计算机可能还受到其他限制。笔记本计算机如果放在汽车里或不在家中，遭窃时获得的理赔可能会少于其他财物，某些保单可能甚至完全不理赔。

为了避免这些问题，请向保险业务员询问是否可为保单增添商业用途附加条款。市面上有可保障硬件、软件和相关设备的计算机保险，保障范围除了标准危险之外，还包括电力突波、计算机病毒、意外断电和其他原因造成的损失。另外还有笔记本计算机特别保险，可为出差时携带的笔记本计算机提供保障。

□ 其他特殊状况

除了前述的状况，如果有其他损失让你格外担心，但标准保单并未提供适当保障时，都可向业务员询问。以下是许多人可能担心的状况，你自己可能会有其他相关状况。

- ◆ 乡间住家、夏季住家或度假小屋
- ◆ 车库房间或位于住家内或房屋基地上的独立居住单位
- ◆ 小船、飞机和其他载具
- ◆ 高价的附属建筑物，放置在附属建物筑内的高价财产
- ◆ 宠物
- ◆ 停电导致的食物腐坏（拥有大型冷冻柜时）
- ◆ 树木倒下
- ◆ 信用卡遭到盗用
- ◆ 电视用的碟形天线或天线
- ◆ 化粪池
- ◆ 地下室淹水
- ◆ 下水道
- ◆ 白蚁、昆虫或害虫造成的毁损

▎家务雇员与劳工的保险保障

家务雇员或保单中通常所谓的"常驻雇员"，可能引发你保险上的不少问题。找一位好的保险业务员讨论这个问题，并确实看清楚保单内容。以下介绍的常见保单不一定和你的保单完全相同。常驻雇员通常包含协助居家生活的人员，例如清洁人员、保姆、侍女、厨师，以及个人助理或负

责照料病人或年长者的看护人员（不包括执行医疗工作的人员）。

□ 家务雇员的责任承保范围

你购买的住宅责任保险应该包括常驻雇员在雇用期间非故意造成的伤害或财产损失，但不包括雇员在非工作时造成的损害或伤害。

家务雇员遭受伤害时，受到的保障和其他人相同，除非雇员另有劳工保险或法律规定的其他福利，或是除非法律规定你必须为劳工购买保险，但你并没有购买。如果是最后这种状况，你不仅必须自己支付伤害造成的相关费用，可能还会遭到控告。

一般住宅保单通常有商业之外的条款，不为公司员工提供保障。这类员工通常必须购买劳工保险。

□ 汽车保险

一般汽车保险可在家庭成员驾驶你的汽车造成伤害或损毁财产时提供保障。家务雇员驾驶你的汽车时应该也在保障范围内，但为了保险起见，你应该在保单中把雇员列入被保险人（这么做可能会使保费提高，尤其雇员的驾驶记录不好时，但这笔钱仍然值得花）。不过，你的汽车保险未必会在雇员驾驶自己的汽车时，为你提供保障。身为雇主，如果雇员驾驶自己的汽车工作时发生事故，而且所造成的损失超过雇员自己的保额，你就得负责支付其余部分。因此，雇员在工作时应该使用你名下的车，否则你应该确认雇员自己的汽车保险保额够高。另外，你也可考虑让你在雇员的保单中列为被保险人。

另一个必须考虑的问题是，你的雇员的汽车保险可能并不包括汽车用于商业用途时发生的事故。如果雇员的保险公司认为载送你的家庭成员属于商业用途，雇员可能就要购买包括某些商业用途的汽车保险。这些事项必须和保险业务员以及雇员一同讨论。

▌保单管理

□ 好好管理你的保险

记得按时缴交保费！请在日志中写下保费的应缴日期。如果迟缴保费，保险公司有权撤销保险，但在真正撤销前通常会有一段宽限期。保险公司发出保险撤销通知后，你是不受保险保障的，除非之后再收到保单已经复效或收回撤销的书面通知。不要以为在撤销日期后补缴保费就仍然拥有保障。保险公司如果决定撤销保单，有权在收费之后再退费给你。如果你不确定目前的状况，请打电话给保险公司。

询问保险公司你可以采取哪些安全措施来降低保费。如果你使用某些类型的锁、警报系统或其他措施来提高住宅安全性，有些保险公司会在保费上给予折扣。

☐ 更新保险以避免保额不足

购买保险时，请列出家中物品的详细清单，以确保拥有足够的保障。请专业人员估算所有财物的精确重置成本。艺术品、首饰、贵重收藏品和类似的物品也要估价。在许多状况下，可能必须请有关专家进行正式估价。估价人员会给你一份文件，你应该将这份文件和保单及财产清单一起保存。

每年检视保单一次。仔细看过一遍，如有疑问，请打电话给你的保险业务员。了解保单提供和缺少的保障，以及有哪些承保范围限制。检查及更新财产清单。

☐ 每隔几年做一次不动产估价

每隔几年重新估算重建住家的花费，确定你的保险足以支付重置成本。如果超过 5 年没有估价，可能会导致保额严重不足。你可以自己聘请估价人员，也可以请保险业务员或保险公司估价。不过必须记得，估价较低对保险公司比较有利，估价较高则对你比较有利。如果你决定自己聘请估价人员，可寻求银行和不动产中介的推荐。另外，建筑法规的改变也必须列入考虑。你可能必须在保单中添加特殊批注，将新的法律规定所造成的额外费用包括在内。保存好估价人员提供的所有文件。如果估价人员认为你的保额不足，立刻跟保险业务员联络。

如果你增建或改建住家，例如加装新平台或浴室或改建厨房，或是增加房间，不要拖延，立刻重新估价，并依照需求提高保额。

如果你没有为保单增加防通货膨胀附加条款，可以考虑这么做。防通货膨胀或抗通货膨胀附加条款，可使保险金额随通货膨胀自动提高，进而提高对你的保障。但有些人在申请理赔时对这类附加条款感到失望，认为还是跟不上物价的涨幅。不要认为有了这类附加条款之后就不需要定期检查保险，看看通货膨胀或其他原因是否使保额不足。特别注意重建费用。不要忘了考虑建筑法规修改对建造费用的影响，确认保单包括了建筑法规修改造成的额外费用。

☐ 制作书面财物清单

将所有个人财物列成一份清单，并尽可能详细说明价值。记得要纳入每样东西，包含所有家具及价格。帘幔、遮阳帘、百叶帘和其他窗饰。草坪或平台上的家具及其重置成本。电器、宠物、灯具、碗盘、音响系统、电视、计算机、乐器、织品、银器、厨房设备、网球拍和其他运动及休闲用品等等。不需要连有几只袜子都写出来，只要写"衣物"即可。不过，你可以列出重新购置"衣物"项目下所有物品的估计总价。贵重物品（包括皮草或昂贵的设计师服装）应该个别列出，同时应该列出重置成本、估计价值或市场价值。保留被保险物品的购买证明和信用卡收据，以便证明支付金额。保留所有被保险物品的估价文件。列出所有电器、设备和机器的品牌名称、型号、序号和制造日期。将家中所有物品拍摄成相片或影片（可将每样物品拍摄两份相片或影片，一份自己保留，一份用于申请理赔时提供给保险公司）。打开所有柜子的门，拍下柜子内的物品。拍下厨房抽屉内部和电器的相片。万一必须向保险公司申请理赔，这些档案会有很大的帮助。有些保险专业人员表示，相片比影片好用，因为影片的检视时间较长，要寻找特定物品时也比较不容易。另外，在更新财产清单时，影片使用起来也比较麻烦。

☐ 将财产清单、相片、影片及保单保存在安全之处

保险箱、亲戚家中或你公司的办公室都是不错的选择。如果要放在家中，必须确定这些东西不会遭受火灾、水灾或其他损害，固定式的防火保险箱或许是最佳选择（财产清单以塑料袋装好，放进密闭的保鲜盒，放置在安全之处）。

☐ 依照需求更新财物清单

购买新物品时请将之列入财物清单，并附上所有必要档案。如果物品的价格很高，请打电话给保险业务员，在保单中进行适当修改，将物品纳入保障。高级音响、地毯、计算机等高价物品应立刻纳入保险。你拥有的某些物品可能必须定期估价，例如首饰、手表、皮草、绘画、雕塑、邮票收藏品、古董、银器、瓷器和贵重乐器等。这类物品必须一一列出，并注明其估计价格。估价结果显示价值增加时，请联络保险业务员，依照实际价值提高保额。另一种比较少见的状况则是保额过高，原因可能是某样古董价值降低（重置成本也降低），或是你出售或送出某些物品。

最后，列出清单中个人财物的累积总价。更新清单之后和每年检视保单时，请确认保额是否足以支付物品的个别价格和总价。

☐ 为存放在银行保险箱中的贵重物品投保

整体说来，将贵重物品和重要记录及文件存放在银行保险箱相当安全，不过世事无绝对。如果城镇遭到洪水侵袭，银行同样受害，银行中的保险箱当然也无法幸免。另外，银行也可能遭遇火灾。钻石或许不怕水也不怕火，但古董表和股票等就不是如此了。在这类状况下，银行可能也无法让你免于遭受损失。你必须自己为保险箱中的物品投保。洪水险通常不会包含存放在保险箱中的所有物品，因此你可能需要另外添加批注。记得将保险箱中的物品列入财产清单，并确认是否需要添加特殊批注或提高保额，为这些物品提供适当的保障。

☐ 申请理赔

首先向警方通报发生窃案。联络信用卡公司、银行和其他发卡机构，通知信用卡和提款卡遭窃或遗失。接着立刻联络保险业务人员。采取必要步骤，防止损失扩大，但在跟业务人员讨论之前，不要着手清理或修复。另外，你当然必须马上请水电工修理损坏的水管或关闭自来水开关。如果必须进行紧急处理，尽可能拍下处理前后的相片，并仔细保留费用记录。保留所有处理人工和材料费用的收据。

跟业务人员讨论时，先说明事故状况，包含发生时间和原因，以及你认为已经损失的物品。询问保额和是否有自负额。询问必须等待多久才能取得理赔。询问是否可以着手修复，以及是否必须取得估价。如果你必须寻找暂时住处，请跟保险业务人员讨论。询问如何取得保单提供的补偿，以及保单所提供的生活费用限额（如果你接受暂时住宿，请保留可证明实际花费的收据，包括房间、房租、餐点等）。

联络业务人员后，把你在电话中告诉业务人员的内容写下。业务人员会寄给你一份理赔申请表格，或由专人带着表格前来。完整列出损失或毁损物品的清单。集中所有文件，包含物品所有权和价值证明（相片、收据、估价档等），以及损失或毁损证明。如果已经向警方报案，请向警方索取报案三联单，以证明确实遭窃。将所有档案影印下来，保留原稿（或两张相片的其中之一）。填好保险公司提供的表格，附上文件的复印件（不是原稿，除非保险公司规定必须提供原稿）。在这种情况下，请保留清楚的档案复印件以资记录。和保险公司人员一起迅速填好必要表格，尽量不要遗漏任何数据。如果你后来才又想到有其他东西必须列入清单，可能会不容易取得理赔，或是会拉长整个理赔过程。

保险公司可能会请公证人估算进行重要结构性修复的花费，公证人受雇于保险公司，所以通常会估算得较低。在签字接受公证人提出的赔偿金额之前，先向信用良好的承包商取得书面报价，确认公证人估算的金额确实足以支付修理花费。这样下来的估算金额通常会足够，保险公司也会接受合理的报价金额。不过如果发生争议，可以找保险业务员和保险公司理赔部门的高层人员协商。如果无法达成协议，可以拒绝接受理赔，并寻求律师协助。这类状况相当少见，但如果真的发生，你一定希望你能尽量提供证据，证明你已经尽到保单中的义务，但保险公司提出的理赔过低。因此务必保存足以支持理赔请求的所有档案和相片。

▍保险名词解释

实际现金价值 | 用于保险求偿的财产价值，通常为重置成本减去折旧。

自负额 | 你同意自行承担的部分损失

或理赔。举例来说，如果你的住家因为水管破裂而遭受 1000 美元的损失，且你的自负额为 1000 美元，则保险公司不需支付理赔金。但如果你的住家因为水管破裂而遭受 5000 美元的损害，且自负额为 1000 美元，则保险公司应该支付 4000 美元。如果选择较高的自负额，通常可大幅降低保费。

同居人 | 未结婚但同住的两人。

批注 | 附加于住宅保险后方的额外条款，用以更改或增添保单内容。

流动财产保单 | 可随动产移动的保单，不论财产移动到何处，均可提供保障。

动产 | 家具、衣服、书籍、窗帘、设备，以及其他非属不动产的物品。

保费 | 定期缴交以维持保险效力的费用。

不动产 | 土地、房屋和建筑物等。

重置成本 | 目前在市场上重新购置该财产的花费。

CHAPTER

39
重要记录

- ❖ 保存文件的安全方式
- ❖ 剪贴簿
- ❖ 重要文件与记录
- ❖ 纪念品与个人记录
- ❖ 计算机记录
- ❖ 说明手册
- ❖ 存放贵重物品和重要文件的保险箱

你 的全部历史都在家里，因此记录保存也是重要家务。商业记录对你的财务和安全十分重要；相片、信件、文件、节目单、影片和物品等个人记录，则可让你想起以往的某些人和事。这些东西能帮助你记得和理解上一代，也帮助下一代记得和理解你。大多数家庭会把珍贵时刻细心地保存下来，并定时回味一番。看相片和读信是人生整合过程的一部分，通常伴随着人生的重大改变，例如新的冒险或目标、搬家、毕业、出生和死亡。

▌ 保存文件的安全方式

记录大多是纸面形式。过几年就会丢掉的税务表格等商业记录不需要太担心，只要保持干燥并远离热源即可。不过，如果是你想保留一辈子甚至到孙辈的书面记录，例如出生证明、结婚证书、权状、证券、股票、信件、明信片或棒球卡等纸制收藏品，就必须多花点心思来保存。

- ◆ 所有档都要放置在干燥阴凉的地方。
- ◆ 纸张折叠之后，折线会变得脆弱且容易裂开。
- ◆ 纸张应该存放在无酸、无木质素的保存盒，或安全的金属或塑料内。
- ◆ 不要护贝纸张！护贝似乎可防止纸类损坏，但其实一段时间之后，护贝膜的材料会加速纸张变质。
- ◆ 避免纸张接触光，尤其是直射日光和日光灯的光。非常重要或珍贵的纸张应该存放在黑暗环境中。
- ◆ 不要存放在自黏或磁性的塑料或聚氯乙烯封套中。请使用聚丙烯、聚乙烯或麦拉塑料制的隔页或封套（请参阅第24章《影像和影像记录》）。

以碱性物质除去纸张酸性的方法有很多种。已经除去酸性的纸张可"加以封存"，装入安全塑料膜中密封起来。不要试图自己处理，应该寻求专业人员协助。处理时可能发生的状况很多，例如墨水可能会被除酸溶液溶解。

▌ 剪贴簿

剪贴簿的保存是最令人头痛的，因为剪贴簿通常包含多种储存材质，保存方式各不相同，共同存放很容易互相破坏。如果你有很珍贵的剪贴簿，或正在考虑制作剪贴簿，请尽可能使用永久保存级产品，并尽量使用类似的材质。如果你打算将重要的相片或物品放进剪贴簿，可能需要寻求专家建议，摄影专家或各类保存专家都能提供协助。另外也可搜寻网络，网络上有许多关于这方面的数据。不过，如果你决定采用网络上的建议，请确认提供者真的懂这方面的东西，例如图书馆员、博物馆馆员、保存人员，或是声誉良好的古物权威。

▌重要文件与记录

保存重要家庭记录和文件的系统相当多，以下介绍的方式比较简单，只要不是物品种类非常复杂的家庭都适用。这种方式只需要两个基本的档案箱，一个用于长期保存，一个用于短期保存（纪念品最好能分开保存）。

首先设立"长期商业记录"档案箱，大小依你需要保存的商业记录数量而定（你可以装成两三个箱子，分别标出其内容。另外，分装成几个小箱子，会比大箱子容易搬移）。档案箱以金属箱或无酸、无木质素的纸制箱都可以，但要有盖子，以防灰尘侵入文件。将需要保存在家中的所有重要家庭档放入标有正确日期的档案夹，再放入档案箱中。档案箱要放在安全之处。在档案箱中放入一张清单，列出你放在银行保险箱的重要数据和文件。务必在清单上注明保险箱所属的银行，以及每个保险箱中的物品内容。

以下是大多数人应该妥善保存的重要数据和文件清单。标注星号（＊）的是应该考虑放在银行保险箱的项目。如果你在家时可能需要参考放在银行保险箱的档案，可以在家里的档案箱中保留一份副本。以下这些档案的原件如果未放进银行保险箱，就应该放在这个档案箱中。

以下的记录和文件应该永久保存或保存到有效期结束。与资产、投资、退休金和各类财产有关的档案，应该在处置财产后保存至少 7 年。保单、合约等类似档案则应该在到期后保存至少 7 年。

◆ 财产所有权相关档案
　　◎租约
　　◎契据及所有权状
　　◎股票
　　◎债券

◎汽车购买文件及行照

◎本票

◎贷款文件

◎与购买、重大改建及维修住家有关的已注销支票及文件

◆ 经纪人的资产及持股报告书

◆ 其他投资记录和报告书，以及相关档案

◆ 退休金记录和结单，以及相关档案

◆ 保单

◆ 家庭财产目录。已保险资产清单、估价文件、清单中各项物品的相片或影片

◆ 医疗保险保单、HMO（美国医疗保健组织）医疗保险文件和保单

◆ 法律档案

◎遗嘱副本（副本放在家中或银行保险箱，写上律师姓名和地址，正本放在律师事务所）

◎结婚证明

◎出生证明

◎死亡证明

◎婚前协议书

◎法院命令及判决（监护权、离婚、赡养费、分居、收养等）

◎护照

◎身份证

◎公民权和移民文件

◎入伍和退伍档案

◎信托契约

◆ 毕业证书和文凭

◆ 银行及账户清单

◆ 银行保险箱及物品清单

◆ 家庭保险箱物品清单

◆ 律师姓名及地址

◆ 家庭医师、牙医和其他医疗护理提供者的姓名及地址

◆ 合约（可能和电器使用手册放在一起的电器维修合约除外）以下记录

必须保留 7 年

◎前几年的税务表格和申报书，以及所有相关档案（今年的税务档案
　则归在短期商业档案中）

◎已注销的支票和银行结算单

◎买卖物品及各项商业交易的收据、账单和发票（近 3 年内）

◎医疗记录、医疗费用账单、与医疗机构和医疗保险公司交易的相关
　文件

◎近年来的信用卡结算单及已支付的账单（不包含今年）

新的一年开始或报税时，检视家中的长期商业记录档案箱，剔除不需
继续保留的档案，例如超过 7 年的税务记录，或是到期超过 7 年的保单。
银行保险箱也必须定期进行类似的清理工作。更新财产目录、清单、律师、
医师和牙医的姓名和地址等。

第二种是短期商业记录。每年在一个档案箱上标示"××××年的按
月商业记录"，在箱子里放置 13 个大档案夹，其中 12 个标示月份，还有
一个标示"××××年税务资料"。每个月月底会收到的商业文件就放入
对应的档案夹中。因此，"2 月"的档案夹里应该会有 2 月收到的信用卡收据、
2 月的银行月结单和账单、保费缴交通知，以及 2 月份收到的其他商业邮
件（但应该归入长期记录档案箱中的文件除外）。不过，不论是哪个月收
到的税务文件，包括表格、薪水或利息的扣缴凭单等，都应该归入标示"税
务"的档案夹。因此，你在 2014 年 1 月或 2 月收到 2013 年薪水和利息的
扣缴凭单时，请放入"2013 年税务数据"的档案夹中。

如此一来，在月底、支付账单或提出保险理赔申请之时，你需要的数
据便一应俱全。开好支票或填好表格，再将数据夹中的账单写上"已付"，
并标注日期缩写。将账单存根保留在数据夹中，不要丢掉。下个月的银行
对账单，则存放在下个月的数据夹中。

如果采用这个系统，每年在申报所得税或将数据送交会计师或报税人
员时，你在准备相关文件时便会相当轻松。如果要详列扣除额，只需检视
每个月的信封，记下扣除项目的性质和金额即可。如果愿意，你也可以将
所有项目夹在一起，标注"2 月扣除额"。这些档案必须保留下来，以证
明你具备扣除资格。

当你签好所得税申报表格（假设是 2013 年），准备送出时，先将表格及所有附属档影印一份。将复印件和收据、账单及已注销支票（或是支票复印件）等所有证明档放入"2013 年所得税"的数据夹，再放入长期商业记录档案箱。现在，这个箱子里就是你的所得税记录，以及万一受到查核或发生错误时需要的档案。

如果你在这一年中曾经预付税款，你可以将所有相关数据放在所得税资料夹中。报税时间来临时，你会轻松不少。

所得税申报结束，收到退税之后，请检视该所得税年度的短期商业记录，将所有必须保留的档放进长期档案箱中。

▎纪念品与个人记录

信件、节目单、孩子的学校记录、日记等各类记录，都是应该集中收存的重要纪念品。你可以将这些物品和商业记录一起保存，放在家庭办公室、书桌或档案柜里，也可以用大皮箱或储存箱来保存。有些家庭喜欢将每个孩子的物品分别存放在箱子或盒子里。

▎计算机记录

有些家庭记录会顺手存放在计算机里，且随时可打印出储存的数据。有备无患，两份资料永远比一份来得好。

每次将新数据存入硬盘时，记得备份计算机。将备份数据放在安全的固定地点。不要经常更换存放地点。

重要文件应该一律印出，即使有备份也一样。这类档案包括孩子花费很长的时间和心力制作的报告，或是你为家长会准备的备忘录或会议记录，尤其是你手上没有相关记录的时候。

将所有信件保存在计算机里相当方便，如此你就不用重新输入地址和称呼语，而且经常可以重复使用旧的信件内容，只要修改姓名、地址、日期和几个字就好。举例来说，如果要帮员工写推荐信，就可以用第一封推荐信当作模板，之后的推荐信都依样画葫芦，依照需求修改即可。

有些人会将食谱输入计算机，或至少会把烹饪书里没有的食谱输入计算机。这让你想搜寻特定食材的食谱时相当便利，因为从食谱的标题或类别未必能看出所有用上的食材。不过，做菜时通常必须将食谱打印出来。如果存放在计算机里的食谱对你十分重要，记得制作备份并印出食谱。

▌说明手册

当你购买附有说明手册或保养指示的机器、电器或家用品时，请在阅读后立刻将手册放入适合的数据夹。资料夹有三种，分别是"大型家电"（煤气炉、电冰箱、微波炉、洗衣机、烘衣机、空调、除草机、吸尘器等）、"小型家电"（果汁机、食物处理机、开罐器、掌上型吸尘器、计算器、电话、录音机等），以及"其他"（锅子、家具、自行车、特殊衣物等）。

▌存放贵重物品和重要文件的保险箱

贵重文件、珠宝首饰、重要日记、相片或其他具有重大意义的物品、出生证明、护照和结婚证书，以及其他难以取代的物品，都可能因为火灾、水灾、烟熏、窃盗、遗忘或意外而损坏或遗失。防范这类危险的最佳方式有二，其一是放在银行保险箱，其二是自己购置保险箱。许多人两种方法都采用，因为这两种方式各有优点。

银行可为你的贵重物品提供极佳的窃盗防护。虽然银行可能遭抢，但银行保险箱中的贵重物品极少蒙受损失。银行发生火灾或遭到烟熏的概率比家中来得低，而且除非整个镇都淹水，否则存放在银行里的物品不太可能遭到水淹（但不是完全不可能，事实上真的发生过，例如1993年发生在美国中西部的大洪水。要防范这类灾害造成的损失，必须为存放在银行保险箱中的物品购买保险）。在我的经验中，银行保险箱的问题在于，尽管银行帮你保管珍贵物品，但你看不到、摸不着，也没办法给孩子或亲友欣赏。我们将情感价值大于金钱价值的家传首饰存放在银行保险箱里，这样可以确保安全，但有跟没有几乎没两样，因为我已经有六七年没看到这些东西了。尽管我一直计划要取回，找时间戴一下，但每次想到时都来不及。比较明智的做法或许应该是，出远门时将正在撰写的手稿副本放在银行保险箱，以防办公室和备份磁带跟计算机一起烧毁（不过有时只要将备份磁带放在办公室之外的其他地点即可）。

家庭保险箱的优点是能保管你的档案和贵重物品，而且你还可以随时取用。问题则是这些物品放在家中比较容易遭窃和损坏，即使是置于保险箱中也一样。不过，保险箱的种类很多，如果选择适当，可以有效降低某些危险。

有些保险箱能防火，有些能防盗，有些保险箱两种功能兼具，有些则两种功能都没有。有些保险箱拥有很强的龙卷风或地震损害防护能力，从高处坠落也不会损坏。此外，防火和防盗能力分成许多等级。大致上来说，保险箱越安全，价格越高，而且保险箱越安全，往往就越笨重。想花最少的钱获得最大的保障，必须思考你设置保险箱的目的。如果你已经将价值很高的物品存放在银行保险箱，那么你对家用保险箱的需求或许只需要良好的防火性，也许再加上几个安全功能。你可以购买只有这类功能的产品。但如果你的目的是防盗（例如你没有将贵重物品存放在银行），这样的安全性就不够了。另外，没有任何保险箱能防止水渍。有些专家建议，如果有不可接触到水的物品，可以用保鲜膜包起，放进密封盒，再置入保险箱中（但如果是纸品或古董，别忘了你可能还需要永久保存级的储存材料，以及要控制温湿度等）。根据美国国家犯罪预防研究所表示，一般来说，要防范窃盗、火灾或龙卷风造成的损害，最好的方法是使用较重的保险箱，并以螺栓固定在地下室的地板上。但如果担心淹水，可以将保险箱放在楼上。

购买保险箱时，请务必选择具有 UL 防盗分级的产品。UL 防盗的级数代表窃贼必须花多少时间才能打开该保险箱。昂贵的防盗保险箱可抵挡喷灯烧灼 1 小时之久，比较平价的保险箱或许只能抵挡窃盗工具 15 分钟。标签上的 X6 标志代表此分级适用于保险箱的六个面。为了防范窃贼，保险箱应该拴牢，或是重到让人无法运走。否则，使用保险箱反而是帮窃贼一个大忙，把你所有值钱的东西全部集中起来，让窃贼可以搬运到其他地方再慢慢打开。必须注意的是，某些住家无法固定保险箱，或是地板不够坚固，无法支撑非常重的保险箱，这些因素在购买保险箱前都必须考虑清楚。另外，跟销售人员讨论一下你打算放置保险箱的地点。保险箱有壁式、上翻式和其他形式。保险箱的设置位置可能大幅提升或降低其安全性。

防火分级代表保险箱内部维持相对低温（例如180℃）的时间。分级为 1 小时，代表遭遇 926～982℃的一般火灾时，保险箱内部温度在 1 小时内可维持在 180℃以下。火灾为时大多不会超过 1 小时，而纸品在 180℃以下通常不会烧焦，因此这个分级可大幅提升防火安全性。

不过，如果你要用来存放计算机磁带、卡式录音带、录像带或负片，这样的安全性还是不够。要保护这些物品，保险箱内部必须维持在 51℃以下，因为磁带超过这个温度就会损坏。在51℃以下、为时半小时的防火型保险箱，比防盗型保险箱还便宜。这类保险箱也能抵抗中等强度的磁场、湿气、灰尘。

HOME COMFORTS

the art and science of keeping house

CHERYL MENDELSON

家事的抚慰 上

食物、衣物，以及合理的家事计划

北方文艺出版社

［美］雪瑞·孟德森｜著　林慧珍｜译

黑版贸审字 08-2020-213号

home comforts:the art and science of keeping house by Cheryl Mendelson

Simplified Chinese Translation copyright

©2015 by Cheryl Mendelson

Beijing Lightbooks CO., Ltd.

Home Comforts:the Art and Science of Keeping House

Original English Language Edition Copyright©1999 by Cheryl Mendelson

Illustration copyright ©1999 by Harry Bates

All Rights Reserved.

published by arrangement with the original publisher,Scribner,a Division of Simon & Schuster, Inc.

本简体中文版翻译由台湾远足文化事业股份有限公司/大家出版授权

图书在版编目（CIP）数据

家事的抚慰 / (美) 雪瑞·孟德森
(CherylMendelson) 著；林慧珍, 甘锡安译. — 哈尔滨:
北方文艺出版社, 2021.5

书名原文: Home Comforts: the Art and Science
of Keeping House

ISBN 978-7-5317-5011-6

Ⅰ.①家… Ⅱ.①雪… ②林… ③甘… Ⅲ.①家庭生
活－基本知识 Ⅳ.①TS976.3

中国版本图书馆CIP数据核字(2021)第006133号

家事的抚慰

JIASHI DE FUWEI

作　者 / [美]雪瑞·孟德森
译　者 / 林慧珍　甘锡安

责任编辑 / 李正刚　　　　　　　　　封面设计 / 烟　雨

出版发行 / 北方文艺出版社　　　　　邮　编 / 150008
发行电话 / （0451）86825533　　　经　销 / 新华书店
地　址 / 哈尔滨市南岗区宣庆小区1号楼　网　址 / www.bfwy.com

印　刷 / 河北京平诚乾印刷有限公司　　开　本 / 710mm×1000mm　1/16
字　数 / 500千　　　　　　　　　　印　张 / 63.5
版　次 / 2021年5月第1版　　　　　　印　次 / 2021年5月第1次

书　号 / ISBN 978-7-5317-5011-6　　定　价 / 156.00元

CONTENTS
目录

BEGINNINGS 开场白

FOOD 食物篇

3

CLOTH 衣物篇

▍推荐序：家事确实是可抚慰的

番红花

畅销书作家，著有《给孩子的人生先修班：从陪伴到独立的教养6堂课》《当婚姻遇上教养：父母的感情，是孩子爱的第一堂课》《厨房小情歌》等书。

人生中大概很少有事情是没有尽头的。工作不顺心扰不成眠，我们可以选择离职；婚姻若让人痛苦，我们可以选择离异。但家事可不然，只要有个人在家屋底下生活、起居、走动，家事于焉产生，而且漫漫看不到终点。很多妇女朋友告诉我，她们感觉每天困在家事阵围中的自己，就像是希腊神话人物西西弗斯，受到神祇惩罚，每天得将一颗巨石推上山顶，再等巨石滚落而下，周而复始，永无完日。于是日复一日，年复一年，那推不完的巨石就像是许多家庭主妇的日常工作一样，洗碗槽台面永远有清不完的油渍、洗衣槽里永远有洗不尽的衣衫、洗碗槽里永远有洗不完的锅碗瓢盆。地板角落的猫毛与尘絮、天花板上的蜘蛛网垢、冷气机电风扇的细灰、煮不完的饭、买不完的菜。面对这样的情境，谁还能记得买一把花送给自己？

昨天，我趁秋凉爽朗，从内湖搭地铁到淡水老街的传统菜市场买菜时，意外买了3束紫色莲花，随同采买的海鲜、青菜、水果一起带回家。当时我提着老姜、茭白笋、野生蟹、地瓜叶、火龙果等大包、小包，不经意瞥见在人车杂乱的小路边，有位七十几岁的老先生穿着雨靴，手里握着几束莲花在叫卖。一束7朵，20元！真是便宜得惊人，我马上掏钱跟老先生买了3束，顿时觉得回家的脚步轻盈生香了起来。老先生在这里卖了30年莲花，本业是卖莲藕和莲子，而加卖莲花纯粹是因为觉得女人买菜辛苦，希望女人可以顺便买把花送给自己，一边做家事一边享受鲜花的美丽。听完老先生这一席话，顿时感到有一股暖意流过心田。

的确，在上一代，家事还是个可以埋葬女人一生的劳累活。因此《家事的抚慰》并不是一本"诗化"家事的书，没有把那些洗抹布、挤市场、吸油烟的家务工作，过度讴歌成欣喜愉悦的诗篇。相反地，作者以她在法学院学习养成的严谨、逻辑的习惯及对家事的认识，赤裸地将持理一个家所需面对的一切烦琐摊在读者面前，并务实地道出了真相："家庭主妇头脑中经常上演的种种烦冗的盘算，就算是数学家也会昏头的！"

被家事搞得晕头转向确实是许多家庭主夫、主妇都经历过的，而另一个经历则可能是"沮丧"。这些作者都经历过，因为她就是在洗衣机前被看不懂的洗衣标签弄得灰心又沮丧，才愤而写出了这本家事书。她挖出深埋在内心多年的家事魂，搭配她丰富的家事经验，以平易亲切的叙述方式，将家事巨细靡遗地分门别类，力图解决一些看似琐碎却十分重要的家事细节。例如，如何针对不同的咖啡器具研磨出不同粗细的咖啡豆？如何迅速做出符合营养和美味的晚餐，并摆设出吸引人的餐桌？面包该保存在室温还是冰箱里？哪种布料适合拿来洗碗、擦手和清洁台面？特脏的衣物该如何处理才不会弄坏？如何同时处理易皱的亚麻衣物和容易变形的毛衣？面对成堆油腻的锅子和碗盘，是否有一套合理有效的清洗顺序？

许多我们会注意到或不曾注意的家事细节，这本书都提出了实际操作的方法。作者不但以科学式的方法教读者如何进行实务操作，更带领读者体验家事的感性一面：

"当母亲的爱展现在柔软的沙发垫、干净的床铺、好吃的食物上；当她的记忆力表现在家中永远充足的食物与生活用品；当她的智慧体现在有条不紊、健康干净的居家环境；当她的巧思流露在家中的空气和光线里——整间屋子都成了母亲躯体的延伸，彰显她的存在，而她对家人的深深情感，也透过家事具体表现了出来。"

当你能够正确而有效率地完成家务，进而让家人通过参与家事，认同自己所创造的家时，那么"家"就是一个人最能放松自己、做自己、成就自己之处，这里也就成了爱的空间。如此一来，那些日复一日的家事就不再像是西西弗斯的巨石，而是菜市场里，和猪肉、青菜、秋刀鱼理所当然并存着的清丽莲花了。

BEGINNINGS
开场白

我的秘密生活

❖ 生不逢时

❖ 浇熄家里的火

❖ 矛盾对立的世代情结

❖ 设立标准：怎样才算够好

❖ 如何使用本书

我是个职业妇女，却有着不为人知的一面：我做家事。在社会上，我先后当过律师及教授；但在家中，我洗衣、打扫、凑合出每顿餐点，而且花费许多时间与心力在每日柴米油盐中，投入的程度堪比我那些被称为"家庭主妇"的祖母。而每当我想好好读本书，我会去拿自己收集的老旧家事手册。我喜欢做家事，并享受家事带来的舒适感受。

目前为止，我几乎没有公开过我对家事的热情。第一次见到我的人，都不会觉得我是那种把时间挥霍在编织，或者把心思放在何时把地毯和床垫换个方向等家务琐事的人。我的直觉是，自己并不希望表现出这种形象，毕竟我属于第一代职业妇女，花在工作上的时间多过待在家里。而且，我们也都心知肚明，没有法官会采信家庭主妇的说辞，没有大学会聘用家庭主妇当教授，也没有企业会提拔家庭主妇，那些举足轻重的大人物更不会在宴会上找家庭主妇攀谈。

此外，如果给人过度沉溺家务的印象，还可能对社交生活大为不利。我曾在端出自己手擀的意大利面宴客时尝到教训，发现原来有些客人不喜欢这样，因为他们无法自在享用他们认为大费周章的食物。儿子念托儿所时，我竟然也犯下大错，花了好几个小时以金葱布料为他缝制一套航天员造型的万圣节服装，结果令许多买了现成蝙蝠侠或钟楼怪人戏服的家长对我投以不友善的眼光。甚至最近，当我不得不向亲朋好友透露这本花费数年时间写成的书籍内容时，我又收到许多异样眼光。很多时候，我会鼓起勇气向他们如此坦承："不，这本书不是介绍家事历史，而是解说如何铺床、把家里打理得更干净舒适的实用工具书。"或是这样解释："不，这本书跟食谱、花艺、园艺、拼布、装潢或手工艺无关，这里讲的是家的运作方式，不是家的样貌。像是不同衣料的用途、橱柜与冰箱的储物方法、洗衣整烫、钢琴调音、清扫除尘、家事记录、书本、法规、病菌、过敏，还有居家安全等等。"每当我这么说，随之而来的有时是令人难受的沉默。

我之所以坚持把这一长串话说完，部分原因是，并非每个人都向我报以难以置信的眼光，有人还是会以热情响应。更令我惊讶的是，没有人对这个主题感到无趣。家事显然是个热门的题材，即使对某些人来说可能是烫手山芋，却能让另一些人心头发热。

▌生不逢时

对我来说，这个题材其实也算是个烫手山芋。从小，我接受的教育是如何成为农妇与母亲，无奈我生不逢时，农场女主人的空缺并不多。在 13 岁之前，我都住在宾州阿帕拉契山区西南角一带，大部分时间都在农场里接受旧式的家事教育，这也的确与 20 世纪 50 年代一般美国女孩的生活经验大不相同。我很小就学会照顾婴儿、打扫房子、洗衣、种花种菜、烹饪、刺绣、编织与缝纫，也会喂猪、养牛及帮忙挤牛奶。令我相当自傲的是，在 6 岁时，我就会用别针帮婴儿包尿布；9 岁时，我就会料理早餐，用鸡蛋、培根、吐司和咖啡喂饱一大家子以及农场工人。

在我的小小世界里，做家事是可敬的事。因此，我一直期盼有一天能打理一个属于自己的家。尽管这是我想要的生活，也具有相当的自信能把家打理得很好，但另一方面，我却几乎对过去所学的每件事感到怀疑。原因在于，我的家事教育是在两位祖母微妙的角力战中习得的。这两位女士都精于针线、烹饪、腌渍食物及各样家事，也都坚信只有自己所学的那套家事之道是对的，别人的方式都是错的。

我的外祖母钟情于以传统意大利风格打理家务，我的祖母则热爱她那套传承自英格兰、苏格兰与爱尔兰的方式。在外祖母家中，耳边传来的是普契尼的歌剧，床铺铺着亚麻床单，细致针织的边缘还卷着采自花园的薰衣草。室内空气流通、光线充足，窗台的瓷壶里插着鲜花，空气中飘着大蒜与咖啡的异国香气，洋溢着开放、热情好客的气氛。祖母家则像一座堡垒，足以阻挡所有入侵者，各种应急的物品与工具一应俱全。屋内萦绕着自动演奏钢琴弹奏出的 19 世纪 90 年代怀旧曲目及英文诗歌，门窗紧闭到近乎黑暗，以隔绝来自空气与光线的各种可能伤害。地上铺着手工编织的碎呢地毯，床上盖有颜色鲜艳的拼布被，吃的是从自家花园摘采的青豆做成的奶油青豆泥。我的英美祖母教我美式编织手法，借用整只手臂的动作把纱线绕在细针上；我的意大利祖母则对这种费力、没效率的方法相当不以为然，坚持要我照着她的方式，只动用食指的最后一个关节，以闪电般的速度完成动作。我的英美祖母对意大利祖母制作拼接裙的点子嗤之以鼻；意大利祖母则认为床铺必须透气，因此铺床叠被是不智之举。英美祖母一讲到红眼酱①就眉飞色舞、嘴角上扬；意大利祖母则钟情于大蒜。意大利祖母几乎不知如何熨烫衣服，有需要时一律外送处理；英美祖母则拥有所有想得到的熨烫工具，并认为熨烫是家事艺术中的王道，只要看到我上衣袖子有熨得平整的折痕便眉开眼笑。两位祖母都坚信自己的方法是最好的，因此只要我采用其中一位的方法，另一位便不免要批评一番，她们也总是无法认同另一方的烹调技术与家事能力。由于我相当醉心于传统妇女的那种快乐，希望未来当个家事高手与称职的母亲，因此经常面临两难：不知哪位祖母的方法最正确。出于对母亲的爱与个人的审美观，我本身偏向意式作风；但基于对父亲的爱以及身处的社会环境，我又时而转向美式做法。

这些问题一直到我踏入青少年时期，才渐渐不再困扰我。生活在美国的现代化郊区，我对做家事已变得没兴趣，也不再那么看重。我心中甚至浮出一种想法：如果这世界不再钦佩那些会缝缝补补、烧饭做菜的女孩，不管我采用的是意式还是美式，都是跟不上时代的。正因如此，我让自己埋首于读书、写作，走上学术生涯，更义无反顾地在很年轻时就嫁给一个很不喜欢家庭生活的男人（当时的决定让我在步入中年后感到相当后悔）。然而，成长过程的经历很难轻易遗忘，过了一两年自以为摆脱恋家情结的愉快生活之后，我的真实本性再度浮现。一个暴风雨天，我从外头回到家后，发现三只湿答答、满身泥巴的狗儿（一只是我们的，两只是丈夫朋友的）蜷缩在我们乱糟糟的床上，我忍不住哭了。那是个转折点，促使我和丈夫开始理性讨论彼此的差异，我记得自己还一度为扫除家具底下的灰尘拼命提出哲学性辩护。结果我们越来越不理性，最后的结局可想而知。

不过，没有什么比攻读法律更能让人不去想离婚带来的伤痛。我的两位祖母老到无法理解攻读博士学位所为何来，也无法想象她们的孙女后来竟反常地摇身成为律师。当时的我，身为重返单身生活的法学院学生，尽管课业繁重，还是回归了居家生活。我立刻打造一个井然有序的舒适小窝，让自己能专心念书、邀请朋友来家里用餐、听音乐、疗伤，毫无顾忌地过着一直以来向往的生活方式。这个转变也让我的父亲相当惊讶，他放松地坐进我那庞大的二手扶手椅然后感叹地说："你终于有张舒服的椅子可坐了。"

---

① Redeye gravy，美国南方的传统酱汁，以火腿或培根煎出的肉汁与咖啡粉混合而成，用来搭配火腿肉、玉米面包或饼干。

然而，我从学校毕业后便开始没日没夜地工作，单身黄金居家生活也就此告终。刚开始我只能屈就于这样的日子：公寓变得像旅馆，只是用来睡觉、洗澡、更衣，然后出门。我不再煮饭、听音乐或做针线活。我雇人打扫家里，忍受书本蒙尘与屋角的藏垢，并改和朋友在餐厅用餐。我觉得自己就像机器里的小齿轮一样转个不停。

这种景况在某个周末终于出现转机。当时家里来了一群客人，我得准备食物喂饱他们，就在此刻，我的居家情结再度被唤醒。我不但惊讶于自己重拾了那份让他人享受自己厨艺的满足感，而且一头栽入认真研究起居家清洁、床单、食品储藏室以及厨房用具的世界。当时我还凑合着使用先前念书时留下的生活用品，后来便开始试着控制自己待在办公室的时间，留一点给家里。结果发现，纵使只有短短几个小时，也十分抚慰人心。我弄了一盏很棒的立灯来搭配我的扶手椅，然后开始读小说。我也布置了一棵圣诞树，邀请朋友及孩子一起来装饰。没多久，我再次有了像样的居家空间，住在里面让我觉得自己焕然一新。我开始思考家务，还有我的生活在两位祖母眼中是如何怪异，于是我着手搜集家事手册，新旧皆有，但大多数是我曾祖母用过的那类旧书。我在睡前钻研这些手册，从中探索祖母及母亲的家事习惯，有时也惊讶地发现，两位祖母虽然对每件家事都如此笃定又得心应手，却也不见得样样都照书本做。

在社会生活中，家事问题大多不会显露出来，以至于我花了相当长的时间，才说服那位我好不容易遇见后来也成为我丈夫的人相信我真的会做饭。他就跟我懒得启蒙的前男友一样，认为我对家务一窍不通，因此一直是他负责下厨、清扫，我则偶尔帮他洗洗碗。有一天，在我自告奋勇上市场并有条不紊地购齐了各样食物与用品之后，他立刻俯首称臣。因为我觉得，要当我丈夫，一定得知道我的真面目，所以这次我决定第一步就要走到位。我直截了当告诉他，三孔打洞器、整套计算机杂志还有好几套文学评论集，都不准放在水槽上方的橱柜里，因为我不能忍受。他听了耸耸肩，于是我便嫁给了他。

▌ 浇熄家里的火

"每一天，我都渴望回家，渴望见到我的家。"——奥德赛婚后多年的某一天，我在洗衣服时脑中闪过撰写一本家事书的念头。当时我正被衣服标签上模糊难懂的洗涤说明弄得无助又沮丧，生怕自己的洗衣方式会导致灾难。当下我想起曾祖母收藏的家事书，恨不得自己手头上也有一本现代版，告诉我这个年代各种布料织品的正确知识与洗涤方法。在求助无门之下，我做了每个律师都会做的事：查阅"法规"，也就是美国联邦贸易委员会（Federal Trade Commission, FTC）的衣物保养标示规范。经过一番苦读，我学到的其中一件事就是，衣服标示了"干洗"不见得代表只能干洗、不能水洗。但整体来说，我最后发掘出来的问题比一开始面对的还多。此外，我也暗自想，一般大众要弄清楚怎样洗衣服，应该不需要先成为律师吧。

渐渐地，我也发现自己面前有越来越多家务难题。我接收了叔父留下的平台钢琴，这钢琴之于他的意义，相当于我丈夫、儿子、家、计算机、CD 播放器加总起来对我的意义。我想要好好弹奏并加以照顾，但我不知道是否能使用吸尘器清理钢琴内的灰尘、多久需要调音一次，以及还需要什么保养。此外，我和丈夫不久前一起翻新公寓时，才发现竟然要完全依赖承包商来提供居家方面的建议，例如要如何清洁和保养表面刚上过聚氨酯涂层（polyurethane, PU）的硬木地板，当时装修师傅很有把握且相当坚定地表示：只需用稍微沾过清水的拖把擦拭即可。另外，厨房那些涂了密封胶的墨西哥瓷砖，他也坚持比照办理，并严厉指示不需使用其他清洁溶剂，否则硬木地板会损毁，密封胶也会失去光泽。尽管这个令我难以置信的建议在两种情况下都是错误的，但我因为被所有以"聚"（poly）开头的字眼及密封胶这玩意给唬住，所以就照做不误，而最后的结果也显而易见（地板脏到不行）。此外，我们对于究竟用卤素灯、日光灯还是白炽灯泡比较好，也没有任何概念，而且还找不到人可以为我们分析其优缺点。现在的我们有个正值学步期的孩子，对于室内整洁和细菌也因此更加注意，但是，报纸上所说的半熟鸡蛋不再安全，真的是这样吗？（没错）我真的该开始购买那些全新推出的杀菌清洁剂和肥皂吗？（错）

另外还有一些外来的理由，促使我完成这本书。我在造访他人的家时，常会觉得死气沉沉、灰尘满布、一片荒芜，甚至有如置身旅馆，就像我昔日的家一样。因此，如果有一本书不但能解释家事方法，还能试着说明原因及意义，或许真能对这个世界有所帮助。

　　一开始，我是从两位祖母身上领悟家事的意义。她们之所以会对孙女用"外国人"的方法做家事感到大惊小怪，是因为她们知道（从骨子里就是知道），一个人体验到的居家生活，取决于做家事的方式。就像你可以从人们折衣服的方式（或是根本不折衣服）来认识他们的家庭文化，居家小习惯也会让每个家拥有不一样的空间特质，使人们对自己的家有归属感，并感到舒适自在。我可以理解，我的两位祖母都希望我能营造出一个能让她们感到舒适自在的家。

　　这种自在的感受对居住者的幸福感相当重要，一旦感到不够自在，你的快乐指数、自我修复力、活力、幽默感与勇气都将大打折扣。自在感是个十分复杂的综合概念，从某种程度来说，这也是一种拥有基本权益、特权与尊严的感受，而且这不仅仅是情感上的状态，也是法律所保障的内容。此外，自在的感受也包含亲密感、温暖和爱，并坚信这里能提供安全。家使人感到安全，只要回到家，关上身后的门，你就如释重负，人际、情绪及生理上的恐惧也会减少。在家里，你可以解除武装、卸下面具，因为在这世界上，家是一个让你不会感觉被看扁、被排挤、不够格或不被需要的地方。家是你的归属，或者如诗人所说，是一个无论何时都会接纳你的所在。家是你人生中最重要的充电站。

　　要获得这种至高无上的美好感受，光靠找到真爱、结婚生子、拥有全世界最棒的工作，甚至搬进梦寐以求的豪宅都是不够的，再多的室内装潢也不足以带来这种感觉。把住家变得更吸引人，有助于提供自在的感受，但方法并非如大多数人所认为的那样，是用花费在装潢上的金额来衡量。事实上，太过注重住家外观，结果可能事与愿违，因为营造出的不是舒适的真实居家环境，而是舞台布景的不实感。然而，一味地怀念过往，例如腌制罐头、种植盆栽、缝纫、制作圣诞花环、彩绘瓷器、装饰糕点等，也一样不管用。我自认还算喜欢做这些事，但我也从经验中得知，打理一个家不能光靠仿效旧时代的家务处理与手艺。讽刺的是，人们都受到误导，只热衷于装潢修缮，而不是发自内心抱着一股对家与舒适感的渴望来打理家事。在英文里，nostalgia（乡愁、怀旧）的字面意义就是"想家"。

　　要让家更舒适，更有家的感觉，真正有效的方法就是把家务打理好。做家事能使家变得整洁有序、美观、符合健康与安全的条件，使家成为舒适的场所，能让你放手去做、去感受所有你想要以及你所需的事物。无论你是独居，或者与配偶、父母、一大群孩子同住，你的家事管理方式正是使家充满生命力的源泉，让家自成一个小社会，让身处其中的你比在其他地方都更能做自己。

尽管做家事带来这么多好处，现代人花在做家事与居家生活的时间仍逐年减少，甚至连简单的清洁与像样的三餐都谈不上（遑论更深层的满足感了）。许多中产阶级家庭不再视这些为理所当然。现今的家庭似乎都以随意的方式在运作，所谓洗衣，就是把一整堆脏衣物丢进洗衣机里（这也反映现代社会懂得衣物洗涤和熨烫的人正急速减少），而只要把洗碗机塞满，就是在洗碗盘。正餐可以在任何时间享用，甚至吃个不停，或者完全不吃，这是因为人们有越来越多现成品或半成品可以选择。尽管还是有少数在家下厨的人热衷于钻研厨艺，多数人却已渐渐失去料理技能。今日中产阶级的居家环境也比过去更容易出现污垢、灰尘和脏乱。人们总要等到屋子乱得一塌糊涂，才会稍做清洁与整理。床单、枕头和被褥的销售率虽然不断成长，但精致度、舒适度与新颖性却每况愈下。现代家庭处理家务的症结并不在于家用品，而在于缺乏对家的关爱和照顾。

家事欠缺打理也可能严重影响健康。越来越少人在家下厨，用餐越来越不规律，再加上窝在沙发上吃零食及电视文化的盛行，导致肥胖及相关疾病发生率暴增。近数十年来，过敏与气喘率大幅增加，便与现代人打理家务的方式密切相关。住在凌乱不堪、乏人照料的家里，意外的发生率较高。厨房清洁不够彻底，容易滋生各种食源性传染病，而当家里充斥细菌与霉菌，更可能导致感染与过敏。

不仅清洁、烹饪与洗熨衣物，其他各类家事活动也变得越来越杂乱无章。电视吸走了人们的注意力，因为其他休闲活动（如作曲、写信、阅读、烹饪和交际等等）都需要花时间规划，也要求稳定性与持续性，但这些都超出了现代家庭的忍受范围，因为随着家庭生活简化，待在家的时间变短，家庭活动也就逐渐减少。如同 18 世纪初工业化下贫穷的劳动阶级，现在很多人因为工时增加、休假减少，必须将孩子送往无趣的托育机构。人们疲惫不堪，每晚平均睡眠时间比起 100 多年前的人少了大约 2 小时，在家中与朋友聚会、玩纸牌、共进晚餐的次数也都大幅减少。无数家庭因离婚而破碎，就连完整的家庭也往往因频频搬家而与朋友及邻居失联。重新组成的家庭通常也比原先的家庭更单薄、更脆弱、更混乱，也更容易受伤。所有人，无论贫富，都难免受这种瘟疫般的趋势所影响。许多人尽管身居华宅美厦，实际上却过着贫乏的生活。

家事管理不当也会造成恶性循环，当人们越来越需要借助外力来满足需求（包括饮食、干净衣物、休闲、娱乐、社交、睡眠等），家事技能以及对家的期望会渐渐消失，借由家庭满足需求的机会也就越来越低。最后将会是，很多人看似已经有个家，却仍深切渴望有个真正的家。

▌矛盾对立的世代情结

家事管理是个会引发对立的话题，而且明显存在着世代差异。这很自然，因为父母与孩子对家事的想法一直有天壤之别。上一代的人总是指责年轻人的生活技能越来越差。"你们这些孩子，连生个火都不会！"我祖母的祖母会这样说我祖母。而在社会巨幅变动与科技发展的时代，年轻一代会反过来嘲讽老一辈的人。"你能想象把线绳留起来，或是用撑架①晾干窗帘吗？"我的母亲会这样窃笑。

但每一世代也都犯了同样的错误，总以为下一代会乖乖顺从自己的经验与想法。虽然很多我父母辈的人会努力避免这种错误，他们知道自己父母的观念过时，预料自己未来也会有这么一天。他们认为，我们这一代的家应该会跟他们完全不同，因此关于家事，就没有什么可以教导我们这些孩子。讽刺的是，这种试着表现得很开放，甚至在我们质疑之前就先推翻自己的做法，其实也犯了相同错误。父母那一辈的人亲身经历了家事方法与技术的巨大变革，却没有料到，我们这一代并没有相同经历。虽然1955年的住家与1915年的住家模样大不相同，却跟1995年的住家非常相像。这种经验的延续相当重要，当我察觉到我的家就像我母亲的家，会使我对家的感受更为深刻；而当我预期儿子将来会发现他的家就像我们的家时，则会燃起我的希望。

在20世纪50年代之前，许多家庭早就已经有了电、自来水与暖气，至于吸尘器、电冰箱、洗衣机与烘衣机也已是家庭的一般配备。洗碗机虽不普及，却也是大家耳熟能详的家电。人造纤维、现成肥皂、洗衣剂及亮

---

① 一种用来撑紧窗帘以免洗后缩水的四边形木架。

光剂等，已不算新鲜玩意。各种缝纫女红是闲暇时好玩的手工艺，不像过去是出于生活所需而不得不做。超级市场供应已经切好、包装好的面包，还有拔好毛、切成块的鸡肉。相较于这些改变，更晚的一些新发明，如手持式吸尘器、微波炉及一些数字家电等，节省劳力或改变居家步调与日常生活的程度，就较不显著。

其他与家事管理有关的世代问题虽不易察觉，却可能是情感上的关禁闭。今日社会上许多六七十岁以上的女性，都是在生活中得不到满足的家庭主妇，她们教育女儿不要被家庭困住，而是要去追求学位与事业，好实现她们未曾完成的雄心壮志。这些女儿达成了母亲的期望，基本上并非坏事，但也种下了不少母女之间的对立与矛盾。有些母亲对女儿暗中传递的另一个讯息是："做家事是我仅有的安慰了，如果你会做家事又能兼顾事业，那就太不公平了。"这也如同她们给丈夫的讯息："既然你在外面事业有成，那这个家就是我的王国。"不少年轻女性向我透露，她们觉得沮丧，因为有时候似乎是自己的母亲刻意阻止她们接触这些家务，不管女儿多想学，母亲就是不让她们帮忙做菜，不愿传授自己的绝活。很多时候，当这些职场上的女强人想要经营自己的家时，都会觉得相当无能且缺乏自信。

就这样，几代下来，越来越多的年轻人几乎对家事技巧一无所知，也变得漠不关心。由于祖母与母亲不希望她们学习家事，因此她们通常没学到任何技能，而且持续把"做家事"视为分外之事。有些人在长大成人之后，也许会因为想要一个美好而有条不紊的家，成功学会并专精于某些实用的家事技巧，但绝大多数的人并非如此。甚至有更多人发觉自己对打理家务这件事充满矛盾，她们的想法往往是："我也许懂得打扫或洗衣，但这不是真正的我。"

遗憾的是，传统女性并非靠打扫清洁、洗衣烧饭来让家变得温暖、有活力，这些工作多少可以花钱请人代劳。真正的秘诀是，认同自己的家。当然，这样的结果不见得都是好的。控制欲强的母亲可能会让家变得窒息，而完美主义者的家可能是冷冰冰、难以亲近的。但是，倘若事情往好的方向发展，情况就十分值得期待。当母亲的爱展现在柔软的沙发垫、干净的床铺、好吃的食物上；当她的记忆力表现在家中永远充足的食物与生活用品；当她的智慧体现在有条不紊、健康干净的居家环境；当她的巧思流露在家中的空气和光线里，整间屋子便都是母亲躯体的延伸，彰显她的存在，而她对家人的深深情感，也透过家事具体表现了出来。

我的个人经验使我深信，要把家打理好，除了具备传统妇女所展现的那种顾家态度，别无他途。但是大多数男人和女人都不愿意借由做家事及为家人付出心力，来认同自己所创造的家。

他们的态度或许源自成长环境，再受到媒体力量的强化。广告与电视节目总是贬低家事以及家庭主妇的形象，报纸杂志上的相关讨论也不出这套标准模式。作者会坦承自己痛恨家事或缺乏这方面的能力，把家事管理欠佳所表现出的幼稚与胡闹当作笑话，然后列出一堆"省时秘方"。也难怪许多人会把家事想象成无趣、令人泄气、一成不变、无脑的苦差事，而我无法苟同这一点。（事实上，以我打理家事、当律师、教书以及做过许多高低薪工作的经验，我可以很笃定地说，对无脑苦差事最有经验的是律师。）而且我确信，女人这种对待家事的态度其实是不必要的自暴自弃。即使是男人也可以很顾家，即使在外拥有飞黄腾达的事业，回到家仍然可以享受做家事的乐趣。没有人是优秀或聪明到不能做家事的。

专心打理家事不但不花时间和力气，反而能帮你省时省力。这是一种引导方针，让你对所住的地方产生第六感（如同下楼梯时防止你跌倒的行为机制），使你在不知不觉、不费力气的情况下，维持家庭功能正常运作。这个第六感也会让你做事更精准、更有效率，帮助你预见并抢先制止小小的居家灾难，像是不小心泼洒出东西、忘记补充食物与生活用品等等。这些小灾难日积月累下来可能会让生活变得凄惨。如果缺乏这种第六感，你就会像婴儿初次跨越楼梯那样，觉得事事困难而复杂，耗时耗力且疲惫不堪。

尽管今日家事被冠上恶名，或你在社会上拥有一份自己喜爱的工作，打理家事仍是大多数人所遇过最愉悦、最不感到陌生、最重要的工作。过去，做家事是相当费力且繁重的，妇女因为家事操劳而病倒的例子屡见不鲜。但时至今日，举凡洗衣、清扫及其他种种杂活，都已不再是重度劳力的工作，甚至连医生也鼓励人们多做家事，因为证据显示，做家事有益于体重控制及心血管健康。

从表面上来看，家事似乎是一种徒劳无功、永远无法完成的苦差事，但事实上，家事比我所能想到的任何工作更能带来成就感。每一件例行家事在大功告成之际，都会带来深深的满足感。这些日常工作与生活节奏互相呼应，你所获得的满足，不仅来自干净有序、生气勃勃的环境，以及平静安稳、精力充沛的感受，也来自你明白自己和所关心的人将会享受到这些好处。

做家事也需要具备知识与智能，这种聪明才智是复杂、需要动脑，而且同时结合理性、直觉与感性的。你的记性必须够好，才能记住每件事完成的方式、每样东西的位置、每日例行工作需要用到的物品，以及每个家庭成员的计划，因为这会影响家事的进行、家用品的供应、预算，还有账单。你必须要看得懂保单、合约及保固条款，必须懂得处理预算，并且熟稔家电用品和计算机使用说明书上的各种技术词汇。一心多用与保持冷静是必备要件，你需要运用有创意的智慧来想出办法、解决问题，包括省时省钱的有效方法、促进合作的心理与社交手段、提升生理舒适度的做法，以及对例行事务的失败进行分析并提出改进对策。家事管理者要能够搜寻、评估并且运用与营养学、生物学、化学、烹饪、保健、洗衣、打扫与安全相关的信息。除了上述种种，持家更重要的是"感同身受"，这也展现了营造家庭感的智慧。好的家管凭直觉就知道家里还有哪些事该做，因为他们很清楚自己的家会带给人什么样的感受。

另外，我们不该忽略个人风格与个性对家庭的影响。虽然这些因素很复杂，但我们至少可以提醒自己这一点对家事的影响有多深。亲切热情且条理分明的人，通常也会有个运作良好、气氛愉悦且宜人的家；常常让自己陷入危机的人，家里则充满了惊险与混乱；没有恒心的人，做起家事来断断续续、一曝十寒；缺乏自信的人，则很容易把这种感觉也带进自己的家。有些人会穿着沾了污渍的领带或脱了丝的裤袜，他们的家也很可能有阻塞不通的排水管与乱无章法的居家环境。另一方面，正如有人会为了克服自信心不足而过度重视个人外表，他们也可能为了给自己和他人较好的观感，把家里弄得一丝不苟，结果反而让人感到拘谨。

众所周知，赶时髦、爱耍酷的人，家里通常充斥着新潮的家具，却可能不怎么舒服。晚餐即使精致，分量却少得可怜，因为他们只在意得到你的赞赏，而不管你是否吃饱。有些人精于掌控，却常让人窒息，在他们的家待上5分钟往往就感到缺氧。他们会问你是否觉得舒服，但你还没回答，就先丢给你个抱枕，要你试坐新买的椅子，而且通常会一直骚扰你，让你无法放松、思考或说话。跟这种人同住，他们所做的永远比你所需的还多，他们会在床上堆满高高的被毯、提供5道菜的早餐，然后让你有不自在的亏欠感。

还有人邋里邋遢，却把家里打理得窗明几净，有些人则刚好相反。这些居家环境凌乱却讲究个人卫生整洁的人，可能反映几种不同心态。有些只是被宠坏了，认为所有事情都该有人代劳，也有可能是单身者在表达他／她需要一个伴："我需要有人照顾我。"或者："反正自己一个人住用不着这样大费周章。"当然，还有人只是为了反映出对家事的鄙夷态度。

然而，真正让做家事冠上恶名的，其实是那些强迫自己做家事的主妇。患有家事强迫症的人会不断打扫一尘不染的家，她们把鞋子依照颜色排成笔直的一列，为架上的毛巾没有朝同方向排好而焦虑。但即使耗费极大心神在她们所认知的家事管理上，这样的家却通常缺乏亲切感。毕竟住在一个过度追求秩序的地方，有谁会觉得舒服？在家事管理上，做得多并不见得就是做得好。对整洁有序的追求不该高过健康、效率与便利的价值。

抱着内疚感做家事是另一种常见典型，几乎跟家事强迫症一样普遍。这些人总认为自己应该做更多，或者做得更好。"地板刚扫过？看起来是干净多了，但角落还是清得不够干净，而且我还忽略了柜橱。"还有，"我应该也要多花点时间在家人身上，并且分担更多家计。"这样的人最后可能会因为承受不住没完没了的家事责任而崩溃，然后愤而撒手不管。

现代社会里，人们比过去更容易对家事感到不安。三四十年前，很容易就可看出谁有家事强迫症，因为她们会明显超出当时人们公认为"尚可""良好"或"极佳"的家事标准。她们会在周一洗衣服，熟练的技巧让她们洗衣成果非凡，接着便利落地整烫衣物。床单则是固定在某日上午的某个时间更换。每周吸尘除尘 2 次、烘焙 1 次，每天在家开火 2~3 次，然后在固定时间开饭，饭后立即把碗盘清洗完毕。当天若是安息日，晚餐更要准备得比平常丰盛。

但在今日，已经没有所谓的公认标准，这意味着每个家庭必须自行想象如何打造理想的居家环境，自行决定干净舒适的标准。整体而言，这对现代人是有利的，没有人希望回到过去那个会因为衣服洗不干净或水槽里堆满脏碗盘而尴尬脸红的时代。但另一方面，过去实行的标准仍深植于现实生活中。这些标准来自一个认为生活应包含休闲与居家乐趣的社会，并主张透过家事付出心力，便能获得身心的舒适与平衡。以今日眼光来看，这些标准也提供了当代家事管理所缺乏的重要东西，那就是认为自己应当享有社会所认可的生活水平。在这个标准随个人主观而定的社会里，人们反而渐渐觉得，干爽的床铺、可口的三餐等舒适感受，并不是自己应有的权利，或者并不值得为此努力。

唯有了解家事之于我们的心理意义，才能让我们更自由且明智地决定，到底哪些是值得我们投注心力的重要工作，而哪些不是。本书探索的便是让做家事变得更有乐趣的各种可能性，而不是去规范哪些是大家能够、应该或必须去接受的。书中会提到各样家事的"标准"，但这都是为了读者的健康、幸福及舒适着想所提出的建议，是读者应享有的权益。我们的目标始终是去挑选、寻找各种模式与习惯，让家能顺利运作，并创造出我们最需要、最珍视的居家环境。

▌设立标准：怎样才算够好

"幸福取决于良好的家事管理"，对现代人来说，这种观念可能显得古板而怪异。但在一两百年前，事实上直到几十年前，这都被视为理所当然，就连简·奥斯汀、托尔斯泰这些伟大的小说家，也没有忽视家事管理的质量。狄更斯在他的几本小说中，更以备受赞扬的好管家对比走火入魔的坏管家，来呈现荡妇／贞女的主题，十分有趣。像《大卫·科波菲尔》主角大卫的第一任妻子多拉，就是一个把一篮钥匙系在腰上、幼稚地模仿管家处理家务的女子，她的孩子气与不称职粉碎了两人的婚姻。尽管大卫明白，他无论如何都得原谅她并爱她，但狄更斯还是将多拉赐死，让大卫再娶艾妮丝。这位家事天才从孩提时代就能靠着一小篮钥匙，为所到之处带来秩序与欢乐。在《荒凉山庄》里，可怕的杰利比太太不动声色地把家人弃置在肮脏混乱的家中，自己全心投入远在另一个大陆的慈善事业。相形之下，身上带着小钥匙篮，步伐轻快并伴随悦耳声响的孤儿艾丝特，则因为带给人舒适感，在与监护人初见面不到几小时内，便被委托管理家务。

此时正读着此书的你，如果是个二三十岁的家事工作者，大概无法想象自己跟狄更斯笔下的年轻女士一样，在身上系着一篮篮的钥匙（假如你是年轻男性）。不过，对于他所描写的那种因家务管理不善而造成的混乱与不快，任何人都能感同身受。食物难以下咽、工具残缺不全、健康亮红灯、肮脏、无力、争吵不休、深感羞耻等这些在狄更斯妙笔下栩栩如生的景象，在今日疏忽家事的家庭里依然屡见不鲜。

然而，是哪些事让我们疏忽了家事？今日人们无力胜任家事的原因又是什么？一般认为，要让家像个家，最低限度是保有居家的健康与安全，并且维持足够的舒适与秩序，如此人们才会想待在家里、觉得放松，而不是像旅人那样，即使住得很好，偶尔还是会出现无家可归的疲惫感。家事管理大多只建立在这种理性、功能性的基础上。但每个时代，人们也会做一些对安全与健康毫无具体益处的家事。例如我们的前辈就对熨烫衣物相当狂热。在 1900 年左右，他们坚持每件衣物要熨过，从床单到内衣都是。这让原本劳动量就相当惊人的妇女负担更大（而且大多数人都是亲力亲为，不靠女佣或只让女佣陪在身边），而这些妇女之所以如此付出，单纯只是为了保住自己的一席之地。她们和我们一样清楚，这件工作相当麻烦，对生活却是可有可无。事实上，研究女权主义的历史学家便曾抱怨，20 世纪50 年代的妇女很不明智地把时间浪费在不必要的"工作"上，而那些时间其实都可借由当时便有的新兴科技产品节省下来。这些历史学家称那是不必要的工作，贬低了那个时代的家庭主妇，我认为并不公平。不过，只要稍微了解"除尘"这件家事的历史，就不难窥知他们为何要如此评论了。

1842 年，大力鼓励女子教育的美国教育家凯瑟琳·比彻 [①] 认为，清扫客厅地毯以及为所有家具、书籍与小摆设除尘，每周做一次就够了。至于墙壁的部分，她只在春季大扫除中提到（唯一的例外是厨房墙壁，需要"经常"清洗）。1908 年，美国女作家玛莉安·哈兰（Marion Harland）反而要求人们每日除尘、每周用油擦拭餐桌一次并着手清洁地板及地毯，墙壁与天花板则是在春季和秋季大扫除时清理。到了 1950 年前后的家事书通常会建议中产阶级家庭实行一套极为严格的除尘方法。人们应该每天清除所有木制品与家具的灰尘，包括窗框、纱门与百叶帘幕，每天用拖把除去地板的灰尘，每天用吸尘器清理地毯，每天刷洗所有的家具垫套（如果你所住地区的空气很干净，可以每周 2~3 次）。还有，每月用毛刷或吸尘器彻底清理屋内每个角落一两次，包括枕头下与所有缝隙，木地板要用吸尘器每周吸尘，墙壁与天花板则视空气质量每天或每周除尘，所有家具更要顺着纹理，每周仔细用磨砂纸擦过一遍。人们是否真的完全照做，我们不得而知，

---

① Catharine Beecher，妹妹是积极倡导废奴制度的美国作家史托夫人（Harriet Beecher Stowe）。

但如果他们真的一一做到，我们就要问，付出这么多劳力对健康有好处吗？又能真正带来舒适吗？毫无疑问，除尘确实在这方面带来些帮助（也许部分解释了当时哮喘与过敏发生率较低的事实），但同样毫无疑问地，除尘工作的负荷量也超过了所能带来的好处。重点是，即使我们的母亲与祖母跟我们一样都明白这一点，她们依旧认为值得去做。

20 世纪 50 年代以前，我的祖父母跟大多数同时代的人一样，已经拥有所有现代化的便利设备，并以此为傲，那包括：吸尘器、洗衣机、烘干机、热水器、铺了瓷砖的浴室、抽水马桶、搪瓷水槽、浴缸、干净现代化的暖气系统以及光洁平整的地板与墙壁。祖父母搬进了配有这些设备的新房子里，而这些是曾祖父终其一生未曾享用的设备。超级洁净的现代生活，意味着他们与同辈的人终于获救，摆脱过去在旧房子里经常面对的烦恼：便壶、烟雾、油脂、煤烟、尘垢、泥土、臭气、灰烬、虫子、跳蚤及霉菌。对这一切，他们还记忆犹新。那时很少人会说，过度清洁是妇女在无事可做下所表现出来的神经质行为。历经几个世纪与尘污的艰苦奋战，这种生活赞颂着他们终于得到解脱，赞颂着他们终能享有舒适、美丽及平和心境。就算是有钱人，先前也无缘享受这种福分，还得天天为家具拂尘。因此，对于以家庭为中心的妇女来说，赢得这场战争所带来的欣慰，是我们难以想象的。

我们这些人未曾经历祖父母刚脱离的那种生活，因此很难理解尘垢给人的压迫，以及尘垢与死亡、不安、羞耻和危险的关联。另外，对那些过往将劳力全投注在清洁上的老一辈人来说，新家事科技带来的自由、明亮感受，也让他们如释重负。这种洁净是市井小民从新颖的家事科技获得的最大享受，因此，尽管清洁与打扫无法完全带来实质的好处，仍然提供了人们迫切追求的意义与满足，这让家有了尊严，也为人们的生活带来更多满足感。半个世纪后，我们这些成长于 20 世纪 50 年代至 60 年代明亮、现代化、洁净家庭中的人，大多数已经没有过去那种生长经验与联结，因此不再熨烫衬衫，每周只草率做一次除尘与吸尘，其他家事也一样，我们认为生活在"勉强及格"的居家环境中就好。我们比过去的人更清楚，要不要做更多或做得更好，取决于我们的意愿。

然而我们也应该明白，当我们谈到的是自己的家，其实是可以允许自己以"更好"为目标，而不仅仅是"及格"。这对今天的我们，以及对1800 年、1900 年、1950 年的人们来说，都是同等重要。尽管自 20 世纪 50

年代以来，除尘标准已经改变，但家对我们的意义，仍然跟祖父辈一样。家是我们生活的中心，我们应该尽可能投注时间及资源，让家发挥最大功用，并加以关照，努力巩固并精进家对每一个成员的意义。至少，我们不应该认为花时间做家事是一种浪费，或者认为应该尽量少花些时间与心力在家事上。

大部分的家事都可视情况斟酌处理，但不是所有家事都如此。清洁与秩序仍然是维护健康与幸福所不可忽视的必要条件。"必要"的范围有多大，可由每个人依据自己的情况来决定，但如果这意味着我们可以毫不愧疚地抛弃过往的除尘观念，那么我们就得弄清楚，到底除尘该做到什么程度，才能在健康舒适和有限时间与资源之间取得合理的平衡。毕竟，布满尘灰的家会让人住得不愉快、不健康。过去是，现在也是。

每个时代的意识形态与经济模式，都会影响女性对自己的定位。当外界要女性"待在家，好好做家事"，一个除了家事什么都不敢做的女人，就会以此辩称自己一直待在家中是为了尽自己的义务。今日，外界反过来要人们"走出家门，工作去"，使得无论男人女人，都可能把缺乏居家生活当成一种必然及不可避免的合理现象，宣称自己没有时间待在家里。其中，有些人的确觉得家事是庞大的压力，需要他人提供各方面的协助，我希望本书可以发挥一些作用。还有一些人只是不想面对家事，挥不去对家事的厌恶，也可能宁愿住在饭店、营房、船舱或修道院。但是基于"凡喜欢结果者必也喜欢过程"的这个道理，真正喜欢住在打理得宜的家中的人，最后一定也能享受打理家事的过程。打理家事的过程能为我们带来生理上的舒适与精神上的安慰，不仅因为能享受到劳动成果，也因为我们已经获得越来越多自由，去从事有价值、不受异化且感到骄傲的工作了。

▌如何使用本书

在撰写本书时，我心中不断浮现两种读者的样貌。最主要的读者就是家事新手，尤其是刚成家，或计划要结婚、养育子女的年轻人。此外，还包括一些年纪稍大，但基于某种原因较晚开始学习家事管理的读者，以及那些可能专精于某个领域，却对其他领域不甚擅长的人（例如对居家清洁很有一套，对食品储藏或织品方面却所知不多）。为了服务这些读者，我在书里放进处理各类家事的基本细节。

我还锁定了另一群读者，是较有经验的老手。这些读者已经自有一套系统与方法（我希望他们能原谅我在书中的教导语气），但他们可能会有兴趣学习更多知识，并跟上最新的发展，也许是照明、安全或新颖材料与织品之类的主题。或者，像我一样，他们可能只是喜欢拜读他人对家事管理的想法与做法。为了服务这类读者，我在一些题材所提供的内容，可能比新手所需的更详尽，例如木材与织品的保养以及衣物的清洗等。

本书开头的目录，还有每章开头的内容摘要，都有助于这两类读者依照自己所需浏览此书，并找到所需的内容。值得读者注意的是，许多物品如漂白剂、消毒剂及织品纤维等，都出现在不止一个章节中。

罗列在本书目录里的各个部分，大致是以维持一个家所需的基本工作种类来区分。每类家事都满足了一些居家需求，例如：整洁、有序、饮食、衣物、睡眠、安全、各类活动，以及居家相关法律和商业事务的基本认识。各部分中的章节通常都是独立的，可依自己喜欢的顺序阅读，然而，在某些情况下，你最好同时阅读相关的几个章节。例如，如果你想详细了解衣物洗熨的知识，除了阅读洗衣那一章（第21章），最好也同时翻阅有关织品、纤维和衣物标签的章节。如果你想了解假期居家安全，则可以在火与用电安全的章节（下册第31章与第32章）及其他章节里找到相关内容。这些你都可从章节目录中找到查询指引。如果有年老长辈到家中做客，可查阅下册第33章《滑倒与跌倒》；如果家里有小孩或即将有小孩诞生，则可翻阅所有关于居家安全的章节，尤其特别细读下册第36章《儿童安全措施》。不过通常我也会在内文中标注可交互参阅的章节。

我希望所有读者都能了解，本书中所提供的，只是做家事的其中一种方法。正如我以前从两位祖母身上所领悟的，几乎所有家事管理都至少有两种好的做法，而书中所有我认为比较不那么常见的做法，我也都尽量提出合理解释，希望能帮助读者决定是否要放手一试，或是要选择其他做法。

2
例行家务轻松做

❖ **前置准备**

☐ 制订时间表、标准及目标

☐ 省时方法

☐ 了解原因

☐ 列出清单

❖ **制订时间表**

☐ 选择最适合的机制与时间表

☐ 关于每日例行家事

☐ 关于每周例行家事

☐ 年度与半年度例行工作：

春季与秋季大扫除

❖ **扫除工作的顺序：什么先做？**

☐ 不同房间的清扫顺序

☐ 同个房间的清扫顺序

❖ **但是，这样做就会像个家吗？**

家事清单：

周一　买卫生纸、牙膏

周二　倒垃圾、洗衣服

周三　买菜

周四　吸地板

周五　倒垃圾、洗衣服

周六　买菜

周日　清理厕所、厨房

大多数人的需求都是周期性的，因此家事也得具备周期性。你每天都需要睡眠、饮食、沐浴、更衣，以及欢笑、放松、学习和娱乐，因此你的家也要日复一日地提供相应的条件，使你在舒适安全的情况下完成这些需求。一个家事新手所需具备最重要的观念，便是家事是由相互重叠的节奏、日程及例行工作所组成。周期可能以年、季、月、周或日为单位，而且每一类型的家事都是依据个别惯常的顺序来进行。

本章会简要说明这些时程与例行工作，并解释其意义与执行方式。不过请记得三个重点：第一，这些只是简要性建议，希望可以帮助新手建立家事的整体蓝图，但每个家庭都会发展自己的一套方法与机制。此处提供的都是典型、传统的建议，方便你据此进行弹性调整，以配合轻重不等的家事量及个人喜好。第二，我在书中所提供的讯息，有些会过于详尽，远超过你的实际需求。例如我的春季大扫除清单几乎无所不包，就连我母亲（最让人抓狂的春季大扫除达人）也提出抗议。但请放心，就如我向我母亲所保证的，我并不是要大家照单全收，让人萌生"干脆搬到旅馆住比较快"的念头。这些清单只是提供建议与灵感，让新手用来检视有哪些是自己所需要的，并避免遗漏任何潜在的重要事项。第三，家事新手不会一直是新手。本书乍读之下似乎有很多讯息需要消化，但若按部就班进行，很快一切就能在你的掌控之中。

前置准备

□ 制订时间表、标准及目标

过去人们总喜欢说，家事永远做不完，但这句话现在已经不常听到了，或许是因为现在的主妇根本不做家事。无论如何，就像大部分的格言一样，这句老话也只对了一半。没错，你永远可以想到还有事情没做完，而且明天总有更多工作要做。但事实上，每天、每周、每年的例行工作，一定都会告一段落的时候，因此你必须自己设定范围。家事新手应该从一开始就知道，设定合理、明确的家事目标是很重要的，因为如此才能确定可如期完成。就我个人经验来看，人们之所以讨厌做家事，最主要的原因就是觉得家事永远做不完，因此无法从中得到任何满足感、成就感以及释放的感受。为了避免这种情况，你得先决定要让自己的家达到哪种运作标准。照理说，这个标准应该有个词可以描述，但实际上并没有。在我还小的时候，母亲总会在一切按她的时间表完成时,吐出一句:"房子搞定啦!"无论你想用什么话来表达,都需先设定终点,好让你也对自己说:"做完了!"否则,你就会觉得自己被困在没完没了的家事中而愤愤不平,并可能因此变得讨厌家事。

另一个需要避开的陷阱,是僵化的标准及不切实际的期望。你需要针对平时,以及生病、压力大、公司有事、有新生儿、加班或其他可能扰乱日常作息的情况,设定不同目标。住大房子、有许多小孩或访客、活动频繁或父母有病在身的人,势必得分身处理更多事,因此不应该期望自己像模范主妇那样管理家务。此外,越是缺乏各种资源的人(包括金钱、帮手、设备、技能与时间),对于家事管理的期望,越要审慎及务实。

当你无法面面俱到,就设定优先级。健康、安全及舒适,会比外观、秩序及娱乐来得重要。混乱的衣橱可能会让你困扰,但是迫切性比不上干净的床单、衣物或餐点。灰尘过多可能使人不健康、不舒服,但布满灰尘的镜子则无大碍(通常来说)。先清理那些你最常使用的地方(如卧室、浴厕、厨房),以及那些比较迫切需要清洁之处,其他部分就放手吧。像是擦亮珠宝或整理照片这些事情,便可以无限期地拖延下去。

当你无法达到平常的标准,你也必须有个备案,以免标准无止境地向下沉沦。让你不至于失控的最好方式是先做好计划,在非常时期你要让家事减少到什么程度,而危机过去之后,你又要如何回复到平常的标准。在艰难时期,你或多或少还是该遵守某个较简单可行的例行公事。如果你还能准备简便的餐食,厨房也还安全卫生,大家都有干净衣服可穿,房间也打扫干净、通风良好、床单清洁,那么你的表现已经很好了。

□ 省时方法

市面上充满了各种"省时"器具与小玩意,报纸上也充斥着许多"省时"的诀窍。那些小玩意很少真的有用,因为多数人可能已经拥有重要的家电用品,而努力履行那些所谓家事诀窍,可能会让人发疯。其实只要慢慢累积技巧与知识,每个人都能发展出自己的独门妙技。要灵活运用别人的妙技通常不容易,因为他们的习惯与使用的东西可能无法适用在你的家事管理上,例如报刊家事专栏里常提到的嫩肉精或发胶使用技巧,我就从来没用过。初学者必须先从基础知识学起,等到习惯养成之后,就有能力筛选出对自己有用的招数。

　　撇开吸尘器、洗衣机、烘干机、洗碗机、微波炉这些基本的现代家电设备不谈，想要大幅节省家事时间，最重要的一点就是知道自己在做什么。一旦你亲身实践并具备相关知识，就能事半功倍，迅速完成家务。技巧与知识还能让你更有效率地运用外来的助力。

☐　了解原因

　　尽可能去了解为什么你用这个而不是那个方法来做家事。这能让你运用得更灵活、找出快捷方式或替代方案，并做出适当改进。

☐　列出清单

　　能干的家事管理者都懂得列出清单。建议你列出每周要采买的物品及要做的工作，例如打电话联络服务人员或钢琴调音师、执行特殊的清洁工作、归还图书馆的藏书或缝纽扣等。每当你发现家用品快用完，或者想到某个东西买来会有用，请立刻记在当周的清单上，且在你上市场之前，先检查食物柜与冰箱，看看有什么东西需要补充。坐下来草拟接下来一周的菜单，如有需要可翻一下食谱，确认需要的食料都已备齐。检查一下洗衣与清洁用品，确认你能应付这周的洗衣与清洁工作。检查浴室与卧室的卫生纸、

节省家事时间的建议

当时间紧迫：

1. 减少例行工作，只做非做不可的事。保持厨房清洁、每天清洗碗盘、维持食物及其他必需品的供应。优先打扫卧室或家人较常使用的区域。换洗床单。花几分钟用优质的清洁剂擦拭浴室与卫浴设备。

2. 尽可能维持整洁，随时顺手清理，以免家中越来越乱。

3. 选择较不花时间烹调的食物，善用冰箱里的现成食物。

4. 如果有能力，雇用帮手。如果你不常雇用帮佣，可以请钟点清洁员花一天或半天的时间，帮你完成每周的清扫工作。如果你有办法完成每周的例行家务，但无法顾及久久一次的清扫，可以定期聘请家事服务员来帮忙，例如请人帮忙工作量较繁重的春季或秋季大扫除，一般来说都还负担得起。

5. 把衣物送洗，或者请人到家里服务。试着减少脏衣物的数量。

6. 如果情况严重（例如生病、生产、有家人过世），请向亲朋好友求助。

纸巾、肥皂及个人清洁用品是否够用。检查书桌上的纸、笔及其他常用物品。最后，当你要出门采购时，别忘了带上购物清单。

▌ 制订时间表

☐ 选择最适合的机制与时间表

　　居家生活会不断消耗各种好东西，像是食物、干净的衣物、床单、闪闪发亮的地板，而例行家事就是持续更新与替换这些好东西。家事管理最好的入门方法，就是从制订例行程序与时间表开始。你可以一点一滴循序进行，毕竟家事管理从来就不是全有或全无那么绝对的事情。你可以先锁定每日与每周的基本例行工作，准备一本家事专用的记事本或行事日历会非常有用，有些人甚至一辈子都把家事记事本带在身边。我就认识一位老先生，他会把衣橱与橱柜里的东西全记下来。仆人众多的豪门家庭也都是这么做，他们会巨细靡遗地记下床单与果酱的数目。住在普通屋子或公寓里的家庭无须这么大费周章，但有些人会觉得这有助他们把家事做得井然有序。

　　越来越多人在做家事时，并不依循任何机制、计划或例行程序，他们大多是见招拆招，但这只会让事情变得更困难。有了系统性的家事管理机制，大部分的时间你都会过得很舒适：日用品供应无虞、不会有累积过量的污垢与脏衣物、家庭日常事务及娱乐所需的资源随手可得。若是家事管理缺乏规划，你只会在某项资源用尽时才着手处理，例如已经没有干净的衣服或床单，但隔天一早要上学，今晚只得面对脏污的床铺；或是到了晚餐时间才发现食物柜空空如也；或是家里已经脏乱到无法忍受的地步。如果你是这样打理家务，那么你一定是已经忍受了一阵子不开心和不舒适，才决定采取行动，但到了当下，麻烦状况却通常无法立即解除，因为如果没有合理的时间表，就无法确定你是否有时间或资源可以立刻解决这些问题。而且，此时的工作量会比由每日来进行更繁重，一切都会变得比原先还糟。最糟的是，你只会在采取紧急应变措施之后的短短一段时间内，享受到好的生活质量，其余的时间，也就是大部分的时间，你都没有生活质量可言。

　　日常的例行家事不仅可以避免居家环境变得又脏又臭，也有助于维持你做家事的意愿。因为经验丰富的人都知道，做家事的动机有可能出自一种微妙的心理。打扫、洗衣及其他杂务，在你放任不管两周之后，通常就会变得更难处理。时间拖得越长，你需要花在这些问题上的心力也就越大。只要放着一些家事不做，你就会更不想做其他家事。

如果缺乏一套机制，你往往得在每次做家事前重新回想，或者花很多时间斟酌要先做什么，如此耗费心神会成为家事的巨大障碍，尤其在你很累的时候。但是疲倦的人通常还能进行一些例行和习惯性事务，因为执行时不需要思考，只需要克服些微惰性。当例行家务能够融入一整套可靠的家事管理计划中，就会让人觉得做起来有效率、有价值。但是如果你感觉自己只是在一个濒临瓦解的居家环境里应付最糟糕的问题，那么花再多力气恐怕都觉得不值得。

当你要自行发展一套例行程序时，最好先想一下所有需要完成的家务有哪些，并区分成必须每天、每周、每月、每季、每年或久久做一次的工作。以下列举一般人每天、每周、每月进行，以及频率较低的工作类型。

每日例行家事

- 把脏衣服放进洗衣篮里，然后将其他衣服挂起来
- 使用洗手台及浴缸后立刻清洗（包括排水管与滤网）
- 检查肥皂、卫生纸及其他卫浴用品；视实际情况更换毛巾
- 煮菜烧饭并收拾厨房
- 更换厨房用巾并清洗锅具
- 用扫帚、拖把或吸尘器清理大量使用区（厨房、大门）的地板
- 铺床
- 替喷雾器与加湿器加水（必要时清洁一下）
- 整理，让报纸、杂志等物品归位
- 必要时进行临时的采购
- 清空垃圾及垃圾桶（晚上）

每周例行家事

- 打扫房子洗熨衣物
- 小规模打扫及洗衣（见下文）
- 采购所需食物及用品
- 其他杂事

每月、每季或周期性例行家事

- 清洗床单、枕头套，以及可水洗的床罩与被单（每月）
- 床垫换边（每季）
- 清洗或晾晒枕头（每季）
- 清洁灯罩与灯泡（每季）
- 清洗镜子清理烤箱（如有需要）

- ◆ 为地板上蜡（如有需要）
- ◆ 清洗木制品或打蜡（如有需要）
- ◆ 整理经常使用的抽屉、橱柜、壁橱等（如有需要）
- ◆ 清洁百叶窗、窗帘（每月），以

及门顶等不易够到、容易积尘之处

- ◆ 清洗窗户、防风窗及纱窗（最好每季进行）
- ◆ 清洁吊扇叶片

每半年或每年例行家事

- ◆ 清洗（或干洗）毛毯、被褥及凉被
- ◆ 拿出衣柜里的过季衣物，洗净后收好，改换成当季衣物（春季与秋季大扫除）
- ◆ 不用的物品送人；损坏的物品丢弃
- ◆ 清洁并擦亮珠宝、首饰、银饰、黄铜及纯铜制品
- ◆ 清洁吊灯与照明设备
- ◆ 为钢琴调音（每年两次）
- ◆ 清洁所有墙壁、天花板及地板
- ◆ 清理地下室与车库
- ◆ 清理阁楼（通常两年一次即可）
- ◆ 为家具上蜡
- ◆ 为书本吸尘

- ◆ 移开烤炉、冰箱、钢琴等笨重设备，清理下方空间
- ◆ 清洗地毯与室内装潢品
- ◆ 清洁灯罩
- ◆ 清空并清洁所有壁橱、抽屉与柜子；擦洗瓷器、水晶饰品及小摆饰
- ◆ 清洗窗帘、百叶窗
- ◆ 干洗或水洗窗帘与家饰布
- ◆ 整理或收纳照片、录像带、光盘等
- ◆ 整理购物或缴费收据，丢掉过期的单据
- ◆ 审视保单内容
- ◆ 更新存货清单

□ 关于每日例行家事

  每天两次让家里恢复基本秩序：一次在上班前或早餐后，一次在睡前。早上的工作包括早餐后整理厨房、清洁屋子整理床铺及挂好衣物。晚上的工作为晚餐后整理厨房、把垃圾拿出门、锁门，并在睡觉前把脏衣服放进洗衣篮、挂好其他衣服。如果你在外工作，一定会想回到一个整齐、干净、空气清新的家。当你准备就寝，你一定不想因为一张凌乱脏臭的床而感到沮丧。如果你能坚守这些每天的例行家事，你的家便能维持一定程度的秩序与整洁。早晨，你会在清新的家中醒来；下班后，你会回到清新的家。不必忍受脏兮兮的床、满地的碎屑、黏糊糊的餐桌与餐台、酸臭的空气，

或是肮脏的洗手台、浴缸或淋浴间。

食物或用餐区域的碎屑、黏稠物及各类污垢，应是每日例行家事的优先处理项目，你必须立即清洁或扫除。垃圾至少每天倒一次，防止不良气味与病菌滋生。为了避免家里越来越混乱，物品必须勤加收拾并归位（见第3章《整理》）。但以上所列的某些"每日"例行家事，并不需要天天做，也许你进行客厅的局部吸尘只需1周1次、2次或3次，视你的习惯与家中活动情形而定，我的英美祖母称这项工作为"清理一半的地板"（但她每天都做这件事，还有其他家事）。你的目标只需集中在看得见的区域，至于坐垫与家具下方等看不见的区域，就留待每周清扫时再处理。不过，厨房与饭厅等用餐区域，通常每天得清理好几次。

□ 关于每周例行家事

至少在100年前，主要家务是以周为单位在进行的，他们将重要的家事项目分配到1周内的每一天。虽然分配的顺序不见得一样，但在我小时候，人们通常在周一洗衣服、周二熨衣服、周三缝衣服、周四上市场、周五打扫、周六烘焙、周日休息。这套机制在20世纪60年代中期还受到普遍遵循（某些地区甚至流行更久），而对我们这些还有这些记忆的人而言，其消逝速度之快、程度之彻底，着实令人咋舌。就许多方面而言，这些老套做法已经变得不太有意义。缝纫与烘焙已经落伍，还在做这些事情的人通常是为了好玩，将之视为休闲活动。大多数人很少或根本不熨烫衣物，重要的家事大为减少，而且其中某些家事，特别是洗衣服，也不像以前那样耗时又费力了。

尽管如此，每周例行家事仍有存在的必要，我强烈建议你自行设计一套例行程序，这是让你的家运作良好的主要工作。每周家事清单仍要列入采购、打扫、洗衣等工作，有时候还有熨烫衣物，然而，原本的缝纫日可改为处理临时杂事的时间，例如修补器具、缝补纽扣或裙边裤脚，以及事先煮好食物冷冻备用、支付账单或结算收支等。你也可能会想安排一个"小扫除日"，或者相对于定期扫除来说较为精简的清洁工作。对于那些活动频繁，或家中有小孩、宠物、有过敏问题及其他可能需要进行额外打扫的人来说，这尤其是个好主意。

你在安排每周例行家事时，可以像传统做法那样，把家务分配到1周内的不同日子，你也可以把几件每周例行家事，安排到同一天来进行。例如说，如果一对双薪夫妻没有孩子，养了一只猫，住在一间小房子里，他们的每周例行家事可能会像这样：

- 周一洗熨衣物
- 周二采购
- 周三小扫除
- 周四处理杂事
- 周六上午打扫屋子

当年我还是单身且有一份工作时，住在一间套房公寓。我当时的做法通常是这样：

- 周二处理杂事
- 周四采购
- 周六上午打扫屋子、洗熨衣物

你可以隔周做一次小扫除或处理杂事，视你的需求而定。请想想你要如何将一周的家事分配到每一天。以打扫屋子来说，尽管这项工作已经不像过去那样耗费体力，却因为洗衣已几乎完全自动化，便成了目前最吃力的家事。如果你是亲自打扫，在时间与体力都充足的情况下，你可以固定在某一天进行。要上班且住家有一定规模又自己做家事的人，通常会把周六定为打扫日，因为他们平常在工作一整天之后，往往已经累到无法胜任这个耗费最多体力的家事。事实上，周六也是早期许多家庭的传统清洁日。但对于一些住在套房公寓或生活简单的家庭来说，下班后不但可以完成清扫工作，往往还能同时洗完该洗的衣服。对这类家庭来说，周一晚上非常适合排定为每周例行的打扫及洗衣日，因为一周的工作才刚开始，通常不会太累，也最不可能会因家事而干扰到社交生活。另外，在主要打扫日过后的第三或第四天安排一个小清扫日，帮助也最大。

过去通常把洗衣工作安排在周一，因为洗衣是相当累人的工作，人们需要在周日充分休息之后才有办法胜任。但如果你是家庭主夫／主妇，或者有人可以帮忙，就无须坚持周一洗衣日的传统了。若是所有成员都在外工作、家事量很大的家庭，周一仍然会是最适合洗衣的日子，因为这周才刚开始，比较不那么累。另外，即使你没有外出工作，还是该设定一天为洗衣日。有大量衣物需要清洗的家庭，可能每周要安排两个洗衣日，一个主要及一个次要。但是要每天洗一到两篮衣物的常见模式，对大多数家庭来说通常效率不高，也很容易因故中断，除非是很有条理的家庭（理由详见第 20 章）。

如果你想一周安排两个洗衣日，可以在这两天清洗不同类别的衣物，例如一天洗毛巾和床单，另一天洗衣服，让事情更有条理。通常你会在打扫日更换床单及毛巾，因此也很适合在同一天洗毛巾、床单、茶巾、桌巾及其他家用布巾。衣服通常最好安排在另一天清洗，因为衣服的分类与照料往往更复杂，你可以选个下班后的时间，空出一整个晚上来洗。至于熨烫衣服，你可以利用清洗另一批衣物的空档，或是隔天再熨烫。详见第 23 章。

周四，是传统的采购日，对现代的许多人来说，也是非常适合上市场的日子。这样你就能空出周五晚上进行社交、娱乐、休闲活动或纯粹放松休息，同时还确保周末的生活不会缺东少西。不过，如果你想在周三晚上先煮一些食物冷冻起来备用，那么周二可能是更适合上市场买菜的日子。虽然有很多家庭利用星期六下午买菜，但这个黄金休闲时间其实可以有更好的利用，而且这时候买菜也很容易撞上周六其他活动，导致延后或干脆不买。周日下午也是另一个选项，但超级市场在周日所提供的货色往往较少或较不新鲜（而且你需要在周末挑一天作为休息日）。要在下班后买菜的人必须准备好详细的清单，才能迅速完成采购，并享有清闲的一晚。

无论你选择哪一天，一定得安排一个主要采购日。虽然大多数人 1 周内会前往当地市场数次，简单采买新鲜的蔬菜、牛奶、鱼类等，仍然有需要每

每周扫除工作清单

◆ 更换床单（每周 1～2 次）与浴巾（每周 2 次或视需要调整）
◆ 为地毯、地板、椅垫及灯罩吸尘
◆ 清洗所有可以水洗的地板
◆ 为物体表面与物品本身除尘，包括相框、镜子、灯具与灯泡
◆ 擦拭门把、木制品、电话、计算机键盘上的指纹或污渍
◆ 从上到下清洗整个浴室：包括马桶、洗手台、浴缸、瓷砖、牙刷置放架、镜子、地板、柜子外部，以及所有固定装备
◆ 清洗所有梳子与刷子
◆ 清洁整个厨房：冰箱、炉子与其他电器的内部与外部，以及洗手台、餐台、桌面、炉具周围墙面、地板
◆ 依据制造商的建议，清洁空调滤网与加湿器
◆ 清洗并消毒垃圾桶

周特别拨出一天，用来采买保存期较长、可存放较久的品项，例如清洁或洗衣用品、纸制品、罐头食品、冷冻食品以及其他包装好的物品等。当橱柜中物资充裕，足以应付不时之需，你会感到相当满足；相反，假如基本用品没有适时补充，缺东缺西，就会让你感到沮丧与烦恼。每周一次的主要采购日也让你不必在周间不断跑卖场，许多家庭便是因此浪费掉宝贵的时间。如果你能够减少这些零星的采购次数，不但可以省钱，也省下时间，因为你比较没有机会陷入冲动性购买，减少了不必要的浪费。如果你能仔细拟好购物清单，并仔细检查，就不必为了灯泡或牛奶还得另外上市场。

有些人会觉得事先把菜煮好冰起来备用是非常好的办法，即使一个月只有一次或两次。只要不妨碍家庭与社交活动，可以选在排定做杂事的那天或是周六下午（传统的烘焙时间）来做这件事。孩子喜欢做饭，也喜欢父母在家里做饭，而且你可以一边下厨，一边看着他们做功课或玩耍。

每周排定一天，花一小时（或两三小时）来做累积下来的家务，能让一个家更有组织与条理。这个时间通常可以用来清理烤箱、更新家庭财产清单、整理相簿、计划下个月要做的家事等。你也可以利用杂事日，进行一些每月、每季或不时得做却无法纳入定期打扫时程的家务，例如洗窗户或墙壁，或逐一完成年度与半年度的家务。日积月累，便能省去春季或秋季大扫除时繁重的工作量。上班族通常比较喜欢这样安排，因为如此就不必利用个人休假或额外挪出时间来进行春季大扫除。但如果你的时间表可以配合，每年一或两次大扫除的惯例仍有其存在的意义。

□ 年度与半年度例行工作：春季与秋季大扫除

"春季大扫除"或"秋季大扫除"，顾名思义，指的是大规模、把整间屋子彻底清扫一遍。美国在传统上会选择在春季进行，是因为屋子在连续两季以木材、油、煤气、煤油、蜡烛等取暖及照明之后，往往变得脏污，需要清扫。冬季结束时，房子里的所有物品都被蒙上一层恶臭的黑色油脂与污垢，而随着日照变长、天气变晴朗，这些难看的污垢就会更加明显。因此，一旦天气回暖，人们不再受寒冷之苦，便开始动手清理所有东西，而且真的是"所有东西"：拍打地毯、取出床垫与枕头，使之透气，或是收进家里较低温的地方（地下室或阁楼）。人们清空每一个抽屉、层架、橱柜、衣柜与房间，把这些地方清扫干净，然后清洁、洗净、抛光或擦亮所有房间里的所有东西（窗帘、床垫、枕头、地毯、地垫、椅垫、水晶玻璃、瓷器、银器、铜器及青铜等等），然后一一归位。墙壁也清洗或粉刷，地窖重新刷白。由于人们在温暖的季节与寒冷的季节会使用不同家具，因此在春季大扫除时，便会换掉冬季的家具，让春夏用的地毯、窗帘及寝具上场。秋季大扫除时，则为再次降临的寒冬与污垢做准备，取出冬季用的物品，如床头挂上厚帘，地面铺上羊毛毯等。

过去人们必须进行春季大扫除的理由，现今已不再适用。现代的冷暖气系统让家里不再产生明显的季节性尘垢，让家事不受气候影响。目前就我所认识的人当中，也没有人仍依照季节更换家具，仅仅在春秋换季之时更换寝具与衣物。很多人都与我们的祖先一样，非常不喜欢为了换季大扫除而干扰家庭生活，许多人因此取消了春季或秋季大扫除，然后把各项家务分配到平常的杂事日来处理。

但有一些人仍然可以挪出时间，或是喜欢屋子彻底整理后焕然一新的气息，此时春季大扫除就还有其意义，你可以先试着做一次，再决定是否放弃。新一季开始，如果家里上上下下都一尘不染，每个抽屉都清空、每件瓷器都洗净、每个金属部件都抛光、每条织品都涤清，所有物体表面的每一寸都经过清洗、抛光、刷洗、上蜡，或以其他方式处理到光亮如新，会让人感到相当愉悦。这有助于你产生强大动力，让每件事情维持在春季大扫除之后的美好状况。此外，这也意味着不会一直有十几件大事悬在你脑中，干扰你的闲暇时间，毕竟把这些家务分散来做可能反而显得繁重。

秋季大扫除是迎接新年假期的绝佳序曲。你可以每年进行春季与秋季大扫除，或只做秋季大扫除，或每隔几年进行一次秋季大扫除。真正的春季大扫除通常安排在不需要用到暖气之后，且通常是在春季的第一天到4月中旬之间，秋季大扫除应该在6个月后进行，通常是9月气候较为凉爽的时候，但不晚于10月中旬。许多有孩子的家庭会选择在8月下旬新学年开始之前进行秋季大扫除，借此清理橱柜、抽屉、储物箱等储放孩子过时与破旧衣物和玩具的地方，以挪出空间放置新学年开始后的新制服与玩具。春季与秋季清扫都需要整理衣橱，因此也是相当适合举办跳蚤拍卖的时机。

如果你选择每年或每半年进行大扫除，可以择要进行，也可以做地毯式清扫，就看你自己的想法。记住第26~27页所列出的家务都只是建议。任何你选择略过的家务，都可以借由另外的杂事日来完成，或者如果无伤大雅，也可以延后到下一年再做。若是独栋的房子，可能需要 2～3 天来进行秋季大扫除，此时，你应该事先计划好，确保这段时间不会有客人来访，下厨也尽量从简。

扫除工作的顺序：什么先做？

很多新手会问，扫除的顺序应如何安排比较合理？先后顺序有什么差别？某种程度来说，是有差别的。规划良好的清扫顺序，可让整间屋子免于天翻地覆的状态，也不会为了清洗肮脏的地方而把清理好的地方弄乱。传统所依循的顺序仍是非常有效率的方式，相信也是大部分人喜欢的方式。然而，基于某些原因，有些人还是会希望有所改变，其中有客观的因素（例如我丈夫在伦敦住过的房子，浴缸是在厨房里），也有主观的因素（例如某些人觉得厨房的脏乱十分恼人，不清理干净就无法思考）。重要的是，要定下某种你所喜欢的顺序，并固定依循。

我从母亲那里所学到的准则如下：

1. 由高往低——从楼上开始，逐渐移往楼下。一般而言，清扫房间时也是从高处往下（可能除了清洗粉刷过的墙壁之外，见下册第 15 章《墙壁、天花板、木作和窗户》）。

2. 从干到湿——从没有洗手台、浴缸或厕所的干房间与区域开始，然后到潮湿的区域。

3. 由内向外——从壁橱、橱柜、冰箱等内部清到外部，从室内清往室外。

4. 从需要等待的家务开始——从费时的自动程序开始，如床铺透气、洗衣浸泡、熬汤，如此你还可以一边做其他家事。

实务上，依照这些原则，你可以把工作安排成类似以下的顺序：

□ 不同房间的清扫顺序

从需要等待的家务做起。如果你希望在清扫的同时洗衣服，你应该先收集与整理这些衣物。当第一批衣物放入洗衣机时，便开始打扫卧室，在洗衣与烘衣过程中继续清理。中间需要暂停工作，迅速从烘衣机取出衣物并抚平，以免产生皱褶（见第 22 章）。

从楼上开始清扫。整理卧室、办公室或缝纫室，然后整理走廊，最后才打扫浴室。如果屋子超过两层楼，就从最顶层开始，并在下楼时，顺道打扫楼层之间的楼梯。一楼地板最后清理。从客厅开始，接下来是起居室、书房，再是饭厅，然后厕所或浴室，厨房最后。在完成屋内清洁之后，继续清扫门廊、庭院、露台及通道。以上建议当然是给独栋房子的家庭，不适用于公寓。

□ 同个房间的清扫顺序

清理房间时的基本考虑，是在清扫下个区域时，要避免弄乱弄脏已经清理好的区域。通常只要遵循由高往低、从干到湿、由内向外的顺序，便可以达到。在为每个房间除尘的同时，顺便清洁冷暖气机的滤网。地板最后洗，并且一定要在门口收尾，这样你就不需要踏过湿滑的地面了。

卧室：首先挪开床上的东西，让床铺透气，接下来整理房间（如有必要，先整理衣柜或抽屉），然后除尘。清洗裱框的玻璃与镜子，视需要擦拭开关面板、门把与门，然后吸尘，最后再整理床铺。取出所有需要清洗的喷雾器与加湿器，需要用时再更换或补充内容物。

浴室：如果你使用的是浸泡式厕所清洁溶液，先倒入马桶。接着清理洗手台、淋浴间、浴缸周围的瓷砖或墙壁（包括浴帘或拉门）。再来清洁浴缸或淋浴间，然后是镜子、橱柜的门、浴室的门、开关面板和门把。然后是台面、洗手台和马桶（或以不需要事先浸泡的洗洁剂清理）。接下来扫地，最后清洗地板（可以在清洗地板时顺便清洗墙壁较低处及踢脚板）。

办公室、书房、图书室、缝纫室、起居室、客厅、饭厅：先整理，后除尘。清洗画框玻璃与镜子，视需要清洗开关面板、门及门把，最后吸尘。

最后才吸尘！	究竟应该先除尘再用吸尘器，还是先用吸尘器再除尘，人们对这个小问题，一直有着激烈争辩。正确答案是，你应该先除尘。"地板先清扫"的规则已经过时了。在吸尘器问世之前，地板、地毯及毯子经常需要以扫帚或地毯专用扫帚来清理，而且会扬起一阵相当惊人的灰尘。因此，家庭主妇都是先从地板开始扫起（同时先以布覆盖所有物品），因为如果先除尘，等地板扫完、尘埃落定之后，又得重新除尘。然而今日，使用吸尘器时并不会扬起灰尘（如果会的话，也许你该换一个新的），而且如果除尘时不慎让灰尘掉落在椅垫与地板，便可在吸尘时一并除去。

厨房：先整理，然后清理炉台与冰箱。清空所有已经变脏变乱的抽屉与橱柜，擦拭干净后重新归位。清洁炉台周围墙面、橱柜、门、门把以及开关面板。接着清理桌子、台面与洗碗槽。最后，以扫把或吸尘器清扫地面，再以水清洁、拖地。详见第9章。

工具房、阁楼、车库、地下室：如果你有工具房或洗衣房，通常最好在清理完厨房之后再进行清扫，但有时候也取决于所在位置，以及你是倾向把工具房等当作室内空间还是室外。清理后把工具洗干净，擦拭橱柜、门及门把，并清理台面与洗手台。以扫把或吸尘器清扫地板，然后用水清洁、拖地。

只用来停车的车库，以及很少使用的地下室，一般都是一年清洗1~2次，但如果每天都会用到，便需要更频繁的清洁，也许是每周整理1次，依使用情形而定。阁楼若只是用来存放东西，每隔几年清理1次即可。

室外：先清扫门廊、庭院及露台，再适度擦洗或冲洗，最后清扫走道。

▌但是，这样做就会像个家吗？

一些刚开始管理家事的新手可能会很想知道，做了这一切之后，是不是就能让家很有家的气氛？答案是，以我个人估计，这大致能达到目标的3/4左右。本书里所概述的基本家务领域，提供大多数让家变得像家的好方法，如清新干爽的床单，良好的餐食，通风、清洁、井然有序的房间等。但影响家庭氛围的，还有其他因素。

装潢通常是其他因素当中最受关注的花费，也确实有其影响。如果你是第一次装修房子，请务必在顾及品味的同时，让房子充满家的味道。我认识一些人，他们在市区拥有前卫的公寓，却又在乡间拥有一栋摆满乡村风味家具的屋子，他们似乎觉得，看起来乡土才会有家的感觉。这绝对不是个正确的原则，但也可能是对的。对某些人而言，或许只有斯蒂克利①家具与柳条篮子，才能让他们放松。最好的方法，是了解并自信地遵循自己的真正的品位，而不是一味担心印象与形象。矫揉造作与生硬的装潢，是温馨居家感最常见的敌人。有时过度华丽或极其酷炫的装潢，反而会破坏居家的温馨感，因为看起来不真实。一般来说，任何你真心喜欢的东西，

---

① 古斯塔夫·斯蒂克利（Gustav Stickley），美国家具设计师与制作者，修道院风格家具主要创制者，对当时兴起的工艺美术运动有重大贡献。

不管是旧的、新的、传统的还是前卫的，都能营造家的效果。

一般认为，空间小而亲密的小房子，比宏伟宽阔的大房子更容易营造家的感觉。许多人更觉得，如果想让家像个家，应该找个小一点的房子。我基本上同意这种看法，但我也见过某些宽阔豪宅或开放式挑高跃层公寓，借由家具、不同角落或布幔的安排，围成许多小空间，营造亲密的居家感。

还有许许多多的居家妙方，能让你的家充满家的感受。如果你愿意，可以从中学到不少诀窍。适时实行这些习惯与做法，也能让你的家变得惬意舒适。哪一种方法效果最好通常因人而异，取决于这个家的特质、历史及品味。令大多数人感到舒适的事情包括：铺整舒适的温暖床单、报纸刚好放在会令人想拿起阅读之处，以及一杯随手可得的茶。你还可以记住家人最爱吃的菜以及他们最喜爱的调理方式，将之用在他们手忙脚乱或有需要庆祝的场合，增添家庭气氛。家的温暖，来自知道每个家庭成员的习惯：他需要一个挂钩来挂帽子、她需要一个篮子来放置钥匙和口袋里的杂物，还有给孩子收藏石头的特殊抽屉等等。

鲜花、一盆好的水果，以及自制的烘烤食品，这些轻松、愉快的小诀窍，都能让家更温暖。你会希望提供这些漂亮美好的事物，并与家人一起做些简单的事情，而不只是把东西买来而已。如果你喜欢插花，可以花几个小时来插花，但如果你不特别感兴趣，也可以把花放在有水的玻璃容器中，看起来就很漂亮了。在餐桌上摆放3或4种正熟的季节性水果，往往比精心挑选珍稀水果更明智且更有吸引力。你的种种辛劳、有远见的做法（由于你事前预备，水果现在看起来、闻起来、尝起来都刚刚好时），对这种小小欢愉的注重，加上前述营造居家感受的家事管理，家的感觉就到位了。

许多人往往觉得，只要有一本好书，就能让他们感到自在、有家的感觉。但书不能只是放在书架上，还要在桌上、在我们在休闲时可能会停下来阅读的地方。客人通常也喜欢主人贴心地在床头放置各式各样的书籍。

看起来有人情味的房间，往往更有家的感觉。这虽然是老生常谈，却是不争的事实。这并不表示房间不应该太干净，而是表示，你应该真正住在你的房间里。当你说话、读书、写字、听音乐、游戏或缝缝补补的时候，你会在房间里留下痕迹。而这些痕迹会让人看到同时也参与你的生活。这使他们感觉到，这房间是用来供人生活和做事的地方。虚假的生活表象只会令房间变得凄凉与孤独，唯有真正的生活痕迹，才能让房间透出一股舒适与温暖。

CHAPTER

3

整理

❖ 破窗理论
❖ 新习惯
❖ 帮他人收拾

位来自印度的朋友曾对我说，在她的国家永远找不到掉落在路上的铁丝或橡皮筋，原因是这些东西在那里非常稀有，而人们非常穷，因此会被立即捡走。现代美国家庭每天当作垃圾丢弃的食物与物品，可能会被大约半个地球的人视为财富加以珍藏。但是，在一个世纪以前，美国人无论贫富，家里都不会塞满这些过剩的物品：玩具、游戏机、杂志、报纸以及各种工具。直到最近，一般居家设计以及家具才开始提供适合储藏这些物品的收纳空间，让人们可以试着遵守古老的家务格言：“万物皆有所归，万物各就其位。”

对许多家庭来说，杂乱是个棘手问题，书店中介绍壁橱设计及如何征服杂乱的书籍，数量多得吓人，报纸杂志也有无数文章，帮忙解决不知如何扔东西的烦恼。壁橱改造服务的生意蒸蒸日上，为客户的橱柜设计各式各样的机关，以存放更多东西。如设置多种层架、抽屉及挂杆的大衣橱，床底储物盒，嵌在墙面的层架与抽屉。所有的收纳点子都值得采纳与尝试，教你收纳诀窍的书籍与专业人士也会给你真正实用的好建议。

但是，除了创造出能放进所有东西的地方，并学着不要购买或保留无用之物，做到整洁有序，还需要学习一套与大量物品共处的新生活习惯，因为你对于如何保持整洁的观念，可能还停留在过去家用物品很少的年代。真正的关键除了改造你的衣柜，还要改变你的想法。

破窗理论

在我们与儿子的卧室之间有条走道，放着一张具有多种小小功能的椅子。某天早上，我一时性急，在经过时把我的浴袍和报纸扔在椅子上。那天晚上，椅子上不但有我的浴袍和报纸，还多了我丈夫送干洗的衣服、《星际大战》里路克和千年鹰号的塑料玩具、一管消毒软膏、杂志及5组积木（我记得很清楚，因为我对着傻笑中的老公背诵出了所有物品），而这把椅子在之前的半年都是空着的。

据说现代治安的成功，有赖一个社会学原理——“破窗理论”。这个理论认为，小区或邻里一旦开始疏忽人身与小区安全，就会让比较反社会的人更容易犯罪，包括各式各样的罪行和一些不检的行为。例如，倘若有个窗子破了却没有立刻修理，对歹徒来说，这代表没人关心或根本无人控管，因此可以放心在墙上涂鸦、乱丢垃圾、打破其他窗户。而这也让那些蠢蠢欲动的歹徒觉得，他们可以放胆抢劫或进门行窃。一个被打破的窗子，如果没有及时修理，最终将导致整个小区失序。因此，警方借着立刻阻止或处理涂鸦、破窗以及其他会影响"生活质量"的罪行，大幅降低了很多大城市的犯罪率，至少警方是如此对外声称，且有充分证据显示所言不假。这对大多数人来说，似乎是个常识。

破窗理论当然也适用于家庭。原因很简单，就像无人修理的破窗可能导致连锁反应，家里一旦出现乏人打理的迹象，最后整个家就会变得一团乱。情况可能是这样的：有人把鞋子一脱，就在他最喜欢的椅子上一边阅读、一边喝茶，享受舒适惬意的时光。此时妻子递给他一封重要信件，他看完之后起身去打电话，留下这封信、撕破的信封、读了一半的小说、他的鞋、喝了一半的茶，以及那张看起来很舒适的椅子。但是当天他没再回到这张椅子，他打完电话并开始忙于其他事情之后，便完全忘了他的茶和小说。现在，这个房间的"窗户"已经破了，下一个走进这个房间的人会认为自己有权把这里弄得更乱，因为房间已经稍微失序，尽管还不是非常严重。于是，下一个人便在椅子上留下一叠文件，再顺手丢件毛衣。类似的事情发生了四五次之后，这房间便丢满了杂物，而且不久之后这种混乱便蔓延到隔壁房间。另一个例子：有人用了餐，而且没怎么收拾，一些碗盘、锅具就摆在原处没洗，台面也没整理。之后，每个走进厨房的人都会认为自己有权把这里弄得更乱，在台面上留下一只玻璃杯、一个小碟子，或在餐桌上制造出更多食物屑（毕竟，这里已经有一些肮脏的餐具，再多两个也无妨）。类似的连锁事件，也可能发生在其他家务上：他不去市场买菜，所以我也不要（或无法）下厨、洗衣服、吸尘清扫。就算是自己一个人住也可能发生类似情况，你会发现，当自己开始不遵守秩序或常规，接下来往往是继续放任，然后整个家很快就失控了。

新习惯

只要能保持绝对的整洁，无论多困难都把家务打理好，便能阻止恶性循环，这也是20世纪中叶之前人们的做法。但那时的生活并没有太多物资，生活相当简单，人们不必太过严苛就能保持绝对的整齐。不过，对现代人来说，要过完全不破坏整齐与秩序的生活，是非常不实际且强人所难。今日，基本秩序虽较以往松散，但依旧非常可靠。现代家事管理的这种"放松"，是去建立一套习惯的模式，以忍受破窗所带来的损害，而非完全不允许任何一扇窗户打破。对现代家庭而言，如果保持整洁有秘诀的话，那便是去学习这种习惯。

对有经验的人来说，这种新习惯听来似乎理所当然，但家务新手可能无法理解，尤其是来自老式家庭的新手。第一，你必须调整整洁的标准，即使有一定数量的东西"不在位子上"，也不会有规则被打破之感，或觉得房子因此变得不完美、有缺陷。如此，当屋子的某个角落有新东西进驻时，你就不会有越来越乱或"失去了什么"的感受。家里总是可以容下更多东西，但所有东西都只在特定的时间存在。尽可能在活动结束之后或每晚入睡前收拾，这样你每天就可以在完全恢复秩序的家中开始一天的生活。

第二，哪些东西可以不再定位：有些可以，有些不行。你可以保留尚未结束的活动，以便稍后回来继续，例如可以把报纸放在阅读椅上，把缝到一半的衣服搁在茶几上，把信件或玩到一半的填字游戏及铅笔放在厨房的桌上，把一叠正在听的光盘置于地毯上。孩子也可能会把精心设置的扮家家酒或积木留在地板上，但已经不玩的玩具及游戏机则不行。大人也一样，事情一完成就要清理干净。无论大人还是小孩，一次都只能放着一件活动中使用的东西。

你不能放着食物、肮脏的杯盘或是吃剩的食物不管，因为这很不卫生。你不能把湿浴巾堆在浴室地板上，因为这样会干不了，而且接下来还会发酸、变脏。你也不能任由床铺乱七八糟而不整理，或脏衣服丢得到处都是。如果床铺不能保持干净、脏衣服乱丢在地，整个房间看起来又乱又不方便，显示出主人的轻率。顺手把衣物放进洗衣篮里，其实只是举手之劳。

第三，你必须为无法归类的杂物设置临时的收容站。要规划一些允许在东西收好之前的暂存地点。我们家门厅有一个衣柜、一个衣帽架以及一个抽屉柜，是用来存放要寄出或刚收进来的信件、手套、围巾、学校的传单、需要归位的玩具配件、干洗的收据，以及其他许多你进进出出时要用的东西。在我们还没有这种抽屉柜之前，收进来的信、要寄出的信件、收据等，常都是乱放。所以我们不但为这些东西设立了固定的置放处，还提供了临时收容站。信件在尚未寄出、回复或丢弃时不会无处可放；玩具与收据在尚未归位之前，也有个地方可临时放置。这些东西就算一直堆在那里好些时日，仍然不会弄丢，也不会把家弄乱，我们会知道要到哪里去找。

　　整洁有序的家往往有好几个临时收容站。当你看到家里渐渐出现恼人的乱象时，可以考虑设置一个这样的区域。例如洗衣篮就是用来暂时堆放待洗衣服，让人等到有空时再进一步处理，而可能很多家庭早就这么做了。此外，孩子上学之后，还会从学校带回大量纸张，铺天盖地占满家里的空间。你可以规划出一个区域，用来放置学校寄来的信件、美劳作品、作业及公告等等。在自家的走道或厨房放置一个抽屉柜，在厨房工作台或你的书桌另辟一个角落来收纳，也可以在一个方便顺手之处放置一个好看的无盖储物箱。定期检查这个箱子并丢弃过期与不值得保留的东西，而你想保留的美劳作品或物品则存放在固定地方（你可能需要为每个孩子的每一学年都准备一个存放永久收藏品的大信封）。我们家有个放书的架子，就像图书馆的一样，假如没有这个空间，家里就会到处放满书，书本因此折损变旧、没受到良好保护，而我们也常常找不到想要的书。许多家里放置的杂志架也有相同功能。在厨房或其他地方放置一个杂物柜，既可以临时存放家里所有奇怪的小塑料零件，也可以作为固定收纳处，如橡皮筋、细绳等这些暂时不需要但往后可能用得上的物件。我家有个专门存放旧报纸的架子，约每周清理两次，这样可以让文件保留几天，我们觉得还颇为好用，因为我们经常想分享一篇文章或一则剪报，但当天早上报纸送来时可能正赶着上班上学。

　　每个临时收容站都得安排在某一天进行清点与整理，此时你必须认真把这些信件或通知加以分类，把书籍摆回架上，洗洗衣服，并且回收旧报纸。否则，一切又将陷入混乱。也许你会需要每周整理学校寄来的文件，每天整理信件。即使是放杂物的抽屉，也要每一年或半年一次稍加整理，否则抽屉很可能就打不开了。

　　发生在我朋友 K 身上的悲惨故事，可能是个很好的教训。她在杂志里读到一个迅速让家变整齐的极端建议，扭曲且误导了临时收容站的概念。该文作者建议，当朋友即将来访，但家里杂乱无章的时候，可以抓起一个购物袋，将散落各处、无家可归的杂物统统扔进袋子里，然后把袋子收进衣柜，之后再来收拾归位。K 后来发现自己竟有整整 8 个装满杂物的购物袋，塞满了整个衣柜，此时才意识到这个办法对她没有实质帮助。这个方法大有问题，因为这缺乏定期检查内容物与分类的固定方式或计划，不仅让垃坡从视线中消失，使得她忘记处理，也没有把东西放在可以找得到的地方（例如，你会知道脏衣服是放在洗衣篮中，知道报纸是在架子上），结果引发的问题比公寓本身的混乱更令人痛苦。几周下来，她一直没办法从袋子里找到需要的东西，最后她终于打开这些袋子，却足足花了一整天才整理完。

总之，建立固定的习惯对保持整洁是相当有帮助的。上楼时顺手带上一两件属于楼上的东西，而当你确实完成安排好的例行家务时，等于也间接让家里变得整洁。一旦你忽略了这些例行家事，杂乱无章与失控的感觉很快便会冒出，让基本秩序与整洁荡然无存。如果你不得已必须中断例行的家务整理，也应该继续打理每日生活所需的基本家务，如食物、洗衣、基本清洁等，让一切仍能维持，直到你能回到例行的日程为止，这样才能让整个家免于混乱。

这些习惯能让你维持一个整洁有序的家，即使家里堆放了太多东西，或即使你的每日行程常常不可预测。当你养成了这些习惯，你的住家环境便充满生气，会感觉有人真正生活其中，进行着各种活动，严肃的、愉快的、好奇的活动。他们不是为了家而生活，而是在家过生活。家不是用来炫耀的，家的目的是让人感到舒适，让人得以休息，以及从事各种私人生活的活动。

▌帮他人收拾

大多数人都不喜欢帮别人清理垃圾，一般的原则是，每个家庭成员都应该负起收拾自己东西的责任。孩子两岁时就可以开始收拾玩具，把自己的衣服放进洗衣篮里，此后每年都可以学会一点其他事情（可以找一些如何教导孩子收拾东西的书籍来看）。不过我自己会容许一些富有想象力与建设性的游戏活动留到隔天，因为一旦收拾便会破坏它，而我愿意鼓励能持续数日甚至数周、经过精心构筑的游戏。如果与你同住的人经常丢三落四，你或许可以把他的东西都集中在某处，让他自己来取走。我和丈夫在家中都有自己的办公室，如果我们在整理时发现了对方的东西，会把这些东西放进物主的办公室门内。我们不必帮对方收拾东西，却仍能维持家的整齐与和谐。

FOOD
食物篇

CHAPTER

4

在家下厨的理由

❖ 现在，在家下厨变轻松了

❖ 善用时间下厨
- ☐ 烤箱料理与其他简易料理
- ☐ 重新看待剩菜
- ☐ 学习不过度依赖食谱
- ☐ 磨炼厨艺
- ☐ 料理现成的食材
- ☐ 灵巧运用便利食材

食物如此令人愉悦又充满魔力，是让家发挥作用的重要元素。一个家要让人感到可靠、温暖，有意义和尊严，就必须想出令人愉快的菜单，运用工具及技巧做出美味营养的食物，并且以客人觉得亲切舒适、吸引人的方式来摆设餐桌与上菜。如果你认同在家下厨的重要性，你就能从下厨的经验中获得最重要却又罕受推崇的持家秘方。自己在家下厨不仅节省开销，让家人更健康、更快乐、更安心，而且提供了让全家人共聚一堂的绝佳机会。此外，在家吃饭不像到高级餐馆吃饭那么花时间，却能让家人享受到更美味的食物，并了解食物的来历与准备过程。在家下厨还更容易控制食材的卫生与质量，让你贯注更多心思在食物本身，也让你在生活中创造出一个能尽情发挥且属于自己的舞台。

丰盛美味的家常菜满足的不仅是口腹之欲，更重要的是情感需求。在家用餐拉近了家人之间的感情与距离，世上没有其他事物可以达到相同的效果。烹调与饮食的习性风格，以及充满家的味道的食物，是每个家庭安全感与舒适感的核心，也是家之所以独特与珍贵的主因。在家下厨会联结你的过去与未来，巩固你的认同感与地位。一个家若没有厨房，整个家便失去了重心。

在家下厨还能提供适当的食物分量、照顾到每个人的营养及饮食需求、避免重复（因为会知道自己今天、昨天、上周吃了什么），并且依据家人对油盐分量、口味、食材及料理风格的喜好来拟定菜单。你可以烹煮任何你想吃的东西，并依自己的方式料理简便菜肴或异国料理；但是市面上的食物就必须符合大众口味的最低标准（否则卖得不好、赚不了钱）。如果你在家享用了精心调配、令人满足的饭菜，就不容易狂吃或嘴馋，这不只跟你准备的食物种类有关，也因为家常菜在情感上所带来的满足，有助于缓和肚子不饿时仍想吃个不停的空虚感。

谈到在家做菜给孩子吃，这些考虑就格外重要。每个家长都会发现，在家下厨对孩子有情感抚慰的作用。与孩子在家中共享你准备的食物，会增强你在他们眼中的权威与慈爱形象，让他们更信任你和你的能力，并且以你为傲。因为你拥有为孩子提供好东西的知识与技巧，且不厌其烦为他们投入时间。此外，如果孩子没有先在家里习惯健康食物的味道，就很容易受商人营销花招的影响，在外面购买不健康的食物，像是高油、高盐、高糖、成分不明，以及那种口感与味道都无法在家制作出来的食物，其中以后者危害最甚。一旦孩子的味觉习惯快餐或其他工业化食品的味道，就算家里的饭菜再营养、再健康，他们尝起来还是不对劲。

当然，在外用餐也有可能是最有趣、最美味、最容易的选择，而且有时候你不订个比萨来吃似乎说不过去。重点是，真正让家与健康陷入危机的，是没有让在家下厨及用餐成为生活的常态与乐趣。

▌现在，在家下厨变轻松了

尽管生活在能享受美味餐点的家庭有许多显而易见的好处，反对在家下厨的论调仍一直存在。有些人坚信，假如我们完全不必上市场或下厨，生活会更美好。100 多年前，许多希望减轻妇女负担的社会评论家与女性主义者就曾公开谴责在家下厨，甚至主张家里根本不该有厨房。由于当时在众多令人难以置信的家事负担中，煮菜烧饭是最繁重的工作之一，因此他们认为这种改革对妇女的解放相当重要。

一些反对在家下厨的人还主张在小区中设置中央厨房，提供住户所需的所有餐点。有人认为最好有个中央餐厅，有人则建议用保温装置把餐点配送到没有厨房的家庭，或者各家派人到中央厨房拿取当天的晚餐。还有一个构想是利用真空吸气管，在短短几秒钟内飞速将热腾腾的晚餐传送到你家饭厅。当时确实出现一些依据这些模式而建立的共食小区，但都无法持续下去。

如今，跟 19 世纪相比，在家下厨已变得十分轻松，因而大幅削弱了批评的力道。烹调工作已缩减到只需进行最后阶段的组合与加热，也就是较能发挥创意且令人愉悦的部分。冷藏、装罐等绝佳的安全储存方式，还有功能先进的炉子、烤箱、微波炉、自动烹调器具以及其他现代厨房装备，都只是整个环节的一小部分而已。你在市面上买到的禽肉，都已经拔好毛、洗干净、切成块，可以立即放进烤箱；畜肉都已煮熟、切块并去除肥油；水果和蔬菜经过分类与洗涤，鱼也已经洗净、去鳞并切成片状。许多食物与食材都有现成的可以购买，完全不需自己动手制作，包括面包、早餐谷片、意大利面、冰激凌、奶油、奶酪、酸奶、香肠、火腿、培根、酵母、花生酱、果酱、果冻、蜜饯、烘焙过的咖啡豆、腌菜、佐料，以及即食的鲔鱼、鲑鱼、鲭鱼、蛤蜊罐头，还有各式各样的调味品如美乃滋、芥末酱、西红柿酱及醋等。

超市所供应的丰富食材，为在家下厨的人带来了前所未有的弹性选择，你想花多少时间做一顿饭几乎全由自己决定。你可以从头开始备制所有菜肴，也可以买一些半现成或现成的食物。今天，倘若时间充裕，典型的优秀煮夫煮妇都喜欢花点时间从头开始备制菜肴。但周间（指周一至周五）晚上，他们通常会结合新鲜、罐装及冷冻食材，快速烹煮成可口的餐点，而这跟花长时间烹煮或高阶的烹饪技巧一样，也需要运用想象力与洞察力。

▌善用时间下厨

有些人极具料理天分，两三下就能端出一桌诱人美食，但在思考他们如何办到这点之前，建议先确认自己是否真以速战速决为目标。如果你一开始就吝于拨空下厨，你会在烹饪与自我享受之间挑起一场没有必要的战争。在我们那个年代，烹饪是一种快乐，一种近乎纯粹的快乐，而非不愉快的苦差事。当你下班回家，你可以利用下厨的时间放慢、重整自己，并且享受感官上的体验：动手做事情、让双手沾满面粉或被弄湿，以及嗅到好闻的气味。无论你是独自或与他人一起下厨，你很快会发现，这是一天当中值得你珍惜、不愿错过的特别时刻。

那些最能适应现代家庭时间压力的人，都下过一番功夫而成为直觉型厨师。很多人之所以选择外食，并不是真的因为没有时间做菜，他们只是不知道如何成为好厨师，迅速做出美味的料理。好厨师手脚利落，同时也有一套思虑周全、易于备制的菜色，可以在时间不足的情况下拿出来应急。而为了增加菜色的多元性，他们还会针对这套菜色予以增减变化，不过他们也没忘记，菜色的变化还必须兼顾熟悉的味道，因为大多数人都喜爱如此。以下几个基本技巧可以助你成为直觉型厨师，让你自信地拼凑出一桌好菜。

☐ 烤箱料理与其他简易料理

即使是烹饪新手，也很快就会明白烹调时间与准备时间的区别。前者是你将食物加热煮熟所需的时间，后者是你准备食材所需的时间。通常这两段时间是完全不相干的。许多人经常在时间不充裕时采用"烤箱料理"，就是那种在烤箱里要加热很久（通常是一个半到两个小时），但进烤箱前只要花 10 ~ 20 分钟准备的食物。一只鸡或一块分量适中的猪肉、小牛肉或牛肉，可以与新鲜的时令蔬菜一起烤，你还可以同时烘烤马铃薯。只要搭配色拉和美味的面包，你就拥有一顿简单、美味的餐点，并让家中洋溢着料理香味的愉悦气息。越来越上手之后，你可以为烤箱料理变化一下，让食物看起来更丰富，例如在鸡肉上加芥末酱，或者把蔬菜放在砂锅里炖。倘若你得在晚餐后外出，或是还有许多家事待处理，不想花太多时间做菜，这种简单的烤箱料理就是天赐好物。而且当你的晚餐在烤箱里烘烤时，你还可以一边做家事、监督孩子做功课或处理账单。

一些炉台料理也能发挥类似的功用，像不少内容丰富的汤品与炖菜就很适合做主菜，因为准备时间短，可以放着炖煮数小时，然后抽身去忙其他事情。许多料理书都会提供这类食谱，并告诉你准备起来会有多快。还有些食物不但准备时间短，烹调时间也不长。鱼肉在数分钟内就能烤熟或煮熟，你只需放入烤箱或丢入汤里加热，就能做出最健康的料理。胡萝卜、青菜、白菜等蔬菜，只需数分钟就可蒸熟，市面上也有千百种烹调快速又轻松的米、面料理和美味酱汁。以我的家人来说，他们很喜欢吃各式各样的豆饭与豆汤（当你正在赶时间，用罐头豆子做菜没什么不妥的）。

□ 重新看待剩菜

趁有时间好好做菜时多煮一些，一方面可储备食物供往后忙碌时使用，另一方面也可增加厨房使用上的灵活性。你在为剩菜拟定计划时，最重要的一点是牢记自己的口味，毕竟人们比较容易接受的剩菜是自己喜爱的食物。但有时就算是平常爱吃的菜，也可能不适合连吃两餐，像我们家就不吃隔夜的鱼肉料理，或任何含有甘蓝或青菜的剩菜，虽然我们都很喜爱这些食物。

你千万不要屈服于普遍存在的偏见，认为只有没东西吃的人才吃剩菜。其实剩菜不该被冠上恶名，那是过去美国家庭里某些常见剩菜所导致的印象。直到不久以前，美国的主流料理都还依循传统的英式风格，但这种备受鄙视的家庭烹饪形式现在几乎已遭屏弃，因为过于强调实用性而牺牲了滋味与乐趣。批评者认为，这种料理分量太多、滋味平淡、油腻又糊烂，目的是制造大量的剩菜，一直吃到所有不新鲜的食物都解决为止。为了怕遭指控有反英偏见，我得赶紧声明，我的英美祖母就是用这种方式做菜的。

我父亲相当佩服祖母的厨艺，尤其是料理剩菜的方式，她所做的每道丰盛料理都可以连吃数日。她会把吃剩的马铃薯泥炸成薯饼，所以她第一餐的分量总是比实际需要的多出至少1倍。她会把吃剩的肉做成炖肉、奶油肉馅、仿鸡肉饼，或者用碎肉与腌菜做成三明治抹酱，所以她会做大分量的烤肉与烤鸡（我婆婆的烹饪风格也很相近，特别喜欢做这种伪装式料理，例如她的肉饼其实是用别种食材做出来的，她总会得意地说："你根本猜不出来，对吧？"）。我父亲之所以钦佩他母亲能让一道菜连续吃上1周，主要是基于道德原则，而不是因为好吃。他成长于大萧条时期，当时"能为无米之炊"的巧妇可真是奇迹创造者、家庭的救星。所有跟他同辈的孩子之所以乐于吃剩菜，并不是因为他们喜欢不新鲜的食物，而是觉得那是好的行为。

然而意大利人煮菜，压根儿不会把前一天吃剩的食物再加入新食材，而是用另一种方式重新煮过。在我意大利亲戚家里，从来没人用过"剩菜"这个字眼，甚至连这样的概念都没有。汤或意大利方饺通常会连续吃上两三天，他们只是继续享用那些汤或饺子，而不是解决剩汤剩饺子，也没有人会特别在意重复吃同样的东西，因为打从一开始他们就认定那些是令人喜爱的食物。

比较过这两种方式后，我学到这个道理（当然一样有重大例外）：如果我想端上剩菜，就要做意大利料理；如果我想遵循英美祖母的做菜方式，就不可以让分量超过一餐所需。英美剩菜较不受欢迎的原因是这类料理以烧、烤、油炸的肉类与鱼类居多，重新加热容易变老、变干、走味，再也不是原来的样子。所以掌厨者才会想办法将剩菜改头换面，把鱼、肉与面包屑、蛋、洋葱统统拌在一起，做成馅饼、肉糕、炸肉饼，创造出一个枯燥乏味的料理地府，让这些食物得以借尸还魂。另一方面，所有在各种意式料理中大受欢迎，那些需要长时间烹煮的汤、炖菜、辣椒、以西红柿为基底的料理、西红柿酱以及红烧肉，通常放到隔天会更好吃，而且几乎全都适合冷藏。如果你要做烤鸡或肉饼，可以把分量加大，或者多做两三份冷藏备用。你可以用吃剩的骨头和肉做高汤，然后放进冰箱冷藏；吃剩的蛋糕、用剩的面团及其他喜爱的食物也要冷藏起来。

如果你打算端出剩菜，要考虑到食物的外观、口感及味道。南瓜、番薯等黄色蔬菜较不怕冷藏和重复烹煮，但菠菜、甜豆荚及青豆的颜色和口感就容易产生变化。虽然青豆本身不适合当剩菜，但做成汤或炖菜放到隔天或许没问题，你还可以考虑加入油醋酱制成冷盘沙拉。如果一道料理的重点在于蔬菜的爽脆口感，那么隔天重新端上桌恐怕就行不通了。凉拌生菜留到第二天就会风味尽失。芜菁、防风草根、马铃薯及胡萝卜等根茎类蔬菜通常可以重复烹调，但好吃与否取决于一开始备制的方法。煮成泥或做成汤的效果会较好，不过马铃薯泥可能必须做成别的东西，例如牧羊人派或小馅饼。烤马铃薯再重新加热后的口感和味道或许还可以，但很多人不喜欢重复烘烤，因为觉得吃起来就像用冷冻食品做出的商业晚餐。这种态度虽然有点自以为是，却也有几分道理，因为只要有一个马铃薯、一台烤箱以及一小时提前思考的能力，烤马铃薯就会是世界上最容易做的料理，所以何不重新烤一个？

□ 学习不过度依赖食谱

厨艺好的人不必看食谱就能做菜。当然，他们还是用得上食谱，例如想要学习新菜色、回想旧菜色、弄清楚为何有些做法一直行不通、学习变换新花样以及寻找灵感的时候。但他们通常不会先想到要做什么菜，然后查阅食谱、收集食材，再开始做菜，这太耗时又费力。如果你是个只照食谱做菜的厨师，可能会觉得总是没有足够的时间来做菜。

直觉型厨师已具备基本的烹饪知识与技术，为了应付每日的烹饪工作，最重要的不是记住复杂的食谱，而是不必思考就知道用什么火候做出全熟或半熟水煮蛋、炒蛋或煎蛋；蔬菜水果大概要花多久时间料理，不论是切成块还是整颗保留，不论是烘烤、油煎还是清蒸；各种肉类在经过水煮、炙烤、烘烤、炖煮、油煎及翻炒后会有什么结果；何时可用西洋芹或芹菜叶代替罗勒，或者何时该把食物放在炉子上煮而非送进烤箱；哪种组合能提升食材的风味；大蒜、孜然和迷迭香与什么最搭配等等，这些全都是一般厨师不需要翻书就知道的事情。虽然要具备这样的功力可能要花一些时间，但只要你是喜爱烹饪且经常待在厨房并从错误中学习，不用多久就能学会这些技能。

□ 磨炼厨艺

我从我意大利祖母身上学到，做菜（以及做家事）注重的是速度与灵巧，她的手在去皮与切块时的动作快到让你目不暇接。如果你切芹菜的速度很慢，就不会想常常做这件事。真功夫讲求的不仅是把事情做对，还要能在合理的时间内完成，而训练速度的唯一方式就是练习、练习、再练习。学习所有实用料理技巧的最佳方法是观察精于此道的人，然后加以模仿。一个人年纪再大，还是可以从父母或祖父母身上学到东西。此外，市面上也提供各种绝佳的学习辅助，从学校与电视上的优良课程、突破传统食谱内容而教导基本原则的好书，到可以一次次倒带回放的教学影片。当你选择参考来源时，请记住不同料理所用的技法不同，你选择的技法要有助于你学习所喜爱的烹饪类型。

□ 料理现成的食材

　　以当季新鲜食材做料理永远是上策,但你总有无法上市场买菜的时候,或在最后一刻才发现缺少菜单上的某样食材。我丈夫曾到一位厨艺非凡的朋友家吃晚饭,那晚女主人突然发现肉贩包给她的不是鹿排,而是鹿肝,使她精心设计的菜单全毁了。结果在苦恼片刻之后,她不到半小时就端出一盘我丈夫所尝过的最美味的意大利面。要达到同样的境界,你必须在橱柜储备各种可妥善保存、不必再冲到市场采买就可以迅速变出一餐的食材,并且发展出一套以这些食材做出一餐的本领。一旦基本食材存量不足,就要尽快补给。如果你是烹饪新手,过了一段时间之后你就会开始构思属于自己的现成料理,也就是所谓的"橱柜餐"。我常用这种方式做一些面食、米饭、豆类和蛋类料理,以及一些罐头鲔鱼与鲑鱼料理。以下是许多人在无法上市场时经常依赖的食材:

较耐放的新鲜食材

- ◆ 马铃薯
- ◆ 洋葱
- ◆ 蒜、姜
- ◆ 胡萝卜
- ◆ 芹菜

- ◆ 苹果
- ◆ 橙子
- ◆ 柠檬
- ◆ 蛋
- ◆ 各式奶酪

冷冻食品

- ◆ 适合冷冻的水果与蔬菜
- ◆ 高汤

- ◆ 适合用微波炉解冻的肉类或香肠
- ◆ 冰激凌

罐装或瓶装产品

- ◆ 西红柿(整个或切碎)
- ◆ 西红柿酱
- ◆ 各种豆类:菜豆、鹰嘴豆、花豆、腰豆等
- ◆ 鲔鱼等罐装水产(蛤蜊、鲑鱼等)

- ◆ 适合罐装的水果与蔬菜
- ◆ 橄榄油
- ◆ 醋
- ◆ 腌菜、橄榄、莎莎酱等调味食物
- ◆ 罐装高汤

◆ 超高温杀菌牛奶※或炼乳

※ 指经过超高温度杀菌的牛奶，也就是保久乳。这种牛奶如未开封可在常温下保存数月，但开封后就需要冷藏。

◆ 各种调味品：芥末、酱油等
◆ 果酱与果冻
◆ 糖浆

包装食品及干货

◆ 喜爱的意大利面食
◆ 米
◆ 玉米粉
◆ 早餐谷片
◆ 面粉
◆ 盐
◆ 胡椒粉或胡椒粒
◆ 糖：白糖、红糖、糖粉
◆ 玉米淀粉

◆ 干燥香草与香料：肉桂、罗勒、孜然、薄荷、红辣椒、迷迭香、百里香等
◆ 小苏打
◆ 泡打粉
◆ 咖啡
◆ 茶
◆ 干果：葡萄干、枣干、无花果干、杏子干等

你可以根据自己的口味增减清单内的食材。我知道我必须随时备有橄榄，才有办法做出好几种全家人都爱吃的菜肴。而我有一位朋友随时备有鲔鱼罐头，另一位则依赖罐装酸豆。

只要善用这些存货，不必上市场或花很多时间就能迅速做出许多菜肴，例如一锅清汤再配上意式玉米糊①与香肠，或是蔬菜蛋卷与烤马铃薯，或是意式豆豆面搭配瑞可达奶酪或其他奶酪。如果你有一些绿色蔬菜或豆子，就可以加入鲔鱼罐头做成一盘丰盛的生菜沙拉。意大利与法国食谱经常提供鲔鱼料理，无论搭配意大利面、西红柿、白豆、大蒜或新鲜蔬菜都很对味。等你享用完这些食物，可以再来点新鲜水果，或者如果喜欢热的甜点，你可以做苹果塔或用红糖、肉桂及少许柠檬汁来炖苹果。你还可以用果干快速制作面包、蛋糕及饼干，或加到冰激凌和布丁里，也可以直接搭配奶酪食用。

① 意式玉米糊（polenta），意大利代表的平民食物之一，将谷物粉（以玉米粉居多）煮滚后制成的浓稠粥状食物。另也称意式玉米粥或玉米糕。

□ 灵活运用便利食材

现代家庭使用的所有食材，在我们曾祖母辈看来都是不可思议的便利产品。但大部分的人都已经忘记这一点，以至于经常用"原料"一词来称呼这些在贩卖前就已经过精心加工的食材，例如奶油、经杀菌及均质化①处理的牛奶、白干酪、瑞可达奶酪（乳清奶酪）、去皮去骨的包装鸡胸肉、烘焙过的包装咖啡豆、瓶装橄榄油或罐装美乃滋等等。说得更清楚些，在我曾祖母的食谱书中，烤牛肉料理所需要的食材包括了一头牛。

唾弃便利食材实在没什么意义，而且只有极少数人（例如阿米什人②）会这么做。很多人喜欢自制酸奶、果酱或香肠，还有不少人也会自己烤面包，不仅因为有趣，也因为面包是令人无比愉悦的食物。甚至还有一些人用小型家用研磨机来研磨谷粒。我们偶尔会在特殊场合擀制面食，但大多数人仍很乐意依赖原料便利食材，以增加食物的多样性并减少在家下厨的辛苦。

真正的便利——然而要留意的是，这些便利食材到底对你有益还是对店家有利。有时候，直接购买已经预选装袋的苹果或包装好的青豆似乎容易些，但通常最好还是自己挑选，这样才能控制实际的需求量，同时确保食材没有损伤或损坏。杂货商似乎会在每一袋里放一两个坏苹果或烂草莓，以减少自己的耗损量，把损失转嫁给你。因此可以的话，最好去那些能让你自己挑选的商家消费。当然，如果你有认识并信任的商家，一次买个3千克装的洋葱或马铃薯就没什么关系，因为这样能为你省下在市场里挑选、称重的时间。

罐头和冷冻蔬果是真正方便的食物，不需要清洗、削切，只需加热料理就行了。当然，当季优质的新鲜水果与蔬菜会有更好的风味与口感，且营养价值更高，但跟经过长途运送、久储、营养已经流失的蔬菜水果相比，罐装与冷冻产品还是较佳。请注意分辨品牌与种类，因为并不是所有产品的口味都相同，而且要购买无盐及无酱汁的罐头，这样才能控制调味，同时顾及健康。

有些食物是以罐装的方式而受到众人喜爱，毕竟这种储备食材的方式的确能制作出美味的食品。当我还是小女孩时，农家常把菜园收成的农产

① 让牛奶中油脂粒均匀分布的程序。
② Amish，一群生活在美国东南部与加拿大安大略省的门诺会信徒，以拒绝汽车和电力等现代化设施，并过着与世隔绝的简朴生活而闻名。

品制罐收藏。这些罐头会依独家秘方制作，而我往往等不到冬季就会迫不及待地想试吃这些美味，像是开胃小菜、蔬菜沙拉、蜜饯及果酱等。有些市售罐头也广受大众喜爱，包括鲔鱼罐头、西红柿罐头、莎莎酱、南瓜罐头、各种豆类罐头及腌渍品。其他罐头食品则牵涉个人口味，而个人口味多半取决于习惯，例如罐装蒸发乳的口味是可以培养的。在我小时候，人们会把蒸发乳加进茶里（但不加进咖啡里，原因不明），虽然我不敢直接喝蒸发乳，但两者组合之后味道很好。罐装或瓶装朝鲜蓟的风味与新鲜朝鲜蓟截然不同，但两者各具特色，而且水渍又比油渍的更方便作为料理食材。

玉米罐头虽然不同于新鲜玉米，但尝起来美味，而且有相当不错的嚼劲。你不会把玉米罐头用在需要凸显新鲜原味的菜肴中，例如玉米巧达汤，但可以在非玉米产季时作为蔬菜汤的配料。青豆罐头、豌豆及芦笋虽然逊于冷冻食品，但两者其实差不多，都不怎么美味。瓶装蒜头不太能代替新鲜蒜头，况且蒜头随时都买得到。或许有人不同意我的看法，但我宁愿没有花椰菜，也不愿将就使用冷冻花椰菜。另外，我也想不出使用马铃薯罐头的理由。

我的小儿子不吃瓶装苹果酱汁，他喜欢吃我们自制的汁（查一下食谱，会发现做起来又快又容易）。有一天，他从托儿所回家后告诉我，他们吃了一种有"甜甜果汁"的黄色桃子，并问我们为什么吃不到。于是我把自制的炖蜜桃淋上糖浆拿给他尝尝，结果完全不是他想要的。最后我叹口气，买了一些泡在糖水里的罐头蜜桃，这让他很开心。这种蜜桃罐头不如自制的好，还有一股罐头味，但我得承认，这种食物连大人都会觉得很美味。我猜想真正吸引他的是漂亮的颜色和口感，后来我决定不反对他吃这种食品，因为就营养来说，蜜桃罐头算是还过得去的甜点。这个故事的重点并不是奉劝大家购买蜜桃罐头，而是不要对饮食健康过度计较。当然，如果有健康方面的考虑，你还是必须站稳自己的立场。

基于健康因素，现代人都尽量少吃加工肉制品，特别是添加硝酸盐与亚硝酸盐的食物，例如午餐肉、培根、火腿、意大利腊肠及一些香肠等等。撇开化学成分的健康疑虑不谈，这些食品往往也含有大量的钠及饱和脂肪。不过，将香肠或腊肉切片配上酱料或搭配一盘鲜蔬意大利面，也可以做成一顿可口的快餐。只要你不吃太多或太常吃，这些加工肉制品还是可以为匆忙的家庭生活带来许多方便。另外，豆制品或其他素肠也是十分方便的食材。

市售的烘焙预拌粉有时是合理的选择，有时则否，因为许多糕点要从头做起并不困难。一般食谱都有许多简单的糕点料理，成品也比预拌粉做出来的更美味、口感更丰富（当然，也有一些是制作难度极高的蛋糕）。不习惯自制蛋糕味道与口感的人，一开始可能未必喜欢，因为用预拌粉做出的成品总是较轻盈、湿润及膨松。不过松饼粉通常就没有这些优势。尽管如此，在某些情况下你还是要用预拌粉。也许是家里临时发生状况，也许是隔天早上孩子就要带杯子蛋糕去学校，但你下班途中路过市场时，记不得家里是否还有泡打粉、塔塔酱、小苏打、肉豆蔻粉、低筋面粉、巧克力或香草，或者你只想走"5件以下物品"快速结账柜台。此时就买预拌粉吧，否则简直自找麻烦。在情急之下自制出来的煎饼，各样怪事都有可能发生。

面包、酸奶及意大利面都是省时的便利食材，但如果你喜爱烹饪且时间充裕，不妨偶尔自己制作，不但有趣也能训练你的味蕾。然而，即使是懂得自制意大利面条的人也不会常常做，因为耗时又费工。对意大利面爱好者而言，预制面团与制面机可就方便多了。一般来说，新鲜的意大利面优于冷冻产品，而冷冻产品又优于干面条。但不同品牌差异极大，干面条也可能有不错的。如果你有预算上的考虑，倒也不需坚持新鲜面条。购买干面条时，意大利进口品牌通常最值得信赖，如果要购买新鲜面条，尽量找信赖的品牌，因为新鲜意大利面条通常很贵，却不一定让人满意。美味的包馅意大利面食，如意式方饺（ravioli）、意式圆饺（tortellini）等，可以在某些百货公司的超市买到。你可以为这些便利食材自制酱料，在短时间内做出美味的一餐。

美式煎饼的成分	自制煎饼所需的材料：	用市售煎饼粉制作所需的材料：
	面粉	市售预拌煎饼粉
	盐	牛奶
	泡打粉	鸡蛋
	牛奶	油
	鸡蛋	
	油	
	所以，用煎饼粉最方便之处，就是省去你称量盐和泡打粉的麻烦。	

伪方便——但许多所谓的"便利食材",实际上并不怎么便利,不仅口味没有特别好,还有碍身体健康,而且价格贵得离谱。

选购便利食材时,你要考虑风味并详读制造成分。查看标示上的脂肪、盐分、糖分及营养含量,并想想自己动手做是否真的会花很多时间。每个人对超市里哪些东西该买或不该买都颇有意见,而且这些意见就跟他们的生活一样复杂。人们在决定购买某种食材(例如瓶装西红柿酱)还是自己制作时,脑中经常上演种种烦冗的盘算,而那些盘算就连数学家也会昏头的。谁喜欢这个,谁不喜欢?市场里有没有卖罗勒?我可以趁烘烤食物的那1小时工作吗?我在晚餐开饭前20分钟有没有办法回到家呢?我是否记得把东西从冰箱里拿出来?那个低钠品牌还有存货吗?我们最近是不是太常吃这个了?如果我费一番工夫把新鲜西红柿买回来、自己切好,会不会给我带来额外的压力,破坏我愉悦的心情,让我容易对孩子或另一半发脾气?今天是否需要为孩子准备他们特别爱吃的东西?

考虑到各种复杂的动机、品位与目的,每个人都有一长串避买食物的清单。但基于健康及口味因素,在大多数的情况下,我们最好还是不要购买某些或某类食品,例如含大量人工甜味剂与色素的早餐谷片、糖霜馅饼、调好味的冷冻蔬菜料理、冷冻晚餐、罐装意大利面或即食马铃薯泥。有些食品并不会帮我们省掉多少时间,以至只在某些特殊情况下才会购买,否则通常没有理由购买。一个很好的例子就是经过拣选并预切的沙拉生菜与水果。剥掉莴苣外层的几片菜叶,或切掉芝麻菜的根,其实只需要一两分钟时间,如果你买包装好的蔬菜,等于剥夺了自己挑选青菜及确认质量的机会(包装好的蔬菜无论如何都让人难以看个仔细),而这种损失也会让你付出不小代价(顺带一提,有时可能最好连包装好的生菜也要重新清洗,详见第13章《饮食安全》)。把瓜果切开、挖出种子其实不过几秒钟,而

「便利食材」真的方便吗? 便利食材有时并不便利。早先市面上贩卖的是调配好的蛋糕预拌粉,烘焙者只要加水烘烤即可,结果遭到许多消费者排斥,因为这让他们觉得自己很没用。后来制造商重新修改预拌粉的配方,变成需要自行加入鸡蛋与牛奶,这样一来,烘焙者就会觉得自己既能干又有创意。

预先切好的水果一定较不新鲜，且更容易损伤以及受病菌污染。

如果你买的是单独包装的白干酪，没有跟蔬菜、水果拌在一起，你就可以等上菜时再自行加入配料，这样吃起来味道更棒，每次还可以选择不同食材来搭配：今天配苹果酱，明天加进拌有青葱、红椒、小黄瓜与黑胡椒粒的沙拉之中。有时你在市场上很难买到原味酸奶，但你确实值得花点心思找找看，因为调味酸奶多半太甜。如果你愿意，你可以自行为原味酸奶加上配料，花一点时间自制低热量的酸奶点心：一匙果酱、几片香蕉、一匙苹果泥与肉桂粉、一点糖再加上一滴香草精或少许柠檬汁。此外，拌面拌饭的酱汁也只花一点时间就能完成，做法可以问朋友或查阅食谱。对习惯美味料理的人来说，罐头料理的滋味实在乏善可陈，多半太软或太糊，不仅盐分太高，也含有过多饱和脂肪，远不如亲手制作的健康。

购买"调味"食品几乎永远是不智之举，因为你只要花几分钟翻翻食谱，就能学会如何自己加入香料、香草、腌酱或面包粉。瓶装沙拉酱的价格昂贵而且通常不好吃，这正是人们为了伪方便付出昂贵代价的最佳例证。自制酱料不仅风味更棒、成本更低，最大的好处是能"立即"享用。很多人都认为用优质橄榄油与醋就能做出最美味或许也最健康的油醋酱。调味橄榄油里所添加的各种物质，会使橄榄油不适用于一般用途，因此这些价格普遍昂贵的调味油，多半在还没用完之前就开始腐败，还可能导致肉毒杆菌中毒。同样，调味醋的用途也十分受限。当你需要香草风味的醋，其实可以自行添加香草或大蒜到少量的油或醋当中。添加香味且口感滑顺的"香醇"咖啡都含有部分氢化植物油，也就是"反式脂肪"，因此并不健康。你可以在普通咖啡里加入肉桂、小豆蔻（取 1 粒与咖啡豆一起磨碎）、巧克力或香草，做成调味咖啡；你还可以在食谱里找到更多点子。至于速溶咖啡的味道，则压根无法与现磨咖啡豆煮成的咖啡相提并论。

你或许会说，如果你跟我一样偶尔想吃果冻这种添加香味、甜味及色素的愚蠢的食品，与其买一盒果冻粉回家用热水搅拌，还不如买个别包装好的现成果冻。但现成食品的价格通常较高，此外，许多人对于把精致、昂贵的包装浪费在这种好玩、便宜食品上的做法相当反感。市售布丁也一样。事实上，自己动手做布丁、卡士达和鲜奶油，不仅快速、简单而且很美味，根本无须动用到预拌粉，你还可以自己调配甜度、香味及稠度。

CHAPTER

5

早餐、午餐及晚餐

❖ 何谓正餐?

❖ 可以不吃正餐吗?

❖ 一天的三餐

 ☐ 关于早餐

 ☐ 关于午餐（或便餐）

 ☐ 关于晚餐（主餐）

本章及下一章将讨论传统与习俗是如何定义一般人所认知的正餐，还有早午晚三餐的目的，以及在家准备可口三餐的基本知识（这也是过去大家所熟悉且视为理所当然的传统习惯）。然而，这些传统习惯在社会趋势的影响下备受挑战，因此值得我们先花一点时间来反思三餐的本质与益处。

▌ 何谓正餐？

关于食物，最基本的传统规范就是要求人们吃正餐。而所谓正餐，不只是吃东西而已，而是根据习惯大致有一定的菜色和内容，在一天某几个习惯的时间点，以一般人习惯的方式享用。一般人在看到食物的时候就可以判断这能不能称为正餐，不管他们决定要还是不要吃。在美国等西方国家的家庭或餐馆里，人们所认为的正餐，几乎都是这三类基本食物组成，且鲜少例外：至少一种"肉"或其他蛋白质食物、一种淀粉类食物，以及一种以上的水果与蔬菜，至于蔬果多寡则取决于是哪一餐。谷片配牛奶，加上水果或果汁，是一顿正式早餐；咖啡配吐司勉强也算。一份奶酪三明治与一个苹果是中餐，但小饼干加奶酪只能算是点心。

油封鸭腿佐意式玉米糊，搭配绿色蔬菜与橄榄，是一顿美味的晚餐；茄汁意大利面只能算是一道菜。尽管正餐也有令菜单设计者感到困惑的灰色地带，但我祖母传承给我母亲再传承给我的基本概念是，你至少需要这三类食物，才能做出令人满意、美味且健康的餐点。

当然，这种基本模式是可以灵活运用的，可因应健康需求、必要性、一时的兴致、时下流行做法及任何特殊时刻或饮食规定而加以调整。三菜组合主要是社会或传统上的概念，其次才是营养上的概念。怎样才算是一顿符合需求的"正餐"，与人们的期望与经验大有关系，也与胃口及营养有关，而且不一定是营养均衡的。但三菜组合相当符合美国农业部的饮食金字塔原则，或其他任何你可能会遵循的合理营养指南。就连素食的指南，也都应遵循三菜组合原则。这种原则甚至包含了一些对"主要营养素"的基本营养观念，如蛋白质、碳水化合物、油脂及纤维素等维持人体健康所必须且需求量较大的物质（至于维生素、矿物质及其他人体健康需求量较小的物质，则称为"微量营养素"）。事实上，三菜组合当中的每样食材，通常都能提供一种以上的主要营养素与多种微量营养素，但为了方便设计菜单，通常会以含量最高的成分所属的类别来决定。

　　肉类或其他形式的蛋白质除了有许多重要的生化功能，还能维持你的饱足感，防止在用餐后太快感到饥饿而"不支倒地"。淀粉类食物含有碳水化合物，是能让你迅速感到饱足的必要营养素（以免你一直感到饥饿而吃过量），并提供热量。如果你一餐摄取的蛋白质过多，或碳水化合物太少，便可能会感到疲倦、烦躁及饥饿。水果与蔬菜能供应纤维质与微量元素，外加一点蛋白质与碳水化合物。油脂类食物在人体中具有多样功能（事实上，人体必要的所有营养素都是如此），油脂可能来自三道菜色中的任何一样食材，取决于备制方法。

蛋白质、淀粉、水果及蔬菜

◆ 所谓蛋白质食物指的是含有大量蛋白质的食物，包括动物性来源的食物：牛肉、猪肉、羊肉、香肠、野味、家禽、鱼、贝、蛋、奶以及各种奶制品，例如酸奶、白干酪及其他奶酪（另见下文豆类的说明）。

◆ 淀粉类食物是指那些含有大量碳水化合物的食物，通常来自谷物或根菜类及其制品：小麦、大麦、燕麦、玉米、黑麦、小米、荞麦、藜麦、小黑麦、面条、米饭、马铃薯、番薯、山芋、早餐谷片、玉米糊、玉米粥、碎玉米、面包、煎饼、松饼、荞麦粥、库斯库斯等（马铃薯是蔬菜，但一般在规划菜单时总是归类为淀粉类食物）。

◆ 水果包括：苹果、梨、樱桃、桃子、李子、油桃、各种莓果、各种瓜类、柳橙、柠檬、青柠、葡萄柚、猕猴桃、阳桃、香蕉、椰子、菠萝等。

◆ 蔬菜包括：青豆、豌豆、玉米、芹菜、胡萝卜、芜菁、欧洲防风草、芦笋、红椒、青椒、甜菜、所有莴苣、甘蓝、球芽甘蓝、羽衣甘蓝、芥菜、芥蓝菜、青花菜、白花菜、南瓜、黄瓜、洋葱、青葱、红葱头、蒜头、韭葱、黑眼豆、豆类（菜豆、黑豆、北美腰豆、鹰嘴豆、花豆等所有豆类）、西红柿等。

◆ 各种豆类、种子、坚果与其制品（如花生酱、豆腐、豆浆），由于蛋白质含量远超过其他蔬菜，经常被用来作为肉的替代品。

▍可以不吃正餐吗？

在西方国家，人们自古以来普遍以每天的三餐为中心来安排日常生活。凯尔特人、文艺复兴时期的佛罗伦萨人，以及美国殖民时期的清教徒，只要有能力取得食物，都是一日三餐。但近几年来，一些节食爱好者与营养学家则开始提出，为了健康应改成一天至少吃5餐，少量多餐，并扬弃过时的正餐观念，尤其是晚上那一餐。另外有些人则采取较温和的立场，认为只有当你的生活忙到无法坐下来好好吃个正餐时，才需要采取少量多餐这种方式。这两种观点让越来越多以外食为主的人感到安慰，也让那些基于各种理由错过了正餐却一整天不断吃零食的人有了很好的借口。但多数专家仍建议我们继续维持明智的传统三餐模式，并视需求加一次点心。

我们的正餐模式早已成为重要的约定俗成，在社会上与心理上的目的，几乎与生物上的功能一样重要。摒弃正餐就等于重写整个生活蓝图，去追求一种颠覆传统与孤立的生活方式。哪种专家有资格告诉我们要这样做？营养学家和营养师虽然精通消化与食品化学，然而当他们从狭义的营养与健康问题，转而处理我们的社会习惯议题时，似乎并不知道他们所谈论的是带有复杂心理与文化底蕴的历史产物，而他们并非这方面的专家。

很多相当有说服力的理由都显示，我们仍然需要真正的餐点，尤其是主餐。少量多餐无法提供正餐所能营造出的隆重场合，无法让人们团聚、共享一顿欢宴，并从中得到滋养。事实上，就实务面来说，你一天顶多安排一次这样的场合，这也就是为什么需要一顿主餐。由于少量多餐只是功能性的、独自一人的用餐方式，不能让自己真正放松并享受用餐的乐趣，因此无法像正餐那样，给你太多的欢乐，也不能让你的身体或情绪得到恢复。每周7天、每天都吃5顿令人兴致盎然的小餐是令人苦恼的事，更不用说经常吃东西会让你一整天的心思都放在食物上头：下一餐要吃什么、怎样把食物弄到手、怎样储存、怎样准备。

根据我观察，最后的结果会变成：人们会开始变得吃太多或吃不够。美国是个爱吃零嘴、随时都吃个不停的国家，人们一边走路一边吃东西，在车上、办公桌前也吃个不停。美国还是个充斥着神经性厌食症、暴食症及肥胖症的国家。在一些非常重视用餐时间的国家，例如法国、意大利及希腊，反而比较没有与不良饮食习惯相关的体重问题、心脏问题或其他健康方面的毛病。

定时用餐的习惯可以借由制订菜色、分量以及限定进食的场合，同时达到抑制与鼓励的作用。如此一来，人们不会不小心吃得不够或吃太多。常规的正餐习惯是体现传统，把人当作人来对待，而不是当作需要加油的机器，因此每个家庭都有责任及权利，来保护与延续这些重要且有益的习惯。

要是你的生活步调很紧凑，没有足够的时间好好享用一顿真正的正餐，我认为你有权利唾弃这种生活形态，并下定决心加以改变。每个人都有权利拥有充裕的时间与资源，让自己每天享用一顿优质的晚餐（还有早餐与午餐），并在家中烹煮食物，陪伴家人与朋友享用。这些都应该是人们的必需品，而不是奢侈品。

一天的三餐

每天的三餐，包括早餐、午餐及晚餐，加上喝茶或点心时间，都有其明确的功能，也都有其特性或传统菜色。家事管理的一部分，是了解每一餐的功能与角色，以及如何满足这些需求。

然而，针对传统观念中一天三餐的内容，目前已出现一些不以为然的声浪。有些营养学家呼吁人们应尽量试着以汤、比萨或面食当作早餐，希望借此让一些不吃早餐的人能在早晨好好坐下来吃顿饭。另一些营养学家则建议，把传统早餐食物改到晚餐。在一天中的任何时刻、吃任何能让你开心的食物，并没有什么不妥，最重要的是，你的正餐要吃得好、吃得快乐。但你可能要对早餐、午餐或晚餐菜色做整体评估，确认这三餐的内容能让人感受到变化。如果你一天三餐都吃同类型的食物，食物与某一餐之间的关联便会减弱，因而难以建立每一餐的特性。不过，老是采用某些特定食材与特定的料理方式作为某一餐，也会出现时间、难度、食欲及情绪的实际问题。因此，基本上怎样做都可以，但如果你对所有菜单好坏的因素都了如指掌，你可能会发现，就某方面来说，你会喜欢传统菜单的概念。这并不是说你不能创新或发明，传统菜单只是设定一个界限，在此范围内，你可以尝试一些新的做法。

□ 关于早餐

早餐的目的——吃早餐是为了让身体在空腹度过漫长一整夜之后，获得能量与营养。已有明显的证据显示，不吃早餐的人，在学校及工作上的表现都不如吃了早餐的人，儿童尤其如此。早餐对于人的情绪也有重要影响，尤其是在现代社会，人们一大早便离家投入一天的工作，因此早餐的重要性已胜过以往任何时代。如果你必须暂时放下个人的目标与兴趣，花费 9～10 个小时（甚至更久）的时间在工作上，那么你得确保自己的情绪和身体都已做好准备。好好吃一顿早餐，即使只是小小的一餐，都能帮你达成上述两个目标。

早餐也有助于你一大早便能进入状态，让你从睡梦中回到现实。睡眠是一种心理上的回归，让你从这个世界暂时撤退到属于你自己心灵中最原始的部分。因此在你醒来之际，并未完全从你体内的古老世界回神。正如你晚上回家时，对工作的关注会逐渐消退；在你睡着之际，你所关心的事情、对家庭与私人生活的注意力也会随之散失，只有在苏醒之后才会重获精力。如果你在出门上班之前还无法完成这种重新联结的过程，那在接下来的半天，你会觉得生疏及不自然。

这就是一日之计在于晨的原因。早餐能帮你集中心神，开始规划一天，并在了解家中成员的计划后制订自己的计划。早上才刚睡醒的孩子已经 8～12 小时没有与父母互动，他们需要与父母共享早餐，让他们在白天与父母分离的期间还能清晰感受到父母的爱与呵护。这对于青少年与婴孩都一样适用，尽管青少年时期的孩子绝对不会承认，而婴孩也无法表达思想。

怎样做早餐——早餐的三菜组合，依照一般习惯，是由谷类食物（淀粉）、蛋白质食物及水果所组成，如吐司、鸡蛋、果汁；谷片配上牛奶或酸奶加水果；贝果面包配熏鲑鱼或奶油奶酪与一片西红柿；松饼配蓝莓及香肠，当然还要加上一杯热腾腾、令人精神大振及舒服的饮料，例如咖啡、茶或热巧克力。大多数人在早餐喜欢吃简便的轻食，因为刚醒来不想面对繁复的烹饪，而且一般人此时食欲也不佳。某些地方（特别是务农的家庭）现在仍存在着传统农村的习惯，早餐非常丰盛。不过，一般人不会这样吃，除非是"早午餐"，或是在周末、节日及休假等清晨时光比较悠闲的时候。

但再怎么简便的早餐，仍需要一些蛋白质。牛奶、鸡蛋、酸奶、肉或鱼，是让早餐可耐饥的来源。以小面包或吐司配咖啡为主的欧式早餐通常很难耐饥，因为几乎缺乏各种营养成分（现在已有所改进，例如加入一片水果或一杯果汁，及一些牛奶或奶酪，早餐的蛋白质量可以不必太多）。

一般人在早餐时胃口不大，选项也很固定。许多人完全不吃早餐，因为他们在早晨时胃口太挑剔，或者他们每天早上只想吃同样的东西，不喜欢变化。这跟我们对其他正餐的态度正好相反。午餐或晚餐时，我们通常坚持要有新菜色，如果同样的东西连续两三次便会失去胃口。这就解释了为什么即使营养学家信誓旦旦保证早餐吃比萨或喝汤都没问题，他们说服人们要吃早餐的努力却并不成功。有些人坚持每天早餐只要某一品牌的葡萄干或玉米松饼，这些人并不是认为以比萨为早餐十分不妥，而是一想到早上吃的不是习惯的食物就觉得害怕。

早晨的胃口保守倾向其实是一种心理现象。在我们缓慢回到完全理性的过程之中（经过睡眠与做梦的意识隐遁期之后），大多数人通常需要甜蜜、平淡、温和、容易下咽、令人觉得舒服的食物。换句话说，就是幼稚的食物。我们发现，在整个西方世界里，一般家庭的早餐通常会避免酸、辣、口感较硬需要用力咀嚼或刀具切割的食物，以及全世界小孩通常都不爱吃的蔬菜。大多数人宁愿吃谷片、蛋、香肠（有点辣，但肉已经先绞碎，跟肉排不同）、烟熏鲑鱼、白鱼肉或其他鱼类（这比肉排软嫩）、面包、炖水果或鲜果汁（不必咀嚼或撕咬）、甜果酱、枫糖浆或腌渍食物等。不过，如果你醒来有一段时间，而且已经踏入外面的世界，例如在餐厅吃早餐或以早午餐代替早餐时，你可以尝试多一点冒险：让他们帮你送上墨西哥乡村蛋饼佐西红柿辣椒酱。当然，还是有一些很幸运的人，在一大早醒来时便胃口大开，不需多想就知道早餐要吃什么好东西，但他们也可能需要对其他没有那么幸运的人多一点宽容。

基于类似的理由，大众习惯的食物对在家吃早餐是相当有用的。熟悉的食物能帮助家人克服吃早餐时没胃口的表现，好让他们哄骗内心的孩子吃点东西，而不是什么都不吃。如果你想让早餐的菜色更多变化，可以尝试加入一些新的或不寻常的水果、谷类及谷片，特别是全谷食品与蛋白质含量高的种类。你也可以试着加入更多种热量较低的蛋白质，如素肉、素肠、豆腐或是鱼，后者尤其是早餐餐桌上的常客，而且烹调起来也很快。

□ 关于午餐（或便餐）

午餐的目的——午餐向来被视为一天劳碌当中的喘息。但午餐除了具有短暂休息的功能，也帮助人们支撑到晚餐时间。美国的雇主与学校都不愿意给员工或学生多一点午餐时间，而午餐最初的起源也没有被赋予任何重要意义。

几个世纪前，人们都遵循在中午吃主餐（dinner）、傍晚吃便餐（supper）的饮食习惯。但是，后来主餐时间就像从早上演变到中午那样，又继续向后移动，从下午3点、4点，再到5点。到了19世纪后期，生活在都市与郊区的人，才把吃主餐时间定在晚上七八点左右，这习惯从此一直流传于大多数的西方国家。在农村地区，在中午吃主餐的习惯则持续了更久，甚至许多农场至今仍然如此。在意大利与西班牙，甚至法国，一般民间的居家生活习惯仍然有足够的影响力，让企业不得不跟着配合，因此许多人最重要的一餐仍然可能在中午享用。

当主餐时间必须迟至下午2点或3点开始，人们便需要在上午稍晚或中午的时候吃个小点心；而当主餐时间被挪到下午四五点，人们便需要在中午用个分量较小的餐，午餐便是这样发明出来的。因此，午餐从一开始就是一种权宜之计，往往是早餐与主餐吃剩或重复烹调的食物，而且也接受冷掉或在室温下的食物。午餐无论在吃或煮方面，都应该是轻巧而不费力的。用午餐的人想要节省时间并留下胃纳，而厨师也想省下精力，把力气花在"真正的主餐"上。此外，午餐蔚为风潮，通常从女士先开始（男士通常比较有耐力可以撑到晚上的主餐），因此倾向强调吃得轻、吃得巧，符合女性期待。现今的午餐仍然带着所有这些历史层面的标记。

大多数人并不在家里吃午餐，因此，午餐对于我们平日在家做饭的影响有限，顶多让我们能借此供应不同于早餐与晚餐的食物或是营养调配。但是在周末及放假时，大多数人会在家里吃午餐，还有在家工作、留在家里照顾小孩或已经退休的家人，也经常需要准备午餐。对于那些全家人可以在中午齐聚一堂的家庭，午餐就有可能作为一天的主餐。

一般而言，美国人的午餐吃的是简便、不太需要烹调的食物，同时不会抢走主餐的风头。因此，午餐多是轻巧、快速的食物，且通常较少是热食，也较少是现做的菜，以重新加热或加工的食物较为常见。但如果你确实选择在中午吃主餐，通常晚餐就会是较轻便快速，且以冷菜或重新煮过的食物为主。

怎样做午餐——令人满意的午餐至少应包含一份蛋白质食物、一份淀粉类食物（例如谷类或根茎类），以及一份蔬菜（水果是很好的午餐甜点）。有时蛋白质类食物也取自早餐的菜色，如美式蛋卷、意式蛋饼及加了蔬菜的咸派都是相当受欢迎的午餐菜色；但是煎蛋、炒蛋与半熟水煮蛋则通常不会出现在午餐当中，除非是与碎肉薯饼之类的食物搭配。人们也经常以前一晚的剩菜作为午餐的内容，有时则省去前菜，或者将三大类食材组合成同一盘。因而，丰盛的汤、炖菜、辣椒、肉类、鱼肉及其他食材，也成为午餐的主食。一般西式午餐的菜单包括汤、沙拉、面包，一份搭配生菜沙拉的蛋料理，以及一盘主食如牧羊人派。另外还有豆类与米饭，或是加了很多蔬菜与蛋白质的面食。不过，美国人最常见的午餐仍以三明治为主，这是一种多样化、健康的发明，能享用到任何一种蛋白质食物，无论是冷肉、禽肉、蛋、鱼肉、奶酪、坚果、豆类都适合，且多半不必大费周章烹调，也不必动用锅具。三明治通常是蛋白质加谷类，如果加入足够的生菜、西红柿或其他蔬菜，便能成为一顿正餐。至于一份汉堡加薯条的午餐，在大多数家庭与餐馆也都是便利快速的手指食物，不过仍有礼仪书坚持要用叉子来吃薯条。

□ 关于晚餐（主餐）

晚餐的目的——早餐的作用是预备，晚餐的作用是恢复。正如早餐的目的是让你的心思与身体得到营养补充，以面对课业或工作，晚餐的目的则是让你重新拥有私人生活、快乐与亲密感。晚餐是一天当中最丰盛的一餐，也是家庭日常生活的中心。这是一天当中耗时最长、规模最大、内容最精致的主餐，提供了许多不同功能，不论从营养、情绪或是社会层面来说，晚餐所担负的任务比其他两餐都多，为在家烹饪、在家吃饭提供了众多好处。

　　我们在晚间吃主餐，至少平日是如此，因此我们可以把一天的工作都抛诸脑后，利用此时与他人分享这一餐。这也让我们放松，能自由地把注意力放在其他人身上，并且好好享受。不管是哪一餐，适度摆设的餐桌都能让人感到愉悦，但对晚餐来说尤其重要，因为这是最正式的一餐。晚餐大多是由全新烹煮、热腾腾的菜色所构成，不像午餐与早餐常以不需烹煮即可食用的生冷、预煮食物为主。

怎么做晚餐——较不正式的西式晚餐通常以2~3道菜为主，包括前菜与主菜，主菜之后的餐点则可有可无。前菜可包括开胃菜、汤、面食或沙拉。主菜之后上的餐点，则可以有沙拉与甜点，有时沙拉也可能与主菜同时送上。主菜中会有这一餐主要的蛋白质食物，如鱼肉、禽肉、畜肉、奶酪、蛋或豆类，外加至少一种蔬菜。

一顿好的晚餐需具备的三大类食材,可以随意安排在各道菜之中。例如,你可以用一小盘面食作为开胃菜,然后端上鱼和蔬菜(谷类/淀粉、蛋白质及蔬菜);或者你也许先上沙拉,然后才是一盘有鸡肉与马铃薯的菜(蔬菜、蛋白质与根茎类/淀粉);或者,你也可以将三大类食材做成一盘一起上,如豆类与米饭配莎莎酱。不过,尽管近百年来许多杂志都视之为解决忙碌职业妇女的做饭办法,我仍不喜欢在晚餐将所有菜色同放一盘。因为这做起来并不会比较快,善后清理工作也很麻烦,而且,总是会让人吃得太快。还有人喜欢以主盘沙拉作为晚餐,但我通常也会觉得,这种做法跟所有菜色同放一盘是一样的道理,比较像是午餐的做法。不过在天气很热的时候,吃沙拉可能会感觉较为清爽。

根据我的经验,做套餐的步调通常比一盘饭菜更从容,这对于你的情绪、消化及体重应该更有好处。当你从汤、沙拉或蔬菜水果制成的清淡开胃菜来展开你的一餐,这些食物中的大量水分或纤维质,能让你的身体有更多时间来消化吃下去的食物,也让你用热量较低的食物来填饱肚子。在这一餐结束之后,你会感到满意、饱足,而所有用餐者之间也能产生真正的互动。

一般人不会考虑用三明治作为晚餐,因为三明治是用手拿着直接吃,且通常没有煮过或加热,是属于"休闲食物"。当然,这仍是一个值得尊重的习惯。不过,一般人偏好让晚餐较为正式,有其重要目的,而推翻这个传统做法并没有特别的好处。然而,人人都想完全回避因厨艺不佳而造成的羞愧感,倘若你的厨艺只能准备出三明治,那么你可以为自己稍微感到抱歉,但不需要责怪自己。

选择晚餐菜色的指南

◆ 确保开胃菜分量小且无负担。如果你或家人需要控制体重,就必须选择那些含有大量纤维质与水分的食物:汤(尤其是清汤)、蔬菜(如芹菜)、水果,并以低脂蘸酱来搭配蔬菜。

◆ 如果你请客人来家里用餐,以小分量的基本三菜组合作为开胃菜,是保持餐食平衡的好办法,例如,一两种肉或奶酪意大利饺搭配一片烤西红柿或其他蔬菜。

◆ 当你在考虑对食用者、天气或季节而言,某一餐的分量是否过多或过少时,必须考虑所有菜色累积的效果。例如,如果你以面食为前菜,就不宜再以玉米糊来搭配鱼肉，因为同时有两盘谷类（淀粉类）的餐点，分量会太多。

◆ 在同一道菜中，不要同时供应两种大分量的淀粉类食物，例如米饭与面食，或是马铃薯与库斯库斯或荞麦粥。同一餐中可以有两种淀粉类食物，但是其中一种分量要少到只具点缀作用。例如，如果你汤里加入的马铃薯并不多，那么其他菜里便不必舍弃谷类或面食。

◆ 要对所有菜色的所有食材做全盘考虑，才能判断营养素（以及美感）是否均衡。如果你一开始上的是丰盛的蔬菜汤，那么主菜中的蔬菜量就可以少一点。如果一开始上的是清汤，上面撒上少许西洋芹，那你得在沙拉或蛋白质类的菜色中，增加蔬菜的量。

◆ 冷面或一般室温下的面食，通常较适合午餐而非晚餐，但这种面食可以作为晚餐的开胃菜。

◆ 豆类可视为蔬菜类或蛋白质类。如果视为蔬菜类，分量尽量不要太多，或是煮得太辣。

◆ 如果你要上两道蛋白质类的菜色，其中一道分量要少，另一道则占主要地位。因此，若同时供应鱼与肉，请放在两道不同的菜肴中；你可以先以鱼作为开胃菜或鱼汤，接下来以肉作为主菜。真正正式的晚宴中，通常会在肉类主菜外，再加一道单独、分量十足的鱼类料理，但对现代人的胃口来说，这样的大餐往往太过丰盛。在一般的家庭聚餐中，最常见的是结合了畜肉与禽肉的烩肉，以及使用两种以上鱼类、贝类及甲壳类（贻贝、虾、龙虾）做成的汤或炖菜。大多数的现代人会觉得这种料理太丰盛，所以如果你要端出一道这样的菜，其他菜最好选用较清淡的食材。

◆ 不要用同一种食材做好几道菜；例如，如果上了青豆汤，就不要再以青豆搭配主菜。

◆ 不要同时供应太多味道属性相近的食物，如果你的第一道菜是以西红柿为基底的汤，就不宜用红酱做下一道菜。

◆ 对比强烈的风味或口感，往往是很好的搭档，例如：酸／甜、辣／淡、热／冷、脆／软。如果你做了一道辣味料理（例如咖喱），就可以用清爽温和的食物（例如酸奶）来加以平衡。

◆ 避免在同一餐中供应两种味道都非常强烈的菜。

◆ 每一餐最多只供应一种高盐食物。

◆ 不要将同样颜色的食物摆在同一道菜里，例如，不要用绿色蔬菜搭配绿色面条与青酱。

◆ 天气炎热时，清爽的食物较能开胃：多一点水果与蔬菜，少一点烤肉、浓汤及炖肉。天气凉爽时，情况则相反。

6

上菜用餐

❖ **吸引人的餐桌有何重要性**

❖ **食物端上桌**

❖ **餐桌摆设**

　　□ 桌巾

　　□ 餐垫与长条桌巾

　　□ 中央摆饰与蜡烛

　　□ 一般家族聚餐时的餐具摆法

　　□ 餐桌或餐具柜上的其他应备物品

❖ **上菜**

　　□ 上菜顺序

　　□ 盛盘或更换餐具

❖ **银器、瓷器及玻璃器皿**

❖ **饭厅**

在家这种非正式场合的聚餐中，用餐仍应视为重要的事。所有的家庭成员，包括有工作的家长与忙碌的青少年，若能排除万难定时回家吃饭，应该会觉得更幸福。"准时"是家庭晚餐成功的必要条件，否则，负责煮饭的人为何要不嫌麻烦地备餐？无论是大人或孩子，都得在晚餐结束之后才离开餐桌，除非有非常重要的原因。电话来了就让录音机接听吧，关掉电视机和收音机，收起书本、文件、游戏机及玩具，让所有成员都把注意力和精神放在晚餐上。

吸引人的餐桌有何重要性

有吸引力的餐桌能让吃饭的人获得额外的尊重，即使是每天、非正式的餐点，都值得用迷人的方式来呈现。在特殊场合时，大多数人都会试着把餐桌摆设得特别美丽、正式，但真正为你家定调的，是你每天处理家务的方式。一张摆置漂亮的餐桌能吸引人们用餐，并唤起好好在餐桌上享用的正确态度。

大人有时喜欢待在餐桌边喝咖啡或饮料，享受长时间的聊天，小孩当然不需要为了这个理由待着，但应该鼓励他们留下来静静聆听。因为聆听大人围着桌子聊天，也是让孩子学习大人行为的重要方式，例如，学习怎样与朋友辩论但不伤和气、怎样讲故事或说笑话、哪些事情让你觉得好笑、值得讨论的事情是什么，以及你的理想与所尊崇的价值观。聚餐时会发生许多看似普通实则重要而美好的事情，这只是其中之一。

食物端上桌

上菜的时候，轻松一点准没错。没有人喜欢在压力下吃饭，也没有人该担心他们得借由肯定你的厨艺来取悦你。但上菜时也不该过于无所谓，带着温暖与愉悦端上桌的菜，更能让就餐的人获得充满滋养的感受，而你也可以大方地接受恭维。

事先公布菜单，让人们可以用最适合自己的步调好好享受美食。公布菜单时，简洁扼要是上策，厨师或主人如果对每一道菜大谈特谈，可能会让客人觉得你期待得到至高无上的赞美。

▌餐桌摆设

现在自动洗碗机越来越普及，因此餐桌摆设不论是精致或简单，都不会麻烦；多用些碗盘也不会使清洗工作更费事，因为机器会帮你洗。

☐ 桌巾

摆上桌巾，总是能让人感到愉悦，尤其是晚餐时。桌巾能保护餐桌、保护盘子、减少噪音与破损，而且美观。使用布料桌巾而非塑料桌巾的真正原因，在于这能向你、家人及客人显示这个场合的重要性。餐巾布也比餐巾纸更好，即使你不用桌巾，也可能想要用餐巾布。不管你平时在家里的做法如何，有客人时最好使用餐巾布。

白色织花桌巾适用于一般的晚餐，而非常正式的晚餐中，也只有白色织花或同等高雅的桌巾才能胜任（有关织花桌巾的讨论，请见第 16 章《天然纤维》第 293 页）。不管哪一餐，包括非正式的家族聚餐，彩色的织花桌巾都不够高雅，而其他高雅的桌巾，如蕾丝花边与精致的镂空花边布，

铺桌巾

铺上桌巾之前，先铺上一层衬垫或衬布，或是毛毡、毯料之类的布料做成的衬垫，以隔绝桌面与热腾腾的锅盘（非常热的锅具则需要隔热铁架或其他更有效的保护），并降低噪音及杯盘破损的可能。桌垫还能让桌巾看起来更平整、垂坠得更稳固。你可以买桌巾专用的衬垫，这能绑在桌脚避免滑动，或拿一块旧的绒布或薄毯，裁切或折叠成合适的大小。在非正式的家庭用餐时，你可以随自己喜好决定是否要用衬垫。

用于早餐与午餐时，要选择比餐桌边缘还要长 15～20 厘米的桌巾；晚餐用的桌巾应该长过桌缘 20～30 厘米；至于较正式的晚餐，桌巾垂下的长度是 30～45 厘米。传统的规则是，桌巾上最多只能出现一道皱褶或褶线，并且是在餐桌的长轴线上，但是，在比较不那么正式的餐宴上，清晰的格状褶痕在桌巾上看起来也非常吸引人。

如果你要在晚餐上使用蕾丝桌巾，一个方法是直接铺在桌上，另一个方法则是先放上衬垫，再加一层素面桌布，最后才是蕾丝桌巾，以免露出衬垫。虽然蕾丝桌巾下衬着闪闪发亮的木桌面看起来很美丽，却很容易滑动，缺少衬垫的优点。

餐具柜也应该用桌巾覆盖住。

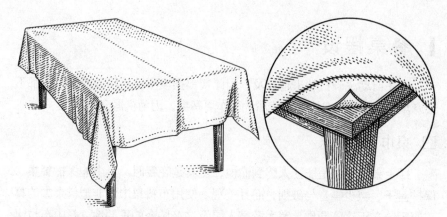

左 | 在较正式的晚餐，桌巾只能出现一条沿着餐桌长轴线方向的褶线
右 | 桌角局部放大图：桌巾底下还可以铺上一块与桌面大小相同的防滑垫

则应留待较正式的午餐或晚餐再用。所有印花与彩色的桌巾，皆适用于一般家庭用餐场合。

铺设及洗涤桌巾与餐巾，除了会增加洗衣量，不会为你增添额外的工作。但很不幸的是，熨烫却需要时间。如果你没有时间，又无法说服年龄较大的孩子帮忙做这份工作，也无法付钱请他人代劳，那么你有两个选择。一是购买抗皱桌巾，但这比较不好，见第 15 章《织品的加工处理》286 页有关树脂处理的说明，以及第 18 章《家务用途的织品》343～345 页。另一种是不熨烫直接使用，并尽量避免增加皱褶，见第 440 页的建议，但大多数人都不会愿意把皱巴巴的桌巾及餐巾拿出来给客人用。有一种老式的旋转式熨轧机（或称"轧布机"），现在已有复出的迹象，让你可以几乎毫不费力地熨烫许多桌巾。不过若是布面有大面积镂空或绣花，效果会稍差。

一个世纪前，即使是得体的维多利亚风格家庭也不介意重复使用桌巾与餐巾，但在全自动洗衣机当道的现代，这似乎已经难以容许。我自己的规则是，不要指望一块桌巾能用超过一餐，但你往往会发现，若没有宴客，用过一次之后还是很干净，只要小心擦拭及清除污渍，还能使用第二甚至第三次。如果你在每天晚餐时铺上一块干净的桌巾，很可能可以用到第二天的早餐及午餐。但如果你在晚餐时用了一块非常高雅的桌巾，饭后最好还是先拿开，改成比较适合早餐用的桌巾。餐巾也一样，如果还很干净，可以重复使用，如果你会重复使用餐巾，应该让每个人都有自己独特、可识别的餐巾环；并在饭后换掉环中的餐巾。

如果有需要，在两道菜之间应当要拂拭桌巾。你可以将食物碎屑扫进一个盘子，也可以用餐巾拂拭。

有些人的餐桌是粗犷的原木，或是可以直接放置锅具而不会受损的桌面，那些不喜欢花心力照顾桌巾的人绝对应该想办法弄一张这样的桌子来用。尽管如此，有时铺上一块桌巾还是相当值得的，也许是一两次周末的晚餐，以及特别重要的节日等。

你可以购买背面是泡棉、正面是塑料布的桌垫，将泡棉朝向桌面，塑料布朝上。这种桌垫不要留在餐桌上过夜，更不能长久铺在桌上，因为桌垫与桌面之间可能留有水分，会破坏桌面外观。泡棉桌垫虽然有防滑效果，但我还是比较喜欢衬有毛毡或绒布的桌垫。你可以购买刚好符合桌面大小的防滑桌垫，但若购买较软的毛毡或绒布桌垫，则应该要比桌子稍长几厘米。

□ 餐垫与长条桌巾

使用餐垫的目的，是让餐桌露出，展现餐桌的美，同时也保护需要保护的区域。但即使是很优雅的餐垫，仍称不上很正式的摆设。有些餐垫不需熨烫且易于清洗，但也有一些是相当麻烦的，情况跟桌巾一样。

长条桌巾是一条沿着餐桌长轴铺在桌面中央区域并延伸到桌缘，样式或朴素或花哨的狭长织物，下方可再铺设一般桌巾，也可单独使用。这种桌巾现在已经不太常见，目的是用来装饰餐桌，或是在仅使用餐垫时保护餐桌的中央区域。

□ 中央摆饰与蜡烛

过去有段时间，如果餐桌中央没有摆饰，感觉就会像手上没戴手套或头上没戴帽子一样，光秃秃的。现在，人们仍会于重要节庆与在家宴客时，在餐桌上放置摆饰，但很多人已不在家庭平日用餐时这么做了。不过，这是个容易达成且令人愉悦的习俗，就算只放一个摆饰，也能让每天的每一餐都充满意义。这些摆饰可以只是简单优雅的小布置：一些当季鲜花水果，或是秋季的红叶，这样就够了。另外，能运用的素材也很多：漂亮的蔬菜瓜果、装饰用的瓷器、干燥花叶、孩子最近的组合积木作品（让孩子参与餐桌摆设的布置，会让孩子觉得有成就感，而你则可以把心力集中在料理食物上）。无论正式或半正式场合，鲜花都是传统的摆饰，但你未必要维持传统。不管你选择什么，餐桌摆饰都要摆在显眼处，且比例要适中，避免与餐具挤在一起。

蜡烛只在晚餐及天黑后使用，火焰的位置应该在眼睛的视线之上（约45厘米高），才不会让人觉得刺眼。为安全起见，蜡烛不要太靠近桌缘或用餐者的手肘。若有6~8人用餐，餐桌两头各放2~3支蜡烛。如果两头只各放一支蜡烛，即使辅以其他照明，光线也会显得不够明亮，且看起来很单调。或者，你直接以人工照明为主，蜡烛只是桌面装饰（参见下册第19章《宜人的光线》）。过去人们常认为，餐桌上若有未点燃的蜡烛，是对客人的侮辱，因为这似乎意味着客人不够重要，不值得你浪费蜡烛，或者你根本不在乎他们的喜好。但我认为在这个年代，你大可不必为此杞人忧天。

□ 一般家族聚餐时的餐具摆法

今天，餐桌摆设的规则可说非常灵活，因此人们往往很难相信，过去人们会因为缺少冰激凌叉或4种不同汤品汤匙而感到难受（冰激凌叉？现在的读者可能会私下咕哝）。尽管如此，许多旧有习惯仍然存在，因为这些规则毕竟还是有其用处且令人愉悦，就算你选择不予理会，多加了解仍有助于提示客人用餐的顺序，让他们感到自在。

餐桌上该放哪些餐具，取决于所供应的菜色，以及当下用餐的进度。在正式晚宴中，你会事先摆上一个大圆盘，上面放置开胃菜或汤，供客人自行取用。但如果是在家里的非正式晚餐，大多数人会省略这些，直接以晚餐用的盘子来盛装开胃菜或汤。沙拉与甜点盘可以直接放在餐桌上，甜点杯及甜点碗则放在甜点盘或小浅盘上。有客人的时候，还要放个面包盘，上面摆着奶油及奶油刀。有些人认为，即使没有客人，无论餐点再怎样不正式，也应该摆出面包盘，但我会依据餐桌大小及所提供的食物来决定。

如果餐桌很拥挤，而餐盘里仍有空间，且没有流动的酱汁或汁液，我会认为面包摆在盘子边缘即可，尤其当你用的是现在很常见的超大主餐盘。

如果是在家里的非正式晚餐，虽然原则上只需要叉子即可，人们有时仍会在餐桌上放置叉子、刀子及汤匙。刀子可以代替奶油刀把奶油涂在面包上；汤匙可用来享用甜点或咖啡。你可以随自己的需求灵活应用这些餐具，简单的家族聚餐比较不拘小节，而这些随性又有效率的做法，也已非常普遍。

如何摆设餐桌

所有的餐具都得一尘不染且闪闪发亮。每套餐具要相隔 30 厘米，并距离桌边 2.5 厘米，以免碰撞掉落。如果可以，各套餐具应该排在彼此正对面，以方便用餐者交谈。

刀子与汤匙放在餐盘右边，叉子则在左边，但有两种例外情况：没有刀子的时候，叉子要放右边。蚝叉一般也放在右边，或是盘子里的生蚝底下（如果是一般的家庭晚餐，不需要用刀子，叉子也可为了与汤匙对称而放在左侧）。所有餐具都是正面朝上（即叉子的尖齿及汤匙的凹面向上），刀子的锯齿朝向餐盘，汤匙要放在刀子右侧。最先需要用到的餐具要摆在最外侧，用餐过程中用不到的餐具就不该摆出来。因此，如果你的菜单上有一个开胃水果，而后是汤、主菜、沙拉、甜点，那么你的餐桌摆设，看起来就要像下页右下角插图的摆法。

餐巾放在叉子左侧（或是餐盘的正中央），或者，在午餐或早餐时间，你也可以把它放在盘子上，随你喜欢。晚餐餐巾的折叠方式请参见第 24 章《折叠衣物》。餐巾褶边要平行于餐桌边缘，图案或边角装饰在左下角，开口朝左下方（你也可以把餐巾折成张开，使装饰图案出现在右下角，重点是所有餐巾必须方向一致）。午餐的餐巾可以折叠成三角形或五角形，如果是一般家庭的便餐，也可以折成普通的矩形。

水杯或儿童的牛奶杯通常放在主餐盘边缘的右上角，位置在刀尖之处。如果有酒，酒杯要立在水杯右方；如果有两种酒，那么 3 个杯子要排成一个三角形，其中白酒杯要放在最前方。面包盘要放在餐盘边缘的左上角，奶油刀则平行于餐桌边缘，把柄向右，以易于拿取（下页左下角图）。如果沙拉与主菜同时上，你可以将沙拉放在主菜盘的左上角（下页右下角图）；或者如果有面包盘，也可以放在面包盘下方。

甜点用的餐具可以在用餐一开始就放在餐盘上方（下页右下角图），或在用餐结束、餐桌收拾完毕之后，再跟着甜点盘一起送上（第 79 页 E 图）。

喝咖啡或喝茶用的汤匙，要放在小碟子上。

不管再怎么不便，食物买来之后都应该从原本的包装袋、盒子、瓶子、罐子中拿出，不要直接端上桌，例如：牛奶盒、果酱瓶、西红柿酱与芥末酱的包装，以及盛装饼干或面包的袋子与盒子等。此外还包括从超市买回的奶油盒，这种盒子虽然经过精心设计，也已经看不到标签，但仍是一般公认的市售产品，且看起来与其他餐具相当不搭调。把要上桌的食物放在碗里或盘里。

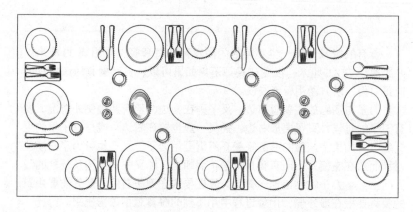

非正式家族聚餐的餐具摆设: 这种餐桌的摆设法,是用餐者需要互相传菜的情况。没有酒,仅供应水、牛奶或其他冷饮。第一道菜是汤,然后依次为沙拉、主菜。放置沙拉盘,是为了上菜方便。

早餐的餐具摆设: 早餐包括最先上的果汁,接着是谷片,然后是火腿、蛋与土司。咖啡或茶与食物一起上桌,而不是等到餐后。

没有肉食的午餐餐具摆设: 这种摆法是以开胃水果开始,然后是一份美式煎蛋或咸派,最后是沙拉。没有肉食,因此不需要刀子,叉子放在右边,排列的方式,是依照水果之后的上菜顺序。

非正式晚餐的餐具摆设: 从水果匙、汤匙以及沙拉叉的摆放位置可知,上菜顺序依次为开胃水果、汤、主菜、沙拉。并供有水和酒,面包盘放在叉子上方。

非正式晚餐的餐具摆设: 根据汤匙、沙拉叉的摆放位置可知,上菜顺序是汤、沙拉、主菜。为了取菜方便,沙拉盘放在叉子与餐巾上方,甜点用的餐具则放在餐盘上方。

A. 一开始的摆设法（开胃菜）

B. 汤（开胃菜之后）

C. 主菜（汤之后）

D. 沙拉（主菜之后）

E. 甜点

正式晚餐的餐具摆设方式：图 A~E 显示正式晚餐每一道菜的餐具摆法。餐间提供红酒与白酒，水杯与白酒杯摆在最靠近餐具处三角形的基部，红酒杯放在稍微远一点的位置。这一餐包括5道菜：生蚝、汤、烤肉、沙拉，以及最后的甜点。图 A 显示晚宴一开始，上菜之前的摆设方式，包括前 4 道菜所需要的各个餐具（甜点叉及汤匙则待甜点盘最后一起送上）。在图 B，客人已经享用完生蚝，所有摆设是为即将上桌的汤做准备。图 C 中，汤喝完了，准备要上主菜。图 D 中，餐盘已撤下，摆上了沙拉盘。图 E 则是甜点上桌的摆法。

□ 餐桌或餐具柜上的其他应备物品

将盐与胡椒（调味瓶、研磨器、小盐罐或碗）间隔放置，以方便拿取。在较正式的晚宴中，至少每两个人有一套可用。你可以准备一篮面包，或在每个面包盘上都放上一块面包。如果你打算用奶油，可以用传的，也可在每个面包盘上都放一小块奶油。桌上可以放置佐料或调味料。餐中稍后才会用到的盘子、杯子、碟子及餐具，可先整齐堆放在餐具柜里备用。可在餐具柜上放一壶水，奶精与糖则稍后再送上。

▌上菜

一般家庭的正餐，不管有没有客人，目标都是优雅地上菜，带着些许仪式的元素，却又不会像是在外享用正式餐宴的那种僵硬或冰冷。这种仪式能自然而然展现你的个人风格，而非受到某种外来权威之迫，因此也意味着你应该试着去想通每一个环节，以及为什么你要遵循这种做法，是基于方便？还是效率、美观、舒适或是熟悉感？

□ 上菜顺序

规划餐点有一部分是要去思考做饭与上菜的流程，首先必须要考虑的，便是上菜顺序。传统晚餐的上菜顺序是：冷盘／开胃菜、汤、鱼、肉食／主菜、沙拉、甜点。如果是意式餐点，一开始会先上面食，然后是主菜、沙拉、甜点（当然，在意大利面之前，还有一道前菜）。早餐的上菜顺序通常是：水果或果汁、早餐谷片、蛋白质类的菜色（鸡蛋与培根、火腿或香肠），搭配马铃薯、碎玉米粥或面包（土司、贝果及丹麦面包之类的食物）。

这些菜色可随意组合，不一定要全部备齐才算完整的一餐，现在大概没有人在家吃饭时会备齐这所有的菜。一般在家的非正式晚餐通常只由两三道菜组成，例如，沙拉、主菜及甜点。但你选择的每一道菜，最好还是与其他菜色互相搭配，同时依照传统顺序上菜，或是依据家人的偏好稍做变化。有些人喜欢一次上齐，让每个人自行决定享用顺序。我自己的偏好是，最好还是一道一道上，不仅因为食物都是新鲜现做的最好吃，也因为这样才能吃得更悠闲、更优雅、更健康。

晚餐中各道菜色的上菜顺序，有个重要例外，那便是沙拉。欧洲的做法是把沙拉放在主食之后，美国人也一直依循这种模式，直到 20 世纪 30 年代才开始出现"加州风"或"现代风"的上菜方式，让沙拉成为第一道菜。现在，美国人在家享用非正式餐食时，常见的做法是在主菜之前上沙拉。这是一种很好的习惯，有几个原因：在刚开始吃饭时，你的胃口还不错，此时上沙拉吃起来特别开胃，尤其孩子这时肚子很饿，也比较会把色拉吃完。从营养学及体重控制的观点来看，以蔬菜沙拉打头阵是有其意义的，这能让你用健康的绿色蔬菜来控制食欲。传统上将沙拉放在主菜之后则是比较享乐的做法，目的是净空味蕾，让你开心地继续吃下去。当然，你不必非得在两种风格之间做出选择，平日可以把沙拉放在主菜之前（或一起上），特殊场合或周末时，再换成放在主菜之后。此外，一直依照传统顺序上菜也没什么道理，除非你端上桌的是风格相当传统的沙拉。简单摆放几种酸性、清爽的绿色蔬菜，有时搭配少许水果，都是很好的沙拉。含浓稠酱汁、加了蛋白质类食物的"沙拉"，应放在主菜前或当作主菜。

□ 盛盘或更换餐具

水杯的水约七到八分满，酒杯要半满或稍微多一点。盛放热食的盘子要先温过，放冷食的则先冰过，让食物尽可能处于最佳状态。在非正式的晚餐，人们通常懒得去温盘子或冰盘子，但这并不麻烦，有时还真的能增添乐趣。

非正式的家庭餐有两种主要的供餐方式，你可以弹性运用、组合。其中一种方式是，服务的人将全部盘子连同将要上桌的菜色送到餐桌或一旁的餐具柜上，再将食物逐一盛进盘中，由大家帮忙传递。另一种方式是，将装了菜的餐盘放在餐桌上方便的位置，吃饭的人自行传递、动手取菜，从最靠左手边的菜盘开始拿，并传给右手边的人，直到所有的菜都轮完，最后菜盘会回到原来摆放的位置。比较少见的方法，是服务的人端着菜沿着餐桌走动，从左手边开始一一为用餐者服务。你可以把汤锅放到桌上，再把汤盛到每个人的汤碗里，也可以先一碗碗盛好再端上桌，总之就是选择比较不会让汤泼洒出来的方式。冷盘开胃菜通常是在用餐者就座前就放在盘子里，热的开胃菜则在众人就座之后才端上。晚餐的主餐盘通常是在餐桌上盛装。

一般的原则是从用餐者的左边上菜，从右边撤盘。至于在倒入水、酒，或是移除水杯酒杯，则一律从右边进行，以免服务的人跨过餐盘拿杯子。要等所有人都吃完这道菜才能撤盘，免得用餐者感到压力。当你开始撤盘，最先撤下的是还有剩余食物的餐盘，然后是用过的盘子、碗以及餐具，最后才收拾未动用到的餐具。脏盘子收完之后，绝对不能堆放在餐桌或任何视线可及之处，且绝对不可在餐桌上刮除盘中残余食物。通常会由一两个人负责收拾盘子，一次收两个。你可以将盘子集中在餐具柜上，再带至厨房放起来。如果步行到厨房的距离很长，你会发现推车相当管用，能让你不必多次往返。

当你准备把甜点端上桌时，应先撤下所有食物、餐盘、盐及胡椒等，并将餐桌上的碎屑扫干净。大多数美国人喜欢咖啡与甜点一起上，有些人则喜欢吃完甜点再用咖啡，且通常是在客厅喝。

▍银器、瓷器及玻璃器皿

直到不久之前，要摆设一张体面漂亮的餐桌仍是得花大把银子才有办法办到的事。人们会为新嫁娘出主意，教她们如何咬牙苦撑，在尚未买齐精美瓷器与真正的银制餐具前，运用"想象力""品位"及"胆量"，拿从大卖场买来的瓷器来布置餐桌（而且还没有蚝叉或冰激凌叉）。

当时美国许多年轻人常因手头不够宽裕，却又要符合老一辈的古板思想而感到尴尬与自卑。在那个时代，年轻人会努力挣得两组银器与两组瓷器，其中一套用来"享用好东西"，另一套则作为"日常使用"。如果手头宽裕，这两组都会是精致的瓷器与真正的银器，只不过其中一组设计得更为精美与优雅。如果手头较不宽裕，就只能量力而为买一组精致的瓷器与真正的银器，而日常用的，就将就较便宜的瓷器与银器了。至于买不起精致瓷器与银器的人，便只能凑合使用大卖场或其他廉价商店的餐具，有可能是仿名牌的餐具，或是又粗又重、以实用为主的东西。

时至今日，人们可能会告诉你准备两组瓷器及银器的做法已经落伍。但这种说法并不完全准确，只是反映出现实已大幅改变。消费得起的人还是可以同时拥有两组以上的瓷器，其中至少有一组是昂贵典雅的高档货。但在价格较低廉的各种选择中，餐具的质量与设计都已大幅改进，不论新旧制造商，都已经生产出设计感、强度及耐久度与高档货不相上下的低价商品。不锈钢餐具质量佳，且设计相当吸引人，很多人喜欢拿来作为日常使用的餐具，不只因为比较不麻烦，且比银盘耐用。虽然质量优良的不锈钢并不便宜，但终究不像银器这么昂贵。这些改变，解决了许多恼人的社交困扰。

如果你只买得起一套瓷器，你可以找一套功能齐全、同时适用于正式与非正式场合的餐具。但如果你的经济能力负担得起，也有足够的储放空间，还是购置两组餐具较能满足多种需求。而如果价格上没有问题，空间也不成问题，不妨准备两组以上餐具组，再搭配你所喜欢的单品或部分套件：早餐的套件、茶的套件、混搭组合，或吸引人的各种单品。如果你比较节省，明智的做法，是先购置一套有吸引力的日常用餐具，另外再依照预算购置另一套较精致的餐具（或混搭组合）。在同一道菜里不得混用不同花色餐具的老规则已经不再适用，同样，便宜与高档餐具不能混用的规则也已经

餐具

上排，由左至右：茶匙、咖啡匙、甜品匙、水果匙、用餐匙、浓汤汤匙、汤匙、冰茶匙、糖匙

下排，由左至右：晚餐刀、切鱼刀、奶油抹刀、奶油刀、派饼或蛋糕铲、长柄勺、沙拉叉、沙拉勺、餐叉、肉叉、蚝叉、柠檬叉

落伍。只要看起来不错，你就可以随心所欲地搭配，甚至舍弃成套餐具，改用自己搭配的单品、摆放的位置，或任何你喜欢的混搭方式。我已经在一些单身公寓或小家庭里，看到一些搭配得宜的组合，他们的餐桌并不大，主人并不富有，但品味精致。

对大多数人来说，每组瓷器的合理数量最少应该是8套，只有极少数人会需要12套以上，至少在最开始时是如此。最成功的晚餐聚会通常是6~8人，而在重要场合，例如家族团圆时，人们通常得把两组餐具统统拿出来，或许还要借用或租用。有关刚开始至少应购置的瓷器、餐具、玻璃杯等，建议如下表。但是，请记住，每个家庭都有其特殊的习惯与品位，因此在决定究竟哪些餐具一开始便绝对必要、哪些是可以等到有机会再下手的，需要共同商量。例如，爱好香槟的人，一开始就应该购置香槟杯。

入门级的瓷器组

共需 8 套，每一套包括：

◆ 主菜盘

◆ 沙拉盘

◆ 汤盘（或汤杯、小碟）

◆ 甜点盘

◆ 谷片碗

◆ 汤杯与小碟

◆ 面包盘

供菜餐盘、餐皿：

◆ 大浅盘

◆ 小浅盘

◆ 2～3 个不同大小的供菜餐碗

◆ 酱料或酱汁壶

◆ 大水壶

◆ 鲜奶油壶

◆ 糖罐

◆ 茶壶

◆ 各种大小与形状的小型供菜餐盘

入门级的餐具组

共需 8 套，每一套包括：

◆ 主菜刀

◆ 奶油抹刀

◆ 主菜叉

◆ 沙拉叉

◆ 茶匙

◆ 汤匙

供餐用具：

◆ 大长柄勺

◆ 小长柄勺

◆ 糖匙

◆ 分装沙拉的勺子与叉子

◆ 大型肉叉

◆ 几个供餐汤勺

入门级的玻璃器皿组

◆ 8 只水杯（240 毫升）

◆ 8 只果汁杯（150～180 毫升）

◆ 8 只高脚杯（冰茶杯或高球杯，350 毫

升）葡萄酒与其他含酒精饮料杯具

◆ 多用途酒杯（或 8 只大酒杯）及 8 只较小酒杯

▌饭厅

　　基本上来说，饭厅是个较晚的发明。尽管饭厅在 18 世纪时就已十分普遍，但一直到 19 世纪，美国人仍然不见得会有一个纯粹为了吃饭而设置的专属房间。现代的趋势，一直是以打造"放松"的饭厅为主流，做出开放

的空间，并混合其他功能。但是，一个以用餐为唯一或主要目的的饭厅，仍有其存在价值。那些没有饭厅（或曾经有但后来改装为他途）的家庭，往往还是会在厨房、起居室或共同空间里，创造一个用餐角落。

饭厅应该尽量设置在能容易调整温度、空气及光线的地方。在一个闷热、受强光照射，或弥漫着不良气味的房间里用餐，是很不愉快的。阳光与清新的空气是任何用餐场所不可或缺的。

一间饭厅里只需要三种类型的家具：一张大方的桌子、几把椅子，以及一个餐具柜或餐台，好让你放置将要送上餐桌的盘子与食物。餐桌是圆是方都不要紧，但最好具备扩充功能。若选择使用餐具柜而不用餐台，必须注意柜子应当有抽屉，或者在饭厅有可以随手存放餐巾与银器之处。只要你喜欢，可以在饭厅放置一个瓷器柜，有些人则会利用推车或边桌来作为晚餐的供餐台面。

如果可以选择，把所有与用餐无关的家具（如阅读灯、椅子、办公桌及立体音响等）都移出饭厅，会是件愉快的事。但是，住在小公寓或房子不大的人就没得选择。有时候，维持饭厅气氛的最佳方式，便是使用餐桌来吃饭，而不是其他用来阅读、游戏、写信或聊天的家具。如果餐桌本身容易刮伤，你会需要一张保护垫或布。餐桌的大小最好能让所有家人一起加入，许多人曾有过的最美好时光，便是在家里与家人围着一张堆满了书籍、卡片、信件、文件、杯子、家庭作业及其他用具的大桌子，共度一个悠闲的晚上，彼此在舒适的共享空间之中，埋首自己的兴趣与种种琐事。

有些房子除了饭厅之外，还有"早餐角落"，通常就在厨房旁边，或是在厨房里一张放得下早餐的大桌。在较传统的家中，早餐甚至午餐或便餐都可能在早餐角落解决，但晚餐则在饭厅。如今，在厨房里享用非正式的家庭晚餐，甚至宴请客人，已经是越来越流行的趋势，而厨房也变得越来越大、越来越豪华。在厨房里宴请客人吃便餐甚至晚宴，可能相当有趣，厨师在做菜的同时有人相陪，家庭成员与客人也可以加入一起帮忙。不过，如果你有饭厅，我还是比较建议经常使用它。

在厨房吃饭最有趣的地方是让人感到新鲜，但新鲜感总有消失的时候。你会发现自己越来越讨厌热气、烟，以及吃甜点时还有挥之不去的甘蓝菜或香肠气味。烹饪会造成空气污染，如果你是用煤气炉，就会产生燃烧副产物，而无论使用哪种类型的炉，也都会有油烟及其他副产物。有时候风扇噪音很大，或你希望可以启动洗碗机，因此可能让厨房变得又热又吵，而烹饪过程本身可能就是又热又吵。且洗碗机还可能发出浓烈的清洁剂气味。即使是最注重干净的厨师，都不免在过程中制造一些脏乱，这会让平静、有条不紊的感觉荡然无存。简单的餐点，像是早餐、午餐及便饭，准备过程通常很简单，在同一个房间里享用也很方便。但是，要让客人享有那种属于晚餐的快乐，摆出最多礼数的排场绝对不会错。

　　如果你没有饭厅，那么必须尽所能地控制厨房里的热气、光线、空气、气味、噪音、湿度及秩序，让家人可以在那里开心用餐。在厨房炉灶装设风扇以排除油烟，另外购买一台安静、不会产生高温热气的洗碗机，并做好空气调节及保持整洁，这都会发挥极大帮助。过去人们认为要在厨房里挂上窗帘或竖起屏风，以遮蔽凌乱。而我就有过一个"小厨房"，装设了一道折叠拉门，可以很快拉上，把备餐的紊乱隐藏于门后。但今天，如果你的厨房与饭厅是相连通的，就万万不可以屏风或布帘来掩盖真相，让厨房尽可能维持舒适、整洁、干净就好。如果你能做到这一点，并提供美味的食物、温馨的陪伴、愉悦的气氛，这顿晚餐的效果，会远比在时髦别致的环境用餐更令人满意。

CHAPTER

7

提振精神的饮料

当家里有客人来访，而且会逗留一阵子，此时你的好客天性会驱使你提供茶点来待客。通常你会依据当时的时间以及客人是否留下来用餐，决定要准备咖啡因饮料还是酒精饮料。来些振奋精神的饮料也许是最有效的待客之道，这不是为了填饱肚子或解渴，而是提供另一层次的享受。

提供这类饮料不仅是对客人表示欢迎，也是满足自己所需：有时是让聚餐有个圆满结束，有时是为了搭配点心，有时则是为接下来的放松时刻揭开序幕。善用饮料是一项很重要的家事技巧，如果你不会煮蛋或铺床，但擅长在适当场合帮客人沏壶好茶或煮杯美味的咖啡，那么，比起许多料理高手或清洁达人，你已经往营造美好居家气氛前进了一大步，因为你掌握了精髓。

这些饮料扮演相当重要的角色，以至于即使有些人基于医疗、宗教或道德因素而无法享用，还是会寻找替代品，让这种代表着放松与享受的重要仪式可以维持。花草茶、谷类制成的饮品、不含咖啡因的咖啡与茶，可以用来代替一般的咖啡、茶；汽水、气泡水、苹果酒或无酒精的葡萄酒，则可以用来代替真正的酒。

目前我们用来制作及提供这些饮料的方式，传承自数百年来的传统。本章仅针对怎样成功地储存、准备及提供这些饮料提供入门指导，但这些饮料所涉及的学问非常广泛，每一种都可以写成厚厚一本专书。

▋ 咖啡、茶及巧克力

咖啡或茶是便宜、方便且美味的饮料，人们在家休息或聚会放松时，免不了要啜饮一杯。虽然美国人并不像英国人有固定的下午茶习惯，但在

无咖啡因茶的替代品

有些无咖啡因的茶品还算可以接受，但风味与普通茶叶相去甚远，因此普拉特（James Norwood Pratt）在他的书《爱茶人》（*Tea Lover's Companion*）里所提出的建议特别受欢迎。普拉特写道，咖啡因的水溶性很高，80%以上的咖啡因在茶叶浸泡的前30秒即会释出。因此你只要把茶叶浸泡30秒后的茶汤倒掉（保留茶叶），再重新加入沸水冲泡，就可以享用咖啡因成分相当少的茶。我试过这个方法，发现仍可泡出相当不错的茶，就像书中保证的那样，比无咖啡因的茶好喝。

我们家，只要到了下午 3～5 点，我们就一定会喝茶或咖啡。如果当时有客人，他们也从来不会拒绝加入我们。

□ 咖啡因

并不是每个人都可以接受含咖啡因的饮料。我们的喜好越来越泾渭分明：有人疯狂迷恋咖啡，有人则碰都不碰。但一如往常，中庸之道可能才是上策。无数的医学研究都不能证明咖啡是有害的，[①] 甚至有些研究还认为茶饮对健康有益。[②] 但另一方面，如果你喝得太多，或太晚才喝，饮料中的咖啡因可能会导致你心神不宁和失眠。

一杯 180 毫升的咖啡通常约含 100 毫克的咖啡因（但 60～180 毫克都有可能）；一杯茶的咖啡因含量则大约为 40 毫克（但 20～90 毫克都有可能）。有些不能在晚餐后喝咖啡的人，喝茶却不成问题；我也认识一些英国人，他们睡前一定要来杯茶，否则无法成眠。但是有许多人，特别是年龄较长者，往往对咖啡因非常敏感，即便是无咖啡因饮料里面残存的微量咖啡因也让他们烦恼不已。且已有证据显示，年龄越大的人，咖啡因留在体内的时间越长。但每个人的习性都不一样，无法一体适用，你必须了解自己身体对咖啡因的反应。如果不能在晚饭后摄取咖啡因，那么可以尝试花草茶，见第 103 页。

在你不想碰咖啡因的时候，无咖啡因的茶叶与咖啡是绝佳选择。尽管无咖啡因饮料喝起来不如含咖啡因饮料来得好，一般而言还是相当顺口。我通常会在无咖啡因的咖啡里加一些调味料，例如少量肉桂，或把豆蔻种子与咖啡豆加在一起研磨。

人们对于孩童可以开始饮用含咖啡因饮料的适当年龄，看法很不一样。法国、意大利与西班牙家庭会在大量温牛奶里加入少许咖啡给幼童饮用，爱尔兰与英国则给小孩喝茶。我的家人在我们未上小学之前就让我们喝茶

---

① 通常医生会建议，孕妇与计划要怀孕的女性戒掉咖啡和茶，或减少摄取。重度咖啡因瘾者（每天至少摄取 300 毫克咖啡因的饮用者）通常较不易怀孕，流产的风险也较高。有些人发现自己喝含咖啡因饮料会出现胃灼热或胃溃疡加重的状况。对于饮食缺乏钙的人群来说，咖啡因会造成钙严重流失，增加骨质疏松的风险；对于敏感体质的人来说，咖啡因也会促成焦虑症发作或心悸。正在进行某些治疗的患者有时也不建议摄取咖啡因。

② 有些证据指出茶中的物质具有解毒之效，可预防癌症并降低血液中的胆固醇而有益心脏。此外，也能对坏胆固醇（低密度脂蛋白）发挥作用，且更能抑制血块生成，防止心脏病发与中风。

与咖啡，但加入大量牛奶稀释，并且加糖。我个人的看法是，对 4 岁小孩来说，茶加牛奶是温和的饮料，也是一种难得的享受，可以让他们偶尔享用。一点点咖啡，例如 60 毫升，加入大量温热的牛奶，再加一茶匙的糖，当中所含的咖啡因与 240 毫升的可口可乐约略相同，糖分却大大降低，且能提供许多重要的营养素（钙、维生素 D、维生素 A、蛋白质等）；至于可乐则不含任何营养成分。咖啡牛奶也比苹果汁营养，因为苹果汁基本上是由糖、加了香料的水，以及非常少量的矿物质所组成，其热量全来自果糖（一杯果汁的热量相当于 6~7 茶匙的糖）。基于这些原因，我认为偶尔给孩子饮用加了 1~2 茶匙糖的奶茶或咖啡牛奶，并没有什么好大惊小怪的，我的小儿科医生也同意，这可能比给他们喝可乐或苹果汁更健康。

□ 以咖啡与茶待客：你是纯粹主义者吗?

茶叶很细致，似乎要用优雅的瓷器（纤薄的瓷杯加上茶托）才搭，但咖啡就可以用宽厚的瓷制咖啡杯或粗壮的马克杯盛装。瓷制咖啡杯与茶杯有时很难区分，通常用来喝茶的杯子稍小，但现在已经很少有人会在意这点了。

在咖啡或茶中加点牛奶能降低苦味，加糖则会变得甜，所以一定要为客人备妥牛奶、鲜奶油及糖（见第 98 及 102 页有关浓缩咖啡与茶加柠檬、糖及牛奶的建议）。很多人喜欢蜂蜜胜于白砂糖，因此为了善尽待客之道，就算自己不用蜂蜜也要随时准备一些。牛奶能为原本营养成分不高的饮料增添钙及其他营养素，温牛奶或凉牛奶都能让饮料略微降温，这样也不错，因为饮料高温时入口并不是很好。过去，大多数人都同意加入鲜奶油（或一半牛奶一半鲜奶油），风味会比只加牛奶更好，而且全脂又比脱脂或低脂牛奶好喝。许多已经习惯使用脱脂牛奶的人表示，他们更喜欢脱脂牛奶，鲜奶油或乳脂肪较高的牛奶反而味道不佳（可惜我没有这种感觉）。不管你喜欢哪一种，试着为客人准备他们喜欢的，才算善尽主人之谊。另外，茶与咖啡的纯粹主义者也越来越多，他们认为好的茶叶与咖啡绝不应该被牛奶或糖所破坏，因此不提供任何糖或牛奶。不过我认为还是该尊重客人的饮用习惯，不是每个人都能接受黑咖啡的浓烈味道。

纯粹主义者还认为，你必须用矿泉水来沏茶及煮咖啡，而他们也对每个地区、每个国家的每一种咖啡豆或茶叶特性了如指掌，深谙调制之道，不但用量精准到克，还辅以定时器与温度计。但我认为以茶或咖啡待客不需要这么苛求，你可以努力学习如何沏一壶好茶及煮一杯好咖啡，但请记住，好主人的目的是让客人觉得好喝也觉得快乐。一旦你决定沉浸在咖啡或茶的渊博学问里，你也就把两者从单纯平凡的境地带入一个讳莫如深、纪律严谨、灵性高深的境界。这也许是优越、理想甚至高贵的，但对一般人来说可能并非如此。在以速溶无咖啡因饮料草率打发，以及精准测量纯水酸碱值的做法之间，还留有相当宽广的中间地带，可以容纳各种性情、品位、能力及专业。以下所列出的配方，不走高档精致，也不走低档粗糙，而是取中庸之道。

▌冲煮咖啡

只要情况许可，我强烈建议你自己煮咖啡，尽可能避免喝速溶咖啡。新鲜现煮的咖啡喝起来更可口，不但较不苦涩，也更醇厚，而且调制起来没有比速溶咖啡麻烦多少，因为你需要的只有热水及磨碎的烘焙咖啡豆。有些人因为在办公室没有办法煮一杯真正的咖啡，于是喝惯了速溶咖啡，并把这习惯延续到家中。但为了客人，你最好还是学着拓展一下自己的味觉，在家里学着煮咖啡。

然而，为了煮出新鲜咖啡，你还是得懂一些东西。首先，你必须选择适合你的咖啡。世界许多地区都出产咖啡，每个地区的咖啡都有其独特风味。同一个国家出产的咖啡可能有好有坏，这取决于咖啡的产地以及负责加工出口的公司。你得开口问、多品尝，偶尔看看相关书籍。与已经高度合理化的葡萄酒市场相比，咖啡的价格并非评断质量好坏的可靠依据，因此无须花大钱买昂贵的咖啡，除非有可靠的人推荐。此外，人们对咖啡的喜爱比葡萄酒还多元，让某些行家醉心的罕见咖啡豆，未必人人都觉得好。优质咖啡的价格也可以非常合理，但切记要把钱花在咖啡的新鲜度与加工质量上。

新鲜度是挑选咖啡的首要考虑。尽可能到有标示咖啡烘焙日期的店家购买，同时注意商家储放咖啡的方式，不能暴露于空气之中。加味咖啡也不应该放在原味咖啡旁边，因为气味会互相影响。超市所卖的罐装研磨咖啡粉通常被行家视为次级品，这点本人深感同意。这样的咖啡不仅平淡乏味，且喝到后来都会走味，因为咖啡豆一经研磨很快就会走味。

接下来，你必须选择自己想要的烘焙程度，这通常可以从咖啡的外观来判断，从几近全黑、深棕、棕到浅棕色都有。但无咖啡因的咖啡即使没有经过重度烘焙，颜色仍可能很深。不同种咖啡豆经过烘焙后所呈现的深浅也大不相同，所以有时需要多加询问。在相同条件下，重度烘焙的咖啡豆通常风味最强烈，轻度烘焙的则最淡。烘焙程度最重的咖啡豆通常称为"浓缩咖啡"或"意式咖啡"。其他重度烘焙咖啡则称为"法式咖啡"，有些是棕褐色，有些则非常黑。"维也纳咖啡"通常是棕色，但在某些地区则是最浅的棕色。专家普遍鄙视重度烘焙咖啡这种20世纪后期才被平民百姓发掘出来的产物，因为其焦味往往盖过咖啡的风味。他们表示，咖啡经过重度烘焙后便无法区分好坏，这给了不良商家用高价贩卖劣质咖啡的机会。我想，如果你实在无法区分其中的差别，明智的做法应该是只购买较不昂贵的重度烘焙咖啡。然而，虽然轻度或中度烘焙的咖啡豆一定能保留更多咖啡原豆的特质，但我也相信有些重度烘焙咖啡喝起来较可口。事实上，好的重度烘焙咖啡加上热牛奶可真是难以形容的美味，因此，把重度烘焙咖啡视为品位低俗或盲目的饮料，是相当荒谬的观念。你可以不时尝试不同类型的烘焙咖啡。

混合来自不同地区不同烘焙程度的咖啡豆，例如重度烘焙混中度烘焙咖啡豆，效果通常出奇地好。虽然有些专家会告诉你不要尝试自己混合咖啡，因为这是一门艺术，且非常复杂，但我经常这样做，只要小心别拿来招待咖啡专家就行了。

□ 储存与研磨咖啡

购买咖啡全豆并在家中自己研磨，是更棒的做法。从市面上买来的咖

别矫枉过正

在20世纪60至70年代，美国人相当热衷于发掘好的食物、好的咖啡、好的茶，愿意不嫌麻烦地学习。其中主要原因可能是因为他们到过国外，或交了一些外国朋友，体验了令他们惊艳的食物与饮料。我们的确可以信赖人们想提升饮食质量的本能，因为这是以爱为出发点，对生活、对家庭、对朋友及对知识的热爱。

如今，人们必须应付大企业刻意制造的消费迷魂阵，因为这些大公司试图借由人们对美食的追求来赚进利润。你想喝更好的咖啡吗？你喜欢烹饪吗？商人会努力卖给你许多昂贵的设备、咖啡豆、食品、书籍及习惯，最糟糕的，是一种拥有质量与优越感的错觉，让你自以为成了"专家"。但这些可能并不真正适合你的生活或家庭，或其实也不能提供什么真正的乐趣。

啡豆，带回家后应该储存在密闭容器里，并放置在阴暗、凉爽及干燥之处。如果你一次买很多，可以分装在不同容器里，这样就不需要经常打开罐子取用，让整批豆子不断暴露在空气与湿气之下。过去，专家会建议我们冷冻或冷藏咖啡豆，但现在他们又指出，咖啡豆容易吸附冰箱异味。此外，从冰箱取出时，凝结在咖啡豆上的湿气会让豆子严重变质，而反复进出冰箱的温差也会损坏咖啡豆。我绝对同意咖啡会吸收冰箱异味，事实上也真的很有效，有效到你可以用咖啡豆来作为冰箱的除臭剂。

但只要使用密封的玻璃容器来装咖啡豆，就不必担心咖啡的风味会受湿气或异味破坏。此外，冷冻（冷却）能减缓咖啡的熟成过程，如果你的咖啡豆需要存放数周，就有冷冻保存的必要。我甚至觉得，夏季时厨房的温度与湿度都相当高，即使咖啡豆只存放一两周，冷冻起来还是比留在架上好。

豆子要等到煮咖啡之前再研磨，因为咖啡磨碎之后会很快变质（如果豆子已经都磨成粉，要存放在密闭容器，放在阴凉处，并尽快用完）。当豆子放在冷冻库，可以直接研磨，无须解冻；不过专家也说，若先让咖啡回温再煮，风味会更丰富。如果你没有咖啡研磨机，却又爱喝咖啡，不妨将这种价格不贵又持久耐用的小机器列为优先添购的物品（研磨机也有昂贵的，但很少有人真正需要用到这种高档货）。同时，你可以要求店家依照你的咖啡机类型帮你研磨豆子，但记得要妥善保存，且一次不要买太多。

煮咖啡时，咖啡粉与热水接触的时间越长，颗粒就要越粗。要得到最细的颗粒，研磨时间就要拉长，最多半分钟；如果要粗一点，研磨几秒钟即可。可以请店家研磨不同颗粒大小的样本，让你熟悉不同外观。记得一定要用手摸，并用眼仔细观察。细研磨咖啡粉就和超细砂糖或食盐类似，粗研磨看起来像颗粒状红糖，中研磨则像白砂糖。下表列出每种常见咖啡机适合的研磨方式，但请记住用法未必那么绝对，因为对于何谓细研磨、中研磨及粗研磨，每个人的见解都不同。无论如何，下表仍照着颗粒从最细排列到最粗。排序第一的咖啡机适合最细的咖啡粉，最后的则适合颗粒最粗的咖啡粉。

◆ 意式浓缩咖啡壶（espresso）：极细

◆ 虹吸式咖啡壶（vacuum pot）：细

◆ 滴滤式咖啡壶（drip coffeemaker）：中细到中

◆ 渗滤式咖啡壶（percolator）：中到中粗

◆ 滤压式咖啡壶（French press／plunger）：粗

使用滤压式咖啡壶时，咖啡粉与水接触的实际时间约 5 分钟，因此需要最粗的研磨咖啡粉，然而意式浓缩咖啡壶会在瞬间进行高压冲煮，因此需要最细的咖啡粉。

□ 如何使用咖啡壶

最好的咖啡壶，能让你以最喜欢的方式煮咖啡。我试过各种类型的咖啡壶，但没有特定偏好。目前我们较常使用的是电动滴滤式咖啡壶，遇到特别场合则会搬出虹吸式咖啡壶。有些专家偏好用虹吸式咖啡壶，而我也认同这种壶煮出的咖啡的确美味可口。还有一段时期，我非常喜欢滤压式咖啡壶冲泡出的那种特殊浓郁口感，不过后来我受够了难以清洗的问题。滴滤式咖啡壶还是最方便的，而且煮出来的结果几乎与虹吸式及滤压式一样好。至于电动滴滤式咖啡壶，有人说还是不尽理想：水温不够高（导致味道太淡）、无法容纳足够的咖啡（因此不是溢出来就是咖啡太淡），以及咖啡粉浸泡在水里太久（咖啡因此变得苦涩）。但并非所有品牌的咖啡壶都如此，我的咖啡壶水温够高，也装得下够多咖啡，但要煮出好喝的咖啡的确需要较多时间。电动滴滤式咖啡壶能煮出相当不错的咖啡，且非常可靠，但是如果将咖啡留在加热器上，很快会走味，变得又苦又难喝。

渗滤式咖啡壶是陪着我这一代人成长的咖啡壶，但几乎每个评论家都对这种壶嗤之以鼻。然而，我的阿姨到现在都还在用渗滤壶煮浓烈的咖啡，而且就像小时候记忆里的一样，总让我觉得没有东西比这更美味（不是所有渗滤式咖啡都一样，详见下文"渗滤式咖啡壶"）。我和丈夫对咖啡都抱持最传统的观念，我们有一种昵称为晚餐咖啡的私房口味，如同快餐店和廉价餐馆所提供的咖啡口味：温度几近滚烫，具有一种寡淡、强烈以及酸的特别滋味，因此必须加牛奶与糖来调和。当你走在寒冬的街上，没有东西能像这种咖啡，帮你抵挡寒气，熬过寒冷。

□ 虹吸式咖啡壶

虹吸法其实并不简单，需要小心操作，但过程充满乐趣。虹吸式咖啡壶有上下两座玻璃球，下座玻璃球是煮好的咖啡最后存放之处，上座玻璃球底部则有根玻璃管，在煮咖啡的短暂过程中，会被置放在下座玻璃球的上方。这种咖啡壶还会有个架子，以撑住一个小小的酒精灯，而上方玻璃管里还会有一张滤网。

 煮咖啡时，首先要烧一壶水（某些品牌会允许你把下座玻璃球直接置于酒精灯上加热，中间隔着均热板保护玻璃球）。当水正在加热，你要研磨并量好所需要的咖啡，并将滤网放置在上座，然后把磨成细颗粒且量好的咖啡粉放进上座玻璃球。将下座玻璃球放置在架上，倒入烧开的热水，并在玻璃球下方点燃火焰。

 接下来，将上座玻璃球放在下座玻璃球上方（两个都是没有盖子的），确认两者密合良好，形成密闭状态。当下座玻璃球里的压力慢慢升高，水便会被强压通过玻璃管进入上座。如此维持 2 分钟后，熄灭火焰。

 最后步骤是个相当戏剧性的动作，在你熄灭火焰之后便会自动发生：冷却之后的下座会产生一种真空状态，把煮过的咖啡往下吸，通过滤网并注入下座玻璃容器中。这个步骤完成之后，移除上座玻璃球并放回架上，咖啡便可以上桌了。

□ 手冲滴滤式咖啡壶

 以金属滤网冲出的咖啡应该会比用滤纸冲出的香醇，因为这种材质的滤杯较容易让咖啡的油脂通过。不过，用滤纸也可以冲出好咖啡。首先煮沸一壶分量适中的冷水，并在烧水的同时研磨适量的咖啡粉，接着把滤纸放进锥形杯中，并放入咖啡粉。水煮沸之后，稍候片刻，然后把足以浸湿全部咖啡粉的水量倒入，等待半分钟或稍微再短一点时间（这时咖啡的风味会开始释放到水中），然后再将剩下的水倒入。你可能要等一些水滴下去之后，再把剩下的水倒入。最好让咖啡直接滴滤到保温玻璃瓶，或在滴滤完之后将它倒进保温容器。

□ 电动滴滤式咖啡壶

 遵循说明书的指示，你只需要放入滤网，倒入咖啡，将水注入正确的地方，按下开关让咖啡壶运作。金属滤网应该优于一般滤纸，因为它不会吸附任何咖啡油脂。为了保持新鲜，一定要在煮之前才测量及研磨咖啡，并且使用分量准确的新鲜冷水。为了避免味道变苦，最好让咖啡直接滴滤到保温玻璃瓶，或者，你也可以在咖啡煮好之后立刻关闭玻璃咖啡壶下方的加热器，或将煮好的热咖啡倒进保温容器，以兼顾保温及风味。

虹吸式咖啡壶　　　　　手冲式咖啡壶　　　　电动滴滤式咖啡壶

□ 滤压式咖啡壶

先烧开一壶水，同时称量、研磨好咖啡，并倒进咖啡壶。水煮沸后关火，稍待片刻，然后在咖啡壶中倒入热水，将滤压器摆在咖啡壶顶端，等待约 5 分钟，可依据你对咖啡味道浓淡的偏好增减 1 分钟左右，然后将滤压器用力往下推。如果你想保持咖啡的温度，可将咖啡倒入保温玻璃瓶。

□ 渗滤式咖啡壶

在咖啡壶中注入适量的水，然后把量好的咖啡放进金属或塑料滤器。渗滤式咖啡壶煮咖啡的诀窍与滤压式一样，就是放的咖啡粉分量要比其他机器多，才能在水渗滤完之时得出想要的风味。将咖啡壶放在中高温度的热源上加热，一旦出现滚热迹象，就把火调小，保持稳定的小滚状态，千万不要让咖啡在大滚状态下渗滤。接着把火关到最小，咖啡壶放在炉火边缘，稍微远离火源，或使用均热板，让咖啡不会太浓烈。最后，从壶顶玻璃圆盖里的咖啡颜色判断已渗滤完成后，就把咖啡壶从热源上移开。

使用渗滤式咖啡壶的另一个重点是，要用不锈钢或玻璃壶。其他金属材质会影响咖啡的风味。就算是不锈钢壶，也要先使用几次来"去味"，而任何新的金属咖啡壶刚开始煮出来的渗滤式咖啡都不好喝。清洗方式则跟其他类型的咖啡壶一样，每次使用过后，都用热肥皂水小心清洗。

滤压式咖啡壶　　　　　渗滤式咖啡壶　　　　　　摩卡咖啡壶

☐ 意式浓缩咖啡壶

人们通常把意式浓缩咖啡视为某个特殊品种的咖啡，其实这个词指的是一种冲煮方式。以这种方式煮出来的咖啡味道特别强烈、丰厚且浓郁，做法是以高压让热水通过细磨的咖啡粉，产生少量高度浓缩的咖啡。你可以使用任何类型的咖啡豆，但许多人偏好深焙的豆子，例如意式或浓缩深焙豆。一杯浓缩咖啡的量大约只有 45～60 毫升，盛在容量约 180 毫升的小咖啡杯里。

意式浓缩咖啡壶有好几种类型，一般家里最常用的是摩卡壶，使用方便又不昂贵，只可惜煮出来的咖啡还是无法跟地道的意式浓缩咖啡一样浓稠。不过我不会因此不用摩卡壶，因为这种壶煮出来的咖啡依然比一般咖啡厚实、浓烈且美味，跟浓缩咖啡很相近。摩卡壶有 3 个部分：基座（或下座）、放置在基座上的金属滤器，以及一个能旋锁在滤器上的上座，也就是浓缩咖啡液体最后进入的地方。将冷水倒入咖啡壶的下座，在滤器中装入研磨极细的咖啡粉，重要的是不要让咖啡浸到水，因此下座的水不能太满。将金属滤器装在下座上，并旋紧上座，再将整个咖啡壶直接放在炉火上，维持中小火。加热的水在压力上升后会通过放有咖啡粉的滤器，使冒泡的咖啡流进摩卡壶上座，等冒泡声停止便可倒出咖啡。你可以打开壶盖看一下上座容器是否已经收集到香醇的浓黑液体。

你也可以使用电动意式浓缩咖啡壶，煮出来的浓缩咖啡确实比较地道，但价格昂贵，且较难操作，得小心依照说明书使用。如果你想选购一台意式浓缩咖啡壶，一定要请教商家不同品牌所用的是哪种类型的泵与"活塞"。

小咖啡杯与咖啡杯盘　　　　　　　　咖啡杯与咖啡杯盘

意式浓缩咖啡通常不加奶，但可以加糖。美国人也会为意式浓缩咖啡加上柠檬皮屑，通常抹在杯缘，增添一些风味。市面上有几款相当受欢迎的以意式浓缩咖啡为底的牛奶饮品，依咖啡与热牛奶的比例而有不同名称。卡布奇诺是以大约 1/4 杯蒸汽加热的牛奶、一份浓缩咖啡，上面再加 1/4 杯奶泡。咖啡拿铁是较稀释的咖啡饮品，以一份浓缩咖啡对上 4 份蒸汽加热牛奶而成，上面不加奶泡。你可以在卡布奇诺咖啡上撒一些肉桂粉或巧克力，这也是美国人的习惯，而不是意大利人的习惯。但是，如果你喜欢，有何不可？

电动意式浓缩咖啡机通常会配备制作蒸汽加热牛奶或奶泡的功能，让你可以搭配意式浓缩咖啡使用。这项功能置于机器外侧的喷嘴，喷嘴打开之后能够释放蒸汽。用蒸汽加热牛奶时，先将牛奶倒进一个耐热容器，最多不要超过容器的 2/3，因为牛奶经蒸汽加热后会产生一些泡沫。接着将喷嘴深深浸入牛奶，并启动开关。要让牛奶发泡，牛奶量不能超过容器的 1/3，喷嘴也要尽量接近牛奶的表层。如果你没有可以用蒸汽来加热牛奶的机器，也可以将牛奶倒进锅里在炉上加热，但不要煮沸了。

☐ 咖啡与水的比例

标准的咖啡量匙，容量应该相当于 2 个平汤匙的量，但如果你实际测试过，会发现许多量匙会超过或低于标准。一般建议的标准量是 1 杯咖啡用 1 汤匙咖啡粉搭配 180 毫升的冷水煮成，如此可以煮出中等浓度的咖啡。你可以依据对咖啡浓淡的喜好，自行增减咖啡粉分量，使用略大于或略小于标准两平汤匙的量匙。不要为了增加咖啡的浓度，而把咖啡豆磨得比咖啡壶或咖啡机所适用的颗粒大小还细，因为这会让咖啡变得苦涩，或造成机器堵塞。替代方案应该是多加一点咖啡粉来增加咖啡的浓度。

□ 任何方法都能煮出好咖啡

不管用什么方式冲煮，只要运用以下几个原则，都能让你端出美味咖啡：

◆ 使用新鲜、味道好的冷水。纽约市的自来水很适合我，但有些人认为这水冲不出好咖啡。用什么水煮咖啡没有通用规则，但如果你不喜欢你的咖啡，用瓶装矿泉水试试看。不要使用蒸馏水，这种水质太软，往往会过度萃出咖啡的苦味。

◆ 使用不会产生异味的咖啡壶。玻璃、陶瓷及一些塑料制品都是非活性材质，最适合做咖啡壶。如果你使用金属咖啡壶，最好选择不锈钢材质。

◆ 每次使用后都要以热肥皂水彻底清洗咖啡壶与所有配件，并用清水冲干净。前一次煮咖啡残留的物质，可能会毁掉下一泡咖啡的风味。每次使用咖啡研磨机后，也要彻底清理，否则不新鲜的咖啡粉会影响下一次咖啡的品质。

◆ 不论何种煮法，都是将略低于沸点的水加在研磨咖啡粉上，并避免让咖啡粉接触滚烫的水。至于一般人不以为然的渗滤式煮法，也应尽量降低温度并减少渗滤时间。

◆ 如果你把咖啡放在加热的炉子上或以电动咖啡壶保温，咖啡很快就会变味。玻璃壶不应直接放在炉火上，但你可以在炉火与玻璃壶中间放一个均热板，以保护玻璃壶。[1] 不过，最好的方式是把咖啡直接收集在保温玻璃瓶里，或等煮好后再倒入。

◆ 重复加热一定会毁掉咖啡的风味。

◆ 倒入热开水之前，预热你的咖啡壶、锥状滤杯与（或）金属滤网。你可多煮一些水，将这些沸水淋在滤杯上让水流进壶中。当然，在开始煮咖啡之前要把这些水倒掉。用沸水预热咖啡杯也会有不错的效果。

◆ 咖啡粉不可重复使用。

▎泡茶

就像咖啡一样，茶的产地遍及世界各地，加工方式也各有千秋。茶的

---

[1] 如果重复将玻璃壶放在电动滴滤式咖啡机的加热器上，或炉台的火焰散射器上，壶身会渐渐变脆弱且终将爆裂。

味道取决于产地与制程，目前有 3 种基本的制茶方法，生产出 3 种基本的茶叶类型：红茶、乌龙茶以及绿茶。红茶是经过氧化或"发酵" 3 小时后制成，乌龙茶的发酵期较短，而绿茶则是未发酵茶。氧化会让茶产生浓郁的茶色，因此红茶味道最强、茶色最深；乌龙茶次之，茶色略淡；而绿茶味道最淡，茶色也最浅。

　　以往超市所卖的茶，质量与超市的咖啡差不多，不过现在大多超市所陈列的茶种类繁多，其中不乏高档茶。高档茶价格较贵，但还是多数人能负担得起的享受。如果你到一些当地的咖啡商铺或茶行，可能也会发现选择很多，从令人兴奋到令人沮丧的都有。以下表列各种茶的特色，可能有助于一些入门者决定应该尝试的茶叶种类。或者你也可以请店员推荐适合的茶。

红茶

- ◆ 阿萨姆红茶：口感厚实的麦芽风味
- ◆ 锡兰早餐茶：浓郁的精选特调茶品
- ◆ 大吉岭茶：细致的麝香风味
- ◆ 英国早餐茶：口感厚实的特调茶品
- ◆ 爱尔兰早餐茶：风味强劲且口感厚实
- ◆ 祁门茶：上等红茶，茶汤甘甜
- ◆ 正山小种红茶：带有独特的烟熏味
- ◆ 俄国茶：混合了乌龙、祁门、正山小种的红茶

乌龙茶

- ◆ 乌龙茶：口感细致、带果香的茶
- ◆ 中国乌龙茶：香醇的特调茶品
- ◆ 中国台湾乌龙茶：以"桃子"的风味及香气著称

绿茶

- ◆ 中国珠茶：清澈、黄绿色，滋味略带苦涩
- ◆ 熙春茶：清香、味苦
- ◆ 香片：以绿茶与茉莉花调制而成，略带甜味
- ◆ 煎茶：日本绿茶

调味茶

- ◆ 伯爵茶：以佛手柑油调味的红茶

□ 茶包是次等货?

茶的风味主要取决于茶本身的质量,不在于是制成茶包或散装。但一般而言,放在茶包里的茶大多是比较不好的茶,而且茶包可能不会存放在密封容器里,所以很容易走味。因此,尽管茶包不见得是劣等茶,味道通常较差。当然,沏上一壶好茶,绝对比在茶盘上放一个茶包更具吸引力,尤其人多一起喝茶时,泡茶更是较为合理的待客之道。尽管你也可以用茶包泡一整壶茶,但这似乎比较适合独自饮用。如果你不用茶包,也可以使用小茶隔(tea infuser)泡一小杯茶,或用较大的茶隔、滤杯来泡一整壶的茶。

□ 如何泡茶

冲煮咖啡时,你必须让水稍微放凉到略低于沸点的温度。但是泡茶时,你得尽可能让水温维持在接近沸点,又不能放在炉火上直接加热,以免毁了茶香。

首先,准备一壶刚盛好的冷水放在炉子上加热,另外烧煮少量热水作为暖壶之用(在尚未暖壶之前,不要放进茶叶)。在水即将沸腾之际,用另外准备的热水暖壶,然后倒出热水,并放入茶叶,一茶匙红茶,或一个茶包(可以冲泡一杯165毫升的茶;若是乌龙茶,每杯用1/2茶匙,若是绿茶,每杯用2茶匙)。你可以把茶叶直接倒进茶壶底部,也可以放在滤杯或茶隔当中,或者有些茶壶本身就附有滤篮。注意勿将整个滤杯放满茶叶,否则茶叶浸水变湿后没有足够空间可以膨胀。通常茶叶不应放超过半满。

等到水沸腾,立即倒进茶壶,直到接近茶壶开口为止,以免热水的蒸汽在倒水的过程中被空气冷却。盖上壶盖。如果你喜欢,也可以加盖保温罩以维持茶壶温度。红茶的冲泡时间为3~5分钟,乌龙茶约5分钟,而绿茶只需一两分钟。事实上,茶的颜色在真正泡好之前便已经变深,但你得泡上足够的时间,才能得到茶叶的风味。浸泡将近完成时,轻轻摇动茶壶让茶水混合均匀,然后再让茶叶往下沉。

茶泡好之后,必须将茶叶与冲好的茶分开,否则茶水会变得又苦又涩。分离茶叶与茶水的方式有两种,你可以直接取出滤杯、滤篮、茶隔或茶包,或是使用滤网,让茶叶与沉淀物不会跟着茶汤倒进杯子。茶汤可以倒入另一个预热过的茶壶。

茶壶与滤杯 　　　　　　　　　　　　茶隔

茶叶再利用? ——已经泡过的茶叶再泡第二壶茶，味道不如新鲜茶叶的第一泡好，但还可以接受，也比较经济实惠。

柠檬、牛奶、糖及香料? ——牛奶与糖搭配大多数的红茶都很适合，柠檬也是。但柠檬与牛奶不能同时使用，因为柠檬会使牛奶凝结。但一般而言，越细致的茶越不适合搭配那些会稀释或盖过原本风味的添加物。因此，大吉岭茶与乌龙茶通常不加牛奶或柠檬，正山小种红茶与绿茶也不需要加牛奶或糖。蜂蜜配茶颇具风味，但味道比糖更强烈，而风味太强的蜂蜜会掩盖不少细腻的茶香。香料往往也会掩盖茶香，不过能带来令人愉悦的风味。

▎调制热巧克力

　　热巧克力是另一种含少量咖啡因的饮料。一般食谱都有配方，我的配方是：制作热巧克力时，每杯需要满满两茶匙的糖、满满 1 茶匙的无糖巧克力粉、少许盐及 1 杯牛奶（许多食谱会省略盐，但盐能为巧克力提味，效果颇佳）。首先混合固体食材，然后加入牛奶，一次 1 茶匙，一边加一边搅拌以防止结块，直到成乳状滑顺的混合物为止。加入剩余的牛奶继续搅拌，开中火，再继续搅拌，即将沸腾时立刻离开火源。每杯热巧克力加一小滴香草精（不满 1 茶匙的香草精可做 4 杯热巧克力）。若要制作更丰富的甜点，可添加发泡鲜奶油，小孩也很喜欢在热巧克力上放几颗棉花软糖。

　　巧克力的品质越好，制成的热巧克力滋味就越棒。加低脂或脱脂牛奶的巧克力味道很好，但全脂牛奶风味更佳，而用水冲制的风味就没那么理想。市售的预拌热巧克力粉通常已经含有奶粉，虽然比较贵，但非常方便。而含糖巧克力与巧克力粉虽然便利，却无法让你决定想要的甜度。

▌花草茶

花草茶是以芳香植物的某些部位干燥后制成。根据一般说法，"花草茶"是原本就不含咖啡因的茶。许多花草茶不必加糖、蜂蜜或任何甜味剂调味便很美味，有些还以具有营养或增强抵抗力成分著称。但许多常用的香草植物实际上具有药性成分，若使用过量或用在体质较弱的人身上，可能会有危险。[①] 然而，一般从杂货铺买来的花草茶通常不会有什么危险。我家附近超市可以买到玫瑰果、黑莓、覆盆子、草莓叶、菊苣、薄荷、甘菊、茉莉、柠檬马鞭草和香茅的花草茶，以及肉桂、丁香、豆蔻、芫荽等香料。各种水果口味的饮料，有时也会当成花草茶贩卖，包括桃子、樱桃、蔓越莓、柑橘及柠檬。

跟泡一般茶叶一样，你也可以把花草茶茶叶放进茶袋或茶隔中，以滚水冲泡。花草茶茶叶也必须储放在密封容器中，并储藏于阴暗、干燥及凉爽之处。

▌酒精饮料

酒，跟美食一样，都是味觉上的享受。小酌一杯美酒能带来温和的暖意与放松，但喝到醉则非常不可取。过去人们在下班后，常会喝点酒作为从工作到回家、结束忙乱一天的转换。目前这种习惯已较少见，但尚未消失。

就算你不喝酒，还是会希望喝酒的客人能尽兴。这是一种优雅、适切的待客之道，且不难做到。你只需要随时收藏一些好的苏格兰威士忌、雪利酒、伏特加、苏打水、杜松子酒、通宁水，一些未开封的红酒与白酒，及若干种类的干邑白兰地或烈酒。你可以愉快地说："我们不喝酒，但也许你会想喝一点？"然后视情况供应应景的酒品。但如果你不想在家里存放酒或调酒饮料，不必勉强，也不需为此道歉。只要据实以告，并客气地对可能感到有点失望的客人表示遗憾之意。

---

① 例如，花草茶中可能危害健康的物质有黄樟与紫草科植物，两者皆对肝脏有潜在的伤害性，并且为致癌物。山扁豆属植物与紫草科植物有助于通便，茴香与荨麻利尿，不过，过度摄取会导致严重脱水。麻黄会造成血压与心率升高；缬草属植物则会引起多种副作用，而其他许多植物所含的成分，在使用时也必须加以注意。花草茶确实令人愉悦且疗愈身心，但饮用前一定要先咨询医生并研究其成分效果，以预知任何潜在的危险。

□ 餐前酒与餐后酒：鸡尾酒时间

在正餐之前，与开胃菜一起上桌的酒精饮料就称为餐前酒或开胃酒（aperitif）。这种酒精饮品通常是以葡萄酒或水果酒为基底，酒精含量介于红酒与烈酒之间，而里面的酒精成分能让你放松，借此促进食欲。鸡尾酒是混合了不同烈酒制成，包括苏格兰威士忌、威士忌、琴酒、伏特加或莱姆酒。从 20 世纪初至 20 世纪 70 年代之前，鸡尾酒一直是相当受欢迎的餐前饮料，而这段餐前时光至今仍称为"鸡尾酒时间"。20 世纪 70 年代以后，鸡尾酒风潮式微，变得比较随性，不再像盛行时期那样是餐前必备饮料，一方面因为人们希望少喝点烈酒，另一方面则是因为在餐前喝这些饮料其实没有多大意义。鸡尾酒的酒性太烈，往往影响你品尝后续的葡萄酒与美食。以葡萄制成的餐前酒，例如干雪利酒、杜本内、金巴利、苦艾酒、马德拉、香槟，或其他以这类酒为基底的混合饮料，是较适合的选择。

在一般非正式晚餐中，白酒与啤酒通常很适合当作餐前酒，浓郁的红酒则比较难搭配，往往会掩盖后续菜肴的风味。但在餐前先上较淡的红酒，用餐时再上较浓郁的红酒，会有不错的效果。餐前用一点白酒，甚至一边享用晚餐一边品尝白酒（或在第一道菜时饮用），都是很适合的选择（20世纪 80 年代，一些有在喝餐前酒却不想喝太多的人，开始爱上一种由苏打水与白酒各半混合而成的微气泡酒）。热爱啤酒的人，尤其是年轻人，则往往坚持啤酒是最棒的餐前、餐间及餐后酒，但也有些人认为啤酒会让肚子太撑。这或许是因为比起葡萄酒等其他饮料，啤酒的饮用量较多，且有大量泡沫。

餐后酒（digestif）是晚餐后的饮料，理论上是为了帮助消化。的确有科学证据支持在饭前喝一点开胃酒，能让你吃得更多、更开心，但餐后小啜一些波特酒或甘邑白兰地是否能帮助消化，我就没听说了。许多传统的餐后酒都是以葡萄为基底，但有些人喜欢在饭后饮用威士忌、啤酒及其他类型的酒精饮料。餐后酒通常有个共同特性，就是强度高：酒精含量高、甜度高，且风味浓烈。这种饮料当然是餐后再享用才好。

餐前酒、餐后酒及鸡尾酒的流行，都是紧跟着时尚潮流走，就像女孩子流行的裙摆长度一样，起起伏伏。

□ 鸡尾酒

如果你希望在家供应鸡尾酒，家里的吧台就得常备所需要的材料：酒、苏打水、通宁水、各式调味用品、橄榄、洋葱及果汁等。此外，你还需要各种工具、冰桶、量酒器、摇酒瓶，以及各类盛装鸡尾酒的容器。你的吧台可以不用太复杂，只要能调配一些基本酒款（加上一两种最新流行酒款）即可，当然也可以齐全到几乎能够调出所有酒款。除了时下最流行的，有些传统酒款是永远不退流行的，如马丁尼、曼哈顿、古典鸡尾酒、玛格丽特、罗伯洛伊、琴酒、通宁水以及边车酒等等。初学者可以在许多相关主题的好书里找到有趣又可靠的信息。

鸡尾酒会是一种只提供开胃小点心或前菜（没有正餐）来搭配鸡尾酒的聚会，现在已经不像过去那么流行，部分原因是人们的工作时间比以前更长，没有人有时间准备或参加。另外，鸡尾酒可以在任何晚宴中供应，你也可以在鸡尾酒时间举办一个没有鸡尾酒的派对，改提供葡萄酒、香槟、餐前酒、啤酒或汽水。

□ 葡萄酒

认识葡萄酒——市面上有许多好书、好课程和好老师能帮助你了解各种葡萄酒适合搭配的口味与食物。你可以先从自己喝过觉得不错的开始，然后从众多优良入门书之中挑一本来研读，了解葡萄酒瓶标签上所有名词的含义，帮自己选择同样酒款、酿酒师、葡萄种类、年份或产区的酒，同时也清楚自己在做什么。多做一些品尝实验：红酒、白酒、玫瑰红；无甜味的、有甜味的、淡的、浓的；餐前酒、甜点酒、马德拉酒以及波特酒等。每次尝试到喜欢的，就查查书里怎么说，尽可能去了解你感兴趣的事物。好的葡萄酒商家与知识渊博的店员，有时也能给你宝贵的意见。

葡萄酒的流行，就像鸡尾酒一样有起有落，澳大利亚红酒在20世纪70年代最蔚为风尚，夏多内[①]在20世纪80年代非常流行，薄若莱新酒[②]则在20世纪90年代引领风潮。但这个现象是入门者应该觉得庆幸的。尽管

[①] Chardonnay，普遍带有柑橘果香，若放于橡木桶中陈年发酵，更会增添奶油与烤吐司的风味。目前以法国布根地出产的质量最佳，意大利与加州也榜上有名。

[②] Beaujolais Nouveau，带有果香、如白酒般清淡的红酒。由法国薄若莱区最优质的黑嘉美葡萄酿造。

不是每种流行的酒款都得到鉴赏家的青睐，但入门者选择最新流行的酒品，会较有把握为客人所接受。不过，了解时尚，并带着一点挑剔眼光，坚持完全不管大众口味为何，也十分有意思。当你不再是个入门者时，就可以抵抗趋势，甚至创造潮流。

如果你打算供应葡萄酒，也必须懂得存放、冷藏及侍酒的方式。

温度——白酒、玫瑰红、薄若莱新酒以及薄若莱类型的美国加州葡萄酒，都应该在上桌前先冷藏。较淡的白酒，最佳品尝温度为 4~10℃，因此你可能需要在要开瓶当天一早先放入冰箱，上桌前再拿出来稍微回温（你的冰箱如果冷藏功能良好，就能降温到刚好略低于 4℃）。

酒体饱满的白酒与酒体轻盈的红酒，最佳品尝温度为 10~16℃，你可以把这样的酒放在冰箱里一两个小时，或者以冰桶冷却。冷却时，先拔开酒瓶的软木塞并将瓶身放入冰桶，然后在桶中加入冰块，最后加入冷水。冰水的冷却效果比冰箱中的冷空气更快。如果你没有冰桶，又忘了帮酒降温，可以直接放入冷冻库，但是千万记得：在葡萄酒结冻、软木塞被挤出，或瓶子爆裂之前，必须将酒取出。

酒体饱满的红酒，最佳品尝温度为 16~19℃，接近凉爽时的室温。就我而言，只要屋内的温度低于 20℃，我就不会费心去冷却红酒，但倘若室温超过 21℃，我则会把红酒在冰箱里冰一下。专业的葡萄酒饮者通常会为他们的葡萄酒准备小型的低温储藏室或冰箱。

开瓶——将开瓶器戳入软木塞正中央，并确定深入软木塞，若没有戳到位，可能会弄破软木。倘若你不得不把软木塞搅得稀烂，也只能继续将之推入瓶内，然后倒出葡萄酒，以过滤器、干净的咖啡滤纸或滤布将软木塞碎屑滤掉。顺带一提，优质的酒通常都有很好的长瓶塞。

开启香槟等气泡酒时，要非常小心保留气泡（不要让泡沫消失），并防止溢出以免浪费。首先，剥除瓶口的铝箔，然后松开瓶口上绑住软木塞的金属线，同时手要压着软木塞，以免瓶内压力突然上升，弹出软木塞。接着稍微松开软木塞，让一些气体逸出，但仍不要从瓶口拔出，取而代之是紧紧握住瓶塞，不要脱离手的掌握，然后在以大拇指轻推软木塞的同时，轻轻旋转瓶子（不是旋转软木塞）。气体应该会缓缓沿着软木塞冒出，发出小小的嘶声，也可能会轻轻发出"啵"的声响。嘶声消失之后，就可以将瓶塞整个拉出并倒酒了。万一事情不如预期，在手边随时准备一个玻璃杯，以接住突然冒出来的香槟。

醒酒——葡萄酒的最佳品尝时机，尤其是红酒，一定是在开瓶并接触空气中一段时间之后。这个过程称为让酒"呼吸"，能使葡萄酒较为圆润不生涩。刚开始喝葡萄酒的人可能会惊讶于醒酒前后风味的巨大差异。白酒、玫瑰红、很淡的薄酒莱所需的醒酒时间不长，也许 5 或 10 分钟，而大多数红酒则需要更久，不过时间长短取决的因素很多。

一个经验法则是，越年轻的红酒，所需要的醒酒时间越长，因为在酒与空气接触的过程中，会与氧气反应而熟成。如果红酒本身已经陈放一段时间，醒酒时间过久便可能熟成过头，另外，制作红酒时所使用的葡萄种类也会影响醒酒时间。波尔多红酒与各种奇扬第[①]需要很长的醒酒时间，5年以下的波尔多可能需要 2 小时之久，而一瓶 5～10 年的波尔多则可能只要 1 小时。布根地与黑皮诺[②]往往需要半小时到 1 小时，较厚实的薄若莱，处理方式则与布根地类似。一些陈年葡萄酒几乎不需要醒酒，而红酒所需的醒酒时间可能相当长。如果你不确定，务必查阅相关书籍或在购买时询问店员，尤其当你买的是高档酒品。

换瓶——换瓶是把瓶中的酒倒入醒酒器或酒壶中，借由扩大酒液与空气的接触面积，加速醒酒过程。通常只有在需要滤除沉淀物或想加快通气时间时才需要这么做，否则，直接从酒瓶倒酒是绝对没问题的。

由于白酒无须滤除沉淀物，因此白酒是不需要换瓶的，不过如果你想换瓶也可以。葡萄酒通常是横放，当你拿起一瓶酒，意味着沉淀物会受到搅动而扩散，且在倾斜酒瓶倒酒时，沉淀物也会受到扰动。处理红酒时，你应该在开瓶醒酒之前，先直立静置 1 小时左右，让沉淀物有机会沉到酒瓶底部。然后慢慢倒出酒，同时让光线从瓶子后方照过来，这样就可以在

[①] Chiantis，不少大厨称赞奇扬第与食物的百搭性，无论是比萨或是肉酱意大利面，都能与奇扬第相互完美衬托。属于意大利红酒，具有香辛料的气息。

[②] Point noirs，被专业人称为"食物友善"的红酒，搭配红肉、白肉皆有一番风味。酒色较浅、口感偏酸，带有莓果与花朵的细腻香气。

沉淀物流到瓶口时的第一时间停住。接着静置酒瓶，等瓶底再次累积沉淀物后，再重复刚才的动作。

美丽的水晶醒酒瓶一直是葡萄酒的最佳拍档，但这些醒酒瓶（如果是真正的水晶）含有铅，可能会被葡萄酒溶解出来。因此，将葡萄酒倒在水晶瓶里醒酒或再分倒入酒杯，并不是好点子。（见下册第 16 章《瓷器与水晶玻璃》。）

侍酒与玻璃器皿——一般来说，一瓶葡萄酒或半瓶甜点酒可供 4 人饮用。倒酒时不要超过五分满，也就是说，如果每次侍酒的分量是 120 毫升，你便需要 240 毫升的玻璃杯。但如果你喜欢，也可以用更大的酒杯。另外，若你要为晚餐准备两种葡萄酒，便要提供两个杯子，并与水杯排列成三角形，详见第 6 章第 79 页。侍酒时，较轻盈的酒先上，较厚重的后上。在正式用餐场合，奶酪会在沙拉之后上桌，因此要留一些红酒来搭配奶酪，并在上甜点时送上甜点酒。至于白兰地或餐后酒，你可以与咖啡一起送上，或在咖啡之后送上。

葡萄酒杯细长的杯脚，是为了方便让你持握，以免手的温度让葡萄酒升温。这种酒杯的杯肚较大，但里面的容量相对不多，用意是让你可以旋转酒杯，释放葡萄酒的香气，而内缩的杯口则是为了防止酒在晃动时溢出。葡萄酒杯主要有两种形状，其中一种像郁金香，杯口微微内缩，另一种布根地酒杯，则像个顶部被切掉的球体。偶尔喝葡萄酒的人与入门者可能偏好使用多用途酒杯（中等大小的郁金香形玻璃杯），可适用于白酒、红酒、香槟或甜点酒。酒杯的大小有多种规格。

喝香槟时不需要旋转杯子，因为气泡已经将香气带出。香槟杯有三种形状：郁金香形比同类红酒杯还要高且窄；长笛形跟郁金香形很相像，但杯口没有内缩；碟形则很浅、杯口很宽。香槟爱好者多半不喜欢碟形杯，因为这会增加香槟与空气的接触面积，使得气泡快速消散，同时碟形杯也不像长笛型与郁金香形杯那样，可以看到一串漂亮的气泡从杯底一路上升到杯顶。

储藏——许多专家表示，葡萄酒在 13℃ 的条件下存放效果最佳，不过有少数红酒适合稍低的存放温度。根据葡萄酒专家简西丝·罗宾森（Jancis Robinson）的说法，4～15℃相当理想，但 15～20℃也不会对酒有什么重大

玻璃酒杯

上排 | 由左至右：红酒杯、白兰地窄口杯、白酒杯、多用途酒杯、香槟杯（郁金香形）
下排 | 由左至右：利口酒杯、马丁尼或鸡尾酒杯、小平底杯、大平底杯、雪利酒杯

损害。最重要的是，葡萄酒在一般温度下不会发生迅速变化，突然的温度起伏，比起在一段时间内渐进式地升温，更容易对酒造成伤害。至于储藏葡萄酒时光线是否会造成影响，专家持有不同意见。你当然不该让葡萄酒暴露在直射的阳光下，但另一方面，你也不需要把酒存放在完全黑暗的地方。你不需过于担心光线问题，尤其你应该记得，葡萄酒瓶是有颜色的，可阻隔不少光线。

　　你可以在家里装设一个存放葡萄酒的冷藏装置，让葡萄酒保持在理想温度。然而，也必须权衡利弊。有些行家指出，一旦停电，你的酒就会面临剧烈的温度变化，因此最好的保存之处是地下室，可以让葡萄酒逐渐变暖或冷却。当然，如果你是住在炎热的都市公寓里，对于葡萄酒的味道又十分讲究，人工冷藏酒橱是你唯一的明智选择。那些比较不那么讲究的人，可以将葡萄酒存放在家中最阴凉处，这样仍可享受到优质的葡萄酒。不过，要确保橱柜的墙壁里没有热水管道经过，也要留意酒瓶不会被撞倒。如果你把酒储藏在地下室，要避开火炉、热水器、洗衣机及烘衣机，或任何可

　　有些收藏极高档葡萄酒的人会担心酒瓶震动的问题，因为震动可能使沉淀物不断搅动，并造成瓶塞松动。经常有地铁、火车、大卡车经过的地方，就会产生这类问题，不过震动本身对葡萄酒所造成的威胁小于高温以及温度的波动。如果葡萄酒是存放在一般家庭里某个不碍事的地方，不受碰撞或悬吊物的影响，那么我想震动对一般葡萄酒是不会造成损害的。

　　葡萄酒应横着放，让软木塞保持湿润。软木塞如果干掉，就可能缩小让空气进入，坏了葡萄酒。因此，储藏葡萄酒时，应固定放置，并让标签处于可辨识的位置，以免为了读去标签而转动或移动瓶身。

　　酒与食物的搭配——人们通常会依过去习惯来决定哪种葡萄酒适合搭配哪些食物，但其实这些都没有严格的标准。长远来看，你自己的品位才是最佳指南。入门者在品位养成过程中，可以从书本、朋友及专业人士得到许多良好建议。入门者经常被告知"白酒适合搭配鱼肉与白色禽肉，红酒适合搭配红肉"。这并非全然不对，却也不总是正确。你的目的是不要让葡萄酒盖过食物的风味，或让食物盖过葡萄酒的风味。风味太强的酒会让你无法确切品尝风味细致的菜肴，而风味很重的食物也会盖过风味细致的葡萄酒。事实上，鱼肉与家禽的风味往往较为细致，多半搭配酒体轻盈的白酒；红肉通常与酒体饱满的红酒相得益彰，因此你一定会想用红酒来搭配辣香肠。但有一些酒体饱满的白酒，几乎可以搭配所有食物，而酒体轻盈的红酒则与风味温和的食物非常相称。搭配蔬食时，则是根据食物风味的强度与特性来搭配，例如，调味强烈以及以西红柿为底的菜肴，需要搭配味道强烈的葡萄酒。搭配甜点时，可用甜点酒，或者只需确定葡萄酒会比甜点还甜就可以了。

　　你不必坚持使用法国葡萄酒搭配法国菜，或意大利葡萄酒搭配意大利菜。当你无法确定时，用同产区的食物搭配同产区的葡萄酒，会是不错的选择。不过，你总是能找到可以与意大利菜完美结合的法国葡萄酒，或能搭配咖喱的美国加州葡萄酒。

CHAPTER

8

厨房，家的核心

❖ **厨房摆设**
- [ ] 厨房只能是烹饪的场所？
- [ ] 功能胜于时尚：厨具的储放
- [ ] 如何收纳

❖ **厨房的基本设备**
- [ ] 厨房布巾
- [ ] 厨房的工作台
- [ ] 厨房用具、设备及刀具
- [ ] 深锅、平底锅与烤盘
- [ ] 不同炊具材质的特性

民主体制让厨房再度充满活力。过去，厨房可能是仆役劳碌工作的地牢，但在没有仆役的现代家庭里，闪闪发光、充满香气且配备各种省力设备的厨房，已使烹饪成为一种艺术，每个人都可以自豪地掌厨。而尽管熊熊的灶火已由各种电器产品取代，现代厨房仍是家庭最温暖的中心。

▌厨房摆设

□ 厨房只能是烹饪的场所？

厨房是让你饱餐一顿或享用热茶的地方，但此处还具有特殊的吸引力，往往会摇身变成日常的工作区与休闲区。当有人在厨房里大展身手，就会有家人或邻人也在这里徘徊不去，顺手帮忙或闲话家常。我们除了在厨房谈天、切菜、搅拌食材，也养成了在厨房做其他事情的习惯：打电话、记账、修理玩具等。过去，只有穷人与仆人会在厨房里用餐及谈天说笑；但现在，就算是在超级富豪的顶级住宅，也很可能出现相同景象。无论好坏，更有不少人会选择在自家厨房招待客人，而不是在餐厅。

对一些家庭来说，厨房甚至成了家庭的指挥中心。人们就算已经有自己的工作台或工作室来处理家务，仍往往要在厨房储藏东西或处理其他事宜。厨房的桌子或台面虽然没有工作台方便，却是人们每天实际使用最多的地方。

厨房的功能变得多元，免不了工作效率就低。当厨房变得拥挤，做菜、整理东西，有时便不适合同时进行。在台面上阅读，会占用切菜所需的空间；拿厨房的桌子当书桌，文件便会散放在厨房与工作室之间，最后忘记电费账单究竟放哪里。

于是有人索性把厨房空间加大，并在其中一角放了张办公桌与计算机，这至少解决了部分的问题。但对我来说，如果可以选择，我会走中间路线：一个大厨房，但限定使用功能，让这个空间以烹饪为主。我不会把我的桌子或办公室搬进厨房，而是与厨房相邻，让我可以方便往返。工作室如果大小适中，还可以提供一些方便的工作空间，尤其是桌面，让家中的大人小孩不会经常抱怨没有地方可以做事。

厨房要能充分提供主要烹饪功能。例如，煤气灶应该有一个能将废气排出室外的抽风机，同时，厨房本身应维持通风良好。如果你经常要为好几个人煮饭，可能会需要更多的储柜空间，比建筑师所设计的还多一些，并增加额外的冷藏空间，像是增添一个冰库或小冰箱。你可以安装一个酒柜，让葡萄酒保存在理想温度之下。而一个够大、可以控制温度与湿度的食品柜，则应被视为厨房的必需品，但这在现代的家庭里仍不是常见的配备。

　　每个厨房都需要（却大多没有）足够的书架，来摆放食谱、食品、营养方面的参考书籍，以及其他家事相关书籍。我的曾祖母只有一本食谱与一本家事书，但许多现代家庭需要依赖小型的厨房图书馆。这些书籍应该远离烹饪区，不然就应该保存在玻璃柜里，以免沾染油烟（有位热衷烹饪又热爱书籍的朋友则认为，书籍不应当放在厨房里）。如果你希望在厨房做菜或做其他事情时能尽情放松身心，那么在厨房里摆一张桌子以及几把椅子是很重要的。有浅抽屉的桌子最为实用，这可以作为食物准备区、工作台（如果你在其中一个抽屉放一些纸、笔和计算器的话），或是吃点心与便餐之处。你也可以在抽屉放置餐具或餐巾。我觉得桌子比配上高脚凳的吧台更舒适也更好用，但这纯粹是个人品味。

□ 功能胜于时尚：厨具的储放

　　你可能会受到厨房的各种可能外观所左右，但最重要的是先问自己，怎样才能让厨房发挥真正的功能。开放式层架与壁挂式餐具架（而非抽屉、橱柜或其他有盖的储放空间）的设计，往往时而流行、时而落伍，这是一种带有殖民时期厨房风格的怀旧设计，但实用性并不高。专业厨师挂出大量的锅子与餐具，是因为几乎所有器皿都常用到。至于一般人，虽然把东西放在看得到的地方似乎比要用时才翻找来得方便，但从我过去不愉快的经验来看，其实不尽然。厨房里看得见的表面（包括墙壁、天花板、灯具、灯泡及吊扇），通常比家里其他地方都更快变脏。我曾有一间由建筑师设计的迷人小厨房，所有东西都放在开放式层架上，甚至包括各种罐装、瓶装、盒装、袋装的食材，但这些东西很快便蒙上令人不悦且难以清除的灰尘与油污。从此之后，我总是怀疑地看着杂志上那些挂在灶台后方的闪亮刀具与锅具。这些东西放在那里很快就会溅满食物与油渍，而挂在外头的锅碗瓢盆只要放置超过一周没有使用，使用前就应该彻底清洗。放在烹调与食物准备区附近的锅具很快就会变脏，但如果置于橱柜，保持干净的时间会长一些，因此把锅具挂在外头实在没什么道理。当然，厨房用具并不是绝对不能放在橱柜外，如果你时间充足，或是可以雇人每几周清洗一遍，就可以全部摆出来，但这绝对不适合有时间压力的家庭。现在新房子的厨房往往设有"家电储藏室"，让你存放果汁机、食品调理机、搅拌器及各种设备，以免碍眼。

不过，把一些经常使用的物品放在柜子外头，倒是十分方便。锅垫必须放在灶台旁边，让你可以随时取用。有些人喜欢把自己喜爱的削皮刀、菜刀、平底锅、炒锅、各种尺寸的汤匙，或其他每一两天就会用到的器具，放在随手可得之处。也有人喜欢把五六支不同大小的木勺放在灶台旁的开放式容器中，以备需要时取用。木勺会频繁使用与清洗，容器则需要每周清洗。所有经常使用的物品也应该放在容易拿取的抽屉或靠近灶台的柜子里，或是平常用来切割与准备食材的台面上。

□ 如何收纳

什么东西该放在何处，并没有一定规则，原则就是兼顾以下4个要素：相似的东西放在一起；重物放在较轻的物品之下；食物都要远离热源（包括罐头食品，详见第12章《面包与蜂蜜》）；以及东西放在平时常用之处附近。相似的东西放在一起，是为了容易寻找、放回及替换，例如所有罐头放在一起，糖、面粉与盐等干货也是。有经验的人通常依以下几种方式储存物品，当然你也可以有自己的方式：

瓷器与玻璃器皿通常会放在靠近洗碗槽与洗碗机上方的橱柜，这是方便清洗之后重新收好。玻璃杯经常直接放在水槽上方，让你可以随手倒杯水喝。有些人把杯子与玻璃杯倒置，避免灰尘掉进杯里。有关瓷器的储放方式，另见下册第16章《瓷器与水晶玻璃》。

餐具通常放在靠近洗碗机的抽屉，以方便在清洗后迅速收纳，或者收在餐桌附近，方便用餐时使用。碗盘通常会一起放在专属的橱柜或层架。有些人同时拥有瓷器与玻璃器皿，用来摆放较不正式的餐食与点心。这些器皿通常会依上述方式存放在厨房里，精致的瓷器、玻璃与水晶玻璃器皿，则需要收在专用橱柜里。橱柜通常位于餐厅或特制的餐具室里，以便于展示与摆设餐桌。好的银器或其他餐具则置放于斗柜或餐具柜中，以便摆设餐桌。

餐具柜如果有抽屉，还可以放置桌巾、桌布、餐巾、餐垫，以及偶尔使用的碟子与上菜用的银盘等。银器非常适合放在玻璃柜中展示，但会较快失去光泽，除非包在防污布中。因此，务必确定你有时间或能找到人手帮忙擦亮，才考虑将银器展示在柜子里。

大多数厨房的灶台附近会有几个放置用具的抽屉，方便做菜时取用。每个厨房都需要至少一个放布巾的抽屉，厨房用的布巾包括擦碗巾、洗碗巾、锅垫、滤布（用于烹饪及各类用途），以及在厨房中使用的桌巾、餐巾与餐垫。为方便取用，你也可以把部分或全部的锅垫挂起来，但一定要经常清洗。

据我所知，储放刀具的最好办法，是收纳在浅的木制刀盒里，放进抽屉中。有一种大型的直立式木制刀座（一块像积木的木头，上面有大大小小的孔缝）可以将刀子插入，但这种刀座非常不好清洗，常有食物碎屑与污渍卡在缝隙中，几乎完全弄不出来。

罐装、瓶装及包装的食品可以依你喜好，存放在上层或下层的橱柜里，原则只有两个：较重的东西放在下层，较轻的东西放在上层，如此较好收纳。另一个原则是热气会上升，因此，罐装与瓶装的所有食品都必须存放在阴凉与温度适中之处，避免放在灶台、冰箱、洗碗机附近的柜子里，因为这些设备会发热。有经验的厨师通常会把同类食物储放在同个柜子或层架上，包括所有烘焙用的食材（面粉、糖、盐、泡打粉）、所有香料香草、所有调味品（无须冷藏的油、醋、糖浆、酱油），以及所有罐装蔬菜、水果、鱼、肉等。

锅碗瓢盆可放在灶台附近，一方面是这些器具耐热，另一方面是可以就近取用。一般来说，由于这些器具很重，因此这些东西会摆在下层柜子，而不是头上柜子。

每个厨房都有各式各样、大小形状各异的烹饪器材与用具：漏勺、滤网、削皮器、筛子、烹饪用温度计、蔬菜脱水器、擀面棍、擀面板、量杯、量匙，以及我个人专为烹饪而留下的旧碗盘（用来调味、混合水与玉米粉，或放置切好准备下锅的食材）。这些东西可以统统放在一起，并依据尺寸，有些放柜子，有些放抽屉，用起来相当方便。这些用具也应该靠近你常用的食物准备台面或灶台，因为你会在那里调配食材、切菜及烹调食物。

许多家庭会在厨房里放置一个小型杂物抽屉，来存放你不知道要放在哪里的小东西：橡皮筋、瓶塞、落单的回形针、吃完的棒冰棍、线绳、把手，以及所有身份不明但你认为应该先留着的小零件。这些乱七八糟的抽屉放满了孩子会感兴趣的东西，他们可能会用里面的东西制作出奇怪的玩具。

习惯上，清洁用品、肥皂及洗衣剂都存放在水槽下方，这是个不错的做法，但有两个例外。第一，家里有婴儿或幼童时，就不应该将任何可能有害或有毒的物品放在容易取用的下层柜子里，所有清洁用品，无论是否有毒，都应该储存在儿童无法打开的柜子里。第二，颗粒状的洗洁剂，尤其是洗碗用的，不应该存放在可能接触到湿气或水的地方，因为这些东西遇到湿气会结成硬块。但如果水槽下方的柜子很干燥，存放在那里就没问题。

厨房的基本设备

我认识一个人，她从 21 岁起几乎都在搬迁中度过，不断从一个地方搬到另一个地方。每次她搬到一个新家，就立即打开厨房用具的箱子，拿出她最爱的大拌勺。这是她拥有自己的第一间厨房时，母亲送给她的礼物。这支拌勺能安抚她，让她有从头开始的力量，并有家的感觉。因此，好好选择你的厨房设备，当你的孩子离开家、有了自己的厨房时，你才可以送一个令他们回味的锅铲，让他们无论身在何处，都能创造一个有灵魂的家。

每个人所需要的基本厨房设备几乎大同小异，除了最基本的几样，你还可以依据自己的品位与习惯添购其他设备。如果你的厨房没有桌子，就不需要准备桌巾；如果你煮中国菜，会需要一个炒菜锅；如果你正在控制饮食，会需要一个磅秤；常做比萨的人则需要一个烤比萨用的石板；如果你喜欢煮汤、打新鲜果汁或煮新鲜面条，你会需要一个质量好的超大汤锅、一台电动果汁机，或许还要一个压面机。入门者一开始最好选择多功能的器具，直到确定自己会常用到某个专用器具时再添购。人们很容易就在抽屉或柜子里堆满各种昂贵、新奇的玩意，却从来没有用过。

选用塑料或木制器具来搭配不粘锅。有些较新型的不粘锅会主打可搭配金属器具使用，但购买时要仔细询问并阅读标签，并多加思考功能、保养以及耐用度。你的烹饪特色是随着你的工具建立起来的，你有多少设备就能学到多少烹饪技术，假如缺少必要的工具，你就学不到东西。

厨房布巾

基本的厨房布巾

- ◆ 厨房餐桌用的桌巾、餐巾（视你每周使用的天数而定）
- ◆ 1打干毛巾或茶巾（其中要有 3～4 条专门用来擦拭玻璃、水晶玻璃及瓷器）
- ◆ 1打洗碗巾

◆ 6 个锅垫

◆ 2～3 条滤布，用来做饭、过滤渣滓（并与清洗用的滤布分开）

◆ 2～3 件围裙，至少能遮住从前胸到大腿的区域

◆ 各式厨房抹布（见第 132 页，"厨房的抹布、布巾及毛巾"）：6 条用来擦拭大量汤水污渍的大条旧毛巾或毛巾布；6 条用来擦拭少量汤水污渍的小抹布，也用于日常清洁；1 个装抹布的袋子、箱子或抽屉

□ 厨房的工作台

就算你的厨房工作台跟我的一样，只有一个抽屉、一块桌面，你还是需要在抽屉里放一些基本的办公用品，用来记清单、食谱与笔记，并且做些简单的算术。

工作台的基本用具

◆ 书写用纸

◆ 笔与铅笔

◆ 削铅笔刀

◆ 计算器（非必要）

□ 厨房用具、设备及刀具

大多数的厨房工具都是一分钱一分货，通常最好的东西也最贵。不过近来厨具的价值与质量也出现一些例外，因为似乎有越来越多相当具有设计感的厨具，价格贵得离谱却相当不好用。你必须选择坚固的材料：高质量的塑胶、不锈钢及木料。刀具的选择则较特殊，见第 119～123 页。

开罐器不再锐利时便要替换，砧板一旦出现缺口或凹陷时也要更换。木质的东西只要弯曲变形、表面变粗或开始缺裂，就应该替换。

基本用具

◆ 1～2 个手动开罐器（即使你有电动的开罐器，也要准备）

◆ 啤酒开瓶器

◆ 葡萄酒开瓶器

◆ 2 个大型搅拌勺

◆ 漏勺

◆ 6 支大小不同、形状各异的木勺

◆ 大叉子

◆ 舀汤用的大勺

◆ 橡胶刮刀或刮铲

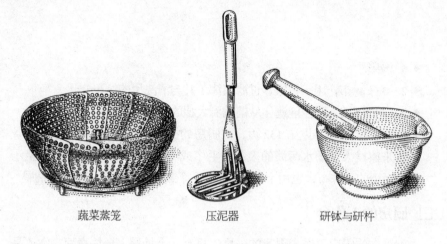

蔬菜蒸笼　　　　压泥器　　　　研钵与研杵

- ◆ 1~2 个锅铲
- ◆ 电动打蛋器
- ◆ 大型筛网
- ◆ 小型筛网
- ◆ 滤篮
- ◆ 蔬菜蒸笼
- ◆ 削皮刀
- ◆ 打蛋器
- ◆ 压泥器
- ◆ 研钵与研杵
- ◆ 厨房剪刀(变钝时可用磨刀石磨利)
- ◆ 刨丝器
- ◆ 柑橘压榨器

- ◆ 胡椒研磨器
- ◆ 4~6 个隔绝光线的密封储物罐
- ◆ 6 个以上有密封盖的冷藏／冷冻储存盒（各种尺寸）
- ◆ 漏斗
- ◆ 食物夹
- ◆ 1~2 个挖勺
- ◆ 串肉针
- ◆ 茶隔
- ◆ 2~3 个塑料砧板
- ◆ 食物研磨器（非必要）
- ◆ 蔬菜刷（非必要）
- ◆ 油脂分离器（非必要）

基本测量用具

- ◆ 2 组量匙
- ◆ 500 或 1000 毫升的玻璃量杯
- ◆ 1 杯大小的玻璃量杯
- ◆ 1 组套杯（用来量干的食材）
- ◆ 咖啡量匙
- ◆ 肉品温度计
- ◆ 煮糖温度计

- ◆ 多功能实时显示烹饪温度计
- ◆ 冷藏／冷冻温度计
- ◆ 定时器

刨丝器　　　　　压榨器　　　　　肉品温度计　多功能实时显示烹饪温度计

基本小家电

- ◆ 手持式电动搅拌机
- ◆ 烤面包机或烤箱（如果你没有微波炉，烤箱尤其好用）
- ◆ 果汁机／食物调理机
- ◆ 咖啡研磨机（非必要）
- ◆ 咖啡机（非必要）

基本洗碗设备

- ◆ 洗碗槽或洗碗槽的塑料垫
- ◆ 沥水垫
- ◆ 碗盘架
- ◆ 不粘锅与搪瓷器具专用的尼龙百洁布
- ◆ 汤锅、平底锅、各种器具使用的钢丝刷
- ◆ 瓶刷
- ◆ 洗碗布或海绵
- ◆ 擦碗巾

基本厨房刀具

- ◆ 12 厘米万用刀
- ◆ 8 厘米削皮刀
- ◆ 20~23 厘米主厨刀
- ◆ 切片（切肉）长刀／剔骨刀
- ◆ 锯齿长刀（非必要）
- ◆ 磨刀棒、磨刀石或电动磨刀机

使用刀具与磨刀器的注意事项——下厨时，你需要几把锐利的好刀。好的刀子很昂贵，选购时先用手掂量一下，看看手感是否合适，因为不见得每个人都会觉得顺手。最好不要一次买下整组刀具，较实际的做法是先买一把刀子试用一段时间，觉得好用再购买同厂牌的其他刀子。你也可以先试

用朋友的刀子，觉得喜欢再下手买。如果你有预算考虑，可以先买价廉的不锈钢刀来顶替。好的刀子可用上一辈子，这种说法或许有点夸张，但如果善加保养，确实可以用上二三十年。记得，好刀绝对不能用洗碗机清洗。

不锈钢 vs. 碳钢——目前大多数专家公认最好、同时也是市面上所能提供最好的刀，是优质的高碳不锈钢刀。这种刀子需要磨利，但不会生锈，看起来总是闪闪发亮。这是因为高碳不锈钢刀的碳含量比旧式容易生锈的碳钢刀低，因此较坚硬，刀缘也较耐用。尽管理论上高碳不锈钢刀可以像碳钢刀一样不断磨利，但一般人在家里很可能没有足够的技术让刀刃常保锐利。另外，不锈钢刀不像碳钢刀那样会残留食物的味道。

然而，我最喜欢的刀，还是那种会生锈、出现锈斑的碳钢刀。因为碳钢（O1工具钢）比不锈钢软，意味着比较容易磨利，一般人在家里就可以做。但也因为碳钢很软，需要经常磨刀，所以刀缘容易变形走样。此外，碳钢刀容易生锈，外观很快就不闪亮而陈旧，而且也比更硬的金属容易残留食物的味道，让不同食材的味道互相沾染。我不止一次因为使用碳钢削皮刀，而让水果或马铃薯粘上大蒜或洋葱味（用柠檬片涂抹，然后彻底清洗并擦干，就可以去除这些难缠的气味）。

碳钢刀的锈斑不仅会残留在抹布上，还会残留在苹果等浅色食物上。所以如果你有这种刀，一定要用手仔细清洗擦干。可以在擦干刀子后上油保护防锈，但记得使用没有味道的油（也不要用橄榄油，因为酸性过高）。碳钢刀与其他所有的好刀一样，绝不能放在洗碗机里清洗，也不宜浸泡。这种清洗方式会让碳钢刀比其他刀具更容易变钝，木手柄也会毁坏，而且用洗碗机清洗过后会严重生锈。

最不理想的刀是那些号称永远不必磨的刀。这些刀子都是非常坚硬的低碳不锈钢刀，不容易变钝，因为实在太硬了。然而所有刀子都会有变钝的一天，而届时你只能扔掉。何况，我一开始就不觉得这种刀真的很锋利（锯齿刀也一样，不能拿来磨）。

好刀通常是手工锻造，且一体成形。握柄头（刀身与握柄之间稍为增厚的部分）与刀身一体成形，内外材质完全相同。锻造的刀身比压铸的好，因为锻造过程让金属分子排列的方式，能使刀身较为坚固。一把好刀的柄脚会直达握柄的最末端，你若能从握柄的缝隙看到夹在其间的柄脚，就是所谓的全柄式而不是半柄式菜刀。握柄要用铆接方式固定而不是用黏合的。一把好刀的握柄可能是木材，也可能是高质量的模压塑料。木材的手感最好，不会那么滑，但高质量塑材能保用的时间较长（洗碗机会损坏以黏合处理的木质握柄）。有些人会认为，木制握柄用久了会出现裂缝、缺口，容易藏污纳垢，滋生细菌。

刀的用途——主厨刀的功能主要是用于切块、切丁、剁碎及切割。这种刀有一个支点，能让你的手以此为中心，前后摇摆进行快速的连续切块动作。你通常需要在砧板上使用这种刀。

切肉刀：用于将煮熟的肉类与禽肉切成均匀薄片。

削皮刀：用来削皮、切割，或修整一些你下厨时刚好拿在手上的小型食材，例如马铃薯与苹果。

多用途刀：可用来削皮、切割及各种用途。

锯齿刀：顾名思义需要锯的动作，相当适合处理面包、蛋糕、水果与番茄。我比较喜欢用锋利的削皮刀来处理水果与蔬菜，但有锯齿边缘的刀子也适合削果皮。

剔骨刀：有厚重的刀身，可以对付难搞的肉类与禽肉关节部位，不管是生的还是煮熟的。另外，剔骨刀也可以用来处理鱼骨（通常建议使用较长、较细的剔骨刀来处理鱼骨）。

该用哪种刀？——人们对刀具越来越讲究，但是真正用上的机会却越来越少。有些人虽然买去皮、去骨、已经切好且直接就能下锅烹调的肉品，却还是喜欢买齐整套的昂贵刀具，展示在厨房墙面的磁性刀架上。事实上，你一开始下厨并不需要这么多刀子来料理食材。精于厨艺、热衷下厨又有钱可以添购奢侈品的厨子可能用得上各种刀具的特殊功能，但他们不用特殊刀具也一样能做得很好。好的店家通常会建议准备4~6种刀具组合，内容如第119页所列，但其实你用12厘米万用刀、8厘米削皮刀及20~23厘米主厨刀就足以应付。

这种"入门级刀具组"正是我幼时家中所使用的专业级刀具组。我们有两把"削刀"（一把是较大的多用途刀，一把则较小）以及两把"屠刀"（主厨刀与切肉刀）。等我长大后，我们多了一把以前没有的"锯齿面包刀"。

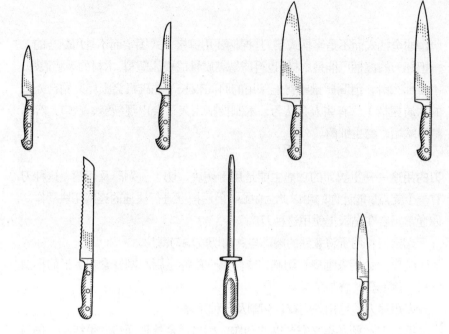

刀具

上排 | 左起：8 厘米削皮刀、15 厘米剔骨刀，20~23 厘米主厨刀，20~23 厘米切肉刀

下排 | 左起：锯齿刀、磨刀棒、12 厘米多用途刀

这把刀就用在我们自制的脆皮面包上。如果农家用这些刀具便能完成所有事情，今日大多数家庭应该只需拥有其中的一半即可（我父亲总是带着一把小折刀，用来应付厨房外的工作所需）。

刀具的使用与保存——不锈钢刀是一般家庭厨房最常见的刀具，因此容易让人忘记利刃的危险。人们任意以手指测试刀口，且把刀口朝上，随意放在凌乱的多用途抽屉里，甚至直接塞进洗碗机，导致伸手找东西时不慎割伤。人们在厨房经常手指受伤流血，因为只要刀子够利，轻轻碰触都会割伤。这也是我们能迅速把鸡肉和烤肉切得纤薄如纸、厚度一致、干净利落的原因。

为了防止刀子太快变钝，应避免用洗碗机清洗；而为了让刀子保持锐利，也千万不要用来做其他杂事，例如切割胶带、线绳或纸板等。你应该另外准备一把坚固耐用的小刀、小折刀或工作刀，放在随手可及之处，以便处理这些杂事。美国农业部不断倡导，基于卫生因素，塑料砧板（状况良好、没有沟痕）比木质砧板好，但是比较容易让刀子变钝（见第216页）。

另外，避免在石质的台面上用刀，下刀时，尽可能少用点力，不必要的力道容易让刀刃变钝或弯曲。保持刀具锋利，下手就不会过重，造成刀刃弯曲、受损甚至割伤自己。

磨利刀具——刀子不锋利未必是因为刀刃变钝，通常是薄而利的刀刃在使用过程中受压而弯曲，有时则是断裂。这种情形有两种处理方式，但都需要一点技巧与知识。你可以重新整平或修正刃角，也可以磨出新的刃角，特别是当刀刃已无法整平或损坏。

整平刀刃：每次用刀时都要加以整平，在较为耗工的料理过程中更需不时进行。这种方法叫作"修刀"（steeling），你得用到一根磨刀棒，也就是表面有纵向沟槽的细长金属棒，通常搭配刀具一起贩卖。如果你看过屠夫或你的祖父在用刀前将两把刀的刀身互相摩擦，这就是在修刀。

磨出新刃角：这种方法叫作"磨刀"（honing），用磨刀石或磨刀机磨去刀子的部分金属，露出新的刃角。你不需要经常磨刀，只有在修刀无法让刀刃恢复锋利时才需要进行。不过，每一把刀子的刀刃不尽相同，尽管一开始一样锋利，但因为形状不同，可能会导致有些刀刃较容易断裂或弯曲。因此，磨刀有时只会越弄越糟，而不会改善。

把刀子交给专业师傅处理是最好的办法。你可以找住家附近的磨刀师傅，或是专门贩卖刀具的商家。家用型磨刀器可能会磨坏你的刀，或不当地修磨刃角，影响刀的强度与耐用度，而且家用型磨刀器可能也不便宜。只有信誉良好的刀具专卖店才有办法告诉你哪种刀最好，并教你如何小心使用（有的磨刀石在使用前必须用水浸湿，以免高温损伤刀刃，或需要先用油润滑。购买时询问清楚，或直接请教刀具专卖店）。

锯齿刀无法磨出新的刀刃，但你可以用磨刀棒修直刀刃边缘。当修刀也无法让刀刃锋利时，你就得忍痛丢弃，换把新的刀子。

☐ 深锅、平底锅与烤盘

以下基本锅具组，可以让你烤、熬、炸、炒、蒸、焖以及炖煮食物，做出几乎所有的面食、饭食、汤品及各种常见菜式。如果你想做蛋糕、派饼、面包、饼干、马芬或其他烘焙食品，你还会需要一套基本的烘焙器具。

基本锅具组

- 10 ~ 12 厘米长柄平底锅
- 20 ~ 25 厘米长柄平底锅（铸铁锅或不粘锅，或各 1 个）
- 8 ~ 12 升大汤锅（也可用来煮面食）（以铝为内衬的不锈钢锅）
- 2 ~ 3 个不同大小的长柄平底深锅（以铝为内衬的不锈钢锅，或 1 ~ 2 个不粘锅）：0.5 升、2.5 升及 4.5

- 升的有盖搪瓷铸铁锅或荷兰锅
- 大烤肉盘，附架子
- 电镀平底铝制煎锅
- 咖啡壶／咖啡机（见第 7 章《提振精神的饮料》）
- 水壶（笛音壶）
- 茶壶（陶瓷、玻璃、银或镀银）

基本烘焙用具

2 个圆形 20 或 22 厘米蛋糕烤盘

- 2 个 22 或 25 厘米派盘
- 1 ~ 2 个长形面包烤模（22 厘米 × 12 厘米或 25 厘米 × 10 厘米）
- 1 ~ 2 个方形蛋糕烤盘（20 厘米 × 20 厘米或 22 × 22 厘米）
- 长方形蛋糕烤盘（33 厘米 × 22 厘米）
- 一套 3 件的附刻度搅拌盆（玻璃或不锈钢）
- 1 ~ 2 个马芬烤盘

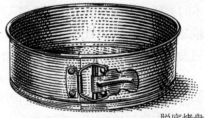

脱底烤盘

- 2 个饼干烤盘
- 擀面杖
- 面粉筛（大）
- 20 厘米 × 5 厘米或 20 厘米 × 8 厘米脱底蛋糕烤盘（非必要）
- 擀面板（以大理石材质最佳；较便宜的木头材质也很好用）

□ 不同炊具材质的特性

选择炊具之前，必须先了解有哪些材质可用，以及这些材质的特性。每一种材质都有缺点，你必须仔细评估哪种类型最适合你。第 126 ~ 128 页有各种常见炊具材质的概略介绍，也可参阅第 9 章《厨房文化》有关清洗炊具的一般原则说明。

如果某种材质的热导性佳，代表加热与冷却时间很短，反应迅速。热导性佳的材质适用于想迅速煮沸然后突然降温的烹调方式。有些材质则保温性非常好，能维持热度而不会迅速冷却。各种材质的加热均匀度或多或少有所不同，如果某种材质导热不均匀，很可能会形成热点，导致酱汁烧焦。较薄、较轻的锅具，导热均匀度通常不像重的锅子那么好。

你的炊具应该要能具备你所需要的功能，同时与食材之间的作用越少越好。炊具不能改变食物的味道、气味、颜色或食物的化学成分，也绝对不能受到任何危险物质污染。我们都听过罗马人因使用含铅锅具而毒害了自己的故事，而且你一定也在食物中尝过来自罐头、锅子或其他容器的金属味。没有一种炊具是绝对不与食材起作用的，但有些类型确实几乎不会发生反应。最好选择最不容易起反应的锅具，例如用搪瓷、不粘锅或不锈钢材质的锅具，来烹煮酸性食物以及汤品、汤汁和炖菜等需要较长时间炖煮的料理。对于冷藏或冷冻储存的食物来说，塑料或玻璃容器是最好的选择。

不要忘了锅柄的重要性，容易导热的锅柄令人难以忍受。有些锅子很好，但锅柄的防热处理却不佳。廉价的塑料材质锅柄可能会熔化，但有些昂贵锅子的塑料锅柄则不会。金属锅柄可以放进烤箱与洗碗机里，而木质锅柄虽然比较不会像金属锅柄那么热，却可能烧焦或磨损，且在洗碗机里容易损坏。请仔细检查锅柄的固定方式，以确保构造坚固耐用。用螺丝固定的锅柄往往比一体成形的金属锅柄或以铆钉固定的锅柄更容易断裂或脱落。

有些人认为好锅子应该避免放在洗碗机里清洗。这是对的，因为洗碗机对所有物品都是严苛的考验。即使是"洗碗机适用"的金属也会受到强压、失去光泽，并因洗碗机的冷热交替、摩擦与强效洗碗精而磨损。不过也有人认为不必多虑，放心地把配有金属锅柄的铝锅及不锈钢锅直接放进洗碗机。这也是对的，因为这类锅具可能很耐磨，只是洗碗机清洗之后外观会略微逊色。用不用洗碗机，决定权在你，但请记住塑料与木质的锅柄最容易受损。

你也要考虑炉子的特性，电炉与平面炉需要搭配较重的平底锅，如此才能均匀接触加热部位，不会凹陷或变形。如果你用的是电磁炉，因为这是利用磁场来加热，因此你必须使用铁制而非铸铁或搪瓷材质。至于钢质与不锈钢深锅，通常是具有磁性的才适用于电磁炉，但有时也非如此（检查锅子的标签，或致电经销商与制造商询问）。玻璃、陶瓷、铜、铝等材质都不适用于电磁炉，至于微波炉则不适用于金属（或有金银饰边的瓷器），以及可能熔化或污染食品的材质，例如某些塑料。可以放进微波炉的容器包括玻璃、标示微波炉适用的塑料、食品可用的陶瓷，以及没有金属饰边的瓷器等。

玻璃——玻璃锅具与食物或外界几乎不会发生反应，大多数的玻璃锅（不是一般的玻璃餐具，也不是水晶玻璃）都能用于微波、冷冻及烘烤，但都不适合直接放在炉火上，或任何需要直接接触热源的烹饪方式，不过有些还是可以的。请依据制造商的说明书，安全使用及保养。玻璃锅具保温效果良好，但导热效果不佳，因此烹煮食物时可能加热不均。易碎性也是另一个潜在问题，但玻璃锅具的透明特性能增加乐趣，而且很有用。玻璃很适合用来做咖啡壶、派盘及烤盘，通常可用洗碗机清洗，但往往容易磨损变旧，出现刮痕。

搪瓷——这种类型的炊具具有不粘黏食物的特性，适合炖、焖以及长时间熬煮，但不适合煎烤。搪瓷导热慢，能长时间保温，却非常容易出现缺口、破损和磨损。有些制造商表示，他们的搪瓷锅具可以放在洗碗机清洗，除非有木质把柄或其他易损坏的零件。我的看法是，洗碗机会让搪瓷锅具磨损得更快。

铸铁——铸铁锅非常沉重，因此绝对不会凹陷、弯曲或变形，且使用期限很长，就算用"一辈子"来描述也不夸张。铸铁锅可以用好几辈子，往往能从祖父母传到父母再传给孩子。铸铁锅非常便宜，加热与冷却虽然缓慢，但导热均匀（事实上，铸铁锅冷却速度之慢，我有几次甚至被从炉子取下很久的铸铁锅柄给烫伤）。这种材质的锅具相当适合煎烤，使用时间越久，锅子的颜色会变成深褐色或黑色，而防止食物粘黏的特性也越来越强。铸铁锅的清洗与保养得特别小心，否则容易生锈，造成食物变色（铸铁锅不能用洗碗机清洗，也不该浸泡，但可以进烤炉）。这种锅子会让铁溶进食物里，特别是酸性食物（也就是会与食物起反应），因此会让食物染上金属味。不过这顶多影响食物外观，不会造成健康问题（除非有人不能食用铁质），甚至有助于缺铁性贫血的人补充铁质。铸铁锅不适合用于油炸，因为铁会加速化学反应，造成烹调用油酸败。

不锈钢——不锈钢是所有锅具材质中，最不容易起化学反应的金属，高档的不锈钢锅具是由铁、18% 的铬及 10% 的镍所制成（这就是所谓的 18 / 10 不锈钢）。不锈钢不像铁，不会生锈或失去光泽，但长期接触酸或盐就会开始腐蚀。基于这个原因，这种锅具可能因为长时间接触芥末、美乃滋、醋、柠檬汁而变色。不锈钢跟铁一样，不会变形或凹陷，锅底能一直保持平坦。保温性也相当好，但没有铸铁那么好。不锈钢加热缓慢且不均匀，会产生热点。因此，不锈钢锅往往会搭配铝质内衬或铜制锅底，让加热更快、更均匀。有些人（包括我自己）心目中认为目前所能买到的最佳锅具，就是搭配铝质内衬的不锈钢锅。这种复合锅兼具铝材导热性良好及加热均匀的优点（见下文"未经电镀的铝"），以及钢料不易起反应、不易变形、不易弯曲的特性。

不锈钢锅相当容易清洁，只要是金属锅柄就能放入洗碗机洗涤。但也有制造商建议不要把不锈钢制品放进洗碗机，使用前请阅读产品说明书。

铜——铜是所有锅具材质当中，导热性最高的金属，加热与冷却都很迅速，且反应极快。因此一直以来都是制作精致酱汁与其他精致料理的上选锅具，价格昂贵。铜很容易失去光泽，且容易与多种食材起反应，特别是酸性食材，如果吃太多可能对健康不利。因此，一般不会单独以铜来做炊具，通常表面还会涂布锡或不锈钢。如果用的是锡，在表面涂层磨损时便需要重新上料，而这可能会比较昂贵。你可以找好的厨具店帮忙上料或介绍师傅。

铜碗非常适合用来打出坚挺的蛋白泡沫，因为铜碗会释放出铜离子，防止蛋白泡沫塌陷，并让泡沫变得细致。这些微量铜离子不足以让你生病。铜制厨具绝对不适合工作忙碌的人，因为需要经常擦亮，且无法使用洗碗机。

未经电镀的铝——铝的导热性几乎与铜一样快，但不均匀，因此铝制锅具可能让食物烧焦。不过，即使铝的强度与硬度不如铁或钢，容易凹陷、变形，但重量轻，使用起来非常方便。未经电镀的铝多少会与食物发生反应，特别是酸性食材，例如以西红柿为基底或含葡萄酒、水果、酸菜、醋之类的菜肴。铝也会与咸的食物起反应。铝会凸显甘蓝、青花菜、球芽甘蓝等十字花科蔬菜中的硫味，也能让酸性或含蛋食物变色。如果你把高盐或酸性食物储放在铝锅里（或碰触铝箔纸），铝会溶解进入食物，铝锅表面甚至还可能出现小孔洞。

根据美国食品暨药物管理局的资料，没有证据能证明摄入铝对人体有害。几年前铝制锅具曾引发健康疑虑，因为当时人们认为铝摄取过量会引发阿尔茨海默病，但后来被证明没有这回事，铝制锅具又开始受到欢迎。然而，铝制锅具会把铝释放到食物中，某些情况下往往导致走味与变色。此外，就算铝不会导致阿尔茨海默病，且我们平常从食物或非处方药物（如制酸剂）中就摄取到更多的铝，你还是没有必要把锅具里的铝吃进肚子里。因此，你或许可以考虑不要以铝锅来煮高汤、汤品、炖菜及其他需要长时间烹煮的菜肴，也不要用来煮酸性或高盐的食物，也不要用来储放食物。以不锈钢、玻璃、搪瓷或塑料容器来储放食物，是更好的选择。铝制锅具通常可以放进洗碗机中清洗，除非锅柄不合适，但一定要详阅制造商的说明书。碱性物质如强效洗碗剂或氨，可能会让未经电镀的铝制锅具失去光泽或损坏，详见第 143 页。

经电镀的铝——这是经过不粘涂层处理的锅具，这种涂层非常坚硬，因此相当持久耐用。有些制造商甚至宣称这种锅具可搭配金属器具使用，而若在锅子上发现刮痕，其实是金属器具留下的碎屑。这些痕迹是会脱落的，只要使用电镀铝锅专用清洁剂。话虽如此，我的电镀铝锅多半还是会被金属器具刮伤，且只能和木制或塑料器具一起使用。因此，一定要确实阅读说明书。电镀是将铝表面自然形成的氧化膜增厚、变硬并提升防刮性的一种处理过程，有些电镀铝锅还会再加上不粘涂层，据说相当持久耐用。电镀铝锅的活性极低，不像一般铝锅那样容易与食物起反应，但仍不建议用来储存食物。也不要使用洗碗机清洗，以免变色。

不粘材质——不粘材质通常是活性极低的物质，很容易磨损产生刮痕，露出下层的材质，通常是铝或钢（这些锅子的烹调特性通常取决于锅子底层的金属特性）。新型的不粘涂层比第一代涂层耐用，但多数还是需要使用塑料或木制锅铲，这也表示不粘涂层仍应视为较脆弱的材质。有些不粘锅的材质就跟铁氟龙锅一样，但涂层更厚。有些不粘锅在加热到极高温时会冒出有害气体，因此务必遵守制造商的使用与保养指南。无论是站在不易起反应的角度，或是从能够减少烹饪用油的使用量来看，一般都认为不粘锅比较健康。对许多人来说，这些健康的考虑远比容易清洗来得重要，即使不粘锅有时不像一般所说的那么容易清洗。制造商通常不建议用洗碗机来清洗不粘锅具。

锡——有些铜锅会以锡为内部涂层，因为锡很软、容易磨损、熔点低，请见上文有关"铜"的部分。锡比铜不易起反应，但还是会与一些食物产生反应，如果摄取过多可能造成肠胃不适。日常生活中会摄取到锡，通常是因为食物长时间储放在已开封的锡制罐头里。

❖ **良好的厨房习惯**
  ☐ 利用烹饪的时间清理厨房
  ☐ 使用后立刻恢复原状
  ☐ 厨房规矩
  ☐ 厨房的抹布、布巾及毛巾

❖ **洗碗盘**
  ☐ 手洗碗盘
  ☐ 用自动洗碗机清洗碗盘
  ☐ 消毒碗盘

❖ **清洗厨房电器**
  ☐ 冰箱
  ☐ 厨余处理机
  ☐ 炉子与烤箱
  ☐ 开罐器
  ☐ 烤面包机
  ☐ 松饼模
  ☐ 烤漆搪瓷表面
  ☐ 其他清洁建议

厨房是屋子里最复杂的一个地方，具备各种功能强大的冷却、加热、清洗、研磨及搅打设备；供水系统、水龙头、洗碗槽及排水管；热的、冷的、湿的、干的、酸的、甜的等各种食物。这些东西让厨房充满活力，也充满吸引力，不但吸引我们自己，更招来各种不速之客，包括毛茸茸的、有臭味的以及用显微镜才看得到的生物。为了让厨房各种系统保持最佳状态，并避免其他生物也来共享你的厨房，你每天得照料好几次，否则就会出现令人不悦的故障状态，让你知道你对它疏于照顾。如果你能好好对待你的厨房，厨房不管看起来或闻起来都会很吸引人，并且满足你对于既干又湿、既冷又热、既干净也混乱的矛盾需求。当你终于能够把心思放在厨房并维护好它时，你们便同化为一体，而你也习得了生活之道。

▍良好的厨房习惯

有些人可能对什么是厨房文化毫无概念，也不熟悉平日该如何有规律地维护厨房，这是因为人们总是要等到自己拥有一个厨房之后，才开始觉得与厨房有所关联。为了让这些人了解厨房的重要，以下将提供关于厨房文化及与之共同生活的基本信息，让厨房成为家庭的中心，并营造出一个清新、甜美、有条不紊、安全及功能完备的家。

☐ 利用烹饪的时间清理厨房

一个好厨师总是会在做菜的同时，随手进行清洗与整理，并且利用食物在炉子上炖煮的空档来清理厨房。他们会尽量多次彻底擦拭台面，并在每次使用砧板后立即清洁消毒；清理果皮、碎屑或汤水污渍，如果有空档，还会清洗、弄干及取出已经处理好的盘子、汤锅、平底锅及厨具（或放入洗碗机），或是先行浸泡，以便到时较容易清洗。这不但让最后的清理更容易，也使烹饪过程更加愉悦。当你在烹煮比较复杂的菜肴时，没什么比在高高堆起、粘满食材残渣的锅碗包围下感到恐慌，更令人难受的。当然，使用中的厨房看起来难免脏乱，到处都是凌乱的盘子、黏糊糊的锅子、一大堆切好的食材、成堆的果皮以及湿答答的器具，但这些也是你在经营生活的象征。

滴洒在厨房里的汤汤水水，无论是在冰箱里、地板上、炉台或是台面上，都应该随手清理干净，否则之后会更难清理，且容易引起意外并造成食物交叉污染。此外，食物从冰箱拿出来后，绝不在室温下搁放过久，如此有助于减少腐坏与意外交叉污染的机会，详见第13章《饮食安全》。在你坐下来悠闲用餐之前，先将所有在准备过程中所使用的食材收拾好，以避免食物腐坏。上桌前最后一分钟造成的混乱，则可等用完餐后再来收拾。你也可以在享受甜点、咖啡或茶之前，先把晚餐的剩菜处理干净，让你可以尽情放松地享用茶点。

☐ 使用后立刻恢复原状

餐后清理还包括恢复厨房的秩序，目的在于防止食物腐败、滋生危险或令人不悦的微生物、产生不新鲜或腐烂的异味，并创造厨房干净的外观，同时保持厨房的整洁；换句话说，就是去除烹调与用餐留下的所有痕迹。你一定要在餐后立即清理，否则局面很快就会变得混乱。特别重要的一点是，一定要在睡前清理完毕。

首先，安全地储存所有食物。

其次，所有盘子、汤锅、平底锅、餐具及厨具都要清洗、弄干且归位。见133页"洗碗盘"。

再次，全面擦拭。洗碗槽、排水管、台面、餐桌及灶台上的食物或油腻的碎屑，都应该清除并抹干。刷锅子的百洁布及相关清洁用品都应彻底用热肥皂水洗净，直到完全没有食物残渣为止，然后沥干。你也可以用漂白剂浸泡消毒这些清洁用品，但这取决于你所烹煮的食物类型。务必适时消毒砧板（见第13章有关消毒厨房的说明），并且视实际需要拭除门上与把手上的指纹，或将椅子与凳子擦拭干净。

每天晚上一定要倒垃圾，每周固定清洗垃圾桶。每晚倒垃圾时，要把里头的汤汁或碎屑擦干净，并保持干燥，换上新的垃圾袋。保持垃圾干燥是最重要的，将食物放进垃圾桶之前一定要先沥干，如果你丢弃的是腐败或发霉食物，一定要用不透明塑料袋将垃圾密封起来，并确认垃圾桶的盖子是紧闭的（以免孩童与动物去触碰）。要留意你家所在区域的回收规定（见下册第35章《家用品中的有毒危险物质与适当的处理方式》）。回收之前先把瓶罐清洗干净，纸盒纸箱要压扁或拆解，以减少体积。不少地区会要求住户配合用细绳捆绑旧报纸以利回收。

要清理排水管，可将热水直接灌入，或把小苏打粉（或混合漂白粉与水的溶液）倒进排水管，以清除污垢，并防止夜间发出异味。如果排水管里倒进了烹煮过鱼或甘蓝菜的水、鲔鱼罐头中的液体，或是其他会产生强烈气味的食物汁液，一定要彻底冲洗排水管，否则第二天早上厨房会恶臭万分。把抹布拿去洗衣间（但湿抹布要先晾干），挂出新的抹布。如果你使用桌巾，请在早上更换新的桌巾。清理厨房的最后一个步骤是扫地。

最后，根据刚刚使用过或发现到的东西，更新你的食材清单或检查快用完的日用品清单。

☐ 厨房规矩

勿将食物直接接触工作台面。一般来说，你不应该直接在餐桌或台面上准备食材，因为这可能会造成食物受到微生物交叉污染的危险。比较安全的做法是，只把食物放在上菜用或烹调用的浅盘、碗、锅子、平底锅里，或放在砧板、调理板、沥水篮、滤盆之类的物品。钱包、公文包、玩具及其他一些经常可能放在地上的物品，都不应该放在厨房的桌子与台面上，宠物也必须回避餐桌与台面。

洗碗槽应该只用来处理与食物相关的家事，这是因为洗碗槽上的细菌很容易污染食物。大致来说，洗碗槽不是用来洗脸或洗手的地方，但因为现在很多家庭都缺乏洗衣槽，所以人们若要手洗衣物，很容易就会在洗碗槽里解决，但这不是个好主意。如果你没有洗衣盆或洗衣槽，可以用塑料盆代替，然后把污水倒进马桶里冲掉。我的意大利祖母对此极为严格，厨房洗碗槽只能用来清洗食物与碗盘，不管你要多走几步路，你都必须到楼上的浴室或地下室去洗手。狗食碗必须在地下室清洗，水盘也只能在那里盛装。你不能把花瓶的水倒进洗碗槽，连在那里修剪及插花都不行。我自己的做法是先在厨房外洗净双手，然后再进厨房做饭。

不过，如果双手在烹饪时沾到粉而弄得黏糊糊的，或被肉汁弄湿，我就会直接在洗碗槽把双手洗净，否则我会因不断进出厨房而很难做饭（我常常怀疑，我祖母下厨时是否有办法把双手保持得比我还干净）。

☐ 厨房的抹布、布巾及毛巾

厨房里的每一块布、抹布及毛巾都有各自的功能，不能混用。洗碗巾用于碗盘、洗碗槽、台面及餐桌的清洁，抹布用于擦拭地板与清除漏出的汁液，擦手巾用来擦干人们的手，擦碗巾用于擦干碗盘。此外，针对不同用途另外准备一些布巾、毛巾或抹布，以应付一些特别肮脏的状况，这会非常方便。例如，一些洗碗巾专门用来清洗非常肮脏的锅子，或擦除滴落在台面的恶心汁液。你可以容许这些洗碗巾沾染污渍，以较强效的方式清洗，但如果污渍还在，也不必做特别处理。另外，拿其他抹布处理较干净的工作，像细麻布巾可以留给不会玷污抹布的家事，例如擦干并擦亮玻璃、水晶玻璃、瓷器及银器等。

最重要的是，要随时备有供各种目的所需的足量布巾与抹布。如果你有足够的布巾、毛巾、抹布，你在做家事、清洗台面与碗盘时，或抹布被弄脏、接触到一些不应该碰到的东西时，你就可以毫不犹豫地更换。

把厨房专用的抹布、布巾及毛巾挂在专用的架子上晾干，或披挂在洗衣篮边缘。你必须分开洗碗巾与那些用来处理肮脏工作的抹布，如擦地板的抹布。

厨房清理完毕之后，将脏的抹布与布巾更换成干净的抹布。在厨房里切生肉或做其他可能让双手碰触病原体的家务时，若想擦干双手，应该用厨房纸巾，而不是擦手布巾，因为别人也可能在准备生菜沙拉之前用同一条布巾来擦手，如此可能造成微生物的污染。

洗碗盘

我从小就开始洗碗，令我惊讶的是，竟然有很多人还不知道如何洗碗盘，认识这古老、充满仪式的艺术。我丈夫是个井然有序、讲究逻辑，也喜欢洗碗的人，但在跟我结婚时，却仍不知一般的洗碗程序。他在双边洗碗槽里堆满脏污的碗盘与锅子，把清洗过的碗盘与尚未清洗的放在一起，把冲洗过与未冲洗的也混在一起。他没有把碗盘架好沥干，到现在都还常常让碗盘里留有积水。他没有特定的洗涤顺序，可能先洗平底锅、玻璃杯，然后洗盘子，接着是另一只玻璃杯，再来是削皮刀，最后是咖啡杯。他对于那些不容易发现或粘黏在碗或锅子外侧的食物渣丝毫不以为意，也会在洗碗中途离开，几小时后才回来。他不明白为何不能分次洗完。但对我来说，这一切就如离经叛道、精神错乱、文明终结般严重。

传统的洗碗规则在我心中是如此根深蒂固，我宁愿把碗盘搁着不洗，也不会先洗锅子再洗玻璃杯，或把洗过与未洗过的碗盘统统放在洗碗槽的同一边。

□ 手洗碗盘

不管你的洗碗机有多么高科技或高效率，你还是需要知道手工洗碗的正确方式。因为在做饭过程中，你可能会需要使用已经弄脏的碗盘、锅子或器皿，不能等洗碗机洗完再用。而且，你也必须知道如何用手清洗那些不能放进洗碗机的餐具。此外，洗碗机坏了或装不下的时候，你也要用手洗涤餐具。还有些时候，你希望用手洗洗就好，因为要洗的东西并不多，你又不想把脏碗盘一直放在机器里直到塞满为止。如果方法得宜，你用手也能洗出安全、晶莹透亮的碗盘。

以下说明的是吃完整套晚餐之后，如何用手清洗所有的脏碗盘、玻璃杯、汤锅、平底锅与用具。通常你只需要手洗几样东西，把其余的放入洗碗机。但不管哪种情况，你都可以依照相同的基本程序来处理。

首先，无论洗碗方式为何，重点是要在使用后尽快清洗，因为这样洗起来更容易也更令人愉快。你越早清洗，碗盘越容易弄干净，也能越快恢复厨房的整洁外观。带有菜屑残渣的碗盘会引来害虫、发臭及造成细菌滋生，有时甚至还长出危险的病菌。此外，碗盘洗一半更容易招致意外，剩下的食物残渣会溅得到处都是，没有收拾好的碗盘可能打翻或打破，需要用到的东西没办法及时派上用场。要使用热水与洗洁精来清洗及彻底冲洗碗盘，并迅速收走干净的干碗盘。这个有条理、有效率、有吸引力及最有效的方法，可以避免碗盘滋生微生物。

在用餐时与用餐后保持整洁：避免延迟或中断用餐——尽管你在做菜过程中已经尽可能做好清洗工作，但通常最后还是会有一些东西来不及清洗，因为用餐时间已经到了。如果这些东西不好洗，你可以先快速刮除食物渣、把液体或油倒掉，然后倒入热水浸泡。或者，如果这些东西很油腻，就倒入热肥皂水，然后放在洗碗槽里或温度很低的炉子上（别让液体煮沸），先这样浸泡着，等用餐结束再来处理。否则，这些食物渣会变硬结块，徒增清洗工作的困难。小心不要被热锅烫伤，并记住，如果你把水倒入炙热的锅子里，热水可能喷溅到你身上。

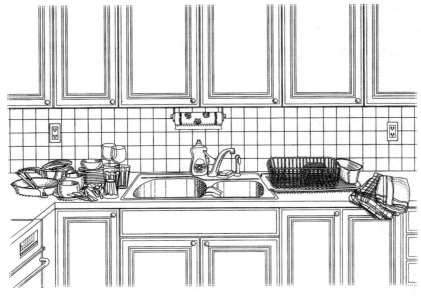

洗碗之前的准备

　　有时你可以利用主菜与咖啡或甜点之间的空档,展开餐后的清理工作,并把待洗碗盘放进洗碗机。你可以在煮咖啡或大伙正在聊天等待甜点的同时,将餐盘、沙拉盘及玻璃杯放进洗碗机里。不过,一切工作都应该尽量以不牺牲你的舒适用餐时间为原则。

　　清理、收集与准备——餐点全数享用完毕后,你的优先工作是迅速收拾所有食物,全面清理餐桌、灶台及台面,然后小心清洗并擦干所有表面。完成之后,所有用来做菜、备制食材或用餐的台面都不应该有潮湿、发黏、油腻或散布碎屑的情形(除了你堆放待洗餐具的地方)。

　　刮除食物渣与堆放餐具——准备清洗之前,先刮除盘子、锅子、平底锅及用具上的食物渣,稍加冲洗,然后把可放入洗碗机的餐具放进洗碗机,其余则叠放在洗碗槽一侧的台面上(有些人喜欢在脏餐具的下方放一个沥台垫)。请用木制或橡胶刮刀来刮除食物渣,遇到较难去除的情况时,则选择刷锅子用的百洁布,但要用对材质,例如不粘锅与瓷器要用尼龙百洁布、铸铁锅要用钢绒百洁布,且要放在水龙头底下冲水清理。将餐盘中的油汁

135

与食物渣倒进厨余桶，不要倒进洗碗槽里。还可以先用纸巾将锅具里的残余油汁擦净。

　　将脏污的餐具叠起来，同一类的堆在一起，依照清洗的顺序放在洗碗槽旁：玻璃杯、银器或餐具；浅盘、碗、杯子及小碟子；菜盘、拌料用的碗盘；以及汤锅、平底锅、煎锅、砂锅与烹饪器皿等。传统的要求是将待洗碗盘堆放在洗碗槽右侧（通常也是洗碗机的那一侧），但左撇子、颠覆传统的人以及洗碗机设在其他地方的人，可以选择放在左侧。

　　接下来要稍微耗费一点体力，也就是处理那些粘满结块或烧焦食物渣、你已趁用餐时间浸泡在肥皂水里的肮脏器皿。你可以拿锅用百洁布、刷子、钢刷或任何有效及安全的清洁用具，将较大片的脏污刷除，然后依照同样的方式，把这些仍然潮湿、油腻或不完全干净的锅具堆放在洗碗槽边。

丢弃油腻潮湿的食物渣

　　不要将油脂或带有食物渣的液体直接倒入排水管，也不要将食物碎屑冲进排水管里（少量的油脂通常可以与大量冷水一起送入厨余处理器，但还是要详阅说明书）。如果你要把食物汁液倒入洗碗槽，一定要使用排水管滤网或滤篮，或倒进厨余处理器中，否则排水管总有一天会堵住。排水管不会隔天就阻塞，一般可能会花上 1 年甚至好几年的时间，然而一旦发生了，就会是个让你终生难忘且所费不赀的经验。此外，排水管在短时间内就会发出恶臭、滋生病菌，让厨房变得令人却步，当然也更不安全。有关排水管的除臭，请见下册第 14 章《水管与排水管》。

　　当然，家里有厨余处理器的人，可以使用这种装置来处理所有可磨碎的厨余；没有厨余处理器的家庭，则可利用一个旧的有盖容器来盛装厨余。我的家中没有厨余处理器，所以我准备了一个小型垃圾桶，里面铺上一层防漏的塑料袋，放在洗碗槽旁边的台面上，用来丢弃油脂、果皮菜屑、不新鲜的厨余、肉品包装盒里湿透的衬纸、清理过程中用过的纸巾，以及洗碗槽过滤篮里的食物碎屑等。你会发现，里面的纸类垃圾，会将其中的液体吸掉。

　　有厨余处理器的家庭，可以使用这种容器来放置不能丢进厨余处理器的食物渣。等这个迷你垃圾收集容器装满之后，将袋口绑紧，放入垃圾桶。一天有可能需要更换两次以上，视当天活动情形而定，而每晚也都得把这个容器洗干净、换上新的塑料袋并保持清洁与干燥，这也是每天清理的最后几个步骤。

摆设：架子、垫子以及洗碗盆——在洗碗槽放置脏碗盘的另一侧，找一块干净的台面，放置一个干净的碗盘沥干架，并在下方铺一片沥水垫。垫子边缘要放好，让滴下的水可以流入洗碗槽。如果你没有架子与垫子，或是你只有几个碗盘要洗，可以铺上一块干净的厚擦碗巾来接收滴下的水即可。或者，如果你有一个空的、干净的洗碗机，也可以把碗盘放在里面沥水。但请记住，如果你的沥水架有分上下层，上层物品的水会向下滴，因此最好只用一层的架子，碗盘则尽量用毛巾擦干。

设置一个冲洗碗盘的区域。通常，双槽式洗碗槽的另外一槽，是最适合的地方。如果你的洗碗槽不是双槽设计，可以在洗碗槽的一侧放置一个橡胶或塑料的洗碗盆，以该侧为冲洗区（如果可以的话，尽量选择双槽或三槽式的洗碗槽，这会让厨房使用起来更便利）。如果你不用洗碗盆，可

清除烧焦或烤焦的残余物

　　要清除顽固难以去除、烧焦或烤焦的食物碎屑，你首先得用木匙或橡胶刮刀尽可能刮除，然后用百洁布或刷子擦洗，但要挑选适合你的锅子或平底锅的材质。无论如何都不要使用粗糙的刷洗工具，以免刮伤或损坏厨具表面。针对具有不粘特性的搪瓷、电镀铝材、陶制及玻璃器皿，一定要用塑料或尼龙材质的百洁布，至于其他种类的锅碗瓢盆，通常可以使用金属百洁布、含皂的钢绒百洁布或其他含皂百洁布。当厨具材质较耐磨时，粗糙的钢丝球最适合用来擦洗硬化结块的烧焦物。

　　使用百洁布时，可使用一些不会让厨具受损的去污粉（也有针对不锈钢、铜及其他金属器皿的特殊配方去污粉）。要注意去污粉是否含有漂白剂，以及所含漂白剂是否会伤害厨具。只要不是铝制物品，都可以用一点小苏打粉来帮忙清洁；铝制品则可试着用塔塔粉①来清洁。

　　如果以上这些方法都无效，请尝试用浸泡（或长时间浸泡）的方式。在你尽可能刮除烧焦硬块之后，将物品浸泡在普通的热水或加了清洁剂的热水中，浸泡过夜再处理。另一种方法是在锅盘里装满加了清洁剂的水，并放在炉火上煮到烧焦的污垢松动为止。至于特别难洗的地方，可以尝试浸泡在稀释过的洗碗机专用清洁剂中，依以下第 144～145 页指示。注意：不要将好刀或任何有木材、兽骨、象牙或铸铁材质的器具浸泡在水里。

---

① Cream of tartar，是从酿制葡萄酒的过程中，从酒桶内层刮出来的天然结晶沉积物酒石酸氢钾（tartaric acid），精炼后研磨而成的白色细粉。

以把碗盘放在橡胶垫上，或在洗碗槽里铺上毛巾，来清洗玻璃与瓷器。

将你的洗碗巾、海绵、刷锅子的百洁布、瓶刷及其他用具收好，以上用品都要保持绝对的洁净。

将你的洗碗盆注入不超过 2/3 满的热水，水温尽量高到你的手可以承受的程度，通常会比你的洗澡水还热。但手若持续浸泡在这样温度的水中，会有点不舒服，因此最好戴着有内衬的塑料手套来保护皮肤，这也让你可以再用更烫的水。如果水开始变冷，适时补充一些热水。

在开始清洗之前加入洗涤剂，要让水有一点滑滑的感觉，并略起一点泡泡。如果碗盘在经过清洗之后便不再油腻且马上恢复干净，就表示洗涤剂的量是足够的；但如果一直觉得冲不干净，则表示用量太多。要注意你的洗涤剂是"一般"（regular）还是"超浓缩"（ultra）配方，否则你会弄出一堆泡泡来。

洗碗盘的方式——首先要准备干净的热肥皂水，从最不脏的碗盘开始洗起，逐步洗到最脏的碗盘，因为这样所需要换水的次数最少。如上所述，通常先从玻璃杯、银器及餐具开始，这些物品需要非常热的水，才能迅速晾干，不会留下水渍。纯银器皿很容易失去光泽，特别是如果粘上了盐或咸食，因此你需要尽快处理。

不要把油腻或肮脏的物品与玻璃杯之类相对干净的物品一起放在水里，这样做只会把原本较为干净的东西弄得更脏，且更快需要换水。如果水变油了、泡泡不够多、食物渣太多，或水变得太冷，就应排空洗碗盆或洗碗槽的水，加入新的水与洗涤剂。

为了减少破损的可能，同类的东西，例如同样容易被沉重的锅子压碎的玻璃杯与盘子，最好一起洗。不要让洗碗盆或洗碗槽堆放得太过拥挤。当你在清洗脆弱或贵重的物品时，最好一次处理一个（洗涤瓷器与水晶玻璃的方式，详见下册第 16 章《瓷器与水晶玻璃》）。如果有两个套在一起的玻璃杯互相卡住了，不要勉强拔开，玻璃杯可能会破裂并割伤你的手。你可以在里面的玻璃杯中倒入冷水（遇冷会收缩），让外面的杯子放在温水中一段时间（遇热会膨胀），然后轻轻地把两者分开。

用干净的刷子、洗碗布或其他适合的清洗用具擦洗泡在肥皂水里的餐具，以除去所有的食物渣与油污，直到完全干净。你无法轻易将你的手或洗碗布伸进瓶子与花瓶里，因此瓶刷是不可或缺的工具。采用画圆方式轻轻刷洗较易刷除的污垢，较难去除的污渍则需以快速前后移动的方式清洗，也需要较大的力气。当清洁用的工具或是布巾脏了，就必须更换上干净的。我比较喜欢用华夫格梭织（waffle weave）或类似厚薄交错梭织（thick and thin weave）的棉质洗碗布，这种布面凹凸不平，带有一点摩擦力。不仅可以揉成团塞进狭小处，也很容易冲洗干净，更能让人用手指从较薄处感觉到粘在碗盘上的食物硬块，并隔着布面用手指与指甲抠下，这些都是刷子或海绵达不到的效果。此外，华夫格梭织的洗碗巾具有高度吸水力，能吸附大量的水。最后，你必须靠你的手判断碗盘是否已经干净，因为眼睛不一定能发现残渣或油，但指尖可以。

如果你感觉到洗碗水变油、变不干净了，或是泡泡变少了，将水倒掉然后准备一盆新的洗碗水。依据这个原则更换，直到所有物品都洗过了为止。

洗碗盘动作要迅速，不要让碗盘长时间浸泡在越来越不热的洗碗水中。泡过碗的水不要拿来洗碗，要倒掉重新装热的肥皂水。

若要去除瓷器、塑料、玻璃器皿上的咖啡与茶渍，先将这些物品浸泡在以1茶匙含氯漂白剂兑1升清水的溶液中，约5～10分钟后，冲洗并干燥。

洗碗盘时，倘若你把碗盘长时间浸泡在充满油污与食物渣的微温水中洗涤，会导致微生物在潮湿、充满食物的环境中滋生，那么碗盘会越洗越脏。事实上，正确的洗碗之道，是永远只用干净的热肥皂水来清洗碗碟，并且用很热的水来彻底冲洗。

冲洗——洗好的餐具先放置在洗碗槽另一个槽内，或放在洗碗盆的另一侧。如果是比较精致的餐具，就放置在干净的垫子或毛巾上，直到累积五六件。接着，在碗盘上的泡沫被风干之前，要彻底地用水龙头流出的热水冲洗，水温尽可能高，但要在你的手所能忍受的安全范围。这个步骤可以避免餐具在下次使用时出现黯淡、水纹、水渍，或让盘里的食物有肥皂水的味道。如果你的自来水不是很烫，你可以先在水龙头下冲洗，再淋上热水（以77～82℃为佳）。如果你要用更热的水，必须注意那些遇热会破裂的餐具。

以热水冲洗不仅能冲去洗碗剂，也能杀死微生物、防止斑点，并让餐具更快干燥。若热玻璃杯与盘子妥善置放于沥水架上，几乎可以立刻自然风干；而干热的碗盘，细菌数也会大幅减少。

　　如果用水受限，你可以重复使用一盆热水，将碗盘浸入冲洗。然而一旦水里出现肥皂泡，就必须换水。

沥干——洗好的餐具妥善置于沥水架上，避免餐具里积水。如果你是在台面铺上毛巾来沥干碗盘，要将碗、杯子及玻璃杯稍微斜放。你可以将毛巾稍微折叠或在边缘放置一个平的物品（例如干净的塑料砧板）来做出倾斜的效果。若让餐具完全平放，湿气会闷在里面干不了，正好营造了一个滋生细菌的环境。另外，如果在沥干时，茶杯或碗的底部积水了，务必将水倒除或用毛巾吸干水分。

　　最后，若沥架放满了，你可能要先暂停，将已经风干的物品清空，再继续清洗其他碗盘。

擦干或风干，哪一种方式比较卫生？——今日一些厨房安全专家并不赞成擦干餐具，他们指出，风干是更卫生的做法。原则上，这个建议是好的，但实务上还有待商榷。安全专家之所以建议风干餐具，主要原因是一般人习惯用不干净的毛巾来擦拭餐具。研究显示，使用过的、沾了水的湿毛巾是许多细菌（来自手、餐具、台面等）的温床。用沾满细菌的毛巾来擦干碗盘，会让碗盘布满细菌，但若使用干净的毛巾来擦碗盘，便可以安心。当你想用毛巾擦干碗盘时，一定要用一条完全干净、刚洗好的毛巾，不能是你今天早上用过并挂起来风干的，或是你用来擦干双手的毛巾。毛巾用到变湿或变脏时便要更换一条新的。如果你有许多餐具需要擦干，可能一次会需要6条甚至更多的擦碗巾，因此抽屉里必须存放足量。擦碗巾很便宜、易于清洗且相当持久耐用。如果你担心擦碗巾沾染锈污，可以改用纸巾来擦铸铁器皿。擦碗盘、擦手、擦台面及其他表面的布巾不能混用，更不能拿这些毛巾来擦地板。

如何擦干碗盘？——在你把碗盘从沥水架移走之前，先拍掉聚集在底部的水，再翻转到正面，以免水滴弄湿已经干燥的碗盘。玻璃杯与银器上的水渍要用毛巾擦掉，即使这些餐具已经风干；不锈钢与铝制锅具也要用毛巾好好擦干，否则也可能留下水纹或水渍，铸铁锅具更得确实擦干，以免生锈。通常我在擦干铸铁锅之后，还会在炉火上加热几秒钟，以赶走最后一滴的水分，但要小心不要在移开锅子时烫伤了手！

最适合拿来擦干玻璃、水晶玻璃及精致瓷器的布料是亚麻巾，没有毛屑且吸水力强，且有一种所谓的"擦玻璃巾"（glass towel）特别好用。但高品质的棉巾也不会有毛屑。

以圆周运动方式擦除多余水分，直到摸起来感觉已经干燥且看不到水纹、水渍或毛屑。擦干玻璃杯内部时，用擦巾包住 2～3 个手指，伸入玻璃杯仔细擦拭每个角落，或者你也可以把毛巾塞入杯子里旋转，把内部都擦拭一遍。但要小心别把整个拳头塞入杯里或把毛巾塞得太紧，以免弄破玻璃杯。倘若你的手上出现一道弧形压痕，就代表你塞太紧了。

将碗盘归位——如果你打算把碗盘一直放在沥水架上，当成存放干餐具的地方，那么这种风干方式绝对不会比擦干更容易、更卫生。把碗盘一直放着不仅有碍观瞻，也让洗干净的餐具暴露在喷溅的脏污、灰尘与喷嚏之下，并且容易被孩童或他人打破，以及造成各种不可预见的后果。碗盘风干之后应该尽快收走，如果用的是很烫的热水冲洗，应该只要几分钟就会风干。此外，如果沥干餐具的地方靠近炉火或工作区，那得更注意尽速将碗盘收走，以免遭受油污或汤汁喷溅。

附着在厨具与餐具上的臭味与异味

有些气味与异味会残留在碗盘上久久不散，就算用了很热的肥皂水彻底清洗还是一样，有时甚至以洗碗机清洗过也依然存在。木制的碗与餐具、非不锈钢材质的刀具、铸铁材质的锅具、铝制锅具，以及老旧或孔隙较多的陶器等，特别容易发生这类问题。但即使是一般的瓷器与餐具，有时也不免有食物气味残留。切碎的大蒜与洋葱以及各种鱼类和咖喱，都是最可能造成这种问题的食物。以下是一些有用的预防与处置方法：

◆ 尽快彻底冲掉碗盘与餐具上会留下异味的食物渣。要特别仔细冲洗干净，才能与其他餐盘一起放进洗碗机或洗碗盆里。

◆ 沾染了食物异味的铸铁锅或其他容易生锈的锅具，可以用柠檬片涂抹后立即冲洗，并以热的肥皂水加以清洗、彻底干燥。

◆ 浸泡在热肥皂水中，加入少许小苏打（通常适用于容易生锈或木制材质），然后彻底冲洗。

◆ 浸泡在热的肥皂水中，加入少许含氯漂白剂（通常适用于容易生锈或木制材质），然后彻底冲洗。

如果碗盘因没有摆好而无法好好沥干，或这些碗盘本身就不容易沥干，那么碗盘就会积水，滋生细菌，自然也就无法充分风干。

最后步骤——当你洗完碗盘之后，要用洗碗剂或去污粉将洗碗盆洗净，然后彻底冲洗、干燥，并收起来。如果你在洗碗槽旁备有装厨余的容器，记得也要清空、洗净、干燥，并重新套上塑料袋。接下来，以适当的清洁剂清洗或刷洗洗碗槽与邻近台面，然后洗净并抹干。留在洗碗槽排水管滤网里的食物残渣非常容易滋生细菌，务必仔细清洗并沥干。你可以偶尔利用洗完碗盘或晚上睡觉之前消毒排水管（详见第 217 页）。最后，彻底洗净洗碗的海绵或洗碗巾，并用消毒水浸泡（详第 13 章《饮食安全》）；或者再洗完放干之后与用过的毛巾一起清洗（等待干燥的理想地点为洗衣间，如果你放在厨房里晾干，很容易被其他人拿去用）。在我祖母的年代，人们会用煮沸、漂白或日晒的方式来清洁海绵与洗碗巾，以确保卫生。

□ 用自动洗碗机清洗碗盘

依照说明书的指示使用，充分了解洗碗机每道洗程的特点与功能，并选择适合的洗程，以达到最佳效果，并尽可能节约能源。大多数种类的洗碗机都适用以下几个基本规则：

要确保水的喷雾能充分发挥功能，仔细检查机器内部以确认喷水的出水位置，让碗盘的脏污面朝向出水口。不要让较高的碗盘锅具挡住出水口，也绝对不要让汤匙与叉子套叠在一起洗，否则洗不到缝隙。刀叉要以上下正反交错方式排列。洗碗机若放得太满，许多碗盘就接触不到喷出的水柱。

不要让玻璃杯与碗盘彼此碰触，要特别小心薄的玻璃杯、瓷器及高脚杯，这些器皿可能因为互相碰触而破裂或产生刮痕，而铝制品则会使碗盘留下黑色或灰色痕迹（可使用温和的去污粉加以去除）。以倒扣方式放入洗碗机中，才能沥干。

说明书 妥善留存 　一定要仔细阅读并保存洗碗机与其他家电用品的说明书、使用小册及保养小册。偶尔要重新浏览一次，让自己温习各种相关设备的正确使用方式。其中有关于清洁、维护及安全的各种说明，也应该要留意。

银器不能用洗碗机清洗，但如果你还是要放进洗碗机，务必避免接触到其他金属，特别是不锈钢，因为这可能让银器留下永久性的污痕或凹痕。为了安全起见，尖锐的物品要朝下放置。别让银器过于拥挤，以免阻碍水流而洗不干净。

一般来说，瓷器、玻璃、不锈钢、塑料以及铝制品都可以安全地放进洗碗机（当然，铝制品要看个人想法了）。但是，你仍然需要查阅制造商的说明书。

不能放进洗碗机的东西

- 精致的瓷器，尤其是古董、手绘品，以及有金银镶边的瓷器。这些东西容易失去光泽、破裂，装饰物与涂料也可能碎裂、褪色或掉落。喷射水柱的高温与力道、洗涤剂的刺激性与摩擦，都可能是造成损坏的原因。

- 水晶玻璃：会产生刮痕、失去光泽及破裂。

- 带花边或装饰的玻璃杯：装饰会磨损。

- 乳色玻璃：可能变黄。

- 铸铁与锡：会生锈。

- 白镴：可能出现坑洞、锈蚀或褪色。

- 银器：会有刮痕、污点、凹陷或变色；有些银器更可能发生结构性的损坏。表面的铜绿也可能受损。

- 金器：会变色。

- 尖锐的刀：锋利的边缘会变钝，也可能割伤伸手进洗碗机取物的人。

- 空心的胶合把柄会松动，木制把柄则会产生裂痕、变形、粗糙，最后损毁。

- 兽骨或象牙制品：以这类材质制成的器皿或餐具把手会被洗碗机内部的潮湿、高温及洗涤剂破坏。

- 木制品：会变得粗糙、弯曲变形，并出现裂缝。

- 某些塑料材质：需要检查制造商的说明书，有些可抛式塑料器皿会熔化。

- 未经电镀的铝制品：取决于你的想法。根据肥皂与清洁剂协会的说法：一般铝制品接触到水、某些食物、清洁剂以及碱性洗洁剂如氨水或加热的小苏打水等，色泽都会变暗。变色的程度有部分取决于接触的时间长短与金属本身特性（有些合金耐受力较高）。如果不介意铝会变色或容许使用钢绒百洁布与酸性清洁剂，可以放进洗碗机中洗涤。

◆ 至于电镀铝制锅具，请详阅说明书。电镀铝锅在洗碗机中容易变色，根据肥皂与清洁剂协会的说法，通常在锅盖或特殊造型的部位带有颜色或看起来像铜或黄金的铝制锅具，也含有电镀涂层，不适用于洗碗机。

洗碗机的上层通常是用来放置玻璃器皿与其他较精细的物品，但也有例外情况。此外，盘子或塑料器皿标签上有时会有洗碗机放置位置的说明，让使用者知道这些餐具是否应该远离洗碗机的发热组件。许多洗碗机（但并非全部）的加热组件位于下方，因此容易因高温损坏的物品就该远离下层的架子。

现代的洗碗机使用规则是，不必先将餐具冲洗过再放入，你只需要刮除骨头、食物渣及焦黑的物质，其他事情就交给洗碗机处理。但我的做法是，碗盘放入洗碗机之前，先冲洗大部分的碗盘。其中一个原因，是为了确保碗盘经过洗碗机清洗后能完全干净，且没有食物异味残留。另一个原因是，事先冲洗有助于减缓洗碗机对碗盘造成的提前老化，因为食物颗粒在洗碗机内部飞来飞去而产生的额外摩擦会造成碗盘色泽变淡与刮伤。先行冲洗还能减少食物残渣直接在洗碗机干燥过程被烘烤的机会。

难以去除的污垢应该用刷子或适当的百洁布加以刷洗，也可以先行浸泡软化后擦除，再放进自动洗碗机。碗盘可先浸泡在热水中，至于非常难以清洗的锅具则装满水，放在炉子上煮；倘若锅子很油腻，可以洗碗机专用清洁剂加热水（注意，绝对不要把残留一般洗碗剂的碗盘放进洗碗机里，这可能会产生过多泡沫）。针对非常难以去除的污垢，如烧焦的食物碎屑，根据洗碗机专用清洁剂的制造商建议，可用一大匙洗碗机专用清洁剂兑1升热水调出溶液，再将这些餐具浸泡其中。但是银或其他容易受损的材质则不宜用这种方式。请确认洗碗机专用清洁剂已经完全溶解，再放入要洗的东西，否则可能造成污痕或坑疤。

一定要使用洗碗机专用清洁剂，这是特殊配方，泡沫少、洗涤力强，至于清洁剂的形态，不管是凝胶、颗粒状或液体都可以，只要是专门用于洗碗机就可以。用错了清洁剂，可能会造成严重的麻烦事。我的邻居刚生了小孩，因此雇用了一个没有经验的人来帮忙打扫，这名帮佣把一般洗碗清洁剂放进洗碗机，结果必须花上好几个小时来清理产生的大量肥皂泡泡。

我的邻居打电话给制造商寻求帮忙，对方表示，她只能持续清除这些泡泡，直到完全不见为止，此外没有其他办法。

要将洗碗机专用清洁剂放在洗剂槽里，而不是放在碗盘或餐具上，因为这样可能会造成污痕或坑疤。请确认洗剂槽是干燥的，否则清洁剂会结块。

如果你的玻璃器皿染上斑点，尝试用光洁剂（固体或液体皆可）清洗。使用节能洗程或略去烘干的步骤，光洁剂的效果会更好。若要去除瓷器、塑胶、玻璃器皿上的咖啡渍或茶渍，可将 1/8 杯的一般含氯漂白剂兑上 1 杯水调出溶液，并在洗碗前倒入洗碗机底部。但如果你要用洗碗机清洗铝制品、非不锈钢材质或银制器皿，千万不要使用漂白剂，因为可能造成变色。

使用热水。即使许多新型洗碗机都有将水加热的功能，但如果进入机器的水本身就有热度，再经过洗碗机加热之后便会更热。以我的洗碗机为例，49℃以上的给水温度最能发挥效果（如果你要靠洗碗机来消毒餐具，请切记这点。详见第 13 章《饮食安全》）。热水的清洁效果更佳、冲得更干净、能杀死更多细菌，而且能让碗盘干得更快、不留水渍。肥皂与清洁剂协会建议，洗碗机的供水至少要达到 54℃，才有较佳的清洗效果。此外，如果你的洗碗机不能将水加热，供给洗碗机用水的电热水器就应该设定在 60℃，以确保正确的洗涤温度（参阅下册第 36 章《儿童安全措施》）。在洗碗机运作的同时，顺手完成上述手工洗碗章节里所提到的"最后步骤"。

洗碗机一旦完成清洗并停止，到你使用或取出碗盘之前，这些碗盘都是维持在安全与干净的状态。但最好在碗盘干燥后便尽快取出，避免有人不小心又放进了肮脏的碗盘。此外，一旦你开始取出餐具，就要全部一次完成，没有放满的洗碗机更可能被放进肮脏的碗盘。

□ 消毒碗盘

一般的洗碗方式，特别是以洗碗机洗碗，已经能杀死很多细菌。但如果家中有人生重病或抵抗力弱，你可能还要采取额外的消毒步骤，来杀死碗盘、锅具及器具上的所有病原体。见第 13 章《饮食安全》，第 213～215 页。

▌清洗厨房电器

请查阅制造商的说明书，并依据指示清洁你的厨房用具。电器在清洁之前都要先拔掉插头，就算没有插上插头，也切勿浸泡在水中。你的说明书会告诉你其他的安全注意事项，以及各种应加以避免、可能破坏家电的清洁用品与方法。

□ 冰箱

经常仔细清洁你的冰箱，这是所有家事中最重要的工作之一。因为冰箱是储存新鲜食品的地方，总是可能会有长了细菌的食物汤汁、霉菌、不新鲜的食物及脏东西等，污染了新的食物。此外，冰箱也很容易产生异味。

凡此种种，都会让人感到不舒服，污染物与异味可能造成牛奶及其他较容易吸味的食品变味，严重到难以入口的程度。冰箱的异味甚至可能让整个厨房都非常难闻。

约每隔一天，就该检查冰箱，以确保冰存的东西都是新鲜的，并立即扔掉那些有斑点、发霉、发臭、黏糊或变软的食物。检查袋子里的水果或蔬菜，确保每一样都是完好的，因为只要有一小块烂掉，其余就会跟着腐烂。放置超过两三天的剩菜，就算看起来及闻起来似乎都还好，也应丢弃，或者当你确定不会有人要吃时，就提早丢弃。检查牛奶的保存期限以及奶酪有无发霉。调整食物的位置，把较旧的摆在前面并优先食用。

清洗冰箱是每周例行清洗工作的一部分。清洁的内容包括检查冰箱里的东西，以及将所有过期的食物扔掉。注意有哪些食物即将到期，然后好好计划如何尽快用掉。试着将你每周一次的大采购安排在每周的冰箱清洁日之后，这样你就能够有一个干净、宽敞的空间，接纳新的食物，也省去许多浪费，更有助提升采购的效率，因为你会更清楚需要买什么、不需要买什么。

如何清洗冷藏室——尽量在上市场采购之前清洗，这不仅可以空出较多空间，也不会让新鲜肉类或其他较容易腐坏的食物存放在较高的温度之下。

首先，尽可能移除抽屉与层架。将水果与蔬菜等较不易腐坏的食材暂时放置在台面，较容易腐坏的食物则集中在冷藏室里的一或两个层架上。以热肥皂水清洗取出的抽屉与层架，并在彻底冲洗后沥干。擦干一个洗好的层架，放回冷藏室，将容易腐坏的食物移到这个层架上，并把原先放置这些食物的层架从冷藏室取出，加以清洗。接着拔下冰箱插头，不要改变温度控制盘。

制造商警告，清洗冰箱时必须拔掉冰箱插头。另一个替代方法是按下冰箱的回路阻断器。无论如何，都必须小心避免让水喷溅到灯、开关及控制盘。

在更换剩余的层架与抽屉之前，清洗冷藏室内壁及所有表面，动作要快。可用一锅或一桶温肥皂水来清洗。（要注意，热水接触冰冷的玻璃层架可能造成破裂）。在水中加一些小苏打粉能软化污垢，并有助除臭，浓度大约是 1 升水加 4 汤匙。一般温和的清洁剂，包括洗碗剂，只要是不带有强烈气味的，也会有不错效果。如果你发现清洁剂的味道在冰箱里久久不散，或许可以采用没有香味的品牌。有些制造商会建议你只使用小苏打粉与水的混合溶液就好，不用清洁剂，但我觉得加入清洁剂效果更好。如果你的冷藏室里有霉斑，可以在清洁剂的水溶液中加一些含氯漂白剂。含氯漂白剂能杀死霉菌，有清洁功效，也是效果很好的除臭剂，不过不要加太多，以免漂白剂的气味残留于冰箱中（有关含氯漂白剂的用量，见下册第 2 章《与微生物和平共存》）。

清洁的顺序是从上到下，以免清洁剂滴到已经洗净擦干的地方。如果有食物黏在冰箱内，先试着润湿，留置几分钟；或者将一块浸泡过肥皂水的干净抹布覆盖该区域。如果经过浸泡后食物仍然没有脱落，可用洗不粘锅的那种尼龙网状海绵垫来擦洗，务必要深入清洗裂缝、角落及接缝处。黏在死角的霉斑与小片腐坏食物往往是冰箱异味的源头，如果有必要，可以用一些不会有刮伤或刺破冷藏室风险的东西（例如筷子或牙签），将这些硬化的污垢挖除。这些污垢可能本身就是霉菌，或是滋生霉菌等其他污染物的温床。总之，你的任务就是要让冰箱中的霉斑消失无踪。

门的密封条也要清洗，如果密封条上长了霉斑，要用加了漂白剂与清洁剂的水擦洗（见下册第 2 章《与微生物和平共存》中有关配制清洁剂的说明）。若遇到顽固的霉斑可用尼龙网状海绵垫刷洗，清洗完成之后，再用干净、温热的清水彻底擦拭所有表面，然后抹干。

务必记得，大功告成之后要把冰箱电源重新接上。

如何清洗冷冻库——冷冻库不必每周清洗，然而一旦发现食物碎屑或喷溅的食物，便应立即清洗。方法与清洗冷藏室相同，先拔下冰箱插头，动作要迅速。再取出所有物品，摆放在冰箱或冰桶里。或者，如果可以，挪移到冷冻库的其中一边，然后先清洗另一边。接着取出所有层架加以清洗，并擦洗冷冻库内壁与底部，方法与清洗冷藏室一样。在进行每周清洗同时，一并检查里头的食物。丢弃那些储存太久、不适合食用的东西。冰块也是，会变不新鲜，并吸收冰箱的异味，因此当发现有这种情形时应该丢弃。

如何手动为冷冻库除霜——不要等到你的冷冻库结了冰柱才来除霜，拖得太久会让除霜的过程更耗时也更艰辛，同时造成效能降低。当你发现冷冻库里已经出现了一些冰霜，就可以趁着冰箱都几乎清空的空档来除霜。首先，关掉冰箱电源或拔下冰箱的电源插头，取出冷冻库里的所有东西（如果你有冰桶，可将食物暂放在冰桶里；若室外温度在0℃以下，也可以放在阳台。或者，可以多等几天，等里头的东西差不多用光了再开始）。放一锅热水在冷冻库里。当热水冷却时，检查是否已经有冰块软化，能直接用手取出。若有必要，重复以上步骤。取出冰块时如果觉得太冰，可以戴上手套，或使用橡皮刮刀刮除。万万不可使用尖锐的器具或冰锥！这些器具可能刺穿冷冻库内壁而导致故障。一旦冷冻库下方的滴水盘装满了融冰，便应清空。待冷冻库里的冰完全清除之后，清洗并擦干冷冻库与滴水盘，步骤与清洁冷藏室的方法相同。最后，放回滴水盘，插回插头（或开启电力开关）。

其他重要的冰箱清洁工作——冰箱底部或冷冻库下方若设置有滴水盘，务必经常清空与消毒，特别是滴水盘位在底部的冰箱。霉菌与其他各式各样的微生物特别容易滋生于此，因此，在每周的例行清洗时，你都必须拉出滴水盘，倒空，然后以热肥皂水彻底清洗，并以漂白剂浸泡几分钟，加以消毒（见第214页）。最后，沥干滴水盘，稍微风干后放回原位。

　　冰箱的冷凝器可能每隔3~6个月就得吸尘一次，如果家里有较多灰尘，例如整修或饲养宠物，吸尘的频率也得增加。我的冰箱有两度因为冷凝器积灰尘，而在热浪来袭时罢工。冰箱的外壳要用温和的清洁剂溶液或小苏

冰箱除臭　　预防冰箱异味的方法包括：定期丢弃腐烂及发霉食物；每周以加了小苏打或少许含氯漂白剂的肥皂水彻底清洗；把气味较重的食物放入密封容器或以保鲜膜仔细包覆。倘若食物还是发出异味，你可以在冰箱里放一个装了小苏打粉的无盖容器来除臭。或者将小苏打粉或活性炭撒在浅盘或托盘上，来增加与空气的接触面积。

打溶液清洗。格栅需要吸尘（偶尔还需拿下来进行），并用刷子与肥皂水刷洗，然后擦干放回。新型冰箱往往有一些特殊用具，如制冰机与饮料盒，可能需要特别保养。为确保这些特殊用具的使用安全与卫生，请查阅说明书。

□ 厨余处理机

厨余处理机的大部分组件都能自我清洁，请按照制造商所建议的程序进行。市面上卖的一些清洁产品，能帮忙去除厨余处理机的油腻、臭味并进行内部清洁（例如，有一种清洁锭，可在厨余处理器运作时，伴随水龙头的水丢入）。你也可以把果核、小骨头或冰块，伴随大量的水在厨余处理机运作时一起搅碎，这类质地坚硬的材料有助于刷洗处理机，但要避开高纤维的材质，如玉米外壳、朝鲜蓟及大黄，因为这些东西可能被卡住或造成处理机损坏。另外，柠檬皮、小苏打倒入厨余处理机能去除异味，但务必伴随大量的水。

□ 炉子与烤箱

有关保养与清洁方式，请参考制造商提供的使用手册。有些炉子有金属装饰，可能会因氨水、含有氨的清洁剂，以及其他强碱性的清洁剂而损伤（我是在彻底毁掉一个全新炉台上的闪耀装饰后，学到了这个教训）。大多数现代的炉台制造商会建议不要使用任何强力的百洁布、强效的粉状清洁剂、磨砂去污剂及市售烤箱清洁剂；有自动清洁功能的烤箱，也不能用市售的烤箱清洁剂。烤箱清洁剂会损伤许多炉台表面以及有自动清洁功能的烤箱，所以要特别小心。

煎炸或水煮时请使用中火，以保持炉台清洁，大火滚煮及油炸容易造成水或油渍喷溅。使用平底锅时可盖上防溅锅盖。使用烤箱时，在食物下方铺放烤箱纸，以接收溢出来的汤汁，并不要将食物装得太满，也要使用容量大的烤盘。一旦有汤汁溢出或喷溅，要尽快清理，且如果没有安全上的顾虑，最好是在烹调当下就处理，因为炉台的高温会把污渍烤焦，提高清除的难度。

进行每周例行打扫时，要取下炉头盖与炉架加以清理。如果是可拆式加热组件的电炉，要先拆下加热组件，然后移除组件下方的半圆形反射器，接着将炉头盖、炉架及反射器浸泡在加了洗碗剂的热水中（但加热组件不行）。

电炉的加热组件只需要以浸过热肥皂水且充分拧干的抹布加以擦拭即可，切记一定要在电炉冷却后才能擦拭（通常不会很脏，因为其高温早将做菜时漏出的汤汁烧干），而后抹干。

在浸泡炉头盖与炉架的同时，以加了温和清洁剂的热水清洗炉台。若炉台上有顽固的食物污垢，先把污垢打湿，静置一段时间，直到污垢变软，也可以覆盖一块浸泡过热肥皂水的抹布加以软化。如果这时污垢没脱落，同时说明书上的清洗建议也没禁止的话，可以尝试使用一般不粘锅专用的尼龙网状海绵加以擦洗。同样，如果炉头盖与炉架经过浸泡之后，污垢仍然没有软化、无法清除，你也可以如法炮制，或试着以较温和的磨砂去污剂来处理。不过，再温和的去污剂也可能留下刮痕，在这种情况下，你必须自己取舍是要刮伤厨具，还是让污垢留在上头。

烤箱的门以及擦洗得到的炉台内部，均以同样的方式处理。不过，如果你的炉台有电子控制面板，便不该使用尼龙百洁布或任何种类的钢刷，因为这可能刮伤面板。因此，若食物卡在那里无法擦除，先用浸过热肥皂水的湿毛巾来软化，直到食物渣变软为止。

每天清理炉台时顺手擦拭炉头盖，通常就足以维持干净。要留意炉头盖的温度，别在温度还很高时清理。一定要用热肥皂水擦拭炉台周边的墙壁与台面，因为食物往往会喷溅在这个区域。

有些人仍使用搪瓷涂层的旧式炉具或古董炉具。在我孩提时代，家中便有一个，是意大利祖母买来的，但后来被弃置在地下室，因为炉具表面有个细细的网状裂缝。这是一位好心客人的杰作，他试图用一条沾了冷水的抹布擦洗仍然发烫的炉面，而这个悲剧让我祖母伤心了30年之久。请小心避免将任何冷的东西放在还发烫的搪瓷炉台上，否则你可能也会心碎不已。一定要先让搪瓷表面冷却，避免让搪瓷材质接触到温差很大的东西。另外要特别注意食物残渣的清理，酸性食物更要尽快清除，否则将造成永久性污渍。避免用钢刷清洗，即使是温和的钢刷也会刮伤与磨损表面。

如何清洁烤箱——清理有自动清洁功能的烤箱，一定要依照说明书的指示进行，切勿使用其他方式。如果你用一般的烤箱清洁剂来清理这种烤箱的内壁，可能会破坏烤箱的自动清洁表面。烤箱的自动清洁程序费时约2～4小时，清洁的同时可能会产生很多热气，让你想要离开厨房，因此要事先做好计划。千万不要尝试将炉架、炉头盖或烤盘等放进自动清洁烤箱里清理。这种烤箱没有清洁炉具的功能，而这些炉具也不适合以这种方式清洁。

清理非自动清洁的烤箱时，可购买一般市售的烤箱清洁剂，并仔细阅读说明书。这些清洁剂通常含碱，不过你也可以买到没有腐蚀性的清洁剂。要小心避免吸入含碱清洁剂的烟雾。《美国消费者报告》杂志建议，进行这项清洁时要穿戴护目镜与防尘口罩。你可以戴上橡胶手套，穿长袖衣服，并尽可能小心不要让皮肤接触到清洁剂。注意要保持通风良好，不要选择在必须紧闭门窗的日子进行这件工作。若使用非喷雾式清洁剂，吸入的烟雾会较少。

开始清洁之前，在烤箱门下方的地板铺上报纸以收集滴落的脏水（清洁剂可能会从门边的缝隙渗出）。戴上橡胶手套，依照使用指示将清洁剂施用于整个烤箱，包括门的内部，然后紧闭烤箱门。静置一段时间，时间长短请依照使用指示，通常为2～3小时或隔夜，然后，再度戴上橡胶手套，以纸巾或丢弃式纸抹布擦除清洁剂，而用过的纸巾可丢入手边的垃圾桶。用沾过温热清水的抹布仔细擦洗烤箱，直到完全清除干净，若残有任何脏污，试着用尼龙网状海绵擦拭，可能就会脱落。

你可以用洗碗机来清洁烤盘或任何其他脏锅，这通常安全无虞，但当然前提是能放得进洗碗机。有一次我搬进新家，在一个非自动清洁的烤箱里发现一只多年缺乏清理的污黑烤盘，于是我利用清洁烤箱的时间，也将烤箱清洁剂布满整个烤盘表面，结果顺利使其洁净如新。如果你也要如法炮制，务必要在之后彻底冲洗烤盘。

如何清洁炉架——请依照制造商的说明书来清洁。炉架通常可以取下，只要在冷却后，再取下以热肥皂水清洗并冲干净即可。如果有烧焦的污垢，可以浸泡一下，或用尼龙百洁布刷洗。至于是否能用更强力的钢刷，则需查阅制造商的说明书。

辐射加热式炉具——制造商会特别说明这种炉具的清洗方式，你必须小心依照说明书的指示，制造商也可能提供专用洗洁剂。

微波炉——只要有产生蒸汽或有食物飞溅、溢出，就应立即清理，每周例行厨房清洁工作时也要清洗。以温热的肥皂水（或任何温和的清洁剂）擦洗，然后抹净、擦干。切勿使用市售烤箱清洁剂来清洁微波炉！要确认顶部、底部、两侧及门，里里外外都有清理，因为食物可能四处飞溅。门边的封条与接缝也要清洗，以确保黏在这里的食物不会影响炉门的密闭性，然后把微波炉擦干。若要除去黏附在内壁的食物顽垢，先以泡水的清洁剂弄湿该区域，静置一会。如果残渣仍不脱落，可用不粘锅专用的尼龙网状海绵擦洗。至于微波炉的外部，一般而言只要用沾了温和清洁剂的柔软布巾擦拭就能变得干净。要小心处理控制面板的地方，不能使用任何磨砂去污剂或太强的清洁剂。

许多微波炉与旋风式烤箱都附有架子、烤盘及其他各种材质的配件，有些可能能够使用最强力的金属钢刷，有些则可能不行。请参阅说明书的保养建议。有些机型在顶板上还有可拆卸的油烟过滤器，清洁时要根据说明书的指示拆除，然后浸泡在充满泡沫的清洁溶液中（如果是铝制品，清洁溶液不能含有氨的成分）。接着冲洗干净并甩出多余水分，装回原处。

☐ 开罐器

切记不可将电动开罐器的电子组件泡进水中！清洁前请拔掉插头，有些机型的切割组件是可拆卸的，你可以取下加以浸泡，或放入洗碗机清洗。剩下的部位则必须在拔除电源之后，以浸泡过热肥皂水的抹布擦拭。所有的开罐器，无论电动或手动，都应在每次使用后以肥皂水与清水清洗，这是因为开罐器可能成为食物交叉污染的源头。开罐器每次使用多少都会沾到罐头里的食物，如果不清洗，微生物可能会滋生并污染下一个开罐的食物。若你无法顺利取出卡在缝隙的食物残渣，试着用干净牙刷清洗。

☐ 烤面包机

开始清洁之前，要先查阅说明书指示。拔除电源，将温和的清洁剂倒入热水，以抹布蘸取后擦洗机器内外，再用沾了清水的抹布擦去清洁剂，然后擦干。取出层架，如果说明书上的指示允许，也一并浸泡层架并以钢刷、钢丝球或其他工具来刷除烧焦的食物残渣。另外，在进行每周例行清洗工作时，不要忘了盛接面包屑的托盘。取出后，清除当中的面包屑，彻底清洗、冲洗并擦干。在我的烤面包机的说明指示中，允许使用钢刷来清除焦黑的食物。

☐ 松饼模

几乎所有市面上的松饼模都采用不粘涂层,但也都没有可拆卸的网格,而没有可拆卸式网格的松饼模非常难清洁,足以让你不想做松饼。

可拆卸网格的类型——先拔除电源,取出网格,在你清洗底部的同时,将网格加以浸泡。以热肥皂水浸泡抹布,拧干后擦拭底部的内外,然后以沾了清水并拧干的抹布擦拭,最后用干布擦干。此时,网格已浸泡一阵子,上面所粘黏的面糊都已软化,可用清洁一般不粘锅的方式加以处理。使用尼龙百洁布或是较不会刮伤物品的刷子。

不可拆卸网格的类型——先拔除电源,以上述同样的方式清洗松饼模内外。以刷子蘸取热肥皂水刷洗网格,甩去多余水分,并确认网格每一条凹槽都已清洁。刷子不能太硬,以免刮伤网格的不粘涂层。

如果黏在网格上的松饼面糊已经变硬,拿一块布浸泡在热肥皂水中,然后稍微拧一下到不会滴水的程度后,铺在网格上,直到碎屑软化为止。不要让水滴进缝隙,因为有可能沾湿电线。一旦去除所有食物残渣,用软毛刷或拧干的布(薄的旧抹布最好用)添加少许清洁剂的水溶液来擦洗网格(否则你得花相当大的工夫来冲干净);诀窍是不要让水滴到电子组件。完成之后,以沾了温清水的抹布彻底擦去清洁剂(同样小心不要滴水),否则下一批松饼可能都是肥皂水的味道,最后抹干。用手指摸摸看,确保网格不再油腻。如果不幸还有油污,便重复以少量清洁剂擦洗、清水擦除及擦干的步骤。

☐ 烤漆搪瓷表面

有烤漆表面的用具很容易被刮伤。要避免使用任何钢刷,只要以泡过温和清洁剂水溶液的抹布擦拭即可。

☐ 其他清洁建议

食物处理机、果汁机、切碎器、榨汁机及类似的机器,要在使用后立即清洗(但也有朋友的制面机说明书上建议,等到面食干了再清,因为这样比较容易刷除残渣）。仔细阅读说明书的安全建议，一定要确认所有家电设备的电源都已拔除，绝对不要将含有电线的部分泡进水中。通常所有非电子组件的部分都可以手洗或放进洗碗机清洗，至于含电子组件的部分，包括基座等，则只需要以泡过热肥皂水并拧干的抹布擦洗。如果是放在台面上的器具，要加以覆盖保护，避免沾染脏污与灰尘，你也可以收藏在柜子或"家电仓库"里。通常这类小家电不太需要维修。

CHAPTER

10
上市场

我之所以把"上市场"列为其中一章，是因为经常在当地市场看到的景象所启发。市场坐落于一所大型大学的对面街道，被充满活力与多样性的都会小区所包围。市场狭窄的通道上，汇聚了来自周遭小区的年轻人与中老年人，里面经常上演的教学场景，精彩度不亚于对面街道的校园。对朝鲜蓟和牛油果大感困惑的学生，会毫不迟疑地向从身旁走过、看来胸有成竹且见多识广的人求助。"您觉得这熟了吗？"他们常会这样问，或是看到貌似行家的人在鱼摊上挑了比目鱼，便也跟着挑了一条。由于类似的场景不断上演，让我相信那些刚开始学习采购的人，应该想知道如何挑选新鲜的食材。

▌选购安全的食材：一般原则

食材如果没有在市场受到妥善处理，或从市场带回家的过程有问题，储存与烹调上就很难达到安全标准。细菌与其他微生物在室温下会迅速滋生，其中包括一些可能导致食物中毒的病源（见第13章《饮食安全》。）

□ 检查店家的储存温度是否安全

如果你是在熟食摊购买烤鸡、肉丸等熟食，要确定这些食物一直保持在高温下；另外，确定那些需要低温保存的食物，像是新鲜畜肉与禽肉、蛋、牛奶、沙拉、切好的水果及蔬菜，摸起来要很冰凉。尽量经常光顾同一个市场并观察店家的习惯：例如，你是否看到牛奶与蛋（及其他应冷藏食品）被长时间置放在户外或走道上？

首先购买非食用物品，如纸巾与肥皂，接着选购不容易腐败的食品，如罐头与瓶装食材，或是其他不需要存放在冰箱的东西，如糖、盐、麦片、面粉等可放置于室温下的干货。再来购买需要冷藏的东西，如牛奶、奶酪、新鲜的畜肉与禽肉、蔬菜及水果等，最后购买熟食与冷冻食品。不要购买超出冷冻储存线或凸出于冷冻展示柜顶层空间的冷冻食品。

菜篮里，热的东西应该放在一起，并与冷藏或冷冻食品分开，这样才能保持热度。冷的和冰冻的食物放在一起，与热的食物分开，这样才能保持低温。

注意检查食物的装袋方式，特别注意热食与冷食要分袋或分盒。畜肉、鱼肉、禽肉及其他可能流出汤汁的食物应该另外用塑料袋装起来，以确保在运输过程中不会渗漏液体沾湿其他食物。

采买后要尽快回家，不要逗留他处。天气热的时候，要把食物放在车内的乘客座上，不要放在后车厢里，并且要打开空调。如果市场离家很远，可以在车上放个冰桶，以便沿路低温保存冷藏与冷冻食品。如果你打算请人运送购买的食品，但送货时间比你到家还慢很多，热食与冷食要尽量自己携带，并分装在两个不同袋子。等你回到家，马上将冷热食物从袋中取出并妥善处置，视需要冷藏、冷冻或加热。如果热食没有在 60℃，或冷食在 4℃ 以上的环境放置两小时（或在 32℃ 以上的热天放置 1 小时），就必须丢弃，因为这样的食物已不再安全。对于不熟悉的食品，要检查标签看看是否需要冷藏。

食物的期限	**贩卖期限（pull-by or sell-by date）**——贩卖期限是指产品的最后销售期限。标有贩卖期限的食品包括畜肉、蛋、牛奶、各种奶酪、纸盒装果汁及酸奶，这些食品如果以适当的方式在安全的时间内运输与储存（包括存放在家里），基本上在贩卖期限过后还是可以安全食用。以牛奶为例，如果在抵达你家前后一直是低温储藏，那么在贩卖期限之后的 2～3 天还是可以饮用；至于酸奶则是 2 天，蛋 3～5 周，奶酪数周。本章末的表格"为食品把关"，会告诉你各项食物若经妥善储存，贩卖期限之后还可再储存多久。

保鲜期或最佳品尝期（freshness or best-If-used-by date）——超高温杀菌牛奶、烘焙食品、包装麦片及一些预切并包装好的蔬菜等，都会标示"最佳品尝期"。过了这个期限之后，产品会变得不新鲜，质量走下坡，但也许还是安全可食。过了最佳品尝期的食物往往以折扣价格出售，有时你也会在美乃滋及果酱包装上看到"最佳购买期限"，这是生产厂家保证维持最佳质量的最后期限。不过一般市售的美乃滋与果酱只要尚未开封并存放在阴凉、干燥的橱柜里，就能保质数月甚至数年之久，因此只要储藏得当，在这期限之后仍然可以维持不错质量。请查阅"为食品把关"有关这类食品的建议居家储存期限。

保存期限或有效期限（expiration or used-by date）——美国联邦法律针对婴儿食品与配方奶粉都强制要求标示保存期限，这是指制造商建议的最后食用日期，在此之后，食物的风味或效用便可能变差。千万不要购买超过保存期限的婴儿配方奶粉或食品，而倘若你不确定在保存期限之前是否会用到（甚至可能超过期限也还用不到），更是别买。酵母菌与面团在过期之后效用可能会变差，让面包发不起来。

□ 避免交叉污染

包装好的畜肉、禽肉或鱼肉，若有汁液漏出，就不要购买，因为可能会污染其他食物。尤其如果被污染的是苹果、生菜或奶酪等直接食用的食物，安全更是堪忧。

若要购买熟的鱼肉或贝类，注意物品的陈列位置，是不是摆在生鱼旁边，有可能碰触生鱼或生鱼渗出的液体吗？或者人们拿起生鱼时会越过其上方吗？如果是，不要购买。

□ 观察保鲜日期

如果食物上没有标注日期，回家时可以将购买日期写在标签上，这能帮你节省日后绞尽脑汁回想购买日期的力气。若包装盒、包装纸或罐头上已经印有日期，要确定你知道标示日期的意义。但遗憾的是，不同品项的标示含义往往不尽相同。目前除了婴儿食品及配方奶粉，食品标示并未受美国联邦政府强制规定，各州的法规也不同，许多州几乎不要求标示日期。有些产品就算标示了日期，只要"合乎卫生"，就算过期也可继续售出。事实上，美国许多州还允许零售商更改在自己畜肉部门分切与包装的肉品日期，只要仍然合乎卫生就算合法。

□ 不要一次买太多

冷藏室与冷冻库若太过拥挤，保存效果便会较差。橱柜放置太多东西也容易让许多食品超过保存期限而必须丢弃，你也比较容易吃到不新鲜的食材。

▎选购新鲜蔬菜与水果

谈到选购未加工的蔬果，新鲜度虽不是最重要的因素，但相关性也很大。影响食物风味与营养质量的因素很多，这里主要关注的是食物的储存。新鲜农产品通常没有日期标签可做选购参考（除了一些预切或采用气调保鲜包装的蔬果，详见第13章"减氧或气调包装食品"）。你需要具备选购蔬果的常识，才不会挑到一开封就要过期的商品。当然，不必期望自己或商家具有专业水平，日常生活中免不了偶尔会碰到一些烂苹果。

一般来说，要避免购买有碰伤、褐色斑块、枯萎、发霉（一点霉都不行）、黏糊斑块、凹洞、穿孔、切口、干瘪、变皱、发黄或呈现其他不正常色彩的蔬果。累积一些经验之后，你会知道许多蔬果的理想特征，此外，新手也可以先参考以下根据美国农业部数据所汇整的选购诀窍，以免买到不良的蔬果。

□ 蔬菜类，这些需要避免购买

◆ 芦笋：尖端分枝开散、主茎纵沟明显或非常粗厚，这代表芦笋已经变老，质地可能太粗。也不要购买茎部已经变软、扁平的芦笋。

◆ 甜菜：顶端出现鳞状区块。选购时，要买表面平滑的小棵或中棵甜菜。

◆ 西蓝花：花球呈黄绿色（顶部泛紫无妨）、花蕾较大或已展开。选购时，以茎部细嫩、挺直没有分裂且花球紧实的为佳。

◆ 菜花：小花已开散或有黑斑、褐斑。

◆ 芹菜：茎部软化、裂开或纤维化。

◆ 黄瓜：黏糊、受伤或出现软质斑块。非常大的黄瓜有可能带有较多种子，肉质部分较少，所以不是越大越好。老黄瓜会变得又柴又干。

◆ 茄子：干瘪或有褐斑、碰伤。

◆ 蘑菇：蕈伞没有闭合在茎部，或如果蕈伞打开但呈现暗沉、变色，而非呈粉红或淡褐色。避免购买枯萎、受伤的蘑菇，而要以饱满、坚实、鲜奶油色的为佳。

◆ 洋葱：顶端出现粗厚、纤维化的中心，甚至已经长出绿色嫩芽。

◆ 椒类：外壁太薄（可切开或刺穿外皮来判断，或掂量起来过轻）。

◆ 马铃薯：发芽、干瘪、呈现绿色，或出现很多芽眼。

◆ 西红柿：出现裂缝、果蒂周围有深褐色裂缝、碰伤或外皮干瘪。西红柿若呈绿色或黄色，代表没有完全成熟。

◆ 芜菁：顶部周围有许多叶疤。老芜菁会变柴，有很多纤维，内部不再结实饱满。如果掂量起来较轻，通常是纤维化的征兆。

◆ 南瓜：没有留下至少3厘米的长茎。如果南瓜在收割时茎部完全被去掉，很容易从蒂头周围迅速腐烂。挑选时应以饱满厚重且没有裂缝的为佳。

□ 水果，这些需要避免购买

- ◆ 牛油果：暗色、不规则凹陷，或是表皮裂开、破损。大部分的成熟牛油果是绿色的，但有些品种成熟后会变成紫黑色、赤褐色或褐色，不过，整颗牛油果会是同样的颜色。

- ◆ 香蕉：带有一个以上的褐斑，除非你想用熟透（而非烂掉）的香蕉来做香蕉面包。带有一块淡色斑点的香蕉通常代表刚好可食，如果放置在较暖的环境下，可能不到 1 天就会过熟。

- ◆ 樱桃：干瘪、枝梗干枯或看起来没有光泽。

- ◆ 哈密瓜：外皮底色过黄且带有软质或大面积的碰伤。成熟的哈密瓜具有硬实的外皮，且外皮底色是黄色（我从书上得知，带茎的哈密瓜表示采收时哈密瓜是未成熟的，因此不容易从瓜藤摘下。但我从来没有在瓜园之外真正见过带茎的哈密瓜），不要购买蒂头附近发霉的哈密瓜。

- ◆ 葡萄：茎变得枯黄而脆弱。

- ◆ 洋香瓜：呈死白或青白色，表示未成熟。洋香瓜成熟后应该会呈现介于黄白色到奶油色之间的色泽。

- ◆ 柠檬、青柠、橙子、西柚：掂量起来较轻的，以及有粗糙、硬化，或是外皮干瘪、暗沉、有软质斑块。多汁的柑橘类水果拿在手中会有重量。要注意，橙子表皮泛绿不一定代表尚未成熟。

- ◆ 油桃：硬实、暗沉或干瘪。

- ◆ 梨：靠近茎部的果肉虚软。

- ◆ 菠萝：当菠萝眼流出汁液，或发出难闻气味，通常是过熟的迹象。不够熟的菠萝带有一种黯淡的黄绿色，香气不明显，而且菠萝眼（pip）色泽暗沉、距离紧密。成熟的菠萝带有菠萝特有的香气，手拿起来沉重而结实。有关成熟菠萝的颜色，详见以下有关在家里催熟水果的讨论。

　　就某些水果而言，有些现象是无关紧要的，而且了解这点跟了解上述事项一样重要。以苹果来说，你不用太在意日晒焦痕（苹果皮上粗糙的褐色斑块不是碰伤造成的）。以西柚来说，你也不必在意有无碰伤造成的疤痕或斑块。佛罗里达州或得克萨斯州的橙子若出现棕褐色、咖啡色或黑色斑点是没有问题的。这些都不代表水果的果肉不佳，有些最好吃的薄皮品种反而是这种长相。

□ 在家催熟水果

想要确保水果在想吃的时候刚好成熟，而非提早成熟，有一个办法就是在水果未成熟前购买，再放在家中等待成熟。但并不是每一种水果都可以这样处理，有些水果是无法在室温下催熟的，例如各种浆果、柑橘、葡萄、椰枣、醋栗、无花果、石榴及西瓜。可以在家催熟的水果如下所列。一般而言，尚未完全成熟的水果通常比已经可食用的水果来得硬，颜色也较青绿或苍白（或其他未成熟的颜色）。大部分的水果只要成熟了就应该放进冰箱，但香蕉不能放冰箱，西红柿也尽量不要，详见下文。

◆ 杏子：在室温下熟成。

◆ 牛油果：硬的牛油果在室温下放置于台面上，3～5 天后成熟。

◆ 香蕉：较佳的熟成温度为 16～21℃，避免阳光直射，以免造成成熟度不均的问题。香蕉在较高温度下，熟成速度非常快，如果你把尚未成熟的香蕉放在 13℃以下超过 2 小时，这些香蕉成熟后绝对不会很美味，因此未成熟的香蕉绝不可冷藏。但是，已经熟成的香蕉还是可以放在冰箱里，以防过熟，虽然外皮可能会变深褐色，但依然可以食用。不过要注意的是，香蕉在冰箱里会散发强烈的气味，很容易沾染其他食物。

◆ 哈密瓜与其他甜瓜：硬的、尚未成熟的甜瓜在室温下 2～4 天熟成。

◆ 猕猴桃：硬的猕猴桃在室温下约数日便会熟成，熟的时候摸起来软软的，但不会烂烂的。

◆ 油桃：颜色明亮的硬油桃在室温下通常 2～3 天内会熟成。

◆ 桃子：颜色明亮的桃子在室温下通常 1～3 天内会熟成，有时还可能在一夜之间熟成。

◆ 梨：硬的梨子在室温下数日之内便会熟成。

在袋中催熟　你可以在家中催熟水果，方法是把水果放在袋子里或有盖的碗里，然后摆在台面上。原理是袋子（或碗）能封住水果释放出来的乙烯气体，借此加速熟成。用纸袋比塑料袋好，因为塑料袋会封住较多水分，可能导致发霉（打洞的塑料袋可以防止发霉，但又可能让太多乙烯散失）。适合装在袋中催熟的水果包括猕猴桃、桃子、油桃、杏子、香蕉、西红柿、李子、梨、牛油果及苹果。如果袋中同时放入 1 根香蕉或 1 个苹果，能进一步加速袋中其他水果熟成。

◆ 柿子：生柿子放在室温下，大约 1 周会熟成。我也读过把柿子包在铝箔纸内放进冷冻库，隔夜便会熟成，但我从来没试过。

◆ 菠萝：尚未成熟的菠萝（深绿色、饱满、硬实、沉重）在室温下数日会变成橘色、黄色或红褐色，同时也会变得较软、不酸，但并不会变得更甜。

◆ 西红柿：放置在避开阳光直射的温暖处，例如台面上、稍做遮掩的露台桌上，或夏天时放在后阳台上。西红柿若经冷藏便不会熟成，即使在完全成熟后放进冷藏室，也会导致粉粉的口感。因此除非西红柿即将过熟或腐烂，否则最好不要放进冰箱。这是个两害相权取其轻的选择。一个可能的解决办法，是把完全成熟的西红柿放在冰箱门的层架上，因为该区域的温度较高。你甚至可以把西红柿放进冰箱门上放置奶油的隔层，此处温度通常也较高（通常超过 10℃）。

新鲜农产品的产季

　　另一种确保新鲜农产品能长久保存的方法，是了解哪些产品属于当季农产品，不管是在产季前期还是后期购买，也不管所买的是已经储存了一段时间或是当天才从农场直送。由于市场上贩卖的农产品可能来自全国各地甚至世界各地,消费者几乎可以在一整年的任何时候买到新鲜的农产品。

　　即使是终年收成的本土农产品，也有其尖峰产季，此时产量供应充足、选择性多且价格低廉。想要选购到最好的农产品，就要找一家提供多种当地严选新鲜农产品的商家，并要充分了解住家所在地区的农场，知道他们种些什么、何时收成；也要找一家清楚这些讯息且能提供详细信息的食品行或生鲜超市。如此能帮你选出好的农产品。

□ 中国南方蔬菜水果供应季节

蔬菜

◆ 空心菜：3—12 月	◆ 西蓝花：1—4 月；10 月	◆ 芥菜：一年四季
◆ 卷心菜：8—4 月	◆ 龙须菜：4—10 月	◆ 莴苣：一年四季
◆ 花椰菜：8—3 月	◆ 韭菜：一年四季	◆ 山苏：一年四季

- 西红柿：1—4 月
- 玉米：一年四季
- 山药：9—4 月
- 青椒：10—5 月
- 彩椒：11—4 月
- 洋葱：1—3 月
- 茄子：1—3 月
- 毛豆：2—4 月；9—11月
- 香菇：一年四季
- 杏鲍菇：一年四季
- 秀珍菇：一年四季
- 苦瓜：6—3 月
- 山苦瓜：4—9 月
- 佛手瓜：9—4 月

- 南瓜：12—7 月
- 黄瓜：12—2 月
- 丝瓜：一年四季
- 马铃薯：1—2 月
- 番薯：3—9 月
- 番薯叶：一年四季
- 紫心番薯：一年四季
- 芋头：11—4 月
- 牛蒡：2—4 月
- 金针：5—10 月
- 黑木耳：一年四季
- 绿竹笋：4—10 月
- 孟宗笋：11—2 月
- 桂竹笋：4—5 月

- 箭竹笋：3—5 月
- 芦笋：2—6 月
- 胡萝卜：2—3 月
- 萝卜：11—12 月
- 莲子：6、9 月
- 莲藕：6、9 月
- 菱角：10 月
- 栗子：8—10 月
- 花生：7—8 月
- 生姜：5—10 月
- 蒜：2—3 月
- 红葱头：1—2 月
- 葱：一年四季
- 辣椒：一年四季

水果————————————————————————————

- 桶柑：1—4 月
- 茂谷柑：11—3 月
- 橘子：11—1 月
- 橙子：11—1 月
- 金枣：2—4 月
- 荔枝：5—7 月
- 玉荷包：5 月
- 龙眼：7—8 月
- 土芒果：3—4 月
- 金煌芒果：5—8 月
- 释迦：7—12 月
- 菠萝释迦：11—4 月
- 香蕉：一年四季

- 菠萝：6—8 月
- 高接梨：6—8 月
- 水梨：8—9 月
- 牛油果：7—10 月
- 洋香瓜：5—7 月
- 木瓜：8—12 月
- 西瓜：5—6 月
- 柿子：9—11 月
- 李子：3—8 月
- 蜜枣：12—2 月
- 蜜桃：6—8 月
- 阳桃：10—3 月
- 番石榴：一年四季

- 梅子：3—5 月
- 百香果：5—10 月
- 葡萄：5—2 月
- 火龙果：5—12 月
- 小西红柿：1—3 月
- 桑葚：4—6 月
- 草莓：1—3 月
- 枇杷：11—5 月
- 莲雾：1—7 月
- 甘蔗：10—5 月
- 文旦柚：8—10 月
- 柠檬：6—8 月

蛋

只选购 AA 级或 A 级，蛋壳干净、完好无裂纹、储放在冷藏环境下的蛋。要确定摸起来有相当凉的感觉。检查包装上的日期。

罐头、瓶装及包装食品

购买罐装或瓶装食品时，要确定容器外部形状完好，避免购买生锈、溢漏、严重变形、膨胀或盖子隆起的罐头。若罐头膨胀或盖子隆起，表示里面充满了因为细菌作用而产生的气体。避免购买罐头的接合处或边缘弯曲变形的罐头，因为这可能会造成接合处破损。不过如果只是轻微变形并不会造成接缝裂开或破漏，不需要太担心。

至于瓶装食品，则要确定盖子维持在密封状态，且瓶身没有缺损或破裂。包装食品（以盒子、箱子、袋子等包装）的内外都应维持在密封状态，且没有破洞。千万不要购买标签遗失、污损或撕毁的罐装、瓶装及包装食品。

新鲜畜肉与禽肉

新鲜畜肉与禽肉都有贩卖期限，千万不要买过期的肉品，并尽量选择距离贩卖期限最久的产品。

要学习判断什么样的畜肉与禽肉看起来、闻起来是新鲜的，但寻找到可靠诚实的零售商或肉贩才是最有保障的做法。

绝对不要购买任何没有彻底冷藏保存的畜肉或禽肉。把你的手指放在包装上，确定摸起来非常凉。包装有溢漏、破损也不要买，所有肉品都应该紧紧包好。

如果你是新手，一有机会就要多用眼睛与鼻子来观察新鲜肉品。新鲜生肉的气味与煮熟后的好味道不一样，但不会有强烈的腐臭味。如果生肉在冷藏室放置太久，可在丢弃之前先用鼻子闻一闻，借此了解开始变坏的肉是什么气味。最高境界，就是连最微弱的腐败气味都能辨识出来。

变色有可能是畜肉和禽肉不新鲜的迹象，却未必是可靠的标准。有的肉品颜色就算看起来很正常，却可能已经变质；而有时牛肉表面呈现不大美观的暗紫色，也未必代表不新鲜。

选购禽肉时，避免购买干、硬、变紫、外皮破损或带毛的肉。要找湿润、光滑、外皮完整的。冷冻禽肉若出现褐块或冻伤也不宜购买，这可能是储存不当或过久的迹象。切好的禽肉比整只更快变坏，火鸡肉又比鸡肉更容易变坏。新鲜的香肠以及切好的肉、绞肉，也比完整的肉更容易变坏。

▌新鲜鱼肉与贝类

传统的买鱼规则是，"别在周一买"。而在现代人多于周末采买的时代，你可能还要加上"也别在周日买"，因为这两天菜市场可能不会有新的鱼货供应。

新鲜的鱼没有腥味或令人不悦的强烈气味，摸起来是湿润的，边缘也没有变干或变色。鱼眼看起来应该有光泽且凸起，不混浊也不凹陷。鱼鳃应该是粉红色或红色，肉质要有弹性且结实；鳞片也要有光泽且牢牢附着在外皮上，摸起来不会黏糊糊的。新鲜的鱼在冷水中会浮起。

凡是带壳海鲜如龙虾、螃蟹、蛤蜊、贻贝、牡蛎等，都应买活的。活的蛤蜊、贻贝及牡蛎，如果外壳原本是打开的，会在碰触时紧闭，活螃蟹与龙虾也应该会维持活动状态。

如果鱼肉已经包装好并打上贩卖日期，请确保没有过期。

如同购买畜肉与禽肉，最保险的方法还是找个可靠诚实的商家。好的鱼贩会帮你把鱼包在冰块里，确保你在大热天里买回家是安全无虞的。天气热时不要把鱼肉放在后车厢，要放在乘客区，开空调，且最好摆在冰块上。如果你的鱼贩没有把鱼包覆在冰块里，记得上市场时要带一个冰桶。

为食品把关

经授权摘录自《为食品把关：食品质量及安全处理的消费者指南》（*Food Keeper: A Consumer Guide to Food Quality and Safe Handling*）（制订者：华盛顿食品营销协会及康乃尔大学食品科学研究所合作推广部）

食品储存原则——下表所列的食品储存期限可供参考，但并非严格不可变更的规定。有些食品腐败得较快，有些食品则可能比建议的还耐放，其储存期限会依栽种条件、收成方式、制造程序、运输配送条件、食物特质及储存温度而有出入。请记住要适量采购，并定期轮替储藏室、冷藏室及冷冻库里的食品。

冷藏食品 *	冷藏	冷冻
水果饮料		
盒装果汁、果汁汽水、潘趣酒	未开封 3 周；开封后 7 ~ 10 天	8 ~ 12 个月
调味酱		
冷藏青酱、莎莎酱	依有效期限；开封后 3 天	1 ~ 2 个月
以酸奶油为基底的蘸酱	2 周	不宜冷冻
乳制品		
奶油	1 ~ 3 个月	6 ~ 9 个月
白脱牛奶	7 ~ 14 天	3 个月
硬奶酪（如切达、瑞士奶酪）	未拆封 6 个月；拆封后 3 ~ 4 周	6 个月
软奶酪（如布里、贝尔佩斯奶酪）	1 周	6 个月
卡特基、瑞可达奶酪	1 周	不宜冷冻
奶油奶酪	2 周	不宜冷冻
发泡鲜奶油		
超高温杀菌发泡鲜奶油	1 个月	勿冷冻
含糖发泡鲜奶油	1 天	1 ~ 2 个月
喷雾罐装纯正发泡鲜奶油	3 ~ 4 周	勿冷冻
喷雾罐装植物性发泡鲜奶油	3 个月	勿冷冻
半乳鲜奶油	3 ~ 4 天	4 个月
蛋替代品（液体）		
未开封	10 天	勿冷冻
开封后	3 天	勿冷冻
市售蛋酒	3 ~ 5 天	6 个月
蛋（带壳）	3 ~ 5 周	勿冷冻
生蛋白	2 ~ 4 天	12 个月
生蛋黄	2 ~ 4 天	不宜冷冻
全熟蛋	1 周	不宜冷冻

冷藏食品 *	冷藏	冷冻
人造奶油／植物性奶油	4～5 个月	12 个月
牛奶	7 天	3 个月
布丁	依有效期限；开封后 2 天	勿冷冻
酸奶油	7～21 天	不宜冷冻
酸奶	7～14 天	1～2 个月
熟食		
主菜（冷食或热食）	3～4 天	2～3 个月
店家切好的午餐肉	3～5 天	1～2 个月
沙拉	3～5 天	勿冷冻
面团		
长条罐装饼干、面包卷或比萨面团	依有效期限	勿冷冻
现成派皮	依有效期限	2 个月
甜饼干面团	依有效期限	2 个月
鱼类		
低脂鱼（鳕鱼、黑线鳕、比目鱼等）	1～2 天	6 个月
高脂鱼（竹荚鱼、鲭鱼、鲑鱼等）	1～2 天	2～3 个月
鱼子酱（新鲜，未杀菌）	未开封 6 个月；开封后 2 天	勿冷冻
鱼子酱（真空包装，杀菌过）	未开封 1 年；开封后 2 天	勿冷冻
熟鱼	3～4 天	4～6 个月
烟熏鱼	14 天，或依真空包装上的有效期限	真空包装可放 2 个月
贝类		
虾、扇贝、淡水虾、乌贼、蛤蜊、贻贝及牡蛎	1～2 天	3～6 个月
活的蛤蜊、贻贝、螃蟹、龙虾及牡蛎	2～3 天	2～3 个月
熟贝类	3～4 天	3 个月
新鲜肉品		
牛肉、羊肉、猪肉、肉排	3～5 天	4～12 个月
大块肉		
绞肉	1～2 天	3～4 个月

冷藏食品 *	冷藏	冷冻
杂碎（内脏、舌头等）	1~2 天	3~4 个月
熟肉（在家烹调后）	3~4 天	2~3 个月
烟熏或加工肉品		
培根	7 天	1 个月
盐腌牛肉	5~7 天	1 个月
火腿		
罐装，标注"冷藏保存"	6~9 个月	开罐后以其他容器盛装
整只，全熟	7 天	1~2 个月
切片或切半，全熟	3~4 天	1~2 个月
食用前烹调	7 天	1~2 个月
热狗		
未拆封	2 周	1~2 个月
拆封后	1 周	1~2 个月
午餐肉		
未开封	2 周	1~2 个月
开封后	3~5 天	1~2 个月
香肠		
生肉馅	1~2 天	1~2 个月
烟熏香肠串、香肠片	7 天	1~2 个月
干硬香肠片（如意大利辣味香肠）	2~3 周	1~2 个月
新鲜面条	1~2 天，或依有效期限	2 个月
新鲜禽肉		
全鸡或全火鸡	1~2 天	12 个月
切块鸡肉或火鸡肉	1~2 天	9 个月
全鸭或全鹅	1~2 天	6 个月
杂碎	1~2 天	3~4 个月
煮熟或加工禽肉		
鸡块、鸡肉派	1~2 天	1~3 个月
禽肉料理	3~4 天	4~6 个月

冷藏食品＊	冷藏	冷冻
炸鸡	3～4 天	4 个月
鸡或火鸡绞肉	1～2 天	3～4 个月
午餐肉		
未开封	2 周	1～2 个月
开封后	3～5 天	1～2 个月
浸在高汤或肉汁里的肉块	1～2 天	6 个月
烤鸡	3～4 天	4 个月

＊储存期限从购买日算起，除非表中有特别指明。食品若处于冷冻状态，过了期限也无大碍。

烘焙食品＊	室温	冷藏	冷冻
市售面包	2～4 天	7～14 天	3 个月
饼皮（如玉米饼、口袋饼皮）	2～4 天	4～7 天	4 个月
蛋糕			
天使蛋糕＊＊	1～2 天	7 天	2 个月
戚风蛋糕	1～2 天	7 天	2 个月
巧克力蛋糕	1～2 天	7 天	2 个月
水果蛋糕	1 个月	6 个月	12 个月
以预拌粉制成的			
蛋糕	3～4 天	7 天	4 个月
磅蛋糕	3～4 天	7 天	6 个月
奶酪蛋糕	不可	7 天	2～3 个月
甜饼干（市售或自制）	2～3 周	2 个月	8～12 个月
奶油牛角面包	1 天	7 天	2 个月
甜甜圈			
糖霜或蛋糕甜甜圈	1～2 天	7 天	1 个月
夹奶油馅	不可	3～4 天	不可
闪电泡芙（夹奶油馅）	不可	3～4 天	不可
松糕	1～2 天	7 天	2 个月
丹麦酥	1～2 天	7 天	2 个月

烘焙食品*	室温	冷藏	冷冻
派			
奶油派	不可	3～4 天	不可
威风派	不可	1～2 天	不可
水果派	1～2 天	7 天	8 个月
绞肉派	1～2 天	7 天	8 个月
胡桃派	2 小时	3～4 天	1～2 个月
南瓜派	2 小时	3～4 天	1～2 个月
法式咸派	2 小时	3～4 天	2 个月
面包卷			
发酵、烘焙	3～4 天	7 天	2 个月
发酵、部分烘焙	依有效期限	7 天	
夹肉馅或蔬菜馅	2 小时	3～4 天	

* 含有肉馅、蔬菜馅、奶油奶酪、发泡鲜奶油或蛋的烘焙食品，都必须冷藏保存，不含上述材料的面包类食品可在室温下存放，但最后还是会发霉，危及食用安全。

** 所有含奶油奶酪、奶油霜、发泡鲜奶油或蛋的蛋糕都必须冷藏保存。

冷冻食品	冷冻	解冻后冷藏
贝果	2 个月	1～2 周
市售面团	依有效期限	开封后 4～7 天
墨西哥卷饼、三明治	2 个月	3～4 天
蛋替代品	12 个月	依有效期限
鱼类		
裹上面包粉	3 个月	不可解冻，直接烹调
生鱼	6 个月	1～2 天
水果（如莓果、甜瓜）	4～6 个月	4～5 天
牛油果酱	3～4 个月	3～4 天
冰激凌	2～4 个月	不适用
浓缩果汁	6～12 个月	7～10 天
龙虾尾	3 个月	2 天
煎饼、松饼	2 个月	3～4 天

冷冻食品	冷冻	解冻后冷藏
香肠		
生香肠	1～2个月	1～2天
熟香肠	1～2个月	7天
雪酪、冰沙	2～4个月	不适用
虾、贝类	12个月	1～2天
发泡鲜奶油	6个月	2周
快餐（早餐、晚餐）	3个月	不可解冻，直接烹调
蔬菜	8个月	3～4天

生鲜农产品	置于室温下	冷藏	冷冻
水果★			
苹果	1～2天	3周	8个月（经烹调）
杏桃	直到成熟	2～3天	不可
牛油果	直到成熟	2～3天	不可
香蕉	直到成熟	2天（外皮会发黑）	1个月（整条去皮）
莓果、樱桃	不可	1～2天	4个月
柑橘类	10天	1～2周	不可
新鲜椰子	1周	2～3周	6个月（切丝）
葡萄	1天	1周	1个月（整颗带皮）
猕猴桃	直到成熟	3～4天	不可
甜瓜	1～2天	3～4天	1个月（挖成球状）
木瓜、芒果	3～5天	1周	不可
水蜜桃、油桃	直到成熟	3～4天	2个月（切片，以柠檬汁及糖浸渍）
梨、李子	3～5天	3～4天	不可

★水果在未成熟前可在室温下安全存放，但成熟以后就会发霉并迅速腐败。为了保持最佳品质，成熟水果应冷藏保存，或在处理后冷冻保存。

生鲜农产品	置于室温下	冷藏	冷冻
蔬菜★★			
朝鲜蓟（整株）	1～2天	1～2周	不可

生鲜农产品	置于室温下	冷藏	冷冻
芦笋	不可	3～4 天	8 个月
四季豆	不可	3～4 天	8 个月
甜菜	1 天	7～10 天	6～8 个月
甘蓝菜	不可	1～2 周	10～12 个月
胡萝卜、防风根	不可	2 周	10～12 个月
芹菜	不可	1～2 周	10～12 个月
黄瓜	不可	4～5 天	不可
茄子	1 天	3～4 天	6～8 个月
蒜头、姜	2 周	2～3 周	1 个月
叶菜类	不可	1～2 天	10～12 个月
新鲜香草	不可	7～10 天	1～2 个月
韭葱	不可	1～2 周	10～12 个月
圆生菜	不可	1～2 周	不可
红叶或绿叶莴笋	不可	3～7 天	不可
菇蕈	不可	2～3 天	10～12 个月
秋葵	不可	2～3 天	10～12 个月
洋葱	2～3 周	2 个月	10～12 个月
青葱	不可	1～2 周	
甜椒或辣椒	不可	4～5 天	6～8 个月
马铃薯	1～2 个月	1～2 周	10～12 个月 （煮熟并压成泥）
芜菁甘蓝	1 周	2 周	8～10 个月
菠菜	不可	1～2 天	10～12 个月
夏南瓜	不可	4～5 天	10～12 个月
冬南瓜	1 周	2 周	
芜菁／大头菜	不可	2 周	8～10 个月
西红柿	直到成熟	2～3 天	2 个月

＊＊有些外形紧实的生鲜蔬菜如马铃薯或洋葱，可以在凉爽的室温下安全保存，其他蔬菜则需冷藏保存，以保持最佳质量并防止腐败。所有蔬菜经过烹煮之后，都必须在 2 小时内冷藏或冷冻保存。

CHAPTER
11
用冰箱营造舒适生活

拜冰箱之赐，我们整年都能吃到新鲜的食物。冰箱取代了炉灶，成为一个家庭舒适用餐的象征。过去女人搅拌着热腾腾的汤锅、脸颊在炉火映照下发亮的画面，现在已被脸颊在冰箱灯光照亮下翻找食物的景象所取代。火与炉灶之美，诞生了许多如画的诗句，但很少有诗人会赋诗礼赞笨拙又不优雅的冰箱。事实上，把某人或某事比拟为家居味十足的冰箱，反倒成了用来贬损人的常见笑话。尽管冰箱在美学上实在不登大雅之堂，但与食物之间的关系非常密切，同时冰箱带给我们的慰藉，比起过去噼啪作响的炉火可谓有过之而无不及。人们若打开一台有故障的冰箱，发现里面一片漆黑，一点也不冰凉，那种空虚的感觉，直逼过去发现炉火已熄灭冷却的感觉。

尽管冰箱在物质与精神层面对我们十分重要，但大多数人恐怕都尚未充分利用，甚至误用了这台了不起的机器。居家食物储存专家也希望我们更依赖冰箱，同时也更谨慎地使用冰箱。

▌冷藏与冷冻温度

□ 一般原则

为了确保食物的安全并维持新鲜，你必须让冰箱保持低温。美国农业部建议冰箱的冷藏室维持在4℃，冷冻库则维持在−18℃。也有食品储存专家认为，冷藏室温度最好保持在0℃以上、4℃以下，例如1~3℃。实际上，许多冷藏食品的理想储藏温度，是尽可能接近0℃而不冻结。但根据《食品法典》（*Food Code*）[①]，研究显示，一般家用冰箱往往温度过高，多介于5~10℃，更有1/4的家用冰箱温度超过7℃、1/10超过10℃！

确认冰箱温度是否落在安全范围内是一件重要而困难的事，因此你必须准备一支冰箱冷藏室用温度计，以及一支冷冻库用温度计。你可以在家电卖场或居家用品店买到可测温度范围在−16~31℃之间的"冷藏室与冷冻库温度计"，这种温度计能让你立即测知冰箱温度，并协助你选择理想的温控设定。如果你没有温度计，但发现牛奶或剩菜结冰了，便可以判定冰箱温度太低；如果牛奶太快变酸或里面的东西不太冷，则表示温度过高。

[①] 美国公共卫生署（U.S. Public Health Service）于1999年所制订的一套食品规范，但不具法律效力。

冷藏室与冷冻库温度计

经常打开冰箱会使温度升高，所以非必须不要打开冰箱。当天气炎热潮湿时，冰箱的温度可能跟着升高，而食物过于拥挤也会干扰空气的自由流通，使冰箱温度变高，且食物越多温度越高。除了这些因素，冰箱内部也可能温度不均，但这取决于冰箱类型及设计方式。

无霜与自动除霜的冰箱，通常温度比较均匀，但是因为热气会上升，所以多数冰箱仍是最底部的温度最低。人们常认为储放畜肉的抽屉是冷藏室最冷之处，其实不然。以手动除霜的冰箱而言，储肉盘是在冷冻库正下方，而这里确实是冰箱最冰凉的位置（如果觉得怀疑，可用温度计确认）。你的冰箱底部也未必会比其他区域冷多少，因为现在许多冰箱都配有风扇，能让空气流通，使温度更均匀。以我的冰箱为例，底部与顶部的温差只有 0.1℃。

不管你的冰箱哪个区域最冷，鱼、新鲜畜肉、禽肉、牛奶等新鲜乳制品，以及其他需要低温储藏的食物，一定是放在层架最后方（记住，鱼比肉更容易腐坏，应该始终保持在冰凉温度下）。理想情况下，所有食物都应储存在略高于 0℃ 的温度下，不要冻结。但如果你的冰箱无法维持在这样的低温，也不用担心，只要温度维持在 4℃ 以下，食物大多能保存良好。大多数的剩菜也应保存在 4℃ 以下。

冰箱的门架可能是温度波动较大的区域，因为接触外面的机会最多，深度也最浅；门架上存放奶油的小隔间，则可能是其中最高的地方。倘若经过一整夜，在没有人开冰箱门的情况下，门架温度就可能与冰箱其他区域差不多，但到了白天因为人们经常开关冰箱，门架温度便会有较大波动。此外，所有层架的前缘，就跟门架一样，很可能是温度最高的地方，而在冰箱频繁使用的情况下，温度波动也比层架后方大。基于这个原因，不要将蛋、冷藏糕点、面包、酥皮点心或饼干面团放在冰箱门架上，而要放在层架后方。奶油也不应放在门架或小隔间内，因为奶油需要较低的储存温度（见第 178 及 188 页）。可以安全存放在门架上的食物（在适当的储存期限之内，详见 166～172 页"为食品把关"），包括已开罐的腌瓜、加醋佐料、枫糖浆、果酱、蜜饯、西红柿酱、芥末酱、辣根酱，装在密封玻璃罐里的研磨咖啡粉（参阅第 93 页），以及汽水、啤酒、葡萄酒与油。

冷冻库应维持在 −18℃ 甚至更低一点，但请记住，这会让食物解冻速度变慢。如果你的冷冻库无法达到这个温度，就不能信任你的冷冻食品在建议的期限内是新鲜安全的（参见 166~172 页"为食品把关"中有关食物储存期限的建议）；食品在这种冷冻库里只能储存短短几天时间。如果你的冷冻库能稳定维持在 −18℃或更低，你便可以信任食物在建议期限内是安全的。请务必标示食物放入冰箱的日期，如此才知道已经储存了多久。

请使用温度计来测试冷冻库里各个区域的温度，如果某些区域较冷，新置入的食物便可放在这个区域，以便尽快降温，等冻结之后再移往他区。

□ 冷藏室的湿度

冷藏室里湿度最高的区域可能是蔬果室，因为当蔬果室关上时，会留住食物蒸散出的水分。如果你的冰箱机型设有湿度控制杆，可能是透过气孔的开合来调节湿度，如果处于完全关闭的状态下代表能维持最高湿度。不幸的是，这些抽屉其实不会造成太大差别。我曾经用湿度计（见下册第1章《室内通风》）实际测量，发现整个冷藏室的湿度远低于理想值，且会因气候与储存的东西而异。通常层架的相对湿度是 40%~50%，生鲜抽屉则是 40%~85% 不等。我打电话询问制造商，他们告诉我冰箱的湿度低是正常现象，甚至生鲜抽屉的湿度通常也不高。此外，还有许多冷藏室的湿度比我的更低，因为机器会将冷冻库的空气重新循环到冷藏室里，而冷冻库的寒冷空气是非常干燥的。

因此，你的冷藏室里的空气很可能相当干燥，除非你不小心（而且是暂时地）把一碗没有盖紧的热汤放进去，产生了一些蒸汽。如果你不想让气味或蒸汽凝结在冰箱里，记得将温热的液体盖紧。冰箱里流动的干燥空气有助于抑制霉菌生长，但也可能让食物变干、变皱、变硬，或将未密封的食物气味散布四处。

▌哪些食物应存放在冷藏室里？

当你选择用冰箱来存放食物，就只是你打算让食物外观或最佳风味维持多久的问题；但有时候，这却成了生死攸关的问题。一定要阅读标签！如果产品标签上写着冷藏，就要冷藏！如果上面写着，开封后冷藏，你最好照着做。根据下列清单，你会发现很多人习惯把食材放在厨房的架子上，但最好还是冷藏保存，例如全麦面粉、酱料与调味品、枫糖浆、某些香料、某些油类等。仔细检视下列清单，与自己目前的做法比较一下，看看是否要改变一些习惯。有些清单里所列的食物，在后文中会有更详细的探讨。

下列食品必须冷藏

◆ 新鲜牛奶与各种类型的鲜奶油；发泡鲜奶油、酸奶油及其替代品

◆ 奶油

◆ 所有奶酪：卡特基奶酪、农家奶酪，瑞可达奶酪、奶酪丝、奶油奶酪、加工奶酪及各种软硬奶酪（例外：填装在气雾罐里的加工奶酪应存放在室温下，否则喷雾会失效）

◆ 蛋与其他含蛋食物（甚至一个蛋黄或蛋白），例如卡士达、布丁，或是含有蛋、戚风内馅与淋酱的派，例如南瓜派与胡桃派

◆ 新鲜畜肉、禽肉、鱼肉、火腿、腌肉、香肠、午餐肉、法兰克福香肠等（例外：标签上指明开封后才需冷藏

的罐装火腿或肉品）。请注意，有些罐装火腿在未开封时就必须冷藏，一定要检查标签

◆ 各种剩菜：畜肉、鱼肉、禽肉、砂锅菜、蔬菜、水果沙拉、面食、米饭

◆ 豆腐（若已打开密封包装，要每天换水）

◆ 大多数生鲜农产品（例外情况请见第183~184页）

◆ 全麦面粉、小麦胚芽，要存放在防潮密封容器里（全谷制品含有油脂，若不冷藏会很快变质。天气炎热时，所有面粉都要冷藏）

◆ 培根碎粒与类似的蛋白质产品

◆ 干酵母

下列食品必须于开封后冷藏

◆ 超高温灭菌奶

◆ 罐装奶

◆ 婴儿食品与配方奶

◆ 各类罐头食品（冷藏前要从罐中取出，存放在玻璃或塑料容器里，盖紧或用保鲜膜包紧）

◆ 纯枫糖浆（但糖蜜、蜂蜜、玉米

糖浆、仿枫糖浆或其他煎饼糖浆或许不必冷藏）①

◆ 巧克力酱

◆ 果酱与果冻

◆ 棉花软糖霜

◆ 天然花生酱

◆ 水果干

① 请注意，只有"纯枫糖浆"才需冷藏储存，因为纯枫糖浆若不冷藏会发霉。然而基于相同原因，也有专家建议，所有种类的糖浆都应冷藏储存。

- ◆ 去壳或带壳的坚果与种子，以及罐装或其他方式包装的果仁
- ◆ 坚果与种子油，如花生油、核桃油、夏威夷豆油及芝麻油
- ◆ 美乃滋
- ◆ 罐头椰丝
- ◆ 糖霜
- ◆ 奶酪丝
- ◆ 橄榄
- ◆ 腌瓜
- ◆ 莎莎酱
- ◆ 佐料
- ◆ 甜椒粉、红辣椒、辣椒粉
- ◆ 辣酱油、酱油、烧烤酱等调味料

奶油如果没有储存在阴凉处，很快就会变质。事实上，如果你一直都把奶油存放在够凉的地方，你会发现你对奶油的哈喇味变得更敏感。为了确保新鲜，最好的策略是把大部分的奶油冷冻起来，只留下接下来几天要用的量，放在冰箱的层架。一定要把奶油包好或盖好，避免氧化变质。切勿将奶油放在室温下软化。如果你急着要用软奶油，可用微波炉加热几秒钟。

含有氢化油的花生酱可以不必存放在冰箱里，但不含氢化油的花生酱有油水分离的现象，油会浮到上层，若不冷藏便无法保持新鲜。氢化是将室温下为液态的植物油转化为固态油的过程，做法是利用人为的方式让不饱和脂肪"变饱和"。卫生单位通常会建议避免食用氢化或部分氢化的油脂，因此最好还是购买未经氢化且不加糖的花生酱，并存放在冰箱里。

最好的做法，是把所有开封后还要存放数周的烹调与凉拌用油，例如玉米油、菜籽油、橄榄油等加以冷藏。大多数食品储存专家（包括《为食品把关：食品质量及安全处理的消费者指南》手册作者）都认为这没有必要，但也有少数专家建议要把油冷藏起来，因为任何油脂只要暴露在较高温度下，很快就会变质。我的立场则还是认为要放入冰箱，因为过去我偶尔会闻到搁在架上的食用油出现哈喇味，但在放入冰箱后，便不再发生类似情形。请注意，橄榄油在冷藏时会变浓稠，但回到室温后很快就会再次液化。你可以把一些橄榄油倒入小瓶子里，以快速回温，或盖紧瓶盖冲温水回温。

研磨过的甜椒粉、红椒粉及辣椒粉一经开封便应冷藏，因为这些粉末很快就会发霉。其他香料可以存放在橱柜里，但冷藏有助延长所有香料的保存期，因为香料中的油脂与其他食用油一样，很容易受到温度、空气及光线的影响。如果你没有其他阴凉、干燥的地方可以存放食物，用冷藏室

储存香料是很合理的做法。新鲜与现磨的香料远优于干燥与磨好的香料。

低钠酱油必须在开封后立即冷藏。一般酱油打开后在室温下保存1个月内，可保有最佳风味，之后两个月内，你仍可以用来烹煮食物，但若是不经烹煮直接使用，味道就不够好了。未开封的酱油可以储存在凉爽、黑暗的橱柜里，期限约为2年。

咖啡在凉爽、干燥及黑暗的储存环境下，可以维持最久的保鲜状态。许多专家认为咖啡不应冷藏，然而，若要长期储存咖啡豆（长达数周）可以采取冷冻方式，但要使用气密的玻璃容器，以防止咖啡豆吸收冷冻室的气味（参见第92~93页有关咖啡的冷藏与冷冻储存）

一般认为醋不需冷藏，即使出现混油，仍然是好的。然而，我曾经有一两次发现酒醋里长霉，因此我现在也把醋冷藏。如果你发现醋里长霉，一定要全部倒掉。

▌安全及有效冷藏的一般准则

不要把冰箱塞到超出负荷，太拥挤的冰箱无法让食物保持够低的温度，要留下一些空间让冷空气可以循环，因为食物正是因此才得以冷却。

冰箱里的食物保存要井然有序，不仅看起来赏心悦目，同时也能让冰箱运作得更有效率、更安全。以先进先出的原则流通食物，新进的食物要放在旧的食物背后。另外，也要熟悉你平时所吃食物的冷藏及冷冻保存期限，扔掉那些已超过建议期限的食品。食物损坏或过期的征兆包括腐烂、褐化、发黏、变软、结块、出现异味或口感不佳（如果你怀疑食物已经开始变质，不要为了想确定而贸然试吃，有时只是尝尝也可能致命）。腐烂与发霉会在食物之间蔓延，因此要逐一检查袋子里的食物，挑出并丢弃那些发霉或坏掉的。一个烂苹果或马铃薯可能破坏一整袋的食物。

至于超市的食品包装，详见下文有关保鲜膜添加塑化剂 DEHA 的讨论。如果包在食物外的保鲜膜是安全的话：

◆ 奶酪应留在从超市买回来时的原包装中，要使用时再打开，然后以塑料袋或蜡纸重新包紧，以防止发霉。

◆ 瑞可达奶酪、卡特基奶酪及酸奶应留在原包装纸盒或塑料盒内，即使开封后也一样（不过，已经拿出来的奶酪，就不能再放回盒子或容器中）。

最近有些报道提到超市与民众用来包装食品的某些品牌的保鲜膜，会引发安全上的疑虑。其中一些保鲜膜含有邻苯二甲酸二（2-乙基己基）酯，或简称 DEHA 的塑化剂。DEHA 会渗入食物，尤其是高脂的奶酪与肉片冷盘，有些研究人员担心，这会是一种"内分泌干扰物"，危害人体健康。DEHA 从保鲜膜渗入食物的量到底对健康有无危害，目前仍不清楚，权威专家对这个问题也呈现正反两面的看法。在安全性尚待厘清，或主管机构禁止厂商生产含 DEHA 的保鲜膜之前，一些专家认为，比较明智的做法可能是拿掉所有来自超市的保鲜膜包装，包括用来包装畜肉、乳酪及冷盘等的保鲜膜。你在重新包装之前，可以用奶酪刀切除最外层的奶酪，或切掉、刮掉肉的外层，然后再安全的塑料袋或保鲜膜包好。那些在外包装上标有"聚乙烯"（PE）的塑料袋都属于绝对不含 DEHA 的产品。你也可以把食物放入保鲜容器并将盖子盖紧。跟肉贩买肉时，可请肉贩用纸包装；奶酪切片后，也可以先用纸包好，再放进塑料袋里。当你用保鲜膜包住装有食物的碗时，勿让保鲜膜碰到食物，同时也避免以微波炉加热保鲜膜包住的食物。

◆ 将所有马上要用到的畜肉、禽肉、鱼肉等留在原包装里，然后置于冰箱层架上冷藏。反复拆封与包装只会增加细菌进出包装盒的机会。[1]包装盒下方要放一个盘子，以接住滴下来的水，或你也可以改放在防漏的塑胶袋上。如果不够冷，可以把肉放在冰箱最底层，你不会想让漏出来带有细菌的液体污染到其他食物，特别是直接食用的食物。

牛奶或鲜奶油一旦从纸盒中倒出，便不能倒回去。把整壶牛奶放在冷藏室里盖好，或倒进干净、可以盖紧的塑料容器里。牛奶与奶制品只能盛装在盖紧的容器里。尽可能把食物储存在小型、扁平的容器里，而不是又深又大的容器。用两个以上的容器来分装食物，比统统放进一个大容器好，因为这样能让食物冷却得更快。买肉的时候，两小包也比一大包好，因为

---

[1] 这个建议只适用于消费者自助的市场形式，例如一般超市，而不适用于传统市场中鱼贩与肉贩包给你的商品。因为，超市里的商品可能被其他消费者碰过且打开，无数次开封造成更多食物污染的机会，但传统市场中买来的商品则是为了你而包装。因此，从鱼贩与肉贩买来的商品要拆开包装后再放入冰箱，或用蜡纸轻轻裹住，这有助于食品表面干燥，防止细菌滋生。若要放入冷冻库，则要拆掉原包装，重新以能耐受冷冻的材料包装。

较小的容器冷却速度较快。玻璃与塑料制的食物收纳容器在冰箱里非常好用，能避免食物沾染异味，也不会让金属或其他化学物质渗入食物。

为了避免冰箱发出异味，要按时清除冰箱里过期、腐烂、变质或发霉的食物，并遵循第 146～149 页的清洁指示。以下的食物通常是冰箱异味的来源，一定要仔细包好，或存放在密闭的塑料容器里：

◆ 气味强烈的奶酪

◆ 煮熟的甘蓝、西蓝花、球芽甘蓝、菜花，以及其他煮熟的甘蓝类蔬菜

◆ 煮熟或切开的洋葱、蒜头、细香葱，另也包含其他洋葱属或含这些食材的食物

◆ 新鲜罗勒

◆ 香蕉与含香蕉的食品

◆ 切开的甜瓜

◆ 煮熟的禽肉，如烤的或炖的鸡肉与火鸡肉

◆ 全熟蛋

无论容器的盖子盖得多紧，切碎的生洋葱与蒜头，气味似乎总是能散逸出来；但未去皮、还完整包覆在纸质般外皮内的蒜头与洋葱，只要还保持新鲜与硬度，就不会造成冰箱异味（要用网袋或干脆不装袋，以保持空气流通并防止腐烂）。洋葱与蒜头一旦久放、变软，问题就会出现；而变糊的洋葱会让冰箱充满一种不好的气味。

以下所列的一些食物，特别容易吸收冰箱的气味，因此也应该小心包好或存放在密闭容器：

◆ 牛奶

◆ 蛋

◆ 奶油与人造奶油

◆ 乳制品

我听说葡萄、芹菜也会吸收气味，但我自己从未遇到过这样的问题。

▍关于冷藏蔬果

一般来说，蔬果清洗过才放进冰箱，并不是个好做法，特别是一些柔软的食材，例如浆果与蘑菇，因为在清洗时免不了会碰伤，又无法完全干燥，因此很快就会腐烂及发霉。其他新鲜的农产品多少也有类似情况。此外，这些食物食用或是烹调之前，还是得再清洗一次，因此放入冰箱之前先洗过，并没有什么好处。

大多数蔬果储存在略高于 0℃ 的温度下保鲜效果最好（例外可见下文讨论）。一般来说，温度略高并不会造成伤害，但会缩短保存期限。要注意不要造成冻伤，因为蔬果一旦冻伤，风味或口感就会变差或很快腐烂。虽然蔬果通常只会在低于 0℃ 才会冻结，但最好不要冒这个险。

如果发现蔬果很快枯萎，外皮很快皱起或变软，可能是过于干燥。大多数水果喜欢湿度相对较高的储存环境，在 85%～90%，梨子与苹果甚至更高。大多数的蔬菜则最好保存在 85%～95% 的相对湿度之下，某些蔬菜，包括蒜头、洋葱与南瓜等，则偏好略低的湿度，例如 65%～75% 左右。冷藏室的空气通常远比蔬果所需的干燥许多，所以最好将生鲜农产品保存在蔬果室，以免因接触冷藏室里的循环空气而散失水分。

但是，即使把蔬果放在蔬果室里，大多仍需装在袋子里或其他容器里，以确保不会萎缩、干枯。有孔的塑料袋最好用，能够保住蔬果的水分又让空气流通，并避免水分凝结在袋子里，延缓腐烂或发霉。或者你也可以使用盖子较松的塑料容器或一般塑料袋，把袋口打开或戳几个洞，只要确保有一些空气流通即可。

不必装袋的蔬果包括：橙子、柠檬、西柚及其他柑橘类水果；冬南瓜、黄瓜、茄子及其他外皮较厚的瓜类；以及带皮的洋葱、红葱头、蒜头等（你可以把这些纸质般外皮的食材放在网袋里，大蒜、大葱、青葱等则应存放在有孔的塑料袋里）。胡萝卜、甜菜、小萝卜及芜菁，在装袋冷藏之前要先拔除顶端绿叶，如此可以保存较久（顶部的叶子可能让水分流失，导致蔬菜枯萎，大约留 3 厘米左右的茎部，以免损伤可食的部位）。有位食物储存专家建议，可以把菇蕈储放在无盖的纸箱或盒子里（买来时的包装纸箱即可），上面铺放浸湿的纸巾，以防止干枯。无花果应存放在无孔洞的塑料袋里。

无论存放的是哪一种新鲜蔬果，不同类型的蔬果要存放在个别的容器中，与其他蔬果分开；例如放苹果的袋子只放苹果，装胡萝卜的袋子只有胡萝卜。这是必要的，因为不同种类的蔬果会释放出不同气体，可能导致其他蔬果腐坏。以下蔬果若混在一起摆放会有不良影响，应分开保存：

◆ 胡萝卜与苹果分开，因为苹果排放的气体会让胡萝卜有苦味。

◆ 马铃薯与苹果分开，因为苹果排出的气体会让马铃薯发芽，马铃薯也会让苹果发霉或腐烂。

◆ 洋葱与马铃薯分开，两者排出的气体会缩短彼此的储藏寿命。

◆ 绿叶蔬菜要与茄子及西红柿分开，因为茄子与西红柿会让绿叶蔬菜更快腐烂。

▌冰箱以外的低温储存地点

大多数的新鲜农产品放在冰箱中可以保存最久（但并非全都如此）。不过，有时候这也完全只是根据个人的主观判断：有些食物放在低温的储藏空间比放在冰箱里好，但放在冰箱又比放在室温下好。如果你拥有能让温度略高于冷藏室的附属冷却装置，就可以用来储存本节所谈到的食物。酒窖也可以作为类似用途。地窖、储藏室、阁楼、天井、门廊或车库，在冬季时或许能提供良好的储存条件，只要能确保湿度够，且食物不会结冻。

以下所列食物，最好不要放进冷藏室

◆ 需要催熟的水果，不应该冷藏。

◆ 香蕉不该冷藏，因为在冰箱放了几天后就会变黑，且容易让其他食物沾上异味。不过香蕉去皮后可冰在冷冻室里。

◆ 西柚可以储存在冰箱以外凉爽、干燥之处，或冷藏室里温度最高的区域，储藏温度以10℃左右最好，其他柑橘类水果则最好存放在冷藏室。

◆ 如果你的冷藏室很凉，低于1℃，最好不要把马铃薯放进去。因为一旦低于这个温度，马铃薯的淀粉就会转变成糖，然后开始发芽。储存马铃薯的最佳地点是凉爽、阴暗、潮湿的地方，温度大约4℃，相对湿度则在90%左右。马铃薯如果储存在有光的地方，会变绿、变苦（如果发生这种状况，切下绿色部分，剩余的部分还是可用的）。如果你没有冰箱以外的凉爽储藏空间，最好把马铃薯放在有孔的塑料袋内，储存于冷藏室温度最高的区域。通常冰箱门上的层架就可以容纳许多马铃薯。但只要发霉，就应该立刻丢弃（购买时也要仔细检查，注意是否已经发霉，因为我经常在附近市场发现发霉的马铃薯）。

◆ 番薯的理想储存条件为：温度 9～16℃，相对湿度 80%～90%。如果你有冰箱之外的凉爽空间，那是最好不过；但如果没有，最好还是放进冰箱冷藏室。

◆ 西红柿若已经熟透，最好保存在温度 9～16℃且湿度非常高的环境下（这样的温度也能防止未成熟的西红柿变熟），因为西红柿在较低温度下通常会变得又干又软。如果你家冰箱以外没有较凉爽处，而你又还用不到很熟的西红柿，最好把西红柿放在冰箱门上，或是放置在放奶油的隔间里，不要任其腐烂。

◆ 干辣椒应该吊挂在凉爽、干燥并通风的地方，如此可存放大约 1 年。

◆ 甜椒在温度 4～9℃与相对湿度 90%～95% 下保存得最好，且要装入有洞的塑料袋，放在冰箱门架上。这会比放在温度较高、过度干燥的层架上维持得更久。

◆ 在一般城市的公寓里，南瓜与冬南瓜无法存放很久，其理想储存温度为 9～16℃，相对湿度为 70%～75%。南瓜在室温下腐坏得比较快，因此如果够小，就尽量放在冰箱冷藏室里（记住，要避免碰伤、切割或刺穿，因为南瓜外皮若有任何破损，会腐烂得更快）。冬南瓜也可存放于冷藏室里。

◆ 有些人建议将洋葱与蒜头储存在冰箱外的阴凉处，湿度维持在 68%～75% 左右。但我发现放在冷藏室比放在室温下更好，因为洋葱与蒜头在室温之下很快就会发芽、变软并腐烂。

▍ 关于蛋的冷藏与冷冻

不要指望蛋买来以后能放个三五周。一般在家中并不需要洗蛋，因为这样做反而会洗掉蛋壳上的自然保护层。将蛋留在原本的盒子里，放在冷藏室最冷的层架后方，不要放在冰箱门架上，并将包装盒保持密闭，以保护蛋不会沾染异味，或因为接触循环空气而散失水分。如果你在搬运过程中不小心让蛋壳裂开了，还是能挽救的。你可以把蛋打开放进干净容器，紧紧盖好盒盖后并冷藏，但是要在两天内食用。有时食谱上只取用蛋黄或蛋白，因此你也可以利用同样方法保存用剩的蛋白或蛋黄，而蛋黄还可泡在少许冷水中，以防干掉。

你可以冷冻保存蛋白与蛋黄已经打散的全蛋，也可以单独冷冻蛋白，但如果要单独冷冻蛋黄，方法是将 4 个蛋黄与少许食盐及 1/2 汤匙的糖或玉米糖浆混合。用这种方式储存，可以维持长达 6 个月。如果不小心将带壳的蛋冷冻了，就让带壳蛋维持在冻结状态，等到需要用到的时候再放到冷藏室解冻。但是如果蛋被冻破了，就必须立即丢弃。

关于冷藏剩菜

剩余的罐头食物不要留在罐头里冷藏，要从罐头中取出，倒进干净的塑胶或玻璃容器里，在盖好盒盖或用保鲜膜包紧后，放入冰箱层架。罐头会让食物残留金属味，而且即使罐头依规定不能含铅，某些接缝处还是会有含铅的焊接材料。这种罐头一旦打开，接缝的铅便可能渗入食物。

为求安全起见，所有的剩菜应立即放进密封、防漏的容器中或以保鲜膜包好。如果剩菜的量很多，可以分装成较小的分量，储存在不同的浅容器中以尽快冷却。充填在禽肉与畜肉中的馅料要取出，另外用容器盛装并冷藏。因为馅料若留在肉里，可能会减缓肉品降温的速度，衍生安全问题。下页表格列出了各类食材与剩菜的安全冷藏时间范围。

关于储存新鲜香草

新鲜香草，如莳萝、荷兰芹、芫荽叶、薄荷、龙蒿及罗勒等，放在冷冻库会比放在冷藏室里更能保存原味。你可先清洗、沥干、用纸巾轻轻拍干，以少量分批包裹在冷冻包装袋里，或放在个别冷冻袋里，密封好并冷冻。冷冻过的香草拿来做菜还是很好，但要用做盘饰就不够好看。

若要短期冷藏储存，大部分香草可以放在塑料袋或紧盖的塑料容器中，待使用之前才清洗。不过，罗勒需冷冻才能保存良好，保存时间也不长。

食材与剩菜的冷藏保存时间		冷藏室	冷冻库 ★
	蛋、鸡肉、鲔鱼、火腿、凉拌通心粉（市售或自制）	3～5 天	不适合冷冻
	全熟的蛋	1 周	不适合冷冻
	汤与炖菜（添加蔬菜或肉）	3～4 天	2～3 个月
	预填馅料的猪肉、羊肉及鸡胸肉	1 天	2～3 个月
	熟的肉制品、畜肉料理	3～4 天	2～3 个月
	肉汁、高汤	1～2 天	2～3 个月
	炸鸡	3～4 天	4 个月
	熟的禽肉料理	3～4 天	4～6 个月
	水煮鸡肉块	3～4 天	4 个月
	带有肉汤、肉汁的鸡肉块	1～2 天	6 个月
	鸡块、肉饼	1～2 天	1～3 个月

★ 指在建议的时间内可保持质量

数据源：美国农业部食品安全检查署 1995 年 8 月《居家及庭园公报》第 248 号之"食品的安全处理—消费者快速指南"食品冷藏一览表。

对罗勒而言，冷藏室的温度就算再低，都会造成迅速变黑并且让冰箱充满强烈的气味。如果你买带根的罗勒可以持续较久的时间。可以试着把罗勒束起，把根放进一杯水里，再用保鲜膜或沾湿的纸巾松散地包覆叶子，实验看看是在冷藏室还是在台面上撑得较久。或者，试着用湿纸巾包裹，放在不封口的塑料袋里，然后放进冷藏室（其他香草也可以做成一束存放在冷藏室里）。

生姜是一种香料而非香草，可装进有孔的塑料袋，存放在冷藏室里。请定期切下你需要的量，因为生姜很容易发霉。使用前一定要检查，切除发霉部位，并多切掉至少 4 厘米。

▎减氧或气调包装食品的冷藏方式

许多市售食品都标榜采用"减氧包装"（reduced-oxygen packaging, ROP）或"气调包装"（modified-atmosphere packaging, MAP）。这类食品往往需要随时保持冷藏，无论在店里还是家中，而且一定要在包装上印制的安全期限内使用。此外，有些 ROP 食物是预煮过的，有些不是，你必须始终遵循包装上的说明，包括冷藏方式、期限及烹调方式。详情参见第 13 章 "减氧或气调包装食品"。

▌ 冷冻储存

所有不打算在数天内食用的新鲜畜肉、禽肉或鱼肉，都应冷冻保存。如果是短时间暂时不会使用的剩菜（存放期限参阅 166～172 页 "为食品把关"，或第 186 页 "食材与剩菜的冷藏保存时间"）也应该加以冷冻。冷冻库温度越低，食物就冻结越快；食物冻结越快，食物的质量与安全性就越高。冻结速度越慢，食物内部形成的冰晶越大，并穿破细胞壁，让食物受损更严重，质地与口感也变差。（但是，畜肉最好以慢速解冻，因为如此较能保住水分，而这也是最好在冷藏室里解冻的另一个理由。你要记住一句格言：快速冷冻，缓慢解冻。）

以下列出一些安全并有效冷冻储存食物的基本原则。有关余烫与备制新鲜食材以供冷冻的方法，以及哪些食物适合冷冻，请查阅一般食谱。

☐ 一般冷冻原则

◆ 不要将冷冻库塞得太满，确认有足够的空间让空气流通。

◆ 以适用冷冻库的安全包材来包装食物，并密封隔绝空气与湿气。

◆ 冷冻前应在包装外注明日期与内容。否则你不会知道包装袋里有什么东西，或要在哪个期限之前取用。

◆ 大分量的食品必须分装成小包装，以加速冻结。最好使用浅的容器，如果要冷冻好几份食物，要分散放置冷冻库各处，使周围的空气可以流通，让食物更快结冻。食物一旦结冻便可堆放在一起，以求方便与节省空间，有时候也可以防止冻伤。

◆ 在 24 小时内，每 0.3 立方米的冷冻空间不能冻结超过 1.4 千克的食物，

冻伤	冷冻变硬的食物表面若出现白色或变色部位，可能是冻伤。这其实只是空气所造成的脱水，通常是因为包装有破洞。遭冻伤的食物还是安全可食，但可能不好吃，因此只要切除冻伤部位即可。

如果超过这个分量，冷冻库便无法有效冻结食物。同一时间冻结过多食物，可能会造成暂时性的温度上升，让已冻结在冷冻库里的食物寿命缩短、质量降低，也让新进的食物需要更长的时间才能冻结。

◆ 不要重复冷冻已解冻的畜肉。

◆ 重复冷冻会导致冰晶增加，使食物质量变差。

◆ 如果食物开始解冻，但仍含大量冰晶，便可重新冷冻。

◆ 购买新鲜或冷冻畜肉、鱼肉及禽肉时，把肉品留在原来的包装里直接冷冻。但是如果储存时间超过两个月，要在包装之外多加一层冷冻包装袋或塑料袋，以阻挡空气与湿气。新鲜肉品与某些冷冻肉品通常装在可透水的塑料袋里，但无法长期冻存，而冷冻包装纸可以防止水分蒸散，保存畜肉、禽肉、鱼肉的效果比一般塑料袋更好。

◆ 肉类尤其得小心包好，因为肉的脂肪，特别是鱼肉、猪肉、羊肉、禽肉及小牛肉的不饱和脂肪，更容易因接触空气而氧化（产生哈喇味）。氧化的脂肪风味不佳且不健康，不过，牛肉的饱和脂肪较不容易氧化，因此冷冻后风味还是很好。你可将脂肪切除下来，再将肉紧紧包裹在可隔绝空气与湿气的冷冻包装里。试着从包装袋下方挤出所有空气，或者在商家的包装之外再加一层包装。肉类在有盐分的情况下，氧化更为迅速，因此培根与火腿在冷冻室里的储存时间通常很短。

◆ 油炸与烧烤的畜肉可以冷冻，但通常会变硬、变干。

◆ 鱼肉冻藏效果不如畜肉，往往经冷冻后会变干、变柴。

◆ 面包应该包紧之后再冷冻（我曾在书上读到，解冻时，你应该等包装袋里的水分重新被面包吸收，否则面包会变得太干。听起来似乎没错，但如果我很赶时间，通常是不会等待的，而面包的质量似乎也都还好）。

◆ 奶油应该冷冻（打发的奶油不行），但如果你打算在几天之内用完，就可以放在冷藏室。

◆ 食物不要先调味再冷冻,而应等冷冻又解冻之后,准备要食用前再调味。许多调味料，如黑胡椒、丁香、洋葱、蒜头等，在食物冷冻储存期间可能风味会变浓。但不要过分担心含有这些成分的冷冻食品，根据我的经验，通常解冻后味道还是很好。

◆ 不应冷冻的食物包括：

- 蔬菜沙拉
- 蒜头
- 生甘蓝
- 生芹菜
- 生西红柿
- 带轴玉米（会失去风味）
- 打发的奶油（成分会分离）
- 白脱牛奶
- 酸奶油
- 酸奶
- 奶油奶酪
- 纳沙泰尔奶酪（Neufchatel cheese）
- 带壳蛋
- 添加奶油的卡特基奶酪（干的

- 凝乳块可以冷冻）
- 瑞可达奶酪
- 发泡鲜奶油（经超高温杀菌）
- 全熟的蛋（蛋白会硬得像橡胶一样）
- 午餐肉（会出水）
- 保存时间超过1个月的腌肉（因为很咸，会迅速产生腐臭味）
- 奶酱与肉汁（可能会凝固）
- 西瓜
- 蛋糕面糊
- 奶油派内馅或蛋挞
- 美乃滋
- 沙拉酱

▎电力中断

如遇到电力中断的情况，无论影响到的是一个独立的冷冻库或是整个冰箱，都应该尽可能保持冰箱所在位置的凉爽。

冷藏室可以让食物保冷约4~6小时，取决于冰箱所在位置的温度。冰箱门应维持关闭状态，让冷空气留置其间；你也可以试着放入冰块，让冰箱内部维持凉爽。如果你有冷藏室温度计，尽可能测量内部温度（但不要单为测温度而开门），以试着确定食物已在温度多高的情况下，维持了多久时间。

如果需低温保存的新鲜畜肉、鱼肉、禽肉、牛奶、剩菜等食物的储藏温度升高到危险区间，也就是4℃以上、60℃以下，并且置放2小时之久，就必须丢弃。见第13章《饮食安全》。

冷冻库在装满的情况下能让食物冻存达2天之久，如果只有半满，可以维持约1天。你可以加进干冰（而非一般冰块）来保持凉爽（干冰温度较低，且不会融化，不会把冷冻库弄得到处是水），但要小心不要用手触摸干冰，或吸进干冰的烟雾。请确实遵循干冰供货商提供的使用说明。

CHAPTER
12
面包与蜂蜜

❖ **关于食品储藏室**
 ☐ 温度
 ☐ 湿度
 ☐ 亮度

❖ **食品储藏室适合放什么、不适合放什么**

❖ **食品储藏的一般准则**
 ☐ 食品储藏室的准则
 ☐ 储存各类食品的准则

❖ **食品储藏室里的害虫**

大多数美国人的家里都没有食品储藏室。典型美国中产阶级家庭的厨房，甚至一些非常豪华的高档住家，也没有配备这种方便的设施。人们通常把罐装、干燥、瓶装与包装的食品放进厨房橱柜里，问题是，这些橱柜通常比理想的长期储存条件还要温暖、潮湿。如果你打算购置新屋或整修厨房，可以考虑设置一个阴凉干燥的食品储藏室。但在尚未拥有食品储藏室之前（就像我现在一样），就得避免堆放太多食物，以免超过最佳品尝期甚至走味、变质。通常独栋的房子比一般公寓更有机会规划多种储存食物的方式。地窖、阁楼、棚屋、车库、天井、后阳台等地，都可能作为全年或其中几个月的凉爽储藏空间。如果有个大冰箱存放食物，会比放在室温下好。

▎关于食品储藏室

□ 温度

存放罐装与包装食品的食品储藏室或橱柜应该保持凉爽，也就是尽量远离煤气炉、烤箱、冰箱的马达，以及其他会产生热气的机器设备。即使是干燥的罐装与包装食品，也应存放在 29℃之下，才能延长保存期限，维持最佳品质并保有养分。低于 24℃更好，但其实越凉爽越好，低到 10℃是最理想的温度。罐装食品在 38℃时质量会迅速恶化，但温度过低一样会变差。① 夏天的橱柜温度有时会飙高到 32℃，必须留意不同季节的室温。

□ 湿度

用来储存包装与干燥食品（如谷物、饼干、面粉、糖、盐、玉米粉、米以及干的香料等）的储藏室应该保持干燥。湿度会使霉菌增长，因而破坏食物的口感、外观，且非常不健康。此外，含有丙酸钙或山梨酸盐等防腐剂的面包、烘烤食品等等会较慢发霉。这些防腐剂是无害的，但霉菌所产生的毒素却是致癌物质（见第 13 章"常见食品病原体指南"有关霉菌的介绍）。湿度也可能导致饼干、洋芋片及谷片变得不脆。糖、盐、发酵粉

---

① 腌制罐头（包括食物加热至一定温度的过程）可杀死食物中所有微生物与孢子，确保储存于密封容器里的食物处于无菌状态。因此，只要罐头仍处于密封状态，就不会有细菌侵入，直到开封。这也是开封后的罐头必须冷藏的原因。腌制罐头的过程会使食物流失部分营养。

及小苏打等虽然不会发霉，但湿度会导致这些食品结块，特别是红糖。

面包与蜂蜜

让饼干变脆	饼干、洋芋片、谷片等食品在吸收太多水分后会变软。要使其变脆，只要均匀铺在烤盘上，以高温 218℃烘烤 5 分钟即可。
恢复面包的口感	要恢复面包的口感，可用铝箔纸将面包包好，加热到 60℃，温度一到即立即从烤箱取出。你可能会发现除了面包的外壳变硬，其余部分的口感都有改善。
软化变硬的红糖	红糖可储放在密封罐子里以防止硬化，但效果通常不佳，因为空气中的少量水分就足以使红糖硬化。此时可将红糖均匀撒在烤盘上，然后将烤箱调到中低温 121～149℃，约 10 分钟左右便会软化。或者装在微波炉专用容器里，以高火力微波数分钟。如果在容器里另外放上 1～2 片苹果，苹果中的水分也有助于糖的软化（煮熟、带糖的苹果在降温后非常好吃）。红糖在冷却之后会再度变硬，因此要用很快的速度称量使用。

□ 亮度

食品储藏室或存放食物的层架应保持阴暗，只有在拿取时才能有光线。光会造成许多食物变质恶化，包括瓶装蔬菜油与面粉等。因此以开放层架储放瓶装与包装食品，虽然看起来一目了然，却不是好主意，除非你把物品小心存放在不透明的容器里。在美国殖民时期，人们都相当懂得要把新鲜食品存放在地窖、通风井下方，或其他阴凉处。

▌食品储藏室适合放什么、不适合放什么

大多数罐装、瓶装与包装商品，在开封之前应存放于食品储藏室或橱柜里，而不是冷藏室或冷冻库。但是，几乎所有的罐装与瓶装食品在开封之后都必须冷藏。请仔细阅读标签说明，绝对不要把标记为"保持冷藏"的食物存放在储藏室或橱柜里。

以下食品都相当适合存放在食品储藏室里：

天然防腐法：盐渍、糖渍、酸渍、干燥

当食物极咸或极甜，细菌便会脱水而死。因此，糖与盐能在食品储藏室里无限期地保存，而许多极甜或极咸的食物也能保存很久。糖果若存放在密封容器中，便能在层架上存放很长的时间，蜂蜜与煎饼糖浆可在室温下保存约 1 年，糖蜜则是 6 个月。但是，真正的枫糖浆在食品储藏室里很容易发霉（开封后），因为枫糖浆的浓度没有其他糖浆来得高。

酸度与干燥也会阻碍细菌生长。醋的酸碱值在 2.4～3.4 之间，因为非常酸，不利于细菌生长，因此通常不必冷藏，可以在食品储藏室中安全保存 1 年（参阅第 179 页）。酸黄瓜与各种腌渍食品是用盐、醋或其他种酸的强力组合来保存食物并增进风味。现在我们将开封后的腌渍食品储存在冷藏室，是为了保持新鲜与美味，但过去通常是放在腌渍桶或罐子里，于室温下存放在食品储藏室中。

培根与火腿之类的肉品多半也是以盐腌渍而成（有时不但腌渍还烟熏，而烟熏又是另一种"天然"防腐法）。腌肉比新鲜肉类存放更久，但所有肉类都相当适合细菌生长，因此即使经过腌渍，也必须冷藏保存。

由于干燥能够抗菌，因此面粉、蛋糕粉、面条、米及干燥的豆类等，全都能存放在食品储藏室里。但如果储藏室过于潮湿，还是可能发霉。

食品若含足量的酒精，也具有杀菌功效。这种食物通常能在储藏室中保存很长一段时间。通常香荚兰、杏仁以及其他香味萃取物与调味料，还有酒精饮料等，都因为含有酒精成分而不必冷藏，可在食品储藏室的层架上长期存放而无安全之虞。

◆ 未开封的罐装与瓶装食品（开封后就应冷藏）：罐头肉品（详见以下所列例外）、牛奶（乳制品与罐装牛奶）、蔬菜、水果、汤、高汤以及各种加工食品，如腌黄瓜、橄榄、佐料、莎莎酱、果酱、果冻，以及芥末酱、西红柿酱、蛋黄酱与酱油等调味料。真空罐装的小麦胚芽应在开封后冷藏或冷冻

◆ 蜂蜜、糖浆、仿枫糖浆、煎饼糖浆（详见以下所列例外）

◆ 烹调及沙拉用油，盖子要盖紧

◆ 干的香料与香草

◆ 香荚兰、柠檬香精、杏仁萃取物

◆ 通心粉与各类面条

◆ 加工过的干燥谷物

◆ 咖啡与茶

- ◆ 洋芋片、饼干
- ◆ 米
- ◆ 白面粉与精制面粉（详见以下所列之例外）干的蛋糕、松糕、布朗尼及布丁预拌粉等
- ◆ 巧克力粉、烘焙用巧克力、巧克力片
- ◆ 大多数的糖果
- ◆ 汤品预拌粉
- ◆ 辣酱油
- ◆ 干的豆类、豌豆及小扁豆

  但有时也会有例外，因此要仔细阅读包装的标签。其中的例外包括：
- ◆ 有些罐头与火腿尚未开封前就要冷藏。请详阅标签
- ◆ 咖啡豆若需存放数周，冷冻可保新鲜
- ◆ 巧克力糖浆与纯枫糖浆在开封后应冷藏
- ◆ 坚果油在开封后应冷藏
- ◆ 甜椒粉、红辣椒及辣椒粉在开封后应冷藏
- ◆ 全谷物类食品，如面粉、谷物、玉米粉、糙米及其他谷物都应冷冻或冷藏，因为这些食品含有天然油脂，在室温下可能很快发出哈喇味。变质的面粉与谷物带有苦涩刺激的味道，对健康不好。在非常炎热的气温之下，应考虑将所有谷物放在密封容器中加以冷藏

食品储藏的一般准则

　　以下汇整各种关于食品储藏室的相关常识，包括新的与旧的。这些都是好的习惯，能保持食品储藏室有条不紊并保持食品的新鲜与安全。

▢ 食品储藏室的准则

- ◆ 保持食品储藏室与层架的干净。灰尘与食物碎屑带有的霉菌与微生物，可能在食品储藏室里散播，造成食物腐坏与酸臭，同时引来害虫。
- ◆ 如果层架是可以清洗的，且没有油漆，你可以不必使用垫纸，垫纸的目的是为了防止物品沾到油漆。然而，垫纸若经精心挑选，能让人感到愉悦，但要定期更换。另有一种网状的层架衬垫，能防止物品破损。

◆ 物品摆放要有条理,让食品储藏室一目了然,也提高使用效率与安全性。同类的东西放在一起,才能确实掌握层架上的物品,以免囤积过多或毫无头绪乱买,并能让你准确无误地更新所储藏的食物。食品标签上若没有标示日期,可以自行写上购买日期,方便在数个月后判断食物的新旧。记得在一买回来时就用笔标注日期。

◆ 购买新的罐头与包装食品时,新的要放在旧的后面,确保先买的先用。

◆ 将食物严密保存在气密、防潮的包装与容器之中。确认容器是否气密、防潮及不透光。

◆ 确认包装是密封、没有破损的。如果出现破洞或流出汤汁,请检查内容物是否维持良好状态且没有虫害,然后重新包装。

◆ 饼干、谷类食品及其他包装或盒装食品一旦开封,要将内袋仔细折叠密封,外包装也要重新密封。如果密封效果不佳,可用橡皮筋或胶带加强。

◆ 如果发现层架上有生锈或严重凹陷的罐头,应该立刻扔掉(若是轻微凹陷,且不是在接缝上,可能还是安全的)。

◆ 膨胀的罐头应该丢弃,而罐头中的食物若看起来、闻起来怪怪的,绝对不能食用。罐头膨胀是因为食物败坏而产生气体,请绝对不要试吃(舌头连碰都不能碰),立刻扔掉(见第 13 章《饮食安全》。)

□ 储存各类食品的准则

有关食品的保质期,请详阅第 166～172 页"为食品把关"。

◆ 短时间内就要食用的面包,要包好存放在食品储藏室的台面或层架上,或放在面包箱里,在室温下保存。面包要包好以保持干燥,不过包装若稍微松开,也有助于防止湿气凝结,以免发霉。为了让意大利或法国面包的外皮保持酥脆,可以使用纸质的包装或袋子,务必尽快食用。面包不要储放在香蕉、洋葱或其他容易产生异味的食物附近,以免吸取异味。

◆ 如果你觉得面包变质前无法食用完毕,可把部分面包放进冷冻库。市售添加防腐剂的面包在室温下可以存放 3～4 天,甚至更久,未添加防腐剂的面包则可能在短短一两天内变质。如果面包在冷冻前已经切片,你可以一次取出所需的量,放在桌上或进微波炉解冻,也可以直接用烤箱烤热。面包经过解冻、微波、烘烤,都还能维持良好质量。

◆ 面包不应冷藏,但可以冷冻,因为面包在冷藏温度下变质得更快。但没有事情是绝对的，不含防腐剂的面包在室温下很快就发霉（即使含防腐剂在炎热潮湿下也会很快发霉）。一块面包只要有一小片发霉就得整块丢弃，因此冷藏可能还比温暖的食品储藏室好，但冷冻绝对比冷藏更好。

◆ 高酸性的罐头食品，如西红柿基底的食品、水果、腌黄瓜以及所有含醋的食品，都不应储存在层架上超过 12～18 个月。低酸度的食品（包括大多数非西红柿基底的肉类罐头、炖菜、汤，以及玉米、马铃薯、四季豆、菠菜、豌豆、南瓜与甜菜等蔬菜）都不应超过 2～5 年。罐头若想储存更久，可一一标注购买日期，方便追踪年限。一旦过了理想的储存期限就应丢弃。

◆ 罐头甜菜与芦笋的保存期较其他蔬菜短，最佳质量只能维持 6 个月左右。

◆ 保存在玻璃瓶里的生鲜农产品，味道通常比保存在罐头里的好，但较容易受到光线的影响而变质，因此装在玻璃罐装中的食品要避光存放。

◆ 干的菇蕈在未开封情况下，可在室温下存放 6 个月，开封后则为 3 个月。

◆ 每隔 1～2 个月，将炼乳的罐子上下倒置一次，避免固体集中在罐头底部形成难以移除的硬块。

◆ 香料与干的香草应密封在避光容器，并储放在阴凉处（但甜椒粉、红椒粉及辣椒粉则应冷藏）。自己研磨的新鲜香料最好，因为空气、温度、光线都会造成变质，尤其使精油逸失，而精油又是香料气味的主要来源。

◆ 茶的包装一旦打开，就应该以密闭容器储放，最好准备一个真正的茶罐。

◆ 面粉与面粉制食品应存放在密闭容器里。可将整包面粉或面粉制食品放进瓶子或罐子（请记得将全麦面粉放进冷藏室。）

◆ 依照 ROP（减氧包装）及真空包装食品标签上的说明来存放。其中有很多在开封之后是需要冷藏、冷冻的，放在层架上并不安全。

面包应冷冻或室温存放

知名的厨房理性主义者哈洛德·马基（Harold McGee）在他的大作《食物与厨艺》中解释了一件我一直都注意到，却觉得没道理而拒绝接受的事情：冷藏的面包比放在台面上的面包更容易变质。马基表示，原因是面包在略高于 0℃ 时变质得更快，而低于℃时则变质速度相当缓慢，因此冷冻是保持面包新鲜度的极佳方式，冷藏却不是。研究显示，在 8℃ 的冷藏温度之下放置 1 天，面包变质的速度，与放在 30℃ 之下放置 6 天是一样的。此外，面包越快冻结，处于 0℃ 以上的时间越少，就越不容易变质。因此，面包应该储放在室温下，或是尽快冷冻起来。

▍食品储藏室里的害虫

就虫害的问题而言，一些当地的推广服务中心可能会给你一些连我都没办法遵守的建议。如果你打开面粉或玉米粉包装，发现有甲虫、象鼻虫、面粉虫或其他小虫悠游其间，不需要恐慌地把这些食物丢弃（除非虫的数量惊人），因为这类昆虫并没有什么害处。此时，你应该马上找一个细孔的面粉筛或滤网，把害虫筛出。然后把面粉、玉米粉等放进能隔绝空气与湿气的密闭容器里，冷冻起来（这是为了预防里面还留存活的虫卵）。如此一来，你大可放心使用这些面粉或玉米粉。

在我的家务生活中，我曾经历三次虫害，其中两次都发生在其中一盒或一袋食材中，另有一次则波及好几包食材。发生的原因是我从市场上买回来的食材其实已经遭受虫害，第三个案例，则是从这包长了虫的食材里的虫蔓延到家里的其他食材。要我用面粉筛过滤，是绝对办不到的，更不用说还要食用这些面粉制成的食物，因此我直接丢弃了所有食材。也许你会采取比较理性的做法。但无论如何，筛出害虫的建议绝对不适用于蟑螂，因为它可能携带有害或危险的微生物。

无论你选择以哪种方式处理这些长虫的食材，务必要采取保护其他的食材的措施，方法是移除橱柜里所有物品并彻底清洗。有一个推广服务中心告诉我，可以使用食品适用的杀虫剂，来喷洒不容易清洗到的缝隙。但我在不使用杀虫剂的情况下就成功根除上述三起虫害，且没再复发。不过要是你的情况与我的情况有所不同，可能还是需要使用杀虫剂。

在清洗完橱柜之后，要逐一检查所有曾经放在长虫食材附近的盒子与包装，确定没有遭昆虫波及。我在一些没被打开的包装盒中发现一些昆虫，这些昆虫或者已经钻过了包装纸，或正在设法钻过某个接缝处。如果包装没有发现昆虫，等到层架干了之后便可重新放回层架；若有昆虫踪迹，则丢弃食材或筛除虫子，然后像先前所说的，将食材冷冻。

如果你把比较容易破损的包装食物放进可密封的塑料容器中，是可以避免交叉感染的。最重要的是，请切记，面粉或玉米粉里会长虫子，绝对不是因为你家务处理不当，而是运气问题。

CHAPTER
13
饮食安全

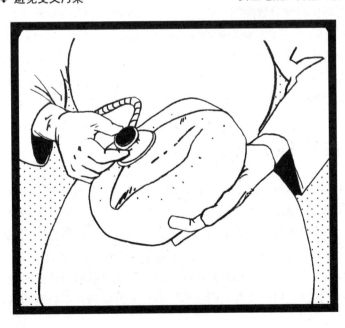

人们都想尽情享受在家开火的乐趣。为了自己、朋友以及家人的健康，我们都有责任不断学习关于食品安全的知识与观念。近几年来，一些新的食源性疾病随着现代生活的形态衍生，一些新兴或变异的新病原株纷纷出现，影响人类健康。我们的父母与祖父母并不需要应付 O157：H7 型大肠杆菌、环孢子虫、隐孢子虫、弯曲杆菌、李斯特菌及叶尔钦菌，但我们却得如此。此外，食品工业在发生变化，我们享用的食物不但来自全国各地，还来自世界各地。畜肉、禽肉及蛋都是在大型、集中、工厂般的地方生产。在某些情况下，这些变化意味着食物遭受污染的机会增加。此外，过去的孩子从未像现在这样，对于要如何管理厨房才能维持饮食安全简直一无所知。

因此，本章提供了有关居家厨房的食品安全入门介绍，解释食源性疾病的发生原因与主要预防之道。其实，有效且简单的预防方法唾手可得，但人们很容易屈服于非理性的恐惧，所以厨艺的入门者应谨记文中提醒。本章将充分说明人们看不到、吃不出或闻不到的各种危险，并告知读者应如何利用简单的方法来降低这种潜在风险。不过，最危险的食源性疾病的发生原因其实一点也不神秘，这是自古以来不曾改变的事实。风味变坏、发霉、变色或腐烂的食物，比起一般正常的食物更可能危害健康；而厨房的台面、碗盘、锅盆与砧板若是沾满了食物残渣、油脂和酱汁，也一定比明亮干净的厨房更容易导致疾病。确实，人们乖乖遵循所有规则却还是吃坏肚子的例子仍有，但是食源性疾病的发生原因，最主要还是食物处理不当：双手或食物没有洗干净、食物烹调不当、未能迅速有效地冷藏食物，以及没有避免交叉污染等。一旦养成良好的烹饪基本习惯，就不需要太担忧。市面上所供应的食物大部分质量都很好，只要小心处理，就能确保安全。

▋ 食源性疾病：一般状况

每年都有数千万人罹患食源性疾病，这可是严重的问题，可能导致严重的并发症或死亡。这就跟大多疾病一样，年幼、年老、孕妇、生病及免疫力低的人，往往比一般人更容易受到威胁。不过，因食物污染所造成的病痛，通常还不致造成生命危险，带来的困扰主要是不舒服与难堪。

每当我不小心吃坏肚子，通常都是在吃进受污染食物后的几小时内开始呕吐、腹泻，数日之后就没有大碍。但许多食源性疾病并不会遵循这种模式发展，你可能会在吃进不卫生的食物之后好几天才发病。金黄色葡萄球菌通常在 2～3 小时内发病，沙门菌的潜伏期大约 12～24 小时，肉毒杆菌中毒则通常发生在 12～36 小时内。但大肠杆菌的潜伏期约 3～8 天，弯曲杆菌 2～5 天，环孢子虫可能需要 1 周才能致病。李斯特菌的潜伏期可以从 1～90 天不等，最典型的是潜伏好几周。程度不等的腹泻、抽筋以及呕吐都是常见症状，但并非所有人都如此。某些食物中毒会造成无力、发冷、发烧、头痛、视力模糊、复视、呼吸困难、脑膜炎或其他类似感冒的不适症状。

　　所有食物都含有微生物，有些无害，有些甚至对人体有益。对人体有害的微生物可能透过两种途径致病：第一，微生物可借由你吃进的不洁食物直接侵入人体，这就是所谓的微生物感染。第二，微生物也可在食物中产生毒素，而使吃下食物的人生病，甚至即使微生物已经杀死，产生的毒素仍足以致病。例如，金黄色葡萄球菌本身会因烹煮而死亡，但毒素却能耐受加热、冷藏及冷冻。不过，引起肉毒杆菌中毒的致命毒素，煮沸 10～15 分钟后就会被破坏。因食入毒素而引起的疾病称为中毒（不过这种类型的中毒与酒精中毒不同），为了确保食物安全，你得预防食品中的微生物感染，也避免因微生物产生的毒素而发生食物中毒。

　　微生物跟其他生物一样，需要在有利的环境下才能生存与生长，既不能太酸、太碱，也不能太热、太冷；不能接触可能会杀死它们的化学物质（如消毒剂或酸），同时必须具备充足的食物与水。有些细菌的生命力很强，如同某些植物与动物，能够在极严峻的条件下生存；有些可以轻易通过某种严苛环境的考验，却对另一种严苛环境毫无招架之力。这些微生物或许经过冷冻还能存活，却不能耐热，或者或许能够容忍高盐度的环境，却不能耐酸。

　　如同其他生物体，有些微生物比同类型的微生物更强，也如同大多数动植物，通常可以在缺乏食物或水的恶劣条件下存活一段时间。一旦有少量的食物或水，便开始蓬勃生长，而在条件差的期间，可能只是在休眠，不生长也不繁殖（详见第 219～229 页的"常见食品病原体指南"）。

　　我们的食物大多同时含有营养成分、水分以及其他有利于微生物生长的条件。因此，一定要清洗砧板、刀具、餐具、沾过食物或被弄湿的台面、水槽、碗盘、排水管、洗碗的海绵、刷锅子的钢丝球、用过的擦碗巾及洗碗布，还有我们的双手。一块小小的食物残渣可能蕴含数百万个细菌，溢漏汤汁、黏稠油腻的台面，更让微生物大军有充足的养分。同样的道理，若在干净与干燥的地方，细菌与其他微生物的数量便会大大减少。干净但潮湿的台面可能窝藏数百万计的细菌，但只要维持数小时的干燥状态，便能大幅降低细菌数量。维护食品安全最简单、重要的原则是：让厨房保持清洁与干燥。

吃进了带有病原体的食物不一定会致病。会不会致病取决于许多因素，包括你的健康状况、抵抗力，以及究竟吃进了多少微生物或毒素。某种程度来说，甚至还取决于你过去经常接触的微生物，因为我们往往对于家中常遇到的微生物有抵抗力。通常只有在吃进达到"感染剂量"的病原体，才会发生传染疾病（见下册第2章《与微生物和平共存》）。虽然某些类型的食物中毒（如大肠杆菌中毒）少量病原体就会致病，但也有许多种类的食物中毒（如某些品种的沙门菌）需吃进数十万个病原体才会让健康的成人生病。微生物的量越多，产生的毒素就越多，且有些微生物（例如肉毒杆菌）只要非常微小的量，就足以致命，而吃进越多情况越糟。因此，厨房安全守则的真正目的，是营造一个干净的环境，让你在不利于危险微生物生长与繁殖的条件之下处理食物。如此一来，就算有坏的微生物存活，也可能只是寥寥少数，不会致人发病，或者顶多造成轻微不适，不至于引发重病。

▌温度

☐ **安全温度与使用温度计的重要性**

杀死及减少食物中病原体数量的最重要方法是控制温度，也就是低温储藏与适当烹煮。人们早在还不知细菌为何物之时，便已经知道控制温度能保持饮食安全。时至今日，人们在厨房的大多数行为通常仍旧依直觉与习惯，而非基于科学。我们用来维护饮食安全的方法，完全是仿效父母的做法。但是，食品安全专家建议人们应稍做改变，并导入一些我们父母与祖父母不曾拥有的厨房与烹饪安全措施：使用温度计来测量食物温度、冷藏室温度及冷冻库温度，而不是偶尔用来测量甜点与火鸡肉而已。

多数细菌的生长温度通常介于4~60℃，超过这个温度可以有效地抑制其生长。会引发食源性疾病的细菌通常在16~52℃时增殖最迅速。霉菌与细菌一样，生存的适温相当广泛，通常在18~30℃，且一旦超过60℃便会遭受破坏。人们通常将食物冷藏在4℃以下，营造一个不利于微生物繁殖的环境。冷藏保存能够减缓大多数微生物的生长，但无法杀死它们，也不能让微生物的成长完全停止。冷藏能让食物维持数日，不过人们几乎都知道，存放在冷藏室的食物迟早会腐败或发霉，同时，有些细菌在低温下能生长得更好。冰箱的冷冻库应该维持在 −18℃，因为这么低的温度通常可以完全阻止一般微生物生长，延长食物的保存期限。然而，大多数的细菌在冷冻条件下仍然可以存活，且一旦解冻、回到适合生长的温度范围之后，便会再次增生繁殖。同时，食物也可能因为其他因素而变得不适合食用：酸败、口感变差、变干等。

事实上，超过 71℃ 的高温不仅能防止微生物增长，也能杀死大多数微生物，这就是为何加热烹调是预防食物中毒的最重要方法。然而，有一些细菌能够形成"孢子"，孢子具有坚硬外壳，能保护自己免受高温或其他环境条件的伤害。这些孢子并没有死亡，而是处于休眠状态，直到再次遇到有利条件为止。有些细菌的孢子特别顽强，在沸点时仍能存活，因此即使食物已经过烹煮，若没有存放在适当温度范围之下，仍可能不安全。食物经煮熟并冷却到有利于细菌生长的温度范围时，尚存的孢子便会恢复增生（这是在家腌渍食物时必须防范的重大风险。详见第 219～229 页"常见食品病原体指南"中有关肉毒杆菌的介绍）。市售罐头的加工是在高温高压下进行，摧毁孢子，达到市售罐头的安全标准。如果你要食用自家腌渍的罐头食品，特别是炖菜或玉米这种酸度较低的食物，美国农业部建议在上菜前应该烹煮至少 10 分钟（海拔高度每升高 300 米，就要再多煮沸 1 分钟）。

如果你已将食物烹煮到安全温度，并维持热度（超过 60℃）到食用为止，便能有效防止细菌或孢子继续增生繁殖。同样，你也应该迅速让食物降温到 4℃ 以下，避免食品长时间停留在适合微生物生长繁殖的危险温度区间（4～60℃）。此外。剩菜务必彻底加热之后才能上桌，液体或潮湿的食物应煮到滚沸，含有畜肉与禽肉的剩菜及其他食物，也都应该煮到至少 74℃。

美国农业部建议应全程使用畜肉温度计，以确保所烹煮的食物确实达到并维持在建议的安全温度（畜肉温度计有时也可用于其他种类的食物）。以下根据美国农业部的建议，表列各种食物的建议烹调温度。

食物温度计

将温度计插在热度最不易到达之处。例如当火鸡腿已达到高温，鸡胸深处的肉却可能仍然是生的，或内部填充的馅料也可能未达到安全的温度标准。

◆ 烹煮禽肉时，应把畜肉温度计插入大腿内侧胸部附近，不要碰触到骨头。

◆ 内馅温度要另外测量，且要测量两次，一次在起锅前，一次是在起锅后上菜前。所谓起锅的时间，是指将烹煮后的鸡肉从锅中取出，置放于室温之下准备端上桌的这段时间。内馅温度在这段时间可能会继续上升。

◆ 烹煮畜肉时，确定温度计插入最厚的部位，远离骨头、脂肪及软骨。

◆ 将温度计插入砂锅料理或鸡蛋料理中最厚的部位，但要确定温度计没有碰触到锅子底部。

◆ 烹煮肉排或牛肉饼等较薄的食物时，要把温度计放在侧边。

　　畜肉温度主要有两种类型，你可以任选一种，但要确认使用的是畜肉温度计，而非甜点或其他类型的温度计。第一种是烤箱适用型，温度计要先插入食物，然后一起放进烤箱，在烹调过程当中可以持续监测温度，直到食物达到安全温度为止。另一种是快速读取型，不能留在食物中。假如食物是在微波炉里烹煮，你得取出食物将温度计插入适当部位，以读取温度：插入食物的最厚部位约 5 厘米深，不能碰触到骨头，大约 15 秒后可以读到温度。每次用毕与再次插入食物之前，一定要以热肥皂水清洗，以确保食物中尚未被杀死的有害细菌，不会被温度计重新带回食物当中。

　　有些禽肉在贩卖时便附带弹跳式温度计。如果放置位置正确，这种温度计是准确的。但比较明智的做法，是使用另一支温度计来测量禽肉的其他部位，以确保整体安全无虞。你也可以自己购买弹跳式温度计。

　　微波食品也要用温度计来测量是否达到安全温度，务必多测试几个部位（有些温度计是专门用于微波炉）。微波烹调有些特殊风险，因为食物可能加热不均，让微生物有生存机会。为确保食物的各部位都加热到安全温度，可以用盖子盖住食物，让蒸汽留存在内部，帮助食物均匀受热。微波加热的过程可以将食物取出并彻底搅拌数次，并不时变换盘子在微波炉里的位置，让食物各部位均匀受热。如果微波炉食谱上提到起锅静置时间，请依照食谱指示！在静置时间，已经吸收了高温的食物会继续其烹煮过程。

▌食品安全指南

□ 安全烹煮红肉与汉堡肉

　　做饭时要用双眼观察，红肉应煮到至少变成灰色或褐色，食物里外完全没有粉红色或红色的肉或汁液。猪肉要煮到全熟，流出的汁液是清澈的。由于发生过未煮熟汉堡肉带有 O157：H7 大肠杆菌造成致命的案例，美国农业部建议所有人，尤其是儿童、老人及抵抗力较差者，不要吃低于五分熟的汉堡肉，或含有半生不熟、呈粉红色牛肉的食物。再者，一些证据显示，碎牛肉即使非粉红色也可能不安全，因此美国农业部强烈呼吁，应使用畜肉温度计测试汉堡肉是否烹煮得当。理想温度是汉堡肉最厚部位应达到 71℃ 以上。

像汉堡这类绞碎的畜肉之所以比较危险，是因为绞碎过程会让危险微生物散布于整块肉。因此，汉堡肉的粉红色内层比牛排更可能含有大肠杆菌，而牛排外部带有的细菌较能轻易以加热方式杀死。然而，任何生肉都可能带有风险，只要有极少量的 O157 H: 7 大肠杆菌就足以致病甚至致命。儿童、老人、孕妇、病人以及抵抗力较差者，特别容易因为食用未煮熟的畜肉而发生严重疾病。

烹煮温度		
鸡蛋：烹煮至蛋黄与蛋白全熟	新鲜猪肉	
鸡蛋料理：71℃	五分熟：71℃	
碎肉及混有畜肉的食物	全熟：77℃	
土鸡肉与鸡肉：74℃	禽肉	
小牛肉、牛肉、羊肉、猪肉：71℃	全鸡：82℃	
新鲜牛肉	火鸡（全鸡）：82℃	
一到五分熟：63℃	鸡胸肉：77℃	
五分熟：71℃	鸡腿、鸡翅：82 ℃	
全熟：77℃	内馅（单独烹煮或在鸡肉中）：74℃	
新鲜小牛肉	鸭肉、鹅肉：82℃	
一到五分熟：63℃	火腿	
五分熟：71℃	新鲜（生）：71℃	
全熟：77℃	预煮（重新加热）：60℃	
新鲜羊肉	其他	
一到五分熟：63℃	准备上桌的食物或自助餐食物，温度应维持 60℃，冷盘食物要保持在 4℃ 以下	
五分熟：71℃		
全熟：77℃		

数据源：美国农业部食品安全检查署 1995 年 8 月《居家及庭园公报》第 248 号之"食品的安全处理——消费者快速指南"烹调温度表。

□ 安全烹煮禽肉

据估计，美国市场上所贩卖的禽肉，有相当比例都带有肠炎沙门菌、空肠弯曲杆菌、金黄色葡萄球菌及李斯特菌，单是 1996 年，美国疾病管制中心登记在案的沙门菌感染事件就有 39027 件，估计没有列入记录的案例每年应在数十万件以上。

烹煮家禽时应至少达到美国农业部所建议的温度。禽肉通常在煮到汤汁变清澈时就算安全，但要以畜肉温度计测量后才能真正确认。美国农业部建议内馅应该分开烹煮，因为经常有人未将填充在禽肉的内馅充分煮熟而导致食物中毒。不过，如果你真的想把内馅放进肉里烹煮，记住一定要在烹煮前才放入，千万不要购买事先填进内馅的火鸡肉。当你以畜肉温度计分别测量过鸡肉及内馅，确定两者都达到安全温度之后，要立即取出内馅，放在另一个上菜碗中。千万不要用微波炉烹煮有内馅的鸡肉，因为微波加热并不均匀，无法确保所有部位都达到安全温度。

□ 安全烹煮蛋类

很多人喜欢吃没有全熟的蛋类料理，因此鸡蛋如果遭受沙门菌污染，或许会比受到污染的禽肉造成更严重的伤害。这种菌株会感染母禽的卵巢并进入蛋壳。美国农业部也呼吁人们在吃蛋时应更加谨慎。

一般全熟的蛋都可安全食用，水煮或煎炒皆可杀死沙门菌。但所有人，尤其是老人、幼童、孕妇及抵抗力较差的人，应避免食用未全熟的蛋黄，如半熟白煮蛋、太阳蛋或类似的蛋类料理。美国农业部建议，健康成年人若要享用未全熟的蛋，应遵循以下烹调原则，以减少风险。这样做的目的，是要使蛋黄周围煮熟，并让中心加热到一定程度而变浓稠，但不至变硬。

- ◆ 煎蛋：两面各 2～3 分钟，若在加盖的锅子里则单面煎 4 分钟即可。
- ◆ 炒蛋：炒到全熟为止。
- ◆ 半熟水煮蛋：煮沸 5 分钟。
- ◆ 全熟水煮蛋：连壳煮沸 7 分钟。

避免食用以生鸡蛋制成或含有生鸡蛋成分的食物：蛋白霜、蛋酒、自制蛋黄酱、自制冰激凌、西泽沙拉、巧克力慕斯、贝尔奈斯酱[1]或荷兰酱[2]（许多这类食物能以经过消毒的蛋类制品或替代品制作，做法可查阅较新的食谱）。不要试吃尚未烹煮的含蛋食物，例如饼干面团、生蛋面条、蛋糕面糊、各种派馅或布丁。许多人很难拒绝让孩子试吃，毕竟自己童年时期愉快地舔食汤匙或碗里食材的经验还记忆犹新。然而，即使你未曾因此受到伤害，不代表就不会发生在自己的孩子身上。煮熟的蛋与含蛋食物要在饭后尽速冷藏，就算是全熟的蛋也不应放在冰箱外，而且如果经过两个多小时仍未冷藏，就必须丢弃。水煮带壳蛋会破坏蛋壳所提供的自然保护力，因此，就算水煮能杀死蛋里的细菌，熟蛋却比生蛋更没有抵抗后续污染的能力。水煮蛋应立即冷藏，并在 1 周内食用完毕。

□ 安全烹煮鱼类

判断鱼肉是否已经煮熟，一般是以叉子插入肉中，以没有潮湿或黏稠为标准。所有鱼肉与贝类都应彻底煮熟，食用生鱼或生贝就像在跟自己赌命。贝类若只煮到外壳刚打开，绝对无法摧毁许多危险微生物，这也是一种常见的食物中毒原因。生的或未煮熟的牡蛎与蛤蜊，就算是新鲜现采，或取自"干净"的水中，也可能隐藏着好几种危险的微生物，如创伤弧菌。这是一种新兴的病原体，对有肝病、免疫系统失调及其他疾病的人而言，相当危险。

□ 购买已杀菌的牛奶、乳制品及果汁

许多食物都需要经过高温杀菌，务必购买高温杀菌处理过的乳制品，千万不要食用生乳、生奶酪或其他以生乳为原料的加工食品。果汁、苹果酒也应购买经过高温杀菌处理过的，尤其要避免让儿童或其他抵抗力较弱的人食用未经高温消毒的果汁或苹果酒，以免遭受严重的大肠杆菌感染。

□ 两个基本的食品安全规则

食品安全专家推荐的经验法则第一条是：热食维持高温，冷食维持低温。也就是说，热食要保持在 60℃ 以上，冷食要维持在 4℃ 以下。一般自助餐会使用加热设备让热食维持在 60℃以上，同时使用冰块让冷食维持在

---

[1] Bearnaise Sauce，以蛋黄乳化的法式酱料，以白酒醋和香料调味。
[2] Hollandaise sauce，一种以蛋黄乳化奶油的酱料，以柠檬汁、盐和少许胡椒调味。

4℃以下。最好将食物放在冰箱里，或用炉火加热，直到要上菜为止。腌制食品要储存在冰箱里，不宜放在台面上。

食品安全规则第二条是：2小时原则。热食与冷食若留在低于60℃或高于4℃的温度下超过两小时，便应丢弃，无论这么做多么令人舍不得。如果气温超过32℃，所有在室温下放置超过1小时的食物都必须丢弃。不要以试吃来测试食物是否仍旧完好，许多危险的食品尝起来与看起来都相当好，且即使重新煮过都未必安全。加热或许能杀死细菌，但不见得能破坏食物中的毒素。

□ 冷却与解冻的安全法则

煮熟的食物在冷却之际，例如从66℃下降至2℃时，必然会经过4~60℃这段正好最有利于细菌生长的温度范围。因此，食物要保存时，得设法尽快降温，将食物停留于这段危险温度区段的时间减至最短。美国农业部建议，应把食物放进冷藏室或冷冻库中冷却，而非让煮好的汤品或烘烤食物留在炉子上或台面上冷却。

专家也建议应把食物分装成较小的包装，以加速冷却及冻结。因为若食物量太大，即使在冷藏室或冷冻库里，降温或冻结所需的时间也相当长。将剩菜装进浅而小的容器里（但要确定汁液没有外溢），如果要冷藏有内馅的食物，要先将馅料取出，单独放在另一容器中以加速冷却。

你或许会质疑，把温度仍然很高的食物骤然放进冷藏室或冷冻库里，会造成冰箱的温度暂时升高，冰箱需要卖力运转。事实的确如此，但温度上升的时间不会太久，且好处会大于所付出的代价（不过，为避免让冷藏室或冷冻库太热，我有时会先以熬煮收汁，然后加入冰块使其恢复适当浓度）。美国农业部也强烈建议，不要在室温下或在台面上解冻食物，倘若你在台面上解冻鸡肉，通常在外部达到室温时，内部仍然是冻结状态，此时外部的温度已足够让沙门菌与其他微生物繁殖。最安全的做法是在冷藏室里解冻，以确保食物的所有部位绝对不高过4℃。在冷藏室进行解冻时，要在食物下方放置盘子，防止汁液滴到层架与其他食物，造成污染。用冷藏室解冻食物是需要事先规划的。在冰箱中解冻一大只全鸡或火鸡可能需要数日，视鸡肉冷冻的程度与大小而定。一般来说，每2.3千克鸡肉大约需要24小时，因此假如是7千克重的火鸡，便需要3天。如果你需要更快解冻，美国农业部建议可用冷水。将冷冻的鸡肉完全浸入冷水，包裹在防漏的塑料袋里，平均每半千克需要 30 分钟，每 30 分钟换水一次。不同重量所需解冻时间如下：

◆ 3.5～5.5 千克：4～6 小时

◆ 5.5～7.5 千克：6～8 小时

◆ 7.5～9 千克：8～10 小时

◆ 9～11 千克：10～12 小时

所有解冻方法中，以微波解冻最为迅速，不过一旦以微波解冻，就必须在解冻后立即烹煮。每种食物解冻的时间不同，不仅与食物的大小及特性有关，也看微波炉的功率，因此要参阅使用说明书。我的微波炉解冻一只约 1.5 千克重的全鸡需要 20 多分钟，但你的可能不一样。当然，像火鸡这种大型食物或许就不适合微波解冻，此外，你可能会发现微波解冻对某些食物的质地、嫩度或湿润度有负面影响。不过在某些情况下，微波解冻仍是相当理想的方式，例如想要快速解冻汤品时。

▌避免交叉污染

一般人绝对不会直接舔食戳过生肉的叉子，但是，很多人常不假思索便在厨房里做出类似动作。交叉污染是指某样食物里的病原体被转移到另一样食物。虽然食品安全专家不厌其烦地警告我们要预防交叉污染，每年还是有数百件因交叉污染造成的食物中毒事件。例如砧板或其他物体表面上切了生肉之后，没有清洗消毒便接着用来切生菜。生肉会在砧板上留下病菌，沾到接下来的生菜或黄瓜，而后被吃进肚子里。吃了肉的人没事，因为肉会加热到安全的温度，但是吃了看似无害的生菜沙拉的人却因此生病。为了避免交叉污染，千万不要不小心将病原体引入食物，特别是那些还需进一步处理的食物。如果储放条件无法杀死细菌或预防增生，更要特别注意。

发生交叉污染的原因有上百种。带菌的食物可能透过滴下的汁液而污染了另一种食物，某个不安全的食材可能会污染整道菜，汤匙、锅具或砧板等，还有经由做菜者的手让细菌从一种食物进入另一种食物。即使是最有经验的厨师，也可以仔细阅读以下规则，相信会获益匪浅。

避免交叉污染的准则

以温度适中的热肥皂水洗手 15~20 秒。许多食源性疾病都是因为未遵守这个基本卫生规则所造成。如果你戴了塑料手套，还是要以同样方式戴着手套加以清洗，因为手套也会沾染微生物。在如厕、更换婴儿尿布、擤鼻涕、接触宠物、笼子与猫砂之后，尤其要仔细洗净双手。

在烹煮任何食物之前都要洗手，整个烹饪过程也要不断洗手，特别是处理过可能窝藏病原体的食材之后。也就是说，在处理各种生的鱼类、禽肉、畜肉或其他动物性食物前后，都要清洗双手，并清洗和消毒砧板等各项器具。处理生鲜蔬果的前后也都要洗手。每当处理完一项食物，准备开始另一项工作之时也要洗手。手上若有割伤、溃疡或脓肿，要包起来或贴上防水胶布，或戴上一次性塑料手套。

尽量不要让双手直接触摸食物，以器具代替双手。如果你患有任何食源性疾病或任何类型的腹泻，更要特别小心避免直接接触食物。擦干双手时也要注意，可使用纸巾或未使用过的干净毛巾。

不要对着食物或在食物周围打喷嚏或咳嗽。千万不要将其他食物置放在之前放过生鱼、生肉或蛋的砧板或容器上，除非你先以热肥皂水彻底洗净。若要更确保安全，可以消毒砧板（详见第 214 页之说明）。事实上，专家建议应准备至少两块砧板，其中一个用来处理蔬果与面包，另一块专用于畜肉、禽肉及鱼肉，并在使用后清洗砧板。如果你愿意，也可以在处理过生鱼、生肉后立即消毒砧板。

所有砧板或容器在处理过蔬果之后，也应以热肥皂水加以清洗，因为这些食物也可能窝藏病原体，即使致病的状况并不常见（蔬果等农产品也需要清洗）。请记住，除非你立即清洗并消毒砧板，否则食物容易透过砧板接触到下一个食物。

以刀具或其他用具处理过食材之后，尤其是生鱼、生肉及蛋，要彻底以热肥皂水清洗，才能处理后续食材。若再谨慎一点，可依据第 214 页的说明来消毒刀具。储放在冰箱的食物，要置放在盘子或浅碟里，以免汁液滴落沾染到其他食物；要特别小心不要让生肉的液体滴到要生吃的食物，可以将食物包在保鲜膜或塑料袋中进行保护。当心滴下或溅出的液体，以及不慎混放。当你要移动生鱼、生肉时，要先清空所经路线下方的东西，并尽量用防漏包装袋或盘子盛装。生鱼、生肉及蛋应确实与熟食和蔬果等生吃的食物分开置放。从生鱼、生肉中漏出的液体若不慎滴漏到台面或水槽，应立即擦除并用热肥皂水清洗。接触过生鱼、生肉及蛋的任何器具、碗盘或锅具，也应立即用热肥皂水清洗或放入洗碗机。绝对不要直接在水龙头下冲洗后就使用。

冰箱与食品储藏室的层架、抽屉及壁面都应保持干净，避免后来放入的食物被原本的食物或生长于其中的霉菌所污染。

不同的碗与锅子应使用不同的汤勺来搅拌，如果你已经用了汤勺搅拌盘子里的生食或尚未充分煮熟的食物，稍后若需再次搅拌，应彻底洗净后再使用，否则生食遗留在汤勺上的微生物便会沾染熟食。每次试吃备制中的食物时，都要使用干净的汤匙或叉子，不要把一个已经放进嘴巴的汤匙放入其他人还要吃的食物里。你口中的细菌可能透过汤匙或叉子进入食物。同样地，绝对不要用自己的餐具直接取用或盛装要上桌的食物。

上菜时务必使用完全干净的器皿，千万不能使用放置过生肉与生蛋的盘子。如果要在做好的食物上淋上腌制生食的腌料，应在腌制之前预留腌料作为最后的淋酱。确认腌料与食物都熟透，没有煮熟的腌料一定要马上丢弃。如果你料理的生肉带有危险的细菌，这些细菌也会污染到腌料。

千万不要把吃剩的食物或调味料放回原本的罐子或纸盒。也就是说，不要将餐桌上已经分装的牛奶或奶油重新倒回原本的纸盒再放回冰箱；不要把蛋黄酱放回蛋黄酱的罐子里；不要把剩下的鸡肉或鲔鱼沙拉放回原本的塑料容器里再放回冰箱。唯有如此，万一取出的食物因故受到污染后，才不会回过头污染到原来包装里的食物。

不要将新鲜食物与剩菜混在一起，除非你会立即吃完。另外，必须确认这些剩菜够新鲜（同时要将剩菜重新加热到至少 74 ℃）。请记住，任何食物与即将过期的食物混合，都会缩短这些食物的储存寿命。水果与蔬菜要储存在个别的袋子里。刚从店里买回的蔬果要与旧的蔬果分开放，不要将旧生菜放进新生菜的袋子里。

严禁宠物接近食物准备区、餐桌以及台面。

▌清洗食材

□ 彻底清洗蔬果

蔬果应在食用前才清洗，而不是放进冰箱之前清洗。就算是削皮之后才吃的蔬果，也应彻底清洗，然后才削皮，否则你的刀子、削皮器和手指都可能沾到微生物，并污染到表皮下方的果肉。清洗不仅有助于清除灰尘，也能洗去微生物与农药残留。食品科学家表示，清洗或许能降低致病风险，但仍无法消除其可能性，因为细菌很可能会紧紧黏附。尽管如此，专家也同意，就算是要削皮的农产品也得先彻底清洗。

洗蔬果前，先剥除外层的叶子。所有硬皮的农产品（如黄瓜、苹果、茄子等）都要以流动的自来水彻底刷洗，直到看不到任何泥土为止。流动的自来水具有与百洁布一样的效果，能带走微生物与灰尘。就算蔬果的外皮没有明显的泥土，还是要用流动的自来水仔细清洗或擦洗。清洗蔬果，尤其是根茎类如胡萝卜与马铃薯时，应使用干净的蔬果专用刷或百洁布。黏在蔬菜上的小泥土块，细菌数特别多，根茎类蔬菜即使看起来没有带泥土，也容易窝藏来自土里的细菌。施加粪肥的蔬菜尤其容易带菌。

当然，你在擦洗或搓洗像浆果、蘑菇、生菜及各种绿色蔬菜等外皮柔软的蔬果时，很难避免折损。清洗这些蔬果的最好方法，是尽可能在不撕碎或刮伤的情况下，以流动的自来水强力冲洗，并在水流下轻轻擦除灰尘或泥土。你可以把浆果与类似的食材放进筛网或滤网里，然后一边冲水一边轻轻摇动或翻转。要花多一点时间冲洗，短短几秒钟的清洗作用不大。

或许你曾经听说，清洗蔬果要使用洗洁剂，但美国食品和药物管理局与农业部都建议不要使用洗洁剂，因为会残留在食物表面，甚至被食物吸收（甚至洗洁剂还可能分解蔬果的外皮，使细菌更容易入侵）。洗涤有助于降低食物中的农药残留，剥皮与剥除外层叶片也一样。当然，削去外皮也相对牺牲了所含的营养素与纤维质。

□ 清洗罐头上盖

使用微热的肥皂水清洗，并以干净的毛巾或纸巾擦干。一定要彻底洗净并擦干罐头上盖周围的接缝处，因为这里最容易藏污纳垢，也最不容易洗净。不要忘记，这些罐头是经过许多陌生人才到你的手中，而且也许曾堆放在仓库、货架上数日、几周或几月，也许积了灰尘、昆虫或鼠类的粪便、毛发、杀虫剂、清洁剂，或任何天知道的东西。如果你不加以清洗，开罐下压时这些留在上盖的脏东西便会掉进食物里。

▍消毒

美国农业部认为，用洗碗机或热肥皂水清洗碗盘，通常就能防止将病原体吃下肚。在某些情况下，消毒措施能提供更进一层的保障。要做到有效杀菌消毒，需要能够广泛杀死多种微生物的药剂，但就以会碰触到食物而言，这些药剂还必须符合即使稍有残留也能保持食品安全无虞的条件。美国农业部与食品和药物管理局建议，一般家庭所用的、会接触到食物的器具与物体表面，应定期以含氯漂白剂（浓度约5.25%的次氯酸钠水溶液）消毒。含氯漂白剂能杀死大多数的细菌、病毒与霉菌，且快速、有效率、价格便宜，并很快能分解成无害的成分。只要消毒不会接触到食品的物体表面（例如你不会直接将食物直接接触台面或餐桌），所有市售消毒用品都可使用，但最好还是找有环保署注册号码的产品。

以下列举食物器具的消毒与杀菌细节，更多相关信息可参阅下册第2章《与微生物和平共存》。请记住，书中所建议的方法通常只是第二道防线，

食品安全守则摘要

◆ 洗手！

◆ 烹煮食物时温度要够、时间要足。

◆ 等待上桌的食物或是储存的食物，热食要维持高温（60℃以上），冷食要维持低温（4℃以下）。若食物维持在不适当的温度下超过2小时（或在32℃以上超过1小时），就不应食用。

◆ 迅速冷藏剩菜。

◆ 尽速冷藏或冷冻食物，并分成小量包装。

◆ 剩菜应重新加热到74℃以上。

◆ 解冻食物应放在冷藏室或冰水里，或以微波炉解冻，而不是放在台面上或处于室温。

◆ 避免交叉污染。

◆ 仔细清洗蔬菜与水果。

◆ 尽量不用双手直接碰触食物或处理食物，要使用器具。

主要在于辅助而不是取代原本的好习惯。这些消毒措施无法营造完全无菌的环境，但若搭配其他正确的习惯，便有助于减少细菌的数量，尤其是那些可能有害的病菌，让你吃得更安全。如需针对特定病原体，或处理会严重威胁健康的问题，应寻求医疗机构或公共卫生部门的专业建议。

□ 如何消毒接触食物的器具表面

所有会接触到食物的硬质表面与物品(如木质等)，基本消毒方式如下：[1]

◆ 第一，以热肥皂水仔细清洗表面，确保没有泥土或食物颗粒残留，然后以清水彻底冲洗。

◆ 第二，如果可以，将物品浸泡在消毒溶液里几分钟（以 1 茶匙家用含氯漂白剂加 1 升清水配制）[2]。如果是不能浸泡的东西，例如台面，可以将消毒溶液倒在上面留置几分钟。

◆ 第三，将物品从消毒溶液取出，风干或以干净的纸巾拍干。不要冲洗！

你可以用这种方式来消毒砧板、碗盘、器皿、洗碗槽、台面以及任何会接触生肉、生蛋或其他可能窝藏有害微生物的坚硬物体或表面。定期消毒所有砧板是个不错的做法，即使砧板没有处理过可能沾染危险微生物的生食，或是标示有抗菌功能，也都应该定期消毒（见第 216 页）。

□ 为什么这样做

消毒之前，必须先清洁，也就是先彻底以热肥皂水清洗，否则后续的消毒动作可能完全无效。一小块肉屑或一小滴酱汁里所能窝藏的细菌量，远比任何潮湿或未消毒过的台面要多。食物量越多，存留的细菌量也越多。更重要的是，食物颗粒、残留的溢出物及任何形式的菜屑残渣等有机物质会抑制某些抗菌产品与溶液的作用（如含氯漂白剂），影响其杀菌功能，详见下册第 2 章。因此，厨房里对抗病原体的第一道、也是最重要的防线，是一般的清洁，包括清理面包屑、食物碎屑、漏出的汁液、黏腻的台面等。

[1] 含氯漂白剂不可使用于铜、铝、银或非不锈钢的金属表面，可用于不锈钢，但时间不能太长。

[2] 你可以依据建议使用浓度更高的配方，但美国农业部表示这个配方就足以达到效果。浓度较高的溶液可能会有残留问题，或产生令人不悦的漂白剂气味。本书下册第 2 章，针对其他目的还提供了不同的配方建议。

清洁时要用点力气，用力擦洗碗盘，并用强力的水流冲洗。[1]还要注意的是，接触食物的表面在经过消毒后，不该再用水冲洗，任何在消毒后接触到物品表面的东西，都可能再次造成污染。因此，任何用于需要接触食物的物体表面的消毒剂，都不该残留有毒物质。

有些替代方法也是可行的，例如，《食品法典》，便允许用77℃以上的热水浸泡30分钟，来消毒会接触到食物的物体表面与器具。（须先以热肥皂水彻底清洗并冲洗，之后浸泡过热水后，也要自然风干）。

有些人会在用过砧板之后直接放进洗碗机中清洗，这样做可能有效（见下文"用洗碗机消毒？"）。不过，当你立即又要使用砧板，或砧板的材质不适合用洗碗机，或不知道洗碗机的温度有多高时，这样做就不切实际了。

以微波炉来消毒，理论上也是可行的，你可以参考报纸杂志上的建议，但我认为这不是明智的做法。目前并没有针对一般家庭使用微波炉消毒制订出任何可靠的指南，且当中还有相当大的不确定性。首先，每台微波炉各不相同，产生的结果也不一样。另一方面，多项研究显示，微波炉只对某些材质有效。例如，塑料砧板就无法借由微波加热到足以消毒的温度。微波炉的点状加热方式，也可能是个问题。在食品安全专家认同以洗碗机或微波炉消毒并提出一般家用的操作方式之前，以漂白剂消毒仍然是个既简单、效果又好的选择。

□ 食物可以碰触的物体表面有哪些？

食物只能接触经妥善保养并消毒的砧板，妥善洗净并风干的罐子、锅子、碗盘与器具，以及一些专为备制食物所设计的台面。不过，如果你想在工作台面上切菜或准备食物，你的家就应该遵守各项规定，严格保持清洁与安全。如果你在台面上切鸡肉，切完之后应彻底消毒台面，并遵守各项防止交叉污染的规则，谨慎加以保养，就像对待砧板一样。你还必须确认工作台面不曾接触以下物品：没洗过的手、报纸、杂志、杂货袋、玩具、书包、背包、钱包及公文包。这些物品都可能碰触过地板、地面、人行道或超市

---

[1] 研究发现，细菌能产生一种看不见的强力黏糊状外层或薄膜，称为生物膜（biofilm），即使在不锈钢这类坚硬平滑的表面也能黏附。光靠清洁剂或消毒剂之类的化学方法，无法完全移除细菌的生物膜，因为生物膜有阻止化学物质渗透的能力。强力流动的自来水或用力擦洗之类的机械力，才是清除生物膜的重要方法（"Microbial Attachment Similar for Wooden, Plastic Cutting Boards," Food Chemical News, September 30,1996.）。

的结账柜台。如果你不会在工作台面上处理食材，就没有必要这样严格要求，你也不需要太常消毒。以我的经验，为了使用工作台面，每次使用前都要消毒，这比使用清洁的盘子或砧板来处理食材要麻烦得多，而且还要担心不在家时有谁在台面上做了什么事情。不要忘记，厨房的工作规则需要家中所有成员共同遵守，才会发挥效果。

□ 使用砧板的注意事项

食品安全专家建议应该准备两个砧板：一个用来处理生鱼、生肉，另一个用来处理其他农产品。这种做法对于防范交叉污染相当重要，尤其能预防生食的食物不会被生鱼、生肉上的危险细菌所污染。塑料砧板与木制砧板究竟何者为佳，这项争议现在终于有了结论：塑料砧板似乎较佳。玻璃材质的切割表面，也比木质表面更适合生鱼、生肉，这是美国农业部近期的建议。不过农业部也认为，木质砧板若能专用于生肉，也是可以接受的。木质砧板的凹槽与孔洞可能藏有细菌。①

任何一块砧板，无论由什么材质制成，只要出现沟槽或割痕，就应该立即丢弃，因为会窝藏细菌与食物碎屑，让砧板更难清洗。为了保持砧板的清洁，美国农业部建议，每次使用后应以热肥皂水清洗，再冲洗干净，然后风干或用干净的纸巾拍干。无孔亚克力、塑料或玻璃的砧板，以及实木砧板，都可以放在自动洗碗机里清洗。附带一提，塑料材质的无孔隙表面虽然很硬，却是最卫生的砧板，但对你的刀子来说的确硬了点，因此会比木质砧板更快让刀子变钝。如果你用的是标榜"抗菌"的砧板，务必以同样方法清洁和消毒。这类砧板并不能让你免除一般的饮食安全习惯。（其抗菌的特性与效力目前还不清楚，但可以肯定的是，即使生鸡肉的病原体污染了这种砧板，也不会就变得无害）。

□ 消毒未接触食物的物体与表面

坚硬的物体与表面——不会接触食物的坚硬表面与物体，例如洗碗槽、台面、

---

① 几年前有数据显示，木质砧板比塑料砧板更卫生，美国政府为此指派下属单位着手研究是否属实。结果是否定的。美国农业部报告中写道："近日由食品和药物管理局旗下食品安全与应用营养中心完成的研究显示，要以冲洗方式将卡在木质砧板表面的微生物逐出是困难的。细菌一旦卡住便会进入休眠状态，待下次使用砧板，食材便可能遭受污染，造成食物传染疾病……然而，若为塑料砧板，微生物则很容易洗去。"

冰箱滴水盘等,使用的消毒方法可与一般会接触食物的坚硬物体表面相同。详见第 214 页。

排水管与垃圾桶——厨房洗碗槽的排水管、连接管及厨余处理器应每周消毒 1～2 次,通常在晚上清理完厨房之后进行,如此可助于控制异味并维持厨房的卫生。掉落在这潮湿环境里的食物碎屑,是提供微生物适当的栖息环境并大量滋生的源泉。受污染的排水管会增加食源性疾病的发生率,美国食品和药物管理局建议,在消毒排水管、连接管、厨余处理器时,可以 1 茶匙家用含氯漂白剂加 1 升清水配制成消毒溶液,然后倒入排水管中。或者你也可以使用任何市售的清洁剂,依照指示进行消毒。

厨房用巾——在厨房里,使用毛巾、布巾及抹布都不必太节省,应备有充裕的数量,只要有一点潮湿、脏污,就换一条干净的。又湿又脏的抹布容易滋生大量微生物,如果你使用一条被细菌污染的布来擦拭工作台面,等于到处传播细菌;如果你一天使用好几条厨房布巾,就是对的做法。洗碗巾、擦手巾、擦碗巾、围裙、锅垫、滤布、糕点布、抹布等都很容易清洗,只要用普通的清洗方式通常就能安心使用。清洗时以含氯漂白剂消毒,可以有效处理所有的厨房用巾。为此,建议你绝对不要购买不能漂白的厨房用巾(厨房毛巾、抹布以及各类布料的消毒,请见第 27 章《衣物的消毒》)。

刷子与刷锅钢丝球——刷子与各类锅刷等清洁用品,每次用过之后都应该以热肥皂水彻底清洗,除去所有食物残渣,并挤出多余的水,尽可能保持干燥。必要时以下述方式消毒:将刷子、刷锅钢丝球浸泡在由 1 茶匙含氯漂白剂兑 1 升清水配制而成的消毒溶液中,约 5～10 分钟后,沥除水分并风干。若发出异味,表示有细菌滋生,但没有异味也不能保证安全无虞。即使是所谓抗菌清洁工具也未必百分之百安全。所有清洁工具都应定期以热肥皂水清洗,仔细清除黏在上头的食物残渣,也应定期更换,不要用太久。

海绵与洗碗布——我不太喜欢以海绵作为居家清洗工具。海绵容易窝藏细菌,内部的空隙容易卡住微小的食物残渣,且经常处于潮湿状态。每次使用海绵清理厨房,滋生于海绵内部的细菌也跟着四处散播。不要用海绵来清洗处理生肉、生蛋或生鱼的器具，如果你还是选择用海绵来处理生食，务必在用完之后立即丢弃或消毒，否则只会污染所有碰过的东西。①就算你不认为曾用了海绵擦过什么有害物质，还是应该偶尔消毒。研究显示，海绵通常窝藏了大量可能有危险的微生物。

消毒海绵时，先彻底清除海绵里的食物残渣与污垢（记住，有机物质会让消毒剂的效果大打折扣）。用热肥皂水，双手反复挤压，以完全洗除里面的食品碎屑与所有有机物质，再彻底冲洗。然后在水槽里以4升水加3/4杯含氯漂白剂混合成消毒溶液，将海绵浸置五分钟，冲洗后风干。你可以用同样方法消毒洗碗布，放在阳光下晒干或以烘衣机烘干。

洗碗布与海绵，跟刷子与刷锅钢丝球一样，只要有异味就代表有细菌滋生，但如果海绵或洗碗布没有异味，也不表示安全无虞②，因此要经常清洗洗碗布。每次进行厨房清理或洗碗时，都需要准备一条以上的干净洗碗巾，并经常用热肥皂水清洗海绵。一块海绵也不要用得太久。

□ 用洗碗机消毒？

如果你是餐饮业者，又希望以洗碗机来消毒碗盘与餐具，根据《食品法典》，你必须先使用适当的清洁剂或其他化学物质，并将洗涤水的温度调至66～74℃（依洗碗机机型而定）然后让洗碗机以达到消毒温度的热水冲洗，一种是用77℃以上的热水浸泡30秒，另一种是加热到82℃以上。

多数家庭很难做到符合这些规定的要求，因为一般家用的洗碗机通常都不够热（我的洗碗机是在60℃清洗，并在70℃下进行"消毒性冲洗"）。有些洗碗机甚至无法加热，只能依赖热的自来水温度，通常是60℃，有些还更低。自动加热型洗碗机的温度可能更高些，也可能不会，至于温度能达到多高，甚至还要看自来水的进水温度而定。很少人会知道我们的机器应该加热到几度，也很难确定是不是真的有那么热。不过，即使你的洗碗机跟我的一样无法加热到82℃，却可能还是非常热，且碗盘经过机器清洗与干燥后，也是相当安全可用的，因为有加热、强力清洁剂及干燥的三重效果。此外，餐具与碗盘等坚硬、无孔的物体，如果没有什么污垢，以强力的热水清洗并彻底干

① 《食物法典》指出，海绵不能使用在干净的、消毒过的或正在与食物接触的表面。
② 市面上标榜"抗菌"的海绵，并不会散发异味，据说也含有抑菌物质。然而，抗菌海绵的含义并非杀死海绵表面的细菌。

燥后，细菌就难有立足之地。因此碗盘以家用洗碗机清洗是不需太过担心的。

让我担心的是以洗碗机清洗或消毒不适合放在洗碗机里的东西。我有朋友开始依照电视广告与报刊上的建议，以洗碗机来"消毒"厨房用的各类布巾、抹布、海绵，以及其他类似的柔软多孔材质，令我十分惊讶。在我看来，这种做法大有问题。洗碗机的设计，并不是用来清洗柔软、海绵状的物体，而是清洗一些坚硬、不会吸水或吸附食物颗粒的材质。海绵与各种布料经过洗碗机清洗后还是湿答答的，因为洗碗机与洗衣机不一样，并没有脱水程序。此外，这些柔软性物品除非先彻底清洗再放进洗碗机，否则卡在里面的食物颗粒，洗碗机是无法去除的。但就算你先清除了海绵里的食物碎屑，洗碗机运转时，其他脏碗盘上的食物碎屑难道不会跑进这些布巾里？如果有一两株细菌幸运通过了洗碗机的考验（如时间不够长或温度不够高，或刚好是一株强力菌种），这些海绵与抹布会立刻成为微生物的天堂，因为既温暖又有保护效果，内藏了大量食物与饮料，且没有其他微生物竞争。倘若你再把海绵布巾留置在洗碗机里隔夜，这些微生物便有足够的时间繁殖几百万倍。或者假设所有细菌都已杀死，但食物残渣仍卡在海绵与布巾中，那么一旦从洗碗机取出，便正好为附近伺机而动的微生物营造了充满食物的潮湿环境。

刷锅钢丝球、蔬菜刷、百洁布、海绵等清洁用具，往往会卡进许多食物颗粒。基于这种疑虑，我喜欢用手清洗这些器具，再浸入漂白剂溶液中消毒。

常见食品病原体指南

食物里的霉菌与真菌毒素

生长在食物里的霉菌也会产生有毒物质，称为真菌毒素，危险程度依种类而异。黄曲菌能产生黄曲霉素，是玉米、花生等食物中常见的霉菌，大麦、小麦及其他食品。这种毒素非常危险，中毒的急性症状可在吃进发霉食物后大约3周后发作，但一般认为，长期低量摄入也是相当危险的。黄曲霉素是公认的致癌物质，事实上，在老鼠的研究中，这是致癌性最高的物质之一。目前虽仍不清楚对人体是否也有致癌力以及程度如何，但一般怀疑与肝癌有关。除了急性的毒性，黄曲霉素对人体还有什么影响，目前也还不清楚。有些研究认为黄曲霉素会使肝硬化并加重雷氏症候群，并可能减弱免疫系统。其他真菌毒素也可能导致急性中毒，且被认为与食道、胃、肾、肝癌等癌症的形成有关，或造成不孕、肝病、肾病及其他疾病。

一般认为，在气候较为温暖、潮湿的地区，吃进真菌毒素而导致生病的可能性要比其他地方高出很多，因为这些地区的人们更容易吃进发霉的食物，且对人体健康所构成的危险与摄取量成正比，因此要尽量避免让霉菌存在于食物之中。几乎所有食物都会发霉：谷物、面粉、面包、麦片、果酱、果汁、畜肉、坚果、剩菜。发霉的食物如果出现不佳的外观、风味或气味时，就得扔掉，但有时被污染的食物尚未出现外观、风味或气味上的异常。苹果汁经常被发现含有低量真菌毒素，低到没有人可以尝得出来；一颗稍微发霉的花生若混在一瓶花生酱里，也可能永远不会被发现。此外，真菌毒素也可能存在于从来不曾发霉的食物里，例如，如果奶牛吃下了发霉的食物，所产出的牛奶与乳制品便可能含有黄曲霉素。因此，政府的管制是必要的，如此才能保护大家免于这样的危险。而在自家中，我们就得靠自己保护自己。

如果软质食物发霉了，全部丢弃！	软质或流质食物若出现发霉，即使只是细微斑点，都得全部丢弃。霉菌能长出肉眼不可见的菌丝，可能伸进软质或流质食物的内部，并四处散布毒素。软质食物包括果酱、果冻、糖浆、苹果汁、面包、派、蛋糕等烘焙食品；布里奶酪（Brie cheese）或奶酪片等软质奶酪或其他黄色软奶酪、酸奶油、酸奶、乡村奶酪、面粉、糕点、花生酱、热狗、培根、肉馅饼、已开封的罐头火腿、午餐肉及熟食，以及黄瓜、西红柿、菠菜、生菜、甘蓝菜等叶菜类蔬菜，还有玉米（包括带梗的玉米）、香蕉、桃子、甜瓜以及所有质地较软的水果，以及坚果、全谷与米等。
如果硬质食物发霉了，也许还有挽救的余地	硬质奶酪或萨拉米香肠[①]等硬质食物，有时可以只切除长霉菌的部分，但必须多切掉至少 2.5 厘米才安全（有些机构则建议切掉 4 厘米）。不过实际上执行起来，这通常等于扔掉整块食物，例如，如果一块奶酪原来只有 2.5 厘米厚，或者如果有 5 厘米厚但上下两面都已发霉。质地够硬、适用于这种处理方式的硬质食物包括：硬质奶酪（瑞士、切达）、硬质水果（苹果、梨）以及硬质蔬菜（马铃薯、芜菁、欧洲防风草、胡萝卜、包心菜、青花菜、菜花、球芽甘蓝和甜椒等）。

① salami，即意大利腊肠。

要防止在家中不慎吃下真菌毒素，扔掉发霉的食物，并仔细检查所有储存的食物，确保尚未发霉。就算是一点点的发霉迹象也应立刻采取行动，且不要去嗅闻发霉的食物，因为孢子可能诱发呼吸道疾病。如果在一盒谷片、蛋糕预拌粉、面粉或其他谷物里发现霉菌，请丢弃整盒食材。千万不要吃下任何发霉或干瘪的花生。避免购买在发霉前用不完的食材，就能减少浪费。或许你有时可以挽救部分的发霉食物，但大多时候是没办法的。

真菌毒素不容易因为冷冻或加热而死亡，因此，受污染的食物就算煮过也不见得安全（经烹调之后约20%～80%仍可能存活），因此只能靠防腐剂。有些食品添加物可以抑制霉菌的生长，包括亚硫酸氢钠、山梨酸盐、丙酸、硝酸盐，以及一些食物中的天然物质，例如辣椒、芥末、肉桂及丁香。尚未以防腐剂处理过的面包很容易发霉并产生真菌毒素，尤其是在温暖的气温下，这种状况称为麦角中毒（ergotism）或圣安东尼之火（st. Anthony's fire），常见于中世纪的欧洲，病因是长在黑麦面包里的霉菌所产生的真菌毒素所造成。面包发霉也可能产生黄曲霉素。如果你买了不加防腐剂的面包，最好冷冻储存，要吃的时候再以微波炉解冻。

盐与糖对霉菌的抑制作用，效果远不如对细菌那么显著。霉菌能在酸性介质中生长良好，这跟大多数的细菌非常不同。霉菌能够分解酸性物质，因此发霉的食物有时也会变得不那么酸，然后再遭到细菌污染。

☐ **细菌**

仙人掌杆菌——这是自然界广泛存在的细菌，可能造成一种病程相当短（最多持续1天）的疾病。仙人掌杆菌有两种菌株，其中一种会造成持续约1天的腹泻（大约在吃下后8～16小时发作），这种细菌所产生的毒素相当不耐热。另一种菌株会导致呕吐，也是持续约1天（在吃下1～6小时后发作），并产生一种耐热的毒素（但目前还不清楚这种耐热的毒素是产生在食物中还是肠道中）。食物在端上桌之前放置过久，便可能出现仙人掌杆菌，容易污染的植物性食物有谷片、玉米／玉米淀粉、面粉、米、炒饭，以及烘焙食品、马铃薯和冷汤等。但有时候动物性食品、熟的蔬菜、冰激凌、牛奶、木薯及某些甜点也可能发生，原因是食物留在危险温度区的时间太长（例如冷却得太慢）。这种细菌会形成具有坚硬保护壳的孢子（见第202～203页）。

空肠弯曲杆菌——这是一种可能会污染许多动物性食物的细菌，包括未经高温灭菌的牛奶、奶酪及鸡肉。这种细菌很容易被热、酸、盐及干燥杀死，因此一般食品安全的做法都可达到抑制效果。然而，近年来空肠弯曲杆菌在美国和世界各地造成多起严重腹泻案例，程度胜过沙门菌感染。这是因为这种杆菌在食物中分布相当广泛，只要吃进微量便会导致感染。通常在3～5天内发病，持续时间长短不一，症状从轻微到严重都有，对老人、幼童、抵抗力较差者更容易造成伤害。一般中度到严重的症状可能包括疲倦、发烧、呕吐或严重便血，某些情况下还会发生菌血症（bacteremia）、赖特症候群（Reiter syndrome）、格林巴利症候群（Guillain-Barre syndrome）或尿道感染。通常在数日到1周内痊愈，但有些病例的病程更长，且可能引起严重并发症。这种细菌不会形成孢子，通常透过感染致病。

肉毒杆菌——肉毒杆菌中毒很少发生，但非常危险，因此每个家庭都应该有基本认识。肉毒杆菌所产生的神经毒素会攻击周遭神经系统，是目前已知最致命的物质之一。治疗方式是施打抗毒素，但必须迅速处理。肉毒杆菌普遍存在于自然界，包含土壤、水、植物、动物及鱼类身上，其孢子是无害的，但进入食物里遇到适当的生长条件时，孢子便会发芽，产生致命毒素。有利肉毒杆菌生长的条件包括：低酸性（pH值4.6以上的环境）、4～49℃的温度范围，以及缺氧的环境。

肉毒杆菌中毒通常在食入毒素12～36小时之后发生，症状包括虚弱、头晕、嗜睡，接下来是视力模糊或复视、唾液分泌减少、声音沙哑及极度口干。病患死亡的原因是横隔膜瘫痪导致无法呼吸。只要吃下微量的毒素就可以致命，因此千万不要用试吃的方式来检查食物是否腐坏，尤其是自家腌渍的罐装食品。将食物煮沸10～15分钟可以破坏毒素，但杀不死孢子！最常见的原因是在自家做罐头食品时没有妥善处理，热度、压力或时间不足以杀死孢子，接着就会在罐子与瓶子这种密不透风的环境下发芽并产生毒素。之后倘若未经完全煮沸吃了罐内的食物，中毒就会发生。最常造成中毒的通常是低酸度的罐头蔬菜，例如青豆、玉米及菠菜，还有鱼、水果、辣椒或辣椒酱等调味料，以及西红柿制成的佐料。另外就是冷汤、鲔鱼或蘑菇这类未必会煮熟才下肚的食物。由于自制的罐头目前仍然是造成肉毒杆菌中毒的常见原因，因此专家建议所有自制罐头食物都应该先煮过再吃。

一般市售罐头是相当安全的，很少是肉毒杆菌中毒的原因。不过，还是偶尔会遇到坏掉的罐头食品。我曾在自家的食物储存柜层架上发现一罐膨胀的绿色辣椒罐头，我也有朋友在打开罐头的刹那，因罐中充满了气体，内部的液体便喷溅而出。当你购买罐头或打算自制罐头食品时，应留意以下警讯：

◆ 罐子、容器或顶盖出现凸起、损坏、破裂，或有液体漏出
◆ 打开容器时，内容物喷出或变成泡沫
◆ 食物的气味或外观有异常

近几十年来曾出现几次不是由罐头食品引起的肉毒杆菌中毒，非常令人惊讶，因为有利于肉毒杆菌生长的厌氧环境相当少见。这些案例的共同点是，生鲜食物存放温度或备制烹调温度不当。其中一个案例是，马铃薯用铝箔纸包着烤熟，然后在室温下放了好几天，而铝箔纸显然在马铃薯周围创造了厌氧环境。另一个案例是，欧洲航线的班机上所供应的真空包装沙拉。厨房刻意将盛装沙拉容器里的氧气抽除，以延长沙拉的保存期限，而后沙拉被置放在温度超过 4℃ 的条件下。因真空包装的烟熏鱼肉所导致的肉毒杆菌中毒事件也时有所闻，其中有一起发生在美国，造成 7 人死亡，原因是烟熏及腌制的过程没有充分杀死鱼肉里的肉毒杆菌，制成的成品又被留置在温暖的温度下。还有一宗案例与加了大蒜的调味油有关：腌泡大蒜的油在大蒜周围营造了厌氧环境，而后调味油又储放在室温之下，细菌因此得以滋生。因此不要事先调制没有要立即食用的调味油，否则也应存放在冰箱里。

产气荚膜梭菌——这类细菌跟肉毒杆菌一样，广泛存在于自然界（在土壤、尘土、空气、污水、人类与动物粪便、生食里），并会产生孢子。畜肉与畜肉制品（未必是腌渍的肉品）、肉汁及炖菜等，都是产气荚膜梭菌常见的中毒肇因。此外，这种细菌的中毒原因跟仙人掌杆菌一样，大多是因为餐食服务方式不当，食物煮熟后放置过久，没有立即食用所造成。原因也通常是冷却过慢、不当温度下长期储存，或没重新加热到足够的温度。

虽然产气荚膜梭菌不会在食物里产生很多毒素，却会在人体肠道内产生毒素。通常在吃下大量菌体后的 8～24 小时内出现腹泻症状，病程持续约一天。这种细菌较为温和，身体较弱的人才会比较严重，病程也不会持续很长。

大肠杆菌——近几年来，这种细菌受到媒体高度关注。大多数种类的大肠杆菌生长在人类与动物的肠道，通常无害。但现在普遍认为，致病性的大肠杆菌菌株，是在外旅行的人发生腹泻的常见原因。

有种类型的大肠杆菌所引起的腹泻，轻度到重度不等，并可能伴随粪便出现血液或黏液、腹痛及呕吐等症状。其中，O157：H7型大肠杆菌就曾经引发致命疫情。这种大肠杆菌可能导致带血的腹泻与痉挛，主要发生于成年人，儿童则可能产生溶血尿毒症候群，特点是急性肾功能衰竭、溶血性贫血（红细胞数减少）以及血小板减少，进而可能导致肾脏损伤甚至死亡，而孩童、老人、病人及抵抗力弱者特别容易受到伤害。O157：H7型大肠杆菌能透过未煮熟的碎肉、生乳、软质奶酪（有一次疫情是布里奶酪所造成）、生菜、未经高温灭菌的苹果汁及苹果酒而散布，也可能透过鸡肉感染。大肠杆菌不怕冷冻，但很容易用高温杀死。卫生习惯很重要，尤其要充分洗净双手。一般的安全饮食习惯，尤其是将碎肉烹煮到建议的安全温度，以及避免因为砧板使用不当造成交叉污染，都是很好的防护措施。

李斯特菌——这种细菌到20世纪80年代才受到重视。水、土壤、污水、人类及动物，包括家庭宠物，都可能带有这种细菌，施用粪肥的蔬菜也可能带菌。在加拿大发生过的一次疫情，起因就是以施用过粪肥的结球白菜制成的凉拌菜丝。1979年在波士顿多家医院发现的疫情，也是由芹菜、西红柿及生菜做成的摆盘配菜所引起。巧克力牛奶、生乳、软奶酪、鱼、畜肉（尤其是香肠与熟食）及鸡肉都有受污染的案例。这种细菌能耐受加工，不怕冷冻、直射的阳光及长波紫外线。李斯特菌跟小肠结肠炎叶尔钦菌（见下文）一样，能在冷藏温度下生长，但速度缓慢。李斯特菌在0～42℃时都能生长，在30～35℃下增生特别迅速。在5℃以下生长极为缓慢，且无法在中度酸性的环境下生长。

李斯特菌虽然是普遍存在的细菌，但感染案例不常见，因为人们只有在吃下大量的高致病性菌株才会生病。其之所以受到高度关注，是因为某些菌株类型经常造成致命。孩童、老人、孕妇、病人等抵抗力弱者，都是最可能的受害者。怀孕期间感染特别危险，有时还造成早产或生下不健康的婴儿。

李斯特菌会引起轻微的类流感症状、脑膜炎及败血症。在身体虚弱的人身上，更可能导致严重的并发症。李斯特菌的潜伏期范围很广，从1～90

天不等，常见的是数周。美国疾病管制中心估计，美国一年有 1700 个案例，其中大约有 450 个成年人与 100 个胎儿或新生儿因李斯特菌死亡。预防方法是将食物储存在非常低温的环境，并遵循饮食安全习惯，包括不让食物处于危险温度区，食用前充分加热等。彻底洗净蔬菜更是有百利而无一害。

沙门菌——沙门菌是美国最常见的食物中毒原因之一，可能导致食物中毒的就有好几千种。伤寒热也是沙门菌感染的一种（由伤寒沙门菌 S. typhi 所造成）。这些细菌能在人体或动物体的肠道内以及生肉里生长。可能的带源者，包括处理食物的人、宠物（狗、猫、鸟、乌龟、鱼、鬣蜥蜴）、啮齿类动物及苍蝇与蟑螂等昆虫。最常引起沙门菌中毒的食物包括禽肉、生蛋及含有这些食材的食物（填充在鸡、火鸡内部的馅料，由鸡肉与火鸡肉制成的沙拉，以及蛋挞、鲜奶油蛋糕、蛋酒、蛋黄酱和自制冰激凌），还有畜肉及含肉的食物（派、肉饼、香肠、辣肉酱），以及牛奶与乳制品，通常是生乳或奶酪，或以这些原料制成的食品。

沙门菌不会产生毒素，但会借由感染人体而引起沙门菌症。症状通常在一天之内发作，持续一至两天，可能症状有腹泻、痉挛、恶心及呕吐，有时也会畏寒、发热，或在粪便里有黏液、血。孩童、老人、病人及抵抗力弱者，对这种细菌比对其他细菌更难招架。有些菌株在感染后会造成较严重的症状，有些则对抗生素具有抗药性。沙门菌造成死亡的案例非常罕见，只有身体虚弱的人比较有可能；但症状也可能很严重，且有严重并发症的危险。遭沙门菌污染的食物是看不出、闻不出、吃不出异状的，但这种细菌很容易因加热死亡，因此按照一般饮食安全规则，就可防止感染。

痢疾杆菌——痢疾杆菌来自人类，是引起痢疾的元凶。痢疾与糟糕的卫生条件脱不了关系，传染途径包括人传人，或经由受污染的水、食物与苍蝇。餐饮食品业者若卫生习惯不佳，便可能把细菌传播到食物，尤其是经过较多处理程序的食物，如马铃薯沙拉、鲔鱼沙拉、通心粉沙拉、鸡肉沙拉、虾沙拉，以及没有保存在安全温度内的食物。一般的安全烹调与储存就能遏止，而个人的卫生习惯也是很重要的防范措施。虽然痢疾杆菌引发的感染通常比一般沙门菌严重，但并不常见。在美国，每年约有 15000～20000 件感染案例，其中大多是两岁以下的孩童。症状包括腹泻（通常带血）、腹部疼痛、发烧及呕吐，发病从 7 小时至 7 天不等，大多数病人的症状会持续数日。

金黄色葡萄球菌——这种细菌是一种常见的食物中毒元凶，来自人类与动物。一旦污染食物，会产生一种热稳定、无色、无臭、无味的危险毒素。金黄色葡萄球菌在高糖或高盐的蛋白质食物中能生长良好，如牛奶、乳制品、蛋挞、含奶的烘焙食物、布丁、畜肉、沙拉及各种派。切片火腿以及以自助餐方式供应的类似食物，往往在室温下置放过久，而这也是这种细菌引起食源性疾病的主要源头。经过多道处理程序或很多碰触机会的食物更容易窝藏细菌，进而产生毒素。由毒素引起的不适症状通常在吃进后的两三个小时内迅速发作，病程也大多非常短暂（1~2 天）。

金黄色葡萄球菌感染症状包括恶心、呕吐、痉挛、腹泻、头痛、虚软无力、畏寒及发烧，但很少有人因此死亡。保持洗澡与洗手等良好个人卫生习惯，是个重要的预防措施。避免用手触摸鼻子、嘴、头发及皮肤有伤口感染的地方；不要对着食物咳嗽或打喷嚏；处理食物时应使用工具，避免用手；不要用手指蘸食物试味道；如果手上有伤口，务必戴上塑料手套。务必遵循一般饮食安全规则。

霍乱弧菌——这种细菌是霍乱的病因，典型症状包括腹泻或带血的腹泻、恶心及呕吐，并可能导致严重脱水至死。遭到人类排泄物污染的水源，是霍乱感染的主要来源，鱼类与贝类则是最常见的带菌者，但其他食物也有可能。目前全世界仍有周期性的霍乱流行，这是一种危险的传染病，不过在美国较为罕见。加热烹煮能杀死霍乱弧菌，但烹煮食物时间必须够久。

肠炎弧菌——这种细菌通常会污染螃蟹、牡蛎、虾、龙虾等海鲜，人们若吃进了未煮熟的海鲜，或者煮熟的海鲜受到未煮熟海鲜的交叉污染，便可能造成中毒（在市场购买煮熟的鱼虾时，要注意摆放位置是否太靠近生鱼，或是否会被生鱼落下的水滴到）。一般的烹调方式很容易杀死肠炎弧菌，正确的烹调方式（例如贝类只煮到外壳刚打开时是不够的）以及谨慎冷藏，并遵照一般饮食安全规则，便能有效防止。肠炎弧菌的潜伏期通常为 9~25 小时，但可能从 2 小时到 4 天不等。症状包括严重腹痛、恶心、头痛、畏寒及发烧。通常 3 天后可痊愈，不过有时可能长达 8 天。

创伤弧菌——创伤弧菌是新兴的病原菌，对抵抗力较差的人非常危险，特别是有肝病的人。创伤弧菌生长在水中，会透过未煮熟的海鲜（特别是牡蛎与蛤蜊），传染给人类并致病。只要充分加热便能杀死创伤弧菌。蒸煮贝类只煮到外壳刚打开是不够的，必须再继续煮 3～5 分钟。创伤弧菌通常只会感染有潜在疾病或抵抗力较弱者，但这些体弱的人一旦感染，死亡率也高得吓人，约在 40%～60% 之间。

感染创伤弧菌初期会感到莫名不适，然后畏寒、发烧，并全身虚弱。有时（但不一定会）会呕吐及腹泻。有肝病的人因这种细菌死亡的概率，几乎是一般人的两百倍。为了预防感染，切勿生食牡蛎或其他海鲜，且应充分煮熟。小心避免交叉感染，并遵守所有饮食安全规则。

叶尔钦肠炎杆菌——叶尔钦肠炎杆菌同时存在于动物体内与水中。这种杆菌从 20 世纪 60 年代末至今，在全球的发病率大幅提高，并大约在 20 世纪 70 年代开始受到人们关注。致病的菌种污染了巧克力牛奶、生乳（羊奶与牛奶）、奶粉，甚至某个工厂里一批经高温杀菌消毒过的鲜奶。此外，装在受污染的水里的豆腐、畜肉、禽肉、鱼肉、野味、蔬菜以及饮用水等，也都是污染的来源。叶尔钦肠炎杆菌在冷藏室中也能增生，但速度缓慢，而温度超过 60℃ 就能杀死。

这种细菌很少致命，但对抵抗力差的人（孩童、老人、病人）仍相当危险，可能造成严重的并发症。这种细菌造成的感染最常见于 7 岁以下孩童，潜伏期大约 1～11 天（通常为 2～5 天），整个病程可以持续 5～14 天。不仅会造成腹泻及剧烈腹痛，更甚者还可能出现败血症、脑膜炎、关节炎或其他严重疾病。遵守一般饮食安全规则与养成良好的个人卫生习惯，是最重要的预防方式。

□ 原生动物

弓形虫、肉孢子虫、梨形鞭毛虫、痢疾变形虫、隐孢子虫、环孢子虫等，都是可能导致食源性疾病的原生动物（单细胞动物）。痢疾变形虫是导致阿米巴痢疾的来源；隐孢子虫病在健康的成年人身上造成的病症多半仅限于腹泻，只有免疫力低或其他体质较弱的人，才会发生严重的问题；梨形鞭毛虫会引起腹泻、痉挛及恶心。因原生动物所造成的食源性疾病远低于由细菌引起的疾病，然而，因隐孢子虫而发生的感染情况似乎还在增加。1993 年在美国密尔瓦基市曾出现一次大规模的流行，起因是这种微生物污染了城市的供水系统；而环孢子虫这种新兴的病原体，经常出现在 20 世纪 90 年代的新闻报道里，但在此之前人们完全没听过这种病。1996 年，至少有 20 个州上千人因为环孢子虫感染而生病。潜伏期约为 1 周，会导致严重的腹泻与痉挛，通常也造成体重骤降。与其他类型的食源性疾病不同的是，这种病程可能持续数周甚至数月。一如所有的食源性疾病，隐孢子虫与环孢子虫引起的感染，对体弱的人相当危险。

弓形虫病通常是因为食用生的畜肉（特别是猪肉或羊肉）所造成，或者是因为接触猫的粪便或猫砂而感染，这也是孕妇应远离猫砂的原因。虽然在健康的成年人体内，弓形虫只会造成轻度的类流感症状，但抵抗力较差的人可能病况严重。严格遵守安全的饮食习惯，并避免接触猫砂、粪便，是最好的防范之道。冷冻无法杀死弓形虫，但加热可以。这些原生动物都可借由烹调杀死。吃生肉与未完全煮熟的食物会造成感染：如饮用水与生香肠（隐孢子虫）；草莓与蔬菜沙拉（梨形鞭毛虫）；生的或未经煮熟的牛肉与猪肉（肉孢子虫）；覆盆子、罗勒（或以其制成的青酱）及生菜（环孢子虫）。在世界各地，受污染的水与其他食物也都可能是感染源。生鲜蔬果经常会带有这些生物体，因此必须仔细清洗。

□ 病毒

食物能传播许多病毒，其中最受瞩目的是 A 型肝炎病毒、诺沃克病毒及轮状病毒。这些病毒通常会造成呕吐，有时还会导致腹泻或发烧。受污染的水是常见的原因，鱼类，特别是来自寒冷北方水域的鱼类，也可能受病毒污染，因此生海鲜是造成人体感染的主要来源。昆虫与啮齿类动物也会带有这种病毒，另外有些是冷食（如沙拉与糖霜）所造成。蔬菜如果以污染的水灌溉，或以人类排泄物施肥，可能受到肝炎病毒污染，例如曾有来自墨西哥的草莓造成了肝炎疫情。牛奶也可能携带肝炎病毒（高温消毒无法彻底杀死病毒）。由受感染的人处理的食物，若之后没有彻底煮熟，也可能传染病毒。

有些病毒要在超过 65℃的温度下才会被杀死，有些则必须加热到沸腾。蒸煮贝类若只煮到贝壳刚打开是不够的。酸度能够抑制病毒活性，而亚硫酸盐、抗坏血酸等添加物也有同样效果。冷冻能杀死一些病毒，但有些病毒可借由冰来传染。一个官方机构表示："将贝类放置在无菌水中 48～72 小时，虽能有效防止细菌，但对病毒无效。"卫生条件差通常是导致食物遭病毒污染的原因。洗手并采取有效的交叉污染防制措施，都是较为重要的预防方法，因为有些类型的病毒能够耐热。

☐ 寄生虫

旋毛虫是引起食源性疾病寄生虫中最常见的一种，会引发旋毛虫病，当有人吃下含有旋毛虫幼虫的畜肉时（通常是猪肉）便会感染。被吃下的旋毛虫幼虫会在受害者的胃里成熟，并在肌肉组织中形成新的囊胞。早期症状包括腹痛、恶心、发烧、腹泻，而后出现肌肉疼痛、触压疼痛及疲劳。这种疾病若未经治疗是非常危险的。现在猪感染旋毛虫的情况比以前少，但在美国，每年仍有约 50 个旋毛虫病案例。加热至 71～77℃，或在 -12℃ 以下冷冻 20 天都能杀死旋毛虫。

绦虫与吸虫可能经由全生或未经煮熟的畜肉与鱼肉感染人体，线虫、异尖线虫则可能透过生鱼感染。适当烹煮就能防止这些寄生虫感染。

▌ 受污染的食物应如何处理

如果发现疑似污染的食物，可参考下页美国农业部所建议的处理方式。

如果有以下情形，致电当地卫生部门：

◆ 疑似污染的食物在某个大型聚会中供应。

◆ 疑似污染的食物来自餐馆、熟食店、路边摊等贩卖食品的地方或厨房。

◆ 疑似污染的食物是在零售商店里备制与包装。

◆ 疑似污染的食物是一般市售的产品。

打电话时应准备好以下信息：

◆ 你的姓名、地址、电话号码。

◆ 发生状况的活动名称与地址，或者可疑食物的购买或消费地点。

◆ 食物的购买日期与食用日期。

◆ 如果可疑的食物是市售产品，在打电话时应将容器或包装留在手边作为参考。大多数畜肉与禽肉产品都有检验标章，以及显示生产日期的产品代码。在追踪污染来源时，这些信息是非常重要的线索。

安全地处置可疑的食品：

◆ 要处置可能遭污染的自制罐头食品时，最好将食物封存在原来的容器中，放进厚垃圾袋里，在袋子上标示"有毒"，并放置在一个不会让流浪汉、儿童或动物可以取得的垃圾桶里。

◆ 如果可疑的罐头食品曾在你家的厨房打开过，应彻底刷洗开罐器或其他可能碰触过食物或容器的用具、容器及台面。用来清理的海绵或抹布也都应该丢弃，并彻底洗净双手。

◆ 尽速清洗可能遭食物汁液溅到的衣物。

保存证据：

◆ 如果可疑食物还有剩下，请严密包裹在厚塑料袋里，并存放在标示着"危险"的牢固容器中，置于冰块上。写下这个食物的名称、食用时间以及发病日期。容器的存放地点应远离儿童、宠物及其他食物，不要放在会被误认为可食用食物之处。这些采样可能非常有用，可作为医务人员治疗的参考，也有助于卫生当局追踪问题根源。

◆ 如果原包装的容器还在，同样要保留下来。上面可以找到制造这些产品的工厂代号。

▎减氧或气调包装食品

许多市售食品都采用"减氧包装"（reduced-oxygen packaging, ROP）或"气调包装"（modified-atmosphere packaging, MAP）。ROP 食品往往需要继续冷藏，无论在商店里还是消费者家里，而且必须在包装上打印的日期前食用完毕。有些 ROP 食品是预煮过的，但有些不是；有些在开封后需要冷藏，但可能看起来不像需要冷藏的食物。务必依照包装上的说明，包括冷藏方式、日期及烹调方式。

ROP 食品实际上指的是好几种包装技术，这些技术都是减少或消除包装袋里的氧气，并部分或全部以其他气体取代，如氮气或二氧化碳。减少氧气的效果，是要创造对许多微生物生长较为不利的环境，以延长食品的保存期限与储存质量。ROP 产品不代表可以存放在食品储藏室的层架上不必冷藏，也不能像罐头食品一样可以存放很久。

ROP 技术包括以下种类：

◆ 速凉：使用塑料袋包装，包装时抽走空气，装入加热煮熟的食物。

◆ 置换气体包装（CAP）：置放于装有能吸收氧气的药剂或能排放气体的袋子，让食物在保质期间都处于减氧状态下。

◆ 气调包装（MAP）：将产品包装在氧气比例较一般低的气体里。一般空气中含有 78.08% 的氮，20.96% 的氧以及 0.03% 的二氧化碳。

◆ 真空低温烹调（方法是将半熟的食品以真空包装、快速冷却，开封之前则要加热到指定温度。许多餐馆，甚至一些你认为很昂贵的餐馆，都会用真空低温包装食物来作为开胃菜或主餐的一部分）。

◆ 真空包装（减少空气并密封包装，以营造几近于真空的状态）。

有些在超市贩卖的食物会采用 ROP 包装，但这些产品的标签上并没有标示。此外，务必要仔细阅读标签，以确定该项食物是否需要冷藏。

事实上，ROP 食品正让食品业者面临复杂的食品安全问题：存放在无氧环境下的低酸度 ROP 食品，正面临一个可预见的问题：肉毒杆菌正是生长在无氧环境下，而有些 ROP 食品的处理方式无法杀死这种细菌的孢子。保持低温能有助于抑制细菌生长，但若冷藏不当，将会促进细菌成长，分泌出致命的毒素。ROP 食品虽能抑制腐败菌生长，但腐败菌能借由异味、腐烂、或变成泥状来提醒你食物有问题。换句话说，ROP 食物即使已经有致命危险，外观上看起来可能还是完好无缺。有些 ROP 食品中也有一些其他令人担忧的细菌，例如李斯特菌等在低温下仍会缓慢增长的细菌，就会因产品的保存期限变长，而有更多时间可以增生。ROP 食品如果储存在不适当的温度下，病原体可能达到危险的标准。食品工业对这些问题的解决方式，往往是以低温以外的方式来阻止细菌生长，例如盐或酸。但是，有些 ROP 食品除了低温以外没有其他抑菌措施，因此在某些情况下，"使用期限"变成一种重要的后备保护。

同时，研究也显示"储存温度不当"通常都发生在零售场所与家里，而许多家庭的冰箱也没能保持在可以安全储存 ROP 食品的低温。《食品法典》将 ROP 列为安全的包装方式，前提是要由训练有素的人员进行适当处理，加工过程中没有遭受污染，且无论加工、包装、配送及储存（包括消费者家里的储存）过程中，全程都要经过适当的冷藏。虽然近年来由ROP食品引起的食物中毒事件似乎不多（之前曾发生真空包装的鱼导致中毒，造成数人死亡），一些专家仍担心，除非人们能更加注意ROP食品的冷藏方式，否则，可以预期一定还会发生类似案例。

购买ROP食品时，有一些安全准则可以参考：

◆ 不要购买过期的ROP食品，买回家后也要严格遵守包装标示的日期。

◆ 仔细阅读标签上的指示，并依照指示小心储存（在冷藏室或冷冻库）。

◆ 仔细检查超市冰柜里的ROP食品，并确定摸起来够冷。务必只在信誉良好的超市购买ROP食品，并注意观察超市的工作习惯。

◆ 需要冷藏的ROP食品，买回家后一定要小心冷藏。

◆ 如果ROP食品里面含有预切的水果、沙拉或蔬菜，开封之后应尽快食用。切开的农产品对细菌不具有天然的抵抗能力，将会迅速腐坏。

◆ 如果蔬菜沙拉装在密封包装里，并标示着"已清洗"及"立即可食"，你就不必再洗过，可直接食用，特别是信誉良好的大型食品公司的产品（即使如此，如果这些食物要给抵抗力较弱的人，如孩童、老人、病人或抵抗力弱者食用，我还是会再洗过）。没有标示"已清洗"或"立即可食"的则务必清洗再吃。如果是散装、开架展售，或没有放在密封包装里的绿色蔬菜，即使标示"已清洗"，买回家后还是要重新洗过。

◆ 烹调时请确实遵循标签上的说明，若要冷冻，买回家时立刻放入冷冻库。

▌烹饪过程的副产品：安全地烹饪肉品与油脂

如果你用煤气炉煮食，要将炉火调整在适当状态，以防产生一氧化碳。研究显示，煤气炉燃烧的副产品（如二氧化氮）可能会加重气喘、增加呼吸道问题及影响肺部功能。有些厨房的空气污染也是来自烹调过程，例如烟雾或油与其他食品的微粒。尽可能保持开窗，并确定炉灶有个对外的排气口，如此能显著降低空气中可能的刺激物。

研究显示，某些烹饪方式可能会让肉类产生致癌物质。高温烹调会让肉类产生异环胺（HCAs），这是一种可能的致癌物质，虽然风险多高尚未确定。但确定的是，烹调的温度越高、时间越长，异环胺的生成量越高。在各种烹调肉品的方式当中，油炸、炙烤及熏烤，特别是木炭烧烤，会产生较多的异环胺。若是以微波、炖、煮、水煮等方式烹调，则较不会形成这类物质，原因是这些烹调方式的温度通常不会超过100℃。若使用烤箱，异环胺的生成量则介于上述两者之间。

先在微波炉里将肉品煮到半熟，再以其他方法烹调，能有效减少异环胺的生成。肉品冷却过程中所产生的液体也含有异环胺的前驱物，如果倒掉，之后烹煮肉品所产生的异环胺也会降低。不想吃下太多异环胺的人可尽量吃5分熟而非全熟的肉，并避免以烧烤时滴下的肉汁来制作肉汁酱。

同样地，烹调脂肪与油类时，温度越高，产生的致癌及不健康物质也越多，这些物质不但存在于空气之中，也留在食物里（这也是除了控制体重及维持心脏的健康之外，应该选择瘦肉并切除所有可见脂肪的另一原因）。由脂肪及与油类分解而生成的有毒（且味道不佳）化合物，通常在温度达到"冒烟点"时产生。因油温过高而产生烟雾，是每一位厨师都熟悉的景象。你可以选择冒烟点较高的食用油。一般而言，植物油的冒烟点比动物性油脂来得高，然而芝麻油、冷压初榨橄榄油等，冒烟点比猪油与奶油低，大约在177～204℃之间；而无水奶油、印度酥油及非冷压初榨橄榄油，冒烟点则比一般奶油与冷压初榨橄榄油来得高。花生油、红花籽油、葡萄籽油、菜籽油以及玉米油，冒烟点都较高，大约在227～230℃之间。

油脂只要放置一段时间，便会氧化而产生哈喇味，烹煮过程也会让脂肪迅速氧化。不要重复使用烹煮过的油脂。传统上习惯把装了油脂的罐子放在炉灶上，反复把油倒出、倒进，连续使用数周，是非常不健康的做法。

CLOTH
衣物篇

14

居家常见布料

❖ **梭织与针织**

  ☐ 线程数或织物经纬密度

  ☐ 平纹梭织、斜纹梭织及缎纹梭织

  ☐ 其他常见梭织

  ☐ 针织

  ☐ 纬编针织

  ☐ 经编针织

❖ **纱线结构**

  ☐ 粗梳与精梳；短纤纱线与长纤纱线

  ☐ 捻合

❖ **纤维成分**

  ☐ 天然纤维 vs 合成纤维

  ☐ 纤维成分等因素对布料性能的影响

❖ **布料术语词汇表**

大多数家长一定都有这样的经验：孩子强烈依恋着一条心爱的毯子，或一条破烂不堪的布尿片。这是心理学家所谓的"过渡物"，他们用这听起来冷冰冰的名称来称呼孩子钟爱的物品，并认为这是试图借由创造母亲的象征来取得心理慰藉。布类或其他同样柔软、毛茸茸的物品，免不了成为婴儿心中母亲的象征，因为从出生的那刻起，母亲就是透过毯子与尿布触摸孩子。事实上，孩子基于对安全与感情的渴望所创造出来的第一个杰作，就是把旧旧脏脏的布料转化成某种能满足此一渴望的东西。

我们成年之后，布料所扮演的角色依旧糅合了美学与功能。各种布料，从东方地毯到闪闪发亮的织花桌巾，都是家居生活美学最主要的元素。同时，布料的保护功能与舒适感也是家里其他物品所无法提供的：布料能遮蔽我们的身体与周遭物品，挡住冷、热、灰尘、潮湿、空气及阳光，并防止坚硬与粗糙的表面擦伤或刮伤。宜人的床单、柔软的地毯、透进布料的光线、结子花线制成的家饰布以及厚暖的毛巾，都能激起人们感官的共鸣，带来情感上的温暖与安全。借由这一连串复杂的回忆与联想，最后联结到人们初生时透过布料首次感受到的舒适、安全、爱及温暖。

所有人或多或少都会成为布料行家，但今日，我们在品味上往往已麻木且没有主张。基于各种因素，大多数人对布料的常识已经远不如过去的人。我们可能在看到或摸到时觉得喜欢，却不知如何找到或问到布料的使用与保养方式。我们越来越不了解这些贴身的东西，部分原因是与制造、生产及保养程序的距离越来越远，而待了解的知识却越来越多。

直到 19 世纪后期，西方人对于家里使用的四五种所谓天然纤维都了如指掌。即使到了 20 世纪 40 年代，负责持家的人也必须大致明白 6 种布料纤维的使用与保养方式，包括丝、亚麻、棉、羊毛、嫘萦（rayon，泛指取自木浆等天然纤维的植物纤维）以及醋酸纤维（acetate，泛指由醋酸纤维素组成的植物纤维）。到了 1960 年，这个数字增加了 1 倍多，因为多了好几种完全合成而来的纤维，包括尼龙、亚克力纤维、改质亚克力纤维、聚烃烯纤维以及聚酯纤维。过去数十年，随着制造商积极致力于开发崭新的"神奇"布料并改善外观与功能，纤维和布料的加工与处理、使用的机械与化学程序，更出现了爆炸性增长。制造商可以一直修改、组合及融合各种纤维，做出更白的白色，或强化防火性、防水性、抗起毛球、抗缩水、防静电等上百种功能的布料。布料的种类五花八门，连专家也无法单凭眼睛或触感来分辨织物特性，以及护理与清洗方式。

美国联邦政府要求业者应在标签上标示纤维含量并提供洗涤说明，以免消费者不知如何安全而有效地保养。纤维含量的标示要能指出一件衣物所含的每一种纤维及其重量百分比，例如，"100% 棉"或"50% 棉、40%聚酯纤维、10% 尼龙"（有关护理标签的解释、常用术语与符号，详见第19 章《谨慎忽略保养标签》）。

衣物护理标签十分有用，却不是完美的解决方法。首先，标签上提供的信息就算是正确的，也往往十分有限，这有时并不是错误、疏忽或故意造成。指示不足的标签（low labeling，制造商提供的处理方式比实际所需还少）非常普遍，然而，即使这些指示是正确有用的，往往也不会说明背后原因，因此你不会知道如果采用建议之外的护理方式，会有什么后果。许多人并不真正了解如何阅读与解读衣物护理标签，因此，标签指示也常令人觉得受挫。更令人灰心的是，有时有些布料（如桌巾、床单、毯子或窗帘之类的家饰布）根本没有护理标签，因为当前法律并未要求这些布料必须附加护理标签。

纤维含量标签填补了护理标签的部分不足，只要你知道该布料的纤维含量，理论上你就能知道这块布料的许多特性，包括是否耐用、抗皱、防污、穿起来温暖或凉爽、吸水力如何等等。但实际上，人们现在对不同纤维的属性十分陌生，尽管知道某块布料是由棉／合成纤维混纺，或是亚克力纤维制成，所知的信息还是很少。而且，你还得稍微了解这些布料的制作方式与品质，才能确知其触感、功能、耐用度以及最好的保养方式。本章将说明选购及评估布料的基本概念，下一章则描述衣物与居家用品最常用的纤维特性。有了这些基本常识，你便可从日常家务中慢慢累积对各种纤维与布料的认识。

布料的外观、可能用途及安全的护理方式，是由五个因素所决定：纤维含量、纱线结构、梭织或针织、染色，以及表面加工与其他处理。在本章，我将用与制造流程相反的顺序来说明前三项因素，首先讨论织法，然后从织法拆解出纱线结构，最后检视用来制造纱线的各种纤维。至于染色与加工处理，原则上可安排在整个制造过程中的任一步骤，可以用在原纤维、纱线、布料，甚至已完成的衣物，因此这两项因素会放在第 15 章讨论。

梭织与针织

以梭织织成的布料,纱线是互相交错的;以针织织成的布料,纱线则是互相缠绕的。梭织的布料是由织布机制成,织布机上纵向的纱线称为经纱线,横向的纱线称为填充纱线或纬纱线(见下图)。采用优质纱线以精湛技巧织成的布料,经纬纱线会交错成流畅、规律的花样,令人赏心悦目。这些梭织的花样决定了制成衣物的种类:薄织布、织花桌巾、牛津布或灯芯绒(各种与布料相关的实用名词,详见本章末"布料术语词汇表")。

若要确定梭织的质量,可将布料举起面向光源观察,好的布料没有打结、脆弱点、纱线伸出、弯曲、折断或过厚(有毛球)等状况。织物应牢固、紧密、整齐且均匀。

☐ 线程数或织物经纬密度

布料的线程数,或现在专业人士所称的织物经纬密度,能告诉你布料的紧密程度(我还是使用线程数,因为床单与其他居家用品的包装仍然使用这个名词)。包装或目录上所列的线程数,有助于评估布料的特性与质量。

布料制造时的梭织方式,可能紧密也可能松散。织法紧密的布料,纱线交错较为致密,织法松散的则较为稀疏。线程数指的是在每平方英寸(1平方英寸 ≈ 6.45 平方厘米)的布料中,有多少经纱线与纬纱线交错其中,线程数为 64 × 60,表示每平方英寸的布料有 64 条经纱线及 60 条纬纱线。纱线越细,每英寸的空间就可以挤进越多条纱线;反之就越少。因此,以较粗纱线做成的麦斯林纱,尽管线程数比起较细的纱线所制成的波盖勒细

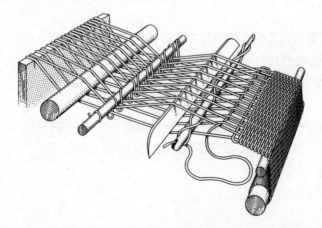

简易织布机

棉布低，织法可能还是相当紧密。在其他条件都相同的情况下，梭织紧密的布料会比较坚固耐用，因为这比梭织松散的布料含有更多纱线。织法紧密的布料也比织法松散的布料更不易缩水或变形。

　　线程数也可用一个数字表示，通常床单、枕套等居家用品就是用这种方式标示。这些用品包装上所标示的线程数，是将每平方英寸的经纱线与纬纱线数目相加。选择以这种方式表达线程数，是因为大多数这类家庭用品的织法都是属于"平衡结构"，也就是经纱线与纬纱线的数目约略相同。例如，线程数为 220 的平衡结构，表示每平方英寸大约有 110 条经纱线及 110 条纬纱线。当布料属于不平衡结构（经纱线与纬纱线数字不同），例如 100×60，就会分别标示，才有参考价值。平衡结构与不平衡结构的布料，特性是截然不同的。平衡结构的纱线是平均编织，因此，若其他条件都相同，这种布料穿戴起来会比不平衡结构的布料更均匀、更耐用。不过，其他条件往往不一定相同。一位权威人士提供了以下的经验法则：一件具有高线程数但结构相当不平衡的布料，会比一件线程数较低但平衡结构良好的布料更耐用。

　　如果你想确认布料的线程数，可尝试自己计算纱线数（但高线程数的布料可能相当难算）。如果是一件平衡结构的床单或布料，可用一把尺与一根针（倘若需要，再加上放大镜），计算 1/4 平方英寸的布料中，纬纱线或经纱线的数量，然后将算出的数字乘以八，便可得到约略的线程数。如果这件布料并非采用平衡结构的织法，就必须分别计算 1/4 平方英寸范围内的经纱线与纬纱线数量，再分别乘以 4，如此能得到有两个数值的线程数。细织的布料通常"手感"较佳，触感较好，价格也比粗纱线织出的布料高。

线
程
数
与
耐
用
性

　　除了线程数，还有很多因素会影响布料的耐用性，包括布料重量、纤维类型与质量、衣物与纱线的整体结构、织法的特性与质量，以及所用的加工方式。因此，不要以为线程数最高的床单或衬衫就是最耐用的，只有在跟同类型纱线所织成的类似布料比较时，越高的线程数才代表越耐用。如果线程数较高，但所用的纱线较细、较脆弱，制成的布料就未必较耐用。斜纹梭织比缎纹梭织耐用，厚重的布料也比轻薄的布料不易磨损。因此，粗重耐用的棉布料做成的工作服，比用线程数高达 310 的精梳埃及棉制成的衣服更耐穿。

□ 平纹梭织、斜纹梭织及缎纹梭织

梭织方法基本上只有三种：平纹梭织（plain weave）、斜纹梭织（twill weave）及缎纹梭织（satin weave），其他织法都是这三种织法的进一步变化。这三种方式的不同之处在于纵向（经）纱线与横向（纬）

以专业的挑线器及放大镜来计算线程数（或布料密度）

纱线以不同方式交错。不管织法松散或紧密，使用的是细纱线还是粗纱线，都可用这三种织法织出千变万化的纤维或混纺纤维。

平纹梭织是每条纬纱线交替上下，与一条条经纱线交错编织，从布料的一端到另一端，折返时同样是以上下交替的方式与经纱线交错。以平纹梭织法织出的布料，布的两面看起来是一样的，没有正、反面之分，除非其中一面经过拉绒、印刷或其他方式的加工。

平纹梭织广泛用于数十种布料，包括宽幅布、印花布、细麻纱、夏里斯毛呢、波盖勒细棉布、泡泡布、毛毯大衣呢及粗花呢。大多数床单都采用平纹梭织（但也有采用斜纹梭织、缎纹梭织以及针织制成的床单）。平纹梭织布料若线程数很高，通常相当耐用，但比斜纹梭织布料更容易起皱。平纹梭织有几种变化，其中最常见的是方平梭织（basket weave）与罗纹梭织（ribbed weave）。方平梭织布料通常采用松散织法，主要用于窗帘等家饰布料，因为这种织法的垂坠性相当好，同时比较抗皱、有弹性。不过，松散织法的方平梭织并不十分耐用，因为结构松散，且纱线捻合程度较低。因此，这种布料不像一般平衡结构的布料那么适合用来做衣服。罗纹梭织，如府绸、塔夫塔绸、棱纹绸及坑纹布，都是以两倍经纱线数对纬纱线的织法制成，耐用度比一般平衡结构的布料低，因为罗纹梭织凸起的地方比较容易磨损。

第二种基本织法是斜纹梭织。斜纹梭织的花样可以有多种变化，借由改变斜纹线的方向形成迷人的花纹，例如人字斜纹。斜纹线比较明显的一面是织布的正面。斜纹梭织布料比平纹梭织布料更坚固耐用，通常斜纹线越凸出，布料的强度与耐用性越佳。西装与大衣通常是由斜纹梭织布所制成，

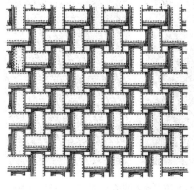

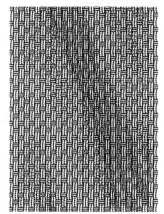

左上 | 平纹梭织：每条纬纱线先穿过经纱线的
　　　上方再穿过下方，织出的图案为正方形
左下 | 方平梭织：两条经纱线穿过两条纬纱线上方，再穿过下方
右上 | 饰有花边的平纹梭织手帕
右下 | 以方平梭织制成的布料

历久不衰的丹宁以其强韧耐用闻名，也是一种斜纹梭织布。此外还有华达呢、软薄绸，以及许多种粗花呢与哔叽也都是斜纹梭织布。虽然斜纹梭织布的抗皱效果不高，还是比平纹梭织布不易起皱。

　　缎纹梭织布通常没有平纹梭织及斜纹梭织布耐用，因为为了使布料更滑顺、更有光泽，缎纹梭织布的纱线捻合程度更低。此外，缎纹梭织布表面的浮纱[①]较长，比较容易钩破或是磨损。但是缎纹梭织布之所以受到人们的喜爱，正是因为这种光滑与光泽的表面，因此经常用来制作高档雅致的服饰，而闪亮的那一面就是正面。这种布料的垂坠性也很好，而且因为是

① 浮沙，指两条纬纱线之间的经纱线长度。

左、中｜斜纹梭织：一条或多条经纱线（或纬纱线）跨过至少两条纬纱线（或经纱线），下一条（或多条）经纱线（或纬纱线）不与相邻纱线跨过同一条纱线。交会点会向上或向下移动一条或多条纱线，创造出独特的对角线斜纹织法

右｜人字斜纹布（herringbone twill）

采取紧密编织的方法制成，保暖性较高、吸水力强，一小片布料里便织进大量的细纱线。因此，缎纹梭织布虽较不耐用，线程数却很高。

□ 其他常见梭织

除了这三种基本的梭织法，多认识其他梭织法也相当有帮助。

双层织布通常是因为具有较佳保暖度而受到青睐。这种织布是用一种能同时编织两层布料并将这两层布料合成一片的织布机所织成。双层织布的两面可能会采取不同织法，例如一面是平纹梭织，另一面是斜纹梭织。许多双层织布是两面都可用的。

纱罗梭织是以一种能够跨越两条相邻经纱线的织布机所制成。通常用来制作轻质、网状的布料，如薄罗纱。

点子花薄纱是挖花织造做成的布料中相当常见的一种。挖花织造是把一些装饰物（如圆形或圆点）织进布料表面，布料两面有同样的花样设计。这种布料通常比较脆弱，洗涤或处理时不能粗手粗脚，以免装饰图样脱落。浮纹织造也能做出类似的装饰，这种织法是用额外的经纱线制造出细小的设计花样，布料两面的花样可以不同。浮纹织造通常比挖花织造更耐用，因为装饰线两端固定得较为牢固。

多臂提花梭织是用普通织布机附加的特殊机械，织出简单的设计效果。

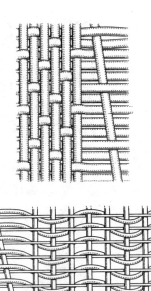

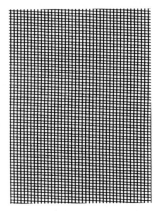

左上 | 缎纹梭织：经纱线浮在两条或两条以上的纬纱线
　　　之间，创造出一种滑顺、有光泽的布料表面
左下 | 薄罗纱里的纱罗梭织
右上 | 缎纹梭织布　　右下 | 薄罗纱

鸟眼花纹织布就是利用多臂提花梭织制作的典型布料。缇花梭织则具相当复杂的设计，是用提花织布机所织成，并透过打孔卡片来控制经纱线的移动。这种花样繁复的织法通常用来制作精致的亚麻织花桌巾、家饰布、真丝花缎及挂毯。

　　100年前，许多织法往往只适用于单一纤维，但现在，几乎任何纤维都可以使用想要的织法。例如，哔叽过去是指一种非常坚固的斜织精纺毛料，但现在哔叽可由羊毛、嫘萦、蚕丝或其他纤维制成，而精纺毛料也可以用在任何类型的纱线上，纺织成更滑顺、坚固的布料。丝绒原本是指由蚕丝制成的布料，但现在指的是背面以平纹或斜纹织成的毛绒样式，而由经纱线构成的毛绒，材质可为蚕丝、嫘萦、尼龙、棉或合成纤维。法兰绒过去是指羊毛布料，现在可指任何以平纹或斜纹织成的柔软、结构较松散的拉绒布料。

上 | 两种多臂提花织布：右边的样本是有云纹绸的多臂提花织布

下 | 两种提花织布

□ 针织

　　针织布的特性与梭织布不同，虽然在一般情况下，梭织布不容易变形，但针织布的垂坠性较好，也较不易起皱。整体而言，针织是旅游时的衣物首选，且由于延展性与弹性通常比梭织布好，因而也以合身与舒适见称。但正因为延展性好，如果结构不佳，很可能下垂、凹陷或变形。针织布的结构松散且纱线捻合较松，特别容易起毛球与抽丝。针织布料如果未经加工处理，往往很容易缩水，尤其是棉制针织布料。为解决缩水问题，通常会使用合成纤维来制作针织布料，无论是单独使用或与天然纤维混纺，其中以吸水纤维制成的针织布特别容易吸水。针织布非常透气，不是很好的披风布料，因此天冷时，以蓬松、卷曲的纤维（例如羊毛）制作的厚针织衣物，是较好的御寒良伴，而这种针织布料也能有效地留住身体周遭的暖空气。此外，薄的针织布料（如棉质 T 恤）在天气温暖时穿起来特别舒适。

市售针织布料通常有两种织法：纬编针织与经编针织。纬编针织与手工的一样，是将纱线横向来回移动以织出成品，尽管能快速变换花样，然而只要有一个线环断裂，整件布料就会脱线散开。经编针织是以垂直方式移动纱线，织出的布料延展性不像纬编的那么好，但不会脱线散开。

□ 纬编针织

平纹针织（plain knit）布又称为纬编布，是最基本的针织布料①。平纹针织布料从纵向或横向都能伸缩，但横向的延展性较佳。织布的正面是光滑的（除非是以有结纱线织成），纵向纹路呈现 V 字形，反面则有一些结。这种织法通常用于 T 恤、男士内衣、毛衣、袜子、手套及其他衣物。平纹针织也容易从尾端松脱，得使用一些方法以免衣物缩起（横向会朝向布料正面弯曲，纵向则朝向背面弯曲）。针织布料的每英寸针数越多，越不容易变形。

双反针针织（links-links / purl knit），看起来就像家庭手工织的起伏针（garter stitch，完全用上针或下针编织）或平纹针织。这种织法从正面与

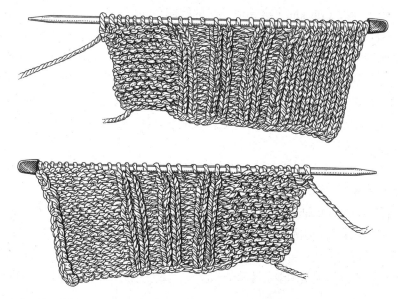

上 | 手工针织布料的正面：由左到右，平纹针织（或起伏针）、罗纹针织、平针织法。
下 | 手工针织布料的反面：由左到右，平针、罗纹针织、平纹针织。

① 也就是手工针织中所谓的平针（stockinet）布料，一列下针、一列上针，彼此交替。

麻花针织

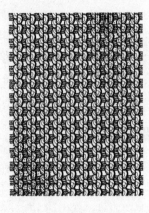

拉舍尔针织

背面看起来是相同花样，由一列凸起一列凹下的花纹交替组成，通常必须往纵向拉长才看得清楚。这种织法也常用于婴儿服与童装，因为横向和纵向都能延展，但纵向可以伸展得长一些。此外，也常用来制作毛衣。双反针针织与平织一样，两端都可能脱线散开。

罗纹针织（rib knit）会造成交替的凸起与凹下（也就是罗纹），每条纹路都是完全由上针或下针组成。罗纹是纵向的，布料能横向伸缩（以手工针织罗纹花样时，是由固定针数的连续上针及下针交替织成，创造出一道道交替的平针与起伏针）。由于罗纹针织的横向延展性比纵向高，因此非常适合毛衣的腰部与袖口，能拉长让你穿上，再收缩以贴紧人体的腰围或手腕。罗纹针织也适用于贴身毛衣及帽子主体。罗纹的正反两面花样可相同也可不同。

麻花针（cable stitch）可以用来做成辫状的交织装饰纹路，常见于各种毛衣与阿富汗毛毯。

双面针织（double knit）是有两层环圈的罗纹针织，与双层织布类似，这种针织机具备两组能同时运作的针盘。以这种织法所生产的针织布料具有坚固与稳定的形状，可媲美梭织布料，同时与所有针织布料一样，具有抗皱的特性。双面针织常用于女性套装和洋装、部分男性服饰和多种运动服饰。

□ 经编针织

翠可特是最常见的经编针织，以翠可特针织机生产，可使用很细的纱线，例如用来制作内衣布料的纱线。这种织法能变化出各式各样的设计，但不

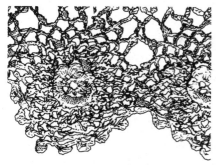

手工织成的蕾丝

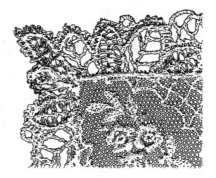

机器织成的蕾丝

容易改变设计或使用过于繁复的设计。翠可特布料从正面看起来像一列列链子，反面看则像一列列 V 字形或锯齿（可能需要放大镜来看清细节）。

翠可特布料的垂坠性佳、非常柔软、抗皱性佳、弹性佳且非常坚固。孔隙也够多，能通风、透气，增进穿着的舒适性。

拉舍尔（raschel）针织布料是另一种经编针织的类型，以拉舍尔针织机生产，可变化出更多元、更复杂的花样，也能比翠可特更快速变化设计。例如，这种针织机可以织出厚重的毛毯、床罩、地毯、毛绒布料、细蕾丝及面纱，且任何类型的纤维都适用。

翠可特与拉舍尔针织机都可用来生产弹性布料、腰带、泳装，以及具有伸缩性的各种基本衣物。

蕾丝——蕾丝是一种镂空布料，由绞扭、圈成环状、编结成辫、缝合或打结在一起的纱线所组成。尽管市面上还是可以买到手工制作的蕾丝，但现在市售蕾丝几乎都是机器制造（通常以经编针织机生产）。机器织的蕾丝通常比手工的便宜耐用，而手工织出的蕾丝图案也都可以用机器来生产。

蕾丝因为具有镂空的特性，通常比较脆弱、容易撕裂。手工蕾丝特别需要温柔照顾，有时可以用机器洗，但通常需要手洗。蕾丝的适当保养方式与其他布料一样，取决于制成的纤维类型。棉、麻、蚕丝、嫘萦、聚酯纤维及其他各种纤维，都是目前常用的材质。

▌纱线结构

☐ 粗梳与精梳；短纤纱线与长纤纱线

就羊毛及棉花来说，将天然纤维原料纺成纱线的过程，始于粗梳或精梳纤维。粗梳纤维经梳棉机整理成平行排列，形成的绳索般结构称为梳棉（sliver）。梳棉能纺成粗梳纱线，而梳棉若经再次粗梳，让纤维的平行排列更整齐，并除去较短的纤维，便能纺成精梳纱线。无论是哪种纤维制成的精梳纱线，制成的布料都比粗梳纱线的布料更坚固、柔顺，品质也更好。因此，由精梳棉纱制成的产品，会在标签上特别强调，让消费者知道是比较高质量的产品。较为蓬松的羊毛纱线是由粗梳纱线制成，比较平滑的精纺羊毛布料则是由精梳纱线所制，详见第16章《天然纤维》。

亚麻纱线是由称为丝束（tow）的短纤维与称为线（line）的长纤维纺成。细麻布衣物则全部都是长纤维。

蚕丝是唯一以原有长度供应的天然纤维，也就是说，这可以是长达上千米的长纤维线，也可以是从蚕茧缫丝过程中所产生的短纤维废物。蚕丝的短纤维可被纺成纱线，方式比照棉纤维，而缫丝后的长纤维则会经由"捻制"（throw）过程捻合在一起。

合成纤维可以制成短纤维，再像棉或羊毛纤维一样纺成纱线，或做成不等长度的长纤维，然后捻制成如长丝纤维一般。嫘萦兼有短纤维与长纤维两种形式，但以短纤维为主。

以同样的纤维而言，长纤纱线的特性与短纤纱线可能截然不同。例如，短尼龙纤维会用来制作毛衣和毛毯，但长尼龙纤维却是制作柔滑内衣的必要原料。短丝纤维不像长丝纤维那么有光泽，也比较不坚固、没弹性，使用时容易因为短纤维摩擦而起毛。一般来说，比起长纤纱线的布料，短纤纱线制成的布料通常手感较佳、隔热性较好、吸水力较佳（因为表面积较大，见第256~259页）、蓬松柔软、易透湿气、较温暖，但相对也不滑顺、无光泽、容易卡脏污、毛屑较多、容易起毛球。短纤纱线制成的布料，用针车缝纫时不容易滑动、钩破。反之，长纤纱线可制成不同形式，因此能做成五花八门、特性差异极大的布料。合成的织纹长纤纱线（以没有拉直、紧密且平行排列的长纤维制成），穿起来比平直长纱线（以有拉直、紧密且平行排列的长纤维制成）做成的旧式合成纤维舒适。这种较新型的织纹纱线布料不会平贴在皮肤上，因此不会像平直纱线制成的布料那样给人闷热湿黏的感觉。此外，这种布料更透气、通风，吸汗功能较佳，通常比较舒适，触感也较好，跟短纤纱线很像。今日大多数衣物的布料都是由合成的织纹纱线纤维制成。

☐ 捻合

无论是何种类型的纱线，纱线捻合的紧密度对于布料特性有相当大的影响。在其他条件相同的情况下，纱线捻合得越紧密，制成的布料就越坚固、平滑、有弹性、更不易变形、更耐磨、吸水力更强，且不容易起毛球或抽丝，给皮肤的触感更佳。某种程度而言，捻合较紧的纱线也较不易缩水，但捻合度极低或极高的纱线，通常比中、高度捻合的纱线更容易缩水，因为强捻纱可能因为扭曲形成的压力而变得脆弱。极细的强捻纱线常用于轻薄的布料，如乔其纱、雪纺纱及巴里纱，而弱捻纱是软羊毛布料的必要原料。绉织物是由左右双向共同捻合的强捻纱所织成，这种布料沾湿时，不同扭转方向的纱线能产生皱皱的外观。利用紧密或松散等捻合方式，可创造出不同效果。

▍纤维成分

决定布料特性最重要的因素，就是布料的纤维类型。这比结构、织法、加工、染色等单一因素，更能影响布料的凉爽或温暖程度、耐用性、坚固程度、可否水洗、吸水力、洁净度、柔软度、光滑度、复原弹性力（容易起皱的程度）、手感等特性，以及成本。

纤维成分对衣物与家饰品清洁与保养方式的影响，也远大于其他因素（第16、17章会详加介绍每一种居家常用纤维类型的特性与保养方式）。

☐ 天然纤维 vs 合成纤维

有些人坚持只用"天然"纤维，但就像许多其他情况一样，"天然"一词在这里的定义其实很含糊。就布料而言，这是指来自植物或动物的纤维，如棉、麻（亚麻）、蚕丝及羊毛。这些主要的天然纤维分别来自棉花植株的毛绒种子、亚麻植株的茎、蚕茧，以及绵羊的毛。其他较常见的植物（或用来制作衣物与居家用品的"纤维素"），还有黄麻、粗麻以及苎麻。所有其他纤维如嫘萦、尼龙、聚酯纤维、醋酸纤维、亚克力纤维以及弹性纤维等，都被称为"合成""人造"或"人工"纤维。然而，硬要区分天然与合成纤维其实有点勉强，因为来自植物与动物的"天然"纤维的确是自然生成，但木浆、煤及石油产物，就跟亚麻与棉花一样，都是来自大自然。再者，亚麻与棉花能轻易进行反复的机械与化学处理，借此改变外观、形状、颜色及其他特性，而我们却把这些经过非常复杂制程处理的产品视为"天然"，却把尼龙视为"合成"，究其原因，与其说是布料特性，不如说是我们对于这些布料的熟悉度与传统偏好。

这并不是说人们对于天然纤维的偏好是武断的。天然纤维确实具有一些特性，在许多情况下是家饰布及衣物的最佳选择，特别是贴身衣物。第一个特性，天然纤维都具亲水性，而大多数人造纤维（除了以植物纤维为材料的嫘萦）则具疏水性。亲水性是天然纤维吸水力及舒适性较佳的主要关键，但整体而言，还是应该针对特定功能来选择最适合的纤维，而非单凭天然或合成这种薄弱的区分。一张有防腐功能的合成地毯，比没有防腐功能的黄麻地毯好；具抗光功能的合成纤维所制成的窗帘，比丝质窗帘更持久耐用，成本也较低。丝质窗帘受到紫外线辐射的作用后，很快就会裂成碎片，而合成纤维制成的则可能看起来仍完好如新。然而，人们对人工合成的偏见不容易改观，因为既有印象已经根深蒂固。

人们对合成纤维总是心存偏见，认为这种纤维颜色明亮、不褪色、光滑、有整齐的折痕、耐用、廉价，因而不屑一顾。相对地，会起皱、褪色、缩水、破裂的衣服，反而成为有品位、有水平及富有的象征，而这些特点也常被误认为是"天然"纤维的属性。

当然，也会有人因偏见而偏好合成材质，原因也不尽合理。人们有时会选择某些合成材质的运动衣物，是因为觉得有光泽、伸缩性佳、"高科技"的布料符合运动俱乐部的时尚宣言，或者因为合成布料的象征价值是在运动界崛起的。同样可以预期的是，当人们基于某种道德优越感选择天然纤维，一股崇尚乐趣与自我放纵的反弹就会应运而生，而这也部分解释了为何有时明明合成纤维未必比较适合，人们却特别偏爱。生产更新、更昂贵、更豪华的合成纤维产品，是另一种发展趋势，可能比任何方式都更能消除人们对合成纤维的偏见。

人们还会因为环境问题而选择天然纤维，但事实上，这并不能明确引导我们的选择。纺织产业所涉及的环境问题是非常复杂的，你不仅必须权衡种植、生产及制造一连串精密流程所造成的影响，还必须考虑这两种布料可能使用的加工及染整方式、可能的使用年限、要干洗或水洗，以及这些洗涤法对环境的好处与坏处。另外，是否造成废弃或清理问题、是否可以回收利用，以及将来可能有什么变革。有些研究结果显示，布料对环境的最大冲击并不发生在制造过程，而是在我们因干洗或水洗不当而造成的污染。

大多数合成纤维都是由石化产品制成，这是一种不可再生的资源，而天然纤维则是由可再生的资源制成。但是天然纤维作物（如棉花）的种植与制造过程却创造了惊人的污染，包括杀虫剂（据估计，全世界有 25%～50% 的杀虫剂是用在棉花作物上）、落叶剂、除草剂、杀菌剂、硝酸盐之类的化肥，以及大量漂白剂、柔软剂及褪色剂，还有聚醋酸乙烯之类的上浆剂、聚氨酯树脂之类的合成树脂，以及丙烯酸酯、甲醛树脂及染料（过量染料会进入排水管，除非是生物能分解的染料，否则会污染土壤及地表的水）。此外，也少不了这些流程所需要的大量能源与水。这些物质所造成的污染会冲击地球环境、水及空气。其他种类的天然纤维，例如丝绸、羊毛、亚麻，因为产量较低，造成的污染较少，但也面临类似的质疑。生产羊毛的绵羊需要放牧在数百万英亩的广大土地上，且羊只的药浴成分含有磷或氯。另外，一些发展中国家用来为羊毛染色的含铬媒染剂，也可能产生有毒污泥。[①]

业界与政府并未漠视这些环境问题，也已经制订了一些改革方法，并将陆续推动其他措施，包括透过环境法规范的正式方法，以及制造商自发尝试采用更干净的生产流程、生产过渡（transitional）、绿色（green）、有机棉花的非正式方法。过渡棉花是指不使用杀虫剂，但土壤中仍有杀虫剂与化学物质残留，尚无法被认定为有机棉的棉花。绿色棉花并非有机棉，种植过程有加杀虫剂与化学药剂，但是以"最少加工"方式制造，可能使用低环境冲击或无毒染料，或采用封闭系统进行染色；可能没有漂白或染色；可能经过石洗（一般认为比使用化学柔软剂更环保）或酶软化（可能比上述两者又更好）。防缩处理可能是以无化学物质的方式水洗；上浆可能改用淀粉，而不是聚醋酸乙烯酯。甚至有棉花纤维色彩本身就是天然的（主

---

① 原生羊毛只有约 50% 的重量是真正的纤维材质，其余都是油脂、粪便、灰尘及其他物质，而这些都会变成污泥。羊毛脂便是从这些恶心的混合物中萃取而出的，再用来制造薄荷霜与唇膏。

要是绿色与棕色），而不需要染色。

有些环保人士赞同粗麻（hemp）布料，因为种植粗麻不必使用棉花所需的各种杀虫剂、化肥及其他化学物质。但根据美国法律，要合法种植粗麻非常困难，因为粗麻与大麻（marijuana）的植株非常相像，而种植大麻是违法的。但是因为用来制作纺织布料的粗麻与大麻是不同品种，不能作为药物用途，因此近年来有些州已研究一些法令，希望开放粗麻种植。同时，这股推动粗麻种植的努力，也正好搭上业界开发更好、更具吸引力的粗麻布料的潮流，引起了服装设计师的关注。

黏胶嫘萦的生产（占目前嫘萦市场的95%）向来必须采用高污染制程，在庞大的环保压力下，业界不得不开发新的嫘萦纤维：天丝（tencel），通用名称则是莱赛尔（lyocell），目前被广为宣传是环保、低污染的产品。莱赛尔与所有嫘萦一样，是由取自木浆的纤维素聚合物所制成，而木浆是化肥与杀虫剂用量都很少的可再生资源。不同的是，莱赛尔据说是取自可永续经营的伐木场，有别于传统的嫘萦纤维，且制造过程是采用"封闭式循环"的溶剂纺丝（solvent spinning）制程，也就是溶剂是不断重复使用，而非每做完一批就当废物丢弃。这种产品的致命弱点与所有嫘萦一样，是在制浆过程中会释放大量天然与非天然的化学物质到环境中。业界还尝试了许多降低污染的天然纤维制程，包括以各种方式回收利用。羊毛一直都是能回收的（见第16章），但是棉纤维却不行。直到最近才有企业开始以较干净的方式来分解及重新纺制棉布料。

我们很难找到方法来客观评估这些做法的成效，据说相关环境法规确实发挥了改善的效果，但是这些有机或对环境影响较小的纤维到目前为止都还没有很高的市占率[①]，其产制成本远高于一般棉花及嫘萦。此外，除非产品上的标签明确指出是有机种植与加工，否则消费者往往不知道实际上使用了哪些改良制程。这些产品及制程确实有好处，或者，若能聚少成多，至少可以真的有所改变。不幸的是，消费者若决心只购买对环境友善的天然纤维产品，就得做出相当大的牺牲，包括可选择的种类、成本及质量等等。

合成纤维制造商的发言人也振振有词地反驳，所谓对环境影响较小的棉花的生产，甚至昂贵的有机棉生产，对环境的负面影响反而比生产聚酯

---

① 1997年美国约有526万公顷的棉花田，其中只有4500公顷（不到1%）用于种植有机棉与过渡棉。

纤维更高，不但因为需要消耗大量的水及能源来供应棉花种植，也因为即使是对环境好的产品，生产过程仍会产生一些化学污染物。他们指出，合成纤维的制造不涉及种植作物或饲养动物的过程，因此问题较为单纯，且合成纤维的制造会重复使用溶剂，而不是当作废物抛弃。合成纤维（亚克力纤维除外）的染色不需要事先漂白，因此省去纤维漂白所需使用的大量清水，且合成纤维原本就是白色。虽然针对合成纤维的回收，还有努力的空间（短期内不太可能发生，因为混纺纤维的纺织原料相当复杂），但塑料制的饮料瓶已可回收用来制造能作为外衣的合成布料。

　　消费者若想透过自己的购买习惯来对抗污染，或许可以尝试只购买由具有严格污染管制法规的国家所制造的产品，例如美国、多数西欧国家、加拿大、澳大利亚及日本等，许多亚洲、非洲、中南美洲国家则没有这样的法律。避免经常水洗或干洗衣物和家饰品，也是对环境负责的表现。但最有效的做法，就是不要买这么多的衣服（一位学界的织品专家告诉我，美国每年每人的布料消费量大约是 40 千克，在欧洲约为每人 20 千克，亚洲则是每人 2～3 千克）。也就是说，应该要购买可以用得比较久的东西，并学习如何清洁、保养、修补，以延长使用寿命。不过，到目前为止，还没有人主张要用真正的革命性手段来解决这个问题，那就是终结服装流行时尚，终结大多数人在旧衣物与家饰品还能用的情况下，仍不断添购新衣、饰品的享乐习惯。

□ 纤维成分等因素对布料性能的影响

舒适性是主观认定的——纤维成分能强烈影响布料的触感，目前已有一些具有丝绸或棉布等讨喜手感的新型聚酯纤维，但日式及大部分的聚酯纤维仍然比较硬。羊毛可能比较刺激皮肤，许多粗织的纤维原则上也比较不舒服，不适合做成贴身衣物。中世纪的悔罪者穿上粗麻衣，就是为了达到自我折磨的效果。

　　以下将讨论各种影响布料舒适性的科学依据，但读者应切记，最后还是要实际穿着测试。如果你找到一种穿起来很舒适（或不舒服）的布料，那就是舒服（或不舒服）的。舒适性不仅取决于织物的特性，也因人而异，出汗多或少、皮肤的敏感度、身体对各种环境因素的反应等等。此外，身体的某些部位会比其他部位更敏感、更温暖或更凉爽，有些人的身体也比其他人更敏感，体温比别人高或低。追求舒适的穿着，代表需要在许多主观因素与客观因素中做取舍。

纤维的吸水力与通透性对舒适度的影响；依据天气穿着——布料的舒适性取决于对空气与湿气的通透性有多强。事实上，皮肤、汗水、空气、布料以及环境中热能与湿气之间的交互作用，非常复杂，即使神秘面貌仍尚未完全揭开，也需要用一整本书才能解释透彻。

研究织品的科学家是这样说的：在大约29℃的温度时，人体所产生的热量与损失到环境中的热量是相当的，所以在没有穿衣服的情况下，仍会觉得暖和。虽然赤裸的身体可以借由微血管收缩或颤抖，忍受稍凉一点的温度，但只要温度再低一点，身体就会开始感到寒冷、不舒服，而想穿上衣服。温度稍高的情况下，身体的微血管会扩张，并开始以流汗冷却身体，也会想脱衣服。虽然皮肤潮湿时比干燥时不舒服，但并不表示在非常温暖的天气下，不穿衣服会比穿上轻薄衣物更舒适。衣服可以让身体冷却、提供保护，隔绝太阳的热气。

布料能否保住热度，是影响舒适性的重要因素。直到不久之前，人们都还认为，布料的温暖或凉爽程度，绝大多数取决于布料纤维导热功能的好坏。在我还小时，大人就教导我亚麻是一种良好的热导体（能将身体的热向外传导），因此非常凉爽，而羊毛因为导热性不佳（不能将热气向外传导），因此很温暖。但这种说法并不正确。

事实上，所有纺织布料的纤维都是相当差的热导体，也都是相当优异的绝缘体。即使金属的导热性比布料高上1000倍，但布料可以留住身体周围的温暖空气，而金属却不行。梭织的布料完全是由空气与布料纤维构成的格状结构，因此能创造出非常有效且轻质的隔热效果，保住身体周遭的热能，防止热能散失到较冷的空气中。布料越厚，拥有的气室就越多，可以留住更多热能（但请注意，厚的布料未必就是厚重的）。因此，最薄、最柔顺、结构最松散的布料最为凉爽，因为这种布料最不能留住身体周遭的暖空气。拉绒、织绒以及蓬松的布料，无论以哪种纤维制成，往往比光滑的布料温暖，因为结构蓬松的纤维间隙能留住空气。麻（亚麻）的纤维非常光滑，很容易梭织成非常精细、透气又坚固的布料，因此是夏装的上选。法兰绒床单具有蓬松的表层，能留住空气，因此比一般床单温暖。羊毛纤维的结构更为蓬松，呈现鳞片状且有不少卷曲，能留住大量空气，做成布料也非常温暖。然而，由于精纺羊毛可以梭织成非常光滑细致的布料，因此市面上也有轻质的夏季羊毛，不过凉爽度无法与亚麻相比。蚕丝通常是温暖的，但通常被认为是夏天的纤维，因为蚕丝可以梭织成质地轻、透气性佳的布料，让空气容易进出。

即使是麻纱也能编织成密度高的海绵状材质，适合较凉的天气穿着。因此，虽然纤维成分对于布料的凉爽或温暖是非常重要的因素，却非决定性因素。织物遇到湿气的反应方式，几乎与留住热气的程度同样重要，能决定布料的舒适感。湿度、空气及其他因素与布料本身能产生相当复杂的交互作用，衣着要舒适，湿度就得控制得宜，皮肤不能太湿也不能太干。皮肤太干，会有粗糙的摩擦感，而且会痒；皮肤太湿则会感到不适，而布料会让问题更严重，让皮肤更容易受到真菌或其他微生物的感染。如果你的脚出汗，就可能更容易起水泡。自然情况下，即使皮肤感觉非常干燥，也会因排汗而持续失去水分。在炎热环境下，你会发现身体开始出汗，而汗水从你的皮肤表面蒸散时，身体便会感到凉爽些。通常你会希望衣服能把汗水从身上移除，因此，吸水力强的布料所制成的贴身衣物，通常比不吸水的更舒适。

所谓的天然纤维（棉、麻、蚕丝、羊毛、苎麻、粗麻），以及使用植物纤维制成的人造纤维（嫘萦与莱赛尔）都是吸水及亲水性强的材质。聚酯纤维、尼龙、亚克力、聚丙烯等合成纤维，都是不吸水且疏水性强的材质。当吸水布料服贴在皮肤表面，蒸散的水分将直接被纤维吸收。吸水力高的布料往往可以容纳大量的湿气，因此能让你感到很舒适，除非你出汗很多。当纤维与滞留在纤维间隙的空气都充满了水分后，布料的绝缘性就会降低，你可能会觉得更凉爽。但当布料吸水达到饱和（例如，在非常炎热的天气下，你正在进行激烈运动），皮肤可能又会开始感到潮湿。不过，若布料能轻易透过蒸散来释放所吸收的水分，便不太可能达到饱和并维持在饱和的状态，因此可能更加舒适。水分从布料蒸散的容易度，部分取决于纤维成分，但布料与纱线的结构，以及服装的结构也是非常重要的因素。环境的温度与湿度也有所影响。此外，在寒冷潮湿的天气中，羊毛尤其具备极大优势，不仅因为要吸收大量湿气才会趋于饱和，也因为羊毛在吸收水分时还能释放足够的热量，帮助你保暖。

除了吸水力，布料还能透过其他机制将湿气从皮肤移除。例如，合成纤维与天然纤维都可以用吸附（adsorb / wick）的方式带走皮肤上的水分（在字典里很难找到这个术语，但 wick 已逐渐从纺织产业的术语变成针对一般大众的广告名词），至于"吸水力"（absorbency）是指布料能够吸收其表面水分的能力。

布料的表面积越大，可以容纳的水就越多，这也部分解释了具有环状纤维表面的棉毛巾为何比割绒（cut pile）、天鹅绒表面的毛巾更难干燥，因为前者的吸收表面更大。布料吸附水分，是将水分从皮肤表面吸出，并让水沿着缝隙通过（而不吸收），蒸散到空气中。蒸散的速度取决于纤维的类型、大气的相对湿度及其他因素。如果你把棉布毛巾的边缘放在水中，可以看到水分被吸附到毛巾上。

棉、麻、嫘萦等亲水性纤维，比尼龙、聚酯纤维及聚丙烯这类容易干燥的疏水性纤维更能保留水分。这种轻微的潮湿会在热天里为你带来一些凉爽感，因此棉T恤一直是夏天慢跑服的首选，且穿上会比全身赤裸舒服。但如果你是在严寒的天气下进行越野滑雪，大量的汗水浸湿你的棉汗衫，就会让你处于体温过低的危险。因此运动专家经常建议，冬天的运动服应选择吸附型的排汗纤维作为贴身衣物，将汗水带离皮肤表面，并让水分蒸散，而不是让布料吸收到饱和。不过，并非所有的合成纤维布料都能排汗，或都能在极端寒冷的天气或温暖潮湿的天气下吸附足够的汗水，让你感到舒服，尤其是当你进行剧烈运动时（并非所有运动都会排出大量汗水，让你非穿高吸附性的贴身衣物不可）。在夏天穿着一般聚酯纤维、尼龙或其他合成纤维，可能让你感到闷热潮湿，但在合成纤维之中，聚丙烯纤维则具有良好的排汗力。一些合成纤维经过特别的结构设计之后也能有很好的汗水吸附性，其中一种纤维类型其实是以空心管结构组成，让汗水可以借此通过排出。此外，其他加工处理也可以提高合成纤维布料的排汗性。

一般商家所谓的布料"透气性"，其实指的是水蒸气的渗透性，这是另一个能显著影响舒适度的因素。例如，有许多防水涂料能使水汽无法渗透布料，如同橡胶及塑料不透水的原理。当汗水从皮肤表面蒸散，但无法通过这些布料散失到周遭空气时，会使你觉得潮湿、不舒服。天气越热，你就越需要能渗透湿气的衣服，而且越不喜欢坐在完全不透气的汽车座位或椅垫。最舒适的防雨衣物会让外部的水分完全进不来，但内部的水汽可以向外渗透，这样你就不会被自己的汗水弄湿。有些布料，如Gore-Tex，就有这样的功能。

衣服结构对衣服的舒适性也有显著影响，千万不要低估解开大衣纽扣或穿着宽松、通风衣物的效果，拉开拉链也可能比具排汗功能的布料纤维更有降温效果。紧身衣物比宽松的衣物温暖，因为这种衣物不会让内部的空气随意流动；袖口、领口及腰部较紧的衣物也比较能留住空气并限制空气流动。双排扣服装的隔热性优于单排扣。

解开衣领、松开领带、拿下围巾、脱下具有隔热效果的衣物等，都能带来明显的散热效果，其影响力可超越纤维成分与结构。但另一方面，就算松开衣服或解开纽扣，也无法让你在 8 月的沙滩上忍受身上的挪威羊毛衫。

美学：视觉与触觉——在纺织布料的世界当中，布料的"手感"纯粹是指在手中的感觉，而不是身体其他部位的感觉，也不是一般情况下皮肤对该布料的感觉。事实上，你的手与身体其他部位对于同一块布料的感觉可能完全不同，这也解释了为什么你在店里摸起来触感不错的床单或衬衫，实际使用起来却让背部感觉不舒服。因此，一般说某件布料具有很好的手感，纯粹只是一种美学评价。不过，布的手感与其舒适性还是有相当显著的相关性。

纤维成分会大幅影响布料给人的感觉，包括光滑、粗糙、丝滑、柔软、硬挺或豪华感。以羊毛做成的布料，无论经过多么精细的梭织，都不会有丝绸般的滑顺感。许多 100％的聚酯纤维也缺乏亚麻与棉布在皮肤上的那种舒适感，而优质羊毛的柔软性，也不是棉或亚麻可以比拟的。每种主要纤维在经过一般的平纹针织结构处理之后，都具有独特而难以形容的手感。我们已经太熟悉这种手感，因此喜欢用纤维的名称来形容这种既定的感觉，例如棉质感、毛质感、丝绸感及亚麻般的感觉等。不过，纤维经过特殊结构的加工后，可能产生显著的变化。棉花可能会有法兰绒般的质感，合成纱线可能看起来与摸起来像羊毛或棉布。

纤维的外观与手感一样变化多端。有些布料看起来相当有光泽，有些看起来则十分黯淡。光泽是由许多因素所造成。非常滑顺的纤维，如丝绸，是非常具有光泽的布料。亚麻也很滑顺，具有一种隐约的美丽光泽。但棉花是较粗的纤维，且通常不怎么有光泽，除非经过特殊处理。合成纤维要制成有光泽或是无光泽的布料皆可(许多化学处理与织法都能产生光泽感)。

垂坠性是指布料垂下时能否维持美丽的褶形，这种特性深受纤维成分所影响。羊毛、丝绸及尼龙都能轻柔而优雅地垂下，但如果你需要硬挺的感觉，最好选择棉布或亚麻布。布料能否成功染色多半也与纤维成分有关，亚麻很难染色，丝绸则以能够印染成各种美丽的颜色著称（不过，基于同样的原因，亚麻较能抗污，丝绸则很容易沾色），醋酸纤维无法以普通染料染色，因此需要开发特殊染料。许多合成纤维不仅容易染色，且不易褪色，这都强烈影响了家饰品、衣物或窗帘的持久性。

弹性——纤维成分会大幅影响布料的弹性（或是否容易起皱）。嫘萦以外的人造纤维通常都具有很好的弹性，尼龙则是最受欢迎的地毯材质，因为回复力非常好，即使经过一次次脚踩与压扁，也能很快恢复原状。羊毛是另一种用来制作地毯的传统纤维，弹性高，但价格远超过尼龙。众所周知，棉花与亚麻相当容易起皱，除非经过特殊抗皱处理。测试弹性的一个简单方法，是将一小块布料放在手中用力揉压数秒，看看是否起皱。

耐用度——布料的耐用度取决于许多因素，包括纱线与布料的结构，以及最后的加工处理方式。纤维成分是决定抗撕裂强度的重要因素，抗撕裂强度是指当布料以相反方向拉扯时不被撕破的能力。此外，布料的耐磨性（对摩擦的抗受程度）也是决定耐用度的重要因素。具有强大抗撕裂强度的布料可能并不耐磨。

一般认为，蚕丝纤维是耐用的布料，因为强度高过棉花，不过耐磨性比棉布差。耐用度与使用方式有一定程度的关系，强度较弱的纤维若具有良好的耐磨性，可能比坚固但耐磨性较差的纤维更适合用在不需用力拉扯但经常摩擦的用途上（例如，当作手提袋的内衬或作为抛光布）。弹性纤维是所有纤维中最不坚固的一种，耐用度却很高，不仅是因为耐磨，也因为弹性佳。弹性纤维或甚至尼龙、羊毛等低强度高弹性的布料，被撕裂的风险也较低，因为在受到拉扯而撕裂之前会先伸长。一般来说，同种类的布料中，较厚的比薄的更耐用，甚至布料的光滑度也可能影响耐用度。在其他条件都相同的情况下，平滑的布料可能较为耐用，因为表面比较不会因为接触而抽线或被钩破。

有些布料在接触阳光之后很容易变质，有些则容易褪色，因此耐光纤维（light-fast fiber）的耐用度较一般布料高出许多，显然较适合做成窗帘（参阅第 18 章"耐紫外线纤维"）。布料对于飞蛾与霉菌的感受性也对耐用度有很大的影响，一个粗略的经验法则是，天然纤维可能会因昆虫与霉菌而损坏，而合成纤维通常不会（不同天然纤维对于蠹虫、飞蛾、霉菌的感受性，详见第 16 章的讨论）。

清洁——有些纤维具有容易保持清洁的特性。比较不容易染尘的布料通常使用寿命较长，因为洗涤与清洁会逐渐磨损布料。光滑的布料（例如亚麻）往往比其他布料更容易保持清洁，因为粗糙的表面容易卡住污垢。棉花的表面较为粗糙，意味着比亚麻更容易脏。不吸水的布料比较不容易沾染灰尘，也不容易染色，因为染色的物质通常会停留在布料表面，因此较易清除。这就是为什么家饰布经常使用合成纤维（大部分合成纤维是不吸水的），或经过抗染色处理的纤维。不过，还是有些合成纤维比较容易产生静电，吸引棉屑灰尘。合成纤维通常是亲油而疏水的，因此容易沾染油污，且不容易彻底沾湿及清洗。拉绒与毛绒布料也比较耐脏，因为布料的结构能阻止脏污穿透，使脏污停留在表面，能够轻易清除。当然，这并不表示拉绒与毛绒布料一定抗污。

耐洗涤性——布料的耐洗涤性主要取决于纤维成分，不过这也并非唯一因素。由于大多数肥皂、清洁剂及洗衣剂都是碱性，因此能耐受碱性的布料通常非常适合清洗，至于不耐受碱性的布料就需要干洗或特殊处理。这就是为什么棉、亚麻、苎麻等由植物纤维制成的布料往往可以水洗，而羊毛及蚕丝等来自动物的纤维则比较不耐水洗。植物纤维是由纤维素聚合而成，对酸比较敏感，但可以承受相当程度的碱性。蚕丝、羊毛及其他毛料纤维是由蛋白质聚合而成，因此比纤维素聚合物更能抗酸，但较不耐碱。虽然大多丝绸及羊毛产品只要小心处理，便能以温和或非碱性的肥皂与清洁剂清洗，但基于许多因素，这些布料通常还是应该干洗（有关每一种纤维的洗涤说明，见第16与第17章，并可详阅第16章有关"洗涤羊毛"的讨论）。

特定纤维对酸与碱的耐受性，可能因温度的升高而降低，或者只有在高温之下才不耐酸或碱，因此衣物的洗涤说明有时会建议使用冷水或微温的水。此外，除了肥皂与清洁剂，其他如食物、家用清洁用品、家用化学物质及药品的强酸或强碱，都可能在接触布料时造成损害（见下册第3章《居家清洁化学用品》）。

合成纤维可能含有对碱性溶液或干洗剂敏感的化学成分，因此有些不是不能水洗就是不能干洗，很多甚至是既不能水洗又不能干洗。

▌布料术语词汇表

耐磨性 abrasion resistance | 布料能够承受摩擦且其外观或功能不因此受到影响的能力。

装饰亚麻布 art linen | 紧密梭织的圆螺纹布料（不经过轮压机或捶打，见第 15 章）。亚麻布以平纹梭织，主要用于绣花，也可用于洋装及桌巾。

仿树皮绉 bark crepe | 表面具有粗糙、树皮般纹路的布料，用于外套与洋装。可用羊毛、嫘萦或人造纤维制成。

薄织布 batiste | 轻薄、细致的精梳纯棉或采用平纹梭织混纺的棉布，用于轻柔的礼服、衬衫、婴儿服装、睡衣及内衣等。

经向条纹布 bedford cord | 厚重、有沿着经纱线走向起凸纹的布料。用于外套、西装、制服及家饰布。

经面纬亩罗缎 bengaline | 有光泽的凸纹布，罗纹沿着纬纱线的方向走，与罗缎（grosgrain）类似，但更重。用于洋装、大衣及缎带。

比索细藻亚麻布 bisso | 一种细致、硬挺、轻薄的亚麻布，由金属丝般的细纱线制成，有时称为坛布（altar cloth），并作为祭坛的桌巾。

煮练羊毛 boiled wool | 非常紧密毡合的羊毛布料，用于制作外套、夹克、拖鞋。

仿羔皮呢 boucle | 使用一种具有凸出毛圈或卷状物的新式纱线，再针织或梭织而成。

宽幅布 broadcloth | 原意为宽度超过 70 厘米、以斜纹或平纹梭织制成的高质量精纺羊毛密织布料，现在是指以纯色染印的棉（或棉与聚酯纤维混纺）制成的平纹针织布料。

花缎 brocade | 厚实的提花梭织布料，具有凸起的花纹或图案设计。通常以平纹或斜纹梭织为底，加上缎纹梭织图案。原本是以厚重的丝质布料搭配厚重的金线或银线，现在也常设计成这种花样。

凸花厚缎 brocatelle | 僵硬的家饰布料，类似花缎，有凸起或膨起的图案，通常是由蚕丝、嫘萦或棉制成。

粗硬布 buckram | 一种采用平纹梭织，

经过上浆或涂料加工的滤布料。

粗麻布 burlap | 一种平纹针织的粗布，通常由黄麻织成。

印花布 calico | 一种平纹针织布料，印有细小的设计图案，通常由棉或混纺纤维制成。

细麻纱 cambric | 一种柔软、平纹针织的亚麻布，经过压轮处理而带有光泽，经常用于精致细腻的物品，例如手帕、内衣、围裙及衬衣，但重量也很重。又称为手帕亚麻、上等细麻布或亚麻薄纱。

驼绒 camel hair | 重量轻、保暖、柔软的拉绒布料，由骆驼原色的毛制成，常混有羊毛。用于外套、毛衣及毛毯。

画布 canvas | 所有坚固、结实、厚重的平纹梭织布料。通常以棉制成，有时也用亚麻或粗麻。

克什米尔 cashmere | 完全由克什米尔山羊的羊毛所制成，或由羊毛混合细毛所制成的柔软而精细的布料。广泛用于大衣、西装、毛衣及披肩。

骑兵斜纹布 cavalry twill | 一种用斜纹梭织织成的布料，具有沟纹很深的双斜纹线。用于制服、运动服及马裤。

夏里斯毛呢 challis | 一种由柔软羊毛、棉、嫘萦或混纺纤维平纹梭织而成的轻质布料，通常会印有细小的设计图案。用于洋装、衬衫及睡衣。最初是以羊毛或蚕丝为原料。

青年布 chambray | 通常以棉制成，也可能以混纺纤维制成。为平纹梭织的色织布料，以有颜色的经纱线与白色的纬纱线（或以对比颜色当纬纱线，产生珠光效果）织成。依重量与质量的不同，分别用于衬衫、洋装、工作服及休闲服。

仿麂皮布 chamois cloth | 由棉或合成纤维拉绒制成的布料，借此模仿麂皮效果。

香梦丝绉 charmeuse | 一种轻巧、柔软的布料，正面略具光泽，背面无光泽；经纱线是强捻纱，纬纱线则为绉纱。由丝、棉或合成纤维制成，有时指经某种光泽加工（例如丝光处理）的布料。

滤布 cheesecloth | 以粗疏棉纱线平纹梭织而成的轻质布料，织法较为稀疏。

雪尼尔 chenille | 雪尼尔是指两种布

料，一种是以簇绒方式做成，过程是将纱线"打穿"一张背衬的布料，这种类型的雪尼尔布料可能呈现某种花样或可能有丝绒般的毛绒表面，雪尼尔长袍与床罩即是以这种方式制成。另一种雪尼尔布料是雪尼尔纱线，整块布料布满毛绒，因此呈现出毛绒花样。

哲维山粗呢 cheviot | 斜纹梭织，以羊毛或精梳纱线制成，表面粗糙多毛，是很好的运动服布料。

雪纺纱绸 chiffon | 是以纯丝或人造丝平纹梭织成非常细的强捻纱制成，重量非常轻。表面没有光泽，适用于讲究的上衣、围巾、洋装及面纱等。

中国丝绸 China silk | 一种柔软、质轻、平纹梭织而成的丝布，用于上衣、衬里。常以嫘萦仿制。

斜纹棉布 chino | 将结实的平纹或斜纹梭织棉布染成卡其色，用于运动服。

擦光印花棉布 chintz | 上釉的印花布，以棉纤维紧密平纹梭织而成。通常印成明亮的颜色，如大花布。用于制作窗帘、家具套，重量较轻者可做成夏装。

光洁整理 clear finished | 因为绒毛顶端经过火烤或修剪处理，纱线与织纹都清晰可见的精梳布料。

薄斜纹外套料 covert | 斜纹梭织布料，由两种色调相同的纱线织成，通常是茶色与褐色，因此织物看起来有杂色斑点。由羊毛、棉或其他纤维制成。

灯芯绒 corduroy | 一种坚固、耐用的毛绒布料，具有纵向脊状的割绒样式，称为条痕（wale）。通常由棉纤维制成。用于休闲服与运动服。

粗面布 crash | 非常粗的平纹梭织布，重量中等。以不平衡、松散捻合的纱线制成，纱线材质不一。以棉或亚麻制成者，经常有彩色的边框，用于毛巾、桌巾及窗帘。

绉布料 crepe | 任何表面具有纹理、绉纹的布料。

广东绉纱 crepe de chine | 非常轻、细的平纹梭织丝布，具有细皱的织纹。经纱线以长纤丝线、纬纱线以强捻长纤丝线所织成，也可以短纤纱线为经纱线、长纤纱线为纬纱线。

印花棉布 cretonne | 与擦光印花棉布一样，但未上釉，表面无光泽。通常

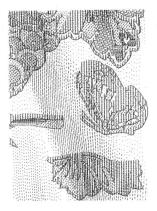

织花桌巾

条格细布

是大花布，用于室内装饰，如家饰布、窗帘及家具套等。

硬衬布 crinoline | 任何一种用在支撑上的硬平纹梭织布料，例如裙子的内衬。重量较粗硬不轻。

摩擦脱色 crocking | 因摩擦而使某一块布料的颜色沾染到另一块布料。

织花桌巾 damask | 具有提花织成的花朵或几何图案的布料，用于桌巾、毛巾、床罩以及窗帘等家用布料。通常是白色或带有一两种颜色。

丹宁 denim | 一种坚固的斜纹梭织棉布，用于工作服、休闲服与蓝色牛仔裤等。通常以蓝色（靛蓝染色）的经纱线与白色的纬纱线所组成。

菱形花纹 diaper | 一种梭织的花纹，由重复单一且彼此连接的图案设计组成，甚至覆盖整块布的表面。

条格细布 dimity | 轻薄、几乎透明的平纹梭织棉布。纵向有脊线，通常呈条纹或方格图案。用于洋装、围裙及床罩。

多臂提花布 dobby | 任何以多臂梭织机织成的布料。布有细小的几何图形，如鸟眼、钻石等。见第 246 页插图。

驼丝锦 doeskin | 品质细致、经光滑加工的缎纹梭织羊毛料，带有少许拉绒，或以其他纤维制成类似的拉绒布料。用于外套、裤子及制服。

多尼戈尔粗呢 donegal tweed | 重量中等到沉重的羊毛粗纺花呢，原本是爱尔兰多尼戈尔的手工梭织布料，现在指任何一种爱尔兰的粗呢布。经纱线

265

为单一颜色、纬纱线为混合颜色，用平纹或斜纹梭织织成。见于西装与外套。

点子花薄纱 dotted swiss | 指任何以挖花或浮纹织造织成，或是以植绒制成的带点布料，通常较硬挺，底布具有上等细布般的质感。用于夏服、童装及窗帘。

双层织布 double cloth | 两张布料梭织而成。用于大衣、毛衣、毛毯及家饰布等。

斜纹棉布 drill | 一种耐用、紧密梭织、中等重量的斜纹棉布，通常做成卡其布与被套布。

粗布 duck | 一种紧密梭织、耐用、重量厚重的平纹梭织布料。用于皮带、包包、帐篷、遮雨篷及船帆等。也称为画布（canvas），但通常比画布轻。

杜法丁绒 duvetyn | 一种非常轻柔、垂坠性良好的绒布，看起来像麂皮或紧密的丝绒。

棱纹绸 faille | 带点光泽且紧密梭织的丝质、棉质、嫘萦或合成纤维布料，具有扁平、横向、细致的罗纹表面，类似于罗缎。用于洋装、西装及大衣。

长纤维 filament | 长度不定或非常长的纤维，长纤纱线是由一条或多条长纤维聚合而成。

法兰绒 flannel | 平纹梭织或斜纹的布料，原本是以羊毛制成，现在通常是用棉制成。

绒布 flannelette | 一种较轻薄的棉质法兰绒，通常用于睡衣或婴儿服。

起绒布 fleece | 一种庞大厚重的羊毛织物，具有长的羊毛绒，用于外套。

鸢尾花饰 fleur-de-lis | 鸢尾花的图案设计。

软薄绸 foulard | 平纹梭织或斜纹的丝绸（或嫘萦布料），质轻、柔软，通常会印上小图案。常用于领带、轻薄洋装、衬衫及长袍。

脱色 frosting | 布料因磨损或摩擦而变色，特别是颜色变淡。

全成型针织 full-fashioned knit | 由已经织成特定形状的几片针织布料组合而成的衣物，通常较为合身。

华达呢 gabardine | 坚固、结实、经上光加工的斜纹梭织布料，正面具有陡

格子棉布

碎格子花样

斜的斜线。由精梳棉及其他纤维制成。用于西装、外套及运动服。

乔其纱 georgette | 轻薄、有皱褶的丝布料。因为是由强捻纱制成，故表面有卵石花纹般的皱褶。这种布料虽然轻盈，却很硬挺，有时以合成纤维制成。用于洋装、衬衫、礼服及帽子。

格子棉布 gingham | 平纹梭织、中等重量且带有方格图案（有时彩格或条纹）的棉质布料。或粗硬或细柔，属于轻质布料。常用于夏装与休闲服。

胚布 greige ／上级灰棉 gray good | 未经染色且表面未经加工的布料。

薄纱 grenadine | 以蚕丝或合成纤维松散织成的洋装布料。

罗缎 grosgrain | 紧密梭织的罗纹布料，其交叉罗纹比府绸宽。常见于缎

带。以蚕丝、棉、嫘萦及聚酯纤维制成。

手感 hand | 布料的触感，透过手指触摸、压挤和摩擦所觉知的质感。

人字斜纹 herringbone | 一种以左、右斜纹线交替形成的斜纹花样。通常可见于外衣、夹克及羊毛服装（见第244页图）。

荷兰麻布 Holland | 平纹梭织的亚麻布或棉布，质量重，有时会上釉。常用于窗帘（正式用法是指细致且平纹梭织的亚麻衬衫布料，特别是来自荷兰的布料）。

手织布 homespun | 在家里自行梭织的布料，非工厂制造。或指任何以不平均的粗纱线松散织成、质量沉重，看起来像手织的平纹梭织布料。

蜂巢纹布 honeycomb | 一种多臂提花

267

梭织布料，具有凸起的正方形或菱形图案，看起来像蜂巢。也称华夫格纹布（waffle cloth）。用于衣服与家具。

粗布 hopsacking | 实际上就是粗麻布（burlap），但也指任何以平方梭织或其他梭织织法制成花样类似的粗布衣物，主要用于运动装、西装、外套及窗帘。

千鸟纹 houndstooth check | 一种斜纹梭织的变化型，由两种不同颜色的纱线织成，产生锯齿状格子的效果。

粗麻布巾 huck towel | 多臂提花梭机织成的毛巾布，通常会织出布边，或用不同颜色织出使用者的名字，就像在饭店或俱乐部里看到的那种毛巾。

粗棉麻巾 huckaback | 一种棉质或亚麻毛巾，具有鸟眼花纹或蜂巢的多臂提花梭织，或有粗糙的卵石花纹表面。采用松散捻合的纬纱线或长的浮纱以增加吸水力。

亲水性 hydrophilic | 具有吸水的倾向，意同"吸水的"（absorbent）。

疏水性 hydrophobic | 具有排斥水的倾向，意同"不吸水的"（unabsorbent）。

爱尔兰粗呢 Irish tweed | 爱尔兰制的花呢，通常用白色经纱线搭配彩色的纬纱线。

提花 jacquard | 任何以提花梭织机织成的布料。提花梭织机是利用打洞卡来控制织出的花样，样式精细，与其他织布机相比，能处理更多线程。花缎、锦缎及挂毯都是属于缇花布料。

纬编布 jersey | 一种光滑的平纹针织布料，由羊毛、棉、嫘萦或合成纤维混纺制成。用于洋装、衬衫、运动服及内衣。在手工针织里称为平针。见第 247 页图。

蕾丝 lace | 一种多孔结构的布料，具有捻合、环状或结状的线程，通常交织成精细的图案。

金葱布 lame | 任何将金属线织入作为装饰之用的布料。

上等细布 lawn | 细致、轻薄、半透明且表面经脆化处理的平纹梭织棉布或亚麻布，但不像蝉翼纱（organdy）或巴里纱那么脆。用于童装、夏装、睡衣。见细麻纱。

马德拉斯平纹棉布 madras | 来自印度马德拉斯地区的棉布，为天然色彩，

也有植物染，通常制成彩格花呢、条纹或方格。使用的染料通常追随一时的风尚，因此很容易过时。

薄罗纱 marquisette | 纱罗梭织的大孔隙布料，重量很轻，由棉、丝或合成纤维制成。用于窗帘与晚礼服。见第245页的插图。

凸花绸缎 matelasse | 以缇花梭织机织成的一种有铺棉或线纹效果的双层布料，用于床罩与窗帘。最初是以有铺棉的丝绸制成。

麦尔登呢 melton | 一种无光泽、平滑、厚重、非常结实耐用且具有很短拉绒的羊毛布料，用于大衣与外套。看起来有点像毛毡（felt）。也能用羊毛以外的纤维制成。

毛海 mohair | 指安哥拉山羊的羊毛纤维，或安哥拉山羊毛制成的柔软平纹梭织（或斜纹梭织）羊毛布料。

云纹绸 moire | 任何有波浪状水纹设计的布料。塔夫塔绸便通常会有云纹表面加工处理，而一些平纹梭织布料也会印上云纹。

厚毛绒斜纹棉布 moleskin | 一种有拉绒的棉布，具有麂皮般的手感。是由粗的粗疏纱线织成坚固、厚实的布料。用于运动服与工作服。

僧侣布 monk's cloth | 梭织松散的粗方平梭织棉布，通常为褐色或燕麦色，多用于家饰品、窗帘或其他家具。

莫塞林高级洋纱 mousseline | 麦斯林纱的法文名，指更细致的薄棉布。在美国则是指任何质量轻、半透明、硬挺的布料。"丝质莫塞林高级洋纱"（mousseline de soie）便是一种重量轻、平纹梭织、半透明、硬挺的蚕丝或嫘萦布料，与雪纺纱绸类似。主要用于晚礼服。

麦斯林纱 muslin | 原指一种结实的平纹棉布，非常坚固、厚重。现在也指由棉与其他纤维混纺成的类似布料。有各种重量及质量选择，各具不同用途，包括厚重的粗麻布及轻质洋装等。

南苏克布 nainsook | 平纹梭织、柔软、轻质的棉布，有不同等级，通常染成粉彩。所用原料与薄织布、细麻纱一样，都是上级灰棉布。多见于女用衬衫与婴儿服。

针织 net or netting | 任何由线或绳织成的大孔隙布料。可用任何纤维制成。

经云纹表面加工处理的布料

佩斯利纹花样

蝉翼纱 organgy ｜一种硬挺、半透明的平纹梭织棉布，经表面加工处理而变得非常硬挺。

透明硬纱 organza ｜轻薄、半透明、硬挺的布料，由嫘萦或蚕丝纤维制成，用于晚礼服。

坑纹布 ottoman ｜一种交叉的罗纹布料，类似于棱纹绸或罗缎，但坑纹布的罗纹较粗。可以羊毛、棉、蚕丝或合成纤维制成。

牛津布 oxford cloth ｜一种平纹或方平梭织棉布，用于衬衫。通常有双股经纱线搭配一股纬纱线。牛津青年布（Oxford chambray）是以彩色经纱线与白色纬纱线织成的牛津布。

佩斯利纹花布 Paisley ｜任何印有传统佩斯利漩涡纹图案的布料。这种漩涡花纹图案起源于苏格兰的佩斯利，为

尖端处有弯弧的泪滴形状。

双面横棱缎 peau de soie ｜从字面上看，为"丝的表面"，意思是柔软、高质量的缎织丝布（或仿丝质的合成纤维），表面无光泽。用于洋装。

波盖勒细棉布 Percale ｜一种紧密梭织的平纹梭织棉布，用于洋装、衬衫及床单。波盖勒细棉布的线程数相当高，在 180 以上。

毛绒布料 pile fabric ｜任何一种在底布的垂直面织有一组毛绒纱线的布料，可以梭织、针织及簇绒等方式制成。可能有环状或丝绒般的表面。例如毛圈布、丝绒、平绒及灯芯绒等。

凸纹布 pique ｜任何具有凸起图案或仿铺棉表面的梭织或针织布料。通常为棉布，有时以合成纤维制成。梭织的凸纹布重量由中至重，具有凸起的

有毛球的花式纱线

泡泡布

交叉线且相当硬挺，通常用于衣领、袖口及洋装。

泡泡纱 plisse ｜有折叠或气泡的表面，条纹外观则是经过化学处理产生。有些廉价商品的条纹可能会被洗掉。看来像泡泡布。

针窿布 pointelle ｜任何有小孔隙或孔洞花样的罗纹针织布。

抛光棉布 polished cotton ｜上釉的平纹梭织布料。

茧绸 pongee ｜生丝布料，通常具有天然的棕褐色，且带有一种非常不均匀的粗犷质感。这个名词也用来指具有类似重量与质感的棉或嫘萦布料。

府绸 poplin ｜平纹梭织洋装布料，其纬纱线比经纱线重，营造出一种精致、交叉的罗纹外观。通常为重量中等至

厚重的棉布，也有以羊毛、丝或合成纤维制成的。

缕线斑布 ragg ｜原本是由剪剩的羊毛或用过的羊毛制成，现在可能指用五颜六色纱线制成的全新羊毛布料或衣服，或者为模仿废羊毛或回收羊毛粗糙质感的布料或衣服。

棱纹平布 rep ｜有狭窄纵向罗纹的布料，以不平均的平纹梭织法织成。

弹性 resilience ｜布料被重压或起皱后回复到原来状态的能力。

罗纹布料 rib or ribbed fabric ｜任何具有直向或横向条纹或凸起的布料，如府绸、罗缎及棱纹平布等。指所有两面具有纵向罗纹的针织布料。

帆布 sailcloth ｜坚固、耐用的布料，以亚麻、棉、黄麻、尼龙或其他合成

纤维制成。用于船帆、休闲服及家饰
布。

棉缎 sateen | 一种有光泽的缎纹梭织
棉布，纬纱线浮起。

缎面布料 satin | 原指缎面梭织的蚕
丝纤维，但现在也可能指以人造纤维
缎面梭织制成的布料。光泽度高且滑
顺。用于晚礼服、内衣及衬里。广义
而言，所有以缎面梭织制成的布料皆
属缎面布料。

泡泡布 seersucker | 一种表面没有光
泽、中等重量且具波状纹列的布料，
属于变化型的平纹梭织布，用于夏装。
一般以棉纤维制成，但现在也有合成
纤维的产品。

布边 selvage | 以较紧密梭织法加工的
布料边缘，有时会用不同的梭织法或
较厚重的线处理，以防止脱线（但是
请注意，一些现代的布边看起来已经
不是这样了）。床单两侧通常有布边，
头与尾则有折边。

哔叽 serge | 以厚重精纺纱线制成的
光滑斜纹布料，表面经上光处理。

山东绸 shantung | 平纹梭织的粗丝布
料，采用不规则的纬纱线，制造一种

竹节或纹理的效果；最初是用野生蚕
丝做成，有时也指以其他纤维制成类
似外观的布料。

鲨鱼皮 sharkskin | 中等到厚重质量的
光滑布料，表面略带光泽。通常以方
平梭织，用羊毛、嫘萦、蚕丝或合成
纤维制成。用于订制西装、休闲裤及
运动服。

床单布 sheeting | 大小、结构与重量
适合做成床单的布料。

毛球 slub | 纱线中较厚的部位，纤维
捻合不均或不规则所导致。有时为了
时尚效果会刻意制造这种毛球，否则
这多半是瑕疵。

短纤维 staple | 长度中等或较短的纤
维，用来制造纱线。

麂皮布 suede cloth | 平纹梭织布料，
其中一侧边拉绒处理。由棉或其他纤
维制成。

西装布 suiting | 适合制成大衣或西装
的所有布料。

斜纹软绸 surah | 有光泽的斜纹梭织
布料，由蚕丝、嫘萦或合成纤维制成，
适合制作线条较为柔和的定制服与领

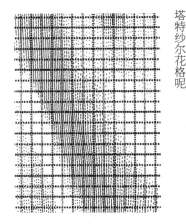

塔特纱尔花格呢

线交织成条纹花样的斜纹粗棉布。主要用于床垫、椅套及枕头套。也可指任何坚固、耐用且紧密梭织以作为上述用途的布料。

薄麻布 toile ｜简单说就是指布料，特别是指亚麻布。这个名词后来也与法国茹依制的印花麻布（toile deJouy）有关。

翠可特 tricot ｜一种有细凸纹的经编针织布料，通常用于内衣、睡衣及手套。以棉或合成纤维制成。

绢网 tulle ｜细致、柔软、半透明的丝网（或合成丝纤维）布料，通常具有六角形的小网格。用于面纱、礼服、婚纱及舞衣。

柞蚕丝 tussah ｜一种坚固、粗糙，经松散梭织的蚕丝布料，尤其是指由柞蚕（野生丝）纤维制成的布料。

粗花呢 tweed ｜任何表面粗糙的羊毛布料，通常以两种以上的颜色织成，可能是素色或有图案。原本是一种粗糙的自家手织布，由厚重的羊毛纱线制成，今日几乎是指所有具毛球、粗纱的混色布料。用羊毛或其他纤维制成。

带。也可做成素色布、印花布及披肩。

塔夫塔绸 taffeta ｜是某类布料的通称，这些布料都是平纹梭织，具有细致、光滑、硬挺等特性，通常有交叉的罗纹。原本是以蚕丝制成，现在几乎可用任何纤维。

塔特纱尔花格呢 tattersall ｜英伦风格的彩格样式，通常由两种颜色的交叉线形成正方形，再用第三种颜色作为背景色。

抗撕裂强度 tear strength ｜布料抵抗撕裂的能力。

毛圈布 terry cloth ｜以棉质织绒梭织或针织的布料，一端或两端具有未剪开的环圈。

被套布 ticking ｜一种由白色与有色纱

273

捻合 twist | 每英寸的线或纱线中，扭曲或弯曲的次数。强捻纱的弯曲次数较多，弱捻纱则较少。

混织布 union cloth | 以棉为经纱线、用过的羊毛为纬纱线织成的布料，通常有大量拉绒。用于厚重大衣。

混织亚麻布 union linen | 以棉为经纱线、麻为纬纱线织成的布料。有时也称为混织布。

天鹅绒 velour | 厚而软的梭织或针织布料，具有很深的毛绒（深度超过丝绒）。主要用于西装或外套。

丝绒 velvet | 具有短、厚、平滑毛绒的布料。原来以蚕丝制成，现在可用多种类型的纤维制作。

平绒 velveteen | 一种棉绒，具有短而厚的毛绒，表面没有光泽。

巴里纱 voile | 重量轻、半透明、凉爽的平纹梭织布料，以强捻绢纱及松散的织法织成。用于洋装、女用衬衫及窗帘。以棉、丝、嫘萦及精纺纤维制成。

华夫格纹布 waffle cloth | 任何以多臂提花梭织机梭织而成、具有松饼方格或蜂巢图样的布料。

华夫格针织布 waffle knit | 有松饼方格图样的针织布料。

马裤呢 whipcord | 以精纺纱线制成的布料，类似华达呢但斜纹较陡斜。具有坚硬结实的手感，用于骑马装与高级定制服。现在除了羊毛，也有许多其他纤维制成的马裤呢。

紫貂皮 zibeline | 以具有光泽、顺着同一方向披覆的毛茸茸长纤维制成的羊毛织品。

CHAPTER

15

织品的加工处理

❖ 染色
❖ 表面加工处理
　□ 织品常见的加工处理

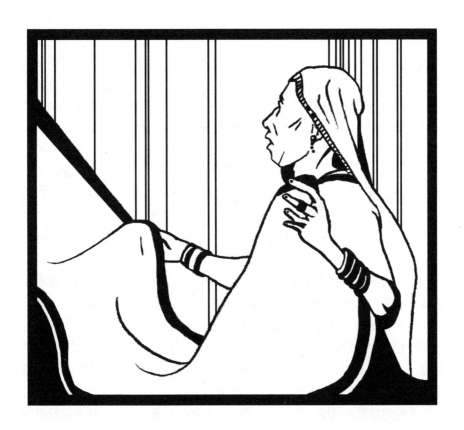

布料经过纺织后还会经历后续加工，这道工序往往让其外观与特性大大改变。在我们选购衣服与家具时，这方面的知识特别重要。人们往往不太注意布料的结构与纤维质量，只关注颜色、需不需要熨烫或分开洗涤，而这些问题的答案通常取决于布料的染色与表面加工方式。

劣质染色可能破坏整批高档布料、大幅降低使用寿命，或增加干洗的花费、造成必须单独洗涤的不便等等。现代的加工处理，从有抗皱作用的树脂处理到能够营造温暖、毛茸茸的拉绒处理，都会大幅影响布料外观、使用方法以及保养方式。

▌染色

纺织品所用的染料，现在基本是由沥青蒸馏或石油化工合成的化学物质，而不是来自植物、矿物或动物。就功能而言，合成染料在各方面几乎都被认为优于天然染料，但偶尔会爆出一些合成染料造成的环境与健康问题，其中有些甚至被视为潜在的致癌物质而遭禁用。另一方面，天然染料来源少且昂贵，为了提高色牢度与耐旋光性而使用铬、铜、锡、锌等有毒金属，因此也可能造成环境问题。铝和铁或许可以作为这些有毒金属的替代品，但效果较差。至于生产天然染料也需要使用许多农地。

色牢度是指防止颜色被去除或抽除的耐受度，牵涉到一系列复杂的特质。色牢度可用不同的洗涤物质进行测试，例如肥皂或洗衣剂、漂白剂、水（冷、温、热）；或用干洗成分（各种溶剂）进行测试；或者是光、酸性与碱性溶液、高温及汗水。有些布料的颜色可能耐得过所有形式的洗涤处理，却会因光照而褪色，因此不适合作为窗帘布或家具布，有些则会在洗涤过程褪色或染色，但干洗就不会。

所谓的缸染，顾名思义是在大染缸进行，广泛应用于植物纤维，如棉、麻或嫘萦等。染出的颜色对水洗与阳光都具有很高的色牢度。

但并不是色牢度越高就越好，目前一般常用的染料中，用于蓝色牛仔裤和蓝色丹宁的靛蓝色是一定会褪色的，而牛仔裤也因为这种特性而深受喜爱。我知道有些人会特别拒穿不褪色的廉价牛仔裤，因为即使用含氯漂白剂洗了五六次，看起来还是跟新的一样。

染色的效果不仅取决于染料类型，还有搭配使用的布料、纤维以及染色方法。染料（或颜料）可应用于制作过程中的任何一个步骤，可能会被加入生产人造纤维的溶液中，简称"溶液染色"或"制程染色"，或加入要纺成纱线的纤维当中，称为"纤维染色""原料染色"或"色纺"，染色的对象多为要精梳成羊毛纱的长纤维。或者也可染在即将织成布料的纱线上，称作"色织"；或染在梭织好的布料或做好的衣服上，即"布匹染色"或"成衣染色"。

粗花呢是原料染色，纤维先经染色再织成纱线。格子棉布、青年布及丹宁是色织，因为布料大多以两种以上颜色的纱线织成彩格或方格。成衣染色风险很高，可能发生染料在接缝处渗透不佳、边饰变色、颜色不匀及其他类似问题。有个经验法则是，在生产制程的越前端阶段染色，越能染出色彩均一、渗透性好、色牢度高的产品。但这只是概略原则，不一定全然如此。

好的染料或染程，并不是只以色牢度高、颜色均匀这两个重要特征来评断。好的染料不会轻易变黄或变色，且既不掉色（与其他表面摩擦便将颜色转移过去），也不会脱色（磨损之处会有颜色脱落）。牛仔裤经过石洗（stonewashed）会因磨损而创造出想要的脱色效果，但脱色并非一般衣物所乐见的。染料若未彻底透入织品，便很容易脱色。就像布料外层会因磨损而剥落，染料也是如此，会出现褪色的区域。[1]

染料褪色是在家洗涤衣物时一个头痛的问题，法令规定制造商必须在洗涤保养标签上提醒消费者将可能会褪色的衣物单独洗涤，否则会让一起洗涤的其他衣物染上颜色。但这也非常不方便（记住，毛巾有时没有洗涤护理标签，深色毛巾与浅色毛巾最好分开洗涤，假如出自很好的制造厂，经过几次之后就不会再褪色）。

颜料则不像染料一样与纤维结合，但若为经树脂处理的纤维，颜料便可能附着在制成的布料表面上。颜料往往比较耐光、耐漂白，但染出来的深色布料有时比较容易掉色。不过，颜料却能在洗涤时保持高色牢度。颜料也可用在人造纤维的染程中，添加到纺丝溶液里，称为"整体着色"。目前还没有一个通用的颜料染色法，也因为某些技术问题，至今仍无法广泛使用。然而，以颜料染色的聚酯纤维效果令人满意，其耐旋光性也是尼

---

[1] 以棉与聚酯纤维混纺而成的免熨衣物，若进行漂白，很容易导致灾难。这是因为经过树脂抗皱处理的免熨衣物，棉纤维所呈现的颜色多半比聚酯纤维的颜色深，但强度会因而弱化，较易磨损、剥落。因此，衣物上摩擦较多的部位，例如膝盖附近，颜色便可能较浅。

龙与聚酯纤维透过其他方法染色无法达成的。

印花是在布料的表面着上彩色图案（通常以颜料着色）。可采用网版、热转印、滚轧或盖印等方式，将花样印制到布面。质量不佳的印花，可能会看到图案歪斜或偏离，或者出现颜色漏印、细节处理不佳、边线模糊以及各类的瑕疵。

从上述永不褪色的蓝色牛仔裤的例子，说明了我们不该假设布料经过几次洗涤后一定会褪色。护理与使用染料的技巧，都能让产品不易褪色、掉色、脱色或变色。不幸的是，消费者只知道布料的外观好不好看，却没有办法进一步判断经过使用、洗涤或干洗后，染料会发生什么状况。

衣服标签有时会标示衣服为色织，或偶尔以标签夸大地写着"只用纯天然染料"，但根据一位织品染色专家的说法，这段文字可能本身就有矛盾。然而，消费者除了学做一些简单的居家色牢度测试之外（见第20章《待洗衣物的收集、储放与分类》），通常也只能从布料的外观与洗涤标签里拣取片段信息。于是购买者只能自求多福，就算付了钱也未必能买到应得的质量，因为就连有些昂贵的衣物也会褪色，这连一般零售交易原则都谈不上。最保险（但并非万无一失）的方式，是尽可能从店家得到相关信息，并购买信誉良好的厂商的产品，或该厂商的产品已经在你家洗涤过证实不会褪色。（最近我在一家店里看到一叠针织上衣大方标示着"成衣染色"！由于成衣染色通常表示较低质量的染色，老板要不是对货品一无所知，就是认为顾客也一样无知。）

▌ 表面加工处理

当你购买不会皱的衬衫或上衣、缝纫用的丝光线、防火隔热垫、带有麂皮手感的牛仔裤、印花棉家饰布或抗污的桌巾时，你所带回家的，是经过特定化学或机械加工处理的织品。这些加工处理深刻影响着布料的功能、耐用性，以及使用寿命内的保养方式。因此，若你能了解这些表面加工处理，便可以更聪明地选购布料，更懂得如何保养。以下说明各种居家服饰与家具布料常用的表面加工方式（第16章将更详细说明如何适当保养抗皱布料与其他经过树脂处理的织品。）

□ 织品常见的加工处理

吸水力处理 absorbent treatments——棉、嫘萦、亚麻纤维的天然吸水力，能因加工处理而增加。内衣与毛巾有时也经过加工处理以提高吸水力。有些加工处理适用于卫生棉、卫生棉条、毛巾及其他需强力吸水的产品，以大幅增加吸水力。吸水力处理是利用一些化学物质与树脂，使用的种类视不同纤维及用途而定。尼龙与聚酯纤维也可以做吸水力处理，有时更能以特别处理来增加布料的毛细作用。经过处理的合成纤维，据说能让皮肤触感更好，尤其在温暖潮湿的天气。但有些人质疑这种说法，且据我所知，这种说法是未经双盲试验的。丝光处理（见第 284 页的"丝光处理"）能增加棉的吸水力（不过这原本是为了其他理由而做）。天然纤维的吸水力会因为树脂处理、衣物柔软剂以及使用非常紧实的强捻纱或梭织而降低。

防腐处理 antiseptics treatments——防腐处理有助于预防香港脚，或控制鞋垫、寝具、尿布、内衣裤及袜子的异味。此外，也有助于防止浴帘、地毯及地垫等织品因发霉、腐烂而损坏。防腐处理所使用的各种抗菌物质会标示在标签上，如：防腐、抑菌、抗菌及防霉等（亚麻、棉及嫘萦特别容易发霉；丝与羊毛也会，不过比前者好一些。大多数的合成纤维不会发霉，但有些容易沾留体臭，因此也会做防腐处理）。

防静电处理 antistatic treatments——许多合成纤维，尤其是聚酯纤维、尼龙及其混纺布料，很容易因摩擦而产生静电（烯烃－聚丙烯例外）。这些纤维制成的服装容易在穿着或烘干时产生静电，地毯也会因为有人走过而产生静电。在所有天然纤维当中，羊毛与蚕丝在湿度较低时也可能产生静电，但不像合成纤维那么明显。衣物与家具的静电会造成电荷黏附与累积，以及些微的电光与火花，有可能造成疼痛，甚至具危险性（例如有可燃气体存在时）或破坏性（对精密的电子设备而言）。静电也可能让织品容易吸附尘埃。

为防止静电蓄积，制造商有时会使用防静电处理，但效果并不持久。一些新的合成纤维已发展出防静电的功能，因此如果要买尼龙地毯，一定要买有防静电功能的。可以使用防静电喷雾剂或衣物柔软剂，以有效减少静电。或者也可以选择低静电或无静电的天然纤维。湿度能降低摩擦产生的静电量。

抗皱处理 antiwrinkling treatments ——抗皱处理需要使用树脂，以产生"交互联结"的化学过程，也就是将纤维质布料中两个或两个以上的相邻纤维互相结合（见下文的"树脂处理"）。交互联结是减少皱褶的原因，织品一旦经过抗皱处理，或许在洗涤之后还需稍微整烫，但穿在身上时通常不起皱，出现的皱褶也多半在吊挂之后会消除。经过这种加工处里的布料，通常会标示为："永久免熨"（permanent press），"洗后即穿"（wash and wear）、"耐久免熨"（durable press）、"容易保养"（easy care）及"保养简单"（minimum care）等，都是大家耳熟能详的术语。

交互联结会减弱棉织品强度，因此大多数免熨布料是由棉与聚酯纤维混纺制成。这是因为混纺中的聚酯纤维不会因为抗皱处理而变弱，因此经抗皱处理后的混纺会比纯棉坚固（聚酯纤维还有其他优点，参见第17章《人造纤维与混纺》）。不过，有些较新的加工处理对棉纤维造成的破坏力较低，因此有更耐用的100%棉质免熨布料。不过,纯棉的抗皱性能还是比不上混纺。

抗皱处理的做法有两种主要类型：预固化与后固化。预固化抗皱处理应用于即将制成衣服的布料，因此可能很难进行后续加工。也正是因为布料的抗皱性，这些固化后的布料较不易屈就身体的曲线或压熨出折痕。很快就能沥干的衣服也是经过预固化处理的织品，这种衣服只要挂起来晾干，就会恢复原本的形状与平滑度，几乎不需熨烫。但是，现在这种衣服已不常见，因为大多数衣服是采后固化处理。

后固化抗皱处理应用在布料缝制成衣服或其他成品之后。后固化处理的第一个问题是，经过处理后就很难再改变：折痕、褶裥、曲线、接缝等，都被布料"记忆"下来，无法轻易改变。第二个问题，折痕线的强度比布料其他部分弱，因此可能褪色或磨损。

经抗皱处理后的布料，耐久性会依不同因素而定：树脂的类型、加工程序的质量与类型、饱和程度、处理时小心的程度，以及是否确实遵循标签指示来处理衣服。抗皱处理并非永久性的，但相当耐用，最多可耐五十次水洗。这种处理通常能减少皱褶，但不能完全避免，而起皱的程度，其实也取决于树脂的种类与用量、加工时的处理技巧与保养，以及衣物的洗涤与干燥方式。

抗皱处理不适用于合成纤维，除非是混纺，因为这些纤维大多本身就已经抗皱。目前也有"耐久免熨"处理，能在羊毛与羊毛混纺布料上做出永久性折痕与褶裥。这需要树脂或化学处理，且耐用性不尽相同。针对植物纤维也有不用树脂的抗皱处理方法，因此不会有树脂处理的负面效果。"液态氨耐久免熨"处理仅适用于 100% 由植物纤维制成的布料，方法是将织品浸泡在氨水中，并严格控制温度、织品张力、时间、氨的浓度及其他因子。这是一种需审慎处理又昂贵的制程，因此未广泛应用，但以这种方式处理的布料相当耐用，能耐 40 ～ 50 次的洗涤。不过，消费者可能会发现标签上并没有提到这种处理方式。抗皱处理的服装应该用洗衣机洗涤，并以"免熨洗程"脱水（参见第 21 章《洗衣》）。

捶布 beetling——捶布是以木槌敲打亚麻织品，直到布料扁平且织线变得非常紧密为止。桌巾通常需要经过这种处理，因为能使纱线变得光滑，并增加光泽。捶布也让亚麻布的厚度更均匀，并增加弹性。熨烫时，增加手部压力能使洗好的衣物纱线再次平整滑顺。

漂白 bleaching——布料染色之前通常必须先漂白，除非打算采用布料的原色。用来漂白的物质，包括含氯漂白剂，也就是次氯酸钠（常用来作为家用漂白剂）或亚氯酸钠。以及过氧化氢、过硼酸钠（也见于家用漂白剂）。但在漂白过程中，还可能用到其他化学物质。有些爱尔兰亚麻仍是以阳光曝晒来漂白布料，这个过程称为"日光漂白"，作用比化学漂白温和。不过无论以哪种方式漂白，通常多少都会弱化布料的强度。制造商有时也会利用光学增亮剂来处理布料，其原理是改变布料反射光线的方式，制造出明亮的效果以掩盖泛黄的色调。大部分的多功能洗衣剂也含有光学增亮剂。

轧光处理 calendaring treatments——轧光处理是以大型滚筒加以熨烫，使布料承受高压及（或）高热的加工过程。轧光处理让织品呈现平滑与光泽质感，但用在未经树脂处理的棉布上，效果并不持久。然而，一旦以树脂处理搭配轧光处理来制造釉面、蜡光（cire）、浮雕（embossed）、云纹或电光布料，或将轧光应用在聚酯纤维等热塑性纤维时，效果会很持久。

绉纹、泡泡纱、浮雕、云纹、电光处理 crepeing, plisse, embossing, moire, schreinering treatments——高温、高压、酸、碱及其他化学品，都能对织品

产生装饰效果。绉纹效果可以梭织技术与纱线结构产生，也可借由让布料通过一种特别的刻花滚筒。后者产生的绉纹最后一定会消失，而前者的绉纹则永远存在。浮雕与云纹也是用加热的刻花滚筒压制而成，但浮雕是在布面上产生凸出的图案，或让某些部分凹陷。若用在热塑性纤维，图案会永久存在，但用在棉布则不会持久，除非是经过树脂处理的棉布才能抵抗水洗及干洗。云纹只有用在热塑性纤维上，如醋酸纤维、聚酯纤维、尼龙等，及经树脂处理的天然纤维上时，才是永久性的。用化学处理的方式能让尼龙形成波纹，用硫酸处理筵棉能生产蝉翼纱，让布料变硬、呈现半透明效果。但是，如果处理酸的方式不正确，会严重减弱布料的强度。

泡泡纱是应用烧碱（氢氧化钠）处理布料，经处理的区域因化学作用而皱缩，使布料产生绉纹，并具有丝光效果。经化学处理产制的泡泡纱，持久性比真正经由梭织产制的泡泡布差。泡泡纱可能因为熨烫而变平，但泡泡布不会。泡泡布与泡泡纱的区分方式，是泡泡布有明显的折痕及交替的平滑条线与绉纹条线。你也可借由拉开布料，观察这种装饰效果的持久性来做判断。

阻燃处理 flam-resistance treatments——防火的纤维只有两种：玻璃与石棉，两者都是无机纤维。有机纤维顶多能够阻燃，也就是纤维被点燃后，不论火源是否已移除，都可以阻断、终止或抑制火焰。阻燃剂能让布料具有阻燃性，可减缓或停止火苗的爆发与蔓延，但并不能完全防止燃烧。大多数经阻燃处理的布料，只要离开火源，火焰就会熄灭。阻燃处理的目的是希望在发生严重损伤之前能有足够的时间灭火或逃生。羊毛与丝绸天生就稍具阻燃性，但经各样加工之后，阻燃性可能变差。有些改质亚克力纤维天生能阻燃，有些合成纤维不必在生产过程中使用阻燃剂就具备永久的阻燃能力。

除非经过处理，棉、麻、嫘萦、醋酸纤维、尼龙及聚酯纤维等都相当易燃。布料结构与纤维成分也会影响可燃性，例如拉绒、毛绒梭织、松散梭织、弱捻纱制成、重量较轻等因素，都会增加布料的易燃度。美国在1953年立法通过之前，曾发生多起因高度易燃布料与衣物失火而造成的灾害。其中一些是毛绒嫘萦纤维布料在碰触火星后瞬间闪燃，让穿着衣服的人遭火焰吞噬。1953年，美国法律便禁止销售易燃布料制成的衣物，但阻燃布料却只要求使用在儿童睡衣、地垫、地毯、床垫及褥垫上。至于小型地垫与地毯，只要在标签上注明"可燃，应远离火源"，便不需使用阻燃布料，至于家饰布只能依赖业者自行制订的标准。法律中有关儿童睡衣的要求，是必须能耐久阻燃，也就是至少经过 50 次洗涤之后，还能保有阻燃特性。

然而，一般用来测试纺织品是否为"危险易燃物"的 45° 角测试（根据美国联邦政府规定的衣物织品易燃性标准），普遍认定是不足够的。这项测试的要求之一，是将一块布料固定在 45° 角，以特定面积使用特定大小的火焰测试 1 秒钟。如果在一定时间内造成某个比例以上的损伤，那么这种布料在美国便禁止用来制作衣服。不幸的是，一篇文章指出，连干报纸都可以通过这种测试。未经阻燃处理的棉与聚酯纤维混纺，往往比 100% 棉或 100% 聚酯纤维更危险，但在 45° 角测试下，这种混纺织品并非"危险易燃物"（这种织品很难进行阻燃处理，因为涂覆在布料上的厚重涂层往往产生不讨喜的手感）。此外，有些通过这种测试的布料，在遇到火焰时反而会熔化或散发出大量令人窒息的有毒气体与烟雾，比没通过测试、依法被视为"危险易燃物"的布料还要危险。熔化的合成纤维布料可能会黏附在皮肤上，造成比易燃布料更严重的烧伤，而浓重的废气与烟雾更可能致命。然而，一些希望能革除这些不合理现象的法令，却因阻挡了纺织业的利益而遭抵制。例如，当局便曾研议增加"熔滴测试"（molten drop test）来检验衣料，却因为许多合成布料无法通过（有些甚至已通过 45° 角测试）而遭挡下。

阻燃处理还有其他方面的问题。有种曾广泛使用的阻燃剂后来被断定为致癌物质，而后来开发出的替代物质也发现会导致基因突变。一些阻燃剂在燃烧时会产生有毒气体或大量烟雾，本身就是危险物质。

有些阻燃处理往往让织品的手感变差、摸起来粗糙僵硬，或降低布料的强度。漂白剂、衣物柔软剂、肥皂及无磷洗衣剂则往往让阻燃剂失效。为了降低对皮肤的可能伤害，在穿上有阻燃处理的织品之前一定要先清洗过。

1996 年，美国消费者产品安全委员会增修规则，规定所有儿童睡衣都必须能够阻燃。这项引起强烈反对的增修规则包含两个主要条文：首先，法规免除了对所有 9 个月月龄以下婴儿睡衣的阻燃要求；再者，法规允许只要是贴身或会广泛接触皮肤的儿童睡衣，无论年龄，都可以使用未经阻燃处理的棉布（贴身的衣服比较不容易起火，也比宽松的衣物不容易燃烧）。除了以上这两项，其他棉睡衣仍然必须经过阻燃处理。据我所知，美国的制造商已经不再使用经阻燃剂处理的布料来制作儿童睡衣，但一些进口的棉质睡衣却仍然有经过阻燃处理。另外，阻燃处理过的合成纤维仍被广泛用来制作宽松的睡衣裤。但是，如果你发现外观像睡衣的九月龄以上棉质童装，既没有经过阻燃处理，也非紧贴合身，就还是会继续列为"非睡衣用途的衣服"。

棉睡衣的阻燃处理，通常是透过四羟甲基鏻（THP）盐，这从一般的健康角度来看，是既有效又安全的方式。这种处理能耐受 50 次以上的洗涤，但这类衣物不能以含氯漂白剂或含氯的洗衣剂或一般无磷洗衣剂洗涤。这在禁用磷酸盐洗衣剂的地区可能是个问题（不过市面上也有标榜不会伤害阻燃处理衣物的无磷洗衣剂）。此外，THP 处理的布料燃烧后会产生废气与浓烟。

不过，今日多数儿童睡衣是由合成纤维（如聚酯纤维或改质亚克力纤维）制成，合成纤维本身就有阻燃能力，至少就法令要求是如此（意思是，纤维"的确"有通过一些测试），因此不需要阻燃处理。有些种类的嫘萦、亚克力纤维及聚酯纤维也有阻燃效果。改质亚克力纤维可能有相当好的阻燃性，而亚克力纤维也有一定程度的阻燃性。然而，专家指出，由于法令标准尚有许多不足之处，无论你买什么，最多只能肯定布料通过了测试，却不能确知到底哪一种布料比较安全。

上釉 glazing——上釉处理能制造出坚硬、闪耀的外观。擦光印花与抛光棉布都是大家耳熟能详的釉面织品。以淀粉或蜡来上釉的老式做法并不耐用，现代常以烘烤或轧光将树脂涂覆于织品表面，这种做法的确也较持久。

丝光处理 mercerizing treatments——丝光处理主要是用在棉质的纱线与布料，以烧碱溶液处理，使纤维膨胀成圆形并缩短，让织品或纱线变得更坚固、有光泽且容易染色。丝光处理也能改善布料的手感与垂坠性，一般家庭所使用的棉质缝线都应该购买经过丝光处理的。

防蛀 mothproofing——蚕丝、羊毛、毛皮及其他毛发纤维，容易受到一些以蛋白质为食的昆虫的损害。蛾的幼虫会吃羊毛与毛皮，地毯甲虫则吃蚕丝、羊毛及毛皮。羊毛混纺与纯羊毛一样脆弱，因此应以同样方式对待。有些羊毛织品，如地毯、家饰布及一些服饰，已预先做过防蛀处理，不会因洗涤或干洗而失效。有些防蛀的处理方法是在幼虫尝试吃纤维时杀死幼虫，或是让幼虫吃无法消化的纤维。然而，据一位权威人士表示，目前使用的这些防虫物质没有一种是完全有效的。

还有另一种防蛀处理是在衣物干洗时进行，但这种方式较不耐久。若为未经防蛀处理的羊毛织品，便应在家自行进行预防措施。见第 16 章有关防蛀处理的讨论，以及下册第 29 章《衣物收纳》。

拉绒、磨毛、磨绒、起绒 napping, sueding, sanding, emerizing——拉绒能使织品表面呈现绒毛状，方法是松散捻合纱线然后织成布料，再让布料通过表面覆满弯钩铁丝的滚筒。小钩会将纤维末端从布料拉出，制造出绒毛效果（另一种方法是用刷子拉起绒毛）。拉绒能产生气室，留住温暖空气，因此法兰绒等绒毛织品较能保暖。此外，拉绒织品可以防止物质渗入织品底层，因此也较耐脏。别把拉绒与织绒搞混，因为织绒是在布料里织进更多毛线，制造出许多立起线环（有时会剪断）的布面。磨毛与磨绒跟拉绒类似，不过布料是通过覆有砂纸的滚轮，借由摩擦布料制造出一般人熟悉的绒毛表面和麂皮般的质感。此外其余皆与拉绒一样，可能减弱布料的强度。沙洗（sandwashing）处理是将沙子放进洗池中，借以摩擦并软化布料。起绒是使用较为温和、覆有金刚砂的滚筒，以此产生麂皮般的表面，而许多细聚酯纤维制成的衣服都有类似触感。

预缩处理 preshrinking ——如果可以，尽量购买经预缩处理的制品，通常你也可以买到供居家缝纫使用的预缩布料，但是如果买不到，便应该自己来做预缩处理，先过水后再缝制。不幸的是，任何经预缩处理的布料都可能继续缩水，可能每次洗涤都会稍微缩小一点。

目前有许多抗缩水的处理，从简单的洗涤，到以机械方式、化学方式、树脂处理以及结合以上数种方式的抗缩水程序都有。一般人都不陌生的"预缩水"（sanforized）商标，就是代表棉与嫘萦梭织的布料已经过标准化、高效率的方法进行强力缩水，未来再缩水也不会超过 2%（强力缩水是让布料在精确控制的缩水处理过程中均匀缩水，并确保后续缩水不会超过某个百分比）。还有其他商标也会标明强力缩水与其他抗缩水的处理方式。

羊毛也能以类似的预缩方法来处理，包括利用水、化学物质或热固性树脂处理等。缩绒（fulling）是一种能清洁羊毛并控制毡合（felting）程度，或将羊毛纤维缩紧的洗涤过程。经过缩绒处理的织品更为平滑、饱满及密实，因此也较为温暖。缩绒处理过的羊毛，如麦尔登呢（是一种紧密缩绒、拉绒且紧密梭织的布料），多用来制作大衣，而一些精纺的织品顶多只是稍做缩绒处理。如果羊毛抗缩水的效果是来自使用化学物质，在经过几次洗涤之后，抗缩物质便可能被洗除，布料也仍会缩水。标有"耐洗涤"（Superwash）商标的产品，代表羊毛经过化学方法与树脂处理，抗缩性持久，且可以机洗。详见第 16 章《天然纤维》。

树脂处理 resin treatments ——纺织树脂是用在植物纤维（棉、麻、嫘萦）或其混纺上的"预聚合物"，能制造出各种效果，包括永久性的折痕或抗皱能力及抗缩水能力，永久性的硬挺或硬脆、闪亮或光泽，还有疏水性，以及蜡光、云纹及浮雕等其他装饰效果。最常用来制造这些效果的树脂包括尿素、乙二醛、碳酸盐及三聚氰胺甲醛化合物。树脂不仅能涂覆纤维，还能将相邻的纤维质分子互相联结，让树脂本身也成为布料结构的一部分。

几年前，树脂刚开始使用时，人们怀疑树脂会对健康不利，因为这种物质会排放甲醛气体，气味通常令人不快。有些人会因为甲醛而引发过敏，也有人担心甲醛可能会致癌。但是，目前已经有一些树脂用量较少的新制程，以及低甲醛或无甲醛树脂，能大致解决这些问题（较新的树脂仍会散发些微甲醛，但在美国，消费者对经树脂处理的布料产生过敏反应的案例相当罕见）。许多专家似乎一致认为，经过树脂处理过的布料是安全的，只简单建议在使用经树脂处理的衣物之前先加以清洗，以除去可能残留的少量甲醛。目前也有不含甲醛的树脂，常用于婴幼儿与儿童服装（因为年轻的族群比较敏感），但这些衣物往往较为昂贵，且效果并不显著。

然而，树脂处理一样有副作用，好坏都有。不好的一面是会降低布料的吸水力，这代表穿起来较不舒服，尤其是在炎热、潮湿的气候下。这类布料的手感也较差、强度较弱（少 50%），且较不耐磨损。此外，也比较容易吸附油污（跟合成纤维一样），且可能产生静电。经树脂处理的织物可能需要不同的、较温和的洗衣程序（见第 16 章《天然纤维》）。但好处是，经树脂处理的布料较不易缩水、变皱，布料也能干得更快，且让衣物变得更硬挺，而这些特性都会使棉质衣物更吸引人。在新型树脂纷纷出炉与用量减少的情况下，无论是正面或负面的附加影响，都已经减少。另见上文"抗皱处理"。

抗污处理 soil-resistance treatments——服饰、桌巾、家饰布以及其他居家常用的纺织品，都经过一些表面加工处理，以具有抗污能力，或在意外状况时能将伤害降至最低。抗污处理有两种类型：脏污隔绝与脏污释放。

脏污隔绝：经过脏污隔绝处理的布料，能让水和（或）油在布料表面形成水珠、油珠，不会立即渗透到布料中，因此也让使用者有机会在脏污造成任何损害之前及时拭除。这种处理现在已经可用于羊毛与合成地毯，隔绝剂也有许多不同类型，功能也不尽相同，有些只能隔绝水，但像3M"思高洁"（Scotchgard）及杜邦"Zepel"疏水剂里所使用的氟碳聚合物，则能隔绝油和水。脏污隔绝剂一般会降低布料的吸水力，但对透气性没有影响。天然纤维、合成纤维，以及其混纺都可适用脏污隔绝处理。

脏污释放：经脏污释放处理的布料非常容易洗干净。脏污释放处理只适用于合成纤维与其混纺、耐久压烫织品（也就是亲油／疏水性纤维）以及经树脂处理后能抗湿的布料，因此洗涤后能彻底清洁。布料若没有经过脏污释放处理，便可能需要进行洗涤前的预处理，以帮助清除领子（或袖口）的污垢，或其他特别容易沾染身体油污或食物油渍的区域，如腹部。

各种脏污释放处理并不全都一样，氟碳化合物能在布料表面形成薄膜，防止油污直接接触纤维，让洗衣溶液能更容易洗净。其他处理方式则是应用化学药剂，试着提高织品表面的亲水性。一位纺织界的权威人士表示，这种借由提高织品表层亲水性的脏污释放处理，有许多附加的益处：可以吸收更多湿气，借此增加服装的舒适度，让手感变软、减少静电积聚、降低洗涤过程中再次沾染脏污并减少毛球。但这位专家也指出，脏污释放处理实际上似乎比未经处理的布料更容易沾染污渍。各种脏污释放处理的耐久性不一，有的会维持到衣服寿终正寝为止。

结合脏污隔绝与脏污释放处理：请注意，氟碳聚合物让布料更能隔绝油污，同时也更能释放油污。

抗紫外线 skin protection from ultraviolet rays——梭织紧密、厚度较厚的布料，能提供更好的天然保护，避免皮肤暴晒于阳光的紫外线下。深色衣物比浅色衣物更具保护性（尽管穿起来较热），因为能吸收更多紫外线辐射。干的衣物比湿的衣物更具保护力，因为后者通透性较高。因此，就布料的结构与颜色而言，在温暖的天气下舒适性与保护力是无法两者兼得的。有些经过特殊制程的布料，特别具有保护皮肤免受阳光侵害的功能，这通常是透过化学物质处理或改变布料结构，或是结合两者的结果。这种布料往往色彩相当明亮且凉爽，但提供的保护力却不输暗色、梭织紧密的衣物。另见第 18 章《家务用途的织品》。

硬挺 stiffening——棉花与亚麻可借由上"淀粉水"或上"浆"，获得暂时性的硬挺或硬脆。这些术语经常可相通使用，但"浆"，是指任何用来使织品变硬的物质，而"淀粉水"就只是淀粉溶液，也就是，含有 $C_6H_{10}O_5$ 的溶液。许多物质，从淀粉到树脂，都能使衣物获得暂时性的硬挺效果。淀粉水的效果通常较脆，浆则较软。两者都会被洗除，如果要维持原来外观与触感上的脆度，就得在洗涤时重新上一次。一些劣质商品可能会利用过度上浆或过度上淀粉水来掩饰缺点，因此如果衣物经洗涤后变得完全没形，可能就是这个原因。购买时若有所怀疑，可用手摩擦布料，看看是否有状似淀粉的粉状物脱落（有关在家上浆或上淀粉水的讨论，见第 23 章《熨衣》）。目前也有许多永久性的硬挺处理，是用树脂来改变纤维结构。树脂的应用有许多种副作用，好的坏的都有。见上文"树脂处理"。

抗水处理 water-resistance treaments——完全不渗水的布料称为防水（waterproof）布料，至于疏水（water repellent）的布料，则是指在表层涂覆了某些疏水的化学物质，让水只能在布面形成水珠，而非立即浸湿。疏水布料的防水程度各不相同，但迟早都会被水渗透。防水布是由不溶于水的物质如塑料、橡胶、乙烯树脂制成，或在表面涂有一层非水溶性物质，因此不透水也不透气。防水处理一般是永久性的，但疏水处理的持久性则不一，有些在经水洗或干洗之后便失去效力。若使用任何能够承受洗涤及干洗的化学物质与树脂来做疏水处理，应该可以做到永久性的疏水效果。疏水处理也还有许多其他优点，如抗皱与抗污。

　　硅胶处理是既经济且高效率的做法，但不适合用于洗涤，比较建议干洗。含氟的防水剂，如思高洁（Scotchgard）与 Zepel，不但具有抗污功能，也有一定程度的抗油与抗水功能。一旦疏水衣物因为水洗而变得不那么有效时，可以用干洗剂重新处理。有关抗水处理的信息，可以借由衣物上的标签得知，有时也可询问专业店员。

16
天然纤维

想象一下，两件颜色同样鲜亮、剪裁也相同的衬衫，只有材质不同，一件是棉布，另一件为聚酯纤维；其中一件或许会褪色，另一件几乎不会；一件或许会起毛球，另一件不会；一件或许会皱，另一件不会；一件在潮湿闷热的天气下穿起来既凉快又舒服，另一件则未必。两件衣服纤维成分不同，功能上因此产生了差异，而上述差异只是其中一些例子而已。

当你在购买衣服、床单、毛巾、窗帘或其他家饰布时，一定得在各种纤维或混纺布料间做选择。一旦做出选择，便决定了布料的功能是否能达到预期的效果、会带来何种感觉、吸引力能维持多久、能穿多久，以及要如何清洁保养。如果只一味地以风格或外观作为选择依据，很可能只会招来反复的挫折与不必要的花费。为了帮助读者做出明智的抉择，并增加对不同纤维特性的认识，本章与下一章将综述各种衣服与家具常用纤维的特性，并说明制作过程与最佳保养方式。

天然纤维具有悠久的历史，亚麻、棉、丝及羊毛用来制作衣物已数千年，这在人类历史中是如此重要，以至于语言中的许多词组与点子，都借用了天然纤维布料相关的词汇，例如印花猫（calico cat）、格子狗（gingham）、被剥了层羊皮（getting fleeced）、穿上粗麻衣忏悔（wearing sackcloth），以及买到劣质品（buying shoddy work or goods）等。有时，你可能在餐厅吃到不怎么样的（run-of-the-mill）[1] 料理因而大感失望；你可能偏好爱游乐（tweedy）的朋友胜过朴实（homespun）的类型，但肯定不要低俗的（sleazy）[2] 朋友。你很难在合成纤维的名词里找到这么多具有丰富弦外之音的比喻。年轻女子可能会想要有亚麻般的淡黄色头发与丝绸般的肌肤，但不会想被比喻成聚酯纤维。

我们在不同布料之间进行比较与抉择时，通常是依据对于天然纤维的各种印象而定。亚麻布是有尊严的，而且所表现出的细致优雅，是棉布无可比拟的。棉布可以制成任何你想要的样子，无论是普通的、花哨的、实用的、利落的或滑稽的，随你喜欢，棉布的多样性使其可以成为任何事物的象征。羊毛是舒适的、温暖的、具防护性且谨慎的。蚕丝是制作丝绒、缎面布料及飘逸的雪纺围巾的纤维，带有一种豪华与感性的形象。每种纤维给人的

---

① run-of-the-mill goods 是指尚未检查（或分级），还不确定是否有瑕疵或缺陷的货物。贩卖的床单与枕套若标示为 run-of-the-mill，表示不能保证其质量。

② 就布料而言，sleazy 的意思为劣质、松垮或结构不该松散却做得很松散的布料。例如，松散的梭织床单就是 sleazy。

联想均来自这些纤维的功能与触感，因此，若能更加认识制成这些布料的纤维，你会更懂得善用这些布料，也更懂得如何保养这些衣物与家具。

▌ 亚麻

□ 关于亚麻

亚麻受到很高的崇敬，人们往往视其为珍贵与精致的象征。但亚麻的结构除了精致，也十分坚固。有些亚麻布能够作为皇室起居间的布料与受洗袍的纤细花边，有些则适合作为毛巾、绷带、床单及其他日常生活用品。亚麻纤维是一种非常坚固、耐用且功能性强的纤维，而使用亚麻来制作最高档的织巾与最精致的花边，部分原因就是基于其既平滑又有光泽的优点，还具有高强度、易洗涤且耐用的特性。亚麻毛巾、手帕、衣物、睡袍、睡衣、床单、枕套及家饰布，往往十分迷人又非常耐用。

亚麻织品是由亚麻植物茎的纤维所制成，与其他植物性纤维一样，是由纤维质聚合物制成。高质量的亚麻价格昂贵，尤其在美国，每年都进口大量细麻布，但只使用其中的少部分。亚麻产于许多欧洲国家，传统上，比利时、爱尔兰及意大利的亚麻是最高档的。科特赖克亚麻（Courtraiflax）产于比利时，能制成最坚固、质量最佳的纱线，而爱尔兰的做工一直被尊为最优质量。比利时亚麻具有淡淡的黄色，爱尔兰亚麻则经常以阳光巧妙漂白，做出珍贵的白色亚麻。法国亚麻的质量也很好，梭织成圆形纱线已成其代表，这就是说，法国亚麻并未经过一般用来压平亚麻的捶布处理。详见第15章"捶布"。

然而，并非所有这些国家生产的亚麻都是最高质量，欧洲亚麻业联合会（CELC）是由奥地利、比利时、法国、德国、意大利、荷兰、西班牙、瑞士及英国（包括北爱尔兰）等国的亚麻生产商所组成的协会，该协会透过其推广性组织"亚麻大师"（Masters of Linen），授权符合其标准的亚麻生产商使用其国际商标（见右方小图）。具有这个标志的布料代表亚麻构造、强度、尺寸的稳定性（耐缩水）及色牢度等等，都能符合"亚麻大师"的品质标准。这个标志也代表你可以找到可靠的保养信息，对桌巾与其他家用织品而言，无非是天大恩惠，因为美国法律并未要求衣服以外的织品需要有保养标签。吊牌印有该标志表示该织品的纤维成分是纯（100%）亚麻、

MASTERS
OF LINEN

至少 50% 的亚麻，或为亚麻混织（以棉经纱与亚麻纬纱织成的布料）。"亚麻大师"标志虽然非常有帮助，但你还是必须自行判断每个织品的质量。

□ 亚麻布的制造

利用所谓的"栉梳"（hackling），可将亚麻纤维分离为长纤维（线）与短纤维（丝束）。纤维接着被纺成纱线，梭织或针织成布料。其中，只有纤维中较长者才被用来制成细亚麻布，包括亚麻手帕、细致的桌巾、内衣及衣服等。因此，"纯亚麻"标签并不一定是高质量布料的保证。非常细致的麻布必须用手工栉梳，才能制作出比机器栉梳更长的纤维。然而，短纤维也可用在非常薄、平滑、紧密梭织的布料。洗碗巾是 100% 亚麻，但丝束表面不平整、触感略为粗糙，与亚麻制成的窗帘及家饰布类似。如果有办法解开并研究亚麻布的纤维长度，你就可以确定这用的是线或丝束：线纤维为 30～50 厘米长，丝束纤维则短于 30 厘米。

线纤维制成的亚麻布，以平滑质感为典型，这也反映出亚麻纱线的平滑性。用于制作桌巾的亚麻纱线（但不包括做衣服的亚麻纱线）也会经过捶布，使纱线保持平坦的特性与光泽的外表。捶布也让亚麻更有弹性且厚度均匀。

自然状态下，亚麻纤维的颜色从浅黄色、乳白色到深褐色都有。为了让亚麻变白，必须将纤维或织品漂白。不幸的是，布漂得越白，纤维强度就越弱。传统的爱尔兰漂白法，是将亚麻平铺在草地上曝晒于阳光下，这样造成的损害会比一般常用的化学漂白小，但无论选择什么方式，亚麻都可以稍微漂白或漂得非常白。亚麻布的漂白分为四级：全漂白（或全白）、3/4 漂白、半漂白（或银漂），以及 1/4 漂白。漂白的目的不仅在于营造较淡的乳白色、减少白色布料中的黑色素，也在于使亚麻更容易染成各种颜色。亚麻纤维坚硬、无孔隙的表面不容易吃进颜色，因此颜色明亮的亚麻布需要的漂白程度较高，进而变得脆弱，使用寿命也比漂白程度较低者短。无论如何，如果是缸染或带有"亚麻大师"标志的亚麻，色牢度会较佳。

细麻布的特点，体现在紧密且规则的梭织，以及光滑、没有凸起或打结的外观上。若起绒毛，就表示质量较差或有其他纤维混纺。亚麻布的重量可以很轻盈，也可以很沉重；梭织方式可以很紧密，也可以很松散。亚麻布料的重量越重，通常也越耐用、越耐洗涤，例如细亚麻布非常脆弱，而亚麻帆布（linen duck，一种像帆布的布料）则很坚固。

细致的桌巾几乎都是缇花梭织的单层或双层织巾，两面都有梭织的图案。双层织花桌巾，纬纱线数量是经纱线的两倍，因此图案较为明显，线程数从165～400不等；单层织花桌巾则通常是平衡结构（经纱线与纬纱线数量相当），线程数从100～200不等。不论双层或单层的织花桌巾，线程数越高代表越耐用。你可以用双眼与双手来检验亚麻布料质量的优劣，或选择有信誉的商家出品的产品。若有专业销售人员可以协助，也可求助于他们。

□ 亚麻布的特性

亚麻纤维非常坚韧，可制成坚固耐用或精致的布料。只有尼龙与聚酯纤维的强度，才可以与最好的亚麻布料相提并论。亚麻纤维被认为是一种耐用的纤维，不但因为强度高，也因为耐磨性佳，且不容易因阳光而劣化。然而，抗皱与漂白处理，特别是强力的化学漂白，会减低亚麻的强度（抗皱处理也会降低吸水力，并影响手感，见第280～281页及293页）。亚麻布会随着时间而变得柔软，这是很多人特别喜欢的手感。

亚麻纤维表面平滑，不像棉布等较不平滑的布料那样容易招惹灰尘与脏污。天气炎热时，亚麻衣物穿起来非常凉爽舒适，远胜其他纤维制成的衣物，原因是亚麻纤维十分光滑平坦，同时也是所有纤维中最能吸水的纤维之一（亚麻衣物若搭配较保暖或较不吸水的布料当衬里，也可能不凉爽，所以一定要检查衬里的纤维含量）。亚麻布也干得比棉布快，且不掉毛屑，因此，能做成相当高质量的毛巾、手帕及绷带。亚麻布本身就很硬挺，比棉布扎实且垂坠性更好。亚麻织品经过水洗可能会稍微缩水（除非经过预缩处理或标有"不缩水"字样），但缩水状况比未经处理的棉布轻微。最

鉴定织花桌巾质量的方式

双层织花桌巾不一定优于单层织花桌巾，如果双层织花桌巾用的是劣质纱线，而单层织花桌巾用的是高质量的纱线，那么单层织花桌巾可能比较好。要优于单层织花桌巾的质量，双层织花桌巾必须有更高的线程数、质量精优的纱线以及精心的设计与梭织方式。耐用、高质量的织花桌巾，其纱线编织都非常匀称、密实，否则纱线会滑移，而浮纱更容易磨损。一般来说，浮纱越长越漂亮，浮纱越短则越耐用。最漂亮、最高质量的织花桌巾是由亚麻制成，而不是棉，因为平滑又纤长的亚麻纤维织成织花桌巾的浮纱时，不像棉纤维那么容易抽线、起毛球及磨损。

好尽量购买经过预缩处理的亚麻布，有"亚麻大师"标志的布料，代表能抗缩水。

亚麻布的弹性差，也就是说很容易起皱，除非经过抗皱处理或与另一种不易起皱的纤维混纺。因此，穿着时要小心，因为亚麻衣服并不会将就你的身体。由于亚麻布比较硬挺，不应该经常或反复在同一处熨压折痕，否则最后会出现裂纹。需要折叠储放的亚麻织品，例如床单与桌布，如果总是以相同的方式折叠，或放置太久，很容易从折线处破损，因此要定期重新折叠或滚成管状（见第 296 页"亚麻布的保养方式"）。

亚麻布容易发霉但不怕虫蛀，耐旋光性胜于棉布，只有长期暴露于阳光下才会变质。高浓度的酸液，甚至只是加热过的稀酸溶液，都可能损坏亚麻这种植物纤维，时间久了，酸性的汗渍也会减低亚麻的强度。亚麻布如果在上了淀粉水后储存，蠹虫可能会攻击布料上的淀粉并损害亚麻布。尽管亚麻布具有细致质量与许多优于棉布之处，但通常太贵，因此若预算有限，最好还是选择棉布。而且，虽然亚麻在许多方面都优于棉布，但比较不那么多元，不仅布的种类较少，结构的方式变化也不多。亚麻与一些天然及合成纤维的混纺的质量都相当高，可挑选有"亚麻大师"商标的产品，以确保在色牢度、强度、抗缩水能力及布料结构方面都有所保障。或者，以色牢度来说，你可以寻找印有"色牢度高"（colorfast）或"缸染"标签的产品。

□ 亚麻布脆弱吗？

家用亚麻制品，如床单、毛巾、内衣，大概都有标示着可水洗的洗涤标签。其他亚麻织品，在今日则往往有要求干洗的标签。

至于高级定制服如亚麻西装与夹克，或窗帘、家具布之类的家饰织品，一定要遵循干洗的规定。我曾在家水洗一件保养标签规定要干洗的亚麻夏季西装，结果原本亮眼的西装被我洗得皱巴巴、缩水，更变形得一塌糊涂。然而，洗衣店与在家洗衣者又常对亚麻布的洗涤太过谨慎。基本上，亚麻是一种坚固、耐用的布料，过去人们还毫不犹豫地漂白、水煮、用力刷洗亚麻，并用强力的化学物质如洗涤碱，确保其是纯白、无菌且闪闪发光。时至今日，保养标签若标明要如此清洗亚麻布，则往往让人紧张。但如果能停下来想一想为什么会变成这样，应该有助你决定要怎样对待自己珍贵的亚麻布。

　　事实上，今日我们对待亚麻确实需要更谨慎，因为现在的亚麻床单不如过去坚固。以前的亚麻床单较重、没有经过树脂处理（树脂处理会减弱布料强度），且往往采用最高质量的亚麻。然而，今日制造商建议要温柔对待亚麻衣物，却未必是纤维成分之故。例如，亚麻本身可能很耐热，可以用热水洗涤并高温熨烫（亚麻是一种很坚韧的纤维，潮湿的时候更坚韧），但是你通常被告知不要用热水清洗，当然更不能煮沸！其中一个原因是，现在用来为亚麻染色的染料可能掉色或褪色，而过去人们完全不染色，因此亚麻通常是白色、古铜色或棕色。另一个原因是，制造商认为衣物缩水会让消费者生气，但在过去，人们预期且允许有一些缩水的空间，他们不会用亚麻制作床包①（以前根本没有床包这种东西）；相反地，他们的床单、睡衣、衬裙、衬衫及桌巾都会做得稍大些，这样便能在经过一定程度的缩水后仍合身。今天，人们喜欢购买亚麻是基于外观，而在过去，人们除了外观也看功能。对于讲求卫生的维多利亚时代的人们来说，很难想象今日人们不将床单及贴身的亚麻衣物煮沸以杀死细菌，或致力使其变得雪白。

　　正因为亚麻布不易染色或沾上污渍，也因坚韧的亚麻能耐受强力的洗涤，因此可以作为寝具、桌巾、毛巾、内衣及睡衣。

　　还有一个重要的差异是，过去人人都是熨烫衣物的行家，且使用非常高温的熨斗。但今日制造商所担心的是，自己在家洗涤衣物的人，面对要恢复长方形桌巾原本平整的外观时会有什么反应，更别说结构复杂的衣物了。许多现代熨斗温度甚至不够高，不足以将亚麻熨好。大多数人根本不想熨烫衣物，甚至不知道要如何处理熨烫过程必须非常潮湿、熨斗温度必须非常高且可能需要上淀粉水的精细熨烫方式。因此我想，制造商干脆在保养标签上标示"无须尝试"算了（但是，如果你愿意练习并忍受一些不甚完美的结果，努力通过初学阶段，一定很快就学会这种简单且会令人相当满意的技巧）。

　　当然，遵守衣物保养标签的指示一定是安全的。尽管亚麻基本上是一种坚韧、相当耐洗的布料，但保养标签可能还是会要求干洗或温柔的洗涤，以下列举部分原因，并做出小结。

◆ 祖传及古董亚麻织品务必特殊处理（见第 314 ~ 315 页）。

◆ 亚麻的加工可能采用水溶性物质，经洗涤后会溶解，导致严重变形且

---

① 床包 Fitted sheet，指 4 个角附有松紧带的床单。

十分难看。亚麻往往不做预缩处理，因此洗涤后将大幅缩水，尤其是松散梭织的布料。

◆ 亚麻衣物可能有一些不能水洗的小装饰或衬里。

◆ 许多有颜色的亚麻很容易褪色或掉色。

◆ 一般制造商可能担心熨烫亚麻衣物，特别是质量较重的，需要较高的技巧，而一般人缺乏这样的能力。

◆ 熨烫暗色及鲜艳的亚麻衣物可能会造成接缝与褶线变白。

◆ 有些布料可能是混纺，内含一些其他纤维，比亚麻更需要小心处理。

◆ 构造松散或脆弱的亚麻可能散开、撕裂、抽丝或缩水。非最高质量的亚麻织花桌巾，可能是以低捻合的纱线与长浮纱，松散梭织而成。

◆ 任何能让布料强度变弱的结构或纺织因素，也可能影响亚麻布（参见第371页及第388～389页）。

基于这些不可预期的因素，漠视亚麻织品的保养标签需要承担相当高的风险。当然，任何风险都会因为你付了高价而被放大，而亚麻的价格很高，值得我们更谨慎对待。

□ 亚麻布的保养方式

选择好的洗涤技术——亚麻布料的洗涤与棉布有几点不同。第一，亚麻布通常不需要漂白，且往往得避免使用含氯漂白剂。第二，洗衣机搅动衣物时要较温柔或缩短时间。第三，最好不要使用烘衣机来烘干亚麻布。洗涤任何类型的米白色亚麻布时，应特别慎选洗衣剂。大多数洗衣剂含有光学增亮剂，可能会改变颜色并造成斑点（一家亚麻织花桌巾的制造商也建议，不要使用含有光学增亮剂的清洁剂或其他产品来处理白色的织花桌巾，这将会严重损害精巧的图样）。见"洗衣产品与添加剂词汇"中，"光学增亮剂"与"温和洗衣剂与肥皂"。

需要特别谨慎洗涤的亚麻织品，包括古董或祖传级织品、结构非常细致或脆弱的床单、较不坚固或质量较差的织巾、较为透明的布料、梭织结构松散、以长浮纱或低捻合纱线制成的布料、蕾丝、绣花布（尤其是手工刺绣）、剪孔绣，以及其他类似的亚麻衣物。如果你不想自己洗涤这些亚麻布料，有些专门洗涤古董与各类精致亚麻织品的洗衣店可以帮忙。

对于洗涤亚麻布的最佳方法，专家众说纷纭，而这种分歧相当程度上反映了人们对亚麻布持久性的看法。如果你真的希望且预期亚麻布能耐用一辈子，你应该给予温柔的对待，如同下文针对可水洗的细致亚麻布所述的洗涤方式。但是，如果强力清洗比较重要，便应考虑是否要选择可强力水洗的亚麻布（要清洗古董及祖传织品、其他较脆弱或贵重的棉布与亚麻布，见第 314～315 页。以下说明并不适合此类布料）。

谨慎的洗涤方式：可水洗的细致亚麻布——这些说明适用于尚未因老化而脆化的可水洗细致亚麻布，且非祖传织品。

可水洗的细致亚麻布能用温和的洗衣剂手洗，方法请见第 21 章《洗衣》。或者也可以用洗衣机以细致衣物洗程处理，并设定为快洗。如果你的洗衣机没有细致衣物洗程设定，也可用一般洗程，但设定极快洗。不过，这也要依据亚麻布料的精致程度自行判断。为了保护织品不因机器洗涤而受损，亚麻织品要放入网袋或旧枕套里，并封紧袋口，特别是当清洗有流苏、领带或松垂边饰的衣物。白色亚麻布可用温热的水洗涤，有色亚麻布则用微温的水清洗（或者，如果有色亚麻布容易掉色，则应使用冷水）。用温和的洗衣剂（如果是米白色或白色织巾，最好是以没有光学增亮剂的产品洗涤）。如果你偏好用温和的肥皂，而非洗衣剂，要确定用的是软水。以一般冷水彻底冲洗。（不确定要如何选择温和洗衣剂的读者，请参阅"洗衣产品与添加剂词汇"中的"温和洗衣剂与肥皂"。）

想要消除斑点、污渍、一般暗淡或泛黄的现象，可先将织品浸泡在含有温和洗衣剂的温水中一个晚上（但是，蛋白质污渍，如血液或蛋，只能用冷水浸泡，见第 494～498 页的"去渍指南"）。接着，以日光漂白，再使用氧漂白剂，如下所述。（我本人则很愿意尝试用含氯漂白剂来处理有污渍或黯淡的细致亚麻衣物，因为到了这地步，我觉得也没有什么可以损失的了。）

亚麻衣物不要拧干，应该放进大毛巾里卷起来吸干多余水分，然后平放晾干，远离热源。挂着晾干容易伤害细致的亚麻布，但较为轻薄的亚麻睡衣或上衣（用来穿在身上的，而不是古董级的）应该无碍，可自行判断。细致的蕾丝花边无须熨烫，只要轻拉成适当形状，然后以针固定在毛巾上，或用对布料无害的东西压在边缘，以防止卷曲或因干燥而弯曲。用针固定时不要伤到布料，把针扎在蕾丝花边的洞里。若非得熨烫不可，确认熨烫是可行的，且在亚麻仍相当潮湿时进行。先用中温熨烫较轻薄或脆弱部分的反面，再用高温熨烫较不脆弱部分的反面（见第23章《熨衣》的"熨烫亚麻衣物"）。

洗涤方式：可水洗、不缩水、不易褪色的坚固亚麻布或白色亚麻布——以下说明适用于可水洗且坚固的桌巾、床单、梭织毛巾、衣服及其他类似的亚麻织品。尚未经过抗皱或预缩处理的亚麻布可能会稍微收缩，且水越热，可预料的缩水程度就越多（见下页"缩水"）。

请使用热水与一般洗衣剂，除非你需要避开光学增亮剂（如某些米白色或白色织巾，另见第21章文末的词汇"光学增亮剂"）①。如果你使用肥皂，请务必确认使用软水，并将洗衣机设定在细致衣物（轻柔）或缓慢洗程。如果洗衣机只有一种搅拌速度，请将搅拌时间缩短（虽然有些专家认为一般搅拌没有问题，但根据我的经验，亚麻脆弱敏感的纤维不用太强力洗涤的话，可以用得比较久。然而，以滚筒洗衣机清洗时，用一般洗程是没有问题的）。使用高转速脱水，并用清水彻底冲洗；加强冲洗或多冲洗一次也不错。但不要拧干。

若以上述程序无法洗净亚麻布料，可在清洗前进行长时间预浸，若污垢仍难以去除则用热水浸泡一夜。

梭织亚麻布料可吊挂晾干；针织品则应平放晾干（见下文"干衣"）。之后再以高温熨烫（见第23章第437页"熨烫亚麻衣物"）。

漂白——如果亚麻织品洗涤得当，且冲洗得很干净，通常不太需要漂白。但有时还是会出现黯淡、斑点或污渍。如果必须漂白，日光漂白则是最温和的方式。

要漂白及除去亚麻布料的斑点，可以将刚洗好，还有湿气的亚麻衣物铺平在阳光下，并在下方铺一张纸或其他保护层。请确认衣物不会遭受动物、儿童的破坏或污染。

---

① 生产亚麻床单与织花桌巾的"托马斯·弗格森爱尔兰亚麻（Thomas Fergusons Irish Linen）"建议，洗涤坚固的亚麻布料时，使用热水与不含光学增亮剂的"护色"洗衣剂，漂白剂则不建议使用。以下为建议的最高洗涤水温：①未经特别加工处理的白色亚麻布，93℃（通常50℃已足够）；②未经特别加工处理且会褪色的亚麻布，60℃（通常50℃已足够）；③会在水温40℃时褪色，但在60℃时反而不会褪色的亚麻布料，应在40℃水温下洗涤（在此之前先测试布料在不同水温下的色牢度）；④精制的手工绣花亚麻布料应用40℃的水手洗。

住在市区里的人则可谨慎地使用化学漂白剂来为衣物漂白。针对色牢度佳的有色与白色亚麻布，可尝试用氧漂白剂。如果你想避免氧漂白剂里常含有的光学增亮剂或靛青漂白剂，可考虑使用普通的过氧化氢（见第401页）。我偶尔会在白色、结构结实、可水洗的亚麻布变脏时使用含氯漂白剂，且从来没有失误过。每次洗涤亚麻洗碗巾时，我都会使用含氯漂白剂，而多年来也从未出现破洞或任何明显的缺点。

缩水——如果你想用热水洗涤，一定要买结实、制作精美的亚麻布料，且有经过抗皱或预缩处理；或者买够大、稍微缩水后仍可适用的亚麻布（若有"亚麻大师"标志，代表这件亚麻织品的尺寸应该是稳定的）。但是，如果你刻意要让没有经过预缩处理的亚麻布料缩水，要注意大小及装饰的图案，例如那些沿着桌巾边缘的图案。如果没有经过预缩处理，又不能容许出现缩水，你可能要考虑干洗，因为即使以冷水清洗、铺平风干或吊挂晾干的方式，每次还是会有些微缩水，直至缩到极限为止。

若是干洗，这些白色或浅色的亚麻布料迟早（通常很快）会变灰、变黯淡或变松垮，因此一定要寻找可靠的干洗店，并在送洗时清楚说明你的要求。

干衣——滚筒式烘衣机会造成亚麻织品严重起皱，每一次的翻滚，对亚麻布料都会造成很大的伤害。事实上，许多家用亚麻织品完全不需要烘干，因为很快就能晾干，若要熨烫，则得在非常潮湿时熨烫。记住，亚麻纤维属于比较脆弱的纤维，因此还得避免过度弯折及猛力拉扯，特别是衣物干燥的时候。事实上，有制造商建议应该在脱水完成后立即从洗衣机取出熨烫，不过这情况可能比较适合欧洲常见的滚筒洗衣机型，其脱水效果通常更彻底。然而，这个建议确实有道理：亚麻布适合在相当潮湿时熨烫，因此没有理由冒险烘干。如果你觉得必须把结实的亚麻布放进烘衣机里，务必用快烘，且一定要在亚麻布仍非常潮湿时就取出。如果担心缩水，请用低温烘干。

不过，最好的方式还是吊挂或平铺让亚麻衣物自然风干。如果你不打算在几个小时以内马上熨烫，可以在衣物达到适合熨烫的湿度时紧紧卷起，以保鲜膜或塑料袋密封，放进冰箱冷藏室或冷冻库储存。如果你不久后就要熨烫，还是可以包起来，以免湿气在这段时间蒸散了。

有关熨烫亚麻衣物，详见第23章，第437页。

▎棉

☐ 关于棉

棉纤维是名副其实的"奇迹纤维"，可以制成任何产品，不管是高调的还是卑微的，而且无论贫富都能享受其质感。在美国，棉纤维的用量远高于其他纤维。

棉与亚麻一样，是一种植物纤维，取自围绕棉花种子周围的膨松纤维。棉花具有亚麻的许多优点，包括吸水、凉爽、硬挺、平滑及坚固等，尽管效果稍逊于亚麻。棉织品的质量跟亚麻一样，取决于梭织的紧密度与规则度、布料的结构以及所使用的棉花种类。棉花种类决定了纤维的颜色、强度、光泽、精致或粗糙程度，以及纤维的长度，包括短、中、长或特长（长纤维是2.9厘米以上，特长纤维是3.5厘米以上）。一般来说，纱线纤维越长，棉织品的质量越好、价格越昂贵，且强度、平滑度、柔软度、光泽及耐用度也较佳。

从以上标准来看，一般认为最好的棉纤维是海岛棉（sea island cotton）。这种棉花最先种植在美国佐治亚州沿岸，现在则种植于西印度群岛。这是一种有光泽的纤维，是最好且最长的棉花纤维（从3.8~6.4厘米不等），因此通常用于制造最精致的棉织品。但目前产量非常少，市面上找不到太多这种棉花制成的织品。我曾见过海岛棉制成的男性衬衫，也曾在布料行买过海岛棉布料。

皮马棉（Pima cotton）是另一种高级棉花，为美国棉花与埃及棉花的杂交品种，种植在美国得克萨斯州、西南部与南加州。皮马棉跟海岛棉一样是特长纤维（纤维长度介于3.5~4.1厘米之间），均匀、非常细致、光泽度高、色泽淡，因此不像颜色较暗的棉花需要漂白。美国皮马棉协会是由皮马棉农民组成的组织，宗旨在推广皮马棉，并授权只有100%皮马棉布料才能使用的皮马棉商标（皮马棉混纺商标则代表至少含有60%的皮马棉，其余40%可能是来自其他类型棉花或纤维）。

埃及棉（Egyptian cotton）主要种植在埃及尼罗河谷，是第三种特长纤维的高级棉花，纤维长度从3.8~4.5厘米不等。埃及棉有几种品种，虽然都是长或特长纤维，但不全是最高质量等级，你不能以标签上所标榜的"埃及棉"作为最佳质量的保证。埃及棉纤维的颜色从亮奶油色到深褐色都有，通常被认为没有像皮马棉纤维的颜色那么一致。

当购买有"海岛棉"或"埃及棉"标签的商品时，请看看是否有标示100% 由这种类型的棉花制成，否则可能是由较好与较差的棉纤维混纺，或混合了其他种类的纤维。购买皮马棉制品时，要认清美国皮马棉商标，或查明有关皮马棉百分比的说明文字。

然而，大多数美国的棉花，以及世界上大多数棉花，都是纤维较短的陆地棉（upland cotton）；大多棉织品，包括衣服、毛巾、床单及尿布，也都是由陆地棉制成。大家所熟悉的有个棉铃图案的美国棉印花是美国棉花公司（cotton Incorporated）的注册商标（见右图），这个商标代表布料是由 100% 陆地棉制成。"天然混纺"（natural Blend）商标则表示织品含有至少 60% 的陆地棉。

陆地棉也有不同长度、不同质量等级的纤维种类，但没有一种纤维的长度与强度能超越海岛棉、高级埃及棉或皮马棉，其纤维的平均长度为2.1～3.2 厘米。然而，棉花质量在某种程度上还是会牵涉到用途。例如，毛巾我还是喜欢陆地棉制的，因为我觉得其吸水力最强且最柔软。

市场上的南美棉花质量参差不齐，进口到美国的亚洲棉则几乎都是较短的纤维，只用于品质较低的棉制品。

高质量的棉制品往往标为"精梳棉"（combed cotton），精梳棉织品是由以最长长纤维捻合的精梳纱线制成。精梳纱线比粗梳纱线更强韧、平滑，且更耐用，能做成较高质量的布料。

☐ 棉布的特性

棉纤维本身就非常吸水，因此制成的棉布也非常吸水。棉布通常会做预缩处理，否则会缩水，而梭织结构越松散，就越容易缩水。棉布会起皱，但没有亚麻布那么严重，而棉针织品之所以如此受欢迎，是因为它比棉梭织品不容易起皱。此外，市场上许多棉布，包括混纺，都已经过抗皱处理（但布料手感往往也因此改变，强度与吸水力都下降。参见第286页"树脂处理"，以及第 280～281 页"抗皱处理"）。

棉布很凉爽，但不如亚麻布凉爽，因为棉布表面较不光滑、有毛绒，会留住温暖的空气。虽然棉布非常吸水，但干燥速度比亚麻布慢，且会因吸汗而变得潮湿，因此在炎热的天气穿起来很凉爽。棉布相当结实耐用，尽管比亚麻布略逊一筹。棉布也通常硬挺，能够维持不变形。

棉纤维没有弹性，但棉布可能因为织品或纱线的结构而被赋予弹性或延展性，例如透过绉纹加工或针织。此外，棉纤维具有较粗糙的表面，比亚麻布容易沾染灰尘与污渍。但棉布也有优于亚麻布之处，例如非常容易染色，色牢度则因染料与染色技术不同而有极大差异。棉织品通常光泽较暗，但由长纤维织成的布料则非常有光泽。

棉布与亚麻布一样，在潮湿状态下强度比干燥时高。棉布对阳光造成的劣化抵抗性极佳，但长期暴露在阳光下仍会泛黄、强度减弱。棉布容易因受潮而发霉，但不会被蠹蛾侵袭（不过蠹蛾会吃棉－羊毛混纺布料中的羊毛）。棉织品与所有由植物纤维制成的布料一样不抗强酸，长时间接触酸性的汗渍会轻微损害棉布，家里日常使用的一些酸性物质，如盐酸、硫酸及草酸，则很快就会伤害布料。温度越高、酸性越强，损害越严重。

棉织品的质量好坏差距极大，不管是梭织或针织、是纯棉还是混纺，品质从粗糙到精致都有。

□ 棉布的保养方式

除非是因为加工处理、染色、结构松散或其他较脆弱的梭织结构、装饰物以及衬里的因素，棉质衣物原则上可机洗，并能耐受强力洗衣剂，也可以干洗。棉质衣物、床单、桌巾能用一般洗程洗涤，除非保养标签上另有指示，或对衣物本身有脆弱易损的疑虑。如果没有经过预缩等处理，梭织棉布通常会稍微缩水，而针织棉布的缩水程度则更低。避免用热水及高温烘干，以降低针织棉布缩水的可能性。

你可以放心地用一般家用漂白剂来漂白棉织品，只要处理得当且彻底冲洗。含氯漂白剂用在白色及不易褪色的棉布通常也安全无虞，只要根据指示使用即可（但长时间使用会伤害布料的强度，见"洗衣产品与添加剂词汇"中的"漂白"与"光学增亮剂"）。然而，经过树脂处理的棉布较为脆弱，若避免使用含氯漂白剂，或许能维持较长寿命。

棉织品往往随着使用时间或在阳光下曝晒的时间而泛黄，因此，近年常听说，如果你将衣服挂在晾衣绳上晾干，应晾在阴凉处。但请记住，这是阳光的长期影响。日光的短期效果是能漂白棉布，让白色衣物变白，有色衣物颜色变淡。如果我有晾衣绳，想漂白衣服时，我会把白色的棉布晾在阳光下，但不会超过数小时，有色棉布（与其他有颜色的布料）则会晾在阴凉处。如果你的棉布已经因日晒而泛黄，泛黄处通常是可漂白的（我母亲告诉我，泡在洗衣剂里煮沸 45 分钟至 1 小时就可以了，但现在已经没有家庭拥有煮衣物的设备，因此我并不推荐大型衣物使用这种做法）。另一个晾晒棉质衣物的问题，是有些经光学增亮剂处理的棉花，在阳光下曝晒后会泛黄，但这问题似乎很罕见。无论泛黄的原因为何，通常都只发生在白色或浅色的棉布（例如淡蓝色的布料可能会变得暗沉）。

棉织品可用高温熨烫。梭织棉布若没有经过树脂处理，通常需要熨烫，一般建议这种情况可选择高温档或易皱衣物熨烫档。上淀粉水或上浆则可让棉布更硬挺。

有关易皱棉布与混纺织品的保养，详见第 313～314 页，也可另见第 17 章《人造纤维与混纺》。

▌羊毛与其他毛发纤维

□ 关于羊毛

羊毛是大自然天成的舒适产物，用羊毛织成的布料，能让你与绵羊享受一样的功能：温暖、柔软、减震、抵抗湿气以及吸汗。几乎所有买得到的羊毛织品，都是由绵羊的毛制成，但衣服标签上的"羊毛"也可以指来自安哥拉山羊或克什米尔山羊的羊毛纤维，或取自骆驼、羊驼、美洲驼及骆马的毛纤维。羊毛布料是所有天然纤维中最保暖的，能吸收大量水分而不会有潮湿感，且具有疏水性。羊毛织品无法帮你挡雨，但能让你免于绵绵细雨与寒冷的侵袭。此外，由于羊毛纤维能吸水，因此也能释放热量；这表示在寒冷、潮湿的天气下，羊毛布料穿起来非常温暖舒适，这也是羊毛备受人们喜爱，历千年而不衰的原因。羊毛纤维也可以织成非常轻质、多孔，适合夏天穿着的布料。

另外，羊毛也广泛用于家具，尤其是家饰布、地毯及地垫等。这种织品可以光滑也可以粗糙，可以细致也可以粗犷。虽然原生羊毛纤维是所有天然纤维中最脆弱的一种（潮湿时更脆弱），羊毛织品却可以设计成非常耐用的结构。羊毛布料通常都比棉布或亚麻布来得昂贵，因为羊毛的生产过程，要从绵羊的饲养开始。

羊毛纤维的分类有两种主要方式：根据绵羊的种类，以及根据羊毛的类型。美丽诺羊毛纤维来自美丽诺绵羊（Merino sheep），这是最好、最柔软、最坚固且最有弹性的羊毛纤维，因而也是最温暖，且能纺成很好的纱线。但是，美丽诺羊毛并不是最耐用的羊毛。

能产出最坚固、耐用的羊毛的绵羊，它的名称很可能没有出现在标签上。"昔德兰"（Shetland）与"波特尼"（Botany）是指绵羊饲养的地方，前者指苏格兰的昔德兰群岛，后者指澳大利亚的波特尼湾。羊毛纤维的质量差异极大，但质量好坏还是看功能而定。粗而耐用的羊毛可以制成很好的地毯，但做成毛衣可就不舒服了。

羊毛类型反映的是绵羊及其毛皮的年龄与状况。羔羊毛（lamb wool）是质感非常细致的羊毛，制成的织品为所有羊毛织品中最柔软的，但强度较成熟绵羊的羊毛布料差。仔羊毛（hogget wool）是指一岁小羊第一次被剪下的羊毛，这种羊毛相当炙手可热，不仅相当柔软，强度也高于羔羊毛。从越老（且越脏）的羊身上剪下的羊毛，越不适合制成衣服。此外，还有更下等的羊毛，是取自屠宰场或严重营养不良的羊只。结块毛（taglocks）就是最劣质（断裂或变色）的羊毛。

□ 纯新羊毛与再生羊毛

用过的羊毛纱线与羊毛布料可以回收制成新产品。把回收的羊毛（也称为"翻造""再生""再利用"或"再处理"羊毛）加进新的羊毛里，可以增加耐用性，但如果是高质量羊毛，其温暖度、柔软度及弹性会有所下降。虽然"回收"可能是个新名词，但重复使用羊毛却是古代就有的做法。含有再生羊毛的产品可能质量也很好，而且通常比100%纯新羊毛布料便宜。《羊毛产品标签法》规定，标签上必须说明布料里羊毛占了多少比例的重量，以及究竟有多少是纯新羊毛（或未加工羊毛）、多少是再生羊毛。但是羊毛织品的标签上写着保证100%新羊毛，并不保证一定是优等质量，当然也不表示一定优于其他含有再生羊毛的布料。就算是很差等级的羊毛，例如皮板毛（pulled wool，来自被屠宰的羊）也可能标明为100%纯新羊毛。以高档再生羊毛制成的产品会优于以低等级纯新羊毛制成的产品。

□ 鉴定羊毛品质

《羊毛产品标签法》并未要求业者在服装或其他羊毛产品上标示所使用的绵羊品种或羊毛类型，因此很难断定羊毛纤维的质量。有几种可供参考的商标，能帮助你鉴定羊毛纤维与布料的质量。国际羊毛局的羊毛商标（woolmark）只能用于100%纯新羊毛制成并符合国际羊毛局质量规范的布料。国际羊毛局还有一个羊毛混纺商标（woolblendmark），仅用于至少含60%羊毛纤维的制品，并且同时符合国际羊毛局质量规范。美国羊毛委员会是美国绵羊业协会（ASI）的下属部门，这个标志代表产品里含有相当比例来自美国的羊毛（全天然纤维制品里含至少20%，若与合成纤维混纺，则至少含30%）。制造商必须同意只用来制作最高质量的产品，且愿意提供样品给美国羊毛委员会，才能够获得使用这个标志的许可。正牌的哈里斯粗花呢以结构质量佳、耐用及独特的设计闻名，可以从是否有哈里斯粗花呢认证标志来辨认。

标示含有美丽诺羊毛的标签，也是高质量羊毛布料的判断方式之一，标签上所标示的纯新羊毛与再生羊毛比例，能揭示相应的耐用度与弹性，但是，除非你知道两者的质量，否则这个信息用途不大。"耐洗涤"或"水洗羊毛"（H$_2$O Wools，出自 J. P. Stevens 公司）标签，表示这件羊毛织品经过树脂处理，可以机洗（见第309页）。务必仔细阅读保养标签，看看是否必需手洗或干洗。标签可能也会标明是否经过预缩处理、抗皱处理，以及衣物是否可水洗、褶痕是否为永久性等等。

透过视觉与触觉也可以获得许多信息。如果羊毛摸起来粗糙僵硬，表示质量不够好，无法制成衣服；如果感觉非常柔软、有弹性（也就是用手指按压时不会起皱褶），就是一块高质量的衣料。但是，柔软与弹性并不是耐用度的保证，但标示有加入再生羊毛或许会增加其耐用度。拉绒处理

美国羊毛
（American Wool）

纯正新羊毛标志
（Pure New Wool Woolmark）

哈里斯粗花呢认证标志
（Harris Tweed Certification Mark）

往往会减弱布料强度，而高度拉绒的羊毛可能比较不结实。强捻纱会比弱捻纱更坚固，双股或多股纱线又比单股纱线更结实。务必检查梭织的质量，通常你可以借助信誉良好的零售商、制造商及具专业知识的销售员帮忙，但我发现许多销售员其实也跟我一样不懂。

不同等级的羊毛可以在生产过程中进行混纺，制作出更耐用却较便宜的布料。羊毛与合成纤维混纺（标签上会注明每种纤维的百分比）往往能兼顾美丽、舒适、耐用与经济实惠。羊毛纤维提供了柔软、保暖、吸水力及垂坠性，合成纤维则可以增加布料的抗皱能力，维持皱褶褶痕或织品强度，有助于防止下垂变形或撑大。羊毛与超细纤维（microfiber）混纺向来特别受到钟爱，因为具有高质量羊毛的外观与手感。

□ 精纺与粗纺羊毛纱线

羊毛纱线分为两种类型：精纺与粗纺。长纤维用于精纺纱线，在纺织之前，必须从短纤维中挑出，然后平行铺平（透过好几道程序，包括粗梳与精梳）。长羊毛纤维会被纺成较为平滑且坚固的纱线；短羊毛纤维则因为不经过梳理也不平行，会被纺成比精纺纱线更为蓬松的粗纺纱线。

精纺羊毛布料具有平坦、坚韧、光滑的手感，适合用作定制羊毛西装与礼服。精纺羊毛布料通常以斜纹梭织居多，而非平纹。这种布料也相当坚韧，比粗纺布料抗皱，且因为不膨松，抗污力较佳。然而，还是可能产生磨损、出现光亮的小点，相当碍眼。

粗纺羊毛布料手感柔软、蓬松。这种膨松质感是它们能保暖的原因，但也是较精纺羊毛布料不耐用的原因。粗纺羊毛布料通常经拉绒处理，因而更柔软，但是也更容易沾染脏污。这种布料经常用于制作毛衣、毛毯、运动服及夹克。

带油的羊毛含有更多天然羊毛脂，因此疏水性更强，可以用来制作厚重、防水喷溅的毛衣。

□ 羊毛布的特性

羊毛布料是一种柔软、不硬挺的布料。虽然理论上羊毛是一种柔弱的纤维，但羊毛制成的织品却非常耐用。羊毛织品具有良好的耐磨性，无论梭织或针织都能制出结构强度良好的布料；以双股或多股组成的强捻羊纱也能制成非常耐用的布料。羊毛不容易起毛球，因此增加了使用上的耐用性，例如可以织成地毯（虽然羊毛布料也会起毛球，但毛球会断裂，因此不会像合成纤维制成的布料那样会累积毛球）。羊毛布料也具有优雅的垂坠感。

羊毛织品通常非常保暖，因为羊毛纤维具有鳞片与波纹，能形成气室，抑制体温散失。羊毛布料的吸水力强，即使大量保存汗水及空气中的湿度，却依然干爽。此外，羊毛在吸水的同时能释放热量，使穿戴者感觉更温暖，因此赢得寒冷、潮湿气候下最佳纤维的美誉。羊毛布料具有弹性（抗皱性），衣物遇到蒸汽之后，皱褶便会消失。但由于羊毛布料潮湿后，弹性会降低，因此不应踩踏在潮湿的羊毛地毯上，或在羊毛衣物刚经过蒸汽加压后就立即穿上。

羊毛织物遇水会收缩，除非经过防缩处理，粗纺与精纺羊毛都会缩水，但粗纺羊毛缩水较严重。可以购买有"耐洗涤"标签，或其他标示有抗缩水特性的羊毛织品。羊毛与合成纤维混纺的布料可能比没有经过防缩处理的 100% 羊毛更不容易缩水，但这种混纺织品有时较容易起毛球。羊毛通常较不容易堆积静电，但在空气非常干燥时会变得相当容易产生静电。

羊毛具有抗污特性。液体会从羊毛布料表面流走，或只会慢慢渗透，让你有时间可以吸掉。灰尘与脏污通常也不会沾在羊毛上，但羊毛可能吸收并留住气味。

羊毛布料非常容易受到虫蛀，有时需要经过防蛀处理。

羊毛虽然抗发霉，但若受潮很久也会被损毁。羊毛也具有些微抗紫外线辐射的能力。

□ 羊毛布的保养方式

羊毛容易卡污垢。此外，由于羊毛有弹性，因此应该让羊毛服装"休息"24小时恢复形状，然后再穿上。据权威人士介绍，羊毛服装在干洗或水洗后也应留置数日的休息时间。这是因为羊毛布料在休息时，纤维会陈化（或称"韧炼"，anneal），而羊毛分子也能重新自我排列成能源效率更高的构形。要让衣服休息之前，先清空口袋、扣起纽扣、拉起拉链，然后直立挂起。羊毛衣穿过后要刷一刷，妥善吊挂在衣架上透气，然后再放进衣柜。刷理不仅有助于保持布料清洁，也能防止虫蛀；透气则能降低异味。不过，羊毛不像合成纤维有时会留住体味，事实上羊毛会吸收腋下气味然后排掉。若要除去羊毛衣物的气味与皱褶，可以挂在充满蒸汽的浴室或使用蒸汽设备。在刷理后、透气前，以略为潮湿的白色无绒布向下擦拭，能让羊毛衣物维持更久的干净状态。务必在擦完之后充分风干，再收进衣柜或抽屉。

羊毛织品通常要干洗，有些可以水洗，但羊毛遇水及热会软化，且在洗涤时（特别是碱性溶液中）会缩水并可能毡合①。由于干洗比较不会有收缩及毡合的问题，大多数保养标签都会要求干洗。

即使是可水洗的羊毛也需要小心清洗，一般的洗衣剂都是碱性溶液，因此羊毛应用专用的洗衣剂清洗，或使用温和非碱性或接近中性的肥皂与洗衣剂（见第 21 章文末"洗衣产品与添加剂词汇"中的"温和洗衣剂与肥皂"）。但确保肥皂或洗衣剂在冷水里能起作用。

加了洗衣剂的热水或温水可能会导致羊毛衣物严重缩水：你的 38 号毛衣可能缩成童装大小。可水洗的白色羊毛衣物可漂白，但需要小心，应使用过氧化氢，而不是含氯漂白剂（见第 401 页）。不要在阳光下晾晒羊毛，尤其是白色的羊毛，因为这可能造成泛黄或黯淡。

羊毛衣物、毛毯及地毯应储放在远离阳光、湿气的地方，并确保是完全干净的才收放，因为蛾及其他昆虫会被脏污吸引。有关避免羊毛遭虫侵害，见第 315～316 页"防蛀羊毛"。

不要熨烫羊毛，而是要用湿布压平（见第 23 章《熨衣》，第 432 页）。熨烫羊毛布料会使纤维脆化并造成损害。

▍丝

16 世纪英国的节约法令不准穷人家的妻子穿着丝绸长袍或法式丝绒帽，这种华丽的服饰被认为只适合丈夫拥有至少一匹马可骑的贵妇穿戴。几个世纪以来，丝绸一直被视为所有布料中最受人喜爱、最典雅且华贵的，且在众多合成纤维与混纺的激烈竞争下，仍维持至高无上的地位。

丝绸是由蚕分泌用来结蛹的细丝所制成，是唯一以丝线形态存在的天然纤维，平滑、柔软、量轻、牢固、有光泽且有弹性，并具出色的垂坠性。

---

① 毡合 felting，在过湿、过热的环境下，羊毛毛鳞片会相互纠结，并渐渐紧密结合，成为毡化物。

洗涤羊毛：手洗

在洗涤羊毛衣物之前，先在一块坚固的纸张或纸板上画下轮廓。为了控制收缩，使用冷水（但不是冰水）加上温和、中性且适用于羊毛及冷水洗涤的肥皂或洗衣剂[①]。

如果衣服很脏，可以尝试用微温的水先浸泡 35 分钟，然后从衣服的下方抬起，轻轻挤压出肥皂水。衣服浸泡在水中的时间尽可能短，因为时间越长，纤维越容易膨胀、弱化。由于羊毛在潮湿时强度降低，因此在羊毛布料潮湿时绝不能拉、扭或拧。用干净的冷水彻底冲洗羊毛衣物，若要弄干，可卷进一条毛巾里，轻轻挤压。最后以你画下的轮廓为依据，将衣服调整到原来的形状。如果有需要，可用针固定。务必平放在毛巾或其他干净的表面上干燥，并远离阳光与热源。

洗涤羊毛：机洗

大多数羊毛毯都需要干洗，有些羊毛毯、阿富汗毛毯，以及羊毛衫或衣物则可机洗，但请务必检查保养标签。在洗涤可能会因机洗而变形的衣物之前，先在纸张或纸板上画出衣物的轮廓，而洗涤任何有色羊毛衣物之前，特别是有印花的，也必须先测试色牢度。有关可机洗的羊毛毯子，请见第 25 章《洗涤棘手衣物》，第 454 页。

"耐洗涤"标签表示 100% 的羊毛布料可由洗衣机洗涤和烘衣机烘干，因为经过化学与树脂处理，能避免毛毡化及缩水。这种耐洗涤处理是永久性的。

为了减少因洗涤过程磨损而起毛球的现象，应使用大量的水。将洗衣机的搅动方式设定为"细致衣物"或"轻柔"洗程，但要高转速脱水；你的目标是慢速搅动，但毛衣要越short越好。用冷水冲洗（如果很脏可用微温的水），并使用适合羊毛、冷水及洗衣机的温和洗衣剂。放入羊毛衣物之前先将洗衣剂溶解，不需要添加衣物柔软剂。每件衣物都尽量快速洗净，切勿浸泡超过数分钟，也尽可能缩短清洗时间，并用冷水冲洗。

平放晾干，塑形成原来的形状，除非保养标签有指示才能用烘衣机，但通常也很可能指示要使用低温。耐洗涤羊毛可以用滚筒式烘衣机烘干，但要小心不要烘过头。风干毯子、毛衣等软羊毛织品后，你可以放在烘衣机里以吹风功能吹凉风数分钟，凉风能让羊毛衣物变膨松。

① 朋友推荐我使用洗发精洗羊毛，但是这有点冒险，因为有些洗发精溶液为碱性，有些则含有药物、着色或润发成分，极可能损害羊毛或让羊毛变色。不过，中性或微酸性、不含任何色素或添加剂的温和洗发精，确实对羊毛有很好的清洁效果。一定要先进行测试，并避免看起来是乳白色而非清澈的产品，同时也不要用含润发乳等其他添加物，或具有不寻常色彩的产品。

由于耐磨性不高，因此并不是理想的家饰布料，但作为其他用途可能相当持久耐用。丝绸比其他天然纤维更容易染色，但，也容易沾上污渍。今日与过去一样，丝绸的吸引力大半在于华丽色彩与图案。

□ 丝绸的生产与类型

蚕茧经过分类与软化之后，从中解开的蚕丝长纤维会被结合并缠绕到摇纱机，形成相当长的生丝线，这种生丝线称为缫丝，缫丝会再捻合制成丝线。捻丝可用来制作精致轻薄的布料，如乔其纱、塔夫塔绸、巴里纱、广东绉纱、硬薄纱及薄纱等。

绢丝（spun silk）是以长度较短的丝纤维经过粗梳、精梳后纺成的丝线，跟羊毛、棉花及亚麻的做法相同。绢丝纱线是以短纤维制成，容易因磨损而起绒（短纤维凸起）。绢丝绸料的强度与弹性都比捻丝绸料差，但其他特性均相同。绢丝绸料通常比长纤维捻丝绸料便宜，绢丝的纤维也用于混纺与毛绒布料，如丝绒。

覆盖在天然蚕丝纤维上的黏胶经水煮后去除，布料重量与体积也因而减少。制造商可能用加入金属盐的方式，以弥补失去的重量与体积，并营造更好的垂坠性。但以这种方式增重的丝绸缺乏弹性，且更容易受到阳光、汗水及干洗损害，造成破裂。由于加重丝布曾经出问题，美国联邦法规已经要求业者需在标签上予以标示。

生丝是未经加工处理去除黏胶的丝纤维，以生丝梭织成的布料表面凹凸不平且不规则，因而较便宜。

纯染色丝（pure dye silk）是不含任何金属增重物的丝绸，但可能含有少量在印染及表面加工处理时加入的水溶性物质，如淀粉或明胶。好的纯染色丝比加重丝绸更好、更耐用，不仅保有自然弹性，丝纱线含量往往也较多，因此强度优于加重丝绸。

玉丝（duppioni silk）是由双层或交错联结的蚕茧制成，这种蚕茧可能是两只蚕结同一个茧或相邻结茧所形成。由于这种纤维是不规则的，因此制成的布料有薄有厚。

大部分丝绸布的原料是家蚕丝，也就是取自人工饲养、专门用来生产各种长丝线的蚕所结的茧。野蚕丝（wild silk）或柞蚕丝来自野生的蚕蛾品种，通常是柞蚕（tussah）。野蚕丝与生丝不同，但也可能是生的（未经加工）。

野蚕丝没有家蚕丝有光泽，其织品（如茧绸或山东绸）比纯染色丝便宜且耐用。

□ 丝绸的特性

一般认为丝绸是适合夏天的布料。长丝线可梭织成轻薄且容易透气的布料，因此在非常炎热潮湿的天气下，穿着也很舒适；不过，绢丝也可以制成相当温暖的衣服。丝绸具有高吸水力，一如羊毛，能吸收大量汗水与空气中的水分，却不会令人感到潮湿，因此，丝比不吸水的仿丝合成纤维更适合制作内衣与衬里。丝绸原本就具备些微的抗皱性。

丝绸因为稍具弹性，穿起来舒适贴身，且不容易拉长变形。丝绸不起毛球且具有适度的耐磨性，但偶尔会出现产生静电的倾向，尤其在干燥的环境下。小镗节虫会攻击丝绸，而丝绸对紫外线辐射的抗受能力也较差。丝绸并不容易发霉，除非受潮相当长的时间。丝绸跟棉布、羊毛一样，都能梭织成种类繁多的布料与混纺。

□ 丝绸的保养方式

丝绸不容易吸附或卡住污垢颗粒，因为非常平滑，但丝绸或许是所有纤维中最容易沾上脏污的。大部分丝绸的保养标签都建议干洗，因为丝绸在潮湿时明显变脆弱，且如同羊毛一样属于蛋白质纤维，即使是弱碱物质都会对它造成损坏。

有些丝绸经过化学处理后可以水洗，但这些可水洗的丝绸不能干洗，务必仔细阅读保养标签。可水洗丝绸的光泽与平滑度跟一般丝绸不大相同。但这种布料的正确洗涤方式仍有争议，有人认为机洗会造成永久性改变（多半让质料变差），并建议只能用加了温和洗衣剂或肥皂的冷水手洗；但也有人认为你可以机洗。不过，两派人都警告，可水洗丝绸必须单独洗涤，因为其染料会沾染其他布料。至于干衣的方式，可以用滚筒式烘衣机，设定凉风吹干，或挂起来晾干。熨衣部分，则必须在布料仍潮湿时进行。

一些未经可水洗化学处理的丝织品，仍然可以洗涤，但通常得格外小心。富有光泽、考究的丝绸千万不要水洗，一旦经过水洗，很可能永远不会恢复原本的模样。

有时候，尽管保养标签禁止，有些人仍成功地水洗了丝绸，但这样做相当冒险。除非是纯色染丝，否则其加重成分可能被洗掉，导致衣物永久变形，且颜色可能变样。水洗丝绸之前请务必选一块不显眼的区域来测试色牢度。丝质纺织品一定要干洗，因为这种织品遇水会严重收缩。在家自行洗涤与熨烫丝绸都需要些技巧。

　　未经化学处理的可水洗丝绸，应该用加了温和洗衣剂与肥皂的微温温水轻柔手洗（见第406页）。一般洗衣剂多是碱性，碱性溶液越浓缩、遇热温度越高，对丝绸伤害越大。含氯漂白剂会造成丝绸分解；过氧化氢或过硼酸钠漂白剂，虽可用于白色丝绸，但要非常谨慎使用，不要长时间浸泡。由于丝绸在潮湿时比较脆弱，强力的拧绞或滚动可能造成受损。

　　水经常会在丝绸表面留下斑点（这是制造商进行上浆或其他表面加工处理的结果），但斑点是洗得掉的。熨烫时，要趁丝绸仍然潮湿时从反面进行，或者用蒸汽并加上一层压熨布以中温熨烫（见第23章《熨衣》）。丝绸若因穿着而产生皱褶，通常在吊挂后便可消除。

　　排汗会让丝布变弱及变色，某些止汗剂与除臭剂里的氯化铝也会对丝布造成伤害，因此建议使用腋垫。尽快洗除汗水，不要让汗水有机会损害到布料。如果白色丝绸的腋下部位出现黄色汗渍，可试着用氧漂白剂（见第26章《常见的洗衣事故与问题》中的"汗水"与"泛黄"）。

▎韧皮纤维

　　韧皮纤维是取自植物内层韧皮部的强力纤维。亚麻便是韧皮纤维，而可能出现在衣物、家具及各类用品里的韧皮纤维还有3种：黄麻、苎麻及粗麻。

　　所有的韧皮纤维都是纤维质，如同棉花与亚麻一样，因此具有相似的物理及化学性质。例如，这些纤维的吸水力都很好；都不耐酸，但可耐受温和的碱性；通常可以漂白，但要小心处理（不过黄麻是最脆弱的纤维质纤维，会因漂白而受损）。如果可水洗，通常就可丢入洗衣机，如同亚麻与棉花一样。

☐ 黄麻

　　黄麻纤维取自黄麻植物，生长在孟加拉国、印度、泰国及中国。这是坚硬、无弹性的纤维，可做成布、袋子、绳子及其他价格低廉、粗糙的物品。

有些木工制品也用黄麻制作成底布，或作为捆绑线绳。黄麻必须保持干燥，因为受潮会腐烂。

□ 苎麻

苎麻也称为中国草，生长于菲律宾、中国、巴西及其他许多地方。苎麻纤维是白色或奶油色，非常坚固、有光泽。苎麻织品与亚麻相似，但较脆弱，因而限制了在服装与家具的用途，但是，越来越多混纺织品会使用苎麻。苎麻不像亚麻与棉纤维那么容易发霉，不过倘若受潮过久，最后还是会发霉。跟棉纤维、嫘萦、尼龙与聚酯纤维混纺时，苎麻能帮忙增加强度，而其他纤维则让布料较有弹性。苎麻可用来制成衣物（特别是混纺布料）、绳子及家饰布。

□ 粗麻

粗麻是一种坚硬、粗糙、耐用的纤维，取自粗麻植株的内层韧皮，而意大利的粗麻一直是质量最好的。粗麻可用于制作绳索（特别是船上用的绳索，因为粗麻相当不容易因为水气而腐烂或变弱）、帆布、防水油布、地毯以及家具。近年来，也有越来越多衣服使用粗麻纤维（见第 251～253 页）。

▌有关天然纤维保养的课题

□ 永久免熨（耐久免熨、洗后即穿、抗皱）：经树脂处理的棉布、嫘萦、亚麻布及其混纺织品

基于某些原因，洗涤可能对永久免熨或耐久免熨的棉布、嫘萦、亚麻布以及含有这些天然纤维与人造纤维的混纺造成一些问题。经过树脂处理以抗皱或产生永久褶痕的棉布、嫘萦及亚麻布，包括棉、嫘萦与亚麻的混纺，都明显比没有处理过的布料脆弱，因此剧烈的洗涤可能会大大缩短织品的寿命。永久免熨的布料容易沾染洗涤水中沉淀的脏污，并因洗涤而产生变灰或黯淡的状况。这种树脂处理过的织品特别容易沾染油污，有时候还会吸附体味。

尽管有这些问题，家庭洗涤仍是清洗永久免熨衣物的首选方式，洗衣

店洗涤通常太过。新衣服与床单在使用前都应先洗过一次，尤其经过树脂处理的布料更需如此，以除去残余的甲醛（但是，并非现今所有永久免熨的衣服都有问题）。一定要用永久免熨衣物的洗衣与烘衣程序，使用大量的水，并减少洗涤的衣物量，因为洗衣机太过拥挤也很容易造成衣物起皱。免熨衣物的洗涤过程是用冷水让衣服降温，如此，当衣物在洗衣机里脱水时便不会留下皱褶的痕迹；基于同样理由，脱水时旋转的速度也较慢。永久免熨衣物的烘衣设定，是在烘衣周期的最后，加入一段冷却期。如此，衣物不会在烘衣机停止翻滚后，因静置、受热而产生皱褶。

洗涤之前应检查经常磨损的区域：如领口与袖口、褶裥与缝合处以及折痕与臀部区域。如有必要，先修补再清洗。如果出现磨损，可采用细致衣物洗程，以温水或冷水清洗，以冷水冲洗，并且以低转速脱水；如此可以延长衣物寿命。由于永久免熨衣物的褶层与折痕线往往比其他布料更脆弱，因此反面洗涤及干燥，会是个不错的做法。

经常清洗，是永久免熨衣服维持清洁与清新气味的关键。枕套、袖口、衣领以及其他容易沾染身体油脂与体味的地方要做预处理。可用含溶剂的预处理产品，同时以大量的洗衣剂、温水（或甚至热水）来清洗（前提是热水对布料必须是无害的），不要用冷水，以保持永久免熨衣物的清洁。

衣物烘干之后，必须立即从滚筒式烘衣机取出，才能维持永久免熨衣物的抗皱效果。但是，保养标签上标示只能滴干的衣物，绝对不能放在洗衣机里脱水、翻搅，不能手拧，也不能以烘衣机烘干。在某些情况下，应使用温和的肥皂，请查阅保养标签上的说明。吊挂衣服要小心，可用双手顺势向下轻轻抚平、拉直衣物，特别是接缝处。有时，会需要用熨斗快速熨压来减少一些皱褶。

含氯漂白剂不建议用在永久免熨的衣物上，因为布料本身的强度已经变弱。此外，一些永久免熨的衣物在接触含氯漂白剂后会变黄，不过这个问题现在似乎很少见。无论如何都应谨慎使用含氯漂白剂，不过根据我的经验，偶尔用阳光漂白对衣物不会有什么伤害。

□ 可水洗的古董与祖传织品，以及其他脆弱或贵重的布料

非常脆弱及珍藏很久的布料绝对不能水洗，有时可以隔着保护罩用吸尘器处理，要将风速调到最低（见下册第 7 章《家用织品》）。

有时可水洗的古董与祖传织品只需要用微温、软质的清水浸泡半小时左右就能彻底洗净。为了避免处理过程可能造成的破坏，可以把衣物铺在一块尼龙网或塑料滤器上，然后轻轻地浸入清水中。这能够溶解积聚在纤维上的灰尘与酸性物质，延长织品的寿命。浸泡之后，倒出水并轻轻地加入另一盆软质、冷的清水中予以冲洗。接着从水中将滤网或滤器取出，并让布料留在滤网或滤器上排水及晾干。

如果需要更仔细的清洗，可在水里添加一些非常温和的中性洗衣剂，让衣物浸泡几分钟。博物馆与文物维护员经常推荐使用 Orvus WA Paste（美国宝洁公司的产品）来清洗这类贵重物品（如果您选择这个产品，而不是温和的肥皂，请确保用的是软水，并要彻底冲洗干净）。浸泡完成后，轻轻拍打织品让水排出，或者如上所述铺在一张尼龙网或塑料滤器上，轻轻地举起或放下，让水穿过布料。如果没有变干净，便再重复动作。接着倒除洗涤水，再用同样的方式，以冷的清水冲洗，直到完全冲除肥皂（或洗衣剂），以及所有污垢为止。

非常脆弱的衣物千万不要使用任何形式的漂白剂，包括阳光漂白。如果你决心要清除脆弱布料上的斑点或污渍，可以尝试多加一道浸泡程序，将衣物浸泡在含有温和洗衣剂的微温温水中。如果是一块既不非常重要也不算珍贵的布料，但外观变难看了，或许可采用阳光漂白，然后用较强的洗衣剂（不含光学增亮剂或靛青漂白剂），不过风险较高。

至于以化学漂白方式来去除污渍或淡化脏污，通常只有在衡量后觉得没有什么损失，或者布料不太重要或贵重时才考虑。避免用市面上的氧漂白剂，因为这些产品含有助洗剂、光学增亮剂及靛青漂白剂。如果你想尝试氧漂白剂，可考虑使用一般的过氧化氢（见第 401 页）。

用干毛巾按压吸走衣物上的水分，然后在清洗时使用滤网或滤器并铺平晾干，或者，放在一条干净的白毛巾上。记得远离阳光与热气。

□ 防蛀羊毛

想要让衣服与地毯免于蠹蛾蛀食，你最该做的，就是保持清洁。蠹蛾会被衣物上的油脂与食物污渍所吸引，经常使用吸尘器或偶尔清洗、清洁，则可保护好地毯。经常穿戴及清洗的衣物比较不会受蠹蛾侵害。至于储放的衣服与地毯，必须确保是完全干净的，但也需要额外的保护。毛质物品要经常刷拭，尤其在穿戴后、储放前清洗，有助于去除虫卵。储存在低于5℃的密封橱柜里可防止虫卵发育孵化；熨烫时，高于54℃则可杀死虫卵。

在家可利用驱虫剂或杀虫剂进行化学处理。驱虫剂可以防止虫卵寄生，但无法破坏已经存在的虫卵，效用也不持久。雪松（cedar）是目前最流行的驱虫剂，但就我的经验来说，顶多具有温和的效果而已。目前已确定雪松油会杀死低龄幼虫（非高龄幼虫或虫卵），但无法知晓雪松线板壁橱、雪松片、雪松块以及雪松制的衣架与箱子如何让幼虫暴露在致死剂量的雪松油下。唯一的可能是虫不会在有雪松香味的环境下产卵，但我曾看过不止一只蠹蛾活生生地飞出我的雪松木衣橱，还发现衣服上有一堆蠹蛾蛀的洞。到目前为止，我已经能确定，仍没有任何科学证据能证明蠹蛾会避忌雪松。有些人探听出陈皮、各种香料的混合物以及干燥花草能驱虫，但同样地，我也没有发现任何科学证据，能证明其具有驱除蠹蛾的作用（我的意大利祖母使用薰衣草及陈皮，但只是为了芳香）。至于市面上的驱虫剂，可能会使用秘密或不具名的成分，功效也是一个谜。萘和对二氯苯是樟脑丸与其他防蛀产品的主要成分，只要储存于密闭空间，让防蛀成分的气体达到饱和，确实具有杀死蠹蛾、其幼虫及虫卵的功效；但如果不是密闭空间，所释放的化学物质浓度将无法发挥效用。含有上述化学物质的产品应挂在衣服上方，因为其气体比空气重，会向下沉降。但无论萘还是对二氯苯，也对人体有毒，且对二氯苯是一种致癌物。因此，美国国家环境保护局（EPA）建议消费者只在与起居空间隔离的密闭空间使用含对二氯苯的产品，如车库或阁楼。我在使用萘丸、萘晶体或萘薄片时，也遵循同样的方法。

人造纤维用来制作布料已经超过 1 世纪之久。嫘萦发明于 19 世纪后期，从 1910 年起在美国展开商业化生产，醋酸纤维则是在 20 世纪 20 年代开始，两者都是以植物纤维（纤维质纤维）为基本结构。尼龙在 1939 年大张旗鼓地问世，是第一个完全由合成或人造化学物质所制造的纤维，不久之后，其他合成纤维接连问世。到 1960 年，亚克力纤维及改质亚克力纤维、烯烃、聚酯纤维、弹性纤维都已是大众耳熟能详的产品；由两种以上合成纤维或合成－天然纤维的混纺也流行了起来。这些新的纤维引发了一场织品革命。

除了嫘萦与醋酸纤维以外，所有的人造纤维（合成纤维）都不吸水且疏水（嫘萦与醋酸纤维是以纤维质为基础，因此能吸水）。合成纤维也具热塑性，温度够高时会熔化或软化，而冷却时则变硬，因此，可以利用"热定型"（heat setting）的程序，制造出衣物的折痕或光滑表面。如果一块布在加热后是平滑的，便会保持平滑，除非再次加热到先前的温度，因此这些布料不大需要熨烫。同样地，如果由合成纤维制成的织品在加热后是有折痕的，便会一直保留折痕，除非再次加热到那个温度。合成纤维制成的衣物，保养标签上往往要求以低至中温洗涤与烘干，且在烘衣程序最后要有一段冷风，以免产生皱褶。同样的道理，这些布料应当以低至中温熨烫。

▌ 嫘萦

嫘萦是由取自棉或木浆的再生纤维质制成。市面上的嫘萦种类繁多，因此很难概括说明其属性。不但因为嫘萦类型不同，也因为每种类型都可以捻合成长纤纱线与短纤纱线，而这些长纤纱线与短纤纱线又可能显著不同。嫘萦长纤纱线能营造出类似丝绸织品的感觉；嫘萦短纤纱线则可进行拉绒处理、表面加工，布料结构能设计成类似棉、亚麻及羊毛布料的样子（但是，这种嫘萦布料的功能会与看起来相似的天然纤维布料大大不同）。嫘萦纤维可以有效地与许多其他纤维混纺，无论是天然或合成纤维。

☐ 黏胶嫘萦

市售嫘萦大多数是黏胶嫘萦，名称源于将纤维质加工转化为黏稠溶液的步骤。这种嫘萦通常在成分标签上只标示为"嫘萦"或"黏胶"。

用黏胶嫘萦制成的布料通常非常柔软，垂坠性佳，手感与棉布相近，非常舒服。强度比丝绸、亚麻、棉及羊毛布料差，但非常吸水，甚至比棉布或亚麻布吸水，且非常凉爽，因此是穿起来最舒适的纤维之一，特别是在天气炎热时。黏胶嫘萦在潮湿时会伸长，干燥时则回缩，甚至连大气湿度的变化都能影响它，因此通常不适合做窗帘。嫘萦布料与棉、亚麻不同，在潮湿时强度会大为减弱，因此建议不要水洗，若要水洗也必须轻柔搅拌。黏胶嫘萦除非经过防缩处理，否则比棉布更容易缩水。这种布料的纤维弹性较棉与亚麻稍好，但不如丝及羊毛。嫘萦布料通常相当松软，或是相当轻盈。

黏胶嫘萦通常不像丝绸或羊毛那样有弹性，因此很容易起皱，也是黏胶嫘萦织品最大的缺点，但透过抗皱处理及精心设计的纱线与布料结构，可减少这个问题。购买以嫘萦布料制成的商品时，可以稍微把布料弄皱，数秒钟后就离手，以确定起皱情况。

黏胶嫘萦纤维及布料若长期暴露在阳光下，纤维强度会减弱或泛黄，受潮后也会发霉，并对蠹鱼无抵抗力，但不怕蠹蛾。一如所有纤维质纤维，黏胶嫘萦纤维容易因酸而受损，却相当耐碱。

□ 铜氨嫘萦

铜氨嫘萦（cuprammonium rayon 或 cupra rayon），又称彭帛（bemberg），名称来自将纤维质溶解在氢氧化铜氨溶液的处理步骤，但标签或店家可能只会告诉你这是"嫘萦"。铜氨嫘萦柔软、有光泽且如丝绸般滑顺，通常制成长纤嫘萦布料。以铜氨嫘萦制成的布料，弹性通常比黏胶嫘萦好，也就是较不易起皱。铜氨嫘萦布料往往也比黏胶嫘萦布料更耐磨，因此非常适合用来制作衬里，以及女性的洋装与上衣。

□ 高湿系数嫘萦

潮湿时纤维强度更高，可媲美棉布；利用压缩性收缩处理，能让布料具有丝光及防缩效果。这些纤维被称为高湿系数嫘萦，或改质嫘萦、高性能嫘萦或聚榴嫘萦（polynosic rayon）。由高湿系数嫘萦制成的布料在外观与触感上通常很像高质量的棉织品，且往往比黏胶嫘萦更重、更硬挺；高湿系数嫘萦也可以做出丝或羊毛的感觉。这种纤维在潮湿状态下的强度较高，因此比黏胶嫘萦纤维更适合水洗，且通常可用洗衣机（当然，仍要依据一般的注意事项）。酸性汗渍会降低某些高湿系数嫘萦的质量。

□ 莱赛尔纤维（天丝）

莱赛尔纤维，也称天丝，用来通称一群类似嫘萦的新型纤维质纤维。莱赛尔纤维布料比黏胶嫘萦布料更能抗皱、防缩水，强度也更强。莱赛尔纤维布料非常吸水，具有柔软、豪华舒适的手感，虽然与黏胶嫘萦一样是以木浆为制造原料，但制程对环境影响较小。莱赛尔纤维布料通常比黏胶嫘萦布料更昂贵些。这种纤维可单独使用，也能与亚麻、棉、嫘萦及羊毛纤维混纺。

□ 嫘萦布料的保养方式

购买以嫘萦布料制成的衣服或家具之前，务必检查保养标签。许多黏胶嫘萦运动服虽然廉价，却可能需要麻烦的手洗，或得花钱干洗。但是，高湿系数嫘萦通常可用洗衣机洗涤。

许多类型的黏胶嫘萦都具有平滑的表面，不容易沾染污垢。理论上，黏胶嫘萦可能既能干洗又可水洗，但是，基于许多原因，常建议干洗。黏胶嫘萦布料在潮湿时强度大为减弱且时常缩水、褪色、松垮，洗后也往往严重起皱，因此，水洗会造成更快损坏。黏胶嫘萦布料多半经过水溶性表面处理及上浆处理，可能因洗涤而溶解，造成布料的手感与垂坠性变差。

清洗可水洗的黏胶嫘萦布料时，必须非常轻柔，这比棉布更容易受到各种化学物质（包括碱性洗衣溶液）的伤害。黏胶嫘萦布料通常需要以温和洗衣剂与温水手洗，然后挤去多余的水分，不可拧绞或搓扭；除非衣物的保养标签有标示，才能用洗衣机洗涤。在以洗衣机洗涤时，通常需要采用时间较短、搅动力道温和的洗程。黏胶嫘萦的针织品应平放晾干，而黏胶嫘萦梭织品则应吊挂晾干。白色的黏胶嫘萦布料不会因为洗涤而变灰或泛黄，因此通常不需漂白，但仍可使用一般家用漂白剂，不过要留意白色的黏胶嫘萦布料是否有混入其他不能漂白的纤维。某些类型的嫘萦远比一般的黏胶嫘萦更坚固，因此若嫘萦织品的保养标签上建议可使用比较激烈的洗程，大可不必犹豫。

黏胶嫘萦布料通常应在潮湿状态下以中低温熨烫，或使用蒸汽熨斗。有些嫘萦织品会因为熨烫而产生光亮的小点，因此要使用压熨布熨烫，或从反（内）面熨烫（见第23章《熨衣》）。

▌醋酸纤维与三醋酸纤维

▢ 醋酸纤维与三醋酸纤维的特性

醋酸纤维或醋酸纤维素的制造过程，一开始需要用醋酸来处理来自木材的纤维质。醋酸纤维布料表面平滑、光泽度高，具有丝绸般的外观与手感，常令人爱不释手。三醋酸纤维（triacetate）与醋酸纤维相似，但功能更多元，可制成类似嫘萦、棉、羊毛或丝的布料。醋酸纤维与三醋酸纤维制成的布料，垂坠性都很好，往往比那些由棉、嫘萦或聚酯纤维制成的布料昂贵。

但是，醋酸纤维与三醋酸纤维都是强度较弱的纤维，制成的布料耐磨性也较差。醋酸纤维布料遇湿时强度明显减弱，通常必须干洗；而洗涤可水洗的醋酸纤维布料时，也必须非常小心。三醋酸纤维的强度不会因潮湿而变差，通常可机洗并烘干。醋酸纤维与三醋酸纤维制成的布料，比嫘萦布料更有弹性、保暖、抗皱，且较不会缩水。三醋酸纤维相当抗皱，程度远胜醋酸纤维，且若出现折痕，往往只要吊挂起来很快就会消失。

醋酸纤维与三醋酸纤维是疏水性纤维，虽然也具备些微吸水力，但远低于那些亲水性纤维。这两种织品在炎热、潮湿的天气下穿起来通常不太舒服，因此多被用来制作雨衣或浴帘这类需要一点防水性能的用品。两种纤维都可应用在洋装、上衣及其他种类的衣服，也可用于窗帘，但不适合用来制作需要具备高耐磨性的衣物。虽然醋酸纤维常用来制作衬里，但不是很坚固且耐磨性差，因此，衬里材质为醋酸纤维的外套，往往在其他部分仍完好时，就需要更换新的衬里。醋酸纤维也因吸水力差，若做成夏装的衬里，舒适度会欠佳。

醋酸纤维与三醋酸纤维都是热塑性，后者更明显。三醋酸纤维能以热定型的方式制作出永久性皱褶与折痕，但醋酸纤维不能。熨斗过热会使醋酸纤维熔化沾黏在熨斗上，但三醋酸纤维的熔点比熨斗可达到的温度更高，因此不会沾黏。

醋酸纤维与三醋酸纤维都不容易起毛球，不会发霉也不会遭虫害（但蠹鱼可能蛀食其所含的淀粉，造成损伤）；若不经防静电处理，非常容易产生静电，且三醋酸纤维比醋酸纤维更明显。这两种纤维对阳光中紫外线辐射有一定程度的抗受力，但高浓度的碱性与酸性溶液则会对其造成伤害。醋酸纤维、三醋酸纤维及其混纺会因去光水、去漆剂及其他含有丙酮的溶剂受损。

醋酸纤维使用的特别醋酸染料，可能会因为洗涤或接触空气而褪色（这种现象称为"烟尘褪色"，fume fading，空气污染越严重的地区情况越明显），或因为接触汗水而变色，而溶剂染色解决了这些问题。溶剂染色的醋酸纤维布料不受洗涤、空气、汗水及光线的影响，颜色始终牢固。三醋酸纤维不像醋酸纤维那么容易因为汗水而变色或强度减弱，也不容易因烟尘或洗涤而褪色。

□ 醋酸纤维与三醋酸纤维布料的保养方式

通常建议醋酸纤维布料要采用干洗，因为醋酸纤维很脆弱，潮湿时强度更差，且对温度相当敏感。至于三醋酸纤维则通常可机洗。遇到可水洗的醋酸纤维布料时，仍建议要以细致衣物洗程或手洗。通常建议使用微温的水以及温和的肥皂或洗衣剂，不宜使用热水，否则布料会缩水、产生皱褶。白色醋酸纤维布料通常可保持洁白，一般不需使用漂白剂，如果有污渍，则可用家用漂白剂谨慎处理；醋酸纤维与其他纤维混纺的白色布料若出现脏污，漂白剂也可能有效。彩色的醋酸纤维布料不应浸泡，否则染料会溶进水里（但是经溶剂染色的醋酸纤维布料不会因为洗涤而脱色）。如果手洗醋酸纤维或三醋酸纤维制成的布料，不要拧、扭或搓，偶尔可使用衣物柔软剂。

将醋酸纤维布料卷进一条毛巾里吸干水分，接着，若为针织品请平放晾干，梭织品则吊挂晾干；除非保养标签容许，否则不要使用烘衣机烘干。三醋酸纤维布料通常可用烘衣机烘干，但需使用免熨衣物烘程（中低温），以充分获得冷却效果；烘衣完成后立即将衣物取出，否则温暖的环境会造成衣物起皱。三醋酸纤维布料几乎不需要熨烫，但可耐受高温熨烫（标签上可能标示"洗后即穿"）；醋酸纤维布料需要在潮湿状态下，从衣物反（内）面以中低温熨烫，或垫上压熨布熨烫正面。

▍尼龙

1940 年 5 月 15 日，针对已不再蔑视而是崇尚人造纤维的大众，一波宣传活动铺天盖地而来。在这个卓越的营销活动中，尼龙袜开始在美国各地上市。现在的我们很难想象，单单一件衣物竟能在全世界造成如此轰动，而当时的女性竟然如此急切地希望摆脱会抽丝、下垂、松垮的蚕丝丝袜。

尼龙是聚酰胺（polyamide）之类的聚合物的通称。这些聚合物是由煤炭、石油、空气及水所组成，有时也以一些谷物产品的废弃物（如燕麦麦荚或玉米穗轴）制成。

□ 尼龙的特性

尼龙纤维有多种化学形式，而市面上的尼龙商品，名称不仅五花八门，特性也大不相同。其中，短纤尼龙与长纤尼龙的特性更是大相径庭。然而，各类型的尼龙纤维也有一些共同特点：质量轻、强度高、非常耐磨，此外，弹性也相当好，仅次于弹性纤维与橡胶。因为这些特性，尼龙纤维特别适合制作袜子与轻薄布料。

尼龙纤维也相当有弹性，因此不容易起皱，即使在穿着或使用后产生了一些皱褶，也很容易抚平。至于外观与手感，尼龙纤维制成的布料通常具有丝绸般的光泽，但也能够轻易地仿制成棉、羊毛或其他纤维布料的外观与手感。

尼龙可做成保暖的布料，但吸水力差（不过比其他疏水性纤维，如聚酯纤维、聚丙烯纤维及亚克力还要吸水），因此在温暖潮湿的天气下，穿起来会又热又黏。梭织紧密、质量轻的长纤尼龙布料通常不透气（热气与湿气），因此非常适合制成风衣或雨衣，但也可能因湿气积聚在里面，让你在冬天觉得湿冷，在夏天则觉得又热又黏。短纤尼龙用于制作毛衣与袜子，比长纤尼龙织品更保暖，因为有毛绒能留住热气。尼龙经加工后可制成非常精致、轻薄且轻巧的布料，十分透气，可作为夏装。

目前已发展出一些新型的尼龙布料与尼龙纤维处理技术（其他合成纤维也有新兴处理技术），能解决尼龙布料的一些缺点，如湿气与舒适度的问题。其中，有几类尼龙产品能有效地带走湿气，而且由尼龙超细纤维制成的织品则既防水又透气，手感也非常好。因此，这些布料比起旧型尼龙布料，舒适性已有相当大的改善。

尼龙不会因为霉菌、蠹蛾或其他害虫而受损，但暴露在阳光下，强度会大幅降低。尽管如此，阳光与洗涤都不是造成尼龙布褪色的原因。汗水可能让尼龙布料变色，许多类型的尼龙也常有起毛球与起静电等问题，相当恼人。还好目前已经有能防静电的改良式尼龙纤维。

尼龙的复原弹性、伸缩性与强韧度，都呈现在与各种天然及合成纤维的混纺中，效果令人满意。

□ 尼龙布料的保养方式

尽管原则上可以干洗，保养标签通常建议水洗尼龙，然而，实际执行却有点困难。尼龙是一种疏水性纤维，总顽强地卡住油性污渍，却需要被温柔对待。为了避免沾染油垢与异味，可依循第 333～334 页"疏水性合成纤维的保养注意事项"中所建议的方法：经常清洗，进行预处理、预浸泡，使用大量的洗涤剂与温水等等。尼龙非常容易产生静电，总黏附灰尘与绒毛，也往往在洗涤时从水中黏附脏污。你可以使用一般的肥皂或洗衣剂来洗涤尼龙，但请务必将白色的尼龙布料与其他颜色的布料分开洗涤，因为白色的尼龙布料无论多白，都有沾染其他颜色及脏污的倾向，且一旦发生这种情况，便可能永远无法清除。

尼龙布料通常不需漂白，如果你觉得需要使用漂白剂，可以尝试氧漂白剂，不要使用含氯漂白剂，因为其容易使尼龙泛黄。

洗涤时，请选用轻柔（慢速）搅拌及慢速脱水（若无法选择脱水的旋转速度，可将脱水时间缩短），用温水清洗，并以冷水冲洗，建议务必彻底冲洗。将烘衣机设定在低温，选用含有冷却时间的免熨衣物烘程，并在烘衣完成后立即取出，以避免起皱（尼龙为热塑性纤维），接着以中低温熨烫。

可使用衣物柔软剂，以减少静电与起皱问题，并改善手感。

为了减少毛球，洗衣与烘衣时将衣物内面外翻，并使用大量的水，搅拌与翻滚的时间也要短。

▎聚酯纤维

如果说尼龙是合成纤维的国王，聚酯纤维就是王后了。聚酯纤维与尼龙一样，是由取自煤、石油、空气及水的物质所组成，且都是借由非常盛大的广告宣传，成功为上市造势，其中最令人难忘的一幕，是记者会上展示了一件穿了 67 天的男性西装，先被浸入游泳池池水中两次，再丢入洗衣机中洗涤，在未熨烫的情况下，西装仍笔挺如新。

聚酯纤维种类繁多，各具不同的化学成分与结构，特性也有所不同；有些昂贵，有些则相对经济实惠。聚酯纤维可做成许多不同形状，特性也差异极大。制作聚酯纤维的基本溶剂，可借由加入不同物质而调整，并产生出不同的效果，而纤维也可以进行特殊的表面加工处理。这些纤维与蚕丝纤维及其他合成纤维一样，可以纺成长纤纱线或短纤纱线。正因有许多变化的可能，在此只能粗略地概述聚酯纤维的一般特性。

□ 聚酯纤维的特性

许多聚酯纤维布料都是硬挺而质轻，但也有重量中等或较重的种类。聚酯纤维可做成两面都有光泽或都没有光泽的布料，可拉绒也可不拉绒，可为卷布也可以不是卷布，可针织也可以梭织。聚酯纤维布料的垂坠性通常相当好（以短纤纱线制成的聚酯纤维布料，垂坠性比用长纤纱线制成的聚酯纤维布料好），手感或许有点粗糙，但有些类型的聚酯纤维布料，特别是新型以及以超细纤维制成的种类，手感可能如丝绸般柔软、如缎子般光滑，摸起来非常舒服。聚酯纤维有一项优点，就是非常强的弹性（抗皱性），因此不大需要熨烫。聚酯纤维也是一种热塑性纤维，非常容易以热定型的方式制作出永久性折痕。一般的聚酯纤维吸水力差，不容易吸湿排汗，是疏水性纤维，但目前已有新型的聚酯纤维与加工处理方式，可以改变这些特性。

整体而言，聚酯纤维布料相当坚固耐用，但强度从非常低到非常高都有，不会因潮湿而减弱。聚酯纤维布料相当耐磨，却容易起毛球，而现在虽然有不易起毛球的类型，但据说耐磨性较差。聚酯纤维布料具有一定的伸缩性，但远低于尼龙布料，其布料也不会拉长、下垂或缩水。

聚酯纤维布料，因结构的不同，穿起来可能温暖也可能凉爽。即使新种类的聚酯纤维布料号称具有最先进的隔热能力，但大多数未经改造的传统聚酯纤维因为不吸水且不吸汗，湿气被困在衣服与皮肤之间，使穿者通常感到不舒服。不过，一些新型聚酯纤维传导湿气的功能非常好，有些甚至还真的有毛细管，可以让水分通过，因此听说穿起来比较舒适。此外，也有其他新类型的聚酯纤维是比较吸水的。不过，聚酯纤维吸水力差的特性，也意味着即使干得很快、不容易沾染脏污，却容易被油性污渍弄脏。大多数聚酯纤维布料都会产生静电，但也有防静电的类型。

聚酯纤维布料相当能耐受多数的酸和碱，不容易因阳光与汗水受损、不会发霉或遭虫蛀食，且色牢度高。

如同其他疏水性纤维布料，聚酯纤维布料容易留住体臭，因此运动服有时会先经过抗菌处理，减少异味问题。聚酯纤维布料有时也会经过抗污处理，帮助增进洗涤的效果。

□ 聚酯纤维布料的保养方式

聚酯纤维布料可干洗或水洗，但由于经常产生静电，容易吸引污垢与棉絮，且不易清除。洗涤时可使用任何一般的洗衣剂和家用漂白剂，但白色的聚酯纤维布料通常能维持雪白而不需要漂白。

聚酯纤维布料可放心用较高温的水清洗，若要解决沾染油性污渍与异味的问题，建议经常清洗，并预先处理有问题的区域；洗涤前先浸泡一段时间，并使用大量洗衣剂，以温水或热水而不是冷水冲洗（参见第333～334页"疏水性合成纤维的保养注意事项"）。有一篇文章中还特别建议使用含有有机溶剂的预处理产品，以及含去油、去污剂的洗衣剂（见"洗衣产品与添加剂词汇"中，"预处理与预洗去污剂"，第411页）。

聚酯纤维布料若染色得当，经洗涤后，色牢度仍会相当高，但如果布料中有染料残留，可能会渗入洗涤水中，造成其他布料如醋酸及尼龙布严重染色。为了测试聚酯纤维布料的色牢度，可在某个不显眼的部位擦上一点丙酮（例如丙酮去光水），如果有脱色情形，一开始便要单独洗涤。

烘干聚酯纤维衣物，建议可用烘干机，因为吹风有助于防皱，但衣服干了之后应立即取出，否则可能产生皱褶；记得使用有自动冷却功能的免熨衣物烘程。必要时可使用衣物柔软剂，以软化或减少静电吸附，但可能没有必要在每一次洗涤时都使用。

聚酯纤维布料不大容易起皱，但如果需要熨烫，应当以中温或低温熨烫，因为一旦过热，布料便会熔化。

为了避免起毛球，清洗与烘干聚酯纤维衣物时，应将内面外翻，并尽量减少机器搅拌的次数，且使用大量的水。

▌亚克力纤维

亚克力和改质亚克力纤维是由石油衍生物制成。改质亚克力纤维是经过改造的亚克力纤维，两者特性略有不同。

亚克力纤维经常用来作为布料的短纤维，具有柔软、毛茸茸、蓬松的触感。大多数亚克力纤维织品看起来、摸起来都像羊毛，但也有一些亚克力纤维布料触感平滑或质感像棉布。亚克力纤维布料可以做成各式各样的服装与家具，从毛衣与运动服，到地毯与窗帘；改质亚克力纤维则因轻柔及毛皮般的质地，通常用于制作假皮草、假发、地毯及窗帘，也因为有良好的阻燃性，而用于制作儿童睡衣。亚克力纤维与改质亚克力纤维都非常适合拉绒及毛绒结构。

□ 亚克力纤维与改质亚克力纤维的特性

各类型的亚克力纤维与改质亚克力纤维都带有一些相似的特性，但两种纤维的特性也存在一些显著的差异。这两者因为具有质轻、温暖，却比羊毛坚固且便宜的优点，而经常作为羊毛的替代品；但两者强度也都比亚麻、棉及蚕丝还低。亚克力纤维遇湿强度会变差，但改质亚克力纤维不会。

亚克力纤维与改质亚克力纤维制成的布料具有相当好的耐磨性，以及优秀的复原弹性（抗皱性）；即使容易起毛球，但并非总是如此。所有亚克力纤维与改质亚克力纤维都没有什么伸缩性，不易拉长（除非纱线变形）或下垂，也不会缩水，除非暴露在高温或蒸汽之中。亚克力纤维与改质亚克力纤维都是热塑性纤维，可用热定型的方式，制作永久性的皱褶。

亚克力纤维与改质亚克力纤维布料的吸水力差，天气闷热时穿起来不大舒服；两者都容易起静电，除非经过加工处理。亚克力纤维与改质亚克力纤维皆为亲油纤维，容易沾染油垢，对紫外线辐射则具有良好的耐受性，也多半不受汗水影响。两种纤维都不会发霉或遭虫蛀食，且色牢度高。此外，改质亚克力纤维能够阻燃，但丙酮及含有丙酮的化学物质如去光水，会损害改质亚克力纤维。亚克力纤维虽总有起毛球的问题，但对于那些不喜欢羊毛触感的人，亚克力纤维是很好的替代品。

□ 亚克力纤维与改质亚克力纤维布料的保养方式

以下建议是一般通用的原则，但经过特定表面加工或具有特殊结构的布料，可能需要不同的处理方式，请详阅保养标签的指示。保养标签上"仅可干洗"的标示，可能代表布料经过了某种水溶性物质的加工，倘若这层水溶性物质因为洗涤而脱落，便会让布料的手感变粗。

亚克力纤维容易沾染油垢与体味，且因为会产生静电，也容易吸引及卡住污垢。透过频繁的清洗、预处理、预浸及使用大量洗衣剂，能有助于解决这些问题。即便通常不建议干洗，但原则上几乎所有亚克力纤维与改质亚克力纤维布料都可以干洗。一般以冷水（亚克力纤维对热相当敏感，且会缩水）加上温和的肥皂或洗衣剂，然后以洗衣机的细致衣物洗程或用手洗，便能轻易洗去污垢。切记，手洗时不要拧、搓或用力扭转衣物，有织绒结构的改质亚克力纤维布料则应该干洗，或以毛料专用程序处理。可使用家用漂白剂，也可用衣物柔软剂来减少皱褶、避免静电及保持好的手感。

针对亚克力纤维与改质亚克力纤维布料容易起毛球的问题，可运用普通的预防措施来降低发生概率：洗衣与烘衣时将衣服内面外翻、增加水量，并缩短机器搅拌的时间。此外，较为细致的衣物应该手洗，且避免搓揉或拧扭。

梭织和紧密针织的亚克力纤维与改质亚克力纤维布料，都应该吊挂滴干水分，但较重的针织布料则应平放晾干。这些布料有时可用烘衣机低温烘干，但最后必须以冷风冷却。烘衣机的温度不要过高。

亚克力纤维与改质亚克力纤维布料，通常无须熨烫，若需要熨烫，请使用低温。

▋ 弹性纤维

弹性纤维（spandex）发展于 20 世纪 50 年代至 60 年代初，是一群以不同类型的聚氨酯所制成的纤维通称（弹性纤维在欧洲称为 elastane，莱卡 Lycra 是其商标名称之一）。弹性纤维想当然富有弹性，亦即伸缩性非常好。而且，所有人都能辨认出含有弹性纤维的布料，其弹性跟尼龙及其他有弹性的布料都不一样，其他有弹性的纤维不太能伸展，因为其弹性来自将卷曲的长纤维拉长，相反的，弹性纤维可以快速拉长为原来长度的 5 倍以上，也因为具有这般优良的延展性，弹性纤维非常适合用于制作休闲运动服装、紧身衣、紧身内衣、针织衣物、泳装及弹性袜。

☐ 弹性纤维的特性

弹性纤维强度相当弱，尽管如此，还是很耐用。因为弹性纤维的耐磨性和伸缩性相当好，一般日常的穿着使用，绝对不会超过其可耐受的极限。

弹性纤维有极佳的复原弹性，伸缩自如，因此制成的布料平滑、不起皱且匀称整齐。弹性纤维本身并不起毛球，但含弹性纤维的布料却经常如此，因为布料中往往含有其他会起毛球的纤维。

弹性纤维吸水力相当差，甚至比聚酯纤维差上许多。弹性纤维布料通常为混纺，且弹性纤维的含量往往不高，其他纤维多半占了整个织品重量的 90% 以上。例如，运动服可能是由少量弹性纤维加上大量棉纤维制成，不但凉爽、吸汗，且有弹性，也因为这些混纺里只有一点弹性纤维，穿起来才很舒服。紧身内衣与泳装的布料通常含有较高比例的弹性纤维，大约介于 15%～50%。

弹性纤维相当耐光，且完全不会发霉或遭虫蛀食，色牢度从很低到很高都有。所有弹性纤维都不受海水、汗水、身体油脂、化妆品及防晒乳的损伤，这对运动服、紧身内衣与泳装来说，是相当重要的特性。

□ 弹性纤维布料的保养方式

含有弹性纤维的混纺布料几乎都是以其他种类的纤维为主，弹性纤维含量较低，因此一定要仔细阅读布料的内容标签与保养标签。除了遵循标签的指示，洗涤混纺纤维时还有一项经验法则，就是采用布料内所有纤维都适用的最保守的洗涤方法。以下洗涤建议只适用于弹性纤维，并未考虑其他与弹性纤维混纺的纤维。

所有弹性纤维都可以干洗，也可以水洗，并可使用洗衣机洗涤。机洗时，用一般的肥皂与洗衣剂，并以温水而非热水洗涤，高温会破坏纤维弹性。白色弹性纤维布料则必须分开洗涤。至于干衣方式，一些弹性纤维混纺衣物的保养标签会建议吊挂滴干水分，但如果你很细心，也能以低温烘干衣物。不过，细致衣物就应该手洗并以晾衣绳晾干。

白色的弹性纤维可能因为身体油脂、汗水、含氯漂白剂及脏空气而泛黄。为避免这种情况发生，应经常清洗并使用不含氯的家用漂白剂，如果使用含氯漂白剂，弹性纤维可能会泛黄，强度也会减弱。含有弹性纤维的泳装，反复暴露在游泳池的氯中会泛黄、劣化并失去弹性（不过，弹性纤维通常隐藏在衣料夹层之中，因此即使泛黄，也常看不出来），但如果从含氯的泳池离开后立即将泳装冲洗干净，便可耐用较长的时间。过硼酸钠漂白剂则对弹性纤维完全无害（详见第 400～404 页"洗衣产品与添加剂词汇"中有关漂白的部分）。

弹性纤维不会缩水，但如果浸在热水中，有些会失去弹性，强度也会减弱。应避免高温烘干与熨烫，如果需要熨烫，必须以低温快速熨烫。

▌烯烃纤维（聚丙烯纤维）

烯烃（olefin）是以乙烯及丙烯制造而成，两者都是价格便宜且能大量生产的石油化工产品。一般家里最常用的烯烃纤维（olefin）是聚丙烯（polypropylene）纤维，这种纤维具备许多优异特性，但也因一些缺点而有所限制。烯烃纤维的用途，包括地垫、家饰布、绳索、纸尿布以及衣物，尤其是运动服。聚乙烯（polyethylene）纤维则用于家具、汽车坐垫、百叶窗帘及遮篷，不过在以下讨论中将省略不提，因为其特性与聚丙烯纤维相当不同，用途也较为局限。

☐ 聚丙烯纤维的特性

聚丙烯纤维非常轻盈，是所有纤维中最轻的，可制成质轻而温暖的毛衣与毛毯，也能制成坚固、耐磨且抗皱的布料，优点众多。聚丙烯纤维布料可用热定型的方式，制作出永久性折痕，且只要不暴露在高温下，折痕就不会消失。

聚丙烯纤维非常不吸水（所有合成纤维中最不吸水的），不过有些人宣称聚丙烯传导水分的功能非常好，且已成为运动服的主流材质。因此，关于聚丙烯纤维是否很能吸水，至今仍众说纷纭。聚丙烯纤维衣料与亲水、吸水纤维（如棉纤维）制成的布料不同，不会因为被汗水浸透而失去隔热能力，因此一直是制作冬季运动服的首选。聚丙烯纤维不容易起静电，这点不同于其他许多合成纤维；也不会发霉或遭虫蛀，但起毛球是常见的问题。

其他缺点还包括不容易染色（目前生产商正努力改进，已慢慢有些进展）、对高温与光线非常敏感（是所有纤维中对紫外线辐射最无招架力的）、吸水力极差，且非常容易沾染油垢及异味。聚丙烯纤维对高温与光线的敏感度，可借由化学添加剂大幅降低，因而制作出足以胜任大多数用途的纤维。不过，一些洗涤上的难题，尤其那些因亲油倾向造成的，就没那么好驯服了。

☐ 聚丙烯纤维布料的保养方式

如同其他疏水、亲油的纤维，聚丙烯纤维非常容易从食物或人体沾染油垢，另一方面，却又相当能抵挡水性的污渍，有时只需要轻轻一抹便可去除，非常适合作为地毯材料。

聚丙烯纤维布料通常不建议干洗，因为常见的干洗剂四氯乙烯（perchlorethy lene），会使其缩水；如果保养标签建议应干洗，通常也会建议可用的替代溶剂，同时也得注意所使用的洗洁剂，务必要能适用于布料中所含的各种纤维。

不幸的是，聚丙烯纤维布料不容易洗涤干净，因为既无法使用热水（会缩水），也不能用较激烈的搅拌程序，只可以温水或冷水洗涤，并采用温和的搅拌方式。大多数的肥皂、洗衣剂及漂白剂都可使用。另外，也因为聚丙烯纤维很容易沾染油渍与体味，因此很难洗到完全干净，恢复清新。

聚丙烯纤维布料不太会产生静电，但如果发生，可使用衣物柔软剂。也因为对热相当敏感，最好以晾衣绳晾干，也可以烘衣机的冷风烘干（或以烘衣机的最低温度烘干，但最后必须有冷却程序）。聚丙烯纤维布料非常容易干，不要为缩短烘干时间而试图提高温度；熨烫时也要特别谨慎，布料在接触熨斗时可能会熔化，因此采用压熨布才是明智之举。

▎超细纤维

超细旦尼尔（microdenier）或超细纤维布料是由超细纤维梭织而成。有时你会看到所谓的"超细纤维"，指的是聚酯的超细纤维，这是衣物中最常见的超细纤维，但也有嫘萦、尼龙及亚克力的超细纤维。

大约10年前，才开始有制造商生产超细纤维，超细纤维的定义通常是指不到一旦尼尔的纤维。"旦尼尔"（denier）是丝绸与人造纤维的大小单位，或指其线性密度[①]。旦尼尔是指某纤维9000米长的重量（克），例如，若9000米长的聚酯纤维重1克，那么这个聚酯纤维就是1旦尼尔；如果9000

[①] 除了蚕丝，天然纤维都是以直径计算，并以毫米为单位（蚕丝是天然纤维中唯一的长纤维）。羊毛纤维长度从17～40毫米不等（17毫米为细，40毫米为粗）、棉纤维长度为16～21毫米；亚麻纤维则比棉纤维稍为再细一点，为15～20毫米。只有长纤维才以旦尼尔为计量单位，至于是否属于长纤维，取决于纤维长度。

米的聚酯纤维重 3 克，就是 3 旦尼尔。另外，1 特克斯（tex）为 1/9 旦尼尔，或 1000 米纤维的公克重。

　　旦尼尔数（或特克斯数）越高，代表纤维量越大（直径越长），但由于不同种类的纤维重量都不同，因此我们无法武断地说，1 旦尼尔的尼龙，直径与 1 旦尼尔的聚酯纤维相同。第一个问世的超细纤维为 1 旦尼尔，与蚕丝差不多。现在，制造商有时甚至使用"特细"纤维来称呼只有 0.3 旦尼尔甚至更细小的纤维。在超细纤维出现之前，人造纤维只分成细（小于 2.2 旦尼尔）、中（2.2～6.3 旦尼尔）或粗（6.3～5 旦尼尔）。由超细纤维组成的纱线，含有较多长纤维，表面积也比直径相同的一般纤维所组成的纱线更广，这对布料的特性会产生一些影响。超细纤维布料通常具有非常柔软、丝绸般的手感，垂坠性好、强度与耐磨度高，更能保暖（因为能留住更多空气），且提升传导湿气的功能，有助于整体舒适性。超细纤维布料不容易起毛球，非常适合制成外衣，并兼具绝佳的防水性与良好的透气性。此外，印花能展现卓越的色彩对比，制成混纺布料也通常相当出色。

　　尽管手感提升不少，一些观察家还是说超细纤维仍然很像合成纤维，缺乏天然纤维的自然美，而价格也往往很昂贵，通常可与丝绸并驾齐驱，但却还保有原生合成纤维的一般特性。例如，聚酯超细纤维仍不吸水、可能沾染油垢，并有机会产生静电，除非经过改造或特殊处理，才能改善这些问题。超细纤维可能对高温更敏感，因为细的纤维让热气更容易穿透。有个可靠的消息建议，消费者只能以低温熨烫聚酯与尼龙超细纤维，以免织品表面产生釉光或熔化，同时也要避免以熨斗重压布料，因为这可能导致布料出现光亮的小点并产生折痕。

▎混纺

　　混纺是包含两种或更多种纤维的布料，可能是天然纤维或合成纤维，或两者都有。混纺布料的质量取决于布料里每一种纤维的比例，以及表面加工处理过程。在判断混纺布料的特性时，有一个经验法则是，混纺布料具备每一种纤维的特性，各种纤维的影响依据其比例多少而定。

　　最成功的混纺能结合各种纤维的优点，但也常常必须有所取舍。棉与聚酯纤维混纺比 100% 棉布更抗皱，也比 100% 聚酯纤维布料舒适，然而，可能会起毛球（就像聚酯纤维布料一样）或比 100% 的棉布或 100% 聚酯纤维布料更不耐脏（因为同时带有两种纤维的缺点）。混纺布料若制造不良或保养不当，可能会因只有其中一种纤维萎缩，而产生变形或皱褶。但经巧妙制作而成的混纺布料往往集外观美丽、保养容易、性能优异等优点于一身。广受欢迎的混纺布料，例子不胜枚举。棉与嫘萦混纺通常更直挺、光泽闪亮，手感也比 100% 的精致棉布更好，且只要加工处理得当，可能也不容易变形、容易洗涤，强度更比经相似加工处理的 100% 棉布更好。

耐碱性强的嫘萦可与棉纤维混纺并做丝光处理，之后，若经抗皱处理，强度变差的情况，会比同样经抗皱处理的棉布或其他类型的嫘萦布料还少。当嫘萦或棉，跟聚酯纤维、亚克力纤维、三醋酸纤维或尼龙混纺，布料的手感、外观以及吸水力都会提升。

聚酯纤维－嫘萦或聚酯纤维－棉的混纺可能看起来、感觉起来都比 100% 聚酯纤维布料好，但手感往往不如全棉或全嫘萦的布料，也比棉或嫘萦含量高的布料差。聚酯纤维含量越多的布料，越不需要熨烫，但如果棉或嫘萦的比例高于聚酯纤维，布料的吸水力就更好，手感也相对提升。当棉与聚酯纤维的混纺经过抗皱处理，聚酯纤维的强度会显得非常重要，因为棉纤维的强度在表面加工处理后会减弱。

与羊毛、聚酯纤维及其他合成纤维混纺，可以增强衣料的耐磨性，也更容易保养（能抗皱、维持褶痕），并有助于防止下垂、凹陷及拉长变形。羊毛能增加美观、御寒性及弹性，比例越高，混纺就越保暖，也越不容易起毛球（但并非所有混纺都容易起毛球）。以羊毛与三醋酸纤维制成的布料比 100% 羊毛凉爽，抗皱性更好，且不容易变形。

▎疏水性合成纤维的保养注意事项

亲水性纤维（所有天然纤维、嫘萦及莱赛尔）会吸收油性与水溶性污渍，但也由于非常容易吸收水与洗衣剂，因此并不难洗去。人造纤维如聚酯纤维、尼龙、醋酸纤维、三醋酸纤维、弹性纤维、烯烃纤维（聚丙烯纤维）、亚克力纤维及改质亚克力纤维，则是疏水性纤维。聚丙烯纤维与聚酯纤维的疏水性非常强，尼龙为中等。疏水性纤维不容易吸水，甚至可能斥水，因此需要比较长的时间才会湿透；不过，却很容易沾染油垢（因为是亲油性纤维），且油垢不易洗除。往好处想，这代表疏水性纤维比较不会缩水且不容易沾染水性污渍，例如咖啡与含糖的污渍。不过，既然弄湿相当不容易，可能也很难恢复干净，特别是沾上油性污垢与污渍，如油腻的西红柿酱汁。疏水性纤维可能残留身体的异味与油脂，以合成纤维制成的布料也容易起毛球。基于上述原因，大多数合成纤维布料需同经树脂处理的棉布与其混纺，以频繁清洗、预处理（特别是含有溶剂的预处理产品），并使用大量洗衣剂与纤维所能耐受的最高水温。将合成纤维布料或混纺制成的衣物翻面洗涤也有助于解决起毛球的问题。当机洗时，使用免熨衣物洗程，并辅以冷水冲洗和慢速脱水。务必使用大量的水以避免衣物过度拥挤，发生起皱及磨损的情况。烘衣机也应设定在免熨衣物烘程，并包含一段冷却周期，衣服才不会有皱褶。

由于疏水性纤维不易沾湿，洗涤时有个重要诀窍，就是增加在水中浸泡的时间，要比一般棉布及亚麻布所需的时间还长。最好的方式是在织品安全范围内的最高水温长时间浸泡，并使用大量洗衣剂或预洗产品。你也可以增加清洗与搅拌的时间，但这会增加布料磨损的风险，因而更容易起毛球。

如果油渍对洗衣剂不为所动，干洗溶剂或含有干洗溶剂的去污剂通常都有不错效果，无论是洗衣店或自己在家使用都可以，不过，如果是自己使用这些溶剂，务必要遵守标签上的注意事项，因为溶剂非常易燃。合成纤维与经抗皱处理的纤维通常也会进行防污处理，这是属于化学加工处理，能使织品更吸水，也更容易沾湿。这种处理能有效改善布料的耐洗性，且效果持久，其中有些布料会比其他布料更耐洗；然而，随着处理次数增加，也往往不再那么有效。永久免熨衣物若经防污处理，通常能以一般家用洗衣机洗除油性与水性污渍；某些类型的耐久免熨衣物与"洗后即穿"衣物则都经过抗菌处理，能减少异味的问题。

❖ 选购衣物或家具布料的一般原则
❖ 耐紫外线纤维
❖ 擦碗巾与洗碗布
　□ 必备功能
　□ 保养特色
　□ 正确的选择
❖ 浴巾与擦手巾
　□ 必备功能
　□ 保养特色
　□ 正确的选择
❖ 浴垫与踏垫
　□ 必备功能
　□ 保养特色

❖ 桌巾
　□ 必备功能
　□ 保养特色
　□ 尺寸
　□ 正确的选择
❖ 家饰布
　□ 必备功能
　□ 保养特色
　□ 正确的选择
❖ 地毯与地垫
　□ 必备功能
　□ 保养特色
　□ 正确的选择

❖ 地毯衬垫与底垫
　□ 必备功能
　□ 保养特色
　□ 正确的选择
❖ 衣服
　□ 若要保持凉爽，应选购
　□ 若要保持温暖，应选购
　□ 若想减少熨烫，应选购
　□ 若要免于阳光的紫外线
　　伤害，应选购

我曾经买过一块美丽的棉桌巾，回到家详阅了所有标签之后，才发现竟然是一块以会掉色染料印制的马德拉斯平纹棉布，而这种染料并不适合用在需经常强力洗涤的桌巾。由于马德拉斯平纹棉布一定得用冷水洗涤，且必须与其他衣物分开洗，因此我无法将布面上的食物油渍洗掉。而且即使以冷水洗涤，仅经过两三次水洗，美丽的颜色便已变得模糊不清，非常难看。假如我在购买前先阅读标签，而不是光靠眼睛做决定，应该可以买到一块同样漂亮又能持久的布料。

这故事说明了，我们不能假定店里所有织品的设计，都是审慎考虑过其功能的。店里经常会贩卖一些外表抢眼却不怎么实用的纺织商品。以下将说明如何选购适合不同家务需求的织品，包括从毛巾到室内装潢的家饰布等，以及如何避免因为选购不当而造成失望、浪费及不便。有关选购床单与毛毯的说明，详见下册第 28 章《床和寝具》。

▌ 选购衣物或家具布料的一般原则

详阅保养标签、纤维成分标签，以及其他标签与包装上的信息后再购买。寻找能表明布料特性、来源、加工方式与染料类型的说明，例如该布料是缸染、色织布，还是染料印制。如果一件织品的保养说明不符合你打算使用的方式，就应考虑是否该换一件比较容易照顾的织品，或是否要冒险试试若不依循保养标签处理会如何。避免购买虽然价格不贵、但清洗代价昂贵或无法清洗的织品。

仔细检查衣物与家具里外再购买，并要评估舒适性、耐用性与功能：检查结构、加工方式、纤维成分及做工。尽可能购买经预缩处理的布料。

选择信誉良好的零售商及制造商，以降低许多不可知的风险。一个多年来以生产毛巾为主要业务的公司，比起以打造时尚品牌为主要诉求的公司，更可能卖给你好毛巾。当然，每一条规则都有例外情况。

接缝处应紧紧连接，不能有松脱、断裂情形。注意检查使用的缝接方式，虽然多数衣物都是采用平纹针法，但平接缝等强化的缝接法比较坚固，是休闲服与运动服较好的选择。质量好的毛衣及针织衣物通常在吊牌上还会附备用的长纱线，供需要修补时使用。

针脚应该要小、平整、笔直、均匀且紧密。注意观察床单与毛巾的缝边，

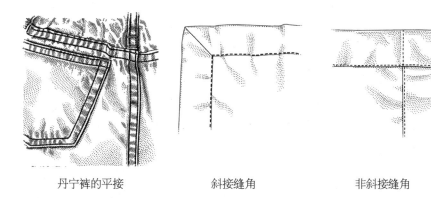

丹宁裤的平接　　　　　　　　斜接缝角　　　　　　　　非斜接缝角

以及床垫与棉被的绗缝。具有斜接缝角的寝具与桌巾，通常质量较好。

纽扣应缝牢固，且扣底留有柄或螺纹柄，能让纽扣轻易穿入扣眼。厚重的冬季大衣或其他厚重衣物的纽扣应以粗线缝制或由其他强化方式加以固定，同时提供备用的纽扣，扣眼的针脚也要紧密整齐。

西装外套、夹克、裙子之类的衣物应有衬里，衬里有助于抵抗磨损、耐受吊挂、使穿着舒适并维护外表美观，且通常也意味着衣物质量较佳。

有时为了赶流行，我们会喜欢粗犷剪裁的衣服，但通常较好的衣服剪裁会较合身，有时缝制手法甚至精致到令人几乎无法分辨究竟是如何完成的。可注意洋装与衬衫是仅有直角剪裁，或经由剪裁、车缝、褶缝、打褶而显现出曲线。

梭织方式应平均、紧密且平整，没有歪斜的纱线、扭结、凸出或断掉的线头以及毛球（除非是刻意制造的效果）。衣服上不应该厚薄不一，除非是刻意的；织品上的线条不应该弯曲变形，每条纱线也应粗细均匀且一致。剪裁应该笔直。将餐巾等平面织品（手帕、毛毯、床单等）展开，举起面向光线后，应该能够看到纱线与布料的边缘是平行或垂直的，而角边也应呈现平坦方正的形状。颜色应均匀一致，染料渗透良好，特别要检查接缝与褶缝处的颜色是否渗透良好。

避免购买过度上淀粉水的织品，因为直挺的外观与结实感其实是淀粉的效果，但淀粉会因洗涤而流失。选购时可用手指轻搓布料，有时你可以看到过量的淀粉就这么掉下来。

▌耐紫外线纤维

以下的分类是粗略排名,针对各种纺织纤维对紫外线的耐受能力,包括因紫外线丧失强度、变质、泛黄及其他负面影响。耐受紫外线的能力,对于家具用布尤其重要,特别是窗帘,但对地毯与家饰布也同样重要,有时可用加工处理来增强。此外,还有一些因素会影响纤维对紫外线的耐受能力,例如,南方的阳光会比其他方位的光线造成更严重的伤害,湿度高也会增快损坏的速度。最重要的是,即使布料的纤维本身具有良好的耐旋光性,但若使用的染料对光线的耐受性较差,也会因此褪色。下列分类只提供相关事实,作为评估布料耐光与否的参考。

紫外线耐受力极佳的纤维────────────────────

◆ 亚克力纤维　　　◆ 改质亚克力纤维　　　◆ 聚酯纤维

紫外线耐受力佳的纤维────────────────────

◆ 亚麻　　　　　　◆ 棉　　　　　　◆ 嫘萦

◆ 醋酸纤维与三醋酸纤维

紫外线耐受力差的纤维────────────────────

◆ 尼龙　　　　　　◆ 羊毛　　　　　　◆ 丝

◆ 烯烃纤维(聚丙烯纤维)

▌擦碗巾与洗碗布

□ 必备功能

◆ 吸水力强　　　　　　　　　◆ 柔软、富弹性

◆ 不掉毛(特别是用来擦干瓷器与　◆ 耐用
　玻璃器皿的布)

□ 保养特色

擦碗巾与洗碗布必须能够水洗且色牢度高,并应能耐受洗涤水与烘衣

机的高温，以及一般洗衣剂与含氯漂白剂。清洗厨房布巾时，都会希望能去除食物污渍并达到消毒效果，因此避免购买标签上写着"分开洗涤""与相似颜色一起洗"或"不能漂白"的织品。

□ 正确的选择

有些人是棉质擦碗巾的忠实支持者，但我觉得亚麻布料才是最好的选择。这种布料因为不掉毛，特别适合用来擦干玻璃与瓷器。粗棉麻巾与粗麻布巾也可以是非常好的擦碗巾。

粗面布巾（crash towel）也不错，比"擦玻璃巾"或"擦碗巾"这种较精细的平纹梭织毛巾还要便宜、粗糙（有关本章中使用的织品术语定义，可参见第 14 章文末的"布料术语词汇表"）。这些"擦玻璃巾"或"擦碗巾"都可织成擦碗巾与洗碗布，也很适合用来擦拭玻璃器皿与瓷器，因为纱线是平滑的强捻纱，能防止掉毛。擦玻璃巾通常是白色，带有蓝色或红色的格纹或条纹，但也有些是印刷花样。织花擦碗巾看起来很漂亮，但因为梭织紧密，可能不太吸水。

棉质布巾也可用粗布编织或其他各种平纹梭织法编织（特别是方平梭织）而成。尽管棉布的吸水力稍差，且比亚麻布更容易因陈旧而泛黄、变灰及掉毛，但仍很适合作为擦碗巾，且比亚麻布便宜。优质的棉巾不会掉毛。棉质毛圈布擦碗巾的种类与式样很多，质量好坏也差距很大。

华夫格织品或类似的海绵结构梭织品、毛圈布及方平梭织品天生就能抗皱，因此对于既不想熨烫擦碗巾，又不能忍受擦碗巾有皱褶的人来说，是个非常适合的选择。粗布巾与擦玻璃巾就算有皱褶也不影响功能，但你可以趁着从烘衣机取出余温仍在之际，就紧依着一根管子卷起，以抚平皱褶；或趁还有温度时折叠整齐，并在上方以重物压住（见第 23 章《熨衣》）。

洗碗布应选择有海绵结构、表面凹凸不平的柔软棉质梭织品，如华夫格织的布料。凸起的部分可增加摩擦力，而好的海绵结构能增加

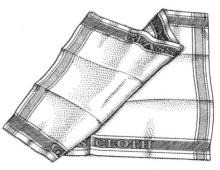

擦玻璃巾

吸水力。厚不一定最好，因为布料太厚就不方便清洗狭窄部位，手指也较不易透过这么厚的洗碗布去感觉碗盘上的脏污。

▍浴巾与擦手巾

☐ 必备功能

- ◆ 柔软
- ◆ 吸水力强
- ◆ 耐用
- ◆ 厚薄可依个人喜好

☐ 保养特色

一般家庭主妇在选购浴巾与毛巾时，会挑选能够耐受热水与烘衣机高温、能用一般洗衣剂清洗，以及需要时可用含氯漂白剂的产品。这是因为消费者希望可以在需要时进行消毒，且充分去除污渍与从人体擦拭下来的脏污。但是，现在想要找到洗涤标签上允许这样激烈洗涤的浴巾与毛巾恐怕相当困难。尽管如此，我也发现其实浴巾与毛巾通常可以大力清洗（见第19章《谨慎忽略保养标签》）。毛巾应该要有很高的色牢度，因此避免购买洗涤标签上写着"分开洗涤"或"与相似颜色一起洗"等字样的产品，这是一个对毛巾而言没有任何意义的保养说明。不过如果洗涤标签指示最先两三次需分开洗涤，这是可以接受的，因为这表示毛巾的确不易褪色，只是可能还残留一些多余的染料，而这些染料可轻易且永久洗除。

彩色毛巾虽然可爱，但购置一些纯白毛巾也不是什么坏点子。一般情况下，纯白毛巾可以采用最激烈的清洗方式，如热水、强力洗衣剂及含氯漂白剂，因此要维持良好状态并不困难。你也会发现白色毛巾不仅在浴室里很吸引人，在浴室外也有许多用途，例如可将湿衣服铺在上面或卷入毛巾以吸干水分，以及用来热敷与冷敷等等。你还可以发现其他更多用途。

至于厚度，我们家有一半的成员都讨厌厚毛巾，认为毛巾太厚很难擦到耳后或趾间，他们喜欢变薄的旧毛巾或廉价的全新薄毛巾。另一半的人则偏好厚毛巾的柔软性与超强的吸水力。

大多数的毛巾都会稍微缩水，质量较差的毛巾可能缩水较严重，且通常因此大幅变形。

□ 正确的选择

在 19 世纪后期才问世的土耳其厚绒毛巾与棉质毛圈布十分柔软且相当吸水，非常适合洗澡用。棉质毛圈布能温和摩擦皮肤，去除脏污、油脂及死细胞，这是其他织品无法比拟的。虽然棉布不如亚麻布吸水，且在干燥时开始显得抗水，但毛圈布表面的毛圈有助于吸收并保住更多水分，且吸水效果比其他材质的毛巾（包括亚麻制的）还要好。毛圈越多的毛巾，吸水力越强，但毛圈应该要长，且缠绕不能太紧密。当毛圈被修剪成天鹅绒毛圈时，摸起来有丝绒般的触感，印制的图样也很好看，但吸水力降低许多。以聚酯纤维为底布的棉质织绒毛圈布仍然相当吸水，因为毛巾的吸水功能大部分取自绒头，而聚酯纤维作为底布能增加强度与耐用性。选购时，通常希望梭织紧密平均，最好是斜纹，且线程数对于吸收力的影响不如有重量的毛巾：较重的毛巾比较吸水。

最好选购密、厚、结实、有长绒头甚至有布边的毛巾，且针脚要小、有缝边。将毛圈布对着光线仔细检查底布的梭织质量，感受其柔软度与弹性。避免购买缺乏棉质感、毛圈布触感、有干燥感且呈现某种诱人的丝滑感的毛巾。根据我的经验，这种毛巾通常必须经过多年的磨损，并在变得较有棉质布料的感觉之后，才会比较吸水。

尽管市面上把特长短纤维的埃及棉及皮马棉毛巾视为最高级毛巾，但我更喜欢用陆地棉制成的毛圈布，因为我觉得这种毛巾似乎吸收力更好且更柔软。不过，特长短纤维毛巾用久了之后，柔软度与吸水力也都会增加。

毛巾的尺码

不同厂家生产的毛巾，尺码并不统一，以下是常见的尺寸规格，但若买到尺寸不同的毛巾，也不必太惊讶。家里每个成员都应备有 6 套毛巾，另应多为客人准备 1 套以上。

◆ 小手巾（给宾客擦手用）：30 厘米 ×46 厘米；28 厘米 ×41 厘米；36 厘米 ×56 厘米

◆ 手巾：46 厘米 ×76 厘米；47 厘米 ×76 厘米；51 厘米 ×81 厘米

◆ 澡巾：61 厘米 ×117 厘米；71 厘米 ×132 厘米

◆ 浴巾：97 厘米 ×183 厘米；91 厘米 ×178 厘米；102 厘米 ×178 厘米

◆ 浴室踏垫：49 厘米 ×69 厘米；81 厘米 ×91 厘米

◆ 脸巾：30 厘米 ×30 厘米；33 厘米 ×33 厘米

大多数人绝对不会想舍弃毛圈浴巾舒适、吸水、价格合理等优点，而将就传统的亚麻浴巾。亚麻浴巾没有绒头，且有多种梭织方法，包括粗麻布巾织法、蜂巢纹布织法与华夫格纹布织法等等。

自20世纪伊始的数十年来，亚麻浴巾与毛圈浴巾之间的竞争相当激烈，欧洲某些地方至今仍偏好亚麻浴巾。亚麻浴巾通常体积相当大，但能很快吸水变湿，在浴室气温低时，可能让你感到寒冷。此外，也相当容易起皱。亚麻浴巾可能非常漂亮，尤其是那些长而丝滑的边饰，但是，沐浴后包着具有细致边饰的亚麻浴巾，尽管看来十分优雅，却不如裹着毛圈浴巾来得保暖舒适。如果你想尝试这种有美丽编饰的亚麻浴巾，最明智、最温暖的选择，是选购那些织法厚的浴巾，如海绵结构或华夫格织，并选择色彩自然的产品，如奶油色、棕褐色及米白色，最美丽的是多臂提花与提花梭织的亚麻巾。棉质的浴巾中，或许也有一些无毛圈的产品。

有些厂商会制造有毛圈的亚麻浴巾，通常以男性为销售对象。这些毛巾带有磨砂触感且相当吸水，特别是在洗过几次之后，但我所见过的这类浴巾，几乎都没有棉质毛圈浴巾漂亮。传统的擦手巾是以亚麻布为主，通常以美丽的缎面织法、粗布巾织法、蜂巢纹布织法与华夫格纹布织法制成。亚麻毛巾既吸水又耐用，不泛黄、变灰，且能耐受强力的洗涤。所有棉布都很吸水，但棉质毛圈擦手巾的吸水力比其他类型的棉质擦手巾更胜一筹。客人用的擦手巾通常比较细致优雅，有穗饰、绣花、剪孔绣或蕾丝，但需要仔细熨烫才会好看。

▌浴垫与踏垫

☐ 必备功能

◆ 吸水   ◆ 防滑

☐ 保养特色

浴垫与踏垫要能很容易清洗且色牢度高，虽然没有毛巾与床单那么需要漂白，但使用含氯漂白剂总是比较容易清除可能的污渍。

浴垫一定要有止滑的背衬（通常可以机洗；如果洗涤标签指示不能水洗，最好不要买）。踏垫通常纯粹是以厚重、吸水力强的棉纤维梭织而成，没有止滑背衬，因此要小心使用。有时，将踏垫铺在有止滑背衬的浴垫上，可解决不慎滑倒的问题，同时记得浴垫应保持干燥。

▌桌巾

☐ 必备功能

- ◆ 吸水
- ◆ 手感平滑
- ◆ 硬挺、垂坠性佳
- ◆ 耐用

☐ 保养特色

　　桌巾与餐巾因为会接触食品、饮料及口红等污渍，因此理想上，应该要能耐受高温洗涤、一般市售的洗衣剂与含氯漂白剂。实际上，很少有桌巾的洗涤标签上写着能够接受激烈的洗涤方式，但如果连偶尔采用强烈一点的方法都不行的话，你可能也无法使其看起来很体面。针对日常使用的桌巾，你可能会愿意为了去除污渍而冒点风险，但若沾上污渍的是你心爱的织花桌巾，或有蕾丝、手工绣花、剪孔绣的桌巾，你就可能必须面临痛苦的抉择。因此，应考虑怎样选择桌巾才能尽量减少这种风险，例如，白色、色牢度高且较重的桌巾，就比较能够忍受偶尔去污造成的损伤。

　　亚麻桌巾比棉质桌巾更容易除去污渍与脏污，但另一方面，也比较容易因漂白而受损。

　　由未经处理的棉或亚麻制成的桌巾需要熨烫，但如果这些天然纤维有经过抗皱处理，制成的布料不大需要熨烫就能够维持令人满意的外观。天然纤维若与合成纤维混纺，通常也可制成不大需要熨烫的产品。但无论是经树脂处理的布料，或是含疏水性合成纤维的布料，都相当容易沾上油污，因此，如果要选购这些桌巾，要挑选标签上标示着经过防污或去污处理的产品，日后洗涤才较为容易（见第15章《织品的加工处理》，有关防污处理的部分）。

☐ 尺寸

　　早餐或午餐用的桌巾应能从桌边向下垂挂 15～20 厘米，晚餐用的桌巾则应下垂 20～30 厘米。越正式的场合，需要越长的桌巾，例如正式的晚宴，桌巾需要下垂 30～45 厘米。然而，有些人不赞成让桌布碰到座椅，而垂下超过 30 厘米就会碰到座椅。因此，以下只是一般性建议，还必须视实际场合调整。选购桌巾与选购床单一样，应预留洗涤后的缩水空间，通常缩水程度最多可达总长的 10%。

□ 正确的选择

亚麻、棉、嫘萦以及与合成纤维的混纺，都是很好的桌巾与餐巾材质，选购时取决于你的目的。如果不希望常常熨烫，可以选择永久免熨或由合成纤维以及合成纤维混纺制成的；想要最容易清洗的，可选择未经处理的白色棉布及亚麻布，但要有需熨烫的心理准备。较不吸水的布料，如合成

餐巾的尺码

餐巾的尺寸，随着时间演进已越做越小，且没有什么特别的统一标准。数百年前，餐巾确实是有如毯子般大，例如 18 世纪时，也许是 1 平方码（90 平方厘米）甚至更大，但现在的规格都比较娇小，因为餐巾的目的是让用餐时尽量不会弄脏手、脸与衣服。一般而言，餐会场合越正式，餐巾的尺寸就应该越大。午餐的餐巾从（30×46）厘米～（46×46）厘米不等，鸡尾酒会的餐巾甚至较小；晚餐餐巾从（46×46）厘米～（61×61）厘米不等，宴会用的餐巾则在（61×61）厘米～（81×81）厘米。

形状	桌子尺寸（厘米）	桌巾尺寸（厘米）	座位数
方形	（72×72）～（102×102）	132×132	4
圆形	直径 76～107	132，圆形	4
	直径 107～112	112～173	4～6
	直径 107～117	173，有边饰	4～6
	直径 107～138	173，有边饰	6
	直径 107～152	183，圆形	6
	直径至 193	229，圆形	6～8
长方形	（71×117）～（91×163）	132×178	4～6
	（91×142）～（107×158）	138×203	6～8
	（107×138）～（122×183）	183×229	6～8
	（107×183）～（122×229）	183×274	8～10
椭圆形	（71x117）～（91×137）	132×178	4～6
	（91×142）～（107 x157）	152×203	6～8
	（107×138）～（122×183）	183×229	6～8
	（107×183）～（122×229）	183×274	8～10

纤维、混纺及经树脂处理过的布料，并不是理想的餐巾材质。亚麻或棉质的织花桌巾，是正式、优雅且理想的餐巾材质，且一般而言，越厚重的亚麻布耐用度越高。像我们这些有预算考虑的家庭，通常会有一两块较为优雅的桌巾，作为特殊场合之用，再加上一些比较普通的，作为一般用途。

如果选择的是有绣花、剪孔绣，或者是蕾丝、有蕾丝花边的桌布，在清洗与熨烫时通常费工夫。天然纤维的手工蕾丝非常昂贵，且需要仔细洗涤与熨烫，但机器制的蕾丝通常很容易照料，可用洗衣机清洗或免熨烫，且价格相当实惠。

家饰布

☐ 必备功能

◆ 耐用：耐磨且坚固
- 耐紫外线，不褪色
- 不缩水或经预缩处理

◆ 色牢度高

◆ 不起毛球

◆ 不脱线

◆ 不起静电

◆ 良好的手感（不刺手、油滑或粗糙）

◆ 防火

☐ 保养特色

最重要的保养考虑，必须确保这些家饰布可以用你偏好的方式清洗：在家自行清洗、水性干洗（wet cleaning，一种新的专业清洗技术，通常可以取代干洗）、以洗发精清洗或是干洗。如果打算送水性干洗，必须仔细询问有关色牢度及缩水的问题。经过防污与去污处理的布料，始终是家饰布的优先选择。

☐ 正确的选择

几乎所有纤维都已应用于室内装潢，而设计良好的混纺与合成纤维通常都是不错的选择。当选购合成纤维或混纺布料时，一定要询问布料是否很容易出现合成纤维常见的问题，如起毛球与起静电等等。通常最容易出问题的情况，是消费者选购了以垂坠性、外观或其他功能为主要诉求的布料，但这些布料却缺乏日后磨损时所需具备的强度及耐磨性。丝绸布料优雅又美丽，但容易沾上污渍且不太耐磨，因此并不适合用在儿童与宠物游戏的地方，或是其他会频繁使用之处。

▍ 地毯与地垫

☐ 必备功能

- ◆ 耐用
- ◆ 不起毛球
- ◆ 耐紫外线，不褪色
- ◆ 耐磨损
- ◆ 不脱线
- ◆ 色牢度佳
- ◆ 复原弹性
- ◆ 不起静电
- ◆ 防火

☐ 保养特色

购买地毯与地垫最需要考虑的是，与家饰布一样，要确保你能够用想用的方式来清洗：能不能以一般家用的洗发精和洗衣机清洗，还是需送洗？或者必须用手洗方式温柔对待？最好是选经过防污或去污处理的产品，而有些地毯的材质天生就比较耐脏。

☐ 正确的选择

见下册第 7 章《家用织品》。

▍ 地毯衬垫与底垫

☐ 必备功能

- ◆ 缓冲能力：与地毯间的比例、最舒适的厚度
- ◆ 隔绝效果：隔音、隔热、保冷
- ◆ 不发霉

☐ 保养特色

照顾地毯衬垫与底垫通常不是什么大问题，偶尔以吸尘器清理即可。

☐ 正确的选择

在其他条件相同的情况下，较薄的地毯使用较薄的衬垫，较厚地毯则用较厚的衬垫，但美国地毯协会（CRI）建议，最大厚度应为 7/16 英寸（1.11125

厘米）。常有人走动的区域，应选择低弹性、较硬的类型，因为走在柔软的衬垫上相当累人，尤其是穿高跟鞋的时候；但若是少有人经过的区域，较为柔软的衬垫是可以的。如果希望有隔音效果，可采用厚一点的衬垫。

衬垫应该剪裁至正确的大小，如果尺寸太小，没有延伸到地毯边缘，经年累月后可能导致过早磨损，地毯边缘也可能会出现一条难看的线，且衬垫越厚，问题越严重。另一方面，衬垫若大于地毯，也很不好看。

评估耐用度的时候，请记住，黄麻纤维受潮会发霉，而合成纤维不会。玻璃纤维衬垫非常适合用在较多人走动的区域，以及常有办公椅或其他家具在上面滚来滚去的地毯。玻璃纤维衬垫使用寿命较长，且在这样的压力下不像其他类型的衬垫那么容易瓦解。海绵橡胶垫可做成多种厚度，也有不同的坚实度，但在人员频繁走动的区域，只有较薄且较坚实的类型才耐用。市面上也有 PU 泡绵垫，但就我所用过的类型，较适用于受压较小的区域，例如儿童房。以毛料制成的毡毛垫，虽如海绵橡胶有不同厚度与坚实度，但不是很耐用，且不能用在人多的区域。

▍衣服

☐ 若要保持凉爽，应选购

- ◆ 亚麻、棉及嫘萦的布料
- ◆ 吸水力强的纤维
- ◆ 平滑的纤维与布料（避免短纤维，或有拉绒、织绒、绒毛的布料）
- ◆ 网洞状、较为平滑、松散梭织或针织的布料，如网纱或泡泡布
- ◆ 质轻的布料
- ◆ 浅色系布料

☐ 若要保持温暖，应选购

- ◆ 羊毛与亚克力纤维
- ◆ 蓬松的纤维、卷曲的纤维
- ◆ 有织绒或拉绒的布料
- ◆ 紧密梭织、缎纹梭织、厚织的布料，特别是重量重的

◆ 重量重的布料
◆ 暗色系布料

□ 若想减少熨烫，应选购

◆ 除了嫘萦外，任何梭织的合成纤维；羊毛；丝绸；永久免熨的衣服与"洗后即穿"的衣服
◆ 泡泡布
◆ 华夫格织或类似织法的布料
◆ 拉绒或织绒布料
◆ 各类针织布料
◆ 灯芯绒布

□ 若要免于阳光的紫外线伤害，应选购

◆ 紧密梭织布料（避免有网洞状或松散的织法，例如方平梭织或纱罗）
◆ 蓝色丹宁布
◆ 以缎纹梭织或其他织出平滑表面的布料
◆ 经抗紫外线处理的布料
◆ 暗色系布料
◆ 干的衣服（湿的衣服会让紫外线的辐射更容易穿透）

另见第 15 章，287～288 页。

CHAPTER

19

谨慎忽略保养标签

❖ 保养标签的使用与限制
❖ 美国联邦贸易委员会规定:
   保养标签应提供的内容
❖ 这些规则代表什么? 不代表什么?
   □ 没有标示说明的意义
   □ 警示语
   □ 熨烫
   □ 漂白
   □ 保养标签不需要告诉你的事
❖ 谨慎忽略保养标签
❖ 什么时候不能忽略保养标签
❖ 遵循保养标签处理却造成损坏
❖ 保养标签术语与符号表

效法苏斯博士的做法，我觉得自己不得不提醒读者这章有点危险[1]。本章要讨论的是何时以及为什么消费者可能需要违背"遵照保养标签上的说明！"这条现代洗衣基本原则。事实上，所有入门新手都应遵循衣物的保养标签，除非你已经没有什么可以损失了，例如当衣物状况糟糕透顶，这样下去你永远不会再穿，而遵循保养标签的指示也不会有任何帮助。不过，即使如此，你在违背标签说明之前仍需要想想，假如之后发现了一种现在并不知道的挽救方法，会不会懊悔？如果你认为这会让你很沮丧，请还是按照保养标签，或将问题交给专业人士处理，否则，就冒着损坏织品、织品颜色和外观的风险吧！每次我把衣服交给干洗店时都会丢下一句："尽量试试看吧！反正已经毁成这样，如果你为了解决问题而弄得更糟，我也不会怪你。"

而即使不是新手，你也应该有承受这种风险的准备，因为在这领域没有人能保证什么，尤其是从来未见过的织品，或对方是不曾面临这样的问题的人。首先，你应该评估风险（包括将原本还能穿的衣服弄成不能穿的可能性），并决定是否能承受失败。记住，如果是 T 恤，意味着仅是损失一点小钱与不便；但如果是一件昂贵的克什米尔毛衣，便会让你的荷包大失血，且周末没有体面衣服可穿。

▎保养标签的使用与限制

所有在美国市面上贩卖的服饰（除了鞋子、手套、帽子及其他穿戴饰品），以及家庭缝纫所用的布匹（包括进口服饰与布料），都必须遵守美国联邦贸易委员会（FTC）所颁布的保养标签标示办法。这些规则要求制造商在每一件衣物都附上一个永久性的标签，告诉消费者如何清洁。这项规定也要求，标签应该为产品的日常使用提供水洗或干洗的例行保养方式，

---

[1] Dr. Seuss，美国著名的儿童读物作家，每一部作品都运用有趣的押韵，且充满冒险、想象力并带有寓意。在书的开头，苏斯博士常常提醒他的小小读者们，故事内容将会有点危险！例如，在《狐狸穿袜子》中，苏斯博士一开始就提醒小朋友："只有勇敢的人才能和穿袜子的狐狸一起阅读这个故事！""慢慢来，这本书很危险！"

并提醒消费者避免使用他们以为安全但其实可能损伤织品的处理方式①。标签上的说明必须涵盖饰物、衬里、纽扣以及任何其他在衣物上的永久性零件。

调查显示，大多数家庭在洗衣时都会留意保养标签的指示，织品专家与洗衣专家也一致建议，应该遵循保养标签的指示，否则将冒着衣物遭损毁且失去退换货机会的风险。毕竟是自己没遵循指示，造成的损害也就是自己的错。这听来似乎够公平，但是当你看见一些实例，就知道实际上并非如此。

每个在家负责洗衣服的人应该都像我一样，对保养标签相当有经验。例如，有一年，在我儿子的新校服中，有两件 100% 的棉质针织衬衫，一件绿色、一件红色，是由不同厂商制造且在不同商店购买。如果我花点心思去阅读保养标签，根本一件都不会买，因为标签上所指定的处理方式，对于有个好动儿子的忙碌父母来说并不实际："分开洗涤、冷水，平铺晾干。"其中一件衬衫，即使每次用冷水洗涤，染料依旧会溶出，不但很快就褪了色，还累积了一些冷水无法洗净的油性污渍。另一件衬衫从不褪色，甚至在热水里也不会，且经过反复低温烘干后，刚好缩水到合身的大小。不过这表示保养标签的指示是错误的，如果没有带回家做实验，根本不会知道，况且这件衬衫看起来与另一件需要单独清洗的衬衫没什么两样。

我还有一件超大白色棉质 T 恤，保养标签上写着："洗衣机洗涤，使用温水，勿漂白。"我用洗衣机以热水洗了数百次，通常也加入含氯漂白剂，但几乎完全没缩水；即使变软、变薄，却也相当耐穿，经过了十多年依然雪白、好看。我的感觉是，标签上有关漂白的说明，几乎毫无例外都过于保守谨慎，但有关熨烫的说明，情况却相反。我家衣橱里挂满了保养标签上没有任何熨烫指示的衬衫，但这些衬衫仍需要定期熨烫才会看起来体面。

我曾经做过实验，将衣服根据保养标签上的说明加以分类。虽然以我的衣服的数量来说，用洗衣机顶多三四次就能全部洗完，但若遵循标签指示，洗衣次数可能多达 3 倍以上，因为没有两件衣服的标签是一模一样的，而凡是有经验的人，绝对不会真的分 12 次以上去洗。于是，人们变得对保

① 少数情况下，保养标签可能不是永久地固定在衣物上，而是以吊牌或小包装形式出现。的确，在一些两面都可穿的衣服上如果可以看到标签，肯定会让外观大打折扣。此外，可用一般清洗方式洗涤而不会损伤的衣物，也可能用这种方式标示。后者这种情况，必须在吊牌上声明"可用一般的水洗或干洗方式"，这也意味着你可以在高温下水洗与烘干，并使用所有类型的漂白剂（包括含氯漂白剂）；也意味着可以用任何一种清洁溶剂干洗。如果产品无法容受以任何方式洗涤，那么制造商必须附加标签并说明"不可水洗""不可干洗"或"无法在一般家庭环境下洗涤"等。

养标签存疑，甚至毫不犹豫违反标签的指示。

不精确与指示保守的标签（标签规定的保养方式比衣服真正需要的少）都相当常见。尽管如此，我们对标签的一些疑虑其实是错误的。我们或许不知道，如果一件衣服的标签写着"只能干洗"，但经水洗后仍完好，这标签仍是正确的。水洗的影响只有在洗过三四次之后才会显现，这些影响可能包括缩水、褪色、强度变差，或把一些表面加工处理洗除。等你发现标签指示原来是正确的时候，已经来不及挽救了。

另一种情况是，衣物的保养标签根本无法呈现全貌。有见识的读者都能体会，织品的清洁方法是如此复杂，制造商若没有在小小的保养标签上标注出所有细节，也是无可厚非。此外，所谓"最佳"的处理，就某些方面来说，与使用者的目标和技巧有关：究竟是能久穿比较重要，还是维持雪白比较重要？费用是问题吗？使用者的熨衣技术好吗？愿不愿意花时间熨衣？

保养标签的目的在于提供一些简单的准则，帮助你安全及有效率地洗衣，让你不会在洗衣时对于基本常识毫无所知。我常想，如果法令规定制造商一定要告诉消费者产品特色是否会更好？而非现今相当专制的保养标签系统，要求我们盲目遵循不用大脑指令，也不提供任何相关原理的保养方式。但是，这套制度不太可能改变，而你会发现自己也需要运用保养标签上没有建议的洗衣程序。

忽略保养标签，有3个主要理由：第一是你认为可能有比标签建议更好的处理方法。第二是希望少一点成本与麻烦，同时达到安全有效的洁净效果。第三是你希望所有衣物一次清洗，但每件衣物的保养标签都要求不同的处理方式。你得先根据基本常识来正确判断其他替代方式是否安全，才能大胆忽略标签上的说明，也必须能够发现潜在的问题，并评估是否值得冒险；你也要有"万一判断错误就必须接受损失"的心理准备。再次强调：如果你是新手，尽管遵循保养标签，因为你所知道得越少，改用其他方法的风险就越高。但每个新手迟早都会培养出对各种纤维、布料以及洗涤行为的直觉，并揣摩出究竟采取其他方式的风险是否够小，值得放手一搏。

美国联邦贸易委员会规定：保养标签应提供的内容

本章文末的词汇表解释了保养标签上某些特定标准术语与符号的定义，

如果你不清楚这些术语或符号，可参阅这个词汇表的说明。最好能影印下来，张贴在洗衣间的墙上或留言板上。

　　制造商在印制保养标签时，必须遵照联邦贸易委员会所规定的方式来说明，而其中的核心规定，就包含在以下引用有关保养标签上洗涤说明的条款内：

（1）洗衣、干衣、熨衣、漂白以及警示语的说明必须遵循以下要求。

（ⅰ）洗衣。标签上必须说明该产品是否应手洗或以洗衣机清洗，也必须说明可使用的水温。但是，如果一般常用的热水并不会损伤产品，那么标签可不必说明水温要求。例如，机洗是指热、温或冷水都可以使用。

（ⅱ）干衣。标签必须说明该产品是否应以烘衣机烘干或用其他方法干燥。如果以机器烘干，标签也必须指出可采用的温度。但是，如果一般常用的高温并不会伤害产品，标签上可以不必提及烘衣温度的需求。例如，"烘干"是指高、中、低温都可以使用。

（ⅲ）熨衣。当衣服需要定期熨烫才能维持体面时，保养标签才需要说明，或符合以下

（ⅳ）警告的情况时，保养标签才需要说明。如果标签上提到熨烫，必须同时说明可用的熨烫温度。但是，如果一般常用的热度并不会伤害产品，标签上可不必提及熨烫温度的需求。

（ⅴ）漂白。

　（A）如果所有市售漂白剂都可以安全无虞地用在日常的衣物保养，标签上就不必提及漂白的部分。

　（B）如果日常使用所有市售漂白剂都会损害产品，标签上必须说明"勿漂白"或"不要漂白"。

　（C）如果日常使用含氯漂白剂会损害产品，但一般不含氯的漂白剂不会，则标签必须说明"需要漂白时，只能使用不含氯的漂白剂"。

（ⅵ）警示语。

　（A）如果所规定的洗涤程序里，消费者可以合理预期到其中某一步骤会损害到衣物或其他共洗衣物时，保养标签必须加注警示语。警示语必须用"不要""勿"或"只能"等明确的措辞。例如，如果衬衫的色牢度不佳，标签应注明"与颜色相近者一起洗涤"或"分

开洗涤"。如果裤子会因熨烫而受损，标签应注明"不要熨烫"。

（B）如果标签上已经规定了保养的方式，便不需要加注警语说明其他保养方式的风险。例如，标签上已经写着"平铺晾干"，就没有必要标注"不要烘干"。

（2）干洗。

（ⅰ）一般。如果标签上指示需要干洗，必须注明至少一种可用溶剂的类型。但是，若所有类型的市售溶剂都适用，标签上便不需提及溶剂类型。不得以"可干洗"或"送干洗店"等术语来作为指令。例如，如果以四氯乙烯干洗会损害大衣，标签上可能会说"专业干洗：碳氟化合物或石油类"。

（ⅱ）警示语。

（A）如果有干洗程序在合理的预期下可能会让消费者或干洗店损害该衣物或共洗衣物时，标签必须有警示语说明。警示语必须用"不要""勿"或"只能"等明确措辞。例如，干洗过程通常包含将溶剂的相对湿度提高到75%、以71℃烘干，以及用蒸汽加压或蒸汽加工处理等程序。如果一件衣物可以用任何溶剂干洗，却不能使用蒸汽，标签上便应注明"专业干洗，勿用蒸汽"。

（B）如果标签上已经规定了保养方式，便不需加注警示语说明其他保养方式的风险。例如，如果标签上已经写着"专业干洗，氟碳化合物"，就没有必要标注"不要使用四氯乙烯"的警示语。

▍这些规则代表什么？不代表什么？

下文的相关讨论中，谈的大多是保养标签"说了"什么，不过许多标签已经以符号代替文字。这些用来代替文字说明的图标，必须遵守与文字

标签 让人发痒的	有时保养标签是由僵硬、令人发痒的刺激性材质制成，特别会让儿童敏感的皮肤感到不适。如果你剪除标签，却又觉得需要保留标签备查，可以将标签钉在洗衣间的留言板上，并放一张纸条加以说明，例如，"某制造商的条纹Ｔ恤"。最好是重新缝牢在衣服里比较不会刺激到皮肤的地方，例如在距离下摆数厘米处的侧缝里，不过这样比较麻烦。

一样的保养标签规定。消费者所接触到的标签说明，大部分都很直接，但还是有些说明并不那么明确。

☐ 没有标示说明的意义

通常，保养标签没有提到的部分才是造成混淆的根源。例如，当干洗与水洗都算安全的情况下，现在的规定并不要求厂商在保养标签上说明。相反地，根据目前的规则，"标签必须只有一个相关的指示"，因此，若标签上面写着"干洗"，你无法知道用水洗会不会伤害到衣物[①]；如果写着"洗衣机洗"，你也不知道是否也可以干洗，或是干洗会不会造成损害。

然而，从某些观点来看，有时保养标签上没有提及的指示，就意味着可以做。例如，标签上没有提到洗衣、烘衣或熨衣的温度，意味着任何温度都是安全的；没有提到漂白，便意味着所有家用漂白剂都是安全且可经常使用的。"机洗，烘干"是指可以任何温度水洗、烘干，且可以使用所有类型的家用漂白剂。

☐ 警示语

"只能""不要"与"勿"都是保养标签上的警告字眼。这些警示语代表，如果违反指示而洗涤了一两次，就可能造成损害。此外，如果标签上写着"与颜色相近者一起洗涤"或"分开洗涤"，尽管没有明显的警告字眼，也等于说明这件衣物的色牢度不佳，可能将染剂沾染到共洗的衣物上。例如，如果标签上写着"只能干洗"，当中的"只能"便含有警告意味；不准机洗，也意味着机洗将会造成损害（因为这是一种警告，制造商必须提出证据证明所禁止的程序确实有害）。请注意，若标签上指定较温柔的处理方式，无疑也是一种警告，代表不准使用其他较为强烈的方式。例如，标签规定以温水洗涤，虽然没有出现警告字眼，但也等于警告不要用热水。

☐ 熨烫

如果标签上没有提到任何有关熨烫的说明，在一般的认定中，意味着

[①] 美国联邦贸易委员会正在考虑修订规则，要求制造商在所有能够水洗的衣物上加上洗涤说明，也要求制造商必须能够具体证明那些只标有"干洗"的衣物确实不适合水洗。此外，联邦贸易委员会正考虑要求所有附有干洗说明的衣物，如果也适于水性干洗，就必须附上水性干洗的方法指示。水性干洗是一种不破坏环境的新技术，以水来洗涤衣物，而非干洗溶剂。对许多织品来说，这是比较安全的方法。

不需要熨烫就能"维持衣物的体面外观"。但是，截至目前我只能说，你其实大可删除这项规则，因为许多需要熨烫的衣物在保养标签上都没有提及。我猜是制造商认为，若告诉人们衣服需要熨烫可能不利于销售。

☐ 漂白

如果标签上写着"勿漂白"，这并不代表该衣物不必漂白也能维持雪白、鲜艳，或者不需要漂白，因为这类衣物有些若不漂白便无法维持雪白。你只能推断，制造商是在告诉你，要合理预期所有类型的家用漂白剂都可能在使用几次之后对衣物造成损害。

如果一般含氯漂白剂会损害产品，但一般不含氯的漂白剂不会，标签上必须注明"需要时只能用不含氯的漂白剂"。这项指示似乎是说，当衣物颜色变暗沉时便可使用不含氯的漂白剂（或氧漂白剂）。但是，不管该指示真正含义为何，在实务中这往往是错误的。一般来说，不含氯的漂白剂只有在定期使用的情况下，才能有效预防衣物外观变脏，但若污渍已经形成，便很难清除。尽管如此，制造商如果只是想提醒你不要使用含氯漂白剂，但不禁止其他类型的漂白剂，虽然很可能因此误导消费者，却似乎也别无选择，只能如此标示了。这个规定的措辞还可能产生另一种误导：不允许"不定期"或偶尔使用含氯漂白剂，尽管这可能并无伤害。

☐ 保养标签不需要告诉你的事

你在阅读保养标签时，不该假设生产商提供的保养标签会告诉你最便宜、最好，甚至两全其美的保养方式。因为法规并不如此要求，且保养标签通常也不这么做。

保养标签会提出警告，但不需要解释可能的风险是什么、后果会有多严重，或发生的可能性有多大。保养标签绝对不会告诉你，为什么会建议这种处理方式，却不建议另外一种？是因为衣服会褪色、缩水、起毛球、变软或变形，还是看不见的表面加工处理可能溶解等等。保养标签不会告诉你衣物是否经过抗皱或其他处理，或者标签上的指示是否就是为了防止表面加工受到破坏。制造商不必在保养标签上告诉你大约会缩水到什么程度，也不会说明这些指示在什么时候可以防止缩水。

保养标签不需要告诉你，何时上淀粉水或上浆才能恢复衣物直挺的外观，或何时必须在衣服还含有湿气时熨烫。显然，制造商也不必提供肥皂、洗衣剂、衣物柔软剂、靛青漂白剂、助洗剂等用品的使用说明，除了偶尔会建议使用中性肥皂或洗衣剂。

床单、床垫、桌巾、毛毯、毛巾、地垫、家饰布及许多其他家用的纺织品，目前都不需提供保养标签（鞋子、手套、帽子、手帕、领带及其他类似衣物也不必）。幸好，在法律没有要求的情况下，制造商仍会提供毛巾、床单等家用纺织品的保养标签。

▎ 谨慎忽略保养标签

有时偏离保养标签的指示是值得的，下面列出一些经验守则。偶尔我会因为遵循这些准则而毁了我的衣物，但基本上这些方式让我的洗衣更有效率且效果更好。

如果你有时候不想遵循保养标签，最保险的办法就是先了解布料与纤维（见第 14～17 章各种布料的介绍，及其适当的保养程序说明。并参见第 400～404 页"洗衣产品与添加剂词汇"中有关各类漂白剂的说明，以及第 21～22 章有关洗衣与干衣的指示）。如果你想采用保养标签未建议的水洗或干洗方式，应先确定已经了解纤维与布料结构的一般特性，并清楚用什么方式来清洗通常是安全有效的（尽管有些特别的衣物可能需要不同的处理方式）。为了厘清衣物是否可用你想用的方式水洗或干洗，你必须查阅保养标签、吊牌及纤维成分标签上的提示，也应该检查衣物上所有零件，包括饰边、衬里、衬布及纽扣等等，并要考虑编织方式与纱线的结构。

开始洗涤之前，先测试色牢度、是否会泛黄等等，也可请教销售人员是否有处理过类似衣物的经验。基于一些一般人不确知的各种理由，制造商可能只会建议一种特定的洗涤程序。

◆ 使用含氯漂白剂处理基本上可漂白的白色纤维（如棉、亚麻或聚酯纤维）时，务必先做测试，注意是否有泛黄、褪色、变色、掉色或其他负面效果。（要了解哪种纤维可以漂白，请参阅第 16～17 章。）

◆ 可在彩色衣物上使用含氯漂白剂，但要先确定含氯漂白剂不会造成损伤。

◆ 有些衣物的保养标签上标示"干洗"，但根据类型或结构通常是可水洗，这时便可以水洗（手洗或机洗）。这需要判断力，因此只适用有经验的人。

◆ 尽管标签上建议用冷水，仍可试着以温水洗涤聚酯纤维布料与尼龙布料，以获得更好的清洁效果。

◆ 可水洗的羊毛衣与丝绸制品，保养标签通常会建议用冷水清洗，但不妨使用微温的水。

◆ 以温水洗涤会褪色（但以冷水洗涤不会褪色）的彩色衣物时，可选择有护色效果的洗洁剂。（但会褪色的衣物务必与其他衣服分开洗涤，或与颜色相近者一起洗涤。）

◆ 色牢度佳、白色的棉与亚麻梭织布料，尽管标签上建议用温水或冷水洗涤，仍可尝试用热水或温水洗涤（注意梭织松散与针织布料可能会缩水）。

◆ 棉质与合成纤维混纺的布料（不包括含有黏胶嫘萦、醋酸纤维或其他脆弱、对热敏感的纤维制品），尽管标签上注明需采用轻柔或细致衣物洗程，仍可用一般或免熨衣物洗程来处理（请确定不会起毛球或撕裂）。

你也可以违背保养标签指示，但采取更谨慎保守的方式。通常是一两件衣物与一大桶其他衣物一起洗涤时，要以更温柔的洗涤方式处理，例如：

◆ 以低于保养标签指示的温度来清洗或干燥衣物。

◆ 以较保养标签指示更短或更温和的搅拌与脱水周期来处理衣物。

◆ 以较保养标签指示更温和的洗衣产品来洗涤。

◆ 不用漂白剂清洗可以漂白的衣物。

◆ 以手洗来对待标签上写着能机洗的衣物。

◆ 能用烘衣机烘干的衣物，改以平铺或吊挂晾干。

使用较温和、轻柔或低温的处理方式，可能的代价是衣物洗不干净，且一段时间后，脏污留在纤维里使衣物强度减弱、变灰及黯淡，甚至感觉不舒服。然而，如果你只是偶尔为了减少洗衣的次数才采用较温和的做法，还不至于出现污垢累积的状况。况且，你可能根本也不会用冷水与温和的洗衣剂来清洗孩子的超脏衣物，因为这样根本洗不干净。但不是很脏的休闲服，尽管你平常是用很强劲的方式清洗，偶尔改用免熨衣物洗程、温水洗涤，应该也不会有什么问题，特别是如果你已针对较脏的污渍进行预处理。

▌什么时候不能忽略保养标签

　　如果你习惯忽略保养标签，要尽量减少风险，要先知道不该或最好不要忽略不管的保养标签指示有哪些。

一般性理由————————————————————————

◆ 如果你曾发现某制造商的保养标签非常可靠或重要，不妨放心遵守。

◆ 认真撰写或提供很多细节的保养标签，应予遵守。根据我的经验，这通常代表厂商对正确护理方式有一定程度的重视，反映出标签指示的重要性与可靠性。

◆ 如果是禁不起损坏的贵重衣物，请遵循保养标签的指示。

与衣物、布料或纱线结构相关的原因————————————————

　◆ 洗涤一些你对结构与材料几乎一无所知的特制品时，最好小心遵循保养标签。例如，有填充物的、胶合的、有绒毛的或其他结构特殊的产品。

　◆ 一般而言，家饰布、地垫、织花被、窗帘以及枕头、棉被与睡袋等羽绒或羽毛填充物品，都应遵循保养标签说明处理。不但因为价格昂贵，结构或加工处理往往也需要特殊保养。请记住，窗帘与门帘通常不能水洗，特别是那些梭织极为松散或丝绒材质的产品。

　◆ 定制的衣物最好依循保养标签指示处理，特别是由亚麻、蚕丝或羊毛等细致或昂贵的纤维所制成的衣物。

　◆ 绉纱织品（尤其是蚕丝或嫘萦材质）及纱线扭绞结构非常紧密或非常松散的织品，千万不可忽略"干洗"或"只能干洗"的指示，因为水洗可能造成严重缩水[①]。（由紧密扭绞的纱线制成的布料，一旦浸泡在水中，缩水程度可高达 50%。）

与纤维成分相关的原因————————————————————

　◆ 讲究、有光泽的丝绸，切勿忽略保养标签的干洗指示。

　◆ 任何直挺、量身定制或厚重的亚麻与棉质衣物，应遵循保养标签的指示。

[①] 我曾经把牛奶泼溅到一件标示"只能干洗"、由黏胶嫘萦与醋酸纤维混纺的绉纱洋装上，在尝试以干洗溶剂清洗失败后，我说服自己，使用微温的水与温和的中性洗衣剂手洗，对洋装应该不会造成危害。结果是，洋装以十分惊人的程度缩水了。原本一件宽松的洋装，在经过轻柔的洗涤与吊挂晾干后，现在连要穿过我的肩膀都有问题。

定制的亚麻西装千万不可水洗，除非保养标签允许。

◆ 任何玻璃纤维衣物上的保养标签都务必遵守！

◆ 嫘萦、醋酸纤维，或结构细致、脆弱的衣物（镂空梭织、网状、蕾丝），切勿忽视需要以温和方式处理的标签指示。

◆ 丝绸或羊毛衣物，切勿忽视需要使用温和的肥皂或洗衣剂，以及以冷水清洗的指示。

◆ 亚克力纤维与改质亚克力纤维，切勿忽视干洗的指示。这些布料可能经过水溶性加工处理，水洗后手感会变粗。

与染料及表面加工处理相关的原因

◆ 针对经过特殊表面加工处理的布料，切勿忽视任何水洗的指示。

◆ 经过阻燃或防焰处理的布料，切勿忽视有关洗涤的指示，因为可能破坏其功效。

◆ 针对经过疏水处理的布料，切勿忽视保养标签指示，以免破坏其疏水性。

◆ 在水洗与烘干抗皱、易照料及免熨衣物时，请注意温度与免洗涤方式的指示，以免起皱。

◆ 切勿忽视分开洗涤或与类似颜色一起洗涤的指示，除非彻底测试过并证明衣物不会掉色（但针对彩色衣物或印花丝绸，务必始终遵循保养标签的指示）。

与漂白相关的指示

◆ 有关羊毛、丝绸、皮革、毛海、弹性纤维、尼龙以及会褪色且没有通过你的漂白测试的彩色布料，漂白时请务必遵从保养标签指示。无法漂白的衣物，一般来说也得如此。

与熨衣及干衣相关的指示

◆ 尚未在不显眼位置仔细测试，因而无法确定衣物是否会在高温熨烫下烧焦、釉化或熔化之前，切勿使用高于标签指示的温度熨烫。

◆ 尽量遵循干衣的指示。虽然保养标签写着需要平放晾干的针织品，通常可以低温烘干，但可能因此导致些微缩水。如果你有心理准备且不介意缩水，这或许还在可容许范围内。

▌ 遵循保养标签处理却造成损坏

如果你遵循保养标签上的说明水洗或干洗衣物，却因此造成损坏，可将衣物退回店家。如果店家拒绝解决问题，可询问制造商的名称与地址，在信件中充分说明衣物状况，并提供标签或吊牌上所有的信息。计算一下衣服水洗或干洗了多少次，并提供购买地点的全名与地址。

▌ 保养标签术语与符号表

机器洗涤 machine wash | 使用洗衣机，以热、温或冷水洗涤。

温水机洗 machine wash, warm | 使用机洗，以温水洗涤（不能使用热水）。

冷水机洗 machine wash, cold | 使用机洗，以冷水洗涤，不能使用热水或温水。（注意，若没有关于漂白剂或熨烫的说明，应该解读成所有市售漂白剂都可定期使用，不会造成损伤，且不需熨烫就能维持衣物外观体面）。

冷水手洗 Hand wash, cold | 以冷水手洗（不得以洗衣机洗涤，也不能用热水与温水）。

限用不含氯漂白剂 only non-chlorinebleach | 需要时可以使用不含氯的漂白剂，不会有安全顾虑（经常使用含氯漂白剂会损伤产品）。

勿漂白 No bleach / Do not bleach | 不能

使用任何漂白剂（所有市售漂白剂若经常使用都会损害产品）。

烘干 tumble dry | 以高、中、低温烘干，都安全无虞。

中温烘干 tumble dry, medium | 用烘衣机以中或低温烘干，可以安全无虞（不能使用高温）。

低温烘干 tumble dry, low | 用烘衣机以低温烘干，可以安全无虞（不能使用中或高温）。

熨烫 Iron | 以高、中、低温熨烫，都安全无虞。

中温熨烫 warm iron | 以中温烘干（不能使用高温）。

低温熨烫 cool iron | 以最低温熨烫（不能使用中或高温）。

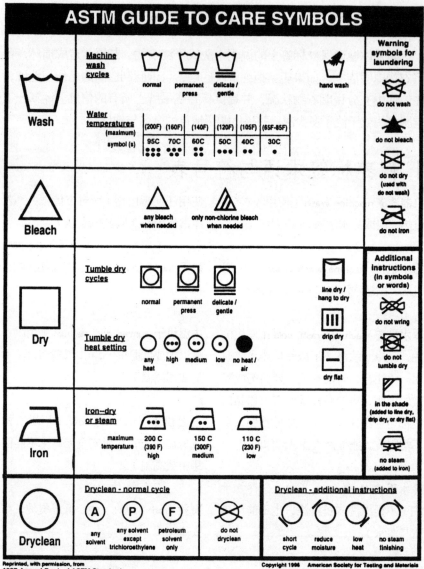

ASTM GUIDE TO CARE SYMBOLS

Warning symbols for laundering

Wash

Machine wash cycles: normal, permanent press, delicate / gentle, hand wash

Water temperatures (maximum) symbol(s):

(200F)	(160F)	(140F)	(120F)	(105F)	(65F-85F)
95C	70C	60C	50C	40C	30C

do not wash

do not bleach

do not dry (used with do not wash)

do not iron

Bleach

any bleach when needed

only non-chlorine bleach when needed

Additional instructions (in symbols or words)

Dry

Tumble dry cycles: normal, permanent press, delicate / gentle

Tumble dry heat setting: any heat, high, medium, low, no heat / air

line dry / hang to dry

drip dry

dry flat

do not wring

do not tumble dry

in the shade (added to line dry, drip dry, or dry flat)

Iron

Iron--dry or steam

maximum temperature	200 C (390 F) high	150 C (300F) medium	110 C (230 F) low

no steam (added to iron)

Dryclean

Dryclean - normal cycle

(A) any solvent

(P) any solvent except trichloroethylene

(F) petroleum solvent only

do not dryclean

Dryclean - additional instructions

short cycle, reduce moisture, low heat, no steam finishing

Reprinted, with permission, from
1997 Annual Book of ASTM Standards

Copyright 1996 American Society for Testing and Materials
100 Barr Harbor Drive West Conshohocken, PA 19428-2959

❖ 该送洗吗?

❖ **待洗衣物的收集与储放**

  ☐ 洗衣日：该多久洗一次衣服?

  ☐ 衣物什么时候需要清洗?

  ☐ 洗衣篮

❖ **待洗衣物的分类**

  ☐ 为什么要分类?

  ☐ 保养标签

  ☐ 分类的规则

❖ 更多有关白色、有色衣物及漂白的知识；色牢度测试

  ☐ 纯白与几近纯白衣物

  ☐ 漂白纯白与几近纯白衣物

  ☐ 浅色、亮色及深色衣物

  ☐ 分出会掉色的衣物

  ☐ 漂白有色衣物

❖ **预处理与其他洗衣前的处理**

  ☐ 预处理

  ☐ 待洗衣物的处理

❖ **实用的洗衣间家具与设备**

自动化的家庭洗衣是营造居家舒适与幸福感的一大福音，然而，越来越多人却陷入现代家庭生活时间被压缩的噩梦中，把洗衣看成一件麻烦事。我猜想这些人从来没有仔细想过，如果把家里所有的织品都送洗，生活质量标准也会跟着降低。无论如何，在家洗衣就像许多其他类型的现代家事一样，得花时间去了解，但执行起来则不需耗费太多工夫。一旦你知道方法，在家洗衣并不麻烦且好处多多。

▌该送洗吗？

数个世纪前，富裕的城市居民将自己的待洗衣物送到乡下清洗，因为那里有河水可以清洗，也有田野可供晒衣，17世纪末的法国贵族家庭，甚至将脏床单千里迢迢送到加勒比海地区清洗。到了1900年，将衣服送洗的习惯（或有时请洗衣妇来帮忙洗衣服）已被其他阶层家庭采用，并广为流传。这种做法有一些不便之处，如衣物会遗失、未善加洗涤、有损坏、污渍，或因为送到他处清洗而无法使用，但这些缺点都比不过带来的好处。一百年前，洗衣是一件劳力密集型的工作，需要精良的洗衣与干衣设备，包括锅炉、榨水机（wringer）、轧布机（mangle）、一整套的熨斗及熨烫工具、各种干衣用的玩意，以及充足的室内与室外空间。城市家庭很少能够具备所有这些劳力、时间、设备、空间甚至方法，因此需要将衣物送洗，或请贫困的洗衣妇来帮忙。

接着，全自动洗衣机问世，同时其他家用洗衣设备也跟着出现，一般家庭又开始自己承担起洗衣的工作。数以百计的商业洗衣店消失了，这就是为什么一些希望减轻妇女家务负担的女权主义者激烈控诉，在家洗衣是原先赢了现在却输了的战争。她们呼吁，既然现在有这么多妇女外出工作，就应该再次扬弃在家洗衣，而这种呼声也越来越响亮。但就我的观点，在家洗衣如此容易、方便、花费少且运作顺畅，大多数人应该都不会扬弃。不过，对某些人来说，或许送洗比较好。

如果你单身、工时长，或是家中有孩子自己又得上班，有时候你可能会发现，将衣物送洗是最好的选择。我的经验告诉我，当你因工作而疲惫不堪又承受重大压力时，再也没有比一叠笔挺、干净的衣服送上门来更令人欣慰的事情了。但是，我的经验也告诉我，洗衣店不见得比你自己在家做得更好，不仅衣物、床单会更快磨损或褪色，洗衣店也不会格外留意你所珍爱的衣物或昂贵的床单。你若不是得放弃一些特别好的东西，就得忍受这些东西变得不完美。甚至有的洗衣店也跟你一样，把衣服再外送清洗，因此你迫切需要的衣服，有时不但无法提前取回，甚至还无法准时取回。单一件的特殊床单或同一组的毛巾可能意外遗失。另外，虽然发生损坏（纽扣脱落、变色、褪色）与损失的可能性并不高，但你仍然要有应付这类问题的准备。

然而，对大多数人来说，最大的问题是送洗的费用。送洗花费远超过在家自己洗，就算是普通等级的服务也一样所费不赀。如果要做到几乎像在家清洗一样，注意个别衣物的微妙细节与洗涤问题，所需的花费更远超过大多数人乃至于非常有钱的人所能负担。

但是，许多人还是可以负担偶尔将衣物送到好的洗衣店洗涤的费用，特别是在必须长时间加班、自己或孩子生病、例行洗衣日当天却必须参加一连串会议的时候，都值得好好利用这项服务，以应紧急需求。偶尔使用商业洗衣还有其他好处，那就是对衣物的损害会比固定送洗来得低。另一种选择是，只送洗部分衣物，例如衬衫，因为几乎都需要熨烫，就是一种可送洗的衣物；把衬衫直接送洗不但节省很多时间，且能把不便降至最低（但如果是自己洗衬衫，一定要在衣橱里准备比实际需求量还多的衬衫）。

你也可以请人到你家来帮忙洗涤衣物，但是必须小心挑选一个负责又能干的人，因为马虎或无知所造成的损害，可能相当大。或许可以试着要求应征者描述一下他的洗涤程序，或者问一些关于保养标签、漂白剂使用方式、免熨衣物洗程及烘衣温度的问题，往往也可以看出他懂或不懂。但是，即便你已经雇用了一个了解洗衣基本原理的人，你还是不能指望他会跟你一样了解且关心你的衣物；如果你没有太多时间训练他，你也不能指望能将所有你对衣物、床单、布料及洗涤方式的知识，通通传授给他。如果你还是要自己分类、进行预处理，或是自己手洗一些衣物，那么让别人来接手并不会帮你省下多少时间，毕竟剩下的部分已经不需太多时间。

其实你只需要在家里待上数小时，就可以把洗好的衣物从烘衣机中取出，或把另一批衣服放进洗衣机。整个过程同时还可以做许多事情。

有时候，你可能真的无法在家里待上数小时，但更常见的是，你腾得出几个小时，只是在忙碌的生活中，洗衣服往往成了压力与麻烦。会发生这种情况，通常是因为缺乏经验与专业知识，且没有在例行的家事中安排洗衣时间。然而，习惯成自然，渐渐就不会太费力，且往往让人感到抚慰而非压力。懂得诀窍，就能减少需要的心力与执行过程遭遇的困扰，让你可以专注于其他事情，当然还可以让你所在意的衣物看起来美观又持久。

▌待洗衣物的收集与储放

☐ 洗衣日：该多久洗一次衣服?

过去，周一是每周的洗衣日，而 19 世纪时，洗衣是一项繁重的家务，因此周一被称为"忧郁星期一"（blue Monday）。虽然现在已经没有非如此不可的理由，要大多数人在周一洗衣服，但每周只洗 1～2 次衣服仍然比每天洗来得有效率且效果更好。

准备清洗衣物的第一步，是要累积一堆肮脏的待洗衣物与床单，且累积的量应够多，才能产生最佳的洗涤效果。另外，当衣物累积到够多才洗，你比较能抵抗把不同类衣物混在一起洗的诱惑，避免不当处理。如果洗衣机与烘衣机里每次只处理少量衣物，也相当没有效率与效果。要达到最佳洗涤效果，每次的洗衣量要达到中等以上，并将大大小小、不同尺寸的衣物松散地混合在一起（见第 21 章《洗衣》，第 393 页）。如此混合也有助防止洗衣槽运转时不平衡（洗衣槽不平衡时，洗衣机会自动关闭或在地板上剧烈摇晃）。烘衣也是同样道理，如果烘衣机至少装到半满，衣物也会较快烘干。

另一方面，累积的衣物量也不该过多，数量应是可以在合理的时间内

减少洗衣量

以下方式，可让你减少每周的洗衣量：

◆ 毛巾每次使用后仔细吊挂晾干。

◆ 穿过但不太脏的外衣不必马上丢进洗衣篮，如有必要进行局部清洁，并晾着通风，再整齐挂起或折好。

◆ 穿着衬衫或洋装时，里面先穿戴 T 恤、腋垫、小背心或衬裙。

◆ 打扫、煮饭或进行其他容易弄脏衣服的家事时，套上工作服或围裙来保护衣服。

◆ 以良好的习惯减少清洗床单与毛毯的次数，避免穿着外出服装躺在上面或坐在床上；上床前务必至少洗脸与洗手。以传统的方式来整理你的床铺与被褥，详见下册第 27 章《卧室》。

完成洗涤，而两次洗衣日的间隔也不应拉太长，约1周或更短的时间为佳。污垢留在衣物纤维上的时间越长，就越难去除，通常，应透过间歇性的处理以防止衣物污渍残留或永久变色。污垢会让布料强度变弱，尤其是汗垢与食物污渍，会造成劣化、褪色或泛黄。如果待洗衣物放上一阵子，也容易发霉与产生异味，其中，霉菌会让布料永久变色。当然，衣服与床单越早洗，就能越快再次派上用场。

每周固定一天来清洗大部分的待洗衣物，可让洗衣更容易执行，同时保持生活的愉快与秩序。另外，可以挑出第二个洗衣日，清洗少量、类型相似的衣物，例如幼儿衣物、毛巾、床单或其他较容易处理的衣物。全天在外工作的人可能会发现，把衣服平分在每周的两个晚上清洗是最完美的安排，能让周末更加从容。

每周几次或每天洗少量衣服，也是可行的方式。事实上，这种制度通常在大型、高度组织化的家庭中非常有效，尤其是有家中成员专门在持理家务时。不过，在比较没有章法、无人可以专责打理家务的家庭，也常采用这种方式。为了顺应每日的需求而频繁清洗衣物，会让我们很难进行衣物分类，洗衣槽也难以平衡运转。此外，这种方式会让人无法喘息，没有完成家务的释放感，也无法让人养成习惯，去预期哪个时间能有什么衣物与床单可以使用。而且，因为必须经常花时间洗衣服，容易使整套洗衣体系崩坏，造成混乱、危机，进而产生更多挫折。采取一周清洗1~2次衣服的家庭，必须储备可以维持一周所需的衣服与床单，并要足以应付偶尔的紧急情况。但在今日布料与自动洗衣设备价格都非常低廉的时代，以上条件并不难满足。有些人甚至喜欢存放超大量的衣服与床单，降低洗衣次数，间隔也拉得更长。只要那些储放的脏衣物能先做好去污与预处理，这也不失为一种令人满意的做法。

几个世纪前，洗衣是件困难的大工程，因此一些富裕的大家庭只能每年或每半年洗一次床单。这些家庭库存了大量的床单、数十件的被单及桌巾，以维持到很久以后的下一个洗衣日（见下册第28章《床和寝具》中，有关现代家庭床单库存量的讨论）。

□ 衣物什么时候需要清洗？

所有新买、可水洗的衣物和床单及其他家用织物，在首次使用之前都应水洗一次。之后，只要看起来、摸起来或闻起来有脏的感觉，就应该清洗。如果你确知衣物已经累积了污垢与灰尘，即使看起来还好，也要加以洗涤，因为污垢与灰尘微粒会加速衣物耗损。灰尘的微粒会像细小的刀子般切进织品中，降低衣物强度并使衣物容易破洞、撕裂。而沾染到的汗水、食物及其他物质，也会造成多种布料变质或变色。另一方面，水洗与干洗也会导致衣物老化，因此应该避免洗涤过于频繁。今日洗衣服非常容易，大多数人因此往往过度洗涤。对孩子来说，把一件没穿多久的衣服丢进洗衣篮里，比好好挂起透气或折叠收好来得容易。

当然，如果衣服上有大量汗水，再次穿上之前务必清洗一遍，而内衣与其他贴身衣物，则是每次穿过之后都得清洗。但如果是刚洗过的衣服沾到一点污渍，可试着用清水或洗洁溶液清洗局部脏污（除非是可能留下水痕的丝绸布料，或是清洗时可能在污渍周围形成一圈褪色的痕迹。你可以在不显眼的部位先行测试）。如果是一件只穿了1小时的衬衫，可以先挂在衣架上透气再收进衣柜，而不是直接扔进洗衣篮。衣服与毯子用过之后，可用刷子轻刷并透气，尤其是羊毛织品。有时你只要用微湿、白色、不会掉毛的布来擦拭羊毛或合成纤维衣物，就能保持长久洁净（以这种方式处理衣物后一定要透气，直到完全干燥后再放回抽屉或衣橱）。穿着衬衫时，里面应先穿上T恤；女用衬衫与洋装里，也应穿上内衣、小背心或衬裙。借由这些方式，可水洗的外衣就不会有明显的污渍与大量汗渍，也就可以多穿一两次再洗涤，这对于必须干洗的衣物来说更重要。

□ 洗衣篮

衣服与床单经过日常使用而变脏之后，要收集在洗衣篮等容器里。毛巾与其他已经弄湿的衣物则要先干燥后再放进洗衣篮，并将洗衣篮放在干燥的房间里，不要放在浴室中（除非你有一套干湿分离的浴室）。存放受潮的待洗衣物很可能发霉，臭味也会让放置洗衣篮的房间变得恶臭难闻，若将肮脏衣物放置在通风的容器里，如藤编篮或洗衣篮，可有助于避免这个问题（可以在篮子里撒上小苏打以去除臭味，苏打粉也可一起放进洗衣机，这是一种温和的助洗剂）。有盖的藤编篮或经聚氨酯涂料处理过的类似材质，都相当适合作为洗衣篮，空气可以从空隙透入，而光滑的表面涂层能保护衣物不被钩住，并保护容器本身不会因受潮而损坏。

非常油腻或非常肮脏的衣物应另外存放，以免污垢弄脏洗衣篮里其他衣物。细致与脆弱的衣物也应分开存放，以免接触到脏污、异味，或被钩破等其他伤害。最好能在某个方便的地方（但非衣橱里）挂一个透气、光滑的衣物袋。而后，这些衣物应分开洗涤，以防清洗时遭受难以承受的激烈对待。

待洗衣物的分类

洗衣女佣应在周一上午详细检查所负责的待洗衣物，并写进洗衣簿中；将白色的亚麻织品、衣领、床单及贴身亚麻衣物分类成一堆，薄棉织品分为另一堆，再把彩色的棉织品与亚麻织品分为第三堆，第四堆是羊毛织品，第五堆则为较粗糙的厨房用巾与脏污油腻的布。应逐一检查每件衣物是否有污垢或油渍，或有水果、葡萄酒的污渍。

——毕顿夫人的《家务管理书》，1861 年

(*Mrs. Beeton's Book of Household Management*，1861)

□ 为什么要分类?

衣物分类，目的是在肮脏的衣物与床单分成几堆后，同一堆衣物可以安全地接受类似的洗涤与处理。包含相似的洗涤方式、洗涤产品、水温、水流强度及持续的时间，通常也包括干衣的方式、时间及温度。今日，衣物分类的方式已比毕顿夫人当年想的还要复杂得多（她的著作被奉为英国的家事圣经，长达半世纪以上），因为我们得处理更多种纤维、表面加工及结构，而保养标签也可能让问题复杂而非简化。我最近算过以中水位清洗的同一批衣物中，保养标签上的洗涤建议竟多达 10 种（当天我家的衣服分成 3 批清洗），若加上干衣指示就更复杂了。如果要严格遵循保养标签的指示，可能每次洗衣服都必须分成三四十批。正因为这种复杂性，衣服分类的小危机已然产生，旧的规则似乎已不再适用，而规则与价值观瓦解的危机也将接踵而至：年轻人开始抱持怀疑并成为虚无主义者。他们不相信自己可以弄懂一切，不把自己的待洗衣物分类洗涤，也轻蔑地认为有没有分类根本毫无差别。

但是他们错了，你还是可以弄清楚怎样分类，倘若不分类，一段时间之后，你的衣服或多或少会沾染到其他颜色，浅色变成黯淡的粉红色或灰色，并伴随缩水、起毛球及破裂等问题。受损情况可能轻微、可能严重。错误洗衣习

惯造成的不良影响往往是长期累积的，你不一定会立即看到，而是可能在数周或数个月后才出现。有些人非常清楚身上穿的粉红色内衣、毛巾及桌巾为何全都变黯淡，但也认为自己时间有限，因而鲜艳迷人的色彩、合身的剪裁，以及不起毛球的针织品都是无法负担的奢侈品。但是，把衣服洗好所需要的时间，并不比草率洗衣多多少，且长期而言，通过无止境地购物以替换那些提早变难看或功能变差的衣物，可能还花上更多时间。此外，一旦你找到自己喜欢的东西，会想让这东西持久一点，毕竟大多数人都无法随时随地、随心所欲地购买想要的东西，更别说要找到与洗坏的衬衫一样的衣服。

☐ 保养标签

第 19 章《谨慎忽略保养标签》已经说明如何解读与遵循保养标签，也解释了保养标签上所使用的术语与符号。要妥善分类衣物，首先需要详读所有保养标签。保养标签能提醒你如何避免损伤，并提出安全的洗涤程序。如果你觉得阅读许多保养标签十分费力，而且很不习惯这么做，请放心，当你开始学着阅读标签之后，会发现更了解自己的衣服与床单。总有一天，等你在脑中记住这些信息时，就只需要针对第一次购买或第一次下水的衣物阅读保养标签。如果你跟我一样，选择事后才看保养标签，保证你迟早会洗坏东西。忽略保养标签让我把一件笔挺的亚麻西装洗成一块松弛的抹布，把一件嫘萦与醋酸纤维混纺的时髦礼服洗到严重缩水，连肩膀都穿不过。当你遇到这种情况，只能暗自垂泪，怪罪自己了。

☐ 分类的规则

待洗衣物收集完毕之后，可根据以下 5 个规则加以分类：①依照洗涤方式分类；②依照颜色分类；③依照脏污的类型与程度分类；④依照是否会造成其他衣物沾黏棉絮、抽丝或撕裂来分类；⑤依照需要与安全考虑调整分类，使每一批清洗衣物维持合理的数量。

（一）依照洗涤方式分类——依据纤维与布料类型，将可水洗的衣物与床单分为 4 堆，分别对应 4 种基本洗涤程序：一般洗程、免熨衣物洗程、细致衣物洗程，以及手洗（第 21 章会说明每一种洗涤程序及执行方法），做法大致如下所述，但每一种洗涤规则都有例外。

一般洗程——适合结实、色牢度高的白色棉布与亚麻布。没有经过抗皱处理或特殊表面加工而需要格外保护的坚固棉布,非常适合一般清洗处理。紧密的纬编布与斜纹梭织品以及坚固的针织品,如 T 恤、内衣、尿布、各种毛巾、有皱褶的床单、工作服、休闲服及运动服等,通常应使用一般洗程加以洗涤(见第 384～385 页"一般洗程")。

免熨衣物洗程——适合永久免熨或经过抗皱处理的布料,以及大部分的合成纤维。经抗皱处理或为耐久免熨、"保养容易"(easy-care)的棉、亚麻与嫘萦(及其混纺),可以用免熨衣物洗程洗涤。大多数以合成纤维制成的衣物,包括聚酯纤维、尼龙、某些弹性纤维与聚丙烯纤维,以及含有这类纤维的混纺品也适用此洗程(见第 385～388 页"免熨衣物洗程")。

细致衣物洗程——适合精致的棉质针织品、可用洗衣机清洗的丝绸、羊毛、亚克力与改质亚克力、部分弹性纤维、三醋酸纤维、一些可水洗的醋酸纤维、黏胶嫘萦、混纺衣料,以及有混纺衬里的衣物。具有蕾丝、网状、流苏、绣花的衣物,以及精致内衣,或是衣物上附有松散针织或梭织或以任何纤维制成的精致小对象,都需要以细致衣物洗程洗涤。这种洗程也相当适合轻薄的梭织织品,如细薄纱与上等细布;缎纹梭织或其他有浮纱梭织织品(这类织品很容易钩破或磨损);表面不规则、线程数低、纱线之间有空隙的松散结构织品(因为这类织品很容易钩破与缩水);可水洗的蕾丝;有容易脱落的边饰、扭结,或饰物可能因激烈洗涤而脱落的织品;任何特别容易磨损、起毛球或钩破的衣物;以及许多特制的织品,包括以非梭织材料制成或以各种黏合剂黏合的衣物,详见第 388～389 页"细致衣物洗程(轻柔洗程)"。

手洗——适合一些可水洗的醋酸纤维、细致的亚克力纤维、丝绸、羊毛、嫘萦与某些棉质针织品,特别是脆弱、老旧或细致的织品。这一类别与前一类别之间的差异只是程度问题。特别脆弱的纤维与结构,以及因老旧而变得脆弱的织品,都应该手洗。裤袜与丝袜也以手洗最为安全,但也可放进洗衣袋以细致衣物洗程洗涤,如果你愿意冒着偶尔会被钩破或抽丝的风险(见第 397～399 页"手洗")。

在依据纤维成分与结构分类时，不要忘了有些可水洗衣物是由两种或两种以上的纤维与结构制成，因此通常可能要用两种或两种以上不同的方式处理。倘若如此，务必选择较保守的方式。例如，若一件礼服具有脆弱、轻薄的上半部，但下半部却是坚固的棉质裙，仍请温柔对待；如果衬衫是棉与聚酯纤维混纺，请当成聚酯纤维布料来清洗。注意衣物的衬里、边饰、纽扣以及类似对象，这都可能需要以不同方式处理。

虽然洗衣机有多种不同的洗衣程序，但你可以只使用其中 1 种、2 种或 3 种。我很少使用超过两种洗程，通常是使用一般洗程，加上细致衣物洗程或手洗。

（二）依照颜色分类——衣服依照洗涤方式分类之后，接下来再将每一堆衣物中颜色兼容的分成同一组。基本的颜色分类方式为：全白；几乎白色（花样印制在衣物的白色底布上，或边缘有彩色条纹的毛巾）；浅色、中等或明亮颜色；深色。尽可能将相同颜色的衣物一起清洗。

会掉色的衣物要分开清洗，或视需要与颜色相近的衣物共洗。这些有颜色的衣物也应该区分成可漂白与不可漂白。一般来说，由可漂白纤维制成的白色或色牢度佳的有色衣物，经过适当漂白都会有很好的洗涤效果。

（三）依照脏污的类型与程度分类——其次再从上述分类好的衣物中，挑拣出特别肮脏的衣物，如特别油腻、带有污泥或其他污垢。如果你跟我一样住在城市，这样的机会通常不多，可能只有当孩子在泥泞的操场上活动，或有尿布得洗时才需要。极度肮脏或有不寻常的污垢与污渍时，特别是油性污垢，一定要与没有这种污垢的衣服分开洗涤（有时同样沾了油污的衣物也不适合混在一起洗），原因有二：第一，这些脏污或污渍可能沾染其他较不脏的衣物，且不容易洗除（基于这个原因，极度肮脏的衣物永远得单独清洗，否则脏污可能会蔓延到共洗的衣物）。白色和浅色衣物如果与很脏的衣物一起洗，特别容易变暗、变灰或泛黄。第二，特别肮脏与沾到特殊污垢的衣物通常需要特别且较为激烈的处理，你可能不希望以同样方式来对待只需一般清洗的衣物。越激烈的处理方式越容易造成磨损与褪色，不适用于多数纤维与布料结构。尿布不能与其他衣物共洗，要预浸，有时甚至需要双重清洗。

如果家人有严重的传染疾病，你可能也得单独清洗病人的衣物、毛巾及床单。老一辈的妇女告诉我，她们以前还要将手帕、亚麻床单、亚麻衣服与亚麻桌巾分开清洗，因为人们认为混在一起很不卫生。不过现在没人这样做了，只有尿布仍需分开洗涤（这也是应该的）。但让带有病菌的衣物分开洗涤，特别是有家人生病时，也是个不错的点子。

衣服丢进洗衣机之前，要尽可能除去污垢，若有需要，可用一把旧的餐刀刮除，或另外在水盆里稍加冲洗。记得刮除从花园沾染到的泥土。

（四）依照是否会造成其他衣物沾黏到棉絮、抽丝或撕裂等分类——挑拣出会造成其他共洗衣物发生机械性损伤或外观受损的衣物。再次强调，如果你的洗衣方式跟我完全一样，很少会有衣物损伤或掉毛屑。这个分类包括容易产生毛屑或沾染毛屑的衣物；具有粗重的皮带扣、钩环及拉链，并可能勾到蕾丝与丝带的衣物；或其他容易造成损伤的衣物。危险程度视同一批清洗的衣物而定，皮带扣或钩环可能会把雪纺纱绸、蕾丝、网状或其他有空隙的衣物撕裂，但对丹宁则没有影响。会产生毛屑的衣物有：某些毛巾与毛圈布（尤其是还新的时候）；法兰绒；雪尼尔绒线床罩或浴袍；以及抹布或有须边的布料。会吸附及沾黏毛屑的衣物有：会产生静电的布料（主要是聚酯纤维、亚克力纤维、尼龙及其他合成纤维），以及毛绒的织品（如灯芯绒与丝绒）。有毛屑的衣物应与沾了毛屑后会很明显的衣物分开洗涤，例如，白色毛屑在深色的衣物上远比在白色或浅色衣物上明显。请注意家饰织品，如可水洗的窗帘、小型地垫及沙发套等，都会产生毛屑，务必单独清洗。

（五）依照需要与安全考虑调整分类——依据这些规则完成分类之后，如果你发现每一类都只有单件或很少量的衣物时，要稍做妥协，以减少洗衣的次数。偶尔选择妥协可以提高洗衣效率，但如果常态性如此，终究还是会损坏衣服与床单。如果时间足够，较好的方法是把这一两件无法归类的衣服改用手洗，例如会掉色的衬衫、不能漂白的白色衣物等。以下是一些妥协的方法，能提高分类效率。

◆ 除了奥龙与尼龙材质，将可漂白、几乎全白的印花布，与纯白衣物一起清洗，并以处理纯白衣物的方式处理（详见以下有关白色、有色及漂白的讨论）。

◆ 白色的合成纤维与天然纤维可以共洗，一律使用免熨衣物洗程。以免熨衣物洗程处理的白色合成纤维织品通常可以漂白，因此，如果你要使用漂白剂处理天然纤维，请先查阅共洗的合成纤维衣物的标签，或在先行测试后确认该合成纤维也能承受漂白剂，就可以一并使用漂白剂处理。

◆ 如果颜色、色牢度及脏污类型没有不良影响，可把一些原本适用较激烈洗涤方式的衣物，和洗涤条件较不那么激烈的衣物共同清洗。例如，稍微有一点脏污的有色棉 T 恤，通常需要较强力的洗涤方式，但偶尔可用免熨衣物洗程或细致衣物洗程处理。或者，尼龙与聚酯纤维理想上应以免熨衣物洗程处理，偶尔也可以用细致衣物洗程处理，但要确定使用冷水冲洗（同时调整干衣条件）。

◆ 衣物不是很脏时，可与任何颜色相近且适用较温和洗涤方式的衣物共洗。

◆ 浅色衣物可与鲜艳衣物共洗，或将鲜艳衣物与暗色衣物共洗。留意掉色问题。

更多有关白色、有色衣物及漂白的知识；色牢度测试

□ 纯白与几近纯白衣物

分类的时候，什么样的衣物应视为白色？"白色"衣物就是指纯白的衣物，米白色及乳白色都不是白色，白底有印花的也不算白色。白色衣物最好只与其他质料的纯白色衣物一起清洗，但是，为了凑足一次洗衣的量，可能偶尔要违反这个原则，而参考下列准则。白色或浅色的尼龙与奥龙（奥龙在 1990 年后便不再生产，但有些衣物仍会用到）会沾染洗涤水里的任何染料，甚至是几乎看不见的颜料污点，而且可能变黯淡或变灰。如果发生这种情况，便很难（甚至无法）恢复原来的纯白。但其他种类的纤维通常可以恢复原色（另见第 26 章《常见的洗衣事故与问题》）。

如果你有一堆白色衣物，其中有些略带一点颜色，最好与其他衣物分开洗。不过，可水洗的纯白衣物若有一些色牢度高的彩色边饰，有时在分类时会被视为纯白衣物。例如，有色镶边的纯白棉质男性运动短裤，或以黑线或其他有色线缝出白缎边的床单与枕头套、有绣花的床单与枕头套，以及带有不褪色布边的白色擦碗巾。这些边饰上的颜色几乎都不会因洗衣

剂与水而褪色，但倘若会褪色，白色部分在清洗时就会被彩色边饰染色。（不幸标示"可机洗"，但泳衣的红色条纹在泡进冰凉湖水后便开始掉色，热情的红色印在白色的海滩巾上，而且之后每次下水仍继续褪色。这样的衣物应退还给店家或制造商。）另外一种在分类时能偶尔被视为纯白衣物的，是大部分为白色、只带一点点色牢度高的有色印花衣物，例如，白色细条纹衬衫、有淡色花样的床单，或缀有彩色点点的白色睡衣。但是，在与白色衣物一起清洗之前，务必以洗衣剂与水测试色牢度（测试方式详见第 378～379 页）。

□ 漂白纯白与几近纯白衣物

纯白衣物与几近纯白衣物的外观有时会因使用漂白剂而大大改善。几乎所有在洗衣剂与水中不会褪色的染料，即使遇到氧漂白剂，色牢度也相当高，理论上可以放心使用。有关漂白剂的使用，见第 21 章文末有关"漂白剂"的词汇说明。几近全白的衣物（有彩色镶边或饰物的白色衣物，或大部分为白色的印花衣物），遇到含氯漂白剂时色牢度也相当高，通常会因偶尔使用含氯漂白剂而改善外观（请先以第 378～379 页所述方式测试漂白色牢度。记住，在白色底布上的其他颜色或许在遇到热水与洗衣剂时的色牢度很高，但对漂白剂则不一定）。在我家，几乎所有这种布料都能用含氯漂白剂漂白，包括毛巾、儿童的棉质印花针织内衣、睡衣及衬衫等。品质较好的商品，保养标签上往往没有提到可用含氯漂白剂，但指示保守的标签，的确常见于纯白与几近纯白的棉质与亚麻衣物。

每次洗衣时，我几乎都会用含氯漂白剂来处理标签上标示禁止使用含氯漂白剂的衣物。结果并未带来丝毫损伤，且其中许多衣物使用含氯漂白剂已有多年时间。然而，使用保养标签禁止的漂白剂，风险实在太高。有些纯白布料不适用含氯漂白剂与氧漂白剂，请务必先做测试。即使测试时没有发生损害，还是必须考虑长时间的影响以及可能不会立即出现的伤害。此外，保养标签也可能是因为变色以外的原因而做出此指示。

如果你偶尔将含氯漂白剂用在对漂白剂色牢度很高的衣物上，你仍然可以注意到，时间久了之后，褪色的速度还是比一般处理方式稍快。在许多情况下，这结果是可以接受的，或至少可能强过让衣服变黯淡、泛黄或变灰。如果你不愿让衣物有丝毫褪色，最好就不要使用含氯漂白剂，可试着以氧漂白剂来代替。

米白与淡色衣物如果经常以含氯漂白剂漂白，颜色通常会变淡，最后可能变为白色。成套衣物不要分开清洗，否则当褪色程度不一，看起来会不太搭。同一套衣服，千万不要只漂白其中一件。

不过，颜色很淡且对漂白剂色牢度高的衣物、乳白色的棉质床单，以及米白色的棉质衬衫，如果颜色变灰或变得黯淡，可与白色衣物一起用含氯漂白剂处理。但正因为这是有风险的，只能偶尔并谨慎使用，且只能用在已经洗了几次的浅色或米白色衣物上。此外，要注意共洗的衣物中绝对不能有含尼龙与奥龙的衣物。

□ 浅色、亮色及深色衣物

分类待洗衣物时，一开始是依据颜色的彩度，将衣物分为浅色与粉色系、中等或鲜艳色系以及暗色系。即使是理论上色牢度高的衣物，也可能在每次洗涤时稍微掉色。此外，色调也很重要，例如，来自一件海军蓝衬衫的颜色，如果沾到一件森林绿的裙子，是看不出来的，但却可能弄脏一件鹅黄色的衣物。因此，如果你能尽量把颜色类似的衣物一起清洗，例如，橘色与红色、蓝色与紫色、海军蓝与黑色、浅褐色与乳白色，将能使衣物的颜色保持纯净。这是一个原则，但每次洗衣时多少还是需要稍微妥协。

□ 分出会掉色的衣物

保养标签上写着"分开洗涤"或"与颜色相近者一起清洗"时，应非常认真地看待；没有保养标签的衣物，应在清洗前小心测试色牢度。这种指示代表衣物所用的染料可能会在洗涤过程中掉色，造成同批洗涤衣物沾到难看、讨人厌的颜色。但标签背后的故事却更为复杂一些。

有些会掉色的染料，在每次洗涤时都或多或少会掉色，有时甚至掉得很厉害；有些则掉色不多，但是很明显。很会掉色的衣物应该单独清洗，而掉色轻微却明显的，只能与类似颜色一起洗。其他衣物，如毛巾，只会在最初两三次接触水或洗涤溶液时掉色，之后便不再如此，因此，这些衣物其实属于不掉色类，只是会在最初几次清洗时释出多余的染料（优良的制造商会在标签上清楚指示，只需在前两三次单独洗涤或与相似颜色一起洗）。如果保养标签只简单写着"分开洗涤"或"与颜色相近者一起清洗"，则应注意观察。可在洗过两三次之后，再次测试衣物是否还会掉色。

丹宁布、马德拉斯平纹棉布以及以植物染料或"自然"染料染色的布料，会一直掉色。荧光色也往往会产生问题（不能以去污剂处理荧光染料，除非先测试过）。蓝色丹宁是出了名的会褪色，有时褪色能提高身价，有时却令人感到遗憾，得视当前的时尚风潮而定；且这种布料即使在你购买时已经过"石洗"或"预洗"，还是会持续掉色。新的蓝色牛仔裤若没有经过预洗或褪色处理，洗涤时只能跟暗蓝色与褐色、深灰或黑色等比牛仔裤更深的颜色的衣物一起清洗。等到牛仔裤已经褪色为淡蓝色，就可以放心地与中等色调的衣物一起清洗。切记，颜色越接近越好，也就是说，蓝色牛仔裤最好与中等色调的紫色、灰色或绿色衣物共洗。

马德拉斯平纹棉布的衣物应该也都会褪色。随着穿着时间长了，外观会因为褪色以及与其他衣物颜色互混而出现不同变化。这种衣物始终都必须单独洗涤。如果你有一件会掉色的衣物，或衣物的保养标签建议"与颜色相近者共洗"，但你没有任何类似颜色的衣服时，你便得单独洗涤。如果你的洗衣机会因衣物量太少而出现负载不平衡或浪费太多水与能源的情况，你就必须采用手洗（因此购买衣服与床单前要三思）。

请记住，当你使用的水温越高、洗衣剂与漂白剂也越强时，染料褪色的情况往往会更严重。护色与把衣服洗干净是两个必须彼此平衡的目标。遇有因染料褪色产生的洗衣灾难时，可参阅第 26 章第 468～469 页的建议。

□ 漂白有色衣物

针对有色衣物的黯淡与脏污，可使用氧漂白剂。许多有色衣服，尤其是印制的衣服，也可用含氯漂白剂。事前应加以测试，确保所有共洗衣物都不会因所使用的漂白剂而褪色。

预处理与其他洗衣前的处理

衣服分类完毕之后，依下列说明完成最后的准备工作。

□ 预处理

在分类衣物、将衣物放进洗衣机时，或当脏污似乎难以去除时，要预

测试衣物对洗衣用品的色牢度

你必须测试染色衣物与床单在各种洗衣用品中的色牢度：包括洗衣剂、漂白剂、助洗剂、预处理产品及去污剂等等。有些染料在洗衣剂里会掉色或褪色，但一般清水则没有影响；有些在热水中会掉色，以温水却没问题。有些在预处理或漂白时会掉色，但在只有洗衣剂与水的溶液中却不会有这现象。如果你打算用热水或温水，请先以热水或温水测试；漂白剂与其他一些洗衣添加剂，在热水中效果较佳。

预处理产品与去污剂有时含有特殊成分，能造成某些染料褪色，特别是荧光染料。因此，在测试荧光粉红、荧光蓝或其他荧光色衣物时，要特别小心。

选择一个不显眼的地方进行测试，如在褶边的反面或缝份上，如此，若测试时留下斑点，便不会被看到。务必在测试区域下方垫衬垫，以防溶液渗透到看得见的区域。

如何以洗衣剂测试衣物色牢度——按照产品说明书指示，若说明书没有指示，将 1 茶匙洗衣粉或洗涤剂与一杯温水或热水（视你所要使用的水温而定）混合，洗衣溶液的量要足，以便浸湿衣物待测区域，然后等候数分钟。接着，以干净的白布、面纸或纸巾按压在该区域，看看是否有颜色脱落。如果有，或发现衣物变色，表示没有通过色牢度测试；如果没掉色，将衣物洗净，晾干后再观察一次（因为衣物浸湿时会显得较暗）。如果仍没变色，表示衣物的色牢度对于你所使用的洗衣剂与水温来说是没问题的。

另一种较快速、简便、但稍不可靠的测试方法，是准备一杯水，水温为打算使用的洗涤温度，接着加入 1 茶匙洗衣剂，将织品的一角浸入。如果水有变色，表示布料在这种洗衣剂与水温下会掉色。

如何以含氯漂白剂测试衣物色牢度——应采用产品说明书建议的方法，或在 1/4 杯清水中加入 1 茶匙含氯漂白剂，并将之涂抹在衣物隐秘的区域（如缝份），然后等待 1 分钟。接着，以干净的白布、面纸或纸巾将溶液吸干。如果有颜色脱落或衣物颜色改变，表示没有通过色牢度测试，另也要注意观察有没有泛黄或其他变化。如果你想仔细确定颜色有无变化，可将衣物冲洗干净，等干燥之后再确认一次，因为在布料潮湿的状态下，有时是说不准的。

如何以其他洗衣添加物测试衣物色牢度——依照标签上的指示进行测试，若标签没有说明，且产品非液态，可以足量的水混合成溶液，浓度比洗涤时用的略高，并确认添加物完全溶解。溶液的量必须足以浸湿衣物待测区域。如果添加物为液态，只需将少量未经稀释的产品涂抹在衣物待测区域。等待10分钟后，检查有无变色、褪色与掉色（拿一张干净纸巾按压测试），或是否造成其他损害。接着，将衣物冲干净、晾干，进一步确认有无变化。

测试活性氧漂白剂时，务必详阅制造商的说明书并依照指示，说明书上可能会明确要求用更浓缩的测试溶液与较长的测试时间。

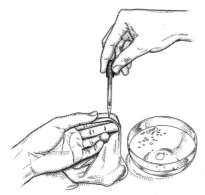

在衣物不明显处测试布料的
色牢度与能否漂白

先处理有污渍、斑点或非常肮脏的区域。针对袖口、衣领、长时间接触办公桌或文件的袖子底部，以及靠着桌子或书桌边缘的腰部区域进行预处理，会非常有效。尤其对油性污渍与合成纤维布料上接触身体油脂的区域来说，更是如此。此外，洗涤水温越低，预处理越重要（ 见第411页"预处理与预洗去污剂"）。

预处理时，在衣物的脏污区域涂抹少量洗衣剂，或喷洒、涂抹预洗去污剂。也可以用洗衣膏加水或纯天然皂（不含保湿成分、药剂或染料）来涂抹脏污区域。以上述方式处理衣物时，必须先沾湿待处理的区域。如果对预处理产品成分的安全性有任何疑问，应该在衣物的不显眼处先行测试，通常是下摆的反面或衣物的缝份。只要将预洗处理剂抹在测试区，等待10分钟左右，便能检验有无不良的影响，如染色、褪色、掉色或其他问题。

如果许多衣物都经过预处理，洗衣槽里可能就不需要像一般洗涤时放那么多洗衣剂了。

☐ 待洗衣物的处理

在准备将衣服放进洗衣机或洗衣盆前，须注意一些基本的预防措施：

◆ 蓝色牛仔裤与其他可能会褪色或磨损的衣物，应将内面外翻洗涤（如果你想防止这种情况），合成纤维制品、针织品及其他容易起毛球或比较不耐磨损的衣物也应如此处理。棉织品的折痕若经过树脂处理，特别容易磨损。灯芯绒衣物也应将内面外翻清洗，以免磨损毛绒并减少毛屑。热转印、染色或其他印刷织品，很容易因为摩擦而掉色，以内面外翻的方式洗涤较为安全。但请记住，把衣服翻过来洗，衣服正面虽受到保护，但上面的脏污也较难去除。有时为了将衣物洗得干净些，你可能会想省略翻面的步骤。

◆ 检查口袋、袖口、褶痕及褶层里有没有硬币、钥匙、蜡笔、笔、面纸、纸张及棉屑等。硬币、钥匙等硬物可能会损坏洗衣机与烘衣机内槽的光滑表面，进一步钩破、撕裂或磨损衣物。蜡笔与笔可能画脏衣物；面纸、纸张、棉屑及类似物品则会黏附衣物，非常不易去除。

◆ 袜子、容易撕裂及钩破的衣物（如蕾丝），穗边可能磨损、打结或脱落的衣物，以及容易遗失的小件衣物，洗涤时都应放进洗衣袋里。可用有拉链的抱枕套或开口处可以关闭的枕头套代替洗衣袋（小型衣物如婴儿袜，其实并不像一般传言那样会被吸进排水管，因为排水管有过滤器；反而倒容易藏在衣袖、裤管及洋装的褶边，或不小心折进毛巾与床单之中）。袜子可能会变形、打结，或因接触粗糙的表面而钩破。非常肮脏的衣物若放在洗衣袋里可能洗不干净，可能需要手洗。

◆ 通常在清洗前应取出别针，以避免生锈或造成布料撕裂。袖扣、皮带扣及其他金属配件也有同样的危险。根据洗衣机制造商的说法，这些配件可能会损坏机器内层的涂料，所以如果可能的话，应该尽量去除。坚固布料上的皮带扣若不会被别针刺伤，可固定在裤管内侧洗涤。

◆ 将可能会打结或纠缠的饰带与其他长型衣物绑在一起，长袖衬衫可将袖口互相扣住或扣在前襟，以防彼此纠结。除非能确定别针在洗衣时不会生锈或造成衣物撕裂，否则不要用别针固定衣物。有些人喜欢将小件衣物别在大件衣物（如毛巾）上，以确保不会遗失，前提是必须先确定这么做不会造成衣物伤害。

◆ 洗衣前应先修补破损衣物并缝紧松脱的纽扣。洗衣时，撕裂区域会扩大，纽扣也可能脱落、遗失。

◆ 无法水洗的衣物所附的装饰品、衬里、纽扣与其他饰边或附件应先卸下。当然，前提是你必须知道如何装回来。如果缝死的衬里不能洗涤，很少人会愿意先拆除再缝回来，因此这样的衣物就应该干洗。如果你发现，有人不嫌麻烦地拆除一颗精致的纽扣或一条蕾丝花边，然后再缝回去，只是为了安全洗涤，是否有身处 19 世纪的错觉？

实用的洗衣间家具与设备

一般家庭空间通常放不下理想洗衣间所需要的所有设施，你或许可从下表选择特别符合自己与洗衣间所需的。

◆ 室内晾衣绳。

◆ 晾衣架，包括能用来平铺晾干针织品的网架。

◆ 吊挂设备，包括挂杆、宽肩衣架以及裤子与裙子用的衣架。

◆ 够大的桌面或台面，以便折叠与堆放衣物。

◆ 置放衣物的层架。

◆ 存放洗衣产品、去污产品，以及缝纫设备的层架与柜子。

◆ 熨衣板与熨斗，加上熨衣辅助用具，如袖板或压熨布。

◆ 窗户必须能让足够的自然光进入，以方便检查槽中衣物颜色的兼容性、衣物的色牢度、预处理是否成功，以及两只袜子的颜色等等。

◆ 小型留言板、保养标签的术语与符号、不同衣物的保养笔记、备忘录以及去污对照表等等。

◆ 双洗衣槽。

◆ 1~2 个小型塑料盆。

◆ 小洗衣板。

◆ 衣刷与去除棉屑的工具。

◆ 小针线盒，内含剪刀、针与几种基本颜色的线。如此能快速修补，像是强化接缝或固定、拆除纽扣。

CHAPTER

21
洗衣

❖ 一般洗程
❖ 免熨衣物洗程
❖ 细致衣物洗程（轻柔洗程）
❖ 水
　　☐ 水量
　　☐ 水温
　　☐ 水质：软水剂
❖ 机洗
　　☐ 洗衣量
　　☐ 洗衣的顺序
　　☐ 启动机器
　　☐ 添加洗衣剂、漂白剂及其他洗衣产品

❖ 手洗
　　☐ 手洗细致衣物
　　☐ 手洗结实衣物
　　☐ 洗衣板
❖ 洗衣机与烘衣机
❖ 洗衣产品与添加剂词汇

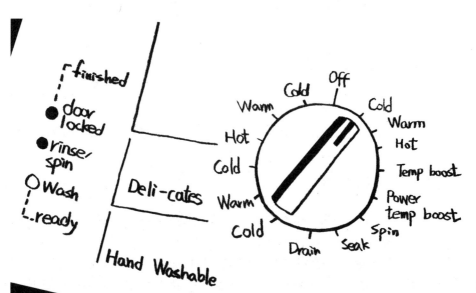

启动洗衣机之前，如果能多方了解洗衣机的运作方式，衣物洗起来会更有效率效果也更好，可惜大多数人并不会详加探究。洗衣工作上遭遇的失败与挫折，可能都是误以为没有必要了解不同洗程的功能，以及某些织品及纤维要使用特定洗程的原因。

大多数人在家里所使用的全自动洗衣机，是属于上掀式（top-loading）机型，洗衣时是借由洗衣槽的一根中心柱来回搅拌、翻动或搓揉衣物，达到清洗（wash）与冲洗（rinse）的作用。洗衣机在排掉清洗与冲洗的水之后，会继续增加转速，让强大离心力把衣物里的多数水分甩出，这样衣物在取出时就不会滴水（所谓"湿湿的干"）。这类机型通常有三种标准洗衣程序："一般洗程""免熨衣物洗程"及"细致衣物洗程"。一般洗程通常是以一般速度（快速或强力）搅拌结合快速旋转脱水。免熨衣物洗程则是以一般搅拌速度结合慢速旋转脱水，且在脱水之前会有一段自动的"冷却冲洗"步骤。细致衣物洗程是以慢速搅拌结合慢速旋转脱水来洗衣。上掀式洗衣机可能也会有一些设定，让你进行以下调整：

◆ 负载量大小（流入洗衣槽的水量）

◆ 清洗水温

◆ 冲洗水温

◆ 洗程的搅拌时间（一般最高为 12～15 分钟）

◆ 搅拌速度为一般（快）或温和（慢）

◆ 脱水旋转速度的快慢

◆ 有没有一段额外的深层冲洗

如此一来，你便可因应洗衣槽里的待洗衣物而调整洗衣程序。这三种洗涤方式，加上手洗，是家里采用的四种基本洗涤程序。以下分别详述。

▌一般洗程

采用一般洗程时，通常选择时间最长的程序（10～15 分钟），以热水清洗、冷水冲洗，并使用全效或强效洗衣剂。如果衣物很脏或非常油腻，可增加洗衣剂的用量。一般洗程的强力机械作用再加上热水与强效洗衣剂，非常适用于耐洗的棉布与亚麻布，以及需强力去污的工作服、休闲服及运动服。

特别脏的衣物，包括尿布（应与其他衣物分开洗涤），可借由预浸与双重清洗（double wash）得到很好的清洁效果。预浸（通常也称为"浸泡"）及双重清洗是一般洗程的两种变化形式。洗衣机的预浸程序是让衣物静置在含有洗衣剂或预浸产品的水溶液中（某些机型在预浸时会每隔一段时间轻柔搅拌衣物），然后让机器在不排水或冲洗的情况下，直接进入清洗／搅拌程序。有时，要洗净特脏衣物便需要预浸，这通常也能成功让变灰的白色与淡色布料恢复光泽，并重新赋予大部分合成纤维布料清新的气味（含有酶的预浸产品不能与含氯漂白剂并用，因为漂白剂会让酶失去活性。如果你觉得有必要添加漂白剂，必须让预浸产品发挥功效之后再加）。预浸处理效果非常强大，完全不需要劳力，只需要有先见之明。

另外，如果需要，还可结合双重清洗。这两次清洗要用不同批的水，且要添加洗衣剂两次。第一次清洗时，应倒入洗衣剂、助洗剂（booster）或其他想加的洗剂，并将洗衣机设定为一次6分钟的一般洗程，或在这基础上加入预浸程序。第一道清洗完成时你得在场，因为下一个步骤要手动跳过冲洗程序，设定洗衣机进行脱水／排水。

洗衣槽里的洗涤水排干之后，重新手动设定回到洗衣程序的开头，再跑一次清洗程序：加入洗衣剂、漂白剂等，重洗一次。第一次清洗能带走衣物上大部分的污垢，让第二次清洗及后续冲洗效果更好。也因为加了两次洗衣剂，所以要冲洗两次，以确保彻底洗净。接着摸摸衣物，若觉得有洗衣剂残留，就要进行第三次冲洗。

热水洗衣最干净，大部分洗衣剂与其他洗衣产品在越热的水中效果越好。热水最能去除衣物的污渍及油脂，让白色衣物维持雪白，但也往往更容易造成色牢度较差的衣物掉色，或让容易缩水的衣物缩水得更厉害。许多针织品都很容易缩水，因此最好以温水或冷水洗涤。温水的洗涤效果远高于冷水，详见第389～392页。此外，以一般洗程洗涤白色或色牢度佳的衣物，通常都会使用漂白剂。

▎免熨衣物洗程

免熨衣物洗程通常最适合用于合成纤维，除了亚克力纤维、改质亚克力纤维、嫘萦、醋酸纤维（通常需要温柔的处理或手洗），还有抗皱棉布

前开式洗衣机

有些制造商将之命名为"高效率滚筒"（high-efficiency）或"横向运转"（horizontal-action）前开式（front-loading）洗衣机。较新型的前开式洗衣机具备上掀式洗衣机（以及老式的前开式洗衣机）没有的运转方式，并增加了几种功能，能配合你的洗衣方式。虽然一般认为这种洗衣机能够更有效地洗净衣物，不过有时仍有待商榷。但前开式洗衣机的能源效率较高，用水也比上掀式洗衣机少，这是没有争议的。

欧洲制造的横向运转机种，洗涤中等衣物量时使用57～64升的水，若用上掀式洗衣机则可能要用114～152升（随衣物量增加而增加）。另外，这种类型的洗衣机，脱水干衣的效果皆比上掀式洗衣机好，能缩短在烘衣机里的烘干时间，因此可进一步节约能源。许多这类机型的制造商也会大加标榜其优越的清洗能力，声称前开式洗衣机残留的洗衣剂与污垢较少，因此能预防衣物变得黯淡。但新型的前开式洗衣机所费不赀，价差甚至非常之大。欧洲的前开式机型往往容量较小，且洗涤时间比美国的上掀式机型长。虽然也可以将欧洲机型设定在较短时间的洗程，来清洗较不脏的衣物，但若是中度至极度肮脏的棉布与亚麻衣物，则需要花一个半小时来洗涤。欧洲机型增加了自行加热功能，来增强清洁能力，最高温度可能超过93℃；而欧洲制造、卖到美国的机型，也可能高达77℃。只要你的布料无法以很热的水洗涤或染料容易在热水中褪色，就没必要多花钱买自行加热功能的洗衣机。

美国的新型前开式洗衣机容量较大，洗涤时间比欧洲机型短，缺乏自行加热功能，但是与欧洲机型一样比较节省能源、水及洗衣剂，能源省65%，用水省40%、洗衣剂省30%，且脱水干衣效果也比传统上掀式洗衣机好。不过，你可能需要用低泡沫洗衣剂（low-sudsing detergent），其价格比一般洗衣剂昂贵。这些新式机型仍然适用一般照料织品的原则，并且与一般机型一样，如果设定免熨衣物洗程或细致衣物洗程，会自动用冷水冲洗并降低水温，不过你可能还是需要把免熨衣物翻面洗涤，并用较多的水来洗涤耐磨性较差或容易起毛球的衣物与床单，例如聚酯纤维等合成纤维。虽然制造商声称，新的前开式机型对布料比较温柔，不容易造成磨损，但这种说法仍未定。倘若最后证明至少某些机型确实如此，你或许可以用较长的时间来洗涤那些容易起毛球或耐磨性较低的衣物与床单。

与亚麻布及其混纺织品。免熨衣物洗程使用一般（激烈）方式搅拌，但时间较一般洗程短（例如，非常脏的衣物，最多搅拌 8 ~ 10 分钟），借此减少对合成纤维造成的摩擦、磨损、撕裂甚至起毛球，或减少经抗皱处理的纤维遭受伤害，因为这种纤维比未经处理的纤维脆弱。

免熨衣物洗程也提供了冷却冲洗及最后冷水冲洗步骤，这样对热敏感的纤维就不会在温度还高时进入脱水程序。这个洗程的脱水转速较慢，以免高速旋转造成压力，让合成纤维织品或免熨衣物起皱（但是标榜"洗完即穿"的布料不应旋转脱水，而是在冲洗之后从洗衣机中取出，包在毛巾里压干并小心吊挂起来晾干）。洗涤通常是用温水，但偶尔需要使用热水或冷水。一般的全效洗衣剂通常适用于这种洗程，有时也建议在洗涤一些容易沾染异味的合成纤维时使用除臭洗衣剂（deodorizing detergent）。

为了减少在洗涤过程中因为摩擦而起毛球的现象，最好将可能起毛球的衣物翻面洗涤。此外，使用的水量应该比洗涤同量棉布或亚麻布的衣物还多，借此减少衣物之间的摩擦。例如，以高水位来洗涤中等的衣物量，或以中水位来洗涤少量衣物。此外，请务必依据水量，添加相应用量的洗衣剂。

当然，减少摩擦也有缺点，这会降低洗涤的威力，因为摩擦力（也就是衣物彼此的摩擦）正是洗衣搅拌过程中能去除脏污的原因之一。要洗净合成纤维的衣物，通常需要预先处理脏污的区域，并将衣物预浸在加了洗涤剂的水溶液中较长时间，水温则尽可能高到纤维能承受的温度上限（通常会比标签指示的还高）。除臭洗衣剂与助洗剂有助于提高效果，因为许多合成纤维（如聚酯纤维、亚克力纤维、聚丙烯纤维等）都容易吸附气味。若衣料允许使用含氯漂白剂，其除臭效果也很好。

标签通常建议使用冷水，但温水的除臭效果比冷水更佳。如果衣物有异味的问题，而标签上建议用冷水洗涤，可以尝试用微温的水（而非冷水），如果无效，再试试温水或热水，但绝对不要在聚丙烯或其他对热特别敏感的纤维上使用热水。温洗涤水、预处理、预浸程序，不吝啬用洗衣剂，加上经常清洗，都有助于减少合成纤维与免熨衣物的问题，保持衣物的干净与清爽。

衣物柔软剂非常适合用于免熨衣物，有助于减少静电，制造平滑的触感，但每洗涤两三次再用一次，如果过于频繁容易造成衣物油腻。液态的衣物柔软剂要在最后的冲洗阶段使用，有自动洗剂槽的洗衣机，能把柔软剂保存到最后要冲洗时再加入，可省去使用者还得另外前往添加的麻烦。不过，不建议使用含有衣物柔软剂的洗衣剂。在烘衣时使用柔软纸也是不错的做法。

请注意，白色衣物适用的旧规则与一般洗程，通常并不适用于合成纤维制成的白色衣物。合成纤维与经过抗皱处理的白色衣物需要以免熨衣物洗程处理。许多白色的合成纤维不需漂白也能维持雪白，倘若变灰或泛黄，也往往能以一般家用漂白剂处理，但仍有例外情况。

▋ 细致衣物洗程（轻柔洗程）

在一般洗衣机中，细致衣物洗程是变化最多的洗程，因为需要用到这洗程的"细致"织品五花八门，有时是因为衣物的纤维（可机洗的丝绸与羊毛、粘胶嫘萦、亚克力纤维、改质亚克力纤维及醋酸纤维等），有时是因为结构（蕾丝、很轻薄的布料、松散的梭织或针织品）。细致衣物洗程缓慢、搅拌时间短，旋转脱水时间也短（6~8分钟，甚至更短），能提供机械性的保护，减少对脆弱结构、脆弱纤维（或在潮湿时特别脆弱的纤维）的磨损。以冷水或温水清洗、冷水冲洗，使用温和的洗衣剂与肥皂（使用冷水时最好用洗衣剂），能保护脆弱的纤维与表面加工，以免遭受严酷化学清洗的摧残。

若能了解为何有些衣物要用温柔的方式对待，会相当有帮助，因为如此你可以调整细致衣物洗程，让效果更好。例如，可以机洗的醋酸纤维及粘胶嫘萦都经过特殊的物理与化学处理，因此需要较低的洗涤水温、温和且能在冷水中作用的洗衣剂、轻柔的搅拌及缓慢的脱水转速。棉质、棉－聚酯纤维的混纺及嫘萦针织品在热水中都会缩水，但可能不需要用温和的洗衣剂。未经加工处理、带有蕾丝领边的白色棉质洋装，不会因为强效洗衣剂或热水受损，但蕾丝可能容易脱落，因此应采用短暂而轻柔的搅拌方式。有些亚麻衣物可以借由热水、轻柔搅拌及全效洗衣剂，得到最好的洗涤效果。另外，对这些需要用温和搅拌或慢速脱水来尽量减少撕裂与起皱风险的衣物来说，有时使用强效漂白剂也算安全。

搅拌及脱水转速对布料造成的压力不尽相同，有些经过抗皱处理的结实布料与热塑性织品，必须避免用旋转脱水或高速脱水，因为可能产生皱褶。旋转脱水是施加巨大压力在织品上，以挤出水分。很多时候你可以在细致衣物洗程中使用高转速脱水，例如羊毛弹性好，因此羊毛衣经过手洗后，可以洗衣机的高转速来脱水，而不必担心伤害衣物。

细致衣物洗程的重点在于以轻柔的方式进行搅拌。洗衣机的搅拌是以来回抽拉的方式推动水流通过布料，以溶解并去除污垢。搅拌也会造成衣物摩擦，让衣物变干净。搅拌过程不会伤害结实的布料，但可能造成某些合成纤维布料起毛球，也可能导致一些耐磨性低的布料磨损，或造成非常脆弱的布料撕裂。你可以将非常容易撕裂或比较脆弱的衣物置放在网袋中清洗，以减少磨损与撕裂（同时还可防止婴儿袜子等非常细小的衣物遗失），足量的水位也能进一步降低磨损。

会因长时间、强力搅拌而严重受损的衣物，以高转速脱水可能不会有不良影响。例如，可机洗的羊毛如果要用洗衣机洗涤，应以轻柔方式搅拌，时间也不宜过长。但可以用高速脱水，使其尽可能干燥。

需要"温柔"处理的衣物，除了这些做法之外，还会因色彩、色牢度、脏污程度及类型等差异，而有不同变化方式。由于这些衣物的特性相当多样，很少有人能将所有细致衣物统统放在一起洗涤。如果你的洗衣机里有个"小篮子"，将有极大帮助，但如果没有，你会发现用手洗方式处理细致衣物，效果也很好。

适用于细致衣物洗程的合成纤维可偶尔使用衣物柔软剂，液态的衣物柔软剂则要添加在最后一次冲洗的清水中。烘衣时，可使用柔软纸。

▍水

☐ 水量

应依照衣物的量，来设定洗衣机的正确水位，水太多，衣物之间的摩擦不够，清洁效果不佳；水太少，清洁效果也会打折扣，因为冲洗不够，衣物会残留洗衣剂及洗衣产品，导致色泽变暗、触感粗糙。此外，水太少也会引起过度摩擦，造成衣物提早磨损。如果用了太多洗衣剂或其他添加剂，也可能造成衣物上化学成分浓度过高而遭到损伤。你可以依据洗衣机上的指示，洗衣机制造商针对多少衣物用多少水量的建议，通常非常可靠。

☐ 水温

选择织品能承受而不会缩水、褪色或产生其他损伤的最高水温来洗涤，

如何调整及变化三种洗衣机洗程

◆ **根据衣物多寡调整水量**——衣物越多、越脏，所需的水量就越多。免熨、羊毛及会起毛球的布料应比其他衣物使用更多水清洗。增加水量，可减少免熨及针织衣物产生皱褶。

◆ **水温**——热水具有极佳的清洗与消毒作用，冷水则可减少缩水与褪色。可用冷水来预浸有蛋白污渍的衣物，例如血液或鸡蛋。水温越低，需要清洗搅拌的时间就越长，而预浸的步骤也就越重要。

◆ **软水剂**——对水质较硬（矿物质含量较高）的地区相当有帮助。见392 页"水质：软水剂"。

◆ **洗衣剂**——衣物量大、水质较硬、水温较低及衣物较多脏污，都需要增加洗衣剂用量。如果要做预浸处理，洗衣剂的用量应比通常多50%，或在正常用量的洗衣剂之外，添加预浸产品（见本章文末，洗衣产品及添加剂词汇表）。

◆ **助洗剂**——在以冷水、硬水洗涤，或衣物特别肮脏时使用，相当有帮助（请参阅本章文末词汇表）。

◆ **漂白剂**——用来让衣物变白、变亮及清洁，含氯漂白剂也能消毒与除臭（请参阅本章文末词汇表）。

◆ **靛青漂白剂**——有助于泛黄的白色衣物变白（请参阅本章文末词汇表）。

◆ **搅拌／清洗时间**——搅拌越久，清洗效果越佳；搅拌时间越短，则越能减少磨损。

◆ **搅拌／清洗速度**——搅拌越快清洗效果越好，越慢则较为温和，能减少起毛球。细致、免熨及可机洗的羊毛都需要采用较慢速或较短时间的搅拌。

◆ **脱水转速**——慢速脱水非常温和，适合细致衣物；高速脱水的干衣效果较好。

◆ **额外的冲洗程序**——能有效避免因洗衣剂与脏污未能完全洗净而造成衣物变暗及提早磨损。也可用来处理尿布或其他接触婴儿敏感皮肤的衣物（或皮肤敏感者的贴身衣物）。当使用额外洗衣剂、助洗剂或双重清洗时，要确保彻底洗去多余的清洁产品。额外冲洗也可用于白色衣物，以确保清除可能影响织品的漂白剂与其他残留物。

◆ **在最后冲洗步骤使用液态的衣物柔软剂**——减少静电、赋予合成纤维柔软的触感、让毛绒织品膨松。或在烘衣时使用柔软纸（参阅本章文末词汇表）。

◆ **在最后冲洗步骤使用液态淀粉**——让棉、亚麻、嫘萦等织品更硬挺。或使用喷雾上浆剂并熨烫（参阅本章文末词汇表）。

是为了获得最佳的洗涤效果，却不一定符合能源效益。洗涤水温越高，肥皂或洗衣剂的效果越好，但是，温水或冷水（而非热水）能让衣物颜色更鲜艳。有些洗衣产品以在冷水中的洗涤效果比他牌更好为广告诉求，这也许是事实，但并不意味着在水温较高时效果不会更好。不管你使用哪一种洗衣剂，温水或热水总比冷水更适合洗涤沾有油渍的衣物。

洗衣专家认为，没有任何一种洗衣剂在水温低于18℃时还能产生好的效果，用这么低温的水洗涤衣物可能会产生棉屑，且清洗效果不佳，会有未溶解的洗衣剂残留。颗粒状的洗衣剂在冷水中可能不易溶解，不过在决定使用冷水之前，还需要考虑所谓的"冷"其实会因时因地而异，且制造商所指的"冷"，也许又跟你所想的不同。如果你住在美国佛罗里达州，在8月时的"冷"水其实是微温的水；在密歇根州北部，1月时的冷水是刺骨的冷，可能低于18℃。因此，针对过往允许标签上使用"冷""微温"等术语来形容洗涤水温度的规定，美国联邦贸易委员会正考虑是否要进行改变。而制造商在标签上所指的冷、温及热洗涤水（以及洗碗水），其实是这样：

◆ 冷水：27℃或更低。

◆ 温水：33~43℃。

◆ 热水：54℃或更高。

购买1支便宜的温度计来测量家里的水温，是相当值得的，你可能会发现热水器所设定的温度，与水龙头实际的供水温度有极大差异。洗涤水进入洗衣机之后也会冷却，因此，或许一开始出的是热水，但最终洗好时已经冷却许多。

除非你的洗衣机有加热装置，否则洗衣机的热水设定再高，也只有水龙头的热水那么高。大多数家庭的自来水温是60~65℃，新的热水器在出厂时的温度预设为49℃，但人们有时会调高温度。安全专家建议，家中有小孩或年事已高的长者时，自来水温度不要高于49℃。如果你的热水器设定为60℃，冷水为16℃，使用洗衣机上的"温水"设定时，结果可能会是38℃，用手摸起来相当舒适的温度。这个水温对大部分衣物来说，都能带来不错的洗涤效果，只比热水差一点。但如果你的热水是49℃，冷水是4℃时，你的"温水"可能就只有27℃，就标签定义而言已经属于"冷水"了。

水温不仅影响洗涤力，也影响消毒效果。较高温度的洗涤水能杀死微生物，若水温够热也能杀死尘螨。较冷的水能减少缩水与褪色，也较适合用来预浸蛋白质污渍，如血液。

在染色方式、纤维含量及织品结构允许时：

◆ 用热水洗涤以下衣物：结构结实的白色衣物；粉彩色及浅色印刷衣物；尿布及婴儿衣物；非常肮脏的工作服、园艺服、运动服、休闲服；传染病病患的衣物与床单；有油性污渍的衣物；洗碗巾、抹布、浴巾、擦手巾、洗脸巾、枕套、床单及其他家用亚麻制品；清扫用的抹布及衣物。

◆ 用温水洗涤以下衣物：免熨、色牢度高的浅色及深色衣物。

◆ 用冷水洗涤以下衣物：细致衣物、容易褪色或掉色的织品、沾有轻微脏污的衣物。用来浸泡蛋白质性的污渍，如血液，以及用来冲洗衣物。

一般建议衣物洗净之后以冷水进行最后冲洗，大多数的家用洗衣机，都能让你设定任何洗衣温度，且至少会提供以用冷水或温水冲洗的选项（至于投币式的机型可能无法让你选择冲洗的水温）。对大部分情况而言，以冷水冲洗已经完全足够，只有少数例外。

用冷水冲洗比较节能，不过可能需要较长时间才能把衣物烘干。用温水冲洗较能有效去除衣物或床单上的脏污与肥皂。在你特别需要去除洗衣剂时，可偶尔尝试用温水冲洗，甚至多冲洗几次，例如敏感性肌肤家人的衣物与床单、希望尽可能去除洗衣剂与添加剂的精美丝织品，或是有污渍、黄斑的白色衣物。

水质：软水剂

如果家中水质较硬，你可能早已察觉。例如，你的洗发水不容易起泡沫、水龙头有矿物质堆积。不过，你还是可以测试一下家中水质硬度，这有助于洗衣时做出适当调整。制造商针对水质的软硬度有以下几种级别，并据此建议应使用多少洗衣剂以及是否需要使用漂白剂等其他洗衣产品：

	软水		中等硬水		硬水		极度硬水
1×10^{-6}（毫克／升）	0	60	61	120	121	180	180+

很多人在家里安装软水器，使用离子交换树脂来除去矿物质；软水器

会以树脂所提供的钠离子来"交换"水中的钙、镁离子。

如果你家的水质非常硬，又没有机械软水装置，可在洗衣时添加软水剂，记得清洗及冲洗时都要添加。目前市面上的软水剂有两种：非沉淀型及沉淀型。非沉淀型（如卡尔冈 Calgon）能把影响水质的矿物质"隐藏"在水溶液中，因此水仍然是清澈的。这类软水剂通常含有聚磷酸盐。沉淀型软水剂则会与矿物质互相结合，形成沉淀或残留物，让水变得混浊，进而黏附在衣物或洗衣机上。这类型软水剂通常含有碳酸钠（洗涤碱）或倍半碳酸钠（例如磷酸三钠及硼砂都是沉淀型软水剂）。使用时务必依照产品说明书的指示。

如果你的水只是稍硬，可能只需要使用含有软水剂的优质洗衣剂。但在这种情况下，最好避免使用含有碳酸盐的洗衣剂（要仔细阅读标签）。硬水洗衣时若使用碳酸盐洗衣剂，可能造成的负面影响包括衣物变僵硬、触感不佳、容易磨损、褪色、色泽灰而黯淡、深色衣物残留白色粉末物质、免熨衣物变得容易起皱，以及洗衣机产生水垢。要去除衣物上的硬水矿物质残留，可将衣物浸泡在两杯白醋加四升热水的溶液中15分钟，要以塑料容器盛装（因为醋是一种温和的弱酸，不要使用金属或其他会起反应的容器）。

除了添加软水剂，还有其他应付硬水的有效方法：尝试磷酸盐洗衣剂、提高清洗水温、增加洗衣剂用量（确保完全溶解后再放入待洗衣物）、增加漂白剂用量，以及更小心分类衣物，尤其要把油腻或非常脏的衣物与较为细致的衣物分开。

▌机洗

☐ 洗衣量

尽管你已经花了相当的心思将衣物进行周全的分类，要放进洗衣机之前，还有许多因素需要考虑。洗衣槽里衣物的量与组成，也会影响洗净状况。

每一槽洗涤的衣物都应该同时包含小件衣物与大件衣物，因为这样的混合能产生最佳的清洁效果，且能维持洗衣槽的平衡。洗衣量不应太少，通常至少需要装到洗衣机所设定的"少量"，因为衣物需要一定程度的彼此摩擦才能洗得干净（有些洗衣机设有节水的"小洗衣篮"，看起来像一个小浴缸，可用于洗涤极少量衣物）。

然而，洗衣量过多也会造成的问题。若洗衣槽超载，在衣物过于拥挤的情况下，洗涤水无法充分流通，因此清洗及冲洗搅拌时便无法带走所有脏污。当衣物残留脏污与肥皂，会导致每件衣物看起来都脏脏旧旧，且会折损纤维的强度。

洗衣槽超载也可能造成毛屑过多、增加起毛球及磨损的机会，因为拥挤的衣物会摩擦过度。免熨衣物、细致衣物、多种合成纤维及可机洗的羊毛，都需要用较多的水来洗涤，以减少磨损与起毛球。以上掀式洗衣机来说，一次洗衣量应等于3打尿布的衣物量。

衣物过于拥挤也会造成皱褶，为了防皱，请确认衣物有充足的空间能在水中移动。免熨衣物与可机洗的针织品，比起其他衣物需要大量空间，以减少衣物起皱。一起洗涤的免熨衣物，数量千万不能超过洗衣机的中等衣量，且一定要用大一级的水量设定：使用高水位洗涤中等衣量，以中水位洗少量衣物。非常大的织品，如床罩、毯子及床单，比小的衣物需要更多能在洗衣槽里伸展的空间。

加水之前先目测洗衣槽里的衣物量，并仔细阅读说明书上的相关说明。我的机器是用以下方式来判断洗衣量的多寡：

◆ 少量：1/3满，衣物松散放置。

◆ 中量：1/3~1/2满，衣物松散放置。

◆ 大量：1/2~3/4满，衣物松散放置。

◆ 超大量：3/4~全满，衣物松散放置。

待你熟悉了洗衣机，就不需要边放衣物边估衣物量，而是可以立即做出反应。

□ 洗衣的顺序

家里热水供应较有限的，应先洗涤需用高水温的衣物：白色衣物、棉质与亚麻衣物，以及非常肮脏的衣物。然后，再洗需温水洗涤的衣物，最后才是以冷水洗涤的衣物。若家里热水供应充足，便可依自己方便决定顺序。在我家，通常较有效率的方式，是先洗那些需要较长干衣时间的衣物，包括毛巾、厚床罩与厚重的丹宁衣物。

□ 启动机器

衣物放进洗衣槽之后，将洗衣机的选项设定在正确的洗程、水位（根据衣量多寡）、温度、脱水与搅拌速度、洗衣时间，并视需要设定预浸或额外的冲洗程序。依据洗衣机说明书的指示设定正确的洗衣量，是非常重要的步骤，因为你需要足够的水，让衣物在适度摩擦又不浪费水与能源的情况下清洗干净。最后，如果你的洗衣机没有自动清除棉屑的功能，便应在每次使用前清洁棉屑滤袋。

□ 添加洗衣剂、漂白剂及其他洗衣产品

衣物在放进洗衣机之前，要先加水与洗衣剂。如果你先放衣物，再加水与洗衣剂，洗衣剂可能不会充分溶解，或不能彻底混合，造成衣物洗净程度不一，甚至因直接沾染未稀释的洗衣剂而产生斑点。

通常在洗衣机的水量超过 3 厘米高之后，就可以添加适量洗衣剂。在包装盒或瓶子上有用量说明，如果以较高水位洗涤，无论衣物量有多少，都要增加洗衣剂用量，因为洗涤水必须维持合适的浓度。同样地，如果你有 1 台大容量或超大容量的洗衣机，在以低、中或高水量洗涤时，所使用的水也会比你用一般容量的洗衣机来得多，因此你必须增加洗衣剂的使用比例（详见洗衣剂制造商的说明）。

如果家中水质非常硬，应该增加洗衣剂用量；如果水质超软，则应减少用量。若要预浸，洗衣剂用量应比一般用量再增加 50%，或另外添加预浸产品。你可以用 1 个大木勺或特长的大木匙搅拌，或让洗衣机搅拌 1 分钟，确保洗衣剂与其他洗衣产品完全溶解并混合，才将衣物放入。洗衣剂可能不太容易溶解于冷水，如果你经常有洗衣剂无法溶解的问题，可以尝试使用液态洗衣剂，或先用 1 升温水溶解适量的粉状洗衣剂（水温越高，越容易溶解），然后加入洗衣机。有关添加衣物柔软剂的时机与方法，详见第 409 页。

靛青漂白剂、软水剂、氧漂白剂（常含有靛青漂白剂）以及助洗剂等，应与洗衣剂一同加入水中，并在充分搅拌后才放入衣物。如果衣物需要预浸，这些产品可在预浸时加入。几年前，自动或全自动洗衣机尚未被广为使用时，靛青漂白剂是在最后一次冲洗时加入，但使用自动洗衣机时并不建议这么做，因为在加入靛青漂白剂时，衣物已在洗衣槽里，而倘若氧漂白剂及靛青漂白剂未与洗涤水充分混合，衣物洗好之后可能会出现斑点或蓝色条纹（但蓝色条纹是可以去除的，参见第 26 章《常见的洗衣事故与问题》中的"蓝色斑点与条纹"）。千万不能将氧漂白剂直接倒在衣物上，氧漂白剂需要

一段作用时间，因此如果用在预浸程序，或加长洗涤时间，效果会比较好。尤其是定期使用，且搭配布料可承受的最高水温，效果更好。

当洗衣剂、氧漂白剂及其他洗衣添加剂充分溶解并混合后，将衣物松开，一件件放入洗衣机，尽量分散在搅拌轴周围。不要把细长的衣物放置在搅拌轴附近，以免衣物纠结。

使用含氯漂白剂应依照制造商的说明。为了达到最佳效果，在衣物已在洗衣剂的水溶液中搅拌 5 分钟之后，再添加含氯漂白剂。这是为了让洗衣剂中所含的添加剂（如光学增亮剂、氧漂白剂与酶）有时间发挥作用，因为含氯漂白剂会干扰这些添加剂的作用（详见本章文末的"漂白"中有关含氯漂白剂的说明）。

一些较新型的洗衣机设有投放漂白剂的洗剂槽，会在洗衣开始运转数分钟之后自动加入含氯漂白剂。如果你的洗衣机没有这项功能，只要在洗衣程序开始后五至六分钟后倒入漂白剂即可。如果也没有漂白剂洗剂槽，可依下列步骤，将稀释的漂白剂加入上掀式洗衣机中：将正确分量的含氯漂白剂（请参阅制造商的说明，密切留意洗衣量的多寡）与 1～1.5 升的水混合，然后打开盖子，停止洗衣机的搅拌，并倒入调配好的漂白剂，以长木勺或木铲搅拌。接着盖上盖子，让洗衣机继续运作（我所见过的前开式洗衣机是不允许在洗衣机启动后手动添加稀释漂白剂的，因此必须选设有投放漂白剂的洗剂槽的机型）。

你可以依照下列指示，在洗衣过程中添加含氯漂白剂，只要确认在洗衣机排掉洗涤水之前，要给漂白剂几分钟的作用时间。要小心确认含氯漂白剂没直接泼洒在织品上，因为如此可能造成衣物破洞、纤维强度下降，或造成严重变色。这种情况常发生在当你把漂白剂倒入时。

使用含氯漂白剂的原则，是必须确保漂白剂与洗涤水充分混合，且绝对不能直接触碰干的衣物。如果需在衣物尚未搅拌前使用漂白剂，应利用木铲或大木勺将稀释过的漂白剂彻底混合于洗涤水中。

若洗衣机在运作过程中变得不平衡，发出隆隆声甚至停止，打开槽盖重新将衣物放置平衡，再关闭槽盖，机器应会自动启动。

衣物洗好后，应尽速从洗衣机中取出干燥，如此可避免起皱。此外，潮湿的衣物容易滋生微生物，如果放置太久，还会产生异味甚至发霉。天气温暖时，放置隔夜的湿衣物更可能发出酸味。如果发生这种情形，必须重新清洗，因为酸味无法在干衣过程中去除。

▌手洗

☐ 手洗细致衣物

标签通常将手洗定义为"轻柔的挤压动作",因此当标签告诉你要用手洗时,就是指示你要用这种方式洗涤。之所以要用手洗,通常是因为布料非常纤细、脆弱,或在潮湿时强度大为减弱,因此若用洗衣机搅拌或旋转脱水,难免会损坏。有时,标签要求手洗则是因为织品染料很容易掉色,因此浸泡在水中的时间得相当短,才不会严重褪色。

手洗细致衣物时,通常应该在温水或冷水中浸渍数分钟,且水中要加入一些温和的洗衣剂或纤弱衣物专用清洁剂。请参阅本章文末词汇表有关"温和洗衣剂与肥皂"的说明。如果标签上的洗涤说明并没有指明水温,代表任何温度,包括热水、温水、冷水,都是安全的。容易掉色的衣物浸泡时间则要越短越好。

裤袜、长袜、宽松的针织品以及其他细致衣物,都应使用最温柔的手洗(例如轻拍衣物),直到衣物被肥皂水浸湿,然后挤压衣物,让水从衣料中透出,除去脏污。手洗丝绸、羊毛及嫘萦时,可轻柔地将衣物浸入水中再抬离水面。但特别细致的衣物只能浸泡在肥皂水中,简单轻拍几下。不容易磨损的细致布料,则可用手轻轻搓洗。如果要洗的细致衣物非常脏,可以尝试只针对很脏的部位,用温和、对织品无害的洗衣剂,进行预浸或预处理。

以干净的冷水冲洗,手法与清洗时相同,直到肥皂或洗衣剂完全去除,通常需要冲洗几次。当冲洗的水不再有滑腻感时,表示冲洗完成。手洗衣物时不妨戴上手套,保护皮肤也保护衣物。如果不戴手套,要确定指甲修剪平整,并在洗完衣物后涂抹保湿乳液。

除非另有指示,手洗干净的细致衣物应用毛巾卷起压出多余水分(要确认毛巾上的染料不会掉色沾染衣物,而湿衣物也不会掉色沾染毛巾),不要直接扭拧,有些衣物在潮湿状态下非常脆弱。对衣物来说,拧的动作比洗衣机脱水或搅拌动作更为粗鲁。千万不能扭拧"洗后即穿"衣物或免熨衣物,否则势必产生皱褶。

纤弱衣物通常应吊挂或平铺晾干(见第22章《干衣》)。你可以使用下方有网状支撑结构让空气多方流通的晾衣架,或者把衣物放在一条干净、不会掉色也不怕染上衣物颜色的干毛巾上。针织品与弹性衣料应先塑形后铺平晾干，以防止拉长变形（见第16章，第309页说明）。为了加快干衣速度，可用电风扇吹干衣物，避免阳光直射。有关老旧或纤弱衣物的清洗方式，详见第16章，第314~315页。

☐ 手洗结实衣物

有时候你打算手洗的衣物可能并非脆弱衣物，例如当你住在饭店里，时间已到半夜，而你一大早就要穿这件衣服；或者你的工作服脏得不得了，你不想污染到其他衣物；或者你只有一两件小件衣物，不值得为此动用到洗衣机；或者你觉得某件衣物如果没有特别关照，无法洗干净。

手洗衣物的手法可以激烈也可以温和，事实上，手洗可以做到比机洗更激烈的洗涤效果。如果你处理的是特别肮脏的衣物，可以在衣物能够承受的情况下用力搓洗，效果可能比机洗还好，有时甚至得手洗才能真正洗净。结合物理与化学作用，通常比单独使用来得有效，再加入温度这个控制变因（水温），效果甚至更好。

戴上橡胶防护手套后，使用适合该布料的洗衣剂，水温则以布料能够耐受、去污效果良好，且在双手戴上手套后还能忍受的温度。如果布料能够耐受，预浸在极高温的热水中再刷洗，效果会非常显著，可使用任何适合的洗衣剂、助洗剂、漂白剂或预处理产品。但是，会掉色的衣物只能使用冷水，且绝对不能预浸。尽可能在可以洗净的情况下，缩短衣物浸泡在水中的时间。

搓洗结实衣物时，双手各执衣物一角，加强搓洗布料脏污的表面，也许是袖口、膝盖及衣领处。反复在肥皂水中搓洗、浸泡及挤压衣物，如此可将因搓洗而逐渐松脱的污垢冲洗去除。如果水变得太脏，将水倒掉，用干净的水与洗衣剂重新清洗。

☐ 洗衣板

如果你发现经常需要手洗一些难以清洁的衣物，准备一个小型洗衣板，对于处理沾染了顽垢的休闲服、园艺服、工作服及运动服会相当有用。针对机洗无法去除的泥垢、油垢、油脂、食物污渍、衣领汗垢等，洗衣板或许能帮上忙。只要将衣物放在洗衣板上搓洗，就能达到清洁效果。

如果你没有洗衣板，可用小的软毛刷或牙刷来刷洗布料，或用另一块布来搓洗，例如干净的白色毛圈布，或直接依照前文提到的方式搓洗。上述步骤虽然通常相当有效，但比使用洗衣板还要容易伤害衣物，因为洗衣板的表面比较光滑。

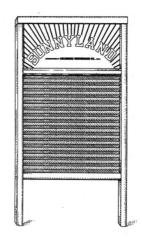

在衣物已经清洗干净时，应彻底冲洗，尽可能去除残留的洗衣剂，然后抓住衣物两端，双手分别朝反方向尽力扭转，以此拧干衣物。接着再以相同方式朝反方向扭转，尽可能挤出多余的水。（记住，这些方法只能用于可手洗的坚固织品。）扭转衣物的动作需要花力气，是很好的运动。衣物拧干之后，可进一步用毛巾包卷起来挤出水分，就像对待细致衣物的方式一样，以此减少晾干所需的时间。

如果衣物能够烘干，放进烘衣机里以适当的温度烘干，或挂在室外的晾衣绳晾干，或吊挂、平铺晾干，参见第397页"手洗细致衣物"。

切勿使用这些激烈的手洗方法来处理细致衣物，除非已经很脏，不以此洗净便无法穿戴。在这种情况下，用这种激烈的方式洗衣也没错。

▍洗衣机与烘衣机

有关洗衣设备的维护，请详阅使用说明书。有些自动洗衣机的过滤器需要定期清洗，你也应该偶尔清洗洗衣槽。首先以湿抹布擦去洗衣槽里的污垢或毛屑，然后在洗衣机内加入洗衣剂与热水，以快洗程序清洗一次，旋转脱水后再用清水冲洗。如果你需要清洁与消毒洗衣槽，可使用含氯漂白剂加上洗衣剂及清水所调成的水溶液清洗，比例可参照下册第3章的说明，让溶液在洗衣槽内留置数分钟后再排水。最后，以清水冲洗，再排干槽里的水。

烘衣机的过滤器也需要经常清洗。堆积棉屑过多会让烘衣机的效能大打折扣，且可能导致火灾。除了经常清洁过滤器，过滤器的内部及开口周围也要清理，因为这整个区域通常有棉屑堆积，你可以用烘衣机附送的缝隙吸尘器来清理。偶尔还可以干布蘸取一些中性洗衣剂溶液擦洗烘衣机内槽。

洗衣机与烘衣机的外部通常是烤漆表面，非常容易刮伤，但也很容易用抹布蘸取温和洗衣剂溶液加以擦拭，或用温和、非腐蚀性的全效家用清洁剂溶液擦洗。

洗衣产品与添加剂词汇

酸 acid | 参见"白醋"。

碱 alkali | 参见"氨""硼砂""洗衣剂与肥皂""温和洗衣剂与肥皂""磷酸三钠"及"洗涤碱"。水与洗衣剂的洗衣溶液通常是碱性（酸碱值大于7）。

氨 ammonia | 氨是碱性物质，可作为助洗剂，有时可让衣物更鲜亮，并让洗衣剂发挥更好的效果。在洗涤水中添加1/2杯一般家用的氨水，然后将衣物放进洗衣机。不要将氨水加入任何经含氯漂白剂处理过的洗涤水中，这两者相加会释出有毒气体。

一般洗衣量 average load | 当产品标签告诉你在一般洗衣量的情况下该使用多少洗衣剂时，要明白所谓的"一般洗衣量"所指为何：

◆ 2~3千克的衣物。
◆ 中度脏污。
◆ 水质硬度中等：$61 \times 10^{-6} \sim 120 \times 10^{-6}$毫克/升。
◆ 平均水量：上掀式洗衣机为64升，前开式洗衣机为30升。

根据我的观察，洗衣剂制造商所认为的"一般"对于许多人来说其实是少量。因此，当衣物洗不干净，主要原因很可能是洗衣剂用量不足。如果用量过少，衣物里的脏污会累积，让整槽衣物显得旧旧脏脏。但如果用量太多，洗衣机则无法将洗衣剂充分清除，洗出来的衣物会硬得像纸板一样。

漂白剂 bleaches | 漂白剂是在织品上施加氧化剂或还原剂，通过化学转换将织品中的深色或彩色物质转变为可经溶解冲洗的无色物质。（氧化是将离子、原子或分子移去一个或多个电子，还原是增加一个或多个电子。两种过程都能让污渍变为无色）。家用漂白剂通常含有氧化剂，如次氯酸钠（含氯漂白剂）、过硼酸钠、单过硫酸钾、过碳酸钠和过氧化氢等。

漂白让织品更白皙、更干净，因此看起来也更明亮；含氯漂白剂还能除臭及消毒衣物，但如果使用不当，可能会造成衣物褪色并减弱纤维强度。不同家用漂白剂的强度差异也很大。有些强效漂白剂若未经稀释不慎泼溅到衣物，会造成破洞。洗衣的艺术也包括学习选择合适的漂白剂，这是个权衡得失的过程。一个需要考虑的因素是，漂白剂有助于去除污垢及残留的洗衣剂，但也会造成布料劣化，而当衣物外观变得不好看，我们也就不会去穿了。

当你的眼睛告诉你，衣物或床单已经沾上污渍或非常肮脏，出现变灰、黯淡或泛黄的现象时，不妨使用漂白剂。按照产品标签上的说明使用，等到你越来越有经验，通常就可依赖直觉使用漂白剂。产品标签会标示内含哪些常用的化学漂白剂（如下文讨论），有关漂白剂的选用建议，详见下文。

日光：自然的漂白方式 sunlight: natural bleaching｜日光提供了有效的漂白效果，而且比化学漂白剂还温和。阳光对潮湿衣物的漂白效果更强，因此如果你想漂白棉质床单、毛巾、T恤或亚麻桌布，只要在洗涤后将衣物摊开在阳光下，或者以晾衣绳挂起。暴晒一天便可得到一些效果，2天或3天之后效果则更为明显。

阳光会造成染料褪色，因此有色衣物应在阴凉处风干，长时间暴露在阳光下就跟以漂白剂处理一样，都会造成布料劣化。白色的棉质衣物若长时间暴露在阳光下会泛黄，但适度的阳光照射对棉花有漂白效果（一般彩色布料除了淡蓝色以外，是不太容易看出泛黄情况的）；而激烈的洗涤方式，尤其是添加含氯漂白剂，通常会让白色棉布泛黄。

过氧化氢 hydrogen peroxide｜稀释的过氧化氢溶液可用于日常的化学漂白。过氧化氢是一种氧漂白剂（其他的氧漂白剂在水溶液中会转化为过氧化氢，参见下段有关"氧漂白剂"的说明），建议用于精致衣物、可水洗白色羊毛及丝绸的漂白，是一种重要的去污方法。你可以在药房里买到浓度3%过氧化氢溶液，作为各类家务

用途。这是已经稀释过的溶液，对布料相当安全，但你也可以继续加水稀释。过氧化氢通常装在棕色瓶子里，以免暴露在光线下变质，效力也会随着时间而降低（要确认是否还有效，可尝试下册第2章《与微生物和平共存》中所介绍的简单居家测试法）。

使用过氧化氢漂白衣物前，一定要在衣物的不显眼处测试过氧化氢的安全性。可将衣物不显眼处浸泡在过氧化氢溶液中约30分钟进行测试，但羊毛纤维经浸泡会受损，测试几分钟后便需取出。测试后也应将衣物彻底冲洗。

理论上，你可以使用任何优质的市售氧漂白剂或全效漂白剂来处理较细致的衣物、可水洗的白色羊毛及丝绸，但全效漂白剂通常含有靛青漂白剂、光学增亮剂、助洗剂及其他添加剂。这些添加剂若不适用于你的织品，可改用一般的过氧化氢溶液。

氧漂白剂 oxygen bleachs｜又称"适用所有织品的漂白剂"（all-fabric bleaches），这种漂白剂包括过硼酸钠、单过硫酸氢钾、过氧化氢及过碳酸钠。以上除了过氧化氢之外，都是粉末状。

氧漂白剂一旦溶于水，所含的无机化合物便转换为过氧化氢（外加一些残留物，如硼酸钠），而这些过氧化氢才是真正的漂白成分。污垢及有机物质与过氧化氢发生化学反应后，颜色会变淡或受到破坏。这种化学漂白作用比含氯漂白剂温和，因此适合

作为一般家庭用途。

粉状氧漂白剂通常还含有其他物质：生成剂与界面活性剂，如碳酸钠、光学增亮剂、靛青漂白剂及香料，有些还含有酶。氧漂白剂几乎对所有白色衣物、不易褪色的染料、各种纤维及织品都是安全的，但是不能用来处理容易褪色的染料，或是非常脆弱、老旧的布料，以及一些羊毛或丝绸布。据说氧漂白剂对于维持衣物的雪白及鲜亮非常有效，但让黯淡衣物恢复白皙的效果则不是很好，因此必须定期使用才能得到最佳效果。

氧漂白剂的有效性取决于四个因素：温度、时间、活性成分的浓度以及溶液的酸碱值。氧漂白剂要在碱性条件下才能真正发挥效用，一般市售漂白剂通常会添加碳酸钠，以增加洗涤水的碱性。此外，氧漂白剂需要60℃以上的热水，然而一般家庭洗衣的水温通常较低，因此经活化的氧漂白剂便含有化学催化剂，能显著提高漂白剂在较低洗涤温度下的作用，但市面上的氧漂白剂大多是未经活化的。

对氧漂白剂来说，接触时间越长，漂白效果就越好；而水温如果越低，衣物在漂白剂中的时间也要越长（含氯漂白剂则不同，在较低水温下同样有效，且作用一旦完成，继续浸泡也没有用。详见有关含氯漂白剂的讨论）。因此，使用氧漂白剂预浸或延长清洗时间，都可以提升漂白效果。

氧漂白剂可安全使用在经过抗皱处理的衣物上。但尽管相对温和，氧漂白剂如果错用在不该使用的布料上，偶尔还是可能造成损害，因此在使用前还是应依照制造商的说明，在衣物的不显眼处进行测试，看看是否安全；含有氧漂白剂的洗衣剂也要先做测试。在衣物放进洗衣机之前，氧漂白剂应先和洗衣剂一起加入预浸溶液或洗涤水中，在确认漂白剂已彻底混合和溶解后，才能放入衣物。请依据制造商建议，配合衣物多寡斟酌用量。

含氯漂白剂 chlorine bleach｜一般市售的家用含氯漂白剂通常是 5.25% 的次氯酸钠溶液，这是最强的家用洗衣漂白剂，对于维护衣物外观与卫生具有非常重要的贡献，能让白色衣物变白、让不易褪色的衣物颜色更鲜艳，并去除污渍和霉斑。含氯漂白剂还有清洁功效，水温较低时能强化洗衣效果并具消毒及除臭的作用，而且非常便宜。

含氯漂白剂对结实的白色衣物、色牢度好的棉布及大多数合成纤维制品（除了弹性纤维与尼龙以外），通常十分安全。若浓度适当，对大多数可水洗的衣物来说也相当安全。但若使用不当，可能大大减弱布料的强度，造成衣服、床单破洞与褪色。

正确使用方法，是依据制造商的指示加以稀释，并依据建议的方式添加到洗衣机中，同时不要直接喷洒在衣物上。如果不照标签指示使用含氯漂白剂，将有损坏衣物与床单的风险，若有任何疑虑，可以先在衣物不显眼处测试效果（见第 378～380 页）。

务必要测试过衣物的所有配件之后，才对含氯漂白剂是否安全下定论；有时衣物本身是没问题的，但领口、衬布、衬里及边饰等却可能受损。此外，务必详阅标签上的纤维成分说明，并一一确认标签上所列的纤维都可以放心使用各种家用漂白剂。

　　使用含氯漂白剂处理衣物时，应遵守以下注意事项：

◆ 频繁使用含氯漂白剂通常会造成一些彩色衣物褪色（基本上除少数缸染的布料，几乎都会），且过于频繁漂白会损害某些类型纤维的布料，造成衣物强度变差，可能产生磨损或破洞。漂白剂用量高于制造商所建议的量，也可能造成这些问题。

◆ 含氯漂白剂绝对不能用于丝绸、羊毛、皮革、毛海、尼龙、弹性纤维，以及许多做过阻燃处理的布料。含氯漂白剂可能使弹性纤维强度减弱或泛黄，且对丝绸、羊毛及毛海等布料造成永久性伤害，并可能让尼龙泛黄。

◆ 含氯漂白剂不建议用在轻薄、细致、脆弱的布料，或有易坏装饰物的衣物。

◆ 漂白剂用量过高可造成衣物泛黄。

◆ 衣物或床单若喷溅到漂白剂，可能产生破洞或变色，例如暗色衣物上出现浅色斑点。

◆ 一些免熨衣物及经过光学增亮剂处理的布料可能因为接触含氯漂白剂而泛黄。如果你不放心，可在不显眼处先行测试。

◆ 一些经树脂处理过的布料可能因为接触含氯漂白剂而泛黄。如果你不放心，可在不显眼处先行测试。

◆ 如果洗涤水中含有大量的铁，可能因加入含氯漂白剂而让布料出现锈斑。

◆ 不要将含氯漂白剂与含有酸及氨的产品混在一起使用。这样做会产生有毒气体或其他致命的危险反应。参见下册第2章《与微生物和平共存》。

　　依据洗衣量的多寡，使用漂白剂包装上所建议的含氯漂白剂用量（并应设定适当的洗涤水位）。虽然使用过多漂白剂可能会损坏衣物，但若用量太少，效果也不好。含氯漂白剂应在衣物与洗衣剂混在一起搅拌五六分钟之后再加入，因为现在的洗衣剂几乎都含有光学或荧光增亮剂，有时还含有酶。为了让增亮剂及酶有时间发挥作用，含氯漂白剂要晚点加入，以免干扰光学增亮剂的作用和酶活性。当然，如果你所使用的洗衣剂不含这些添加物，便可以同时加入。（有些洗衣剂还含有氧漂白剂，会因为含氯漂白剂而失去活性，其作用也会受到含氯漂白剂的干扰。）

　　一些较新型的洗衣机设有投放漂白剂的洗剂槽，能在洗衣开始约五分钟之后自动加入漂白剂。如果你的机器有这项功能，可在注水同时添加漂白剂，机器便会在衣物于水中搅拌了数分钟之后，才将漂白剂加入洗涤水中。如果你的洗衣机没有自动投放的功能，你只要在衣物于洗涤水中搅拌达五六分钟之后，将漂白剂加入漂白剂洗剂槽即可。漂白剂洗剂槽能自动稀释漂白剂，以免强度过强伤了衣物。请特别留意不要让未经稀释的漂白剂直接泼洒在衣物上。

如果你的洗衣机也没有投放漂白剂的洗剂槽，可手动添加漂白剂，但在加入搅拌中的洗涤水之前，务必先稀释含氯漂白剂，绝对不可直接将含氯漂白剂加在干的衣物上。稀释时，漂白剂至少要与 1 升的水混合，然后在适当时机添加，以长木铲或木勺搅拌，确保漂白剂稀释液与洗涤水充分调匀。含氯漂白剂的漂白作用约 5 分钟即可完成。若用热水，时间短一点；若是冷水，时间长一点。

含氯漂白剂会因久放而失去效力。如果目的是作为淹水后的紧急消毒等重要功能，应当每隔 6 个月更换 1 次；如果是用来洗衣或做一般家庭清洁用途，应当每隔 9～12 个月更换 1 次。含氯漂白剂也要存放在儿童无法触及之处。

靛青漂白剂 bluing | 靛青漂白剂是洗涤白色衣物时加在洗涤水中的着色剂，它会中和白色衣物上的泛黄色渍，让衣物看起来更洁白，不过同时也让衣物看起来比较不光亮甚至有点黯淡（就美国人而言，蓝白色看起来比黄白色洁白，而据说对南美洲的人而言，红白色看起来比较洁白）。

一般超市通常可以买到靛青漂白剂，有些市售的氧漂白剂与洗衣剂等洗衣产品，也含有靛青漂白剂。如果你想尝试，可依照标签指示小心使用。通常标签上会指示，先把靛青漂白剂与洗衣剂加入洗涤水，然后才把衣物放入洗衣机。虽然也可以在冲洗时再添加靛青漂白剂，但机洗时衣物已经在洗衣槽中，这么做会让靛青漂白剂无法充分混合，进而导致衣物产生蓝色斑点与条纹。

确认靛青漂白剂与洗涤水彻底混合相当重要，因为如果衣物不小心形成了蓝色条纹，是有点麻烦。不过这不算灾难，因为这是可以洗掉的。详见第 26 章《常见的洗衣事故与问题》关于"蓝色斑点与条纹"的说明。

助洗剂与洗衣辅助剂 boosters and laundry aids | 见"硼砂""生成剂""磷酸三钠"及"洗涤碱"。

硼砂 borax | 硼砂是一种优良的全效洗衣辅助剂及助洗剂，特性温和，能清洁、除臭，并除去污垢。硼砂也是一种软水剂，能作为缓冲剂，让洗涤水维持碱性。硼砂非常适合用来浸泡尿布，因为具有除臭与清洁功能，并让尿布变白，增加吸水力。浸泡尿布时，每桶温水应添加 1/2 杯硼砂，硼砂可与含氯漂白剂一起使用。你也可以在机洗尿布时，直接把 1/2 杯的硼砂加入清洗的水中。

硼砂可促进温和洗涤剂的清洁能力，代价是会让洗衣剂变得比较不温和。在一槽温水中添加 1/4 杯的硼砂与 1~2 汤匙的温和肥皂或洗衣剂，浸泡衣物约 10 分钟，再以干净的冷水冲洗，并用毛巾吸干或包在毛巾里滚干。不过这种处理方式不适用于丝绸、羊毛，或任何非常细致、脆弱的衣物。

生成剂 builders | 生成剂是用来加入洗衣剂中，以增强其功能的。生成剂能软化水质，让酸性物质失去活性以保持水质碱性，并防止污渍堆积。

除色剂 color removers | 除色剂是由染料制造商所生产，含有亚硫酸钠（又称硫代硫酸钠）。除色剂是还原漂白剂，不像一般家用漂白剂是氧化漂白剂。除色剂并不是真的去除颜色，而是破坏布料上的染料，让布料可以再上别的染料。除色剂应只用在白色衣物或打算去除颜色的衣物，使用时要非常谨慎。

如果你有白色衣物因为残留的氯而泛黄（例如经树脂处理的布料），除色剂能有效让衣物恢复雪白。如果你的白色或浅色衣物因为与其他会掉色的衣物一起洗涤而沾染颜色，使用除色剂也很有效。

请谨慎依照包装上的说明使用，并确定除色剂对待洗的布料是安全的。记住，除色剂确实会破坏有色衣物与寝具的颜色。在药房、五金行、家用品中心及大型超市可购得除色剂。

另见"增白剂与增亮剂"。

洗衣剂与肥皂 detergents and soaps | 洗衣剂含有界面活性剂（能提高待洗衣物的润湿性）、生成剂及助洗剂（能提高清洁力）、抗污渍堆积成分（能让污垢漂浮在洗涤水中而非黏附在衣物上），以及其他各种化学成分（如光学增亮剂）。

洗衣剂的名称中若出现"超"（ultra）之类的字眼，便是浓缩洗衣剂，用量可以减少。这种"新产品"其实是老产品，因为在洗衣剂问世之初，人们还习惯用洗衣皂洗衣物，且用量比用洗衣剂还大。那是因为当时洗衣剂包装较小，价格却与一大箱肥皂一样，尽管两者的使用时间一样久，洗净效果也一样好，人们还是会有受骗的感觉。因此，洗衣剂制造商便在产品中加了填充剂，让包装盒与肥皂盒一样大，使用量也与肥皂约略相同。这种情况一直持续到 20 世纪 90 年代，最后洗衣剂生产商认为，他们终于可以把小包装的洗衣剂卖给储藏空间小、观念不像前人那样守旧的家庭。但是，这又造成新的问题，人们更难估算所需要的洗衣剂分量。如果从使用"超浓缩"洗衣剂变成"一般"洗衣剂，你可能会失去估量用量的第六感，或忘记所用的是哪一种，不小心就加过量或用量不足。这时可依照包装上的说明，并使用包装盒中的量匙，以减少出错的机会。

洗衣剂的名字若有"不添加"（free）字眼，代表不含染料、香料或香精。有过敏反应的人应该会比较喜欢这类的洗衣剂（我希望厂商能提供只有些微清香的产品，但他们似乎都只提供化学物质气味超强的"不添加香精"产品，以及香精气味重到可以把人熏昏的产品）。

"强效"（heavy-duty）与"全效"（allpurpose）往往都是指洗衣剂的配方能够用来洗涤全家人的衣物，包括所有类型的脏污及各种可水洗的布料（除了那些必须以"温和""柔和"肥皂或洗衣剂洗涤的布料）。对蚕丝、羊毛以及许多细致衣物来说，这种洗衣剂通常太强，也就是碱性太高。

"全效"有时也指洗衣剂可同时适用于一般家庭清洁用途以及洗衣。全效或强效洗衣剂有颗粒状与液状。以冷水洗衣时，颗粒状不易溶解，所以为了方便预处理污渍，使用液态洗衣剂较好。液态洗衣剂有时也对于清洗油性污渍及食物污渍具有比较好的效果。颗粒状（粉状）洗衣剂，据说对清除黏土与地面的泥土特别有效。

全效与温和洗衣剂经常含有漂白剂（氧漂白剂），不适用于部分布料，请参阅"温和洗衣剂与肥皂"。洗衣剂中带有漂白剂不一定是好的，因为这类漂白剂在一般洗衣条件下往往效果不佳，而且会因含氯漂白剂而失去活性，你也会因而无法得知是否该额外添加漂白剂、用量多少，以及何时使用。含有漂白剂的洗衣剂只适用于能耐受氧漂白剂的衣物，你也得仔细溶解或充分和清水混合，才能加入衣物。有些洗衣剂含有酶洗洁成分，这类洗衣剂对于有机与蛋白质污渍（如血液、鸡蛋、草、呕吐物、尿液、粪便，以及身体排出的废弃物质）特别有效。不建议使用含有衣物柔软剂的洗衣剂，这会妨碍清洗功效。如果你想使用衣物柔软剂，应在冲洗时或烘干时另行添加。

磷酸盐洗衣剂 phosphate detergents | 这种洗衣剂的洗洁效果比无磷洗衣剂好，因为磷酸盐是比较好的生成剂与助洗剂。但很多时候，家用洗衣剂的磷酸盐含量受到严格的限制，甚至因为环保因素而被法律禁用。

轻柔洗衣剂 light-duty detergents | 这是不含生成剂及助洗剂（或含量很少）的洗衣剂，但里面可能含有光学增亮剂、氧漂白剂或酶。这类洗衣剂包括手工洗碗精，以及婴儿与细致衣物的专用洗衣精。轻柔洗衣剂有些可用于自动洗衣机，有些不能，因此必须详阅标签说明。

温和洗衣剂与肥皂 detergents and soaps, mild | 当标签告诉你应使用温和洗衣剂，制造商可能是要提醒你，要使用酸碱值为中性或趋近中性（只能是微碱性）的洗衣剂。但是，由于洗衣剂对酸碱值的说明不多，因此往往很难确定洗衣剂是否为"温和"。大多数市售洗衣剂或多或少带有碱性，碱性越强，刺激性也越强，但清洁效果往往比较好。

通常温和的洗衣剂对于极度肮脏衣物的清洁效果，比强调"强劲""污渍克星""强效""强力"之类的洗衣剂差。然而，有些温和洗衣剂的清洁效果更优于某些较不温和的洗衣剂。因此可以说，温和与清洁效果有关，但并不完全是正相关。

如果你对产品温和与否有疑虑，可拨打产品标签上的免付费电话，以确认是否适用于某种特定纤维或布料，有时厂商也会告诉你产品的酸碱值。

此外，请记住洗衣剂与肥皂的配方会改变，如果你所使用的产品外包装上标示着"新""改良"或"添加某种新成分"等字眼，请试着确认这项改变对其温和性的影响。不过，有位织品专家这样告诉我，无须过分担心洗衣剂是否够温和，几乎所有市售的洗衣剂都是相当温和的。某位洗衣剂制造商也告诉过我，任何洗衣剂，只稍微减少用量，就可以让效果变得更温和。不过，即使是原本就很温和的洗衣剂，也必须按照标签的指示来使用，包括适用的水温，以确保能温和地洗净衣物。

用于手洗衣物的温和洗衣剂 mild detergents for hand washables | 若想找到适合用于手洗的温和洗衣剂，可看看那些带有"温和""不伤玉手"或"适用细致衣物"等字眼的洗衣剂。针对非常脆弱的布料，特别是古董级织品与传家宝，特别适用。你不一定要购买昂贵的产品才能有好的清洁效果。一般的洗碗精是不能用于洗衣的，因为为了不伤害手部肌肤，其酸碱性往往是中性或趋近中性（微碱性）。不过，如果你要以洗碗精来洗涤衣物，与其购买"温和不伤玉手"的洗碗精，不如选购什么都不添加的产品来得保险，因为后者不会添加特殊成分或添加剂。

用于可机洗衣物的温和洗衣剂 milddetergents for machine washables | 有些洗衣剂的配方是特别为羊毛或纤弱布料设计的，可用于机洗与手洗，请仔细阅读标签，看看该产品是否可用于洗衣机。有些市售洗衣剂（特别是一般建议可用来洗涤婴儿衣物的）是弱碱性，但要特别留意，有些打着"婴儿"字样的洗衣剂是碱性，而有些一般洗衣剂则接近中性（极弱碱性）。

温和洗衣剂中的光学增亮剂及酶 optical brightening agents and enzymes in mild detergents | 有些温和的洗衣剂含有光学增亮剂，这些成分并不会让洗衣剂比较不温和，也不会伤害纤维，但有可能改变某些布料的色调或外观，包括卡其布、天然棉，以及灰白色与米黄色衣物，特别是进口的亚麻布与锦缎。有些洗衣剂虽然未列出，却也可能含有光学增亮剂。含有酶的洗衣剂可能还算温和，因为用在机洗产品中的酶通常是中性的，且对任何类型的纤维与染料都是安全的。呈碱性的酶洗衣剂，通常是因为其他成分所导致，例如，酶预浸产品就可能含有不适用

于脆弱布料的助洗剂。含有漂白剂的洗衣剂通常也不会是你要选择的温和洗衣剂。留意产品标签，上面一定会说明产品中是否含有漂白剂。

肥皂或洗衣剂何种较温和 which is milder-soap or detergent | 经常有人建议，在家里洗衣应使用肥皂，不要使用洗衣剂或其他清洁剂，因为据说肥皂较温和，清洁效果也更柔和。事实上，这要视肥皂及洗衣剂的种类而定（从技术及化学层面来看，肥皂也是一种洗衣剂，有些人会将其他产品称为"合成洗衣剂"，与肥皂做区分，这里我会略过技术及化学层面，仅以大多数人习惯的名词来说明）。

一位纺织专家向我解释，肥皂在水中一定是碱性，而许多洗衣剂则非碱性；市面上有刺激性很强的肥皂，也有中性及非常温和的洗衣剂。（对于什么是肥皂、什么是洗衣剂，详见下册第3章《居家清洁化学用品》）。

肥皂不见得比洗衣剂温和，还比较难使用。肥皂可能残留在衣物上，而且难以冲洗干净，尤其较脆弱的布料更会产生问题。洗涤水质越硬，问题就越严重。你可以使用任何不含保湿成分或类似添加物的洗澡用肥皂（如象牙浴皂），作为少量洗涤之用。接着直接将肥皂涂抹在衣物上，或是用小刀、刨丝器把肥皂刨成细丝并溶解成肥皂水。不过使用洗澡用肥皂必须特别留意一些对皮肤很好或无害、但对布料却不好的成分，例如保湿剂或染料。很多人，包括我在内，有时会用象牙浴皂来手洗细致衣物，不是把肥皂直接涂抹在衣物上，就是将肥皂刨丝，放在水中溶化后使用。不过，并非所有浴皂及洗手皂都是肥皂，有些是洗衣剂。

此外，使用肥皂前要确认水质是软水，不然就要以非沉淀性的软水剂加以软化，否则肥皂会与水中的矿物质作用，形成结块黏附在衣物上，非常难以去除。肥皂要配合使用温水或热水才能真正发挥效果。

酶洗衣与预浸产品 enzyme laundry and presoak products | 许多预处理或预浸产品、去污剂、洗衣剂及一些氧漂白剂里都含有酶洗衣剂。使用这些产品之前，应该在衣物的不显眼处测试，不过这些产品对可水洗的布料大多是安全的。酶洗衣产品可帮助消除有机或蛋白质污渍，包括人体产生的物质（如血液、呕吐物、尿）、蛋、乳制品、植物性的染色及巧克力。

酶洗衣剂中的酶有好几种，作用在不同类型的污渍。淀粉酶对淀粉类的污渍有效，蛋白酶对蛋白质类污渍有效，脂肪酶作用于脂肪及油性污渍，纤维素酶则有助于防止棉布变灰、起毛球并除去颗粒性的脏污，国际织品保养学院（the Fabricare Institute）建议可使用含有纤维素酶的产品来除去抗皱棉布表面的毛球。一种洗衣剂里可能含有好几种酶。

要让含酶产品发挥效用，就要让

酶有充裕时间作用，可将衣物浸泡在含酶的预浸溶液中半小时以上。含氯漂白剂会让酶失去活性，因此必须在酶作用完毕之后才添加。如果你的洗衣剂含有酶，应在洗衣搅拌约 5 分钟后再添加含氯漂白剂。另见"温和洗衣剂与肥皂"。

衣物柔软剂 fabric softners | 衣物柔软剂应该能使衣物蓬松、柔软、触感好、减少皱褶产生、更容易熨烫，且有助于防止一般合成纤维布料常见的静电问题。据说衣物柔软剂也有助于让布料的毛绒更有型。我从来不用衣物柔软剂，而我所认识的织品专家中，至少有两位也从来不使用。营销人员表示，人们之所以使用衣物柔软剂，是因为喜欢它们的味道。

这些产品之所以有效，是因为在布料表面留下蜡质涂层，因此衣物柔软剂造成的主要问题，是使吸水力降低，且蜡质可能沾染到其他衣物及你的皮肤。衣物柔软剂不要使用于毛巾、T 恤、内衣、床单及枕套，这些与皮肤直接接触的织品必须很吸水才会舒服。你也应该不要太常使用衣物柔软剂，因为这会造成蜡质堆积，让衣物呈现油腻感，且更不吸水。衣物柔软剂也可能降低阻燃剂的效果，因此经过阻燃处理的布料，不要以柔软剂处理。

如果要使用液态的衣物柔软剂，应在最后一次冲洗时加入洗衣槽。如果洗衣机配有柔软剂洗剂槽，可以在一开始洗衣时便放进槽中，洗衣机会

在适当时候加入柔软剂。若没有这个功能，柔软剂务必先以至少 1 升的水稀释、搅拌并彻底溶解，然后加入冲洗衣物的水中，因为如果直接接触衣物，可能会造成斑点。倘若发生这种情况，可用肥皂搓洗衣物并重新洗涤，不过可能必须重复几次。

用于烘衣机的柔软纸含有饱和的蜡质成分，在烘衣机的高温下会熔化，并随着烘衣滚动时包覆在衣物上。你可以依自己的喜好，将一张裁成 2 张或 4 张，减少柔软剂的使用量并兼顾效果。衣物量不大时特别适合这样做。

这两种柔软剂在质量上差别不大。有些人认为液态的柔软效果略胜一筹，但烘衣机用的柔软纸较能防止静电，而两者的效果都很好。有些洗衣剂含有衣物柔软剂，但衣物柔软剂会影响洗衣剂的清洁效果，因此最好分开使用。

衣物在晾衣绳上晾干时，往往会产生粗糙、僵硬、如同纸板的感觉，毛巾尤其如此。你可以把毛巾及其他晾干后呈现僵硬触感的衣物用烘衣机翻动一下，衣物便能软化，无须添加衣物柔软剂。不过因为烘衣机会造成衣物之间摩擦，因此静电问题会更严重。

强效洗衣剂 heavy-duty detergent | 见第 405 页"洗衣剂与肥皂"。

洗衣球 laundry disks | 你可能见过碟形、球形或甜甜圈形的洗衣球，可靠的权威人士建议，不要浪费钱购买这

类用品。这些是号称不需要使用洗衣剂或其他预处理等洗衣产品，也能把衣物洗干净的"另类"洗衣产品。人们通常宣称这种用品的某个配件，如陶瓷珠、磁铁或"活化水"，能发出负电荷或远红外线电磁辐射，降低水的表面张力，让水更容易穿透布料。但是，这类产品的相关研究却显示，单单用水就可以达到与加入这类用品同样的清洁功效（事实上，理智的人有时候似乎也会误认为这些产品真的有效，因为他们不知道光是清水的洗洁效果如何）。此外，科学家表示，业者针对该产品所提出的"科学性"解释，是毫无根据且不合逻辑的。美国有些州政府已经采取法律行动，以高额罚款处分这些为了促销产品所做的不实广告。消费者联盟（Consumers Union）、国际织品保养学院、美泰公司（Maytag Corp.）以及肥皂与洗衣剂协会（the Soap and Detergent Association）都不建议使用这类产品。

光学增亮剂 optical brighteners（OBAs）｜目前几乎所有洗衣剂（包括最温和的产品）与氧漂白剂，都含有光学增亮剂。包装上所列成分可能会有"光学增白剂"（optical whiteners）、"荧光增白剂"（fluorescent whitening agents）或"增亮剂"之类的字眼，这些都是无色的染料，能吸收光线中看不见的紫外光，并重新散发波长较短的可见光。结果让白色织品在紫外线（也就是一般阳光或日光灯）照射之下显

得更白，彩色织品则更鲜艳。但在白炽灯泡下就显不出效果，因为白炽灯泡所发出的紫外线辐射非常少。所以你可能会发现，白天在办公室时，你的衣物会比较亮，晚上回到家，因为室内光线几乎都是白炽灯光，衣物因而显得黯淡些。

美国制造商也把光学增亮剂用在几乎所有白色、粉色系布料的制造过程。这些布料中的增亮剂若暴露于阳光或漂白剂下，有时（但似乎很少）会造成泛黄。光学增亮剂处理过的布料有时也可能因为老化而泛黄，因为这些无色的染料与其他染料一样会褪色。事实上，增亮剂色牢度相当差。当布料泛黄，可能表示布料的光学增亮剂流失了，而且褪色产物本身也是偏黄色，因此让织品呈现黄色调。据国际织品保养学院研究，干洗、蒸汽处理、使用碱性洗衣剂及漂白剂，或让含有光学增亮剂的布料暴露在含氯漂白剂中，都可能造成光学增亮剂分解。

洗衣剂中添加增亮剂是为了让白色或亮色衣物维持全新外观，但是当你使用含有光学增亮剂的洗衣剂来洗涤没有经光学增亮剂处理过的衣物时，却可能遇到麻烦。这些衣物的颜色可能变淡，甚至产生丑陋的斑点。我是在一次惨痛的经验之后，才知道光学增亮剂是什么。我买了一些进口的灰白色的亚麻毛巾，上面有个标签写着："OBAs 会影响色调"。这意味着，如果使用含有光学增亮剂的洗衣剂，可能会让毛巾颜色改变。我不

知道 OBAs 是什么，也不知道自己其实一直在使用 OBAs，经过洗涤之后果然改变了毛巾的色调，并产生斑点。一般来说，棕褐色或灰白色调的床单，有可能是没有经过增亮处理的，美国制造的某些著名品牌也是。此外也应特别留意卡其布与自然棉布料，一家亚麻锦缎制造商就建议，不要在白色的锦缎上使用光学增亮剂。

预处理与预洗去污剂 pretreatments and prewash stain removers | 液态的预处理与预洗去污剂通常于洗涤前处理。不过，预处理棒（pretreatment stick）却可在洗衣前一周使用，也不会有发霉的危险。因此如果衣物上有污渍要清理但又无法立即清洗，这种产品相当有用。只要把预处理棒擦抹在刚产生的污渍上，然后把脏衣物放在洗衣篮里，等到洗衣日再洗即可。

使用这类产品之前，应先在衣物不显眼处测试。光学增亮剂或其他成分可能让某些布料产生淡色斑点或失去色泽，尤其霓虹或荧光染料可能因此掉色或褪色。这些产品也可能含有酶，见上文"酶洗衣与预浸产品"。

预处理与预洗去污剂对于油腻污渍，包括皮肤油脂、汗渍、食物污渍、食用油、乳液及化妆品等，清洁效果非常好。这种产品可能以清洁剂为主，也可能含有异丙醇、干洗剂或其他油性溶剂。含有油性溶剂、除油或去污剂的产品，能够有效消除聚酯和其他合成纤维上的油污。有时你可以从预处理产品的成分里得知是否含有油性溶剂、去油或去污成分，有时则不能。我就知道有个制造商不列出去污成分但产品中却仍然有去污剂的案例。通常带有按压式分液器的预处理产品是以清洁剂为主，而带喷嘴的是含油性溶剂的。但也不尽然如此。

苏打结晶 sal soda | 见下文"洗涤碱"。

碳酸钠 sodium carbonate | 见下文"洗涤碱"。

肥皂泡、肥皂及洗衣剂 suds, soap and detergent | 在以肥皂而非洗衣剂洗涤衣物时，从洗涤水中的肥皂泡沫多寡就能评断清洁力。因此，使用肥皂时请确保肥皂泡够多，且要能结实到像打泡蛋白一样才行。但洗衣剂的泡沫量不能代表清洁力，泡沫少的洗衣剂也可能具有很强的清洁效果，而泡沫多的也许洗净力并不强。

洗澡的肥皂泡与洗衣剂的肥皂泡，遇到脏污及硬水时都会减少，若较不脏或水质较软，则泡泡较多。如果洗衣剂泡沫太多，可在水中撒上少许酒精或放进一小块肥皂。另外，含氯漂白剂会让泡沫变得绵密。

前开式洗衣机适合低泡沫的洗衣剂，有些衣物的洗涤，如枕头及被子，最好也用低泡沫洗衣剂。低泡沫洗衣剂用在上掀式洗衣机中也有很好的效果。

界面活性剂 surfactants | 洗衣剂中的

界面活性剂能够降低水的表面张力。当衣物表面变湿，脏污也就更容易松动、清除。界面活性剂也让脏污乳化并悬浮于水中，不会黏附在洗涤的衣物上。见下册第3章《居家清洁化学用品》。

磷酸三钠 trisodium phosphate | 磷酸三钠，有时也称 TSP，是一种助洗剂及软水剂。这是一种强碱，因此不能用于蛋白质纤维，如蚕丝与羊毛。

白醋 vinger, white | 你可以在最后一次冲洗时，在水中添加白醋。白醋是一种酸性物质，可用来中和洗衣剂中所残留的任何含氯漂白剂或碱性物质，以防止产生毛屑。待最后一次的冲洗水已经装满时再添加白醋，一槽洗衣量使用1杯，衣量较多时则稍微增加用量。注意：不要把醋加进含有含氯漂白剂的洗涤水中！这可能会产生有害气体。

洗涤碱 washing soda | 洗涤碱（碳酸钠或苏打结晶）是非常古老的助洗剂，时至今日，仍是一种很好、很强力的助洗剂、生成剂及除臭剂。市售洗涤碱的商品名五花八门，当中通常带有"苏打"（soda）之类的字眼。可详阅标签上的成分表，确定产品中是否有洗涤碱。洗涤碱是碱性物质，有助于去除油脂，此外，洗涤碱也是一种软水剂。请依照制造商的指示，或每一槽洗衣量使用1/2杯，超大容量时

用3/4杯。使用时应小心注意。

对食物污渍、油脂、尿布污渍、口红及蜡笔等污渍而言，洗涤碱也是相当有效的预处理剂。在你进行去污的预处理时，可用1/4杯的水将4汤匙洗涤碱调成膏状，将污渍弄湿，戴上橡胶手套，把膏状洗涤碱涂抹在污渍上。

要用洗涤碱进行预浸时，每一槽洗衣量使用1/2杯。洗涤之前则要将洗涤碱溶液排干（也可以在洗涤水中另外加入1/2杯的洗涤碱，当作助洗剂）。

使用洗涤碱这类强腐蚀性物质时应特别谨慎，不能用于羊毛、丝绸、其他蛋白质或动物来源的纤维。此外，还要避免将洗涤碱用于较脆弱的纤维素纤维。使用时戴上橡胶手套，以免接触皮肤。

软水剂 water softners | 见"硼砂""生成剂""磷酸三钠"及"洗涤碱"。

增白剂与增亮剂 whitener / brighteners | 增白剂没有任何漂白效果，也不会去除颜色，这和增亮剂与除色剂不同。相反地，增白剂是"光学增亮剂"或无色染料，能吸收看不见的光（紫外线），并重新散发出低能量的可见光。请参阅"光学增亮剂"。

CHAPTER

22
干衣

❖ **烘衣机**
  - ☐ 可烘干的衣物材质
  - ☐ 烘衣量
  - ☐ 温度
  - ☐ 湿度感应器
  - ☐ 烘衣程序的选择
  - ☐ 避免过度干衣：带湿气的干燥
  - ☐ 干衣的分类
  - ☐ 烘衣机的操作
  - ☐ 利用烘衣机除皱
❖ **晾衣绳**
❖ **衣架与晾衣架**
❖ **平铺晾干**

今日大多数人若要弄干衣物，唯一的选择就是在室内用滚筒式烘衣机或在室内使用晾衣架、晾衣绳。这些都是很好的干衣方法，有些布料也最适合以这种方式干衣。但是，有些人仍可选择其他方式，其中户外晾衣绳的晾衣效果最清新，且只要是适合晾在户外的衣物或床单，我也偏爱用这种方式。本章将说明每一种干衣方式的使用时机及执行方式。

烘衣机

□ 可烘干的衣物材质

大部分衣物与床单都可以安全地在烘衣机里烘干，但也有例外：玻璃纤维、橡胶、塑料、某些针织品；较为细致的纤维，如粘胶嫘萦；一些对热特别敏感的纤维，像是聚丙烯、多种醋酸纤维、亚克力及弹性纤维；以及需直接沥干的衣物（这种衣物要吊挂晾干）。

另一方面，各种毛巾、法兰绒及其他有毛绒或拉绒的布料，则需要用烘衣机加以翻滚使其蓬松。通常，这些布料不应平铺或吊挂晾干。

耐洗涤以及经类似处理过的羊毛，可用烘衣机的低温设定加以烘干（除非标签上写着不能烘干），但此外的羊毛则不能以烘衣机烘干，只有晾干之后才可放进烘衣机用冷风吹到膨松，这通常称为"冷风吹松"（air fluff）。

□ 烘衣量

一槽洗衣机的洗衣量通常就是一次烘衣的量。烘衣量与洗衣量一样，不能太少也不能太多，让全湿衣物约占烘衣机滚筒的1/3。记住，衣服烘干后会膨胀占去更多空间。烘衣量过少，干衣的速度会更慢，因为滚筒需要在衣物达到基本量以上，才能正常运作。因此，可加入一些干净的干衣物，例如两三条颜色相近、不起毛屑的毛巾，以增加烘衣量。

烘衣量过多，会造成起皱、毛屑过多、烘衣时间变长且不平均，因为空气无法自由在衣物周围流通。烘衣量过多也可能阻塞通风口，造成衣服过热损坏。

□ 温度

家用烘衣机通常可以选择烘衣温度，"一般"是温度最高的选项，用来烘干结实的棉 T 恤、毛巾、棉内衣、床单以及经过防缩处理的蓝色牛仔衣物等。能以一般温度烘干的衣物，标签上通常只写着："以烘衣机烘干"。一般来说，干衣温度越高，衣物缩小的可能性越大，因此"一般"的温度设定也仅限于经过防缩处理或不易缩水的布料。中温设定是针对免熨、经过抗皱处理的衣物，许多合成纤维与混纺、轻质棉与亚麻、一些针织品，以及标签上指示"中温烘干"的所有衣物。

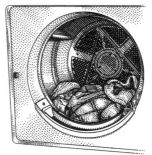

装有适量衣物的烘衣机

低温设定（细致衣物设定）则适用于对热敏感的衣物，包括一些合成纤维、细致的内衣、轻薄的布料、大多数的棉针织品，还有标签上指示"低温烘干"的所有衣物。

□ 湿度感应器

现在有许多家用烘衣机也有"电子侦测干燥"功能，烘衣机能够自动侦测湿度，并在降低至你所设定的湿度标准时自动关闭。你可以选择"较为干燥"或"非常干燥"，也可以选择"略为干燥"。非常干燥的选项，适用于你希望烘得特别干以及很难干的衣物，例如地毯、厚重衣物及毛巾。略为干燥的选项则适用于棉花及亚麻，这类衣物你接着要在尚有湿气时熨烫，不过我发现用这个设定烘干的衣物仍然需要用蒸汽熨烫或喷水（见下文"避免过度干衣：带湿气的干燥"）。

□ 烘衣程序的选择

家用烘衣机有一个定时器，能让你设定烘衣时间，而大部分机型也提供烘衣程序的选项：一般、免熨、免熨外加延长冷却，以及冷风吹松。若使用一般烘程，最后会有一段短时间的冷却，让你取出衣物时比较没有皱褶，也较容易处理。

免熨烘程有很长的冷却时间，许多机型会在此时发出警示声，让你知道必须尽速取出衣物。因为免熨衣物在有余温时，如果还留在烘衣机里，可能会产生皱褶，甚至在吹过冷风后若稍有余温也会。免熨外加延长冷却烘程多了 1 次冷却时间，警示声每五分钟就会响 1 次，其功能是倘若你不能马上取出衣服，烘衣机就继续让衣物滚动，并将之冷却。除非你一直在烘衣机附近，否则应该都要使用这项功能，因为这让你有更多选择，并降低衣物起皱的风险。这些都是很有用但许多人未能好好利用的功能。

"冷风吹松"或"松干"（fluff dry）是利用没有加热的冷风来吹干衣物，可用于蓬松的毛绒织品与针织品，另也用来吹干塑料浴帘、尿布衬里及其他不应该接触高热的衣物。

□ 避免过度干衣：带湿气的干燥

善加使用烘衣机还包括不让衣物过于干燥，过于干燥会造成衣物缩小、起皱、触感粗糙以及泛黄。这种泛黄问题严重影响白色、浅色及粉色衣物。而对合成纤维来说，烘衣过度会让合成纤维的触感与质感变差，有时甚至无法恢复。

为了避免过度干衣，要很保守地设定温度及定时器，或者如果可以，尽量使用电子侦测湿度的烘衣机。若烘衣量已达到最大量，或衣物非常厚重，例如毛巾与蓝色牛仔裤等，都应选择最长的干燥时间。床单与枕头套或许不用 20 分钟即可烘干，但毛巾可能需要高达 1 小时。预估烘干时间时，请记住衣物冲洗时最后冷水冲洗的步骤会延长干衣的时间；如果放置烘衣机的房间温度较低，烘衣机也需较长的时间烘干衣物。

千万不要把衣服烘到全干，取出衣物时，较厚的接缝处或松紧带应该还要带些许湿气。亚麻布尤其不该干得太彻底，因为需要一点水分才能保持柔软（通常需要在有点湿气时熨烫）。蓝色牛仔裤与其他休闲服、工作服有很厚的接缝，因此干得很慢，若要让接缝处完全烘干，其他部分就会因烘过头而产生缩水和不必要的磨损，并耗费许多能源。因此，应在平坦的部分烘干时便取出，让这些衣物在烘衣机外继续晾干。可以挂在烘衣机附近的衣架或没有使用的椅背，或者干脆松散地折叠起来，放置在桌上或架上。

□ 干衣的分类

干衣时，必须详阅并小心遵守标签指示。烘衣温度过高会造成衣物缩水、泛黄、掉毛屑、起毛球、磨损、熔化及其他种种问题。烘衣温度过高可能让白色布料泛黄、弹性纤维失去弹性，尤其有些弹性衣物根本不应该烘干。

如同你不能将可能彼此沾染颜色的衣物放在一起洗，你也不能将这些衣服一起烘干。注意不要将不同颜色的湿衣服混在一起烘干；色牢度不佳的衣物也不要跟白色或浅色衣物一起烘干。所有洗衣时适用的其他分类原则，包括避免毛屑、避免扣环与别针造成的损害、防止衣袖和腰带及装饰物纠结在一起、移除饰物、同一套衣物一起烘干、将内面外翻、用洗衣袋装细致、小件的衣物等等，也同样适用于干衣时的分类。

将干燥速度慢的衣物、床单，与干燥速度快的衣物、床单分开烘干，以免后者烘得过干。毛圈布、蓝色牛仔裤、厚重的工作服、加厚的针织品、地毯以及类似衣物都干得较慢；床单、枕套、中等且轻质的梭织棉布与亚麻以及合成纤维等，干燥速度都很快（聚酯纤维与其他合成纤维通常干得非常快，甚至快过轻质的棉针织品）。

打算使用柔软纸的衣物，应该跟不打算使用柔软纸的衣物分开烘干。柔软纸最适用于合成纤维，但不该用在尿布、毛巾、擦碗巾、抹布、床单、T恤、棉内衣以及任何其他需要维持良好吸水力的衣物。衣物柔软剂会在衣物及床单表层覆上蜡质，降低吸水力；而你也不需要每次洗衣都用衣物柔软剂，因为如果使用过于频繁，容易让衣物产生油腻感。

通常需要以类似水温洗涤的衣物，也需要类似的烘干温度。但是，如果为了凑满一槽衣物而将经抗皱处理的合成纤维连同未经处理的棉或亚麻布一起洗涤，洗好后或许需要分开干衣，这样你可以用免熨烘程处理部分衣物，另一部分则不必。

通常棉质针织品的标签会写着"平铺晾干"，但有时我会忽略这个指示。你可以购买稍大一点的棉质针织运动服，使其有一点缩水空间；干衣时可用低温烘干，并在衣物仍有轻微湿气时取出。这样做的风险是衣物的缩水情况可能比你预期的多，或者制造商是基于缩水以外的理由而如此建议（也许是衣服会泛黄或起毛球）。但从长远来看，你能省下更多干衣时间，且很可能获得满意的结果。

□ 烘衣机的操作

每次烘衣时，要先检查毛屑滤网，必要时得先清理。有时候一次烘干大量衣物，也可能在烘到一半时就要清理滤网（应先确定烘衣机已关闭）。

选择合适的温度、时间与周期。如果打算使用衣物柔软剂，那就放入一片柔软纸（每洗涤两三次再放入1片，以免积累）。若烘衣量较少，则可将柔软纸切成 1/2 或 1/4，只使用其中 1 片。

逐一抖平每件待烘衣物，然后松散地放入烘衣机，如果你把刚洗好的一大团纠结衣物直接放入，可能会耗费很久的时间才能烘干，并因空气无法在衣物周围充分流通，使得有些过干、有些还是湿的。

如果从洗衣机取出的衣物仍然很湿，可放回洗衣机再次脱水，或者用毛巾将厚重衣物卷起压干，然后放入烘衣机，否则要烘很久才能干。

要在衣物尚有些许湿气时全数从烘衣机中取出，尤其是热塑性纤维、免熨、经抗皱处理以及需要熨烫的棉布衣物，以防止或减少起皱。需要在潮湿时进行熨烫的衣物也要及时取出、卷起，然后覆盖上毛巾，以在熨烫之前保持潮湿（亚麻通常不能以烘衣机烘干，但如果还是要烘，可以在仍然潮湿时取出，尤其如果你打算紧接着熨烫）。许多烘衣机都有"带湿气的干燥"设定，能以较短时间烘衣，历时约 20 分钟，然后加上一段短时间的降温过程。

衣物从烘衣机取出后应尽速吊挂或折叠，否则很容易起皱。整理衣物时，要逐一抖平，并稍微甩一下，好像甩鞭子一样。这动作有助于衣物回复应有的形状，让外观看起来更平整。还可用手指将衣物接缝处压平，并拉直边线及边缘，如此可减少熨烫的工夫。

衣服折叠或吊挂好之后，若还有残存的湿气，可放在架子或桌子上通风一段时间。通常刚从烘衣机取出的衣物，会在你折叠时就借由余温而干燥，但如果不够干，最好等到干得彻底再收进衣柜，否则容易出现发霉的气味。

如果衣物是平铺晾干或以晾衣绳晾干（例如针织品、小地毯、毛绒织品或床单等），干了之后可能摸起来僵硬、粗糙，或看起来有皱褶、缺乏立体感。此时，可放进烘衣机中以冷风吹松数分钟，使其软化并变得蓬松。

□ 利用烘衣机除皱

烘衣机还可为干净、干燥的衣服除皱（例如那些从行李箱或抽屉中取出的衣物），方式是把衣物放在低温下翻滚 5～10 分钟。有时候可以丢一条没有毛屑、微湿的干净毛巾一起吹风，让烘衣机里有一点水气。

▌晾衣绳

过去，人们必须把衣物挂在户外晾干，也常有人会觉得在大庭广众之

户外晾衣绳

下展示自己的床单、内衣非常不好意思，特别是上面还可能有污渍及破损。一些年长的朋友说，在丢弃式卫生棉及卫生棉条还没问世之前，最最难堪的当属晾晒妇女经期使用的卫生布了。

现在，人们已经很难想象有什么理由要为自己的内衣裤而害羞，很多广告里的名人就穿着内衣裤。但一些住郊区的朋友告诉我，他们仍然需要私人后院来晾衣服才不会感到害羞，因为很多人仍认为邻居的衣物在微风中飘动有碍观瞻，并因此而发出抱怨。

在我看来，晾衣绳上的衣物是否有吸引力，取决于衣物的种类及吊挂方式。当我还是女孩时，吊挂衣物可是乡下人都能理解的艺术，家族风格固然有相当影响，但社会仍然有一定的吊挂方式及禁忌。晾衣服的规则非常清楚，我还记得有位老太太经常毫不留情地耻笑新手的作品。不管这种日子会不会回来，以下的说明能让你免于受到他人耻笑。

在户外晾干衣物，能让衣物与床单产生令人愉悦的新鲜气味，而阳光更是一种天然的消毒及漂白剂（当然烘衣机的热气也能杀死病菌）。几乎所有可水洗的衣物都非常适合以晾衣绳晾干，不过，在潮湿时会被拉长的衣物，如羊毛针织品及松散的衣物，则不大适合晾晒，还有那些需要冷风吹松的衣物，如毛圈布、雪尼尔、法兰绒及毛绒织品等。有填充物的衣物，如棉被或睡袋也不适合挂在晾衣绳上晾干；因为填充物会向下垂、挤成一团，不容易干。毛巾之类的衣物需要很长的时间才会干，因此也不太方便吊挂晾干。

许多衣物以晾衣绳晾干后往往触感僵硬，特别是如果晾干过程中没有风吹拂。毛巾特别容易变得像硬纸板般僵硬，因此需要以烘衣机稍加翻滚，才会变软。你可以先把毛巾烘到半干，再移到晾衣绳晾干，或者反过来也可以。

针织品也常常需要放在滚筒中吹风（通常以低温或冷风），以恢复其

419

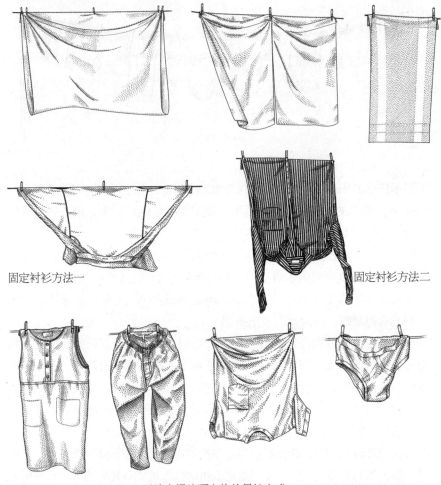

固定衬衫方法一　　　　　　　　　　固定衬衫方法二

以晾衣绳晾晒衣物的吊挂方式

柔软度，无论在平铺晾干之前或之后都可以。细致衣物及布料也应平铺晾干，而不是以晾衣绳吊挂。最后，不应受阳光曝晒的布料，则可吊挂在室内风干。

　　如果你吊挂衣物很仔细，这些衣物在干燥时通常会很平顺，可减少或甚至不必熨烫。如果可以选择，最适合晾衣服的天气是温暖、干燥、晴朗、有点微风的天气。你需要一点风来吹平布料上的皱褶，并加速干燥。衣物晾在潮湿、不通风的天气下，可能需要相当长的时间才会干，但也要避免在强风下晾衣服。

如何将衣物固定在晾衣绳上

◆ 床单：将床单对折，两侧下摆相对，并将其中一侧下摆越过晾衣绳反折7～8厘米。接着，夹紧两端，再将另一侧的下摆两端也夹在晾衣绳上，位置稍微向内移数厘米。床单的开口应对着风吹的方向，使其能像船帆般被吹开。顺着床单的边缘整平，并确认吊挂是垂直而平均的。

◆ 枕套：将有开口的一侧反折越过晾衣绳，夹住两个角落，让其中一边下垂打开，好像张开的风帆。

◆ 手帕：将手帕对折越过晾衣绳，夹住两端。

◆ 毛巾：将其中一侧反折7～8厘米越过晾衣绳，夹住两端。在吊挂之前用力将毛巾甩一下，晾干时会更柔软、蓬松。这个动作能让毛巾的毛绒立起，有效地让毛巾变膨松。从晾衣绳上取下毛巾时也要甩一甩，使其软化。

◆ 衬衫与上衣：方法一，从尾部吊挂，将下摆反折7～8厘米，越过晾衣绳。然后前襟打开至两侧，并将开襟的末端及侧缝边以衣夹固定。方法二，从尾部吊挂，同样将下摆反折7～8厘米，但前襟折入不打开。

◆ 洋装：如果洋装是直统，固定两侧肩膀处。如果洋装的裙摆是大圆裙或百褶裙，则由下摆固定，肩膀垂下。然而，若能把洋装挂在衣架上，直筒洋装及大圆筒洋装的上半身在晾干时皱褶都会减少，且形状更好看。

◆ 裙子：晾晒直筒裙可将腰部反折越过晾衣绳，固定两端。若是百褶裙或大圆裙则从下摆反折固定。

◆ 长裤与短裤：将腰部反折并固定其两端，或者，以裤架吊挂裤子。

◆ T恤与汗衫：将下摆反折数厘米，越过晾衣绳，固定两端。

◆ 内衣或内裤：将腰部反折越过晾衣绳，固定其两侧。

◆ 胸罩：固定有钩的那端。

◆ 袜子：从趾头处固定。

◆ 衣架：如果你想让衣物吊挂在衣架上于户外晾干，要确认衣架上的衣服不会被风吹掉。有时可能需要以衣夹固定肩部，但这可能在一些较细致轻薄的衣物上留下痕迹，因此要非常小心。可试着以衣夹将衣架固定在晾衣绳上，以防止衣架被吹落。

　　衣物随风摆动会造成磨损，强风有时也会将衣物从晾衣绳上吹落。另外，也应避免在天寒地冻中晾衣物，在这种天气下把湿衣服吊挂在外头相当痛苦，且需要相当长的时间才会干燥。此外，水结冰时体积膨胀，有可能损坏衣物纤维。

　　要确认晾衣绳与夹子都是干净的，必要时可用一般清洁剂或家用清洁剂加水来清洗。确认晾衣绳拉得够紧、强度够且安全，还要确认不会让衣物拖到地面或落下。准备足量的衣夹，且尽量使用无须吝惜（采用坚固的衣夹，别选一些粗制滥造的产品）。可以使用老式的无弹簧下推式木衣夹来夹床单、毛巾、休闲服及其他不容易拉长或变形的衣物。塑料衣夹比较不会在衣服上留下痕迹，但也要确认是干净的。针织及有弹性的衣物，包括内衣、内裤、T恤及针织洋装等，应使用有弹簧的衣夹。

　　衣物披覆在晾衣绳上时，至少要反折 8～10 厘米，确保折叠处不会滑开或松开，这在有强风吹来时更为重要。较重的衣物应反折 1/3 至 1/2 后夹在晾衣绳上，较能防止滑落。风大的气候下还需反折更长，以确保安全。不要让衣物拖在地面，要确认衣夹紧紧夹住衣物。晾晒桌巾、桌布及类似的扁平衣物时，尽可能让缝边能与晾衣绳平行，如此能精简晾衣绳的使用空间，且吊挂的张力会落在比纬纱线强度更强的经纱线（走向为纵向）。晾晒毛毯或其他大型厚重衣物时，则可用两条晾衣绳来分担重量（见第 455 页插图）。

　　衣物若吊挂得当，会减少皱褶且容易熨烫。风能抚平衣物的皱褶（且能快速软化及干燥衣物，因此务必善加吊挂衣物，让袖子、裙摆、裤管都能在风中吹开）。至于床单、枕套、裙子及其他双层的衣物，吊挂时则应让折叠处（或枕套封闭的一端）下垂，而开放的折边则固定在晾衣绳上；衣物不要固定得太绷紧，要能稍微下垂，以便有开口能让风进入（见第 420 页的插图）。衣物边缘拉平并绷紧，其实较能减少皱褶。

　　此外，应该用手指将固定好的衣物拉平。将接缝处、领口及口袋稍微拉直；吊挂衣物时，将直的及横的线条架构整理整齐，否则衣物干燥时会出现奇怪的不平整或变形。

　　为了预防褪色，白色以外的衣服皆应晾挂在阴凉处，或将衬里外翻过来晾晒，或双管齐下。白色亚麻衣物若以阳光直射晒干，通常会有很好的效果，阳光对亚麻布具有一种温和、自然的漂白效果；白色及浅色棉布若长时间曝晒在阳光之下，总有一天会泛黄，因此一些专家建议，应晾挂在阴凉处风干。我的看法是，要利用阳光对于白色棉布的典型漂白效果，例如，在午后把所有洗好的衣物挂在晾衣绳上，这是我喜欢的方式。

　　如果没有需长时间才能干燥的厚重衣物，可将两件衣物的接邻处固定在一起，如此可省下一半的衣夹，既省力又省空间。例如，你将一个枕套固定在一件床单的一端,然后再将第二个枕套固定在第一个枕套的另一端,让衣物连续吊挂,中间没有空隙(见第419页的插图)。但若衣物容易掉色,千万不能与另一件衣物交叠,否则染料会沾染到另一件衣物上。

请记住,每件衣服的干燥速度不同,如果你的晾衣绳空间不是很多,应该定时检查,看看是否有些衣物已经干了。床单在风中干得很快,且较占空间,因此你应该很快就能把床单取下,挂上其他衣物。以晾衣绳晾干衣物不太可能过度干燥,因为不是暴露在人为的热度下,不过还是不宜将衣物放在晾衣绳上过夜。需要熨烫的衣物最好在还有点湿气时便取下,然后卷起用毛巾覆盖或装在塑料袋里,以免变干。不过也要尽速熨烫,以免变臭发霉。

不需熨烫的衣物要立即折叠,从晾衣绳上取下时也应逐一甩松,用手抓住衣物的一端,像抽鞭子般快速甩动,这个动作能让衣物变蓬松,并恢复形状。避免将洗好的衣物直接丢在洗衣篮里,尤其长时间会造成严重起皱,使得精心晾挂的成果毁于一旦。如果你是在室内晾衣绳晾干衣物,将衣物挂进衣橱之前,一定要大力甩松。因为室内晾衣没有微风来软化衣物,因此必须这样做才能减少皱褶,也让衣物不僵硬。

衣架与晾衣架

洋装、短衫、衬衫、夹克、免熨衣物以及不放烘衣机烘干的裤子等,通常最好挂在衣架上晾干,因为这样可保持衣物的形状,并减少皱褶,其他衣物则可挂在晾衣架或晾衣绳上晾干。标榜"洗过即穿"或"沥干即可"的衣物应特别仔细吊挂晾干,平顺且笔直地以手指压平,尤其是在接缝处。

通常最好将衣物挂在宽肩的衣架上晾干,因为这种衣架较能平均分配衣物重量。细铁丝衣架会因铁线对衣物产生张力,使肩部周围产生不讨喜的变形。夹克也应挂在有宽肩设计的专用衣架上晾干,另外还有一种以厚软垫包覆或充气的塑料衣架,都是干衣的利器。

要晾干洋装、短衫及衬衫时,将衣物挂直、甩平。衬裙或洋装如果有肩带,可直接以肩带吊挂。纽扣、拉链等都应扣上或拉上,以妥帖维持衣物外形。用手指按压或顺平衣领、镶边、接缝、装饰物及口袋,特别是所谓"洗过即穿"的衣物。这个小动作可以省却许多熨烫步骤,大幅减少熨烫衣物的时间。使用裤架来"吊挂"裤子,如此可拉紧裤子,使其不起皱,同时在

吊挂在衣架上的外套

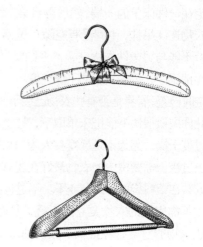

不会生锈的宽肩衣架，
最适合用来吊挂晾干衣物

适当处拉出折痕。或可把裤子挂在宽肩衣架上（如果把裤脚处挂在裤架上，裤脚可能不会干）。

　　要沥干衣物，可以挂在浴缸或淋浴间里，或是用干的晾衣架或晾衣绳。市面上有许多好用的晾衣小工具，可多加运用。

　　内衣裤、袜子及其他不必挂在衣架上的衣物，也都能挂在晾衣架上晾干。在室内以衣架及晾衣架晾衣服时，可以打开电风扇加速衣物风干。

▌平铺晾干

　　必须平铺、不能挂起来晾干的衣物，包括在潮湿时会拉长变形的衣物（例如许多针织品和羊毛织品，以及那些吊挂时无法承受自身重量的细致衣物），还有较小的衣物（尤其是针织品与由快干合成纤维制成的衣物，如内裤、胸罩及袜子等）。这些衣物在晾衣架上干得非常快，实在没有理由暴露在烘衣机的高温及会产生静电的摩擦下。这些衣物若能平铺晾干，将可延长使用寿命且维持更好看的外观。

　　衣物平铺晾干时，应远离直接的热源，以免收缩。有颜色的衣物应避

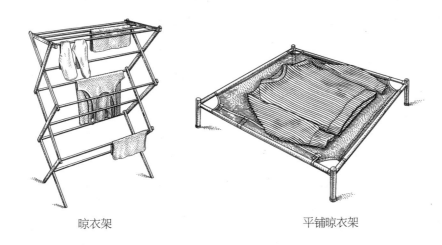

晾衣架   平铺晾衣架

免直接在太阳下曝晒，可选择在温暖、干燥、通风的室内，让风带走水气。
或者，如果要在户外晾干，可选个温暖、干燥的天气来晾衣服。针织品（尤
其是羊毛衫，以及其他较吸水的衣物）应放在网格架上晾干，让空气能从
下方及上方流通，或铺放在吸水的厚毛巾上晾干（如果晾干的衣物会掉色，
应选择一条颜色相近或沾了色也无妨的毛巾。同时确保不要把晾干的衣物
放在会掉色的物件上）。不会太湿的衣物，例如丝袜或内裤，可平铺在床
单上。不管晾干的是什么衣物，只要有可能产生湿气，一定要保护不让木
头其他可能受潮的表面受潮。

　　需要长时间晾干的衣物，若能翻面会干得更快，但千万不要弄乱了仔
细固定的衣物，如毛衣、羊毛织品及针织品。

　　你也可以在网架下放一台电扇，加速风干。

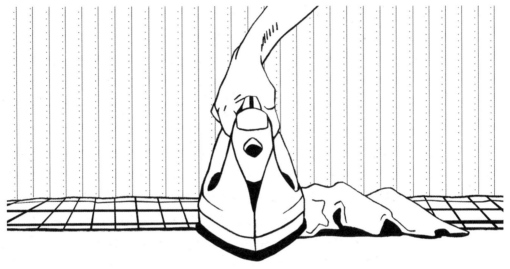

CHAPTER

23

熨衣

❖ 可熨与不可熨

❖ 在熨烫前喷湿衣物与床单

❖ 熨烫温度

❖ 开始之前

❖ 熨烫的技法

   ☐ 压熨

   ☐ 一般熨烫策略

   ☐ 蒸汽熨烫

   ☐ 熨烫后透气；避免熨烫不足及过度

   ☐ 熨烫衣物

   ☐ 以轧布机熨烫扁平衣物

   ☐ 熨烫亚麻衣物

   ☐ 亚麻桌巾

   ☐ 床单

❖ 上淀粉水与上浆

❖ 熨斗的清洁

熨烫衣物能让五官得到满足，能让皱巴巴、不体面的织品恢复滑顺闪亮、赏心悦目的状态。衣物熨烫后的迷人香气是全世界最令人舒服的气味，而手指则能感受着布料由冷到暖、由湿变干、从粗糙变滑顺的转变。没有什么事情能比让双手忙于一些熟悉的家事更能够放松心情，你可以在熨烫衣物时学习意大利语（我有位朋友就是这么做），或仅仅是想一些事情。

▌ 可熨与不可熨

未经处理的棉、亚麻织品几乎都需要熨烫，这样看起来才会体面，这类布料制成的外衣，是最需要优先熨烫的。桌巾、餐巾、窗帘、装饰台面的桌巾及类似的装饰品，通常不熨烫就不会好看，而这些东西的用途，至少有一半就是为了好看，因此相当值得熨烫。

床单、枕套及纬编擦碗巾却是另一回事，这些东西不需要见客，熨烫也不能强化其功能，若你时间有限，可以不必如此大费周章。不过，若连这些都能熨烫，确实是一种奢侈的享受。硬挺、平顺的床单能大大改变床铺的外观，让床更能散发出安心歇息的气息；熨烫平整的擦碗巾挂在厨房里，也能让厨房看起来井然有序。若能在早上或晚上清理之后换上新的擦碗巾，便能让厨房产生焕然一新的感觉。

这些细节都能扩大你的持家词汇，让你有更多有趣的事情可以说。就实务面来说，厨房新手也能从擦碗巾是否熨烫过来判断擦碗巾干净与否。

你不必也不应该熨烫毛圈布、浴巾、地毯、地垫、尿布、床垫、婴儿床、防撞床围、床罩，或其他有填充物的衣物。而运动裤、运动衫、弹性纤维紧身衣，及其他会拉长的运动服、泡泡布、有毛绒的织品（如天鹅绒及雪尼尔等），也不应熨烫。有些人喜欢熨烫男士的棉质针织内衣、梭织棉短裤、妇女的针织衣物及合成纤维胸罩与内裤。当然，如果你喜欢熨烫的过程与结果，你可以这么做，但其实没有必要。

或许你喜欢免熨、抗皱衣物与床单完全未经熨烫时的模样，但这些衣物的外观会因抗皱程度不同而改变，抗皱性也可能因为多次洗涤而降低。"永久免熨"有时称为"耐久免熨"更为准确，因为这实际上只能维持约五十次的洗涤，而许多免熨衣物与床单也在经过稍微熨烫之后看起来更体面。你必须考虑自己的优先级、品味及衣物的外观等因素，来决定是否需要熨烫。

▌在熨烫前喷湿衣物与床单

免熨布料及合成纤维布料，有时候在干燥时熨烫就能得到很好的效果，而就算不是如此，蒸汽熨斗的蒸汽便足以提供熨烫所需的水分。这些布料通常不太需要熨烫或甚至根本不必熨烫，但如果想得到比较滑顺的触感，基于布料本身的热塑性，光是熨斗本身的热气便足以达到这项效果。

至于未经处理的棉布、嫘萦布料以及丝绸，都必须略带湿气才能有好的熨烫效果。潮湿的程度应该像是在夏夜把这些衣物留在户外过夜，被露水沾湿的感觉，而熨烫亚麻布料时甚至还要更湿。要让衣物维持潮湿的最简单方法，是在衣物尚未完全烘干或晾干之前，便从烘衣机取出或从晾衣绳取下。但有时要这么做并不是很方便，因此，你可以在熨烫前用蒸汽熨斗或以喷水雾的方式润湿衣物。

对着衣物喷水雾可能稍微麻烦，但棉及亚麻布料在熨烫时若能用水喷湿，效果会比单独使用熨斗的蒸汽来得好。得宜的喷洒水雾，会让水分有机会渗入纤维，并均匀扩散在整块布料之中，而熨斗喷出的蒸汽则不会渗透这么深及均匀。最好的方法，是在衣物要熨烫的前一天晚上喷水雾，让水分渗透到布料里。如果有困难，则至少在熨烫前 1 小时完成。若是在熨烫的前一晚喷洒水雾，应将衣物置于密封的塑料袋里，然后存放在冷藏室或其他凉爽处，以免发霉；若没能在 24 小时内熨烫，也应放在冷藏室。洒了水的冰凉衣物可使熨烫过程平顺而愉悦。

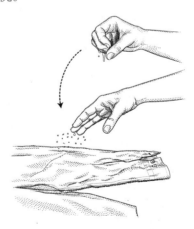

用手喷洒水雾

将洒过水的枕套卷起

堆栈餐巾并喷洒水雾

卷起叠好且洒过水的餐巾

喷雾的水温为用你的手所能忍受的最高温度，因为水温越高，水气扩散越快。有些人喜欢用喷雾瓶或洒水瓶，内装一般的温水来喷洒。但我觉得水瓶不好用，会让你的手很累。不过如果你想尝试，可以找一个有旋转瓶盖的罐子，在盖子上打几个洞。如果你跟我一样喜欢用手洒水，可在脸盆或水槽装一些温水，将手指浸入，然后以掌心向着自己的方向，快速甩动手指。无论你是用瓶子还是用手来洒水，都要轻柔而均匀地让小水滴分布于整件衣物。衬衫、洋装、长裤、枕套及其他有分前后的衣物，必须前后都洒水；若是单面的衣物，如床单、茶巾或桌巾，则只需要在其中一面洒水。只有经验才能让你准确判断洒水量是否足够。亚麻布所洒的水应该比棉布多。

衣物洒水之后，应顺着纵向折叠，折到适当宽度之后再卷紧。如果卷得不够紧，水分就无法均匀渗透，布料也会变干。将卷好的衣物储放在干净塑料袋里或用其他可以防止水分蒸发的东西盖住。如果你有从烘衣机取出或从晾衣绳取下的微湿衣物等着要熨烫，也应该用同样的方式卷好、覆盖及存放，避免衣物太早干掉或发霉。你可以把一叠餐巾或擦碗巾卷在一起，或者，如果布料较薄（例如手帕），可以一条洒水一条不洒，然后交替堆栈卷起，水分会从润湿的手帕渗透到未润湿的手帕，让整体湿度刚好。

在决定衣物要喷到多湿时，需考虑是否打算帮衣物上浆，若要上浆，可将衣物喷湿到上淀粉水或上浆所需的湿度。如果衣物太湿，只要摊开在空气中让水分蒸发即可。

▎熨烫温度

熨烫温度的国际符号，以1个点、2个点及3个点来表示。

◆ 1 个点：凉（120℃），合成纤维。

◆ 2 个点：温（160℃），丝及羊毛织品。

◆ 3 个点：热（210℃），棉及亚麻织品。

这些建议温度大致适用于所指出的衣物类别。请查阅第 16 ~ 17 章，各种特定纤维的特性。下文"一般熨烫策略"中，对于正确的熨烫温度也有更明确的说明。我的印象是，现在的熨斗大多达不到特定的温度，即使设定在最高温，还是很难让较厚重的棉及亚麻织品熨烫得很好看。瓦数较高代表加热功率越高，如果你能在二手商店或跳蚤市场找到旧熨斗（有完好的电源线及插头），可能会发现这对于一些真正需要高温的衣物或亚麻布非常有用。

开始之前

确认熨衣板的衬垫放妥，并覆盖上一层安全、干净、耐热的平滑表面。确认熨斗内部及其蒸汽孔没有矿物质堆积，而且熨斗的底板是干净的，因为矿物质与底板的烧焦物质都会脱落黏附在熨烫的衣物上。如果有任何疑虑，可加热熨斗、喷出蒸汽，你也可以用抹布先行测试（见下文"熨斗的清洁"）。

开始之前要先测试熨斗温度，以免熨斗过热让布料烧焦或熔化。用类似材质的抹布或是在衣物不显眼处做测试。

熨烫的技法
压熨

"熨烫"（ironing）与"压熨"（pressing）这两个术语经常互用，但其实指的是不同意思。熨烫是指将熨斗在衣物上来回滑动，而压熨是指将熨斗按压于某处然后提起。压熨的技法通常用于定制及有衬里的西装，尤其是男性西装，或用在羊毛、丝绸、网状织品、毛绒织品，及某些嫘萦织品。使用压熨是为了避免衣物熨到发亮、拉长、烫焦，或因熨斗的高温造成其他损伤。压熨时，熨斗不前后滑动，且通常会使用压熨布。压熨布就是一般用来铺在衣物上方的布料，让熨斗隔着这块布压熨，而不是直接接触衣物，通常使用不可漂白的麦斯林纱、白色滤布或是干净的白色洗碗布。有的压熨布是半透明的，可以让你看到衣物熨烫的情况。压熨布除了用于压熨，有时也用于熨烫。

压熨最好由专业人士来做。在家里，通常只是稍微让熨斗按压衣物。不过有时候，我们可能会发现约会时间快到了，自己的西装却皱巴巴，而干洗店又刚好公休，此时就需要自行压熨西装。遇到这种情况，最好的办法就是做得越少越好。先尝试用蒸汽抚平皱褶（如果你有手持式蒸汽熨斗，可以使用这种设备，若没有，则可在充满蒸汽的浴室里进行），然后试着用沾湿的布按压有皱褶的区域，再以熨斗轻轻压触衣物并迅速举起。尽量按压衣物的内面，并谨防因为用力过度或过久而熨到衣物发亮，或在接缝、翻领及口袋等处压出接缝痕迹。万一不幸熨到衣物发亮，可试着轻柔地用刷子刷除，或以微湿的干净海绵或白色洗脸巾轻轻擦拭。

压熨羊毛——将一条厚重、不起毛屑、不会掉色的毛圈布垫在羊毛衣物下方，以防止接缝及褶皱在衣物表面留下痕迹。把衣物衬里外翻，熨斗设定为中温，使用蒸汽或出水压熨。如果直接把熨斗压熨在羊毛衣物正面，会出现令人不悦的发亮区域。每次压熨后将熨斗提起，不要来回滑动，因为这会拉长纤维，要顺着梭织的方向熨烫，且不要熨烫到完全干燥，当织品平顺且几乎难以感觉到有湿气时即可。

压熨丝质领带——领带要压熨内面。将厚的丝织品与领带放在毛圈布上，并覆盖一条干的压熨布。如果无法除去皱褶，在干的压熨布上再放一条湿的压熨布。

□ 一般熨烫策略

无论你是压熨或熨烫，都要在熨衣板上进行，并尽力顺平衣物。尽可能扩大熨烫面积，然后放下熨斗，用双手在熨衣板上转动衣物，准备熨烫新的区域。熨烫时，用一只手顺平衣物并拉紧，另一只手则用来操作熨斗。放下熨斗时，让熨斗从跟部立起，或放在一个不会烧坏的架子上。

熨烫与压熨不同，可以采用适当的节奏，稳定地将熨斗前后滑动，并向下略施压力，通常往前滑动时向下的压力会比向后时多一点。现在的熨斗都相当轻，有些人（包括我自己）会觉得较重的熨斗推起来反而比较容易。熨斗有点重量，能让你的肌肉少出一点力。下文列出一些熨烫策略：

◆ 从需要较低温熨烫的衣物开始，最后才熨烫需要最高温度的衣物。例如，先熨烫聚丙烯纤维布料（用压熨布辅助），最后才熨烫亚麻布料。

◆ 随时准备一只洒水瓶、喷雾瓶或潮湿的海绵，以防不小心熨出不必要的折痕，或在熨烫尚未完成前衣物便提早干了。有时你也需要重新打湿压熨布。

◆ 如果你打算帮衣物上淀粉水或上浆，你也应该随时备着淀粉喷雾及上浆喷雾。喷雾时，将瓶子倾斜一个角度，从 15～25 厘米处轻轻喷洒，并依照瓶子上的指示操作。你也可以选择只在衣领、袖口及口袋处上浆。传统做法是这些区域使用较多淀粉，其他区域则减量。喷上淀粉的区域因为很容易熨焦，不妨调低熨斗温度（有关于上淀粉水的方式，详阅下文"上淀粉水与上浆"）。

◆ 为避免衣领出现不必要的折痕，从衣领的尖端开始熨烫，并以短距离前后滑动。熨烫之后，用手将衣领往下折，轻轻压出折痕，不要用熨斗压。先熨烫衣领反（内）面，然后才是正面。

◆ 法式衣袖（french cuffs）也应该用手轻轻压出折痕，而不要用熨斗。

◆ 为避免衣物松弛处出现不必要的折痕，（例如下摆处），应以短距离来回熨烫，遇到可能出现折痕的松弛处就暂停。另外，也试着从另一个方向朝有皱褶处熨烫。

◆ 为避免熨到发亮，应从衣物的内面熨烫，或使用压熨布。尤其是深色的棉布、亚麻布、丝绸及嫘萦布料（丝绸一定要从反面熨烫，并用压熨布；容易产生发亮情况的嫘萦布料也是）。如果厚重的接缝处或其他地方出现了发亮的情况，可用稍微沾湿的布轻轻擦拭。熨烫双层厚度的区域时，如衣领、口袋、袖口，先熨烫反（内）面，若真的担心发亮的情况发生，则在熨烫正面时使用压熨布。

◆ 用熨斗的尖端轻轻熨压纽扣、钩子、扣锁及拉链周围，不要直接把熨斗压在这些配件上面。熨斗若压在纽扣上，纽扣有时会熔化，且常会破裂。

◆ 熨烫开襟衣裙之前要先拉好拉链、扣上扣锁、钩上钩子。但若为纽扣式的开襟衣裙，纽扣则无须扣上。

◆ 熨烫衣褶时，从衣褶对向的边缘开始，熨斗左右摇摆朝着衣褶处熨烫。

◆ 熨烫泡泡袖或口袋时，先以纸巾、小毛圈布或浴巾塞满再熨烫。

◆ 有些人喜欢用袖衣板来熨烫衬衫的袖子（袖衣板架在熨衣板上，袖子

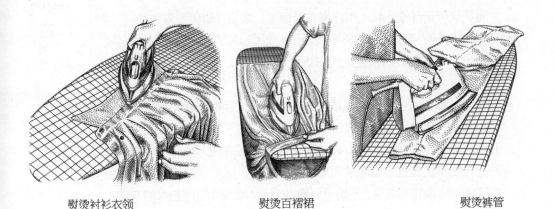

熨烫衬衫衣领　　　　　　　　熨烫百褶裙　　　　　　　　　熨烫裤管

则套在袖衣板上熨烫）。

◆ 熨烫百褶裙的褶摆时，先以针固定（有些人喜欢将褶摆固定在熨衣板的衬套上）。接着拉紧褶摆，熨斗则从腰部到下摆做长距离来回滑动。

◆ 将有绣花或镶亮片的衣物铺在浴巾上，并在盖上压熨布后熨烫其反（内）面。这能让绣花图案维持立体，并防止亮片裂开或刮伤底布。

◆ 熨烫有蕾丝及剪孔绣结构时应使用压熨布，以确保不会不小心熨破。

◆ 绝对不要熨烫毛绒织品，天鹅绒应用蒸汽而不是熨斗熨烫，除非制造商另有指示。在用蒸汽处理灯芯绒衣物时，应铺在浴巾上，然后手持蒸汽熨斗，在距离衣物约 3 厘米处对着衣物的反（内）面释放蒸汽，如此能让毛绒重新立起。

◆ 流苏若有纠结，应在潮湿状态下解开。

◆ 熨烫可能让某些衣物或布料拉长或变形。斜纹剪裁的衣物及其他弹性布料，包括羊毛与针织品，应顺着梭织的方向熨烫，也就是弹性较小或无弹性的方向。以斜纹剪裁的裙子为例，便不应该从下摆朝着腰部的方向熨烫。特别容易拉长的织品要使用压熨布，以减少熨烫时的阻力。

□ 蒸汽熨烫

等熨斗温度高到蒸汽出现时再开始。蒸汽熨斗能让你在没有喷湿衣物的情况下，熨烫几乎所有种类的纤维。应针对所熨烫的纤维选择适当的蒸汽量，亚麻需要的蒸汽最多，而 100% 的热塑性合成纤维则几乎不需要。使用蒸汽按钮将蒸汽喷洒在衣物的袖口、衣领等较厚的地方。

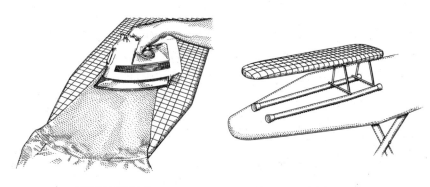

熨烫衬衫的袖子   袖衣板

□ 熨烫后透气；避免熨烫不足及过度

将衣物熨烫至全干，是基本的原则。如果衣物熨完还太湿，摸起来会很粗糙，看起来则皱巴巴。且尚未干燥便存放起来，还可能散发出不愉快的气味或霉味。

不过也不能太干。有些人会过度熨烫，使衣物几乎干到骨子里，这是不对的。熨烫过度往往会导致合成纤维烧焦、泛黄或熔化，有时也会出现发亮、变脆及触感粗糙等问题。你应该在衣物熨平到几乎完成时便停下来，让最后的水分在熨烫残留的温度下蒸发。此时熨平的衣物仍带有一点湿气，接缝处则更湿一些，但这无妨，因为熨好的衣物接下来透气，空气会带走多余的水分，因此你就无须承担过度熨烫的风险。100 年前，熨烫过的衣物必须透气是基于宗教原因，一般是放置隔夜，且通常在火炉前面。今日，要让熨烫过的衣物透气，则是需要仔细逐一折叠或吊挂起来，但倘若摸起来尚未全干，不要收进橱柜里。折好的衣物可以放在桌上或架上透气，但在水气尚未完全透完之前，衣物不要叠在一起。衬衫、洋装可以挂在洗衣间等通风处的衣架上透气，如果衣物尚未充分透气便放进橱柜，湿气很可能因此被带入橱柜，产生一股潮湿发霉的气味，这种气味非常不容易去除。

□ 熨烫衣物

熨烫衣物时，应尽量避免让已经熨好的衣物再起皱，基本原则有三：

（1）先熨烫双层厚度的部位，如领带、领结、领口、袖口、袖子、口袋等，因为这些部位比起较薄的部位（如衬衫背面）更不容易起皱。熨烫口袋、下摆或饰边的正面时，则应使用压熨布，以避免在其凸起处印出熨斗的痕迹。如果衣物有衬里，应将内面外翻，先熨烫衬里。熨烫嵌入式的口袋时，应将口袋内面外翻，先熨烫口袋的内面。

（2）先熨烫不平的部位，如褶皱、肩膀及膨起的衣袖，再熨烫平整的部位。因为熨烫这些部位比较需要将衣物转向及扭曲，可能导致已经熨烫平坦的区域再次产生皱褶。

（3）先熨烫上半部，再熨烫下半部（衬衫式洋装的衬衫部位先熨，裙子部位后熨；裤子的上半部先熨，裤管后熨），以免在熨烫上半部时将已熨好的下半部再度弄皱。

还有人说，应该先熨烫较小的部位，再熨烫大的部位。但我发现以上三个原则已经涵盖所有可能。

□ 以轧布机熨烫扁平衣物

大部分扁平衣物都可以用旋转式熨轧机（或称"轧布机"，mangle）很快整平。这些机器有一个能加热并滚压布料的圆轴，能除去衣物的皱褶，但熨烫效果不如手工熨烫。这种机器在20世纪60年代初的美国的中产阶级家庭仍相当流行，现在却已很少人知道这种机器，不过在一些欧洲国家仍十分流行。据说美国人又再度注意起这种设备，因为在家电卖场已经可以看到旋转式熨轧机的身影。我在数年前买了一台，因为依我们的生活习惯，会有很多扁平的衣物需要熨烫，包括床单、枕套、桌巾、餐巾等，加上我

们又偏好未经处理的棉及亚麻织品，旋转式熨轧机能省下相当多的时间与精力。不过这种机器相当昂贵，且比一般熨斗耗电。

旋转式熨轧机若由熟练的人操作，也可用来熨烫许多种类的衣物，尤其是休闲服、T恤以及儿童休闲服。这些衣物需要快速熨平，但不需要细致的熨烫效果。熟练的操作者也能用来处理衬衫

旋转式熨轧机（轧布机）

及洋装，然后再以手持熨斗补充，但这需要练习。剪孔绣、刺绣或其他有立体感的设计花样，一定要手工熨烫，但一些带有饰边的扁平衣物，通常可以先用旋转式熨轧机熨平，再以手持熨斗尖端熨烫立体的刺绣花边。

在以旋转式熨轧机熨床单、桌巾或其他大型衣物时，先在地上铺一张旧床单或桌巾，让熨烫好的衣物不会直接碰到地板而弄脏。

☐ 熨烫亚麻衣物

有些专家会建议用中温来熨烫亚麻衣物，而非高温。如果这些亚麻布或含有亚麻的混纺布料已经过树脂处理，确实应避免用高温，并按照标签指示保养（可能会建议洗衣时使用"免熨衣物洗程"）；非常轻薄的亚麻布用中温熨烫也有不错效果。不过，除上述情况以及有关混纺、树脂及表面处理需注意的事项之外，亚麻是不会受到高温损害的，而中温通常也很难将一般亚麻布熨烫到完全平整，即使是不需要用到高温熨烫的细薄纱或上等细布，也不会因高温而受损，除非你把熨斗一直放在布料直到烤干、烧焦为止。

熨烫亚麻布料想要有好效果，应在潮湿时熨烫，且要比熨烫棉布时更潮湿。蒸汽熨斗喷出的蒸汽对较薄的亚麻布已足够，但我发现若是较厚的亚麻布，洒水会更容易。此外，若要将亚麻布喷上淀粉水或上浆，湿度也要更高。

熨烫之前，先将潮湿的亚麻布拉直、顺平到适当的形状，并熨烫衣物反（内）面，或用压熨布，以防止布料发亮。但因为织花桌巾及其他浅色亚麻布，或许会需要让布料发亮，所以你可先熨烫反（内）面，再熨烫正面。颜色较深的亚麻布，应当只熨烫反（内）面。

亚麻在完全干燥时是相当脆弱的，且越干燥就越脆弱，因此不该熨烫到完全干燥，而是在尚有几乎无法察觉的湿气时便停止。尤其注意不要将折痕熨烫得太干或压得太死，否则折痕处的布料强度可能变差，最后导致破裂（亚麻布熨好后折平存放尤其危险。除非打算很快使用，否则最好别在存放前熨烫）。亚麻衣物的接缝或褶边还有一点湿气时，就应吊挂起来透气风干。等到湿气蒸发，再收进橱柜或抽屉里。通常湿气蒸发不会需要太久。

质量好的亚麻桌巾与餐巾，即使没有上淀粉水，也能相当硬挺。但是，如果你的亚麻桌巾或亚麻衣物都变形了（虽然不应该会发生），利用淀粉水通常能恢复想要的外观。而餐巾若要做花式折叠，也一定要用淀粉水。

□ 亚麻桌巾

熨烫指示见本章；折叠说明请参阅第 24 章。

熨烫圆形桌巾时，要从中心开始熨烫，一边进行一边转动桌巾。

熨平餐巾时，不要熨烫折痕。

织花桌巾，特别是亚麻布料，在熨烫之后应该要闪亮有光泽，因此两面都要熨烫，先熨烫反（内）面。正方形及长方形桌巾应先从纵向对折，熨烫反（内）面直到半干后，再重新对折，熨烫正面到几乎全干为止。亚麻很脆弱，特别是在干燥状态下，因此要特别小心，确认折痕线不要熨得太干，且要轻轻沿着折痕线熨烫。记得每 3～5 厘米就要改变折痕位置，如此衣物才不会沿着折痕线产生破损。

根据一般礼仪，正式餐会时，桌巾上是不准有折痕的，或者顶多容忍中间有一道纵向折痕。越过桌巾中间的折痕会让人觉得很不顺眼。如果你完全不能容忍有折痕，甚至一条纵向折痕都不行，熨烫桌巾两面时应避免熨烫中心部位，然后轻轻地将桌巾折成三等份，熨烫中间尚未熨烫的部分。若为非正式餐会，因为折叠的关系而产生的格状折痕是可以接受的。除了中心线之外不准有任何折痕，其实只是近几年才有的规定；18 世纪以来，人们都是刻意将桌巾熨烫出手风琴般及棋盘般的折痕，借此作为餐桌的点缀，也让瓷器及银器能够摆放在上头。

一段时间之后才会用到的餐巾，最好是尚未上浆及熨烫便收存入橱柜，需要使用时再熨烫。这样可以让你的桌巾非常平顺且没有折痕，但也会让你在宴会之前必须多处理一件事。

□ 床单

在过去，床单（尤其是顶级的亚麻床单）都要熨烫。现在这个规定已经是一项几乎绝迹的最高传统，但人们至少要记得曾有这样的事情，或许也会有人希望在新婚之夜或类似的隆重场合熨烫床单。更有些人喜欢床单的正反面都熨烫。

熨烫床单

较耗时的方法——将床单对折（两侧下摆对齐），反面向内，熨烫床单的两侧（正面）。如果你想正反面都熨烫，先将床单对折（两侧下对齐），将正面向内，熨烫两侧(也就是床单的反面)，然后换面重新对折，反面向内，熨烫床单两侧（正面）。

对折熨好之后，重新沿着纵向折叠（折线对齐下摆），变成1/4折，熨烫两侧。然后再次沿纵向折叠（折线对齐下摆），变成1/8折，熨烫两侧。接下来将两侧布边对齐，再次纵向对折，然后将折痕与布边对齐，再折一次。折叠及熨烫完成的床单会分成32等份。

较省时的方法——只在一开始对折时熨烫一次，然后依上述方式折叠。

简略法——对折（两侧对齐）后熨烫下摆、布边的边缘，以及下摆上方约45厘米处（即折起的部分），然后依上述方式折叠。

熨烫有松紧带的床单——有松紧带的床单通常不需要熨烫，因为这种床单使用时会拉紧套住床垫，且会因人体的压力、湿气及体温而展平。再者，这种床单通常是不会被外人看见的。但仍有些人喜欢床单熨烫过后的那种平顺的感觉。如果你要熨烫有松紧带的床单，可以将小毛巾塞进床罩的角边再熨烫，或者只熨烫中央的床面部分，而不管角边。也可以比照上述床单的熨烫方式。

注意事项：给从不熨烫床单的人——刚结婚时，我接收了丈夫的床单，一开始感到迷惑的是，沿着我丈夫的优质棉布床单的布边，有许多小洞，且越来越多。但很快就发现，这些小洞是来自某些永久性的折痕、皱褶所造成，而这些皱褶在经过洗涤之后也没有去除（布料上若有永久性的折线，强度会变差）。因此就算你不想熨烫床单，也可以试着偶尔熨烫其布边及下摆，以避免产生这些小洞。

▌上淀粉水与上浆

淀粉是植物性的，现在通常是用玉米淀粉，但以前常用的是小麦或马铃薯淀粉。上淀粉水的目的是让衣物变硬，增加脆度、重量及光泽度，并

减少或避免熨烫

- 选择较不容易起皱的衣物及床单（见第 18 章 348 页）。
- 使用旋转式熨轧机处理扁平的衣物、家居服、休闲服及运动服。
- 如果你喜欢未经抗皱处理的床单，但又不想熨烫，可在晾衣绳上晾干，并在确认吊挂整齐后，顺平折边与布边以让风吹开。这么一来，床单会变得很平顺。如果摸起来很僵硬，尤其没有风的时候，放入烘衣机以低温翻转几分钟，便可软化（但是你睡在床单上之时，床单也可能即刻软化）。另一种不用熨烫而让衣物在干燥过程变平顺的方法，是使用烘衣机，并在衣物仍有余温、尚未完全干燥时立即取出并折叠整齐。床单如果留置在烘衣机里会起皱。取下或取出之后（不论是吊挂晾干或烘衣机烘干），甩动床单，拉出应有的形状，再用力抖一下，就像突然间抽动鞭子那样。接着堆栈整齐，放置在衣柜的底层，上面放置一些重物。或者，趁衣物还有余温时，对折成一半或 1/4，然后绕着一片纸板紧密折起。
- 以烘衣机的免熨设定来烘合成纤维布料及经过抗皱处理的衣物。烘干后立即取出并妥当折叠。
- 晾干长裤时应使用裤架，这种裤架能让裤子绷紧，因此不会起皱，且会在正确的地方形成折痕。
- 洗好的衣物绝对不要在未折叠的状态下留置于洗衣篮中，这会造成严重起皱。小心吊挂及折叠衣物，抽屉与衣橱也不要放得太挤。
- 衣物脱下之后若还要再穿，应整齐吊挂或折叠。

提高抗污性（灰尘粒子比较不容易附着在上了淀粉的光滑表面），以及让衣物的熨烫更为容易。

如果你喜欢没有经过树脂处理过的棉布、棉混纺及亚麻布，或许也可以在熨烫时加点淀粉以达到类似的抗皱效果。我喜欢在棉衬衫、洋装及裙子上加一点淀粉，有时候，我只在衣领、袖口、开襟处或者衬衫的前襟加淀粉。如果你想把餐巾折叠成优雅或较特别的形状，通常也需要上浆。笔挺的餐巾用起来虽然不柔软，看起来却比较正式。任何时候，当你需要让衣物更笔挺，或者希望衣物穿了几小时之后仍然像刚熨烫过，上淀粉水是很好的办法。不过，床单、内衣、尿布、毛巾或有填充物的衣物，都不应该使用淀粉（在美国，20 世纪 40 至 50 年代，把枕套上浆是很平常的，我认识的一位女士说，她没有办法睡在一个没有上过浆的枕套上。我很喜欢上浆枕套的外观，也很享受这种松脆的感觉，但大多数人并非如此）。给客人用的花式毛巾，有蕾丝花边的、绣花的、织花桌巾的等（非毛圈布），通常也都经过上浆。

淀粉喷雾是在熨烫时使用，你也可以在洗衣最后一次冲洗时加入淀粉水，用量依标签指示。如果你希望只在部分衣物而非全部衣物上使用淀粉水，可另用一个干净的脸盆。

在处理合成纤维布料及含有高比例合成纤维成分的混纺时，通常会用"上浆"一词。（技术上来说，上淀粉水也是一种上浆，但在超市所贩卖的产品通常称为上浆）。上浆用的产品通常含有羧甲基纤维素钠（sodium carboxymethylcellulose），这是棉的一种衍生物，在遇热后会干燥、变硬，你可以在熨烫时喷洒在衣物上。上浆通常比上淀粉水柔和，熨烫所需温度也较低，因此建议用于不适合以高温熨烫的合成纤维布料。而棉布及亚麻布如果不需要太硬挺，也可以选择上浆。

你可以在商店买到无味、无色的明胶，以一包兑 2 升热水的比例，泡制出传统的上浆溶液。这适用于一些需要有点硬度的小型细致衣物。只要将衣物浸入（确认所有部位都浸透）后拿去晾晒，并在还有点湿气时以蒸汽熨斗熨烫即可。

▌熨斗的清洁

如果淀粉喷雾黏附在熨斗的底板上，可用小苏打及水调成糊，再以干净的旧牙刷蘸取刷拭。如果没有立即奏效，可让小苏打糊留在底板上数分钟，然后大力擦洗，或者直接使用市售的熨斗底板清洁剂。我看过有人建议可用白醋，但依我的经验，醋是没有用的。无论使用什么方法，这种问题最好尽快处理。蹉跎时间越长，就越难除去黏在上面的物质。烧焦的淀粉喷雾通常会在你熨烫衣物时脱落，黏在衣物上。

蒸汽熨斗的蒸汽口因水中矿物质堆积而阻塞时，可把白醋倒入水箱（白醋可溶解矿物质），启动熨斗，喷出蒸汽，经数分钟后矿物质便能溶解（除非说明书禁止）。用醋清洗后，以熨斗熨烫一块干净的抹布，让残留的物质留在抹布上，然后冷却熨斗，以冷水加以冲洗。有些熨斗的水箱只能加蒸馏水，如果你经常有蒸汽孔堵塞的问题，也许需要用蒸馏水。请详阅说明书。

CHAPTER

24
折叠衣物

- ❖ 西装外套
- ❖ 衬衫、上衣、休闲夹克、毛衣、T恤
- ❖ 洋装
- ❖ 长裤与短裤
- ❖ 裙子
- ❖ 内裤
- ❖ 袜子
- ❖ 餐巾
- ❖ 桌巾
- ❖ 毛毯
- ❖ 床单
- ❖ 枕套（标准、大号、特大号）
- ❖ 毛巾
- ❖ 手帕

小时候，我每周都会与母亲一起以轻快的节奏折床单，迅速利落地朝同一方向折叠。她会不时使劲甩动床单，我若没抓紧，床单便会从我手中脱落。桌巾、床单等大而笨重的衣物，由两个有默契且身高大致相同的人一起折叠最容易，不过，等到我首度以单身女性的身份持家时，我学会将原本可能会拖在地板上的那一半铺在床上或沙发上。我还蛮喜欢这样的，不必担心对方突然用力一甩，让床单不小心从我手中滑落。

当时，洗涤完的小件衣物一直是做女儿的负责，于是我就坐在桌子旁，以特定的方式为每件衣物折叠。一叠的餐巾、手帕、T恤、毛巾，依据大小折叠整齐，还有卷好的袜子球也根据主人分成堆。这些衣物先是放在桌子上透透气，然后细心收进篮子，分送到各个适切的地点：衣柜、梳妆台抽屉或是厨房抽屉。本章所介绍的折叠及吊挂风格，主要是我家所用的方式，其他方式可能也很好甚至更好。若能培养出习惯的折叠方式，会非常受用，不仅能让衣物保持平整，还能对抽屉及层架空间做最有效率的运用。

西装外套

西装外套通常吊挂在衣橱里，或以旅行用的衣物袋携带。若需放入手提箱或平放，可依此法折叠：解开外套纽扣，将手伸进肩膀处，抓住垫肩两端，然后将肩膀处的内面外翻然后并拢，并同时沿着边缝将整件外套由内向外翻转。如此外套背面与袖子便会折叠在左右前襟之间。此时再将外套立起，对齐边缝，确认袖子与下摆对齐，翻领是打开的。如果存放空间够大，也可以解开外套，直接纵向对折，让两侧翻领直接相对，两侧边缝也对齐。

衬衫、上衣、休闲夹克、毛衣、T恤

衬衫如果有纽扣，扣好上、中、下的纽扣，正面朝下铺平。将两侧肩膀向后折于背面对合，袖子外侧对齐褶线，接着将下摆不规则处向上折平，再翻折两次，折成3折。夹克、毛衣、套头衫以及开襟毛衣都是以此法折叠，（下摆未必需向上折平）。T恤的折法与衬衫也相同，但孩童的T恤可能只需对折，而大人的T恤则不妨折成3折，视T恤大小及存放空间而定。

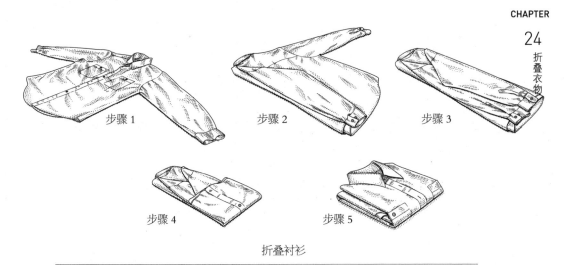

步骤1 步骤2 步骤3

步骤4 步骤5

折叠衬衫

步骤1 步骤2 步骤3

折叠T恤（步骤4和5，详见上图"折叠衬衫"）

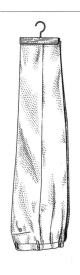  

3种吊挂与折叠长裤的方式

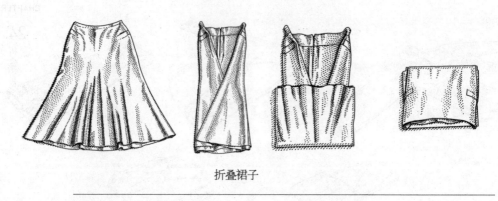

折叠裙子

折叠四角裤

折叠内裤

折叠洋装

▎洋 装

　　洋装应该吊挂起来而非折叠，除非打算放进手提箱或以其他铺平方式收纳。若要将洋装放入手提箱，先将正面朝下铺平，上半部的折法比照衬衫或上衣，下摆则先折到膝盖处，然后再向上折叠到腰部。

▎长裤与短裤

　　长裤通常以裤脚端吊挂在裤架上，或对折吊挂在加粗的衣架或是有纸垫保护的衣架上，以免衣架压出折线。短裤可以折叠放进抽屉。无论长裤或短裤，吊挂或放入抽屉里时都可以这样折叠：纵向对折，让裤管内外侧缝线重叠，折线会出现在裤管前侧和后侧中间位置。做工精致的长裤，折痕应该会一路延伸到裤子顶端，连接到前腰褶线。最后，沿着褶线向裤口方向折叠。

裙子

裙子正面向下铺平，拉上拉链并扣上扣子。裙摆两侧向中心折入，然后横向折成3折。如此能避免在前面正中产生垂直折痕，或拦腰出现水平折痕。

内裤

男女内裤折法相同。先横向对折，让裤裆下方对齐腰部束口，然后纵向折成3折。内裤如果不大，也可不必折叠，直接平放成一摞，或是直接卷起。

袜子

袜子的折叠有3种方式。

方法一，将袜子折叠成球状。这种方法能让袜子看起来整齐，空间的使用效率也很好，缺点是会让袜子束口处松弛，尤其是全棉袜。折叠的步骤，是先将一只袜子叠放在另一只上方，从脚趾开始一起往上卷，再拉开外层的那只袜子顶部，往外翻出将两双袜子同时包起。

方法二，直接将袜子卷在一起。这方法简单利落，空间利用效益也高，但卷起的袜子容易松开而分散。这方法适合较严谨的成年人，不适合小孩或是有时候会因急忙而在抽屉胡乱翻找的人。

方法三，把一只袜子叠在另一只袜子上方，将其中一只的束口反折套住另一只袜子。这种方法能让同一双袜子不会分散，但是最不整齐的折叠方式。

餐巾

折餐巾时，要松散地折叠，不要压出折痕。大型晚宴用餐巾要先从纵

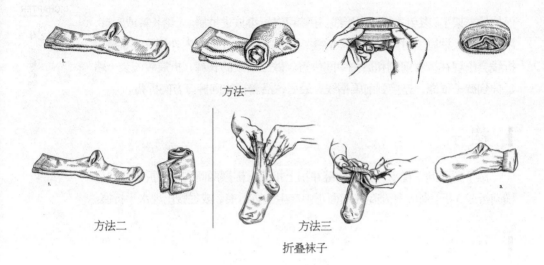

方法一

方法二　　　　　　　　　　方法三

折叠袜子

向折叠成 3 等份，然后横向再折成 3 等份，形成一个正方形。如果你比较喜欢餐巾折成较小的矩形，而非较大的方形，或者只是想节省桌子的空间，你可以再对折一次。不过，无论餐巾折叠成什么样子，如果餐巾的一角有个标志或装饰，当餐巾放在叉子左侧时，装饰应该落在左下角处（右下角也可以，但是整桌必须是一致的）。

　　较小的餐巾折叠成矩形就好：对折两次，标志或装饰位于左下角。

　　午餐及非正式场合用的餐巾，可以折成任何你喜欢的方式，可以是正式晚宴的样子，或是三角形，或从三角形再折成楔形。若要折成楔形，可将三角形的两个角向后折叠成 1/3 的宽度，形成有两个长边的五边形。餐巾上的标志或装饰应该会出现在尖端处，方向朝下。

▌桌巾

　　桌巾应用硬纸筒卷成筒状或松散折叠，尽量避免折痕（桌面正中有一道纵向折痕是可以接受的）。不是太宽的桌布，也可以吊挂起来存放，方法是松散地纵向对折两次后，横向吊挂在有粗圆杆的衣架上，以避免衣架压出折痕。

　　如果你想折叠桌巾，大方桌巾及长方形桌巾可以纵向对折 3 次，共折成 8 层（第一次对折时，先从反面向内合起），然后横向对折两三次。可根据

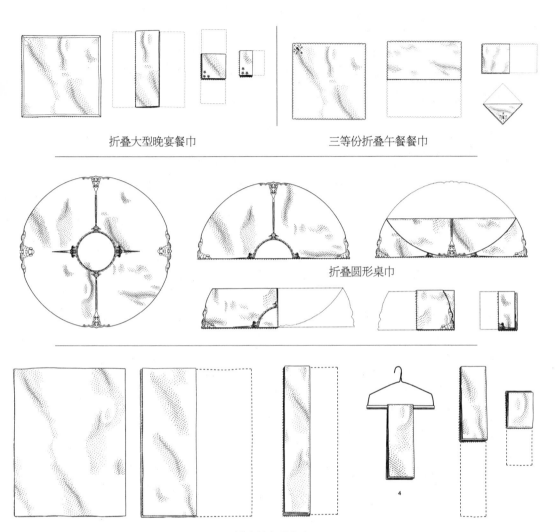

折叠大型晚宴餐巾

三等份折叠午餐餐巾

折叠圆形桌巾

折叠长方形桌巾

桌巾大小以及抽屉空间，斟酌增减横向或纵向对折的次数。如果你希望所有折痕的折向都朝桌巾正面，可将桌巾以下列方式折成4等份：将两侧向内折至桌巾中央，如此会产生两道折痕，再沿着纵向的中线（也就是两侧边缘相合之处）折叠，把两侧边缘折进桌巾里。以同样方式处理横向褶线。

　　折叠圆形桌巾时，将反面朝内对折成半月形，然后沿着纵向再次对折，让半月形的圆弧对到折线，弧线的中点与折线的中点重叠。若有需要（例如桌巾很大），可沿纵向再对折一次。接着，横向对折两次，或如果桌巾很大，可对折 3 次，最后应该会折成一个长方形。小的圆形桌巾有时可以以下方式折叠：垂直对折两次，形成一个 4 层的派饼，接着将尖端对齐到弧线，如此会折出一个不规则的形状。

毛毯

将毯子纵向对折两次，然后再横向对折两次。

床单

折床单时，正面朝上，横向对折 3 次。第一次对折时正面要朝内，两侧下摆对合后对折、再对折，3 次折叠方向都相同。接着纵向对折 3 次，两头的布边对合对折、再对折，3 次也依同一方向折叠（见下册第 27 章《卧室》）。

折叠床包时，先将床包反面朝上。将床包横向对折，上方两个角塞进下方两个角里。然后纵向对折，让 4 个角都套叠在一起。接着，只需再对折 3 次：纵向 1 次，横向两次。这种折法能让床包整整齐齐，且折好之后大小也与折好的床单相同。

枕套（标准、大号、特大号）

沿纵向折成 3 等份，然后视收纳抽屉的大小而定，横向对折一次或两次。或者反过来，先横向对折两次，再沿着纵向折成 3 等份。无论用哪种方式折叠，都能露出枕套开口处漂亮的装饰或蕾丝花边。

| 如何将羽绒被胎塞入被套 | 将被胎与被套都对折两次，变成 1/4，再将折叠好的被胎塞进折叠好的被套前 1/4 处，让被胎尾端与被套开口对齐。从被套开口处将被子与被套同时举起，双手紧抓摇动，直到被胎完整填满被套。 |

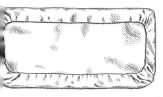  

折叠床包 交叉对折两次

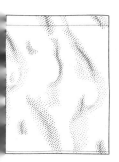   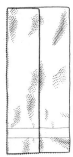 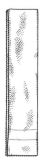 

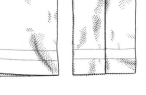

折叠标准枕套

折叠床单：下摆对齐折线对折两次，
褶线对齐布边再对折两次

步骤1

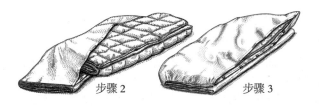

步骤2 步骤3 步骤4

将被胎放进被套

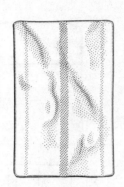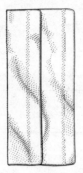

折叠擦碗巾

▌ 毛巾

擦碗巾、茶巾、浴巾、擦手巾或客人用毛巾，可以由纵向折成3等份，再横向对折或折成3等份，视毛巾大小、厚度而定。毛巾越薄，折叠越多次。这种方法能巧妙展示毛巾的装饰，也让毛巾在挂起时，于适当处显现垂直的褶线。

▌ 手帕

男士手帕对折3次，折成矩形。女士手帕对折2次，折成正方形。

用面纸辅助折叠衣物

折叠衣物时，如果把一些东西一起折进衣物，将来衣物放在行李箱、层架或抽屉里时，比较不容易起皱。例如，你可以把面纸塞进蓬松的袖子或帽子里。若要长期储存衣物，特别是古董、传家之宝或其他贵重衣物，应使用不含酸性成分的面纸。

每个家庭都会有一些衣物与家具是可以洗涤但不能以标准方式洗涤，或是很难洗涤的。以下提供的洗涤建议主要针对这几种衣物：毛毯、窗帘、布帘、浴帘、尿布、手套、贴身衣物、枕头、棉被，以及填充了羽绒、羽毛、聚酯纤维或其他材料的衣物。但是，若本书所建议的方法与标签上的指示有所不同，则应依照标签的指示。

▌ 羊毛毯

如果标签上写着"只能干洗"，请遵照办理；如果是"耐洗涤"羊毛毯，则依标签指示处理（另见第 16 章《天然纤维》第 309 页）；如果没有标签，便必须自行判断。羊毛毯以干洗处理应该不会有问题，但是自己在家洗涤也可以很安全，有些人甚至觉得自己在家可以洗得更温和。但是务必先以要用的洗衣剂测试色牢度。

洗前也应先测量毯子的尺寸，如此才可以在洗后恢复原来的大小。如同所有毯子，羊毛毯也要一件件分开洗涤。

使用适合羊毛、冷水及机洗的中性、温和洗衣剂（见第 406 页"温和洗衣剂与肥皂"）。使用冷水洗涤，要先确认洗衣剂充分混合、溶解之后，再放入毯子（附带一提，冷水并不是指冰冷的水，见第 21 章第 389～392 页"水温"的说明）。如果毯子很脏，我们这类勇于尝试的人可能会用温水。几年前，遇到毯子很脏的时候，人们甚至可能会尝试使用一般洗衣剂，但是，你不妨尝试增加温和洗衣剂的用量（我们这类勇于冒险的人，可能也比其他人更能容忍不尽理想的结果）。

一定要使用大量的水浸泡几分钟，例如 5 分钟或短一点，千万不要超过 5 分钟。然后以细致衣物洗程简短搅动一两分钟，或者，谨慎一点，干脆不要搅动，只要用长木勺轻柔搅拌即可，然后再手动设定快速脱水。接着，再次注入冷水冲洗，并稍微搅动一两分钟（或轻轻搅拌），然后快速脱水干燥。如有必要，可重复冲洗。

将毛毯平铺在架子上晾干，或垫一件干净的旧床单在户外晾干。比对原先的测量结果，轻柔地将毛毯拉平到适当的大小。也可选择将毛毯吊挂在两三条晾衣绳上，以分散重量，并轻柔地将毯子拉平整形。如果你是在室内晾干毛毯，可以打开电风扇，加速干燥。如果烘衣机够大，毛毯晾干后可用烘衣机的冷风吹松，如果不能吹松，可在晾干后摇动，并以刷衣服的刷子轻刷，以软化并让毛毯膨松。

非羊毛毯

一定要阅读洗涤标签。毯子不一定有标签，但如果有，请依照指示。清洗之前也应先测试色牢度。非羊毛的毯子几乎都可以机洗，并以烘衣机烘干，只要槽量够大。因此一开始就要测试槽量。若没问题，应单独洗涤，一次只洗一件。若毯子太大，应送洗或前往拥有超大型机器设备的自助洗衣店。如果你的烘衣机太小，又偏爱暴晒，也可以用晾衣绳或平铺晾干。

用两条晾衣绳展开毛毯晾干

清洗非羊毛毯子时，先在洗衣机注水，水温应用纤维结构能耐受的最高温度。通常以温水洗涤效果最好，因为非羊毛毯通常由合成纤维或棉针织而成，或为松散的梭织结构，温水能轻易清除上面的污垢（但只有热水才能杀死病菌及尘螨）。加入足量洗衣剂，彻底溶解后，放入毯子。将毯子松散均匀地排在洗衣轴周围，浸泡20分钟后，再以细致衣物洗程清洗、冷水冲洗、快速（高速）脱水。

烘干时，应将烘衣机设定在适合毯子纤维成分及结构的温度，通常是低温或中温。如果以晾衣绳晾干，应摊在两条晾衣绳上，以分散重量，防止变形及拉长。如果是平铺晾干，可尝试垫一张旧床单，铺平在地上。有时烘衣机虽然太小，无法烘干毯子，却能以冷风将晾干的毯子吹松。你也可以用摇、甩或刷等方式将毯子弄松。

如果你只能在室内以晾衣绳或架子晾干毯子，可以放一个电风扇加速干燥。

窗帘与布帘

详阅窗帘与布帘上的标签，或在购买时向店家询问是否可水洗或干洗。

许多窗帘及布帘都不能水洗，有些是因为材质是不能水洗的布料，例如丝绒，有些是因为带有不能水洗的装饰，或基于某些原因。在这种情况下，或许可以送干洗。但如果布帘相当细致或容易磨损，务必提醒干洗店注意。

就算窗帘与布帘是可以水洗的，也未必能机洗，甚至就算可以机洗，也几乎都要采用细致衣物洗程。之所以如此，有几个原因。第一，布帘可能沾染的污渍通常能轻易用细致衣物洗程洗净。第二，可能也是最重要的考虑因素，是因为布帘长期暴晒，导致布料劣化，洗涤可能造成撕裂或磨损。第三，布帘与窗帘的织法通常是像蕾丝花边或非常宽松的结构，这种织品需要温柔对待。在决定到底该用洗衣机洗或手洗，以及应选择什么水温及洗涤剂时，可比照其他类似情况，采用相同标准（见第 21 章）。容易缩水的纤维，可选用微温的水或冷水，并以低温烘干。若不想加热或摩擦，可以晾衣绳晾干。

玻璃纤维窗帘与布帘（现在市面上较少见）应该要手洗，不能干洗，除非标签上有其他的洗涤方式。这种布帘不能用洗衣机或烘衣机处理，不只因为对待玻璃纤维必须非常温柔，也因为玻璃纤维若断裂在洗衣机里，会黏附在下一次洗涤的衣物上，且一旦嵌入织品，可能会严重刺激皮肤（根据法令规定，所有玻璃纤维窗帘都必须附上标签，说明可能会对皮肤造成刺激）。

清洗玻璃纤维窗帘及布帘时，应和洗涤剂与水一起放入大洗衣盆，戴上橡胶手套用力搅拌，并浸泡到污渍松动为止。接着再用力搅拌几次，然后彻底冲洗。用双手压出窗帘里的水（仍应戴着橡胶手套），不要拧，然后以晾衣绳晾干。洗涤完成后，彻底将洗衣盆冲洗干净，确保所有玻璃纤维都已去除。

▌塑料浴帘

洗衣机制造商可能会建议不要用洗衣机清洗塑料浴帘，因为塑料浴帘老化变脆后，可能变得易碎。我已经用洗衣机洗涤浴帘多次，并未遇到任何问题。但如果你不想让浴帘破裂，或你非常珍爱浴帘，最好不要尝试用洗衣机。可用中等软度的刷子，以洗涤剂及水蘸湿后擦洗。只要双手可以耐受，水温越高越好。先在不显眼处测试安全性，然后，如果你想要处理发霉问题，可加入少许漂白剂（约每 4 升水加入 3/4 杯漂白剂）。洗净后更要彻底冲洗。另外，也可以把任何非腐蚀性的浴室清洁剂喷洒在浴帘上，让清洁剂停留一段时间，然后擦拭并冲洗。

尿布

如果使用尿布，至少两天洗一次，但最好每天都洗。此外，应把脏尿布集中浸泡在一个桶子里。脏尿布放入桶子前，先用一把固定用来刮尿布的工具（例如旧餐刀或铲子），将多余的脏东西刮进马桶。或抓紧尿布的一端，将尿布浸入马桶中，冲水加以冲洗。完成之后，把尿布放进装有温水及硼砂（每4升水加1/2杯硼砂）的桶子里，以去除污渍及臭味。在桶子里添加含氯漂白剂也能去除污渍及臭味，并杀死细菌。一家知名制造商建议，每4升水添加1/4杯含氯漂白剂，浸泡5分钟，并在洗涤之前先冲洗（你也可依据下文说明，将含氯漂白剂加入洗涤水中）。或购买一种特殊的尿布浸泡产品，依指示使用。

尿布一定要与其他衣物分开洗涤，当准备好要洗涤时，先在洗衣机注水，再添加洗衣剂，并等洗衣剂与水充分混合并溶解后，才将桶子里的尿布倒进洗衣机。以一般洗程、热水及温和洗衣剂（或敏感皮肤、婴儿衣物专用洗衣剂）洗涤。依据制造商的建议加入适量含氯漂白剂，加以消毒并除臭。至少冲洗两次，专家建议，如果宝宝的皮肤很敏感，应冲洗3次。不要塞满洗衣机，在使用最高容量、最高水位的情况下，最多放3打尿布。

用阳光晾晒尿布能杀死病菌，但可能不像用烘衣机烘干那样柔软，而烘衣机的高温也能杀死病菌。切勿使用衣物柔软剂，以免降低尿布的吸水力。

皮革手套

麂皮或有衬里的皮质手套不能水洗。其他皮质手套可能可以水洗，请查阅制造商所提供的保养说明（但很遗憾，制造商通常并不提供）。

洗涤可水洗的皮手套时，先清除积在指套内的灰尘、碎屑及毛屑，然后泡入加了温和洗衣剂或肥皂的温水中。轻轻挤压，让水通过皮革，特别脏的地方要多抹一些洗衣剂。然后将内面外翻，以同样的方式清洗。彻底冲洗手套内面之后，翻回手套正面，彻底冲洗，平铺晾干。晾干的过程中，戴上手套并动一动手指两三次，以免手套因干燥而僵硬。如果等到干了才这么做，手套可能会破裂。手套半干时也要戴上，加以塑形。如果手套已经干燥变硬，稍微弄湿软化后再戴上，等到手套完全干透，抹上一点皮革保养乳。

我在书上看到有时可以用干净的橡皮擦来擦去皮手套上的轻微污垢及污点。这看起来似乎合理，但若动作不够温柔，可能会造成损伤，因此我从不曾尝试。若要这么做，建议先在手套的不显眼处测试。

▌羊毛手套

首先一定要去除手套里的所有毛屑灰尘，然后以洗衣机的细致衣物洗程或手洗来洗涤。完全比照羊毛衣的洗涤方式。记得要先测试色牢度，并描出手套轮廓以便事后塑形，见第 16 章，第 309 页。以毛巾包住手套滚压，除去多余水分，然后平铺晾干。晾干后，用衣物刷轻刷，让手套恢复蓬松。手套未干时，不要试着翻面或塑形。

▌非羊毛织品的手套

这类手套非常容易掉色或撕裂，通常需要与其他衣物分开，单独手洗。浸泡在温和洗衣剂或肥皂泡成的温水中，轻轻压挤，让洗涤水穿透布料。在特别脏的地方塞进一小块肥皂，浸泡几分钟。这类手套通常都太细致，不适合翻面清洗内里。浸泡后，要非常彻底地冲净，并卷在毛巾里去除水分，然后平铺晾干。

▌蕾丝

机器织成的蕾丝通常可以机洗。放进洗衣袋里，可减少或避免洗涤时发生抽丝、撕裂或纠结。采用细致衣物洗程、温和的洗衣剂和适宜的温度（棉质与亚麻蕾丝可能会缩水，必须用微温的水），合成纤维则要降低水温，并用较柔和的脱水转速。全蕾丝的衣物通常只有轻微的脏污，可以用短周期洗涤，而且因为干得快，如果不大会变形，可以用晾衣架晾干。如果需要塑形或有缩水的风险，请依照以下有关细致蕾丝的洗涤指示：棉质与亚麻蕾丝若以烘衣机烘干可能会缩水，但聚酯纤维蕾丝就没问题，你甚至可以直接将聚酯纤维蕾丝窗帘或帷幔挂在窗帘杆上晾干，但是，如果蕾丝还需要稍加熨烫，当然就不要这么做。

非常细致的蕾丝，尤其是手工蕾丝，应该手洗。将蕾丝放在水盆中，用温和肥皂或洗衣剂泡成的（微）温水浸泡几分钟，然后轻拍，让肥皂水穿透纤维，直到干净为止。彻底冲净，用毛巾轻压并吸去多余水分后，平铺在平面网架或在干毛巾上晾干，并轻柔地拉一下蕾丝，调整成合适的形状。有时你会看到报刊说，晾干时应该用针固定蕾丝。如果你很小心（并使用无锈的针），这不会有什么损害，而且这样可以让蕾丝不会卷起或变形，或许可省去熨烫的麻烦。

贴身衣物

纽约市某家不错的百货公司里，一名店员曾告诉我，一件好胸罩的使用寿命约为 6 个月，在那之后，胸罩就会走样变形、变色或变灰，并失去弹性。这是真的，除非你照着我母亲的建议来延长胸罩的寿命。

女孩怎样洗贴身衣物

我母亲教我，裤袜、胸罩、内裤、衬裙、小背心、束腹以及其他所有细致的贴身衣物，都应该在换下之后立即手洗，许多女性仍然遵循这一原则，每天晚上，她们的浴室里几乎都挂满了湿答答的丝织品及各种袜子。手洗细致贴身衣物时，应使用以一般温和洗衣剂泡成的温水。我母亲使用的是象牙香皂，这仍然是不错的选择，但在硬水中，温和的洗衣剂比肥皂更容易冲洗且效果更好。根据我的经验，内衣专用洗衣剂也很好，且有宜人香味，但价位往往偏高。一般的温和洗衣剂效果也一样好。千万不要搓揉刷洗，只需浸泡几分钟，然后挤压泡沫穿过布料，再以温水彻底冲洗，最后用干净、色牢度高的毛巾卷起来吸去多余水分即可。

小型衣物可平铺晾干或挂在晾衣架上，连身衬裙可用肩带吊挂。不要将夹子夹在有弹性的部位，以免破坏弹性，也不要把细致的内衣放进烘衣机烘干，除非用冷风（见下页"大多数女性怎样洗贴身衣物"的讨论）。

贴身衣物之所以要在换下后立即手洗，是因为这些衣物紧贴着身体，会吸收汗水、皮肤油脂、止汗剂、香水与其油脂、乳液及保湿乳，还有外界的灰尘与污垢。汗水会造成天然纤维裂化，灰尘及污垢会影响所有纤维，许多止汗剂、香水及在身上的东西也都含有化学物质，会让细致的布料变色、染上异色或劣化。这些物质停留在布料上的时间越长，伤害越大，污渍或变色也越难处理，且时间一久，更让布料失去弹性。如果能立即、彻底且非常温柔地洗涤这些衣物，可以维持良好状况长达好几年，而不是几个月。

□ 大多数女性怎样洗贴身衣物

由于多数人没时间好好照顾细致衣物，现在我们能做的，几乎都是尽量购买较不细致、可以机洗的布料及纤维作为日常使用，而那些高雅细致的织品，则只用于周末及特殊场合。

检查标签，确定买来日常使用的织品确实可以机洗，现在几乎所有较不细致的贴身衣物及内衣裤都可以机洗，包括大多数弹性内衣。如果你基于卫生因素，希望能用热水及漂白剂处理内裤或其他贴身衣物，就要避开丝质衣物，应购买白色或色牢度好的棉质衣物，裤裆处为棉质的聚酯纤维衣物也可列入选择。棉布可能会缩水，因此购买时要预留日后缩水的空间。

换下后必须立即手洗。如果不想手洗，衣物送进洗衣机洗涤前（以及烘衣机烘干前），应将内裤翻面，裤袜、带有细致花边或会打结的衣物（如胸罩）则放在网袋中。将胸罩扣上，以免勾住其他衣物，同时也可减少纠结。使用细致衣物洗程洗涤约 5 分钟，以温水清洗、冷水冲洗。若有需要，使用温和的洗衣剂，其他情况则使用一般洗衣剂，或者也可以偶尔使用一般洗衣剂进行彻底的清洁，其他时间则用温和的洗衣剂。要特别注意不要让有弹性的布料过热，以免失去弹性，并应避免用含氯漂白剂处理弹性纤维、尼龙及丝绸。

以晾衣架晾干内衣，或直接铺在毛巾或床单上，置于地板。大部分的妇女内衣裤都干得很快（棉内裤需要较长时间），因此实在没有必要使用烘衣机。烘衣机的热气会让这些衣物快速老化，往往造成掉色并更快失去弹性，而且并不会更方便。风干也能避免静电。当然，衣物柔软剂可解决这个问题，但同时也降低了布料的吸水力，而我们通常希望贴身衣物吸水力强一些。

有关消除内衣的黄色汗渍，详见第 26 章《常见的洗衣事故与问题》中的"泛黄"。

填充衣物与家具：羽绒及羽毛

填充了羽绒及羽毛的枕头、棉被、外套、睡袋等，可能很难清洗。在家里清洗会非常笨重，送洗又相当昂贵。因此尽量保持清洁很重要，这样才不用太常水洗或干洗。

厂商的说法是，清洁这些衣物的诀窍，是在清洗过程中避免洗掉羽毛的天然油脂。这些油脂能维持羽毛及羽绒的空隙与韧性，而这也正是这类衣物之所以温暖柔软而舒适的原因。虽然干洗及水洗多少会洗去一些油脂，现在大多数制造商似乎还是把水洗视为清洗这类衣物与家具的首选。不过，你偶尔也会看到要求干洗的标签，此时应遵从建议。只有制造商才会知道衣物做了哪些表面加工处理（例如疏水）或衣物有哪些特性可能会因为某种洗涤方式而受到损害。偶尔你也会看到标签指示要手洗或只能由经验丰富的干洗店干洗（只使用某些溶剂、清洁剂），这清楚显示，有些人在将这类衣物送干洗时，运气并不特别好。

相较于 15 或 20 年前，今日许多羽绒及羽毛填充衣物的洗涤说明已谨慎得多。当时（现在也常常是）的标准建议是，可水洗的枕头应以一般洗程洗涤 8～10 分钟，使用一般洗衣剂，同时以"一般"温度烘干，也就是高温烘干。与今日较保守的洗涤方式相比，这样做当然会让枕头更干净、更快干，但制造商表示，他们现在比过去了解激烈洗涤所可能造成的损害。

许多制造商（也许是大多数）现在会建议只使用肥皂清洗枕芯被胎，理由是肥皂比洗衣剂更接近中性且更温和，比较不会洗去油脂。有人告诉我，非常温和、中性的洗衣粉也可以接受，虽然还是不如肥皂。然而，肥皂一定比洗衣粉温和的想法是错误的，除非有人能够告诉我为什么要用肥皂来清洗羽绒及羽毛填充衣物，否则我还是会继续使用温和的洗衣粉（见第 406 页"温和洗衣剂与肥皂"）。无论你选择哪一种，都应彻底冲洗，因为残留的肥皂或洗衣剂最后都会破坏羽绒及羽毛。

尽管有些厂商仍然提供一般上掀式洗衣机的洗涤指示，很多人现在都建议，羽绒填充衣物应用手洗或只用前开式洗衣机洗涤。主要原因是，上掀式洗衣机粗鲁而激烈的搅拌，可能让羽绒纠结、挤成一团、移位（如此整件衣物的羽绒可能变得分布不均），或可能让接缝裂开。不管你的洗衣机是何种类型，首先应确认容量，是否大到足以清洗、彻底冲洗并脱干整槽笨重的衣物（我认识的人为了洗笨重的棉被，把脱水机弄坏了）。同理，当想用家里的烘衣机烘干棉被时，请记住，烘衣机除了要能容纳湿棉被，在棉被干燥后体积变大时，也要足以容纳才行。

不遵守标签指示洗涤羽绒及羽毛填充衣物的风险是很难预估的，损害可能相当大。不仅要考虑填充物及布套可否洗涤，还要考虑衬里、外层布料、饰物、拉链及经过的加工处理等，因此，就遵守标签指示吧。如果没有标签，或标签指示少到得靠自己想象，你或许可以使用以下的洗涤配方（需测试色牢度或其他特性）。

□ 3种方式洗涤羽绒及羽毛填充的衣物与家具

手洗——手洗大型填充衣物需要很大的力气，也需要大洗衣盆，开始之前应先确认洗衣盆够不够大，假如不够，可用浴缸。先在盆中注入温水或微温的水，然后加入一些温和的洗衣粉（最好是泡沫少的）或肥皂，确定已彻底溶解并与水混合之后，才放入清洗的衣物。浸泡几分钟，再以双手压出肥皂泡，接着反复轻压几分钟，让肥皂水（和肥皂泡）穿透衣物。确认衣物清洗干净后，排去洗涤水，注入清水，以同样的按压手法冲洗。重复上述冲洗步骤，直到所有泡沫消失为止。

不要拧，用按压方式挤出多余的水分。这个动作非常吃力，且需花很长的时间干燥，因此不妨以洗衣机脱水，除去多余的水分。旋转脱水可以让填充衣物干得更快，且不像洗衣时的搅动和绞拧一样，会拉扯、拍打及扭转衣物（前开式洗衣机也能脱水）。只要将洗衣机直接设定为脱水，跳过注水及搅拌等程序即可。

机洗：前开式洗衣机——如果你有够大的前开式洗衣机，只要用温水或微温的水，以及温和的洗衣粉或肥皂洗涤即可。以冷水彻底冲洗。如果有需要，可以多冲洗一次。

机洗：上掀式洗衣机——务必确认洗衣机的容量够大，且应采用柔和搅拌加上高速脱水，以温水或微温的水加上温和的洗衣粉（最好是泡沫少的）或肥皂。首先，在洗衣槽注入一些水，将洗衣粉溶解。之后，为维持洗衣机平衡，放入两个枕头或其他填充衣物，并将之下压，压出空气。接着，让洗衣机继续注水，开始清洗，清洗时，偶尔将盖子打开，排出空气（因为气泡常在衣物内部形成，有时可先以洗衣机将衣物彻底浸湿并脱水，然后依照说明的方式清洗）。以冷水彻底冲洗，有必要时，可多冲洗一次。

举起潮湿的填充衣物时务必小心——不要抓住一端拿起来，否则湿透的填充物会坠到下面。同理，绝对不要将填充衣物吊挂晾干，以免填充物向下掉、挤成一团，无法实时干燥，因而损坏了衣物。

无论你使用哪一种洗涤方式，都可以用低温烘干，但这需要很长的时间，一床棉被或其他大型厚重的衣物可能需要几个小时。因此，你可以在烘衣机里放一些干净、色牢度高的干毛巾，以吸收湿气，加速干燥；也可以放入两三个网球或干净的网球鞋，把纠结的团块撞散。或者，用烘衣机烘到半干，然后取出继续风干。不管你怎么做，重点是要让羽绒及羽毛填充衣物彻底干燥。湿气会让这些衣物产生异味并发霉。但是请注意，羽毛及羽绒在潮湿时一定会有令人相当不舒服的强烈气味，不要担心，干燥之后异味就会消失。

填充衣物与家具：聚酯纤维

聚酯纤维填充的枕头、棉被、夹克及其他衣物都可以水洗，手洗或机洗皆可。使用微温的水或温水，以一般洗程洗涤，用一般温度（高温）烘干，并确认厚重衣物彻底干燥。应使用泡沫少的洗衣剂。

木丝棉与泡沫橡胶 ①

木丝棉枕头不能水洗，泡沫橡胶枕头不能烘干。若将泡沫橡胶放进烘衣机，会有失火的危险。

针织品

针织品会因纤维成分不同而有相当大的差异，没有经过防缩处理的棉

---

① Foam rubber，又称海绵橡胶。是一种充满了小气泡的软橡胶，质轻、柔软、有弹性，可用于隔热、隔音。

及亚麻针织品，若以冷水或温水洗涤（而非热水），且以低温或中温烘干，较不会缩水（水越热，缩水的风险通常越高）。有些针织品需要塑形（见第458页），且不能用烘衣机烘干。羊毛针织品因为会缩水及毡合，通常应干洗。"耐洗涤"羊毛针织品则可机洗及烘干。聚酯、亚克力等合成纤维针织品较不易缩水，机洗几乎都没问题。见第17章的建议方法。

▎棉质针织品

细棉针织品，特别是纯棉的内衣、睡衣及运动服，如果以高温洗涤或烘干，将会失去丝绸般的触感与光泽。高温造成缩水、粗糙、柔软度降低、变厚，或看起来毛毡化。为了维持好的外观与触感，应用冷水及微温的水柔洗，并平铺在架子上晾干，干了之后以烘衣机的冷风吹软。这种温和的洗涤方式通常能让这类衣物干净又清新。

但是，如果是沾满了西红柿酱或巧克力牛奶的棉质针织休闲童装，又是另一回事。以冷水柔洗无法去除这些污渍。普通的T恤及棉内衣经常接触汗水与身体油脂，也需要更强力的洗涤。先处理污渍（记住，热水会让蛋白质污渍凝固），接着只要以一般洗程，用温水或热水洗涤，并以低温或中温烘干即可（但要购买稍大的棉衫以预留缩水空间）。如果衣服撑得够久，在反复的洗涤与穿着之后会更薄、更柔软，有些人钟爱这样的衣物。

▎被子

清洗被子应仔细阅读标签的指示，看看要用什么洗程、水温，以及推荐的洗衣剂。不过，大多数的情况是，你会买到没有标签的被子。遇到这种情况，如果你还是要洗，应注意3个重要的潜在难题。

首先，被子不能太旧，也不能细致到不耐洗涤。脆弱、褪色、破损的布料，就算使用细致衣物洗程，也非常容易断开、撕裂或分开。如果是非常宝贵的传家宝，或是老旧、古董的被子，最好请教文物保存专家如何清洁。很老旧、很脆弱的被子大概完全不能水洗或干洗，但透过滤网小心地吸尘，通常会有所帮助（见下册第7章《家用织品》）。然而，若不是过于脆弱、老旧或有价值的被子，通常可以干洗或水洗。

　　但是，第二个问题要注意，许多被子的制作材料根本完全不能水洗，或至少包含了一些色牢度不高的材料。被子的填充物通常是棉及聚酯纤维，原则上，这两种纤维都可水洗，但你也必须确认组成被子的所有纤维都可以水洗，且至少在微温的水中及温和的洗衣剂下色牢度都相当高。

　　尽量在不显眼处进行测试，且应尽量避免让测试的水漫流到其他部位（一发现有掉色，就可以马上停止）。记得要测试所有类型的布料和线材，包括衬里、装饰物及绣花线等。由丝绒布块拼接而成，并用丝绸作为衬里的被子，根本不能水洗，但其他被套可能会误导你。我看过一床棉布拼接的被套，其中有些棉布块就是由会掉色的布料制成，这种被套跟丝绒一样都必须干洗。

　　第三个问题，甚至可能出现在纤维及染料都可水洗的被子上。为了安全洗涤，被子必须牢固地缝合，铺棉的填充物尤其需要缝紧，否则，填充物在洗涤过程会乱跑，并纠结成团，这种状况，通常只有将被套拆开才能解决。

　　确定被子可以安全水洗之后，你仍必须选择手洗还是机洗（洗程应适合被子的纤维及细致度）。如果选择手洗，在某些情况下，可能还是可以用洗衣机脱水。

　　从商店买回来的新被子，通常含有可水洗的聚酯纤维表布及填充物，可以洗涤并用烘衣机烘干。这种被子可比照一般可水洗毛毯的洗涤方式处理。水温、洗衣剂的种类，以及洗程的选择等，就如同其他情况，都取决于纤维、表面加工处理、填充物的类型、织品结构的类型与质量、装饰物，以及缩水的可能性。如果有疑虑，最安全的选择永远是微温的水（或冷水）、温和的洗衣剂及细致衣物洗程。

　　究竟要烘干、平铺晾干、还是晾衣绳晾干，以及需不需要冷风吹松，判断的基础也都一样。较脆弱的被子应平铺晾干，如果用晾衣绳，应用两条晾衣绳以分散重量，或在半干时就垫着床单，铺在草地上。如果你住在公寓里，可轻柔地将被子挂在晾衣架上，打开风扇吹干。

26

常见的洗衣事故与问题

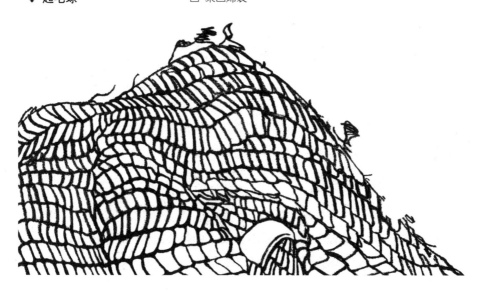

衣物水洗若出了问题，大部分状况都有解决办法。本章的内容可以帮助你预见一些常见的洗涤难题，以及判断出问题时可能的补救措施。然而，洗涤衣物就像做许多事情一样，预防总是胜于事后处理。良好的基本技巧通常可以预防以下种种洗衣惨剧。

▍ 褪色与掉色

有些染料在每一次水洗时都会掉色，即使衣服的颜色似乎并没有改变。如靛蓝，在每次水洗时都会稍微"洗掉"或褪色。这些染料比较可能用于天然纤维，且可能因为接触水、热水、洗衣剂、各种漂白剂或因长时间浸泡而褪色。摩擦、干洗剂、阳光、臭氧及许多其他因素，也都可能造成褪色。

会掉色的衣服与床单应与其他衣物分开洗涤，或者，如果掉色情况轻微，可与颜色相近的衣物一起洗涤。印花布的染料若会掉色，必须干洗，不能水洗，除非是追求褪色效果的马德拉斯印花布。

过去人们习惯在洗涤水中加盐或醋，以"固定"染料，防止掉色，在许多报刊书籍的"诀窍与提示"中经常看到这类建议。这样做可能可以减少掉色，但也会降低碱度，也就是洗涤水的清洁力。不过事实上，这么做并不会"固定"颜色，要达到定色效果需要非常大量的盐或醋（棉织品重量 10% 的盐，或羊毛、丝绸重量 3%～5% 的醋）。此外，很多类型的纺织染料无法用盐或醋来定色。

☐ **染料掉色沾到其他衣物时该怎么办？**

如果染料掉色沾染到其他衣物，请不要烘干或晾干这些衣物，先将掉色的衣物取出，再用整桶衣物可耐受的最强洗衣剂、最高水温及最强漂白剂洗涤。如果没有效果，可尝试用除色剂处理白色衣物（见"除色剂"，第 405 页），请遵照包装上的说明及注意事项。

☐ **酸性染料的褪色**

丝绸、羊毛、克什米尔羊毛及尼龙可能是以酸性染料染色，接触到腋下汗液或长时间暴露在肥皂、洗衣剂及水中都会褪色。就我所知，还没有补救措施可以处理这类问题。针对白色衣物泛黄，见下文"泛黄"。

□ 靛蓝染料的褪色

靛蓝染料褪色时会产生深浅不一的蓝色，尤其是接触漂白剂的时候。大多数人喜欢褪色的蓝色丹宁，尽管如此，这类衣物还是应该与颜色相近的衣物，或是颜色较深、不至于着色的衣物一起洗涤。如果不小心有衣服染上丹宁的蓝色，只要再洗一次，便能去除。

□ 荧光染料的褪色

有些荧光染料特别容易褪色，因此荧光染色的衣物应分开洗涤，除非通过色牢度测试。要先在不显眼处测试色牢度，不要贸然使用去污剂或预处理剂。

□ 阳光造成的褪色

阳光造成的褪色无法恢复。但预防方法可参考下册第 19 章《宜人的光线》。

□ 磨损造成的褪色

某些类型的染料会因摩擦而脱色，蓝色牛仔裤上常看到这些现象。裤子的膝盖及屁股处变白，就是因为这些部位常被摩擦。你不想要这样的脱色效果，可将衣物翻面清洗。

玻璃纤维窗帘的接触点，例如碰触到窗台或家具的地方，也可能因摩擦而掉色。

□ 衣物褪色的处理方式

织品褪色通常没有很好的解决办法，有时可能可以重新染色，但我唯一真正成功染色的经验是黑色，染过之后真的像新的一样。尝试重新染色之前，应仔细研究在家染色的说明指示。有些纤维，如亚克力及聚酯，无法用一般家用染料染色。如果褪色不规则，重染的颜色也可能不均匀，你或许反而喜欢褪色的样子。

变灰或黯淡

当衣物看起来灰灰的或变黯淡，应再洗一次。先用衣物能耐受的最强洗衣剂（量多一点）、最高水温及最强漂白剂预浸，然后多冲洗一次。也可以尝试双重清洗或加一些助洗剂，如硼砂。一定要彻底冲洗，残留的洗衣剂会造成衣物黯淡。处理白色衣物时，若上述方式都无效（包括漂白剂及强力洗涤），可以尝试用增白剂或增亮剂（见"增白剂与增亮剂"，第412页）。

破洞及撕裂

织品破洞及撕裂的常见原因，若不是长期穿着及使用，通常是因为过度漂白、没有彻底冲洗漂白剂或洗衣剂、漂白剂喷溅、添加漂白剂时没有妥善稀释、长期暴露在阳光下，或接触到具有破坏性的家用化学品，如酸性马桶清洁剂及脱毛剂。如果衣物跟着别针一起洗，或是卡到拉链、扣环或钩子，也可能发生撕裂意外。

洗衣时衣物放太多，磨损会更快速，最后造成破洞或撕裂。有时洗衣机或烘衣机里会有粗糙、破损的部位，也可能钩破衣物。因此，在再度使用机器前，务必先找出破损部位并修理。

小老鼠、昆虫、飞蛾或其他昆虫也可能将织品咬破。

毛屑

毛屑是由毛绒、小线头，以及洗涤、烘干与穿着衣物时从织品掉落的纤维所组成。从衣物上掉落的毛屑，可能会黏附在一起洗涤的衣物上，让衣物变得不好看，尤其衣物的颜色与毛屑的颜色不同时，更是碍眼。有毛绒或以膨松纤维制成的布料，如毛圈布或雪尼尔浴袍，纤维都比较容易因摩擦而掉落，通常比其他布料更容易产生毛屑。几乎所有布料多少都会产生毛屑，不过洗涤时仍留在衣物口袋里的面纸，才是最常产生毛屑的原因。

如果洗好的衣物经常粘上毛屑，请确认衣物洗涤的分类是正确的，且洗涤前也经过妥善的处理。会产生毛屑的衣物（如雪尼尔）应与容易黏附毛屑的衣物（如聚酯纤维）分开洗涤及烘干。避免将聚酯或其他合成纤维与毛巾一起洗涤或烘干。务必清空口袋里的所有东西，特别是面纸与其他小纸片（见第20章《待洗衣物的收集、储放与分类》）。

除了没有妥善分类之外，洗衣或烘衣时放入太多衣物，增加了摩擦，也是造成毛屑的原因。另一个可能的原因是干燥过度，产生太多静电，造成毛屑紧黏在衣服上，而不是吸附在滤网上。又或者，你只需要更常清理洗衣机与烘衣机的毛屑滤网。目前大多数洗衣机都有自动去毛屑功能。

令人意外的是，洗衣剂用太少也会造成毛屑过多。在洗衣剂的化学成分作用下，毛屑就跟污垢一样，都会悬浮在水中，而非积回衣物上，因此若洗衣剂用太少，污垢与毛屑就会重新积在衣物上。

▌ 发霉

用天然纤维制成的布料如果太潮湿，或存放在湿度太高又不通风的地方，很容易发霉。有关发霉衣物的处理，见第497页，"发霉"。

▌ 汗水

汗水从身体毛孔排出时，通常是微酸性，接触人体的外部环境后，则很容易转为碱性。不过，酸碱值也视个人的代谢状况而异，可能是酸性或碱性，并不一定符合以上的规则。染料及某些纺织纤维会受汗水影响，造成的影响也因汗水的酸碱性而有所不同。布料长时间暴露于汗水下，经常会发生褪色、泛黄、变色或脆化等问题。

要保护布料免于汗水的伤害，最重要的是经常清洁或清洗接触皮肤的衣物。如果是丝质衣物，建议最好是换下后尽快清洗。有关预防及处理汗渍问题的其他方式，详见"汗水、皮肤油脂及止汗剂造成的污渍"，第475页。

▌ 起毛球

毛球是布料表面因摩擦而产生的小球，防止之道是翻面洗涤及烘干，或放进洗衣袋，并确认袋口封紧。较短或较慢的搅拌、翻滚程序也有助于预防起毛球。如果脏污的类型及衣物本身的情况允许，可手洗，但不要搓洗或摩擦，并以晾衣绳晾干或平铺晾干。有人说使用衣物柔软剂也有帮助。请注意，较强的纤维其实可能比较弱的纤维更容易起毛球，因为摩成小球的纤维较不容易断裂，会顽强地依附于布料表面。

上述技巧都只是减少纤维摩擦，但衣物在使用与穿着时不可避免都会有摩擦，因此，由聚酯或聚酯和其他合成纤维混纺制成的床单与衬衫，并没有什么方式可以完全预防起毛球。

衣服翻面洗涤有一个缺点：可能换成内面起毛球，而不是外面，如果是贴身的衣物，穿起来会相当不舒服。翻面洗涤也会让外面的污垢较难去除。

你可以在家用品店买到去除毛球的小工具，这比用剃刀剃除毛球安全。

▎斑点与条纹

☐ 蓝色斑点与条纹

蓝色斑点与条纹通常是由未稀释或未溶解的洗衣剂或衣物柔软剂构成，也可能是因为靛青漂白剂与水没有充分混合造成。现在很少有人单独用靛青漂白剂，但这是许多洗衣剂及氧漂白剂的成分之一。为预防洗衣剂造成斑点，应先将洗衣剂充分溶解，再放入衣物；为预防衣物柔软剂造成斑点，应将衣物柔软剂加在洗剂槽中，或者，如果要在最后冲洗时加入，也应先与水充分混合稀释，再加入冲洗水中。防止靛青漂白剂造成斑点的方法，见"靛青漂白剂"，第 404 页。

有洗衣剂厂商建议，可将衣物浸泡在醋－水混合溶液（1 杯白醋兑 1 升的水）中 1 小时，然后彻底冲净，可去除黏附在衣服上未溶解的洗衣剂。我自己的方法（到目前为止成功率 100%）是将衣物浸泡在布料可承受的最高水温中，直到洗衣剂完全溶解后，再重洗一次。要清除衣物柔软剂造成的斑点，则可用肥皂搓揉，然后再洗一次。全部步骤可能需要重复几次。要清除靛青漂白剂条纹，则重洗一次。

☐ 褐色斑点

布料上的褐色或黄色斑点，可能是水中的铁或蒸汽熨斗的铁所造成。如果洗涤水中含铁量过高，含氯漂白剂会使布料变色（我家农场的水含铁量相当高，如果我们用含氯漂白剂，衣服最后都会变成棕褐色）。处理铁斑，见第 476 页，"硬水"。千万不要用含氯漂白剂来处理铁锈或铁斑，这只会雪上加霜。

褐斑也可能是因为没有将含氯漂白剂彻底冲净，或因为污渍、肥皂、洗衣剂等残留一段时间之后氧化所造成，也可能是衣物柔软剂没有与水充分混合或溶解、柔软纸在烘衣机里无法自由移动（衣物柔软剂造成斑点也可能是蓝色的。参见上文"蓝色斑点与条纹"）。

要防止褐斑，每次洗衣时都要彻底冲洗。以布料种类、新旧程度及状况所能承受的最强洗衣剂、最强漂白剂及最高水温来浸泡洗涤，往往可以清除氧化残留物造成的褐斑，选择一般洗程，再外加一两次彻底的冲洗。棉布或亚麻布较为脆弱，无法承受强力洗衣剂或漂白剂，可能无法去除斑点。如果斑点很顽固，尝试以柠檬汁或白醋混合等量的水，淋在衣物上。若这个方法奏效，便重复这个步骤，直到斑点完全去除。另外，也可尝试抹盐与醋，但是这类处理方式不能用于老旧或极脆弱的布料。如果非常想去除这些斑点，最好请教专家。

将床单及衣物以无酸纸包裹储放，可预防衣物因接触木材或其他材质中的化学物质而形成褐斑。

□ 浅色斑点

预处理时，若直接将洗衣精或洗衣膏涂在衣物的部分区域，可能会造成一些较淡的斑点。这种未漂白、灰白色或棕褐色的天然棉布或粉彩色棉布上的斑点，有时是因为洗衣剂内含的光学增亮剂所造成（见"光学增亮剂"，第 410～411 页）。久了之后，待衣服的其他区域颜色变淡，斑点也会因此消失。但如果斑点仍存在，或你不想等待，有洗衣剂厂商建议，至少可用以下方式让颜色更快变均匀：以 1 杯强效洗衣剂加 2 杯温水的比例配制成洗涤溶液，溶液的总量要能淹没衣物，并在确认洗衣剂彻底混合或溶解后，将衣物浸泡两小时，必要时可将衣物向下压（用不会掉色或产生任何伤害的东西），确认衣物完全淹没，否则没有浸泡到的区域会呈现不同的颜色。接着拧干衣物，重洗一次，不必额外添加洗衣剂，并彻底冲洗。若有必要，可重复上述步骤，直到颜色一致为止。如果你处理的是整套衣物的其中一件，请记得一起处理其他件，否则整套衣物的颜色会不一样。

被漂白剂或其他化学品溅到，有时也可能产生浅色斑点。未经稀释的含氯漂白剂若泼洒在干的布料上，会使其几乎脱色。一些有色棉布若直接接触不含氯的漂白剂，也会产生斑点。但如果先将漂白剂或含有漂白剂的洗衣剂溶于水中，再加入衣物，就不会出现这种情况。被漂白剂溅到造成的脱色与斑点，没有补救方法，即使重新染色也无法解决，因为布料的染色不会均匀。

□ 清洗或脏污不均

聚酯纤维与其混纺容易沾染油污，且洗涤过后，油污仍不易清除。特别容易有问题的区域，是接触皮肤及头发的地方，例如胸部及肩部周围，还有聚酯纤维制的枕头上经常与脸及头发摩擦的部分。可以用 1 杯强效洗衣剂加 2 杯温水的比例，浸泡有问题的衣物几个小时，然后用温水清洗，不必再加洗衣剂，最后彻底冲洗干净，可能需要多冲洗一两次，才能清除所有洗衣剂。

为预防这类问题，在洗涤聚酯纤维及其他合成纤维时，不要用比实际需求还温和的方式洗涤。最好能经常洗涤、做预处理（特别是含有溶剂的预处理产品）及预浸，并使用大量洗衣剂。此外，也要使用布料可承受的最高水温。

□ 其他

家用化学品通常含有强酸、强碱、酒精及其他会影响衣物染料的强力化学物质。务必避免接触布料的化学品有：发胶、染发剂、马桶清洁剂、去污粉、游泳池化学剂、酸性物质（包括电池的酸性物质）、漂白剂、防腐剂、收敛剂以及任何强力的家用化学品。

粉刺用药及化妆品所含的过氧化苯（benzoyl peroxide）会去除部分染料，尤其是蓝色染料。如果有蓝色这类脆弱的颜色与其他染料混在一起，过氧化苯可能会除去蓝色染料，留下其他染料，举例来说，紫色衣服可能会出现红斑，绿色地毯出现黄斑。这种化学品造成的问题可能出现在接触脸部或颈部的区域，如衣领、床单、枕套及毛巾。

玻璃纤维窗帘及布帘的染料可能含有丙烯酸树脂黏合剂（acrylic binder resin），会被含有机溶剂的洗衣剂溶解，因此不能干洗，除非标签指定以某种特定方法处理，否则都应该手洗。

□ 硬水造成的条纹、残留、僵硬、粗糙及过早磨损

一些无磷洗衣剂遇到硬水会造成残留物堆积，使布料出现斑纹、变得僵硬与粗糙，甚至过早磨损，因为摩擦增加了。要清除这些残留物，可用1杯白醋加4升清水的比例，放在塑料容器里（不要使用会生锈或与醋酸发生反应的容器），再将衣物浸入，然后彻底冲洗。要预防这类问题，应在洗衣剂中加入非沉淀性软水剂，或改用洗衣精。

▌泛黄

布料泛黄有很多原因，本节将讨论其中最主要的几个原因。

□ 汗水、皮肤油脂及止汗剂造成的污渍

任何沉积的汗水、皮肤油脂与止汗剂的沉积都可能造成布料泛黄。所有衬衫的腋下都很容易泛黄，男衬衫的状况比女衬衫严重，因为男性比女性多汗。聚酯纤维容易卡油脂，包括皮肤的油脂，因此常与皮肤接触的区域会越来越黄。目前这类问题都有非常有效的方法可以预防与处理。

要防止汗水造成腋下部位泛黄，男士可穿汗衫，妇女可穿腋下汗垫，尤其是穿着丝绸衣服时。腋下汗垫是一种小型楔形布垫，可以附在衬衣、衬裙或胸罩上，或缝在胸罩上。市面上也有用过即丢的腋下汗垫（有时可以在内衣店买到，我也曾在缝纫材料行及布店看过）。汗衫或腋下汗垫会吸收汗水、油脂及止汗剂，且可以用较激烈的方式洗净。可惜，大多数妇女对腋下汗垫都不感兴趣，许多男士对汗衫也是如此。第二种预防措施可以用于衣物的任何部分，就是经常洗涤（或干洗），且在换下后越快处理越好，因为汗水停留在衣物上的时间越长，造成的损害越大，特别是丝绸。

如果是较强韧的衣物（不是丝或羊毛）。一旦发生问题，解决的办法是强力洗涤一两次。针对出问题的区域先做预处理，然后用含有酶的预浸产品预浸30分钟。以布料所能耐受的最高水温洗涤，并使用大量洗衣剂（比一般多，或在洗衣剂里添加助洗剂）。使用织品所能耐受的最强漂白剂，并彻彻底底地冲洗（合成纤维要用冷水）。

就算是可水洗的丝绸，仍不能长时间浸泡，也不能采用高水温、强力漂白剂和洗衣剂，因此必须经常洗涤，且在换下后越快处理越好。白色可水洗的丝绸可试着用硼酸钠漂白剂（sodium perborate bleach），但必须先测试。

可手洗的内衣如胸罩、衬裙或小背心，一旦在腋下出现黄色汗渍，可尝试先以细致衣物专用的肥皂或洗衣剂搓洗，并浸泡在肥皂水里30分钟。然后以一般方式洗涤，如果可以，可用手搓揉布料的反（内）面。

□ 硬水

某些种类的矿物质（铁及锰盐）在水中会造成衣服泛黄或产生黄色、棕色斑点，而使用非沉淀式的软水剂可预防此现象（见第21章）。蒸汽熨斗的铁沉积在衣服上也会造成褐斑。要去除水中矿物质造成的黄色、褐色条纹，或整件衣服变色，可使用标榜对布料没有伤害的除锈剂。这些东西在五金行、家用品店及洗衣机的经销点都买得到。或者，你可以将布料摊在沸水里，挤压柠檬汁淋在上面，或浸泡在由等量柠檬汁或白醋与水混合的溶液中（依我的经验，柠檬汁比较有效）。出现这种问题的衣物不要用含氯漂白剂，这只会让污渍问题更严重。

□ 含氯漂白剂

含氯漂白剂会造成丝绸、羊毛、尼龙及弹性纤维布料泛黄，且这种变色是永久性的。

含氯漂白剂也可能造成白色或浅色衣物、树脂处理过的棉、亚麻及其混纺泛黄，不过这种问题现在似乎已相当少见，我就从未遇过。以光学增亮剂处理过的衣物也可能因含氯漂白剂而泛黄，但这问题似乎也非常罕见。有时衣物本身虽然没有用树脂处理，但衬里却经过树脂处理，使其可能在漂白时泛黄，并从衬衫透出来，让衬衫呈现两个色调，非常不雅观。这告诉我们，忽视标签指示及没有测试衣物所有组成部位会有什么风险。你可以试着用除色剂处理白色衣物，以去除泛黄。

如果没有将衣物上的含氯漂白剂彻底冲净便放进烘衣机，烘衣机的热可能将残留在衣服上的氯变成黄色。此时，请重新洗涤，并彻底冲净。

烘衣机过热也可能造成白色或浅色衣物泛黄。

☐ 冲洗不够彻底

衣物经过清洗及冲洗之后，洗衣剂的碱性盐可能仍残留在布料里，造成衣物泛黄、染料变色、刺激皮肤。解决的办法就是洗衣剂减量、用更多的水冲洗，或多冲洗几次。连锁洗衣店会添加"酸"来中和碱性，也就是酸性化合物。自己处理的话，则可将1杯白醋（若衣服量多，可增加用量）加入冲洗的水中。

☐ 阳光

在两种情况下，阳光会造成泛黄。首先，长时间曝晒会使白色或浅色棉布泛黄（这不会发生在亚麻布或嫘萦布料上），不过，短时间曝晒棉布则有漂白效果。如果你是用晾衣绳晾白色棉布，试着留意不要曝晒太久，可选择挂在阴凉处。阳光造成的泛黄可用化学漂白处理。

你或许看过报道，一些以光学增亮剂处理过的布料也可能因曝晒而泛黄（见第410～411页"光学增亮剂"），确实，有些光学增亮剂在阳光下会分解，导致衣服泛黄、黯淡，或看起来灰灰的。光学增亮剂在潮湿时特别容易分解，成为晾衣的一大潜在问题。但是，据我所知，洗涤便能除去这些衍生产物，而我们通常会频繁洗涤衣物，因此往往还没看到问题，问题就已经解决了。

☐ 过热与老化

在很大的程度上，衣物老化是布料的缓慢氧化，而这自然会造成许多类型的布料泛黄。热会加速老化，如果你将衣物存放在炎热的地方，如不通风的阁楼或靠近热源处，都很容易造成泛黄；烘衣烘得太干也是。务必将衣服存放在阴凉干燥的地方，并小心设定适当的烘衣温度，不要等到全干才将衣服取出。

有时漂白剂能够解决这类泛黄，洗衣剂里的光学增亮剂有时也有用。或你也可以尝试使用增白剂、增亮剂（见第412页"增白剂与增亮剂"）。

泛黄的白色羊毛布料有时可用含过氧化氢的漂白剂来处理，或试着用增白剂与增亮剂，但这会产生蓝白色泽，让羊毛看起来不像羊毛而像其他纤维，例如亚克力，因此很多人并不喜欢这么做。

熨斗过热也会造成布料烧焦或泛黄。

□ 聚乙烯袋

干洗店使用的塑料袋含有塑化剂，可能会沾染衣服，造成局部泛黄。据我所知，这没有办法解决，但只要一回到家中就把衣服从塑料袋中取出，就可以预防。全部送洗衣物也都应如此（见下册第 29 章《衣物收纳》）。

衣物的消毒

❖ **传染性微生物**
　　☐ 细菌与衣物
　　☐ 一般水洗与干洗的杀菌
　　☐ 以含氯漂白剂消毒衣物
　　☐ 其他消毒剂
❖ **尘螨**
❖ **虱子、虱卵及跳蚤**
❖ **织品造成的皮肤炎**
❖ **有毒的植物性过敏原**

在家洗衣除了要处理衣服或寝具上的污渍之外，有时还必须处理其他污染物。当微生物、尘螨、害虫或过敏性物质黏附在布料上，最好的解决办法，大概就是用洗衣机洗涤。在家洗衣通常是消毒织品最有效的方法。

本章介绍如何以一般洗衣方式来达到消毒效果。文中所讨论的方法无法保证完全杀菌，只是让我们在做一般家事管理时，减少黏附在织品上的病原体数量。

若是针对特定的病原体，或处理可能严重威胁健康的状况，则应寻求医生的专业意见，以及小区公共卫生部门的建议。

▌传染性微生物

☐ 细菌与衣物

人们早在还不知道细菌为何物之前，就发现疾病会透过病患的衣物传染给健康的人。这件事就像双面刃——人们既可用布料将瘟疫及梅毒传给敌人，也可借由避免接触受污染的衣物及烧掉病患的衣服与床单，抑制传染病的散播。在电影《绒毛兔传奇》里，绒毛兔原本必须跟其他被猩红热病童接触过的物品一起烧毁，是因为魔法才得以解救。

科学研究证实，微生物（细菌、病毒、酵母菌等）能在布料上存活相当长的时间，且能从一块布料转移到另一块。事实上，已有一项研究发现，某些纤维比其他纤维更容易寄居某些病毒。然而，20 世纪初一般家庭相当熟悉的病房常规，在抗生素、疫苗接种及自来水管系统都相当普及的现代，却已被遗忘。人们不会以消毒剂擦拭病人身边所有器具的表面，不会烧毁或煮沸床单，也不单独清洗病人的手帕、贴身衣物及床单。但基本上这些都是应该要做的。

每个家庭都会有特别需要注意的时候，例如，肮脏的尿布、传染病，及水灾污染的衣物。因此，了解一般洗涤程序中可以有效消毒的各种热学、物理学及化学因素，十分重要。当然，一旦碰上自然灾害或严重的疾病，还是必须征求专家意见，看看需要采取什么安全措施。地方的推广中心应该也有许多信息，告诉我们水灾或其他灾后如何消毒。若家里有疾病感染问题，医生也会指导你进行居家消毒，你也可以联系当地的卫生部门。

□ 一般水洗与干洗的杀菌

光是把衣服放在洗衣机里用清水搅拌，就能有一定程度的消毒效果。清水能把许多微生物冲进下水道，即使微生物还是活的，但至少已从你的衣服和床单上消失。若用的是热水，消毒的效果将大大提升，因为水温若够高，便能杀死细菌。你可以用更多的水、更热的水及暴露在高温下更长的时间，来增进洗衣的消毒效果。

普通的洗衣剂就能让许多微生物失去活性。不少研究显示，次氯酸钠（家用含氯漂白剂）是高效能的杀菌剂。若用冷水洗衣，添加含氯漂白剂也能提升消毒效果。此外，烘衣机的高温及干燥环境也能杀死许多微生物。如果你将衣服晒在阳光下，紫外线辐射也能杀死许多微生物。熨斗的高温同样具有很好的杀菌功效。因此，一般的洗衣程序，包括热水、洗衣剂、漂白剂、烘衣机烘干、阳光晾晒和熨烫，都能非常有效地杀死细菌。

但是，以一般家务管理的要求而言，日常的洗涤尽管能有效杀菌，效果却不该高估。这些方法无法确保你杀死任何可能攻击你的微生物，或者彻底消毒。一般家庭洗衣并没有办法监控或维持水温，家用洗衣机一开始供应的热水温度甚至经常不够高，无法杀死许多微生物；而漂白剂的用量可能不够，杀菌的作用时间也可能不够长，无法充分发挥效果。例如，小儿麻痹病毒若暴露在50℃下10分钟就会失去活性，但B型肝炎病毒却需要更高的温度。白色念珠菌是一种像酵母菌的病原体，会造成阴道感染，一般认为是借由内衣裤传染。这种细菌在一般洗衣程序下的48℃水温仍能生存，必须用70℃以上的水温洗涤或高温熨烫才能杀死。

如果衣服或家具不能水洗，必须干洗，专业干洗溶剂与蒸汽的高热也有杀菌作用。但由你自己操作的投币式干洗并没有使用蒸汽，因此并不推荐用来清洁沾染病菌的衣物，例如水灾污染的衣物。

□ 以含氯漂白剂消毒衣物

含氯漂白剂能杀死很多种微生物，对于不怕漂白剂伤害的衣物来说，是非常好的家用消毒剂（然而，氧漂白剂的消毒效果并不好。参见第402～404页有关含氯漂白剂的讨论。有关适用含氯漂白剂的布料，详见第15～16章）。有一家漂白剂制造商建议遵循以下程序消毒衣物：以1杯含氯漂白剂兑 60 升水的比例，充分混合配制漂白溶液，倒入洗衣机。将可以安全漂白的衣服放进洗衣机，浸泡 10 分钟后加入洗衣剂，接着开始清洗并彻底冲洗。如果衣物已经放入洗衣机，则以 1 升的水稀释漂白剂再倒入（请参见第 457 页，"尿布"）。

☐ 其他消毒剂

若要消毒无法耐受含氯漂白剂的衣服与床单，有时会建议使用四级铵化合物（quaternary compounds）、松油或其他酚类消毒剂。许多家用清洁产品，如松油清洁消毒剂，以及警卫门房、乳品业和冷冻屠宰厂使用的消毒用品，都可能含有这类消毒剂。这种消毒剂的标签会写着"消毒剂"，并带有环保署的登记号，但这并非洗衣用品，也不是针对洗衣消毒设计的配方，且通常没有使用在布料上的说明，或只有寥寥数语的指示。你可在药房、乳制品或清洁卫生用品的商店中买到。

四级铵化合物必须在冲洗开始后才倒入，因为洗衣剂会使其失去活性。松油及酚类消毒剂都必须在衣物放进洗衣机之前稀释，并和洗衣槽里的水充分混合。但也可以用在洗程一开始的清洗阶段，或加入冲洗的水中。

就像一般洗涤产品，你必须先针对不同纤维测试安全性。例如，酚类物质及松油消毒剂就不能用于羊毛布料与丝绸。松油的强烈气味可能残留在布料上。四级铵化合物据说对所有纤维都是安全的，但对染料就不一定全都安全，可能会造成某些衣物变色。

使用最高水位、最高水温、时间最长的洗程。美国佛罗里达州利县的公共安全部门在网站上发布了以下信息，说明这些消毒剂的用量：

◆ 上掀式洗衣机，用 4 汤匙 Roccal① 或 2 汤匙 Zephrin ②。

◆ 前开式洗衣机，用 2 汤匙 Roccal 或 1 汤匙 Zephrin。

◆ 使用松油消毒剂时，上掀式洗衣机与前开式洗衣机都是加 1 杯（详阅标签，要确认产品中含有至少 80% 的松油）。

◆ 使用酚类消毒剂时，上掀式洗衣机加 1 杯，前开式洗衣机加 1/2 杯又 2 汤匙。

有关如何有效使用各种消毒剂，以维持家人的健康或安全，可联系地

① 消毒剂名，多用在畜牧养护、动物实验上。
② 消毒剂名，多用在厌氧室与手套箱。

方卫生所、推广服务中心或家庭医生，以取得更详细的资料。

尘螨

尘螨其实是肉眼看不到的极小蜘蛛，是虫，不是细菌。尘螨不会造成感染，却会引发一些人的过敏症状（见下册第 5 章《灰尘和尘螨》）。洗涤温度够高时可杀死尘螨，一项研究发现，以 55℃的水温洗涤 10 分钟可杀死尘螨，并指出温度较低时，杀死尘螨的效果不会因为洗衣剂或其他化学物质而增加。但有些权威人士建议应以更高洗涤温度洗涤，如 60～67℃；也有一项研究结果显示，水温低于 45℃时无法杀死任何尘螨，而在 50℃的水温下可杀死 49.7% 的尘螨。因此，有人认为近几十年来越来越多家庭使用冷水洗衣，可能是导致过敏性气喘发病率增加的众多因素之一。过去人们习惯用滚水煮寝具，相比之下，以冷水洗涤无意间便让更多尘螨栖身在寝具里。由于一般家庭洗衣机的水温会随着搅拌过程逐渐冷却，可能一开始是 60℃或更高，但你要确认水温能维持在这个范围内至少 10 分钟（见第 21 章 389～392 页"水温"）。

不过，要消除尘螨所产生的过敏原，洗涤也许是最重要的环节。任何的洗涤水温都能去除 90% 以上的尘螨过敏原，即使在这水温下，尘螨依然活蹦乱跳（且可能干净）。相较之下，干洗能杀死所有尘螨，却不能消除过敏原，而过敏原还可能依附在衣物上很长一段时间。这一点足以说服我们只购买可水洗的寝具及毯子。降低尘螨及尘螨过敏原的最佳方法，是每周以 60℃或更高水温的水洗涤所有寝具，包括床单、枕套、被毯及床垫。储放的衣服也可能窝藏大量尘螨，必须在穿之前先洗过，特别是穿上之后发现任何过敏症状时。

虱子、虱卵及跳蚤

水温在 67℃时可杀死虱子及虱卵（要确定衣物浸在水中至少 10 分钟），因此水洗可有效去除布料上的这些害虫（有人说只需要 60℃或甚至 54℃，但是因为水温会在洗涤中逐渐冷却，因此一开始水温越高越好）。病人接触过的所有床单、枕套、毛毯、棉被（羽绒被）及衣服，包括帽子及外套等，都应该水洗（如果不是头虱，而是某种体虱，必须确认内衣已经洗涤干净），然后还要用烘衣机以高温烘干 20 分钟。如果有衣物不能水洗，用干洗也有效，或将这些衣物放在密封的塑料袋里 30 天。这超过了虱子在室温下的存活时间，也适用于耳机、安全帽等用品。虱子一旦离开人体，会更快死亡，通常在 3 天之内。

热水洗涤也可杀死跳蚤及其虫卵。

▎织品造成的皮肤炎

许多人会对残留在织品里的洗衣剂或其他洗衣产品产生过敏反应。这类问题的解决办法就是仔细冲洗，并尽量使用不含非重要添加物（如香水）的产品，同时持续更换，直到找到不刺激的产品为止。如果这些方法都没有用，请询问医生。

但也有一些过敏反应是布料引起的，尼龙、玻璃纤维、橡胶及羊毛纤维等，都曾被发现与过敏反应有关。尼龙织品初问世时，很多人表示穿上会发痒，结果发现原因是没冲干净的肥皂导致，因此尼龙布需要更仔细地冲洗。过去，弹性纤维有时也与过敏问题有关，但这种纤维似乎已经不再以有问题的物质制成。所有被患者形容为"过敏"的不适症状是否真是过敏，我们还不清楚，但皮肤科医生发现，许多人声称自己对聚酯或尼龙布"过敏"，其实可能只是一般的皮肤刺激，原因也许是这些布料比较不吸水。

不管问题的本质为何，解决办法就是不要穿让你发痒的衣服，不要让这类衣料直接接触你的皮肤。若是玻璃纤维，更应尽量远离。如果造成皮肤刺激的是合成纤维，改用天然纤维；如果是羊毛，就用亚克力纤维取代。亚克力纤维的功能与外观都像羊毛，无刺激性，也不造成过敏。对许多人来说，在羊毛衫里多穿一件薄的棉质或丝质内衣，或是 T 恤，应该就够了。

▎有毒的植物性过敏原

有毒的常春藤、橡木或漆树中所含的一些物质，也会造成过敏性皮肤炎。这些植物中的致敏物质，能够从植物转移到衣服或其他织品中，或从人的皮肤转移到织品上。无论透过哪种方式，下一个接触织品的人都有可能因而不适。一般水洗及干洗都可去除这些有害物质，让织品变得安全。

28

去除布料上的污渍

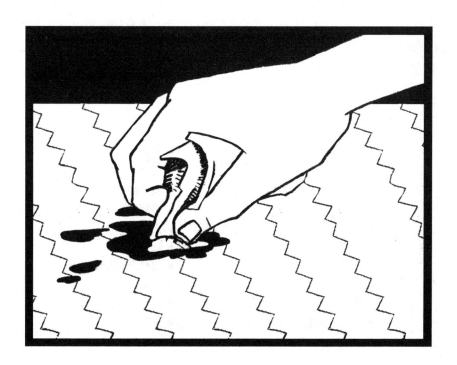

美丽的衣物如果出现了小瑕疵，也许只有某些人会发现，其他人则不会注意到。处理污渍最重要的态度，就是学着丢开你无法修复的小瑕疵。许多织品往往就毁于苛求完美。如果钟爱的织品出现小瑕疵而让你不悦，不妨想想，你是否把污渍（stain）跟脏污（dirt）画上等号。污渍是疏忽造成的染色，并不等于脏污。你应该跟脏污奋战不休，但向微不足道的污渍投降却无伤大雅。不过，若污渍超出你容忍的底线，最好准备迅速采取行动。

有时候，采取行动意味着求助。当一件非常有价值或材质特殊的织品沾上污渍，最明智的做法，通常不是自己设法解决，而是求助合适的专家。衣服及家用织品出问题时，如果标签建议可干洗，要找的专家通常就是干洗店。事实上，这通常也是你唯一可做的事情，不要自行涂抹干洗剂或除斑剂，而是尽快带着衣物到干洗店，向干洗店指出污渍的位置和成因，不要让干洗店自己发现污渍并自行猜测成因。如果沾上污渍的是古董、传家宝或艺术品，请咨询文物保存专家。你可以查询声誉好的古董商，而古董商通常会认识好的文物保存专家。

如果你决定自行处理，你会需要简明图表，告诉你有什么化学物质及技术可以有效去除一般污渍，例如本章末的"去渍指南：衣物、床单以及其他家用织品"，可影印一份贴在洗衣间的墙上。本章描述家里应常备哪些基本去渍材料，并说明其基本原理与技术，以协助你成功处理大多数居家污渍。

常造成污渍的物质

- ◆ 红葡萄酒
- ◆ 红葡萄汁
- ◆ 浆果、蔓越莓及其果汁
- ◆ 巧克力
- ◆ 食物、化妆品、汽车、机器、工具的油与油脂
- ◆ 血
- ◆ 焦油
- ◆ 蜡笔
- ◆ 油漆（乳胶漆与磁漆）

- ◆ 油墨（包括签字笔的墨水）
- ◆ 铁锈
- ◆ 蜡与蜡烛
- ◆ 染料
- ◆ 指甲油
- ◆ 鞋油
- ◆ 口红及其他化妆品
- ◆ 汗渍（有时）
- ◆ 泥巴（有时）
- ◆ 草

辨识污渍

　　某种物质是否会在织品上形成污渍，取决于纤维与织品的种类，以及这些织品比较不耐受哪些类型的污渍，同时，也取决于织品所能承受的清洁程序。比起那些能耐受激烈清洁程序的结实布料、地毯及家饰布，不能漂白或搓洗的精致古董蕾丝，处理起来更为棘手。

去渍工具

　　去渍的方法五花八门，同一种污渍问题，你会看到很多不同的补救措施，这些方法全都可能有效，但也有一些污渍非常顽固，让人不得不投降。有些污渍会逐渐改善，你必须耐心处理好几次才能完全成功。执行前也应先在衣物的不显眼处测试，许多能去渍的化学物质有时会造成布料劣化，或者影响织品的染色和表面加工。

　　下列家用去渍剂可应付大多数状况，这些用品大部分也有其他居家用途。

◆ 全效清洁剂

◆ 白醋

◆ 柠檬

◆ 漂白剂

　• 过氧化氢（3% 溶液）

　• 市售氧漂白剂

　• 家用含氯漂白剂

◆ 氨水

◆ 外用酒精

◆ 去光水（丙酮）

◆ 溶剂型清洗液、干洗剂及除斑剂（用于需要干洗的衣物）

◆ 非溶剂型去渍和除斑剂（含有洗衣剂及水，不能用于需要干洗的衣物）

◆ 酶预处理产品和酶洗衣剂

◆ 洗衣除渍的预处理产品（有些含有溶剂）

□ 洗衣剂

　　对几乎所有类型的织品"污渍"来说，最好的去渍剂，就是一般的洗衣剂加上布料所能耐受的最高温度的水。我依照一般常见的用法，在讲到污渍时，指的是所有类型的脏污（但在我家，所谓的污渍，指的是在试过一般的去渍方法之后仍无法消除的污点）。当你看到产品广告声称能去除食物及油腻污渍时，千万不要上当，孩子衣服上的意大利面酱或奶油，一般很少需要费力去渍，通常只要刮除残渣，并将衣物丢入洗衣机，以热水及洗衣剂清洗，污渍就会消失。洗衣剂能有效除去食物污渍及油脂，配合含有溶剂的预洗去渍剂使用特别有效，尤其针对合成纤维（详见第 17 章，第 333～334 页）。一般来说，若织品容易染色，或你为了保险起见，应对所有污渍进行预处理。预浸衣物也非常有效，酶预浸产品有助于去除食物污渍。

如果洗涤后发现还有斑点，不要烘干衣物，也千万不要熨烫。高温会让多种污渍变得顽固。应该趁衣服仍湿时再次处理污渍。

□ 漂白剂

使用漂白剂去污能让污渍颜色变淡、消失，且有助于真正去渍。温和的漂白剂（如过氧化氢）对大部分的白色布料应该都很安全，能除去大部分的水果污渍。若要用于有色布料，则应先行测试。如果是耐受含氯漂白剂的织品（大部分白色布料，以及一些色牢度高的布料），可试着用含氯漂白剂来淡化或去除咖啡、茶、汽水、果汁、棒冰、芥末、草、药水、墨水或血液等造成的污渍。但含氯漂白剂对铁锈无效（见本章末"去渍指南：衣物、床单以及其他家用织品"，有关使用漂白剂去除各种污渍的部分）。

□ 酸

酸可用于去除铁锈、氧化物及矿物沉积。如果衣架上的铁锈沾染到衬衫，或许可用柠檬汁加水或是白醋加水的溶液涂覆，彻底冲洗并洗涤（另见本章末"去渍指南：衣物、床单以及其他家用织品"的"生锈"）。因久放而出现棕色或黄色斑点的床单，也可以试着用同样的溶液来处理，因为这些斑点

易受化学物质伤害的纤维
◆ 含氯漂白剂即使经过稀释，也会损害羊毛、蚕丝、毛海、皮革及其他以蛋白质为基础的纤维，同时也会损害尼龙及弹性纤维。
◆ 丙酮（见于指甲油去光水及油漆的稀释剂中）会伤害醋酸、三醋酸及改质亚克力纤维。
◆ 纤维素纤维比较容易受到酸性物质伤害，蛋白质纤维比较容易受碱性物质伤害。
◆ 聚丙烯（烯烃）会被干洗店最常用的干洗剂四氯乙烯破坏（聚丙烯可用其他溶剂干洗）。

通常是由污渍或洗衣剂的氧化残留物造成（一般情况下，1∶1的比例便已足够，但有时可能要试着用未稀释的原液，以达到更好的效果。有些人也会在柠檬汁溶液中加点盐巴。使用前需在衣物的不显眼处测试，就像测试洗衣剂及除斑剂一样，因为这种溶液可能会破坏某些纤维或染料）。请参阅下册第3章，有关一般家用的酸、碱及相关主题的讨论。市面上也有除锈剂，可以在仓储量贩店、家庭用品店、五金行或家用电器行买到。这些市售除锈剂里含有酸（氢氟酸或草酸），应详读标签，并小心遵守所有提醒。

警告！不要将酸或含有酸性物质的产品，与含氯漂白剂或含有含氯漂白剂的产品混合，这么做会产生有害气体。

□ 氨水

氨水是碱性物质，有时会用来中和酸性物质。例如，汗渍或止汗剂造成的污渍刚出现时，可用氨水处理，因为这类污渍都是酸性。如果是旧汗渍，因为已经氧化，则建议使用白醋。同理，刚沾上的尿渍可用氨水处理，旧尿渍则用白醋。处理后的衣物应加以冲洗并洗涤。

警告！不要将氨水或含有氨水的产品，与含氯漂白剂或含有含氯漂白剂的产品混合，这么做会产生有害气体。

□ 溶剂

选择适合的含溶剂基底的清洁剂来清除非水溶性物质。可用松节油除去磁漆或指甲油，但不要用一般的肥皂及水（见章末的指南）。虽然油性或油腻的污渍可用溶剂去除，也可以用洗衣剂加水洗涤，但有些污渍却只能以特定溶剂去除。溶剂是非极性液体，能去除非水溶性物质造成的污渍（有关极性的解释，见下册第3章）。水的极性非常高，极性物质能去除水溶性物质造成的污渍。物质的极性越低，就需要极性越低的溶剂来溶解，干洗剂就是非极性溶剂。以下列出的一些污渍只对溶剂有反应，可能需要用溶剂基底的去渍剂来处理。但是，请注意，这些物质造成的污渍，尤其是墨水，可能是永久性的，怎么处理都没有用（有些去渍方法可能还比用溶剂有效，请查阅章末的"去渍指南：衣物、床单以及其他家用织品"）。

◆ 口香糖　　　　　　　　　◆ 眼妆品及其他化妆品

◆ 口红　　　　　　　　　　◆ 鞋油

◆ 指甲油

◆ 焦油／沥青

◆ 磁漆

◆ 润滑油

◆ 钢珠笔墨水

◆ 签名笔墨水（除非标有"可水洗"）

◆ 蜡

◆ 蜡笔

◆ 胶水（某些类型）

如果污渍的成分不明，可以先用水这种极性高的液体来处理，或以洗衣剂加水处理。如果没有效果，试着用溶剂，按照极性从高到低。下列是常见的家用溶剂，以极性递减的顺序列出。

◆ 外用酒精（30% 的水及 70% 的异丙醇）（极性）

◆ 去光水（乙酸乙酯）（略带极性）

◆ 含有二氯乙烷的去渍溶剂（带有轻微极性）或其他溶剂

◆ 碳氢化合物（非极性），极为易燃、易挥发

◆ 干洗剂（四氯乙烯、三氯乙烯石油馏出物、碳氢化合物）

◆ 松节油

碳氢化合物极危险，应保持密封，且只能在通风良好处使用，务必远离可能的火花或火焰（见下册第 31 章《火》及第 35 章《家用品中的有毒危险物质与适当的处理方式》），以碳氢化合物处理过的织品务必冲过再洗涤。较不易挥发的溶剂也可能有危险，应仔细阅读标签上的提醒，并完全依照指示使用。

□ 酶

酶有助于去除有机及蛋白质污渍，包括来自身体的物质（血液、黏液、粪便、尿液、呕吐物）、大部分食物污渍（鸡蛋、西红柿酱、油脂、肉、肉汁、牛奶及奶制品）、草、泥土，以及某些黏胶。由于每一种酶各有适用的污渍种类，因此含酶的洗衣产品通常包含不止一种酶。

蛋白质污渍（血液、鸡蛋、肉、肉汁、牛奶、冰激凌、尿液及粪便等）遇上热水可能会就此固着在布料上，建议应浸泡冷水。食物污渍所包含的染色物质可能不止一种，例如西红柿酱及油脂，因此通常应先处理蛋白质污渍，以免污渍固着于布料上。

市售除斑剂及预处理去污产品	市售除斑剂可能含溶剂或界面活性剂，或两者都有。各种溶剂中，最常出现在除斑剂的可能是二氯乙烷（ethylene dichloride）及异丙醇（isopropyl alcohol）。 有些污渍预处理剂及去污产品含有干洗溶剂。

□ 除色剂

除色剂含有亚硫酸钠，是一种强效漂白剂，可用于某些白色布料（见第405页"除色剂"）。使用前请先确认除色剂对所要处理的织品是安全的。

▌ 去污技巧

（1）在污渍尚未深入或固着于衣物前，迅速采取行动。另一方面，尚未于衣物不显眼处测试是否会损害布料及颜色前，不可贸然使用未用过的新产品，包括洗衣预处理产品及标榜"安全"的去渍剂。务必依照标签及包装上的指示，如果织品的标签规定要干洗，除斑及去渍时也必须以干洗剂处理。

清除不小心喷溅出来的脏污时，必须分出轻重缓急。如果你的传家宝桌巾可能会受永久性伤害，而手边唯一能吸水的材料就是你的棉衬衫，此时就算牺牲棉衬衫的下摆也很值得（理性判断的前提是，你知道哪些脏污容易形成顽固的污渍，哪些可能容易清除）。有多种可能的补救办法时，应先采取较温和的方式，最后才使用最强烈的手段。

为了达到效果，去渍剂必须能深入渗透到污渍所沾染处，也必须能溶解特定类型的污渍。去渍剂用量要够，以去除全数污渍。

（2）用干净且吸水力强的布、纸巾或海绵轻轻吸干液体。理论上可以使用色牢度高的布料，但最好不要冒险让这些用来抹除污渍的布把问题恶化。吸水布不要太湿，否则很难吸除污渍，甚至可能让滴下来的水形成新的污

碳粉	打印机碳粉造成的斑点一旦遇热就会固着在布料上。因此，如果衣物被碳粉弄脏，应以干净的干布擦掉，并用冷水清洗。

渍。以刀子或铲子刮去坚硬的部分，小心不要让污点扩大。由污渍的外缘向中心方向擦、拍、吸或刮除。（如果使用的是溶剂基底的洗洁剂，通风一定要够。如果洗洁剂易燃，则要远离火花与火焰。）

（3）去除衣物及床单的污渍时，要从污渍的反面清到正面，确认使用洗洁剂时不会迫使污渍更深入布料。有一种做法是将衣物铺在水盆上，污渍的反（内）面朝上，将去渍剂向下浇，穿过布料。另一种做法是在衣服下方垫白色纸巾或其他吸水材质，作为吸水垫，污渍的反（内）面朝上。若使用第二种方法，接下来用一块干净的白布吸走少量的洗洁溶剂或洗洁剂，并轻拍染色处（从反面，且从污渍的外缘向内，以免污渍扩散）。当下方的吸水材质开始吸收污渍时，更换新的吸水垫。以这种方式重复处理，直到去除整片污渍。

（4）若污渍不至于扩散，且处理的是丹宁布、棉布或华达呢这类较结实、经得起摩擦、不会起毛球或撕裂的布料，或许可尝试用洗洁剂搓洗或擦洗。使用机械工具辅助也有助于洗洁剂渗透，提升效果。

（5）污渍去除后，必须彻底冲洗并洗涤，以完全去除残留的清洁剂与脏污。务必彻底洗除干洗剂（及含干洗剂的除斑剂），才能将衣物放进烘衣机里烘干（否则有失火之虞）。

（6）不同的去渍产品不要相混。这么做不仅不能保证混合溶液会有效，且可能会无意中将含氯漂白剂与氨水或其他可能发生化学反应的物质混在一起，导致危险反应或产生有害气体。

（7）去除污渍时，避免以下常犯的错误。

◆ 避免将蛋白质污渍浸泡在热水中，高温会煮熟污渍，使之渗入布料。

◆ 避免熨烫及使用烘衣机烘干有污渍衣物，这可能让污渍更难清除。

◆ 去除污渍时，应使用洗衣剂，不能用肥皂，因为含单宁酸的污渍在接触到肥皂之后可能变成永久性污渍。酒精饮料、啤酒、浆果（蔓越莓、覆盆子与草莓）、咖啡、古龙水、签名笔与其他可水洗的墨水、果汁（苹果、葡萄、橙子）、汽水、茶及西红柿汁都含有单宁酸。

◆ 不要试图用含氯漂白剂去除锈斑，这样会让污渍问题恶化。

◆ 不要使用自动洗碗机的清洁剂，因为其碱性很强，会刺激皮肤或伤害羊毛、丝绸、尼龙等织品。

◆ 有些人建议使用洗发精，但洗发精效果不会比洗衣剂好，且比较贵。

有颜色、不透明或乳白色的洗发精还可能含有会产生污渍的成分，也可能因为泡沫很多而很难冲洗干净。

◆ 不要熨烫烛蜡，这会让蜡更渗入布料，使得溶剂或洗衣剂很难接触到污渍，蜡的颜色也会更顽固。另见第 495 页。

◆ 不要用发胶去除原子笔油墨之类的污渍。发胶里的酒精可能有助于去污，但发胶里的黏胶与定型剂也会随之渗入衣物，之后仍必须去除。

▌去除不明污渍

下列去除不明污渍的程序，是由美国密苏里大学推广中心提供[①]，请依照所述步骤，直到污渍去除为止，再依据衣物的标签指示洗涤。

◆ 将污渍浸泡在冷水中 20 分钟，加入洗衣精静置 30 分钟，然后冲洗。如果你怀疑污渍是铁锈，要先以除锈剂处理，才能使用漂白剂，因为漂白剂会让锈斑恶化。使用洗衣机的一般洗程，并用热水或温水洗涤。丝绸与羊毛布料不能使用含氯漂白剂，应在温水中浸泡，稍加搅拌。最后风干。

◆ 将污渍浸泡在酶预浸液中隔夜，然后洗涤。

◆ 用干洗剂浸泡污渍，静置 20 分钟。接着用洗衣剂擦洗并彻底冲净。

◆ 如果是可以漂白的布料，将等量含氯漂白剂与水混合，以滴管加在衣物上。丝绸、羊毛、弹性纤维布料以及色牢度低的衣物不要使用含氯漂白剂，而是喷洒一些氧漂白剂在污渍上。接着，稍微浸入极高温或煮沸的水中，然后立即洗涤。

如果做完了以上步骤，污渍仍然存在，表示无论做什么都无法去除。

[①] 转载自《可水洗布料的去污》（*Stain Removal from Washable Fabrics*）（1993 年）一书并略为改写，原文作者为美国密苏里大学纺织服装管理系的史蒂文斯（Sharon Stevens）。

▋去渍指南：衣物、床单以及其他家用织品 [①]

（另见下册第7章《家用织品》的"去渍指南：地毯与布沙发"）

☐ 一般规则

◆ 详读标签，确认衣物是否只能干洗或只能水洗。

◆ 及时处理污渍，刚染上的污渍比旧污渍更容易去除。如果是无法水洗的布料，尽快送到干洗店，并告知污渍种类、成因及衣物的纤维成分。

◆ 使用任何去渍产品时都应阅读并遵守包装上的说明。

◆ 务必先在衣服内面的接缝处或不显眼处测试衣物色牢度会不会受去渍剂影响。测试时，将产品涂抹在污渍上，停留2~5分钟，再用清水冲洗。若变色就不要使用。

◆ 使用漂白剂时，不要只漂白衣服的局部，应整件漂白，以防止衣服颜色不均。

◆ 进行去渍处理时，将污渍区域面朝下放在干净的纸巾或白布上，去渍剂涂在污渍反面，让污渍从布料表面脱落，而不是穿过布料。

◆ 切勿将化学干洗剂直接倒入洗衣机。

◆ 以干洗剂处理过的衣物，要彻底冲洗及晾干才能放进洗衣机，以免失火。

◆ 不同的去污产品不要相混，有些去污成分混合之后会产生有害气体，如氨水加含氯漂白剂。

◆ 经过去渍处理的衣物，若是可以水洗的，务必洗涤干净，以去除残留的污渍及去渍剂。

◆ 要有耐心，有些污渍需要更多时间及精力才能去除。

◆ 记住，有些污渍是不可能去除的。

胶带、口香糖、橡胶糊 | 以冰来硬化表面后，用钝刀刮除。以预洗去渍剂或洗洁液浸泡，冲洗，然后洗涤。

婴儿配方奶 | 使用含有酶的产品进行预处理或浸泡。如果是较旧的污渍，应浸泡至少30分钟或数小时再洗涤。

饮料（咖啡、茶、汽水、红酒、含酒精饮料） | 将污渍浸泡在冷水中，以

[①] 摘自美国密西西比州立大学推广服务中心，由推广服装及纺织专家强森博士（Everlyn S.Johnson）编写并公告在该中心网站上的《去渍指南》。

预洗去渍剂、洗衣精或由洗衣粉与水调成的洗衣膏进行预处理。以安全的漂白剂洗涤布料。注意：以含有酶的产品处理较旧的污渍可能有效，之后请洗涤。

血 | 将刚染上血渍的织品浸泡在冷水里30分钟，以洗衣剂搓洗，使之渗入污渍，接着冲洗、洗涤。已经干掉的污渍则应做预处理，或浸泡在含有酶成分产品的温水中，然后洗涤。注意：如果仍有污渍，全程再处理一次，并使用对布料安全的漂白剂。

烛蜡 | 先以冰加以硬化，然后用钝刀刮除表面的蜡，将蜡渍附着之处夹在干净的纸巾中，用熨斗以中温压熨。每隔一段时间更换一次纸巾，以吸收更多的蜡，并防止污渍转移到其他部位。接着将污渍正面朝下接触干净的纸巾，以预洗去渍剂或干洗剂浸湿并擦拭残余的蜡渍。用纸巾吸干，并等完全风干后再洗涤。注意：如果还残留任何颜色，以对布料安全的漂白剂重新洗涤。

西红柿酱 | 在冷水中冲洗，然后浸泡在由1/4杯洗衣剂兑4升冷水配成的溶液中。将预洗产品喷洒在污渍上，再以对布料安全的漂白剂洗涤。

巧克力 | 以喷雾预洗剂处理或以含有酶的产品预处理。如果仍有污渍，以对布料安全的漂白剂洗涤。

咖啡、茶（无糖、有糖） | 立刻用冷水冲洗污渍，或浸泡在冷水中30分钟。再以洗衣剂搓洗污渍，然后以对布料安全的漂白剂洗涤。

咖啡、茶（只有加鲜奶油） | 用干洗溶剂浸湿并擦拭污渍，风干，以洗衣剂搓洗，然后以布料可承受的最高水温洗涤（并加入对布料安全的漂白剂）。使用含酶的产品进行预处理或浸泡旧的污渍，最后洗涤。

领口、袖口脏污 | 用去渍棒搓抹脏污的部分，静置30分钟。若衣物非常脏，可等更长时间，然后洗涤。

化妆品 | 以去渍棒、预洗去渍剂、洗衣精、由洗衣粉或洗衣添加剂与水调成的洗衣膏进行预处理，或以肥皂搓洗。持续搓洗让污渍湿透，直到边缘消失再冲洗。如果仍有油腻的污渍，可浸泡在含酶的产品中，冲洗并洗涤。

蜡笔（小片污渍） | 处理方式与蜡渍相同，或用肥皂搓洗已湿透的污渍。以布料能承受的最高水温洗涤。

洗衣机里若有一整槽衣物，可用热水洗涤，加入洗衣皂（非洗衣剂）及一杯小苏打。如果仍有污渍，再次洗涤，使用含氯漂白剂（如果对布料安全）。也可先以含有酶或氧漂白剂的产品进行预处理或浸泡，浸泡水温要用布料能承受的最高水温，然后洗涤。

乳制品（牛奶、鲜奶油、冰激凌、酸奶、干酪、浓汤） | 以去渍棒进行预处理，或浸泡在含有酶的预浸产品中，刚沾上的污渍浸泡 30 分钟，较旧的污渍则浸泡数小时，然后洗涤。

除臭剂、止汗剂 | 轻微的污渍可用洗衣精处理，然后洗涤。严重的污渍要先以预洗去污剂进行预处理。皆静置 5～10 分钟。使用氧漂白剂洗涤。

染料转移（白色衣物被其他掉色的衣物染色） | 以一般市售除色剂去污，然后洗涤。若仍有污渍，可用含氯漂白剂再次洗涤（如果对该布料安全）。若是有色布料或该衣物不能用含氯漂白剂，可用氧漂白剂或含酶的预浸产品浸泡，然后洗涤。注意：洗涤前正确分类，洗好后立即取出，有助于预防这类污渍。

鸡蛋 | 以含有酶的产品进行预处理，新污渍浸泡 30 分钟，较久的污渍则需数小时，然后洗涤。

衣物柔软剂 | 将污渍浸湿并以肥皂搓洗。冲洗，然后洗涤。如果仍有污渍，以酒精或干洗剂擦洗污渍，并再次彻底冲洗与洗涤。

指甲油 | 尝试用去光水去污，但不能用在醋酸或三醋酸纤维布料上。污渍正面朝下，放在纸巾上，以去光水冲洗，一段时间后更换纸巾，重复直到污渍消失为止。接着冲洗并洗涤。有些指甲油可能无法去除。

果汁 | 将衣物泡在冷水中。以对布料安全的漂白剂清洗。

青草污渍 | 以去渍棒进行预处理或浸泡在含酶的产品里。若仍有污渍且在对染料安全的情况下，可用酒精擦拭（针对醋酸纤维，可用两倍水稀释酒精）。若污渍仍在，以布料能承受的最高水温及对布料安全的漂白剂洗涤。

油脂（机油、动物脂肪、蛋黄酱、沙拉酱、奶油、烹调用油及汽车润滑油） | 轻微污渍可使用喷雾去渍剂、洗衣精或助洗剂进行预处理，并以织品能承受的最高水温洗涤。严重污渍请将污渍正面朝下，放置在干净的纸巾上，洗衣精则涂抹在污渍背面，并经常更换毛巾。接着风干、冲洗，再以织品能承受的最高水温洗涤。

墨水 | 分别滴一滴清水和干洗溶剂在污渍上，以测试污渍的反应，然后采用去渍效果较好的方法。处理原子笔墨水，可将污渍面朝下放在白色纸巾上，以变性酒精或干洗剂擦洗，或将洗衣剂搓抹于污渍上。如果还有污渍，重复该步骤。接着再冲洗、洗涤。

绘图墨水通常无法去除，可尝试用冷水冲洗，直到颜料去除，再将洗衣精搓入污渍，然后冲洗。重复上述过程，接着将污渍浸泡在以

1~4 汤匙家用氨水兑 1 升温水调成的肥皂水中，彻底冲洗并以布料能耐受的最高水温及不会伤害布料的漂白剂洗涤。

签名笔或墨汁通常不能去除，试着在墨渍未干时以水冲洗，直到颜料去除，然后晾干。如果发现还有淡淡的色斑，可用干洗剂擦洗再晾干。接着以家用洗洁剂搓洗污渍，冲洗，再将污渍浸泡在加入 1~4 汤匙家用氨水的温水中（可以浸到隔天），然后再冲洗一次。必要时重复上述步骤，最后彻底洗涤。

碘 | 从污渍背面以冷水冲洗污渍，浸泡在含有除色剂的溶液中，或以硫代硫酸钠溶液（可在药房买到）擦洗。最后冲洗并洗涤。

口红 | 将污渍正面朝下放在纸巾上，以干洗剂擦洗污渍，或使用预洗去污剂。必须不断更换纸巾。冲洗，接着以轻柔洗衣剂擦洗污渍，直到污渍的轮廓消失为止，然后再次洗涤。如果有需要，可重复上述步骤。

立可白修正液 | 以乙酸戊酯（香蕉油）擦洗，风干。必要时重复上述步骤。接着以洗衣剂轻轻揉搓，然后洗涤。

红药水或硫柳汞 | 用冷水尽可能冲除污渍，以 1 升水兑 1/2 茶匙氨水的溶液浸泡 30 分钟，然后冲洗（若还有污渍，以 1 升温水兑 1 匙醋酸配成的

溶液浸泡 1 小时，然后彻底冲洗并晾干），再以洗衣剂与漂白剂洗涤。脆弱布料可用酒精，并以沾有酒精的垫子覆盖，不断更换垫子直到污渍清除。最后冲洗并洗涤。

发霉 | 若布料可使用含氯漂白剂，以含氯漂白剂洗涤。若不行，则浸泡在活氧漂白剂及热水中，然后洗涤。如果还有污渍，以过氧化氢擦拭，冲洗并重新洗涤。在阳光下晒干。太严重的霉斑可能无法去除。

泥土 | 先晾干，然后尽量刷除泥土，或以清水冲洗并浸泡过夜。针对轻微污渍，以洗衣粉与水调成的洗衣膏、洗衣精或助洗剂进行预处理，接着洗涤。若是严重污渍，将衣物预浸在洗衣剂、含酶的产品或含 1/4 杯氨水及 1/4 杯洗衣精的水溶液中，再次洗涤。红黏土可用醋酸及食盐搓洗，静置 30 分钟。以不伤害布料的最高水温及漂白剂洗涤。必要时重复上述步骤。

芥末 | 以预洗去渍剂处理，或以水浸湿并以肥皂搓洗。如果布料允许，以含氯漂白剂洗涤，不然就使用氧漂白剂。

油漆 | 水性油漆，如丙烯酸乳胶，应在未干之前以温水冲洗，然后洗涤。这种污渍一旦干了通常就无法去除。油性油漆（包括清漆），以标签上列出的稀释剂处理。如果标签上没有清楚的信息，可使用松节油。处理完后

冲洗，接着以预洗去渍剂、肥皂或洗衣剂进行预处理，然后冲洗并洗涤。

香水 | 以预洗去渍剂或洗衣精处理，然后冲洗并洗涤。

汗水 | 以预洗去渍剂处理，或浸湿污渍后用肥皂搓洗。若布料颜色有些微变化，可用氨水（新的汗渍）或白醋（旧的污渍）涂覆，接着冲洗，并以布料能承受的最高水温洗涤。含有酶的预处理产品可能对顽固的污渍有效，然后以氧漂白剂洗涤。

松香 | 以洗洁液擦洗污渍，风干，接着以洗衣剂搓洗并依一般方式洗涤。如果污渍仍在，抹上几滴家用氨水并风干，最后以洗衣精洗涤。

花粉（树或花） | 擦洗后以干洗剂冲洗，风干，再以洗衣剂轻搓。以一般方式洗涤，并用对布料无害的漂白剂。

锈斑 | 使用市售的除锈剂，依照制造商的指示，不要使用含氯漂白剂。

焦痕 | 若布料允许，使用含氯漂白剂洗涤。否则，以氧漂白剂及热水浸泡，然后洗涤。注意：严重的焦痕是无法去除的。

鞋油 | 液体鞋油应用洗衣粉与水调成的洗衣膏进行预处理，然后洗涤；擦鞋膏则用钝刀刮除。以预洗去渍剂或

洗洁剂进行预处理，然后洗涤。

将污渍浸湿后以洗衣剂搓洗，若布料允许使用含氯漂白剂，以含氯漂白剂洗涤，若无法用，则用氧漂白剂。

焦油 | 在污渍干掉之前就要尽快行动。用钝刀刮除布料上的焦油，再把污渍面朝下放在纸巾上，以洗洁液擦拭，要经常更换纸巾，吸收性才能更好。接着用织品能承受的最高水温洗涤。

烟草 | 浸湿污渍并用肥皂搓洗，然后冲洗。接着以去渍棒进行预处理，或浸泡在含酶的溶液中，然后洗涤。注意：如果仍有污渍，用含氯漂白剂再洗涤一次（如果布料允许），否则就用氧漂白剂。

尿液、呕吐物、黏液或粪便 | 以预洗喷雾或含有酶的产品进行预处理。若布料允许，使用含氯漂白剂，否则就使用氧漂白剂。

泛黄的白色棉布或亚麻布 | 在洗衣机中注满热水，加入平常两倍量的洗衣剂。将衣物放入洗衣槽，并以一般洗程搅拌4分钟，然后停下洗衣机，让衣物浸泡15分钟，再重新启动洗衣机并搅拌15分钟，完成整个洗程。必要时重复处理。

泛黄的白色尼龙布 | 将衣服放置在含有酶的预浸溶液或氧漂白剂中浸泡过夜，以热水及平常两倍量的洗衣剂及氧漂白剂洗涤。